中国科学院大学研究生教材系列

高等环境化学

江桂斌 等 编著

科学出版社

北 京

内 容 简 介

作为国务院学位委员会学科评议组推荐的环境科学与工程一级学科研究生核心课程,"高等环境化学"在环境及其相关专业研究生培养中发挥着重要作用。本书遵循知识提升—技能训练—任务实践这一教学培养逻辑,设计了基础理论篇、研究方法篇和实际问题篇的构架;重视环境化学共性理论和研究方法学的传授,同时引导学生了解这些知识和技术在实际环境问题解决中的作用;涵盖教学内容、习题、选读等内容,填补了国内环境及其相关专业研究生教育教材的空白。

本书不仅可作为环境与健康领域相关专业科研人员和学生的学习教材,亦能用作相关领域教师和学生的专业参考书。

图书在版编目(CIP)数据

高等环境化学 / 江桂斌等编著. -- 北京 : 科学出版社,2025. 3
(中国科学院大学研究生教材系列). -- ISBN 978-7-03-080008-4
Ⅰ. X13
中国国家版本馆 CIP 数据核字第 2024DH2201 号

责任编辑:朱 丽 李 洁 / 责任校对:郝甜甜
责任印制:赵 博 / 封面设计:图悦设计

科学出版社 出版
北京东黄城根北街 16 号
邮政编码:100717
http://www.sciencep.com

北京中科印刷有限公司印刷
科学出版社发行 各地新华书店经销
*

2025 年 3 月第 一 版 开本:787×1092 1/16
2025 年 5 月第二次印刷 印张:28 3/4
字数:666 000
定价:198.00 元
(如有印装质量问题,我社负责调换)

本书各章作者名单

第 1 章：张爱茜　傅建捷　薛　峤　潘文筱　刘　娴
第 2 章：景传勇　侯兴旺　刘稷燕　阴永光
第 3 章：景传勇　阎　莉　阴永光
第 4 章：刘稷燕　侯兴旺　粟笑迎　陈伟芳　张　青
第 5 章：刘国瑞　杨莉莉　郑明辉
第 6 章：刘　倩　孙振东　詹　菁　周群芳
第 7 章：廖春阳　刘　睿　彭锦峰　王　鑫
第 8 章：景传勇　杜晶晶　阎　莉
第 9 章：阮　挺　江桂斌
第 10 章：阴永光　刘　倩　刘稷燕　王万洁
第 11 章：Francesco Faiola　周群芳　殷诺雅
第 12 章：张爱茜　傅建捷　薛　峤　潘文筱　刘　娴
第 13 章：郑明辉　刘国瑞　刘文彬　苏贵金　杨莉莉
第 14 章：魏东斌　孙雪凤　安麒文　王飞鹏　陈　妙
第 15 章：景传勇　阎　莉　杜晶晶
第 16 章：刘景富　谭志强　赖余建
第 17 章：陈保卫　姚林林　曲广波
第 18 章：肖　康
第 19 章：王亚韡　李敬光
第 20 章：郭　磊　徐　斌　吴剑峰　刘玉龙　谢剑炜　吴成豪
　　　　　王丁一　戈奕文
第 21 章：杨瑞强　史建波　傅建捷
第 22 章：杨瑞强　江桂斌

前　言

2015 年初秋，我和张爱茜、景传勇、史建波 3 位研究员在中国科学院大学资源与环境学院开设了研究生核心课程"高等环境化学"（Advanced Environmental Chemistry）。从那时起到今天，北京怀柔雁栖湖畔的"高等环境化学"已经走过了八年的时光，每年选课的学生人数始终保持在 150~220 人。2020 年我们将这门课引入国科大杭州高等研究院，王亚韡和阴永光研究员加入了授课团队，授课内容同样受到学生们的欢迎。

从课程设置之初，我就不断地向团队中的主讲教师提出同一个问题："高等环境化学"到底"高"在哪里？学生需要何种专业能力提升，而我们应该把怎样的知识传授给环境专业的研究生？这是开课以来思考最多的问题。从第一次发问，到反复检视授课成效，经过多年讲课实践，应该说我们初步找到了答案。

作为一门研究有害化学物质在环境介质中存在形态、化学特性、行为特征、生物效应及其削减控制化学原理和方法的科学，环境化学的高阶课程应"高"在理论认识和理解上，"高"在对科学问题本质的把握和归纳上。既非循规蹈矩，简单重复已有课程体系，又非罗列不断出现、发展和变化的各种环境问题。"高等环境化学"作为国务院学位委员会学科评议组推荐的环境科学与工程一级学科研究生核心课程，国内外该课程教学方面尚没有出版教材可用，国内高校开设的相应研究生课程所采取的内容设计方式仍是沿用了本科生教材《环境化学》的设计方式，以水、土、气、生等环境介质作为分章的主要依据。我们在多年课程教学实践中体会到环境问题不是单一介质的污染问题，水污染、土壤污染、大气污染等不同圈层的化学污染虽然各自具有不同特点和突出问题，但归根结底，其发现问题、分析问题和解决问题的思维方式和所需基本知识、关键技能是互通的，存在着天然的、本质性的内在联系，其核心理论和研究方法具有共性。这个共性就是化学分子间的相互作用与转化。环境化学作为一门典型的交叉学科，其发展过程早已突破了化学、生物学等相关学科的范畴，在运用这些学科理论和方法解决环境问题的同时，新环境问题的不断出现又对相关学科理论和方法的创新起到极大的推动作用。如何才能将我们从科研和教学中获得的体验与对环境化学的最新理解融入教材编写中，成为《高等环境化学》教材编写的一个重点。

在《高等环境化学》教材编写过程中，我们首先从诸多环境化学研究和实践中归纳出共性理论知识和典型研究方法学，提出在本科阶段以水、土、气、生不同介质环境污染问题学习基础上，环境化学研究生专业培养应遵循知识提升—技能训练—任务实践这一逻辑链条，以基础理论篇、研究方法篇和实际问题篇来设计教材架构，以期既能达到研究生教材的专业性和理论深度，又可体现知识和技能的实用性。这一体系结构完全不同于国内外已有的同类教材。我们在基础理论篇中注重污染物环境行为和毒理效应的化学规律的阐述，在研究方法篇突出方法体系和先进技术，在实际问题篇则侧重于示范如何将上述理论知识和研究方法运用于分析和解决环境问题的实践中。这样在学习理论和方法的同时，又可了解这些知识和技术在实际环境问题解决中的作用。

通过八年的教学实践，课程的讲义已经比较成熟，教学内容、习题、延伸阅读等资料齐全，便于教师选用和学生学习。整个课程在系统介绍环境化学共性理论的基础上，将研究方法学拓展到理论与实验相结合，从保护目标延伸到污染控制与毒理健康并重。讲授中更加注重从分子水平认识污染物与环境多介质反应的化学本质；更加注重新理论、新方法和新技术在分析与解决具体环境污染问题中的应用；更加注重环境化学的理论性、系统性与综合性。

作为力图填补国内环境化学及其相关专业研究生教学空白的一本教材，《高等环境化学》凝聚了环境化学与生态毒理学国家重点实验室诸多老师的共同努力，同时多家研究单位的科研人员也参加了编写。张爱茜在全书构架、组织通稿和撰写中起到了关键作用；景传勇、阴永光对书稿组织与撰写贡献突出，蔡亚岐通读了全部书稿并给予了详细修改意见。

学然后知不足，教然后知困。知不足，然后能自反也；知困，然后能自强也。限于学识与理解，本书可能存在许多值得讨论与修改之处，期待得到广大老师和同学的中肯建议与批评指正，以便进一步完善。

感谢中国科学院大学教材出版中心资助。

江桂斌

2023 年 8 月于北京

目　录

第二篇　环境化学研究方法篇

第一篇

环境化学基础理论篇

环境化学是一门研究有害化学物质在环境介质中存在形态、化学特性、行为特征、生物效应及其削减控制的化学原理和方法的科学。环境化学不局限于污染源头或末端污染治理，其研究内容涉及污染物的环境形成、存在形态、转化、毒性乃至治理、消除与环境安全保障措施等多方面的化学问题。作为一门高阶课程，高等环境化学与大学本科阶段广泛讲授的环境化学相比，强调环境化学基础理论的系统介绍，注重从分子水平认识污染物与复杂环境介质反应、作用的化学本质。课程将环境化学的研究视野从方法学上拓展到理论与实验相结合，以污染毒理解析和生态安全与人群健康保障为最终目标，同时认识化学方法学在环境管理政策与污染控制策略制定与实施中的重要作用。虽然高等环境化学课程需要与时俱进地更新化学新理论、新方法和新技术在分析与解决环境污染问题中的应用，但更重要的是让学生理解环境化学自身的理论和系统。

第1章 污染物环境行为的化学本质

化学是在原子、分子水平上研究物质组成、结构、性质、变化、制备和应用的自然科学。分子是由原子构成的，物质的性质也是以分子为基本单位体现的。因此，化学可以看成研究分子的科学。化学污染物是以分子为基本单位的，千变万化的环境乃至生命体也是由各种分子组成的。因此，环境化学本质上是研究污染物分子与组成特定环境的分子间化学相互作用规律及影响的学科。无论是 2013 年突然加剧现已在我国极大缓解的区域大气细颗粒物污染，每到夏季不时暴发的湖泊富营养化，引发大众关注的大米重金属污染，还是目前备受关注的人工纳米材料和微塑料污染，化学物质的环境污染及其造成生态危害与健康威胁在化学实质上是污染物分子与组成特定环境的分子间化学相互作用。可见，认识污染物环境行为的化学本质首先需要理解环境污染和环境自身组成的化学结构与性质。

1.1 环境污染物的化学组成和性质

污染物都是以分子为基本单位的。例如，1999 年比利时肉鸡事件起因是生产鸡饲料的油脂发生二噁英污染；2016 年大闸蟹也曾因其在香港被检出二噁英超标而引起关注。此外，在建城市垃圾焚烧厂中出现邻避效应是附近居民担心垃圾焚烧过程中可能会产生二噁英类等有害物质而引发的。那么二噁英是什么呢？二噁英是一类具有特定分子结构特征的化学物质，它们是结构相似的平面三环醚类化合物，是多氯代二苯并-对-二噁英（PCDDs）和多氯代二苯并呋喃（PCDFs）的合称。因此，认识污染物的环境行为需要从认识其分子化学组成入手。

1.1.1 稳定物质的化学组成

1. 原子结构及其核外电子排布

化学是研究原子之间相互作用的科学。任何化学运动的执行者是分子，原子是这一运动的物质承担者。要理解和掌握环境污染物的环境化学行为，首先要了解其分子的原子组成。早在 19 世纪 Dalton 就提出了原子学说。1897 年 Thomson 发现了电子，从而否定了原子不可分这一假设。1913 年的 Bohr 模型则提出两点基本假设：①定态规则；②频率规则。定态规则指出原子有一系列定态，每个定态对应一定的能量 E，原子核外电子在这些定态上围绕原子核做圆周运动。特定元素原子可能存在的定态具有一定的限制，即量子化条件需满足原子核外电子围绕原子核做圆周运动的角动量 M 应为式（1-1）所示的 $h/2\pi$ 的整数倍。

$$M = nh/2\pi \tag{1-1}$$

式中，n 为整数（$n=1$，2，3，$\cdots$）；h 为普朗克常数。

频率规则，是指当原子核外电子由一个定态跃迁到另一个定态时，就会吸收或发射光子，若 ΔE 是这两个定态间的能量差，则光子频率 ν 为

$$\nu = \Delta E/h \tag{1-2}$$

1885～1910 年 Balmer、Rydberg 等基于氢原子光谱归纳的经验公式如式（1-3）所示：

$$\tilde{\nu} = \frac{\nu}{c} = \frac{1}{\lambda} = R\left(\frac{1}{n_1^2} - \frac{1}{n_2^2}\right) \tag{1-3}$$

式中，$\tilde{\nu}$ 为波数；c 为光速；λ 为波长；n_1 和 n_2 为整数（$n_2 > n_1$）；R 为 Rydberg 常数。

Bohr 模型给出了式（1-3）的物理意义，即该光谱是原子核外电子定态跃迁所得。1909～1911 年，Rutherford 用 α 粒子穿透金箔这一实验证明原子的确不是一个实心球，而是由一直径仅为 10^{-15}m 尺度的、集中原子几乎全部质量的、带正电的原子核和绕核运动的带负电荷的电子组成的。Bohr 模型提出后，其计算获得的 Rydberg 常数与实验值高度吻合，在氢原子认识上取得极大成功。

然而，原子结构并非单纯的类似行星绕太阳这样的电子绕原子核模式存在，Bohr 模型在仅有 2 个电子的氢原子光谱预测上存在很大偏差，这是因为 Bohr 模型只展示了电子等高速运动微观粒子微粒性的一面，却忽视了其波动性的一面，仍存在局限性。例如，Bohr 模型中原子核外电子围绕原子核做圆周运动的能量 E 和角动量 M 显然都是量子化的，但是 Bohr 模型中却仍认为电子是围绕原子核做服从经典牛顿力学的圆周运动。事实上，具有波粒二象性的电子没有所谓确定性轨迹可循。1926 年 Born 就已经给出了电子等实物微粒波的统计解释，即空间任何一点上波的强度（振幅绝对值的平方）和该粒子出现的概率成正比。这种描述微观粒子运动规律的波与水波、声波等机械波在本质上是完全不同的，电子微粒波的强度就是电子出现概率的大小，又称为概率波。1927 年 Heisenberg 首先提出了测不准原理，指出一个具有波粒二象性的粒子不可能同时具有确定的坐标和动量或同时确定的时间和能量。根据测不准原理，我们难以准确追踪和定位原子核外电子，但是能够知道电子在核外某一区域出现的概率。若在三维空间以疏密不同的点表示电子在原子核外各个位置出现的概率，这样电子在原子核外空间概率密度分布的形象描述就是电子云。在量子力学（QM）中使用波函数 $\Psi(x, y, z)$ 来描述原子或分子中核外电子的运动状态，即俗称的"轨道"。原子中核外电子的运动状态函数称为原子轨道（AO），分子中的则称为分子轨道（MO）。

选读内容

基于量子力学认识核外电子运动状态和排布

在原子和分子中核外电子运动状态的变化不是连续的，而是量子化的，呈现跳跃式变化特征。因此，可用量子数来描述核外电子的运动状态。量子数是 QM 中表述原子核外电子运动的一组整数或半整数，描述电子在原子核外运动状态的量子数主要包括主量子数 n、角量子数 l、磁量子数 m 和自旋量子数 s 四种，分别对应电子的能量、运动轨道分布、磁矩和自旋方向。鉴于核外电子运动状态变化的不连续性，其量子数取值也不是连续的（周公度和段连运，2017；徐光宪等，2007）。

更通俗地说，原子核外电子是分层排布的，可用量子数来描述原子核外电子的运动状态。虽然 AO 和 MO 均不具有经典力学中运动轨道的含义与实质，但其在定态规则中的定态可以简化理解为很直观的但不准确的"层"或者"电子轨道"概念。图 1-1 给出了原子核外电子分层排布示意图，离核越近的定态或 AO 对应的能量越低，而离核越远的定态或 AO 对应的能量越高。以电子距离原子核的距离由近及远对应第 1 电子层（K 层）、第 2 电子层（L 层）、第 3 电子层（M 层）等依次类推，电子层数值次序对应决定电子能量的主量子数 n（$n=1, 2, 3, \cdots$），同一电子层所能容纳的电子上限为 $2n^2$。同一电子层中的电子能量不一定相同，根据电子空间运动的角动量，电子会进一步排布在不同 AO 或电子云形状的电子亚层。角量子数 l（$l=0, 1, 2, 3, \cdots$）对应电子亚层次序值，决定了轨道形状，对分子中原子间形成化学键及键角大小有重要影响。此外，电子亚层还可以字符 s、p、d 和 f 等标识来表示，分别对应于 l 为 1、2、3 和 4 等情况。而决定 AO 或者电子云在空间伸展方向和轨道角动量方向量子数沿磁场的分量则由磁量子数 m 描述。一个 AO 在空间有 $2l+1$ 个伸展方向，m 具体取值涵盖 $-l \sim +l$ 的整数。如果将 AO 空间的每个伸展方向视为一个轨道，可以把电子层（n）和电子亚层（l）相同但是 AO 空间伸展方向（m）不同的轨道称为简并轨道，在无外加磁场时其电子能量是完全相同的。若 $l=0$，m 只能取 0，说明只有一个各向同性的 s 轨道，其电子云呈球形对称分布，没有方向性。若 $l=1$，m 可取 -1、0 和 1，说明 p 电子云在空间有 3 种取向，呈纺锤形。依次类推，若 $l=3$，m 可有 7 个取值，即电子云在空间有 7 种取向，该亚层中有 7 个不同伸展方向的 f 轨道。由于原子中的电子除了在核外空间高速运动之外，自身还有顺时针和逆时针两种不同方向的自旋运动。因此，除了描写 AO 特征的 3 个量子数 n、l 和 m 之外，还有 1 个描述 AO 电子特征的量子数 s，为电子的自旋量子数。s 只有 2 种取值即 $\pm 1/2$，即 1 个 n、l 和 m 相同的轨道上最多只能容纳自旋反向的 2 个电子。

这又称为泡利 Pauli 不相容原理（周公度和段连运，2017；徐光宪等，2007）。

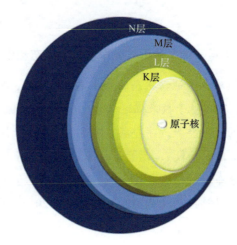

图 1-1　原子核外电子分层排布示意图

那么核外电子排布到底依照何种规则进行呢？对于稳定状态的原子，原子核外电子依次从低能到高能排布在原子核外电子轨道上，尽量使得体系能量最低。一般来说，需要遵循以下 3 条原则，即 Pauli 不相容原理、能量最低原理和 Hund 规则。其中，Pauli 不相容原理又可以表述为在 1 个原子中没有 2 个电子具有完全相同的 4 个量子数，也就是说 1 个简并的原子轨道最多只能容纳 2 个电子，且其自旋方向必须相反，不同的自旋态可分别以自旋函数 α 和 β 表示。能量最低原理是指在不违背 Pauli 不相容原理这一前提下，核外电子会优先占据能级较低的 AO，使整个原子体系能量处于最低，这样的状态是原子基态。Hund 规则是指电子分布到能量相同的 AO 时，会优先以自旋相同（平行）的方式分别占据不同的轨道，因为这种排布方式原子体系的总能量较低。这一规则的补充说明是当同一能级各个轨道上的电子排布为全满或半满时，整个体系状态比较稳定，此时的电子云近乎为各向同性的球形。根据以上原则，可以给出核外电子构型，又称电子组态（周公度和段连运，2017）。以地球对流层大气中大量存在的氮气为例，氮元素原子核外有 7 个电子，那么按照 $2n^2$ 可知其在 K、L 层分别排布 2 个和 5 个电子。前者以自旋反平行的方式分别占据 1s 两个简并轨道，而后者则占据 2s 和 2p 原子轨道，电子构型为 $1s^2 2s^2 2p^3$。2s 中的两个电子自旋方向相反，而 2p 中的 3 个电子则以自旋平行方式分别占据 3 个简并轨道。

同一元素原子在环境和生物体中会以不同电子构型形态出现，其环境行为和毒性也相应存在明显差异。例如，铬（Cr）既是人和动物必需的微量元素之一，又是常见的一种环境污染物。环境中的铬主要以金属铬、三价铬[Cr(III)]和六价铬[Cr(VI)] 3 种形式出现，且其毒性与其存在的价态有关。目前未见金属铬中毒的报道，Cr(III)是对人体有益的元素，而 Cr(VI)是有毒的。金属铬原子核外有 24 个电子，其核外电子排布为

$1s^22s^22p^63s^23p^63d^54s^1$，电子构型为 $1s^22s^22p^63s^23p^64s^13d^5$；而 Cr(III) 和 Cr(VI) 的核外电子构型分别为 $1s^22s^22p^63s^23p^63d^3$ 和 $1s^22s^22p^63s^23p^6$。其中，金属铬和 Cr(III) 的电子组态均存在能级交错的现象，即电子层数较大的 4s 轨道能量反而低于电子层数较小的 3d 轨道能量。这是因为虽然核外电子距离原子核越远，其能量越高，但是内层电子可以一定程度上中和原子核对外层电子的吸引，使其能级升高，产生屏蔽作用。与此同时，外层电子也可能避开内层电子的屏蔽作用，以一定概率出现在距离原子核较近的内层空间，降低体系能量，产生钻穿效应。总的说来，当主量子数 n 比较大时，其电子云就可能有距离原子核比较近的小概率极值峰出现。能级分裂和能级交错是屏蔽效应和钻穿效应的共同结果，当 n 相同时，l 越大，屏蔽效应越大，但钻穿效应越小。

1939 年，美国化学家 Pauling 在大量光谱数据和理论计算基础上，提出了多原子的原子轨道近似能级图（图1-2）。在这一近似能级图中，电子按 AO 能量高低排列，能量相近的 AO 合并成 1 个能级组，共 7 个能级组，且除了第一个能级组，其他均以 ns 开始，np 结束。不同能级组间 AO 能量差较大，而组内 AO 能量差很小。随着 n 逐渐增大，这两种能量差均会减小。此外，1962 年美国无机结构化学家 Cotton 总结出周期表中元素原子轨道能量高低随原子序数增加的变化规律，虽解决了前者在能级顺序中存在的一些问题，但其直观性不及前者。铜原子核外有 29 个电子，若不考虑 Hund 规则特例，其核外电子在 K、L、M、N 层分别排布 2 个、8 个、17 个、2 个，即电子构型为 $1s^22s^22p^63s^23p^63d^94s^2$。但是若考虑 Hund 规则特例，其电子构型为 $1s^22s^22p^63s^23p^63d^{10}4s^1$。

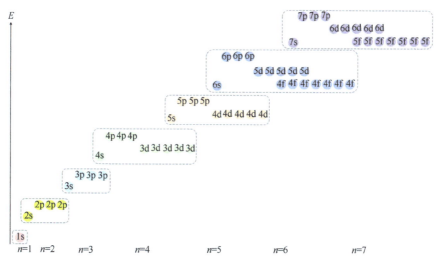

图 1-2 Pauling 原子轨道近似能级图示意图

每个小圆圈代表 1 个原子轨道，每个虚线框表示 1 个能级组

2. 污染物化学组成和电子结构基础

掌握污染物中关键原子在不同分子中的核外电子排布方式对认识其环境赋存状态

和行为等非常重要。在前序课程内容中我们已经知道原子核外电子依次从低能到高能排布在核外电子轨道上，那么元素原子核外层电子排布的决定因素到底是什么呢？无论是Pauli 不相容原理还是 Hund 规则乃至能级交错等，均关注体系能量。能量越低，体系越稳定。鉴于内层电子一般不参与化学作用，元素原子的价态等实际环境存在形态取决于最外层电子结构，物质稳定性的结构基础源于其电子结构的稳定性。元素周期表最右侧的惰性气体最外层电子处于全满状态，是最外层电子稳定结构的典范。也就是说，组成物质的元素原子最外层电子结构达到类似惰性气体状态最稳定。例如，镁原子的电子构型为 $1s^2 2s^2 2p^6 3s^2$，在环境中极不稳定，二价镁为其环境常见形态，其具有与惰性气体氖原子一致的稳定电子构型，其电子构型为 $1s^2 2s^2 2p^6$。因此，镁原子的核外电子构型也可写作 $[Ne]3s^2$。该规律同样适用于非金属元素。以元素氮为例，其原子核外电子构型为$[He]2s^2 2p^3$。因此，其最稳定构型可与 He 一致（失去或共享 5 个电子，如 HNO_3），也可与 Ne 一致（得到或共享 3 个电子，如 NH_3），而一氧化二氮和二氧化氮等分子中氮的原子核外电子均未达到最稳定电子构型。对于环境中常见的含铁矿物，铁存在可变价态。铁原子的电子构型为 $[Ar]3d^6 4s^2$，而具有半满 3d 轨道的 Fe(III)（电子构型为 $[Ar]3d^5$），更具环境稳定性。只有在地下水等还原场景下，能量相对较高的 Fe(II) 才会出现，其电子构型为 $[Ar]3d^6$。

可见，从稳定性考量，物质分子中的原子有让其核外电子达到最稳定电子构型的趋势，而这一趋势也是元素原子相互作用组成分子的内在驱动力。氢原子是最简单的单电子原子，具有 $1s^1$ 的电子构型，并不稳定，只有 2 个氢原子共用一对电子（记为 H：H）才能达到惰性气体 He 的 $1s^2$ 稳定电子构型。同样地，具有 $1s^2 2s^2 2p^4$ 电子构型的 O 原子不稳定，之所以形成 O_2 是因为两个 O 原子以 O::O 这种方式共用 2 对电子使得每个 O原子外层均达到 Ne 稳定电子构型。水分子 H：O：H 的稳定性源于其中的 O 原子分别与一个 H 原子共用一对电子，使得 O 原子外层达到 Ne 稳定电子构型，H 原子外层达到He 稳定电子构型。前面提到的环境污染物二噁英，其分子由 C、O、Cl、H 4 种元素组成，PCDDs 和 PCDFs 的化学式分别为 $C_{12}O_2Cl_{m+n}H_{8-m-n}$ 和 $C_{12}OCl_{m+n}H_{8-m-n}$（m 和 n 可取 0～4 的整数）。为何各个元素在分子中是图 1-3 这样的组成方式呢？从元素原子核外电子排布方式看，1 个 C 原子需要与其成键原子共享 4 对电子方可达到核外电子稳定构型，而 1 个 O 原子则需要与其成键原子共享 2 对电子以达到核外电子稳定构型，而 1 个 H 和Cl（外层电子构型为 $3s^2 3p^5$）都只需要与其成键原子共享 1 对电子以达到核外电子稳定构型。因此，该类有机污染物分子中的每个 C 原子都需要与其他 2 个 C 原子一起共享 3 对电子，并与另一个 C、O、H 或者 Cl 原子共享 1 对电子；每个 O 原子与 2 个 C 原子分别共享 1 对电子；分子中的每个 H 或者 Cl 与 1 个 C 原子共享 1 对电子。

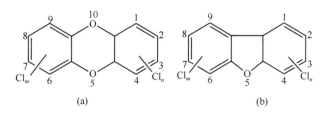

图 1-3 PCDDs（a）和 PCDFs（b）的化学结构式

3. 污染物分子中化学键的本质及其类型

元素原子通过电子得失或共享实现其电子结构的稳定，这是稳定分子化学组成的电子结构基础，也是化学键的实质。但是不同元素原子得失电子能力究竟由什么来衡量和判断呢？电负性是元素的原子在形成分子时吸引电子能力的相对量度。元素的电负性越大，表示其原子键合时吸引电子的能力越强。Pauling 在 1960 年提出的数值方法是定量表示电负性最通用的方法，根据这种表示法，氟原子的电负性最大为 4，而锂原子的电负性最小为 1。在有机污染物常见元素组成中 C、H、O、N、P、S、Cl、Br 和 I 的电负性分别为 2.5、2.2、3.5、3.0、2.2、2.5、3.0、2.8 和 2.5。由经验可知，若成键原子电负性差值大于 1.7，则倾向于发生原子间电子的彻底转移，形成离子键，典型的例子是 NaCl；若成键原子电负性差值小于 1.7，则倾向于电子共享，形成共价键。若元素原子的电负性差值小于 0.5，则成键两原子吸引电子的能力很相近，可认为成键电子被平均分配给两个原子，两原子之间形成非极性共价键。典型的非极性共价键有 C—C 键、C—H 键等。对于温室气体甲烷（CH_4）而言，由于分子中 C 和 H 的电负性差值（仅为 0.3）较小，因此二者只可共享电子而不存在电子的得失。反之，若两元素的原子电负性差值介于 0.5～1.7，此时共享电子高频出现的区域并不会在两个成键原子的中间位置，而是更偏向电负性高的原子，两原子之间形成诸如 C—O 键、O—H 键等极性共价键。除了分子内部原子之间的强相互作用这种传统化学键以外，氢键、卤键等化学键的形成也是由于原子核外电子的特殊排布。

1.1.2 污染物分子的三维结构

1. 杂化轨道理论和分子构型

基于价键理论，原则上可以理解物质乃至污染物分子的化学组成，但是却无法解释成键原子是如何共享电子的，从而难以准确预测分子的三维结构。例如，最简单的水分子，根据价键理论，2 个 H 和 1 个 O 原子均具有未成对电子，在配对电子参与成键的 AO 满足对称匹配、能量相近以及最大重叠原则的情况下，两原子各自未配对的、自旋相反的电子相互配对。但是，若 O 和 H 原子成键时依据 OA 沿其角度分布最大值方向重叠，那么其键角∠HOH 应该是 90°，即 O 的 2 个 2p 轨道的角度，另一对未参与成键的 2p 电子（孤对电子）与两个成键轨道亦成直角。但是，事实上，水分子的键角远大于 90°。1931 年由 Pauling 和 Slater 等在电子配对基础上提出的杂化轨道理论在成键能力、分子的空间构型等方面丰富和发展了传统价键理论。Pauling 等认为，两个原子互相接近形成化学键时，其外层价电子排布会因对方电磁场的影响而发生变化。其结果是，为了增强二者的成键能力，中心原子中能量相近的不同类型的外层 AO 可以通过相互叠加进行重新组合，形成能量、形状和方向与原轨道均不相同的新的 AO。这种 AO 重新组合的过程称为 AO 的杂化，所形成的新的 AO 称为杂化轨道。显然，虽然杂化前后，体系总能量不变，但由于杂化后轨道的形状发生了变化，电子云分布集中在特定方向上，成键时轨道重叠程度增大，其成键能力比未杂化 AO 的成键能力强，形成的化学键更稳定。

2. 典型中心原子杂化方式和分子构型

以 C 为中心原子，当其与 4 个 H 原子形成 CH_4 时，其核外价电子层的 1 个 2s 轨道和 3 个 2p 轨道之间进行组合，形成 4 个等价的 sp^3 杂化轨道。这 4 个 sp^3 杂化轨道互相回避，最终互成 109°28′，使 CH_4 分子形成正四面体结构，即 C 原子在正四面体质心处，H 原子在顶点。在乙烯（C_2H_4）分子中，中心原子 C 采取的是 sp^2 杂化方式，即其核外价电子层的 1 个 2s 轨道和 2 个 2p 轨道（$2p_x$、$2p_y$）之间进行线性组合，形成 3 个等价的 sp^2 杂化轨道。这 3 个 sp^2 杂化轨道的轴向在一个平面上，互相回避，最终呈平面三角形；未参与杂化的 2p 轨道（$2p_z$）轴向垂直于这一平面。C_2H_4 中的 2 个 C 原子各以 1 个 sp^2 杂化轨道彼此沿轨道轴方向（头碰头）重叠，键轴和轨道轴重叠，MO 电子云呈圆柱形对称，形成 1 个 σ 键，同时各以 2 个 sp^2 杂化轨道分别与 2 个 H 原子的 1s 轨道形成 2 个 σ 键。在 $σ_{C-C}$ 键形成的同时，2 个 C 原子未参与杂化的 2p 轨道（$2p_z$）彼此沿平行轨道轴方向（肩并肩）重叠，形成 π 键。相似地，在 C_2H_2 中，中心原子 C 采取的是 sp 杂化方式，即其核外价电子层的 1 个 2s 轨道和 1 个 2p 轨道进行线性组合，形成 2 个等价的 sp 杂化轨道。这 2 个 sp 杂化轨道的轴向在一条直线上；未参与杂化的 2 个 2p 轨道轴向垂直于这一平面。因此 C_2H_2 是直线型分子，且在其 $σ_{C-C}$ 键形成的同时，2 个 C 原子未参与杂化的 2 个 2p 轨道彼此沿平行轨道轴方向（肩并肩）重叠，形成 2 个 π 键（图1-4）。由此可见，形成的杂化轨道数目等于原有的 AO 数目，即杂化前后 AO 的总数不变，且几个杂化轨道一般具有相同的能量（等性杂化），每个参加杂化的 AO 在所有杂化轨道中的成分之和为 1 （单位轨道的贡献）。此外，杂化轨道的空间伸展方向是一定的，采取了尽量互相回避的取向，杂化轨道的构型决定了分子的几何构型。除了同一层 s 和 p 的杂化，d 轨道由于能级交错的影响，可以与能量相近的 s 和 p 进行杂化，如空间构型分别为平面正方形、三角双锥形、八面体形等的 dsp^2、sp^3d、d^2sp^3 杂化等（周公度和段连运，2017；徐光宪等，2007）。

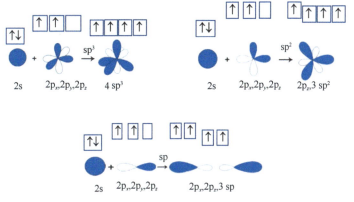

图 1-4　C 原子成键时的 3 种典型杂化示意图

　　仅仅知道污染物分子的元素组成对于了解其环境行为特征是远远不够的，分子的几何构型对其反应可产生重要的影响。中心原子的 AO 杂化方式决定了分子构型，这是因为杂化轨道之间力争在空间采取最大夹角的方式分布，使相互间的排斥能最小，这样形成的键才更稳定。不同类型的杂化轨道间夹角不同，成键后所形成的分子就具有不同的空间构型。氰化钠，其中 C 和 N 原子均为 sp 杂化，C 与 N 分别通过 1 个 sp 杂化轨道和 2 个未参与杂化的 2p 轨道形成 1 个 σ 键和 2 个 π 键，分子呈直线型。水分子中 O 原子采取 sp^3 杂化，其中 2 个单电子占据的 sp^3 杂化轨道分别与 2 个 H 的 1s 轨道重叠形成 σ 键，而 2 对最外层孤对电子在另外 2 个 sp^3 杂化轨道上；分子整体呈四面体形（考虑孤对电子）。三聚氰胺中的 N 原子则存在 2 种杂化方式（图 1-5）。三聚氰胺氮杂环中的 N 原子采取 sp^2 杂化，其中 2 个单电子占据的 sp^2 杂化轨道分别与 2 个 C 的 sp^2 轨道重叠形成 σ 键，而另外 1 个 sp^2 杂化轨道由孤对电子占据，其未参与杂化的 2p 轨道则与 C 未参与杂化的 2p 轨道形成 π 键。三聚氰胺不在杂环中的 N 原子为 sp^3 杂化，其中 3 个单电子占据的 sp^3 杂化轨道分别与 2 个 H 的 1s 轨道以及 1 个 C 的 sp^2 轨道重叠形成 σ 键，而另外 1 个 sp^3 杂化轨道由孤对电子占据。后者也是氨基酸中氨基 N 的杂化方式。

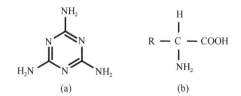

图 1-5　三聚氰胺（a）和氨基酸（b）分子结构示意图

1.1.3　污染物性质与反应活性的结构基础

1. 化学键对污染物稳定性和反应活性的影响

　　污染物分子由其组成原子通过化学键相互连接而成，化学键的性质自然会对污染物分子产生影响。例如，最基本的键长与键焓相对值在一定程度上决定了特定环境反应能否进行及其反应进行的快慢。这是因为在一定环境温度和压力下，若反应熵变 ΔS 对体系吉布斯自由能变化 ΔG 的影响可以忽略，且期望非体积功近似为零，那么反应前后体系的焓变 ΔH 就决定了反应能否自发进行（沈文霞等，2016）。考虑到焓变对反应的影响主要体现在原子间结合的紧密程度上，因此体系反应焓变可以由反应物和生成物的键能差来近似表征，这意味着污染物分子的键能对其环境反应热力学可能性和动力学特征影响显著。而键长、键序、键能三者间的关系遵循以下规则：同一原子的键长越长，则键能越小，成键原子间的结合力越弱。反之，键序增加，键长减小，键能增大，成键原子间结合力增强。例如，C—C 键的平均键长为 1.54Å，键焓为 348kJ/mol，而 C≡C 键的平均键长（1.34Å）仅比 C—C 单键缩短了 13%，但是键焓（612kJ/mol）却增大了 0.76 倍。一般来说，键序相同时，键能越大，破坏该键就越困难，由此类型化学键组成的物质就越稳定。从化学键类型看，σ 键比 π 键具有更高的热力学稳定性。从电子只能在成键原子之间游走或者可扩展到共轭体系的所有原子周围游走看，电子的离域运动增大了反应的不确定性，使参与反应的位点明显增多，产物也更多样化。

以污染物的直接光解为例，光化学第一定律明确指出只有被分子吸收的光才能引起光化学反应。分子从外界吸收能量后，可引起分子能级的跃迁，即从基态能级跃迁到激发态能级。跃迁时分子吸收能量具有量子化的特征，即分子只能吸收两个能级之差的能量。从能级差高低看，原子核（ΔE_n）、核外电子（ΔE_e）、分子振动（ΔE_v）、分子转动（ΔE_r）能级差由高到低为 $\Delta E_n > \Delta E_e > \Delta E_v > \Delta E_r$。电子能级差 ΔE_e 在 1～20 eV 范围，电子跃迁产生的吸收光谱在紫外–可见光区，是紫外及可见光谱（又称分子电子光谱）。因此，环境光化学反应的有效光是可见光和紫外光（图 1-6）。而分子振动能级差 ΔE_v 为 0.025～1eV，跃迁产生的吸收光谱位于红外区，是红外光谱（又称分子振动光谱）。分子转动能级差 ΔE_r 为 0.005～0.025eV，跃迁产生的吸收光谱位于远红外区，是远红外光谱（又称分子转动光谱）。因此，分子中电子能级跃迁的同时，总伴随有振动和转动能级间的跃迁。电子光谱中总包含振动能级和转动能级间跃迁谱线，因而呈现宽谱带而非单谱线特征。污染物的分子光谱是一带状光谱，其包含若干谱带系，一个谱带系含若干谱带，同一谱带内又含若干光谱线。

分子中吸收光子能量进行电子能级跃迁的价电子分别为 σ 电子、π 电子和 n 电子。从跃迁所需能量看，n→π* < π→π* ≤ n→σ* < σ→σ*；而且多一个共轭双键，吸收红移 30nm。这说明，污染物分子不饱和度高、有芳香性。有 N、O 等有孤对电子的杂原子或者与过渡金属配合等，均可使其吸收光谱红移。由式（1-2）可知，污染物能否吸收特定波长的光取决于其价电子跃迁的能级差是否与光子的能量相匹配。而这一能量与污染物分子中相关化学键的键能直接相关。例如，键能 243kJ/mol 的 Cl—Cl 单键的吸收波长大致为 493nm，键能 465kJ/mol 的 O—H 单键的吸收波长大致为

257nm。由于能激发地球表面污染物光化学变化的太阳辐射波长范围为 290～600nm（图 1-6），因此污染物分子中 O—H 不能吸收环境光子而被直接光解，但是氯气分子有直接光解的可能。

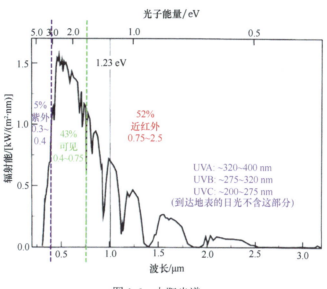

图 1-6　太阳光谱

2. 污染物分子的三维结构及其环境意义

污染物分子的几何构型和环境优势构象对其环境赋存形态与转化反应均具有重要的影响。例如，2 种典型的 C10-短链氯化石蜡：4,4,6,6-四氯正癸烷和 5,5,6,6-四氯正癸烷，分子中氯的不同取代模式对其环境构型选择具有决定性作用。当氯取代发生在相邻碳上时，氯原子之间的斥力使得分子中 Cl—C—C—Cl 和 H—C—C—Cl 均优先选择 *trans* 构型；而当氯原子在间隔位置上取代时，则体现出显著的 *gauche* 构型（图 1-7）。这一现象不仅源于氯原子间增大的距离使得其斥力大大减少，分子内非共价作用 H···Cl 和 H···H 的形成对 H—C—C—Cl 的 *gauche* 构型更是起到了一定稳定作用。进一步分析 4,4,6,6-四氯正癸烷分子特征构型中非共价作用的化学本质，发现分子内 H···Cl 作用源于电子密度减少区与电子密度增加区的作用，属于给体–受体类型的弱氢键作用，而 H···H 为电子密度减少区之间的作用，属于较强的范德瓦耳斯作用。考虑到短链氯化石蜡的环境转化过程均涉及一定的空间取向，例如，亲核取代反应无论是经由 SN1 还是 SN2 路径，其关键步骤均对污染物分子结构有一定的立体选择性，环境条件的优势构象不一定是适合反应的构象。这就提示我们当反应物互相接近时，污染物分子会由环境优势构象向反应有利构象转变。

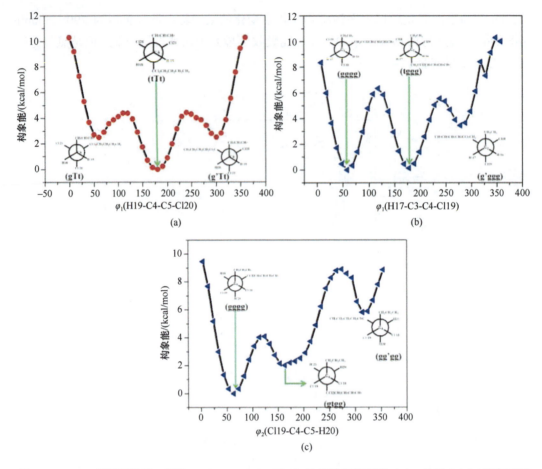

图 1-7　5,5,6,6-四氯正癸烷二面角 φ_1（H19-C4-C5-Cl20）的扭转势能面图（a）、分子 4,4,6,6-四氯正癸烷二面角 φ_1（H17–C3–C4–Cl19）（b）和 φ_2（Cl19–C4–C5–H20）（c）的扭转势能面图

每个二面角均每隔 10° 扭转一次

　　手性是污染物三维结构的另一个典型特征。两种互为镜像关系且不能重叠的分子称为手性分子或对映异构体。污染物分子的手性通常是因其含有的不对称碳等手性原子引起的，手性碳的一个典型特征是其连接的 4 个基团互不相同。氨基酸、核酸等生命组成分子就是具有手性的，图 1-8 中给出了天冬氨酸、精氨酸等例子。虽然手性分子的化学组成完全相同，但其环境转化和毒性效应可能完全不同，即存在高度的手性选择。现药界巨头瑞士诺华的前身之一 Ciba 于 1953 年合成的药物沙利度胺（又名反应停）就是一个发人深思的案例。因 R-型沙利度胺具有一定的镇静安眠作用，对孕妇怀孕早期的妊娠呕吐疗效极佳；但是 S-型沙利度胺却有强烈致畸作用。对药物分子手性认知的缺失，导致上万名"海豹肢畸形"胎儿病例。而手性污染物更是种类各异，仅目前我国使用的农药超 1/4 就是手性农药，其中包括有机磷类、有机氯类、拟除虫

菊酯类、苯氧羧酸类、三唑类、酰胺类等。手性污染物不仅在其生物活性和生态危害方面存在对映体差异性，其对映体在环境中的降解转化和归趋往往也存在明显的差异，其中与生物大分子选择性结合是很重要的一方面。早在 2000 年，普渡大学的 Mesecar 等在 *Nature* 发文提出了针对手性选择的四面体蛋白质立体特异性模型，指出手性分子在体内靶点识别方面具有显著的对映体差异。只有在对映体水平上研究手性污染物的环境行为，揭示其环境归趋和生态效应，才能更准确地评估其环境风险及其对人类健康的影响（刘维屏，2018）。

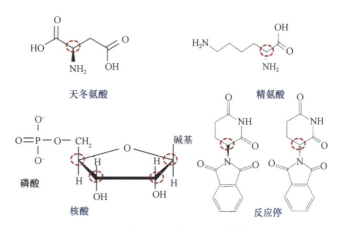

图 1-8　手性分子及其不对称碳原子

3. 污染物的赋存状态、理化性质对结构的依赖

污染物的环境赋存状态受其自身结构影响很大。以金属为例，其在环境中的配合物便受其离子的核外电子排布特征影响。根据 Lewis 酸碱理论，电子受体是 Lewis 酸，电子给体是 Lewis 碱。这样一来，配合物的形成就可以看作 Lewis 酸（中心原子）和 Lewis 碱（配体）之间的作用。1963 年 Pearson 总结出了软硬酸碱规则，指出硬酸倾向于和硬碱结合，而软酸则倾向于和软碱结合，这样形成的配合物更稳定。而硬酸与软碱或软酸与硬碱形成的配合物稳定性弱于前者，交界酸碱形成的配合物稳定性也不高。其中硬酸是比较好的电子受体，离子氧化态高，极化作用弱，不易变形，没有易被激发的外层电子；软酸接受电子能力弱于硬酸，离子氧化态低，极化作用强，易变形，有诸如 d 电子等易被激发的外层电子。相应地，硬碱是给出电子能力强，原子电负性高，不易变形，难以被氧化；软碱则是给出电子的原子电负性低，易变形，容易被氧化。从核外电子排布看，金属离子可以分为 A、B 和过渡型 3 种，A 型金属离子外层电子数为 8 个，电子构型达到了惰性气体稳定构型（ns^2np^6），电子云各向同性，不易发生极化作用。而 B 型金属离子外层电子数为 10 个或 12 个，电子构型类似 Ni^0、Pd^0 和 Pt^0，电子云各向异性，容易发生极化作用。过渡型金属离子外层电子数为 1～9 个。A 型金属离子和 Cr^{3+}、Mn^{3+}、

Fe^{3+}、Co^{3+}、UO_2^{2+}、VO^{2+}、BF_3、BCl_3、SO_3、RSO_2^+、RPO_2^+、RCO^+和 R_3C^+等是硬酸，除了 Zn^{2+}、Pb^{2+}和 Bi^{3+}等 B 型金属离子以及 I_2 等是软酸。而 M^{2+}（M 是过渡金属）、Zn^{2+}、Pb^{2+}、Bi^{3+}、SO_2、NO^+和 $B(CH_3)_3$ 等是交界酸。F^-、O^{2-}、OH^-、H_2O、Cl^-、NO_3^-、ClO_4^-、SO_4^{2-}、CO_3^{2-}、HCO_3^-、PO_4^{3-}和 ROH 等是硬碱，I^-、SCN^-、CN^-、CO、H^-、$S_2O_3^{2-}$、C_2H_4、RS^-和 S^{2-}等是软碱，N_3^-、Br^-、NO_2^-、N_2、SO_3^{2-}等是交界碱。因此，汞因其二价离子电子构型是$[Xe]5d^{10}$，为 B 型金属离子，归属软酸，所以易与 S^{2-}、R_2S、RSH、SCN^-、CN^-等软碱形成配合物，生物体内的汞多以甲基汞和二甲基汞形式存在。24 号元素 Cr 电子构型是$[Ar]3d^55s^1$，因此 Cr^{6+}电子组态与 Ar 相同，最外层只有 8 个电子，是硬酸，其与 F^-、O^{2-}、OH^-、Cl^-、NO_3^-、ClO_4^-、SO_4^{2-}、HCO_3^-、PO_4^{3-}、ROH 等硬碱易形成稳定配合物。相比 Cr^{3+}，Cr^{6+}毒性高 100 倍。

在分子结构中，"软"意味着电子云容易形变，即电子的定域性不强，容易通过电子云变形而形成共价键；而"硬"则意味着电子云被较紧密束缚在原子核周围，因此成键时可能会以离子键或极性共价键形式为主。1968 年，Klopman 利用微扰理论将这种经验性的定性认识定量化，导出了 A 与 B 基团成键时前线轨道相互作用的能量变化（即稳定化能）。研究提示对于酸碱反应，具有较高电离能的碱，不会倾向于给出电子以形成共价键来稳定配合物，因此必须与最低未占轨道的能量较高的酸形成电荷相互作用。一个酸的最低未占轨道能量高，其电子亲和能就低（此处电子亲和能的定义是 −1 价离子失去电子所需的能量）。反之，若碱的电离能低，给出电子可以通过成键而稳定化，对应酸的最低未占轨道能量就相对低，其电子亲和能就高。Klopman 的微扰理论说明离子的电子亲和能与电离能在确定软硬性标度中具有重要意义，Pearson 和 Parr 于 1983 年定义了化学硬度（chemical hardness），近似可以表示为电离能与电子亲和能差值的 1/2。

软硬酸碱规则在实际环境污染物赋存状态的解析中发挥了重要作用。例如，2005 年我国浙江台州地区加强了对电子垃圾拆解活动的管理，当地稻米中污染物的含量随之下降。然而，由于金属和持久性有机污染物自身性质各异，具有一定挥发性和高亲脂性的持久性有机污染物与难以挥发且具有一定水溶性的重金属在稻米污染途径上应是不同的，前者大气沉降等不可忽略，后者根部吸收等比例较大。这种途径依赖性提示我们在电子垃圾拆解活动规范化后稻米中持久性有机污染物浓度会显著下降而重金属并非如此。此外，Cd(Ⅱ)是典型软酸，在台州地区红壤中其与硬碱形成的重碳酸盐等固相的稳定性明显弱于过渡酸 Cu 和 Pb 形成的固相。由此可预见，不同金属差异化结合决定了其生物有效性；诸如镉这类生物有效性高且土壤原有污染严重的重金属在当地大米中的污染水平不会因排放减少而降低，其对粮食安全产生的风险不可低估（图 1-9）。

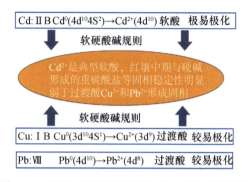

图 1-9 三种重金属离子差异化的土壤生物有效性

污染物的溶解度、饱和蒸气压、酸碱性、光稳定性等性质都受其分子结构控制。以溶解度为例，在一定温度下将不溶于水的纯有机液体、固体或气体加入纯水中，一部分有机分子将离开有机（凝聚）相，溶解于水相，同时一部分水分子将进入有机相。当在一定温度下达到平衡时，水中有机分子的量就是其水溶解度。而由于污染物结构的差异，其在水中的溶解度可以相差超过 10 个数量级。例如，酚羟基在水中可以弱解离，所以苯酚在水中的表观溶解度远高于苯。关于非极性和极性有机污染物溶解过程中水的作用仍未达成绝对共识，一种观点认为水分子在有机分子的周围形成了与其他水分子间氢键不同的类冰结构，这一效应会引起焓（能量）增加和熵（自由度）减少；另一种观点则认为非极性溶质周围的水分子保持了自身分子间氢键，但是没有增强该氢键网。无论如何，有机污染物在水溶液中的溶解度主要取决于分子体积、形状和氢键供体/受体性质。对于非极性的大分子污染物，与参照状态比较，其过剩焓占优势。

1.2 污染物环境过程与生物效应的化学本质

污染物是以分子为基本单位的，而丰富多彩的自然环境基本单位也是分子。污染物的环境行为与生物效应实质就是其对环境原有组成分子构成平衡的破坏。鉴于本科阶段已经对水环境、土壤环境、大气环境和生物体组成有所了解，此处仅选 2～3 个环境化学案例来介绍污染物的环境过程与生物效应。

1.2.1 天然水体的碳酸盐平衡

CO_3^{2-} 和 HCO_3^- 对维持水体的 pH 具有重要意义。而水中溶解的 CO_2 因与大气存在挥发-溶解平衡，因此，其大气-水交换及其碳酸盐固相的溶解-沉淀平衡对水体 pH 的影响不可忽略。对于封闭体系，不存在大气 CO_2 的水相溶解，CO_2 分压 $P_{CO_2}=0$，所以碳酸盐固相溶于水是水中溶解碳酸形态（即 H_2CO_3、HCO_3^- 和 CO_3^{2-}）的主要来源 [如式（1-4）和式（1-5）]。对于开放体系，在 CO_2 分压较低的情况下，溶解的 CO_2 [$CO_2(aq)$] 生成

的弱酸 H_2CO_3 有限，水溶解 $CaCO_3(s)$ 生成的 HCO_3^- 占据优势，因此式（1-6）比式（1-7）更合理。但是，对于与大气相通并保持气液平衡的开放水环境，体系中的碳酸盐主要由式（1-7）决定。假设一定温度下，式（1-7）的平衡常数为 K，通常空气中 CO_2 含量为 0.0314%（体积分数），水在 25℃时的蒸气压为 0.0313atm①，CO_2 亨利常数 K_H 为 3.38×10^{-2}mol/（L·atm）（25℃），H_2CO_3 酸离解常数 $K_{a1}=4.45\times10^{-7}$、$K_{a2}=4.69\times10^{-11}$，$CaCO_3$ 的 pK_{sp} 为 8.32。可以得到开放天然水环境中重碳酸根浓度和 pH 的理论估算值（图 1-10），重碳酸根浓度为 1.00×10^{-3}mol/L。

$$CaCO_3(s)+H_2O \rightleftharpoons Ca^{2+}+HCO_3^-+OH^- \tag{1-4}$$

$$2CaCO_3(s)+H_2O \rightleftharpoons 2Ca^{2+}+HCO_3^-+CO_3^{2-}+OH^- \tag{1-5}$$

$$2CaCO_3(s)+H_2CO_3 \rightleftharpoons 2Ca^{2+}+2HCO_3^-+CO_3^{2-} \tag{1-6}$$

$$CaCO_3(s)+H_2CO_3 \rightleftharpoons Ca^{2+}+2HCO_3^- \tag{1-7}$$

$$\begin{array}{lcll} CaCO_3(s) & \rightleftharpoons & Ca^{2+}+CO_3^{2-} & K_{sp} \\ CO_3^{2-}+H^+ & \rightleftharpoons & HCO_3^- & 1/K_{a2} \\ +\ H_2CO_3 & \rightleftharpoons & H^++HCO_3^- & K_{a1} \\ \hline CaCO_3(s)+H_2CO_3 & \rightleftharpoons & Ca^{2+}+2HCO_3^- & K=K_{sp}\cdot K_{a1}/K_{a2} \end{array}$$

$$\longrightarrow [HCO_3^-]^3=K\cdot\{2K_H\cdot P_{CO_2}\}=2K_{sp}\cdot K_{a1}\cdot K_H\cdot P_{CO_2}/K_{a2}$$

同时可得水体pH：

$$H_2CO_3 \rightleftharpoons H^++HCO_3^- \quad K_{a1}$$

$$[H^+]\cdot[HCO_3^-]/[H_2CO_3]=K_{a1}$$

$$[H^+]=K_{a1}\cdot[H_2CO_3]/[HCO_3^-]$$

$$=K_{a1}\cdot\{K_H\cdot P_{CO_2}\}/\{2K_{sp}\cdot K_{a1}\cdot K_H\cdot P_{CO_2}/K_{a2}\}^{1/3}$$

图 1-10 开放天然水环境中重碳酸根浓度和 pH 的理论计算

1.2.2 降水的 pH

同理可推算出降水的 pH。工业生产排放出来的 SO_2 等被烟尘中的金属离子催化氧化后，与大气中的水汽结合成为雾状的酸，随雨水下落，就形成了酸雨。一般酸雨的主要致酸成分是 H_2SO_4 和 HNO_3，它们占酸雨总酸量的 90%以上。2014 年我国酸雨污染主要分布在长江以南–青藏高原以东地区，主要包括浙江、江西、福建、湖南、重庆的大部分地区，以及长江三角洲、珠江三角洲地区。470 个监测降水的城市中，酸雨频率均值为 17.4%。出现酸雨的城市比例为 44.3%，酸雨频率在 25%以上的城市比例为 26.6%，酸雨频率在 75%以上的城市比例为 9.1%。②我国降水中的主要阳离子为碱性 Ca^{2+} 和 NH_4^+，分别占离子总当量的 25.1%和 13.6%，主要阴离子为 SO_4^{2-}，占离子总当量的 26.4%；

① 1 atm=1.01325×10⁵ Pa。

② 引自环境保护部《2014 年中国大气环境调查报告》。

NO_3^- 占离子总当量的 8.3%。因此，我国酸雨主要致酸成分是硫酸盐。如果不考虑雨水这些酸性和碱性物质，天然雨水中的酸性成分只考虑气态 CO_2 的贡献，那么可以写出式（1-8）～式（1-10）后得到总反应式（1-11）。由此假设 $[H^+]=[HCO_3^-]$，式（1-11）的平衡常数 $K=K_H \cdot K_{a1}$。由亨利定律得到 $[CO_2(aq)]=K_H \cdot P_{CO_2}$，由酸解离平衡得到 $[H^+] \cdot [HCO_3^-]/[H_2CO_3]=K_{a1}$，因此 $K_{a1} = [H^+]^2/(1.028 \times 10^{-5}) = 4.45 \times 10^{-7}$，$[H^+] = [HCO_3^-] = (1.028 \times 10^{-5} \times 4.45 \times 10^{-7})^{1/2}$，$pH = -lg[H^+] = 5.67$。其他酸碱性物质对于大气酸碱度的影响可以在此基础上叠加。

$$CO_2(g) \Longrightarrow CO_2(aq) \tag{1-8}$$

$$CO_2(aq) + H_2O \Longrightarrow H_2CO_3 \tag{1-9}$$

$$H_2CO_3 \Longrightarrow HCO_3^- + H^+ \tag{1-10}$$

$$CO_2(aq) + H_2O \Longrightarrow HCO_3^- + H^+ \tag{1-11}$$

1.2.3　臭氧的生成与分解

1930 年英国物理学家 Sideny Chapman 提出的查普曼机制揭示了清洁平流层臭氧（O_3）的自然生成与分解途径，这一机制称为纯氧机制[式（1-12）～式（1-14）]。由式（1-12）和式（1-13）可知，氧气分子在清洁平流层中分解生成活泼氧原子，这是一个慢步骤；而活泼氧原子和氧气分子很快结合生成 O_3。虽然在臭氧层中心 O_3 可吸收来自太阳紫外辐射形成的活泼氧原子，但由于活泼氧原子很快可与氧气分子反应重新生成 O_3，因此真正的 O_3 清除途径是 O_3 与 $O\cdot$ 的反应[式（1-14）]。清洁平流层中 O_3 的生成和消除过程同时存在，且处于动态平衡，故臭氧层的 O_3 浓度保持恒定。然而，人类活动导致氮氧化物、氯氟烃等污染物进入平流层，在平流层形成了 NO、NO_2 等 NO_x、H、OH、HO_2 等 HO_x，Cl、ClO、Br、BrO 等 ClO_x 和 BrO_x 等高活性物种，加速了 O_3 的消除过程，破坏了臭氧层的稳定状态。这些活性基团在加速臭氧层破坏的过程中近似起到催化剂 X 的作用，其净反应是 O_3 的消除。所以这一破坏机制又称为催化机制[式（1-15）]。比利时学者 Marcel Nicolet 认为羟基（OH）和 HO_2 等基团的存在会加剧 O_3 分解。荷兰科学家 Paul Crutzen 于 1970 年指出，氮氧化物（NO 和 NO_2）可以对 O_3 的分解起到催化作用，从而造成 O_3 含量的迅速减少。大气中的氮氧化物除了来自工业生产、汽车尾气等，还可通过地表微生物转化释放的 N_2O 分解而来，而土壤中微生物与臭氧层厚度间的联系已被 Paul Crutzen 证实。美国研究者 Harold Johnston 对氮氧化物分解 O_3 能力给予极大的关注，并进行了大量的现场检测。他于 1971 年指出，超音速飞机飞行在海拔 20km 高空（正好是臭氧层的中心），它们所释放的氮氧化物很可能给臭氧层带来威胁。1974 年 Molina 和 Rowland 指出对流层化学惰性的氯氟烃可以缓慢迁移至臭氧层，受强烈紫外线照射而分解产生活泼氯原子，游离氯与 O_3 发生化学反应并显著破坏 O_3 平衡。美国的

Richard Stolarsk 和 Ralph Cicerone 也证实大气中的氯原子可像氮氧化物那样催化分解 O_3。这些研究使得氯氟烃的使用和排放在 20 世纪 70 年代末到 80 年代初得到一定程度的控制。但直到 1985 年人们发现南极上空出现臭氧洞后,限制氯氟烃排放问题才成为国际谈判桌上的一个极为紧急的议题。当然,Joseph Farman 和他的同事认为南极上空 O_3 严重消耗的现象,不能仅从气相化学反应去解释,一定还存在某种可以加速 O_3 分解的新机理,如平流层云雾粒子表面进行的化学反应。南极 O_3 消耗与南极持续的极低温度有关,低温导致了水和硝酸凝聚成"极地平流层云",这种云雾粒子极大地加剧了 O_3 分解。这一机理导致了一个大气环境化学新分支——微粒表面"多相化学反应"的兴起。

$$O_2 \longrightarrow O\cdot + O\cdot \tag{1-12}$$

$$O\cdot + O_2 \longrightarrow O_3 \tag{1-13}$$

$$O_3 + O\cdot \longrightarrow 2O_2 \tag{1-14}$$

$$X + O_3 \longrightarrow XO + O_2 \tag{1-15}$$

习　题

1. 深层地下水采集水样的瓶子没有盖紧,存在漏气现象,在回到实验室后水样变浑浊。已知地下水中含有较多铁离子,请尝试解释发生的化学现象,并说明原因。

2. 请谈谈你对于不同价态铬离子污染环境赋存形态和毒性的认识与理解。

3. 请从污染物对生物体原有组成分子构成平衡的干扰和破坏角度,谈谈你对有机磷农药神经毒性的化学认识。

第2章　污染物环境迁移与转化的热力学和动力学基础

进入环境中的污染物会经历一系列的环境迁移与转化过程。这些过程极大地影响污染物的环境归趋、生物积累与毒性。污染物的化学结构决定了其环境迁移与转化行为。本章首先介绍污染物环境迁移与转化过程发生的吉布斯自由能判据；其次基于反应热力学，描述污染物环境迁移过程涉及的分子间相互作用与污染物的分配；再次从热力学与动力学角度出发，解析污染物环境转化的吉布斯自由能变化与反应平衡常数的关系，介绍反应速率常数与热力学参数之间的关系；最后对利用线性自由能相关模型预测和评估分配系数与反应速率常数进行简要介绍。

2.1　污染物环境迁移与转化过程发生的吉布斯自由能判据

吉布斯自由能又被称为吉布斯函数，是热力学中一个重要的参量，其定义为

$$G = U - TS + pV = H - TS \tag{2-1}$$

式中，G 为吉布斯自由能；U 为系统内能；T 为温度；S 为熵；p 为压强；V 为体积；H 为焓。

吉布斯自由能的微分形式为

$$dG = -SdT + Vdp + \mu dN \tag{2-2}$$

式中，μ 为化学势，也就是说每个粒子的平均吉布斯自由能等于化学势。

H、T、S 为状态函数，因此 G 也为状态函数。

相应地，体系中的吉布斯自由能变可表示为

$$\Delta G = \Delta H - T\Delta S \tag{2-3}$$

吉布斯自由能变是判断污染物环境迁移与转化过程进行方向的热力学判据。在恒温、恒压、非体积功为零的条件下，污染物环境迁移或转化过程中 $\Delta G < 0$ 时，该过程可正向自发进行；$\Delta G > 0$ 时，反应正向非自发进行（即逆过程可自发进行）。例如，汽车尾气的主要污染物是一氧化氮以及燃烧不完全所产生的一氧化碳，它们是重要的大气污染物。为减轻汽车尾气造成的大气污染，可通过 $2NO(g) + 2CO(g) \rightleftharpoons N_2(g) + 2CO_2(g)$ 这一反应来处理汽车尾气。已知 298K、101kPa 下该反应的 $\Delta H = -113.0$ kJ/mol，$\Delta S = -143.5$ J/(mol·K)，则 $\Delta G = \Delta H - T\Delta S = -70.24$ kJ/mol。$\Delta G < 0$，因此室温下该反应可自发进行（但该反应速率极慢，需加入合适的催化剂加快该反应的速率）。

根据式（2-3），当 $\Delta H < 0$、$\Delta S > 0$ 时，$\Delta G < 0$，污染物环境迁移或转化过程正向自

发进行；当 $\Delta H > 0$、$\Delta S < 0$ 时，$\Delta G > 0$，污染物环境迁移或转化过程正向非自发进行；当 $\Delta H > 0$、$\Delta S > 0$ 时，温度增加至某个值时，ΔG 由正值转为负值，即高温有利于反应正向自发进行；当 $\Delta H < 0$、$\Delta S < 0$ 时，温度降低至某个值时，ΔG 由正值转为负值，低温有利于反应正向自发进行。

污染物自发迁移过程中，含有污染物相的吉布斯自由能降低；在污染物自发转化过程中，涉及参与反应的分子吉布斯自由能降低。污染物转化过程还涉及其分子内能的变化。

2.2　污染物环境迁移的热力学基础

2.2.1　分子间相互作用

分子间同时存在着相互作用的引力与斥力。分子间引力是由分子中的缺电子区域吸引邻近分子相应的富电子部分引起的，可发生在任何分子之间。分子相互作用的总亲和力来自其各种引力的总和。静电引力发生在带相反电荷的极性分子之间，即由带负电的富电子区域与带正电的缺电子区域的相互作用引发。类似地，在荷电分子与非荷电分子之间、非荷电分子与非荷电分子之间也存在类似的缺电子区域吸引邻近分子富电子区域的分子间引力。

下面以非荷电分子间引力为例进行介绍。非荷电分子之间的相互作用可以分成两类。

第一类是存在于任何类型的分子之间的"非特殊"作用。这种非特殊作用通常称为范德瓦耳斯作用，包括如图 2-1（a）～（c）所示的三种类型。

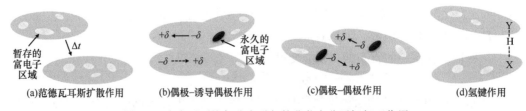

（a)范德瓦耳斯扩散作用　　（b)偶极–诱导偶极作用　　（c)偶极–偶极作用　　（d)氢键作用

图 2-1　由电子不均匀分布引起的非荷电分子间相互作用

（1）范德瓦耳斯扩散作用：这一作用可发生在氧气分子这样的非极性分子之间。平均时间内这些化合物在整个分子结构内电子分布相当均匀；但分子结构内电子会发生瞬间位移，产生暂存的富电子区域和缺电子区域。这种电子的瞬间位移会引起短时间暂存的分子内偶极，暂时偶极被邻近分子中的电子感应互补，就产生了分子间引力。特定分子或介质中的电子分布不均匀程度与它们的极化率有关。这些偶极随时间变化引起的分子之间引力能的强度与参与反应的系列原子的极化率乘积成正比。

（2）偶极–诱导偶极作用：偶极是化合物结构中电负性不同的原子相连（如一个氧

原子与碳原子成键）引起的。当这样一个带有永久偶极矩的分子（如丙酮）与平均时间内电子分布相对均匀的物质分子（如正构烷烃）共存时，前者会引起后者电子不均匀分布，由此引起的分子间引力与前者的偶极矩和后者的极化率的乘积成正比。

（3）偶极–偶极作用：在这种情况下，每个分子（如丙酮）的永久偶极矩使其按一定的方向排列，使得两个偶极按头尾相连的方式相互连接。这种引力的强度与两个相互作用分子的偶极矩的乘积成正比，并且受反应分子对的取向影响。

第二类作用如图2-1（d）所示，是由特定分子结构引起的特殊作用，是化合物结构中永久缺电子部分（如与氧原子相连的氢原子）和另一个分子相应的永久富电子位点（如氧和氮原子中的未成键电子）之间形成的相对较强的局部引力。这些特殊作用也称为极性作用，只在表现为结构互补的分子之间才可能发生。也就是说，一个分子中某部分作为电子受体（通常也称为氢键供体），另一个分子中某部分则作为电子供体（或氢键受体）。因此，极性作用可以归为电子供体–受体（electron donor-acceptor，EDA）反应或者氢键供体–受体（H-bond donor-acceptor，HDA）反应。

如果化合物仅表现出供体或受体性质而不是两个性质都表现出，称为单极性化合物，如含有醚官能团、酮官能团的化合物和带吸电子取代基的芳香环。既表现供体性质又表现受体性质的化合物称为双极性化合物，如含有氨基、羟基、羧基的化合物。

不存在电子供体–受体反应时，范德瓦耳斯作用是许多化合物分子与其环境相总引力的主要贡献因子。因此，厘清这种分子间作用及其与化合物结构的关系能够使我们建立化合物引力的基准。如果分子表现出的引力比从上述作用预测出的引力更强，那么说明存在着其他分子间作用力（如电子供体–受体作用）。为了说明其他作用及其对各种分配现象的影响，我们必须更详细地了解范德瓦耳斯扩散作用，因为其通常控制范德瓦耳斯作用。

选 读 内 容

疏水作用与芳香 π 作用

在描述分子间相互作用时也常会涉及疏水作用与芳香 π 作用的概念。

严格说来，疏水作用更像是描述一个过程，而非分子间的相互作用。向水溶液中加入非极性分子（如正构烷烃）的过程中，非极性分子的水相溶解首先需要破坏水分子之间的氢键，形成"空穴"；而非极性分子与接触的水分子之间不能形成氢键。因此，非极性分子的水相溶解将导致体系吉布斯自由能的升高。为了使体系吉布斯自由能降低，非极性分子周围的水分子倾向于将其排斥开，恢复水分子之间的氢键，这导致非极性分子互相聚集或在气/液界面发生有序排列。因此从热力学角度来讲，疏水作用来自非极性分子去溶剂化释放结合水过程引起的吉布斯自由能变化，体现了水分子之间的氢键作用（是主要的，起到"挤出"非极性分子的作用）、水分子与非极性分子之间的范德瓦耳斯作用以及非极性分子之间的范德瓦耳斯作用的综合影响。

很多污染物（如多环芳烃、多氯联苯）与吸附剂（如黑炭）含芳香结构，这些芳香结构可与其他基团存在分子间相互作用，主要包括阳离子-π 作用、阴离子-π 作用、H-π 作用、n-π EDA 作用、π-π EDA 作用、π-π 自堆积及其他极性-π 作用等（Keiluweit and Kleber, 2009）。这些芳香 π 作用涵盖了以上提及多种分子间相互作用，其相互作用能范围也较宽（可从几千焦每摩尔到大于 100 千焦每摩尔）。

2.2.2　污染物的分配作用

1. 污染物分配作用中涉及的"反应"

分配作用是指有机化合物通过分子间作用力被分配到两个相中。有机化合物 i 在两相 1 和 2 之间的分配过程类似于"化学键"的断裂和形成，但是这种"键"反应涉及比共价键更弱的分子间引力（如 2.1 节所示）。在分配过程中，如果化合物从相 1（即从相 1 中解吸）转移到一个不同的相 2（即吸收到相 2），我们可以得到式（2-4）的反应：

$$1{:}i{:}1+2{:}2 \leftrightarrow 1{:}1+2{:}i{:}2 \tag{2-4}$$

式中，冒号表示交换过程涉及分子间的"引力键"。这里将化合物放在两个数字之间，表示化合物 i 被分配在相 1（$1{:}i{:}1$）或相 2（$2{:}i{:}2$）中。该式表示在分配过程中，有机化合物 i 与相 1 分子间的"引力键"（$1{:}i{:}1$）被破坏，形成了 i 与相 2 分子间的"引力键"（$2{:}i{:}2$）；与此同时，相 2 分子间的"引力键"（$2{:}2$）被破坏，而相 1 分子间的"引力键"（$1{:}1$）被建立。

化合物在界面的分配吸附与分配交换式（2-4）不同。在界面分配情况中，分配过程被看作化合物吸附到相 2 表面的过程，如式（2-5）所示：

$$1{:}i{:}1+1{:}2 \leftrightarrow 1{:}1+1{:}i{:}2 \tag{2-5}$$

反应发生在相 1 和相 2 之间的界面。因此，与式（2-4）中相 2 和相 2 之间的"引力键"被打断的情况不同，在界面吸附的情况下，必须打断相 1 和相 2 之间的"引力键"，同时建立有机化合物 i 与相 1 和相 2 之间的"引力键"。

因此，分配作用的影响因素主要有三点：第一，分配过程两个分配相（即上面提到的相 1 和相 2）之间有多少种分子组合；第二，化合物 i 分子和分配相物质分子中存在的化学结构单元（如—CH_2—、—OH），这有助于我们确定控制"键"断裂和形成的作用力（分子间作用力）的类型；第三，有机化合物与相的接触面或反应数，这些在反应过程中会发生变化。

综上，分配作用的强度取决于化合物 i 的各基团是怎样与相 1 和相 2 的结构相互吸引的。所有这些断裂和形成的"引力键"的总和表示了两个竞争相（相 1 和相 2）与化合物 i 的相对亲和力。因为这些吸引力是由电子的不均匀分布引起的，所以我们需要考虑有机化合物的结构中和凝聚相（相 1 和相 2）中的富电子与缺电子区域。

2. 两相分配扩散能的相对强度

为了衡量两相分配扩散能的相对强度，我们首先以较为简单的有机化合物 i 的气-液两相分配为例进行说明。分子 i 离开气相，并进入（即吸收）物质 1 组成的液体 1，如式（2-6）所示：

$$i(g)+1:1 \rightarrow 1:i:1 \tag{2-6}$$

式中，括号中 g 表示 i 来自气相。在这一分配过程中，假设气相中进行的是理想行为，即忽略气相中分子间引力。因此，重点考虑分子 i 和液体 1 介质之间形成的作用。即使分子 i 的结构不会引起永久的电子不均匀分布，它与液体 1 之间至少也存在范德瓦耳斯扩散作用。

考虑分子 i 与分子 1 邻近，可将扩散作用能 $\Delta_{disp}g$（焦耳/次相互作用）表示为式（2-7）与式（2-8）：

$$\Delta_{disp}g = -\left(\frac{3}{2}\right)\left(\frac{I}{\sigma^6}\right)\frac{\alpha_i\alpha_1}{\left(4\pi\varepsilon_0\right)^2} \tag{2-7}$$

$$I = \frac{I_iI_1}{I_i + I_1} \tag{2-8}$$

式中，I_i 为化合物 i 的一级离子化能；I_1 为化合物 1 的一级离子化能；σ 为暂时偶极之间的距离；α_i 为化合物 i 的极化率；α_1 为化合物 1 的极化率；ε_0 为真空介电常数。

通常，化合物分子的 I 值在 8~12eV，分子间 I 值的差异与分子体积有关。分子极化率 α 表示 10^{-15}s 的瞬时附加电场引起电子不均匀分布的能力。分子极化率 α 与折射率有关，可用洛伦茨–洛伦兹（Lorenz-Lorentz）方程表示：

$$\frac{\alpha_i}{4\pi\varepsilon_0} = \left(\frac{n_{D_i}^2-1}{n_{D_i}^2+2}\right)\left(\frac{3M_i}{4\pi\rho_i N_A}\right) \tag{2-9}$$

式中，n_{D_i} 为化合物 i 的折射率；M_i 为化合物 i 的摩尔质量；ρ_i 为化合物 i 的密度；N_A 为阿伏加德罗（Avogadro）常数。

因此，可用化合物的折射率估算其极化率。

假设分子是球形的，则可得

$$\frac{M_i}{\rho N_A} = \frac{4\pi}{3}\left(\frac{\sigma}{2}\right)^3 \qquad (2\text{-}10)$$

假设邻近分子暂时偶极之间的距离等于这些分子半径之和，则可得

$$\frac{3M_i}{4\pi\rho N_A} = \frac{\sigma^3}{8} \qquad (2\text{-}11)$$

将式（2-11）代入式（2-9），再代入式（2-7），则可得

$$\Delta_{disp}g = -\frac{3I}{256}\left(\frac{n_{D_i}^2 - 1}{n_{D_i}^2 + 2}\right)\left(\frac{n_{D_1}^2 - 1}{n_{D_1}^2 + 2}\right) \qquad (2\text{-}12)$$

即分子 i 与分子 1 之间的扩散作用能 $\Delta_{disp}g$ 与分子 i 和分子 1 的一级离子化能（I）及 i 的折射率（n_{D_i}）有关。

当然，分子 i 不只与一个溶剂分子 1 反应，而是被大量的分子 1 包围。"化学配比"（即分子 i 对分子 1 的比值）可以用分子 i 的总表面积 TSA_i（m^2）和分子 i 与溶剂分子的接触面积 CA（m^2）的比值表示。因此，分子间总扩散作用能 $\Delta_{disp}G$（J/mol）可以表示为式（2-13）：

$$\begin{aligned}
\Delta_{disp}G &= N_A \Delta_{disp}g \\
&= -N_A \frac{TSA_i}{CA} \frac{3I}{256}\left(\frac{n_{D_i}^2 - 1}{n_{D_i}^2 + 2}\right)\left(\frac{n_{D_1}^2 - 1}{n_{D_1}^2 + 2}\right)
\end{aligned} \qquad (2\text{-}13)$$

考虑到分子 i 与溶剂分子的接触面积（CA）、一级离子化能等参数相对不变，则可得

$$\Delta_{disp}G \approx -c\cdot(TSA_i)\left(\frac{n_{D_i}^2 - 1}{n_{D_i}^2 + 2}\right)\left(\frac{n_{D_1}^2 - 1}{n_{D_1}^2 + 2}\right) \quad (c\ \text{为常数}) \qquad (2\text{-}14)$$

以上结果表明，化合物进入不同介质（即改变介质 1 的化学性质）的相对趋势取决于（或至少部分取决于）可预测的扩散引力（主要与分子 i 的总表面积以及折射率等有关）。如果化合物的分配高于总扩散作用能 $\Delta_{disp}G$ 的预测，则表明化合物结构和反应介质中存在的官能团能够发生其他分子间引力。

3. 平衡分配常数

为探讨分子结构是如何引起分子间引力的以及这些引力是如何影响相分配的，引进一个定量描述平衡时每相中有机化合物 i 的相对丰度的参数。首先认为化合物 i 在相 1 和相 2 之间的分配是可逆的，将分配过程看作一个反应，将相 2 中的 i 看作反应物，相 1 中的 i 为生成物。因此平衡态可以用式（2-15）所示的平衡分配常数 K_{i12} 来描述：

$$K_{i12} = \frac{\text{相 1 中} i \text{的浓度}}{\text{相 2 中} i \text{的浓度}} \qquad (2\text{-}15)$$

根据玻尔兹曼方程，K_{i12} 与吉布斯自由能 $\Delta_{12}G_i$ 有关：

$$K_{i12} = 常数 \cdot e^{-\Delta_{12}G_i/RT} \tag{2-16}$$

$$\ln K_{i12} = -\frac{\Delta_{12}G_i}{RT} + \ln(常数) \tag{2-17}$$

式中，$\Delta_{12}G_i$ 为化合物 i 从相 2 转移到相 1 的自由能；R 为气体常数，为 8.31J/（mol·K）；T 为凯尔文绝对温度。式（2-16）、式（2-17）中的常数与如何表达化合物在两相中的丰度（如分压、摩尔分数或摩尔浓度）有关。$\Delta_{12}G_i$ 表示标准状态下化合物 i 分子离开相 2 进入相 1 的自由能变化，因此 $\Delta_{12}G_i$ 是去除和加入化合物 i 时两相中分子间作用变化引起的焓与熵效应的和。这些变化可能由化合物 i 和化合物分配的本体相分子间作用（如化合物 i 与相 1 相互作用）的变化引起，也可能由本体相分子本身作用的变化引起（如相 1 与相 1 相互作用）。如果 $\Delta_{12}G_i$ 是负值，相对于相 2 化合物会更趋向于留在相 1（如果 $\Delta_{12}G_i$ 是正值，则反之）。将 $\ln K_{i12}$ 的相对大小作为 i 分子结构的函数，我们可以理解在何种情况下特殊分子作用比较重要。

4. 分子能量的热力学函数量化

为描述混合在周围环境物质中的化合物 i 的平均能量状态，吉布斯引进一个表示这一体系中总自由能 G（J）的物理量，它表示为存在的所有不同组成贡献的总和：

$$G(p,T,n_1,n_2,\cdots,n_i,\cdots,n_N) = \sum_{i=1}^{N} n_i \mu_i \tag{2-18}$$

式中，n_i 为含有 N 个化合物的体系中化合物 i（用摩尔表示）的量，mol；μ_i 为化合物的化学势，J/mol。

其中，化学势 μ_i 表示恒定的温度、压力条件下，组分中每增加一个化合物 i，体系增加的吉布斯自由能：

$$\mu_i \equiv \left(\frac{\partial G}{\partial n_i}\right)_{T,p,n_j(j \neq i)} \tag{2-19}$$

因此，μ_i 等于化合物的偏摩尔自由能 G_i（J/mol），与偏摩尔焓 H_i（J/mol）和偏摩尔熵 S_i ［J/（mol·K）］有关：

$$\mu_i \equiv G_i = H_i - TS_i \tag{2-20}$$

吉布斯认为，能够用化学势评估化合物 i 从一个体系转移到另一个体系或在体系内转变的趋势。然而，化学势难以通过直接的方式获得。相对于观察一个体系并试图定量由各种化合物引起的所有化学势，评价分子逸出体系的趋势更为可行。

下面以简单的气相体系为例进行说明。对于理想气体，在恒定的温度下，气体化合物 i 化学势的变化与相应的压力变化相关：

$$\left(\mathrm{d}\mu_{ig}\right)_T = \frac{V}{n_{ig}}\mathrm{d}p_i \tag{2-21}$$

用 RT/p_i 代替 V/n_{ig}，则：

$$\left(\mathrm{d}\mu_{ig}\right)_T = \frac{RT}{p_i}\mathrm{d}p_i \tag{2-22}$$

通过式（2-22）可知，虽然化学势的绝对值不能直接测定，但可通过测定压力的变化或气相中物质的量的变化来衡量化学势的变化。对式（2-22）积分

$$\int_{\mu_{ig}^{\Theta}}^{\mu_{ig}}\left(\mathrm{d}\mu_{ig}\right)_T = RT\int_{p_i^{\Theta}}^{p_i}\frac{1}{p_i}\mathrm{d}p_i \tag{2-23}$$

可得

$$\mu_{ig} = \mu_{ig}^{\Theta} + RT\ln\left[\frac{p_i}{p_i^0}\right] \tag{2-24}$$

式（2-23）和式（2-24）中的 μ_{ig}^{Θ} 指标准压力（通常为 100kPa）下的标准化学势。

对于理想气体，气体分子间作用力可忽略，气体分子 i 的"逸出趋势"（即逸度 f_{ig}）等于其产生的压力 p_i。

$$f_{ig} = p_i \tag{2-25}$$

对于真实气体，不能忽略气体分子间作用力（对于液体和固体更是如此）。因此，气体分子 i 的逸度 f_{ig} 等于其产生的压力 p_i 乘以逸度系数 θ_{ig}。

$$f_{ig} = \theta_{ig}p_i \tag{2-26}$$

则对于真实气体，

$$\mu_{ig} = \mu_{ig}^{\Theta} + RT\ln\left(\frac{f_{ig}}{p_i^{\Theta}}\right) \tag{2-27}$$

对于总压力为 p 的混合气体，化合物 i 的分压 p_i 可表示为

$$p_i = x_{ig}p \tag{2-28}$$

式中，x_{ig} 为化合物 i 的摩尔分数，即 $x_{ig} = \dfrac{n_{ig}}{\sum\limits_j n_{jg}}$。

因此，混合气体中气体 i 的逸度如下：

$$f_{ig} = \theta_{ig}x_{ig}p \tag{2-29}$$

凝聚相（液相和固相）中的物质也会产生蒸气压，这一压力同样反映了这些物质从凝聚相逃逸的趋势。类似于气相，对于液相和固相，分别有

$$f_{iL} = \gamma_{il}p_{iL}^* \tag{2-30}$$

$$f_{is} = \gamma_{is} p_{is}^*$$ （2-31）

式中，p_{iL}^* 和 p_{is}^* 分别为纯液体与纯固体导致的蒸气压；γ_{il}、γ_{is} 为分子–分子相互作用引起的非理想行为的校正系数。

对于混合溶液中的化合物 i，有

$$\begin{aligned}f_{il} &= \gamma_{il} x_{il} f_{iL}^* \\ &= \gamma_{il} x_{il} p_{iL}^*\end{aligned}$$ （2-32）

因此，与气相类似，可以用逸度表示液体溶液中化合物 i 的化学势，

$$\mu_{il} = \mu_{iL}^* + RT\ln\left(\frac{f_{il}}{p_{iL}^*}\right)$$ （2-33）

将式（2-32）代入式（2-33），可得

$$\mu_{il} = \mu_{iL}^* + RT\ln\gamma_{il} x_{il}$$ （2-34）

式中，$\gamma_{il} x_{il} = a_i$ 称为化合物 i 的活度，即相对于标准状态（如相同温度和压力下的纯化合物）a_i 是某状态（如水溶液中）下化合物活性的度量。因此，γ_{il} 将化合物 i 的活度（a_i）、真实浓度（x_{il}）联系起来，通常称 γ_{il} 为活度系数。

式（2-34）也可表示为

$$\mu_{il} = \mu_{iL}^* + RT\ln x_{il} + RT\ln\gamma_{il}$$ （2-35）

如果化合物形成理想溶液，即 $\gamma_{il} = 1$，则 $RT\ln\gamma_{il} = 0$，称为溶液 1 中化合物 i 的偏摩尔过剩自由能 G_{il}^E 为零。因此，$RT\ln x_{il}$ 表示当化合物 i 从纯液态稀释到溶液（如水溶液）时的偏摩尔理想混合熵项。

对于真实溶液，溶液 1 中化合物 i 的偏摩尔过剩自由能 G_{il}^E：

$$G_{il}^E = RT\ln\gamma_{il} = H_{il}^E - TS_{il}^E$$ （2-36）

式中，H_{il}^E、S_{il}^E 分别为溶液相中化合物 i 的偏摩尔过剩焓与过剩熵。

5. 平衡分配的热力学函数评价

在一定温度和压力下，假设化合物 i 由相 2 迁移入相 1，经过一定的时间，相 1 和相 2 中的所有化合物的量相互平衡，即相 1 和相 2 中 i 的量不发生变化。此时，可以写出两相中化合物 i 的化学势，如式（2-37）、式（2-38）所示：

$$\mu_{i\text{相}1} = \mu_{iL}^* + RT\ln x_{i\text{相}1} + RT\ln\gamma_{i\text{相}1}$$ （2-37）

$$\mu_{i\text{相}2} = \mu_{iL}^* + RT\ln x_{i\text{相}2} + RT\ln\gamma_{i\text{相}2}$$ （2-38）

两个化学势的差值即反应的自由能变化可表示为式（2-39）：

$$\mu_{i\text{相}1} - \mu_{i\text{相}2} = RT\ln\frac{x_{i\text{相}1}}{x_{i\text{相}2}} + RT\ln\frac{\gamma_{i\text{相}1}}{\gamma_{i\text{相}2}}$$ （2-39）

在平衡（$\mu_{i\text{相}1}=\mu_{i\text{相}2}$）之前，$\mu_{i\text{相}1} < \mu_{i\text{相}2}$，则式（2-39）中差值是负数，会发生化合物 i 从相 2 到相 1 的净转移。在平衡时，可得到式（2-40）：

$$\ln K'_{i\text{相}12} = \ln \frac{x_{i\text{相}1}}{x_{i\text{相}2}} \tag{2-40}$$

代入式（2-39），可得式（2-41）与式（2-42）：

$$K'_{i\text{相}12} = e^{-(RT\ln \gamma_{i\text{相}1} - RT\ln \gamma_{i\text{相}2})/RT} \tag{2-41}$$

$$K'_{i\text{相}12} = e^{-\Delta_{\text{相}12}G_i/RT} \tag{2-42}$$

$K'_{i\text{相}12}$ 用撇号上标来特指这个以摩尔分数为基础的分配常数。将式（2-42）与式（2-16）进行比较，当用摩尔分数表示化合物 i 的丰度时，则式（2-16）中的常数等于 1。而且此时转移的过剩自由能 $\Delta_{\text{相}12}G_i$ 等于特殊条件下两相中化合物 i 的（偏摩尔）过剩自由能之间的差值，见式（2-43）：

$$\Delta_{12}G_i = G_{i1}^E - G_{i2}^E \tag{2-43}$$

2.3   污染物环境转化的热力学与动力学基础

反应热力学与反应动力学是研究物质化学转化过程的重要分支。反应热力学，特别是平衡热力学侧重于研究转化过程的始态与终态，利用状态函数探讨化学反应从始态到终态的可能性，但不涉及反应的中间步骤和途径，因而反应热力学不能回答反应的速率和历程。当在一定条件下反应速率足够小时，尽管在热力学上存在反应的可能性，该反应仍被认为不会发生。而反应动力学恰好能在反应速率与反应机理上弥补反应热力学的不足。反应动力学旨在解决两个最基本的问题：反应速率与反应机理。从反应热力学和反应动力学的研究内容看，研究一个反应时，通常会首先研究反应热力学，反应热力学表明反应存在发生的可能性后，才会进行后续的反应动力学研究，进一步探究反应速率与反应机理。但在研究一个已知的反应时，研究其反应动力学比反应热力学更具有现实意义。

2.3.1   污染物环境转化的热力学基础

环境中污染物转化过程通常可视为在等温等压条件下进行。根据质量守恒，这种条件下的任一化学反应方程式：

$$a\text{A}+b\text{B} \longrightarrow c\text{C}+d\text{D} \tag{2-44}$$

达到某反应进度时反应吉布斯自由能（$\Delta_r G$）可以表示为

$$\Delta_r G = c\Delta_f G_\text{C} + d\Delta_f G_\text{D} - a\Delta_f G_\text{A} - b\Delta_f G_\text{B} \tag{2-45}$$

式中，$\Delta_f G$ 为一定状态下的生成吉布斯自由能。根据吉布斯自由能判别式，在恒温、恒压、非体积功为零的条件下，$\Delta_r G < 0$ 时，反应可正向自发进行；$\Delta_r G > 0$ 时，反应正向非自发进行。

理想气体间发生化学反应时，反应式中任一组分的化学势为

$$\mu_B = \mu_B^{\ominus} + RT\ln(p_B/p^{\ominus}) \tag{2-46}$$

式中，$\mu_B^{\ominus}$ 为标准状态下，该组分气体的标准化学势；R 为气体常数，8.315J/（mol·K）；T 为温度，K；p_B 为压力，Pa；$p^{\ominus}$=100kPa，为标准压力。

由此可以得到

$$\Delta_r G = \Delta_r G^{\ominus} + \sum_B v_B RT\ln(p_B/p^{\ominus}) \tag{2-47}$$

式中，$\Delta_r G^{\ominus} = \sum_B v_B \mu_B^{\ominus}$，为标准生成吉布斯自由能。

此时定义压力商（用 J_p 表示）为

$$J_p = \prod_B (p_B/p^{\ominus})^{v_B} \tag{2-48}$$

可以得到

$$\Delta_r G = \Delta_r G^{\ominus} + RT\ln J_p \tag{2-49}$$

此公式为理想气体化学反应的等温方程。

当某温度下的标准摩尔吉布斯自由能及各气体的分压已知时，即可得到该温度下的 $\Delta_r G$。

当 $\Delta_r G = 0$ 时，得到的 J_p 称为平衡压力商。此值只与温度有关。此时的 J_p 也称为标准平衡常数，以 $K^{\ominus}$ 表示，式（2-50）中 eq 代表平衡态。

$$K^{\ominus} = \prod_B (p_B^{eq}/p^{\ominus})^{v_B} \tag{2-50}$$

根据定义，

$$\ln K^{\ominus} = -\Delta_r G^{\ominus}/RT \text{ 或者 } \Delta_r G^{\ominus} = -RT\ln K^{\ominus} \tag{2-51}$$

因此化学反应的摩尔反应吉布斯自由能可以写为

$$\Delta_r G = RT\ln(J_p/K^{\ominus}) \tag{2-52}$$

由此可见，恒温恒压时：

当 $J_p < K^{\ominus}$ 时，反应可自发进行；

当 $J_p = K^{\ominus}$ 时，反应达到平衡；

当 $J_p > K^{\ominus}$ 时，逆反应自发进行。

当 $K^{\ominus} \gg 1$ 即反应达到平衡时，反应物的分压极小，因此可以认为反应可彻底进行；

当 $K^\Theta \ll 1$ 时，产物的分压极小，可以认为反应不可进行；只有当 K^Θ 与 1 相差不大时，J_p 改变才可以引起化学反应方向的改变。

当反应中纯凝聚态物质参与理想气体化学反应时，常压下纯凝聚态物质的化学势可近似认为等于其标准化学势，即 $\mu_{B(cd)} = \mu_{B(cd)}^\Theta$（cd 代表凝聚态）。

因此

$$J_p = \prod_{B(g)} (p_{B(g)} / p^\Theta)^{\nu_{B(g)}} \tag{2-53}$$

式中，$p_{B(g)}$ 为反应中气态物质的分压；$\nu_{B(g)}$ 为该气态物质的化学计量数。

下面以碳的氧化过程说明气态反应的吉布斯自由能的计算：

$$2C(s) + O_2(g) = 2CO(g)$$

$$\Delta_r G_m = \Delta_r G_m^\Theta + RT \ln \frac{\left\{ p(CO,g) / p^\Theta \right\}^2}{p(O_2,g) / p^\Theta}$$

式中，$\Delta_r G_m^\Theta = 2\mu^\Theta(CO,g) - 2\mu^\Theta(C,s) - \mu^\Theta(O_2,g)$。

而在常压下液态混合物中，对于化学反应 $0 = \sum_B \nu_B B$，任一组分的化学势可以表示为

$$\mu_B = \mu_B^\Theta + RT \ln a_B \tag{2-54}$$

式中，a_B 为活度，类似于"有效摩尔分数"。

在反应中，溶剂和溶质均可能参与反应。溶液中的反应可表示为

$$0 = \nu_A A + \sum_B \nu_B B \tag{2-55}$$

对于溶剂 A 和任一溶质 B 其化学势可以表示为

$$\mu_A = \mu_A^\Theta + RT \ln a_A \tag{2-56}$$

$$\mu_B = \mu_B^\Theta + RT \ln a_B \tag{2-57}$$

因而可以得到溶液的化学反应等温方程：

$$\Delta_r G_m = \Delta_r G_m^\Theta + RT \ln \left(a_A^{\nu_A} \times \prod_B a_B^{\nu_B} \right) \tag{2-58}$$

其中溶剂 A 的标准态为同等温度和标准压力下的纯液体，而溶质的标准态为同等温度和标准压力下的质量摩尔浓度 $b^\Theta = 1 \text{mol/kg}$，且具有理想稀溶液性质的物质。

反应达到平衡时，可以得到

$$K^\Theta = (a_A^{eq})^{\nu_A} \times \prod_B (a_B^{eq})^{\nu_B} \tag{2-59}$$

当溶液是理想稀溶液，且 $\sum_B b_B^{eq} \to 0$ 时，式（2-59）可以简化得到以下常用公式：

$$K^\Theta \approx \prod_B (b_B^{eq} / b^\Theta)^{\nu_B} \tag{2-60}$$

在实际研究过程中，如果已知或者可以通过计算得到 $\Delta_r G^{\Theta}$，根据反应体系中各物质的状态可以评估反应的进程。

2.3.2 污染物环境转化的动力学基础

1. 反应速率及速率方程

在环境化学中，我们通常关注的是转化过程中污染物和转化产物的浓度以及转化速率受到哪些因素的影响。因此我们重点讲述反应速率与速率方程。从微观上看，一个化学反应总是由若干简单反应步骤组成。每个简单的反应步骤称为一个基元反应。例如，氢与碘的反应，并不是氢分子与碘分子经过碰撞直接生成碘化氢分子，而是经由以下 3 个基元反应最终生成碘化氢：① $I_2 + M^0 \longrightarrow I\cdot + I\cdot + M_0$ ② $H_2 + I\cdot + I\cdot \longrightarrow HI + HI$ ③ $I\cdot + I\cdot + M_0 \longrightarrow I_2 + M^0$

上述基元反应中，M 代表反应中的气体分子，I· 为自由碘原子，也即碘自由基，"·"为未配对的价电子。在式①中，I_2 和动能较高的 M^0 碰撞使得 I_2 中的共价键均裂产生两个 I· 和 1 个动能较低的 M_0 分子。式②中 2 个 I· 与 H_2 发生碰撞，产生 2 个 HI。这 2 个 I· 也可发生式③中的反应，与 M_0 发生碰撞，重新生成稳定的 I_2 和动能较高的 M^0。

而反应机理或者反应历程是指一个化学反应是由哪些基元反应组成的。在基元反应方程式中各反应物分子个数之和称为反应分子数。按照反应分子数，基元反应一般分为 3 类：单分子反应、双分子反应和三分子反应。基元反应中最常见的类型为双分子反应。在分解反应或者歧化反应时会出现单分子反应，而三分子反应一般只出现在原子复合或者自由基复合反应中，数目较少。目前还未发现有大于三个分子的基元反应。对于非基元反应，则需要拆分成若干基元反应后，再应用质量作用定律。

研究化学反应动力学需要通过实验测定以得出速率方程。这对反应机理以及反应适宜条件的研究均是必要的。

对于一个化学计量反应：

$$aA + bB + cC + \cdots \longrightarrow \cdots + xX + yY + zZ \tag{2-61}$$

由实验数据得出的经验速率方程一般可以写为

$$v_A = -\frac{dc_A}{dt} = kc_A^{n_A} c_B^{n_B} c_C^{n_C} \cdots \tag{2-62}$$

式中，c_A、c_B 和 c_C 等分别为反应组分 A、B 和 C 等的浓度；n_A、n_B 和 n_C 等分别为反应组分 A、B 和 C 等的反应分级数，量纲为 1。反应总级数（简称反应级数）n 可以表示为 $n=n_A+n_B+n_C+\cdots$。反应级数代表反应受浓度影响的程度，级数越大，反应速率受浓度影响越大。k 为 n 级反应速率常数，量纲为 $(mol/m^3)^{1-n}/s$。

根据基元反应定义，单分子反应即为一级反应，双分子反应即为二级反应，三分子反应即为三级反应。但是对于非基元反应，其反应分子数与反应级数只能通过实验得到。非基元反应既有一级、二级、三级反应，又存在非整数级数的反应，甚至反应产物的浓度项也会出现在速率方程中。例如，在气相反应中：

$$H_2 + I_2 = 2HI \qquad\qquad 速率方程为 \quad \frac{dc_{HI}}{dt} = kc_{H_2}c_{I_2}$$

$$H_2 + Cl_2 = 2HCl \qquad\qquad 速率方程为 \quad \frac{dc_{HCl}}{dt} = kc_{H_2}c_{Cl_2}^{1/2}$$

$$H_2 + Br_2 = 2HBr \qquad\qquad 速率方程为 \quad \frac{dc_{HBr}}{dt} = \frac{kc_{H_2}c_{Br_2}^{1/2}}{1+k'c_{HBr}/c_{Br_2}}$$

在某些特殊情况下，若一种反应物的浓度很高，在反应过程中其浓度基本不变，此时该反应物的浓度可视为常数，反应级数也相应发生改变。例如，水溶液中蔗糖经酸催化水解生成葡萄糖和果糖本为二级反应，但是水的浓度在反应过程中基本不变，所以整体反应表现为类似一级反应。

2. 阿伦尼乌斯定理、碰撞理论与过渡态理论

早在 19 世纪后半叶提出的阿伦尼乌斯定理，定性描述了反应速率与温度的关系，并提出了活化能的概念，其指数数学表示式为

$$k = Ae^{-E_a/RT} \tag{2-63}$$

式中，k 为反应速率常数；A 为指数前因子或频率因子；E_a 为活化能。A 和 E_a 这两个参数是由反应本身决定而与温度、浓度无关的常数。该式表明反应体系温度升高，吸收一定能量（活化能）转变为活化分子的数量增加，进而反应的速率加快。

为了从定量的角度理解化学反应动力学，在 20 世纪前半叶逐渐发展出简单碰撞理论以及进一步发展的过渡态理论。

碰撞理论以分子动理论为基础，主要适用于气相的双分子反应。该理论认为，发生化学反应的先决条件是反应物分子的碰撞接触，反应物分子发生有效碰撞必须满足两个条件：一是能量因素，即反应物分子的能量必须达到某一临界值；二是空间因素，活化分子必须按照一定的方向相互碰撞才能发生反应。

对于气相中 A+B $\longrightarrow$ C 的反应，将 A 分子和 B 分子看作两个硬球，分子在气相中的互碰频率 Z_{AB} 与分子的截面积 σ、分子的相对速度 v_{rel} 和分子的数密度（ρ=1/分子体积）有关。

$$Z_{AB} = \sigma v_{rel}\rho_A\rho_B \tag{2-64}$$

两者质心投影落在直径为 d_{AB} 的圆截面之内，此时都有可能发生碰撞。将 d_{AB} 称为有效碰撞直径，在数值上等于 A 分子和 B 分子的半径之和，碰撞截面 σ 在数值上等于 π

d_{AB}^2。Z_{AB} 可表示为

$$Z_{AB} = \pi d_{AB}^2 \left(\frac{8k_B T}{\pi \mu}\right)^{\frac{1}{2}} N_A^2 [A][B] \tag{2-65}$$

式中，k_B 为玻尔兹曼常数；μ 为折合摩尔质量，$\mu = \dfrac{M_A M_B}{M_A + M_B}$，$M_A$ 和 M_B 分别为 A、B 分子的摩尔质量。

碰撞粒子的相对平动能在连心线上的分量大于规定值 ε_c 时，才能导致反应的发生。ε_c 被称为化学反应的临界能或阈能。假设体系中的粒子动能分布服从玻尔兹曼分布，分子的相对平均动能大于 ε_c 的比例 F 则可以表示为

$$F = e^{-\varepsilon_c/k_B T} = e^{-E_c/RT} \tag{2-66}$$

式中，k_B 为玻尔兹曼常数；E_c 即为 A 和 B 分子发生反应碰撞时一摩尔反应分子对连心线上的相对平动能的最小值，称为化学反应的临界能或阈能。

对于反应 A+B $\longrightarrow$ C，其反应速率为

$$r = -\frac{d[A]}{dt} = \frac{Z_{AB} F}{N_A} = k[A][B] \tag{2-67}$$

式中，k 为反应速率常数。此时宏观的反应速率常数的表达式为

$$k = \pi d_{AB}^2 \left(\frac{8k_B T}{\pi \mu}\right)^{\frac{1}{2}} N_A e^{-E_c/RT} \tag{2-68}$$

此式与阿伦尼乌斯定理的形式是相符的。活化能 E_a 和 E_c 的关系为

$$E_a = E_c + \frac{1}{2} RT \tag{2-69}$$

若反应温度不是很高，则 $E_a \approx E_c$。此时，指数前因子 A 可以表示为

$$A = \pi d_{AB}^2 \left(\frac{8k_B T}{\pi \mu}\right)^{\frac{1}{2}} N_A \tag{2-70}$$

但事实上，简单碰撞理论所用的模型是简化的，未考虑分子的具体结构和性质，导致计算值和理论值存在偏差，引入活性碰撞截面 σ^* 和概率因子 P 来校正该偏差。

$$\sigma^* = P\sigma \tag{2-71}$$

式中，$P = \dfrac{A_{experimental}}{A_{calculated}}$。

简单碰撞理论对阿伦尼乌斯定理中的指数项和指数前因子都提出了较明确的物理学意义，解释了一部分实验现象，但是由于模型简单，需要引入难以计算的概率因子，且域能必须由实验活化能求得，使得简单碰撞理论仍是半经验性的理论。在此基础上进一步发展了过渡态理论。

在过渡态理论中，首先假设一个基元反应的反应产物在形成过程中会生成一个最高能量状态的活化配合物（过渡态），记为 $BC^{\ddagger}$。由于这个活化配合物的能量最高，其形成困难，这也就意味着形成活化配合物的速率决定了基元反应的反应速率，甚至决定了整个化学反应的反应速率。在定量处理中，假设反应物与活化配合物达到平衡，以及所有活化配合物以固定的一阶速率常数形成产物，这个速率常数由 $k_{B}T/h$ 表示，其中 k_{B} 为玻尔兹曼常数（1.38×10^{-23}J/K），h 为普朗克常数（6.626×10^{-34}J/s）。因此，反应由两步组成

$$B + C \longrightarrow BC^{\ddagger} \longrightarrow D + E \tag{2-72}$$

基于上述假设，反应速率 ν 可以简单地用普适速率常数和活化配合物浓度表示为

$$\nu = (\frac{k_{B}T}{h})[BC^{\ddagger}] \tag{2-73}$$

假设参与反应的所有物质的活度系数均为 1，$[BC^{\ddagger}]$ 可由反应物浓度和平衡常数 $K^{\ddagger}$ 表示为

$$K^{\ddagger} = \frac{[BC^{\ddagger}]}{[B][C]} \tag{2-74}$$

$$\nu = (\frac{k_{B}T}{h})K^{\ddagger}[B][C] \tag{2-75}$$

根据式（2-51），可以得到

$$\nu = (\frac{k_{B}T}{h})e^{-\Delta_{r}^{\ddagger}G^{\ominus}/RT}[B][C] \tag{2-76}$$

根据式（2-3），可以得到

$$\nu = (\frac{k_{B}T}{h})e^{\Delta_{r}^{\ddagger}S^{\ominus}/T} \cdot e^{-\Delta_{r}^{\ddagger}H^{\ominus}/RT}[B][C] \tag{2-77}$$

$$k = (\frac{k_{B}T}{h})e^{\Delta_{r}^{\ddagger}S^{\ominus}/T} \cdot e^{-\Delta_{r}^{\ddagger}H^{\ominus}/RT} \tag{2-78}$$

此时得到了与阿伦尼乌斯定理类似的形式。在阿伦尼乌斯定理中，E_{a} 代表活化能，$\Delta_{r}^{\ddagger}H^{\ominus}$ 代表活化动能，比 E_{a} 小。对于双分子反应，这个差值设为 $1RT$。此时，式（2-78）可以写为

$$k = (\frac{k_{B}T}{h})e^{\Delta_{r}^{\ddagger}S^{\ominus}/T} \cdot e^{-(E_{a}-RT)/RT} = (\frac{k_{B}T}{h})e^{\Delta_{r}^{\ddagger}S^{\ominus}/T} \cdot e \cdot e^{-E_{a}/RT} \tag{2-79}$$

因此，根据过渡态理论，阿伦尼乌斯定理的指数前因子 A，可以由普适速率常数和活化熵解释。从式（2-79）可以看出，A 也与温度有关，但这种关系容易被活化能项对温度的关系掩盖。最后，A 与进行的反应有关。对于单分子解离反应或者消去反应，因为活化熵只是很小的负值甚至是正值，因此 A 较大，介于 $10^{12}\sim10^{16}$s^{-1}；对于双分子反应而言，A 通常介于 $10^{7}\sim10^{12}$ cm^{3}/（mol·s）。

3. 简单级数反应

对于一个反应

$$A \longrightarrow B + C + \cdots \tag{2-80}$$

如果反应速率与反应物浓度的零次方成正比，那么该反应就是零级反应，数学表达式为

$$-\frac{dc_A}{dt} = kc_A^0 = k \tag{2-81}$$

从该表达式可以看出，零级反应中 c_A-t 呈线性关系，即反应速率保持恒定，不随反应物浓度变化而变化。零级反应常见于一些催化反应和光反应中。例如，在催化反应中，反应物浓度相对于催化位点数为高浓度时，反应可以视为零级反应；在一些光反应中，反应速率只与光强度有关，光强度不变，则反应速率保持不变。

如果反应速率与反应物浓度的一次方成正比，那么该反应就是一级反应，数学表达式为

$$-\frac{dc_A}{dt} = kc_A^1 = kc_A \tag{2-82}$$

分别对反应物浓度与时间进行积分，可以得到

$$\ln c_A = -kt + \ln c_{A,0} \tag{2-83}$$

式中，$c_{A,0}$ 为物质 A 浓度的初始值。

由此可见，一级反应中 $\ln c_A$-t 呈线性关系。

对于一个反应，如果反应速率与反应物浓度的 n 次方成正比，那么该反应就是 n 级反应，数学表达式为

$$-\frac{dc_A}{dt} = kc_A^n \tag{2-84}$$

分别对反应物浓度与时间进行积分，可以得到

$$\frac{1}{n-1}\left(\frac{1}{c_A^{n-1}} - \frac{1}{c_{A,0}^{n-1}}\right) = kt \tag{2-85}$$

由此可见，n 级反应中 $\frac{1}{c_A^{n-1}}$-t 呈线性关系。

4. 典型的复杂反应

1）平行反应

当一个物质同时参与两个及以上的基元反应时，此复杂反应称为平行反应。可用下述反应通式表示：

$$A \xrightarrow{k_1} B \tag{2-86}$$

$$A \xrightarrow{k_2} C \tag{2-87}$$

由于反应物 A 同时参与两个平行反应，因此这两个反应的速率方程可以用产物浓度

的时间变化进行描述。如果两个基元反应均是一级反应时，则有

$$\frac{dc_B}{dt} = k_1 c_A \tag{2-88}$$

$$\frac{dc_C}{dt} = k_2 c_A \tag{2-89}$$

两式相除，可得到

$$\frac{dc_B}{dc_C} = \frac{k_1}{k_2} \tag{2-90}$$

显然此时两个反应产物的浓度比为反应速率常数的比值，与其他因素无关，这是此类平行反应的特征之一。若反应级数不同，则不符合此特征。值得指出的是，每个平行反应的活化能一般不同，温度的升高或降低对不同活化能的反应影响不同。除温度外，催化剂的加入也可以选择性地加速某一反应。

2）连续反应

由反应物转化生成的物质继续发生转化，生成其他物质的反应称为连续反应。对于一个连续反应：

$$A \xrightarrow{k_1} B \xrightarrow{k_2} C \tag{2-91}$$

其中，起始化合物的浓度 c_A 仅与第一个反应有关，即

$$-\frac{dc_A}{dt} = k_1 c_A \tag{2-92}$$

$$c_A = c_{A,0} e^{-k_1 t} \tag{2-93}$$

而第二个物质 B 的浓度则由从 A 到 B 的生成速率及从 B 到 C 的消除速率共同决定，即

$$\frac{dc_B}{dt} = k_1 c_A - k_2 c_B \tag{2-94}$$

因此可以计算得到

$$c_B = \frac{k_1 c_{A,0}}{k_2 - k_1} (e^{-k_1 t} - e^{-k_2 t}) \tag{2-95}$$

根据物质守恒（$c_C = c_{A,0} - c_A - c_B$），可得到

$$c_C = c_{A,0} \left[1 - \frac{1}{k_2 - k_1} (k_2 e^{-k_1 t} - k_1 e^{-k_2 t}) \right] \tag{2-96}$$

3）对行反应

正向和逆向同时进行的反应，称为对行反应或对峙反应。原则上，一切反应均是对行反应，但是一个正向反应特别占优势时，逆向反应可以忽略。

$$A \underset{k_2}{\overset{k_1}{\rightleftharpoons}} B \tag{2-97}$$

A 浓度的变化速率为正向反应的消除速率与逆向反应的生成速率的总和。当反应达到平衡时，A 的浓度变化速率为零。

$$-\frac{dc_A}{dt} = k_1 c_A - k_2 c_B = 0 \tag{2-98}$$

此时，可以得到物质 A 和 B 的浓度之比

$$\frac{c_A}{c_B} = \frac{c_A}{c_{A,0} - c_A} = \frac{k_2}{k_1} \tag{2-99}$$

由此可以计算反应平衡时两物质的浓度。

2.4　污染物环境迁移与转化过程的线性自由能相关

根据化学平衡原理，某一特定温度下，一个迁移或转化反应的平衡常数 K 与该反应的标准自由能变化相关 [式（2-16）与式（2-51）]。因此，对于化合物的迁移与转化反应（类似化合物的同一反应或不同反应），随着分子结构的变化（如取代基的改变），化合物同一反应或不同反应的速率常数 k 与平衡常数 K 的对数常存在着线性关系，称为线性自由能相关（linear free energy relationships，LFERs）。线性自由能相关的实质为两体系间迁移或转化反应的吉布斯自由能差值之间呈线性关系。

2.4.1　利用线性自由能相关模型预测和评估分配系数

在许多情况下，很难直接获得用以评估化合物在环境中分配行为所需的一些数据，有必要对其进行估算。利用线性自由能相关模型可以通过一个或几个已知分配系数估算未知分配系数。

在这种方法中，假设在两个不同的相体系中，一系列化合物的迁移自由能之间存在线性关系

$$\Delta_{12} G_i = a \cdot \Delta_{34} G_i + 常数 \tag{2-100}$$

在式（2-100）的两个相体系中，通常其中一项是相同的（即相分配过程有共同的一相作为参照系）。根据分配系数与吉布斯自由能变的关系 [式（2-16）]，式（2-100）可写为

$$\lg K_{i12} = a \cdot \lg K_{i34} + 常数' \tag{2-101}$$

式（2-100）和式（2-101）也被称为单参数–线性自由能相关（one-parameter LFERs，op-LFERs）。式（2-101）不仅可用来作为分配系数的预测工具（表 2-1），也可用以检查实验数据（如检查实验误差）的一致性，判断体系是否存在特殊作用力。其中，斜率 a

可能反映相的一些重要信息，如相或相与化合物 i 作用之间的区别或相似之外。

表 2-1　常用的两相体系（包括纯化合物相）中分配系数的单参数–线性自由能相关

分配系数	线性自由能相关
正辛醇–水分配系数和纯液体化合物的水溶解度	$\lg K_{iow} = -a \cdot \lg C_{iw}^{sat} + b$
天然有机质–水分配系数和正辛醇–水分配系数	$\lg K_{ioc} = a \cdot \lg K_{iow} + b$
脂肪–水分配系数和正辛醇–水分配系数	$\lg K_{ilipw} = a \cdot \lg K_{iow} + b$
空气–固体表面分配系数和纯液体化合物蒸气压	$\lg K_{ias} = a \cdot \lg p_{iL}^* + b$
空气–颗粒物分配系数和空气–正辛醇分配系数	$\lg K_{iap} = a \cdot \lg K_{iao} + b$

另一种采用 op-LFERs 预测化合物在某两相体系中不同的分配系数的方法是假设整个分子的迁移自由能项可用描述分子各部分（组成分子的原子或基团）迁移自由能项的线性加和表示：

$$\Delta_{12}G_i = \sum_{\text{部分}} \Delta_{12}G_{i\text{部分}} + \text{特殊作用项} \tag{2-102}$$

式（2-102）采用分配系数可表示为

$$\lg K_{i12} = \sum_{\text{部分}} \Delta \lg K_{i12\text{部分}} + \text{特殊作用项} \tag{2-103}$$

利用结合分子连接性指数（molecular connectivity indices，MCI）的定量构效关系（quantitative structure-activity relationship，QSAR），可以由式（2-103）根据化合物的结构估算其分配系数。

op-LFERs 估算未知分配系数存在明显局限。式（2-100）表明，所研究对象需满足"所有相互作用的 $\Delta_{12}G_i$ 和 $\Delta_{34}G_i$ 是等比例变化的"一类化合物，但很难采用单一参数适当地描述特定化合物在两相之间平衡分配的所有分子间相互作用。因此，该方法仅可较好地评价非极性化合物和存在氢键受体（供体）相互作用的少数弱极性化合物（如氯代烷烃、炔烃及芳香化合物）。在这类 op-LFERs 中，不同类型的化合物也通常需要采用不同的回归参数（即表 2-1 中的斜率与截距）。而对于存在各种氢键作用的极性化合物，该方法获得的结果并不令人满意。这主要是由于：①污染物在两相分配过程中除了非特异性相互作用外，还存在各种特异性相互作用，而 op-LFERs 无法描述全部的分子间相互作用。②不同的吸附介质，其吸附特性存在很大差异，op-LFERs 无法完全体现这些差异。

鉴于 op-LFERs 的这些不足，对其进行了改进，提出了多参数–线性自由能相关（polyparameter LFERs，pp-LFERs）。pp-LFERs 考虑了水溶液中化合物与有机相间的各种相互作用，因此较 op-LFERs 而言，pp-LFERs 具有更高的准确度和更广的适用范围，在环境化学和污染物归趋模型中得到越来越广泛的应用。目前，使用最为广泛的 pp-LFERs 模型为由亚伯拉罕等提出的线性溶剂化能相关（linear solvation energy relationships，LSERs）。LSERs 包括式（2-104）、式（2-105）两种主要形式：

$$\lg K = c + eE + sS + aA + bB + vV \tag{2-104}$$

$$\lg K = c + eE + sS + aA + bB + lL \tag{2-105}$$

式中，左侧 $\lg K$ 为对数分配系数；右侧大写字母代表溶质的特征描述参数。E 为过剩摩尔折射率；S 为极化率/偶极参数；A 为溶质氢键酸度；B 为溶质氢键碱度；V 为 McGowan 摩尔体积，$(cm^3/mol)/100$；L 为对数十六烷–空气分配系数。右侧小写字母为通过实验数值的多线性回归拟合获得的参数，这些参数只与反应体系相关而与溶质无关，其可作为系统参数。

　　溶质的特征描述参数和系统参数往往并非完全已知，这成为使用 pp-LFERs 的主要障碍。对于部分常见或结构简单的化合物，如脂肪族烃、挥发性氯代有机物、苯系物、多环芳烃、杂环芳香族化合物、取代酚和取代苯胺等，其特征描述参数已经有所报道。然而大多数其他环境污染物的特征描述参数仍然未知，限制了 pp-LFERs 在这些化合物的应用。在过去的几十年里，很多学者基于实验数据对一系列环境化合物的特征描述参数进行了校准，包括多氯联苯、多氯萘、环己烷、三嗪、苯基脲类除草剂、脂肪族醚、邻苯二甲酸酯以及许多其他药品。此外，近年来关注的热点环境化合物的特征描述参数也得以更新，如阻燃剂、有机硅化合物和烯烃等。具备特征描述参数的环境化合物范围不断扩大，有助于pp-LFERs 在更广泛污染物中的应用。此外，通过文献搜索虽然可以获得特征描述参数，但是这些参数在文献中往往十分分散，且搜索过程非常烦琐和耗时。为了提高效率，乌尔里希等创建了"UFZ-LSER"数据库，该数据库收录了文献报道的 3700 余种化合物的各种特征描述参数，极大地方便了研究者开展污染物分配系数的研究。

2.4.2　利用线性自由能相关模型预测和评估反应速率常数

　　根据反应物的化学结构，可以将大量的化学反应分为几种反应类型或者反应系列。对于同一反应系列中的不同反应，反应物在结构上有不同程度的变化，可以根据其结构上的相对差异，求出它们相对的反应速率。线性自由能相关中最著名且应用最为广泛的是哈米特方程。

　　在 1937 年，哈米特在研究一系列带有不同取代基团（间位和对位）的苯甲酸酯的碱性水解反应速率常数和相应的带有取代基团的苯甲酸在水中的离解常数时，发现二者存在相关关系，表现形式为

$$m\lg(K/K_0) = \lg(k/k_0) \tag{2-106}$$

式中，K_0 和 K 分别为苯甲酸酯和带有取代基团的苯甲酸的离解常数；k_0 和 k 分别为苯甲酸酯和带有取代基团的苯甲酸的反应速率常数；m 为比例常数。

　　由此可得

$$\lg(k/k_0)=\rho\cdot\sigma \qquad (2\text{-}107)$$

$$\lg(K/K_0)=\rho\cdot\sigma \qquad (2\text{-}108)$$

式中，ρ 为反应常数；σ 为取代基常数。

取代基常数 σ 取决于取代基的性质和位置，一般不受反应性质的影响，可认为是取代基改变反应中心电子云密度能力的量度，即主要体现其电性效应。将氢原子取代基的 σ 定义为 $\sigma_H=0$，苯甲酸酯和带有取代基的苯甲酸的水溶液在 25℃ 电离时的 $\rho=1$。根据苯甲酸酯的离解常数 K_0 和带有取代基的苯甲酸的离解常数，可以求得不同取代基的相对 σ 值（表 2-2）。根据实验结果，表现为吸电子基团 $\sigma>0$，给电子基团 $\sigma<0$，σ 值越大，说明基团的电性效应越强。

表 2-2   一些取代基的 σ 值

取代基	间位 σ	对位 σ	取代基	间位 σ	对位 σ
—NH$_2$	−0.161	−0.660	—F	+0.337	+0.062
—CH$_3$	−0.069	−0.170	—I	+0.352	+0.276
—H	0.000	0.000	—Cl	+0.373	+0.227
—OCH$_3$	+0.115	−0.268	—Br	+0.391	+0.232
—C$_6$H$_5$		+0.009	—NO$_2$	+0.710	+0.778

反应常数 ρ 反映了特定结构类型物质在特定反应类型下对取代基的敏感性，取决于反应的类型和条件等。根据 ρ 值不同，不仅可以获得取代基距离反应中心远近的提示，还可以获得有关反应历程的信息。在同一反应类型和条件下，$|\rho|$ 与 1 的关系给出了取代基与反应中心关系的信息；在不同反应类型和条件下，ρ 和 0 的关系反映了反应体系速率决定步骤达到过渡态或中间体时电荷变化的情况。表 2-3 列举了一些反应的 ρ 值。$\rho>0$ 时，吸电子基团有利于反应，给电子基团不利于反应；$\rho<0$，吸电子基团不利于反应，给电子基团利于反应；$\rho=0$，反映特定结构类型物质在特定反应类型下对取代基不敏感。

表 2-3   一些反应的 ρ 值

反应	条件	ρ
$ArN^+H_3 \rightleftharpoons ArNH_2+H^+$	水，25℃	+2.730
$ArOH \rightleftharpoons ArO^-+H^+$	水，25℃	+2.008
$ArCOOH \rightleftharpoons ArCOO^-+H^+$	水，25℃	+1.000
$ArCH_2COOEt+OH^- \longrightarrow ArCH_2COO^-+EtOH$	87.83%乙醇，30℃	+0.824
$ArCOCl + H_2O \longrightarrow ArCOOH + HCl$	丙酮-水，68.9℃	−1.875
$ArN(CH_3)_2+CH_3I \longrightarrow ArN^+(CH_3)_3I^-$	丙酮-水，35℃	−2.743

在哈米特方程中，σ 值仅代表取代基整体的电性效应，无法反映取代基的立体效应，

因此，哈米特方程对于邻位取代的芳香族化合物以及脂肪族化合物并不适用。基于哈米特方程，布朗和塔夫脱等在哈米特方程的基础上进一步发展了这一定量关系，得出了类似的方程，通称为哈米特型方程或线性自由能相关。现今线性自由能相关所采用参数（分子描述符）极大扩展，其应用范围包括苯衍生物和脂肪族、脂环族、多环、杂环及高分子化合物所涉及的各种反应类型，可用其预测反应速率和平衡常数以及推断反应机制等。

习　题

1. 分别举出与环境相关的非极性、单极性、双极性化合物的例子。对于单极性化合物，指出电子供体和电子受体分别是什么。

2. 平衡分配常数是如何定义的？其与哪些热力学常数有关？

3. 通常认为非极性化合物正己烷是强疏水性的，这是否表示正己烷和水之间存在互斥力？

4. 假设一封闭体系，内有 1L 25℃的水和 1L 空气，水上漂浮着一滴 1mL 油脂，体系中还包括 1mg 萘。请估测油脂中萘的含量（假设体系已到平衡，萘的空气–水分配常数 $K_{iaw}=10^{-1.76}$，油脂–水分配常数 $K_{ifw}=10^{3.36}$）。

5. 分析某污染地下水样中苯的浓度，将 100mL 水样放在 1L 烧杯中，5℃下密封烧杯，分析水中浓度为 100μg/L，则水样中有多少苯分配进入烧杯的空气中（苯的空气–水系数：$\Delta_{12}G_i=-11.1kJ/mol$）？

第 3 章　污染物的环境迁移

污染物在多介质界面中的迁移影响其环境暴露、归趋与生物有效性。本章主要介绍污染物分子的沉淀、溶解、吸附、解吸、锁定老化与生物累积等关键迁移行为。强调从宏观现象的描述逐步深入至分子、原子甚至亚原子水平的微观机制，着重深刻理解污染物迁移的化学本质、建立预测模型，涵盖均相反应和非均相反应，以加深对污染物分子在环境中迁移的化学理解。

3.1　污染物环境介质界面间的分配平衡

3.1.1　污染物的沉淀–溶解

物质的沉淀与溶解在天然水化学和水污染控制化学中均具有重要意义。例如，天然水体中各离子可从矿物中溶出，废水处理中可使污染物形成沉淀以达到去除目的。在这一过程中，除考虑沉淀与溶解平衡外，还要考虑反应速率、形成配合物的影响等因素。溶解过程实质上是溶质分子与溶剂分子之间的相互吸引力替代了溶质–溶质、溶剂–溶剂分子间的相互吸引力的结果。当溶剂、溶质分子之间的相互吸引力接近时，它们易互溶，即"相似（结构与性质）相溶"。

沉淀的形成要经过成核、晶体生长、成熟和老化等步骤。沉淀的成核作用发生在微小颗粒上，这些微小颗粒被称为成核晶种。如果没有引入成核晶种，溶液可能需要达到几十倍的饱和度（即溶液中相关离子浓度与溶度积常数的乘积）才能形成沉淀。当成核核心是沉淀成分形成的分子或离子对簇时，称为均相成核；当外部颗粒作为核心时，称为非均相成核。由于水中含有各种各样的微小颗粒，因此大多数的成核作用是非均相成核。在相似表面上形成晶体所需的自由能较少，因此当外部颗粒的表面结构与沉淀本身相似时，形成沉淀会更容易。

晶体生长是指溶液中相关离子在晶核上逐渐沉积并增大的过程。固体表面积越大，实际浓度越高，晶体生长速率越快。成熟和老化通常同时发生。成熟指固体由小颗粒逐渐长大的过程，而老化则是指晶体结构随时间发生变化的过程。最初形成的晶体形态可能并不稳定，经过一段时间后会转变为更加稳定的状态，导致溶解态浓度进一步降低，因为稳定状态的晶体通常具有更低的溶解度。

溶解是沉淀的逆过程，由溶质离开固体的扩散速率所控制，其动力学方程为

$$\frac{\mathrm{d}c}{\mathrm{d}t} = ks(c - c^*) \tag{3-1}$$

式中，$\mathrm{d}c/\mathrm{d}t$ 为溶解度；k 为溶解速率；s 为单位体积中具有一定粒度的固体物质量；c 为溶液中固体物质的浓度；c^* 为固体物质的溶解度。

对于一般的沉淀与溶解反应可以表示为

$$A_z B_y(s) \Longleftrightarrow zA^{y+} + yB^{z-} \tag{3-2}$$

沉淀的生成能为

$$\Delta G = \sum_i v_i G_{\text{产物}} - \sum_i v_i G_{\text{反应物}} \tag{3-3}$$

溶度积常数可通过 Van't Hoff 公式计算得到

$$\Delta G = -RT\ln K_{\text{sp}} \tag{3-4}$$

$$K_{\text{sp}} = \left\{ A^{y+} \right\}^z \left\{ B^{z-} \right\}^y \tag{3-5}$$

式中，K_{sp} 为溶度积常数。以浓度表达的溶度积常数为

$$K_{\text{sp}} = \left[A^{y+} \right]^z \left[B^{z-} \right]^y = \frac{K_{\text{sp}}}{\left(\gamma_{A^{y+}} \right)^z \left(\gamma_{B^{z-}} \right)^y} \tag{3-6}$$

式中，$\gamma_{A^{y+}}$ 和 $\gamma_{B^{z-}}$ 分别为 A 离子和 B 离子的活度系数。温度既可影响平衡状态，又可影响反应速率。一般情况下，温度升高，溶度积增加。通过查询物质的溶度积常数，可以计算出一定条件下物质的溶解度。了解溶解和沉淀中物质的平衡关系，可以预测污染物溶解或沉淀的方向，并计算出平衡时的溶解或沉淀量。

1. 硫化物的溶解和沉淀

如表 3-1 所示，硫化物的固体通常具有较低的溶解度。在缺氧环境中，细菌可将电子受体（如硫酸盐）还原为硫化物，从而影响缺氧环境中金属的溶解度。根据软硬酸碱理论，硬金属优先结合硬配体，软金属则更倾向于结合软配体。硫化物是一种软配体，易与 Cu^+、Ag^+、Pb^{2+}、Cd^{2+}、Hg^{2+} 等软金属离子结合，形成溶解度较低的化合物。

表 3-1　重金属硫化物的溶度积

分子式	pK_{sp}	分子式	pK_{sp}
Ag_2S	53.52	FeS	20.9
CdS	31.66	HgS	56.8
CoS	28.37	MnS	17.13
Cu_2S	51.68	PbS	31.27
CuS	39.60	ZnS	28.75

2. 氢氧化物和氧化物的溶解与沉淀

金属氢氧化物沉淀有多重形态，多数为无定型结构或晶体。氧化物可看作由氢氧化物脱水形成的。该过程涉及水解和羟基配合物的平衡过程，与 pH 有直接关系。金属氢氧化物的沉淀溶解过程可用式（3-7）表示：

$$Me(OH)_{n(s)} \rightleftharpoons Me^{n+} + n(OH)^- \tag{3-7}$$

根据溶度积公式，可将式（3-7）转化为式（3-8）～式（3-10），即溶液中金属离子的饱和浓度对数值与 pH 的关系成正比。

$$\left[Me^{n+}\right] = K_{sp} / \left[OH^-\right]^n = K_{sp}\left[H^+\right]^n / K_w^n \tag{3-8}$$

$$-\lg\left[Me^{n+}\right] = -\lg K_{sp} - n\lg\left[H^+\right] + n\lg K_w \tag{3-9}$$

$$pc = pK_{sp} - npK_w + npH \tag{3-10}$$

3. 碳酸盐的溶解和沉淀

钙离子和碳酸根离子是天然水体中常见的两种离子，它们容易结合形成碳酸钙矿物。碳酸钙在水生环境中至关重要，例如许多海洋生物的外壳是由碳酸钙组成的，而且碳酸钙对水处理过程也具有重要影响。本节将重点关注碳酸钙及其在自然界和水处理中的作用。

在水生环境中有三种常见的碳酸钙晶体形式：方解石、文石、霰石，这些被称为 $CaCO_3$ 晶型。方解石的 K_{sp} 最小且溶解度最低，是热力学上最稳定的形式，而霰石最不稳定。方解石常见于海洋浮游生物（如有孔虫和球石藻）和珊瑚的壳中，文石通常存在于软体动物的壳中，如蛤、牡蛎、蜗牛（有时与方解石混合）。镁与方解石形成的混合结晶形式被称为镁方解石，在自然界中，包括在水生生物的贝壳中亦很常见。镁方解石是一种固体溶液，晶格中高达约20%的 Ca^{2+} 可被 Mg^{2+} 随机取代 $[Ca_{1-x}Mg_xCO_{3(s)}]$。一般来说，低镁方解石（$x < \sim 0.03 \sim 0.04$）被认为比方解石和霰石更稳定，而高镁方解石比方解石和霰石稳定性差，即水溶性更强。

与氢氧化物沉淀不同的是，在金属离子–水溶液–二氧化碳体系中，碳酸盐沉淀涉及气相中 CO_2 对反应的影响。因此，碳酸盐的沉淀过程实际涉及二元酸在三相（固相、液相和气相）中的平衡分配问题。需要区别两种主要的情况：①对于大气封闭体系，只需考虑固相和液相之间的平衡；②在考虑气相（含 CO_2）的体系中，除了固相和液相之间的平衡外，还需要考虑气相中 CO_2 的影响。

1）封闭体系

$$CaCO_3 \rightleftharpoons Ca^{2+} + CO_3^{2-} \quad K_{sp} = 10^{-8.48} = [Ca^{2+}][CO_3^{2-}] \tag{3-11}$$

假设碳酸盐总浓度 C_T 为 1mmol/L，则根据：

$$K_{a1} = \frac{[\text{H}^+][\text{HCO}_3^-]}{[\text{H}_2\text{CO}_3]} = 10^{-6.35} \tag{3-12}$$

$$K_{a2} = \frac{[\text{H}^+][\text{CO}_3^{2-}]}{[\text{HCO}_3^-]} = 10^{-10.33} \tag{3-13}$$

若体系的 pH 大于 pK_{a2}、$[\text{CO}_3^{2-}] \sim C_\text{T}$，则：

$$[\text{Ca}^{2+}] = \frac{K_\text{sp}}{[\text{CO}_3^{2-}]} \tag{3-14}$$

即

$$\lg[\text{Ca}^{2+}] = \lg K_\text{sp} - \lg[\text{CO}_3^{2-}] \tag{3-15}$$

代入已知的 K_sp 和 $[\text{CO}_3^{2-}]$，则有

$$\lg[\text{Ca}^{2+}] = \lg 10^{-8.48} - \lg 10^{-3} = -8.48 - (-3) = -5.48 \tag{3-16}$$

因此，当 pH＞10.33、$[\text{Ca}^{2+}] \geqslant 10^{-5.48}$ mol/L 时会产生方解石沉淀。当 $6.35 \leqslant \text{pH} \leqslant 10.33$ 时，碳酸盐的主要存在形态为碳酸氢盐，方解石的溶解度可以表示为

$$\text{CaCO}_3 \rightleftharpoons \text{Ca}^{2+} + \text{CO}_3^{2-} \qquad K_\text{sp} = 10^{-8.48} \tag{3-17}$$

$$\text{H}^+ + \text{CO}_3^{2-} \rightleftharpoons \text{HCO}_3^- \qquad \frac{1}{K_{a2}} = 10^{10.33} \tag{3-18}$$

$$\text{CaCO}_3(\text{s}) + \text{H}^+ \rightleftharpoons \text{Ca}^{2+} + \text{HCO}_3^- \quad K_\text{sp1} = 10^{1.85} \tag{3-19}$$

$$[\text{Ca}^{2+}] = \frac{K_\text{sp1}[\text{H}^+]}{[\text{HCO}_3^-]} \tag{3-20}$$

$$\lg[\text{Ca}^{2+}] = \lg K_\text{sp1} + \lg[\text{H}^+] - \lg[\text{HCO}_3^-] \tag{3-21}$$

$$[\text{HCO}_3^-] \approx C_\text{T} \tag{3-22}$$

$$\lg[\text{Ca}^{2+}] = \lg 10^{1.85} - \lg 10^{-3} - \text{pH} = 4.85 - \text{pH} \tag{3-23}$$

同样地，当 pH＜6.35 时，有

$$\text{CaCO}_3(\text{calcite}) + \text{H}^+ \rightleftharpoons \text{Ca}^{2+} + \text{HCO}_3^- \qquad K_\text{sp} = 10^{-1.85} \tag{3-24}$$

$$\text{H}^+ + \text{HCO}_3^- \rightleftharpoons \text{H}_2\text{CO}_3 \qquad \frac{1}{K_{a1}} = 10^{6.35} \tag{3-25}$$

$$\text{CaCO}_3(\text{calcite}) + 2\text{H}^+ \rightleftharpoons \text{Ca}^{2+} + \text{H}_2\text{CO}_3 \qquad K_\text{sp2} = 10^{8.2} \tag{3-26}$$

$$[\text{Ca}^{2+}] = \frac{K_\text{sp2}[\text{H}^+]^2}{[\text{H}_2\text{CO}_3]} \tag{3-27}$$

因此，

$$\lg[Ca^{2+}] = \lg K_{sp2} + 2\lg[H^+] - \lg[H_2CO_3] \tag{3-28}$$

$$[H_2CO_3] \approx C_T \tag{3-29}$$

$$\lg[Ca^{2+}] = \lg 10^{8.2} - \lg 10^{-3} - 2pH = 11.2 - 2pH \tag{3-30}$$

2）开放体系

当溶液暴露于含有 CO_2 的大气中时，由于大气中 CO_2 分压固定，溶液中 CO_2 浓度仅与溶液的 pH 有关。

$$[CO_3^{2-}] = \frac{K_{a1}K_{a2}K_H P_{CO_2}}{[H^+]^2} \tag{3-31}$$

因此，

$$[Ca^{2+}] = \frac{[H^+]^2 K_{s0}}{K_{a1}K_{a2}K_H P_{CO_2}} \tag{3-32}$$

$$\lg[Ca^{2+}] = \lg K_{s0} - \lg K_{a1}K_{a2}K_H P_{CO_2} + 2\lg[H^+] \tag{3-33}$$

$$\lg[Ca^{2+}] = \lg\left(10^{-8.48}\right) - \lg\left(10^{-21.68}\right) - 2pH = 13.2 - 2pH \tag{3-34}$$

根据上述计算过程，可画出 pC-pH 图，如图 3-1 所示。

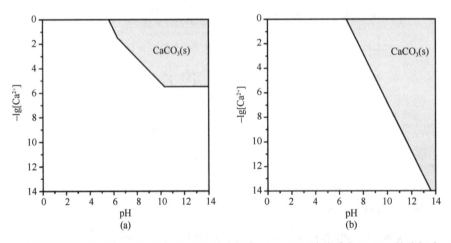

图 3-1　封闭体系中 C_T=1 mmol/L 时，$CaCO_3$ 的溶解度（a）及开放体系中 $CaCO_3$ 的溶解度（b）

4. 水体的软化

沉淀法是饮用水处理中的一个重要工艺，用于去除水中的钙（Ca^{2+}）和镁（Mg^{2+}）离子，这些离子是水中硬度的主要来源。硬度是水中多种可溶性多价阳离子的综合参数，通常以钙离子和镁离子的含量为主要考量。碳酸盐硬度则是指水中与碳酸氢盐和碳酸盐有关的硬度。如果碳酸盐硬度与总硬度相等，则说明水中的钙和镁全部来自碳酸盐矿物的溶解；而如果碳酸盐硬度小于总硬度，则反映了水中存在其他阴离子结合形式的钙离子和镁离子。

水软化即去除水中的大量硬度离子。硬水可导致水管等装置结垢，使肥皂的清洁效果降低。石灰是沉淀钙离子的常用试剂，这一过程被称为石灰软化。它可以提高水体 pH，同时提高 Ca^{2+} 浓度，从而促进碳酸钙沉淀。在典型的石灰软化过程中，加入足够的石灰将水体的 pH 提高到大约 11.0 时，Ca^{2+} 可以 $CaCO_3$ 沉淀的形式被高效去除。

在处理碱度不足的水时，可以添加碳酸钠，即石灰苏打软化的方法。该方法通过增加碳酸盐离子的浓度来降低碳酸盐矿物的溶解度。软化后，水的 pH（约为 11）仍较高，但碳酸盐浓度较低。为了再次调整水的酸碱度和碳酸盐含量，可向水中通入 CO_2，这一过程称为再碳化。在水处理中，保持适当的酸碱度和碳酸盐含量非常重要，以防止损坏混凝土或铁质管道。此外，亦可通过离子交换法去除水中的钙离子和镁离子。

3.1.2 污染物的挥发

挥发是有机物质从溶解态转移至气相的一种重要迁移过程。在研究有毒物质的归趋时，挥发是不容忽视的过程。对于有毒物质的挥发速率的计算，可以通过式（3-35）得到

$$\frac{\partial c}{\partial t} = -\frac{K_v}{Z}\left(c - \frac{p}{K_H}\right) = -K_v'\left(c - \frac{p}{K_H}\right) \tag{3-35}$$

式中，K_v 为挥发速率常数；Z 为水体的混合深度；c 为溶解相中有毒物质的浓度；p 为有毒物质在大气中的分压；K_H 为亨利常数；K_v' 为单位时间混合水体的挥发速率常数。

多数情况下，有毒物质的大气分压接近零，所以式（3-35）可简化为式（3-36）

$$\frac{\partial c}{\partial t} = -K_v'c \tag{3-36}$$

根据总污染浓度（C_T）计算时，式（3-36）转化为式（3-37）

$$\frac{\partial C_T}{\partial t} = -K_{v,m}'C_T \tag{3-37}$$

式中，$K_{v,m}' = -K_v\partial_w/Z$，其中 ∂_w 为有毒物可溶解相分数。为了探究有毒物质的挥发速率，首先需要讨论亨利定律。

1. 亨利定律

亨利定律是由英国化学家威廉·亨利（William Henry）提出的，主要描述当一种化学分子在气–液相达到平衡时，溶解于水相的浓度与气相中浓度的相关性。其一般表达

见式（3-38）

$$p = K_H c_w \tag{3-38}$$

式中，c_w 为水相中物质的浓度，mol/L；p 为在平衡条件下该物质在气相中的分压，Pa；K_H 为亨利常数，$Pa \cdot m^3/mol$。

通常，亨利常数也可以表示为物种的水相浓度和其气相浓度之间的无量纲比率，见式（3-39）

$$K_H' = c_g / c_a \tag{3-39}$$

式中，c_g 为物质气相浓度，mol/L；K_H' 为无量纲亨利常数。

对于理想气体，亨利常数见式（3-40）

$$K_H' = K_H / (RT) \tag{3-40}$$

式中，T 为水的热力学温度，K；R 为摩尔气体常数。

对于微溶化合物（摩尔分数≤0.02），亨利常数的估算公式为式（3-41）

$$K_H = p_s \cdot M / \rho_w \tag{3-41}$$

式中，p_s 为纯化合物的饱和蒸气压，Pa；M 为化合物的摩尔质量，g/mol；ρ_w 为化合物在水中的质量浓度，mg/L。

2. 双膜理论

双膜理论是基于化学物质从水中挥发时必须克服来自近水表层和空气层的阻力而提出的。图 3-2 显示了物质挥发时物质迁移的过程示意图。

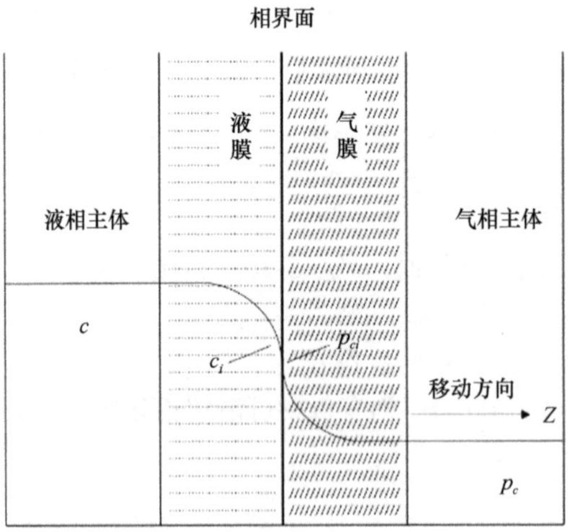

图 3-2　双膜理论示意图

物质在空气–水界面之间的迁移速率可以表示为式（3-42）

$$F_Z = k_{gl}(C_s - C) \qquad (3\text{-}42)$$

式中，F_Z 为物质液相到气相的净通量；k_{gl} 为传质系数；C 为物质在液相中的浓度；C_s 为给定气相中气体分压下液相中物质的饱和（或平衡）浓度。

根据双膜理论，位于相界面两侧的薄膜层是不流动的，物质仅以分子扩散的迁移方式通过。在液相主体和气相主体中，每种流体都是充分混合的。同时，在不流动的薄膜层内的浓度曲线认为是线性的。假设，紧挨着界面的气相分压 p_{ci} 和溶液中的浓度 c_i 达到平衡，满足亨利定律；由于质量守恒，通过水层的通量和通过空气层的通量一定相等。

利用菲克定律，则液相一侧的通量见式（3-43）

$$F_Z = D_w \frac{(C - C_i)}{L_w} \qquad (3\text{-}43)$$

式中，D_w 为物质通过溶液的扩散系数；L_w 为液体中不流动薄膜层的厚度；$C\text{-}C_i$ 为在液相一侧液膜的浓度梯度。

同样地，气相一侧的通量见式（3-44）

$$F_Z = D_a \frac{(p_{c_i} - p_c)/RT}{L_a} \qquad (3\text{-}44)$$

式中，D_a 为物质通过空气的扩散系数；L_a 为空气中不流动薄膜层的厚度；$p_{c_i}\text{-}p_c$ 为在气相一侧气膜的浓度梯度。

同时，根据式（3-45）、式（3-46）所示的相界面平衡关系：

$$p_{c_i} = K_H C_i \qquad (3\text{-}45)$$

$$p_c = K_H C_s \qquad (3\text{-}46)$$

将式（3-45）代入式（3-44），然后根据式（3-43）和式（3-44）右侧相等，解得 C_i，见式（3-47）：

$$C_i = \frac{\alpha C_s + C}{1 + \alpha} \qquad (3\text{-}47)$$

其中，

$$\alpha = \frac{D_a L_w K_H}{D_w L_a RT} \qquad (3\text{-}48)$$

然后将式（3-44）代入式（3-40）中，再结合式（3-41），经过一系列变换，得到式（3-49）：

$$k_{gl} = \frac{D_w}{L_w}\left(\frac{\alpha}{1+\alpha}\right) = \frac{1}{\dfrac{L_w}{D_w} + \dfrac{L_a}{K_H D_a}RT} \qquad (3\text{-}49)$$

薄膜厚度 L_w 和 L_a 实际很难测量，在实际应用中，式（3-46）可变形改为式（3-50）

$$\frac{1}{k_{gl}} = \frac{1}{k_l} + \frac{RT}{K_H k_g} \tag{3-50}$$

式中，$k_l = \dfrac{D_w}{L_w}$ 和 $k_g = \dfrac{D_a}{L_a}$ 分别为通过界面的附近液体和气体边界层的传质系数。

在式（3-50）中，物质挥发的总阻力 $1/k_{gl}$ 被表示为界面液相一侧的阻力 $1/k_l$ 与气相一侧的阻力 $RT/K_H k_g$ 之和。由式（3-50）可知，气体和液体阻力的相对大小是根据亨利常数（K_H）而变化的。在一特定的流体中分子组成的物质扩散系数 D 的变化范围约为一个数量级。一般薄膜阻力 k_l 和 k_g 的变化不会超过 D 的一次方。另外，在实际工程中关注的不同物质的亨利常数变化范围达到 8 个数量级以上。因此，即使是对于固定的流动条件，不同物质的界面传质系数 k_{gl} 也可能由于亨利常数的不同有很大变化，图 3-3 可以直观地反映这种变化。

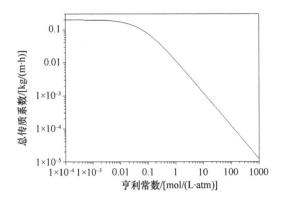

图 3-3 物质的总传质系数与亨利常数之间的关系

对于不同的环境和物质条件，式（3-51）可以用来计算自然水体中气体一侧和液体一侧的传质系数。对于气相传质系数

$$k_g = \left[\frac{D_a}{0.26\,\text{cm}^2/\text{s}}\right]^{\frac{2}{3}}(7U_{10} + 11) \tag{3-51}$$

式中，U_{10} 为水面以上 10m 处测得的风速，m/s。

对于海洋、湖泊以及其他流动缓慢的水体，计算方法见式（3-52）

$$k_l = \left[\frac{D_w}{0.26\,\text{cm}^2/\text{s}}\right]^{0.57}\left(0.0014U_{10}^2 + 0.014\right) \tag{3-52}$$

对于河流，计算方法见式（3-53）

$$k_1 = 0.18\left[\frac{D_w}{0.26\,\text{cm}^2/\text{s}}\right]^{0.57}\left(\frac{U_w}{d_w}\right)^{1/2} \qquad (3\text{-}53)$$

式中，U_w 为河流的平均水流速度，m/s；d_w 为水流的平均深度，m。

3.2 在分子水平上理解污染物的吸附

在自然界中，物质的常见存在形态有三种：气态、液态和固态。当任何两种或更多种物质共存时，就会形成多相界面，如气–固界面、液–固界面等，这些非均质两相界面上发生的吸附现象已被广泛研究。但界面和表面并不是简单的几何平面，而是由几个原子层厚度的复杂区域组成的。在界面上，原子的排列结构、化学成分和原子键合方式通常与界面两侧的主体相有所不同。界面层上的分子一方面受到本体相物质分子的影响，另一方面受到另一相中物质分子的作用。这种影响导致界面的性质与界面两侧存在较大的差异。界面上独特的局部环境更容易引发化学反应，因此界面过程对污染物的形态转化和迁移起着极其重要的作用。

3.2.1 污染物在气–固界面的吸附

1. 物理吸附与化学吸附

根据吸附分子与固体表面作用力的性质不同，可将吸附分为两大类：物理吸附和化学吸附。物理吸附的作用力是范德瓦耳斯力，在吸附过程中没有电子转移或化学键的形成或断裂。因此，物理吸附不具有选择性，并且吸附速率较快。在化学吸附过程中，表面和吸附质之间形成化学键，因此具有一定的选择性；同时化学吸附需要克服活化能，吸附速率通常较物理吸附慢，且往往形成单分子层。物理吸附与化学吸附的主要特点参见表 3-2。

表 3-2 物理吸附与化学吸附的主要特点

项目	物理吸附	化学吸附
作用力	范德瓦耳斯力	化学键力
选择性	无	有
吸附分子层	单层或多层	单层
吸附速率	快	慢

物理吸附的驱动力是范德瓦耳斯力，范德瓦耳斯力无饱和性和方向性，且永久存在于一切分子之间。范德瓦耳斯力也称为分子间力，有三种来源，即色散力、诱导力和取向力。色散力是分子的瞬时偶极间的作用力，即由于电子的运动，瞬间电子的位置相对原子核是不对称的，也就是说正电荷重心和负电荷重心发生瞬时的不重合，从而产生瞬

时偶极。诱导力是分子的固有偶极与诱导偶极间的作用力,即由于极性分子偶极所产生的电场对非极性分子产生影响,非极性分子电子云变形,电子云被吸向极性分子偶极的正电一极,使非极性分子的电子云与原子核发生位移,诱导非极性分子中的正、负电荷重心不重合,使非极性分子产生了偶极。这种电荷重心的相对位移称为"变形",因变形而产生的偶极,称为诱导偶极,以区别于极性分子中的固有偶极。取向力是分子的固有偶极间的作用力,当极性分子相互接近时,它们的固有偶极将同极相斥而异极相吸,定向排列,产生分子间作用力。

化学吸附的本质是在固体表面与吸附分子之间形成了化学键。固体表面的原子配位及空间结构与体相差异较大,通常有未配位饱和的化学键,具有高表面活性。利用高速发展的表征技术结合量子化学计算,在分子水平研究界面吸附分子的赋存形态、结合位点,可原位、动态分析吸附反应过程中界面结构、活性中心、配位环境的微观变化。

2. 吸附等温线

大量研究表明,气–固吸附都符合图 3-4 中的五种类型之一。在图 3-4 中,纵坐标为吸附量,横坐标为分压。曾有学者尝试对实验结果给出合适的数学表达式,即"给等温线配一个方程式",但从图 3-4 五种类型的多样性和复杂性可以看出,这显然是一项复杂的工作。然而有一简明的现象,即在压强很低和吸附量很小时,所有等温线都趋于直线,因而 V 与 p 成正比,这一表现可回溯到亨利定律。根据该定律,气体在液体中的溶解度与它的气压成比例,从而可将吸附等温线的低压部分称为亨利定律区域。但是在该区域的压强太低、吸附量太少,导致在许多场合都难以用实验验证。

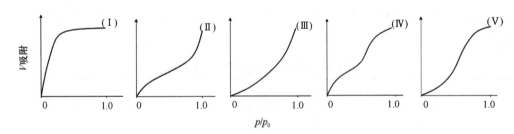

图 3-4   五种类型的吸附等温线

由于吸附等温线的复杂形状和多样性,单一的简单理论无法准确预测其详细细节,尤其是基于吸附剂和吸附质的已知参数。然而,可采用一些理论针对特定类型的吸附等温线的特定部分进行限定预测。在环境化学领域,常用的动力学路径是考虑吸附质分子在气相和被吸附层之间的交换过程。此外,假设分子被吸附在固定的吸附位点上,并且可忽略平行于吸附剂表面的吸引力和排斥力,这可以适用于一些经典的吸附等温式,如朗缪尔（Langmuir）和 BET 吸附等温式。

3. Langmuir 单分子层吸附理论

Langmuir 理论是考虑动力学路线中最早且仍广泛应用的吸附理论。该理论认为被吸附气体和吸附剂之间形成的平衡是动态的，即分子在吸附剂表面凝结的速率等于分子从已吸附区域重新蒸发的速率。其基本假设如下。

假设 1：固体具有吸附能力是因为表面的原子力场没有饱和，有剩余价键力。当气体分子碰撞到固体表面时，其中一部分被吸附并放出吸附热。但气体分子只有碰撞到尚未被占据的吸附剂表面时才能够发生吸附作用。在固体表面上已铺满一层吸附分子之后，这种力场得到了饱和，即单分子层吸附。

假设 2：已吸附在表面上的分子，当其热运动的动能足以克服吸附剂引力场的能垒时，将重新回到气相。吸附分子再回到气相的概率不受邻近其他吸附分子与吸附位置的影响。换言之，即认为均匀表面上被吸附的分子之间不存在相互影响。

Langmuir 吸附等温式，定量地指出表面覆盖率 θ 与平衡压力 p 之间的关系，如式（3-54）所示。

$$\theta = \frac{ap}{1+ap} \tag{3-54}$$

式中，a 为吸附作用的平衡常数，也称为吸附系数，a 值的大小代表固体表面吸附气体能力的强弱程度。

从式（3-54）可以看到：

（1）当压力足够低或吸附很弱时，$ap \ll 1$，则 $\theta \approx ap$，即 θ 与 p 呈线性关系。

（2）当压力足够高或吸附很强时，$ap \gg 1$，则 $\theta \approx 1$，即 θ 与 p 无关。

（3）当压力适中时，$\theta \propto p^m$，m 介于 0～1。

图 3-5 是 Langmuir 吸附等温式的示意图，描绘了以上三种情况。

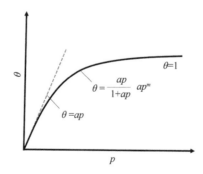

图 3-5 Langmuir 吸附等温式的示意图

若以 V_m 作为表面上铺满单分子层时的吸附量，即饱和吸附量，V 代表压力为 p 时的实际吸附量，则表面覆盖率 $\theta = \dfrac{V}{V_m}$，代入式（3-54）后，得到式（3-55）：

$$\theta = \frac{V}{V_m} = \frac{ap}{1+ap} \tag{3-55}$$

式（3-55）也可写作：

$$\frac{p}{V} = \frac{1}{V_m a} + \frac{p}{V_m} \tag{3-56}$$

这是 Langmuir 吸附等温式的另一种写法。若以 p/V 对 p 作图，则应得一直线，从直线的截距和斜率可以求得饱和吸附量 V_m 和吸附系数 a 值。Langmuir 对吸附的设想，以及据此所导出的吸附公式，确实符合一些吸附过程的实验事实。

4. Freundlich 吸附等温式

Freundlich 在大量实验的基础上，总结出其经验公式

$$V = kp^{\frac{1}{n}} \tag{3-57}$$

式中，V 和 p 分别为吸附平衡时的吸附量和压力；n 和 k 为经验常数，n 一般大于 1，将式（3-57）取对数，得

$$\lg V = \lg k + \frac{1}{n}\lg p \tag{3-58}$$

根据实验的 V-p 值，按式（3-58）进行处理，以 $\lg V$-$\lg p$ 作图得一直线，由斜率和截距可求得 n 和 k。Freundlich 吸附等温式应用广泛，尤其在中等压力范围的情形。甚至有些情况不符合 Langmuir 吸附等温式但符合 Freundlich 吸附等温式。Freundlich 吸附等温式的特点是没有饱和吸附值，其广泛应用于物理吸附、化学吸附，也可用于溶液吸附的描述中。

5. BET 多分子层吸附理论

实验测得的许多吸附等温线表明，大多数固体对气体的吸附并不是单分子层的，尤其是物理吸附基本上是多分子层的。Brunauer-Emmett-Teller 三人提出了多分子层理论的公式，简称 BET 公式，该理论是在 Langmuir 理论的基础上发展得到的。考虑到被吸附气体本身的范德瓦耳斯力，该理论认为表面吸附了一层分子后还可以继续发生多分子层吸附，这是 BET 理论的改进之处。当然第一层的吸附与其他各层的吸附存在本质的差异。第一层是气体分子与固体表面直接发生相互作用，其吸附热也不同于其他各层；而第二层以后各层则是相同分子之间的相互作用，各层吸附热都相同，而且接近气体的凝聚热。当吸附达到平衡以后，气体的吸附量（V）等于各层吸附量的总和。可以证明在等温时有式（3-59）所示关系：

$$V = V_m \frac{Cp}{(p_s - p)\left[1 + (C-1)\dfrac{p}{p_s}\right]} \tag{3-59}$$

式（3-59）称为 BET 公式，因为其包含两个常数 C 和 V_m，所以也称为 BET 的二常数公式。式中，V 为在平衡压力 p 时的吸附量；V_m 为在固体表面上铺满单分子层时所需气体的体积；p_s 为实验温度下气体的饱和蒸气压；C 为与吸附热有关的常数；p/p_s 称为吸附比压。BET 公式主要应用于测定固体的比表面，即 1 g 吸附剂的表面积。对于固体催化剂来说，比表面有助于了解催化剂的性能。测定比表面的方法很多，但 BET 法仍旧是经典的重要方法。

3.2.2　亲水性污染物在固–液界面的吸附

1. 固–液界面的荷电机制

天然水体是一种复杂的体系，其中含有多种胶体颗粒。"胶体"一词最早是由英国化学家 T.Graham 在 1861 年提出的，之后经过不断发展，"胶体"的定义更加明确。现在一般根据颗粒大小来定义胶体，通常认为其至少在一个维度上的尺寸介于 1nm～1μm。胶体普遍存在于地表水、土壤和沉积物，以及地下水中，参与着物质的地球化学循环。胶体或固体颗粒表面产生电荷主要有以下四种方式。

1）表面基团的电离

许多固体表面都含有可电离的官能团，如—OH、—COOH、—OPO$_3$H$_2$、—SH 等。这些粒子的电荷取决于电离度（质子转移），因此受介质 pH 的影响，其行为可以用表面羟基的酸碱行为来解释。

在酸性条件下：

$$\equiv S\text{–}OH + H^+ \longrightarrow \ \equiv SOH_2^+$$

在碱性条件下：

$$\equiv S\text{–}OH + OH^- \longrightarrow \ \equiv SO^- + H_2O$$

大多数氧化物均表现出这两种行为，因此，表面电荷对 pH 具有强依赖性。类似地，对于有机体的表面，如蛋白质表面，—NH$_2$ 和—COOH 同样可以在溶液中发生酸碱反应生成—NH$_3^+$ 和—COO$^-$，使其表面带不同电荷。

2）离子的吸附

表面电荷可以通过疏水性物质或表面活性剂离子的吸附而形成。表面活性剂离子的吸附可通过疏水作用形成氢键，或通过范德瓦耳斯相互作用来实现。疏水作用的离子可形成内层吸附或者外层吸附，其吸附种类取决于表面配位作用和疏水作用两者谁占优势。在此类电荷的产生方式中，一个例子是墨水的制造。向炭黑悬浮液中加入阴离子表面活性剂，通过在炭黑胶体表面发生吸附，使炭黑颗粒带电荷，大幅增加其在水中的稳定性。

另外，离子的不等量吸附也是其表面荷电的一个重要因素。影响不等量吸附的因素主要有两个：第一，由于阳离子的水化能力一般较阴离子强，而水化能力强的离子往往留在溶液中，水化能力弱的离子则容易被吸附到固体表面，因此固体表面带负电的可能性更大；第二，实验证明，凡是与固体表面上物质具有相同元素的离子优先被吸附。例如，用 $AgNO_3$ 和 KBr 制备 $AgBr$ 溶胶时，$AgBr$ 颗粒表面容易吸附 Ag^+ 或 Br^- 离子，而对 K^+ 和 NO_3^- 离子的吸附很弱。这是因为 $AgBr$ 颗粒表面上吸附相同离子有利于晶体生长。至于 $AgBr$ 颗粒究竟吸附哪种离子更多，取决于溶液中 Ag^+ 和 Br^- 离子的过量情况。这种规律称为法扬斯（Fajans）规则。

3）同型取代

在晶格中，一种原子被另一种同等大小的原子取代的现象称为同型取代。该现象可由固体表面的晶格缺陷和晶格内的同构置换引起，产生相边界的表面电荷。例如，在 SiO_2 四面体网格中，一个 Si 被一个 Al 取代，由于 Al 比 Si 少一个电子，则可出现一个带负电的结构：

$$\left[\begin{array}{c} HO \quad\quad O \quad\quad O \quad\quad O \quad\quad OH \\ Si \quad Si \quad Al \quad Si \\ HO \quad\quad O \quad\quad O \quad\quad O \quad\quad OH \end{array} \right]^-$$

同样地，在氧化铝八面体网络中，Al 被 Mg 的同构替代导致了一个带负电荷的晶格。黏土就是这种原子取代在相边界产生电荷的典型例子。

4）离子型固体的溶解

例如，AgI 是一种微溶的盐类，如果 AgI 颗粒溶解的 Ag^+ 和 I^- 不相等，溶液中将含有带电的 AgI 胶体：若溶液中 I^- 过量，AgI 胶体将带负电，反之带正电。

2. 双电层理论

双电层理论主要讨论胶体颗粒溶剂一侧反离子及同离子的分布规律，以及由其导致的电位随距离的变化规律，包括早期 Helmholtz 模型、Gouy-Chapman 模型及 Stern 模型等。

1）Helmholtz 模型

Helmholtz 模型即为平行板电容器模型。该模型认为在固体和液体接触的界面形成双电层。固体表面是一个电层，离开固体表面一定距离的溶液内是另一个电层，这两个电层由相互平行且整齐排列的离子构成，好像一个平行板的电容器，如图 3-6 所示。

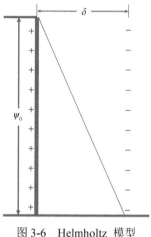

图 3-6　Helmholtz 模型

根据 Helmholtz 模型，颗粒表面的电荷密度、表面电位和两平板之间的间距关系：

$$\sigma = \frac{\varepsilon_0 \varepsilon_r \psi_0}{\delta} \tag{3-60}$$

式中，σ 为颗粒表面的电荷密度；ε_r 为平板间介质的相对介电常数；ε_0 为真空中的介电常数；ψ_0 为表面电位（界面电势）；δ 为模型中平板之间的距离。

Helmholtz 模型忽略了离子在溶液中的热运动，这与实际的胶体颗粒的固–液界面性质相矛盾。实际上，溶液中离子（反离子）不仅受颗粒表面定位离子的静电吸引，同时由于分子的热运动，离子在溶液中有扩散的趋势。两种作用力导致离子在胶体颗粒固–液界面附近建立新的平衡。

2）Gouy-Chapman 模型

Gouy-Chapman 模型是对 Helmholtz 模型的修正。若电荷分布是连续的，将每个离子看作一个电荷质点，如图 3-7 所示。那么电荷分布可用泊松（Poisson）方程来描述

$$\frac{\partial^2 \psi}{\partial x^2} + \frac{\partial^2 \psi}{\partial y^2} + \frac{\partial^2 \psi}{\partial z^2} = -\frac{\rho^*}{\varepsilon} \tag{3-61}$$

式中，ρ^* 为单位体积内电荷量，即电荷密度；ε 为溶液的介电常数。

求解 Poisson 方程时要确定边界条件，方法较为复杂。因此假设：①固体表面看作平面，表面电荷密度均匀；②离子扩散仅存在于 x 方向，且把离子作为"点电荷"来处

理；③整个体系为电中性，即正负离子电荷数目相等；④溶剂的介电常数 $\varPhi_{lr_\lambda}$ 在整个扩散层内是常量。

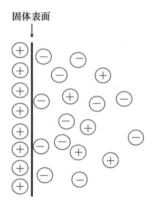

固体表面

图 3-7   Gouy-Chapman 模型

因此，三维的 Poisson 方程式（3-61）可简化为式（3-62）：

$$\frac{\mathrm{d}^2\psi}{\mathrm{d}x^2} = -\frac{\rho^*}{\varepsilon}$$ （3-62）

通过公式推导，可得到 Gouy-Chapman 方程，见式（3-63）：

$$\frac{\exp\left(\dfrac{Ze\psi}{2kT}\right)-1}{\exp\left(\dfrac{Ze\psi}{2kT}\right)+1} = \frac{\exp\left(\dfrac{Ze\psi_0}{2kT}\right)-1}{\exp\left(\dfrac{Ze\psi_0}{2kT}\right)+1}\exp(-\kappa x)$$ （3-63）

Gouy-Chapman 方程是用于描述电解质溶液中带电固体表面电荷分布的方程。在这个方程中，Z 为电荷数，通常为电荷数的绝对值；k 为 Boltzmann 常数，用于描述温度与能量之间的关系；T 为温度，通常以 K 为单位；ψ 为固体表面处的电势；κ 为电解质的倒数长度尺度。这个方程说明了在电解质溶液中，由于电荷间的相互作用，固体表面电荷的分布是不均匀的，呈现出指数型的衰减。

3）Stern 模型

Gouy-Chapman 模型对扩散层的处理中有两点假设与实际情况不符。一是该模型认为扩散层中的离子以电荷质点的形式存在，忽略了离子的实际半径对模型的影响。该假设导致当表面电位很高时，通过该理论得到的表面电位远远过量。二是离子在固体表面附近的分布情况实际上与其在液体相中不同。由于固体表面上的离子对反离子的静电吸引力和范德瓦耳斯力，被吸附离子紧紧贴在固体表面，形成一个固定的吸附层。吸附层的厚度取决于离子水化半径以及被吸附离子本身的大小。由被吸附的水化离子中心连成的面称为 Stern 面，从固体表面到 Stern 面之间的吸附层称为 Stern 层，如图 3-8 所示。

这种吸附称为特性吸附。

若固体表面电位为 ψ_0，Stern 面上的净电位是 ψ_s，ψ_s 称为 Stern 电位。引入 Stern 层之后，Gouy-Chapman 模型更加完善。在该模型中，双电层的总电容量 C 可由 Stern 层电容量 C_1 和扩散层的电容量 C_2 表示，它们之间的关系为式（3-64）：

$$\frac{1}{C} = \frac{1}{C_1} + \frac{1}{C_2} \tag{3-64}$$

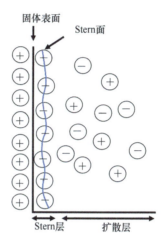

图 3-8　Stern 模型

3. 电动现象与 ζ 电位

分散介质中的荷电胶体颗粒在外加电场的作用下与溶液介质产生相对运动，或带电固体表面与介质间因相对运动而产生电势差，统称为电动现象。电动现象可分为电泳、电渗、流动电势及沉降电势四种类型。产生电动现象的根本原因在于外力作用下，固-液界面上的双电层，沿着移动界面分离开，产生电位差。电动现象使得在电场下固体与液体向相反方向做相对运动。固体移动必然挟带着吸附的离子和溶剂化层的液体。所以因电动现象而出现的电位差，不可能是 ψ_0。通常用 ζ 电位表示电动电位。ζ 电位的数值取决于切面位置。切面位置与测定条件、方法有关。如果固相所固定的液层较厚，或扩散层的厚度 κ^{-1} 较小，ζ 电位就较低；反之则高。需要注意，ζ 电位不同于 Stern 电位，但如果扩散层分布范围较宽，固体表面所挟带的液体又是薄薄一层，可以将二者近似等同。但如果 ψ_0 很高，电解质浓度很高，扩散层被压缩，则两者差别就比较显著。

4. 表面络合模型

固-液界面吸附模型的研究由来已久，其在近五六十年有较大发展。除了 Langmuir、

Freundlich 等吸附等温模型外，20 世纪 70 年代初期，Stumm 等首先采取配位化学的处理方法，认为固–液界面吸附属于表面络合反应，吸附量可用溶液中络合平衡类似的方式，利用质量作用定律进行计算。颗粒物的表面上结合着配位水，成为羟基化的表面，表面 S—OH 官能团是其参与络合作用的基本单元。表面羟基对质子 H^+ 的吸附或解吸表现出酸碱双重特性，其平衡特性可用酸度常数来描述。

当配体（L^-）与 S—OH 发生反应时，可以表示为 S—OH$+L^-$ ==== S—L$+OH^-$

由质量守恒原理可知

$$K^s = \frac{\{SL\}\{OH^-\}}{\{SOH\}\{L^-\}} \tag{3-65}$$

式中，K^s 为固–液界面上配体交换的表面平衡常数。

相对于传统以描述吸附现象为主的经验模型，从热力学基础上发展起来的机制模型得到了快速发展。应用机制模型描述吸附反应时，固–液界面吸附剂与吸附质相互作用的自由能被分为两部分，即化学作用能和库仑静电能。因而，K^s 一般表示固有表面反应常数与一个静电项的乘积

$$K^s = K^{int} \exp\left(\frac{-zF\psi}{RT}\right) \tag{3-66}$$

式中，K^{int} 为表面电荷为零时的固有表面反应常数；ψ 为表面电位；z 为离子电荷；F 为法拉第常数；R 为气体常数；T 为绝对温度。

目前常用的表面络合模型包括恒定容量模式（constant capacitance model，CCM）、扩散层模式（diffuse double layer model，DLM）、三层模式（triple layer model，TLM）、与电荷分布多位点络合（charge distribution multisite surface complexation，CD-MUSIC）模型。不同模式之间的区别主要在于对双电层的描述，每种模式都假定了特殊的界面结构，因此要考虑各种不同的表面反应和质量平衡方程的静电校正因子。目前已经有多种计算程序，如 MICROQL、MINTEQA、FITEQL 等对表面络合模型进行了研究和分析。其中 MINTEQA 软件在环境地球化学热力学平衡计算中应用广泛。

3.2.3　疏水性污染物在固–液界面的吸附

1. 锁定现象

疏水性有机污染物在固–液界面的吸附与解吸是其迁移归趋的关键过程，决定了污染物的生物有效性。有机污染物在固–液界面的吸附和解吸并不是瞬时的、线性的、可逆的相平衡分配过程，污染物的解吸等温线存在明显的滞后现象。疏水性有机物从土壤

或沉积物中的解吸分为两部分，一部分能够遵循线性吸附–解吸理论解吸出来，而另一部分的解吸则非常困难，也就是说，污染物在土壤或沉积物中的吸附–解吸过程是缓慢的、滞后的、不可逆的。这种污染物从土壤或沉积物中缓慢且滞后的释放行为称作污染物的"解吸滞后""不可逆吸附""吸附–解吸不可逆"或者"锁定"。随着吸附时间的延长，可解吸的污染物逐渐减少，污染物的生物有效性逐渐下降，这种现象称为污染物的"老化"。事实上，有机污染物在环境吸附剂上解吸的同时伴随着老化的进行。一般认为锁定形成机理可以归为下面两大类。

1）基于缓慢扩散的锁定机理

天然水环境中疏水性有机物的扩散过程包括在溶液中的扩散、土壤/沉积物颗粒表面的薄层扩散、中孔（> 2nm）内的扩散、微孔（< 2nm）内的扩散、土壤或沉积物有机质中的扩散。在有机质内部的传质过程是慢吸附的限速步骤，可能导致污染物被锁定。天然有机质的组分常被划分为橡胶态（疏松态、无定形态等）和玻璃态（致密态、刚性态等），即通常所说的"软碳"和"硬碳"。相应地，有机污染物在土壤橡胶态中表现出线性吸附以及快吸附过程，而在玻璃态中表现出非线性吸附以及慢吸附过程，且慢几个数量级，因此推测吸附–解吸滞后现象很可能是由有机污染物在玻璃态内的缓慢扩散造成的。

2）基于物理捕获的锁定机理

疏水性有机物在天然土壤和沉积物中的不可逆吸附现象是由吸附质分子被吸附剂"物理包裹"造成的。吸附质分子可以通过"筛效应"被锁定在吸附剂中，这些筛孔包括有机质的孔隙、矿物颗粒内部，以及吸附剂聚集体的微小孔隙。物理捕获机制的基本假设是不可逆吸附可能是由于吸附过程有机质产生了结构重排，或是吸附发生后吸附剂的结构发生改变。因此，锁定通常是由于吸附剂–吸附质组合结构产生了永久性的改变。

另外，孔洞变形（pore deformation）理论也被用于解释污染物在土壤中的锁定现象。孔洞变形的基本概念是：由于有机污染物分子的热运动，土壤孔洞会被迫发生膨胀，同时在土壤内部有新的内表面产生。而在解吸时，从有机污染物分子离开孔洞到周围基体恢复原始状态会有一段时间上的滞后，所以吸附和解吸其实是发生在不同的物理环境中的，这种差异导致了解吸的滞后。孔洞变形是由两种过程造成的：一种是吸附质分子的热运动对固定微孔的高聚物链产生压力，使已有孔洞发生膨胀变形；另一种是吸附质分子在原孔位产生新的孔洞。由于玻璃态的刚性结构不利于吸附剂松弛回归到热力学基准态，解吸时部分吸附过程中新形成的内孔会被保留，因而产生锁定现象。

虽然物理捕获机制和缓慢扩散机制均认识到土壤多孔结构的重要性，但它们之间存在本质区别：缓慢扩散理论假定锁定是由缓慢的动力学导致的吸附−解吸非平衡，而物理锁定理论则假定锁定是一个热力学上不可逆的过程。多数情况下，这两种机制往往不是单独存在的，而是同时起作用的。

基于锁定现象的污染物吸附−解吸等温吸附模型是揭示吸附机制的重要手段。多数模型在很窄的平衡浓度范围内能够很好地拟合实验数据。但事实上，扩大浓度范围后，吸附模型的预测值与实验数据间往往存在较大偏差，因此不合适的等温吸附模型可能错误地解释作用机制，得到错误的结论。

以碳材料为代表性吸附剂的常见等温吸附模型主要包括表 3-3 中的 5 种：线性模型、Freundlich 模型、Langmuir 模型、分配−吸附模型和基于 Polanyi 理论的等温吸附模型。

表 3-3   常见等温吸附模型

等温吸附模型	模型公式	参数意义
线性模型	$q_e = KC_e$	K [L/g]：吸附强度系数
Freundlich 模型	$q_e = K_f C_e^{1/n}$	K_f［（mg/g）/（mg/L）$^{1/n}$]：吸附强度系数；$1/n$：指数系数
Langmuir 模型	$q_e = Q^0 C_e / (K_L + C_e)$	K_L [mg/L]：吸附强度系数
分配−吸附模型	$q_e = K_p C_e + Q^0 C_e / (K_L + C_e)$	K_p [L/g]：分配系数；K_L [mg/L]：吸附强度系数
基于 Polanyi 理论的等温吸附模型	Polanyi-Manes model（PMM）： $\log q_e = \log Q^0 + a(\varepsilon_{sw}/V_s)^b$ Dubinin-Ashtakhov（DA）模型： $\log q_e = \log Q^0 + (\varepsilon_{sw}/E)^b$	ε_{sw} [kJ/mol]；$\varepsilon_{sw} = -RT\ln(C_e/C_s)$：有效吸附势，其中 R[8.314×10^{-3}]kJ/(mol·K)为气体常数，T[K]为绝对温度；V_s[cm^3/mol]：溶质的摩尔体积；a[(cm^3)$^{b+1}$/(kg·J^b)]和 b：拟合参数；E[kJ/mol]：相关因子

前人研究表明，线性模型、Langmuir 模型、分配−吸附模型、Freundlich 模型在用于碳材料吸附有机污染物拟合时存在多种问题：①线性模型仅适用于强疏水性有机物（如萘等）在富勒烯上的吸附。该模型主要反映了疏水作用对吸附的贡献。当存在其他作用机制时将会导致实际数据与模型预测值出现偏差；②由于 Langmuir 模型假设的条件为单层吸附，因此该模型仅在相对低浓度时适用，不适用于多层吸附；③分配−吸附模型不适用于多数碳纳米材料，因为这些材料主要为硬碳，缺乏适用于分配机制的软碳吸附；④ Freundlich 模型是经验公式，仅在非常窄的浓度范围内能很好地拟合（通常小于一个数量级）。

造成这些问题的原因是有机污染物在碳材料上的吸附过程是一个复杂过程：既不是单层吸附在均一表面（Langmuir 模型），又不是简单的多层吸附（BET 模型）；既不是简单的相分配和 Langmuir 型吸附的结合（分配−吸附模型），又不能局限于两种吸附位点（Dual-Langmuir 模型）。因此，需要一个较为综合的模型公式来描述这个复杂过程。

基于 Polanyi 理论的等温吸附模型正是这类综合的模型。由于 Polanyi 理论是在针对活性炭等微孔材料发展起来的，因此基于 Polanyi 理论的等温吸附模型（PMM），DA 模型能很好地描述有机污染物在碳纳米材料上的吸附过程。从 DA 模型（表 3-3）来看，Freundlich 模型适用于少数情况并不奇怪，因为在 $b=1$ 时 Freundlich 模型就是一种特殊形式的 DA 模型。当 $b=1$ 且 $E= RT \ln10 \approx 5.71$ kJ/mol 时，线性模型也成为一种特殊形式的 DA 模型。因此，只有当 $b > 1$ 的 DA 拟合等温线被称为"典型的 Polanyi 等温线"。

2. Polanyi 吸附模型

吸附剂对吸附质的吸附可以从两方面进行描述：吸附容量和吸附亲和力。吸附容量取决于给定吸附剂可用于吸附的潜在空间，而吸附亲和力取决于被吸附物与吸附剂之间的相互作用力强度。Polanyi 理论被认为是应用于能量非均质表面（如活性炭）上气相和水相吸附最有效的理论。该理论假设：对于位于固体的吸引力场（即吸附空间）内的分子，在分子与固体表面之间存在（吸引）吸附势。分子越靠近固体表面，吸附势越高。这种吸引力来自分子和表面原子间的短程感应偶极–感应偶极力。

吸附空间中特定位置的吸附势（ε）定义为将分子从该位置移至固体表面引力场之外的点所需的能量：

$$\varepsilon = -RT \ln\left(C_e / C_s\right) \tag{3-67}$$

式中，R 为气体常数；T 为绝对温度；C_s 和 C_e 分别为被吸附物质的溶解度和平衡溶液相浓度。因此，对于该空间中的分子，其吸附势的大小在吸附空间内变化，这种变化程度取决于其与固体表面原子的接近程度。将具有相同 ε 的吸附空间中的点连接起来便可以获得一系列等势面。此外，Polanyi 理论假设吸附势与温度无关，并且表面吸附态液体具有与相应的体相液体等同的性质。这些假设的结果是，对于给定的吸附剂，吸附体积（q_v）或吸附质量（q_e）相对于平衡吸附势（ε）的图应产生不随温度变化的曲线，即特性曲线。

应用 Polanyi 理论描述吸附剂对吸附质的吸附过程中需要一个数学方程将实验 q_v（或 q_e）值与吸附剂（即等温线）的 C_e 值相关联，并通过使用和分析公式参数来获取特征等温线。建立 Polanyi 理论数学方程的最大好处是，某些吸附质和吸附剂的数学方程参数与吸附质和吸附剂的理化性质有关，这有利于探索吸附质和吸附剂理化性质在吸附过程中所发挥的作用，并估算出吸附能力和亲和力。图 3-9 表明，基于 Polanyi 理论的 DA 吸附等温模型，可以研究有机磷酯在碳纳米管上的吸附机制。

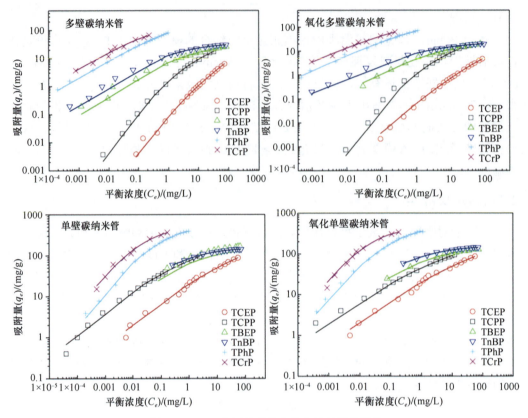

图 3-9　OPEs 在四种碳纳米管上的吸附等温线

实线表示 DA 模型拟合结果

3.3　污染物环境界面反应动力学

反应动力学的研究可以帮助我们了解反应进行的机理。本节以气–固反应中常用的两种模型描述表面反应：Langmuir-Hinshelwood（LH）和 Rideal-Eley（RE）机理。通过研究温度和压力如何改变反应速率可区分以上两种反应机理。值得注意的是，以上两种简单的动力学模型在一定程度上对反应的描述较为模糊，需要拓展更多精细的模型和方法对表面特性反应进行解释。

3.3.1　Langmuir-Hinshelwood 机理

该模型适用体系为：反应前所有反应物吸附于表面。用该模型描述反应机理时，有以下 3 个假设：表面反应是总反应的限速步骤；Langmuir 等温吸附模型可用于描述所有气体分子在表面的吸附；不同吸附质分子竞争表面活性位点。LH 机理适用于以下四种反应情况。

1. 反应产物立即解吸的单分子表面反应

吸附分子 A，在表面经历重排或分解后形成吸附产物 B，形成的产物 B 立即从表面解吸

$$A_{(gas)} \rightarrow A_{ads} \rightarrow B_{(gas)} \qquad (3\text{-}68)$$

取代 Langmuir 吸附等温线中的覆盖度 θ_A，获得反应速率 R 的表达式

$$R = k_{het}\theta_A = \frac{k_{het}b_A P_A}{1 + b_A P_A} \qquad (3\text{-}69)$$

反应可能有以下两种极限情况：

（1）当 b_A（即 ΔH_{ads}）值较小（弱吸附反应），或 P_A 较小时，$b_A P_A \ll 1$，反应速率可表达为

$$R = k_{het}b_A P_A \qquad (3\text{-}70)$$

即反应速率是压力的一级反应。

（2）当 b_A（即 ΔH_{ads}）值较大（强吸附反应），或 P_A 较大时，$b_A P_A \gg 1$，反应速率可表达为

$$R = k_{het} \qquad (3\text{-}71)$$

即反应速率是压力的零级反应。此时，表面覆盖度接近单层吸附，与压力无关。

2. 分子重排/解离–产物吸附

吸附分子 A，在表面经历重排或分解后形成吸附产物 B，形成的产物 B 吸附在表面

$$A_{(gas)} \rightarrow A_{ads} \rightarrow B_{ads} \rightarrow B_{(gas)} \qquad (3\text{-}72)$$

反应速率取决于 A 和 B 在表面的竞争吸附。取代 Langmuir 吸附等温线中的覆盖度 θ_A，反应速率 R 表达为

$$R = k_{het}\theta_A = \frac{k_{het}b_A P_A}{1 + b_A P_A + b_B P_B} \qquad (3\text{-}73)$$

反应有以下两种极限情况：

（1）反应压力低，即 P_A 较小时，$b_A P_A \ll 1$，反应速率有

$$R = \frac{k_{het}\,b_A P_A}{1 + b_B P_B} \qquad (3\text{-}74)$$

（2）b_B 较大，产物 B 比反应物 A 的表面结合力更强，$b_B P_B \gg b_A P_A \gg 1$，反应速率有

$$R = \frac{k_{het}\,b_A P_A}{b_B P_B} \qquad (3\text{-}75)$$

3. 双分子表面反应

反应体系中包含两种反应物在表面的吸附表达式

$$A_{(gas)} + B_{ads} \rightarrow A_{ads} + B_{ads} \rightarrow C_{ads} \rightarrow C_{(gas)} \quad (3-76)$$

基于 Langmuir 等温线方程，总反应速率 R 的表达式为

$$R = k_{het}\theta_A\theta_B = \frac{k_{het}b_A P_A b_B P_B}{(1 + b_A P_A + b_B P_B + b_C P_C)^2} \quad (3-77)$$

式中，b_C 和 P_C 分别为 Langmuir 等温线的 b 因子和产物 C 的反应压力。当表面上反应物 A 的总覆盖度受产物 C 含量的影响时，b_C 和 P_C 的值升高，即

$$\theta_A = \frac{b_A P_A}{1 + b_A P_A + b_B P_B + b_C P_C} \quad (3-78)$$

反应有以下几种极限情况：

（1）与反应物相比，产物立即解吸或在表面弱吸附的情况下，$b_A P_A \approx b_B P_B \gg b_C P_C$，反应速率在 $b_A P_A = b_B P_B$ 时达到最大值。

（2）与反应物相比，产物立即解吸或在表面弱吸附，同时两种反应物亦在表面弱吸附的情况下，$b_A P_A \ll 1$ 且 $b_B P_B \ll 1$，反应速率表达式为

$$R = k_{het} b_A P_A b_B P_B \quad (3-79)$$

即反应速率是压力的二级反应。

（3）与反应物相比，产物立即解吸或在表面弱吸附，同时一种反应物（A）在表面吸附能力弱于另一种反应物（B）的情况下，$b_A P_A \ll b_B P_B + 1$，反应速率表达式为

$$R = \frac{k_{het} b_A P_A b_B P_B}{\left(1 + b_B P_B\right)^2} \quad (3-80)$$

将上述表达式拓展到反应物 B 在表面的强吸附时，$b_B P_B \gg 1$，反应速率为

$$R = \frac{k_{het} b_A P_A}{b_B P_B} \quad (3-81)$$

此时，反应速率是反应物 A 压力的一级反应，但随反应物 B 压力的增大而减小。究其原因，反应物 B 的吸附能力强于反应物 A，反应物 B 更易占据吸附位点，抑制反应物 A 的吸附。

（4）与反应物相比，产物具有更强的表面吸附能力时，$b_C P_C \gg 1 + b_A P_A + b_B P_B$ 且 $b_C P_C \gg 1$，反应速率为

$$R = \frac{k_{het} b_A P_A b_B P_B}{b_C^2 P_C^2} \quad (3-82)$$

此时，产物在表面的强吸附严重抑制反应进行，即反应中毒现象。

4. 表面反应速率随温度的变化

Arrhenius 方程中 $\ln k_{het}$ 随 $1/T$ 变化的曲线通常用于描述气相反应，反应速率与温度成正比。Arrhenius 曲线可用于描述表面反应，但如图 3-10 所示，反应速率随温度变化有最大值。这是因为，表面反应中所达到的总速率是表面反应速率随温度升高而增加（以活化能 E_{het} 表示）和表面覆盖率随温度升高而减少的趋势之间的平衡。

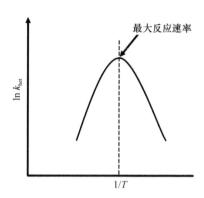

图 3-10 典型表面反应 $\ln k_{het}$ 随 $1/T$ 变化的 Arrhenius 曲线

在考虑反应物 A 在表面弱吸附但反应物 B 强吸附的情况下，总反应速率如式（3-80）所示。在高压低温反应条件下（图 3-10 右部分），$b_B P_B \gg 1$，反应速率如式（3-81）所示。k_{het} 与 $-E_{het}$、b 与 ΔH_{ads} 呈指数关系。Arrhenius 曲线的斜率由测定的活化能 E_{tot} 决定

$$E_{tot} = E_{het} + \Delta H_{ads\text{-}A} - \Delta H_{ads\text{-}B} \tag{3-83}$$

反应物 B 比 A 在表面吸附能力更强，$\Delta H_{ads\text{-}A} \ll \Delta H_{ads\text{-}B}$。由于吸附热是负值，因此 $\Delta H_{ads\text{-}A} - \Delta H_{ads\text{-}B} > 0$。此时，$E_{tot}$ 为正值，Arrhenius 曲线中 k_{het} 随温度升高而增大，$\ln k_{het}$ 随 $1/T$ 升高而降低，如图 3-10 右部分所示的负斜率。

图 3-10 左部分所示的反应条件是 $b_B P_B \ll 1$（低压高温条件），反应速率如方程（3-79）所示。由 E_{tot} 决定的斜率为

$$E_{tot} = E_{het} + \Delta H_{ads\text{-}A} - \Delta H_{ads\text{-}B} \equiv E_{het} - q_{ads\text{-}A} - q_{ads\text{-}B} \tag{3-84}$$

可以出现 $-\Delta H_{ads\text{-}B} > E_{het}$ 的情况，E_{tot} 为负值。此反应条件下，反应速率随温度升高而降低，即 $\ln k_{het}$ 随 $1/T$ 升高而增大，出现图 3-10 左部分所示的正斜率。

3.3.2 Rideal-Eley 机理

Rideal-Eley（RE）机理认为并非所有参与表面反应的反应物需要先吸附在表面，可能存在因气相分子 B 与吸附在表面的反应物 A 之间碰撞而发生的反应，见式（3-85）：

$$A_{ads} + B_{(gas)} \rightarrow C_{ads} \rightarrow C_{(gas)} \tag{3-85}$$

反应速率为式（3-86）：

$$R' = k'_{het} \theta_A P_B \tag{3-86}$$

式中，k'_{het} 为异质反应速率常数。取代覆盖度 θ_A，并假设产物 C 立即解吸或吸附能力弱于反应物 A，反应速率可表达为式（3-87）：

$$R' = \frac{k'_{het} b_A P_A P_B}{1 + b_A P_A} \tag{3-87}$$

即反应速率总是气相分子 B 压力的一级反应。

对反应物 A，有以下两种极限情况：

（1）当 b_A（即 ΔH_{ads}）值较小（弱吸附反应），或 P_A 较小时，$b_A P_A \ll 1$，反应速率可表达为式（3-88）：

$$R' = k'_{het} b_A P_A P_B \tag{3-88}$$

即反应速率是反应物 A 压力的一级反应。

（2）当 b_A（即 ΔH_{ads}）值较大（强吸附反应），或 P_A 较大时，$b_A P_A \gg 1$，反应速率可表达为式（3-89）：

$$R' = k'_{het} P_B \tag{3-89}$$

即反应速率是反应物 A 压力的零级反应。

与 LH 机理类似，当产物 C 在表面吸附能力强，出现反应中毒现象时，RE 机理中的动力学描述更为复杂。覆盖度 θ_A 为

$$\theta_A = \frac{b_A P_A}{1 + b_A P_A + b_C P_C} \tag{3-90}$$

反应速率为

$$R' = \frac{k'_{het} b_A P_A P_B}{1 + b_A P_A + b_C P_C} \tag{3-91}$$

原则上，动力学只提供最慢反应步骤的信息。从以上动力学模型可以看出，通过仔细研究表面反应速率对压力和温度的依赖关系，可以推导出与反应机理（LH 或 RE 机理）相关的信息。此外，利用动力学参数可得到反应活化能（E_{het}）的数值。

3.3.3　简单反应动力学模型的局限性

上述两种简单动力学模型对初步理解反应机理非常有用，但真实反应机理更为复杂，这导致了用简单模型拟合动力学数据可能引发问题。出现这些问题的部分原因是 Langmuir 模型中所设定的假设条件需要全部满足：表面必须是均质的，在特定吸附位点的吸附热不受周围吸附质的影响，每个吸附位点只能被一个吸附质分子占据。此外，在表面快速吸附的情况下，表面多层吸附与气相中反应物达到平衡，而这一条件是利用动

力学方法评估 LH 机理所隐含的。然而，这些简单的动力学模型提供了一个包括所有重要的相关参数的框架，可以用来推导定量关系，描述实验观测的动力学。在这种情况下，类似于在吸附研究中延续使用 Langmuir 等温线。

许多文献中的动力学研究都采用了上述简单模型，但如何解释数据，需要有分子水平上的准确理解。否则，仅仅依靠上述简单的动力学信息来确定反应机理，可能会导致相当大的误解。需要借助原位谱学等方法揭示表面反应的化学本质，从而获得关于表面反应的清晰见解。

3.4 污染物的生物积累

生物体可通过多种途径从环境介质中摄取污染物。微生物可通过体表直接吸收污染物；植物可通过根、茎、叶等表面吸收污染物；动物则主要通过吞食摄入污染物，呼吸或体表吸收通常只占污染物摄入的很小一部分。

生物富集（bioconcentration），又被译为生物浓缩，是指生物体从周围环境中蓄积某些污染元素或化合物，使生物体内该污染物浓度超过环境中浓度的现象，通常由生物富集系数（BCF）来表示，见式（3-92）：

$$BCF = \frac{C_{bio}}{C_{med}} \tag{3-92}$$

式中，C_{bio} 与 C_{med} 分别为污染物在生物体内的浓度与污染物在环境中的自由溶解态浓度。在实际应用中，为方便起见，常用污染物在环境介质中的总浓度代替其自由溶解态浓度计算其生物富集系数。平衡状态下，生物富集系数也可看作污染物在生物体与环境介质间的分配系数。

生物放大（biomagnification）是指处在生态系统同一食物链上生物，由于高营养级生物以低营养级生物为食，某些污染元素或化合物在生物体中的浓度随营养级的增加逐步增大的现象。并非所有污染物均具有生物放大现象。污染物是否具有生物放大依赖于其分子结构（影响吸收与代谢）以及食物链组成。

生物积累（bioaccumulation）是指生物通过环境吸收、食物摄取等途径从周围环境和食物中蓄积某些污染元素或化合物，导致其浓度随生物的生长和发育而不断增加，形成了富集系数逐渐增大的现象。因此，生物积累包含了生物富集与生物放大，反映了生物体从环境介质、低营养级食物中对污染物的摄取与代谢的平衡，其实质是环境介质与生物介质之间的分配行为。

污染物的生物积累可提高其与生物靶点的结合浓度，导致相应的毒性效应，因此生物积累是评估污染物环境与生态风险的重要参数。由于污染物在生物体内的积累，一些对污染物积累较为稳定的生物体或生物组织（如苔藓、松针、贻贝等）可被选择作为生物指示物，通过生物体内污染物浓度分析以监控环境介质中的浓度。利用生物体对污染物的高积累，还可进行污染物的环境修复。例如，利用蜈蚣草、伴矿景天分别对砷、镉的超高积累性，可通过污染土壤中蜈蚣草、伴矿景天的种植及收割，实现土壤中砷、镉的高效移除，达到植物修复的目的。

下面以水–虾–鱼组成的水生生态系统与食物链为例，简要介绍生物积累的动力学描述。假设鱼体内积累的污染物一部分来自水中直接摄取，另一部分来自食物链间接摄取（作为食物的虾的摄入），如式（3-93）、式（3-94）所示：

$$\frac{\mathrm{d}C_{\mathrm{shri}}}{\mathrm{d}t} = k_1(K_1' C_{\mathrm{w}} - k_{-1} C_{\mathrm{shri}}) - k_{-1} C_{\mathrm{shri}} \tag{3-93}$$

$$\frac{\mathrm{d}C_{\mathrm{fish}}}{\mathrm{d}t} = k_2(K_2' C_{\mathrm{w}} - C_{\mathrm{fish}}) + k_3 C_{\mathrm{shri}} - k_{-2} C_{\mathrm{fish}} \tag{3-94}$$

式中，C_{shri}、C_{fish}、C_{w} 分别为某一时间虾、鱼体、水中污染物的浓度；k_1、k_{-1} 分别为虾从水中摄取与排出（包括排泄与体内降解）污染物的速率常数；k_2、k_{-2} 分别为鱼从水中摄取与排出（包括排泄与体内降解）污染物的速率常数；k_3 为污染物通过食物链（从虾到鱼）的摄取速率常数；K_1'、K_2' 分别为污染物在虾–水、鱼–水中的分配系数。

假设水体足够大，则 C_{w} 不变，平衡时（$t \to \infty$）鱼体污染物的生物积累系数（bioaccumulation factor，BAF）为

$$\mathrm{BAF} = \frac{C_{\mathrm{fish}}}{C_{\mathrm{w}}} = \frac{k_2 K_2'}{k_2 + k_{-2}} + \frac{k_1 k_3 K_1'}{(k_1 + k_{-1}) + (k_2 + k_{-2})} \tag{3-95}$$

式（3-95）第一项表示鱼从水体中污染物的直接摄取，第二项表示鱼从虾中污染物的间接摄取。

3.4.1 污染物生物积累的结构依赖

污染物在环境介质与生物介质之间分配的结构依赖决定了其生物积累的结构依赖。通常，生物体内可积累污染物的介质主要包括脂类、蛋白质、多聚糖、木质素、角质等。不同生物中这些介质的组成存在显著差异。例如，松针中脂肪含量可高达 28%，而牧草中脂肪含量通常低于 2%；不同种属海洋鱼类其脂肪含量介于 1%～30%。需要注意的是，即使同一物种的不同性别、不同生长阶段以及不同组织器官，其生物介质组成也存在很大差异。由于不同生物介质与污染物具有各种各样的结构特点，当生物体暴露于环境中时，污染物在环境介质与生物体不同生物介质中的分配是不同的。这种分配的差异显著依赖于生物介质组成与污染物的结构。可以说，生物介质的结构决定了污染物生物分配或积累的结构依赖。

生物体是由不同生物介质组成的非均相体系，可由生物平衡分配模型来预测污染物在环境介质与生物体之间的分配与积累。可以假设生物体内每一生物介质独立发挥作用，污染物在不同生物介质和环境介质之间的相分配均达到平衡；并假设污染物的生物

积累总量为不同生物介质所积累污染物的总和。

假设污染物在生物体与环境介质之间的分配系数为 K_{bio}，则有式（3-96）：

$$K_{bio} = \frac{C_{bio}}{C_{med}} = \frac{f_{lip}C_{lip} + f_{prot}C_{prot} + f_{lig}C_{lig} + f_{cut}C_{cut} + \cdots}{C_{med}} \quad （3-96）$$

式中，C_{med} 为分配平衡时生物吸收来源的环境介质中污染物的自由溶解态浓度；C_{bio} 为分配平衡时生物体中污染物的浓度；f_{lip}、f_{prot}、f_{lig}、f_{cut} 分别为具有污染物积累作用的脂类、蛋白质、木质素、角质等生物介质在生物体中所占的质量分数；C_{lip}、C_{prot}、C_{lig}、C_{cut} 分别为污染物在脂类、蛋白质、木质素、角质等生物介质中的浓度。

进一步采用污染物在各生物介质与环境介质中的分配系数来表示式（3-96），可得

$$K_{bio} = f_{lip}K_{lipmed} + f_{prot}K_{protmed} + f_{lig}K_{ligmed} + f_{cut}K_{cutmed} + \cdots \quad （3-97）$$

式中，K_{lipmed}、$K_{protmed}$、K_{ligmed}、K_{cutmed} 分别为污染物在脂类、蛋白质、木质素、角质等生物介质与环境介质中的分配系数。

如果污染物在生物体内的分配或积累以某一项（如脂类或蛋白质）为主，则式（3-97）可简写为式（3-98）或式（3-99）：

$$K_{bio} = f_{lip}K_{lipmed} \quad （3-98）$$

$$K_{bio} = f_{prot}K_{protmed} \quad （3-99）$$

因此，可通过生物体中各生物介质组成以及污染物的生物介质–环境介质分配系数预测污染物的生物积累。其中，污染物的生物介质–环境介质分配系数可通过生物介质模拟物（如采用甘油三油酸酯模拟生物体脂类）进行实验或线性自由能方程进行估算。

结合式（3-97）、式（3-98）或式（3-99），脂类、蛋白质、木质素、角质等生物介质具有不同的结构特征，因此不同结构的污染物在其中的分配也体现出显著的结构依赖性。例如，多氯联苯在浮游植物项圈藻体内积累主要受控于其体内脂质，而蛋白质的作用可以忽略。则多氯联苯各单体的积累依赖于其 K_{lipw}（即脂质-水分配系数），而 K_{lipw} 依赖于多氯联苯各单体的结构。

3.4.2 污染物的生物可给性与有效性

研究表明，污染物的生物积累取决于其在环境中的形态，而非其总浓度。污染物的生物可给性与有效性是评价环境介质中污染物可被生物摄取程度的重要指标。

生物有效性（bioavailability），又译为生物可用度或生物可利用性。这一概念最初来自药理学。在药理学上是指所服用药物能到达体循环的剂量部分。按照这一定义，当药物以静脉注射方式使用时，它的生物有效性是 100%。

　　2003 年，美国国家研究理事会（NRC）提出生物有效性过程这一概念，其包括：①结合态污染物的释放；②结合态和自由溶解态污染物向生物膜的迁移；③不同形态污染物跨膜；④生物体内污染物迁移到达靶点等四个步骤。2006 年，国际标准化组织（ISO）将生物有效性定义为三个相关概念与步骤：①环境有效性（environmental availability），即污染物结合态和自由态之间的环境交换，描述污染物的潜在可给性；②环境生物有效性（environmental bioavailability），即污染物的跨膜吸收；③毒性生物有效性（toxicological bioavailability），即污染物在生物体内靶点产生的毒性效应和生物体内富集（图 3-11）。其中，环境有效性又被称为生物可给性（bioaccessibility）。从图 3-11 可以看出，生物可给性概念强调"给"，即环境污染物释放后可供给生物体吸收；而生物有效性强调"效"，即污染物释放、吸收、起效的整个过程。

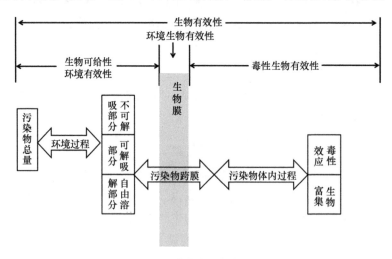

图 3-11　生物有效性的定义

　　在实际应用中，污染物的生物有效态（bioavailable fraction）通常指环境基质中生物可吸收的污染物形态；污染物生物有效性是指实验测得的环境基质中污染物生物有效态量与其总量的比值。

　　多种因素均可影响无机污染物与有机污染物的生物有效性。首先，污染物的自身性质，如分子体积、空间构象及疏水性等，均可通过影响跨膜及环境介质-生物介质的分配影响其生物有效性。通常，环境中溶解性有机质、颗粒态有机质、碳质吸附剂、无机矿物与污染物的结合可显著降低其生物有效性。但某些情况下（如三价铁与微生物分泌的铁载体、阴阳离子形成疏水性的离子对），这种结合也可能提高污染物的生物有效性。环境 pH 可通过影响污染物的形态及其与环境基质、生物体的相互作用进而影响其生物有效性。此外，离子强度、氧化还原电位等环境因素均对污染物的生物有效性有一定影响。需要特别指出的是，同一种污染物对同一环境体系中的不同生物体的生物有效性可能存在差异。例如，不同种类植物对同一种重金属元素的吸收富集能力不同。

近些年来，针对不同环境基质（如水、土壤、沉积物、灰尘、大气颗粒物、食物等）与不同污染物摄入途径（如鳃暴露、根吸收、皮肤接触、食物暴露、肺吸入），发展了多样的生物有效性分析方法。因此，可根据不同的环境场景（不同环境基质、摄入途径与生物体），采用合适的分析方法对污染物的生物有效性进行评价。目前，较为常用的生物有效性评价方法如下。

（1）指示生物法：在这一方法中，通常将具有代表性的指示生物体直接暴露于环境介质中，待污染物吸收或富集平衡后直接测定生物体内污染物的含量。可针对水、底泥、土壤、灰尘等介质选择合适的指示生物（如水稻、钩虾、牡蛎、蚯蚓、鱼、小鼠、幼猪等）与暴露途径。指示生物暴露实验可以反映生物摄入具体情况，获得较为可靠的环境介质污染物生物有效性数据，但活体实验具有操作烦琐、耗时长、成本高等缺点，还易引起科研伦理方面的争议。

（2）直接分析法：可采用离子选择性电极等电化学方法对自由溶解态金属离子进行直接分析。该方法较为简便、快速，但其测试污染物有限，在测试灵敏度方面受到很大限制。

（3）化学提取法：针对土壤、沉积物的环境介质，可采用基于不同提取强度试剂（提取剂反应性逐步增强）的顺序提取法（如 Tessier 五步提取法、BCR 三步提取法）对其中的污染物结合形态进行区分。此外，也可采用基于温和试剂（如去离子水、盐溶液、稀酸、络合剂、甲醇等）的单步提取法。该方法受到溶剂类型、固-水比、提取时间等条件的限制，存在提取态与真实化学形态较难对应、提取过程中污染物再吸附等缺点。

（4）化学分配法：通过将污染物分配和吸附到替代相中，使其不断从环境中解吸，达到平衡后，通过测定替代相中污染物浓度预测其生物有效性。该法包括半透膜采样器法、固相微萃取法、液相微萃取法、Tenax 解吸珠法、薄膜扩散梯度法等技术。

（5）基于真实或模拟体液的体外提取法：采用真实或模拟体液如唾液、胃液、肠液、汗液、肺泡液等，研究生物体接触土壤、底泥、食品、灰尘、大气颗粒物等基质后污染物的释放行为。

（6）全细胞生物传感器法：该法以微生物等活细胞为感应中心，通过污染物诱导报告基因（如绿色荧光蛋白基因、荧光素酶基因等）表达，产生可测量的信号，以识别、传感环境中的污染物。该方法具有响应快速、成本低、操作简单等优势，有利于检测仪器小型化与自动化。随着合成生物学技术的发展，全细胞生物传感器对污染物识别的种类、特异性、灵敏度均有望得到进一步提高。

从图 3-11 可以看出，污染物的生物有效性控制其生物摄入，进而影响其生物降解、生物积累与生物毒性。可以说，污染物的生物有效性是一把"双刃剑"：一方面，污染物生物有效性的降低可抑制其生物摄入，从而降低其生物积累与生物毒性；另一方面，生物有效性降低其生物摄入，抑制其生物降解，从而增加污染物的环境持久性。

在早期污染物的生态与健康风险评价中，多采用污染物的总浓度进行相关估算，这会高估环境中污染物的生态与健康风险。在生态与健康风险评价中引入生物有效性，有助于精确评估其环境行为与生态/健康风险。环境介质中污染物生物有效性的降低也是其环境修复的重要途径之一。需要指出的是，如前所述，污染物生物有效性的降低也增加了其环境持久性。因此，在环境修复中，应重视污染物生物有效性的长期变化，防止环境因素变化带来的生物有效性与生态风险的增加。

习　题

1. 石膏（$CaSO_4 \cdot 2H_2O$）和硬石膏（$CaSO_4$）的 K_{sp} 分别为 $10^{-4.61}$ 和 $10^{-4.36}$，哪种矿物相控制钙离子在盐水中的溶解度？

2. 已知 $K_{sp(AgCl)} = 10^{-9.75}$，请问 AgCl 在水中的溶解度（mol/L）是多少，Ag^+ 的浓度（mg/L）是多少？

3. 废水中含有 1×10^{-5} mol/L 溶解态镉以及 0.01 mol/L Cl^-，用 1 mmol/L NaHS 处理废水，以形成 CdS 沉淀的形式。当 pH=7 时，处理后的废水中含有多少残留的溶解态镉？

假定 NaHS 在水中完全解离成 Na^+ 和 HS^-。只考虑以下反应：

$$H_2S \Longrightarrow HS^- + H^+ \qquad\qquad pK_{a1} = 7.02$$

$$HS^- \Longrightarrow S^{2-} + H^+ \qquad\qquad pK_{a1} = 17.3$$

$$CdS(s) \Longrightarrow Cd^{2+} + S^{2-} \qquad\qquad pK_{b1} = 31.66$$

$$Cd^{2+} + Cl^- \Longrightarrow CdCl^+ \qquad\qquad pK_{b2} = -1.98$$

$$Cd^{2+} + 2Cl^- \Longrightarrow CdCl_2(aq) \qquad\qquad pK_{b3} = -2.6$$

$$Cd^{2+} + 3Cl^- \Longrightarrow CdCl_3^- \qquad\qquad pK_{b4} = -2.4$$

4. 基于以下信息，请给出总溶解态 Ba 的浓度。

（a）$BaSO_4(s)$ 加入 pH=8 的水中；

（b）$BaSO_4(s)$ 加入 pH=8 的 0.1 mol/L 柠檬酸溶液中。

可能用到的方程式：

$$BaSO_4(s) \Longrightarrow Ba^{2+} + SO_4^{2-} \qquad\qquad K_{sp} = 10^{-9}$$

$$Ba^{2+} + \text{H-citrate}^{3-} \Longrightarrow \text{BaH-citrate}^{-} \qquad K_{sp} = 10^{2.4}$$

已知柠檬酸的 pK_a 为 3.0、4.4、6.1、16。

第4章　污染物的分子转化

污染物进入环境后，除了发生前面章节中提到的溶解、分配、吸附以及固定等物理过程外，还可能发生一系列生物的或化学的分子转化过程，该过程是污染物环境归趋的重要组成。本章针对有机和无机污染物，从热化学反应和光化学反应两方面，重点介绍热化学反应中常见的配位反应、氧化还原反应、取代反应、消除反应及加成反应等的化学机理和动力学过程，并在简要介绍光化学基础理论的基础上，探讨光化学反应中的直接光解和间接光解反应过程与机理。

4.1　污染物分子转化的基本认识

环境中的污染物主要包括有机污染物和无机污染物两大类。二者倾向参与的或者说能参与的化学反应类型既有相同之处又有所差异。

正如第 1 章所述，化学反应的本质是化学键的断裂及生成。有机物中的化学键主要是共价键。每个共价键由一个电子对组成。共价键断裂时可以发生均裂，也可以发生异裂。均裂会生成带有单电子的活泼原子或基团，也称自由基。而异裂则会产生正负离子。基于共价键断裂的方式，有机反应可以分为协同反应、离子型反应和自由基型反应。其中，离子型反应占有机化学反应的 90%。在有机污染物的离子型反应中，主要分为亲核反应和亲电反应，基于这两种反应机理，各自都包含了取代反应（亲核取代和亲电取代）和加成反应（亲核加成和亲电加成），而亲核取代反应还存在竞争反应即亲核消除反应。这些反应过程中有时会伴随着分子骨架的变化，也即重排反应。另外，以亲核、亲电反应机理进行的有机反应中还存在一类特殊的且具有重要环境意义的反应，即氧化还原反应。

无机污染物的种类较有机污染物少，包含重金属、硫氧化物、氮氧化物、砷化物、氟化物以及氰化物等多种污染物。这些污染物也会在环境中发生配位反应、氧化还原反应、取代反应、加成反应、自由基反应等转化过程。

从能量对化学转化影响的角度看，这些反应又可以划分为热化学反应和光化学反应。热化学反应主要是分子在环境中热能（分子碰撞能）的作用下活化，最终生成热力学稳定的物质，这类反应受温度影响较大。而在光化学反应中，反应体系吸收光子的能量而被激发，反应的进行与分子内能关系不大，其反应的自发性、反应历程、反应速率以及反应的平衡均与热化学反应有明显区别。

　　污染物在环境介质中除了发生非生物转化反应，也会在微生物、植物以及动物的体内或体外，在分泌到体外的化合物包括小分子的有机酸、糖类、氨基酸或酶等生物因素作用下发生一系列生物转化过程，产生多种类型的转化中间体，并有可能最终转化为二氧化碳和水，释放出硝酸根、铵根、溴离子、氯离子等无机成分；也可以在生物作用下缀合上其他基团，或者与生命大分子结合，进而滞留在生物体内。而对于无机污染物（以重金属为例），除了在不同价态之间发生氧化还原反应外，还会通过加成反应转化为有机金属（如甲基汞等），或者通过配位反应形成金属螯合物。

　　在生物体内，污染物发生的大部分反应均是酶促反应（少数例外）。酶是在细胞内合成的、具有催化活性的、主要由蛋白质组成的一类生物催化剂。酶催化具有专一性强、效率高以及理化条件温和等特点。酶可以促进反应底物的相互作用，从而降低决定生物转化速率的活化能（图 4-1）。酶的催化方式包括以下两种：通过与反应物形成复合物，或使反应物处于有利的环境中，使反应物易发生相互作用；通过酶自身的极性或者带电基团改变反应物的电子云密度，使反应物的反应活化能降低，从而使反应速率大大加快。值得指出的是，酶催化反应虽然加快了反应速率，但只能催化热力学允许进行的反应。

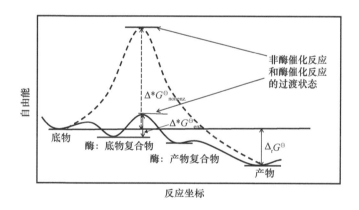

图 4-1　酶催化反应（实线）与相应的非酶催化反应（虚线）的化学反应活化能能垒变化示意图

　　由此可见，环境污染物在生物酶催化下发生的生物转化过程，虽然在酶的作用下改变了反应的动力学过程，但其反应的化学本质与非生物转化反应是一样的。例如，水解反应在含有醚、酯或酰胺键的农药如氨基甲酸酯、有机磷和苯酰胺等的环境转化中十分常见，既可以在广谱性的水解酶如酯酶、酰胺酶或磷酸酶等作用下发生催化水解反应，又可以在一定 pH、温度条件下发生水解反应。但无论是生物作用，还是非生物作用，水解的终产物是一样的。

4.2　环境中常见热化学转化的反应类型和机理

4.2.1　配位反应

配位反应是指具有孤对电子给体性质的配位体与具有空轨道、可以接受孤对电子的离子或原子形成配位化合物（简称为配合物）的过程。在配合物中，与中心原子或者离子直接键合的基团称为配位体，配位体的数目称为配位数。配位体中直接与中心离子或原子以配位键相结合的原子称为配位原子。配位原子作为孤对电子的给体，多为电负性较强的非金属原子，如 C、N、O、S 和卤素原子。配位反应以金属离子为中心原子的情况比较常见。但在一些有机反应过程中，也会生成具有配位键的活性中间体。

配位体中仅含有一个配位原子称为单齿配位体，包含两个或两个以上配位原子的配位体称为多齿配位体。在配位反应中，存在一类特殊的反应——螯合反应，即在配位反应过程中，中心离子和一个或者多个多齿配位体生成了具有环状结构的配合物，其被称为螯合物。环境中重要的无机配位体有 OH^-、Cl^-、CO_3^{2-}、HCO_3^-、F^-、HS^- 等。而有机配位体种类繁多，天然水体中有动植物的天然产物及其降解产物，如氨基酸、糖、腐殖酸等；废水中有洗涤剂、清洁剂、乙二胺四乙酸和农药等。

1. 软硬酸碱理论

配位反应是典型的路易斯酸碱反应，其中，中心原子为路易斯酸，配位体为路易斯碱。目前为止，在路易斯酸碱理论体系中还缺乏公认的定量理论，只有软硬酸碱理论（HSAB）这一用于解释酸碱反应及性质的理论得到了较为广泛的应用。在 HSAB 中，将路易斯酸与路易斯碱按照"软""硬"分为不同的类别。

将体积小、正电荷数高、可极化性低的中心原子称为硬酸，反之称为软酸，介于二者之间的称为交界酸。常见的硬酸有 H^+、Li^+、Na^+、K^+、Mg^{2+}、Ca^{2+}、Mn^{2+}、Al^{3+}、Cr^{3+}、Fe^{3+}、Co^{3+}、As^{3+}、Sn^{4+}、$Al(CH_3)_3$、Al_2Cl_6、SO_3、RSO_2^+（R 为烷基）和 CO_2 等；交界酸有 Fe^{2+}、Co^{2+}、Ni^{2+}、Cu^{2+}、Zn^{2+}、Pb^{2+}、Sn^{2+}、Sb^{3+}、SO_2、NO^+、$C_6H_5^+$ 和 R_3C^+ 等；软酸有 Cd^{2+}、Hg^{2+}、Cu^+、Ag^+、Hg_2^{2+}、CH_3Hg^+、RO^+、RS^+、所有的金属原子、Br_2 和 I_2 等。

将电负性高、极化性低、难被氧化的配位体称为硬碱，反之称为软碱，介于二者之间的称为交界碱。常见的硬碱有 F^-、O^{2-}、OH^-、Cl^-、CH_3COO^-、NO_3^-、ClO_4^-、SO_4^{2-}、CO_3^{2-}、PO_4^{3-}、ROH、R_2O、NH_3、RNH_2 和 N_2H_4 等；交界碱有 $C_6H_5NH_2$、Br^-、NO_2^-、SO_3^{2-} 等；软碱有 R_2S、RSH、RS^-、I^-、SCN^-、$S_2O_3^{2-}$、R_3P、CN^-、CO 和 C_2H_4 等。

在其他因素一致的情况下，软酸和软碱反应、硬酸和硬碱反应均有较快的反应速率，且形成的配合物较为稳定。基于 HSAB，可以对不同配合物形成的趋势及稳定性进行大致的判断。

2. 配合物在溶液中的稳定性

1）逐级生成常数和累积生成常数

配合物在水溶液中存在着生成反应与解离反应的平衡，这种平衡称为配位平衡。生成反应和解离反应是可逆的过程。其中，生成反应的逐级生成常数（也称逐级稳定常数）和累积生成常数（也称累积稳定常数）是表征配合物在溶液中稳定性的重要参数。以 Zn^{2+} 和配位体 NH_3 发生的系列反应为例，这里略去了水合水，统一以不包含水分子的离子形态表示。首先发生的反应为

$$Zn^{2+}+NH_3 \rightleftharpoons ZnNH_3^{2+} \tag{4-1}$$

该反应达到平衡时，其平衡常数（K_1）与参与反应的离子浓度的关系如下：

$$K_1 = ([ZnNH_3^{2+}])/([Zn^{2+}][NH_3]) \tag{4-2}$$

生成的 $ZnNH_3^{2+}$ 能继续与 NH_3 发生反应，生成 $Zn(NH_3)_2^{2+}$，其反应式和平衡常数（K_2）的计算如下：

$$ZnNH_3^{2+}+NH_3 \rightleftharpoons Zn(NH_3)_2^{2+} \tag{4-3}$$

$$K_2 = [Zn(NH_3)_2^{2+}]/([ZnNH_3^{2+}][NH_3]) \tag{4-4}$$

此处 K_1 和 K_2 即为逐级生成常数。在 25℃条件下，这两个常数为 $K_1=3.9\times10^2$、$K_2=2.1\times10^2$。累积生成常数是指几个配位体与中心离子逐次配位后总反应的生成常数。上述 Zn^{2+} 和 NH_3 的逐级反应，经过第一步反应的累积生成常数 $\beta_1=K_1$，而经过两步反应生成 $Zn(NH_3)_2^{2+}$ 的总反应式如下：

$$Zn^{2+}+2NH_3 \rightleftharpoons Zn(NH_3)_2^{2+} \tag{4-5}$$

两步反应的累积生成常数 β_2 为

$$\beta_2 = [Zn(NH_3)_2^{2+}]/([Zn^{2+}][NH_3]^2) = K_1 \cdot K_2 = 8.2\times10^4 \tag{4-6}$$

以此类推，三步反应生成 $Zn(NH_3)_3^{2+}$ 的累积生成常数 $\beta_3 = K_1 \cdot K_2 \cdot K_3$，四步反应生成 $Zn(NH_3)_4^{2+}$ 的累积生成常数 $\beta_4 = K_1 \cdot K_2 \cdot K_3 \cdot K_4$。

如前所述，配位反应的生成反应与解离反应为可逆反应，显然，生成常数（K_f）与解离常数（K_d）互为倒数，因此 K_n（第 n 步反应逐级生成常数）或 β_n（第 n 步反应累积生成常数）越大，配合物的解离常数就越小，越倾向于以配合物的形式存在，配合物越稳定。

2）螯合物特殊稳定性的热力学解释

一般而言，螯合物的稳定性比与其组成和结构类似的非螯合物高得多。根据热力学公式

$$\Delta_r G^\ominus = -RT \ln K_f \qquad (4-7)$$

$$\Delta_r G^\ominus = \Delta_r H^\ominus - T\Delta_r S^\ominus \qquad (4-8)$$

因此可得

$$-RT \ln K_f = \Delta_r H^\ominus - T\Delta_r S^\ominus \qquad (4-9)$$

从式（4-9）可以看出，螯合物生成常数的大小主要取决于 $\Delta_r H^\ominus$ 和 $\Delta_r S^\ominus$ 的变化。

在非螯合物形成过程中，单齿配位体会等量地取代水合配位离子中的水分子，溶液中的分子数不变，而多齿配位体取代水分子时，每个多齿配位体至少可以取代出 2 个水分子，导致溶液中的分子数增加，使得体系的混乱程度增加，从而使得 $\Delta_r S^\ominus$ 增加。

螯合反应和非螯合反应的 $\Delta_r H^\ominus$ 则与中心金属离子的电子构型有关。基于配位场理论，当金属离子电子构型为 d^0、d^{10} 和 $d^{10}s^2$ 时，如 Ca^{2+}、Ag^+、Cd^{2+} 和 Zn^{2+} 等，配位体的强弱对其形成配合物时的晶体场稳定化能贡献为零，因而对 $\Delta_r H^\ominus$ 无贡献；当金属离子构型为 $d^{1\sim9}$ 时，如 Cu^{2+}、Co^{2+} 和 Fe^{3+} 等，晶体场稳定化能使 $\Delta_r H^\ominus$ 更负。综上，$\Delta_r H^\ominus$ 的变化再加上 $\Delta_r S^\ominus$ 的影响，总体使得 K_f 值更大，因此螯合物的稳定性显著高于非螯合物。

4.2.2   氧化还原反应

氧化还原反应在环境中普遍存在，在任何涉及电子转移或者共用电子对偏移的反应中，得到电子或者电子对偏向的物质被还原，失去电子或者电子对偏离的物质被氧化，即为氧化还原反应。

重金属的氧化还原反应非常普遍，如 Cr(III) 与 Cr(VI) 之间的相互转化，以及 Hg^0 与 Hg^{2+} 之间的相互转化等。再如，Hg^0 转化为 CH_3Hg^+ 则是 Hg^0 失去电子发生了氧化反应。这些重金属的氧化还原反应涉及电子的得失和价态的变化，相对容易进行判断，这里就不再赘述。本书在介绍氧化还原反应时重点以有机污染物的氧化还原反应为例展开。

在有机化合物中，是根据处于氧化状态的原子如 C、N 或 S 等的氧化态是否发生了净变化来判断是否发生了氧化还原反应。如图 4-2 所示，在 DDT 转化为 DDD 时，脱氯的碳原子从+3 价变为+1 价，其他所有原子的氧化状态保持不变，例如相邻脱氢的碳原子仍为−1 价。也就是说，1 个 DDT 分子转化为 DDD 时，需要电子供体向 DDT 转移 2 个电子，这类过程也就是常称的还原性脱氯。而 DDT 转化为 DDE 时，脱氯碳

原子从+3 价变为+2 价，脱氢碳原子从–1 价变为 0 价，两者氧化态的变化相互抵消，因此脱氯化氢过程中 DDT 没有发生净电子转移，DDT 转化为 DDE 的过程不是一个氧化还原反应。

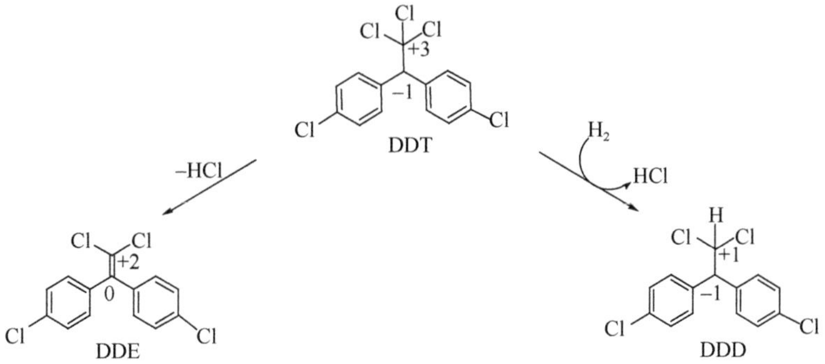

图 4-2 DDT 脱氯和脱氯化氢转化过程的示意图

1. 氧化还原反应的热力学

能否发生氧化还原反应，首先要考虑其热力学条件，对于式（4-10）所示的氧化还原反应，用 Ox 表示氧化剂，Red 表示还原剂，则有

$$a\text{A}_{\text{Ox}} + b\text{B}_{\text{Red}} \longrightarrow c\text{A}_{\text{Red}} + d\,\text{B}_{\text{Ox}} \tag{4-10}$$

$$\Delta_{\text{r}}G = \Delta_{\text{r}}G^{\ominus} + RT\ln\frac{[\text{A}_{\text{Red}}]^{c}\cdot[\text{B}_{\text{Ox}}]^{d}}{[\text{A}_{\text{Ox}}]^{a}\cdot[\text{B}_{\text{Red}}]^{b}} \tag{4-11}$$

而 $\Delta_{\text{r}}G = -nFE$，$\Delta_{\text{r}}G^{\ominus} = -nFE^{\ominus}$，因此

$$E = E^{\ominus} - (2.303RT/nF)\lg\frac{[\text{A}_{\text{Red}}]^{c}\cdot[\text{B}_{\text{Ox}}]^{d}}{[\text{A}_{\text{Ox}}]^{a}\cdot[\text{B}_{\text{Red}}]^{b}} \tag{4-12}$$

式中，E 为氧化还原电位；$E^{\ominus}$ 为标准氧化还原电位；F 为法拉第常数（96500 C/mol）；n 为传递电子的数目。当 $E > 0$ 时，$\Delta_{\text{r}}G < 0$，氧化还原反应可自发进行。

为了将氧化还原反应与电子得失联系起来，且简化研究，可以将氧化还原反应拆成氧化反应和还原反应两个半反应。所有的氧化还原反应均可以写成两个半反应的相加。根据 IUPAC1953 年制定的《关于持久性有机污染物的斯德哥尔摩公约》（简称《斯德哥尔摩公约》），标准氢电极（SHE）通常被用作参比电极，它的电位通常被赋值为零。这也就意味着所有温度下，有

$$\text{H}^{+} + \text{e}^{-} \longrightarrow \frac{1}{2}\text{H}_{2}(\text{g}) \tag{4-13}$$

半反应式（4-13）的标准反应自由能 $\Delta_{\text{r}}G^{\ominus}$ 赋值为零，同时，也相当于设定了水溶

液中质子和电子的标准生成自由能 $\Delta_f G^{\ominus}$ 为零。以 φ_H（下标 H 代表这一电位是相对于 SHE 的）表示半反应的氧化还原电位可以写为

$$aA_{Ox} + ne^- \rightarrow cA_{Red} \tag{4-14}$$

$$\varphi_H = \varphi_H^{\ominus} - (2.303RT/nF)\lg\frac{[A_{Red}]^c}{[A_{Ox}]^a} \tag{4-15}$$

在研究实际环境问题时，典型自然条件下的标准氧化还原电位更能反映化合物发生氧化还原反应的潜力。通过给参与氧化还原反应的天然物质浓度赋值，可以计算该氧化还原反应大致的标准氧化还原电位。

2. 氧化还原反应的途径与动力学过程

在实际环境条件下，多种因素可以影响氧化还原反应速率，如不同的氧化剂或者还原剂类型、环境中存在的其他非反应性的吸附剂（如天然有机质等）对反应性表面的吸附与解吸，以及氧化剂与还原剂的再生等因素。如图 4-3 所示，硝基苯（NB）及三种带有不同取代基的硝基苯在溶解有机质（DOM）/H_2S 体系中的反应速率差异跨越了四个数量级，在铁卟啉体系中，反应速率跨越了两个数量级，而在铁还原蓄水层柱系统中，所有化合物以相同反应速率被还原。

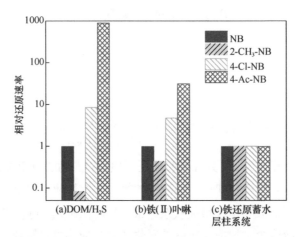

图 4-3　2-CH₃-NB、4-Cl-NB 和 4-Ac-NB 相对于 NB 在几种条件下的还原反应和相对还原速率
（a）H_2S 作为电子供体的溶解了 DOM 的水溶液；（b）脱氢酸作为电子供体的铁卟啉水溶液；
（c）在铁还原蓄水层柱系统

这个例子表明，天然和人工系统中氧化还原反应速率是很难进行预测的。但是在限定的系统模型中得到的结论可以为评价更加复杂系统中污染物的氧化还原反应途径和反应速率提供支撑。

一个有机化合物的氧化反应或者还原反应通常需要传递两个电子（一般为偶数个电

子）以生成稳定的产物。多数情况下，这两个电子是顺序传递的。传递第一个电子时，会生成一个活性很强的自由基，一般第一个电子的传递速率是整个反应的限速步骤。基于第一个电子的传递建立简单的模型：

$$P + R \rightleftharpoons (PR) \rightleftharpoons [PR \longleftrightarrow P^- \cdot R^- \cdot] \rightleftharpoons (P \cdot R' \cdot) \rightleftharpoons P^- \cdot + R' \cdot$$

| 反应物 | 前驱
配合物 | 激发态 | 后继
配合物 | 产物 |

根据上述模型，单电子传递的第一步为生成前驱配合物，电子效应和位阻等因素决定了配合物形成的速率和程度。同时，因为氧化还原反应多发生于环境介质的表面，化合物的吸附行为对转化速率的影响也很重要。之后，P 和 R 之间发生实际的电子转移，电子转移需要活化能，并且取决于两个反应物分别失去和得到电子的倾向性。最后生成的后继配合物分解为产物。

氧化还原反应可以分为可逆过程和不可逆过程两类。多卤代化合物的还原脱卤作用由于存在碳卤键的断裂，是典型的不可逆过程。可能的反应途径很多，但具体经过哪种反应途径取决于环境因素，如还原剂性质、温度、pH 等，因而对其产物的种类和产量进行评估比较困难。芳香硝基化合物（NACs）的还原过程不涉及碳氮键的断裂，是一个可逆过程。这里主要探讨 NACs 还原过程中的动力学过程。

NACs 是一类包括农药、染料过程和炸药在内的重要环境污染物，在很多厌氧土壤和沉积物中可以检测到 NACs 的还原产物。在 NACs 的还原过程中，会生成稳定的中间产物亚硝基化合物、羟胺化合物，最终转化为相应的氨基化合物。下式用 Ar 表示芳香环，则有

$$\text{ArNO}_2 \xrightarrow[-\text{H}_2\text{O}]{+2e^- \ +2\text{H}^+} \text{ArNO} \xrightarrow{+2e^- \ +2\text{H}^+} \text{ArNHOH} \xrightarrow[-\text{H}_2\text{O}]{+2e^- \ +2\text{H}^+} \text{ArNH}_2$$
$$\qquad\quad \text{I} \qquad\qquad\qquad \text{II} \qquad\qquad\qquad \text{III} \qquad\qquad\qquad\qquad \text{IV}$$

在环境 pH 为 6～9 的情况下，NACs 发生第一个电子转移后，产生一个硝基芳烃阴离子自由基 $\text{ArNO}_2^- \cdot$。

$$\text{ArNO}_2 + e^- \rightleftharpoons \text{ArNO}_2^- \cdot; \quad \varphi_\text{H}^1(\text{ArNO}_2) \tag{4-16}$$

式中，$\varphi_\text{H}^1(\text{ArNO}_2)$ 为 pH $\geqslant 6$ 时的单电子标准还原电位。

由于第一个电子的转移速率是整个反应的限速步骤，因此标准活化自由能 $\Delta_\text{r} G_1^\ominus$ 与反应的标准自由能 $\Delta_\text{r} G_1^\ominus$（下标 1 代表第一个向 NACs 转移的电子）的关系如式（4-17）所示：

$$\Delta_\text{r} G_1^\ominus = a' \Delta_\text{r} G_1^\ominus + 常数' \tag{4-17}$$

由于 $\lg k_\text{R}$ 与 $\Delta_\text{r} G_1^\ominus / 2.3RT$ 成正比，其中 k_R 为反应速率常数，因此式（4-17）可以

写为

$$\lg k_R = a \cdot \frac{\Delta_r G_1^\ominus}{2.3RT} + 常数 \qquad (4\text{-}18)$$

$$\Delta_r G_1^\ominus = -F[\varphi_H^1(ArNO_2) - \varphi_H^1(R^+\cdot)] \qquad (4\text{-}19)$$

式中，$\varphi_H^1(R^+\cdot)$ 为 $R^+\cdot + e^- \rightleftharpoons R$ 的单电子标准还原电位，因此

$$\lg k_R = -a \cdot \frac{[\varphi_H^1(ArNO_2) - \varphi_H^1(R^+\cdot)]}{2.3RT/F} + 常数 \qquad (4\text{-}20)$$

为了评价给定条件下 NACs 的还原反应动力学，一系列具有已知 $\varphi_H^1(ArNO_2)$ 值的 NACs 的相对反应速率可以用于推测实际电子转移是否为限速步骤。为了实现这一目的，可以使用式（4-20）进行分析，其中 25℃下 $\varphi_H^1(R^+\cdot)$ 为常数，因此 $2.3RT/F = 0.059V$，有

$$\lg k_R = a \cdot \frac{\varphi_H^1(ArNO_2)}{0.059} + b \qquad (4\text{-}21)$$

如果在给定条件下，$\lg k_R$ 和 $\dfrac{\varphi_H^1(ArNO_2)}{0.059}$ 之间具有接近 1 的显著相关性，则说明 NACs 系列化合物（或者其他化合物）的还原反应中，实际电子转移是速率限制步骤；如果 $\lg k_R$ 对于 $\dfrac{\varphi_H^1(ArNO_2)}{0.059}$ 具有较弱的依赖关系或者没有相关性，则表明其他的反应步骤或者其他过程是重要的。

4.2.3　亲核反应和亲电反应

亲核反应是指电负性高的或者电子云密度较大的试剂（亲核试剂）进攻反应底物中带正电的或者电子云密度较低的区域引起的反应。环境中常见的亲核试剂有 OH^-、H_2O、RO^-、ROH、$RCOO^-$、NO_3^-、RNH_2、NH_3、RS^-、H_2S、F^-、Cl^-、Br^- 等。当这些亲核试剂与含有极性共价键的有机化合物相遇时，亲核试剂中的给电子原子可能与有机化合物中的缺电子原子成键，发生亲核取代反应（S_N）或者亲核加成反应。亲电反应是指缺电子（对电子有亲和力）的试剂（亲电试剂）进攻另一化合物电子云密度较高的区域引起的反应。一般亲电试剂包括 HNO_3、Cl_2、Br_2 和次卤酸等。很多有机污染物的氧化还原反应也是以亲核或亲电反应机理进行的，无论亲核反应还是亲电反应，反应中心原子的电性均受到该原子上连接的取代基电子效应的影响。

取代基的电子效应对反应影响比较大的主要有诱导效应和共轭效应。因分子中原子或者基团的极性（电负性）不同而引起成键电子云沿着原子链向某一方向移动的效应称为诱导效应（I）。由于原子间的相互影响而使共轭体系内的 π 电子（或 p 电子）分布发生变化的电子效应称为共轭效应（C）。共轭效应一般可分为两类，一种是单双键交替出

现的体系，称为 π-π 共轭，另一种是双键碳的相邻原子上有 p 轨道的体系，被称为 p-π 共轭。很多基团既可以表现出诱导效应，又可以表现出共轭效应，而诱导效应和共轭效应均可以表现为吸电子效应和给电子效应，即吸电子诱导效应、给电子诱导效应、吸电子共轭效应和给电子共轭效应，最终的电子效应是这些效应的综合结果。

1. 亲核反应

1）亲核取代反应

亲核取代反应中从有机化合物上被取代下来的基团或者原子称为离去基团。常见的亲核取代反应有卤代烷烃的水解以及羧酸衍生物和含酯类农药的水解反应等。

A. 饱和碳原子上卤元素的亲核取代反应

饱和碳原子上卤元素的亲核取代反应是污染物在环境中非常重要的一类反应。不同种类的卤代烷烃发生亲核取代时的动力学及立体化学产物不同，这与反应历程相关，即与其发生的是 S_N2 历程还是 S_N1 历程相关。

如图 4-4 所示，在 S_N2 历程中，亲核试剂从离去基团卤原子的背面进攻中心碳原子，在过渡态中，亲核试剂部分与碳原子成键，此时离去基团部分分裂出来，也即 S_N2 历程中旧键的断裂与新键的生成同步实现。反应完成后中心碳原子的构型发生反转（瓦尔登翻转）。S_N2 历程反应活化所需的标准自由能 $\Delta_r^{\ddagger} G^{\ominus}$ 与由其决定的反应速率很大程度上取决于亲核试剂自身的性质和有机分子在反应历程中的自发性，因此反应速率与有机化合物以及亲核试剂浓度均有关系，在动力学上为二级反应。

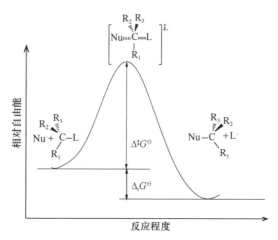

图 4-4　S_N2 历程中反应物、活化配合物与产物的相对自由能示意图

Nu⁻表示亲核试剂

如图 4-5 所示，在 S_N1 历程中，化合物首先在溶剂中解离成碳正离子（即反应历程中能量最小时的过渡态产物）和卤素负离子，然后碳正离子很快与 Nu⁻结合，这是反应

速率较快的一步，反应速率仅取决于离去基团离去的难易程度。而碳正离子的稳定性决定了反应的 $\Delta_r^{\ddagger} G^{\ominus}$。由于碳正离子具有对称平面构型，亲核试剂可从垂直于碳正离子所在平面的两侧等概率向中心碳原子进攻，一般可得到外消旋产物。另外，碳正离子的形成过程中往往伴随着重排，因此重排产物的生成也是以 S_N1 历程进行反应的显著特征之一。对于 S_N1 历程的亲核反应，反应速率仅与卤代烷烃浓度成正比，与亲核试剂浓度无关，在动力学上为一级反应。

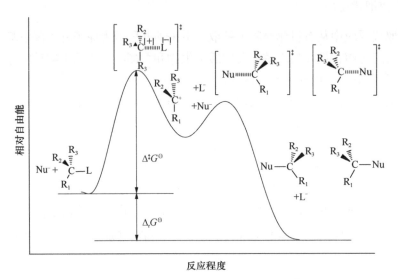

图 4-5 S_N1 历程中反应物、活化配合物与产物的相对自由能示意图
Nu⁻表示亲核试剂

卤代烷烃的亲核取代是按 S_N1 历程还是 S_N2 历程进行，与化合物的结构如空间位阻、反应中心的电荷分布以及离去基团离去的难易程度等因素有关，也与亲核试剂的亲核性和溶剂等因素有关。由于 S_N2 历程是一步完成的，决定反应速率的步骤是过渡态的形成。如前所述，亲核试剂是从离去基团的背面进攻 α-碳形成过渡态，α-碳上连有的烷基对亲核试剂有空间位阻作用，烷基越大，空间位阻越大，亲核试剂越难进攻 α-碳，S_N2 历程越难以进行。而 S_N1 历程是分两步进行的，其反应速率取决于中间碳正离子的稳定性，碳正离子越稳定，亲核反应越容易进行。

亲核试剂对 S_N1 历程的影响不大，而对 S_N2 历程具有极其重要的影响。浓度较高，亲核性强的试剂有利于 S_N2 历程进行。试剂的亲核性是指试剂与带正电荷碳原子的亲核能力。斯温–斯科特模型可用于定量描述亲核试剂与反应的关系。在模型中，以水溶液中甲基溴被亲核物质取代的反应为参照获得：

$$\lg(\frac{k_{Nu}}{k_{H_2O}}) = s \cdot n_{Nu \cdot CH_3Br} \tag{4-22}$$

式中，k_{Nu} 为由亲核物质引起的亲核取代的二级反应速率常数；k_{H_2O} 为由水（标准亲核物质）引起的亲核取代的二级反应速率常数；s 为有机分子对亲核物质攻击的敏感程度；n 为攻击倾向或者亲核物质的亲核性的量度。

亲核试剂 Nu 必须要达到一定的浓度，才能与大量存在的亲核试剂 H_2O 竞争，Nu 与 CH_3Br 的反应和 H_2O 与 CH_3Br 二级反应速率相等时：

$$k_{Nu}[Nu]=k_{H_2O}[H_2O] \tag{4-23}$$

假设 $s=1$，在 25℃时，水的密度为 0.997 g/cm^3，因此有

$$[Nu]=55.3\times10^{-n_{Nu\text{-}CH_3Br}} \tag{4-24}$$

根据式（4-24），可以大致估算出环境中亲核试剂竞争过水，与卤代烃发生 S_N2 反应时所必须达到的浓度。

B. 羧酸衍生物与碳酸衍生物的亲核取代反应——水解反应

环境中存在大量的水，水是重要的亲核物质。由水或者氢氧根取代化合物分子中的原子或者基团的反应称为水解反应，水解反应是亲核取代反应的重要类型。环境中的多种污染物包括上述卤代烷烃均可发生亲核取代水解反应，这里重点以羧酸衍生物和碳酸衍生物为例，阐释环境中发生的水解反应。

通常情况下，这些物质以亲核取代历程发生水解反应的机理如下：

水解速率常数 k_h 通常受温度和 pH 等环境因素的影响。一般地，水解速率常数随着温度的升高而增加。而在某 pH 条件下的水解速率常数 k_h 往往包括中性水解速率常数、酸性水解速率常数和碱性水解速率常数的贡献，水解速率常数被归纳为以下表达方式：

$$k_h=k_A[H^+]+k_{H_2O}[H_2O]+k_B[OH^-] \tag{4-25}$$

因为 $[H_2O]$ 为常数，因此可以简化为

$$k_h=k_A[H^+]+k_N+k_B K_W/[H^+] \tag{4-26}$$

式中，k_A、k_N 和 k_B 分别为酸性水解速率常数、中性水解速率常数和碱性水解速率常数，且 $k_N = k_{H_2O}[H_2O]$；K_W 为水的离子积常数。

由式（4-26）可以看出，当改变 pH 时，测定一系列 k_h，可以得到 $\lg k_h$ - pH 关系图（图 4-6），将图 4-6 中三个交点对应的 pH（I_{AN}、I_{AB} 和 I_{NB}）代入式（4-27）~式（4-29）可以计算出 k_A、k_N 和 k_B 的值。

$$I_{AN}=-\lg(k_N/k_A) \tag{4-27}$$

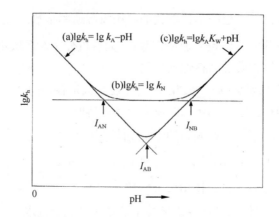

图 4-6　298K 条件下，水解速率常数与 pH 关系示意图

$$I_{AB} = -\frac{1}{2}\lg(k_B K_W / k_A) \tag{4-28}$$

$$I_{NB} = -\lg(k_B K_W / k_N) \tag{4-29}$$

$\lg k_h$ - pH 曲线呈现 U 形或者 V 形，取决于中性过程的水解速率常数，I_{AN}、I_{AB} 和 I_{NB} 分别为酸性、中性和碱性水解过程对 k_h 有显著影响的 pH。例如卤代烷烃，$I_{NB} > 11$，也就表明碱性水解过程在评估实际环境中卤代烷烃的水解时是可以忽略的。而当某污染物的 $\lg k_h$ - pH 曲线的最低点落在淡水系统的 pH（5～9）范围时，预测该化合物水解反应速率需要同时考虑酸、碱水解作用的影响。

酯基在很多天然产物和人造化学品（如油脂、杀虫剂、增塑剂等）中存在，是易发生水解反应的活性位点。以羧酸酯为例，发生水解反应后，生成羧酸，离去基团是醇。其酸催化水解过程由以下几步反应组成，其中亲核试剂水进攻中心碳原子为整个酸催化水解过程的限速步骤（图 4-7）。通过推导，二级反应速率常数 k_A 可以表示为

$$k_A = \frac{k_A'[H_2O]}{K_a} \tag{4-30}$$

式中，K_a 为图 4-7 反应步骤（1）中质子化酯的酸度常数；k_A' 为图 4-7 中反应步骤（2）的二级反应速率常数。

根据上述酸催化水解的反应步骤，当活性碳原子上连接的取代基团 R_1 为吸电子基团时，可以降低限速步骤的活化能，k_A' 增加，促进反应进行；但同时该吸电子基团会使酯基更加酸化，引起 K_a 增加，不利于质子化酯的形成，从而抑制反应进行。因此，化合物取代基团的电子效应对酸催化水解的影响不显著。

羧酸酯碱催化水解的过程则可以按照图 4-8 所示的步骤进行。二级反应速率常数 k_B 可以写为

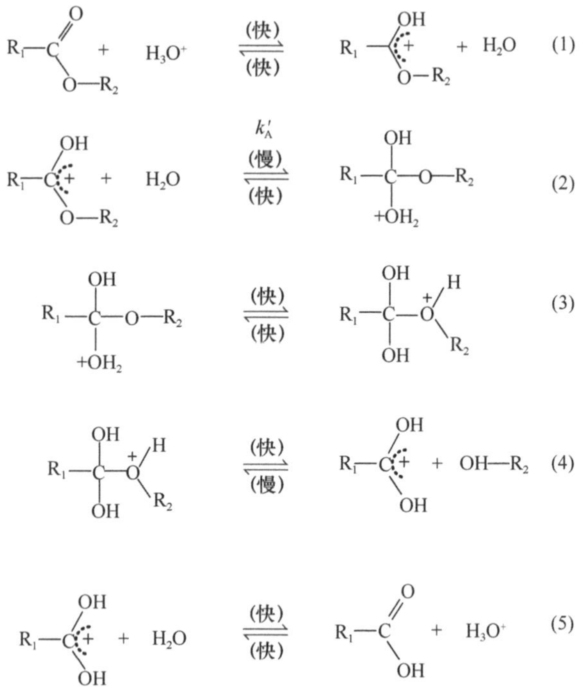

图 4-7 羧酸酯酸催化水解的反应步骤

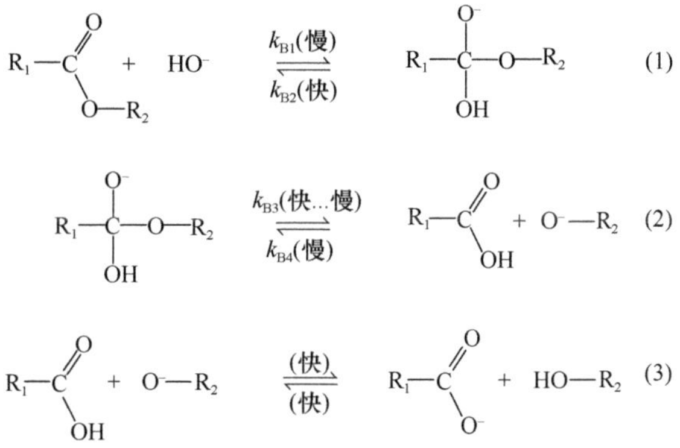

图 4-8 羧酸酯碱催化水解的反应步骤

$$k_{B} = \frac{k_{B_1} k_{B_3}}{k_{B_2} + k_{B_3}} \tag{4-31}$$

特别地，当离去基团容易离去时，k_{B_3} 远大于 k_{B_2}，此时 $k_B = k_{B_1}$，意味着中间四面体过渡态的形成成为反应速率的决定步骤。

羧酸酯中性水解的过程如图 4-9 所示，其过程与碱性水解类似，离去基团的解离可能是反应速率的决定步骤。离去基团 R_2 和取代基团 R_1 对中性水解的影响比对碱性水解的影响更大，因为水是比 OH^- 更弱的亲核试剂。离去基团容易离去或者吸电子取代基都会使中性水解速率增加。

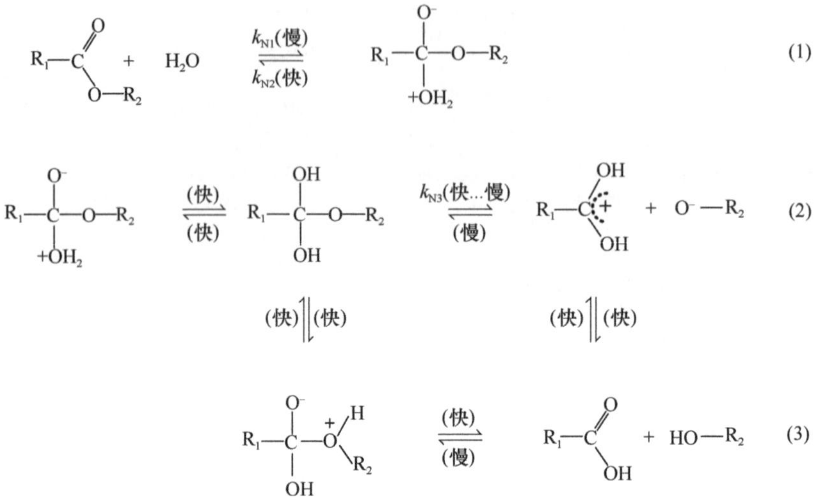

图 4-9　羧酸酯中性水解的反应步骤

　　酰胺的水解反应和羧酸酯相似，但与酯基相比，酰胺基的反应活性要低，因为 $-NR_2R_3$ 比 $-OR_2$ 基团的负电荷更少。更重要的是，$-NR_2R_3$ 基团是弱得多的离去基团，具有强碱性，因此与酰胺的酸性或者碱性水解相比，其中性水解的贡献不显著。

　　对于氨基甲酸酯类物质而言，同时具有酯基和酰胺基两种官能团，因此，氨基甲酸酯类物质同时存在两个离去基团即醇和胺。大多数情况下，醇是较好的离去基团，因此起始的水解反应通常从酯键断裂开始，但是具体水解的情况也会随着取代基的变化而发生改变。碱催化在氨基甲酸酯类物质水解过程中起着重要作用，因为多个吸电子原子包围中心碳原子，但质子化过程不能显著增强亲核攻击，因此酸催化水解通常可以忽略。

2）亲核消除反应

　　前文讲述了饱和碳原子上卤元素的亲核取代反应，但在环境条件下，当体积较大且富含电子的卤元素产生空间位阻等影响显著时，卤代烷烃的亲核取代反应并不显著。此时，卤代烷烃可能通过其他途径如脱卤化氢等而发生反应。

$$\underset{\underset{H}{|}}{RCH}=\underset{\underset{X}{|}}{CHR'}\longrightarrow RCH=CHR'+HX \tag{4-32}$$

以式（4-32）所示反应为例，脱去一个小分子而生成不饱和化合物的反应称为消除反应，简称为 E 反应。S_N 反应和 E 反应总是相伴发生，而又相互竞争。当 X 为卤原子时，该反应也称为脱卤化氢作用。在脱卤化氢作用中，氢总是从 β-碳原子上脱去，所以也称 β-消除。β-消除遵循札依采夫消除规律，即消除反应主要从氢较少的 β-碳原子上脱去，生成更稳定的取代基较多的烯烃。无特殊前提下，不论经历何种反应历程，此规律均适用。

与亲核取代反应相对应，亲核消除反应也主要分为双分子（E2）历程和单分子（E1）历程。E2 反应和 S_N2 反应类似，也是一步完成的。不同点在于 E2 反应中亲核试剂进攻的是 β-氢原子。其主要限速步骤也是中间过渡态（能量低的反式共平面结构）的形成，在动力学上为二级反应。

$$\text{速率}=k[\text{B}^-][\text{RX}] \tag{4-33}$$

式中，B^- 为亲核试剂；RX 为卤代化合物；k 为反应速率常数。

E1 反应和 S_N1 反应也类似，分两步完成，首先是卤代烷烃在溶剂中解离成烷基正离子，然后亲核试剂夺取 β-氢生成烯烃。其主要限速步骤是烷基正离子的生成。此外，当离去基团（如氟原子或者羟基）离去能力较弱，β-氢（如含有羰基、硝基等基团的化合物）酸性较强时，亲核试剂可以先夺走质子形成碳负离子（形成共轭碱），然后离去基团带走电子生成烯烃，此种历程称为单分子共轭碱消除（E1cB）历程。对于 E1 反应其主要限速步骤是离去基团的离去，其在动力学上为一级反应。

$$\text{速率}=k[\text{RX}] \tag{4-34}$$

考虑到卤代化合物在环境中往往会与多种亲核试剂同时发生亲核取代反应（包括水解反应等）和 β-消除反应，因此在实际环境中一个卤代化合物发生亲核反应的总速率要同时考虑多种反应过程。由于卤代烃的取代反应和消除反应通常是在碱存在条件下进行的，假设该化合物亲核取代反应为 S_N2 反应和 E2 反应，其亲核反应总速率可以表示为

$$\text{速率}=-\{(k_N+k_{EN})[\text{H}_2\text{O}]+(k_B+k_{EB})[\text{OH}^-]+\sum_j k_{\text{Nu}_j}[\text{Nu}_j]\}C_{iw} \tag{4-35}$$

式中，C_{iw} 为溶解在水中卤代化合物 i 的浓度；k_N、k_{EN} 分别为中性催化水解与消除反应的二级反应速率常数；k_B、k_{EB} 分别为碱催化水解与消除反应的二级反应速率常数；k_{Nu_j} 为与其他物质 j 发生 S_N2 反应的二级反应速率常数。

3）亲核加成反应

环境中有机污染物的亲核加成反应通常会发生在羰基化合物中。羰基化合物中的碳氧双键是反应的活性中心，其中氧原子的电负性远大于碳，因而吸引 π 电子的氧原子带负电，而碳原子带正电。根据所连接基团，可以将羰基化合物分为两类，羰基直接与烷基或者氢原子相连，则化合物为醛或者酮；羰基与氮、氧和卤原子等相连时，则化合物为羧酸衍生物。醛酮类物质在酸性和碱性条件下也可以与亲核试剂发生亲核反应，这与

前面讲的羧酸衍生物的亲核反应类似，但是由于醛酮类物质的烷基或者氢原子不是好的离去基团，而羧酸衍生物中含氮、氧和卤原子的基团容易离去，因而醛酮类物质多发生亲核加成反应，而羧酸衍生物多发生亲核取代反应。

醛酮类物质与强亲核试剂（有机金属化合物、炔化物、硼氢化钠等）发生反应时，会生成稳定的加成产物，但是在实际环境中，这类反应较少见。与中等亲核试剂如 RNH_2、R_2NH 等反应时，会发生加成-消除反应，进而生成亚胺类物质；与最常见的亲核试剂水反应时，则会发生可逆的加成反应，生成缩醛或者缩酮，此反应平衡受到多种环境因素的影响。

2. 亲电反应

1）亲电取代反应

亲电试剂与有机化合物中富电子原子成键，发生取代反应而生成新的化合物，这种反应称为亲电取代反应（S_E）。常见的亲电取代反应有芳香化合物的卤化、硝基化以及磺化等。

S_E 反应在生物转化过程以及消毒副产物的生成过程中较为常见，多发生于芳香烃。主要是由于苯环上所有的碳均在一个平面上，电子云密度较高，不利于亲核试剂的进攻，反而更利于 S_E 反应的发生。芳香环（一般是苯环或者具有芳香性的杂环，此处以苯环为例）S_E 反应的一般历程如图 4-10 所示。首先是亲电试剂的正电部分与苯环形成 π 络合物，进一步转化为 σ 络合物，然后失去质子氢回到芳香环结构。如图 4-10 所示，σ 络合物形成的活化能显著升高，根据阿伦尼乌斯定理，反应速率与活化能呈负相关，由此可知，在苯环的亲电取代反应中，σ 络合物的形成是整体反应的限速步骤。另外，根据图 4-10，苯环上更易发生取代反应而不易发生加成反应。在限速步骤中，亲电试剂的形成难易、芳香环本身的性质变化（取代基导致的活化或钝化）以及催化剂的性质都会对反应的动力学特征产生影响。

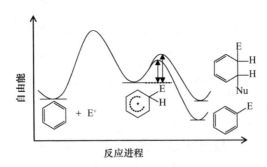

图 4-10   芳香环亲电取代反应的一般历程

前面提到的哈米特方程中取代基常数是取代基改变苯环侧链反应中心电子云密度能力的量度，但是对于反应中心在苯环上的反应（如卤化和硝化等），方程中取代基常

数和 $\lg k$ 则不符合线性相关规律。此时，布朗–哈米特方程则更适用于芳香环亲电取代反应。利用布朗–哈米特方程可以对不同取代基的电子效应进行定量评估。

2）亲电加成反应

环境中的烯烃可以和亲电物质发生加成反应，称为亲电加成反应。其反应机理一般分为离子型机理和自由基反应机理。根据中间体的不同，离子型机理包括碳正离子、环正离子以及离子对机理。其中，碳正离子反应历程与上面提到的 S_N1 反应类似，最终生成顺式和反式成一定比例的产物；环正离子历程会生成反式产物；而离子对机理会生成顺式产物。因此，可以根据环境反应的产物来判断反应机理。

4.3　环境光化学反应

植物光合作用、光催化等光化学过程在环境中普遍存在，其中环境光解反应是光化学作用中非常重要的过程之一，通常指环境中的化合物暴露于紫外或可见光下，使其原子、分子处于比基态更具反应活性的激发态并发生化学反应。化合物直接吸收光的能量并发生相应转化过程通常被称为直接光解。而化合物通过腐殖质等其他物质作激发态物质，或者通过光照产生的 $HO\cdot$、O_3、过氧自由基等瞬态活性物质发生的转化过程（分别被称为敏化光解和氧化反应）则被称为间接光解。这里我们在认识光化学基本定律的基础上，重点介绍天然水体中污染物的光吸收、量子产率、直接光解、间接光解等环境光解过程。

4.3.1　光化学基本定律

光具有波粒二象性，在光传播的过程中，波动性比较显著，在与物质相互作用（发射、吸收）时，粒子性比较显著。

从波的特性来看，光可以视为由相互垂直振荡的电场和磁场结合而成，两个连续的波峰之间的距离称为波长 λ，1s 内通过固定点的振荡次数称为频率 ν，二者成反比，即

$$\lambda = \frac{c}{\nu} \tag{4-36}$$

式中，c 为光在真空中的传播速度（3.0×10^8 m/s）。

从粒子性特征来看，光是量子化的，离散地发散、传播和吸收。每个光子带有的能量 E 表达为

$$E = h\nu = \frac{hc}{\lambda} \tag{4-37}$$

式中，h 为普朗克常数（6.626×10^{-34} J·s）。

由此可知，光子的能量与波长有关。而化学键是否可以被光激发的最基本条件就是光的能量大于键能。在表 4-1 列出常见单键的键能与具有相应能量光子的近似波长。

表 4-1   常见单键的键能与具有相应能量光子的近似波长

化学键	键能 E/（kJ/mol）	波长 λ/nm	化学键	键能 E/（kJ/mol）	波长 λ/nm
O—H	465	257	C—C	348	344
H—H	436	274	C—Cl	339	353
C—H	415	288	Cl—Cl	243	492
N—H	390	307	Br—Br	193	620
C—O	360	332	O—O	146	820

照射在反应体系中的光，必须在能量或波长上满足体系中分子激发的要求，才能被化合物分子吸收，只有被反应体系吸收的光才能引起光化学反应（光化学第一定律），但照射的光不一定必须被反应分子吸收，被体系中的非反应性分子吸收也可能引起光化学反应。同时，被透明介质所吸收的入射光的比例（%）与入射光的强度无关，且给定介质的每个相邻层所吸收的入射光的比例（%）相同，该定律为朗伯定律，但该定律不适用于入射光强度非常大的情形（如激光辐射）。被介质吸收的光辐射量与该介质中能够吸收该辐射的分子数目成正比，即与有吸收作用的物质的浓度 c 成正比，该定律为比尔定律。朗伯定律与比尔定律合称为朗伯–比尔定律，表达式

$$\lg \frac{I_0}{I_t} = \varepsilon_i c_i l \tag{4-38}$$

$$A = -\lg T = \lg \frac{I_0}{I_t} \tag{4-39}$$

式中，I_0 为入射光强度，光子/（cm^2·s）；I_t 为光线通过溶液或某一物质后的透射光强度，光子/（cm^2·s）；ε_i 为物质 i 在波长 λ 处的摩尔吸光系数，L/（mol·cm）或 m^2/mol，表示该物质在波长 λ 处吸收光的可能性；c_i 为吸光物质 i 的浓度，mol/L；l 为介质层厚度，cm。式（4-38）描述了物质对某一波长光吸收的强弱与吸光物质的浓度及其介质层厚度间的关系，适用于气体、液体、固体等所有吸光物质，同时也是比色分析及分光光度法的理论基础。ε_i 与入射光的波长以及被光通过的物质有关，光的波长固定时，同一物质的摩尔吸光系数不变。该等式左侧描述的是光线通过溶液或物质前的入射光强度 I_0 与通过后的透射光强度 I_t 的比值以 10 为底的对数，被称为吸光度（A）或光密度，是透射比（T）的负对数，如式（4-39）所示，用来衡量光被吸收的程度。通过测定特定物质的吸光度，即可得到该物质在相应波长下的摩尔吸光系数。

4.3.2   天然水体中污染物的光解

污染物在天然水体中的光解过程包括直接光解和间接光解。影响光解过程的因素较多，如光的辐射强度、污染物的光吸收特征以及吸收光产生的激发态物质发生的能量转

移等。不同地点的太阳光谱也受地理位置（纬度）、季节、天气情况、研究区域的大气污染状况等多种因素的影响。这里给出了天然水体表面或内层有机污染物和无机污染物光解的例子以及光吸收强度的计算方法。

1. 有机、无机污染物的直接光解

在天然水体中，能够发生直接光解的有机化合物不多，羰基化合物、碘甲烷和多氯酚可以发生这类反应：

$$CH_3I + h\nu \longrightarrow CH_3 \cdot + I \cdot \tag{4-40}$$

有些亲水性的有机化合物如叶绿素、类胡萝卜素、多不饱和脂肪酸等，也可能在颗粒相上发生直接光解。

天然水体中的无机化合物也会发生直接光解反应，以 NO_2^- 为例，其直接光解反应如下：

$$NO_2^- + H_2O + h\nu \longrightarrow NO + HO \cdot + OH^- \tag{4-41}$$

海洋表面的 NO_2^- 每年通过这一反应的损失量约占 10%。

此外，过渡金属离子络合物也能发生直接光解反应，以铁化合物为例：

$$Fe(III) - OH络合物 + h\nu \longrightarrow Fe(II) + HO \cdot \tag{4-42}$$

$$Fe(III) - 有机络合物 + h\nu \longrightarrow Fe(II) + CO_2 \tag{4-43}$$

在研究水体中污染物的直接光解过程中，还要考虑环境介质即天然水体对光的吸收。太阳辐射到水体表面的光强随波长、太阳高度角等变化，进入大气、水体等环境介质后可为最初的光化学反应提供有效的能量，促使许多有机物发生光解作用。进入水体后，光会发生反射和折射，见图 4-11。

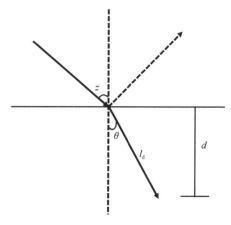

图 4-11　太阳光从空气进入水体后发生折射

z: 入射角；θ: 折射角；l_d: 折射光线的光程；d: l_d 对应的水深

根据入射角 z 与折射角 θ 可以计算光的折射率 n:

$$n = \frac{\sin z}{\sin \theta} \tag{4-44}$$

光从大气入射到水体的 n 为 1.34。

对于折射光线的光程 l_d（m），可用式（4-45）计算：

$$l_d = d \times \sec \theta \tag{4-45}$$

式中，d 为 l_d 对应的水深，m。

水体对光的吸收程度不仅受溶液本身性质的影响，还与入射光的波长、污染物的浓度、液层厚度及温度等因素有关。将水体对光的吸收考虑在内，此时透射光强度 I_t' 的表达式如下：

$$I_t' = I_0 \times 10^{-(\alpha + \varepsilon_i c_i)l} \tag{4-46}$$

即

$$\lg \frac{I_0}{I_t} = (\alpha + \varepsilon_i c_i)l \tag{4-47}$$

式中，α 为水体的吸收或衰减系数。

实际水体中含有多种无机物质和有机物质，组成变化较大，但是每个具体水体的光吸收速率是基本不变的。如果只考虑水体的光吸收，依据式（4-47），水体单位表面积的光吸收速率可表示为

$$I_\lambda = I_{0\lambda}(1 - 10^{-\alpha_\lambda l}) = I_{0\lambda}(1 - e^{-2.303\alpha_\lambda l}) \tag{4-48}$$

式中，$I_{0\lambda}$ 为波长为 λ 的光的入射光强，光子/（$cm^2 \cdot s$）；α_λ 为吸光系数，照射到天然水体的光辐射又分为直接辐射和散射辐射，因此水体的吸收光强为

$$I_\lambda = I_{d0\lambda}(1 - 10^{-\alpha_\lambda l_d}) + I_{s0\lambda}(1 - 10^{-\alpha_\lambda l_s}) \tag{4-49}$$

式中，$I_{d0\lambda}$ 为直射光的入射光强；$I_{s0\lambda}$ 为散射光的光强；l_s 为散射光程，m。

由此，深度为 d 的水体单位体积平均光吸收速率 I_{α_λ} 为

$$I_{\alpha_\lambda} = \frac{I_{d0\lambda}(1 - 10^{-\alpha_\lambda l_d}) + I_{s0\lambda}(1 - 10^{-\alpha_\lambda l_s})}{d} \tag{4-50}$$

当水体中有污染物存在时，吸光系数从 α_λ 变为 $\alpha_\lambda + \varepsilon_\lambda c$，$\varepsilon_\lambda$ 为污染物的摩尔吸光系数，c 为污染物的浓度，光被污染物吸收的部分占比为 $\varepsilon_\lambda c /（\alpha_\lambda + \varepsilon_\lambda c）$，而 $\varepsilon_\lambda c \ll \alpha_\lambda$，因此，$\alpha_\lambda + \varepsilon_\lambda c \approx \alpha_\lambda$，光被污染物吸收的部分即为 $\varepsilon_\lambda c / \alpha_\lambda$，因此：

$$I_{\alpha_\lambda}' = I_{\alpha_\lambda} \times \frac{\varepsilon_\lambda c}{j \times \alpha_\lambda} \tag{4-51}$$

可将式（4-51）简化为

$$I_{\alpha_\lambda}' = k_{\alpha_\lambda} \times c \tag{4-52}$$

式中，光解速率常数 k_{α_λ} 即可表达为

$$k_{\alpha_\lambda} = I_{\alpha_\lambda} \times \frac{\varepsilon_\lambda}{j \times \alpha_\lambda} \qquad (4-53)$$

式中，j 为光强单位转化为与 c 单位相适应的常数。

如果 $\alpha_\lambda l_d$ 和 $\alpha_\lambda l_s$ 都小于 0.02，即只有很少的光（约 5%）被吸收（如非常浅的水体或者 α_λ 非常低的水体），此时，k_{α_λ} 变得与 α_λ 无关

$$\begin{aligned}
I_{\alpha_\lambda} &= \frac{I_{d0\lambda}(1-10^{-\alpha_\lambda l_d}) + I_{s0\lambda}(1-10^{-\alpha_\lambda l_s})}{d} \\
&= \frac{I_{d0\lambda}(1-e^{-2.303\alpha_\lambda l_d}) + I_{s0\lambda}(1-e^{-2.303\alpha_\lambda l_s})}{d} \\
&= \frac{I_{d0\lambda}[1-(1-2.303\alpha_\lambda l_d)] + I_{s0\lambda}[1-(1-2.303\alpha_\lambda l_s)]}{d} \\
&= \frac{2.303\alpha_\lambda(I_{d0\lambda}l_d + I_{s0\lambda}l_s)}{d}
\end{aligned} \qquad (4-54)$$

即

$$k_{\alpha_\lambda} = \frac{2.303 \times \varepsilon_\lambda(I_{d0\lambda}l_d + I_{s0\lambda}l_s)}{j \times d} \qquad (4-55)$$

代入得

$$k_{\alpha_\lambda} = \frac{2.303 \times \varepsilon_\lambda \times Z_\lambda}{j} \qquad (4-56)$$

注释：$10^n = e^{\ln 10^n} = e^{n\ln 10} = e^{2.303n}$；$Z_\lambda = I_{d0\lambda} \times \sec\theta + 1.20 \times I_{s0\lambda}$

但是，如果 $\alpha_\lambda l_d$ 和 $\alpha_\lambda l_s$ 都大于 2，意味着几乎所有担负光解的阳光都被水体吸收（如较深水体或者 α_λ 较高的水体），那么

$$\begin{aligned}
I_{\alpha_\lambda} &= \frac{I_{d0\lambda}(1-10^{-\alpha_\lambda l_d}) + I_{s0\lambda}(1-10^{-\alpha_\lambda l_s})}{d} \\
&= \frac{I_{d0\lambda} + I_{s0\lambda}}{d}
\end{aligned} \qquad (4-57)$$

因此式（4-53）可表示为

$$k_{\alpha_\lambda} = I_{\alpha_\lambda} \times \frac{\varepsilon_\lambda}{j \times \alpha_\lambda} = \frac{(I_{d0\lambda} + I_{s0\lambda}) \times \varepsilon_\lambda}{j \times \alpha_\lambda \times d} \qquad (4-58)$$

若 $W_\lambda = I_{d0\lambda} + I_{s0\lambda}$，则式（4-58）可表示为

$$k_{\alpha_\lambda} = \frac{W_\lambda \times \varepsilon_\lambda}{j \times \alpha_\lambda \times d} \qquad (4-59)$$

2. 量子产率与直接光解速率

对于给定环境中的某一过程 j，本书定义光量子产率 Φ 表示化合物 i 的激发态分子中发生物理或化学过程的分数，即

$$\Phi_{ij_\lambda} = \frac{\text{分子} i \text{发生过程} j \text{的数目}}{\text{吸收波长为} \lambda \text{的光辐射后总的激发态分子数}} \tag{4-60}$$

由于有机分子的光吸收通常是单个光量子的过程，并且在环境化学中，我们更关心引起化合物结构变化的所有反应的总量子产率，这一参数通常称为反应量子产率 Φ_{ir_λ}：

$$\Phi_{ir_\lambda} = \frac{\text{分子} i \text{发生反应的总数（总物质的量）}}{\text{体系由化合物吸收波长为} \lambda \text{的总光子数（总物质的量）}} \tag{4-61}$$

当化合物吸收光子引发消耗更多分子的链式反应时，量子产率会大于 1，但在实际环境中，由于环境污染物的浓度太低以及链反应可能会受到水体中其他成分抑制作用等，量子产率大于 1 的情况很少出现。因此在实际讨论中，一般假定最大反应量子产率为 1。

对直接光解而言，在完全混匀的水体中，某一波长 λ 照射下化合物的平均光解速率 $-\left(\dfrac{\mathrm{d}c}{\mathrm{d}t}\right)_\lambda$ 正比于单位体积内污染物的吸光速率 k_{α_λ} 和反应量子产率 Φ_{ir_λ}，因此直接光解的动力学表达式为

$$-\left(\frac{\mathrm{d}c}{\mathrm{d}t}\right)_\lambda = \Phi_{ir_\lambda} \times k_{\alpha_\lambda} \times c \tag{4-62}$$

$$\text{光解速率常数} \qquad k_{\mathrm{p}_\lambda} = \Phi_{ir_\lambda} \times k_{\alpha_\lambda} \tag{4-63}$$

当入射光为复合光时，则有

$$-\left(\frac{\mathrm{d}c}{\mathrm{d}t}\right)_\lambda = \int_\lambda (k_{\mathrm{p}_\lambda} \times c)\mathrm{d}\lambda = \int_\lambda (\Phi_{ir_\lambda} \times k_{\alpha_\lambda} \times c)\mathrm{d}\lambda \tag{4-64}$$

若水溶液中复杂分子反应的量子产率与波长无关，则表达式为

$$-\left(\frac{\mathrm{d}c}{\mathrm{d}t}\right)_\lambda = \Phi_{ir_\lambda} \times c \times \int_\lambda k_{\alpha_\lambda}\mathrm{d}\lambda \tag{4-65}$$

如果将积分近似为加和形式，则有

$$-\left(\frac{\mathrm{d}c}{\mathrm{d}t}\right) = \Phi_{ir_\lambda} \times k_\alpha \times c \tag{4-66}$$

此处 $k_\alpha = \sum k_{\alpha_\lambda}$，此动力学表达式具有一级速率方程的形式。随着光波长的变化，很多反应也会发生改变。在该过程中除量子产率会发生变化外，甚至还会发生完全不同的光化学过程，产生不同的反应产物。因此，在计算和预测光化学反应速率时，不能随意近似替代不同波长下的量子产率。

3. 间接光解

在大气、地表水以及土壤或植物表面均会发生间接光解。间接光解是指化学物质经其他激发态光敏物质（如天然水中的腐殖质或微生物）发生能量转移，或者与光照产生的瞬态活性物质（如 $HO\cdot$、O_3、$RO_2\cdot$、$RO\cdot$ 等）的反应过程，该过程又被称为光敏化反应。其中，光敏物质和瞬态活性物质起着类似催化剂的作用，其分子结构本身并不发生改变。这些物质具有较高活性，但是它们在环境中的浓度通常很低，因此尽管它们与有机污染物反应的二级反应速率常数很大，但是在环境中由此发生的有机污染物的转化却未必显著。

在水体中，DOM、$^1O_2$、硝酸根（NO_3^-）、亚硝酸根（NO_2^-），以及 Fe(Ⅱ) 与 Fe(Ⅲ) 的各种配合物可以生成瞬态光氧化剂。NO_2^- 和 NO_3^- 在水体中光解可以生成 $HO\cdot$。Fe(Ⅱ)、Fe(Ⅲ) 以及 Fe 的活性物种在 pH 较低的富 Fe 水体中也能诱导 $HO\cdot$ 的生成，受酸性矿山排水污染的地表水中这种情况较为明显。通过光的作用，生成的 $HO\cdot$ 可进一步与污染物发生反应，实现污染物的间接光解。

而在大气中，$HO\cdot$、O_3 等活性氧物质均能参与间接光解反应，从而影响大气中有机污染物在对流层中的停留时间。如果污染物在对流层中有足够的停留时间，就可能发生长距离迁移。对流层中重要的光氧化剂包括 $HO\cdot$、$NO_3\cdot$、O_3。其中 $NO_3\cdot$ 和 O_3 的浓度往往明显高于 $HO\cdot$，$NO_3\cdot$ 对一些具有特定官能团的化合物有重要作用。例如，夜间 $HO\cdot$ 浓度降低时，$NO_3\cdot$ 就显得尤为重要，它能与富电子的 C＝C 双键发生反应。此外，$NO_3\cdot$ 还能与多环芳烃、含还原态硫和（或）氮官能团的化合物反应。多环芳烃与 $NO_3\cdot$ 反应会生成具有相当大毒性的硝基芳香族化合物，例如萘与 $NO_3\cdot$ 反应生成 1-硝基萘和 2-硝基萘。在对流层中 O_3 浓度较低但却极为重要，它自身能在 290～335 nm 波长范围内光解，生成激发态氧原子 $O^1(D)$。$O^1(D)$ 可以失活为基态氧，也可以和水蒸气反应生成 $HO\cdot$。在 298 K、标准大气压、湿度为 50% 时，每生成 1 个 $O^1(D)$ 就能产生约 0.2 个 $HO\cdot$。在水蒸气存在时，对流层中 $HO\cdot$ 主要来源于 O_3 的光解，尤其是在水蒸气比例较高的较低对流层。对流层中 $HO\cdot$ 的其他来源包括亚硝酸（HONO）的光解、NO 存在下醛酮等羰基化合物的光解、O_3 与烷烃的暗反应等。经模型计算发现，$HO\cdot$ 的浓度具有明显的昼夜差别，其最大浓度出现在中午左右。除昼夜差别外，$HO\cdot$ 浓度还与季节、纬度有关。$HO\cdot$ 能使含 N、P、S 原子官能团的污染物发生间接光解作用。

间接光解反应动力学中，在波长 λ 的光辐射下，某一光氧化剂（Ox）的生成速率 $r_{f,Ox}(\lambda)$ 可以用式（4-67）表达：

$$r_{f,Ox}(\lambda) = \left(\frac{d[Ox]}{dt}\right)_\lambda = \Phi_{r,B}(\lambda) \times k_{a,B}(\lambda) \times [B] \tag{4-67}$$

式中，$k_{a,B}(\lambda)$ 为发色团 B（能够生成 Ox，如 DOM、NO_3^-）的光吸收特征速率，光子/(mol·s)；[B] 为相关化合物的（本体）浓度（如[DOM]、[NO_3^-]）；$\Phi_{r,B}(\lambda)$ 为生成 Ox 的

总量子产率。

由此可见，$\Phi_{r,B}(\lambda)$ 包含了激发态发色团与其他各种化学物质（包括 $^3O_2$）的反应。因此，当体系的有关参数（如 $^3O_2$ 的浓度）保持不变时，那么 $\Phi_{r,B}(\lambda)$ 将是一个常数。在引起 Ox 生成的波长范围内（即 B 吸收足够的光能量从而生成 Ox 的波长范围）对式（4-67）积分，可以得到 Ox 的总生成速率为

$$r_{f,Ox}(\lambda) = \frac{d[Ox]}{dt} = \int_\lambda \Phi_{r,B}(\lambda) \times k_{a,B}(\lambda) \times d\lambda [B] \approx \left[\sum_\lambda \Phi_{r,B}(\lambda) \times k_{a,B}(\lambda) \times \Delta\lambda \right][B] \quad (4\text{-}68)$$

光氧化剂性质活泼，能参与到各个过程中。这些过程包括物理猝灭，或是化学反应，假设指定 $k_{Ox,j}(\lambda)$ 为每个消耗过程 j 的表观一级反应速率常数（因而所有消耗剂 j 的浓度也保持不变），那么 Ox 的消耗速率 $r_{c,Ox}$ 可以表示为

$$r_{c,Ox} = -\frac{d[Ox]}{dt} = \sum_j (k_{Ox,j})[B] \quad (4\text{-}69)$$

假定一个较浅的水体，暴露于正午太阳下，当体系的各参数保持不变，即达到一个稳定状态时，$r_{f,Ox}^0 = r_{c,Ox}^0$，光氧化剂达到稳态浓度 $[Ox]_{ss}^0$ 为

$$[Ox]_{ss}^0 = \frac{\sum_\lambda \Phi_{r,B}(\lambda) \times k_{a,B}^0(\lambda) \times [B]}{\sum_j (k_{Ox,j})} \quad (4\text{-}70)$$

式中，"0"表示近表面的光照条件。

假定所考察的化合物不会显著影响 $[Ox]_{ss}^0$ 并且可以测定或估计 $[Ox]_{ss}^0$，我们就可以采用假一级动力学规律来描述污染物的间接光解。污染物的近表面消失速率为

$$-\frac{d[Ox]}{dt} = k_{p,Ox}' [Ox]_{ss}^0 C_i = k_{p,Ox}^0 C_i \quad (4\text{-}71)$$

式中，$k_{p,Ox}'$ 为污染物与 Ox 反应的二级反应速率常数；$k_{p,Ox}^0$ 为污染物与 Ox 反应近表面假一级反应速率常数。

习　题

1. 已知在 pH=7.0、T=25℃的纯水中，CH_3Br 的半衰期约为 20 d。在实际水体中存在着多种亲核试剂，当水中（pH=7.0，T=25℃）含 100 mmol/L Cl^-、2 mmol/L NO_3^-、1 mmol/L HCO_3^- 以及 0.1 mmol/L CN^- 时，试估计以低浓度（$\ll$ 1 mmol/L）存在的 CH_3Br 的半衰期。一些重要环境亲核物质的 $n_{Nu \cdot CH_3Br}$ 值如表 4-2 所示。

表 4-2　一些重要环境亲核物质的 $n_{\text{Nu·CH}_3\text{Br}}$ 值（$s=1$）

亲核物质	$n_{\text{Nu·CH}_3\text{Br}}$	亲核物质	$n_{\text{Nu·CH}_3\text{Br}}$	亲核物质	$n_{\text{Nu·CH}_3\text{Br}}$
ClO_4^-	< 5	CH_3COO^-	2.7	I^-	5.0
H_2O	0	Cl^-	3.0	CN^-、HS^-	5.1
NO_3^-	1.0	HCO_3^-、HPO_4^{2-}	3.8	$\text{S}_2\text{O}_3^{2-}$	6.1
F^-	2.0	Br^-	3.9	PhS^-	6.8
SO_4^{2-}	2.5	OH^-	4.2	S_4^{2-}	7.2

2. 估算 4-硝基苯酚（4-NP）在夏季晴天中 24 h 平均的光解半衰期。

已知：（1）在近表面；4-NP 是一种弱酸，$\text{p}K_a=7.11$，$a_{ia} = (1+10^{\text{pH}-\text{p}K_{ia}})^{-1}$

（2）在某湖混合充分的变温层中（pH=7.5）。

（3）未解离态（HA）和解离态（A^-）物种的近表面吸收特征速率的 24 h 平均值。

$$k_a^0 （24，\text{HA}）=4.5\times10^3 \text{ 光子}/（\text{mol·d}）（\lambda_m \approx 330 \text{ nm}）$$

$$k_a^0 （24，\text{A}^-）=3.2\times10^4 \text{ 光子}/（\text{mol·d}）（\lambda_m \approx 400 \text{ nm}）$$

（4）4-NP 和 4-NP 盐的量子产率分别为 1.1×10^{-4} 和 8.1×10^{-6}。

$$\text{HA} \rightleftharpoons \text{H}^+ + \text{A}^-$$

3. 46°N 处有一个充分混合的浅水池塘。NO_3^- 和 NO_2^- 是 HO· 主要的源，而 DOM、HCO_3^-、CO_3^{2-} 是其主要的汇。已知池塘中以下物质的浓度分别为：[DOM]（以 C 计）=4 mg/L；[HCO_3^-]=1.2 mmol/L；[CO_3^{2-}]=0.014 mmol/L；[NO_3^-]=150 µmol/L；[NO_2^-]=1.5 µmol/L。已知 NO_3^- 在 290～340 nm 有光吸收，最大吸收在 320 nm 处（$\lambda_{\max}$），NO_2^- 在 290～400 nm 有光吸收，最大吸收在 360 nm 处（$\lambda_{\max}$）。正午时刻 NO_3^- 和 NO_2^- 的 k_a^0 分别为 2.0×10^{-5} 光子/（mol·s）和 6.0×10^{-4} 光子/（mol·s）。$\Phi_{\text{r},\text{NO}_3^-,320\,\text{nm}} = 0.007$ mol/光子，$\Phi_{\text{r},\text{NO}_2^-,360\,\text{nm}} = 0.028$ mol/光子。对于 HO· 的消耗，$k'_{\text{HO·},\text{DOM}} \approx 2.5\times10^4$ L/（mg·s），$k'_{\text{HO·},\text{HCO}_3^-}=1.0\times10^7$ L/（mol·s），$k'_{\text{HO·},\text{CO}_3^{2-}}=4.0\times10^8$ L/（mol·s）。试估算羟基自由基在正午时刻的近表面稳态浓度 $[\text{HO·}]_{\text{ss}}^0$（正午）。

第5章 环境自由基化学反应

自由基是电子壳层最外层具有未配对电子的原子、分子或基团。自由基广泛存在于生命体和自然环境中，在人体新陈代谢、细胞信号传导、维持人体正常生长发育等方面发挥着重要作用，但当机体发生病变或受外界环境因素影响时，体内自由基活性与抗氧化防御系统活性失衡，引起应激反应和细胞损伤，从而损害人体内脏器官和免疫系统。活性氧（ROS）对人体健康影响较大，活性高、寿命短，如羟基自由基（HO·）在细胞中的半衰期约为 10^{-9} s。

自由基是人体代谢的中间产物，可在人体内产生，也可通过各种人为活动产生，如吸烟、机动车尾气排放、生物质燃烧等都可能产生并向大气释放自由基，这些自由基在光照条件下进一步参与光化学反应，产生二次污染物。近年来有研究提出，在大气颗粒物中，除了存在寿命短、活性强的瞬时自由基，还存在寿命较长的环境持久性自由基（EPFRs）。目前认为常见的 EPFRs 包括以氧原子为中心的半醌类自由基和以碳原子为中心的苯氧类自由基、环戊二烯自由基等，这些基团能够由苯酚、邻苯二酚以及对苯二酚等前驱物通过光或热化学反应产生。铜、铁、锌等过渡金属的存在可大大提高 EPFRs 的稳定性，使这些自由基的寿命远长于瞬时自由基。

1954 年，首次在煤炭、木炭中检出 EPFRs，并指出 EPFRs 的浓度与样品中的碳含量有正相关关系。1983 年，发现每根香烟能产生 1×10^{16} 个自旋的烷氧自由基。大气颗粒物中也存在 EPFRs，推测主要为苯氧类自由基和半醌类自由基，在细颗粒物（PM$_{2.5}$）样品中 EPFRs 自旋浓度范围为 $3.0\times10^{16}\sim2.9\times10^{18}$ spins/g。因此，大气颗粒物负载的 EPFRs 不仅具有自由基的反应活性，还具有颗粒物的长距离迁移特性，且可能随细颗粒物的呼吸摄入进入人体肺部，进而进入血液。然而目前这些颗粒物上的 EPFRs 的环境和健康效应尚不清楚，在以往对大气细颗粒物的健康危害评估中，EPFRs 的健康效应可能是被忽略的一个重要因素。EPFRs 也是一些典型的有毒有害持久性有机污染物的重要中间体，对这类有机自由基的认识有助于进一步深化对污染物环境转化的化学本质的理解。EPFRs 的来源、危害及生成与转化机制详见选读内容。

5.1 常见的环境自由基

已知的自由基主要有 Sigma（σ）自由基、离域 pi（π）自由基、σ 和 π 混合自由基；根据中心原子可将有机自由基分为碳中心的自由基、氧中心的自由基、硫中心的自由基、氮中心的自由基等几大类。环境中常见的瞬时自由基如表 5-1 所示，瞬时自由基活性强、寿命较短，如羟基自由基（HO·），氢原子自由基（H·），烷基自由基（R·）等一般在大气环境中的存活时间只有几分之一秒。

表 5-1 环境中常见的瞬时自由基

缩写	全称
O·	氧原子自由基
Cl·	氯原子自由基
H·	氢原子自由基
HO·	羟基自由基
O_2^-·	超氧根阴离子自由基
HO_2·	过氧自由基
R·	烷基自由基
RO·	烷氧基自由基
RO_2·	过氧烷基自由基
SO_4^-·	硫酸根自由基

EPFRs 是相对于瞬时自由基提出的。EPFRs 能够与金属离子相互作用，形成有机自由基-金属离子-颗粒物的共振稳定有机整体，从而能够在环境中长时间存在，其环境寿命可能长达数天甚至数月。半醌类自由基、苯氧类自由基以及环戊二烯自由基是典型的 EPFRs，但通常在固体基质中只能检测到它们的混合信号。关于 EPFRs 的研究多为变量可控的实验室模拟研究。目前已在多种前体化合物-二氧化硅-金属的模拟飞灰加热实验中检测到 EPFRs 的信号，通常选取的前体化合物为酚类。酚类前驱体生成的半醌类自由基和苯氧类自由基信号通常难以分开，在直接检测条件下呈现在电子顺磁共振谱图上的一般是没有精细分裂信号的展宽峰，因此多种混合自由基的谱图解析具有一定难度。环戊二烯自由基也可以通过多种酚类前驱体在不同条件下经不同途径生成。苯二酚脱氢后可以共振形成半醌类自由基，也可以通过脱羟基、加氢生成苯酚，苯酚中的羟基发生 O—H 键的断裂生成苯氧类自由基，苯氧类自由基可以作为环戊二烯自由基的重要前体，通过脱除一个 CO 生成环戊二烯自由基。变价金属如铜(Ⅱ)、铁(Ⅲ)、锌(Ⅱ)等的存在可以有效促进 EPFRs 的生成及稳定。前驱体通过化学吸附作用吸附在金属表面后，通常电子由前驱体转移至金属，前驱体生成自由基，金属被还原。

目前已在多种环境样品中检测到 EPFRs。研究表明，EPFRs 可在香烟焦油、大气细颗粒物中稳定存在。已有的仪器方法难以从实际样品中分离检测单一自由基，因此环境样品中自由基的前处理、检测方法、信号处理方法的改进将有助于对自由基结构的甄别，以及更进一步生成转化机理的认识。

5.2 自由基的特征

自由基在一定磁场强度下通过吸收一定量的微波可以实现能级跃迁，利用自由基的这一特征，使用电子顺磁共振（electron paramagnetic resonance，EPR）检测其发生共振吸收的磁场强度和微波强度，即可实现不同种类及浓度自由基的甄别。通常满足共振的条件为

$$hv = g\beta H \tag{5-1}$$

式中，h 为普朗克常数，即 6.626×10^{-34} J·s；v 为微波频率，GHz；g 为自由基的固有属性，不同结构自由基的 g 因子不同；β 为玻尔磁子，即 9.274×10^{-24} J/T；H 为磁场强度，Gauss。因此，式（5-1）可以整理为

$$g = 714.747 \frac{v}{H} \tag{5-2}$$

g 因子是自由基的固有属性，无量纲，可用于自由基定性。自由电子的 g 值为 2.0023，碳中心的自由基，通常 $g < 2.003$；氧中心的自由基，通常 $g > 2.004$；碳为中心而周围有氧原子存在的自由基，g 通常在 2.003～2.004。如式（5-2）所示，当在 EPR 上观测到自由基信号时，可通过计算获取该自由基的 g 值，这种定性方式通常适用于难以获得精细分裂峰的自由基体系。

EPR 设备的主要结构包括磁场系统、微波波源、微波输送、谐振腔、信号检测系统、调制系统、低温系统、样品腔、辅助冷却系统等（图 5-1）。磁场系统提供一个稳定均匀且线性变化的静磁场 B_0，用来诱导塞曼分裂。对存在零场能级结构的体系，塞曼分裂将使能级结构变得更加复杂。微波波源系统（又称微波桥）产生所需的激励电磁波（B_1 场），并包含对所产生的微波进行调谐、增益放大、衰减等处理的部件，主要由波源、定向耦合器、前置放大器、衰减器等电子器件组成。波源的主要构件是电子振荡器。连续波是指在样品检测过程中微波不间断地辐照在样品上。与此相对应，脉冲的微波辐照是间断的，在检测样品响应时停止辐照。谐振腔是一种中空的金属腔，外形如图 5-1 所示。根据形状，谐振腔被分为矩形腔和圆柱腔两大类。连续波谱仪最常用的探测器是肖特基二极管，作为微波辐射的整流器，维持低频 AC 信号，与微波载波进行调制。一般来说，这种整流器装置是由钨触丝与硅相连接而构成的。调制场（一般采用 100 kHz 射频场）和探测系统用来监控、放大和记录信号，其核心是利用场调制对微波信号的谱信息进行编码，然后通过相敏探测器（phase sensitive detector）提取这些编码信息，而相敏探测要借助参考臂（reference arm）来实现。

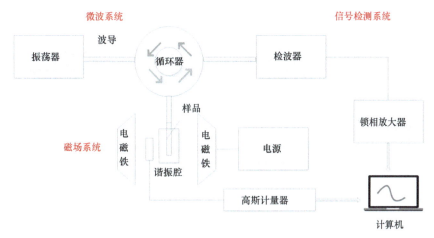

图 5-1 EPR 设备示意图

自由基在 EPR 上的吸收波谱一般分为高斯型和洛伦兹型,如图 5-2 所示,峰-峰线宽(ΔH_{pp})定义为 EPR 吸收波谱的一次微分谱上峰和下峰在磁场横坐标上的间隔,谱线强度 H_{pp} 定义为 EPR 吸收波谱的一次微分谱上峰和下峰在强度纵坐标上的间隔。超精细分裂是由未成对电子和其周围的磁性核发生相互作用而导致的多条 EPR 谱线的分裂。超精细分裂常数 A(单位为 Gauss,以下表示为 G)即为分裂的谱线之间的间隔,自旋体系中若存在多种磁性核,则会显示出多个超精细分裂常数。在各向同性体系中,来自同一个等性核的超精细分裂间隔相等,体现为相同的超精细分裂常数,来自不等性核的超精细分裂间隔不等,体现为不同的超精细分裂常数。超精细分裂常数的测定有助于分析电子和核之间的相互作用能力与电子云分布密度。图 5-3(a)为光照条件下邻苯二酚/二氧化硅体系中产生的自由基与自由基捕获剂 5,5-二甲基-1-吡咯啉-N-氧化物(5,5-dimethyl-1-pyrroline N-oxide,DMPO)结合后呈现的 EPR 谱图,将谱图解卷积后发现两类自由基 [图 5-3(b)],一类自由基(DMPO-H)的精细分裂值为 $A_N =$ 16.5 G、$A_H = 22.5$ G,即未成对电子与 N 核与 H 核的磁相互作用分别表示为 16.5 G 和 22.5 G。另一类自由基(DMPO-OH)的超精细分裂值为 $A_N = A_H = 14.7$ G,g 值分别为 2.0055 和 2.0058,结合其 g 值,可确定信号为 H· 和 HO· 自由基。

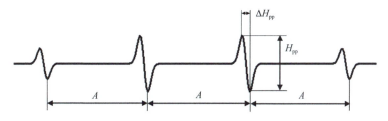

图 5-2 自由基 EPR 波谱基本参数

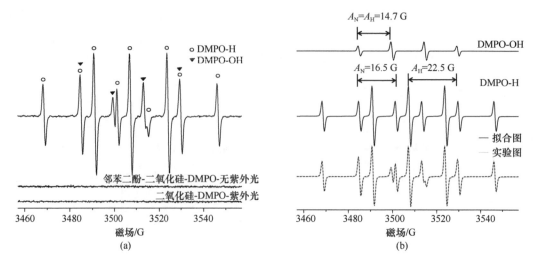

图 5-3 （a）在光照条件下邻苯二酚/二氧化硅体系使用 DMPO 捕获剂捕获的自由基加合物的
EPR 谱图；（b）自旋捕获自由基的 EPR 谱图的拟合图

资料来源：Qin et al.，2021

EPR 谱图的 g 值、谱线宽度、谱线强度和超精细分裂常数 A 等参数能够反映被测量样品中自由基的自旋数、弛豫特性、运动状态、配位结构和电荷密度分布等物理、化学特性。g 值为体系中未配对电子的固有属性，每类自由基都有其特定的 g 值范围，自由电子的 g 值是 2.0023。g 值的变化是自由电子与其周围其他的电子自旋或者核自旋所形成的局部场的相互作用的结果。因此，g 值的精确测定对于准确定性有机自由基种类至关重要。

体系中自旋数通常是通过待测样品的 EPR 信号强度与已知标样在相同参数条件下的信号强度的比例计算得到的，常常受仪器参数设置和工作环境的影响，可能出现误差，因此对标准样品有一定要求，标准样品应性能稳定、呈现的波谱简单、线宽较窄。适于定量测定 EPR 谱的标准样品应在电子结构、顺磁中心周围环境对称性、配体性质和自旋浓度等方面类似于被测样品。2,2-二苯基-1-苦肼基（DPPH）自由基等常被用于 g 值、磁场强度和自旋浓度定量测定的标准样品。对研究的样品而言，实验参数（接收增益、调制幅度、微波频率、温度等）应保持一致。

对于寿命短及单位时间内产量少的自由基（化学反应产生的自由基），通常不能直接观测到 EPR 谱图，这种情况一般是通过加捕获剂，以便加成得到稳定的自由基，再通过分析加成物的 EPR 谱图，可以反推出原始自由基的种类。

5.3 自由基的生成

ROS 是一类氧的单电子还原产物，主要包括羟基自由基（HO·），单线态氧（$^1O_2$），超氧根阴离子自由基（$O_2^- \cdot$）、过氧基（$RO_2 \cdot$）、过氧化氢（H_2O_2）等。其中 HO· 是一种高活性的氧化剂，在化学、生物学、医学、大气和环境科学中都有重要的作用。HO· 被认为在 ROS 中最具活性和危害性，在环境和大气化学中，HO· 能快速高效地氧化分解有机污染物，被称为大气的"洗涤剂"。在生物体内 HO· 可以引起氧化应激和 DNA 损伤，许多疾病如癌症、关节炎和帕金森病都与它有关。最公认的 HO· 的形成机理是通过过渡金属催化的哈伯-韦斯循环中的芬顿反应而生成，可用式（5-3）～式（5-5）表示，其中 M 代表过渡金属：

$$2O_2^- \cdot + 2H^+ \longrightarrow H_2O_2 + O_2 \tag{5-3}$$

$$M^{n+} + O_2^- \cdot \longrightarrow M^{(n-1)+} + O_2 \tag{5-4}$$

$$M^{(n-1)+} + H_2O_2 \longrightarrow HO \cdot + OH^- + M^{n+} \tag{5-5}$$

HO· 也可以通过卤代醌，如四氯苯醌（TCBQ）等与 H_2O_2 在无金属参与的条件下发生亲核取代与均裂反应生成（图 5-4），即通过醌类介导的有机芬顿反应生成。这种卤代醌介导的不依赖金属离子的氢过氧化物的分解机制，揭示了不需要具有氧化还原催化活性的过渡金属离子而产生 HO· 的新机理。

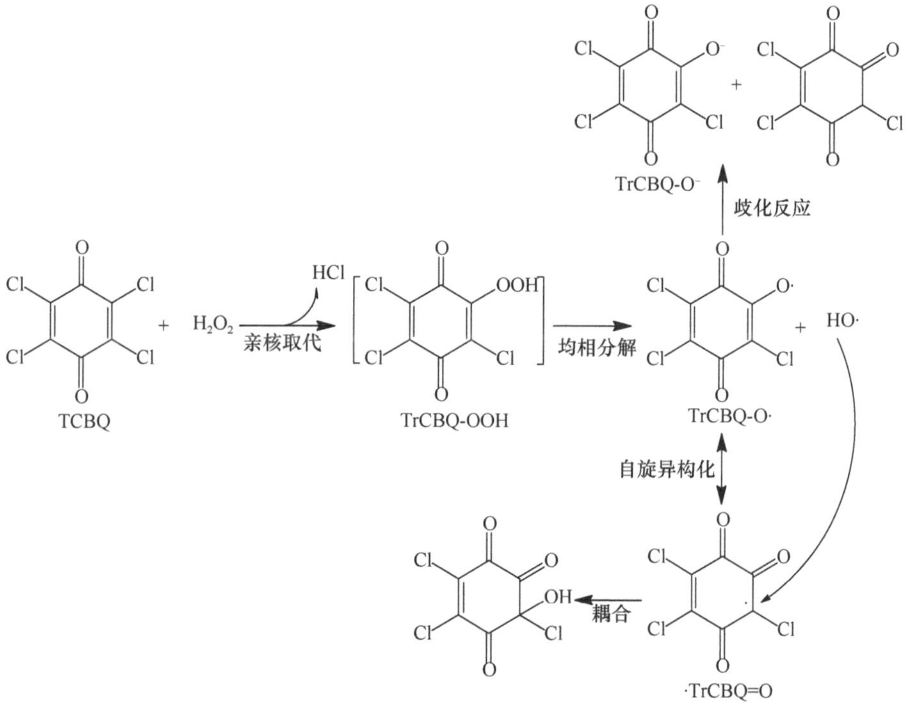

图 5-4　TCBQ 和 H_2O_2 反应生成 HO· 的机理图

资料来源：Zhu et al.，2012

EPFRs/过渡金属体系可以在氧气气氛下或者在外加 H_2O_2 时，通过氧化还原循环诱导各类型 ROS（HO·、O_2^-·等）的生成（图 5-5）。

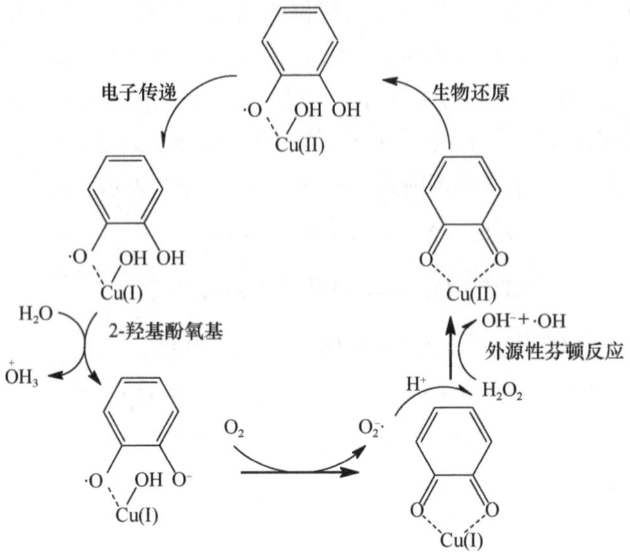

图 5-5 以苯酚为前驱物生成的 EPFRs 的氧化还原循环

资料来源：Khachatryan and Dellinger，2011

在淡水体系中，如式（5-6）和式（5-7）所示，亚硝酸根和硝酸根的光解被认为可能是 HO· 的主要来源。

$$NO_2^- \xrightarrow{hv} NO_2^- \cdot \longrightarrow NO + O^- \cdot \xrightarrow{H_2O} HO \cdot + OH^- \qquad (5-6)$$

$$NO_3^- \xrightarrow{hv} NO_3^- \longrightarrow NO_2 + O^- \cdot \xrightarrow{H_2O} HO \cdot + OH^- \qquad (5-7)$$

大气的氧化性是大气化学核心的基本科学问题，而 HO·、HO_2· 等自由基的氧化还原能力决定了大气的氧化性。大气中的活性自由基如 HO·、HO_2·、RO_2·等对大气的多种环境化学行为均有十分重要的作用。其中，气态 HO·在对流层大气化学中发挥至关重要的作用。在清洁大气中，HO·可在对流层中通过臭氧光解后生成的 O·和空气中的水分子反应生成 [式（5-8）和式（5-9）]，也可以经污染大气中气态亚硝酸（HONO）和 H_2O_2 的光解产生 [式（5-10）～式（5~13）]。

$$O_3 + hv \longrightarrow O_2 + O \cdot \qquad (5-8)$$

$$O \cdot + H_2O \longrightarrow 2HO \cdot \qquad (5-9)$$

$$HONO + hv \longrightarrow HO \cdot + NO \qquad (5-10)$$

$$H_2O_2 + hv \longrightarrow 2HO \cdot \qquad (5-11)$$

$$HNO_3 + hv \longrightarrow HO \cdot + NO_2 \qquad (5-12)$$

$$HO_2 \cdot + NO \longrightarrow HO \cdot + NO_2 \qquad (5-13)$$

气态 HO· 在对流层中与微量气体 [如 CO、SO₂、NO₂、CH₄ 和其他挥发性有机化合物（volatile organic compounds，VOCs）] 反应，会导致这些微量气体分解并产生 HO₂· 和 RO₂·。HO₂· 和 RO₂· 是形成大气二次污染物的重要中间体，例如 RO₂· 与一氧化氮（NO）反应生成的 RO· 常转化生成含氧 VOCs。

醛类的光解是大气中 HO₂· 形成的重要来源 [式（5-14）和式（5-15）]：

$$RCHO + h\nu \longrightarrow R\cdot + HCO\cdot \tag{5-14}$$

$$HCO\cdot + O_2 \longrightarrow HO_2\cdot + CO \tag{5-15}$$

大气中过氧烷基自由基由烷基与空气中的氧气反应生成：

$$RH + HO\cdot \longrightarrow R\cdot + H_2O \tag{5-16}$$

$$R\cdot + O_2 \longrightarrow RO_2\cdot \tag{5-17}$$

大气颗粒物上的 EPFRs 能在光照、氧气氛围下诱导 HO·、O_2^-· 等 ROS 的生成

$$O_2 \xrightarrow{\text{还原(EPFRs)}} O_2^-\cdot \xrightarrow{\text{歧化}(H^+)} H_2O_2 \xrightarrow{\text{外源性芬顿反应}} HO\cdot \tag{5-18}$$

5.4　自由基参与的大气化学反应

臭氧的生成：平流层臭氧来源于紫外线光解氧分子，氧分子光解产生的氧原子与氧分子结合产生臭氧（O₃）[式（5-19）和式（5-20）]：

$$O_2 + h\nu(\lambda < 242nm) \longrightarrow O\cdot + O\cdot \tag{5-19}$$

$$O\cdot + O_2 + M \longrightarrow O_3 + M \tag{5-20}$$

过氧自由基参与的对流层臭氧的光化学形成，被认为是大气中重要的臭氧人为来源，也是对流层臭氧形成的重要途径 [式（5-21）～式（5-25）]：

$$RO_2\cdot + NO \longrightarrow RO\cdot + NO_2 \tag{5-21}$$

$$RO\cdot + O_2 \longrightarrow R'O + HO_2\cdot \tag{5-22}$$

$$HO_2\cdot + NO \longrightarrow HO\cdot + NO_2 \tag{5-23}$$

$$NO_2 + h\nu \longrightarrow NO + O\cdot \tag{5-24}$$

$$O\cdot + O_2 + M \longrightarrow O_3 + M \tag{5-25}$$

光化学烟雾的形成：光化学烟雾是典型光化学大气污染。汽车尾气直接排放的 HONO 以及氮氧化物（NOₓ=NO+NO₂）在固体或颗粒物表面上发生非均相反应产生的 HONO，在太阳光辐射下发生光解产生 HO·。空气中的非甲烷有机物（NMOC）在 HO· 的作用下发生反应，产生烷基取代过氧自由基（RO₂·）或氢取代过氧自由基（HO₂·），这些过氧自由基可把 NO 氧化为 NO₂，从而导致臭氧的形成。HO· 在整个反应过程中可循环再生，从

而导致高浓度臭氧形成。整个反应过程如反应式（5-26）～反应式（5-31）所示：

$$NO_x + surface + H_2O \longrightarrow HONO \tag{5-26}$$

$$HONO + h\nu \longrightarrow HO \cdot + NO \tag{5-27}$$

$$NMOC + HO \cdot + O_2 \longrightarrow RO_2 \cdot + HO_2 \cdot \tag{5-28}$$

$$RO_2(HO_2) + NO \longrightarrow RO(OH) + NO_2 \tag{5-29}$$

$$NO_2 + h\nu \longrightarrow NO + O \cdot \tag{5-30}$$

$$O \cdot + O_2 \longrightarrow O_3 \tag{5-31}$$

臭氧的损耗：臭氧在平流层存在消耗，它可被紫外线光解产生氧原子和氧气，也可与氧原子发生反应生成氧气，同时平流层存在一系列涉及奇氮（NO、NO$_2$）、奇氢（HO·、HO$_2$·）、奇氯（Cl·、ClO·）和奇溴（Br·、BrO·）的臭氧损耗途径 [反应式（5-32）～反应式（5-39）]。反应中 HO·、NO、Cl·和 Br·与臭氧发生链式催化反应，从而导致臭氧的消耗。

奇氢损耗臭氧的途径：

$$HO \cdot + O_3 \longrightarrow HO_2 \cdot + O_2 \tag{5-32}$$

$$HO_2 \cdot + O_3 \longrightarrow HO \cdot + 2O_2 \tag{5-33}$$

奇氮损耗臭氧的途径：

$$NO + O_3 \longrightarrow NO_2 + O_2 \tag{5-34}$$

$$NO_2 + O_3 \longrightarrow NO + 2O_2 \tag{5-35}$$

奇氯损耗臭氧的途径：

$$Cl \cdot + O_3 \longrightarrow ClO \cdot + O_2 \tag{5-36}$$

$$ClO \cdot + O_3 \longrightarrow Cl \cdot + 2O_2 \tag{5-37}$$

奇溴损耗臭氧的途径：

$$Br \cdot + O_3 \longrightarrow BrO \cdot + O_2 \tag{5-38}$$

$$BrO \cdot + O_3 \longrightarrow Br \cdot + 2O_2 \tag{5-39}$$

以上反应的净反应都如反应式（5-40）所示：

$$O \cdot + O_3 \longrightarrow 2O_2 \tag{5-40}$$

氯氟碳化合物（chlorofluorocarbons，CFCs），俗称氟利昂，可在平流层光解释放氯原子，氯原子在平流层环境下可损耗大量的臭氧分子，CFCs 对平流层臭氧具有显著破坏作用，其发生作用的具体反应步骤见反应式（5-41）～反应式（5-43）：

$$CFCl_3 + h\nu \longrightarrow \cdot CHCl_2 + Cl \cdot \tag{5-41}$$

$$Cl\cdot + O_3 \longrightarrow ClO\cdot + O_2 \tag{5-42}$$

$$O\cdot + ClO\cdot \longrightarrow Cl\cdot + O_2 \tag{5-43}$$

净反应为
$$O\cdot + O_3 \longrightarrow 2O_2 \tag{5-44}$$

灰霾的形成：灰霾上二次无机离子（包括硫酸盐和硝酸盐离子）的形成都有自由基的参与。大气中硫酸盐的形成主要通过 SO_2 与 HO· 的气相氧化反应，以及 SO_2 在矿尘等颗粒物表面的非均相氧化和在云滴中发生液相化学反应生成。大气中硝酸盐形成途径主要包括白天在有光照的条件下 NO_2 与 HO· 气相氧化反应生成，以及 NO_3· 与羟基、醛类、烷烃等反应而生成；夜间无光照条件下 N_2O_5 在颗粒物表面的水合反应生成，以及 NO_2 在矿物粒子表面上发生非均相反应而生成。

大气中反应活性物质，如 HO·、NO_3·、O_3 和 Cl· 等可与大气中绝大部分一次污染物发生反应，从而导致它们在大气中的清除，但同时会产生对大气环境更具有危害的二次污染物如大气颗粒物等。

5.5　自由基参与的大气化学反应动力学

大气反应动力学主要研究大气中强反应活性物种与各种大气污染物的化学反应速率及机理。光化学是引发大气化学反应发生的原动力，它不仅可导致部分吸光分子直接降解，而且还会产生强反应活性物种，如 HO·、O_3、Cl 等，而这些强反应活性物种进一步可引发大气中污染物的降解。光化学是大气反应动力学的基础。一个分子在吸收一定波长的光子后可通过一种或多种光化学过程形成不同产物，例如甲醛可通过两个初始光化学过程分别形成 H+HCO 和 H_2+CO。臭氧也可发生如式（5-45）所示的直接光解反应。

$$O_3 + h\nu\,(\lambda \leqslant 320\,\text{nm}) \longrightarrow O_2\left(^1\Delta_g\right) + O\left(^1D\right) \tag{5-45}$$

关于 $^1\Delta_g$（单线态氧气激发态）的反应动力学以及机理的研究表明，除个别高取代烯烃外，$^1\Delta_g$ 与大部分烯烃的反应速率常数很小。对比大气中烯烃与 HO· 的反应，$^1\Delta_g$ 与大部分烯烃的反应可忽略，例如，2,3-二甲基-2-丁烯在室温下与 HO· 反应速率常数为 1.1×10^{-10} cm³/（molecule·s），而与 $^1\Delta_g$ 的反应速率常数仅为 1.3×10^{-15} cm³/（molecule·s），全球 HO· 平均浓度为 2×10^6 cm^{-3}，即使考虑 $^1\Delta_g$ 的峰值浓度（1×10^8 cm^{-3}），通过以下相对反应速率的比较可以看出，该烯烃在大气中的消耗主要归咎于其与 HO· 的反应 [式（5-46）]。

$$\frac{k[\text{HO}]}{k\left[^1\Delta_g\right]} = \frac{1.1\times10^{-10}\times2\times10^6}{1.3\times10^{-15}\times1\times10^8} = 1.7\times10^3 \tag{5-46}$$

1. HO· 引发的含氧化合物氧化的动力学研究

含氧 VOCs 是对流层中发现的微量气体的主要成分，饱和含氧化合物的氧化主要是它们与 HO· 的反应引发的。醇类、醚类在大气中的气相氧化主要由 HO· 引发。HO· 与甲醇（CH_3OH）、乙醇（CH_3CH_2OH）和异丙醇 [$(CH_3)_2CHOH$] 的反应性，比 HO· 与相应烷烃的反应性要高。当 $T=298$ K 时，对于线性直链醇，反应速率常数值从乙醇 [$k_{OH} \approx 3 \times 10^{-12}$ $cm^3/$（mol·s）] 到正辛醇（$k_{OH} \approx 1.5 \times 10^{-11}$ $cm^3/$（mol·s））增加了 4 倍。反应速率常数随链长的增加而增大，表明相对于 —OH 基团，β 和 γ 位（与中心 —OH 基团连接的 —CH_2— 基团称为 α 位的 —CH_2— 基团，与之依次相连的远端 —CH_2— 基团分别称为 β、γ 位基团）的 —CH_2— 基团比未取代的烷烃中的 —CH_2— 基团具有更高的反应性，从 β-碳原子到 γ-碳原子每个 —CH_2— 基团的反应性略有降低。动力学数据表明，HO· 与二醇反应的速率常数明显高于与一元醇反应的速率常数，表明第二个 —OH 基团具有活化作用，如乙二醇 [$HOCH_2CH_2OH$，$k_{OH} \approx 1.5 \times 10^{-11}$ $cm^3/$(mol·s)] 和 1,3-丁二醇 [$HOCH_2CH_2CH(OH)CH_3$，$k_{OH} \approx 3.3 \times 10^{-11}$ $cm^3/$（mol·s）]。HO· 自由基与直链和支链脂肪醛反应的速率常数都在（1~3）$\times 10^{-11}$ $cm^3/$（mol·s）范围内，且随烷基长度的增加而小幅增大，与醛类的反应速率常数较大，是由于醛基的 C—H 键较弱，与醛类上的取代基的性质关系不大。

2. 臭氧层的大气化学反应动力学

CFCs 是大气平流层 ClO_x（Cl· + ClO·）的来源，ClO_x 与臭氧发生链式反应导致平流层臭氧净损耗。对含氯物种来说，其最重要的平流层反应包括 ClO 与 NO 的反应、Cl· 与几种含氢物种的反应、HO· 与 HCl 的反应，以及可能的 ClO· 与 O_3 的反应，表 5-2 列出了这些反应速率常数的值。

表 5-2　平流层 ClO_x 循环的反应速率常数　　[单位：$cm^3/$（mol·s）]

反应	反应速率常数
$Cl· + O_3 \longrightarrow ClO· + O_2$	$(1.85 \pm 0.36) \times 10^{-11}$
$ClO· + O· \longrightarrow Cl· + O_2$	$(5.3 \pm 0.8) \times 10^{-11}$
$ClO· + NO \longrightarrow Cl· + NO_2$	$(1.7 \pm 0.2) \times 10^{-11}$
$Cl· + CH_4 \longrightarrow HCl + CH_3·$	$5.1 \times 10^{-11} \exp(-1790/T)$
$Cl· + H_2 \longrightarrow HCl + H·$	$5.7 \times 10^{-11} \exp(-2260/T)$
$Cl· + HO_2 \longrightarrow HCl + O_2$	2×10^{-11}
$Cl· + H_2O_2 \longrightarrow HCl + HO_2·$	$1.7 \times 10^{-20} \exp(-910/T)$
$Cl· + HONO_2 \longrightarrow HCl + ONO_2$	$6 \times 10^{-12} \exp(-400/T)$
$HO· + HCl \longrightarrow H_2O + Cl·$	$2.0 \times 10^{-12} \exp(-313/T)$
$ClO· + O_3 \longrightarrow OClO· + O_2$ $ClO· + O_3 \longrightarrow ClOO· + O_2$ $ClO· + O_3 \longrightarrow Cl· + 2O_2$	$< 5 \times 10^{-15} (T = 298K)$

5.6 水环境中的活性氧及化学反应

光化学烟雾、平流层臭氧消耗以及酸雨中的活性氧是广泛关注的大气问题。为了更好地研究这些大气问题的成因，对流层中自由基的气相反应和相关的光化学反应被更深入地探究，自由基的大气光化学已成为一个高度发展的分支学科。

1966 年，借助东莨菪碱过氧化物酶荧光法检测到了海水中的过氧化氢（H_2O_2），这是首次发现水生生态系统中活性氧的存在，并提出光化学反应、生物过程或大气沉积是活性氧在海水中存在的原因。1969 年提出了水合电子 [e^-(aq)] 可以在海水中通过宇宙射线的作用、^{40}K 的放射性衰变或内源酚类化合物的光电离而产生，并进一步提出 e^-(aq) 与氧气快速反应会产生超氧化物（$O_2^-\cdot$），$O_2^-\cdot$ 将通过歧化反应生成 H_2O_2，反应过程见反应式（5-47）和反应式（5-48）：

$$e^-(aq) + O_2 \longrightarrow O_2^- \cdot \quad k = 2.2 \times 10^{10} \text{ mol/(L·s)} \tag{5-47}$$

$$2O_2^- \cdot + 2H^+ \longrightarrow H_2O_2 + O_2 \quad k = 6 \times 10^4 \text{ mol/(L·s)}, \text{pH} = 8.0 \tag{5-48}$$

早期的研究为后续研究天然水中活性氧的源和汇，以及活性氧在环境过程中发挥的作用提供了基础。20 世纪 80 年代，环境科学领域开始全面研究天然水体中的活性氧。结合分子探针技术与光谱技术，H_2O_2、$O_2^-\cdot$、单线态氧（$^1O_2$、$^1\Delta g$）、羟基自由基（$HO\cdot$）、有机过氧自由基（$RO_2\cdot$），以及其他作为活性氧直接前体或产物的瞬态中间产物等被证明普遍存在于地表水中。活性氧主要是由含发色团的非生物光化学反应驱动产生的。

目前的研究表明，通过光化学反应产生的活性氧会对生态系统的功能产生广泛影响，并可显著影响碳、氧、硫和生物上重要微量金属的循环。活性氧可清除由人类活动产生的水体和陆地环境中的生物活性污染物，或在某些情况下，将这些污染物转化为毒性更大的物质。光氧化可以控制某些有机物的浓度水平，这些有机物通常对通过呼吸作用的生物氧化降解是相当惰性的，因而光氧化过程可能是降解大量海洋有机物的限速步骤。活性氧可以降解高分子量的材料，产生各种更容易被生物群代谢的较小的有机化合物，以及许多对大气具有重要作用的微量气体，如一氧化碳（CO）、氧硫化碳（COS）和二氧化碳（CO_2）。由于活性氧的产生和反应最终会破坏致敏发色团结构，因此活性氧可能会对某些地表水的光学透明度起到控制作用。过渡金属配合物和某些金属胶体的光化学反应会产生活性氧，而微量金属与活性氧之间的反应可改变金属形态，因此活性氧的产生可能会影响这些金属对水生生物的可利用性或毒性。除了一些自然过程，活性氧也被用来处理污水和废水。

在天然水体中检测和识别活性氧物种是一项艰巨的挑战。活性氧的浓度通常极低，同时在天然水中常伴有一些不明确的、多变的有机成分和无机成分，它们的浓度也相对较低，进一步增加了活性氧的分析难度。由于环境的复杂性，产生或破坏特定活性氧的反应或反应组往往难以精准识别。活性氧物种，除 H_2O_2 和有机过氧化物（RO_2H）外，在海水中属于存续时间很短的瞬态中间体，其寿命范围从 $RO_2\cdot$ 的 ~1 s 到 $HO\cdot$ 的 1 μs 不等。由于寿命较短且生成率低，这些物种的稳态浓度水平通常远远低于用电子顺磁共振或光学光谱直接检测的检出限。此外，偏远地区水体中活性氧的检测还要求分析技术简单可靠且仪器便于运输。

为了适应这些严苛的检测需求，自 1990 年起，各种分子探针相继被开发。这些探针与活性氧发生反应，生成稳定或持久存在的衍生产物；衍生产物的不断生成或探针的不断消耗起到聚积活性氧"检测信号"的作用。

理想的分子探针需要满足以下几个标准。

（1）探针应与单一的活性氧发生选择性反应，以便精确识别活性氧物种。若探针与一类活性氧反应，则反应的产物应唯一、稳定且可识别。

（2）探针应与活性氧快速反应，避免高浓度的探针与其他活性氧衰变途径发生竞争。

（3）探针或其衍生产物的分析相对容易且灵敏度高。

（4）探针在目标的光谱范围内不吸收光，或对直接光解具有相对惰性。

然而在实践中，大多数探针不能满足上述所有要求，须采用二次检测或额外的探针来确保结果的完整性。对于探针检测结果的解析，很难达到或证明其绝对选择性。实际检测常用初始速率和一阶法来获取短寿命活性氧与相关瞬态中间体的动力学及浓度数据。通常，活性氧的生成和消耗依照流程 1 进行。

流程 1. 活性氧的生成和消耗（Hsieh and Zepp，2019）。

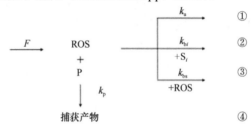

活性氧通过光化学反应（或热反应）以恒定的速率 F 产生。随即经历一系列反应：①单分子衰减，具有一级反应速率常数，k_u；②与内源性或外源性化合物 S_i 的双分子反应，具有二级反应速率常数，k_{bi}；③双分子自反应，具有二级反应速率常数，k_{bs}；④与探针 P 的双分子反应，具有二级反应速率常数，k_p。双分子自反应在自然条件下通常可以忽略不计。由此得到活性氧［式（5-49）］和探针［式（5-50）］的反应速率：

$$\frac{d[ROS]}{dt} = F - [ROS]\left(k_u + k_p[P] + \sum_i k_{bi}[S_i]\right) \tag{5-49}$$

$$\frac{d[P]}{dt} = -k_p[ROS][P] \tag{5-50}$$

根据活性氧的稳态近似得到其稳态浓度公式：

$$[ROS]_{ss} = \frac{F}{k_u + k_p[P] + \sum_i k_{bi}[S_i]} \tag{5-51}$$

将式（5-51）代入式（5-50），即得一个关于探针 P 离去初始速率 R 与其初始浓度$[P]_0$

的表达式：

$$R = -\frac{d[P]}{dt} = \frac{Fk_p[P]_0}{k_u + \sum_i k_{bi}[S_i] + k_p[P]_0} \qquad (5\text{-}52)$$

式（5-52）构建了初始速率法的基础。当探针浓度足够高时（$k_p[P]_0 \gg k_u + \sum_i k_{bi}[S_i]$），$R$ 无限地接近活性氧的形成速率（$R \to F$），并近似独立于$[P]_0$。

代入已知的 k_p 即可从式（5-51）中得到不含 P 时活性氧的稳态浓度 [式（5-53）]，

$$[ROS]_{ss} = \frac{F}{k_u + \sum_i k_{bi}[S_i]} \qquad (5\text{-}53)$$

$k_d = k_u + \sum_i k_{bi}[S_i]$ 是活性氧的表观一阶速率常数。若其他痕量成分与活性氧反应的二阶速率常数已知，一旦得到$[ROS]_{ss}$，随即得到其他痕量成分衰变的表观一阶速率常数。表 5-3 即为总结的一些活性氧和瞬态中间体可用的动力学及浓度数据。

表 5-3 活性氧和瞬态中间体（TrI）可用的动力学及浓度数据

活性氧/TrI	来源	汇[b]	$k_汇$[c]	正午生成速率/[mol/(L·s)]	损失速率/s^{-1}	正午表面浓度[d]/(mol/L)
^3CDOM[a]	CDOM	$k_b[O_2]$	2×10^9 L/(mol·s)	$(0.5 \sim 250) \times 10^{-9}$	5×10^5	$10^{-15} \sim 5 \times 10^{-13}$[e]
$^1O_2$	CDOM	$k_u[H_2O]$	2.5×10^5 s^{-1}	$(0.5 \sim 250) \times 10^{-9}$	2.5×10^5	$10^{-15} \sim 10^{-12}$
O_2^-	CDOM	$k_{bs}[O_2^-]^2$	$6 \times 10^{12}[H^+]$ L/(mol·s)	$10^{-11} \sim 10^{-8}$	$10^{-3} \sim 5$	$10^{-9} \sim 10^{-8}$
		$k_b[DOM]$				
		$k_b[Me^{n+}]$				
$e^-(aq)$	CDOM	$k_b[O_2]$	2×10^{10} L/(mol·s)	$(5 \sim 10) \times 10^{-11}$	$(0.5 \sim 1.5) \times 10^7$	$(1 \sim 2) \times 10^{-17}$[f]
		$k_b[NO_3^-]$	1×10^{10} L/(mol·s)			
单电子还原剂	CDOM	$k_b[O_2]$	$\sim 10^9$ L/(mol·s)	$10^{-11} \sim 10^{-8}$	$\sim 2.5 \times 10^5$	$10^{-17} \sim 10^{-14}$
HO·	CDOM	$k_b[Br^-]$[g]	1.3×10^9 L/(mol·s)[g]	$(3 \sim 300) \times 10^{-12}$[g]	10^6[g]	$10^{-18} \sim 10^{-17}$[g]
	NO_3^-	$k_b[DOM]$[f]	2.5×10^4 L/(mg·s)[f]	$10^{-11} \sim 10^{-10}$[f]	$(0.2 \sim 2) \times 10^5$[f]	$(2 \sim 6) \times 10^{-16}$[f]
	NO_2^-					
Br_2^-	HO·	k_b^h	2.5×10^5 s^{-1}	$(3 \sim 100) \times 10^{-12}$[g]	2.5×10^3[g]	$10^{-15} \sim 10^{-14}$[g]
CO_3^-	HO·	$k_b[DOM]$	40 L/(mg·s)[f]	$10^{-11} \sim 10^{-10}$[f]	$20 \sim 1000$[f]	$10^{-14} \sim 10^{-13}$[f]
	Br_2^-[h]					
ROO·	CDOM	$k_{bs}[ROO·]^2$		$10^{-11} \sim 10^{-10}$	$0.1 \sim 1$	$10^{-11} \sim 10^{-10}$[f]
		$k_b[DOM]$				
乙酰基自由基	CDOM	$k_b[O_2]$	$\sim 10^9$ L/(mol·s)	$10^{-13} \sim 10^{-11}$	$\sim 2.5 \times 10^5$	$10^{-19} \sim 10^{-17}$

注：a. CDOM 表示有色溶解性有机质，下同。

b. 括号中的物种表示相互作用物，速率常数下标表示相互作用的类型：b=双分子，u=单分子，bs=双分子自反应。

c. 上一列的速率常数的值。

d. 除非另有说明，正午地表浓度值的范围代表观察到的自然地表水的近似变化。

e. $\geqslant 94$ kJ/mol。

f. 新鲜水体。

g. 海水。

h. Br_2^-在海水中似乎与CO_3^-、$MgCO_3$、$NaCO_3^-$等多种碳酸盐物质发生反应，但预期的产物CO_3^-尚未得到证实。

　　流程 2 描述了目前已知的活性氧产生和猝灭的反应途径；括号中的值为反应过程的近似量子产率。简单起见，CDOM 反应被描述为由单个发色团激发产生的一系列反应。

　　流程 2. 初级光物理和光化学反应（Dong and Rosario-Ortiz，2012）。

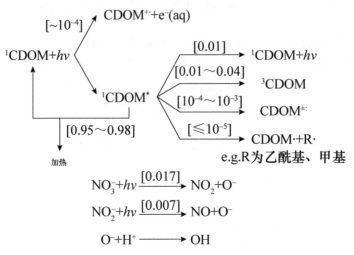

　　过渡金属配合物、金属中心卟啉、金属酶（如过氧化氢酶等）在天然水体活性氧物质的反应中发挥重要作用。具有生物危害性的高反应活性的活性氧物质（如羟基自由基、过氧烷基自由基等）主要由过渡金属配合物与较低反应活性的活性氧物质（如过氧化氢和超氧阴离子）反应生成。光照条件下过渡金属与活性氧物质的反应总结如下：

$$L_m M^{(n+1)+} \xrightarrow{\ hv\ } L_{m-1} M^{n+} + L_{ox}^+ \tag{5-54}$$

$$H_2O_2 + L_m M^{n+} \longrightarrow OH + OH^- + L_m M^{(n+1)+} \tag{5-55}$$

$$H_2O_2 + L_m M^{n+} \longrightarrow 2OH^- + L_m M^{(n+2)+} \tag{5-56}$$

$$O_2 + L_m M^{n+} \rightleftharpoons L_m MO_2^{n+} \rightleftharpoons O_2^- + L_m M^{(n+1)+} \tag{5-57}$$

$$L_m M^{n+} + O_2^- + 2H^+ \longrightarrow L_m M^{(n+1)+} + H_2O_2 \tag{5-58}$$

$$L_{Ox} + O_2 \longrightarrow L'_{Ox} + O_2^-, H_2O_2 和/或其他活性氧物质 \tag{5-59}$$

$$L_{Ox} + L_m M^{(n+1)+} \longrightarrow L'_{Ox} + L_m M^{n+} \tag{5-60}$$

　　式中，L 为配体；L_m、L_{m-1} 分别为 m、$m-1$ 个配体；L_{Ox} 和 L'_{Ox} 为氧化配体的不同形式；M 为金属；n、$n+1$、$n+2$ 为金属价态。这些反应可实现氧气、超氧阴离子、过氧化氢和羟基自由基间的互相转化。在表层含氧水体中，光照条件下电荷从配体向金属的转移可使金属被还原，配体被氧化 [式（5-54）]，过渡金属配合物也可以被超氧自由基等活性氧物质还原［式（5-57）］。还原后的过渡金属在富氧水体中极易被氧气、过氧化氢氧化，同时生成活性氧物质［式（5-55）和式（5-58）］。光化学反应中被氧化的配体自身即为活性氧物质，或可与其他物质反应生成活性氧物质［式（5-59），和式（5-60）］。

5.7　热化学反应中的自由基机制

有机热化学反应中常涉及自由基反应，多种有机物如酚类可以作为前驱体，在热化学反应中经自由基中间体生成更为复杂的环状产物。在颗粒物表面，尤其是金属参与的条件下，往往会生成 EPFRs 和持久性有机污染物。目前关于有机热化学反应生成 EPFRs 的机制研究集中在实验室模拟层面，再结合量子化学理论计算提出可能的反应机理。这些研究以多种苯酚、氯酚、苯二酚等为前驱体，深入研究了热化学条件下 SiO$_2$/CuO、温度等对体系中自由基的生成与稳定，以及多氯代二苯并对二噁英/呋喃（PCDD/Fs）的生成及分布的影响，发现前驱体先后经物理吸附和化学吸附键合在 CuO/SiO$_2$ 表面，然后发生电子从前驱体向 Cu 的转移，随着 Cu(Ⅱ)向 Cu(Ⅰ)的转化生成 EPFRs，然后 PCDDs 由一个表面键合的有机自由基和一个非键合的有机分子通过艾列莱德列（Eley- Rideal）机制生成，而 PCDFs 则由两个表面键合的自由基通过朗缪尔-欣谢尔伍德（Langmuir- Hinshelwood）机制生成（图 5-6）。理论计算的结果也证明了二噁英的前驱体生成过程中有机自由基中间体的参与。

以 2,3,6-三氯酚为前驱体，在 SiO$_2$ 表面、CuO 催化条件下，通过实验室 EPR 模拟实验和管式炉模拟实验，结合密度泛函理论计算，提出了 2,3,6-三氯酚生成 PCDD/Fs 的自由基机理，即 2,3,6-三氯酚先经过分子内脱氢反应生成 2,3,6-三氯酚自由基，CuO/SiO$_2$ 能够催化 2,3,6-三氯酚自由基的生成，同时增加其稳定性。产生的 2,3,6-三氯酚自由基经耦合、邻位脱氯、斯迈尔斯（Smiles）重排、闭环、分子内氯消除反应最终生成 PCDD/Fs。EPFRs 参与的生成有机污染物的热化学转化反应研究有助于从分子机制层面为有机污染物的控制减排提供思路。

燃烧等高温条件下燃料在缺氧环境中热解生成不饱和烃类自由基，如环戊二烯自由基等，这些自由基可以进一步通过共振稳定自由基的链反应机理生成碳氢团簇。一系列链反应由具有高反应活性的较小的共振稳定自由基起始，每步链反应都会生成更稳定的自由基类产物，使得链反应能够持续且不可逆地进行。碳氢团簇可以通过与其他的共振稳定自由基、不饱和脂肪烃、多环芳烃等反应进一步长形成煤烟颗粒（图5-7），实现从气相分子到固体煤烟颗粒的转化，煤烟颗粒继续生长的同时可被空气中的含氧物质氧化。

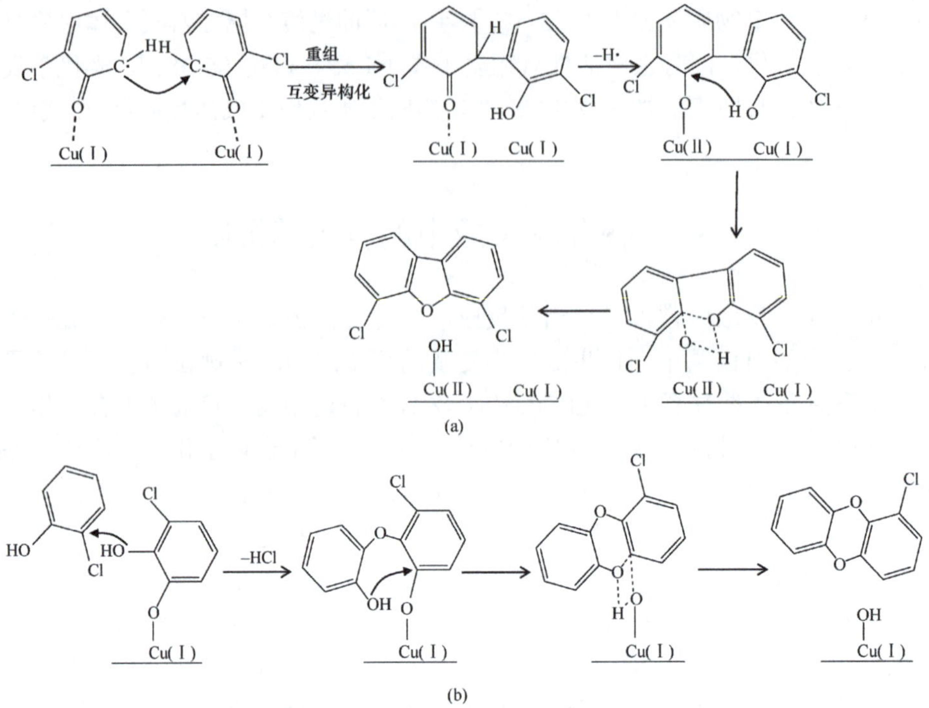

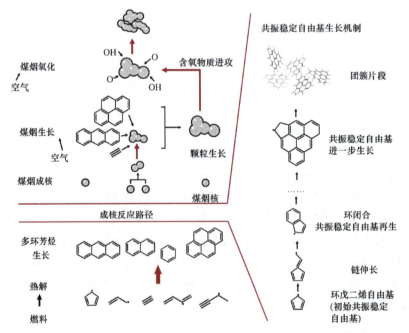

图 5-6　2-氯酚在 CuO 颗粒物作用下生成 PCDFs（a）、PCDDs（b）的机理图

资料来源：Lomnicki and Dellinger，2003

图 5-7　气相分子生成煤烟的反应路径（左侧）及共振稳定自由基生长机制（右侧）

资料来源：Thomson and Mitra，2018

选读内容

环境持久性自由基（environmental persistent free radicals，EPFRs）

EPFRs 是相对于活性氧自由基等寿命短、活性强的瞬时自由基提出的一类新的环境有害污染物，具有环境持久性和潜在毒性，能够造成机体 DNA 损伤。国内外对环境介质中 EPFRs 的检测、产生机理和毒理学研究已取得一定进展，然而相较于瞬时自由基，对 EPFRs 的研究尚处于起步阶段，EPFRs 在大气颗粒物、土壤等环境介质中广泛存在，因此对 EPFRs 毒性效应和风险控制更待深入研究。目前环境介质中 EPFRs 的检测方法有较大差异，导致环境样品中 EPFRs 的种类和浓度缺乏可比性。由于环境介质复杂，呈现的电子顺磁共振谱峰多为一个宽峰，只能根据 g 值、峰宽等信息推断环境介质中自由基的种类，因此对环境介质中 EPFRs 的精准定性仍非常困难，尚未见对复杂环境介质中 EPFRs 精细结构准确鉴定的报道。如何优化前处理过程，在不改变自由基状态的条件下使大气颗粒物等环境介质中的 EPFRs 呈现出其特征的精细分裂峰并对其准确定性等问题亟待解决。

1. EPFRs 的潜在健康危害

在人体正常代谢过程中，自由基可作为中间体产生，在自由基产生/清除平衡状态下，体内的自由基具有抗菌、消炎和抑制肿瘤等重要作用。一旦体内的自由基产生/清除平衡被打破，如机体病变、外源性药物或有毒污染物的侵害等，自由基便会对人体产生危害，对内脏器官、免疫系统产生影响，从而引起机体疾病，甚至死亡。

废弃物焚烧产生的半醌类 EPFRs 可在颗粒物表面稳定存在，进入大气后可被 $PM_{2.5}$ 带入人体呼吸道，诱发体内 $HO·$ 等自由基的产生，造成人体细胞 DNA 氧化损伤。有研究指出，大气颗粒物作用下脱氧鸟苷羟基化程度与颗粒物中的过渡金属和半醌类自由基浓度具有相关性。已有研究表明，大气颗粒物、土壤等环境介质中存在 EPFRs，能够使机体内生物分子被氧化（图 5-8）。临床试验表明，心血管疾病的发病机理与自由基的浓度水平有关。肺和呼吸道炎症等疾病也与 EPFRs 有关，将人类支气管上皮细胞暴露于 2-氯代苯氧自由基和燃烧产生的颗粒物系统中，可导致细胞内活性氧浓度显著增加，抗氧化物的浓度显著降低，最终导致细胞死亡。

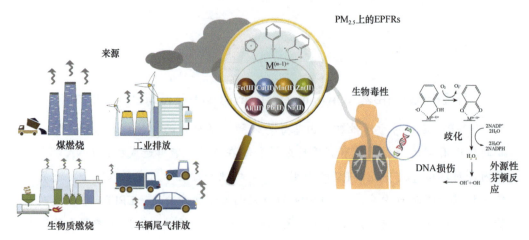

图 5-8　EPFRs 的来源、存在介质及健康危害

资料来源：Liu et al.，2022

2. EPFRs 的环境赋存

大气细颗粒物含有丰富的有机物质和过渡金属等，EPFRs 能够在大气细颗粒物上稳定存在。大气颗粒物中主要吸附半醌类自由基，其在不同粒径颗粒上的分布呈现 $PM_{1.0\sim2.5\ \mu m} > PM_{2.5\sim10\ \mu m} > PM_{>10\ \mu m}$ 的规律。因此，EPFRs 可能随着大气细颗粒物进入人体呼吸系统，使细胞抗氧化性降低，从而导致细胞死亡。然而目前尚没有特定 EPFRs 的标准品，很难示踪 EPFRs 在机体内的化学转化反应，对 EPFRs 在体内的化学行为和毒理学研究较少，因此制备特定 EPFRs 的标准品（或同位素标记的标准品）来进一步研究其在环境和机体中的行为具有非常重要的意义。

有研究在部分废弃物焚烧、金属冶炼等热过程产生的飞灰中检出了 EPFRs。然而实际样品基质复杂，难以定性定量，目前对烟气和飞灰中 EPFRs 的研究总体较少，多采用 CuO、Fe_2O_3 等金属氧化物与 SiO_2、蒙脱石等混合，以此模拟基质研究工业热过程中 EPFRs 的产生，此过程产生的 EPFRs 除了自身具有潜在危害，对二噁英等有机污染物的生成也起到了关键作用，可能是其他有机污染物生成的重要中间体。EPFRs 不仅在燃烧产生的颗粒中存在，在富含有机物且过渡金属（Fe、Cu）含量较高的土壤中也极易产生，例如在五氯苯酚污染的土壤中能检出五氯苯酚自由基，其浓度为 2.02×10^{18} spins/g，是对照土壤样品中 EPFRs 浓度的 30 倍，这些五氯苯酚自由基在土壤暴露于空气中后，半衰期为 2～24d。

3. EPFRs 生成机制

在煤燃烧、生物质燃烧、废弃物焚烧和金属冶炼等一些工业热过程中检出的 EPFRs，主要产生于燃烧系统或其他热过程的烟气冷却阶段，对苯二酚、邻苯二酚等有机污染物在加热或光照等条件下通过抽氢等反应生成苯氧类自由基、环戊二烯自由基、半醌类自由基等 EPFRs，也能够发生相互转化，但由于吸附在 $PM_{2.5}$ 上增强了 EPFRs 的稳定性，使其具有反应性的同时也有一定的反应惰性。

　　已有研究提出了 EPFRs 的生成机理：有机物与过渡金属（如 Fe、Cu 或 Mn 等）相互作用发生电子转移生成有机自由基，该有机自由基在金属颗粒物表面进一步稳定化生成 EPFRs。以五氯苯酚（PCP）为例，三种可能的 EPFRs 生成路径如图 5-9 所示，PCP 物理吸附于含过渡金属的颗粒物表面，脱去 H_2O 分子或/和 HCl 分子，PCP 上的电子转移至金属上，金属离子被还原，产生以 C 或 O 为中心的 EPFRs。分子轨道理论计算结果表明，PCP 等氯酚类有机污染物发生抽氢反应生成有机自由基反应是无垒反应，且反

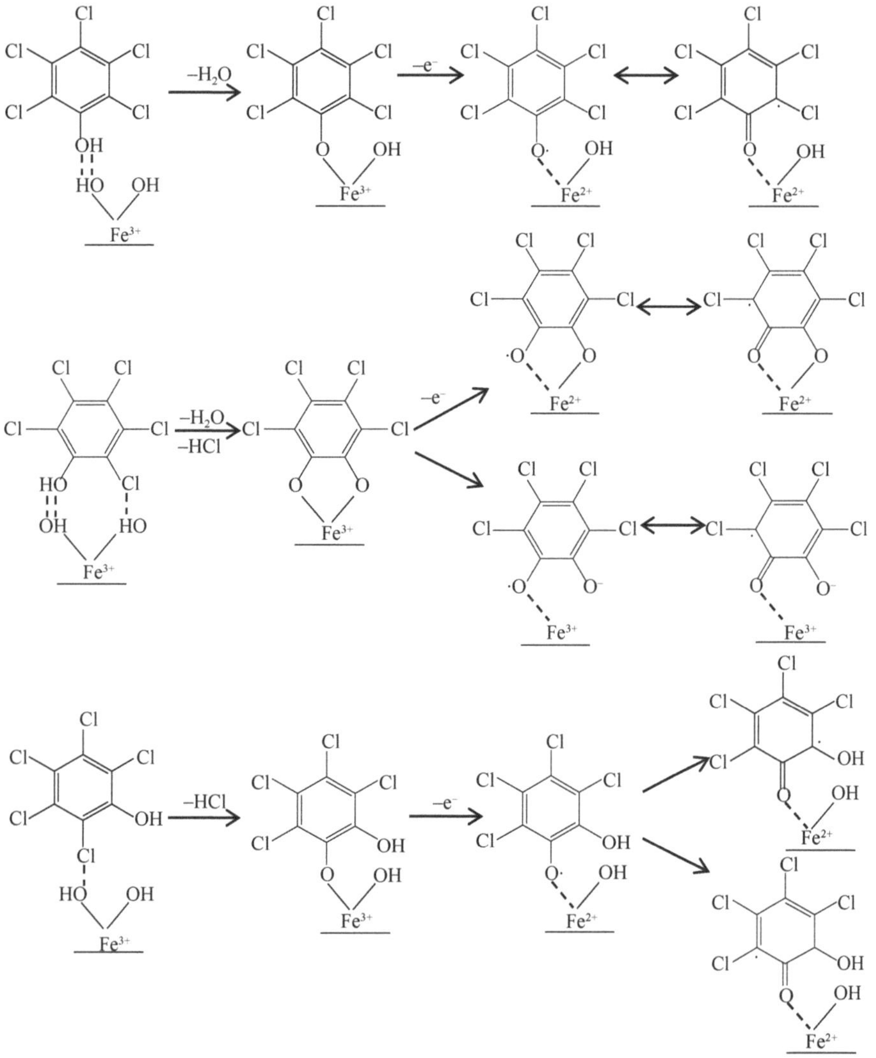

图 5-9　五氯苯酚（PCP）在 Fe_2O_3 颗粒物表面生成 EPFRs 的可能路径

资料来源：Dela Cruz et al., 2011

应放热，说明 PCP 生成苯氧类自由基的反应易发生。但实际的热过程中，在没有金属氧化物-颗粒物存在的条件下，虽然氯酚易发生抽氢反应产生氯代苯氧自由基，但在避光放置 24 h 后，自由基信号就不再被检出，即自由基产生后无法长时间稳定存在；而在含有金属氧化物-颗粒物的组别中，放置了 48 h 后仍然能够检出较强的有机自由基信号谱峰。由此可以推断，在 EPFRs 生成过程中，金属氧化物-颗粒物的存在是有机自由基稳定化的关键因素之一。不同的前驱物和金属氧化物（氯化物）作用下产生 EPFRs 的主导路径不同，产生的自由基种类也不同，因此鉴于热过程中反应基质的复杂性，不同金属氧化物的催化作用机制值得进一步研究。

4. 影响 EPFRs 生成的因素

EPFRs 的种类和浓度受诸多因素影响，其中前驱物、金属氧化物是较为重要的影响因素。不同种类的金属氧化物对 EPFRs 的促进作用不同。过渡金属 Fe、Cu、Ni、Zn 都能够促发自由基的产生，但不同金属作用下产生自由基的浓度和半衰期各不相同，例如以氢醌、邻苯二酚、苯酚、2-氯酚、一氯苯以及 1,2-氯苯为前体物质时，Fe 作用下产生的自由基寿命（24~111 h）是 Cu 作用下的 60 倍，由于 Fe_2O_3 具有较高的氧化电势，相同反应条件下，Fe_2O_3 作用下产生的 EPFRs 浓度是 CuO 作用下的 1/10，且氯代有机自由基更易在 CuO 颗粒物表面稳定存在，这些氯代自由基也能够吸附在大气颗粒物上，并最终参与大气光化学反应产生氯代有机污染物。因此，不同金属氧化物作用能够产生不同种类、不同浓度的 EPFRs。

金属氧化物颗粒物的粒径大小对 EPFRs 的影响也较为显著，纳米材料的比表面积大，容易吸附有机物质和自由基，并且具有较高的反应活性，研究表明，以 2,4-二氯-1-萘酚为前驱体，纳米级 Al_2O_3 和 CuO 颗粒物作用下产生的 EPFRs 浓度约为微米级颗粒物作用下的 4 倍，因此，纳米级金属颗粒物对 EPFRs 的促进作用应当引起关注。金属氧化物含量对 EPFRs 的种类和半衰期也具有显著的影响。颗粒物中 CuO 含量与产生的 EPFRs 浓度显著相关，然而并不是正相关，当 CuO 含量升高到临界值时，产生 CuO 团簇，空间位阻效应导致 EPFRs 产率降低。在部分飞灰基质中，钙和硫浓度较高，能够和金属氧化物的活性位点结合，从而有效阻止 EPFRs 的生成。因此，如何通过抑制热过程中的金属氧化物活性，削减受热过程中二噁英和 EPFRs 等污染物的产生与排放，值得进一步探索。

EPFRs 的生成还受温度、氧含量等的影响。氧气能够与自由基反应使其变成分子，因此反应体系中氧含量越高，自由基浓度通常越低。前驱体所在的环境 pH 也影响 EPFRs 的生成，当溶液 pH 升高时，前驱体更易发生抽氢反应，产生 EPFRs，因此 EPFRs 的信号强度随 pH 的升高而增强。有研究提出，颗粒物的含碳量和孔隙结构是影响 EPFRs 浓度的重要因素，生物质和煤炭燃烧等产生的颗粒物含碳量较高，这些颗粒物中 EPFRs 的浓度高于含碳量较低的大气颗粒物中 EPFRs 的浓度。

习 题

1. 为什么环境持久性自由基相比瞬时自由基可以更稳定存在?

2. 为什么气态羟基自由基可在大气化学中发挥至关重要的作用, 它发挥哪些作用, 参与了哪些重要的反应?

3. 如何获得有机自由基的超精细分裂常数值?

第 6 章　污染物毒性效应与健康危害的化学基础

外源物质接触或进入生命体后，直接或间接引起损害作用的能力，称为毒性。外源物质引起生物体损伤的总称是毒性效应，而能够引起机体毒性效应的物质被称为毒物。毒物与非毒物之间不存在绝对的界限，污染物的毒性效应与健康危害不仅取决于其本身性质，还与其对机体的暴露模式、暴露剂量和暴露时间密切相关。尽管毒性表现形式多种多样，但污染物毒性效应与健康危害的化学本质在于其与生物分子的相互作用，并由此引起系列级联生化反应，破坏机体内环境稳态平衡。本章首先介绍污染物暴露与机体负荷的基本概念；其次阐述污染物的毒性效应；再次讨论污染物与生物分子的相互作用；最后从计算毒理角度描述污染物毒性机制的判定方法与主要影响因素。通过本章内容学习，期望理解污染物毒性效应与健康危害的化学本质。

6.1　污染物暴露与机体负荷

一些自然来源或人为活动产生的化学物质释放到环境中，当达到对环境生物或人体产生毒性效应的剂量时，可引发生态毒理与健康危害风险，它们被称为环境污染物或环境毒物。环境中的各类污染物可通过不同途径接触并进入生物或人体中，从而产生暴露。分析污染物的暴露途径与机体负荷水平，是评价化合物毒性效应与健康危害的重要前提。

6.1.1　外暴露

无论是环境生物还是人体，要维系机体正常的生命活动，必须与环境持续进行物质交换与能量流动。在这个过程中，一些污染物也可掺杂其中进入机体，从而产生毒性风险。外暴露是指人体直接接触的外环境介质中污染物的浓度或含量。通常可以直接测定空气、水、土壤、食品等环境样品中的污染物浓度，也可以采用数学模型等方法推算或预测与人体接触的外环境污染物浓度，由此计算获得污染物在人体中的负荷水平。在进行外暴露评估时，需要根据不同的暴露途径选择相应的模型公式进行计算，以获得准确的预测结果。

以饮食暴露为例，可采用式（6-1）来计算人体通过食物对某种污染物的摄入量：

$$\text{EDI} = (C_i \times M_i)/\text{BW} \tag{6-1}$$

式中，EDI 为人体通过食物对某种污染物的估算日摄入量；C_i 为食物中某种污染物的浓度；M_i 为每日食物摄入量；BW 为体重。

举例说明，牛奶中某污染物的平均浓度为 0.50 ng/g，平均每日牛奶摄入量为 200 g，成人体重按 60 kg 计，根据式（6-1）可以得出人体每日通过牛奶摄入该污染物的量为 1.67 ng/kg bw。

该方法因分析过程简单、计算方便，在污染物外暴露分析中得到广泛应用。但需要注意的是，由于该过程忽略了污染物生物可利用率存在差异，因此计算获得的暴露剂量并不能反映被人体吸收进入体内循环并最终产生毒性作用的剂量，由此获得的结果可能高估人体的实际暴露水平。

6.1.2　内暴露

环境介质中的污染物通过不同途径（如呼吸、摄食、皮肤接触等）进入机体，在一段时间内被人体吸收至体内的污染物或其代谢产物量为内暴露。通常可以通过直接检测人体样本如血液、母乳、尿液等中化合物的含量，来评价污染物的内暴露剂量。

在污染物内暴露评价研究中，血液样品较为常用，可用于分析普通或特殊人群中极性或非极性污染物的内暴露水平。相对血液样品，尿液样品采集更为方便，且对于水溶性污染物或代谢产物分析更为适宜。母乳样品比较特殊，可以同时反映脂溶性污染物对母亲和婴儿的总体暴露情况。

例如，为评估持久性有机污染物在我国普通人群中的负荷水平，研究者于 2007 年和 2009～2011 年先后开展了两次母乳监测研究。结果显示，母乳中多氯联苯的平均浓度分别为 11.71 ng/g lw（lipid weight，脂重）和 6.60 ng/g lw，多溴联苯醚则分别为 1.58 ng/g lw 和 1.47 ng/g lw，表明我国普通人群中多氯联苯负荷水平呈下降趋势；而多溴联苯醚负荷水平则未出现明显变化。

与外暴露数据相比，基于人体样本检测获取的内暴露数据能够直接指示机体中污染物的实际负荷水平，它与污染物引起的生物效应相关性更强，因此可更为客观地评价污染物的毒性风险。需要注意的是，大部分持久性有机污染物进入机体后，在血液与不同组织器官中的分布可存在显著差异，因此基于单一样本的分析结果，往往也不能客观全面反映污染物在人体中的实际暴露水平。另外，有些污染物进入机体后，可发生生物代谢或转化，形成新的代谢产物，这可引起污染物分析难度增加，不能准确评价其内暴露水平，因此，在这种情况下需要选取有效的暴露生物标志物，以指示相关污染物的内暴露水平。

6.1.3　暴露组

以往针对环境介质与生物样本的外暴露或内暴露监测数据，往往仅探讨单一或有限数量化学品通过单一途径或单一介质暴露造成的机体负荷及健康效应，存在化学品评价种类局限、化合物之间的联合作用被忽略、采样时间与疾病发生进程互不关联、生命关键时间点暴露资料缺失、早期暴露与后期疾病发生之间的关系难以评价等问题。为解决以上问题，研究者提出了暴露组研究的新理念。暴露组是指个体一生中所有污染物暴露的总和，以及这些暴露与健康的关联，是对机体全部生命阶段的外暴露及内暴露因素的全面评价。暴露组学研究整合了分析化学、生物信息学、细胞生物学、分子生物学及地理信息技术等多个学科，旨在识别与健康相关的环境暴露，通过人群流行病学调查、生物标志物检测、高通量体外毒性测试以及毒性通路甄别等方式阐明暴露方式、暴露水平、暴露时间、机体所处生命阶段等多种因素对健康结局的影响，从而获得与人群健康密切相关的暴露因素，达到提高风险评估效率以及减少风险评估不确定性的目的。由此可见，基于暴露组的研究可弥补传统针对单一或少数化学品暴露研究的不足。

6.1.4　机体负荷

人体中存在的污染物可分为无机污染物和有机污染物。无机污染物主要包括无机氮、氮等非金属无机污染物，以及汞、镉、铅、铬等金属污染物；有机污染物主要包括有机氯农药、二噁英、多氯联苯、多环芳烃、全氟或多氟化合物、短链氯化石蜡、双酚类化合物和对羟基苯甲酸酯等化合物。污染物的机体负荷是指给定时间内进入机体的污染物的量。进入机体的污染物可随血液和淋巴系统循环分布到肝脏、肾脏、脂肪、骨骼和大脑等组织器官中。不同污染物在人体中的组织分布状况显著不同，例如金属污染物往往分布在骨骼内，而 DDT 等脂溶性较强的有机氯农药更容易在脂肪组织内储存。另外，不同污染物在人体中的半衰期明显不同，一些水溶性较强的污染物可以直接被机体排出，而非极性或低极性污染物则需要在代谢酶的作用下发生转化，形成极性相对较强的亲水性代谢物，然后排出体外。污染物的机体负荷可通过分析其外暴露和内暴露水平进行评估，近年来发展起来的暴露组技术为实现人体全生命周期过程中所有环境有害因素评价提供了可能。

6.1.5　剂量-效应关系

剂量是决定化学品毒性效应的关键因素。在极低剂量条件下，化合物对机体引起的生物学扰动可很快被机体平衡。当剂量逐渐升高，其对机体产生的生物学影响超出了机体平衡或修复能力时，则表现出毒性作用，严重情况下可导致死亡。一些化学品在低剂量和高剂量条件下的作用效应与机理不同，常可表现出非单调剂量-效应关系。在低剂量下产生兴奋作用（刺激反应）而高剂量下产生抑制作用的双相剂量-效应关系，称为毒物兴奋效应。化合物的剂量-效应关系曲线可用于客观描述暴露剂量与生物效应强度之间的关系。由于机体生物反应的复杂性，化合物的剂量-效应曲线可表现为多种形式，如线性、S 形、倒 S 形、抛物线形、U 形、倒 U 形等。以 S 形剂量-效应关系曲线为例（图 6-1），化合物在极低剂量下，并不引起可观察的效应强度；当剂量达到一定阈值才产生可观察到的效应强度；在一定剂量范围内，生物效应强度与剂量呈正相关；当达到最大效应强度后，剂量的增加不再引起生物效应强度增加。通过该剂量-效应曲线分析，可获得关于化合物的一系列毒性参数，如最大无作用水平（NOEL）、最低可观察效应浓度（LOEC）及半数效应浓度（EC_{50}）等。其中，最大无作用水平是指化学品在一定时间内、按照一定方式与机体接触，按一定的检测方法或观察指标不能观察到损害作用的最高剂量。该参数常被作为制定食品和环境安全标准的主要依据。

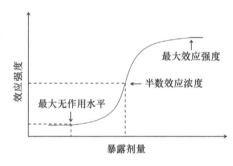

图 6-1 S 形剂量-效应关系曲线

6.2 污染物的毒性效应

生物体是一个由细胞、组织与器官组成的复杂有机体。不同类型的污染物进入生物体后，可作用于不同的靶器官，产生不同类型的毒性效应，包括基因毒性、血液毒性、免疫毒性、内分泌干扰效应、神经毒性和生殖发育毒性等。此外，不同化学污染物造成的复合污染普遍存在，化学污染物的联合作用类型包括协同作用、相加作用、拮抗作用和独立作用。

6.2.1 基因毒性

遗传是指生物物种通过各种繁殖方式来保证世代间生命延续的过程。遗传物质 DNA 的高度稳定性是保持生物种族特性稳定的根本，然而遗传的稳定性是相对的。变异泛指生物个体之间的各种差异，包括形态、生理、生化以及行为、习性等各方面的不同。变异是绝对的，在生物进化和人类育种过程中发挥着决定性作用。变异包括可遗传变异和不可遗传变异两种类型。突变指细胞中遗传基因发生的突然改变，主要包括基因突变和染色体突变两种形式。基因突变指基因中 DNA 结构的变化，即 DNA 碱基组成和排列顺序的变化,这种变化不能用光学显微镜直接观察到。染色体畸变指染色体数目或结构发生改变,可用光学显微镜直接观察到。表观遗传则是指基于非基因序列改变发生的基因水平变化,包括 DNA 甲基化、染色体构象变化、组蛋白修饰等,它区别于遗传学研究中基因序列的变化。

基因毒性是指污染物能够直接或间接损伤细胞 DNA,改变细胞的遗传信息,产生致突变、致畸或致癌效应。致突变作用指外源物质引起生物体细胞遗传信息发生突然改变的作用,遗传物质 DNA 是基因突变和染色体畸变的靶分子。具有致突变作用的物质称为致突变物,可划分为物理性(紫外线、电离辐射等)、化学性(亚硝酸、苯并芘等)和生物性(某些病毒如人乳头状瘤病毒)三类。需要注意的是,所有的致突变物均具有基因毒性,但并不是所有表现出基因毒性的物质均具有致突变的能力。

致畸作用和致癌作用是物质致突变作用所引发的不良后果。致畸物是指能够通过母体暴露干扰胚胎正常发育过程并造成子代畸形的化学物质。反应停、甲基汞、四氯代二苯并二噁英、西维因、敌枯双、艾氏剂、五氯酚钠和脒基硫脲等药物或环境污染物均具有致畸作用。除了突变引起的胚胎发育异常,化学致畸作用的机制还包括抑制对细胞生长分化较为重要的酶类、破坏母体正常代谢过程以及导致细胞分裂过程障碍等。

致癌作用指化学致癌物引发动物和人类恶性肿瘤、增加肿瘤发病率和死亡率的过程。致癌物按照其作用方式可分为间接致癌物和直接致癌物。前者指本身不具有致癌作用但其代谢产物具有致癌能力的化学物质,大多数致癌物为间接致癌物。后者多为烷化剂。此外,按照作用机理可将致癌物分为遗传毒性致癌物和非遗传毒性致癌物。前者指直接与 DNA 作用产生致癌效应的物质,包括 DNA 烷化剂、前致癌剂(如镉、砷、铅等)以及 DNA 干扰剂等。后者指不能与遗传物质直接作用,但能增加 DNA 合成、促进有丝分裂和细胞复制的物质,包括有丝分裂促进剂(如激素、DDT、多氯联苯、二噁英等)、细胞毒物以及免疫抑制剂等。

6.2.2 血液毒性

血液循环系统在维持机体正常代谢和内外环境平衡中发挥了重要作用,该系统联系着全身各组织器官,参与调节系列生理活动过程。血液由血细胞和血浆构成,血细胞包括红细胞、白细胞和血小板,其中白细胞又可分为中性粒细胞、嗜酸性粒细胞、嗜碱性粒细胞、单核细胞和淋巴细胞。成熟的血细胞绝大多数由骨髓造血干细胞分化而来,干细胞先分化成为各种祖细胞,祖细胞再进一步增殖分化为各类幼稚细胞,最终发育成专职的成熟血细胞。血浆为血细胞的细胞外液,是机体内环境的重要组成部分,血浆中水分占比为 91%~92%,其余的物质以蛋白质为主,包括白蛋白、球蛋白、纤维蛋白原和凝血酶原等功能酶原等。

外源化合物被机体吸收后通常首先进入血液系统，从而不可避免地与血液中各种成分接触。污染物的血液毒性是指进入血液循环系统的化合物选择性地对造血干细胞、分化中的或成熟的血细胞、血浆酶原、血小板、细胞因子等血液成分产生毒作用，导致血细胞数量或功能发生改变、血浆酶原异常激活、血液生化反应出现紊乱，最终引起血液稳态被破坏的现象。例如，红细胞是重金属铅的毒性靶点，铅极易与红细胞的膜蛋白结合，引起膜蛋白发生构象改变，使红细胞变形性下降、脆性增加，在血液循环中容易出现细胞膜破损而发生溶血；此外，铅也可以抑制细胞膜 Na^+-K^+-ATP 酶的活性，促进红细胞内 K^+ 逸出，导致红细胞破裂而溶血。砷化氢等含砷化合物可与蛋白巯基结合而抑制红细胞中酶的活性，从而引起溶血。除了血细胞外，血浆中的一些酶原也容易成为环境污染物的作用靶点。例如，一些人工合成的纳米细颗粒物、大气细颗粒物与全氟或多氟化合物可以诱导血浆中血管舒缓素-激肽系统（KKS）关键蛋白酶原的活化，主要表现为凝血因子XII（FXII）在外源污染物作用下发生构型改变与自剪切激活，活化的凝血因子XII进而引起下游血浆激肽释放酶原（PPK）与高分子量激肽原（HK）级联激活，该系统激活还能进一步介导血浆补体和凝血系统酶原的级联活化，从而干扰血液稳态，引起血液毒性效应。

6.2.3 免疫毒性

免疫系统是生物体最复杂的系统之一，由免疫器官、免疫细胞和免疫分子组成。免疫器官主要包括骨髓、胸腺、扁桃体、脾、淋巴结等，它们是免疫细胞分化、发育、成熟与储存的重要场所；免疫细胞包括 T 淋巴细胞、B 淋巴细胞、吞噬细胞（包括单核细胞、巨噬细胞和中性粒细胞）、树突状细胞、嗜酸性粒细胞、嗜碱性粒细胞等。由呼吸道、消化道、泌尿生殖道等的黏膜上皮淋巴细胞组成黏膜免疫系统，是机体关键的防御屏障；活化的 B 淋巴细胞可以进入淋巴滤泡，增殖形成生发中心，并进一步分化成可分泌抗体的浆细胞，构成机体的体液免疫系统。免疫系统还有一类重要的成员是免疫分子，也称为细胞因子。它们是机体各种细胞（主要是免疫细胞）分泌的具有免疫调节功能并可调控细胞生长分化的小分子蛋白，分为白细胞介素（IL）、干扰素（IFN）、肿瘤坏死因子（TNF）、趋化因子（CK）、生长因子（GF）等几大类。细胞因子通过与靶细胞表面相应的受体结合而发挥作用，是细胞间信号网络的重要组成部分。

污染物的免疫毒性是指污染物暴露引起机体免疫系统结构和功能出现损害。环境污染物可以直接作用于免疫系统的各个环节，也可通过神经内分泌系统间接作用于免疫系统，进而产生免疫毒性。污染物进入机体可损伤免疫细胞功能、干扰免疫分子的合成和释放，从而导致免疫应答降低，也就是引起免疫抑制效应。例如，砷及其化合物暴露可损伤免疫系统，引起胸腺皮质萎缩变薄、淋巴细胞减少，巨噬细胞吞噬能力降低等现象。

多环芳烃类化合物的免疫抑制作用主要表现为诱导实验动物骨髓、胸腺、脾、淋巴组织萎缩，抑制 T 淋巴细胞等的增殖，干扰 B 淋巴细胞的抗体反应过程及相关信号通路。免疫系统对二噁英暴露也十分敏感，低剂量二噁英暴露可抑制小鼠的免疫功能，表现为胸腺萎缩、体液免疫和细胞免疫功能下降、抗体产生能力下降等。污染物暴露也可以刺激免疫系统产生过高的免疫应答，引起过敏等免疫激活效应。例如，重金属镍可通过作用于 T 淋巴细胞诱发皮肤的过敏反应，引起变应接触性皮炎。氯化二噁英可激活免疫细胞信号转导因子的基因表达，提高 TNF-β、IL-1、IL-2、IL-6 等细胞因子的表达，导致免疫系统损伤。

环境污染物对机体的免疫激活或抑制效应与化合物暴露剂量相关，不同剂量的环境污染物可能导致不同类型的免疫毒性作用。例如，小鼠孕期暴露于重金属镉，可使子代小鼠外周血的白细胞总数、T 淋巴细胞数量发生变化，并且高、低剂量处理组呈现出不同的变化趋势，低剂量镉暴露导致两种免疫细胞数量明显升高，表现为免疫增强反应；而高剂量镉暴露则导致两种免疫细胞数量下调，出现免疫抑制作用。

6.2.4　内分泌干扰效应

内分泌系统由内分泌腺和分布于其他器官的内分泌细胞组成，参与调节机体的生殖发育、新陈代谢、神经和免疫等生理过程，维持机体内环境稳态。内分泌腺主要包括下丘脑、松果体、垂体、甲状腺、甲状旁腺、胸腺、肾上腺、胰腺和性腺（睾丸和卵巢）。激素是由内分泌腺产生和分泌的一类特殊化学物质，在内分泌系统与机体其他组织器官之间扮演了"沟通者"的角色。一部分激素作用于产生它的内分泌腺细胞，这种作用方式称为自分泌；也有一部分激素能够通过组织液扩散至邻近细胞发挥作用，这种作用方式称为旁分泌；大部分激素经血液循环系统运输至靶细胞，与相应的激素受体作用，引起特定反应，这种作用方式称为远距离分泌。经典的内分泌调控通路包括下丘脑-垂体-甲状腺轴（hypothalamic-pituitary-thyroid axis，HPT 轴）、下丘脑-垂体-肾上腺轴（hypothalamic-pituitary-adrenal axis，HPA 轴）和下丘脑-垂体-性腺轴（hypothalamic-pituitary-gonadal axis，HPG 轴）。根据作用机制的不同，激素受体通常可分为核受体和膜受体两类。激素核受体与相应配体结合后，进一步作用于靶基因启动子上的响应元件，或与辅助调节因子复合物相互作用，增强或抑制靶基因转录。常见的激素核受体包括雌激素受体（estrogen receptor，ER）、雄激素受体（androgen receptor，AR）、甲状腺激素受体（thyroid hormone receptor，TR）、芳香烃受体（aryl hydrocarbon receptor，AhR）、糖皮质激素受体（glucocorticoid receptor，GR）、孕酮受体（progesterone receptor，PR）以及过氧化物酶体增殖物激活受体（peroxisome proliferator-activated receptor，PPAR）等。激素膜受体则通过快速的非基因途径发挥作用，近年来研究较多的激素膜受体包括 G 蛋白偶联雌激素受体（G protein-coupled estrogen receptor，GPER）等。

环境内分泌干扰物是指能够干扰机体内分泌系统，对生殖、发育、代谢、神经与免疫系统产生负面效应的物质，它们不仅可以干扰野生动物的种群繁殖，还可对人体健康产生深远的影响（周庆祥和江桂斌，2001）。内分泌干扰物可通过调控激素受体的结合与表达、影响信号转导、改变表观遗传等方式，对激素的合成、分泌、转运、清除及生物学效应产生影响。根据来源的不同，内分泌干扰物可分为天然和人工合成两类。已有多种由人类活动产生的化学品或其转化产物被证明具有内分泌干扰活性，如二噁英、多氯联苯、有机氯农药、酞酸酯类、烷基酚以及双酚类化合物等。除了经典的内分泌干扰活性物质，包括合成酚类抗氧化剂、四溴双酚 A 类化合物、全氟及多氟烷基化合物在内的多种新型化学品的激素干扰活性及由此引发的健康风险是当前环境科学领域的研究热点。例如，合成酚类抗氧化剂能够干扰 H295R 细胞类固醇激素生成，通过调控下丘脑-垂体-性腺轴相关基因表达导致斑马鱼性腺中 17β-雌二醇和睾酮含量显著上升，并对斑马鱼胚胎与卵黄鱼产生明显的发育毒性效应。值得注意的是，内分泌干扰物常表现出非典型的剂量-效应关系，即高剂量下的阴性结果并不能代表化合物不具有低剂量兴奋效应。

6.2.5　神经毒性

神经毒性指外源化合物引起神经系统结构和功能损伤的特性与能力。神经系统包括中枢神经系统（脑和脊髓）和外周神经系统，它们由神经元和神经胶质细胞组成。神经元是神经系统的结构和功能单位，包括胞体和突起两部分，突起又分树突和轴突。神经元可以合成和分泌神经递质，感受体内外各种刺激并产生神经冲动，引起兴奋或抑制效应，实现相应的神经调控作用。神经胶质细胞的数量是神经元的 $5\sim10$ 倍，主要包括星形胶质细胞、少突胶质细胞、小胶质细胞、施万细胞等；它们包绕或填充于神经元的胞体、树突和轴突之间，对神经元具有支持和保护作用。神经胶质细胞可以分泌丰富的神经活性物质，具备神经营养因子受体、离子通道、神经活性氨基酸亲和载体等结构，可参与神经营养物质分配、修复和吞噬等生理过程。此外，神经胶质细胞分泌的细胞因子在神经免疫调控中发挥着重要的作用。

自然界中存在许多天然神经毒素，如河豚毒素、眼镜蛇毒素、蛙毒素等，它们可以迅速作用于神经系统，造成神经系统严重损伤或功能异常，出现中毒症状。一些环境污染物也可以神经系统为靶点，破坏神经细胞功能，干扰神经递质传导，影响神经递质代谢，最终导致神经毒性。这些环境污染物可以作用于中枢神经系统或影响周围神经系统。

对中枢神经系统产生损伤的环境污染物，主要作用于中枢神经系统的神经元和胶质细胞，破坏中枢神经系统的能量和物质代谢平衡，引起皮质、小脑、脑干等脑组织的毒性损伤，使机体表现出行为改变、精神异常等症状。例如，甲基汞是一种典型的中枢神经毒剂，能够透过血脑屏障进入大脑。研究表明，母鼠孕期暴露甲基汞可导致子鼠出现脑干和海马神经元退行性病变、脑干中活化的星形胶质细胞增生、脑质量减轻等现象。甲基汞长期暴露可诱导小脑神经元异常凋亡，神经元迁移受到干扰，中枢神经系统有丝分裂活性降低。甲基汞还可降低大脑皮质、海马体、纹状体和小脑突触对谷氨酸的摄取，影响氨基酸类神经递质的水平，进而引起中枢神经系统功能异常。另外，重金属锰可以磷酸盐的形式储存在脑中，它对线粒体具有特殊的亲和力，因此通常存在于富含线粒体的神经细胞和神经突触中。锰可以抑制线粒体内三磷酸腺苷酶和溶酶体内酸性磷酸酶的活性，从而引起神经细胞酶功能紊乱。它还可以选择性地引起黑质纹状体的多巴胺神经元变性，导致神经功能异常和病理损伤。

影响周围神经系统的环境污染物主要是对周围神经系统的神经元、轴索以及施万细胞产生损伤效应。周围神经是由许多神经纤维聚合而成的轴索，神经元及轴索损伤可引发轴索病，而施万细胞损伤可引起髓鞘病变。工业污染物二硫化碳可以神经丝为毒性作用靶点，诱导神经丝中的氨基转化成为二硫代氨基甲酸酯，从而影响神经丝的转运功能，导致轴索发生肿胀变性。有机氯农药六氯苯因具有较强的疏水性，可使髓鞘层间丧失转运离子的能力，破坏细胞内外离子浓度平衡，进而导致髓鞘发生水肿和空泡，引发髓鞘层分离、脱髓鞘等不良反应。

6.2.6　生殖发育毒性

生殖发育是哺乳动物维系种族繁衍的重要生理过程，其中包括精子和卵子的发生与释放、卵子受精、受精卵卵裂、胚胎形成、胚胎发育、分娩和哺乳等过程。进入机体的环境污染物可通过多种方式影响生殖发育过程，例如，通过直接作用于性腺影响机体的生殖发育；或者直接干扰胚胎发育，引起胚胎发育异常；或者影响神经系统对内分泌功能的调节作用，例如调控下丘脑-垂体-性腺轴进而干扰机体的生殖发育过程。由于机体的生殖发育过程对环境有害因素十分敏感，因此评价环境污染物的生殖发育毒性非常关键，它们可能对人类繁衍发展产生深远影响。

许多环境内分泌干扰物能够引起机体内分泌失调，进而导致生殖与发育异常。这些污染物具有与天然激素类似的化学结构，可与相应的受体结合，进而干扰内源激素的正常生理调控过程。一些环境内分泌干扰物可具有多种类激素效应，例如二噁英、多氯联苯、双酚 A、邻苯二甲酸酯等化合物既可以与雌激素受体结合，又可以与雄激素受体结合；多氯联苯和双酚 A 还可与甲状腺激素受体结合，引起内分泌干扰效应。全氟碘烷类化合物不仅可以干扰类固醇激素的合成，还可与不同亚型雌激素受体结合，诱导雌激素响应基因 *TFF1* 和 *EGR3* 的表达，引起雄鱼体内卵黄蛋白原的表达，表现出典型的雌激素干扰效应。有机氯农药 DDT 也是一种环境雌激素，可引起雄性青鱼发生雌性化转变。

除了扰乱机体的内分泌平衡，环境污染物也可以直接作用于生殖细胞或器官，导致生殖功能障碍、行为异常、幼体死亡等现象。例如，双酚 A 可以穿过血睾屏障，引起睾丸间质细胞和生精细胞凋亡，抑制睾酮分泌，导致精子数量减少、活力下降、畸形率增加。氨基甲酸酯类农药可导致生精细胞形态和功能改变，致使精子畸形。丙烯腈可以诱导睾丸细胞 DNA 发生烷基化作用，干扰 DNA 合成，从而引起睾丸细胞损伤。邻苯二甲酸酯类化合物可以穿过胎盘屏障，引起胚胎毒性。采用含有邻苯二甲酸二丁酯的饲料喂养妊娠期大鼠，可导致胎鼠体重降低、骨骼畸形率增加等不良反应。多环芳烃也被发现具有较强的生殖发育毒性，其中，3,4-苯并[a]芘可通过胎盘屏障进入胚胎体内，产生胚胎毒性作用，导致子代出现性腺功能障碍、生育能力下降或丧失、肿瘤发生率增高等现象。另外，动物实验研究显示，许多环境污染物可以改变生殖器官脏器系数能力，具有潜在的生殖发育毒性（表 6-1）。

表 6-1 环境污染物对生殖器官脏器系数的影响

环境污染物	动物	染毒方式	染毒剂量（染毒时间）	结果
乙酸铅	大鼠	灌胃	10 mg/kg、50 mg/kg、200 mg/kg（15 d、45 d）	睾丸质量明显降低
氯化镉	大鼠	腹腔注射	0.25 mg/kg、0.5 mg/kg、1.0 mg/kg（1 周）	高、中剂量组睾丸质量和脏器系数均明显降低
	小鼠	皮下注射	0.5 mg/kg、1.0 mg/kg、2.0 mg/kg（5 周）	睾丸质量随染毒剂量的增加而降低
氯化锰	小鼠	腹腔注射	2.5 mg/kg、5 mg/kg、7.5 mg/kg、10mg/kg（12 周）	睾丸脏器系数降低
			10 mg/kg、20 mg/kg、40 mg/kg（7 周）	高剂量组睾丸的质量和脏器系数增大，附睾的质量和脏器系数降低
甲醛	小鼠	腹腔注射	0.2 mg/kg、2.0 mg/kg、20.0 mg/kg（1 周）	高、中剂量组睾丸和附睾脏器系数明显降低
壬基酚	小鼠	腹腔注射	21.25 mg/kg、42.50 mg/kg（5 周）	睾丸和附睾质量降低
氯乙酸甲酯	大鼠	灌胃	4.3 mg/kg、8.6 mg/kg、17.2 mg/kg、34.4 mg/kg（13 周）	睾丸脏器系数随着染毒剂量的增加而增加
磷酸二丁酯	小鼠	灌胃	268.75 mg/kg、537.5 mg/kg、716.67 mg/kg（5 d）	睾丸质量明显降低
邻苯二甲酸二丁酯	大鼠	灌胃	0.25 g/kg、0.5 g/kg、1.0 g/kg、2.0 g/kg（30 d、42 d）	睾丸和附睾的脏器系数均明显降低
邻苯二甲酸	小鼠	饲喂染毒	0.75 g/kg、1.5 g/kg、3.0 g/kg（4 周）	高剂量组睾丸脏器系数显著降低
2,4-D-异辛酯	大鼠	饲喂染毒	0.6 mg/kg、6 mg/kg、60 mg/kg（3 月）	睾丸质量下降，横径比降低，高、中剂量组睾丸脏器系数降低

资料来源：李芝兰和张敬旭，2012。

6.2.7 化学污染物的联合作用

在现实生活中，多种污染物同时存在造成的复合污染问题比比皆是。例如，大气细颗粒物含有水溶性离子、有机组分、无机元素等，是一类典型的复合污染物。两种或两种以上化学污染物共同作用所产生的综合生物学效应称为联合作用。根据一种组分的存在是否干扰混合物中其他组分的生物学作用，可将联合作用分为四种模式：协同作用、相加作用、拮抗作用和独立作用。其中，协同作用是指两种或两种以上化学污染物同时或数分钟内先后与机体接触，其对机体产生的生物学作用强度远远超过它们分别单独与机体接触时所产生的生物学作用的总和。化学污染物发生协同作用的内在原理是，其中某一种化学物质能促使机体对其他化学物质的吸收加强、降解受阻、排泄延缓、蓄积增多或产生高毒性代谢产物等。当化学物质的化学结构相近、性质相似、靶器官相同或毒性作用机理相同时，其生物学作用往往呈相加作用。即多种化学污染物混合所产生的生物学作用强度等于其中各化学污染物分别产生的作用强度的总和。在这种模式下，各化学物质之间均可按比例取代另一种化学物质。若混合物的生物作用强度低于任何一种化学污染物单独与机体接触时所产生的生物学效应，则判定为拮抗作用。拮抗作用的内在原理是，某种化学物质可能促使机体对其他化学物质的降解加速、排泄加快、吸收减少或产生低毒的代谢产物等，从而使毒性降低。独立作用是指多种化学污染物对机体产生毒性作用的机理各不相同，互不影响。若各种化学物质对机体的侵入途径、方式、作用部位各不相同，它们所产生的生物学效应彼此无关联，各种化学物质不能按比例相互取代，故独立作用所产生的总效应往往低于相加作用，但不低于其中活性最强的化学物质。

6.3 污染物与生物分子的相互作用

污染物毒性效应与健康危害的最根本原因是其与机体生物分子相互作用，影响生物分子的结构、功能或表达。与污染物产生相互作用的靶标生物分子包括蛋白质、核酸、脂质等生物大分子，以及自由基、谷胱甘肽、维生素、脂肪酸、激素等生物小分子。污染物作用于生物分子的方式主要包括：①对生物分子造成损伤，改变其结构，破坏其功能；②与生物分子结合，不改变其结构，但调节其功能；③调控生物分子的表达。

6.3.1 污染物与蛋白质相互作用

1. 蛋白质的结构与功能

无论是高等动物、植物，还是病毒、细菌等微生物，均含有大量蛋白质。蛋白质是一切生命活动的物质基础，具有广泛而重要的生理功能，生命活动中的许多过程需要通过蛋白质来实现。蛋白质由碳、氢、氧、氮、硫等基本元素组成，部分蛋白质分子含有少量铁、磷、锌、锰、铜、碘等元素。氨基酸是蛋白质的基本组成单位，不同氨基酸通过形成酰胺键（即肽键）共价连接形成肽。一般由 10 个及 10 个以下氨基酸组成的称寡肽，由 10 个以上氨基酸组成的称多肽。肽链中的氨基酸排列顺序形成蛋白质的一级结构，肽链进一步通过共价键或非共价键作用，折叠盘绕形成蛋白质的二～四级空间结构。维系蛋白质高级空间结构的非共价键包括氢键、离子键、疏水键和范德瓦耳斯力等，其中，氢键在维持蛋白质二级结构中发挥着重要作用，维持蛋白质三级结构的主要是疏水键，而维持蛋白质四级结构的主要有离子键。蛋白质分子中非共价键数目众多，对确保蛋白质的结构与功能稳定至关重要。维系蛋白质空间结构的共价键主要为二硫键，它由一条或两条肽键上的两个半胱氨酸残基上的巯基经脱氢氧化生成。二硫键可以加固由非共价键维系的蛋白质空间结构，进一步稳定蛋白质的构象与功能。但需要注意的是，二硫键在遇到还原性化合物时会断开，变回两个半胱氨酸。例如，谷胱甘肽具有还原型和氧化型两种结构，可在细胞内发生可逆的氧化还原反应，这对清除细胞内活性氧化物、维持胞内环境氧化还原平衡具有重要意义。

生物体内的蛋白质分子大致分为结构蛋白和功能蛋白两类，一种蛋白质可能兼任多种角色。结构蛋白主要是指作为结构元件构成生物体结缔组织和细胞间质的一些蛋白质，包括胶原蛋白、角蛋白、肌动蛋白等。结构蛋白不仅可以维持细胞形态、提供机械支持和负重，并且在防御、保护、营养和修复等方面发挥作用。例如，肌动蛋白和肌动蛋白结合蛋白可以形成螺旋状组装物，不仅具有细胞骨架功能，还是完成肌肉收缩的重要结构基础。

功能蛋白主要是指具有运输、催化、调节和免疫等功能的蛋白质，在这类蛋白发挥功能的过程中，往往依赖于其与其他分子的相互作用。例如，红细胞中血红蛋白可以与氧气和二氧化碳可逆结合，从而实现对气体的运输功能。蛋白质的特异性结合则在蛋白质介导的信号传递、催化、免疫等功能中发挥着关键作用，包括受体-配体、酶-底物、抗原-抗体之间的相互识别和结合反应。受体-配体的结合是细胞之间进行信号传导的重要环节，受体能够识别和选择性结合配体，通过信息转导和放大，启动一系列生物学反应。例如，肾上腺皮质激素受体位于胞浆中，在未与配体结合时与热休克蛋白（heat shock protein，HSP）结合，处于非活化状态；当其与配体结合后，热休克蛋白与受体解离，暴露出 DNA 结合区，激活的受体二聚化并转移入核内，与 DNA 上的激素反应元件相结合或与其他转录因子相互作用，增强或抑制靶基因的转录。具有催化作用的蛋白，也就是酶，是另一类具有重要生物意义的功能蛋白，参与了生物体内几乎所有生物化学反应。例如，血浆中凝血酶可以催化纤维蛋白原生产纤维蛋白，这是促进血栓形成的重要生物学过程。在免疫调控方面，涉及抗原与抗体蛋白的特异性结合反应，这是机体中的重要防御机制之一。例如，人体内的 B 淋巴细胞受抗原刺激后产生相应的抗体，能够特异性识别和结合抗原，从而达到中和或清除抗原的目的。生物体中还有许多具有调节功能的蛋白质，如胰岛素、生长激素等，它们可以通过不同途径参与机体的生长代谢等生理活动。

2. 环境污染物与蛋白质的相互作用

1) 与蛋白质反应形成蛋白质加合物

外源化合物可与蛋白质上的许多功能基团相互作用，形成蛋白质加合物。这些功能基团包括各种氨基酸分子中普遍存在的氨基和羧基、丝氨酸和苏氨酸所特有的羟基、半胱氨酸分子中的巯基等。例如，血红蛋白的中心是一个与氨基酸残基和卟啉环共同配位的二价铁离子，进入血液的一氧化碳可通过配位键与铁离子结合，且其与血红蛋白的亲和力高于氧气，能够与血红蛋白结合生成结构更为稳定的碳氧血红蛋白，从而降低血红蛋白的载氧能力，导致缺氧、窒息等毒性症状。一些烷基化试剂也可与血红蛋白末端的氨基发生反应，形成共价结合产物。除了血红蛋白以外，外源化合物也可与白蛋白或组蛋白形成加合物。已有研究发现，白蛋白易与化学致癌物结合，例如苯并[a]芘二氢二醇环氧化物可与血浆中的白蛋白结合生成相应的加合物，它可以作为多环芳烃长时间暴露的接触生物标志物。有机磷农药是经典的乙酰胆碱酯酶（AChE）抑制剂，其作用机理是有机磷农药与 AChE 活性位点丝氨酸上的羟基结合形成磷酰化胆碱酯酶，使 AChE 失去水解底物乙酰胆碱的功能，导致神经突触间隙的乙酰胆碱蓄积，引发神经系统功能紊乱。羟基多溴联苯醚可特异性结合在甲状腺激素转运蛋白的甲状腺激素结合位点上，与甲状腺激素 T4 发生竞争结合，从而干扰甲状腺激素的生理功能，并且疏水性强的高溴代羟基多溴联苯醚的结合能力要大于疏水性弱的低溴代羟基多溴联苯醚。此外，许多重金属离子（如 Hg^{2+}、Pb^{2+}、Cd^{2+} 等）易与蛋白质分子中半胱氨酸的巯基、组氨酸的咪唑基、色氨酸的吲哚基等基团反应，形成金属-蛋白复合物，导致蛋白质不可逆失活，影响蛋白质的正常生理功能，由此产生相应的毒性效应。

2) 作为底物与酶反应

大部分外源化合物进入机体后，会在体内进行代谢，发生Ⅰ相和Ⅱ相代谢反应。参与Ⅰ相代谢的酶主要包括酯酶、酰胺酶、细胞色素 P450（cytochrome P450）、过氧化物酶、含黄素单氧化酶（FMO）等。Ⅱ相代谢过程中涉及的酶主要包括尿苷二磷酸葡萄糖醛酸转移酶（UGT）、谷胱甘肽 S-转移酶（GST）、磺基转移酶等。化合物可以在Ⅰ相代谢酶的作用下发生水解、氧化、去甲基化等反应。Ⅰ相代谢产物在Ⅱ相代谢酶的催化下与内源分子发生结合反应，形成Ⅱ相代谢产物。也有一些化合物进入机体后可直接发生Ⅱ相代谢反应。外源化合物经过Ⅰ相或Ⅱ相代谢后，可能会生成毒性较弱的代谢产物被排出体外。然而，也有一些化合物经代谢后可能会产生比母体化合物毒性更强的代谢产物，该过程称为代谢活化。例如，黄曲霉毒素 B1 能够在细胞色素酶催化下发生脱甲基、羟化及环氧化等反应，其环氧化产物黄曲霉毒素 B1-8,9-环氧化物可与蛋白质、核酸共价结合，表现出致癌活性。再如，有机磷农药马拉硫磷经过细胞色素酶催化形成的氧化产物马拉氧磷具有比母体化合物更强的乙酰胆碱酯酶抑制活性。苯并[*a*]芘也可以在细胞色素酶的作用下生成 7,8-环氧苯并[*a*]芘，后者进一步经该酶系作用，生成具有致癌活性的 7,8-二羟基-9,10 环氧苯并[*a*]芘。

3）与蛋白质受体结合

蛋白质受体在细胞的信号转导中发挥着重要作用，一旦环境污染物与这些受体结合，就可能干扰正常的信号转导，引发毒性效应。前面的章节中提到，许多环境内分泌干扰物可以与雌激素受体、雄激素受体或者甲状腺激素受体等结合，干扰机体的内分泌系统，从而产生生殖发育毒性等。例如，多溴联苯醚被证明可与甲状腺激素受体结合，其中，低溴代羟基多溴联苯醚由于分子体积小，通常结合于受体口袋的内侧，表现为甲状腺激素受体激活效应，而高溴代羟基多溴联苯醚由于分子体积较大，结合于受体口袋的外侧，表现为甲状腺激素受体抑制效应（任肖敏等，2014）。全氟烷基羧酸主要与甲状腺激素受体的精氨酸形成氢键作用，以及与受体口袋形成疏水作用，从而激活甲状腺激素受体调控的信号通路，引起该系统生理过程紊乱。此外，全氟烷基羧酸还被发现与过氧化物酶体增殖物激活 γ 受体（PPARγ）结合，并使受体构象发生改变，引起受体激活效应。芳香烃受体也是环境污染物作用的重要靶点之一。二噁英和多氯联苯均可与芳香烃受体结合形成配体-受体复合物，从而与受体核转运蛋白结合形成异源性蛋白质二聚体，干扰下游靶基因的转录表达，产生毒性效应。一些神经细胞中的受体受到污染物影响，则可产生神经毒性效应。例如，神经中枢细胞的 γ-氨基丁酸受体，与苯基吡唑类杀虫剂农药氟虫腈结合后，可导致神经细胞的氯离子通道阻断，从而引起中枢神经系统过度兴奋。

6.3.2 污染物与核酸相互作用

1. 核酸的结构与功能

1）核苷酸

核苷酸是构成核酸的基本单位，由碳、氢、氧、氮、磷五种元素组成，在每种核苷酸中，一个含氮的碱基与一个被羟基磷酸化的戊糖分子相连。核苷酸的碱基是平面芳香族杂环分子，分为两类，分别是嘌呤和嘧啶的衍生物。嘌呤通过 N9 原子与戊糖分子连接，主要包括腺嘌呤（A）和鸟嘌呤（G）；嘧啶通过 N1 原子与戊糖分子形成化学键，主要包括胞嘧啶（C）、尿嘧啶（U）和胸腺嘧啶（T）。高等真核生物体中还存在一些稀有碱基，多为基本碱基的甲基化产物，如 5-甲基胞嘧啶（5-mC）及其氧化产物 5′-醛基胞嘧啶（5-fC）、5-羟甲基胞嘧啶（5-hmC）、5′-羧基胞嘧啶（5-caC）和 N^6-甲基腺嘌呤（6-mA）等。依据戊糖种类可以将核苷酸分为核糖核苷酸与脱氧核糖核苷酸。磷酸基团结合到戊糖的 C3′或 C5′，分别形成 3′-核苷酸和 5′-核苷酸。核糖核苷酸和脱氧核糖核苷酸中均可含有腺嘌呤、鸟嘌呤和胞嘧啶，尿嘧啶主要存在于核糖核苷酸中，胸腺嘧啶存在于脱氧核糖核苷酸中。生物界中的八种基本核苷酸分别为腺嘌呤核糖核苷酸（AMP）、腺嘌呤脱氧核糖核苷酸（dAMP）、鸟嘌呤核糖核苷酸（GMP）、鸟嘌呤脱氧核糖核苷酸（dGMP）、胞嘧啶核糖核苷酸（CMP）、胞嘧啶脱氧核糖核苷酸（dCMP）、尿嘧啶核糖核苷酸（UMP）和胸腺嘧啶脱氧核糖核苷酸（dTMP）。

2）核酸

核酸是核苷酸的聚合体，生物体内的核酸包括脱氧核糖核酸（DNA）和核糖核酸（RNA）两类，它们是生物体中遗传信息的根本来源。核苷酸残基通过磷酸二酯键彼此连接，形成核苷酸链，即一个核苷酸戊糖的 C3′通过磷酸基连接到相邻戊糖的 C5′位置。C3′没有同其他核苷酸相连的残基称为 3′端，类似地，C5′没有同其他核苷酸相连的残基则称为 5′端。由于磷酸基是酸性的，生理条件下的核酸属于多聚阴离子化合物。

DNA 分子具有三级结构：一级结构指分子中脱氧核糖核苷酸的排列顺序；二级结构指构成 DNA 的双链形成的双螺旋结构；三级结构指双链 DNA 进一步扭曲盘旋形成的超螺旋结构。DNA 的碱基组成遵循夏格夫法则，即 DNA 分子中腺嘌呤和胸腺嘧啶数量相等，鸟嘌呤和胞嘧啶数量相等，嘌呤总数与嘧啶总数相等，这一法则的化学本质在于 DNA 分子的双螺旋结构性质。DNA 分子二级结构包括如下特征：①DNA 双链围绕共同轴心，是互为反向平行的右手螺旋的多聚核苷酸链；②疏水的碱基位于螺旋内部，亲水的磷酸糖链位于螺旋外围；③互补链上的碱基通过氢键形成平面碱基对，其中，腺嘌呤只与胸腺嘧啶配对，两者间形成两个氢键，鸟嘌呤只与胞嘧啶配对，两者之间形成 3 个氢键，这一现象称为碱基互补配对。碱基互补配对的意义在于，使得每条 DNA 单链都可以作为模板合成它的互补链，每条 DNA 单链均可携带遗传信息。

与 DNA 相比，RNA 种类较多，根据功能可分为信使核糖核酸（mRNA）和非编码核糖核酸，后者包括核糖体核糖核酸（rRNA）、长链非编码核糖核酸（lncRNA）、转运核糖核酸（tRNA）、小分子核糖核酸等。RNA 分子也具有三级结构：一级结构指 RNA 分子中核糖核苷酸的排列顺序；与 DNA 不同的是，RNA 分子为单链结构，其二级结构指单链某一序列弯曲折叠形成的双螺旋区；三级结构主要指 tRNA 在空间延展形成的倒 L 形三维立体结构。根据分子生物学中心法则，DNA 经转录后合成与之互补的 mRNA，进入核糖体的 mRNA 与 tRNA 进行互补配对，每个 tRNA 与一个氨基酸分子配对，指导蛋白质合成。

3）染色质

真核生物将其遗传物质 DNA 包装进染色质内。核小体是构成染色质的基本单元，由位于核心的组蛋白八聚体（2 个拷贝的 H2A、H2B、H3 和 H4）和缠绕在外围的 DNA 构成，并通过组蛋白 H1 与 DNA 结合，核小体进一步被组织成更加高级和复杂的结构。

2. 环境污染物与核酸相互作用

1）污染物导致的基因损伤

环境污染物能够导致基因损伤，表现出遗传毒性作用，其中以 DNA 为靶标的遗传物质改变包括 DNA 损伤和基因突变，它们以污染物造成的 DNA 结构变化为基础。化学品引起 DNA 损伤和突变的主要机制有碱基类似物取代、形成 DNA 加合物、改变碱基结构、嵌入 DNA 链等。与 DNA 分子中四类标准碱基化学结构相似的物质被称为碱基类似物，它们可能在 DNA 合成期通过竞争取代标准碱基，进而掺入 DNA 分子中，改变碱基配对特性，导致遗传物质改变。例如，5-溴尿嘧啶就具有这一典型毒性作用特征。烷化剂指能够提供烷基（通常指甲基和乙基），并与 DNA 发生共价结合的化学物质。它们造成 DNA 碱基发生烷基化，改变碱基的配对特性，引起碱基置换突变；也可使碱基与戊糖间的结合力降低，导致脱碱基现象发生，出现移码突变和 DNA 断裂损伤现象。例如，作为一类遗传毒性致癌物，多环芳烃能够经过体内代谢活化形成亲电物质，与 DNA 亲核中心发生共价结合，形成 DNA 加合物，进一步诱导相关抑癌基因如 *p53* 发生突变。除了形成 DNA 加合物外，环境污染物还可以产生自由基，氧化 DNA 碱基，引起碱基错配和 DNA 链断裂。例如，五氯酚等卤代芳烃可诱导自由基产生，导致生物大分子氧化损伤。作为常见的碱基氧化产物，8-羟基鸟嘌呤常被用作 DNA 氧化损伤的生物标志物。此外，具有平面环状结构的化学物质能够通过非共价结合方式嵌入核苷酸链或配对的碱基之间，影响 DNA 复制酶与修复酶功能，造成 DNA 碱基序列改变。上述损伤若得不到及时修复，则可导致基因突变的发生，基因组不稳定将引发肿瘤、神经退行性变性疾病、出生缺陷等不良健康结局。

2）污染物的表观遗传毒性作用

除了基因组损伤外，表观遗传毒性也是环境污染物导致健康危害的主要途径。表观遗传指在核酸序列不变的前提下，基因的表达和功能发生了可遗传的变化，表观遗传的调控方式包括 DNA 甲基化、组蛋白修饰、非编码 RNA 调控和 RNA 可变剪接等。在真核生物体内，DNA 甲基化主要指在 DNA 甲基转移酶作用下，将 *S*-腺苷甲硫氨酸的甲基转移到胞嘧啶第 5 位碳原子上，生成 5-甲基胞嘧啶（5-mC）的化学反应，DNA 甲基化修饰可参与调控基因表达、细胞分化和胚胎发育等生物学过程；在原核生物体内，DNA 腺嘌呤第 6 位氮原子发生甲基化修饰，生成 N^6-甲基腺嘌呤（6-mA）。包括重金属和持久性有机污染物在内的多种环境污染物已被证实可引起 DNA 甲基化模式改变，内在调控机制包括：①与 DNA 直接作用；②改变 DNA 甲基化/去甲基化酶的表达水平或活性；③改变参与 DNA 甲基化/去甲基化过程中辅助因子的水平。组蛋白修饰包括：组蛋白乙酰化、甲基化、磷酸化和泛素化等形式，它们可影响染色质结构，从而调控基因转录。例如，砷暴露的人群淋巴细胞中，组蛋白修饰水平与砷诱导的 DNA 损伤相关。非编码 RNA 指不参与蛋白质编码的 RNA 总称。研究显示，它们同样在基因的转录和翻译、细胞分化、个体发育等生理过程中发挥着不可忽视的作用。一些环境污染物也可通过影响非编码 RNA 产生生物毒性效应。例如，砷暴露可导致人体外周血中小分子核糖核酸 miRNA 表达水平改变；亚砷酸盐可改变非编码长链 RNA 表达水平，促进肝上皮细胞恶性转化。此外，RNA 剪接是成熟 mRNA 形成的必要步骤，而 mRNA 前体的可变剪接直接调控真核生物基因的选择性表达，这为生物蛋白质多样性提供了保障。RNA 可变剪接过程同样也是表观遗传修饰的重要环节，容易受到环境污染物的影响。

6.3.3　污染物与其他生物分子的相互作用

除了蛋白质和核酸以外，污染物也可以通过多种方式与其他生物分子（如自由基、脂质、脂肪酸、谷胱甘肽、维生素、激素等）发生相互作用。细胞内正常生理过程中可以产生自由基，例如，线粒体呼吸链是体内自由基的主要来源。机体内自由基主要包括羟基自由基、超氧自由基等。污染物可以通过自身的化学反应生成自由基，也可以通过干扰细胞的生物过程间接产生自由基。当机体内过量自由基生成，引起氧化与抗氧化平衡体系被打破，就会产生氧化应激现象，导致一些生物大分子被氧化，如 DNA 氧化损伤、脂质过氧化等。污染物除了直接与生物分子发生相互作用外，也可以通过调控生物分子的表达等干扰机体正常生理功能。例如，一些环境内分泌干扰物可以干扰类固醇激素合成，从而引起雌激素等类固醇激素水平发生改变。三丁基锡可阻断雌性螺类体内雄激素向雌激素的转变，导致雄激素累积，从而引起螺类性畸变现象发生。

6.4　污染物毒性作用的化学本质

根据一种化合物与生物分子靶标之间的相互作用模式，可将化合物的毒性机制分为惰性、弱惰性、反应性和特殊作用反应性 4 种类型。明确污染物对生物体产生毒性效应的作用机制，是毒性预测模型构建与优化的基础。

6.4.1　化合物毒性机制分类

化合物的毒性效应不仅取决于毒性物质在机体作用靶位的浓度，还取决于毒性物质自身的性质。结合化合物结构特征及其毒性作用模式（图 6-2），可将外源化合物分为惰性化合物、弱惰性化合物、反应性化合物和特殊作用反应性化合物 4 种类型（Nendza et al.，2014）。

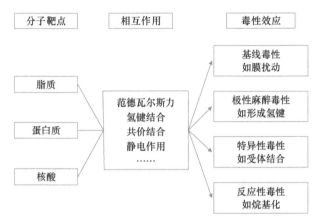

图 6-2　污染物与生物分子靶标之间相互作用的模式及毒性机制

惰性化合物是指在对机体进行急性毒性测试过程中不具有反应性的化学物质，这类化合物产生的毒性作用是非特异性的。生物膜是惰性化合物产生毒性作用的重要靶点，当这类化合物通过生物富集作用穿过生物膜进入有机体时，与生物膜发生非特异性非共价相互作用，破坏生物膜的结构和功能，从而产生基线毒性，也称非极性麻醉毒性。理论上化合物均具有进入有机体的能力，因此基线毒性是化合物最小的毒性表现。化合物的基线毒性取决于其疏水性，与其正辛醇-水分配系数（K_{OW}）具有较好的相关性。具有基线毒性的化合物对生物膜的损坏作用是可逆的，当有机体所处的外部环境发生改变时，有毒物质可从生物膜中释放出来，使机体恢复。大约 60%的工业化学品并不具有特异性毒性效应，而仅表现出基线毒性。常见的仅具有基线毒性的化合物包括乙醇、丙酮、苯和氯代苯等。

弱惰性化合物在考虑总体急性毒性时同样不具有反应性，但其对生物体产生的毒性作用高于基线毒性，它们也被称为极性麻醉型化合物。这类化合物通常包含氢键供体，能够与生物分子发生氢键作用。常见的弱惰性化合物有甲基苯胺、烷基酚、氯酚、单硝基苯和脂肪伯胺等。

反应性化合物含有特异的化学基团，能够与生物体内的蛋白质、酶、DNA 等生物大分子发生不可逆的共价结合。这类化合物与细胞成分之间的相互作用不是特异性的，它们可以干扰多种细胞生物学过程，其毒性远远大于基线毒性。反应性化合物与生物大分子之间的反应机制包括酰基化反应、迈克尔加成反应、双分子亲核取代反应、席夫碱反应和氧化磷酸化解偶联作用等。

特殊作用反应性化合物是指能与细胞受体或其他靶点生物分子发生特异性作用的化合物，例如可以有效抑制乙酰胆碱酯酶活性的有机磷酸酯（OPEs），以及可作用于神经元钠离子通道调节受体的双对氯苯基三氯乙烷等，这类化合物的毒性远大于基线毒性。

6.4.2　化合物毒性机制判定与应用

可以通过结构警示法和毒性比率来判断一种化学品是否具有与生物大分子发生反应的能力，由此判定其毒性作用机制。结构警示法通常基于化合物对常用模型生物（如四膜虫、绿藻、鱼和大型溞等水生生物）的毒性数据，确定出一系列可与生物大分子发生结合的化学结构，并根据化合物是否包含上述化学结构来判定其毒性作用机制。例如，若化合物含有可与蛋白质的半胱氨酸或者赖氨酸发生共价键结合的化学结构，则可被归类为反应性化合物。毒性比率是指利用基线毒性的有关模型预测得到的化合物的效应浓度与化合物的实测效应浓度的比值[式（6-2）]：

$$TR = EC_{x,baseline} \big/ EC_{x,experimental} \tag{6-2}$$

式中，TR 为毒性比率；$EC_{x,baseline}$ 为基于基线毒性的有关模型预测得到的化合物效应浓度；$EC_{x,experimental}$ 为化合物的实测效应浓度。一般用 $TR = 10$ 作为区分麻醉性化合物和反应性化合物的临界值。TR 接近 1，说明化合物仅表现出基线毒性，为惰性化合物；TR 在 5～10 为弱惰性化合物；TR 大于 10 时，说明化合物与生物靶位之间发生了化学反应，为反应性化合物。

QSAR 模型通过研究化合物的分子结构与其生物活性之间的定量关系，识别并量化影响生物活性的分子结构特征，从而预测具有类似结构特征的未知化合物的生物活性或毒性。化合物的基线毒性取决于其疏水性，正辛醇-水分配系数 K_{OW} 是定量结构-活性关系模型中应用最广泛的参数之一，因此该模型可有效预测化合物的基线毒性。化合物产生的除基线毒性以外的毒性作用被称为剩余毒性。对于表现出剩余毒性的化合物，若要评估它们的毒性效应，则需要进一步的模型计算、体外或体内实验。采用定量结构-活性关系模型替代传统的急性毒性测试程序对化合物的急性毒性进行预测，流程（Nendza et al.，2017）如图 6-3 所示，其中：

第 1 步，确认目标化学品在分类方案的适用范围内；

第 2 步，基于特定毒性作用模式、警示结构和理化特性阈值排除具有剩余毒性的化合物；

第 3 步，评估经过第 2 步初筛后剩余化合物的基线毒性，步骤 2 和步骤 3 的联合使用可有效避免假阴性结果出现；

第 4 步，采用已建立的 QSAR 模型，根据化合物的 $\log K_{OW}$ 信息，预测步骤 3 识别出的基线毒性化合物对鱼类的急性毒性；

第 5 步，使用计算机模拟、体外或体内实验方法进一步评估表现出剩余毒性的化合物（来自步骤 2 的化合物）以及未被准确归类为仅具有基线毒性的化合物（步骤 3 之后暂未分析的化合物）。

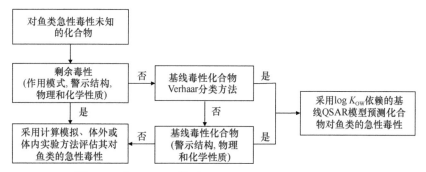

图 6-3　采用 QSAR 模型预测化合物对鱼类的急性毒性

近年来，化合物急性毒性预测的 QSAR 模型也在不断地发展，除了采用基线毒性和剩余毒性概念的预测框架以外，常用的流程也可包括：描述符计算；数据集划分；特征筛选；预测模型构建；模型预测性能和泛化性评估；实验验证等。

6.4.3　影响化合物毒性作用模式判别的因素

1. 化合物结构

每种化合物都具有固定的元素组成和特定的化学结构，化合物结构是其毒性的主要决定因素。有机化合物碳链长度、支链位置、不饱和度、取代基以及空间构型等对其毒性具有很大影响。饱和脂肪烃类对有机体的麻醉毒性随分子中碳原子数的增加而增强，但碳链中若以支链取代直链，则毒性减弱。化合物不饱和程度越高，毒性越大，例如乙烷、乙烯和乙炔的麻醉毒性依次升高。有机化合物分子结构对称程度越高，毒性越大，例如 1,2-二氯甲醚的毒性大于 1,1-二氯甲醚。在芳香族化合物中，苯环上取代基的差异也会对化合物的毒性产生显著影响。例如，苯表现出基线毒性，即非极性麻醉毒性，苯酚、硝基苯、间硝基苯胺表现出极性麻醉毒性，而对苯二胺、邻苯二酚则呈现出反应性毒性。

2. 物种差异

化合物的毒性作用模式不是物质的固有属性，不同生物对同一化合物的敏感度可能并不相同，同一化合物在不同物种之间也可能存在不同的作用靶点，进而影响化合物对生物的毒性作用类型。例如，甲壳类和鱼类体内存在胆碱酯酶，因此具有胆碱酯酶抑制活性的化合物可对这两类生物表现出特异性毒性；然而藻类体内缺乏胆碱酯酶，上述化合物则不能表现出类似的毒性效应。值得注意的是，在不同暴露浓度或暴露时间条件下，同一化合物在同一生物体内也可能存在多种毒性作用模式。例如，辛基酚在急性暴露实验中通常被归类为非特异性毒物；但在长期低剂量暴露条件下，该化合物可与生物体特异性受体结合，从而表现出特异性毒性效应。

3. 临界浓度

尽管外环境介质中污染物的浓度会不断发生变化，但一些有机污染物在机体作用靶点上的浓度是非常稳定的，该数值可用于指示化合物在生物体内的固有浓度。由于化合物在机体作用靶点上的浓度难以直接测定，一些研究者采用临界浓度或临界残余来指示临界靶点浓度。临界浓度定义为生物体产生不良反应时，导致这一不良反应发生的化合物在其体内的总浓度。具有不同毒性作用模式的污染物在生物体内的临界浓度不同。基线毒性化合物通常以细胞膜为作用靶点，并在细胞膜中累积，这类化合物临界浓度的变化范围较窄，可视作常数，且不受暴露方式的影响。反应性化合物与机体内的生物大分子发生化学反应或者特异性结合，它们在生物体内的临界浓度较低。化合物的临界浓度受多种因素，如暴露时间、脂质含量、化合物疏水性等影响。

4. 离子化

离子型化合物的离子化率决定了化合物穿透生物膜的能力，也是影响其生物毒性的重要因素。一些离子型化合物在外环境介质中以非离子态和离子态两种形式存在，非离子态更易穿过生物膜到达作用靶点，因此离子型化合物的毒性贡献主要来自其非离子态。离子型化合物对生物的毒性作用受 pH 影响，酸性有机化合物的离子化率与 pH 呈正相关，毒性随 pH 增大而减小；反之，碱性有机化合物的离子化率随 pH 增大而降低，毒性随 pH 增大而增大。一部分离子型有机化合物是基线毒性化合物，也有一部分离子型有机化合物是反应性化合物。在一定 pH 条件下，离子型有机化合物可能因为电离而实测毒性降低。若直接将离子型化合物的实测毒性与基线毒性预测值进行比较，忽略离子化的影响，则容易低估化合物的毒性比率。例如，苯酚类化合物在环境介质中的电离程度受到 pH 的影响，在不同 pH 条件下，离子态和非离子态所占的比例存在差异。由于这种差异，2,3,5-三氯苯酚的毒性评估曾出现较大误差。

选读内容

一种新型环境致肥胖物质的发现

3-叔丁基-4-羟基苯甲醚（3-BHA）是一种合成酚类抗氧化剂，常与其同分异构体 2-叔丁基-4-羟基苯甲醚（2-BHA）或其他合成酚类抗氧化剂一起，被添加在油脂类食物中防止脂质氧化。然而，研究显示，3-BHA 可干扰类固醇激素合成分泌，诱导鱼类胚胎发育毒性，是一种内分泌干扰物。基于离体细胞的脂代谢研究发现，3-BHA 可促进 3T3-L1 前体脂肪细胞成脂分化（Sun et al., 2016）；诱导 C3H10T1/2 间充质干细胞成脂分化，并破坏分化细胞的产热功能（Wang et al., 2023a）；在与油酸共暴露条件下促进肝细胞中脂质累积（Sun et al., 2022）；但可降低肾细胞中的甘油三酯含量（Wang et al., 2023b）。与3-BHA不同，其同分异构体2-BHA并未表现出明显的脂代谢干扰效应。此外，活体实验同样证明，3-BHA暴露能够引起小鼠睾周白色脂肪累积增加（Sun et al., 2020），加剧高脂饮食诱导的实验动物肝脂累积，促进非酒精性脂肪肝形成（Sun et al., 2022）。综上可见，3-BHA是一种典型的环境致肥胖物质。此外，四溴双酚A类化合物（TBBPAs）、4-己基苯酚（4-HP）等酚类化合物同样被发现可促进前体脂肪细胞成脂分化，或诱导肝脂累积（Liu et al., 2020；Sun et al., 2021）。这些科学发现提示，环境中可能存在许多潜在的致肥胖物质，其对人体暴露产生的健康风险值得关注。

习　题

1. 从靶器官的角度进行分类，环境污染物进入机体后可产生哪些类型的毒性效应？
2. 环境污染物与生物分子的相互作用方式有哪些？
3. 环境污染物导致遗传/表观遗传毒性的作用机制有哪些？
4. 影响环境污染物毒性作用模式判别的因素有哪些？

第 二 篇

环境化学研究方法篇

环境化学的高质量内涵式发展对研究方法提出了更高要求，研究方法的不断创新也促进了环境化学研究的深入。结合化学、物理、地学、生物学、毒理学等学科的新思想、新方法和新技术，环境化学的研究内容不断丰富，研究领域不断扩大，研究深度不断增加。随着现代分析技术的飞跃发展，环境化学的研究方法从常量分析发展到痕量、超痕量分析，从宏观分析发展到表界面的微观分析，从单一分析方法发展到多种方法的联用，从常规污染物分析发展到新污染物的发现、识别、鉴定与示踪。

环境化学与环境健康研究关注污染物的毒理学效应及其可能产生的生态环境风险与人体健康效应，需要从分子与细胞水平研究污染物的致毒作用及机理，不仅需要传统毒理学的研究方法，同时交叉融合了生命科学、预防医学等学科的研究方法，全面阐释污染物对人体的损害作用及其机理。随着计算化学、生物信息学以及非线性计算模拟等方法技术的发展，不仅可以从分子、原子、亚原子水平揭示污染物的环境过程与化学机制，还可以精准描述污染物生物转化与毒性效应的分子机制与结构基础，发展理论方法与模型评价污染物的健康风险。

环境问题的复杂性使得单一方法或简单的跨学科方法移植无法满足实际需求，环境化学的研究方法也将在解决新的环境问题过程中随着科学技术的飞速发展不断发展完善。

第7章 环境中污染物的识别与检测方法

前面几章主要从化学的角度介绍污染物的环境行为、毒性效应与健康危害，如何精准地从复杂的环境介质中识别或检测出环境污染物，是正确认识污染物并有针对性地开展相关研究的前提，也是解决具体环境问题的先决条件。本章着重介绍目标污染物的靶标分析（target analysis）和未知污染物的非靶标分析（non-target analysis）这两种方法，并简要比较其优缺点。

随着人类活动范围不断扩大和工业化进程快速发展，当今世界环境污染问题日益严重，环境污染物已给人体健康和生态环境带来了严重危害。环境污染物种类繁多，全面的环境监测存在严峻的技术挑战。目前，对于环境污染物的分析检测，应用最为广泛的是针对某种或某类污染物的靶标分析，也称为定向分析。然而，很多环境污染物是在不同环境过程与生物过程中因相关前体物质降解、代谢和转化所产生的未知化合物，这意味着实际环境中可能存在大量污染物没有被发现并得以有效地监测和监管。由于这些化合物的未知性，采用定向分析显然是无能为力的。可疑物分析（suspect analysis）和非靶向化合物分析等非靶标分析（非定向分析）方法可发挥其在未知污染物发现与鉴别方面的优势。

靶标分析适用于已知的、具有真实标准品的环境污染物分析，通过参考标准品的保留时间、谱图特征、母离子或子离子的准确质荷比以及它们的比例等参数，实现环境污染物的定性识别和定量分析。目前靶标分析常用的工具主要有光谱、色谱、质谱及其联用分析技术等。色谱-质谱联用技术是当前靶标分析鉴定的主要工具之一，该技术将色谱的高分离性能与质谱的精准定量相结合，色谱分离获得分析物的保留时间信息，质谱鉴定则提供分析物的精确质量数信息，多信息的融合可大大提高环境污染物分析鉴定的精准性与可靠性。常用的色谱主要有高效液相色谱法（HPLC）、气相色谱法（GC）、离子色谱法（IC）等，常用的质谱主要有三重四极杆串联质谱（QqQ-MS/MS）、飞行时间质谱（TOF-MS）和其他高分辨质谱法（HRMS）等。

对于环境中大量存在的没有标准品的污染物，通常需要借助色谱-高分辨质谱联用技术获得分析物的保留时间、一级质谱（MS）以及二级质谱（MS/MS）或多级质谱（MS^n）信息，并基于此推测化合物可能的分子组成和结构信息，例如利用计算机软件进行产物预测或者通过数据库、文献资料对分析物进行预测，这一分析过程称为非靶标分析。用于非靶标分析的仪器方法主要有气相色谱-高分辨质谱法（GC-HRMS）、液相色谱-高分辨质谱法（LC-HRMS）和基质辅助激光解吸电离-高分辨质谱法 [matrix-assisted laser desorption/ionization（MALDI）-HRMS] 等。此外，高分辨质谱仪在运行一次全扫描和多级质谱监测扫描模式后，能同时提供大量数据，借助计算机辅助技术可对这些数据进行快速、准确和高效的深度挖掘，从而更好地进行未知污染物的识别与检测。从这一角度来看，高效的数据分析处理工具对于非靶标污染物的识别和分析也同样非常重要。

相较于一般样品分析，环境污染物识别与检测的显著特点是样品成分复杂、基质干扰严重、技术难度和挑战性大。因此，建立有效的靶标分析和非靶标分析方法，对于准确获取环境中已知和未知污染物的赋存水平，从而全面客观地呈现环境污染状况具有重要意义。

7.1　目标污染物的分析技术

7.1.1　基于光谱技术的环境污染物分析

分析物自身或者特征结构单元可以通过吸收电磁（光）波能量被激发至较高能态，从而激发新的辐射。光谱分析通过检测与目标分析物发生光-物质相互作用后光子的能量（散射谱）或数量（吸收/发射光谱）变化，实现分析检测的技术。例如，富勒烯（C_{60}）溶解/分散于甲苯后在 337 nm 处出现特征吸收峰，呈现明显的紫色，该现象可作为其快速识别的依据。相对于其他分析手段，光谱分析需要的仪器设备相对简单、便于小型化，甚至在特定条件下仅凭肉眼即可进行定性/定量判断，因而在现场分析中极具潜力。此外，光谱分析也是历史最为悠久、发展最为成熟的分析方法。

1. 光谱分析

无机离子在特定条件下发生原子化（火焰/石墨炉高温、等离子体或者氢化物还原），外层电子在不同能级间跃迁或者激发会发射、吸收特定频率的光子，形成特征的原子光谱。几乎所有的元素都能呈现出独特的光谱特征，被各种原子光谱技术检测，且该技术具有线性范围宽、抗干扰能力强和运行成本低等优势。在电感耦合等离子体-质谱技术普及应用前，原子光谱几乎是用于痕量金属分析的唯一手段。一般而言，将待测金属原子化需要较为剧烈的条件，因而限制了此类仪器的小型化和便携化。而近年来发展的介质阻挡放电等技术为解决这一瓶颈提供了新的契机。

常规有机分析物的摩尔消光系数仅为 10^3 L/（mol·cm）量级，一些具有 π-π 共轭结构的有机分子可高达 10^6 L/（mol·cm）量级，因此紫外可见光谱很少单独用于有机污染物分析。即使作为液相色谱的检测器，其检测限一般也很难低于 mg/L 水平。为满足高灵敏度分析的要求，通常需要结合液液萃取（LLE）等预富集前处理技术，借助特殊络合试剂及化学反应，可显著提高检测灵敏度。例如，利用邻菲罗啉的 Fe^{2+}/Fe^{3+} 检测和利用纳氏试剂（$HgCl_2$-KI-NaOH）的铵离子比色法检测灵敏度可低至 mg/L 水平，能够满足环境浓度条件下铁离子价态分析和铵离子检测的需要，且已经作为检测的标准方法。因此，光谱分析是可设计性最强的环境分析方法，尤其是在一定条件下，光谱分析可以不依赖仪器，仅利用简单的比色卡即可实现对分析物的定性/定量分析，便于非专业人士进行现场分析与快速筛查。例如，空气中的甲醛被酚试剂溶液吸收并生成嗪，进一步在酸性溶液中被显色剂高铁离子氧化形成蓝绿色化合物，可用于快速评价室内甲醛污染状况。近年来研究发现，贵金属纳米颗粒（尤其是纳米金）因其独特的表面等离激元共振（SPR）效应，摩尔消光系数高达 10^9 L/（mol·cm）量级。此外，金纳米颗粒的光学特性对表面化学环境、聚集状态、微观形貌变化等因素极为敏感，通过设计识别过程与这些因素关联，可获得肉眼可见的颜色变化，从而使得纳米金体系成为优良的信号输出体系。借助丰富的偶联方法，可以方便地对金表面进行修饰，赋予信号识别特异性。基于以上原理的目视比色法已广泛应用于重金属离子、毒素乃至生物大分子等物质的检测，并广泛应用于环境分析、食品安全等领域。

2. 区域环境分析与监测

传统环境检测大多基于场地采样-实验室分析的模式开展，分析的广度和时效性都受到较大限制，尤其是无法应对空气质量检测等任务，虽然理论上可以通过密集布设传感器等措施提高精度和速率，但效费比相对较低。基于目标分析物光谱特征的光学分析技术（红外辐射、太阳光吸收/散射）技术具有高速和原位优势，是完成区域环境分析与监测的理想手段，因此，几乎所有区域环境检测过程都能通过光谱分析实现。例如，臭氧和二氧化氮分子分别在 $\sim$253 nm 和 430$\sim$450 nm 波段内有明显吸收，虽然其含量仅在 mg/kg 甚至 μg/kg 水平，但根据朗伯-比尔定律，目标分析物的吸光值与其光程（分布范围/区域，可以长达数十千米）呈正相关，因此，微量的污染物也可显著改变吸收光谱。目前，基于穿越大气层前后的人工光源差分吸收光谱法已经广泛应用于大气污染状况分析，并为臭氧空洞的发现与演变等重大科学研究提供了关键证据。以太阳光为光源，通过分析地面接收光谱来反演大气污染气体，甚至可以获得大气气溶胶含量（1$\sim$300 nm）等信息。此外，基于搭载多种光谱设备的人造卫星等航天/航空器的遥感技术成为环境变化监测中一种主要的技术手段，已广泛应用于水体富营养化程度评价、固体废弃物的堆放量检测以及跟踪调查环境污染事故等方面。

3. 迁移转化过程动态追踪

过程分析可提供污染物的含量及形态的动态信息，是研究环境过程的基础。分子光谱技术具有无损分析的优势，其中荧光光谱和表面增强拉曼散射是公认的两种可以实现单分子检测的手段。作为"看得见"的技术，在一定条件下，分子光谱技术甚至可以用可视化的方法直观地展示污染物在催化剂表面的转化等过程,是过程与机制研究的理想手段。拉曼光谱、红外光谱等分子振动光谱提供的具有分子结构指示能力的指纹图谱,可以灵敏地、特异性地识别污染物,这一优势在原位定性分析过程尤为重要。例如,拉曼光谱及其分支技术表面增强拉曼散射(SERS)、相干反斯托克斯拉曼散射(CARS)不仅可用于环境及生物介质中微塑料的定性识别,还能够提供其在环境中迁移转化的信息;基于多环芳烃的荧光特性,荧光光谱可以为原位研究多环芳烃在红树林生态系统中的环境行为提供多种重要信息,例如显示多环芳烃在植物叶片不同区域(如气孔)的分布与转移过程等(图 7-1)。

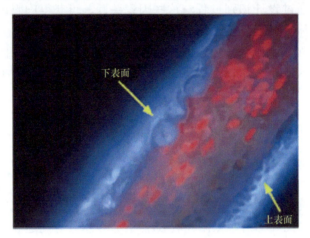

图 7-1　双光子激光共聚焦扫描(荧光)显微镜图片显示了多环芳烃(黄色箭头)在典型红树林植物角果碱蓬叶片的上表皮和下表皮的气孔的分布

资料来源:Wang et al.,2012b

7.1.2　色谱分析

环境样品通常基质复杂,包含多种无机物、有机物乃至生物组织;此外,分析物浓度通常处于痕量水平,例如水质中处于 μg/L 至 ng/L 水平,二噁英等环境污染物甚至低至 pg/L 水平。另外,实际样品中多种污染物之间的相互干扰极大制约了各种光谱和质谱技术的应用潜力,具有强大分离能力的色谱分析技术的应用就成为一种有益的选择。色谱技术分离效果好、设备简单、操作方便、条件较温和、方法多样,能适应不同的分析检测需要。经色谱分离后,再利用光谱或质谱等手段进行定性定量分析已成为当今环境分析最为通用的技术,也是大多数污染物标准分析方法的基础。早在 1979 年,美国国家环境保护局就发布了基于气相色谱-质谱法(GC-MS)的水体中 114 种优先控制有机污染物的标准分析方法,后来发展的大多数标准方法也基本上是基于气相/液相色谱的分析技术。其中,毛细管气相色谱的应用大大提高了环境污染物的分离效率和分析速率,使得色谱分析技术进一步简化。

1. 色谱分析主要过程与原理

环境样品进入色谱柱后，随流动相（气体、液体或者超临界流体）在色谱柱固定相上反复保留洗脱，不同的分析物通过在固定相和流动相上的亲和力大小以及溶质的移动速度（保留时间）差异实现分离，最终逐一进入检测器实现检测。由于该过程类似化工过程中不同馏分在精馏塔的塔板上分离，因此色谱分离的理论也称为塔板理论。色谱不仅可以分离不同污染物，还可以深度纯化待分析物质，这对于质谱检测尤为重要。例如，在 DNA 加合物分析过程中，虽然质谱能够选择对特定荷质比（m/z）的目标分析物进行检测，但是痕量 DNA 加合物的质谱信号极易受到大量带电基质干扰物的抑制，通过液相色谱将 DNA 加合物与其他干扰组分进行在线分离后再进行质谱检测，可以有效解决这一问题。

在同一环境介质中，既存在多种理化性质不同的污染物，亦存在多种结构和性质相似的同系物，这导致了环境污染物分析的复杂性。例如，二噁英约存在 200 种化合物单体，且毒性相差极大；氯化石蜡则存在上万种潜在的化合物单体。为了实现这些化合物的精准分析，全二维气相色谱（GC×GC；谱图如图 7-2 所示）应运而生，其主要原理是将分离机理不同且相互独立的两根色谱柱串联，经第一根色谱柱分离后的所有馏出物在调制器内进行浓缩聚集，然后被周期性脉冲释放到第二根色谱柱中继续分离，最后进入质谱的质量检测器检测。该技术可将第一维色谱柱无法分离的组分（共馏出物）在第二维色谱柱中进一步分离，实现正交分离的效果。该技术需要的样品量少、污染小，无须将样品蒸发或稀释，且可以实现完全自动化分析。

2. 色谱分析中的样品制备

在实际复杂环境分析中，由于背景基质的干扰、检测器灵敏度有限、污染物种类繁多且性质各异等问题，无法直接利用色谱及其联用技术对目标污染物进行分析。因此，为保证分析的准确性，需要进行样品纯化和化合物的选择性富集以降低基质干扰、提高分析方法的灵敏度。现有的环境样品前处理技术通常基于目标分析物在原有基质与提取介质或净化柱上的分配行为进行分离纯化。为保证分析结果的可靠性，准确评估污染状况和健康风险，需要在尽量不改变目标污染物化学形态（如价态、配合/络合结构等）的前提下进行样本富集。因此，有必要根据分析物在原有介质与受体相中的分配行为进行选择性提取。多数有机污染物包括有机金属均存在一定程度的亲脂性，不同有机溶剂或者其组合的液液/液固萃取常用于此类亲脂性污染物的提取。例如，经过硝酸和硫酸铜溶液浸提后，二氯甲烷可以将痕量甲基汞从环境样品中高效分离，甲醇/乙酸混合溶液可以选择性地从食品等基质中提取有机砷。除溶液萃取外，各种吸附材料，如聚二甲氧基硅氧烷、碳纳米材料通过固相（微）萃取［solid-phase

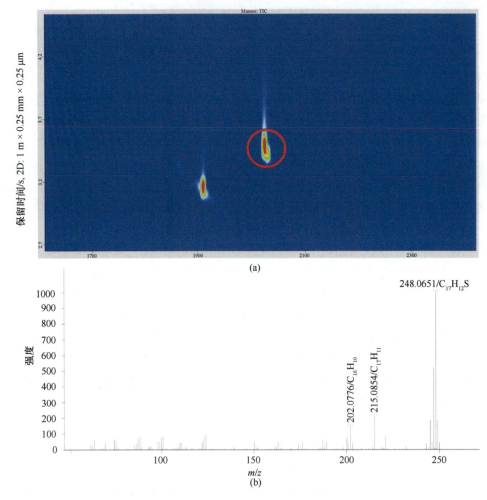

图 7-2 废弃焦化厂土壤中高丰度多环芳烃衍生物的 GC×GC-TOF/MS 色谱图（a）和质量选择
（m/z=248.0651）峰及其碎片峰（b）

（micro）extraction，SPE/SPME〕的方式用于污染物的分离。样品分离后，需要进一步根据目标分析物的物化特性，选择合适的净化步骤，去除共存的色素、盐类、脂肪等干扰物，降低基质对仪器分析的干扰以提升测定的准确性，此时也涉及污染物在净化基质上的选择性保留和洗脱。

此外，对于部分沸点较高、热稳定性不佳、极性大、氧化还原性较强的物质，往往难以直接利用色谱-质谱进行分析。针对这些物质的分析一般利用化学衍生的方法，使其定量转化为另一种易分析检测的物质，从而间接实现化合物的定性和定量分析。例如，在 GC-MS 分析中，含羟基、羧基、氨基、巯基等高极性基团的物质难以气化，可以采用酯化或硅烷化方法封闭其极性基团来提高组分的气化能力；对于儿茶酚胺等热稳定性差的分析物，衍生化可以有效提升其热稳定性。衍生化还是改善检测灵敏度的重要手段。例如，电子捕获检测器（ECD）对含卤素物质具有较高的灵敏度，通过衍生化方法在某些化合物引入含卤素基团，可有效提高其检测灵敏度。

3. 多维色谱分析

传统色谱分析仅仅使用单个分离通道，其分离能力有限，在应对极为复杂的环境样品如大气样品中有机物分析时，需要使用多种色谱分析技术进行串/并联，对目标污染物进行多重色谱分离，即多维色谱技术。该思路最早在蛋白质电泳分析中实现，通过在一维等点聚焦的基础上引入 SDS-聚丙烯酰胺凝胶作为第二重分析通道，可以从细菌的培养液中分离出上千种蛋白。虽然理论上几乎所有的色谱分离通道如气相色谱、液相色谱和电泳等都可以利用切换阀进行串/并联，但因为分离介质的不同，目前仅气相×气相色谱串联应用较为成功，尤其是全二维气相色谱（GC×GC）已经实现了商业化，用于复杂样品包括环境样品的分析。

7.1.3　质谱分析

作为物质本征的特性，质量数堪称分析物的 DNA，基于化合物质量数的分析是所有靶标分析中的金标准。质谱法的原理是通过电场和磁场将运动的带电粒子（带电荷的原子、分子/分子碎片、分子离子、碎片离子、重排离子、多电荷离子）按其质荷比进行分离。目前核素质谱测量的准确质量数可以达到小数点后多位，不存在两个质量数完全相同的核素，亦不存在一个核素的质量数恰好为另一个核素质量数的整数倍，因此通过离子的高分辨质谱准确测定其质量数即可推断所属化合物的分子组成，从而获得化合物的分子量、化学结构、裂解规律和由单分子分解形成的某些离子间存在的特定相互关系等信息。

1. 污染物的特征质谱分析

对于无机物分析，质谱检测对象通常为不含额外化学键的单原子离子，通常利用如电火花、高能铯/氧离子、激光、辉光放电、电感耦合等离子体等对分析物进行电离，这些方法具有较高的离子化效率，保证了分析的灵敏度。因此，在无机分析中，质谱不仅可以作为色谱仪的检测器，还可以用于原位分析获取具有高空间分辨率的元素分布信息。例如，借助激光剥蚀系统的高能量和高空间分辨率以及电感耦合等离子质谱仪的高灵敏度，激光剥蚀电感耦合等离子-质谱技术可以对环境样品进行微区原位分析测试，从微观角度获取多维环境信息；使用 Cs^+ 源束斑时，纳米离子探针的空间分辨率可优于 50 nm，能够保证该技术用于从氢到铀的全部元素（稀有气体除外）及其同位素的检测，并获取同位素分布的高分辨图像。

相较于无机污染物，有机污染物分子结构多样，在电离过程中化学键容易断裂生成复杂的离子碎片，为获取特征分子离子质量信号，通常采取能量较低的电离方式，即软电离技术。例如，通常将极性强、不易气化和热稳定性差的样品溶于甘油等荷滞基体，利用离子枪产生氢、氙或氩等重原子对其进行快速轰击，即为快速原子轰击质谱法（FAB-MS）。发展性能更为优越的软电离技术是当前分析化学领域相当活跃的研究方向，化学家 John Bennett Fenn 和 Koichi Tanaka 由于分别发展了生物大分子质谱分析的软解吸电离方法而获得 2002 年度诺贝尔化学奖。有机污染物的质谱分析为解答很多科学问题提供了关键证据。例如，m/z=720 的标准分子离子峰的检出，回答了燃煤过程是否生成富勒烯类似物的问题。同时，质谱法也可以用于污染物的初步筛查，常见的有机/无机污染物几乎都可以在氧化碳纳米管或者多孔硅等基质上发生激光解吸附而被电离，从而检测到高质量的质谱信号。此外，多种质谱联用技术在环境过程的研究中越来越受到重视，尤其是对具有生物活性的大分子化合物分析。例如，通过结合体积排阻色谱、无机质谱和生物质谱，相关研究人员对砂海螂（对有机锡具有超富集能力）体内的金属结合蛋白（有机锡）实现了准确分析。

2. 目标物的特征碎片峰

虽然分子离子峰可以获得准确的质量数信息，但在复杂的环境基质中可能存在多种质量数相同的污染物（如同分异构体），因此通过分子离子质量数获得化合物结构信息的应用有限。经过硬电离源电离的分子离子通常因具有较高能量而处于激发能态，在其退激发过程中，有较高概率发生硬电离源键的断裂，产生荷质比小于分子离子的碎片离子。在该过程中，碎片离子的生成不仅是通过简单的键断裂，同时还伴随着分子内原子或基团的重排，例如丢失中性分子或碎片，生成不属于原有分子（母离子）结构单元的重排离子。重排的方式通常比较复杂，部分分子的重排方式（如烃类）几乎没有规律，导致很难预测其碎片离子，这种任意重排对结构分析的指示意义较差。多数分子的重排过程有规律可循，包括分子内氢原子的迁移和化学键的二次断裂，进而生成稳定的重排离子，有助于化合物的结构预测。典型的重排过程包括麦氏重排、逆 Diels-Alder 重排、亲核性重排等，经过重排的离子峰可以根据离子的质量数与其对应的分子离子来识别。这些碎片离子包含了分析物功能基团的类型和结构信息，因而无论有机小分子、生物大分子还是纳米材料等都有可能根据特征碎片离子进行定性甚至定量分析。此外，除了富勒烯、金属团簇等少数结构以外，多数无机纳米材料没有明确的分子量，这限制了此类污染物通过传统质谱方法进行检测。但研究发现，碳纳米材料等在激光解吸离子化过程中会形成 $C_{2\sim10}$，其质量数为 24～120 范围内 12 的整数倍，且碎片的种类及相对丰度与纳米材料密切相关。这一发现已经成功应用于体内纳米材料的分布研究，为定量评估此类材料的安全性提供了可能。

3. 同位素分析

同位素分析不仅可以精准地识别污染物，提供含量信息，还可以提供多维度的环境信息。例如，对放射性元素锆、碳和铅的同位素组成分析已经成为定年的标准方法，为研究环境污染物长时间跨尺度的演变过程提供了时间参考；来自不同地理区域的环境地球化学过程和人类活动产物通常具有不同的分馏比，这一特点为研究大气颗粒物、持久性有机污染物和汞等污染物的来源及其长距离迁移行为提供了新思路；以溴化物和氯化物为代表的卤代污染物通常具有高毒性和环境持久性的特点，是环境分析关注的重要污染物，由于这两类元素的同位素丰度远高于 C、H、O 等元素，如 $^{37}Cl/^{35}Cl$ 约为 1 : 3，$^{79}Br/^{81}Br$ 甚至接近 1 : 1，这些具有不同同位素组成的物质的化学性质和质谱电离行为相似，形成强度满足排列组合的特征谱图，这一特性在六溴环十二烷、四溴双酚 A 等一系列新型卤代污染物的发现方面发挥着关键作用。值得一提的是，基于化合物质量分析的质谱检测技术不仅在污染物的定性分析中具有重要意义，其与同位素标记技术的结合也是研究化学反应过程和机理的重要手段。

4. 气溶胶质谱分析

气溶胶研究是质谱分析的另一重要的应用领域。大气气溶胶的化学组成十分复杂，包含金属、无机氧化物、硫酸盐、硝酸盐、碳氢化合物和含氧有机化合物等各种形态组成各异的污染物。传统气溶胶成分分析方法是利用收集器收集气溶胶，然后结合适当的分离手段进行离线质谱分析，过程繁琐耗时（几小时到数周）、通量较低，难以动态监控气溶胶的化学成分变化，并且无法获得气溶胶颗粒最为重要的粒径信息。得益于粒径测量技术和质谱技术的发展，气溶胶分析逐渐由离线模式发展到在线模式。例如，结合基于动态光散射的粒径测量技术和激光解吸电离串联质谱技术发展的气溶胶飞行时间质谱仪，能够利用 266 nm 脉冲激光将气溶胶气化/电离后用反射式质谱仪检测离子信号，该仪器理论上可以解析/电离所有物质，可用于研究沙尘等难熔颗粒物，其灵敏度较高，在分析气溶胶中的金属元素方面具有明显优势，但定量分析性能较差。Aerodyne 公司利用类似斩波器的高速转盘对气溶胶进行粒径分析，利用热表面气化气溶胶后经电子轰击离子化结合四极杆质谱仪分析气溶胶的化学成分，该仪器利用单转盘结合质谱数据矩阵的方法，非常便于解析颗粒粒径与质谱的对应关系，能够实现对绝大部分无机物和有机物的定性/定量分析，但对于气化难熔的物质（如二氧化硅）的应用能力有限。

7.1.4　其他分析技术

经典的环境分析过程一般涉及样品的收集、提取和纯化等前处理手段降低基质效应，最后利用色谱和质谱等技术根据目标分析物的光谱或者质谱特征进行检测。虽然这些方法能够提供准确的检测结果，但时间成本和技术依赖程度高、检测通量低，近年来样品前处理和检测过程的自动化程度虽已大幅提升，但仍然难以满足大量日常监测的需求。特别是近年来全球公共卫生和食品安全事件频发，给分析工作带来极大的压力。为此，基于抗体和核酸适配体等特异性识别、酶和纳米颗粒等标记构建的生物传感技术受到了研究者的重视。生物传感器利用生物分子与目标分析物间的特异性作用实现污染物分析，经过标记可以将复杂样品的待检信号转化为简单的光电信号，使得样品前处理需求显著降低，分析通量显著增加。该技术具有小巧实用、操作简单、普及度高等优势。经过分析化学工作者的长期努力，标记间接检测已经成为临床分析等多靶标分析的主要方法。

1. 分析物的特异性识别

对目标物精准分析的前提条件是对其进行精准识别，考虑到目标分析物的低浓度和基质的复杂性，需要识别元件对目标分析物具有高特异性亲和能力。基于抗原抗体的免疫识别是实现这一功能最为广泛的手段。同类环境污染物（如结构相似的抗生素）一般具有共同的抗原决定簇，因而可以诱导生成多抗，实现同类污染物的类识别与检测。虽然抗体的制备技术发展成熟，免疫反应特异性好，但是抗体的获取和纯化过程较为复杂，且合成价格昂贵，而且其本身作为蛋白质，易受 pH、温度等环境因素影响而变性，因此有必要开发稳定、价廉、性能良好的识别元件。核酸适配体是指利用体外筛选技术——指数富集的配体系统进化（SELEX），从核酸分子库中筛选得到的能够特异性识别、结合目标物质的寡核苷酸片段作为识别元件，可以与各种信号报告元件结合设计传感器，具有设计灵活、性质稳定、便于修饰、经济等优势。

2. 高灵敏度标记技术

抗体、核酸适配体作为目标识别原件对目标化合物进行特异性识别后，需要利用高灵敏度标记技术来实现可量化的检测信号。酶标记是该领域最为经典和应用最广的技术，常用的酶有过氧化氢酶和葡萄糖氧化酶。标记酶可以催化指示物发生显色或化学发光反应，利用酶标仪等实现高通量检测（可达 1536 孔/板）。作为生物大分子，酶的催化显色反应同样容易受到环境条件变化而失活，从而影响检测的灵敏度。近年来发现基于无机纳米材料 Fe_3O_4、CeO_2 等金属氧化物/团簇也具有较高的活性，可以显著改善检测条件限制，同时保持很高的催化活性，目前已广泛应用于标记反应。荧光标记是另一种重要的标记手段，各种荧光染料分子、荧光蛋白和具有荧光特性的量子点已经广泛用于标记技术并显示出极高的灵敏度。在该领域中，由于半衰期长和上转换发光特性的优势，稀土氧化物被引入时间分辨荧光检测仪和近红外/红外荧光检测仪，以克服检测过程的基质干扰、提高检测的灵敏度和选择性。此外，拉曼标记技术也逐渐用于标记分析，该技术具有较高的灵敏度和高分辨率的特点。

7.2 环境污染物的非靶标分析方法

7.2.1 环境污染物非靶标分析概念与基本流程

与靶标分析相比，环境污染物的非靶标分析不需要事先设定目标化合物，而是基于现代质谱的全扫描数据和二级质谱或多级质谱扫描监测数据，结合精确质量数提取、分子式拟合、离子碎片预测及色谱保留时间指数等信息，通过对未知化合物的试探性识别，再反向验证，最终实现环境中未知污染物的识别与检测。从广义上讲，非靶标分析通常是指利用组学技术鉴别环境样品中的多种未知物，并结合统计学方法探寻样品中物质成分的差异性。狭义的非靶标分析则包括可疑物分析和非靶向化合物分析。可疑物分析是指根据感兴趣的化合物类型，利用文献、自建或商业的化学数据库来匹配识别样品中的未知化合物，能够识别出的化合物多少通常取决于所依赖的数据库的大小。非靶向化合物分析是针对未建立相关数据库的新型污染物或是污染物的代谢、降解和转化产物，根据采集到的谱图信息，利用数据工具和辅助分析技术，或通过人工来推断而进行的分析鉴定过程。靶标分析及非靶标分析的区别与联系如图 7-3 所示。非靶标分析具有通量高、发现未知污染物能力强等优势，极大地拓展了传统靶标分析技术的广度。因所分析的环境样本基质本身通常较为复杂，而在进行非靶标分析时样品前处理过程又要尽可能简单，以免造成未知分析物的流失和非靶向化合物分析的遗漏。这就对分析仪器的分析通量、分辨率、抗干扰能力、精度等指标要求越来越高，而近年来快速发展的飞行时间质谱、静电场轨道阱质谱（orbitrap-MS）及傅里叶变换离子回旋共振质谱（FTICR-MS）等高分辨质谱技术与更加智能高效的气相色谱、液相色谱乃至多维色谱分离技术相结合，为环境污染物的非靶标分析提供了有效的技术手段。

7.2.2 基于高分辨质谱技术的环境污染物非靶标分析方法

1. 气相色谱-高分辨质谱分析方法

GC 在非靶标分析中主要用于极性较小、具有热稳定性、（半）挥发性化合物的分离分析。对于部分极性较大和非挥发性化合物，可以通过衍生化反应减小其极性，提高热稳定性和挥发性，实现 GC-MS 分析。基于 GC 分离的非靶标分析对电离技术有较强的依赖性，按照能量强弱进行划分，质谱离子源可分为硬离子源和软离子源。硬离子源离子化能量高，分析物分子吸收足够能量后处于高能量激发态，弛豫过程包括键的断裂，该过程产生质荷比小于分子离子的碎片，从而得到分析物的分子结构信息。电子

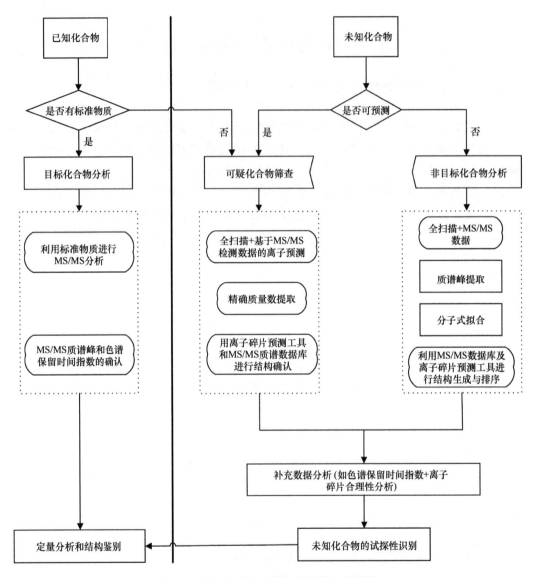

图 7-3 靶标分析和非靶标分析基本流程图

资料来源：林必桂等，2016

轰击离子化（EI）即为典型的硬电离技术，GC-EI-MS 的优点是生成的实验结果具有高度可重现性，并且相关质谱库中包含了几十万个物质的参考质谱图。因此，利用该方法可以直接快速地使用现有质谱库进行非靶标分析。然而，在许多情况下，EI 产生的大量离子碎片无法与数据库信息进行确定性匹配，分子离子信息的缺失亦不利于未知化合物的结构阐明。与硬电离技术相比，软电离离子化能量低，目标物分子被电离后主要以分子离子的形式存在，而几乎不产生碎片。对分子离子的识别能力拓展了利用软电离技术发现新污染物的可能性，但是基于软电离技术的非靶标分析缺乏相对全面的质谱库,需要可疑物分析、非靶向化合物分析等作为非靶标分析的平行策略。

GC 与高分辨飞行时间质谱耦合(GC-TOF/MS)是非靶标分析过程常见的气-质耦合形式。GC-TOF/MS 具有高灵敏度、高分辨率和高质量准确度的特点,在非靶标分析尤其是环境痕量有机污染物的筛查应用中具有巨大的优势。另外,TOF-MS 的采集速度快,非常适用于检测由 GC 快速产生的尖锐色谱峰,宽的线性范围亦能够满足广谱筛查的要求。气相色谱-四极杆串联飞行时间质谱(GC-Q-TOF/MS)是 GC 耦合串联质谱的常见形式。在 GC-Q-TOF/MS 的工作过程中,化合物在低碰撞能量下生成分子离子,该过程有利于在宽质量范围内对未知化合物实现快速、灵敏、有效的筛选;在高碰撞能量下生成目标化合物的碎片离子,通过对分子离子的二级扫描实现化合物的确认。根据硬电离源和软电离源不同的电离效果,EI 源通常匹配 GC-TOF/MS 分析,电喷雾电离(ESI)和大气压化学电离(APCI)源则多应用于 GC-Q-TOF/MS 分析。在实际非靶标分析过程中,通常采用硬电离技术和软电离技术、全扫描模式与二级扫描模式结合的方式进行分析,以提高化合物识别的可靠性。

与 GC 相比,全二维气相色谱(GC×GC)与 TOF 的结合(GC×GC-TOF/MS)可以大大提高非靶标分析的分析效率。GC×GC-TOF/MS 包含两根具有互补固定相的毛细管柱。第一根毛细管柱通常是非选择性的,从第一根毛细管柱洗脱下来的所有组分通过低温调制器进入第二根毛细管柱,化合物在第二根毛细管柱上根据极性的不同得以分离。基于 GC×GC 分离的峰容量约为两个独立色谱柱的数倍,因此,该技术能够在单位时间产生更多的化合物信息。同时,GC×GC-TOF/MS 具有更高效的化合物分离能力和更低的检测限,提高的质谱纯度改善了质谱的解卷积分和化合物识别的准确度。

2. 液相色谱-高分辨质谱分析方法

由于对极性(如羟基化代谢物)和热不稳定性环境污染物的分析需求日益增加,液相色谱与各种质量分析器耦合(如 LC-MS)成为环境样品非靶标分析的首选技术。常用的液相色谱系统包括高效液相色谱法(HPLC)和超高效液相色谱法(UPLC)。相对于经典液相色谱而言,HPLC 是指采用粒度小于 10 μm 的分离填料,使用高压输送泵驱动流动相的液相色谱技术;UPLC 指采用粒度小于 2 μm 的填料,系统压力在 100 MPa 以上的液相色谱技术。与 HPLC 相比,UPLC 具有更短的运行时间和更高效的色谱分离能力,能够最大限度地减少化合物共洗脱,提高检测灵敏度;但同时需要适配具有高采集速率的检测器,采用超细颗粒固定相填充的 UPLC 色谱柱亦容易出现填料阻塞的问题。从液相色谱的分离模式来看,反相液相色谱法(RPLC)是非靶标分析应用的主要液相模式,典型的方法如使用反相 C$_{18}$ 色谱柱分离、水相与甲醇或乙腈作为流动相梯度洗脱化合物。RPLC 通常适用于辛醇-水分配系数(log K_{OW})在 2~4 的化合物。对于高极性化合物,由于不能很好地保留在 RPLC 中,因而分离效果不佳。其他液相分离技术如亲水相互作用液相色谱法(HILIC)、混合模式液相色谱(MMLC)、超临界流体色谱

（SFC）等可以为高极性化合物——尤其是具有持久性和高度迁移性的有机极性污染物的分离分析提供有效的解决方案。

与低分辨质谱法（LRMS）相比，HRMS 能够提供高质量准确度和高分辨率，因此在全扫描分析中具有出色的灵敏度和选择性，能够实现环境污染物的高通量筛查。目前，与 LC 联用的 HRMS 仪器有：TOF-MS、Orbitrap-MS、FTICR-MS、离子阱质谱法（ITMS）以及混合质谱法（hybrid mass spectrometry），包括四极杆-飞行时间质谱法（Q-TOF-MS）、四极杆-轨道阱质谱法（Q-Orbitrap-MS）、四极杆-线性离子阱质谱法（Q-LIT-MS）、离子阱-飞行时间质谱法（IT-TOF-MS）、线性离子阱-轨道阱质谱法（LIT-orbitrap-MS）和最新发展的三合一质谱法（tribrid mass spectrometry）等。HRMS 的性能可以通过以下几方面进行评价：①质量准确度，即离子质量理论值 m/z 与测量值之间的相对误差；②质量分辨率，指质谱分辨相邻两个离子质量的能力（基于半高峰宽，full wave at half maximum，FWHM）；③扫描速度，完成一定 m/z 范围扫描所需要的时间；④动态范围，在整个分析过程中，离子强度与分析物浓度呈线性关系的 m/z 范围。根据 HRMS 的类型不同，各种参数范围如下：质量准确度为 100 ppb[①]（FTICR）～5 ppm[②]（LIT-TOF）；质量分辨率为 10000 FWHM（LIT-TOF）～1000000 FWHM（FTICR）；扫描速率为 8（LIT-Orbitrap）～100 Hz（Q-TOF）；动态范围为 5～40000 m/z（Q-TOF）到 20～100000 m/z（四极杆-离子淌度-飞行时间三合一质谱，quadrupole-ion mobility-TOF tribrid mass spectrometry）。其中，质量分辨率对于质谱是一个非常重要的概念。分辨率越高，质谱能够区分的两个离子质荷比差越小。高分辨率是质荷比检测准确度的必要条件，而准确的质荷比检测对于化合物分子式乃至结构推导都有重要意义。

FTICR 是目前最先进的质量分析器，其质量分辨率可以达到 1000000 FWHM 甚至更高，质量准确度误差能够低于 1 ppm，这使得 FTICR 在非靶标化合物的结构鉴定中具有巨大的优势。FTICR 的缺点是采集速度相对较慢，并且仪器成本过高，导致其实际应用受到限制。

Orbitrap 系列质谱技术在非靶标分析中占有重要地位。Orbitrap 的工作原理是将离子径向俘获在质谱中心电极周围，并根据离子振荡的频率测量其质荷比。与 FTICR 类似，Orbitrap 具有高分辨率（70000～120000 FWHM）和质量准确度（＜5 ppm）的优势；缺点是数据采集速度相对较慢，且与质量分辨率成反比。因此，在实际分析过程中，必须综合考虑色谱分离度和质谱分辨率以优化仪器条件。

相对于 FTICR 和 Orbitrap，TOF 主要依赖精确质量测量而非高分辨能力实现非靶标化合物鉴定的目的。TOF 在离子采集过程中没有离子质量上下限的限制，因此，利用该质谱能够在全部质量范围内实现化合物的高精度扫描。在提取离子功能下，TOF 能够在狭窄的质量范围内（如±0.01 Da）以高灵敏度和高选择性从全扫描数据中提取选定的精

---

① 1 ppb=10^{-9}。

② 1 ppm=10^{-6}。

确质量的离子色谱图，然后基于分子离子和碎片离子质量、同位素分布和保留时间等信息识别检测到的化合物。四极杆与 TOF 的混合串联质谱（Q-TOF）是应用最为广泛的非靶标分析技术之一。串联质谱特有的二级扫描功能能够实现对未知化合物更为准确可靠的识别。在 Q-TOF 的工作过程中，指定的分析物通过顺序裂解的方式（MS^n）被裂解，随后 TOF 选择分析物的一个特定产物离子进行扫描。通过重复该过程，即可获得该分析物众多产物离子的准确质量，形成分析物的特征碎片质谱信息，提高化合物结构阐明和分子特征识别的准确度。Q-TOF 的显著优势是采集速度快、质量范围宽和离子传输效率高，能够在有限时间内获得更多母离子和产物离子的信息；缺点是其分辨率在各类高分辨质谱中相对较低，一般为 10000～80000 FWHM。除了 Q-TOF，离子阱（IT）与 TOF 串联（IT-TOF）的质量分析器也得到了开发和应用，该质量分析器可以将离子保留在加速室中来实现多级质谱扫描（MS^n）。

3. 基质辅助激光解吸电离-飞行时间-质谱法（MALDI-TOF-MS）

基质辅助激光解吸电离（MALDI）技术是指利用激光束撞击分散在不锈钢板上的基质材料，在与被激发的基质材料的相互作用下，目标化合物发生离子化，随后从基质中被完整地电离出来，进入质谱得以检测分析。与 ESI 电离源相比，MALDI 能够减少复杂基质中的离子抑制效应、提高对杂质的耐受性。该技术还有样品消耗量低、灵敏度高、无须色谱分离、分析速度快等优点，是确定化合物分子量相对简便的方法。MALDI 是一种主要针对非挥发性、大分子化合物的电离技术，尤其适于分子质量范围从数百道尔顿（Da）到 100 kDa 以上的内/外源大分子的结构鉴定和物质筛选，包括脂质、蛋白质、肽、聚糖、代谢产物、合成聚合物等，在代谢组学、免疫学、药理学、植物代谢等研究领域发挥着重要的作用。MALDI 目前已与四极杆、IT、Orbitrap、TOF 和 FTICR 等不同类型的质量分析器进行耦合联用，其中 MALDI-TOF 是最常见的 MALDI-MS 联用技术。商用 MALDI-TOF 的典型空间分辨率约为 20 μm，具体受到样品表面入射激光束直径的影响。与 MALDI-TOF 相比，MALDI-FTICR 和 MALDI-Orbitrap 所需的采集时间更长、数据分析更复杂，这些缺点成为限制其应用的主要瓶颈；但这两种技术能够提供更高的质量分辨率、扩展单次分析的功能。因此，MALDI-FTICR 和 MALDI-Orbitrap 有望在未来高分子化合物分析鉴定方面发挥重要作用。

4. 其他辅助仪器及联用技术

在非靶标分析过程中，为了更全面深入地分析未知化合物的元素组成、分子式和结构式，提高对未知化合物识别的成功率，需要一些其他辅助分析手段。例如，在 MS/MS 裂解过程中，未知代谢产物可能会产生与母体化合物相同的碎片离子，基于特征性碎片离子的搜索有利于发现新的化合物；在代谢物筛查过程中，可以通过关注样品间目标峰的相关性来进行非靶标分析，即对不同样本进行时间、空间或过程关联的评估，样本的特征被视为数学集合，并通过统计工具进行数据处理；利用正交分析法明确识别污染物，如核磁共振（NMR）和红外光谱（IR）等分析技术。NMR 是一种无损分析技术，能够提供定性、半定量和定量分析信息。该技术不需要或仅需要对样品进行简单的前处理，在有机物的分析中具有广泛的应用。由于 NMR 是一种没有分离功能的检测技术，灵敏度也较低，因此出现了如 HPLC-NMR、LC-SPE-NMR/TOF-MS 等改进的联用技术。

7.2.3 非靶标分析的数据处理

利用色谱、质谱及联用技术对样品进行分析检测后会产生大量谱图数据，如何将这些数据转换为可利用的有效数据，并进行高效、准确的系统分析是非靶标分析的难点。通常来说，谱图的解析包括两方面的内容：谱图数据提取和化合物推断。在数据提取过程中，首先，需要对质谱图中的峰进行初步识别、过滤、对齐，扣除背景中的信号峰，提取真正有效的信号峰；然后，根据谱图提供的精确质量数与常用的化学品数据库进行匹配以获得分子式。在分子式的初筛过程中，通常依照 Kind 和 Fiehn（2007）提出的"七条黄金法则"（seven golden rules）：①元素数目的限制；②Lewis 和高级化学规则；③同位素模式；④氢/碳元素比例；⑤氮、氧、磷、硫与碳元素的比例；⑥元素比率的可能性；⑦是否存在三甲基硅烷化合物。根据二级或多级图谱提供的碎片离子信息、有机化合物裂解规律、同位素比例等信息，与相关数据库进行比对来匹配识别化合物，或人工总结化合物的特征碎片及裂解规律，通过 R 语言等软件构建相匹配的算法，以分析识别污染物。ProMass、自动质谱解卷积分识别系统（AMDIS）等解卷积分软件的应用，可以较好地消除信号噪声的影响；离子淌度与常规质谱分析数据的对比分析，在一定程度上为同分异构体的区分提供了重要的技术手段。近年来，随着质谱数据库和化学数据库的不断扩大，商业版质谱数据处理软件相继出现，MZmine 和 XCMS 软件是最常用的两款；此外，还有 EnviMass、Non-target ACD MS/Workbook Suite 等软件。仪器生产商也开发了与其生产仪器相匹配的软件，如 Agilent 公司的 Masshunter Profinder 软件、Thermo Fisher 公司的 Compound Discoverer 软件、AB SCIEX 公司的 Peak View 软件，可实现数据的批量化处理；基本上，从原始数据的处理、数据库的选取与谱库匹配，到统计分析，都可以自动完成。除以上软件外，类似的软件还有 Kendrick 等。Kendrick 软件是基于精确质量数和利用质量亏损进行分析的新数据软件，针对含卤素化合物特别是含卤素持久性有机污染物等而开发的。但目前这些软件平台的开发和使用基本上都以自家的仪器平台为基础，因专利保护、商业竞争等，平台之间缺乏系统的合作研究，无法形成通用的可以解决共性问题的数据库平台。除上述质谱数据库外，进行谱库检索匹配时需借助的另外一类数据库为化学数据库。化学数据库通常集成了化合物的分子式、结构式、理化性质及光谱、色谱、一级质谱等基本信息，是非靶标分析确定化合物分子式的重要参考工具。常用的化学数据库主要有 ChemSpider、PubChem、SciFinder、NIST Chemistry WebBook 等。

7.2.4 非靶标分析应用示例

由于环境样品的基质通常比较复杂，在进入相应的仪器进行分析测定时，往往需要对样品进行必要的提取、净化、浓缩等前处理，为保证后续非靶标分析时尽可能多地发现未知污染物，样品前处理过程则应尽可能简单。对于基质相对简单的样品如水样，直接进样或直接稀释进样是最为有效的样品前处理方法，但该方法可能面临分析物信号强度低于仪器最低检测限的信号值的问题，这就不得不对样品进行必要的净化和浓缩处理。常用的环境样品前处理方法主要有 LLE、SPE、加速溶剂萃取（ASE）法、微波辅助萃取（MAE）法及 QuEChERS 法等。下面针对环境水样、泥土样品及生物样品中污染物非靶标分析的应用情况简要举例说明。

1. 环境水样的非靶标分析

目前主要是针对污水处理厂、海水、河水、地下水中多氯联苯、多环芳烃、有机磷阻燃剂、邻苯二甲酸盐和合成麝香类化合物、药物及个人护理品（PPCPs）等几大类污染物的分析。研究人员利用 GC-TOF-MS 平台构建了一个包含 215 种持久性污染物的数据库谱库，包含化合物的特征离子及碎片、同位素比例和保留时间，并利用该平台对北极地区海水、空气、土壤、沉积物、冰山和污泥等环境样品进行检测，通过数据库比对，在其中分别发现 113 种、103 种、102 种、101 种、35 种和 59 种污染物，主要污染物类型有硅氧烷、多氯联苯、多环芳烃、有机磷阻燃剂、邻苯二甲酸酯和合成麝香类化合物。利用大体积进样（large volume injection）-超高效液相色谱-四极杆飞行时间质谱（LVI-UPLC-Q-TOF-MS）分析平台，对比利时河水样品中的药物进行筛查，发现 37 种可疑药物，其中 30 种通过与真实标准品比对得到验证，包括镇痛药、抗生素、抗抑郁药、抗癫痫药、抗干扰药和抗炎药等（Vergeynst et al.，2014）。研究人员利用 LC-HRMS 构建了一个非靶标分析策略，通过对韩国境内荣山江水样中的药物和个人护理品类污染物进行筛查，最终匹配得到 51 种 PPCPs，其中 28 种化合物通过与标准物质匹配得到验证，卡马西平、二甲双胍、对黄嘌呤、萘普生和氟康唑这 5 种化合物的检出率为 100%，且卡马西平、二甲双胍、对黄嘌呤、咖啡因、西咪替丁等化合物的最高质量浓度大于 1000 ng/L（Park et al.，2018）。利用 LC-Orbitrap-MS 技术对淀山湖地表水中的 PPCPs 进行筛查，通过数据库匹配得到 95 种化合物，主要归为 4 大类：农药、药物、塑化剂和表面活性剂，并对其中检出率较高、风险较大的 19 种物质进一步确认及量化，方法检出限为 0.015～1.00 ng/L，定量限为 0.05～6.50 ng/L（Meng et al.，2020）。

2. 泥土及生物样品的非靶标分析

由于泥土及生物样品基质比较复杂，样品或提取液的分离净化程度将会直接影响后续非靶标分析的结果。常用的净化手段主要是将样品提取液采用硅胶柱、凝胶渗透色谱法（GPC）、弗罗里硅土固相萃取柱等进行净化处理，以消除有机质基质、脂类等干扰物的影响。使用 GC-Q-TOF 对居民房屋内灰尘中的污染物进行分析，通过靶标分析检测到 59 种目标物质，再经过非靶标分析进一步识别出 27 种化合物，其中 17 种经过标准物质确证（Moschet et al.，2018）。利用微波辅助萃取（MAE）技术提取沉积物中的抗生素类物质，结合 SPE 对提取液净化后，利用 UPLC-Q-Orbitrap 对 25 种抗生素进行分析，检测限可达 0.1～3.8 μg/kg （Tong et al.，2016）。在研究海洋环境中持久性和生物蓄积性有机污染物时，采用 GPC 对海豚中的油脂匀浆后进行净化，与采用酸化法或者 GPC-硅胶色谱联合处理法净化处理相比，能更好地避免待测组分的损失，利用 GC-TOF 共检测到 24 类 271 种化合物，其中有 86 种化合物不在常规监测的化合物范围（Hoh et al.，2012）。

7.3　靶标分析与非靶标分析优缺点比较

对于环境污染物的识别与鉴定，Juliane Hollender 定义了五个级别的置信度，由高到低分别为：①确认的分子结构；②可能的分子结构；③候选的分子结构；④确认无疑的分子式；⑤精确的质量数。真实标准品的验证是明确化合物结构的必要条件，也是靶标分析与非靶标分析的首要区别。在靶标分析中，目标化合物已知且具有相应真实标准品供参考，因此不需要对化合物进行优先级排序，而直接在定义好的质谱方法中实现自动检测。对于缺乏真实标准品作为定性和定量依据的未知化合物，则需要通过非靶标分析技术进行筛查和识别；该技术将化合物的出现频率和质谱峰面积（浓度相关指标）等信息作为对化合物进行优先级排序的关键参数。

在靶标分析中，目标化合物基于色谱保留时间和质谱峰信息在样品中得到识别与确认，利用 LRMS（如三重四极杆质谱）和内标法进行定量分析。相对于非靶标分析，靶标分析技术普及度高，在优化的方法下分析灵敏度高、耗时短。非靶标分析则高度依赖于先进质谱技术的高分辨率和高通量能力。在非靶标分析中，对于完全未知的非靶向化合物分析一般在可疑物分析之后进行，包括背景扣除、降噪、精确质量数匹配分子式、碎片离子信息匹配结构式几个步骤。现代 HRMS 仪器可以实现低于 5 ppm 的质量准确度和高于 10000 FWHM 的质量分辨率。因此，对于任何检测到的化合物质量，在理论上都可以利用非靶标分析以高置信度计算其元素组成并阐明其结构。非靶标分析作为一种概念方法具有明显的应用限制，包括：①实施过程耗时；②在污染物的识别过程中受到样品前处理过程、色谱分离条件和电离过程带来的限制，以痕量水平存在的化合物离子信号容易被基质干扰离子掩盖；③非靶标分析在未知化合物的结构解析方面存在很多不足，也面临着很多挑战，包括 HRMS 高通量运行生成的庞大数据集、结构解析软件工具和参考库的缺乏以及环境分析日益增长的需求等。

虽然非靶标分析功能强大且颇具发展潜力，但是靶标分析仍是目前常规环境监测的主要手段。在对环境污染物的分析中，非靶标分析可以应用于环境污染物风险评估的第一步，经过筛选得到的优先关注污染物再进一步通过靶标分析进行可靠的识别与鉴定。表 7-1 简要比较了靶标分析与非靶标分析（包括可疑物分析和非靶向化合物分析）的区别。

表 7-1 靶标分析、可疑物分析与非靶向化合物分析比较

项目	靶标分析	可疑化合物分析	非靶向化合物分析
化合物信息	已知	已知	未知
标准品	有	无	无
质谱仪器	LRMS	HRMS	HRMS
通量	1～100	100～1000	成千上万
结构确证	真实标准品比对（保留时间、离子对信息）	数据库比对（精确质量数匹配分子式、碎片离子信息匹配结构式）	软件预测（精确质量数预测分子式、碎片离子信息预测结构式）
验证能力	强	较强	弱
质谱库	ChemSpider、PubChem、SciFinder、NIST Chemistry WebBook 等	MZmine、XCMS、NIST、MassBank、mzCloud、METLIN、HMDB 等	MetFrag、MassFrontier 等
优点	环境污染物精准定量分析	比较可靠的高通量筛查	全扫描鉴别未知污染物
缺点	目标化合物数量有限	质谱库有限，难以比对；缺乏真实标准品，难以确认	耗时耗力，难度大；缺乏真实标准品，难以确认

习 题

1. 如何评价高分辨质谱的性能？

2. 现场分析和实验室仪器分析各有什么优缺点？分别适用于哪些领域？

3. 从仪器和化合物识别的角度，简述靶标分析与非靶标分析的区别。

4. 非靶标分析中可疑物分析和非靶向化合物分析的区别与联系是什么？

5. 目前非靶标分析的困难和挑战有哪些？

第8章　环境污染物赋存状态的解析方法

污染物的赋存状态决定其环境暴露、迁移归趋与生物有效性。污染物赋存状态的解析方法不依赖于环境介质，是精细刻画污染物分子本身特性的基本手段。污染物分子的赋存状态受环境介质影响，不同环境介质中同一污染物分子的状态很可能不同，而且在复合污染情况下的赋存状态与单一污染物也有差别。目前解析污染物赋存状态的方法逐渐向多介质界面、分子水平、纳米尺度、原位在线发展，分子光谱是其中重要的方法之一。本章主要介绍分子振动光谱与同步辐射 X 射线吸收光谱。

8.1　分子振动光谱的理论及应用

8.1.1　红外光谱

1. 基本概念

太阳光透过三棱镜时，能够分解成红、橙、黄、绿、蓝、紫的光谱带；1800 年，人们发现在红光的外面，温度会升高，由此发现了具有热效应的红外线。红外线和可见光一样，是电磁波总谱中的一部分。红外区划分为近红外区（0.7～2 μm）、基频红外区（也称指纹区，2～25 μm）和远红外区（25～1000 μm）三部分。

1881 年以后，人们发现了物质对不同波长的红外线具有不同程度的吸收，20 世纪初，有学者测量了各种无机物和有机物对红外辐射的吸收情况，并提出了物质吸收的辐射波长与化学结构相关；与此同时，分子振动-转动光谱研究的逐步深入为红外光谱学奠定了基础。1940 年以后，红外光谱成为化学和物理研究的重要工具。近年来，计算机-红外分光光度计、傅里叶变换红外光谱仪（FTIR）和激光红外光谱仪的诞生开创了崭新的红外光谱领域，促进了红外理论的发展和红外光谱的应用。

红外光谱技术的发展经历了一个从异位到原位研究的过程。早期红外光谱应用透射模式采集数据，需要将样品进行干燥、研磨，然后同高纯溴化钾粉末混合均匀，经过压片制成可供透射模式观察的样品。由于需要对样品进行一定处理，因此也被称为异位红外。随着反射附件如柱形内反射（CIR）以及衰减全反射（ATR）附件的出现，对吸附样品的原位分析得以实现。因为 ATR 附件允许将样品置于晶体表面，通过反射模式采集信号，一方面更有利于表面信息的收集，另一方面减小了水的干扰，也省去了样品前处理步骤。

2. FTIR

FTIR 主要由光学检测系统和计算机两部分组成。红外光谱图的测定需要两步完成：第一，经干涉仪获取红外干涉图，待测物质的光谱信息包含在此干涉图中，但难以辨认；第二，计算机对干涉图进行快速傅里叶变换，得到以波数或波长为函数的频域谱，即红外光谱图。FTIR 采用了二阶导数谱与傅里叶去卷积技术，两者结合使用则可突出显示一些不明显的光谱特征，并可从重叠的谱带中获得隐含信息，简化了谱图分析过程。FTIR 具有高通光量、高灵敏度、低噪声、重现性好以及测量速度快等优点，被广泛运用于气态、液态和固态物质的定性或定量分析中，是研究分子间相互作用的有效手段。FTIR 主要包括红外显微镜、傅里叶变换拉曼光谱、气质联用、衰减全反射、漫散射、镜面反射和掠角反射、红外偏振器、样品穿梭器等附件。其中，ATR-FTIR 技术可以采集到水介质条件下样品的红外吸收谱图，通过对比吸附前后的谱图特征即可以获得界面构型的形态信息，为揭示原位条件下吸附反应的本质提供了直接证据，被广泛地应用于固-液微界面的吸附作用机制研究中。

3. ATR-FTIR

ATR-FTIR 技术实现了固-液界面反应的原位检测，扩展了红外光谱在环境界面领域的应用。衰减全反射属于内反射光谱，其工作原理为光的衰减全反射现象。图 8-1 为原位流动槽多次衰减全反射技术示意图。

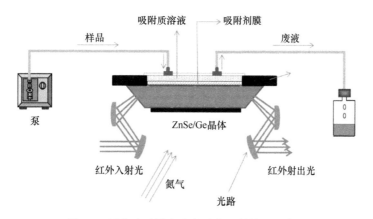

图 8-1　原位流动槽多次衰减全反射技术示意图

当光由光密介质传播到光疏介质中时，如果满足全反射条件，同时两介质在界面上存在较紧密的接触，就会有部分能量被光疏介质吸收，而反射光能量损失。根据这一现象，将样品放到一块光折射率比样品大的内反射晶体上，令红外光在晶体中传播，则有部分能量以渐消波的形式被样品吸收，于是反射光中带有与样品红外吸收特性有关的信息，最后通过红外光谱仪分析记录下来。获得的光谱信号遵守比尔定律，如式（8-1）

所示:

$$A_i = \varepsilon \times c \times l \qquad (8\text{-}1)$$

式中，A_i 为吸收强度；ε 为样品的摩尔吸收系数，L/(mol·cm)；c 为样品浓度，mol/L；l 为有效光程，cm。由此可见，衰减全反射技术大大缩短了红外光在样品中的传播光程，因而降低了来自样品主体和溶液相（尤其是水）的强吸收。这个在两相界面间存在的渐消波是一个强度沿界面法线方向呈指数衰减的电磁场，在界面区域晶体面一侧强度最高，而在透入样品层一定深度后衰减为零。那么入射的红外光在界面间就存在一个能量的可穿透深度，这个穿透深度被定义为 d_p

$$d_p = \frac{\lambda}{2\pi n_1} \cdot \frac{1}{\left(\sin^2\theta - n_{21}^2\right)^{0.5}} \qquad (8\text{-}2)$$

式中，λ 为入射红外光波长，μm；$n_{21} = n_2/n_1$，为两介质的折射率比值；θ 为光线的入射角。一般来说，对密实堆积的样品，只有当 d_p 大于样品层厚度时，也就是光线可以穿透样品层进入相界面区域时，才可能检测到真实发生在界面上的反应。对于具有孔隙结构的样品层，由于溶液相的影响，样品层折射率变化，穿透深度也相应变化，往往使得对界面反应的观测更容易，但同时也给定量分析引入了更多的不确定参数。最后检测到的反射光强度可表示为式（8-3）:

$$R^N = \left(1 - \alpha d_e\right)^N \qquad (8\text{-}3)$$

式中，α 为吸收系数，cm^{-1}；d_e 为有效穿透深度，μm，与 d_p 有关；N 为发生衰减全反射的次数。由此可知，在应用此方法时，内反射晶体材质、形状尺寸、光源入射角度的选择都需要根据具体样品的特性来确定。

ATR-FTIR 技术主要用于解析化合物的结构特征。多数化合物的折射率为 1.0～1.5，因此实现衰减全反射需要使用折射率大于 1.5 的晶体。此外，水平 ATR-FTIR 的晶体材料应具有良好的化学稳定性及较高的机械强度。标准配置通常采用入射角为 45°的 ZnSe 晶体，这种晶体适用于绝大多数样品的检测，pH 的耐受范围为 5～9。Ge 晶体则适于测定高折射率的样品，抗酸碱腐蚀，但测量区间较窄，低频段仅能测到 800 cm^{-1}。

4. 红外光谱与分子结构的关系

1）基频峰与泛频峰

在分子吸收一定频率的红外线后，振动能级从基态（V_0）跃迁到第一激发态（V_1）时所产生的吸收峰称为基频峰。振动能级从基态（V_0）跃迁到第二激发态（V_2）、第三激发态（V_3）…所产生的吸收峰称为倍频峰。通常基频峰强度比倍频峰强，由于分子的非谐振性质，倍频峰并非是基频峰的两倍，而是略小一些（H—Cl 分子基频峰位于 2885.9 cm^{-1}，强度很大，其二倍频峰位于 5668 cm^{-1}，是一个很弱的峰）。还有组频峰，它包括合频峰及差频峰，它们的强度更弱，一般不易辨认。倍频峰、差频峰及合频峰总称为泛频峰。

2）特征峰与相关峰

红外光谱的最大特点是具有特征性，这也是分子光谱作为指纹谱图的优势。复杂分子中存在许多原子基团，各个原子团在分子被激发后，都会发生特征的振动。分子的振动实质上是化学键的振动。同一类型的化学键的振动频率非常接近，总是在某个范围内。例如，很多含有—NH_2 基团的化合物在 3500～3100 cm^{-1} 频率附近出现吸收峰。因此凡是能用于鉴定原子团存在并有较高强度的吸收峰，称为特征峰，对应的频率称为特征频率。一个基团除有特征峰外，还有很多其他振动形式的吸收峰，称为相关峰。大量研究表明在 4000～1300 cm^{-1} 区域内，许多基团或化学键与其频率对应关系能明确地体现，此区域称为基团特征频率区。

3）谱带的位置、相对强度和形状

红外光谱吸收带的位置、相对强度和形状是定性与定量分析的依据。谱带位置可作为指示一定基团存在的依据。某一基团的特征频率取决于原子的质量、化学键的力常数以及原子的几何排列。原子质量越小，伸缩振动频率越高；反之，伸缩振动频率越低，如

v（C—H）：2800～3100 cm^{-1}；v（C—C）：1000 cm^{-1}；v（C—Cl）：635～750 cm^{-1}；v（C—I）：500 cm^{-1}。

对于 C—C、C＝C、C≡C 键，原子质量虽相同，但化学键强度不同。化学键强度越强，力常数越大，振动能级间距越大，分子从基态跃迁到第一激发态所需能量越大，振动频率越高，吸收峰向高波数递增。

化学键强度：C—C ＜ C＝C ＜ C≡C

力常数：$k_{C—C} < k_{C=C} < k_{C≡C}$

吸收峰位置：1000 cm^{-1}、1640～1660 cm^{-1}、2000～2300 cm^{-1}

根据决定基团频率的规律，一般把红外光谱的基团频率区分为以下 4 个范围：

①X—H 伸缩振动区（X＝O、N、C、S、P 等）：3600～2500 cm^{-1}；②三键和叠集双键（C≡X，X ＝C 或 N）：2400～2100 cm^{-1}；③双键伸缩振动范围（C＝X，X＝C、N或 O）：1900～1580 cm^{-1}；④骨架振动及指纹区：1500～400 cm^{-1}。

4）影响红外光谱特征谱带的因素

影响红外光谱特征谱带的因素包括分子内部结构的因素，如诱导效应、共轭效应、偶极场效应、键角效应、共轭的立体阻碍、耦合效应以及费米共振等；外部影响因素包括态效应、溶剂效应和氢键效应等。

红外吸收峰减少的主要原因包括：

（1）红外非活性振动，高度对称的分子由于有些振动不引起偶极矩的变化，故没有红外吸收峰；

（2）不在同一平面内的具有相同频率的两个基频振动可发生简并，造成红外光谱中只出现一个吸收峰；

（3）仪器的分辨率低，不能检出强度很弱的吸收峰，或吸收峰相距太近出现简并；

（4）基团的振动频率出现在低频区（长波区），超出仪器的测试范围。

红外吸收峰增加的可能原因为：

（1）倍频吸收；

（2）组合频的产生，即一种频率的光同时被两个振动吸收，其能量对应两种振动能级的能量变化之和，对应的吸收峰称为组合峰，也是一个弱峰，一般出现在两个或多个基频之和或差的附近。基频为 ν_1、ν_2 的两个吸收峰，它们的组频峰在 $\nu_1+\nu_2$ 或 $\nu_1-\nu_2$ 附近；

（3）振动偶合，相同的两个基团在分子中靠得很近时，其相应的特征峰会发生分裂形成两个峰，这种现象称为振动偶合。例如，异丙基中的两个甲基相互振动偶合，引起甲基对称弯曲振动 $1380cm^{-1}$ 处的峰裂分为两个峰，分别出现在 $1385\sim1380\ cm^{-1}$ 及 $1375\sim1365\ cm^{-1}$；

（4）费米共振，倍频峰或组频峰位于某个强的基频峰附近时，弱的倍频峰或组频峰的强度会被大大强化，这种倍频峰或组频峰与基频峰之间的偶合，称为费米共振，往往裂分为两个峰。例如，醛基的 C—H 伸缩振动 $2830\sim2965\ cm^{-1}$ 和其 C—H 弯曲振动 $1390\ cm^{-1}$ 的倍频峰发生费米共振，裂分为两个峰，在 $2840\ cm^{-1}$ 和 $2760\ cm^{-1}$ 附近出现两个中等强度的吸收峰，这成为醛基的特征峰。

8.1.2　拉曼光谱

当光通过介质时，散射光频率中除原入射光频率之外，出现在入射光两侧对称分布的新频率的现象，称为拉曼散射或者联合散射。与红外光谱相比，拉曼光谱有制样简单、水干扰小、可做活体实验等优点，在环境化学等领域有重要应用价值。

常规拉曼散射截面非常低，分别只有红外和荧光的 10^{-6} 和 10^{-14}。拉曼技术的低灵敏度缺陷一度制约了其在痕量检测和表面科学领域的应用。在 20 世纪 70 年代，Fleischmann 等首次发现吡啶分子吸附在电化学粗糙的 Ag 电极表面时，其拉曼信号得到了很大的增强。他们把所观察到的增强现象归因于粗糙后的 Ag 电极表面具有较大的吸附面积，导致吸附吡啶分子的数目增加。1977 年，van Duyne 等和 Creighton 等又分别独立重复了以上实验，并通过理论计算发现吸附在 Ag 电极表面的吡啶分子产生的拉曼散射光谱比正常的拉曼光谱强度增加了 $10^4\sim10^6$ 倍。van Duyne 等将这种由粗糙表面引起的拉曼信号增强现象定义为表面增强拉曼散射（SERS）。

SERS 效应的发现有效解决了拉曼技术的低灵敏度问题。其主要特点如下：

（1）SERS 效应最重要的特性是具有很大的增强因子。根据精确计算，吸附在粗糙 Ag、Au 或 Cu 表面的分子拉曼信号比普通分子强 $10^4 \sim 10^7$ 倍；

（2）SERS 具有表面选择性。只有少数金属表面能产生 SERS 效应。目前 Ag、Au、Cu 因其良好的增强效应被广泛地用作 SERS 金属基底。一些碱金属如 Li、Na、K，以及过渡金属 Fe、Co 及 Ni 等也可以产生 SERS 效应。还有一些半导体如 CdS、Fe_2O_3、TiO_2 等表面也能观察 SERS 效应；

（3）金属基体表面粗糙化是产生 SERS 效应的必要条件。针对不同金属，对应于最大增强因子的表面粗糙度是不同的。表面粗糙度可分为三类：第一种是宏观粗糙度，粒子尺寸在 $20 \sim 500$ nm 范围内；第二种是亚微观粗糙度，粒子尺寸在 $5 \sim 20$ nm；第三种是微观粗糙度，粒子尺寸小于 5 nm。

SERS 现象被提出后，受到了研究者的高度重视。为了阐释 SERS 增强机理，研究者提出了多种理论模式，主要可以分为两种：电磁增强机制和化学增强机制。其中，电磁增强机制主要考虑金属表面局域电场的增强，已得到普遍承认，而化学增强机制主要考虑金属与分子间的化学作用所导致的极化率改变，在一些体系中也确实存在。

电磁场机理是一种物理模型，可用表面等离子体共振来解释。它认为吸附于金属表面分子的拉曼散射信号的增强，主要来源于粗糙表面在光照射下产生且由表面电子集体振荡形成的一个附加共振电磁场。具有一定表面粗糙度的类自由电子金属基底的存在，使得入射光在表面产生的电磁场增强，由于拉曼散射强度与分子所处光场强度的平方成正比，因此极大地增加了吸附在表面的分子产生拉曼散射的概率，从而提高表面拉曼强度。引起电磁场增强机理的因素主要有以下几种。

（1）表面等离激元共振（SPR）。该增强机理已被广大研究者公认为 SERS 增强的主要来源。粗糙金属表面的电子在入射激光的作用下集体运动，在特定频率下形成表面等离激元共振。在 SPR 条件下，基底表面形成非常大的局域电场，在此区域内探针分子的拉曼信号也随之大幅增加。

（2）避雷针效应（lightning rod effect）。金属粗糙过程中往往产生一些曲率半径非常大的针状纳米级颗粒，在这些颗粒的尖端处具有很强的局域表面电磁场，并且尖端越小，其表面场强越大。

（3）镜像场效应（image field effect）。当吸附分子和金属表面之间的距离很小时，吸附分子的偶极将在金属内产生共轭的电偶极，以此在表面形成镜像光电场。入射光与镜像光电场都对吸附分子的表面拉曼信号起增强作用，这种效应称为镜像场效应。

电磁场理论可以很好地解释 SERS 现象，但是许多实验事实却不能仅借助电磁场增强模型得到合理解释，此时就需要用化学增强理论来补充。所谓的化学增强是金属和所吸附分子间发生了电荷转移，从而使分子的极化率发生变化，导致激发出的拉曼散射信号增强。化学增强存在的主要依据源自电化学体系的 SERS 研究。对许多体系，电极表面吸附分子的 SERS 强度是所加电极电位的函数，吸附于金属表面探针分子的 SERS 强度随电极电位的变化出现最大值，并且该最大值会随激发光波长的变化而产生位移。近年来一些单分子的 SERS 研究结果也表明，某些分子在金属表面的增强因子最大可达 14 个数量级，这与理论上的 SERS 活性位电磁场增强因子（11～12 个数量级）相差 2～3 个数量级，研究者认为这种差别源自化学增强机理的贡献。

以上两种增强机理的研究已经十分广泛。但是由于 SERS 现象十分复杂，对于何种条件下以何种机理为主，以及定量两种机理贡献的研究迄今尚未定论。尽管如此，SERS 作为一种表面研究的有效技术手段，在环境化学、分析化学、生物学、生物医药学等领域已经得到广泛应用。

8.1.3　分子光谱选律

物质分子由原子通过化学键键合组成。分子中的原子与化学键都处于不断地运动中。它们的运动除了原子外层价电子跃迁外，还有分子中原子的振动和分子本身的转动。这些运动形式都可能吸收外界能量而引起能级跃迁。每个振动能级包含很多转动分能级，因此在分子发生振动能级跃迁时，不可避免地发生转动能级的跃迁，因此无法测得纯振动光谱，故通常所测得的光谱实际上是振动-转动光谱，简称振转光谱。

分子所吸收的能量可表示为式（8-4）：

$$E = h\nu = \frac{hc}{\lambda} \qquad\qquad (8-4)$$

式中，E 为光子的能量；h 为普朗克常数；ν 为光子的频率；c 为光速；λ 为波长。由此可见，光子的能量与频率成正比，与波长成反比。

分子吸收光子后，根据光子能量的大小，可以引起转动、振动和电子能阶的跃迁，红外光谱是由分子的振动和转动引起的，又称振-转光谱。

将分子看作由弹簧和小球组成的结构。小球代表原子或原子团，弹簧代表原子间的化学键。用这个简单模型可以说明振动光谱的形成。该系统吸收能量时，因为小球质量不同和弹簧强度不等，可以引起各种复杂的振动形式，这些振动形式均由基谐振动组成，每个基谐振动都有一定的频率，称为基频。

分子振动模式可以分为两大类，即伸缩振动和弯曲振动，如图 8-2 所示。

1）伸缩振动

原子沿着键的方向往复运动，伸缩振动只改变键长，而不改变键角大小。伸缩振动有对称（ν_s）和反对称（ν_{as}）两种。

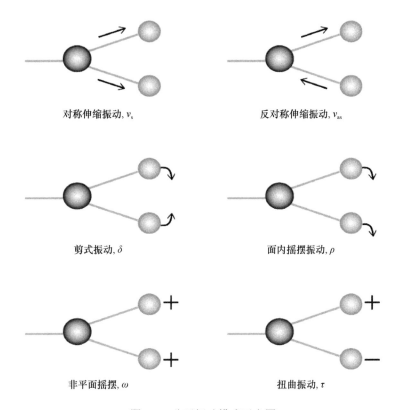

图 8-2 分子振动模式示意图

"+"表示运动方向垂直纸面向上；"−"表示运动方向垂直纸面向下

2）弯曲振动

原子垂直于化学键方向运动。弯曲振动在平面上运动，不改变键长而改变角的大小。可分为面内（in plane）和面外（out of plane）两种振动。面内弯曲振动又分为剪式振动（scissoring，δ）和面内摇摆振动（rocking，ρ）。面外弯曲振动可分为非平面摇摆（wagging，ω）和扭曲振动（twisting，τ）。

如果分子由 n 个原子组成，则此分子有 $3n-6$ 个基频振动（如果分子是直线形的，则有 $3n-5$ 个基频）。实际观察光谱时，并不一定有 $3n-6$ 个谱带，合频、泛频、差频、简并等因素会造成振动数目的增加或减少。

分子的基本振动形式所产生的振动频率如果与分子中的化学键或基团相适应，便成为特征振动频率。可由式（8-5）计算：

$$\nu = \frac{1}{2\pi c}\sqrt{\frac{f}{\mu}} \tag{8-5}$$

式中，ν 为频率，cm^{-1}（也称为波数）；f 为键的力常数，10^{-5} N/cm；c 为光速，3×10^{10} cm/s；μ 为原子折合质量。

如果是双原子分子，其质量分别为 m_A 和 m_B，则折合质量如式（8-6）所示：

$$\mu = \frac{m_A \cdot m_B}{m_A + m_B} \tag{8-6}$$

波数（v）与波长（λ）都可用来表示红外光谱图的横坐标，换算公式如式（8-7）所示：

$$v\left(cm^{-1}\right) = \frac{1}{\lambda(cm)} = \frac{10^4}{\lambda(\mu m)} \tag{8-7}$$

由式（8-5）可知，振动频率随键的力常数增加而增加，随成键原子折合质量的增加而减少。

拉曼光谱和红外光谱同属分子光谱，但同一分子的红外光谱和拉曼光谱却不尽相同，红外光谱是分子对红外光源的吸收所产生的光谱，拉曼光谱是分子对可见光的散射所产生的光谱。分子的某一振动谱带是在拉曼光谱中出现还是在红外光谱中出现由光谱选律决定。

光谱选律的直观说法是，如果某一简正振动对应的分子偶极矩变化不为零，如式（8-8）所示：

$$\left(\frac{\partial P}{\partial Q_k}\right)_0 \neq 0 \tag{8-8}$$

则是红外活性的；反之，是红外非活性的。

如果某一简正振动对应于分子的感生极化率变化不为零，如式（8-9）所示：

$$\left(\frac{\partial \alpha_{ij}}{\partial Q_k}\right)_0 \neq 0 \tag{8-9}$$

则是拉曼活性的；反之，是拉曼非活性的。

如果某一简正振动对应的分子偶极矩和感生极化率同时发生变化（或不变化），则是红外和拉曼活性的（或非活性的）。

常用的判断规则如表 8-1 所示。

表 8-1 物质红外及拉曼活性判断规则

物质类型	红外	拉曼
同核双原子分子	非活性	活性
非极性晶体	非活性	活性
异核双原子分子	活性	非活性
极性晶体	活性	具体分析

8.1.4 环境应用

1. 红外光谱的环境应用

红外光谱是一种基于分子振动的光谱技术。处于不同化学环境的分子（离子）基团振动频率存在差别，因此通过观察样品的红外吸收峰可以分辨基团的化学环境。在环境领域，红外光谱可用于观察界面的含氧酸根阴离子，如磷酸根、硼酸根、硫酸根、硒酸根和砷酸根，以及一些低分子量有机酸基团在环境界面的吸附构型。此外，红外光谱还可以用来表征气-固界面的吸附和催化过程。

红外光谱可以揭示离子吸附机制，区分内层和外层配合物，其原理是基于分子对称性。以磷酸根为例，高 pH 溶液中的 PO_4^{3-} 是一个正四面体对称结构（T_d），在红外吸收中只产生一个单独的吸收峰（1070 cm^{-1}）；随着 pH 降低，PO_4^{3-} 逐渐质子化形成 HPO_4^{2-}，其分子对称性降低为 C_{3v}，单峰分裂成双峰（1077 cm^{-1} 和 989 cm^{-1}）；生成 $H_2PO_4^-$ 后，对称性进一步降低（C_{2v}），吸收峰继续分裂（1174～1179 cm^{-1}、1006 cm^{-1} 和 890 cm^{-1}）。磷酸根生成外层配合物时，其结构应该与溶液中的离子形态类似，红外吸收峰的位置和分裂行为也应该相似。但当磷酸根在氧化铁（铝）表面生成内层配合物时，独特的配位结构会导致其对称性进一步降低，同时吸收峰的位置也会产生较大偏移。由此可以确定磷酸根吸附的机制，并可推断磷酸根吸附是单齿配合还是双齿配合。

利用 ATR-FTIR 技术能够准确研究离子在矿物表面的吸附机理。该技术的最大优点是不仅可以原位研究固-液界面的分子形态，还可以从分子水平研究吸附动力学。研究者利用该技术研究了三价砷在氧化锰矿物表面氧化为五价砷的反应动力学，揭示了无机砷酸根离子在矿物质/水界面的转化，将界面反应动力学的研究推向了分子水平。一般认为 As 以双齿双核形式吸附在铁氧化物和 TiO_2 上，同时 ATR-FTIR 能够证明含氧阴离子与金属阳离子在矿物表面形成三元络合物，这是由于形成的三元络合物改变了含氧阴离子吸附时的对称性结构。例如，ATR-FTIR 能够证明 As(V) 和 PO_4^{3-} 能够与 Ca^{2+} 形成三元表面络合物，以及 SO_4^{2-} 能够与 Cd^{2+}、Pb^{2+} 等阳离子形成三元表面络合物。此外，Si在矿物表面会发生聚合作用，在较短时期（0.1～35 h）和长期（210 d）反应过程中均可检测到 Si 在金属氧化物上形成的单体、低聚体和多聚体形态。可见，ATR-FTIR能够作为一个有力的技术手段，研究目标污染物与其他离子共存时在矿物表面的微观吸附机理。

同任何技术一样，红外光谱也有其自身局限性，主要表现在研究体系和研究对象上。首先，并非所有物质都存在红外吸收，如卤化物（氯化钠和溴化钾等）就不存在红外吸收。此外，光谱研究表面吸附形态主要是通过差减的方法，先采集空白吸附剂的背景谱，再在相同条件下采集吸附样品的谱图，扣除原有衬底（吸附剂）的背景吸收即获得吸附在表面的分子红外吸收谱图。若某些吸附质的红外吸收峰刚好同表面吸附分子（离子）

的红外吸收重合，数据分析会非常困难。

2. 拉曼光谱的环境应用

拉曼光谱因其灵敏度有限，在环境领域主要用于定性表征、成像分析、界面过程机理监测等专业化用途。SERS 光谱克服了拉曼光谱灵敏度低的缺陷，可以提供分子水平的结构信息，在环境污染物的分析检测领域得到广泛应用。目前通过 SERS 技术已实现对上百种环境污染物的分析。SERS 光谱具有高效编码能力，在单一波长激光的激发下，可实现多种痕量分子的高通量同步检测。但是 SERS 效应的环境应用也面临许多问题，例如金银溶胶等二维结构基底与环境水体混合后，会迅速发生不可控团聚；此外环境基质中一些杂质信号给光谱分辨带来了困难。

将分子印迹聚合物（MIP）与 SERS 技术相结合，能有效提高分析方法的分离富集能力和检测选择性。当模板分子（目标分子）与聚合物相结合时，会形成多重作用位点并被"记忆"，当模板分子去除后，MIP 中就形成与模板分子空间构型和尺寸相匹配的空穴，因而对模板分子具有高度选择识别特性，能在复杂基体中特异性识别目标物。MIP-SERS 方法可实现对茶碱、邻苯二甲酸酯、杀虫剂、诺氟沙星等污染物的分析。将贵金属纳米颗粒组装于 Fe_3O_4 等材料表面，得到具有磁性的卫星状结构三维复合材料，可实现对污染物的特异性主动富集与快速分离，为复杂环境基质中污染物的 SERS 高效指纹检测提供了思路。基于时域有限差分（FDTD）理论模拟，研究者设计合成了一系列高 SERS 活性的磁性三维增强基底材料，机理研究与环境应用并进，实现了地下水、河水、电镀废水、工业废水等多种环境基质中痕量污染物的定性与定量分析，检测时间仅需 1 min。

在环境与生物交叉学科，SERS 技术的应用非常广泛。SERS 在生物小分子结构研究中具有一定优势，从相对简单的生物分子（如氨基酸和多肽）到蛋白质、核酸和酶，再到单个细胞、活组织、细菌和病毒等，均可实现分析。近年来，大量文献报道了基于贵金属纳米材料和功能化核酸适配体自组装构建的 SERS 生物传感器。通过合成金包银的核-壳纳米棒基底来制备 SERS 传感器，研究者在癌细胞多种核酸中区分出了突变型和野生型 *KRAS* 基因。通过观察与 SERS 基底结合的硫醇的构象变化，验证了突变基因的存在。van Duyne 等通过双组分自组装单层修饰法制备了一种锟膜 SERS 基底，并将其注射到小鼠皮下组织，通过光学窗口检测组织液中的葡萄糖含量，该方法为糖尿病的预防和控制提供了一种新思路。

Fleischmann 等在研究吡啶分子在粗糙银电极上的吸附构型时，发现了 SERS 效应，因此 SERS 的首次应用就是研究界面反应构型。将环境催化体系与 SERS 平台耦合，既能利用 SERS 原位监测吸附分子的组成及构型构象变化，又可基于贵金属 SERS 基底与表面分子相互作用引起的峰位移、相对强度改变等信息，解释催化机理。研究者将 Pd 颗粒负载于 Au、SiO_2-Au、TiO_2-Au 3 种纳米颗粒表面，利用 SERS 原位监测对硝基苯酚的加氢过程,发现 Pt 纳米颗粒活化氢分子产生的氢原子可直接或通过 TiO_2 壳层迁移到 Au 颗粒表面,但不能通过 SiO_2 壳层,进而反映出该催化加氢过程在 SiO_2-Au 与 TiO_2-Au 上不一样的反应机理。通过将葫环联脲大环分子作为 Au 纳米颗粒的桥联分子,研究者合成了项链式的一维金阵列。葫环联脲分子的空腔与 Au 纳米颗粒间隙的热点重合,且空腔可通过主客体相互作用富集芳香化合物。通过调节葫环联脲的大小,该研究成功实现了对目标分子在紫外光照下表面的顺反构型转变和偶联过程的 SERS 原位监测。

如 8.1.2 节所述,SERS 效应主要基于 SPR 物理机理产生。金属纳米颗粒的 SPR 会通过辐射或非辐射的途径迅速衰减。等离激元的激发和弛豫过程中产生的各种效应可以为多种化学反应提供动力。等离激元诱导催化反应的作用方式主要有 3 种:近场的电场增强、高能热电子和热效应。其中高能热电子被认为是等离激元催化反应中一个非常重要的原因,目前大多数的等离激元催化实验都可以基于此机理进行解释。SERS 技术常被用于在诱导等离激元催化反应的同时对反应物进行原位实时监测,以获得催化反应的速率和产率等信息。该技术为等离激元催化研究提供了极大便利,成为近年来的研究热点。对巯基苯胺(PATP)和对硝基苯硫酚(PNTP)是该领域最常用的模型分子。研究者通过理论和实验证明,在 SERS 条件下,两个 PATP 分子可通过表面等离激元共振作用形成对巯基偶氮苯(DMAB)分子。2010 年,厦门大学田中群院士团队开发了壳层隔绝纳米粒子(SHINERS),利用具有 SERS 活性的金核与惰性超薄二氧化硅壳层结构实现拉曼增强。基于 SHINERS 技术构建的核壳卫星结构可同时提高等离激元催化反应中催化和信号检测的效果。在利用 SHINERS 技术启动的光催化实验中,研究者发现 PNTP 分子可直接被还原为 PATP 分子,没有观测到 DMAB 中间产物或其他副产物的拉曼峰,该结果表明 SHINERS 技术能够消除光催化反应中不必要的副反应。

目前报道的大多数 SERS 体系在实验室可以取得良好的效果,但是将其应用于实际环境仍需要更多复杂条件的考验。为了克服技术难点,一方面需要进一步提高 SERS 基底的选择性与重现性,另一方面需要将 SERS 与分离技术、超快检测系统等联用,以实现对目标物的特异性识别及对界面反应的原位表征。对联用技术的合理选择和综合应用,有助于加深对界面反应机理的理解,推动拉曼技术的发展及其在环境领域的应用。

8.2 同步辐射 X 射线吸收谱

8.2.1 X 射线吸收光谱与精细结构

1. 固体中 X 射线吸收和发射

X 射线与物质发生作用的机制是多样的,可以是弹性散射、非弹性散射、光电吸收及转变为热能等。总之，X 射线通过固体介质时，强度会减弱。对于原子序数不太小的元素，减弱作用主要是光电吸收；对于轻元素，散射作用占较大比例。通常用比尔定律描述光子被吸收的程度，如式（8-10）所示：

$$I = I_0 \exp(-\alpha l) \tag{8-10}$$

式中，α 为吸收系数；l 为介质厚度；I_0 为 $l=0$ 时的光子强度；I 为光子穿过均匀介质部分被吸收后的强度。光子被吸收的程度用吸收系数 α 度量。光束通过固体介质时不仅因被吸收而衰减，同时会引起复杂的光电激发，这些激发过程同光子能量及固体电子结构的关系如图 8-3 所示。

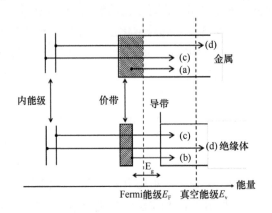

图 8-3   金属、半导体和绝缘体材料的 X 射线吸收过程及电子跃迁过程

（a）和（b）分别表示金属和绝缘体（半导体）中的电子在低能 X 射线或紫外光激发下直接由价带跃迁到导带；（c）表示金属和绝缘体（半导体）中的电子在高能 X 射线的激发下由内能级跃迁到导带；（d）表示金属和绝缘体（半导体）中的电子在高能 X 射线的激发下由内能级跃迁到真空能级以上（完全脱离材料束缚）成为光电子

当光子能量在紫外光及可见光范围时，金属中的价电子能被激发到费米（Fermi）能级以上的空态，如图 8-3（a）所示。对于半导体或绝缘体，光子可以使填满的价带电子跨越带隙 E_g，激发到未填有电子的导带，如图 8-3（b）所示。若紫外光能量足够高，可以把价带电子激发到真空能级以上形成非束缚的连续态。采用高能 X 射线激发，足以把内能级电子激发到空的导带 [图 8-3（c）] 或激发到电离态 [图 8-3（d）]。

材料的内能级或价带电子能够在 X 射线或紫外光激发下跃迁到导带或完全电离形成光电子，该跃迁过程对应着特定能量的 X 射线或紫外光的吸收。X 射线吸收光谱（XAS）就是基于这一原理开发出的表征技术。图 8-3（c）和（d）所对应的激发过程是 XAS 技术关注的重点。电子跃迁到导带（c 过程），能够部分反映体系的未占有态的能级结构分布特点。内能级电子被激发为光电子后（d 过程），动能较低的光电子受到近邻配位原子背散射作用的影响，其终态密度会被这些原子调制，在光谱中表现为振荡的精细结构。因此，对 X 射线吸收光谱进行解析能够得到材料表面待测元素近邻的配位结构信息。XAFS 谱图可以通过直接检测 X 射线的吸收（实验测

定入射强度 I_0 和透射强度 I_t)或在垂直入射方向测定荧光强度获得。当元素内层电子被激发后，内层能级整体表现为一个空穴。该空穴能够接收更高能级（能带）的电子，即发生退激发过程产生特征的荧光谱线。荧光信号也能够反映元素在特定化学环境中的电子结构特征，通过转化也能够得到该元素周围的配位情况。

2. X 射线吸收精细结构

早在 19 世纪初，人们就发现吸收光谱在吸收边附近及其高能广延段存在着一些分立的峰或者波状起伏，称为精细结构，如图 8-4 所示。精细结构从吸收边前至高能侧延伸约 1000 eV。依据形成机制及处理方法的不同，可以将其分为两段：一为 X 射线吸收近边结构（XANES），二为扩展 X 射线吸收精细结构（EXAFS）。实际上，XANES 还可以分为两部分：第一部分是自靠近吸收边的边前区到吸收边后约 8 eV 处的一段，称为边前结构（pre-edge structure），也称为低能 XANES 段。其特点是存在一些分离的吸收峰、肩峰及吸收主峰。第二部分大致是从吸收边后 8～50 eV 的区域，称为 XANES 谱，特点是连续地强振荡。EXAFS 是吸收边后 50～1000 eV 的振荡区域，其特点是连续、缓慢地弱振荡。8 eV 和 50 eV 这两个分段的界线依据体系不同而变化。分析 XAFS 谱图能够获得样品的几何构型以及电子和振动特性等信息。EXAFS 谱图部分的振荡效应相比于 XANES 不甚明显，但是利用数据处理软件能够解析同步辐射光源采集到的 EXAFS 谱图，进而揭示环境界面微观结构。

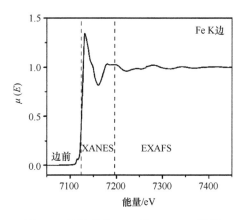

图 8-4　针铁矿的 Fe K 边 XANES 谱图

8.2.2　XAFS 的单电子理论解释与表式

物质的原子是一个多电子体系，其中电子吸收 X 射线光子是一个在多电子体系中，电子从初态向终态跃迁的问题。多电子体系的薛定谔方程求解是一个很复杂的问题，为了简化就采用了单电子近似的方法。所谓单电子近似，就是把一个多电子波函数看作单电子波函数的乘积。

原子中的电子与自由电子不同，它受到原子核的束缚。化学环境对原子的影响可以从束缚能中表现出来。在入射 X 射线光子能量与束缚能接近时，束缚的影响表现得特别明显，对应于 XANES。当入射光电子能量较高时，这种相互作用所占比例下降，不能很好地反映相互作用对电子结构的影响，但能很好地反映径向几何结构，对应于 EXAFS。

1. 低能 XANES-边前区

低能 XANES 的特点是具有分立的吸收峰，因此也称分立部。其形成的原因是入射 X 射线光子的能量比较小，不足以使光电子电离，而是使光电子跃迁到外层的空轨道。由于电子轨道能量范围较小，故形成尖锐的分立峰，这些峰的宽度与对应的激发态存活时间有关，存活时间越长峰越宽。

图 8-5 中是两种铬氧化物的 Cr K 边 XANES 谱图。Cr_2O_3 和 K_2CrO_4 中 Cr 原子的配位数分别为六配位和四配位。可以看出，仅四配位的 Cr(VI) 氧化物 XANES 谱中存在边前峰，而六配位的 Cr(III) 氧化物并未见明显的边前峰。通过对边前峰能量的归属，能够明确该峰对应于 Cr 原子内能级的 1s 轨道跃迁到空的 3d 轨道。根据光谱偶极跃迁选律，1s→3d 的跃迁本来是禁阻的。因为 s 轨道的角量子数为 0，d 轨道的角量子数为 2，两者差值为 2，而允许的跃迁角量子数差值为奇数。实际若要观察到较强的 1s→3d 的跃迁必然要发生选律松动。六配位的 Cr(III) 氧化物属于 O_h 点群，是中心对称的结构，因此在前面已有的选律禁阻条件下还要进一步加上宇称禁阻，因此 1s→3d 的跃迁很难发生。而四配位的 Cr(VI) 则没有这种中心对称的条件。以四配位的 Cr(VI) 为例，其点群为 T_d，不具备中心对称的条件，不受宇称禁阻的影响。就 Cr 和 O 原子的成键特点（图 8-6）来看，六配位的 Cr 原子与 O 成键时，Cr 4p 轨道并不参与 Cr 3d 轨道与 O 原子群轨道的成键过程；而四配位的 Cr 原子与氧原子成键时，不仅 O 原子群轨道参与了前线轨道 Cr 3d-O sp 的成键过程，而且 Cr 的高能级 sp 轨道由于对称性匹配也参与该成键过程，从而导致 Cr 3d 轨道中混有更多 p 轨道的成分，即发生 d-p 混合，从而导致偶极跃迁选律发生很大程度的松动，因此就能观察到尖锐的边前峰。因此，当 Cr 的某种矿物出现边前峰时，可以定性判断其非六配位 O_h 点群。

2. XANES-近边区

XANES 研究集中在两方面：一是吸收边位移主要与价态相关，在价态相同时，吸收边的位移与配位原子种类有关；二是吸收边形状与配位原子种类、价态及对称性均相关。吸收边位移与中心原子的电荷或价态密切相关。一般来说，原子价态升高，

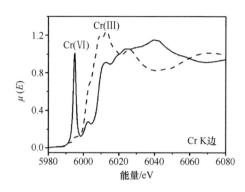

图 8-5 两种含 Cr 氧化物材料的 Cr K 边 XANES 谱图

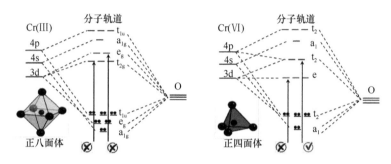

图 8-6 六配位和四配位 Cr 与氧原子的成键机制

吸收边向高能量方向移动。对于离子化合物，每增加一个氧化态，吸收边位移向高能量处偏移 2～3 eV；对于共价化合物，吸收边位置的变化不太明显，如果要根据 XANES 确定价态，需要同时用多种标准物质来对比。

XANES 谱图包括三部分：边前峰、吸收边和 XANES 谱图。吸收边准确位置的确定，需要作归一化吸收系数对横坐标能量的一阶导数关系图。在该图像中取极大值点所对应的能量即为吸收边的能量 E_0。值得注意的是，吸收边的能量是将该电子由内能级激发到真空能级的能量，即电离势。能量低于 E_0 的谱图部分如果出现谱峰，称为边前峰。边后的 XANES 部分对应高于真空能级连续态的共振吸收，主要受近邻配位原子多重散射的影响。表 8-2 对 XANES 谱图的特征进行了概括。

1）根据吸收边位置确定材料氧化态

图 8-7 为零价、四价和六价硒的 Se K 边 XANES 谱图。从图 8-7 可以看到，三种含硒氧化物的吸收边随着硒元素化合价的升高向高能移动，其吸收边位置与硒元素氧化态近似呈线性关系。氧化态升高一个单位，吸收边大约向高能方向移动 1.5 eV。吸收边这种移动机制能够用分子轨道理论进行解释。当金属元素处于高氧化态时，其所带电荷高于低氧化态，中心金属元素与氧的成键作用增强，在分子轨道形成上表现为成键轨道和反键轨道的分裂能增大。因此高氧化态金属的反键轨道能量高于低氧化态金属的反键轨

道能量。硒的 K 边 XANES 的吸收边对应于将 Se 的 1s 轨道电子激发到 4p 轨道（跃迁选律），因此 Se 的高氧化态的 XANES 吸收边要高于低氧化态。

表 8-2　XANES 谱图特征

区域	吸收机理	反映信息
边前峰	电子跃迁到真空能级以下未占有空态，跃迁概率由跃迁偶极选律决定	材料真空能级以下服从选律的未占有态信息；吸收原子近邻配位对称性；吸收元素氧化态和成键信息
吸收边	内能级电离势	吸收元素氧化态：氧化态升高，吸收边向高能移动
XANES	低能发射光电子受近邻配位原子多重散射影响	近邻配位原子位置信息（距离、键角）

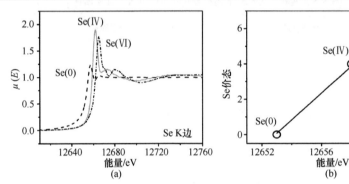

图 8-7　硒氧化物的 Se K 边 XANES 谱图（a）及吸收边位置与氧化态定量关系（b）

2）XANES 鉴定分子轨道上电子填充状态

TiO_2 中的氧原子容易丢失，特别在还原气氛中，TiO_2 表面的顶层会有低氧化态的 Ti 存在，对于这种非化学计量比的物种，统一用 TiO_x（$x < 2$）表示。图 8-8（a）为 Ti L 边 XANES 谱图。从图 8-8（a）可以看到，$TiO_2(001)$晶体有 4 个清晰可辨的 L_3-t_{2g}、L_3-e_g、L_2-t_{2g}、L_2-e_g 边特征谱。该谱图可以采用分子轨道对称模型阐释。如图 8-9 所示，具有八面体对称的 TiO_2 其 d 轨道电子为 0，所有 5 个分子轨道（t_{2g} 和 e_g）是完全空的，在这种情况下，电子从 2p 轨道跃迁到 $2t_{2g}$ 和 $3e_g$ 轨道，便产生了 Ti L 边特征峰。在还原气氛(H_2)处理后，整个 Ti L 边特征峰的面积开始下降，反映出 d 轨道电子占有数在增加，导致总的 L 边特征强度下降。图 8-8（b）为 TiO_2 晶体 O 的 K 边 XANES 特征谱。由于 Ti 处于不同的氧化状态，H_2 处理前后 O 的 K 边特征峰结构细节、峰位、能量差ΔE（e_g–t_{2g}）明显不同：$TiO_2(001)$的ΔE（e_g–t_{2g}）为 2.4 eV，而 H_2 处理后 $TiO_2(001)$的ΔE（e_g–t_{2g}）只有 1.2 eV，同时 555 eV 处的特征峰随之消失。

3. EXAFS-广延区

EXAFS 理论是在单电子基础上加上单散射形成的。吸收原子的内层电子在吸收了一个能量 E 足够大的 X 射线光子以后，克服其束缚能（E_0）跃迁到自由态，成为一个具

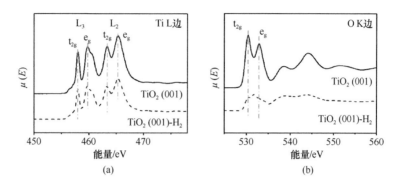

图 8-8 TiO₂(001)在 H₂ 处理前后的 Ti L 边（a）和 O K 边（b）XANES 谱图对比

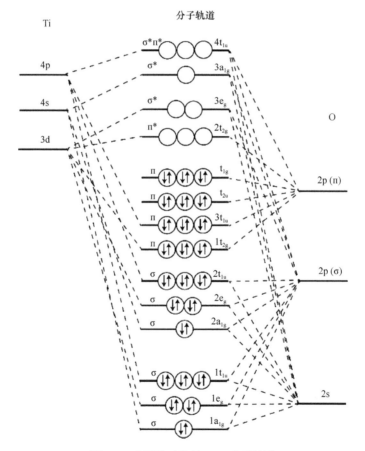

图 8-9 八面体对称的 TiO₂ 分子轨道

有动能 $E_{动} = E - E_0$ 的光电子。由于光电子具有较高的能量，因此电子和原子的相互作用对 EXAFS 谱的影响很弱，只有单次散射效应对吸收原子的终态波函数起到了调节作用[图 8-10（a）]。相对于 EXAFS 谱，XANES 的理论基础要复杂得多，当光电子能量降至 XANES 区域时，多重散射效应使得 XANES 对吸收原子周围的空间构型（如配位原子的径向分布、位置、键角）相当敏感，由于化学配位环境的变化，吸收原子周围的空间电荷分布随之发生改变，导致电子的束缚态发生变化，体现在 XANES 谱上就是吸收边的位移 [图 8-10（b）]。

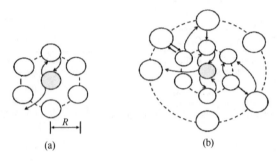

图 8-10　X 射线光电子在原子团簇中单次散射（a）和多重散射（b）示意图

1）EXAFS 理论表式

EXAFS 是出射光电子波与背散射光电子波在吸收原子处的干涉对吸收谱的调制。被 X 射线激发的光电子在向外传播的过程中会被吸收原子邻近的配位原子散射，一部分电子波被配位原子背散射，回到原来的吸收原子，这个过程中只有一次散射。散射回来的背散射波与出射波波长相同，相位不同，因而产生干涉。这种干涉作用随入射光电子的能量变化而变化，从而产生 EXAFS 的振荡。通过 EXAFS 谱可以得到物质的局域结构信息，如吸收原子周围配位原子的数目、配位距离和 Debye-Waller 因子等。但是，EXAFS 谱不同于光电子能谱、红外吸收谱和拉曼光谱，无法从谱图中直观地看到物质结构和组成等信息，需要经过一系列数据处理、计算和拟合，才能得到所需结构信息。

EXAFS 方程的表达式为

$$\chi(k) = \sum_j \frac{N_j F_j(k) e^{-2\sigma_j^2 k^2} e^{-2R_j/\lambda(k)}}{kR_j^2} \sin\left[2kR_j + \delta_j(k)\right] \tag{8-11}$$

分析 EXAFS 数据的目的是从式（8-11）中求解未知物理量，即 R_j、N_j 和 σ_j，分别对应配位原子的距离、配位数和 Debye-Waller 因子。其他重要的物理量，如散射振幅 $F_j(k)$、相移函数 $\delta_j(k)$ 和电子平均自由程 $\lambda(k)$，则通过与已知结构的模型化合物相比较或者通过理论计算得到。

2）影响 EXAFS 振幅的几个因素

A. 无序问题

所谓无序就是散射原子位置偏离 R_j。在式（8-11）中用 $e^{-2\sigma_j^2 k^2}$ 表示无序造成的振幅衰减。原子的无序排列有两重含义：其一为原子的热振动造成与平衡位置 R_j 的偏离，称为热无序；其二是处于同一层的近邻原子与中央吸收原子间的实际距离并不完全一致，存在一定程度的差异，R_j是它们的平均值，这种无序称为静无序。因而，式（8-11）中σ应该由两项组成，如式（8-12）所示：

$$\sigma^2 = \sigma_{stat}^2 + \sigma_{vib}^2 \tag{8-12}$$

式中，σ_{stat}和σ_{vib}分别为静无序和热无序组分。因而，式（8-11）的无序因子σ分为$e^{-2\sigma_{stat}^2 k^2}$及$e^{-2\sigma_{vib}^2 k^2}$。前者不随温度变化，后者随温度改变，可通过不同温度的实验将它们分开。

B. 多次散射

本章所讨论的 EXAFS 理论是单电子单散射理论，不考虑经过两个或更多个原子多次散射后回到中心原子的多次散射波。这是因为多次散射波经过的途径较长，非弹性散射的机会增大，会减少振幅。此外，在光电子能量较低时，易被多次散射，而 EXAFS 处于较高的能量段，多次散射振幅小。散射振幅还与散射角有关，散射角小，散射就大，多次散射途径一般为折线，散射角较大，则第二次散射振幅就小。综合这些因素，多次散射的振幅远小于单散射，故可忽略。但若中心原子与另两个近邻原子排列成直线或近直线时，散射角小，中间原子强烈向前散射，增强了到达第三个原子的 X 射线强度，大大增强从第三个原子背散射回中心原子的散射振幅，此时多次散射的作用不能被忽视。

C. 非弹性散射

非弹性散射是指激发光电子在传播途径中有能量损失的散射，是由光电子与其他电子或任何其他介质发生有能量交换的碰撞造成的。它的能量与出射波不同，会降低EXAFS 信号。

8.2.3　XAFS 在环境中的应用

1. 根据边前峰确定样品中 Fe 的价态组成

边前峰对应于电子跃迁到真空能级以下未占有空态轨道，可用来提供吸收元素的氧化态信息。如图 8-11（a）所示，三种铁氧化物 FeO、Fe_3O_4、Fe_2O_3 的边前峰均不相同，Fe 的价态越高，边前峰重心能量的位置越向高能量偏移。如图 8-11（b）所示，Fe 边前峰重心能量位置与 Fe^{2+} 所占比例呈线性关系。根据标样建立的线性关系，结合样品中 Fe 边前峰重心能量位置，可以推算出样品中所含 Fe^{2+} 的比例为 35%。当 Fe 处于高氧化态时，其所带电荷高于低氧化态，因此，三价铁与氧的成键作用增强，在分子轨道形成上表现为成键轨道和反键轨道的分裂能增大。三价铁氧化物形成的反键轨道能量要高于二价铁氧化物形成的反键轨道能量，因此三价铁氧化物边前峰的位置向高能量偏移。由此可见，XNAES 的边前峰既可以用于研究吸收原子的配位状况，又可以用于研究其电子态及形态。

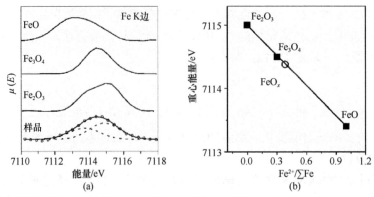

图 8-11　三种铁氧化物 FeO、Fe_3O_4、Fe_2O_3 和 FeO_x 的 Fe K 边 XANES 谱对比（a）及铁氧化物中 Fe^{2+} 比率与边前峰重心能量的线性关系（b）

2. 根据 XANES 确定元素价态变化

以水溶液中 Fe^{3+} 在 WO_{3-x} 表面的还原过程为例，如图 8-12 所示。在 Fe 的 K 边 XANES 谱图［图 8-12（a）］中，在 0～30 min 反应过程中，吸收边能量逐渐向低能移动，说明 Fe^{3+} 开始被还原成 Fe^{2+}，即体系中发生了界面电子转移。相比于 Fe^{3+}，Fe^{2+} 正电荷较少，激发其中电子所需要的能量低，吸收边向低能移动。与此同时，WO_{3-x} 中 W L 边白线峰的峰高逐渐上升，说明 WO_{3-x} 中 W 逐渐被氧化［8-12（b）］。相比于低价态 W，高价态 W 局域电子更少，未占据的空轨道更多，被激发后发生跃迁到空轨道的电子更多，白线峰强度更高。原位 XANES 实验证明，Fe^{3+} 与 WO_{3-x} 界面发生电子转移，WO_{3-x} 分子轨道的电子逐渐向表面的 Fe^{3+} 转移，促进 Fe^{3+} 还原成 Fe^{2+}。

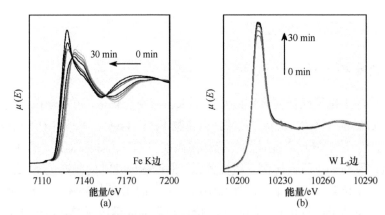

图 8-12　Fe^{3+} 在 WO_{3-x} 表面被还原成低价态时 Fe K 边 XANES 谱变化（a）
及 W L_3 边 XANES 谱变化（b）

3. 根据 XANES 分析界面吸附的化学本质

图 8-13 探究了多巴胺吸附到 {201}TiO_2 表面后，界面电子结构的变化。图 8-13（a）

为 Ti 的 L 边特征谱，TiO_2 有 4 个清晰可辨的特征峰 L_3-t_{2g}、L_3-e_g、L_2-t_{2g}、L_2-e_g。吸附多巴胺分子后，L_2 和 L_3 特征峰的中心位置向较低能量位移；相比于 e_g，t_{2g} 的峰强度明显下降，说明吸附多巴胺分子后 TiO_2 分子 t_{2g} 轨道占有数在增加。因此，多巴胺通过化学吸附结合在 TiO_2 表面，吸附过程伴随着电子由多巴胺分子向 TiO_2 空轨道转移，化学键形成的本质就是多巴胺分子与 TiO_2 分子间电子的再分配。

结合分子轨道能级图，找到 TiO_2 导带与价带位置，分析多巴胺分子的最低未占据分子轨道（LUMO）和最高占据分子轨道（HOMO）的能级位置，即可预测出光激发后，电子由多巴胺分子向 TiO_2 转移。

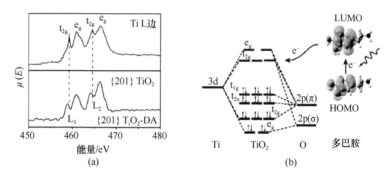

图 8-13 TiO_2 吸附多巴胺前后 Ti L 边特征谱（a）及 TiO_2 与多巴胺分子的分子轨道能级图（b）

4. EXAFS 解析表面及吸附结构

几乎任何一个表界面都存在着吸附现象，因此了解表界面吸附是研究表界面结构和探究界面反应的必经步骤。研究吸附过程常用的同步辐射是线偏振的，EXAFS 信号的强弱取决于形成该信号的配位原子所在方位与入射 X 射线电矢量振动方向的相对关系。若某一配位原子与中央吸收原子的连线（配位键）与电矢量振动方向是平行的，则由此配位散射原子引起的 EXAFS 信号就强；若连线与电矢量方向垂直，则此配位原子引起的 EXAFS 信号就弱。

利用 As 的 K 边 EXAFS 对 As(III)在 TiO_2 表面上的吸附络合结构进行分析，Demeter 软件解析和拟合结果如图 8-14 与表 8-3 所示。图 8-14 中圆圈为 EXAFS 谱图实验结果，实线为 Demeter 拟合结果。图 8-14（a）是 EXAFS 谱图按照 k 空间转化的结果，该谱图可以用于判断拟合的数据质量，同时提供拟合时截断的 k 空间信息。因为 k 值较小的区域对应于 XANES 多重散射的部分，EXAFS 拟合要尽可能规避这部分。图 8-14（b）是 EXAFS 谱图按照 R 空间转化得到的谱图。横坐标为实空间距离参数，最终的拟合原子间距是图 8-14 中拟合峰横坐标的 R 值加修正参数 ΔR 得到的结果（表 8-3 中 R 值）。拟合的可接受程度用 R-factor 判断。当 R-factor 小于等于 0.05 时，拟合结果的误差可以接受。拟合参数中 CN 为配位数，理论上 As(III)周围氧的配位数为 3，通过拟合能够复现这一结果。CN 的精确度相比于距离值的拟合精确度要差一些。σ^2 为 Debye-Waller 因子，用于描述该元素附近的短程有序程度。该值越小，表明短程有序性越好。结果表明，第一层振动峰由距离 1.79 Å 的 3 个 O 原子散射导致，As(III)外第二层振动峰由距离 3.34 Å 的 1.6 个 Ti 原子散射导致，As(III)在 TiO₂ 表面形成双齿双核的吸附构型。

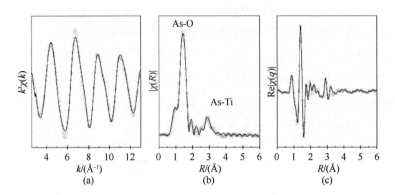

图 8-14　As(III)在 TiO₂ 表面吸附的 EXAFS 实验及拟合谱图

表 8-3　As(III)在 TiO₂ 表面吸附的砷 K 边 EXAFS 拟合参数

样品	路径	配位数	R/Å	σ^2/Å²	ΔE/eV	R-factor
	As-O	3.0±0.2	1.79±0.01	0.002±0.001		
As(III)-TiO₂	As-O-O	6	3.25	—	11.9±1.7	0.013
	As-Ti	1.6±0.4	3.34±0.02	0.007±0.002		

习　题

1. 下图所示为 W(IV)与 W(VI)的同步辐射 X 射线吸收谱。请辨别 W(IV)与 W(VI)的谱线，并阐释各自的轨道电子填充情况。

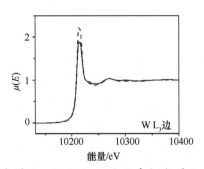

2. 针对一个含锑的环境样品，该如何通过同步辐射手段鉴别样品中砷的赋存形态。请简要阐述鉴定方法的原理及过程。

3. 简述如何用 EXAFS 方法分析 Se(IV)在 TiO₂ 表面的吸附构型。

第9章　发现新污染物的理论与方法

20 世纪以来，人工化学品合成和使用的增速显著。2015 年 6 月，美国化学文摘社（CAS）收录的包括有机物、金属、聚合物、盐类等在内的化学品达到 1 亿种；截至 2019 年 6 月，上述收录的化学品数目增至 1.5 亿种，平均每年新增化学品 1200 余万种（江桂斌等，2019）。我国于 2013 年 1 月发布《中国现有化学物质名录》，经增补修订后目前收录的化学物质已超过 4.5 万种（中华人民共和国生态环境部，2020）。

人工化学品在制造、储存、运输和使用过程中，不可避免地进入环境介质中而产生更为复杂的化学、生态和健康效应。1962 年 *Silent Spring* 的出版引起学术界对 DDT 造成的野生生物发育损伤的高度关注；1996 年 *Our Stolen Future* 的出版引发了对环境内分泌干扰物健康影响的关注。更为深入的研究表明，部分化合物通过大气、水体和土壤进行迁移并影响生物世代、同时具备难降解、食物链累积和毒性效应。其中，最具代表性的是持久性有机污染物。

基于对持久性有机污染物的环境持久性、长距离传输性、生物富集性和毒性 4 个共有特性的高度关注，自 2001 年 5 月起包括中国在内的 179 个国家和地区签署并加入到《斯德哥尔摩公约》，禁止或限定使用包括艾氏剂、灭蚁灵在内的 12 种典型持久性有机污染物。从缔约方的数量上不仅可以看出《斯德哥尔摩公约》的国际影响力，更体现出世界绝大多数国家和地区对污染问题的重视程度，同时也标志着全球对持久性有机污染物的防治措施由被动应对转变为主动防控。

随着《斯德哥尔摩公约》全面深入地实施，持久性有机污染物的分析方法、环境行为、生态风险和健康效应逐渐成为环境化学研究的关键科学问题。对研究对象的认识和理解也从对具有显著生态效应的经典持久性有机污染物及其同族物的追踪，深入到对具有类似持久性有机污染物特性的新型有机污染物的识别。新型有机污染物的共有特性包括：具有一项或多项持久性有机污染物的特征、大量生产使用、环境存量较高、当前的生态和健康风险研究数据不能满足化学品管理的需求等。环境中新型有机污染物的赋存对现有化学品安全评估体系的调整和完善提出了新的挑战。

《斯德哥尔摩公约》作为一个开放性的公约，任一缔约方均可向秘书处提交将某一新型有机污染物列入公约受控的提案，审查委员会将根据提案化合物的环境行为和健康风险进行评估。从 2013 年至今，公约受控的化学品在首批 12 种持久性有机污染物的基础上，已新增加 16 种新型有机污染物，如多氯萘、短链氯化石蜡等。正在进行公约审查的候选化学物质还包括全氟己基磺酸及其盐和相关物质、得克隆和甲氧氯。这些新型有机污染物在我国均有一定规模的生产、使用或排放。

中国作为经济快速增长的发展中国家，正面临比工业发达国家更加复杂的环境问题。作为化工产品大国，我国新型持久性有机污染物所引起的环境污染和健康风险问题比其他国家更加严重。同时，我国的工业结构、地域特征和使用排放等因素与其他国家相比存在差异，一些在国外尚未受到关注的新型污染物可能在我国广泛存在。对于这部分化合物的研究不仅能够为相应的化学品管理提供科学依据，同时也可为我国履行《斯德哥尔摩公约》提供重要的数据支持。另外，伴随着经济快速发展所产生的污染所致健康问题在我国的集中显现，新型有机污染物的毒性与健康危害机制已成为近年来相关研究的热点问题。

9.1　发现新型有机污染物的基础理论

9.1.1　发现新型有机污染物的关键科学问题

长期以来，我国学者研究中涉及的持久性有机污染物均是由国外专家率先提出的，研究大多是探讨这些污染物在中国环境下的赋存行为、迁移规律、累积机理、毒性机制及健康危害和消减控制技术。若能根据我国自身的化学工业结构、地球化学特征、使用和排放差异等因素与特点，在我国发现具有重要意义的新型污染物，将能逐步改变我国在本领域研究的被动跟踪局面。

2006 年，中国科学院生态环境研究中心环境化学与生态毒理学国家重点实验室提出在我国环境介质中筛选和发现新型污染物的研究方向。开展本方向的研究，首先需要回答下列关键科学问题：①发展筛选理论和方法，制定识别策略和原则。如何判断并锁定具有污染物特征的化合物结构？从哪里入手？②建立环境样品微量分析方法。在没有标准品的条件下如何对痕量化合物进行浓度分析和结构确定？③环境化学行为。如何测试确定目标化合物的持久性、生物富集性、毒性特征？其归宿和环境意义如何？

9.1.2　持久性有机污染物的判别原则

在新型持久性有机污染物筛查和判别的过程中，需要充分考虑化学品的排放和使用导致的环境影响，明确化学品污染的环境行为特征。一般来说，当商用化学品满足以下 3 个条件时，才可能对环境和生物造成重要的不利影响：①该化学品的物理化学性质必须满足一项或多项持久性有机污染物的特征，包括环境持久性、长距离传输性、生物富集性和毒性。②化学品必须有一定生产量和使用量。③化学品具有特定用途和环境释放途径。

在上述 3 个条件中，对环境化学行为影响最大的因素是化合物的物理化学参数。如表 9-1 所示，对于潜在持久性有机污染物的物理化学性质及筛选标准，联合国环境规划署等国际组织已经给出了明确的规定：即当化合物在水体、底泥和土壤中的半衰期 $T_{1/2} > 180$ d 时，认为其具有环境持久性；当过冷饱和蒸气压（V_p）< 1000 Pa，且大气氧化半衰期（$AO_{1/2}$）> 2 d 时，认为其具有长距离传输性；当辛醇-水分配系数 $\log K_{OW} > 5$

且 BAF 或 BCF > 5000 时，则认为其具有生物富集性。

表 9-1　潜在持久性有机污染物类物质的物理化学性质及筛选标准

国际法规出处	长距离传输性		环境持久性			生物富集性	
	V_P/Pa	$AO_{1/2}$/d	水	土壤	底泥	BAF/BCF	$\log K_{OW}$
联合国环境规划署	<1000	2	>60	>180	>180	5000	5
联合国欧洲经济委员会	<1000	2	>60	>180	>180	5000	5
加拿大环境保护署			>180	>180	>360	5000	5
美国《有毒物质控制法案》			>180			5000	
《保护东北大西洋海洋环境公约》						500	4
欧盟《关于化学品注册、评估、许可和限制规定》附件XII			>40		120	2000	
欧盟技术指导-PBT			>60		180		
欧盟技术指导-vPvBs			>60		>180	5000	

从表 9-1 可以看出，化合物的物理化学性质与其在实际环境介质中迁移转化的能力有密切关系，大量的模型预测和实验数据均证实了物理化学参数与化合物环境行为之间的联系。如图 9-1 所示，化合物的辛醇-水分配系数（K_{OW}）、辛醇-大气分配系数（K_{OA}）和大气-水分配系数（K_{AW}）会对化合物的长距离传输能力产生重要的影响。研究结果认为，并非所有的化合物都具有长距离传输能力，目前的化工产品根据物理化学性质不同可大致分为 4 类。

（1）当 $\log K_{AW} > 5$ 并且 $\log K_{OA} < 8$ 时，化合物具有较强的挥发性。这类化合物可能会与已知的持久性有机污染物在分子结构上具有相似性，然而其挥发性更强，因此不易在鸟类等陆生动物体内富集。

（2）当 $\log K_{OA} > 8$ 并且 $\log K_{OW} > 5$ 时，化合物具有较高的吸附性，通常不易挥发，溶解度较低并且在大气和水体等环境介质中以颗粒物吸附相为主。颗粒沉降过程将有效降低该类化合物的长距离传输能力。

（3）当 $0 < \log K_{OW} < 5$ 并且 $\log K_{AW} < 0$ 时，化合物一般为小分子的极性化合物。该类化合物在分子结构中通常具有一个或多个极性基团，易分配到水相介质中而难以在生物体内富集。

（4）只有当化合物的物理化学参数在 $6 < \log K_{OA} < 12$ 并且 $-7 < \log K_{AW} < 0.5$ 的特定范围内才具有可能的长距离传输能力。

通过对不同环境介质中生物对化合物生物富集能力的研究，揭示出化合物的辛醇-水分配系数 K_{OW} 和辛醇-大气分配系数 K_{OA} 与生物富集能力的关系。如图 9-2 所示，对于大部分水生生物，$5 < \log K_{OW} < 8$ 的化合物都具有较强的生物富集能力，$\log K_{OW} < 5$ 的化合物因为疏水性较弱，不易发生向生物脂肪组织的分配，从而导致生物富集能力不强，$\log K_{OW} > 8$ 的化合物在底泥等有机介质中的吸附强，而生物摄取速率较慢。对于海洋哺乳动物及陆源生物而言，$5 < \log K_{OW} < 8$ 的化合物同样具有很强的生物富集能力。然而与水生生物不同的是，$2 < \log K_{OW} < 5$ 并且 $\log K_{OA} > 6$ 的化合物在大气介质中仍能通过呼吸作用实现富集。

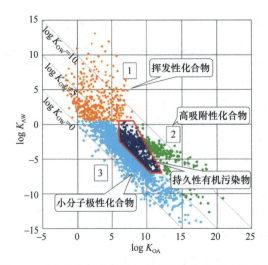

图 9-1　化合物物理化学参数与长距离传输能力的关系

资料来源：江桂斌等，2019

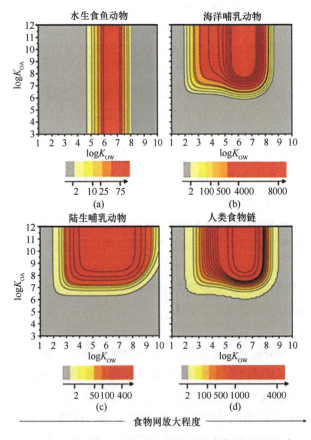

图 9-2　化合物物理化学参数与生物富集能力的关系

资料来源：江桂斌等，2019

9.1.3 环境行为特征的预测工具和应用

1. 物理化学参数的预测

对于数目众多的市售常用化工产品，在充足的环境行为特征和毒理学实验数据难以短时间获得的前提下，通过化学计量学计算的方法，利用 QSPR 等模型对化合物的物理化学性质进行计算和高通量快速筛选，是目前国际上对具有潜在持久性有机污染物特性化合物鉴别的主要途径。

QSPR 模型是化学计量学的一个重要分支，其基本假设是分子的物理化学参数变化依赖于该分子的结构变化，而结构变化的影响可以用反映分子特征的各种参数来描述，即化合物性质可以用化学结构的函数来表示（王连生和支正良，1992；许禄和胡昌玉，2000）。目前，QSPR 模型已被广泛地运用于对化合物的亨利常数（H）、辛醇-水分配系数（K_{OW}）、辛醇-大气分配系数（K_{OA}）、大气氧化半衰期（$AO_{1/2}$）等物理化学参数的准确模拟和预测。例如，辛醇-水分配系数（K_{OW}）、辛醇-大气分配系数（K_{OA}）、亨利常数（H）、生物富集系数（BCF）与化合物分子结构中各官能团的贡献存在如下关系：

$$\log K_{OW} = \sum (f_i n_i) + \sum (c_j n_j) + 0.229 \qquad (9\text{-}1)$$

$$\log K_{OA} = \log K_{OW} - \log[H] \qquad (9\text{-}2)$$

$$\log BCF = -1.37 \times \log K_{OW} + 14.4 + \sum CF \qquad (9\text{-}3)$$

式中，f_i 和 n_i 分别为分子结构中各官能团对其辛醇-水分配系数的贡献系数和该官能团在分子结构中出现的次数；c_j 和 n_j 分别为分子结构中各官能团相互连接过程带来的校正系数和该校正情况出现的次数；$\sum CF$ 为校正系数，与辛醇-水分配系数 K_{OW} 数值所在的具体范围相关（图 9-3，截选自 EPI Suite 4.1.1 软件）。

2. 环境化学行为的预测

利用定量结构-性质关系模型计算得到的物理化学参数亦可用于进一步预测化合物的环境行为特性。例如，经济合作与发展组织（OECD）开发的 P_{OV}-LRTP 多介质逸度模型，可以根据 K_{AW}、K_{OW}、化合物在大气/水体/土壤中的半衰期（$T_{1/2}$）等物理化学参数，对化学品的总持久性（P_{OV}）、长距离传输潜力（LRTP）和迁移效率（TE）进行计算和评估。

如图 9-4 所示，利用转化路径预测系统（EAWAG-PPS）及评价规则，研究了含有不同取代基的苯并三唑类紫外线吸收剂主要同族物的转化途径。对于含有羧酸酯基团的 BZT-UVs（UV-8M 和 UV-384），其羧酸酯基团容易断裂形成相应含羧酸的转化产物。脂肪基和芳香基取代的 BZT-UVs 可能容易发生水解反应，生成含羟基和醛基的产物。氯原子取代的 BZT-UVs 单体，如 UV-326，亦可能发生水解反应，甚至可能发生苯并三唑基团的断裂。此外，BZT-UVs 的酚羟基亚结构与抗氧剂 2, 6-二叔丁基对甲基苯酚

（BHT）非常相似，因此 BZT-UVs 亦可能具有与 BHT 类似的转化途径，如生成苯氧基自由基和醌类代谢产物等。

分子结构描述符		系数	验证集	
			最大值	数值
—CH₃	[aliphatic carbon]	0.5473	20	7413
—CH₂—	[aliphatic carbon]	0.4911	28	7051
—CH	[aliphatic carbon]	0.3614	23	3864
C	[aliphatic carbon - No H, not tert]	0.9723	11	1361
=CH₂	[olefinic carbon]	0.5184	4	235
=CH—或=C<	[olefinc carbon]	0.3836	10	1847
#C	[acetylenic carbon]	0.1334	6	126
—OH	[hydroxy, aliphatic attach]	−1.4086	9	1525
—O—	[oxygen, aliphatic attach]	−1.2566	12	1235
—NH₃	[aliphatic attach]	1.4148	4	1179
—NH—	[aliphatic attach]	−1.4962	5	2371
—N<	[aliphatic attach]	−1.8323	6	2304
—CL	[chlorine, aliphatic attach]	0.3102	12	356
—CL	[chlorine, olefinic attach]	0.4923	4	88
—F	[fluorine, aliphatic attach]	−0.0031	23	542
—F	[fluorine, olefinic attach]	0.0545	2	43
—Br	[bromine, aliphatic attach]	0.3997	6	67
—Br	[bromine, olefinic attach]	0.3933	3	24
—I	[iodine, aliphatic attach]	0.8146	2	79
Aromatic Carbon		0.2940	30	8792
Aromatic Nitrogen		−0.7324	4	1349

图 9-3　部分官能团对分子结构 K_{ow} 的贡献系数

验证集最大值和数值分别指在任何化合物中该官能团出现的最大数量、数据集中含有该官能团的化合物个数

资料来源：江桂斌等，2019

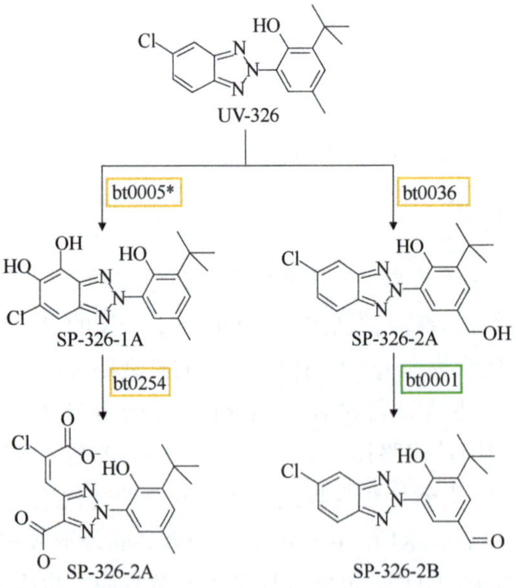

图 9-4　EAWAG-PPS 预测的 UV-326 环境转化途径

详细结果和化学反应机理 bt00-XX 详见 http://eawag-bbd.ethz.ch/predict/

BZT-UVs 及其预测转化产物的基本物理化学参数如辛醇-水分配系数（K_{OW}）、空气-水分配系数（K_{AW}），以及 BZT-UVs 在空气、水和土壤中的半衰期均可由 EPI Suite V4.1 计算得到（图 9-5）。将预测参数的数值输入 OECD P_{OV}-LRTP 工具进行计算，BZT-UVs 和其主要转化产物的总持久性（94.8～174 d）高于 60 d 的临界值，说明 BZT-UVs 和它的主要转化产物在环境中具有高稳定性。BZT-UVs 和主要转化产物的特征迁移距离均超过 100 km，这表明当 BZT-UVs 被释放到环境中后有能力迁移到离污染源较远的环境介质中。

3. 生物毒性效应的预测

利用 QSPR 模型计算得到的物理化学参数也被用于化合物毒性效应的初步评估。以水生生物急性毒性为例，美国国家环境保护局发布的 ECOSAR 工具依据文献和实验报道的毒性数据，构建了 130 种不同结构类型化合物的 K_{OW} 对鱼、水蚤、绿藻模式动物毒性作用浓度的函数关系，从而实现对高毒性化合物的快速筛选。每种分子类型化合物的预测包含三类极性毒性当量（LC_{50}、EC_{50}、ChV）的结果。针对酚类化合物的预测公式如下所示：

$$\log 96\ h\ LC_{50}(mmol/L)=-0.7322(\log K_{OW})+0.6378\ (FISH\ 96\ h\ LC_{50}) \tag{9-4}$$

$$\log 48\ h\ LC_{50}(mmol/L)=-0.5667(\log K_{OW})-0.1481\ (DAPHNID\ 48\ h\ EC_{50}) \tag{9-5}$$

$$\log 96\ h\ EC_{50}(mmol/L)=-0.6089(\log K_{OW})+0.599\ (GREEN\ ALGAE\ 96\ h\ EC_{50}) \tag{9-6}$$

$$\log ChV(mmol/L)=-0.5981(\log K_{OW})-0.7616\ (FISH\ 30\ d\ ChV) \tag{9-7}$$

$$\log ChV(mmol/L)=-0.5674(\log K_{OW})-0.8674\ (DAPHNID\ 21\ d\ ChV) \tag{9-8}$$

$$\log ChV(mmol/L)=-0.6144(\log K_{OW})+0.2819\ (GREEN\ ALGAE\ ChV) \tag{9-9}$$

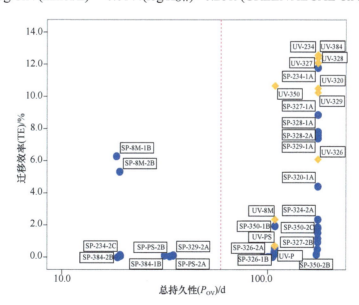

图 9-5　BZT-UVs 和大部分代谢产物具有较高的环境持久性和一定的迁移能力

代谢产物的结构由 EAWAG-PPS 预测模型获取，总持久性和迁移效率数据由 EPI Suite 计算得到的物理化学参数经 P_{OV}-LRTP 工具获得。红线为总持久性为 60 d 的阈值

　　文献进一步评价了通过实验测定的 555 种外源性有机物对黑头呆鱼的半致死剂量值（LC_{50} fathead minnow 96 h）与通过 QSPR 模型计算得到的辛醇-水分配比（$\log D_{O/w}$）、发生共价键反应的化学能垒（ΔE）和分子体积（V）的关联。外源性有机物根据急性毒性半致死剂量范围分为高（0～0.0067 mmol/L）、中（0.0067～1.49 mmol/L）、低（1.49～3.32 mmol/L）、无（>3.32 mmol/L）风险暴露组。如图 9-6 所示，高风险暴露组的外源性化合物往往具有高 $\log D_{O/w}$、低 ΔE 和大分子体积的特点。当外源性化合物的上述物理化学参数符合 $\log D_{O/w} < 1.7$、$\Delta E > 6$ eV、$V < 620$ Å^3 时，具有包括麻痹、乙酰胆碱酯酶抑制、神经抑制等九种毒性终靶点效应的化合物数量显著减少，仅占总体评价的外源性化合物数量的 5% 左右。

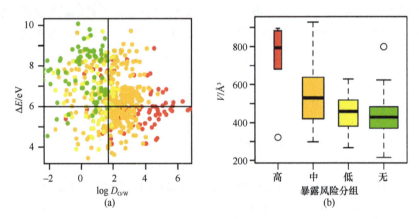

图 9-6　文献（Kostal et al.，2015）报道的物理化学参数辛醇-水分配比 $\log D_{O/w}$ 和发生共价键反应的化学能垒 ΔE（a）及分子体积与黑头呆鱼模式动物急性毒性（b）的关联
散点图（a）和箱式图（b）红、橙、黄、绿分别代表按照半致死剂量值范围归类的暴露风险

9.2　发现新型有机污染物的分析方法

9.2.1　样品前处理技术

　　复杂环境介质中众多化合物物理化学性质的离散性给外源性小分子有机污染物整体成分的有效萃取、杂质净化和浓缩等样品前处理步骤带来挑战，也是未知污染物识别方法建立的主要科学问题之一。研究方法需以疏水性有机小分子信息提取的最大化为目标。

1. 环境介质的萃取和净化方法

　　若环境介质对外源性小分子有机污染物前处理净化和仪器分析的干扰较小（如部分表层水体和土壤样品等），在尽可能保留环境样品整体信息的要求下，前处理方法宜采用萃取、净化一体化流程。

例如，固相萃取是最为常用的液-固富集方法。其原理是萃取液或液体样品流经填充有填料的柱床，待测物被选择性吸附、分配并保留于填料柱中；随后再用极少量的有机溶剂进行洗脱。通过吸附剂的活化、洗脱液的选择和 pH 的调节，实现分析物在萃取阶段的最大保留和解析阶段的最大去除。由于具有环境持久性、生物富集性和毒性效应（PB&T）的新型污染物多为疏水性强（$\log K_{OW} > 5$）的有机物，故固相萃取填料中往往选取含有 C_{18} 取代基团的键合硅胶材料。文献研究结果显示，C_{18} 填料能够有效保留污水中 60 余种疏水性有机污染物，如多环芳烃、烷基酚、多氯联苯、有机氯、杀虫剂、除草剂、多溴二苯醚（PBDEs）等。近年来，将 N-乙烯吡咯烷酮等亲水性基团与二乙烯基苯等亲脂性基团按照比例聚合而形成的亲水亲酯平衡（HLB）系列水浸润高聚物填料兼顾了中性疏水有机物和更广泛的极性分析物。其有机溶剂兼容性和标准化的活化、洗脱操作流程对大量环境污染物均表现出良好的保留和解吸性能，因而在未知污染物非靶标分析中得到广泛应用。

值得注意的是，固相萃取的主要功能是将痕量分析物浓缩、介质转移（将分析物从样本基体转移至溶剂中）。例如，文献中使用直接大体积进样方法与 C_{18}、HLB 固相萃取方法进行对比，考察对污水处理厂进水中 8 种全氟羧酸和 5 种全氟磺酸污染物定量分析性能的影响。结果显示两种分析方法在基质效应干扰的控制上无显著性差别。同时，新型环境污染物的发现过程往往需借助液相色谱-高分辨质谱检测手段。固相萃取的脱盐功能有助于化合物的定性解析过程，例如通过固相萃取将河水样本中的盐分去除有助于对溶解性有机物组分精确质量数的测定。

2. 环境介质的预处理和分级分离方法

复杂环境介质（如大气细颗粒物、污水处理厂底泥等）组分的来源广泛，往往由高含量的生物碳、极性有机酸、多酚、色素、糖类和脂肪酸等组成。当复杂环境介质未经过充分的前处理过程，与分析物一同进入仪器分析时，会造成分析物的回收率降低、对定性定量结果产生干扰。因此，在新型有机污染物分析方法研究中，需对复杂样本中基质可能的组成成分类别及其消除原理具有充分认识、能将小分子疏水有机物与其他杂质分子进行初步分离。例如，乙二胺-N-丙基硅烷（PSA）、中性氧化铝和氨基吸附剂具有弱阴离子交换能力，可以根据氢键相互作用净化脂肪酸、糖类等极性干扰物；C_{18} 对油脂、维生素等的去除能力较强；弗罗里硅土可用于吸附蜡质等脂溶性杂质；而石墨化炭黑具有平面结构，能有效去除色素和甾醇类非极性干扰物。

当需要从复杂环境介质中分离得到物理-化学性质较为宽泛的组分信息时，亦可采用多级分选的处理流程。该方法的常用策略是环境样本经萃取后在反向、离子交换吸附柱上富集，采用不同极性的溶剂洗脱得到若干组分，再使用色谱-质谱等仪器鉴别各组分中的污染物。在分析受石油污染底泥的提取液中难以分辨的复杂混合物时，前处理方法可将二氯甲烷提取液经过硅胶填充柱吸附、分配后分别使用正己烷和正己烷/二氯甲烷

（*V*/*V*，1∶1）溶剂得到疏水程度不同的两个组分。其中，第一个组分再经过硝酸银浸渍的硅胶柱，分别使用正己烷和二氯甲烷溶剂即可分离得到饱和烷烃与单芳香环化合物；第二个组分同样经过硝酸银浸渍的硅胶柱，分别使用正己烷/二氯甲烷（*V*/*V*，9∶1）和二氯甲烷溶剂即可分离得到双芳香环和多芳香环化合物。

　　类似的多级分选方法在保留小分子疏水有机污染物信息和最大限度去除环境基质干扰的同时，通过组分分离、收集的方式降低了复合有机物组分的复杂性、有助于锁定其中的致毒物并实现目标物的定性结构解析，因而在效应导向分析（EDA）策略中得到广泛应用。美国国家环境保护局在 20 世纪 90 年代制定的水体沉积物毒性鉴别评估标准中也将多级分选的程序引入环境基质的毒性评估方法中。例如，间歇水毒性鉴别评估标准中分别使用 C_{18} 固相萃取柱去除、乙二胺四乙酸（EDTA）螯合、沸石/石莼吸附的实验考察非极性有机物、阳离子重金属、氨和胺盐组分的毒性效应贡献值（王玉婷等，2016）。近年来，基于在线色谱柱分离与毒性测试相结合的自动化联用技术得到快速发展，显著提高了毒性筛查和结构鉴定的效率。例如，已有研究发展了基于气相色谱组分切割收集后进行毒性效应并行测试的分析方法。含卤代有机污染物的组分经气相色谱柱分离后，气态组分与三通阀接口中引入的溶剂混合溶解，分馏器按照时间先后顺序依次收集，以数秒时间为间隔的溶剂组分分别进入 96 孔板各个单元，并用于后续的高通量毒性测试。类似地，基于液相色谱梯度淋洗与 96 孔板收集和飞行时间质谱在线联用的方法，可解决气相色谱柱容量低、样品进样量小、化合物浓度低、不易发现毒性效应的难点。

9.2.2　发现新污染物的主要策略方法

　　未知污染物发现分析方法的研究对象是复杂环境介质整体，所覆盖组分的复杂程度决定了多样化引导发现方法策略的重要性（图 9-7）。而定量结构-性质关系模型方法、高分辨质谱非靶标分析方法、生物效应导向分析方法等分析技术手段（包括但不限于）的综合运用是避免走弯路、实现未知污染物发现"必然性"的可靠保证。

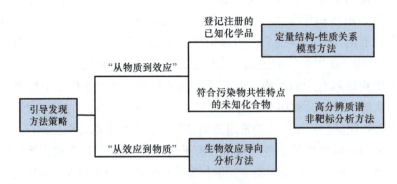

图 9-7　发现新型污染物的策略方法框架及其逻辑关系示意图

1. 定量结构-性质关系模型方法

定量结构-性质关系模型方法的基本假设是化合物分子结构决定了物理化学参数的变化，而物理化学参数与化合物的实际环境行为存在数学函数关系。因此，依据分子结构和定量结构-性质关系模型即可预测计算得到一系列物理化学参数，然后依据分子结构、理化性质参数、环境行为三者的密切联系，即可对潜在的持久性有机污染物进行甄别和筛查。

定量结构-性质关系模型方法在新型环境污染物发现方面的应用源于国际组织对化学品监管工作的迫切需求。目前市售的化合物种类有 840 万多种，其中直接受到管制的化合物约 24 万种，北美地区的常见市售化工产品约 10 万种。为了加强对市售化学产品使用的控制，美国、欧盟等国家和地区先后制定了《有毒物质控制法案》《关于化学品注册、评估、许可和限制规定》等法案，以便对具有 PB&T 的化工产品进行筛选和监管，以减少化学品的生产和使用对人体及其他生物的潜在危害。然而根据欧盟《关于化学品注册、评估、许可和限制规定》的数据，在欧洲使用的约 10 万种化合物中拥有详细毒理学实验数据的化合物仅占 3%。

Muir 和 Howard（2006）对包含美国国家环境保护局高生产量物质（high production volume，HPV）、美国有毒物质控制法（U.S. Toxic Substances Control Act，US TSCA）、加拿大国内物质清单（Canadian Domestic Substances List，CDSL）在内的两万余种商用化学品的物理化学参数进行预测。将这些化学品的分子结构信息按照简化分子线性输入规范（the simplified molecular input line entry system，SMILES）命名规则进行统一编码，通过美国国家环境保护局发布的定量结构-性质关系模型软件包 EPI Suite 对辛醇-水分配系数（K_{OW}，KOWWIN）、生物富集系数（BCF，BCFWIN）、亨利定律常数（H，HENRYWIN）、大气-水分配系数（K_{AW}，MPBPWIN）和大气氧化半衰期（$AO_{1/2}$，AOPWIN）进行预测。一般认为，$\log K_{OW} > 5$ 的化合物可具有一定的生物富集性；当 $AO_{1/2} > 2d$ 时具有大气稳定性；$-5 < \log K_{AW} < -1$ 的化合物具有潜在的可长距离传输性。根据预测结果，上述化学品清单中具有生物富集性、大气稳定性、可长距离传输性化合物的比例分别为 19%、10%和 32%。特别地，有 610 种化合物同时具有环境持久性和生物富集性（P&B），其中包括 62%的卤代化合物（181 种氟代物、116 种氯代物、80 种溴代物、10 种碘代物）和 7.9%的硅氧烷类化合物。上述化合物生产量均> 454 t/a，更容易通过工业生产和日常使用过程进入环境介质中。因此，该结果对于确定需优先控制的新型环境污染物，集中力量开展后续环境行为调研和毒性测试研究具有重要意义。

更为简单地，该方法可以单独用于某一类型化合物物理化学性质的分析。表 9-2 给出了典型的溴代阻燃剂类化学品的定量结构-性质关系模型计算结果。不难发现，被《斯德哥尔摩公约》列入受控清单的五溴二苯醚（penta-BDE）、八溴二苯醚（octa-BDE）和六溴环十二烷（HBCD）预测得到的辛醇-水分配系数、大气氧化半衰期、生物积累系数的数值范围均与其 P&B 特性很好地吻合（octa-BDE 可通过环境转化过程产生低溴代的高富集性转化产物）。1, 2-二溴-4-(1, 2-二溴乙基)环己烷（TBECH）、六氯二溴辛烷（HCDBCO）等溴代阻燃剂化合物亦具有一定的生物富集性（BCF≥2153）。特别地，氮杂环阻燃剂 2, 3-二溴丙基异氰酸酯（TBC）在辛醇-水分配系数（log K_{OW} = 7.37）、生物富集系数（BCF = 1.989×10^4）、大气-水分配系数（K_{AW} = −16.31）和大气氧化半衰期（$AO_{1/2}$ = 1.629 d）等关键物理化学参数上与持久性有机污染物高度一致，是一类文献中从未报道的潜在持久性有机污染物特性化合物。后续的环境调研结果和生物毒性实验亦证实其环境持久性、生物富集性和潜在的水生生物毒性效应。

表 9-2　典型溴代阻燃剂类化合物物理化学参数的定量结构–性质关系模型计算结果

化合物名称	CAS	S_W/(mg/L)	V_p/mmHg①	$AD_{1/2}$/d	log K_{OW}	BCF	log K_{OA}	log K_{AW}
TBC	52434-90-9	1.14×10^{-5}	1.18×10^{-15}	1.629	7.37	1.989×10^4	23.68	−16.31
BrTriaz	52434-59-0	8.62×10^{-6}	8.85×10^{-12}	0.977	7.52	6074	17.52	−10.00
BrPhTriaz	25713-60-4	1.85×10^{-11}	6.97×10^{-19}	7.224	11.46	3	21.46	−10.01
DBDPE	84852-53-9	2.60×10^{-12}	3.98×10^{-10}	169.2	13.24	3	19.34	−6.10
DP	13560-89-9	6.53×10^{-7}	7.06×10^{-10}	0.468	11.27	3	14.79	−3.52
TBECH	3322-93-8	0.06915	1.05×10^{-4}	2.2	5.24	2153	8.01	−2.77
HCDBCO	51936-55-1	6.82×10^{-5}	1.07×10^{-7}	0.816	7.91	3633	11.05	−3.14
TBB	N.A.	3.40×10^{-3}	3.43×10^{-8}	0.979	8.75	256	12.34	−3.59
TBPH	26040-51-7	1.91×10^{-6}	1.71×10^{-11}	0.49	11.95	3	16.86	−4.91
penta-BDE	32534-81-9	0.0107	1.08×10^{-6}	19.5	7.66	3.69×10^4	11.15	−4.31
octa-BDE	32536-52-0	1.11×10^{-8}	1.27×10^{-2}	93.6	10.33	3	15.85	−5.52
HBCD	3194-55-6	2.00×10^{-5}	1.68×10^{-8}	2.13	7.74	6211	11.8	4.15

注：S_W: 溶解度；V_p: 饱和蒸气压（25℃）；$AD_{1/2}$: 大气氧化半衰期；TBC: *tris*-（2, 3-dibromopropyl）isocyanurate；BrTriaz: 2, 4, 6-*tris*（2, 3-dibromopropoxy）-1, 3, 5-triazine；BrPhTriaz: 2, 4, 6-*tris*（2, 4, 6-tribromophenoxyl）-1, 3, 5-triazine；DP: dechlorane plus；TBECH: 1, 2- dibromo-4-（1, 2-dibromoethyl）cyclohexane；HCDBCO: hexachlorocyclopenta-dienyl-dibromocyclooctane；TBB: 2-ethylhexyl 2, 3, 4, 5-tetrabromobenzoate；TBPH:（2-ethylhexyl）tetrabromophthalate。

2. 高分辨质谱非靶标分析方法

新型有机污染物的研究对象除了正式登记注册的化学品外，还包括新合成但尚未注册的化学品、在环境中发生转化生成的化合物（如通过大气氧化二次生成的含羰基、硝基的多环芳烃类似物等）以及天然源化合物（如类雌激素、藻毒素等）。对于环境中完全未知污染物的分析，需通过总结分子结构的共同特征，并利用仪器分析逐步完成。高分辨质谱可以准确测定离子的质荷比，并根据精确分子量确定元素组成，得到目标化合物的分子式，在新型有机污染物的结构解析中具有重要作用。

高分辨质谱疑似靶标/非靶标分析方法与传统的靶标分析方法存在显著差别（林泳峰等，2018）。靶标分析需要通过标准品获取目标化合物的质谱信息，根据特征离子实现化

---

①1 mmHg=1.33322×10^2 Pa。

合物的定性和定量分析。然而，由于新型有机污染物的研究对象未知且缺少相应的化学标准品，传统靶标分析方法的应用具有局限性。与之不同的是，疑似靶标/非靶标分析方法不选择特定目标化合物作为预设研究对象、不必依赖化学标准品，可以对样本中的化合物进行相对全面的数据解析，因而该方法能够更加广泛地应用于新型有机污染物的筛查与识别。疑似靶标/非靶标分析的样品前处理方法相对简单，大多选择广谱性的萃取、净化和富集方法。质谱扫描模式主要分为数据依赖采集（DDA）和数据非依赖采集（DIA），两者的区别在于：DDA 在采集一级质谱信息后，会根据设置的条件筛选部分母离子进行二级碎裂，从而获取高质量的二级谱图，但由于筛选的随机性，丰度较高的母离子更容易被选中，降低了二级质谱信息的覆盖率；DIA 一般采用高低碰撞能量进行一级质谱和碎片信息的交替采集，不必进行母离子的筛选，能够获取更为全面的碎片信息，但由于共流出离子较多，谱图中的碎片离子和其母离子不能很好地对应，需要借助专业分析软件进行进一步解析。对仪器采集的色谱和质谱信息进行深入挖掘是非靶标分析的重要环节，需根据实验方案和分子结构类型灵活选择合适的数据筛选规则（如通过精确质量数比对、同位素丰度筛选、色谱保留时间和二级质谱数据库匹配等方式进行质谱信号的筛选和逐步剔除）。

　　需要指出的是，上述的非靶标分析方法流程是针对质谱数据处理的普适性方法，并不针对特定结构的物质。其在未知污染物发现运用中的难点主要在于具有典型环境意义的差异性样本组的设计，以突出外源性污染物信息的获取和挖掘。例如，文献中报道利用虹鳟鱼模式动物评价污水处理厂出水的新型环境污染物标志物时，通过平行设置多个暴露过程样本组，关注模式生物摄入和排出动力学变化区间内所有化合物的变化，以消除内源性生物基质干扰，并提取发生变化的外源性污染物及转化产物组分的信息；同步设置生物可给性评价模型（固相微萃取方法）样本组，进一步获取具有生物富集能力的污染物组分信息，进而发现了包括烷基苯磺酸表面活性剂、三氯生磺酸盐等在内的数十种主要贡献污染物。

　　非靶标分析方法已在新型卤代环境污染物发现的研究中起到关键作用。例如，溴元素由 ^{79}Br 和 ^{81}Br 两种同位素组成，且天然同位素丰度接近 1∶1。因此，多个溴取代的有机化合物的质谱同位素峰簇丰度信息可近似使用杨辉三角模型进行解析。当有机溴化合物在质谱中发生电离和碰撞碎裂后会产生一定丰度比例的 ^{79}Br 和 ^{81}Br 离子，可作为判断该前驱体化合物是否含溴及含溴数目的诊断性信息。利用上述研究手段，将质谱质量数为 100~1000 m/z 的扫描范围分别以 5 m/z 的质量数宽度分割为 180 个扫描窗口，在 10 eV、30 eV、60 eV 碰撞碎裂参数下观察前驱体离子和二级碎片离子的生成。同时含有 ^{79}Br、^{81}Br 子离子的前驱体化合物被认为是天然生成或人工合成的含溴有机化合物。美国密歇根湖底泥样本中共发现了 2520 个可能的含溴化合物质谱信号，其中 1593 个信号的有机溴化合物元素组成得以确认。高分辨质谱也用于鉴别具有大量同族体的复杂混合物。例如，氯化石蜡（CPs）是由一系列不同碳链长度和氯化度同族体组成的复杂的混合物，高分辨质谱测定的精确质量数信息可以对具有相同整数质量数的同族体进行有效区分，从而使定性和定量结果更为准确。

3. 生物效应导向分析方法

效应导向分析方法以特定的生物学检测为核心，配合相应的样品前处理、色谱分离和化合物表征流程，通过生物效应检测和多步分离纯化最终实现主要效应污染物的浓度测定、结构鉴定和毒性确认，能够为特定污染地区主要效应污染物的筛查及未知有毒组分的识别提供宝贵的基础数据（曲广波等，2011）。

对复杂环境介质或突发环境事件中具有典型生物效应污染物的发现是环境毒理学的重要研究目标。与此同时，具有高亲脂性、生物富集性及生物毒性化学添加剂的大量生产和使用同样会造成潜在的健康风险。传统的化学分析方法能够定量环境介质中已知污染物的浓度水平，但无从体现复合生态环境受各种化学品影响的整体风险水平（邓东阳等，2015）。此外，环境样品中的非靶标化合物或者未知污染物未纳入监测范围，因此无法解释环境样品中混合污染物的总体毒性。生物检测方法可以直接体现样品的总体毒性，但因缺少化学分析的纯生物学手段无法对污染物进行识别，不能获取样品中污染物的浓度和结构等关键信息（曲广波等，2011）。效应导向分析方法是将分析化学与生物学检测体系有机结合的分析手段，能够在污染物识别和风险评估中起到关键作用。

如图 9-8 所示，效应导向分析方法流程大概包括 4 个步骤：毒性测试、组分提取和分离、毒性贡献污染物的鉴定、贡献污染物的毒性确认。

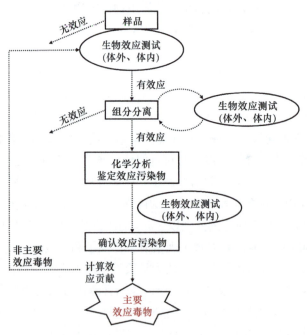

图 9-8　效应导向分析方法流程示意图

该方法对大气、土壤、水体、生物样本基质中的有机物均具有很好的兼容性

（1）在毒性测试流程，生物学筛查终点需要具备高的特异性、灵敏度、重复性、快速简单的操作和低廉的价格等特点（曲广波等，2011）。常用的毒性效应包括：以死亡率、增殖率等指标为毒性终点的基于蚤类、甲壳类及鱼类等整体生物个体测试，以及专注于细胞、菌株等特定毒性效应如遗传毒性效应、芳烃受体效应和内分泌干扰效应等的体外毒性测试。选用的生物学筛查终点作为关键的"生物检测器"，贯穿于效应导向分析方法的各个阶段。

（2）组分提取流程的关键要求是尽可能地对样本中的所有有机物进行无差别地广泛提取。液体样品中的污染物多为中等极性化合物或极性化合物，往往采取固相萃取法等简单的富集方法即可。分离流程通常采用多种样品前处理分离机制联用、进行多级分离的方式。样品可以经过填充硅胶、弗罗里硅土等吸附剂的正相色谱小柱完成初次分离，再使用 C_{18} 色谱柱对初次组分进行二次分离，还可按照极性、分子量和修饰基团等分子特征，选用碱性氧化铝硅胶柱及排阻色谱柱等多种色谱进行多步分离，逐步获得贡献污染物。

（3）毒性贡献污染物的鉴定流程中，具有活性效应组分中的贡献污染物需要通过有效的分析方法进行结构鉴定和定量分析（曲广波等，2011）。值得注意的是，组分中活性污染物可能是靶标化合物，也可能是未知的非靶标污染物。对于效应组分中的已知贡献污染物，可以直接进行标准化合物的色谱、质谱或光谱图比对。未知污染物的鉴定则具有一定的挑战性，需要综合利用多种化学表征手段对谱图进行解析。气相色谱-质谱方法有可供检索的质谱库，将全扫描得到的谱图与谱库进行比对以及判断天然同位素质谱峰的特征都有助于待测化合物结构的鉴定。液相色谱-质谱方法尽管谱库相对缺少，但一般能够获取准分子离子峰，能够有效确定未知污染物的分子量和元素组成。在样品量充足的条件下，核磁共振结构鉴定也是重要的研究手段。

（4）贡献污染物的毒性确认流程，即根据实际测定组分中的总体毒性，对组分中阳性检出化合物浓度的毒性贡献值进行量化回溯分析，将实际测定组分中总体毒性贡献占比大的检出物视为关键致毒物。毒性确认方法有基于剂量-效应关系的定量验证、具有类似作用模式的浓度加和法与独立作用模式产生的加和效应、可疑物质添加法的效应验证和定量结构效应关系预测毒性等（邓东阳等，2015；郭婧等，2014）。毒性的量化描述多采用 EC_{50} 等来表示，此方法计算简单，但不能将环境样品和化合物的毒性结果有效结合。近年来许多毒性评价方法被提出和发展起来，比较常见的有毒性单位法和毒性当量法。

效应导向分析方法已应用于新型有机污染物的筛查与识别研究。文献分别采用酵母细胞报告基因法、埃姆斯（Ames）波动测试以及乙酰胆碱酯酶活性评价等方式对尿液、地表水、工厂废水等样品进行了雌激素活性、遗传毒性和神经毒性效应测试，利用液相/气相色谱–质谱联用仪对样品中的毒性组分进行定性和定量分析，最终鉴定出 17β-雌二醇（E2）、雌马酚、2,3-吩嗪二胺、泰必利、拉莫三嗪等化合物为关键致毒物。

9.2.3　数据处理和整合

1. 多重结构数据的获取

色谱-质谱联用技术在新型化学污染物结构解析和确认上发挥了主要作用，基于精确分子量、同位素元素组成、二级质谱碎片离子的单一质谱数据在识别置信度上仍有所不足。除质谱数据能够指示待测化合物结构外，色谱保留特征也与物理化学性质相关。如图9-9所示，基于化合物色谱保留特征的化合物筛选方法可得到独立于质谱数据库的额外化学数据（邓东阳等，2015）。此外，液相色谱和气相色谱的原理不同，适用的目标化合物也有所差别，可根据需要分别选取基于液相或气相色谱保留特征的化合物筛选方法。

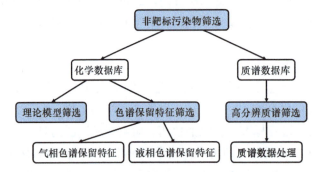

图9-9　基于物理化学参数及对应色谱保留特征的化学数据库能够与质谱数据库互补，提供额外信息用于新型化学污染物结构解析

资料来源：邓东阳等，2015

液相色谱基于化合物在流动相和固定相之间的分配系数、吸附能力等实现分离。正辛醇-水分配系数 $\log K_{OW}$ 和色谱疏水性指数（CHI）等参数可用来预测化合物的色谱行为（邓东阳等，2015）。辛醇-水分配系数可以较好地预测中性化合物在 C_{18} 反相液相色谱分析柱上的保留行为。当流动相为简单的等度洗脱或梯度洗脱程序时，化合物的保留时间与正辛醇-水分配系数往往呈现出显著的二元一次方程函数关系。例如，基于92个农药、药物和杀虫剂标准物质建立的液相保留时间和 $\log K_{OW}$ 的线性描述方程（Kern et al.，2009），可用于预测目标物可能环境转化产物的色谱保留行为。当疑似化合物信号具有与转化产物接近的精确分子量，而实际保留时间与预测值差别较大时，可将该疑似信号视为干扰物排除。线性溶剂化能量关系（LSER）与化合物的氢键酸度、氢键碱度、极化率和偶极性等因素相关，通常使用色谱疏水性指数描述化合物在流动相和固定相之间的分配行为。色谱疏水性指数与液相保留时间 t_R 间存在显著的二元一次方程函数关系。例如，可以根据式（9-10）计算化合物的色谱疏水性指数。

$$CHI = 4.95t_R - 3.88 \tag{9-10}$$

其中色谱疏水性指数是指线性梯度系统中洗脱化合物需要的有机溶剂的百分含量。

类似地,气相色谱是基于化合物沸点、极性和吸附性的差异实现分离的,而大多数有机物的色谱保留指数(RI)与大气压下该化合物的沸点(BP)具有相关性,气相色谱分析物的保留时间和 RI 亦存在明确的函数关系。根据使用分析物的不同,通常使用的 RI 类型包括基于 $C_6 \sim C_{36}$ 直链烷烃的 Kovats RI 和基于一元至五元环多环芳烃的 Lee RI 体系。

相对于保留时间,色谱保留特征参数($\log K_{OW}$、CHI、RI)共有的优势在于参数本身几乎不受梯度设置、柱规格等因素的影响,仅与分析物的种类和结构相关,便于不同仪器参数条件下实验数据的后续利用和比较。上述参数能够在新型化学污染物发现方法体系中发挥重要作用,现有的定量结构–性质关系模型可以根据化合物的分子结构准确预测色谱保留特征参数,为环境污染物非靶标分析提供额外的参考信息。例如,文献(Dossin et al., 2016)收集了 400 余种挥发性、半挥发性化合物作为训练集,并根据分子结构信息,通过 Dragon 软件计算蒸气压、辛醇-水分配系数、极性表面积、分子量、氢供体个数等物理化学参数,并建立标准品实测的气相色谱 RI 与计算得到的物理化学参数之间的函数关系。该模型得到的理论计算 RI 值与实际测定值具有一致性,准确度在 85%～115%。该方法成功应用于烟草燃烧挥发性组分的识别,确认了 23 种可能存在的芳香族有机物。

2. 数据的整合利用

对质谱数据和色谱保留特征等多重化合物结构数据综合利用的有效方式之一是建立逐层的"漏斗式"剔除体系(图 9-10)。例如,在对双氯芬酸的环境转化研究中,根据高分辨质谱得到的精确质量数可以先确定转化产物的元素组成为 $C_{13}H_{10}ONCl$。然而,化学数据库中与该元素组成对应的候选分子结构过多,难以对转化产物分子结构进行确认;利用特征二级质谱碎片信息增加筛选条件,将转化产物的结构限制为不含有氨基、酚羟基的芳香族化合物,可逐步缩小候选化合物的种类;此外,通过色谱保留行为可估算得到该化合物的 $\log K_{OW}$ 范围,即能剔除具有较高亲水性的氨基甲酰氯等官能团,得到 2-(2-氯苯胺)苯甲醛为唯一符合条件的转化产物结构。

上述"漏斗式"研究体系的不足之处在于,尽管经过多个筛选剔除步骤,可能仍有少量均满足剔除条件的非唯一性候选化合物,特别是同分异构体。因此,对多重化合物数据进行综合利用的有效方式之二则是利用加权排序手段进行进一步判别。该方法中对质谱、色谱数据的量化和权重设置是考察的难点。例如,在对德国易北河水样的可致突变性致毒组分分析中(Schymanski et al., 2012),将疏水性(K_{OW})、色谱保留行为(RI)、质谱行为(MV 和 S)和分子结构特征(E)作为评价参数建立加权排序方法,如式(9-11)所示:

$$\mathrm{CS} = \left[\mathrm{MV} + S + \frac{\sum \log K_{OW}}{n \log K_{OW}} + \frac{\sum \mathrm{RI}}{n\mathrm{RI}} + \frac{\sum E}{nE} \right] \Big/ 5 \qquad (9\text{-}11)$$

式中,MV 和 S 为气相色谱-质谱碎片信息经 MOLGEN-MS 和 MetFrag 软件进行谱图比对与归一化量化结果，赋值范围为 0～1；当实际测定的疏水性（K_{OW}）、色谱保留行为（RI）和分子结构特征（E）值与 QSPR 模型理论计算得到的结果范围吻合时，则赋值为 1，反之赋值为 0。考察的 5 个特征参数均具有相同的权重。综合评分（CS）高的疑似物可能结构被认为具有更高的置信度。利用上述方法，发现邻苯二甲酰亚胺和邻苯二甲酸酐为主要的关键致毒污染物。

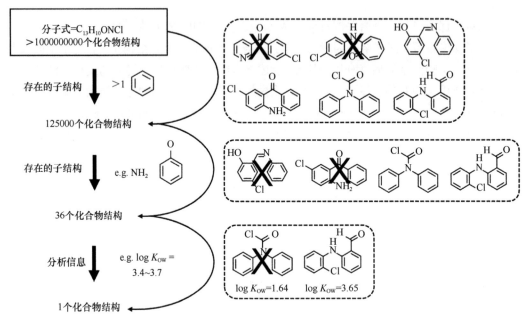

图 9-10　"漏斗式"疑似化合物结构剔除流程示意图

元素组成对应的疑似化合物结构数据通过 MOLGEN 获取，官能团筛选后数据通过 MOLGEN-MS 和 NIST 数据库获取，疑似化合物结构对应的 log K_{OW} 理论预测值由 EPI Suite 计算获取

资料来源：江桂斌等，2019

9.3　展　　望

传统持久性有机污染物的削减或限制使用促进了化学品的更新换代，新型化学品的大量生产和使用必然导致其通过直接或间接的方式释放到环境中。这些化学品是否会表现出持久性、生物富集性、毒性和长距离传输性等特性尚不明确，发现新型化学污染物是赋存行为、健康风险评估更深入研究的前提。新型化学污染物结构的多样性和环境基质的复杂性要求综合运用多元化的分析手段。复杂环境样本的前处理方法、引导发现策略（定量结构-性质关系模型方法和非靶标分析方法等）、多重数据的获取及整合方法均为新型化学污染物的分子识别和结构鉴定提供了有效的工具。

随着高分辨质谱的普及，疑似靶标/非靶标分析方法的影响力日益扩大。该方法在污染物的结构鉴定、不依赖标准品的数据回溯解析以及针对环境样品信息的全面获取等方面具备明显的优势。未来的污染物痕量分析技术在很大程度上会摒弃传统的靶标分析方法，而更强调疑似靶标/非靶标分析方法在数据科学（大数据分析）及其他研究领域（如基因组、代谢组、表观遗传组）的交叉融合。美国国立卫生研究院与美国国家环境保护局发起的 21 世纪毒理学（Toxicology in the 21st Century，Tox21）研究计划和欧盟国家组织的新型环境物质监测参考实验室、研究中心及相关组织网络（network of reference laboratories，research centers and related organisations for monitoring of emerging environmental substances，NORMAN）皆高度关注疑似靶标/非靶标分析方法体系的发展及在非常规、新型有机污染物的赋存、迁移和暴露风险表征方面的应用。该方法将在污染源排查、优先控制污染物筛选和管理、重大环境污染事件评估和应急处理方面发挥重要作用。

化学分析将与生物效应评估更为深度地融合。其原因在于化学品的毒性效应特点差异显著，不同物质相互作用又会产生复合效应，开发快速、系统性方法以准确地鉴定出复杂基质中的主要毒性效应组分是现代毒理学研究的重要方向。尤其是近年新型化学污染物的数量显著增加，污染物交互作用更为复杂，现有的毒理学数据已经远不能满足解决实际问题的需要。因此，如何快速、准确、低成本地对大量污染物及混合物进行毒性测试和健康风险评估尤为重要。其中，开发自动化、高通量的化学分析与毒性效应评估相结合的仪器平台是实现上述目标的关键。

环境化学将与健康科学研究实现交叉创新。生命科学研究的经验显示，人的健康状态或疾病结局由遗传因素和环境因素共同决定。例如，北欧双生子队列研究发现环境因素对肿瘤的贡献率可达 80%，而遗传因素仅占约 10%（冷曙光和郑玉新，2017）。暴露组学的提出，突出了人们对环境因素评价的关注。其概念包含从胚胎到生命终点整个周期内化学污染物在内、外暴露过程的总记录。其中，通过发展高效分析技术寻找合适的暴露标志物，借助暴露指纹探索复杂环境过程导致疾病发生的机制是有待环境化学领域专家攻克的技术难点。

习 题

1. 计算双[1-(叔丁基过氧)-1-甲基乙基]苯（CAS: 25155-25-3，SMILES: CC(C1CCC(CC1)C(OOC(C)(C)C)(C)C)(OOC(C)(C)C)C）的物理–化学参数，判断该物质是否具有持久性有机污染物特性？若该物质的实际环境行为特征与持久性有机污染物特性不符合，简述可能的原因。

2. 简述靶标分析、疑似靶标分析、非靶标分析方法在样品前处理、仪器分析和数据处理方面的基本流程。

第 10 章　环境污染来源与过程的示踪方法

根据环境中污染物的排放途径，可将其区分为天然源和人为源。一些环境介质中存在天然源污染物，例如某些地区地下水中含有较高浓度的砷；很多自然界中的化学与生物过程也可生成各种各样的有机污染物与无机污染物，如多环芳烃、甲氧基多溴联苯醚、甲基汞、高氯酸盐等。人为污染源是指人类活动所形成的污染源，包括工业、农业、交通、日常生活等引发的污染，是环境保护所研究和控制的主要对象。人为源污染物又可区分为人工有意合成（如有机氯农药）与无意生成（如垃圾焚烧过程生成的二噁英与多氯萘）的污染物。天然与人为过程生成（合成）的污染物进入环境后，可在水、土壤、大气、生物等多种环境相之间进行分配，不同排放来源的同种污染物可经历混合以及各种各样的化学与生物转化过程。

污染物来源与过程的示踪是环境化学的重要研究内容之一，是对污染进行有效监管、评价和治理的前提。污染物的示踪包含两方面的概念与内容，即追踪（tracking）与回溯（tracing）：追踪，是顺向的，即按照踪迹或线索追寻污染物将要发生的环境分配与转化；回溯，是逆向的，即按照踪迹或线索反推污染物的来源及所经历的环境过程。污染物来源与过程的示踪研究也可分为两类，即污染物的溯源和污染物的过程示踪。其中，污染物的溯源主要是一种回溯，即通过当前环境介质中污染物的存在状态反推其贡献来源；而污染物的过程示踪，既可回溯污染物已经发生的环境过程，又可以追踪其将要发生的环境行为。

人们发展了多种方法对环境污染的来源与过程进行示踪，主要分为两大类：①基于环境样品中原有的污染元素/有机指示物组成或稳定同位素"指纹"组成示踪。这一方法无须向环境样品中添加外源性的示踪剂，主要用于污染物的来源及所经历环境过程的回溯。②基于向环境样品或介质中添加外源性的富集同位素标记的污染物。这里的富集同位素可以是稳定同位素，也可以是放射性同位素。此方法主要用于追踪污染物的环境分配、转化、生物摄入等行为。

10.1　无机/有机指示物组成示踪污染物来源

对于环境中组分复杂污染物（如大气颗粒物）的溯源是污染控制与治理的关键。下面以大气颗粒物为例，说明无机/有机指示物组成"指纹"在示踪污染物来源中的应用。

10.1.1 无机/有机指示物

大气颗粒物成分复杂，既含有无机物，又含有大量有机成分。其中的一些无机元素与有机组分和其排放源密切相关，可作为示踪大气颗粒物排放的指示物（表 10-1）。例如，机动车发动机燃油过程可向大气中排放钡、镍、钴、铜、钒、锌、铅等金属以及藿烷、甾烷、晕苯、荧蒽、芘等有机污染物，刹车片或轮胎磨损可向大气中排放锌、铅、锑等金属，这些无机/有机污染物可作为机动车源排放大气颗粒物的指示物；钾、锌、氯等无机离子以及左旋葡聚糖、植物甾醇、萜类物质等有机物可作为生物质燃烧排放大气颗粒物的指示物。需要注意的是，不同源排放的无机/有机指示物可能存在交叉，因此需要利用多种指示物对其来源进行综合判定。作为排放源的指示物需满足以下条件：①是排放源中代表性组分；②性质稳定；③不可由其他大气反应过程生成。

通过计算指示物的特征比值可以消除不同排放源指示物组成在采样、分析技术等方面的差异，并定性分析大气颗粒物来源。例如，大气颗粒物中左旋葡聚糖/甘露聚糖比值可指示不同的燃烧来源：对于软木这一比值为 4.0 ± 1.0，对于硬木其为 21.5 ± 8.3，而对于农作物其为 32.6 ± 19.1。因此，通过大气颗粒物左旋葡聚糖/甘露聚糖比值分析可定性和半定量分析不同类型生物质燃烧源对大气颗粒物贡献的比例。

表 10-1 大气颗粒物排放源中的无机与有机指示物

排放源	无机指示物	有机指示物
扬尘	Si、Al、Ca、Mg、Ti	—
建筑尘	Ca、Mg、Na	
冶炼尘	Fe、Zn、Mn、Co、Cu	—
机动车	Ba、Ni、Co、Cu、V、Zn、Pb、OC（有机碳）	藿烷、甾烷、晕苯、荧蒽、芘
燃煤	Se、As、S、SO₄²⁻、EC（元素碳）、Cl	藿烷、甾烷、烷基芘、多环芳烃
生物质燃烧	K、Zn、Cl	左旋葡聚糖、植物甾醇、萜类物质
烹饪	—	胆固醇、十六烷酸、十八烷酸、豆甾醇、β-谷甾醇、壬醛、9-十六烯酸
香烟	—	反异三十烷、反异三十二烷、异三十一烷、异三十二烷、异三十三烷
天然气	—	苯并 [k] 荧蒽、苯并 [b] 荧蒽、苯并 [e] 芘、茚并（1, 2, 3-cd）荧蒽、茚并（1, 2, 3-cd）芘、苯并 [g, h, i] 芘
轮胎磨损	Zn	高分子量偶碳烷烃、苯并噻唑

10.1.2 化学质量平衡法

进一步地，可利用大气颗粒物的指示物作为特征化学"指纹"，利用化学质量平衡（chemical mass balance）法对大气颗粒物的来源进行定量分析（郑玫等，2014）。这一方法已被美国国家环境保护局推荐作为区域环境污染评价的重要手段。化学质量平衡法基于质量守恒原理，通过对环境样品和排放源中大气颗粒物指示物进行定量与解析，识别大气颗粒物的来源及各排放源的相对贡献。

在化学质量平衡法中，假设存在对大气颗粒物有贡献的排放源（$n=j$），且已知所有贡献源的类别和指示物的排放特征；排放源的排放特征（指示物的化学组成）稳定，且各排放源之间存在显著差异；各排放源的指示物在大气颗粒物传输混合过程中的化学转化可以忽略不计。因此，某指示物在环境大气颗粒物中的质量浓度等于各排放源中该指示物的质量浓度乘以排放源在大气颗粒物中贡献的线性加和，即式（10-1）：

$$C_i = \sum_{n=1}^{J} S_{ji}\eta_j \qquad (10\text{-}1)$$

式中，C_i 为环境大气颗粒物中指示物 i 的质量浓度，$\mu g/m^3$；S_{ji} 为排放源 j 中颗粒物指示物 i 的质量浓度，$\mu g/m^3$；J 为排放源的总数量；η_j 为排放源 j 对环境大气颗粒物的贡献比，%。输入各排放源中指示物信息 S_{ji} 以及环境大气颗粒物指示物信息 C_i，求解方程，即可得到各排放源的贡献比 η_j。

化学质量平衡法具有以下优点：①环境意义较为明确，其解析结果有助于对排放源的管理；②体现了源排放、大气传输等的综合作用；③对作为受体的环境大气颗粒物样品数量无要求。但也存在以下缺点：①需要获知所有排放源及其指示物信息；②化学组成相近的不同排放源可能存在共线性问题，给解析带来较大的不确定性；③同一排放源其指示物"指纹"可能受工况条件的影响，变化较大；④排放到大气中的指示物可能并不稳定，存在不同程度的降解；⑤仅能解析一次源贡献，不能解析二次颗粒物的来源。

在实际操作中，可通过大气颗粒物观测浓度与预测浓度的比较来评价化学质量平衡法的有效性。此外，可在该法中引入降解因子，以校正指示物从排放源到受体（大气颗粒物）的化学转化。

无机/有机指示物示踪用于大气颗粒物源解析

基于化学质量平衡模型，利用排放源与环境大气颗粒物中的指示物分布与浓度来确定排放源对大气颗粒物的贡献，对美国南加利福尼亚州的 4 个空气质量监测点的大气颗粒物进行源解析。用于模型构建的有机指示物包括正构烷烃、异构烷烃、藿香烷和甾烷、多环芳烃、多环芳烃酮醌、烯酸、醛等在内的 45 种有机物以及元素碳、颗粒态铝、颗粒态硅 3 种无机元素。对导致大气颗粒物排放的 15 种主要源类型（占总排放的 80%）进行了分析，包括油品冶炼、天然气燃烧、机动车燃油、轮胎磨损、木柴燃烧、烹饪等排放源。基于化学质量平衡法，可在大气颗粒物样品中识别多达 9 种主要源类型的贡献，并且发现每年平均约 85%的碳质细颗粒物来自主要排放源。基于质量浓度，洛杉矶大气细颗粒物的主要来源为机动车燃油、道路灰尘、食物烹饪和木柴燃烧，而轮胎磨损、天然气燃烧和吸烟等的贡献较小（Schauer et al，1996）。

10.2　同位素"指纹"组成示踪污染来源与过程

元素/同系物组成是示踪污染物来源与环境过程的有效手段。但如果元素/同系物并非污染物自身，在其指示污染物来源与环境过程中需注意其是否能代表污染物的来源与行为。同时人们也发展了基于污染物中同位素示踪的手段，以回溯污染物的来源及追踪其进入环境后的转化与归趋。

"同位素"的概念起源于 20 世纪初，是指质子数相同、中子数不同的一组原子。同一元素不同同位素的化学性质几乎相同，但由于其原子质量不同，其质谱性质、放射性和物理性质等有所差异。同位素又可划分为稳定同位素与放射性同位素。稳定同位素是指某元素中不发生或极不易发生放射性衰变的同位素，其半衰期通常大于 10^{15} 年。另一些同位素的原子核能自发地发射出粒子或射线，释放出能量，同时质子数或中子数发生变化，从而转变为其他元素或同位素的原子核，这些同位素被称为放射性元素。

本节将重点介绍利用稳定同位素"指纹"组成示踪污染来源与过程。关于富集同位素示踪，将在 10.3 节介绍。

稳定同位素质量上的差别可以导致同位素之间出现轻微的物理化学性质差异，在宏观反应中表现为不同的反应或运动速率，导致在漫长的生物地球化学循环过程中，自然界中的不同物质逐渐具有了不同的同位素组成特征。稳定同位素技术就是基于物质的稳定同位素组成和同位素分馏机理回溯物质的来源和经历的某些特定过程的技术（Winteringham，1975）。至今，稳定同位素技术经过一百多年的发展，从分析测量技术到同位素分馏理论，已经逐渐成熟。

稳定同位素技术作为一种有力的示踪手段，已经广泛应用于陆地、大气和水体等自然环境体系的研究。其中，碳、氮、氧和硫等传统稳定元素经过数十年发展，已经建立了相对成熟的分析方法和较为系统的理论体系，而汞、锶、铜、铁、锌、硅、镁、钙、银等非传统稳定同位素的发展则相对滞后，直到多接收器-电感耦合等离子体-质谱（MC-ICP-MS）的发明应用，相应的同位素分析体系才开始建立。同时，得益于分离纯化技术的发展，不同环境过程的同位素分馏机理和环境储库同位素组成的调查也不断获得新的进展，有力地推动了稳定同位素技术在各个环境地球化学领域的快速发展。

如图 10-1 所示，元素周期表中只有 21 种元素具有一种同位素，其他大部分元素均具有两种或两种以上同位素，因此大部分元素均适合进行同位素技术研究。由于具有相同的质子数和核外电子结构，同位素具有非常相似的物理化学性质，但它们的物理化学性质（如扩散速度、反应速率和分子键能等）也因质量数的不同而存在微小的差异，这一现象称为同位素效应。稳定同位素分馏是导致自然界中稳定同位素组成发生变化的重要原因。

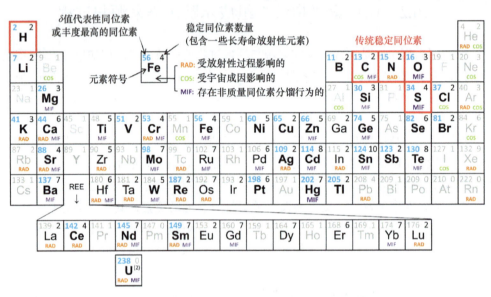

图 10-1 包含与稳定同位素研究相关内容的元素周期表

资料来源：Wiederhold，2015

10.2.1 稳定同位素分馏

稳定同位素分馏是指不同质量数的同位素以不同比例分配到不同化合物或物相中的现象，其主要驱动力是不同质量数的同位素之间存在微小的物理化学性质差异（如热力学性质、扩散及反应速率上的差异等），即同位素效应。因此，同位素之间质量差别大小会影响稳定同位素分馏的程度。如图 10-2 所示，原子序数越大的元素，通常其同位素之间质量的相对差异越小，因此普遍具有较小的同位素分馏范围。此外，稳定同位素分馏还受到相关元素环境地球化学行为如元素的氧化态数量、成键环境、反应活性以及气、液、固三相的存在状态等影响。在自然界中，稳定同位素分馏以一定的规律发生在环境地球化学的各个过程中，如氧化还原反应、络合反应、吸附、溶解、沉淀和生物循环等，逐渐造成自然界不同储库具有了特定的同位素组成特征。因此，进行同位素分馏机理研究，可以很好地回溯物质的来源和发生的环境化学过程。目前，稳定同位素分馏被视为一种高精准的示踪手段，已被广泛应用于元素环境地球化学循环的研究。

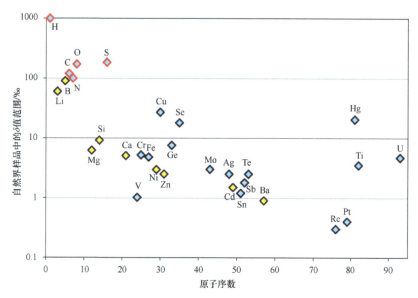

图 10-2　自然界中元素稳定同位素组成分布范围与原子序数的关系

资料来源：Wiederhold，2015

通常，稳定同位素分馏可分为热力学分馏和动力学分馏两个过程。热力学分馏又称为热力学平衡分馏，是指在净反应为零的情况下，互相接触的物质或物相甚至单个分子内部的不同位置之间出现同位素交换而产生的同位素分布变化的现象。净反应为零的情况可理解为无化学反应进行或可逆反应处于平衡的状态。发生热力学分馏时，重同位素通常倾向于富集在"更强的成键环境"中，如更高的氧化态、更低的配位数和更短的键长等。因此，在一定条件下达到热力学平衡时，系统中各组分的同位素组成往往出现一些规律性的变化，如"矿物结晶序列""价态规律"等。在外部制约因素中，温度的影响最为显著。热力学分馏的程度随着温度的增加而减小（通常正比于 $1/T^2$）。基于此，某些特定的同位素体系（如有孔虫的氧同位素组成）可以记录并反映古气候的变化。

动力学分馏是由质量数不同的同位素具有不同的运动或反应速率而引起的，通常发生在反应未完的、单向（或逆反应可忽略）的物理化学过程中，如蒸发、冷凝、扩散、氧化还原反应及各种生物过程等。轻同位素反应速率更快，因此更易富集在反应产物中。对于封闭系统而言，在反应的初始阶段，产物与反应物的同位素组成差异最大，但随着反应的进行，二者的同位素组成逐渐趋于一致。许多动力学分馏过程符合瑞利分馏模型的特点（反应未完全、单向和反应物混合均匀等），因此可以利用瑞利分馏模型来计算分馏系数或定量反应程度。与热力学分馏不同，动力学分馏系数受多种因素影响（如反应条件、反应速率和反应机理等），所以很难进行理论模型计算。

稳定同位素分馏又可细分为质量依赖分馏（MDF）和非质量依赖分馏（MIF）。二者以是否存在质量依赖效应进行区分，其中核体积效应和磁效应是导致非质量分馏的主要原因。质量依赖效应是指同位素分布变化严格地受不同同位素之间的相对质量差异控制，具体表现为同一元素的三种不同同位素可在三同位素图上拟合成一条线性直线，即质量分馏线。自然界中发现的大部分同位素分馏现象均符合质量依赖分馏规律，仅有少数元素在实验室模拟（钛、铬、锌、锶和钼等）和自然界中（仅有汞、氧、硫和铁）发现存在非质量分馏行为（图 10-1）。作为额外的示踪工具，汞、氧、硫和铁四种元素在自然界中发生的非质量依赖分馏与稳定同位素分馏一起可以组成多维同位素示踪指纹，增加溯源的维度和准确性。

10.2.2　稳定同位素分馏制约因素

同位素分馏的驱动力为同位素效应，即不同质量数的同位素之间存在微小的物理化学性质（如扩散速率、反应速率和分子键能等）的差异。因此能影响到这些物理化学性质的因素即有可能制约同位素分馏的程度。总体而言，同位素分馏的制约因素非常复杂，且在理论研究方面仍存在很多未知之谜，如自然界中许多非质量依赖分馏过程的机理仍未可知。尽管如此，对许多主要的同位素分馏制约因素已获得一些共识。对于外部制约因素而言，温度是制约同位素分馏的主要因素，几乎适用于所有分馏过程；而同位素交换一般不伴随分子体积的改变，因此压力的影响小得多。对于内部制约因素，物质的化学组成（化学键类型、键力的强弱）、晶体结构、溶解性等均会制约同位素分馏过程。

10.2.3　稳定同位素组成的描述

物质的同位素组成可以用同位素比率 R［重同位素丰度（$^x\mathrm{E}$）/轻同位素丰度（$^y\mathrm{E}$）］来表示，但为了更直观地反映同位素组成的微小变化，同时为了便于比较，物质的同位素组成更常用 δ 值（参比于同位素标准物质的相对千分差）来表示，即式（10-2）：

$$\delta^x\mathrm{E} = \left[\frac{\left(^x\mathrm{E}/^y\mathrm{E}\right)_{样品}}{\left(^x\mathrm{E}/^y\mathrm{E}\right)_{标准物质}} - 1\right] \times 1000\ ‰ \tag{10-2}$$

式中，E 为某种化学元素；x 和 y 分别为该元素两种同位素的质量数，且要满足 $x > y$。此外，非质量依赖分馏的程度以物质的同位素组成偏离质量分馏线的大小来表示：

$$\Delta^y\mathrm{E} = \delta^{x/y}\mathrm{E} - \beta_{\mathrm{MDF}} \times \delta^{y/z}\mathrm{E} \tag{10-3}$$

式中，Δ 为该元素的质量依赖分馏和非质量依赖分馏之间的偏差；E 为某种化学元素；δ 为该元素相对于标准参考物质的同位素组成；y 为该元素存在非质量分馏的同位素；x 和 z 为该元素描述质量分馏线的两种同位素；β_{MDF} 为该元素质量分馏线的斜率。

10.2.4 稳定同位素来源与过程示踪

稳定同位素技术在环境地球化学研究中显示出广阔的应用前景。针对传统稳定同位素已经建立了成熟的分析方法、较为系统的理论体系，并在环境地球化学研究中得到了广泛应用。例如，在生态学领域传统稳定同位素技术可以研究动植物对全球变化和环境胁迫的响应，以及重建古气候和古生态过程。近年来，随着 MC-ICP-MS 的发明应用，非传统稳定同位素分馏机理研究和环境储库同位素组成的调查也不断获得新的进展，有力地推动了稳定同位素技术在各个环境地球化学领域的快速发展。

稳定同位素技术在环境地球化学研究中有两方面的典型应用，分别是来源示踪和过程示踪。来源示踪依据的是不同储库具有不同的同位素组成特征。如果两个不同来源的同位素组成具有一定的差异，其混合后，可通过二元同位素混合模型定量估算它们对未知样品（汇）的贡献大小，如式（10-4）和式（10-5）所示：

$$\delta_{汇} = \delta_{源A} \times f_{源A} + \delta_{源B} \times f_{源B} \tag{10-4}$$

$$f_{源A} + \delta_{源B} = 1 \tag{10-5}$$

式中，δ 为同位素组成；f 为不同储库（源）的贡献比重因子。如果未知样品有多个来源，则需要利用相应的多元同位素混合模型进行定量计算。需要注意的是，在应用同位素混合模型前，需要评估同位素分馏效应对样品同位素组成的影响。

过程示踪指的是基于同位素分馏特征来回溯发生的物理化学过程，主要依据的是不同过程对应着不同的同位素分馏规律。例如，在动力学过程中，产物优先富集轻同位素；在平衡反应过程中，重同位素优先富集在"更强的成键环境"等。此外，基于稳定同位素技术的过程示踪可以排除过程中发生的浓度稀释效应。例如，地下水中镉浓度降低，可能是被未污染的地下水稀释了或是污染源排放发生了变化导致的，因此通过测定地下水的镉同位素组成，可以准确判断地下水中镉浓度降低的原因。对于符合瑞利分馏特点的动力学分馏，可以结合瑞利分馏模型定量反应进行的程度，方法如式（10-6）和式（10-7）所示：

$$\delta_{剩余反应物} = \delta_0 + \varepsilon \ln f \tag{10-6}$$

$$\delta_{累积产物} = \delta_0 + \varepsilon \ln f - \frac{\varepsilon \ln f}{1-f} \tag{10-7}$$

式中，δ_0、$\delta_{剩余反应物}$ 和 $\delta_{累积产物}$ 分别为初始反应物、剩余反应物和累积产物的同位素组成；ε 为同位素分馏系数；$1-f$ 为反应进行的程度。因此，通过测量初始反应物和累积产物的同位素组成（δ_0 和 $\delta_{累积产物}$），然后根据对应过程的同位素分馏系数（ε），就可以推算出反应进行的程度（$1-f$）。但是，目前依然缺乏很多重要过程的同位素分馏系数，因此需要更多的实验室研究定量各种元素在不同过程中的同位素分馏系数，以满足复杂环境中同位素示踪的需要。

10.2.5　传统稳定同位素示踪应用

早在 20 世纪 80 年代，就有学者研究了传统稳定同位素碳、氢、氧、氮、硫在自然界各种储库中的一般分布。从理论上来说，这些储库信息可以结合有机物的同位素指纹信息实现溯源。例如，随着现代工业的发展和城市人口的增加，工业和生活污水大量排入海湾地区，造成水质严重污染，然而传统的有机碳总浓度测定无法区分这些有机碳是天然源还是人为源。根据碳同位素分析结果，海水中天然源碳的 $\delta^{13}C$ 值为 1.65‰，人为源碳的 $\delta^{13}C$ 值为–17.04‰，因此通过数学模型计算可得出生活污水来源的碳对海湾地区水质污染的贡献率。在评价污水输入对波士顿湾及马萨诸塞湾的长期影响时，利用氮与硫的二维同位素指纹信息（$\delta^{15}N$ 与 $\delta^{34}S$）对沉积物、有机颗粒物、藻类与动物中这两种元素的来源进行识别，发现水体沉积物主要来源于污水中的颗粒物。

此外，同位素指纹组成示踪也可用于探究有机物的反应历程。通常来说，有机物化学键的断裂和形成是导致同位素分馏的主要原因，因此同位素指纹信息可以揭示有机物是否发生转化以及通过何种途径发生转化，从而为识别有机物的降解或形成的反应机制提供线索。如果得到准确的分馏定量信息，该示踪方法甚至可以定量有机反应进行的程度。例如，在研究土壤微生物降解多溴二苯醚时，分别在灭菌和自然状态下分析六溴二苯醚（BDE-153）的降解程度及其碳同位素特征变化，发现微生物可有效降解 BDE-153，且该过程具有碳同位素分馏效应；将 BDE-153 的降解比例及 $\delta^{13}C$ 值有效结合，建立了二者在微生物降解土壤 BDE-153 过程中的动态定量关系。这些动态定量关系被进一步验证之后，即可推广用于环境中各种有机物的转化过程判别以及反应进行程度定量。相较传统意义上简单的浓度判别法，同位素指纹示踪具有不可比拟的准确性、广泛性及全面性。

10.2.6　非传统稳定同位素示踪应用

目前，稳定同位素指纹在来源和过程示踪方面展示出了显著的优势，已广泛应用于相关环境污染物的来源与环境行为研究，在环境化学领域获得了越来越多的关注。来源回溯的前提是不同污染源的同位素指纹存在可分辨的差异；此外，污染物从源到汇的过程中是否发生同位素分馏效应，也是需要进行严格评价的，在这两点基础上即可建立同位素溯源模型。目前，同位素混合模型的应用已经非常广泛，例如基于同位素混合模型可定量估算法国塞纳河中锌污染的来源；基于硅同位素混合模型可定量北京地区大气细颗粒物（$PM_{2.5}$）的来源。同时，已有多种同位素运算模型获得广泛应用，如相对成熟的同位素多元混合模型（如 IsoSource 模型）和相对复杂的同位素模型（如贝叶斯混合模型和机器学习模型等），大大促进了同位素溯源从定性到定量的发展。

基于硅稳定同位素指纹的 PM$_{2.5}$溯源方法

大气 PM$_{2.5}$的成因和来源非常复杂，导致目前我国区域性重度灰霾的成因解析仍然存在诸多争议。目前，硅稳定同位素已经被广泛应用于元素的环境地球化学循环研究，然而其他应用却鲜有报道。不同于传统稳定同位素（碳、氮、氧、氢等），硅元素具有较高的化学惰性，在大气传输过程中较难发生同位素分馏效应，因此具有作为大气污染指示物的潜力，并被成功应用于 PM$_{2.5}$的来源解析。

研究人员以北京地区为例，发现硅元素广泛存在于大气颗粒物中，其在大气中的浓度一般可以达到 1.0μg/m^3 以上，且其同位素组成具有季节性变化规律。具体来说，相对于夏季和秋季，春季和冬季 PM$_{2.5}$中的硅元素显著富集轻同位素。为了将 PM$_{2.5}$与各个污染源联系起来，研究人员进一步分析了 7 种主要 PM$_{2.5}$一次污染源样品中硅同位素组成。结果显示汽车尾气排放的颗粒物中 δ^{30}Si 的分布范围为 0.8‰～1.2‰，显著富集重同位素。土壤尘、建筑尘和城市扬尘中 δ^{30}Si 的分布范围为 −1.0‰～0.5‰。此外，生物质燃烧源也有类似的 δ^{30}Si 组成（−0.9‰～0.1‰），而工业排放源和燃煤燃烧源显著富集轻同位素，δ^{30}Si 组成分别为 −1.8‰～−0.9‰和 −3.4‰～−1.2‰。这些污染源均具有不同的硅同位素指纹特征，因此满足同位素溯源的前提条件。基于此，研究人员进一步研究了北京地区 PM$_{2.5}$的来源，发现燃煤排放可能是北京地区春冬季灰霾频发的主要贡献源，这也与北方供暖季燃煤需求量激增的情况相符（Lu et al.，2018）。

除了来源回溯，稳定同位素指纹还可用于污染物的环境行为研究。进入环境中的污染物会经过一系列化学与生物转化过程，在这些过程中，必然伴随着相关元素的稳定同位素分馏效应。因此，通过对稳定同位素分馏过程的研究，可以推演出污染物的环境行为。在稳定同位素分馏过程的研究中，瑞利分馏模型的应用非常重要，可以为分馏过程提供定量的数据描述。

近年来，随着质谱仪器分析精度的迅速提高，氯、溴元素的同位素分析也逐渐成为环境有机污染物研究的热点。在自然界中，氯和溴分别有两个稳定同位素即 ^{35}Cl 和 ^{37}Cl，以及 ^{79}Br 和 ^{81}Br。对于卤代化合物来说，氯和溴是重要的特征性元素，也是多种转化反应的活性中心。氯、溴同位素自然丰度比例相对传统元素更接近，两种元素的重元素自然丰度分别为 24.47%（^{37}Cl）和 49.46%（^{81}Br）。因此在某些反应中可能呈现出比传统元素更为显著的同位素分馏效应。基于以上特性，在研究卤代有机物的环境行为时，利用氯、溴同位素指纹进行示踪可能具有更好的行为表征效果。目前，测定环境样品中卤代有机物的氯、溴同位素指纹组成、分馏情况及其与其他元素的复合同位素分馏效应，已经被用于指示污染物的来源和降解途径（Kuntze et al.，2016），其应用原理与传统同位素示踪方法相似。例如，三溴新戊醇经过碱性降解、厌氧还原脱卤和氧化降解 3 种不同的降解途径之后，碳和溴复合同位素指纹组成呈现显著差异，两种元素的同位素富集因子比值 $\Lambda_{C/Br}$（即 $\varepsilon_C/\varepsilon_{Br}$）分别为 25.2±2.5、3.8±0.5 和无限大（∞），可用于指示其降解的不同过程。

此外，由于氯、溴元素特殊的同位素组成比例，利用氯、溴同位素分馏效应评价化合物的降解程度具有独特的优势。含氯或溴的有机物在发生降解反应时，母体化合物中轻重同位素的反应速率不同，导致其同位素比值发生变化。研究降解反应的动力学同位素效应（KIE），可以根据同位素比值（R）评价化合物的降解程度，具体方法如下：利用同位素比值和化合物浓度，通过瑞利公式绘制瑞利散点图，得到同位素富集因子（ε），用来表征特定降解过程的同位素分馏效应的方向和显著程度，如式（10-8）所示：

$$\ln\left(\frac{R_t}{R_0}\right) = \varepsilon \times \ln\left(\frac{C_t}{C_0}\right) \tag{10-8}$$

式中，R_0 和 R_t 分别为反应初始和 t 时刻目标元素的同位素比值；C_0 和 C_t 为在反应初始和 t 时刻目标化合物的浓度；ε 的计算是基于整个分子的氯或溴同位素组成，所得的是分子整体的同位素富集因子（ε_{bulk}）。因此在研究反应机制时还需计算反应位点的同位素富集因子（ε_{RP}）：

$$\varepsilon_{RP} = \frac{n}{x} \times \varepsilon_{bulk} \tag{10-9}$$

式中，n 为目标化合物分子中待测元素的原子数；x 为反应位点的数量（由反应可行性可知）。表观动力学同位素效应（AKIE），用来表示降解反应的动力学过程导致的同位素效应，计算如式（10-10）所示：

$$AKIE = \frac{1}{1 + z \times \varepsilon_{RP}/1000} \tag{10-10}$$

式中，z 为分子内具有竞争关系的相同反应位点的个数（一步反应机制时，$z=1$；分步反应机制时，$z=2$）。利用 ε 和 AKIE 可以判断同位素分馏的方向。当轻原子比重原子发生更多迁移或转化时，$\varepsilon < 0$，AKIE > 1，称为"正向"同位素分馏效应；当重原子比轻原子发生更多迁移或转化时，$\varepsilon > 0$，AKIE < 1，称为"逆向"同位素分馏效应；当 $\varepsilon=0$ 时，AKIE=1，则表示没有明显的同位素分馏。

基于以上理论，有研究分析了鲸鱼脂肪中二氯二苯三氯乙烷（p, p'-DDT）和二氯二苯三氯乙烯（p, p'-DDE）的氯同位素组成，发现二者的 $\delta^{37}Cl$ 分别为 0.69‰±0.21‰

和 2.98‰±0.57‰；通过与未经降解的 p, p'-DDT 和异构体混合物的氯同位素组成测定结果作为初始同位素组成（–4.34‰）进行对比，发现鲸鱼脂肪具有氯的重同位素富集效应。研究者进一步采用同位素富集因子评估降解程度，认为释放到环境中的 p, p'-DDT 仍有 7%±2% 未被降解。该结果与通过 p, p'-DDT/（p, p'-DDT+ p, p'-DDE）比值计算的降解程度（10%）相近，这也验证了氯/溴同位素分馏用于评价有机物降解程度的可靠性。

案例三

银同位素分馏在纳米银转化机制研究中的应用

目前，纳米材料在自然环境中的来源与归趋研究主要依赖粒径、浓度和元素组成表征，研究手段相对缺乏，很难准确示踪纳米材料在自然界中的迁移转化过程。因此开发可应用于纳米材料环境行为研究的稳定同位素技术非常重要。纳米银独特的杀菌作用，使其成为应用最广的纳米颗粒物。随着使用量的增加，更多的纳米银将会进入环境中。现有的研究表明，一方面自然界中银同位素组成存在微小的变化；另一方面，作为一种典型纳米材料，纳米银在环境中存在多种转化过程。基于此，研究人员提出假设：纳米银在自然界中的转化过程会造成同位素分馏效应，进一步基于银同位素分馏可以示踪纳米银的环境过程。为验证以上假设，研究了纳米银在自然水体中的两个可逆过程：银离子被溶解性有机质还原成纳米银和纳米银溶解释放银离子。同时，还研究了两个共存过程：纳米银物理吸附银离子和银离子还原成零价银沉淀（银盐光解）。基于这些过程中发生的银同位素分馏效应，可以示踪纳米银在自然水体中发生的转化过程（Lu et al., 2016）。

选读内容

非传统稳定同位素技术在大气颗粒物溯源中的应用

大气细颗粒物（PM$_{2.5}$）对环境和人体健康均造成了显著的负面影响，已成为亟待解决的环境污染问题之一。然而，大气颗粒物的成因和来源非常复杂，导致目前我国区域性重度灰霾的成因解析仍然存在诸多争议。铅、汞、锌、镉、铁、铜、锌、硅等非传统稳定同位素在 $PM_{2.5}$ 中广泛存在，因此非传统稳定同位素技术在大气颗粒物来源示踪方面具有很大的应用潜力，并得到了快速应用和发展。目前，非传统稳定同位素技术在大气颗粒物溯源中的研究方向集中在以下几方面：①优化同位素前处理方法，克服大气颗粒物同位素分析的两大难点（复杂基质和痕量分析）；②发展更多元素的稳定同位素分析方法，提高示踪大气颗粒物来源的能力；③提高非传统稳定同位素的溯源能力，包括继续完善各个大气污染源谱同位素数据库的数据和加强对大气传输过程伴随的同位素分馏效应的研究。

汞、铅和锶在大气中的同位素溯源研究最先引起人们的关注，并得到迅速发展。以汞同位素研究为例，已对大气中不同形态汞的同位素组成开展了较为全面的研究，且大气汞污染源谱同位素组成和传输过程导致的汞同位素分馏效应也有报道，由此可以看出汞同位素在大气汞污染溯源研究中已经具有了较好的应用基础。近些年，作为大气颗粒物中的高丰度金属元素，铁、铜和锌在大气颗粒物中的同位素研究逐渐引起人们的关注，并取得了一些代表性研究成果。以铜同位素研究为例，已有研究报道了不同地区大气颗粒物中的铜同位素组成，且与其各个污染来源（轮胎、刹车和道路粉尘）的同位素组成进行了对比，判断了大气颗粒物中铜元素的污染来源。而硅、钕等元素在大气颗粒物溯源研究中应用较晚。不同于传统稳定同位素（碳、氮、氧、氢等），硅元素具有较高的化学惰性，在大气传输过程中较难发生同位素分馏，因此很适合作为大气污染的指示物。目前，已有研究将硅稳定同位素用于大气颗粒物的溯源研究，建立了北京地区大气颗粒物的污染源谱同位素数据库及定量溯源模型，并解析了大气污染行动计划实施期间（2013~2017年）北京地区灰霾来源的变化，为精准治霾提供了科学数据。

10.3　富集同位素示踪

富集同位素，是指其丰度高于自然丰度的同位素。采用富集同位素标记目标污染物，将其加入环境样品或介质中，可以此追踪污染物在环境中的分布与转化行为。这里采用的富集同位素，可以是放射性同位素，也可以是稳定同位素；二者在同位素选择及其示踪剂制备、检测等方面存在较大差异。

与以污染物以外的其他指示物示踪相比，富集同位素示踪有以下几个优点：①富集同位素自身为污染物或为污染物中的组成元素，因此与外源性标记相比，其能更好地反映污染物的环境行为；②可采用 γ 能谱、闪烁计数器或质谱等检测手段，其具有较高的灵敏度；③可容易地将示踪信号与基质中污染物信号（自然丰度同位素或非放射性同位素）区分开来。相比之下，放射性同位素示踪易实现原位检测，有利于在个体、组织、细胞甚至亚细胞水平上进行原位成像，得到污染物的多层次分布；而多稳定同位素示踪可用于同时监测不同来源、形态、粒径等污染物环境行为的差异。

10.3.1　放射性同位素示踪

放射性同位素可用于标记多种有机污染物与无机污染物。对于有机污染物与碳纳米材料，可采用放射性碳、卤素等对其进行标记，如 ^{14}C-双酚 A、^{14}C-石墨烯、^{36}Cl-毒杀芬等。对于金属、类金属污染物，可用放射性元素自身对其进行标记，如 ^{203}Hg、^{109}Cd、^{74}As。

首先应根据核发射特性、半衰期、可获得性以及测量方法选择合适的放射性同位素用于污染物示踪。放射性同位素衰变主要分为 α、β [β^-、β^+、电子捕获（EC）] 和 γ 衰变。在 α 和 β 衰变之后，原子核通常处于高能态，在向低能态跃迁时可以发射 γ 光子。体内 α 粒子或俄歇电子（e^-）的发射可导致细胞损伤，因此可用于癌症的放射治疗。然而，这些粒子在体内的穿透距离很短，这对放射性示踪剂的原位检测与成像十分不利。相比之下，发射 β^+ 或 γ 射线的放射性同位素具有良好的穿透性，被广泛用于污染物的标记、追踪和成像。半衰期是放射性同位素选择的另一个重要因素。半衰期过短的放射性同位素难以保证在示踪原子因衰变消失以前完成整个实验操作（暴露、分析检测），而半衰期过长的放射性同位素不利于放射性废物的后处理。放射性同位素的选择还要考虑其制备的难易程度或商业可获得性；并充分考虑测量方法是否满足选择同位素的检测。污染物示踪中一些可能应用的放射性同位素及其常见制备方法如表 10-2 所示。

放射性同位素主要是由研究型反应堆或加速器制备的。在反应堆法中，通过反应堆产生的中子流照射靶材，直接生产或通过简单处理生产放射性同位素；也可从辐照后的 ^{235}U 等易裂变材料产生的裂变产物中分离出放射性同位素。反应堆法具有收率高、靶材制备容易、操作简单、成本低等优点，是目前放射性同位素最主要的生产方式。然而，由于产物中放射性同位素与其前体（载体）共存，因此很难进一步纯化产生的放射性同位素，以提高其放射性。来自回旋加速器的放射性同位素产物具有无载体、高比活度的优点，但由于生产能力低和成本高而受到限制。例如，可采用中子流辐照固态 Be_3N_2 靶或硝酸钡靶，经由反应 $^{14}N + n \longrightarrow {}^{14}C + {}^{1}H$ 生成 ^{14}C；通常 ^{14}C 同位素后续以 $Ba^{14}CO_3$ 形式存储起来。利用有机合成方法，可进一步将 $Ba^{14}CO_3$ 转化为其他一碳化合物、羧酸、苯等，并用以合成其他 ^{14}C 标记的有机污染物。

表 10-2　可用于污染物示踪的放射性同位素

元素示踪剂	示踪剂可能采用的放射性同位素、半衰期和主要衰变模式	常见的制备方法
C	^{14}C（5730a，β^-）	^{14}N（n，p）^{14}C
S	^{35}S（87.37d，β^-）	^{35}Cl（n，p）^{35}S
P	^{32}P（14.268d，β^-）、^{33}P（25.35d，β^-）	^{32}S（n，p）^{32}P、^{33}S（n，p）^{33}P
F	^{18}F（109.739min，β^+，EC）	^{17}O（α，n）^{18}F、^{18}O（d，2n）^{18}F、^{20}Ne（d，α）^{18}F
Cl	^{36}Cl（3.013×10^{5}a，β^-）、^{39}Cl（56.2min，β^-）	^{35}Cl（n，γ）^{36}Cl
Br	^{75}Br（96.7min，β^+）、^{76}Br（16.2h，β^+）、^{77}Br（57.036h，β^+）、^{82}Br（35.282h，β^-）、^{83}Br（2.40h，β^-）	^{81}Br（n，γ）^{82}Br
I	^{123}I（13.2235h，EC）、^{124}I（4.1760d，β^+）、^{125}I（59.4d，EC）、^{126}I（12.93d，β^+，β^-）、^{129}I（1.57×10^{7}a，β^-）、^{130}I（12.36h，β^-）、^{131}I（8.021d，β^-）、^{133}I（20.8h，β^-）、^{135}I（6.57h，β^-）	^{130}Te（d，n）^{130}I、^{235}U（n，f）^{131}I；^{130}Te（n，γ）$^{131}Te\rightarrow^{131}I$
As	^{71}As（65.28h，β^-）、^{72}As（26.0h，β^+）、^{73}As（80.30d，EC）、^{74}As（17.77d，β^+，β^-）、^{76}As（1.0942d，β^-）、^{77}As（38.83h，β^-）	^{75}As（n，γ）^{76}As、^{75}As（d，p）^{76}As
Pb	^{200}Pb（21.5h，β^+）、^{203}Pb（51.873h，EC）、^{209}Pb（3.253h，β^-）、^{210}Pb（22.3a，β^-）、^{212}Pb（10.64h，β^-）	^{203}Tl（d，2n）^{203}Pb
Hg	^{195}Hg（10.53h，β^+）、^{197}Hg（64.14h，EC）、^{203}Hg（46.595d，β^-）	^{196}Hg（n，γ）^{197}Hg、^{202}Hg（n，γ）^{203}Hg
Cu	^{61}Cu（3.333h，β^+）、^{64}Cu（12.70h，β^+，β^-）、^{67}Cu（61.83h，β^-）	$^{61,64}Ni$（p，n）$^{61,64}Cu$、^{60}Ni（d，n）^{61}Cu、^{61}Ni（d，2n）^{61}Cu、^{64}Ni（d，2n）^{64}Cu
Cd	^{107}Cd（6.5h，β^+）、^{109}Cd（461.4d，EC）、^{113m}Cd（14.1a，β^-）、^{115}Cd（53.46h，β^-）、^{115m}Cd（44.56h，β^-）、^{117}Cd（2.49h，β^-）、^{117m}Cd（3.36h，β^-）	^{109}Ag（d，2n）^{109}Cd、^{118}Sn（n，α）^{115m}Cd、^{116}Cd（n，2n）^{115m}Cd

注：EC 表示电子捕获。

　　可将放射性同位素标记的有机/无机污染物直接加入环境介质中，以研究其后续的吸附/解吸、分配、生物摄入等行为；也可以选择各种体外（如细胞）和活体模型（如小鼠、鱼和蜗牛）以及适当的暴露途径评估有机/无机污染物生物摄入、分布与排出。气管灌注或直接吸入暴露常用于评估污染物的呼吸摄入；经口、皮肤或水暴露通常用于评估食物、灰尘及水中污染物的饮食摄入、无意灰尘摄入与皮肤吸收。暴露前，在放射性同位素标记的有机/无机污染物浓度选择上，应注意：①示踪剂的原始浓度应保证其经过环境或生物稀释后仍可被有效检测；②示踪剂的放射性不应使生物体发生代谢上的异常变化。

　　对于放射性同位素标记的污染物暴露后的环境与生物样品，可采用多种检测方式进行原位定量或成像。放射性示踪剂可通过 γ 能谱或闪烁计数器进行原位高灵敏定量。此外，成像技术如放射自显影和发射计算机断层扫描（ECT）可以提供样品中放射性示踪剂分布的二维或三维可视化图像。根据放射自显影的分辨率，可划分为宏观放射自显影、光学显微镜放射自显影和电子显微镜放射自显影，其可以检测放射性同位素在个体、器官、组织和细胞中的分布。临床 ECT 技术，包括正电子发射断层扫描（PET）

和单光子发射计算机断层扫描（SPECT），已应用于体内放射性同位素标记污染物的示踪。通常，用于 SPECT 的放射性同位素是具有 γ 衰变的同位素，而用于 PET 的同位素富含质子，衰变并发射正电子。与 SPECT 相比，PET 具有更高的空间分辨率、灵敏度和测量精度。

案例四

扇贝对纳米塑料的吸收、分布和外排

日常生活中大量使用各种各样的塑料，如聚乙烯、聚苯乙烯等。这些塑料制品进入环境中，经受自然老化等过程，可被部分分解为次生的粒径更小的微塑料与纳米塑料。微塑料和纳米塑料（简称微纳塑料）的生物摄入与毒理学尚不明确。由于微纳塑料的组成以碳/氢等元素为主、粒径多样、提取难度大，给摄入生物体内微纳塑料的高灵敏定量检测带来了困难。以往关于生物吸收纳米塑料的研究通常是在较高浓度暴露下进行的。在环境相关浓度下追踪生物体内塑料颗粒的赋存与分布极具挑战。放射性同位素标记为原位追踪纳米塑料的生物摄入与分布提供了一种简便有效的手段。采用放射性苯乙烯（亚甲基由 ^{14}C 标记）合成纳米聚苯乙烯塑料微球，液体闪烁计数和全身放射自显影（$^{14}C \rightarrow ^{14}N + \beta^-$）对摄入体内的微球进行总量与分布分析，从而实现了海洋软体动物（欧洲扇贝）对环境相关浓度（μg/L）纳米聚苯乙烯塑料微球（24nm 与 250nm）摄入、分布、清除的分析。液体闪烁计数显示，欧洲扇贝对纳米塑料的吸收很快，且 24nm 纳米塑料的吸收量大于 250nm 纳米塑料的吸收量。全身放射自显影显示，6h 后，250nm 聚苯乙烯塑料主要在肠内积聚，而 24nm 聚苯乙烯塑料则可在其全身分布，提示其可通过上皮膜发生体内转运。这两种尺寸的纳米塑料外排也较快，但其外排速度不同：14d 后未能检测到 24nm 颗粒，但 48d 后仍可检测到少量的 250nm 颗粒。因此，纳米塑料的粒径大小显著影响了其生物摄入与排出（Al-Sid-Cheikh et al.，2018）。

10.3.2　富集稳定同位素示踪

考虑到放射性同位素作为示踪剂的缺点（如可能的放射性污染和操作放射性同位素所需的特殊许可），近年来，富集稳定同位素标记污染物的技术得到极大发展，用以追踪环境和生物体系中污染物的行为。与放射性同位素标记相比，稳定同位素示踪无须使

用放射性同位素，避免了放射性同位素对环境的污染和对人体健康的危害；由于可使用高灵敏的质谱仪测量同位素比值，稳定同位素作为示踪剂也可以提供非常灵敏的信号，将其与各种样品中的内源性背景信号区分开来。

表 10-3 列出了一些污染物中常见元素的稳定同位素及其自然丰度。磷、氟、碘、砷等元素仅有一种稳定同位素，因此不能采用富集稳定同位素示踪；其他污染物中常见元素多有 2 种或 2 种以上稳定同位素，可采用富集稳定同位素标记污染物，来示踪污染物的环境行为。

表 10-3　污染物中常见元素的稳定同位素及其自然丰度

污染物中常见元素	稳定同位素及其自然丰度
C	^{12}C（98.89%）、^{13}C（1.11%）
H	^{1}H（99.9844%）、^{2}H（0.0156%）
N	^{14}N（99.6%）、^{15}N（0.4%）
O	^{16}O（99.756%）、^{17}O（0.039%）、^{18}O（0.205%）
S	^{32}S（95.02%）、^{33}S（0.75%）、^{34}S（4.21%）、^{36}S（0.02%）
P	^{31}P（100%）
F	^{19}F（100%）
Cl	^{35}Cl（75.77%）、^{37}Cl（24.23%）
Br	^{79}Br（50.69%）、^{81}Br（49.31%）
I	^{127}I（100%）
As	^{75}As（100%）
Pb	^{204}Pb（1.48%）、^{206}Pb（23.6%）、^{207}Pb（22.6%）、^{208}Pb（52.3%）
Hg	^{196}Hg（0.16%）、^{198}Hg（10.0%）、^{199}Hg（16.9%）、^{200}Hg（23.1%）、^{201}Hg（13.2%）、^{202}Hg（29.7%）、^{204}Hg（6.82%）
Cu	^{63}Cu（69.17%）、^{65}Cu（30.83%）
Cd	^{106}Cd（1.25%）、^{108}Cd（0.89%）、^{110}Cd（12.49%）、^{111}Cd（12.80%）、^{112}Cd（24.13%）、^{113}Cd（12.22%）、^{114}Cd（28.73%）、^{116}Cd（7.49%）

稳定同位素原子质量不同，这导致其物理化学性质存在微小的差异。可利用这些差异进行不同同位素的分离制备。其方法主要包括：①直接利用同位素质量的差别，如电磁分离法和离心分离法；②利用同位素分子或离子的分子动力学性质的差别，如扩散、热扩散、电迁移等；③利用同位素热力学性质的差别，如精馏法、同位素交换法。分离轻元素同位素最常用的方法是精馏法和同位素交换法。例如，^{13}C 的生产以低温精馏法为主，^{15}N 的生产以 NO/HNO_3 化学交换法及 NO 低温精馏法为主；金属同位素的生产以电磁分离法、离心分离法为主，也有少数元素可采用一些独特的制备方法（如同位素汞可采用光化学法制备）。生产出富集稳定同位素后，可进一步采用化学合成法将其制备成各种稳定同位素标记的污染物作为示踪剂。

在进行富集稳定同位素示踪之前，首先要选择合适的富集稳定同位素示踪剂。许多富集稳定同位素（如 ^{106}Cd、^{108}Cd、^{110}Cd、^{111}Cd、^{112}Cd、^{113}Cd、^{114}Cd、^{116}Cd）已经商品化，可从市场上购得。一般来说，采用低自然丰度的富集同位素示踪可提供更好的灵敏度。在这种情况下，即使环境或生物相中仅摄入了极微量富集同位素标记的污染物，也可从污染物元素的同位素组成中分辨出来，从而实现同位素标记污染的高灵敏度识别与示踪。然而，通常天然丰度较低的富集同位素制备纯化更为困难，比自然丰度高的富集同位素更为昂贵，这不可避免地增加了同位素标记的成本。富集同位素的选择同时受到样品或测量过程中存在干扰的限制。例如，在镉的分析过程中，同质异位素 ^{114}Sn$^+$、氧化物 ^{98}Mo^{16}O$^+$ 对 ^{114}Cd$^+$ 存在离子干扰，同质异位素 ^{110}Pd、氧化物 ^{94}Zr^{16}O$^+$、^{94}Mo^{16}O$^+$ 和 ^{70}Zn^{40}Ar$^+$ 对 ^{110}Cd$^+$ 存在离子干扰。因此，在选择富集镉同位素进行示踪时，需充分考虑这些离子干扰对同位素比值精确分析的影响。在这一情况下，可能的解决方案是：①选用其他不存在干扰的富集同位素；②在前处理、分析过程中通过净化、碰撞/反应池等手段尽量降低干扰离子丰度。

获得了富集同位素之后，需进一步通过无机、有机化学手段将其转化或合成为与目标污染物相同的离子或分子，以进行后续的添加示踪研究，在此不再赘述。

在环境或生物暴露之后，可对环境或生物样品中积累的稳定同位素标记污染物进行测定。假设富集稳定同位素 ^{x}M（其中 x 为同位素的质量数）用于标记污染物（为简便起见，污染物及其同位素用 M 和 ^{x,y}M 代替），则样品中新累积的 ^{x}M（$\Delta[^x\text{M}]$）可以由式（10-11）定义为

$$\Delta[^x\text{M}] = [^x\text{M}]_{样品} - [^x\text{M}]_{背景} \tag{10-11}$$

式中，$[^x\text{M}]_{样品}$ 与 $[^x\text{M}]_{背景}$ 分别指暴露与未暴露污染物样品中 ^{x}M 的浓度。

可采用样品中质量数为 y 的另一稳定同位素 ^{y}M 的浓度 $[^y\text{M}]_{背景}$（其不存在于富集同位素标记的污染物中）由式（10-12）来计算 $\Delta[^x\text{M}]$：

$$\Delta[^x\text{M}] = [^x\text{M}]_{样品} - [^y\text{M}]_{背景}\ p^x/p^y \tag{10-12}$$

式中，p^x 与 p^y 分别为 ^{x}M 与 ^{y}M 的自然相对丰度。

稳定同位素示踪的关键是对示踪剂浓度的质谱精确定量。这一定量也可转化为对同位素浓度比（示踪同位素/其他稳定同位素）进行高精度分析。例如，对于一些无机元素，稳定同位素比值可通过常规 ICP-MS（如四极杆 ICP-MS）或高精度的 MC-ICP-MS 进行测量。稳定同位素比值测量的精度对高灵敏示踪十分重要。使用 MC-ICP-MS 可提供更高精度的同位素组成数据，其不确定性较低，因此其对示踪剂而言具有更低的检出限。

有机污染物的富集稳定同位素示踪多通过碳元素标记来实现；也可对氢、氮、氧、硫、磷、卤素等元素进行富集稳定同位素标记。选用何种标记元素，需考虑要追踪的污染物分配、转化过程涉及何种元素。碳元素的稳定同位素 ^{13}C 自然丰度值为 1.11%。若

案例五

水-沉积物环境中不同赋存形态汞的微生物甲基化与生物积累的富集稳定同位素示踪

在缺氧环境中，二价汞[Hg(Ⅱ)]可被微生物甲基化，生成高神经毒性的甲基汞（MeHg），并在水生生物中积累。人们对不同赋存形态 Hg(Ⅱ)的微生物甲基化及生物积累的理解还十分有限。采用五种 Hg(Ⅱ)和 MeHg 富集稳定同位素示踪剂，研究了汞的输入以及沉积物中汞的不同赋存形态对水-沉积物模拟生态系统中 MeHg 生成和生物累积的影响。研究中，采用 $^{204}Hg(Ⅱ)$ 和 $Me^{199}Hg$ 模拟来自大气沉降和陆地汇水径流中的汞；采用 β-^{200}HgS、$^{201}Hg(Ⅱ)$-NOM（天然有机质）、$Me^{198}Hg$-NOM 模拟底泥中赋存的各种形态汞。这种多富集稳定同位素技术可示踪不同来源、不同形态汞的环境转化与归趋。研究表明，Hg(Ⅱ)固相/吸附相的化学形态分布控制着沉积物汞对 MeHg 生成的贡献（其中 $^{201}Hg(Ⅱ)$-NOM > β-^{200}HgS）；但来自陆地[$^{204}Hg(Ⅱ)$]和大气的 MeHg（$Me^{199}Hg$）的生物累积程度远远大于沉积物中原位生成的 MeHg。这一研究表明，陆地汇水径流中的 MeHg 对河口生物群中 MeHg 的积累十分重要（Jonsson et al.，2014）。

将其丰度值提高到 5.11% 以上，此物质就可作为 ^{13}C 标记物。而当前技术已经可以将 ^{13}C 的丰度富集到 90% 以上。这些富集 ^{13}C 的示踪剂进入研究体系后，与其他含 ^{12}C 的物质一样参与各种化学、生物转化及循环。研究者可对含 ^{13}C 物质进行质谱检测，监控其行为过程。基于此特性，富集同位素示踪在有机物的研究中具有诸多作用。

一方面，富集同位素示踪可用于探究有机物的反应机理。对于发生化学反应的体系，加入具有稳定同位素富集特征的母体化合物，并通过仪器检测筛查符合该特征的转化产物，则可探究有机物的反应机理。例如，在实验室模拟体系中探索 HSO_4^- 催化丙烯酸与 2, 5-二甲基呋喃的反应时，以羧基碳进行同位素标记（$^{13}COOH$）的丙烯酸作为反应物，产物的质谱检测结果中 CO_2 的母离子 m/z 分别为 45、29 和 16，充分证明了产物 CO_2 是由丙烯酸中标记的羧基形成的，因而可以清晰地得出反应机理。另一研究发现，在铂负载的金属氧化剂条件下，水可以介导糠醇开环形成 1, 2-戊二醇（Ma et al.，2017）。相关人员在探究反应历程时，利用密度泛函计算，认为水分子中的 O 原子可以与—CH_2OH 基团相邻的 C 原子键合，而其中一个 H 原子则转移到末端 OH 基团上，形成新的水分子并加速反应物的开环。同时该研究开展了富集同位素示踪实验，发现当实验用水为自然丰度普通水时，1, 2-戊二醇的可观测最大离子峰为 $m/z=73.0$，即碎片离子 $CH_3CH_2CH_2CH(^{16}OH)$；而当实验用水为 $H_2^{18}O$ 时，1, 2-戊二醇的可观测最大离子峰为 $m/z=75.1$，即碎片离子 $CH_3CH_2CH_2CH(^{18}OH)$。该稳定同位素示踪技术为反应机理的推断提供了实验证明。

另一方面，富集同位素示踪可用于探究有机物的转化历程。在有关生物化学转化及循环的研究中，有机物在宏观上的转化历程有时比微观上的分子反应机理更为重要，而富集同位素示踪同样也能作为高效且精确的手段应用其中。将具有富集同位素特征的物质加入循环体系中，并按时间顺序依次监测具有该同位素特征的物质种类及发生部位，即可清楚地了解物质的转化场所及归趋。当该物质作为母体物质进行生物代谢时，则可追踪其代谢转化历程。一氯苯是地下水中常见的污染物，凭借其较高的溶解度和对水层基质较低的吸附性，在厌氧含水层中具有很强的持久性。将苯环上 ^{13}C 标记的一氯苯加入模拟的地下水微生物降解体系中，通过同位素分析，发现脂肪酸、CO_2 等物质均具有很强的 ^{13}C 信号，不仅清晰指明了一氯苯的生物降解产物，同时也证明了微生物利用一氯苯合成生物质的碳同化作用。

10.4　展　　望

近些年来，环境污染来源与过程的示踪方法研究与应用取得了极大进展。化学质量平衡法中本土排放源的建立与降解因子等校正技术的引入将进一步提高其解析精度。随着传统和非传统同位素组成前处理技术与测试精度的提升，多同位素组成的同时监控（如 SiO_2 中 Si 与 O），以及对环境过程同位素分馏认识的深化，将提升其在污染物源解析、环境行为回溯方面的能力。随着富集放射性与稳定同位素制备技术的发展，富集同位素的获取将更为便利，其在富集同位素示踪中的应用将得到进一步拓展；多富集同位素对多种污染物形态、多种排放源的同时标记将拓展其应用场景与范围，有助于复杂场景污染物行为的追踪。

习　　题

1. 采用内源性和外源性物质作为示踪剂在污染物示踪应用上有何不同？
2. 如何理解同位素效应是由量子力学效应导致的，即与零点能有关？
3. 阐述热力学分馏与动力学分馏的异同点？并进一步思考二者是否涵盖了所有化学反应情景？如非平衡态可逆反应。
4. 阐述核体积效应和磁同位素效应的概念并列举它们导致非质量分馏的实例。
5. 举例说明自然界中热力学平衡体系下发生的"矿物结晶序列""价态规律"现象。

第 11 章　毒性效应与健康危害的实验研究策略

环境污染物的毒性效应与健康危害研究，应着重关注环境污染物对生物个体特别是对人类的直接危害效应以及背后潜在的机制。在科学研究过程中，不但要明确污染物对生物个体的作用，还要更深层次地探索其对当前整个生态种群系统的危害，同时关注相关环境污染物可能造成的社会影响，并且及时找到预防措施。

环境污染物的毒性效应与健康危害隶属环境科学研究范畴，同时也是环境毒理学的分支领域。环境毒理学是对环境有毒物质做出定性和定量的一门学科，它的主要任务是探究生物有机体被不同来源的外源物质影响而产生的中毒反应、中毒反应的剧烈程度、发生时间和原因。在探讨污染物的毒性作用过程中，经常需要运用毒理学的理论分析手段，并且结合生命科学、医学、药学等领域的技术，充分、全面地揭示污染物对人类健康所产生的危害作用及原因。

11.1　毒性测试技术发展趋势

毒性研究由来已久。在早期的毒理学发展中，研究要义是考察各种物质对机体的急性影响以及是否会出现致死效应。早期毒理学研究方法是用活体动物进行实验，系统观察动物接触毒性物质后所发生的剂量与毒性反应的关系；而现代毒理学更加侧重于研究分子层面的变化，从器官组织水平到细胞分子水平，由单纯的结果描述发展为细致的机制探索。

环境污染物毒性研究方法按照研究对象和研究目的的不同而有所差别，在研究上，根据不同的目的和需求，可以将实验分为两大类：体内实验和体外实验。

体内实验，即活体实验，多在活体动物中开展，故也称为整体实验。通常选择的实验动物多为啮齿类，其中以大鼠和小鼠居多，也可采用水生生物如鱼类和两栖类。通常，体内实验需要严格按照动物在自然环境中所处的真实污染物赋存水平和接触方式来接触目标污染物，对实验动物染毒处理后观察动物形态和脏器功能的改变。由于实验中使用的动物都具有完整的外源物质代谢系统，因此，活体实验不但能够表现出环境污染物的综合效应，还能够表现出污染物在动物体内的代谢过程。

体外实验，与体内实验相对应，一般采用实验室培育细胞的方法，此外，也有研究会采用离体器官培养的方法进行毒性检测，即从体内取出器官后，在体外通过灌流技术培养器官并且给药，观察化合物对脏器新陈代谢变化等的影响。在体外实验中，采用的细胞多为癌细胞，因为癌细胞生长快、理论上在体外可以无限传代并且基本保持性状的稳定。体外实验在关注细胞形态和结构变化的同时，更加关注污染物对细胞分子层面的影响。与体内实验比较，体外实验易控制、流程简便、易收集大量的生物学特征基本一致的细胞作为受试样本，不会或较少出现动物实验中由个体差异引起的重现性差的现象。但体外实验的短板也十分明显：不能反映出生物体在真实环境中所经历的生物学过程。近年来发育与再生生物学的飞速发展，为提升体外毒理学检测水平提供了便利条件。与常规体外实验使用的癌细胞相比，干细胞具备正常的人体生理基础背景及核型，优势明显，加之合成生物学技术对干细胞进行了有目的的改造，不论是定向获得的诱导多能干细胞还是实验室制备的器官芯片，都更加满足真实环境污染物健康风险评估的需要。近年来逐渐发展壮大的多能干细胞研究体系，将极大地促进人们对人类遗传学、发育生物学的理解，也为环境污染物毒性效应与健康危害研究奠定了模型改造的基础。

11.2 污染物对不同器官的毒性研究方法

11.2.1 污染物环境内分泌干扰效应

内分泌系统包括内分泌腺、内分泌组织和分散存在于各器官或组织中的内分泌细胞，内分泌系统能够通过分泌激素，并使其经由组织液或血液的传递，作用于靶细胞的特异性受体，进而调节生物体的生理机能。

内分泌系统主要通过复杂的反馈循环机制正向或负向调节生物体的激素稳态。反馈系统能够调控内分泌系统相关的终产物或其副产物的量（如激素和其代谢物），负反馈调节信号能够抑制内分泌通路，正反馈调节信号能够促进内分泌反应的进行。

多种环境污染物会对内分泌系统的功能造成影响，其影响主要体现在对内分泌系统结构及功能的干扰和破坏。相较于其他脏器，生物体中的一些内分泌器官对环境污染物更为敏感，激素与靶器官间相互作用而产生的某些物质常会导致机体激素平衡体系的紊乱。在部分动物实验中，污染物诱导的机体应激反应能够引起糖皮质激素分泌的增加，进而影响胰岛素的分泌。更重要的是，污染物会影响肾上腺类皮质激素的水平，从而引发垂体—肾上腺轴的改变。大多数生物体组织都受到一种或多种激素的调控，由于一些污染物与某一激素结构相近（如双酚 A 与雌激素），因此会干扰激素的代谢或对靶器官的作用。正因为内分泌系统的复杂性，不同的环境污染物在影响生物体内分泌系统的激素分泌、调节和效应等不同阶段时，才会显示出不同的内分泌毒性。因此，在评价污染物对内分泌系统的毒性作用时，要全面考虑整个内分泌系统的相互作用，同时注意区分不同的作用阶段。

1. 不同内分泌系统的毒性效应

1）污染物对甲状腺的毒性效应

如果环境污染物通过对过氧化物酶产生抑制作用影响甲状腺激素的产生及分泌，抑或影响外周 T4 向 T3 的转化，就会造成血液中甲状腺激素含量的减少，从而导致垂体分泌促甲状腺激素代偿性地增加。促甲状腺激素通过受体作用于甲状腺滤泡细胞，并引起增殖性病变，如肥大、过度增生，甚至形成肿瘤。若环境污染物作用于下丘脑—垂体—甲状腺轴，会导致血液中甲状腺激素含量的变化，进而造成甲状腺毒性，如增生、形成肿瘤等。污染物对甲状腺的毒性作用主要体现为甲状腺增生、肿大，严重时可形成恶性肿瘤。

除常规的啮齿类动物模型和体外内分泌细胞模型外，非洲爪蟾作为较为独特的实验模型，被广泛用于评价环境污染物的甲状腺毒性研究中。考虑到甲状腺激素信号在脊椎动物中的重要作用，已发展出利用非洲爪蟾快速筛选甲状腺激素信号干扰物的方法。基于非洲爪蟾的甲状腺激素信号干扰物体内快速筛选方法主要利用了 T3 诱导非洲爪蟾变态实验和非洲爪蟾-胚胎甲状腺实验（XETA）。通过以基因 *thibz* 为检测标志物的研究发现，环境污染物双酚 A 和四溴双酚 A 均可显著干扰 *thibz* 基因的表达，进而扰动甲状腺激素的体内水平（Li et al., 2022a）。

2）污染物对性腺的毒性作用

性腺同时具备双重的生理学功能：性腺既是生殖细胞的来源，又能产生并释放雄性激素或雌性激素。因此，性腺不仅是人体的重要生殖器官，还是人体至关重要的分泌器官。

某些环境污染物与雄激素结构相似，长时间暴露于这种污染物可抑制精子的产生，导致睾丸萎缩。在雌性动物体内，丘脑—垂体—卵巢轴可以调节卵巢的功能。因此，高剂量的类雌激素结构环境污染物暴露会通过负反馈调节的抑制作用，干扰丘脑—垂体—卵巢轴，并抑制促性腺激素释放激素在下丘脑的产生，进而使卵泡刺激素的水平降低。而卵泡刺激素的缺乏则会干扰卵泡的正常发育和成熟过程。

与甲状腺毒性研究类似，两栖类动物在评估污染物对性腺的毒性研究中也有很好的应用。黑斑蛙对雄激素敏感，低剂量的环境雄激素刺激可诱导其雄性化。通过性别比、性腺组织学结构和性相关基因的表达水平等终点指标，可评估环境污染物对黑斑蛙性腺分化和发育的影响，如双氢睾酮（DHT）在发育的第 24 期、第 26 期和第 28 期暴露会诱导黑斑蛙的性逆转。在黑斑蛙发育的第 24 期暴露时，DHT 可导致所有没有典型卵巢的蝌蚪雄性化，而在第 26 期或第 28 期暴露时，DHT 的影响较小，所以为了敏感地检测环境内分泌干扰物的雄性化作用，黑斑蛙的暴露应在第 24 期开始（Li et al., 2018）。

3）污染物对胰腺的毒性作用

胰腺的内分泌功能单位是胰岛，人体的胰腺中有 25 万～175 万个胰岛，胰岛主要由两种细胞组成，一种是 α 细胞，分泌胰高血糖素；另一种是 β 细胞，分泌胰岛素。

污染物对胰腺产生的毒性作用主要是对胰岛 β 细胞造成损伤，导致胰岛素合成水平降低甚至停止，最终引起糖尿病的发生。近年来随着发育与再生生物学的发展，人多能干细胞分化获得的胰腺细胞已被应用于环境污染物对人体健康风险评估中。通过多种分化手段的诱导，使用人多能干细胞获得具有部分功能的人胰腺祖细胞，该细胞模型具有与人体内胰腺细胞一致的标志物。在接近环境实际剂量的条件下，全氟辛烷磺酸（PFOS）和全氟辛酸（PFOA）抑制胰腺前体细胞中限定性内胚层与原肠期共同介导胰腺前体转录因子的表达，说明 PFOS 和 PFOA 可能在胰腺的发育过程或再生时期干扰其正常生理功能（Liu et al.，2018）。

4）污染物对鱼类的毒性作用

作为水生生物的代表，鱼类因其材料易得且绝大部分是体外受精、体外发育等，所以是毒性实验、环境监测等研究常用的实验材料，在环境毒理学研究中得到广泛应用。国际上常用的模式鱼类包括斑马鱼、日本青鳉和稀有鮈鲫等。

在全氟类化合物的毒性研究中，使用雄性日本青鳉作为模式生物，通过评估鱼肝脏中雌激素受体基因和卵黄蛋白原基因 *VTG I* 和 *VTG II* 表达水平变化，发现全氟辛基碘烷（PFOI）可以上调二者的表达水平，表明其潜在的雌激素活性，进一步针对日本青鳉鱼体肝脏中卵黄蛋白原的生成进行评估，发现 PFOI 可以诱导雄性日本青鳉卵黄蛋白原的生成，且随着化合物浓度增加、暴露时间延长，其诱导卵黄蛋白原生成量逐渐增加，呈现浓度效应以及时间效应关系，这一结果证实了 PFOI 具有潜在的内分泌干扰效应（Wang et al.，2013）。在合成酚类抗氧化剂（SPAs）研究中，利用斑马鱼活体实验证实，3-叔丁基-4-羟基苯甲醚（3-BHA）可干扰下丘脑—垂体—性腺轴相关基因表达，从而致使斑马鱼性腺中的雌二醇水平和睾酮水平显著上升，很好地说明了合成酚类抗氧化剂的内分泌干扰效应（Yang et al.，2018a）。

2. 内分泌激素的测定方法及新型生物筛选检测技术

内分泌系统毒性除了关注内分泌相关脏器变化外，还需格外关注内分泌激素的水平。随着多种激素测定方法的发展，内分泌紊乱的诊断和对激素作用机制的了解变得越来越简便。

1）放射免疫测定

放射免疫测定（RIA）是一种采用放射核素为标记物的标记免疫分析法，主要用来定量检测待检样本中的抗原。这种方式尤其适合于微量蛋白质、激素以及多肽的定量检测。

放射免疫的核心是标记抗原，基本原理是通过同位素标记的抗原（Ag*）和非标记抗原（Ag）竞争性结合特殊抗体（Ab）实现对特定抗原的定量测定。当三者共同存在于一个化学反应系统中时，因为标记抗原与非标记抗原以相同的结合能力与特异性抗体结合，所以二者构成了结合特异性抗体的竞争关系。但是由于标记抗原和特异性抗体的总量是一定的，抗体的量通常可以与 1/2 标记抗原相结合，但被测样本中的非标记抗原数量是变化的，所以标记抗原与抗体所形成的复合物的数量也随着非标记抗原数量的改变而变化。非标记抗原数量增加，其结合的抗体就多，因此直接地抑制了标记抗原对抗体的结合能力，使标记抗原与抗体形成的复合物的数量也随之降低，而游离的标记抗原数量也相应增加，即抗原抗体复合物的放射强度与被检测样品中非标记抗原的浓度成反比（图 11-1）。

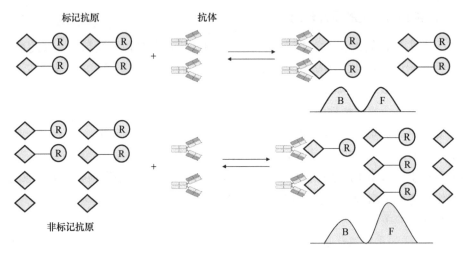

图 11-1　放射免疫分析原理示意

如果将抗原抗体复合物和游离的标记抗原分离，并且分别测定它们的放射强度，就可以求得结合态的标记抗原（Ag^*结合）与游离态的标记抗体（Ag^*游离）的比率（Ag^*结合/Ag^*游离），或计算得出其结合率[Ag^*结合/（Ag^*游离+Ag^*结合）]，这就和样本中的抗原数量构成了一定的函数关系。通过用一系列不同浓度的标准抗原竞争结合特异性抗体，并计算出相应的 Ag^*结合/Ag^*游离，即可绘出剂量响应曲线。被测样本也在相同条件下进行检测，同样通过计算 Ag^*结合/Ag^*游离，就可以从剂量响应曲线上查找出样本中相应的抗原的浓度。

2）酶联免疫吸附测定

酶联免疫吸附测定（ELISA）是酶免疫技术的一种，所谓酶免疫测定（EIA）即以酶标记的抗体或抗原为主要反应试剂的方法，将可溶性的抗原或抗体结合到固相载体上，利用抗原与抗体特异性结合进行免疫反应的定性和定量检测方法。相较于 RIA，酶免疫技术依靠其优异的灵敏性、特异性和准确性，而且不产生放射性污染，已经逐渐取代了 RIA 的应用。目前，大多数能够使用 RIA 检测的激素都可使用 ELISA。

3）化学发光免疫测定法

化学发光免疫测定（CLIA）法属于微量物质测定法，与 RIA 相比具备突出的优点：①灵敏度高；②准确度高；③试剂稳定，无毒害；④检测方法耗时短；⑤已广泛应用于自动化检测系统。该方法主要以化学发光剂为标记物，利用发光反应提升反应灵敏度。

4）单克隆抗体测定法

单克隆抗体（McAb）具有高度均一的理化性质，与抗原有较强的特异性结合能力，易于人为处理和质量控制。单克隆抗体设计的基本原理是将经过抗原免疫的小鼠脾脏细胞和骨髓瘤细胞融合，融合之后的细胞同时保留了二者的重要特征，不仅能产生抗体，还能近乎无限地增殖。单克隆抗体的制备复杂而费时，但制备出的抗体可以更准确地测定抗原浓度。

5）聚合酶链反应

聚合酶链反应（PCR）是一种分子生物学技术，它利用一对特异性的短寡核苷酸探针（通常长度为 10~40 个核苷酸）来识别并结合到目标 DNA 序列上，并通过一个热稳定的 DNA 聚合酶（该酶负责催化 DNA 链的延伸）来扩增特定的 DNA 片段，从而将微量的 DNA 模板转化为大量可检测的 DNA 拷贝。每次 PCR 的循环都由变性、退火、延伸 3 个过程组成。各步骤的时间和循环次数由模板 DNA 双链氢键的强度、目的片段的长度、DNA 聚合酶的扩增效率等因素决定。DNA 的模板可以从基因组 DNA（如人、动物、细菌和病毒）或者 RNA（可以通过反转录酶转化成 cDNA）中获得。PCR 可以用于测定激素、生长因子、多肽、受体和其他内分泌系统中蛋白的编码 mRNA 表达水平。

6）MVLN 细胞萤光素酶报告基因实验及雌激素受体竞争结合实验

MVLN 细胞是人乳腺癌细胞 MCF-7 经过人工改造，稳定转染了萤光素酶报告基因而产生的细胞，其可以在体外无限增殖，适合作为毒理学研究的模型。MVLN 细胞与 MCF-7 细胞相比，稳定转染了萤光素酶报告基因，包含一个人工合成的含有雌激素受体控制的卵黄素启动因子片段，从而可以调节萤光素酶的表达，MVLN 细胞可以同时表达 MCF-7 细胞的雌激素受体和相关报告基因，实验通过检测萤光素酶报告基因的荧光信号即可快速对其定量测定。在环境污染物雌激素效应检测中，MVLN 细胞可快速识别污染物是否能结合雌激素受体发挥雌激素效应。在全氟类化合物内分泌干扰效应研究时，PFOI 促进 MCF-7 细胞的增殖并且诱导 MVLN 细胞中的萤光素酶活性，显示出典型的雌激素效应（Wang et al.，2012a）。

雌激素受体竞争结合实验是一种基于酶片段互补原理的新型分析方法，旨在评估新化合物对雌激素受体 α 或 β 亚型的结合亲和力。在此实验中，外源化合物与 β-半乳糖苷酶（β-gal）的一个片段（称为 ED-ES）竞争性地结合到 ERα 或 ERβ 上。当重组 ERα 或 ERβ 被引入时，ED-ES 复合物中的 ES 部分与雌激素受体结合，导致化学发光信号的减弱。相反，外源雌激素类似化合物能与 ES 竞争性结合雌激素受体，从而释放 ED-ES 复合物，使得 ED-ES 恢复底物水解活性并产生化学发光信号。因此，通过测量发光强度的变化，可以评估外源雌激素类似化合物与雌激素受体的结合能力。

11.2.2 环境污染物的生殖及发育毒性研究方法

1. 生殖毒性

环境污染物对动物生殖过程的毒性作用主要采用生殖实验的方法来进行研究，也称为繁殖实验。生殖毒性实验能够全方位地评估污染物对生殖系统的毒性，其中包括生殖腺功能、受精、怀孕生育过程以及幼仔的生长发育过程中污染物可能产生的负面影响。毒性评估可以从以下几方面考虑，包括交配后母体的受孕状况、妊娠情况、子代动物的分娩出生情况、母体与子代的授乳哺育情况和幼仔的生长发育状况等，而且还可以同样观察出生幼仔是不是有畸形的发生，但畸形观察大多在发育毒性评价中进行。

生殖毒性一般需要预实验，目的是使用小规模的实验动物来确定剂量。若已有急性或亚急性实验的数据资料，则高剂量组可以考虑选择高于亚急性实验中的最大无影响剂量值，或相当于 LC_{50} 的 1/10 左右，低剂量组的浓度可以选择为高剂量组浓度的 1/30。同时，动物暴露污染物的给药方式也应尽量考虑到实际的人体暴露途径，尽可能模拟真实环境中污染物的人体暴露途径。在以啮齿类动物为实验模型时，一般可采用饮食或饮水掺服，让动物摄取，或者通过灌胃的方法给受试动物暴露污染物。实验期间需要定时地根据实验动物体重，并根据进食量和要求的摄入剂量调整饲料中混合受试物的剂量。对于水环境中存在的生殖毒性物质，需使用鱼类作为受试模型进行实验。除对鱼类性腺结构、功能等进行表征外，还需要评估鱼类行为是否出现异常、是否存在隔代毒性效应等；分子层面的检测与啮齿类动物模型类似，需关注生殖相关生物学过程关键基因、蛋白的表达，此外还可能涉及细胞氧化应激、表观遗传学变化等分子水平的检测。

在生殖毒性检测中，应考虑进行畸形相关的检查。另外，病理组织学检查也是一个常用的生殖毒性考察手段。所有实验动物在处死时，都应系统开展肉眼病理学检查，在生殖毒性评估中尤其要重视检查雌性动物的卵巢、子宫、阴道以及雄性动物的睾丸、附睾、精囊和前列腺。在幼仔出生后，也应对每窝存活的幼仔数、死亡幼仔数以及每窝幼仔的质量进行记录。

2. 发育毒性

环境污染物的发育毒性目前主要采用动物致畸实验来确定。尽管近年来生物技术的发展实现了使用体外模型对发育毒性进行评价，即使用胚胎干细胞进行毒理学实验。但是，目前世界上许多国家和组织针对致畸物质的检测仍使用常规的动物实验手段。

污染物引起的发育毒性表现为：①生长发育延迟，即胚胎在有害污染物影响下比正常生长发育过程缓慢。②发育畸形，由于受到污染物的影响，胎仔出生时，某些脏器呈现了形态结构异常现象。而致畸作用所导致的形态构造变异现象在分娩后才能被发觉。③功能缺失和异常发育，即子代出生后的一定时期内存在生化、生理、新陈代谢、免疫、神经系统的活动和发育行为的缺陷及异常。④胚胎死亡，部分异源化合物在一定的剂量下或在胚胎发育阶段对胚胎产生了破坏或影响，从而使其死亡。通常表现为自然流产或死产，死胎数量明显增加。通常导致胚胎死亡的剂量大于导致发育畸形的剂量，而导致生长发育延迟的剂量则小于胚胎死亡毒性影响的剂量，而大于发育畸形的剂量。

选 读 内 容

致畸和发育毒性的体外实验法——干细胞毒理学

自干细胞毒理学出现以来，国内外相关学者开展了多种基于多能干细胞的环境污染物健康风险效应评估，旨在利用多能干细胞发育分化系统阐释传统、新型环境污染物的健康效应问题，为预测污染物风险提供有力帮助。目前，通过使用多能干细胞，已构建胚胎毒性、发育毒性、生殖毒性和细胞功能测试相关的体外实验模型，并在环境污染物的健康危害及致毒机制研究中得到应用。

利用体外细胞实验进行一般化合物的基础毒性数据评估是毒理学中较为普遍的实验方法。与动物实验不同，体外细胞培养可严格控制实验条件，并排除由内分泌、神经等系统引起的间接实验误差。在基础毒性测试中，干细胞由于其特殊性质，具备独特的优势：①胚胎干细胞，特别是人胚胎干细胞，是由胚胎发育早期内细胞团（inner cell mass，ICM）分离而来的，是正常的胚胎体细胞，在毒性测试中可直观反映化合物与胚胎细胞之间的作用；②干细胞增殖速度快，可用于快速评估受试化合物对细胞增殖的影响；③干细胞具有分化特性，可用于测试受试化合物对分化过程的影响，进而评估毒物靶向性；④临床上分离的来自不同病人的干细胞，有助于分析遗传背景和其他因素对毒物与疾病的易感性。目前使用干细胞评估基础细胞毒性，主要包括细胞活力、增殖能力、多向分化/定向分化能力等方面的评价。

　　自小鼠胚胎干细胞（mESCs）、人胚胎干细胞（hESCs）成功分离，基于胚胎干细胞（ESCs）的基础毒理学评估得到广泛应用。早在 1991 年，mESCs 已经被用于测试多种化合物的细胞毒性，用以筛选化合物的潜在致畸效应，相关测试结果不仅与之前活体动物实验高度吻合，与其他细胞系相比，mESCs 显示出对不同化合物更高的敏感性。进一步发展的干细胞测试准则，将小鼠胚胎干细胞 D3 与小鼠成纤维细胞 3T3 进行为期 10 d 的化合物给药处理，测定两种细胞的半数抑制浓度（IC_{50}），并结合化合物对 D3 细胞心脏分化过程 ID_{50}，用于预测化合物的胚胎毒性，可将毒性强度划分三类：无胚胎毒性、弱胚胎毒性、强胚胎毒性。基于人胚胎干细胞的基础毒性研究，在小鼠胚胎干细测试水平上提升一个层次，实验不仅关注细胞自我更新、增殖是否受到化合物干扰，更为重要的是关注化合物是否对 hESCs 的多能性造成影响。一些抗癌药物如 5-FU 在基础毒性测试中表现出抑制多能性因子 OCT4 和 NANOG 的表达，同时对 hESCs 分化过程中不同组织的标志信号表达也产生影响，例如 5-FU 显著影响与神经元/骨骼肌/脂肪分化相关的 HDAC10，与间充质干细胞向软骨细胞分化相关的 DLK1，与炎症、心脏发育相关的 NFE2L3。一些相似研究更是将基因网络引入测评基础毒性研究中，这为更广泛且系统地评估化合物的胚胎毒性提供较为全面的数据。因此，利用干细胞评估基础毒性的相关研究，将有助于理解化合物如何影响多能干细胞的谱系命运决定过程，继而预测化合物的胚胎毒性风险（Faiola et al.，2015）。

11.2.3　神经毒性效应研究方法

　　神经系统分为中枢神经系统和周围神经系统。神经系统内的细胞包括神经细胞（或称神经元）以及各种胶质神经细胞。

　　神经元能感知到刺激并传导兴奋，是神经系统结构和功能的最基本单位。神经元的结构包括胞体与突起。胞体主要分布在大脑和小脑皮层、脑干和脊髓的灰质与神经节内。而突起又可细分成树突和轴突，一个神经元可存在一个或多个树突，但往往只存在一个轴突。神经元在与神经元或效应器接触部位形成突触。神经冲动在神经纤维上的传递主要是通过局部电流实现的，而且这种冲动的传递不存在方向性，可以在膜表面往复多次；而突触传递主要是通过突触末端神经递质的释放来完成的，与神经冲动不同，突触传递是单向的。

与神经元不同，神经胶质细胞在完整的生命周期中都可以进行分裂增殖，它们的功用多局限于支撑和调控神经元周边环境。

与环境污染物相关的神经系统结构和功能特点主要涉及血脑屏障、能量需求、轴索运输、髓鞘形成与维护、神经传导、神经元损伤等。

1. 神经系统结构和功能特点

1) 血脑屏障

非神经系统毛细血管内皮细胞间存在 4 nm 空隙，一些不能通过跨膜转运的小分子可以通过此空隙穿过，并且存在丰富的胞饮作用。脑组织中毛细血管的内皮细胞紧密连接，外表层则被星形胶质细胞围绕，构成了血浆和脑脊液中间的屏障——血脑屏障，同时由于没有胞饮作用，因此限制了通过内皮细胞的物质跨膜转运。血脑屏障对多种外源性毒物如白喉毒素、葡萄球菌素等神经毒物具备特定的屏障功能。然而脂溶性较高的、非离子型的物质仍能够穿透血脑屏障和完整的细胞膜，针对这类污染物需格外注意其神经毒性效应。

2) 能量需求

因为神经元有传导电冲动的特性，因此需要维持并不断重建细胞内外的离子梯度来满足膜极化的所有需求，所以脑组织具有特别高的能量需求。为满足这些高能量需要，大脑主要通过葡萄糖的有氧代谢活动获得大量能量。在成年人体内，每 100 g 脑组织 1 min 需 50 mL 供血量、3.5 mL 耗氧量、5.5 mg 葡萄糖消耗以保证能量的需求。因此，若污染物阻断身体的供氧或葡萄糖供给，则会对脑神经产生不可逆的毒性效应。

3) 轴索运输

神经元还需要承担长远距离运输物质的功能。这一运动过程称为轴索运输。神经元与轴索的这个动态关联，对评价污染物在神经系统中的毒性作用具有重要意义。当神经元胞体内部出现致死性损伤时，会随着该神经元的整条突起生成变性。有些污染物造成的神经系统的中毒作用稍有不同，如有机磷农药造成的迟发性神经中毒，具体表现为污染物选择性损伤轴突和树突，病灶自神经元的远端纤维起始，随着轴突向近端进一步发展直至达到胞体，成为所说的"返死式神经病"。

4) 髓鞘形成与维护

外周神经通过施万细胞产生髓鞘，中枢神经则通过少突胶质细胞产生髓鞘。髓鞘形成与维护过程需要神经系统中特定的结构蛋白和功能蛋白参与，当环境污染物影响这些蛋白的合成过程或功能时，会影响髓鞘的正常维护，从而引起髓鞘病。

5）神经传导

神经递质是神经元之间沟通的主要介质，常见的神经递质有乙酰胆碱、去甲肾上腺素、多巴胺、5-羟色胺、γ-氨基丁酸等，根据神经元种类以及分布位置的不同，神经递质不同。当环境污染物对神经递质产生影响时，会阻断神经元之间的沟通交流，导致信号传导终止，引起十分严重的神经毒性效应。

2. 神经系统毒性的研究方法

神经系统的许多功能都是通过对神经毒物及其作用的观察认识到的。神经系统毒性的研究方法涵盖了整体、组织、细胞与分子水平，主要方法如下。

1）行为学检测方法

行为毒理学研究十分普遍，人们通常认为行为是一种早期而敏感的神经毒理学因素。测试方法可以分为非条件反应和条件反应。非条件反应，通常指自发或诱导性的反应；条件反应，主要包括典型性反应，或可控条件。针对实验动物所测试的神经行为特点对测试方法加以区分。美国国家环境保护局在 1994 年就已经为动物实验设计的可控行为方法给出了指南：单一测试方法，并不要求对实验动物进行预先驯养；复合测试方法，需要对实验动物进行持续或专门的训练，并频繁评价和/或改变刺激因子。

2）生化检查

当环境污染物干扰神经系统的代谢后，神经细胞的能量代谢、血糖、蛋白质和脂类水平、核糖核酸和脱氧核糖核酸及脑磷脂水平会出现变化，通过测量各种物质的浓度，与正常生理浓度进行比对，可以用于反映疾病的发生和进展。

神经系统的能量几乎全部来源于糖代谢。因为糖代谢所需的酶系统通常是污染物作用的靶点，故其活性值得深入研究。另外，由于酶系统还与离子转运相关，因此酶和髓鞘成分也是重要的生化检查的指标。其他相关生化检测指标还有神经系统中特定位点的神经介质水平以及激动剂和抑制剂处理下的神经递质受体结合情况。

3）电生理学方法

近年来电生理学方法已应用于检测神经系统中毒时的病理生理改变，相关研究方法对于揭示毒物对神经系统离子通道的影响有重要意义。常见的电生理学方法主要包括脑电图、肌电图、膜片钳等。

膜片钳，是电生理学方法中最经典的实验技术，也是最难掌握的技术。膜片钳又称为单通道电流记录技术。实验中，采用特殊拉制的玻璃"微吸管"吸附在细胞表面，使其成为 $10\sim100G\Omega$ 的高电阻封闭，其内仅存在少量离子通道。随后对该区域的膜片进行电压钳位，测定每个离子通道打开时产生的 $10^{-12}A$（pA 量级）的电流密度。通过观察单通道开放和封闭时电流的改变，可以直接获得各离子通道开放的各种参数。膜片钳技术可以通过对不同生理、病理状态下的细胞膜上某种特定离子通道功能的分析，深入认识离子通道的生物作用原理以及在病理过程中的作用机理。在全氟类持久性有机污染物神经系统毒性的研究中，全氟辛烷磺酸对体外培养的大鼠海马体神经元离子通道（包括钾通道和钠通道）以及外源性谷氨酸激活电流的影响十分显著，当全氟辛烷磺酸剂量超过 10 μmol/L 时，处理组中瞬时外向钾电流和延迟整流钾电流显著升高。同时，全氟辛烷磺酸在 1 μmol/L、10 μmol/L 或 100 μmol/L 浓度下对钠电流没有显著影响，但会导致电流-电压激活曲线向更负电位转移。此外，全氟辛烷磺酸显著改变了谷氨酸激活电流（Liao et al.，2009）。

4）神经细胞培养方法

原代神经细胞毒性检测实验是目前环境毒理学快速评价神经系统毒性的主要方法之一。通过机械解离或酶解的方法，可以分离得到动物大脑的不同脑区、脊髓和背根神经节等神经组织或细胞，在体外保持组织细胞存活、生长、发育和分化的能力。对细胞进行电生理、形态学和生化检查，可直观地评价污染物的神经系统毒性效应。

神经细胞培养方法大致有以下六个类别：胚胎培养、器官培养、器官移植技术、凝集细胞培养、分散细胞培养和细胞株培养。

体外神经细胞毒性研究方法与传统细胞毒理学研究方法相似。化学物质对神经细胞的毒性效应即是细胞毒性效应，会导致一系列状态和机能的改变，包括致死效应。在进行体外细胞培养以评估物质的毒性时，通常可以获得该污染物对细胞活性的影响与其剂量（浓度）之间的关系。细胞毒性通常从细胞形态学、发育情况、生化成分变化以及膜电荷的改变等指标加以观测和进行评估。

11.2.4 环境污染物的致突变及致癌效应研究方法

1. 致突变效应及研究方法

突变是指生物体细胞内的遗传物质发生了变化，进而产生新的独特生物表型的现象。突变在生物学研究中的地位十分重要，因其发生的后果会伴随着可遗传性的危害机体的性状出现。突变也可在自然情况下出现，称为自发性突变。自发性突变的可能性极小，但这也是在自然界中必然出现的一种遗传机制，而按照达尔文的进化论学说，突变才是生命进化的根本原因。突变还可以通过人为或由各种因素诱导形成，称为诱导突变。环境因素导致生物体发生突变的现象和过程称为环境致突变效应或环境诱变现象。

近年来，随着工业化与城市化的进展，人类疾病谱出现了变化，癌症和遗传性疾病成为人类十分关心的卫生问题，污染物的遗传破坏作用也引起人类的极大重视。这就快速推进了致突变效应研究，随着致突变效应的研究不断深入，致突变效应测试的方法也进一步发展，目前已经形成了上百种致突变效应测试模型和测量手段。

突变是遗传物质的损伤，其本质是细胞内的脱氧核糖核酸的改变。根据突变发生的程度和范围，遗传学将突变划分为基因突变、基因组突变和染色体突变。在实验中，往往需要根据检测终点的不同，再细致划分实验种类，大致包括染色体畸变实验、显性致死实验和转基因动物致突变实验等。

1）染色体畸变实验

在哺乳动物中，染色体畸变实验是较为常用的细胞遗传学实验。当外源性物质接触后，造成靶位点出现大面积的脱氧核糖核酸损伤，并且无法修复和纠正，会产生染色体的变化。

在体外水平上，染色体畸变实验常用 CHO 中国仓鼠卵巢细胞和 V79 中国仓鼠肺细胞，通过检测细胞中染色体的形态、结构变化，从而反映出外源性物质是否具有致染色体畸变效应。通常来说，当染色体畸变发生时，可以观测到染色体断裂、缺失、着丝点消失等现象。

2）显性致死实验

显性致死是指发育中的精子或卵细胞存在遗传物质损伤，而引起受精卵或发育中的胚胎死亡的自然事件。

因为卵细胞对诱变物的敏感性相对较低，同时被试物也可以作用于母体动物，从而形成了不利于胚胎发育的各种影响因素，最终会影响实验结论的正确性。因此，通常并不采取直接对雌性动物染毒的方法，而是仅对雄性动物染毒，在实验终点附近，检出精子在受遗传毒物影响时所处的发育阶段，每天须换上一批新的雌鼠和雄性染毒老鼠连续交配，实验需连续观测。

3）转基因动物致突变实验

由于在环境污染物的毒理效应研究中，格外注重生物体内的代谢转运过程，体外的致突变实验往往不能获取这方面的数据。应运而生的转基因动物极大程度上解决了这一难题。高等动物体内突变性通常很低，并且没有有效鉴定与分离突变基因的实验技术，因此尽管有少量基因位点的识别与分离技术获得了成功，但不宜进行高通量的基因突变研究。

2. 致癌效应及研究方法

癌症是极度危及人体健康与寿命的病症。癌症的发病原因比较复杂，包含了遗传因素和环境因素等。但近年来的肿瘤流行病学调查发现环境因素在人体肿瘤发生中起最重要作用。

环境致癌原因分为物理因素、生物因素和化学因素。化学因素是人体癌症的重要病因。半个世纪以来，对化学致癌物的深入研究越来越普遍和深刻，已鉴别评估了成千上万种化学物质的致癌性。化学物质诱导正常细胞进行不良转变并演变成恶性肿瘤的效应称为化学致癌作用。

化学致癌的遗传机理很复杂，目前较为统一的理论是化学致癌物作用于细胞内遗传物质脱氧核糖核酸，随着化学致癌物剂量的增加，受其影响产生的突变不断积累，最终产生基因组层面的变化，显现出致癌效果。然而，一些已知的化学致癌物却不具有与细胞内遗传物质相互作用的能力，但是其可以通过诱发细胞坏死，进而由坏死的细胞释放化学物质，促进邻近细胞的异常分裂生长，造成癌变。

对环境化学致癌物的研究，依然分体内和体外两种不同模型，大致包括哺乳动物致癌实验、畸胎瘤恶性转化实验和人群流行病学研究等。

1）哺乳动物致癌实验

哺乳动物致癌实验是鉴定化学致癌物的"金标准"。哺乳动物致癌实验能够检测被试品对实验动物的致癌性、药物剂量-反应关系和癌症发生的靶器官等。致癌实验的哺乳动物要兼顾其诱发肿瘤的易感性、自发肿瘤率及代谢方式与人的类似性等特征。啮齿类哺乳动物由于对大多数致癌物的敏感度较高，生命周期也较短，成本较低，在哺乳动物致癌实验中应用比较普遍，常见有大鼠和小鼠，但也有些研究中会使用仓鼠。而为了防止动物种属敏感性不同影响研究结果，通常要求用两种哺乳动物同时进行实验。哺乳动物致癌实验中通常设置 3 个受试品剂量组和阴性对照组。为了能从有限量的实验动物中检出致癌物，最高剂量组的剂量应尽量大，在原则上可产生较轻微的中毒反应，但不会严重减少实验动物的生命周期。美国国家癌症研究所（NCI）建议的最高耐受药物剂量（MTD）为最高剂量。最高耐受药物剂量是在经过 90 d 毒性实验后确认的，该药物剂量不能使实验动物体重减轻超过对照组的 10%，而且不会产生致死因素或引起会减少生命周期的严重中毒反应。

2）畸胎瘤恶性转化实验

畸胎瘤恶性转化实验利用胚胎干细胞的多向分化潜能，将胚胎干细胞注射入小鼠体内形成畸胎瘤。正常的畸胎瘤会分化出三大类分别具有外胚层、中胚层、内胚层细胞特征的细胞，并且形成具有典型三胚层特征的结构。然而在干细胞受到环境因素的影响产生癌变之后，形成的三胚层则会呈现模糊不清的病理结构，因此可以通过畸胎瘤的结构特征判断环境污染物的致癌性。例如，使用小鼠胚胎干细胞和非肥胖型糖尿病、重度联合免疫缺陷病（NOD/SCID）小鼠构建了畸胎瘤形成实验模型。在使用环境污染物四氯二苯并-p-二噁英（TCDD）处理小鼠胚胎干细胞 48 h 之后，进行活体 NOD/SCID 小鼠皮下注射成瘤，28 d 后对解剖形成的畸胎瘤组织进行表征。发现，0～500 nmol/L TCDD 暴露 48 h 并不干扰小鼠胚胎干细胞的细胞活力、细胞增殖以及多能性标志物表达，但是会诱导 *CYP1A1* 表达水平上升，并且不影响抑癌基因 *p53* 的表达。此外，TCDD 暴露的干细胞在小鼠皮下分化成瘤速度更快，形成的肿瘤组织更大、更重，并且多呈高度血管化的暗红色。组织病理学观察结果表明，对照组畸胎瘤组织出现典型的外胚层、中胚层与内胚层结构，而 TCDD 处理组的畸胎瘤除了这些典型的三胚层结构外，还出现细胞异型性改变和瘤巨细胞等典型的恶性肿瘤特征，证实了 TCDD 具有致癌性（Yang et al.，2019）。

3）人群流行病学研究

流行病学研究隶属医疗卫生科学，是获取疾病病因与流行规律关系的一门学科。在环境污染事件发生时，往往伴随着相关人群出现异常健康问题，通过流行病学调查的方法，可以揭示二者间的关系，为环境污染物的管控提供依据。例如，流行病学调查发现的苯接触与白血病呈正相关、吸烟与肺癌呈正相关等，均是借助该方法获得的关键数据。流行病学的统计资料常常是回顾性的，并且收集资料中的接触剂量一般都很粗略，加上人们在日常生活中经常发生多种污染物协同暴露的情况，造成了流行病学研究的局限性。

11.2.5 其他靶器官的研究方法

1. 肝脏毒性效应研究方法

肝脏是人体容易遭受外来化学物质损害的脏器之一，又是人体的重要解毒脏器，肝脏对各种化学品损害的敏感度不同，涉及多种病理生理变化。因此，研究污染物对肝脏造成的生物毒性影响，需要特别关注肝损伤产生后的组织解剖学和病理生物学变化，以及影响肝脏机能、组织结构和分泌能力的作用机理。

根据污染物的物化性质、暴露剂量、暴露时长划分，化合物导致肝脏损害的形式多种多样。损伤的种类以及所表现的症状也与对肝脏各个部位的敏感性直接相关。常见的肝脏损伤种类主要有肝脏细胞死亡、脂肪肝、小管胆汁淤积、胆管损害、肝硬化、毛细血管损伤、肝肿瘤。肝脏毒性效应研究方法除了离体细胞培养检测、整体动物水平的实验外，目前已发展出多种更便捷、高效的评价方法，更能准确反映毒性效应的类型。

1）肝毒性综合征检查

肝脏相关的损害可能是急性或慢性的，主要包括肝脏细胞凋亡、肝脏血管损伤、胆汁生成和（或）流动受损、良性或恶性肿瘤。肝损伤在实验动物水平上的最常见症状是食欲减少、恶心、腹泻、精神疲乏以及腹痛不适等。此外，实验动物还可能存在肝脏区较重、腹水、黄疸等体征。

2）血液学检查

通过血液学检查可以较好地了解肝脏损害的性质和深度。动物实验中的血液检查主要有两种方式：一种是基于肝脏功能的检查，可以同时评估各种肝脏基本生理指标，如糖代谢、某种蛋白质合成及胆汁分泌；另一种则是通过检测血液中的肝细胞内蛋白质（如转氨酶、乳酸脱氢酶）含量有无异常升高，可以说明肝细胞本身的损伤程度。

3）肝脏类器官模型

不同于动物模型和常规细胞模型，肝脏类器官模型是基于人多能干细胞的肝脏分化系统建立的模拟人体肝脏功能的体外三维实验模型。类器官包含多种细胞类群且不同细胞能自发有序排列组合，所以能够更加贴近体内的真实生理环境。肝脏类器官模型可具有与真实肝脏组织类似的结构功能，通过切片可观察到与正常肝脏类似的肝实质细胞、腔体结构和具有分泌功能的上皮细胞。

4）环境肥胖和相关肝病研究模型

近年来，肥胖和相关疾病如非酒精性脂肪肝病（NAFLD）的发病率有所上升。除了不健康的饮食和久坐的生活方式外，环境污染物，包括内分泌干扰物，也被确定为促发因素，这被称为环境肥胖。目前评估这些化学品潜在健康影响的方法包括体内饮食控制动物分析、体外脂肪生成和代谢细胞模型（如 3T3-L1、C3H10T1/2 和 HepG2 细胞系）以及计算机模拟。丁基羟基茴香醚（butylated hydroxyanisole，BHA）是一种潜在的环境毒物，在食品、化妆品和药物中用作抗氧化剂。BHA 可以通过过氧化物酶体增殖物激活受体 γ（PPARγ）信号通路诱发 3T3-L1 细胞的成脂分化（Sun et al.，2019）。借助动物模型和 HepG 细胞模型，科研人员已证实 BHA 潜在的致肥胖效应。NAFLD 是一种常见的慢性肝病，与肥胖相关，其特征是肝细胞中脂肪沉积异常。在高脂肪饮食的小鼠中，BHA 触发了高肝脏脂质沉积；在 HepG2 细胞模型上，BHA 处理导致大量脂质积聚。综上，BHA 可能会改变肝脏中的脂质稳态，并触发 NAFLD（Sun et al.，2022）。

2. 肾脏毒性研究方法

肾脏不只是重要的排泄器官，而且还具有重要的内分泌功能。肾脏的功能完整性密切影响机体内环境平衡，并影响细胞新陈代谢、废物排泄，以及细胞外液容量、酸碱平衡等的调控。污染将损害上述肾功能，对全身代谢也有很大危害。对于污染物的肾脏毒性研究一般采取体内整体实验的方式，测定肾脏各项功能的变化。

1）肾小球滤过率实验法

菊粉或内生肌酐清除率的直接测定结果可以反映肾小球滤过率（GFR）。其中，菊粉是一种没有生物毒性的植物多糖，分子质量大小为 5200 Da，在哺乳动物体内并不存在。它能直接在肾小球中发生滤过作用，而不是通过肾小管的重吸收或分泌，在哺乳动物体内既不与血浆蛋白紧密结合，也不被生物体正常代谢，是国际公认的检测肾小球滤过率的金标准。而肌酐则是哺乳动物内肌酸的主要代谢产物，当肌酐被从肾小球中滤出后，对肾小管无任何作用并完全随着尿液排出体外，当在血液中输注大量肌酐使血肌酐含量异常升高后，肾小管中也会分泌大量肌酐。内生肌酐血浆含量比较稳定，不需要通过静脉注射补充动物循环血量，因此该方法更实用。

2）肾小管功能测定法——葡萄糖重吸收实验

当机体功能正常时，血浆中的葡萄糖在经肾小球滤出后，会通过近曲微管而被完全重吸收。又因为细胞膜的载体蛋白对葡萄糖的主动转运有一定的限度，故随血浆中葡萄糖浓度的上升，原尿中的葡萄糖浓度达到肾小管对葡萄糖刺激的最高接受程度后，尿液中也会携带多余的葡萄糖。

3）功能生化检测

血液生化指标检测不仅能反映肝脏功能，还能反映肾脏的功能，如血清肌酐和尿素氮的测定，是广泛应用于肾功能的评价指标。体外生物技术研究是揭示肾脏损害的关键课题，而尿蛋白和尿液酶活性的变化也已作为深入研究肾毒性损害的关键参数，尤其脲酶是判断早期肾损伤的一项灵敏指标，其主要来自肾脏组织，可以作为污染物导致肾损伤的主要标志酶。

3. 呼吸系统的毒性效应研究方法

化合物对呼吸系统的毒性，是指化合物在特定条件下对呼吸器官和呼吸功能产生的损伤。很多化合物能引起循环系统的严重不良反应，一些甚至会引起更严重的呼吸系统疾病。化合物引起呼吸系统疾病的机制通常包括以下几方面：①导致呼吸中枢抑制；②导致呼吸作用肌麻痹；③引起氧化损伤；④有毒物质直接损伤肺泡；⑤细菌内磷脂的沉积；⑥介导 P 化学物质的释放；⑦致癌变作用。但相对于成人，由于婴幼儿呼吸系统仍在发育，其在接触产生呼吸作用毒性的化学物质时，较成年人更容易发生肺部损害和呼吸系统功能的失常。

动物肺呼吸功能检测常常应用于三方面：①吸入毒理学的毒性评估。当前研究已涉及煤尘、内燃机废气、飘尘和火山尘埃、香烟烟雾、石英粉尘，以及某些污染物和其他环境危害因素的共同作用，包括吸烟和石棉。②作为刺激物的筛选实验。例如，使用整体体积描记技术测量实验小鼠在刺激性气体下的呼吸率，在病变组织学上发生阳性改变前，可设置为最大容许浓度。③由环境污染物和药物导致的阻塞性肺病。④矽肺、慢性气管炎、肺纤维化，与肺癌等病变过程的肺部呼吸机能改变有关。

由于呼吸系统的功能复杂性和全身分布性，呼吸系统毒性的研究方法非常复杂。引起呼吸系统中毒的物质暴露方式以吸入为主，其中化合物主要以空气、蒸气和固体粉尘等方式出现。空气和蒸气容易吸收，但固体粉尘的吸收程度主要取决于微粒粒径的大小。

通常，粒径在 1～3 μm 的微粒较易停留在气道内，超过 10 μm 的微粒不易流入肺部，太小的微粒（小于 0.01 μm）容易被呼出。化合物可被肺部吸收或散布在其他组织后引起全身性效应，或发生在气道内部，也可以二者并存。

1）生化检测

与其他器官类似，肺发生病理性变化时，也有相应的评估指标。常见指标有谷胱甘肽（GSH）含量、乳酸脱氢酶（LDH）活性、肺表面活性物质、肺蛋白与 DNA 含量、葡萄糖代谢以及脂质代谢等。酶活性检测系统需针对毒物作用的特点进行分析，如果怀疑化合物可能通过产生单线态氧或自由基影响机体生理活动，则应选用防止脂质过氧化的酶系统，如超氧化物歧化酶（SOD）、GSH 等；如果需测定肺脏损伤后的恢复，则可选择胸腺嘧啶激酶、5′-核苷酸酶与葡萄糖-6-磷酸脱氢酶活性测定。目前，LDH 及其同工酶 G-6-PD 是常用于肺脏毒性评价的指标。

2）离体气管纤毛运动实验

离体气管纤毛运动实验是呼吸系统毒性检测中较具特色的实验。常用家兔为实验动物，分离气管后进行后续实验。

由于肺泡的构造和其他结构有所不同，因此判断呼吸系统毒性尤其是肺部毒性时，通常还必须结合气道黏液或肺部表面活性气体加以测定。肺部表面的活性物质主要在成熟肺内由肺泡 II 型细胞所产生，其主要成分是饱和型卵磷脂，主要功能是减少细支气管表面张力。通过了解物质对肺部表面活性物质分泌的作用，尤其是饱和型卵磷脂的含量，可以进一步认识肺泡 II 型细胞的特性和物质对肺部功能的影响。

3）干细胞分化肺泡模型

人多能干细胞通过体外条件诱导，可产生具有类似于肺泡功能的肺泡细胞。干细胞分化的肺泡模型已成功应用于大气污染物毒性评价中，该模型不仅扩展了人多能干细胞的应用，而且提供了全新的毒理学研究视角和方法，为动物模型和癌细胞模型的实验提供了补充。干细胞分化得到的肺泡模型具有典型标志基因和蛋白的肺泡上皮类细胞，并且具有 2 型肺泡上皮细胞 AT2 执行分泌功能所必需的细胞器。同时，该模型可检测到肺表面活性物质二棕榈酰磷脂酰胆碱（DPPC）的表达，DPPC 是一种在气体交换过程中降低上皮细胞表面张力所必需的磷脂。此外，由于分泌功能所需的细胞器和 DPPC 分泌与新生儿的各种症状相关，因此这种诱导分化模型还适合应用于测试环境污染物对新生儿肺脏的发育毒性。

4. 血液系统毒性效应的研究方法

环境中的外源化合物也可干扰正常血液的生成与作用，从而引起血液毒性，如环境中纳米颗粒物引起的凝血障碍。通常血液的生物毒性主要分为两部分：对红细胞的携氧作用及对红细胞、白细胞和血小板的生成功能的影响。但同时，由于血浆形成和发挥的作用还与身体其他许多方面有关，因此在探讨血浆毒性影响时，要注意化合物对骨髓、肾、肝、心淋巴结等系统的毒性。

血液毒理学主要研究外源性化合物对造血系统中成熟细胞以及原始细胞的副作用，主要通过一般血相检查以及体外细胞实验两种方法实现。目前，检测血液毒性应用较多的方法仍然是动物实验。依据临床血液学参数如外周血细胞计数与骨髓细胞学及组织学血液毒性的参数来预示血液毒性。体内实验最常用大鼠、小鼠和犬作为实验动物。根据实验研究结果，外源性化合物引起的血液毒性可以根据下述四方面的参数进行描述：血细胞计数（细胞减少或细胞增多）改变的程度、毒性峰值出现的时间、持续时间与可逆程度。

1）凝血检测

凝血系统的检测包括很多方面，如血小板、凝血因子含量以及抗凝与溶纤方面的检测。在毒理学领域，最常见的指标是血浆凝血酶原时间检测。

血浆凝血酶原时间测定方法是将组织凝血活酶与钙离子分离，掺入枸橼酸抗凝血浆中，经 37℃ 保温，测出人血浆凝固时间，即为血浆凝血酶原时间。血浆凝血酶原时间可以检测对凝血相关Ⅶ、Ⅱ、Ⅴ、Ⅹ因子及其他因子具有抑制作用的物质。

2）骨髓检查

骨髓检查对诊断白血病、贫血、多发性骨髓瘤和血小板减少等至关重要。骨髓检查的常规实验方法包括骨髓细胞计数和细胞学检查（涂片、染色后观察）。骨髓细胞计量技术分为骨髓有核细胞计数、巨核细胞直接计数，骨髓有核细胞的增加指示白血病、溶血性贫血、细菌感染等，而骨髓巨核细胞的增加则常常出现在巨核细胞白血病、原发性血小板减少性紫癜、慢性粒细胞白血病等病症中。骨髓细胞学检查是目前造血系统评价中最有价值的方法，对于化合物造成的血液系统毒性，通过细胞学检查可以直观获取是否造成血液疾病的相关数据，如是否出现白血病、再生障碍性贫血等症状。

3）体外血液毒理学检测方法

最近，体外毒理学研究蓬勃发展并已逐步应用于各种毒理学过程的研究。体外实验不仅可以减少动物的使用，并且可以减少由动物外推到人的不准确性。

血液毒理学的体外实验主要有两类：①人体骨髓和血液细胞的体外培养。造血干细胞在体外适宜的培养条件下能够生长并产生集落，因而可按照其生长能力以及其产生集落的特性不同，与不同干细胞和成熟细胞同时进行区别。②造血干细胞的提纯分离和进一步研究，包含纯化的造血干细胞体外培养、扩增及其各种生化过程与分子生物学相关的进一步研究。

5. 免疫系统毒性效应的研究方法

免疫系统是对外源性物质最为敏感的系统之一。许多物质的毒性常起源于免疫异常及免疫毒性，如免疫复合物可侵入并积累于肺部、心脏等的毛细血管内皮，并引起相关器官出现中毒反应。免疫反应的产生是非常复杂的过程，当机体与各种物质接触时，会引起免疫系统的不同反应，如急性、慢性水肿、皮肤反应以及自身免疫性病变等。免疫毒性包括诸多不良反应，可以大致分为免疫抑制、超敏反应和自身免疫。免疫毒性研究的主要内容是选择和应用一系列实验在实验动物身上鉴别外源性化合物对机体免疫系统的影响，进而预测其对人体的潜在危害。

免疫系统毒性研究往往需要非常严谨的实验设计。暴露条件要始终围绕人体暴露的潜在途径和水平、受试物的生物物理特征（包括蛋白结合特性和毒代特性）进行设计。剂量设计应有助于得到明确的剂量-效应关系，并涵盖最大无毒反应剂量（NOAEL），最高剂量应超过 NOAEL 浓度，但不应超过引起更高应激的最大剂量水平，因为在标准毒理学研究中，最大耐受或接近最大耐受剂量的给药水平会造成免疫系统应激性改变。实验设计可采用不同层次的实验方法来研究免疫毒性。第一层次，即体液和细胞免疫评价。若在该层结果显示阴性，则可认为在实验剂量下被测物质并不会使受试体产生明显免疫反应，可以进一步展开下一层次免疫毒性特征性实验。但是，第二层次实验目前尚缺乏标准，因此必须针对第一层次实验的结果有选择性地做出更有针对性的调整分类（表 11-1）。

表 11-1 免疫毒性的第一层次和第二层次评价内容

实验层次	检测指标
第一层次	血液学，血红蛋白、粒细胞和分类计数
	体重和器官质量，包括脾、胸腺、肾和肝
	淋巴器官组织学，包括脾、胸腺和淋巴结
	体液免疫，测试 IgM 斑块-形成细胞反应
	细胞介导免疫，T 和 B 淋巴细胞对有丝分裂、混合-淋巴细胞的反应性
	非特异免疫，测定 NK 细胞活性
	血液和脾中 T 和 B 细胞群定量
第二层次	体液免疫，测试 IgG 斑块-形成细胞反应
	细胞介导免疫，测定 T 细胞活性及迟发过敏反应
	宿主抵抗力，对致病原或肿瘤的防御能力

污染物对免疫系统的直接毒性可能涵盖对免疫功能、淋巴器官或免疫细胞表面、淋巴器官或血清组分的影响。外源性化合物还可能对免疫系统产生间接的作用，它们可能被代谢激活成有毒代谢产物，也可能影响其他器官系统，最终干扰免疫系统，或者改变激素稳态。

11.3　毒性效应评估的新技术

11.3.1　成组毒理学分析技术

成组毒理学分析仪（ITA），旨在实现全面自动化、高通量的环境污染物快速检测与筛选，该系统综合了复杂介质样品的提纯、收集、鉴定以及多靶点高通量毒性评价等模块，实现真实环境样本高效率、全方位的评估检测，是高度集成的高通量成组毒理学数据一体化的分析平台。该系统结合最先进的化学分析与毒理学评价方法，包含复杂介质的分离与制备、物质的构效鉴定、多靶点生物效应评价和数据分析系统四部分。成组毒理学分析仪以自动化控制和高通量筛选为核心，可同时完成大规模的化学分析与毒性检测的联动测试，其中毒理学模块包含的功能涵盖多个不同层次：内分泌干扰效应、神经毒性效应和血液毒性效应等。

利用成组毒理学分析仪，科研人员针对环境中常见的 60 种化学污染物与新型冠状病毒感染的风险进行相关性评估（Jin et al.，2022）。其中，血管紧张素转化酶 2（ACE2）被认定为新型冠状病毒的功能受体，其转录水平与病毒易感性呈正相关。利用该平台的研究还发现部分污染物如铅以及大气细颗粒物会导致 ACE2 水平显著上调，从而增加病毒感染的可能性，为外源性化合物暴露与病毒易感性和有害结局路径之间的关系提供科学依据。

11.3.2　体细胞重编程和基因编辑技术

科研人员成功地在实验室条件下培养的小鼠原代体细胞中通过诱导高表达四个关键的多能性调控因子——OCT4、SOX2、KLF4 和 c-MYC（统称为 OSKM 因子），将成熟体细胞重编程为多能干细胞，并命名为诱导多能干细胞（iPS 细胞，或 iPSCs）。由于干细胞培养技术的发展和改进，生产 iPSCs 所需细胞可以从尿液、血浆、羊水和皮下穿刺等样品获取。尽管不同体细胞诱导效率存在差异，但所有体细胞都被视为具有产生iPSCs 的能力。目前 iPSCs 已被证明具有巨大的潜力。在环境毒理学研究中，人 iPSCs可以反映人体的生理、病理等特点，并模拟人体内微环境的真实状况；在建立干细胞毒理学研究模型时，iPSCs 相较动物源性或肿瘤等细胞源性细胞更贴合真实的生理情况，预测性更好；又因为源于成体细胞，iPSCs 也比较适宜建立含有多种不同类型细胞的类器官模型，在模拟人类组织构造方面的优点尤为突出。

在真实的生活中，大多数疾病的病因并不单一，往往是遗传、表观遗传、环境等综合因素所致。基因编辑技术与 iPSCs 技术的融合，让研究人员能够从生物分子、细胞结构和功能水平上更清楚地认识环境因素对具有疾病背景的细胞的影响，从而揭示环境污染与特定疾病发生发展之间的关系，有利于找到与环境直接相关的高风险致病因子，通过体外实验筛查，配合临床流行病学调查数据，获得完整的环境毒理数据。通常，可以使用 iPSCs 技术构建某种疾病的细胞模型，将病人突变基因组导入健康的 iPSCs，或修正病人 iPSCs 中与疾病相关的基因突变位点，随后比较同一种环境污染物对正常 iPSCs 和疾病背景 iPSCs 的影响的异同。值得注意的是，在使用 iPSCs 技术构建疾病模型进行研究时，需要研究人员能够辨别诱导发病的因素究竟是个体患者基因位点突变，还是生理背景的影响。因此，在利用基因编辑工具对重要致病位点进行回复突变的同时，合理设计对照实验，以便消除在研发过程中不同来源的细胞、各个克隆间基因的表观复杂性所造成的不利影响是非常重要的。

11.3.3 器官芯片技术

器官芯片（organ-on-a-chip）概念的产生源于微流控芯片工艺技术的发展。微流控芯片利用微纳工艺技术控制微米、亚微米等尺寸的流体，并利用流体在不同功能元件间的流动，将对样品的制取、反应、分解、测定等流程，集成在一个微米尺寸的芯片上。过去微流控芯片主要用于进行生物化学反应。近年来，已经发展出使用微流控芯片培养细胞的器官芯片技术。

器官芯片在毒理学研究和疾病研究中有广阔的应用前景。器官芯片可以用于在体外直接模拟病理状况下的人体微环境，使受测细胞在疾病环境下生长。将待筛选的化合物经由微流道送入孵化液中并作用到基本单元，通过检测反应中其生物指标可确定药品在病理过程中的效果，从而完成药品的筛选。器官芯片相比于传统的体外单层细胞培养方法，实现了各种细胞间的相互交流，并具备一定三维结构，在一定程度上还原了微观环境中的物理因素；与实验动物和传统体外组织培养比较，器官芯片最主要的优点是测试通量更高。因为器官芯片系统对样品细胞的需要量很小，而每个检测单元又只要求极微量的细胞，所以传统体外实验测试一个样品所需要的大量细胞可以在器官芯片系统中完成更多测试。微流控系统还适合培养多种细胞，用于研究人体内不同细胞或器官之间的相互作用。器官芯片可被看作在微流控芯片上制作人体器官的微缩模块，从更接近人类生理的角度为药物吸收、代谢及毒性效应评估提供了更高效的评估平台。

11.4 展　望

生物技术突飞猛进的发展为环境毒理学相关研究注入了新的活力。未来毒理学研究将更加注重"通量"和"质量"，传统的单一模型已不能满足毒理学研究的基本需求。发育与再生生物学的发展，为环境毒理学研究带来新的干细胞技术研究视角。这类研究方法相较于动物模型具有明显的种属方面的优势，主要原因是人源干细胞开发出的实验模型与正常人体遗传背景一致。干细胞相关技术对于环境毒理学研究非常重要，但目前仍有一些瓶颈问题亟待克服。首先，在保证理论可行、政策许可的情况下，如何使用较低的成本获得较高质量的种子细胞，是干细胞技术推广中的第一道门槛。其次，在类器官、器官芯片和基因编辑实验过程中，如何确保不触及伦理红线，是大规模推广的另一道障碍。虽然达到全部预期尚需时日，但随着时间的推移，完全有希望克服这些困难。我们相信，毒理学研究的不断深入将为探索环境污染物健康风险提供更加理想的研究平台。

习　题

1. 简述内分泌系统组成及污染物内分泌干扰效应的可能靶器官，列举可用于内分泌激素水平检测的测定方法。

2. 简述检测神经毒性的测定方法。

3. 简述 ELISA 测定原理。

第12章　环境化学研究中的计算模拟方法

据统计自 2015 年 6 月至 2019 年 5 月,美国化学文摘社登记的化学品数量从 1 亿增长至 1.5 亿(http://www.cas.org)。数量巨大、种类繁多的化学品进入环境,会在不同的环境介质中产生物理、化学和生物过程,部分化学品会引发生态风险与健康风险,而这些高风险污染物的赋存已成为环境科学领域关注的重要问题。污染物经各种暴露途径进入环境后,会在水、大气、土壤等不同环境介质中和介质之间发生吸附-解吸、氧化还原、催化降解乃至转化生成毒性更强的污染物等各种环境化学过程。因此,研究污染物在不同环境介质中的作用机制至关重要。而单纯依赖实验研究难以满足大量化学品检测的需求,即使借助先进大型科学装置,亦难以完全解析污染物在不同环境介质吸附、生成、转化等行为的分子机制。研究发现采用环境计算化学手段,通过相应的模拟分析可揭示污染物环境行为的结构基础和化学机理。将实验结果与模拟相结合,是目前最常用的方法。

污染物环境行为与生物计算模拟中普遍使用的典型环境计算化学方法主要有量子力学(QM)、分子动力学(MD)模拟及基于粗粒化模型(CG 模型)的 CG-MD 和耗散粒子动力学(DPD)模拟等。由于不同环境化学问题关注的尺度和行为的不同,其所适用的计算方法各不相同(图 12-1)。例如,QM 方法虽能够在原子水平上提供传统化学键生成和断裂的信息,在涉及分子结构变化的污染物生成和转化机制研究方面有很好的应用效果,但因其计算量庞大,故只适用于处理有限原子数目的体系。全原子 MD 模拟方法能够在微观水平上解析污染物在不同环境介质中的动态作用机制,相较于 QM 方法,其适用的时间尺度更长,空间尺度也更大。基于粗粒化模型的 CG-MD 和 DPD 方法能够在介观尺度上研究污染物的环境行为,适用于更加复杂而宏观的环境体系,但模拟的精度不如 MD 模拟方法。针对不同的环境问题,需要选择不同的计算模拟方法去平衡计算精度与所需资源。随着计算机运算能力的大幅提升,通过建立不同尺度的污染物-环境作用模型,使用计算模拟方法解析污染物形成、吸附、扩散乃至转化的环境化学机制,实现污染物环境化学行为的高通量解析和预测成为可能。

近年来,计算模拟方法在污染物界面行为特征以及均相环境转化路径等研究方面均取得了诸多进展,在辅助揭示污染物环境行为化学机制的同时,为进一步评估污染物的环境毒性和生态风险提供了高效的预测工具。但是,污染物种类的多样性及环境体系的复杂性仍然对通过计算方法解析污染物环境行为的微观机制提出了更高要求。对于复杂的环境系统而言,污染物在其中的环境行为涉及微观到介观多个尺度。根据研究环境问题的特点和研究目标，选用多种计算方法联用，从不同的视角提供多样化的机制信息正成为重要方法选择。

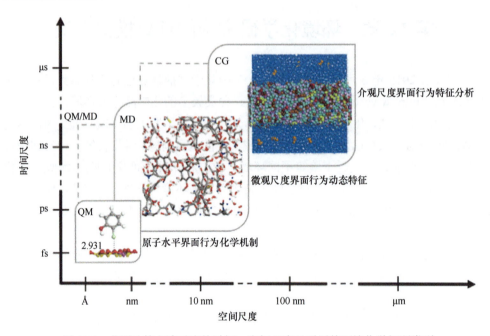

图 12-1　典型计算方法对应的时间、空间尺度及适用的环境化学问题类型

12.1　典型计算模拟方法

12.1.1　量子化学计算方法

在当前的理论方法中，量子化学计算是解析化学物质各种物理化学性质的最精确方式。早在 1927 年，科学家首次利用量子力学阐述了最简单的同核双原子分子氢气中两个氢原子间化学键的形成过程，标志着量子化学的诞生。量化计算的核心涉及多体薛定谔方程，而目前仍无法精确求解薛定谔方程，需要运用一定的近似方法进行求解。因此，多种旨在兼顾精确性与计算量的近似方法不断涌现，而其中组态相互作用、多体微扰理论、密度泛函理论（DFT）及各种各样的半经验方法均很好地实现了化学结构的定量描述。随着方法学的不断进步，量子化学计算已经被广泛引入环境、医药、生物、材料等领域用于解决相关科学问题。其中，DFT 是一个通过电子密度分布研究多电子体系波函数的方法，在兼顾精度的同时极大地减少了计算量，成为当前量子化学的主流算法。基于 Hohenberg-Kohn 第一定理可将薛定谔方程中的基态能量表示为基态电子密度的泛函。通过这一理解可将一个 N 电子体系薛定谔方程中的 $3N$ 个变量简化为 3 个，即动能项、外势能项和相互作用项，极大地降低了运算复杂度。根据 Hohenberg-Kohn

第二定理，能量最低的电子密度分布方式就是薛定谔方程的基态解。进一步地，利用DFT 对总能量进行了近似和简化，并将其误差项作为交换-关联能。因此，体系总能量即为动能、外势能、相互作用能三项与交换-关联能之和。对交换-关联能的计算法目前主要包括局域密度近似、广义梯度近似、含动能密度的广义梯度近似、杂化泛函等方法。

此外，第一性原理计算也可用于环境领域问题的计算模拟。严格意义上的第一性原理计算是从求解薛定谔方程出发，不引入或尽量少地引入经验参数的基于非经验参数的理论方法，因此又被称为从头算方法。目前，广义的第一性原理计算更多是泛指通过QM 手段研究周期性体系的量子化学计算方法。常见的量子化学程序除了 Gaussian、VASP、Materials Studio 中的 DMol3 和 CASTEP 模块、Turbomole 等付费工具以外，对学术用户免费的 ORCA、xtb、CP2K 等也日益受到学者的关注。

12.1.2　分子动力学方法

随着环境问题所需计算尺度的增加，若继续采用量子化学计算方法，则需要占用海量的计算资源。考虑到量子效应随着问题尺度增大减弱乃至消失，其运动趋向于遵循宏观动力学规律与统计学分布。当所研究的问题不涉及传统化学键生成和断裂的污染物界面行为时，MD 模拟将是更合适的计算方法。MD 模拟通过求解经典牛顿力学方程，得到体系内各原子在不同时刻的位置和速度，得到分子的运动轨迹，以此来描述体系的动态变化过程。分子在系统中的总势能是体系内分子中各原子位置的函数 $U(r)$，因此质量为 m_i 的某原子 i 所受力 F_i 为

$$F_i = -\nabla_i U = \frac{\mathrm{d}U}{\mathrm{d}r_i} \tag{12-1}$$

根据牛顿力学定律，若 v_i 代表该原子的速度矢量，r_i 代表其位置矢量，在该位置处的原子 i 此刻的加速度为

$$a_i = \frac{F_i}{m_i} = \frac{\mathrm{d}v_i}{\mathrm{d}t} = \frac{\mathrm{d}^2 r_i}{\mathrm{d}t^2} \tag{12-2}$$

Δt 时间间隔后，该原子的速度和位置分别为

$$v_i(t+\Delta t) = v_i(t)\Delta t + \frac{F_i(t)}{m_i}\Delta t \tag{12-3}$$

$$r_i(t+\Delta t) = r_i(t) + v_i(t)\Delta t + \frac{F_i(t)}{2m_i}\Delta t^2 \tag{12-4}$$

式中，$v_i(t)$ 和 $v_i(t+\Delta t)$ 分别为 t 时刻和 $t+\Delta t$ 时刻原子的速度；$r_i(t)$ 和 $r_i(t+\Delta t)$ 分别为 t 时刻和 $t+\Delta t$ 时刻原子位置；$F_i(t)$ 为原子 t 时刻所受的力。

相对于量子力学对分子结构和原子间相互作用的描述，MD 模拟遵循分子力学，对分子力场的合理选择尤其重要。由原子类型、势函数与力常数构成基本要素的分子力场原则将原子间作用看作类似弹簧的弹性力，用简单的数学函数描述原子间作用，其力场参数主要来源于实验值及高精度量子化学计算。针对不同应用体系，常需要选择不同的力场进行 MD 模拟，如针对材料体系的 COMPASS 力场、针对蛋白质体系的 ff19SB 力场、针对磷脂体系的 lipid15 力场、针对核酸体系的 OL15 力场、针对有机分子的 GAFF 力场等。最常用的 MD 模拟程序有 GROMACS、Lammps、AMBER、Materials Studio 中 Forcite 模块、NAMD 等。

12.1.3　粗粒化模型及其典型模拟方法

随着研究尺度进一步增大到介观范围，体系的原子数将急剧增加，常规 MD 模拟受限于计算资源，很难适用于具备如此多自由度的介观尺度体系。为了应对这种情况，可以把研究体系中分子或分子的某一部分近似看成一个整体，忽略其内部的键长、键角、二面角等信息。即该部分原子簇被处理为没有内部结构的珠子，在计算中只考虑珠子之间的作用以保留体系的基本化学性质。这样，在牺牲一定精确度的情况下极大地减少了计算量，从而能扩大模拟时空尺度到微秒和微米级别。这种突破全原子建模尺寸的模型称为 CG 模型。与全原子 MD 相似，可以对 CG 模型进行 MD 模拟。由于 CG 体系具有更少的自由度和较软的相互作用势，CG-MD 模拟能够获取污染物在复杂环境介质中更长时间的动态变化信息。除了基于 MARTINI 力场等具有多尺度穿越性的 CG-MD 方法，最早由 Hoogerbrugge 和 Kopelman 于 1992 年提出并应用于微观水动力现象研究中的 DPD 是一种很适合于污染物复杂行为研究的基于 CG 模型的典型计算模拟方法。1994 年，Kong 等将"珠子-弹簧模型"（bead-spring model）引入 DPD 方法中，进一步拓展了这种方法的使用范围。1995 年，Español 通过将"涨落-耗散定律"与 DPD 方法结合，重新推导了新算法，并将保守力引入体系中。1997 年 Groot 和 Warren 揭示了 DPD 方法中的保守力参数与 Flory-Huggins 参数之间的关系，促使 DPD 模型更贴近模拟体系真实情况，为其多领域应用提供了可能。

在实际问题的 DPD 应用研究中，根据需要将分子中的特定原子簇视为一个珠子，各珠子间所受的力、位置、速度与时间的关系依然遵循牛顿力学。对于一个 DPD 定义的珠子 i 而言，有

$$\frac{\mathrm{d}r_i}{\mathrm{d}t} = v_i \tag{12-5}$$

$$m_i \frac{\mathrm{d}v_i}{\mathrm{d}t} = F_i \tag{12-6}$$

式中，$\mathrm{d}r_i$ 和 $\mathrm{d}v_i$ 分别为位置和速度的矢量。该珠子所受的力 F_i 来自其与其他粒子 j 之间

的保守力 F_{ij}^C、耗散力 F_{ij}^D 和随机力 F_{ij}^R 三大相互作用：

$$F_i = \sum_{j \neq i} \left(F_{ij}^C + F_{ij}^D + F_{ij}^R \right) \tag{12-7}$$

这三种珠子间相互作用力可分别表示为

$$F_{ij}^C = a_{ij} \omega^C \left(r_{ij} \right) \hat{r}_{ij} \tag{12-8}$$

$$F_{ij}^D = -\zeta \omega^D \left(r_{ij} \right) \left(v_{ij} \cdot v_{ij} \right) v_{ij} \tag{12-9}$$

$$F_{ij}^R = \sigma \omega^R \left(r_{ij} \right) \xi_{ij} \Delta t^{-(1/2)} r_{ij} \tag{12-10}$$

式中，a_{ij} 为保守力参数，用以衡量珠子间相互作用强度；$\hat{r}_{ij}$ 为粒子 i 和 j 之间的单位向量；ζ 为耗散系数；σ 为随机力强度；ξ_{ij} 为符合高斯分布的随机函数；$\omega^C \left(r_{ij} \right)$、$\omega^D \left(r_{ij} \right)$、$\omega^R \left(r_{ij} \right)$ 均为权重因子，是珠子 i 和 j 间距离 r_{ij} 的函数；而 r_c 为系统的截断半径：

$$\omega^C \left(r_{ij} \right) = \omega^D \left(r_{ij} \right) = \left[\omega^R \left(r_{ij} \right) \right]^{1/2} = \begin{cases} 1 - r_{ij} / r_c, r_{ij} \leqslant r_c \\ 0 \qquad\quad, r_{ij} > r_c \end{cases} \tag{12-11}$$

　　粗粒化模型及相应的计算模拟方法在高分子、生物大分子等具有软物质特征的体系及石油化工等工程领域亦有广泛的应用。能够用于 CG-MD 和 DPD 计算模拟的程序有 Lammps 和 Materials Studio 中的 Mesocite 模块等。

12.2　基于计算模拟的污染物环境化学行为研究示例

12.2.1　量子化学方法的应用

　　QM 方法不仅能够描述污染物与环境介质的相互作用，预测污染物在不同环境介质的吸附自由能等热力学信息，还能描述反应过程中化学键的生成和断裂，获取关键化学反应的活化能、焓变等热力学和动力学数据，解析污染物在环境介质中或界面上生成、转化过程中的中间体和过渡态，为揭示污染物的环境赋存状态和生成转化过程微观机制提供方法支撑。

　　污染物会与自然矿物、天然有机物、沉积物、土壤和水等环境介质发生吸附作用，这些环境过程决定了污染物在环境中的归趋，QM 计算的应用极大地推进了对污染物在环境介质中吸附机理的理解。例如，QM 研究揭示了污染物的吸附能力与矿物晶面的特性之间存在复杂的关系，矿物晶面的结构特征对于矿物表面吸附污染物的能力有着显著影响，不同的晶面对污染物的吸附能力表现出明显的差异。通过 DFT 等方法，我们能够评估污染物在不同矿物表面的吸附位点和强度。这些方法还可以表征污染物的结构特性（包括极性、电荷和官能团类型）对污染物与矿物吸附的影响，理解这些相互作用对研究污染物与矿物表面的关系至关重要。污染物与土壤有机质（SOM）的相互作用也是QM 研究的重点，研究结果表明 SOM 的组分对吸附过程具有显著影响，高精度的 DFT 方法甚至可精确预测金属-SOM 复合物的紫外-可见光谱并表征其螯合结构。QM 计算研究与实验观察的结合，对于理解污染物在吸附中各种相互作用，如 π-π 相互作用的贡献至关重要。总结来说，QM 方法为解析污染物吸附机理提供了原子乃至电子水平的理解。然而，鉴于真实环境的复杂性，这些计算往往需要使用简化模型，如调整介电常数来模拟水环境，这可能导致理论预测与实验结果之间存在一定的差异。

污染物在不同环境介质的生成、转化和降解的微观机制解析受到实验手段方法学的限制，QM 方法能够深入研究在传统实验技术难以触及的微观层面上发生的化学过程，从而为理解污染物的生成、转化和降解机理提供了有效手段。在大气、土壤乃至水环境中存在各种不同性质和反应活性的气-固、气-液、液-固等复杂界面，污染物在这些界面发生的非均相生成转化反应是其至关重要的环境化学行为之一。QM 方法在污染物环境非均相生成转化机制解析研究中发挥了重要作用。例如，二噁英类物质和环境持久性自由基均为典型的环境有机污染物，了解其在大气中的非均相生成机制对于评估其环境风险极其重要，QM 计算能够准确评估过渡金属及非过渡金属催化下二噁英生成的反应能垒，并进一步阐明反应过程中涉及的自由基转化机制。目前，QM 计算在大气 CuO、α-Fe$_2$O$_3$、Cu/Fe 及其部分氧化物等颗粒表面的环境持久性自由基生成机制研究中均得到广泛应用。此外，QM 方法亦是解析污水处理等环境治理技术中污染物去除机理的有效手段。无论是在电化学还是化学催化的水处理过程中，QM 计算都能够深入揭示驱动这些过程的微观机制，包括电化学处理污染物过程中电极上的电子转移过程、化学催化过程中自由基生成机制及氧化还原过程，这些微观机制的解析为污水处理技术中高效的电化学材料及选择性催化剂的研发提供了理论指导。在光催化污染物生成转化方面，QM方法对于理解光照下污染物转化的化学机制同样至关重要。通过 QM 计算，研究者能够揭示激发态的生成、自由基的形成以及光照下化学键的断裂等关键光化学反应过程。综上所述，QM 方法为环境化学领域提供了一种强大的分析工具，能够在原子层面上理解污染物的行为和反应机制。尽管这些研究往往需要在计算复杂性和实验可行性之间寻找平衡，但它们为我们深入了解环境中污染物的行为提供了重要的理论支撑。未来，随着计算方法特别是 AI 技术的不断发展和完善，我们有望能够更全面和精确地理解环境化学过程。

12.2.2 分子动力学模拟方法的应用

当研究的体系更复杂，涉及的分子更多、体系更大时，选用 QM 方法需要耗费大量的时间和计算资源。若研究的环境问题不涉及化学反应过程，则计算量更小且计算时间更短的 MD 模拟更加合适。MD 模拟能够在原子水平下解析污染物与不同环境介质的动态作用机制，对评价、认知污染物的环境动态行为特征有重要意义。目前，MD 模拟已广泛用于研究污染物在含无机矿物、天然有机质、各类环境功能材料等多种环境体系行为的分子机制。

污染物与矿物质的吸附过程涉及多种环境介质，各种环境条件，如外部离子、温度和 pH，化学物质的结构和性质，如构象和功能基团，以及矿物质的表面性质，如元素组成、结构和含水量等，这些因素导致解析污染物与矿物吸附机制面临极大的挑战。通过 MD 模拟，研究者可以更深入地了解这些因素如何影响污染物在矿物质表面的吸附行为。例如，MD 模拟的结果表明，黏土矿物中的阳离子如 Ca^{2+} 对多环芳烃的吸附有显著影响。在没有 Ca^{2+} 的情况下，多环芳烃可能会在高岭土表面聚集，而在有 Ca^{2+} 的环境中，多环芳烃则更倾向于在蒙脱石表面上分散式分布。MD 模拟发现温度也是一个影响多环芳烃吸附的重要因素，不同温度下多环芳烃在石英上的吸附模式和行为都有显著不同。此外，矿物的含水量对多环芳烃的吸附也有影响。在低含水量条件下，萘等多环芳烃容易吸附到高岭土表面，而含水量增加时，其吸附程度会降低。MD 模拟还适用于对比不同污染物中基团对吸附的影响，该方法能很好地表征污染物与矿物之间的分子间相互作用。对于全氟化合物这类具有两性和疏水性特点的物质，它们的吸附趋势受到表面和溶液条件的复杂影响。MD 模拟结果表明全氟化合物在高岭土表面的吸附主要由其末端极性基团（如羧基和磺酸基）与高岭土的羟基之间的相互作用决定。

SOM 组成多样、结构复杂，其在微生物活动、土壤颗粒聚集、植物生长和碳储存等多个环境生物地球化学过程中发挥着重要作用；其对污染物吸附作用显著影响着污染物进入环境后的迁移行为乃至归宿。MD 模拟在探讨 SOM 组分特别是腐殖酸的结构和行为方面发挥了重要作用，通过对不同水合水平下的腐殖酸进行模拟，探索了这些系统中腐殖酸分子的环境行为。通过 MD 模拟计算得到的腐殖酸分子之间的相互作用能，以及腐殖酸分子与溶剂之间的相互作用能与实验数据基本吻合，表明 MD 模拟在研究 SOM 这种复杂系统中的可靠性。此外，MD 模拟也被用于研究污染物在水-SOM 界面的环境行为。非极性污染物可以诱导 SOM 组分进行结构重排，形成疏水空间以捕获污染物，从而增强污染物在 SOM 中的滞留时间。MD 模拟还可用于分析该过程中腐殖质分子氢键、亲水/疏水表面区域和 π-π 相互作用的动态变化情况，并对该过程中的污染物及腐殖酸的热力学性质进行计算。总体而言，MD 模拟为理解 SOM 的复杂性和其与污染物相互作用的机制提供了可行方法。尽管目前仍存在一些问题，例如构建多组分的 SOM 模型十分困难，但这些研究为理解 SOM 在环境中的角色提供了有用信息。

污染物在纳米尺度环境功能材料表面的吸附能够影响其在环境中的迁移转化及毒性。例如，石墨烯及其改性产物因具有较高的比表面积和物化性质，已被用于污染治理技术研发中。通过 MD 模拟，研究者计算和分析了芳香性污染物与石墨烯或氧化石墨烯之间的相互作用机制，石墨烯对这类污染物具有比氧化石墨烯更强的亲和力。基于 MD 模拟能够很容易地分析吸附过程中涉及的多种相互作用力，包括 π-π 作用、疏水效应、氢键、范德瓦耳斯力和静电相互作用。对于包含芳香基团的污染物而言，π-π 作用通常是吸附的主要因素。MD 模拟的动态结果也能清晰表明污染物在材料表面的聚集和分散行为，通过伞形采样等增强采样方法能够获取污染物与纳米材料的吸附能，并阐明相互作用过程中主要的能量贡献来源。

MD 模拟在新污染物及微塑料的环境行为预测方面亦有所应用。以在海洋、淡水、土壤等环境广泛检出的微纳塑料（MNPs）为例，具有大比表面积的 MNPs 不仅能本身自发聚集形成具有一定排列方式的纳米团簇，还可作为新的环境微界面影响其他污染物环境赋存形态、水平乃至归趋。MD 模拟被用于分析常见塑料材料在水环境中的聚集行为，揭示了它们的自组装和聚集模式与各自的分子结构特征密切相关。例如，聚乙烯形成更紧凑有序的纳米簇，而聚对苯二甲酸乙二醇酯则倾向于形成纠缠、堆叠的结构。MNPs 吸附污染物的能力与其环境赋存粒径等有关，例如钡等重金属在不同 MNPs 中的吸附主要受静电相互作用影响，范德瓦耳斯力等非键相互作用则是许多有机分子在水溶液中吸附于 MNPs 的主要因素。

12.2.3　粗粒化模型的应用

粗粒化模拟方法（主要是 CG-MD 和 DPD 方法）是微观和介观尺度上的重要计算方法，它们能够半定量地描述污染物在复杂环境介质中的存在状态和扩散行为。与 QM 计算和全原子 MD 模拟方法相比，粗粒化模拟方法能够构建更大尺度、更复杂的环境介质结构，更贴近真实环境的行为特征。以广泛应用于医药、化妆品、催化等领域的人工纳米颗粒（NPs）为例，这些颗粒进入环境后的存在形态、分布乃至生态效应均可通过粗粒化模拟方法来探索。例如，研究人员利用基于 MARTINI 力场的粗粒化模型探索了碳纳米管对环境中水分子扩散的影响。模拟结果显示，水分子在碳纳米管内的扩散系数受到碳纳米管长度和浓度的调节，并呈现出各向异性扩散现象。此外，CG-MD 方法还被用于研究 NPs 与 SOM 的相互作用，结果显示 NPs 能够被吸附并捕获在 SOM 的空腔内。DPD 方法特别适用于复杂多组分系统的研究。例如，DPD 模拟被用于评估全氟化合物在水-SOM 系统中的扩散系数，模拟结果表明全氟化合物的扩散系数随着碳链长度增加而减小。DPD 模拟还被用于研究不同 NPs 在纯水和藻类培养基中的聚集与分散行为，通过此方法可计算腐殖酸对 NPs 稳定性的影响浓度阈值。总之，CG-MD 和 DPD 方法为环境化学提供了一个强大的工具，使我们能在更大的时空尺度上揭示污染物在环境介质中的聚集、分散和扩散特性。这些方法帮助我们理解污染物在复杂环境介质中的行为特征，并有助于评估其在自然环境中的迁移和转化过程。

12.2.4　不同类型方法联用的环境实践

Martin Karplus、Michael Levitt 和 Arieh Warshel 三位科学家因创建复杂化学系统的多尺度模型，获得了 2013 年诺贝尔化学奖。对于复杂的环境系统而言，污染物在其中的环境行为涉及微观到介观多个尺度，而建立典型污染物参与的环境行为多尺度环境化学模型，逐级揭示污染物环境行为的化学机制亦不再遥远。在实际环境问题的研究中，根据研究问题的性质和目标，采用不同的计算模拟方法，才有可能深入认识污染物环境行为的微观机制。

多尺度计算方法的结合可以分为两种方式。一种是针对特定科学问题独立应用不同的计算方法（如 QM 和 MD 模拟）来构建不同尺度的模型，从而揭示研究对象在各个层次上的独特性质或行为。另一种是在同一系统内结合使用多种计算方法，如量子力学/分子力学（QM/MM）模拟，以同时满足复杂系统计算的精确性和速度要求。为了深入了解污染物在不同环境介质中的分子机制，应根据研究问题的性质和目标，采用不同的计算策略。在实际应用中，QM 和 MD 模拟经常结合使用，以反映界面上或介质内部的化学键形成或断裂的化学过程，并解释污染物在界面及介质内的吸附、结合或其他物理行为。例如，可通过 DFT 和 MD 模拟来分析污染物在特定材料表面的吸附行为，其中 MD 模拟可用于揭示污染物在表面的物理吸附过程，而 QM 模拟则提供了关于该过程中污染物电子状态密度、电荷转移和热力学方面的信息。通过两种计算方法的结合可以综合说明污染物自身性质、官能团对其与材料作用以及对吸附构型的影响。这种计算方法的联用已经成功应用在多溴联苯醚、全氟化合物、甲基砷等污染物与石墨烯等环境介质作用的研究中，相关结果能够描述完整的吸附过程、构型及其内在的吸附机理。不同方法在解决实际环境问题中的相互配合不仅表现在方法联用上，还表现在方法发展中，如第一性原理分子动力学（first principle molecular dynamics，FPMD）模拟方法就将电子结构计算和分子动力学分析相结合，既能提供共存环境组分的可能吸附情况，又可以在高计算精度水平模拟污染物-环境介质作用性质等，在一定程度上耦合了 DFT 计算及 MD 模拟的优势。重金属层状硅酸盐的成核和沉淀是重金属污染的重要稳定化机制，而这一环节可能发生在其吸附到黏土边缘的过程中。FPMD 在相关研究中被用于模拟黏土边缘重金属层状硅酸盐的非均相成核过程。计算分析显示在黏土边缘直接形成 Ni 层状硅酸盐的同步成核路径在热力学上比先生成 $Ni(OH)_2$ 再通过硅化作用转化为 Ni 层状硅酸盐的逐步成核路径更有利。

12.3　展　　望

污染物环境化学机制一直是环境科学与技术研究需要回答的关键科学问题之一。随着计算机性能的提升和各种算法与软件的发展，各种计算方法已经陆续被应用于污染物环境行为的认识和探索中。尽管不少学者使用方法各异的计算手段对典型污染物的微观界面过程开展了广泛研究，但仍有一些方法学问题需要进一步解决。总体而言，污染物环境化学行为的计算模拟研究面临的核心问题是体系的环境真实性。其一，环境是典型的多介质多界面的复杂体系，即便是单一环境介质也并非真正意义的均相体系。例如，土壤就由土壤固体、土壤溶液和孔隙空气三相组成，而土壤固体又可分为有机固体和无机固体。虽然计算模拟一般均采用简化的物理模型建立相应的数学模型，但是就如同真实土壤固相表面需要考虑水的存在而不是羟基化表面一样，大气气溶胶反应所在的表面也不会是彻底脱水的干表面。然而，环境介质吸附和反应的 QM 计算常常忽略这一实际情况，可能造成与实际脱节的计算结果。其二，污染物多是以与其他化学品共存的方式出现在环境中，也就是说环境化学研究面对的是混合物而非单一污染物。进入环境中的不同种类污染物性质各异，各种污染物与环境介质间的相互作用也可能会对彼此产生影响。目前已报道的模拟研究只是集中于单一污染物的环境化学机制的探讨，对不同类型混合物的环境化学过程研究仍很少见，混合物的复合作用机制尚有待进一步探究。其三，现有对环境介质化学组成的认识也限制了模型的建立和污染物与其相互作用计算模拟研究的发展。例如，土壤有机质本身组成复杂，依托实验解析其分子组成和结构的全貌特征尚存在困难，各种模拟成分应运而生。这样的简化和近似也在一定程度上限制了模拟结果的准确性。将计算模拟方法与实验验证融为一体，互为补充，同时借助机器学习等数据驱动的规律发掘算法，可能成为解析复杂介质及其参与的环境过程潜在化学机制的重要手段和可行途径。其四，相较于 QM 与 MD 方法，CG 模型及相应的计算模拟方法发展较晚，因此目前 CG 模型在污染物行为的计算研究中仍应用较少。其中，CG-MD 模拟的应用受限于力场参数及适用性，而 DPD 方法则只需要获取 CG 珠子间的相互作用参数即可，其应用更值得关注。

习　题

1. 如果你想分析微生物酶对污染物的转化反应历程，应该选择何种计算模拟手段，请说明理由。

2. 在真空中污染物分子构型与在水溶液中一样吗？

第三篇

环境化学实际问题篇

　　随着工业化和城市化，空气污染、水污染、土壤污染等环境问题日益突出，给人类和生态健康带来了威胁。环境化学作为一门研究有害化学物质在环境介质中存在形态、化学特性、行为特征、生物效应及其削减控制化学原理和方法的科学，能够为分析和解决切实的"卡脖子"环境问题提供工具与框架，为环境保护、污染防治和可持续发展提供支持。重视环境污染问题，促进环境化学领域发展，推动绿色技术的研发和应用，加强环境法律法规的制定和执行等是当务之急。

　　近代工业催生了环境化学的发展，随着工业化的加速，人类活动产生的污染物和废弃物不断增加，导致环境污染问题日益严重。环境化学正是研究如何减少这些污染物和废弃物对环境的影响，以及如何控制和治理环境污染的学科。工业化的迅速推进带来了经济增长和现代化，但同时也导致了严重的工业污染问题，包括工业过程中 CO_2 等温室气体、持久性有机污染物、砷氟等的产生和排放等。此外，人类发展也面临着化学毒剂、核泄漏、兴奋剂及毒品等与环境化学相关的问题。针对全球范围内工业污染日趋严重的现实，世界许多国家和国际环境保护组织启动了若干重大研究计划与公约，如《斯德哥尔摩公约》《关于汞的水俣公约》《巴黎协定》等，主要涉及环境化学领域污染物分析方法、生态毒理、健康危害、环境风险理论和控制技术，在环境二噁英等持久性有机污染物控制、饮用水消毒副产物控制、地下水砷氟去除、碳排放等方面取得了长足的进步。继续加强环境化学领域的研究和应用，全方位应对环境污染带来的挑战目前已成为全球性课题。

第 13 章　二噁英类污染控制中的典型化学方法

13.1　工业过程有机污染物的生成机理

探明 POPs 的生成机理是控制其在工业过程中无意生成和排放的重要基础。目前，关于 PCDD/Fs 生成机制的研究开展较多，而对于其他类二噁英的新污染物如溴代二噁英、多氯萘和卤代多环芳烃（HPAHs）等生成机理的研究相对较少。多种二噁英类污染物的协同控制是相关领域的重要研究方向。

在垃圾焚烧和金属冶炼等典型工业过程中，二噁英主要通过高温气相合成（温度区间为 500~800℃）和低温异相催化生成（温度区间为 200~500℃）。在实际垃圾焚烧过程中，通过低温异相催化生成二噁英的量远高于高温气相合成（Stanmore，2004）。低温异相催化反应又分为两种：①从头合成机理，在碳源、氯源等存在的条件下，在合适温度下，通过金属催化剂催化形成；②前驱体合成机理，是指通过前驱体化合物如氯苯、氯酚等发生一系列反应生成。热过程中生成的一些不同类别的有机污染物之间呈现显著的相关性，这预示着这些有机物之间可相互转化，例如同类物间可通过氯化反应或脱氯反应等转化生成。

13.1.1　从头合成机理

二噁英可以由大分子芳香族化合物通过从头合成途径生成。从头合成机理是指在碳源、氯源等存在的条件下，在合适温度下，通过金属催化剂催化形成的过程。工业过程中会生成和排放多环芳烃，垃圾焚烧过程中多氯萘与多环芳烃、二噁英等化合物具有显著相关性，由多环芳烃为反应物的从头合成途径可能是多氯萘和二噁英的重要生成途径，垃圾焚烧过程中由苝和苯并[g, h, i]苝通过从头合成途径生成多氯萘的生成机理如图 13-1 所示。苯氧基自由基通过脱去 CO 发生裂解，产生环戊二烯基并发生二聚和重排反应，形成萘分子，然后通过氯化以及碳骨架裂解等方式产生含氯的碎片，最后生成多氯萘。针对二噁英的生成机理研究一直在持续开展，例如以模拟垃圾焚烧飞灰为基质的热化学反应发现：多环芳烃能通过开环、氯化和氧化反应等方式进一步生成多氯代二苯并呋喃，如图 13-2 所示。

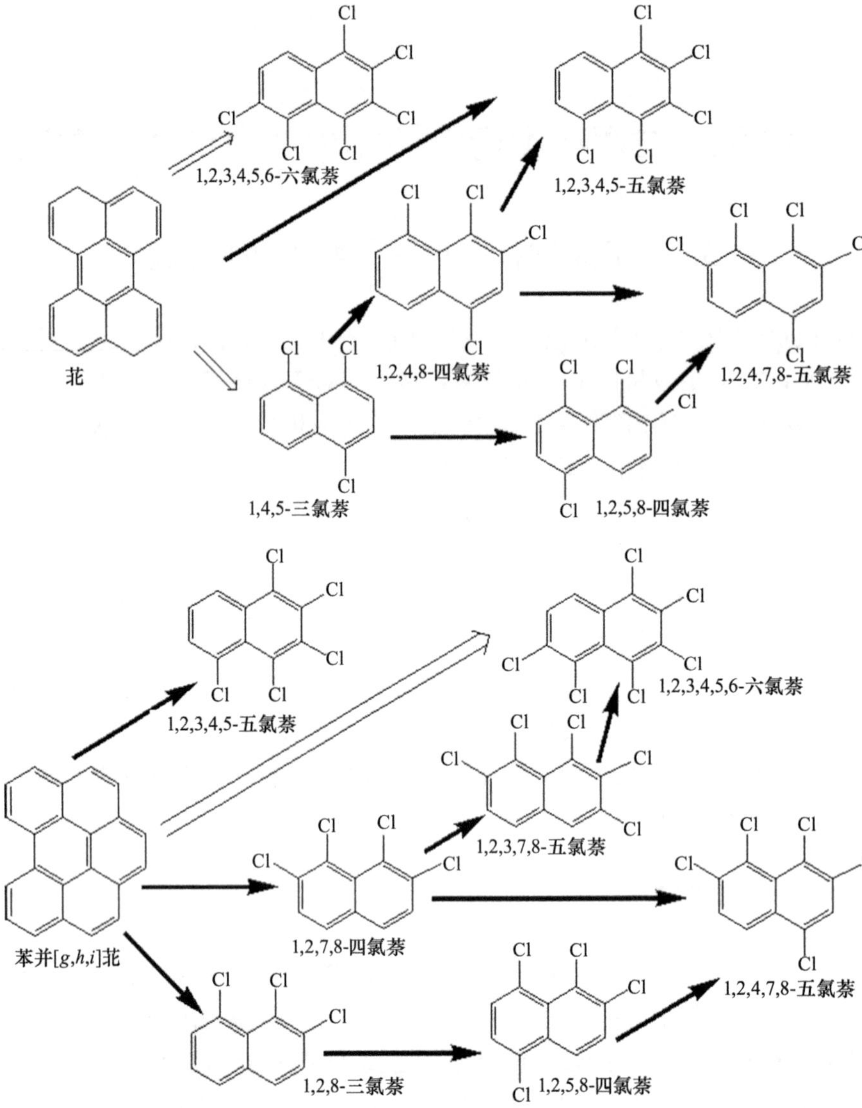

图 13-1 由多环芳烃从头合成途径生成多氯萘

资料来源：Iino et al.，1999

13.1.2 前驱体合成机理

前驱体合成机理是指前驱体化合物经过相对简单的反应步骤生成二噁英等污染物的机理。例如，氯苯、氯酚等发生一系列反应生成二噁英的机理（Tuppurainen et al.，2003）。前驱体在 600~700℃温度区间利于多氯代二苯并呋喃的生成，即以高温气相合成途径为主；而在 200~400℃的温度区间有利于多氯代二苯并对二噁英的生成，即以颗粒相介导的非均相合成途径为主。氯酚也可作为前驱体生成多氯萘（图 13-3）。垃圾焚烧过程

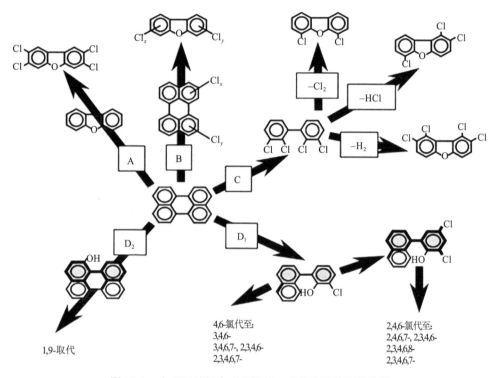

图 13-2 由多环芳烃生成多氯代二苯并呋喃的可能途径

资料来源：Weber et al.，2001

氯酚作为前驱体可转化生成多氯萘和多氯代二苯并呋喃，多氯萘的氯代程度随温度的升高而降低，同类物分布特征与温度也存在一定关系。理论计算结合实验也发现三种氯酚作为前驱体经一系列自由基反应生成多氯萘。

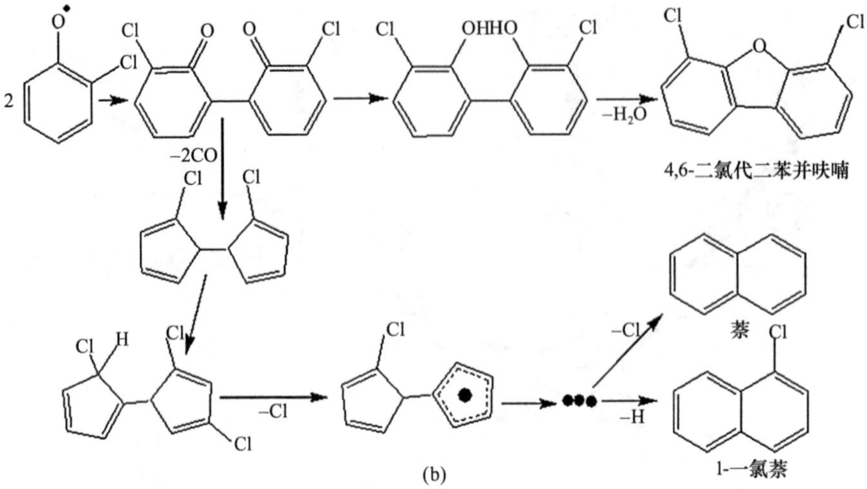

图 13-3　由氯代苯氧自由基生成多氯萘和多氯代二苯并呋喃的生成途径

资料来源：Kim et al.，2005

　　过渡金属如铜、锌等化合物能够催化 PCDD/Fs 的碳骨架形成以及芳香烃类化合物的氯化反应。金属化合物对垃圾焚烧过程二噁英生成有明显影响，铜化合物对二噁英生成的催化效果相对较高，除了催化前驱体反应的发生，铜化合物也能促进从头合成等反应的发生，飞灰表面的铜在氯化作用中也发挥了关键性作用，能够有效地催化大分子残碳的氯化反应，进而通过从头合成途径生成二噁英。高含量的氯元素能够在铜的催化下转化为氯气，并且在此过程中会释放氯自由基，进而催化芳香烃类化合物的氯化反应，最终生成高氯代芳香烃类化合物。过量的氯自由基存在时有可能引发逐级氯化反应，低氯代二噁英同类物通过不断地进行氯取代反应最终生成高氯代二噁英同类物。

　　关于溴代二噁英的生成机理，研究表明，溴代二噁英能够通过前驱体的光化学或者热化学反应产生，或由含溴有机化合物通过从头合成反应形成。在溴代阻燃剂生产和回收处理过程中，作为前驱体化合物的多溴二苯醚等溴代阻燃剂与溴代二噁英的生成有很好的相关性，一些溴代阻燃剂能够通过简单的反应步骤生成溴代二噁英。例如，在气化/裂解以及不完全燃烧（火灾或者不可控燃烧）条件下，溴代阻燃剂等化合物能够通过前驱体合成机理生成溴代二噁英；在完全燃烧条件下，溴代阻燃剂和溴代二噁英能够被有效地破坏，分解成小分子含溴化合物。在热反应过程中，小分子含溴化合物也可以通过从头合成机理生成溴代二噁英（Weber and Kuch，2003）。图 13-4 为热反应过程中溴代阻燃剂生成溴代二噁英的可能途径。

　　铜及其氧化物能够作为催化剂促进溴代二噁英碳骨架的形成以及溴化反应。溴酚在 CuO 表面发生催化反应生成高浓度的多溴代二苯并对二噁英。以活性炭和 CuBr$_2$ 作为反

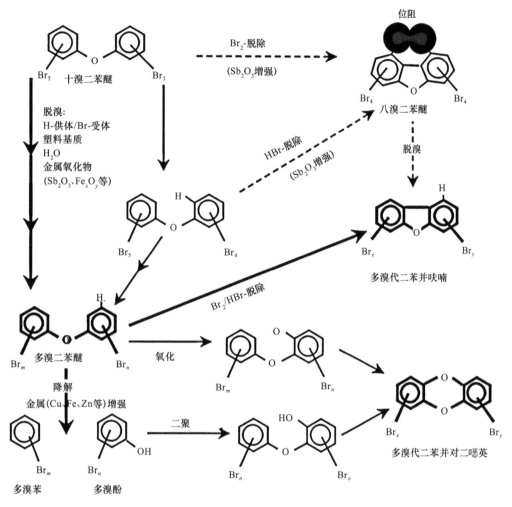

图 13-4　热反应过程中十溴二苯醚（deca-BDE）生成溴代二噁英的可能途径

资料来源：Weber and Kuch，2003

应基质的热反应实验，溴代二噁英在 300℃时的生成浓度达到最大值，为 91.7 ng/g，随着反应温度升高，溴代二噁英的溴化度增大。2, 4, 6-三溴苯酚在溴代过氧化酶的催化下可通过缩合反应生成多溴代二苯并对二噁英，四溴代二噁英同类物的生成主要通过溴转移以及 Smiles 重排反应生成，三溴代二噁英同类物的生成则通过四溴代二噁英同类物脱溴反应生成。羟基化多溴二苯醚（OH-PBDEs）（OH-PBDEs-47 和 OH-PBDEs-90）在光化学反应条件下可生成多溴代二苯并对二噁英。基于量子化学和动力学计算研究 2-溴酚、2, 4-二溴酚和 2, 4, 6-三溴酚作为前驱体生成溴代二噁英的机理，发现在溴酚缩合生成溴代二噁英的过程中要求至少具有一个邻位取代的溴。

13.1.3　有机物间的相互转化机理

对包括垃圾焚烧和金属冶炼等 20 种工业热过程的 36 份飞灰样品中多氯萘和二噁英浓度之间的相关系数研究发现，多氯萘和二噁英浓度之间的相关性显著，相同氯取代数（如五氯代和六氯代）的多氯萘和二噁英同系物之间的相关系数介于 0.58～0.89，平均值为 0.74。在炼焦和垃圾焚烧过程烟气样品中发现多氯萘和多氯代二苯并呋喃质量浓度之间存在明显的相关性，炼焦过程和垃圾焚烧过程中多氯萘和多氯代二苯并呋喃浓度之间相关系数（R^2）分别为 0.65 和 0.72。多氯萘的生成可能是在含铜催化剂的作用下，由飞灰中的碳通过从头合成机理生成，多氯萘同类物之间也具有较好的相关性，多氯萘的生成机理可能与多氯代二苯并呋喃相似，并且可能与氯化或者脱氯机制有关。飞灰中含有大量的碳元素和金属催化元素，被普遍认为是发生非均相催化反应产生持久性有机污染物的重要基质。对飞灰基质产生多氯萘的模拟实验发现，通过热处理之后，多氯萘的总含量以及毒性较强的同类物的含量均明显增加，表明飞灰在热化学作用下能够明显促进多氯萘的生成。

在垃圾焚烧过程中，氯化/脱氯反应也是多氯萘等有机物的重要生成途径。对多氯萘的不同氯代同系物之间的相关性分析有助于了解多氯萘的生成机理。通过对垃圾焚烧厂烟道气中多氯萘同系物之间的皮尔逊（Pearson）相关系数分析发现，多氯萘同类物之间相关性良好，氯化反应和脱氯反应可能是多氯萘的重要生成机制。对炼焦过程中多氯萘的相关性分析显示，二氯代同系物和三氯代同系物之间的相关性高于二氯代同系物与四氯代同系物或五氯代同系物之间的相关性，同时三氯代同系物与四氯代同系物或五氯代同系物之间的相关性也比三氯代同系物与六氯代同系物的相关性好。总的来说，相邻氯取代同类物间的相关性比非相邻氯取代同类物之间的相关性更强。

在实验室规模的流化床燃烧反应器后燃烧区注入萘，一氯萘的生成量明显增加，证明萘的氯化是多氯萘形成途径之一。根据多氯萘的同类物分布特征，提出了从一氯萘到六氯萘的生成路径，相关性分析结果也表明了氯化机理的存在。对生物质燃料热解过程中的多氯萘的生成特征和生成机理研究发现，由萘开始的逐级氯化反应是热过程中多氯萘的主要生成机理。也有研究认为氯化反应并不是垃圾焚烧过程中多氯萘的主要生成机理，关于工业过程中多氯萘的生成到底以哪种生成机理为主，目前尚未达成共识。另外，工业热过程涉及影响因素众多，多氯萘的生成应是多种机理共同作用的结果。图 13-5 是热化学反应过程中多氯萘与多氯代二苯并呋喃的潜在生成途径（Liu et al.，2014），其中黑色箭头表示多氯萘和多氯代二苯并呋喃的共同形成步骤，蓝色箭头表示可能形成多氯萘的途径，而红色箭头表示多氯代二苯并呋喃的生成途径。

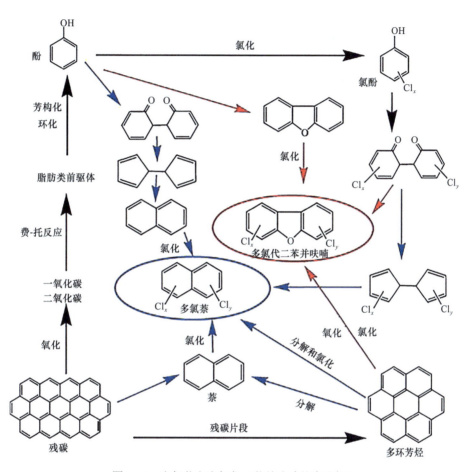

图 13-5　多氯萘和多氯代二苯并呋喃的生成机理

资料来源：Liu et al.，2014

13.2　阻滞二噁英类生成的机理与技术

　　垃圾焚烧是二噁英的重要排放源之一，二噁英是不完全燃烧的产物。"3T+E"法是较早提出的控制二噁英生成的方法，主要通过控制反应温度（temperature）、时间（time）、湍流（turbulence）和过量空气（excess air）减少二噁英的产生与排放。具体地，既保证燃烧室出口烟气的足够温度（850～1100℃），又要求烟气在二次燃烧区停留时间超过 2 s，以及燃烧过程中较大的湍流，并有效控制过剩的空气量。

　　在垃圾焚烧过程和烟气冷却过程中加入一定量的化学物质作为二噁英阻滞剂，可以有效抑制二噁英的生成。常见的二噁英阻滞剂包括碱性金属氧化物、含 N 化合物、含 S 化合物等。布袋除尘器加活性炭吸附是将二噁英从气相转移到固相，从而减少其向大气排放的技术。而阻滞技术可以抑制二噁英的生成，减少二噁英的产生和排放。

13.2.1　碱性金属氧化物阻滞剂

钙镁等金属化合物被作为潜在的碱性阻滞剂，CaO 等阻滞剂可以阻滞氯酚和氯苯等前驱体生成二噁英（Liu et al.，2005）。五氯酚前驱体在 280℃下加热 2 h 后，CaO、Ca(OH)$_2$、Ca(NO$_3$)$_2$ 对五氯酚生成二噁英的总阻滞效率都较高，五氯酚生成二噁英的量明显减少，CaCl$_2$ 和 CaSO$_4$ 几乎没有阻滞作用。

废弃物在焚烧的过程中会产生 HCl 气体，HCl 气体经过迪肯（Deacon）反应可转化生成 Cl$_2$。

$$4HCl + O_2 \longrightarrow 2Cl_2 + 2H_2O$$

迪肯反应是垃圾焚烧烟气中氯气的重要来源，飞灰中存在的过渡金属如 Cu、Fe 类化合物是迪肯反应的重要催化剂。在垃圾焚烧过程中添加 CaO 等碱性阻滞剂，与 HCl 发生反应生成 CaCl$_2$，降低 HCl 和 Cl$_2$ 的含量，从而阻滞二噁英的生成。

氯酚和 CaO 的酸碱反应进一步抑制了前驱体缩合生成二噁英的反应，从而阻滞二噁英的形成。在实际焚烧炉的工程应用发现，向 700～850℃高温烟气中喷入钙基阻滞剂，阻滞剂伴随烟气的冷却降温过程，250～600℃二噁英合成受到了明显抑制。

铁矿石烧结是二噁英的重要排放源，碱性阻滞剂同样可以抑制烧结过程中二噁英的生成与排放。铁矿石烧结过程二噁英的形成中 Cl 主要以 HCl、Cl$_2$ 形式参与反应，为了降低二噁英生成过程中所需氯化物，通过在烧结物料中添加 CaO、CaCO$_3$ 等阻滞剂，降低体系中氯化物的含量。HCl 和 Cl$_2$ 气体在铁矿石烧结床燃烧带内反应生成，它们在经过下部料层时，与料层内 CaO、CaCO$_3$ 等钙质熔剂发生反应生成 CaCl$_2$，达到抑制二噁英合成的目的。

烧结料层内存在的 CaO、CaCO$_3$ 等碱性熔剂可与 Cl$_2$、HCl 等高活性氯化物反应转化为低活性的 CaCl$_2$，且使用 CaO 含量高的生石灰替代石灰石可有效降低二噁英生成。在钙质熔剂全部为石灰石的情况下，用 Ca(OH)$_2$ 代替部分石灰石时，二噁英质量浓度降幅高达 61%。

13.2.2　氮基阻滞剂

一些含氮化合物对二噁英合成也具有良好的阻滞效果，常见的含氮阻滞剂主要有尿素、氨气等。尿素对飞灰合成二噁英具有良好的阻滞作用，能够减少飞灰中二噁英的浓度。尿素与生活垃圾衍生燃料（RDF）混烧时也表现出很好的二噁英阻滞效果，在中试炉中焚烧生活垃圾衍生燃料时分别添加 0.1%、0.5% 和 1.0% 的尿素，二噁英的阻滞率均高于 50%，分别为 64%、75% 和 90%。

NH$_3$ 也可用作氮基阻滞剂。将生活垃圾焚烧炉烟气通入 300℃的反应器中，当 NH$_3$ 与 HCl 的摩尔比为 1∶2 时，发现 PCDDs 和 PCDFs 分别减少了 94% 和 99.9%。在实际焚烧炉中喷入氨水，当炉膛温度大约为 900℃时，除尘器处二噁英由未加入氨水时的 6.34 ng TEQ/m³ 减少到了 0.91 ng TEQ/m³。采用固定床反应器研究 NH_3 对飞灰合成二噁英的阻滞结果显示，在 225℃下，1000 mL/m³ NH_3 能够减少 49.9% 的固相 PCDDs 和 51.5% 的气相 PCDDs；在 375℃下，1000 mL/m³ NH_3 能够减少 71.7% 的固相 PCDDs 和 56.7% 的气相 PCDDs，同系物分布并未发生较大改变。

大多数氮基阻滞剂最终能够以 NH_3 的形式存在，而 NH_3 易与 HCl 反应生成 NH_4Cl，减弱迪肯反应，减少 Cl_2 生成，从而阻滞二噁英合成。氮基能够参与二噁英前驱体和燃烧气氛中的氯气反应的竞争，氮基能够与二噁英前驱体反应，生成芳香胺、氰化物和吡啶类化合物，阻滞氯化反应以及联苯烃合成反应。通常情况下，含氮自由基的活性高于 Cl 自由基，能够先于 Cl 自由基同芳烃等基团结合，但氮基的浓度太低或者反应温度不高均有可能使含氮自由基失效（Tuppurainen et al.，1998）。氮基也可能与 Cu 等过渡金属发生反应，降低过渡金属催化剂对二噁英生成的催化活性。除了上述阻滞机理外，氮基还可能通过改变飞灰表面的 pH 来减少二噁英的合成，例如 NH_3 易溶于水形成 NH_4^+，从而改变飞灰表面的 pH，但具体的作用机理仍需要继续研究。

通过尿素对模拟飞灰合成二噁英的阻滞研究发现，300℃情况下，尿素对烟气中二噁英的阻滞效率高达 90%，并且尿素的阻滞效果比等量的 NH_3 好。两种物质阻滞效果的差异在于尿素分解过程中产生的含氮自由基，而这些自由基可能才是阻滞过程中有效的化学基团。对一些含氮基的化合物探索性研究表明，如果化合物受热分解过程中能够产生大量含氮自由基，该化合物很可能是一种潜在的氮基阻滞剂。上述几种氮基化合物的阻滞效果主要取决于热解过程中氮转化为含氮自由基的效率，而转化效率又往往与温度有关，所以温度是影响氮基发挥其阻滞作用的最主要因素之一。

含氮阻滞剂在铁矿石烧结行业也有一定的应用。尿素、碳酰肼（CH_6N_4O）等含氮阻滞剂加入烧结料层后，在烧结干燥预热带中均会分解产生氨气，而生成的氨气会与 HCl 反应生成 NH_4Cl，阻止迪肯反应的发生，实现阻滞二噁英生成的目的。尿素在烧结料层干燥预热带中发生热分解，干燥预热带内温度区间为 100~600℃，且温度上升开始时慢，后逐渐加快。在干燥预热带上部，当温度≥132℃时，尿素开始融化，在缓慢加热时生成双缩脲（$C_2H_5N_3O_2$）和氨气，温度超过 193℃时，发生分解反应，生成氰酸（HOCN）和氨气。而快速加热时，生成三聚氰酸 [$C_3N_3(OH)_3$] 和氨气，当持续快速加热时，也会生成氰酸和氨气。

阻滞剂添加量也是影响氮基阻滞作用的一个重要因素。由于大多数阻滞剂成本较高，因此添加量往往被限制为垃圾量的 2% 以下，这也对其阻滞效率提出了更高的要求。研究磷酸氢铵钠对二噁英生成的影响发现，0.5% 磷酸氢铵钠对二噁英的阻滞率仅为 40%，而 1% 磷酸氢铵钠能使二噁英减少 90%，可见阻滞剂只有达到一定的浓度才能起到高效的阻滞作用。大多数氮基阻滞剂在 1% 的添加量时已经能够达到 80% 以上的阻滞率，但在实际运用过程中，仍需要结合阻滞率及运行成本综合考虑阻滞剂的添加量。

需要指出的是，尿素等含氮阻滞剂能抑制二噁英生成，但是高温氧化气氛下，含氮阻滞剂容易被氧化生成氮氧化物（NO_x），导致氮氧化物排放增加，需要对氮氧化物进行进一步处理。

13.2.3　硫基阻滞剂

含硫化合物是焚烧过程中常见的一类阻滞剂（Gullett et al.，1992）。硫加入焚烧炉内可以明显减少二噁英等氯代有机物的生成浓度。研究认为含硫基阻滞剂的使用可以通过和催化剂反应生成弱催化剂（络合物）实现抑制二噁英的作用。硫及含硫化合物包括SO_2、Na_2S、$Na_2S_2O_3$等对二噁英的抑制作用已经得到了广泛的研究和认可。此外，含硫煤与生活垃圾混合燃烧也可以显著减少二噁英的生成，生活垃圾中添加一定量的含硫煤来辅助燃烧，已经被证实对二噁英的排放有明显的抑制作用。

含硫阻滞剂主要的阻滞原理如下。

（1）硫与飞灰中的过渡金属类化合物（如 CuO）发生反应，生成硫酸盐（$CuSO_4$），破坏过渡金属氧化物的催化活性，抑制 HCl 气体经过迪肯反应转化生成 Cl_2 的反应，间接阻滞二噁英生成。相比氧化物，过渡金属硫酸盐对迪肯反应的催化活性很弱。

$$SO_3 + CuO \longrightarrow CuSO_4$$

（2）硫可以与气相中的 Cl_2 发生反应，将 Cl_2 转化成 HCl，降低了体系中 Cl_2 浓度，从而直接阻滞了 Cl_2 与芳环化合物生成二噁英的反应。

$$Cl_2 + SO_2 + H_2O \longrightarrow 2HCl + SO_3$$

（3）硫燃烧后产生 SO_2 或 SO_3，与烟气中多氯酚等形式存在的二噁英前驱体发生磺酸化反应，阻滞后续的氯酚氯化、氯酚缩合生成二噁英等反应。

硫酸铵作为一种含有氮和硫两种元素的阻滞剂，兼具氮基和硫基的双重阻滞作用，相对于只含氮基的尿素和氨气，其阻滞效果更为突出。在400℃左右的实验炉上混合燃烧煤、生活垃圾和聚氯乙烯物料时，通过添加 3%硫酸铵，二噁英的生成量减少 90%。但研究硫酸铵混烧对聚氯乙烯燃烧生成二噁英总量的作用时，发现 3%硫酸铵的阻滞率仅为 33.7%。阻滞效果的差异在于前者物料中煤的含量高达 80%，其相对氯含量很低，所以硫酸铵的阻滞率远高于单独焚烧聚氯乙烯，可见燃料中氯含量的高低能够影响硫酸铵对二噁英生成的阻滞作用。低温条件下，5%硫酸铵对飞灰二噁英的生成阻滞率仅为 34.6%，其中 PCDFs 的阻滞率略高于 PCDDs，而在高温条件下，硫酸铵的阻滞率高达 81.6%。表明高温下硫酸铵对二噁英的阻滞效果更为显著，这可能是高温下硫酸铵分解效率提高，分解产生的 NH_3 参与了阻滞反应造成的。

氨基磺酸（ASA）也是学者普遍认可的一种含硫基和氮基的阻滞剂。在炉温达到1000℃时加入 1%氨基磺酸，发现二噁英的阻滞率达 96%，这是由氨基磺酸中的硫基和氮基与铜反应生成稳定的化合物，导致催化氧化速率降低所引起的。研究表明二甲基胺与乙醇胺对二噁英的生成均有阻滞效果，这两种阻滞剂都表现出了很好的阻滞性能。2%氨基三乙酸（NTA）在 300～400℃时对二噁英的阻滞率高于 50%。

影响焚烧二噁英阻滞率的因素很多，二噁英的生成与阻滞机制研究还有待进一步开展。尿素对二噁英具有较好的阻滞效果，在探索二噁英、多氯联苯、多氯苯三者之间的关系时发现，尿素与硫的混合物（1∶1）对二噁英生成的阻滞率比等量的硫酸铵低很多，但尿素单独作为阻滞剂时却能有效地阻滞二噁英的生成，这可能是两者对飞灰表面 pH 的影响不同造成的，也可能是硫酸铵热解效率高于混合物造成的。由于不同的阻滞剂适用的温度范围不尽相同，因此在添加前需考虑阻滞剂投入点的温度区间。目前，阻滞剂的实验室研究主要在 200～600℃范围内，这也是二噁英生成的主要温度区间，在此温度区间大多数阻滞剂的阻滞作用随着温度升高而逐渐变强，这与其化学活性的增强相关。对于焚烧炉内高温反应区域（800℃以上），国内外的研究仍不够充分，这可能是今后阻滞技术研究的一个重点。

13.3　有机污染物催化降解原理和技术

目前工业过程中有机污染物的削减和控制技术包括吸附、高温焚烧以及催化降解技术。近年来，随着纳米科学技术的发展，以及相应的透射电子显微镜（TEM）、电子能量损失谱（EELS）和 X 射线光电子能谱法（XPS）等精密表征技术的迅猛发展，纳米材料催化降解有机污染物领域取得显著进展。同时，纳米材料的小尺寸效应可显著增大其比表面积和比孔容，增多表面的反应活性位点，进而增强材料的催化活性。按催化降解原理划分，持久性有机污染物催化降解可分为加氢脱卤和催化氧化两部分。

13.3.1　加氢脱卤

加氢脱卤指卤代有机物中的卤素原子被氢原子取代的过程，含卤素有机污染物逐步加氢脱卤后可降解为低卤或无卤代有机物。用于还原脱卤降解持久性有机污染物的催化剂主要有 Na、K 等碱金属，Mg、Ca 等碱土金属，Fe、Ni 等过渡金属，Pd、Rh 等贵金属，以及它们的金属氧化物或负载到 Al_2O_3、TiO_2、活性炭、硅石等载体上的复合材料。

对加氢脱卤反应机制的探讨集中于电子转移和活性氢转移。电子转移机制研究更为广泛，具体反应过程如下：电子从催化材料转移至卤代芳烃，攻击卤代芳烃中的碳卤键，导致碳卤键断裂，此时体系中供氢体中的氢原子占据断裂碳卤键卤素的位置，实现卤代芳烃的加氢脱卤。对于有溶剂参与的光催化、电催化等反应体系，供氢体可来源于 H_2O、甲醇、丙醇等溶剂；对于无溶剂参与的热催化反应体系，供氢体主要来源于催化剂表面吸附的水及羟基物种。活性氢取代机制的反应过程则是通过活性氢物种直接取代卤代芳烃中的卤素原子实现加氢脱卤。

卤代芳烃的加氢脱卤催化反应速率和催化材料及污染物的性质相关，主要包括催化剂种类、晶型、粒径、载体及污染物结构特征等。在铁氧化物催化降解六氯苯（HCB）反应体系中，不同晶型催化剂的反应活性显示出了一定差异，反应速率常数大小顺序为 Fe_3O_4（0.959 min^{-1}）> α-Fe_2O_3/Fe_3O_4（0.026 min^{-1}）> α-Fe_2O_3（0.024 min^{-1}）。此外，卤代芳烃污染物的结构不同，其碳卤键键能、卤素取代位的电荷密度和空间位阻也会有所差异，进而影响加氢脱卤反应发生的取代位和反应速率。Fe_3O_4 微纳米材料在热反应条件下对 CB-209 和 BDE-209 的加氢脱卤降解路径表现出了不同的规律。在 CB-209 降解反应体系中，邻位氯最难脱除，其次是对位氯和间位氯。密度泛函理论计算结果也显示邻位 C—Cl 键的键解离能为 357.28 kJ/mol，高于间位（353.98 kJ/mol）和对位（351.69 kJ/mol）。同时 CB-209 加氢脱氯过程中倾向于形成具有共振模式的相对稳定结构，而邻位和对位氯取代的同系物具有相同的共振模式，因此邻位 C—Cl 键的存在也会牵制对位 C—Cl 键的断开，从而使邻位和对位氯更难被脱除。多氯联苯的构象也可以用苯环之间的二面角来形容，它是影响分子结构的重要决定因素。二面角依赖于多氯联苯苯环上的取代基团，特别是邻位的取代基。多氯联苯分子的稳定性随二面角的增大而增大，多个邻位 Cl 取代会导致较大二面角的苯基构象，并且限制苯基之间的自由旋转，因此在降解过程中，多个邻位 Cl 取代的多氯联苯会优先生成。CB-209 中 C1 和 C1′ 的距离、邻位 C 与 Cl 取代基之间的键长均较短，导致邻位 Cl 取代基具有较大的空间位阻，也进一步阻止了它的转化和分解。因此，在 CB-209 的加氢脱氯反应路径中，从九氯联苯至四氯联苯的主导产物都拥有 4 个邻位 Cl 取代基，直到邻位 Cl 取代基不得不脱除生成相应的三氯联苯和二氯联苯产物。

相比而言，在 BDE-209 反应体系中，降解初期 Br 原子的脱除规律与 CB-209 反应体系类似，即邻位的溴取代基比对位和间位更难脱除。然而，七溴代二苯醚的主导产物中一个邻位 Br 被脱除，随后一个或多个邻位 Br 被脱除生成低溴代二苯醚产物。多溴二苯醚的结构活性对此降解路径有着重要影响。醚键和 Br 取代基使多溴二苯醚分子拥有三维结构。有研究表明多溴二苯醚倾向于形成倾斜型和扭曲型的构象。邻位 Br 取代基能促使芳香环之间相互正交，导致多溴二苯醚构象发生倾斜或扭曲，而 4 个邻位都被 Br 取代的多溴二苯醚具有较大的空间位阻，从而使得分子构象有一定的稳定性。BDE-209 中 C1 和 C1′ 的距离和邻位 C—Br 键的键长均大于 CB-209 中 C1 和 C1′ 的距离和邻位 C—Cl 键的键长，这就意味着 BDE-209 中邻位空间位阻效应要弱于 CB-209。除此之外，对于所有 0~3 个邻位 Br 取代的多溴二苯醚来说，它们的构象都相对灵活。同时，醚键的存在也使多溴二苯醚的构象相对灵活，从而有助于减弱苯环之间的空间位阻效应。因此，与 CB-209 中邻位 Cl 取代基相比，BDE-209 中邻位 Br 取代基更易被脱除。

13.3.2　催化氧化

金属氧化物降解卤代有机污染物过程中催化氧化与加氢脱卤机理同时存在,因金属氧化物具有活性氧物种,从而使催化氧化在大部分降解反应中占据主导地位。催化氧化反应的降解产物主要为 H_2O、CO_x、HCl 等,降解过程也较为复杂,中间产物涉及低卤代产物、羧酸类、醛类等。目前用于 POPs 处置的金属氧化物主要为过渡金属和碱土金属氧化物,包括 MgO、CaO、Fe_xO_y、Al_2O_3、MnO_x、TiO_2、VO_x、WO_x 等及其多元复合催化剂。

关于催化氧化的基本原理,朗缪尔(Langmuir)、里迪尔(Rideal)、欣谢尔伍德(Hinshelwood)等提出了相关理论:朗缪尔-欣谢尔伍德(Langmuir-Hinshelwood)机理假定多相反应的速率受吸附态分子之间反应速率控制,且所有吸附过程和脱附过程处于平衡状态,简单来说,是表面上相邻的两种吸附态粒子之间的反应;里迪尔-伊利(Rideal-Eley)机理却认为多相反应是催化剂表面上的吸附粒子与气态分子之间的反应。除了以上两类反应机理,马尔斯-范克雷维伦(Mars-van Krevelen)机理在金属氧化物催化氧化卤代芳烃的反应过程中被广泛应用,即反应过程中卤代芳烃污染物首先吸附在氧化型催化剂活性中心,形成一个化学吸附物种,该吸附物种与催化剂上的晶格氧反应,生成氧化产物,此时催化剂活性中心变成还原态,然后还原态的催化剂再与气相中的氧气反应,补充消耗掉的氧空位,重新生成氧化态催化剂,由此构成氧化-还原循环,使氧化反应源源不断进行。

卤代芳烃催化氧化的反应速率与金属氧化物催化剂本身的性质如催化剂的晶体结构和表面结构密切相关。在众多金属氧化物中,锰氧化物具有独特的晶型结构以及多变的组成形式。其中,四价氧化物 MnO_2 的用途最为广泛。由于其具有较高的氧化还原活性、大量敞开的层间和孔道结构,因此常应用于催化氧化领域。常见的晶型有 α、β、γ、δ、ε、ρ 及 λ 型。MnO_2 晶体结构大体上可以分为 3 类,即一维隧道结构($\alpha\text{-}MnO_2$、$\beta\text{-}MnO_2$ 和斜方锰矿)、二维层状结构($\gamma\text{-}MnO_2$ 和 $\delta\text{-}MnO_2$)和三维网状结构($\lambda\text{-}MnO_2$)。除了锰氧化物,氧化铝在化学工业中常作为吸附剂、催化剂和金属催化剂的载体被大量使用。它可以看作氢氧化铝的脱水产物,各种氢氧化铝经热分解可形成一系列同质异晶体(主要是氧原子和铝原子空间堆叠方式及含水量不同)。在众多的同质异晶体中,$\gamma\text{-}Al_2O_3$ 具有缺陷尖晶石结构,也就是说晶胞中存在缺陷、晶粒之间存在晶粒间界。这种晶体缺陷使得 $\gamma\text{-}Al_2O_3$ 晶体内部及表面存在着一定的键合能力,从而表现出特殊的化学活性中心。

研究表明不同晶型的氧化铝催化剂在 300℃下对一氯萘(CN-1)的热催化降解反应活性不同,$\gamma\text{-}Al_2O_3$ 对一氯萘的降解效率最高,其次是 $\eta\text{-}Al_2O_3$ 和 $\alpha\text{-}Al_2O_3$。这是由于 $\gamma\text{-}Al_2O_3$ 具有特殊的尖晶石结构,导致其拥有较大的比表面积、孔体积,以及较多的表面吸附氧物种、布朗斯台德(Brønsted)和路易斯(Lewis)酸性位点。根据降解产物分析,提出了一氯萘在 $\gamma\text{-}Al_2O_3$ 上的降解机理。一氯萘可通过电子转移的加氢脱卤机制生成微量萘。相比之下,催化氧化降解为主要反应途径,该反应途径主要是通过马尔斯-范克雷维伦机理实现活性氧物种连续不断地对 C—Cl 键进行攻击,使之生成含有—CH_2—、—CH_3

和 C—O—基团的氧化中间体，这些氧化中间体随后可被氧化为低分子量产物，如甲酸、乙酸和丙酸，并最终被完全氧化成 CO_2。γ-Al_2O_3 的大比表面积可削弱 Al—O 键，促进晶格氧从 γ-Al_2O_3 中解析出来。反应过程中消耗的活性氧物种可通过吸附在 γ-Al_2O_3 表面的 O_2 转化而来，具体路径为 $O_2 \longrightarrow O_2^- \longrightarrow 2O^- \longrightarrow 2O^{2-}$。除了氧化物晶型，催化材料的表面结构也能显著影响其对卤代有机污染物的降解活性，这是因为表面结构会影响催化剂的比表面积和孔体积，并进一步影响材料的活性位点数量。

从单组分扩展到多元复合金属氧化物纳米材料的构筑是实现持久性有机污染物高效控制的重要研究方向之一。多元复合材料由于具有高比表面积、高熔沸点及单金属氧化物所不具有的其他复合功能。金属氧化物材料的多元复合集中在碱金属、碱土金属、稀土金属和过渡金属之间。

碱金属（锂、钠、钾、铷和铯）具有供电子效应，能促进复合氧化物中氧物种的移动性，进而提高其氧化活性。在一系列不同初始摩尔掺杂比例的锂-钛复合氧化物材料（$Li_\alpha TiO_x$，α=2、4、6）对 BDE-47 催化降解研究中，发现 300℃ 下 $Li_\alpha TiO_x$ 对 BDE-47 的降解效率和一级动力学反应速率常数均远高于锐钛矿 TiO_2。$Li_\alpha TiO_x$ 催化降解 BDE-47 的活化能较低，为 39.9~48.1 kJ/mol，催化反应较易发生。在氧化反应中，活性氧物种的活化遵循马尔斯-范克雷维伦机理，而锂的掺杂不仅能产生多相晶界，同时也能为邻近的钛和氧原子提供电子，从而促进活性氧物种的移动性，使反应过程中消耗的氧物种得到及时补充。在氧化反应中，BDE-47 首先被亲核的氧物种攻击生成羟基化的多溴二苯醚产物，随后进一步生成二溴苯酚、三溴苯酚、苯甲酸和苯二甲酸等单苯环氧化产物。上述氧化产物均能被亲电子的氧物种进一步攻击，彻底开环生成小分子物种，如甲酸、乙酸、丙酸和丁酸等。

催化材料研发的最终目的是实现商业化生产及工业应用，以去除实际工业运行中产生的有毒有害污染物。然而，当前卤代芳烃的催化氧化研究多在实验室理想条件下进行。在实际应用中，催化剂通常在多种干扰成分（如 SO_2、氮氧化物、H_2O 等）混合的苛刻环境中工作，因此研究多种干扰物质共存对卤代芳烃催化氧化的影响机制至关重要。目前关于卤代芳烃降解过程中其他干扰组分对催化降解影响情况并没有统一定论。在铈钛铝三元复合氧化物催化剂对 1, 2, 4-三氯苯和氮氧化物的降解研究中，发现 Ce^{4+}/Ce^{3+} 存在较好的可逆转化而具有独特的储放氧能力，可实现对三氯苯与氮氧化物的协同控制，同时生成的 NO_2 具有强氧化性，可促进 1, 2, 4-三氯苯的降解转化。然而，氮氧化物在污染物催化降解过程中也可产生抑制作用，其原因可能为 NO 发生氧化反应消耗了催化剂的表面氧，导致污染物的氧化效率降低。另外，吸附在催化剂表面的部分 NO_2 可与金属氧化物材料反应生成硝酸盐，导致催化剂失活，进而抑制催化反应的进行。因此干扰物质对催化活性的影响机制仍需深入探究，这将为提高催化剂的稳定性和持久性提供重要依据。

即使考虑了部分干扰物质对卤代芳烃降解的影响，大多数催化材料对污染物的降解研究仍停留在实验室阶段。钒氧化物由于其较多的活性位点和高吸附性而被广泛应用，V_2O_5-WO_3-TiO_2 复合氧化物催化剂与实际结合最为密切，目前已实现商业化应用。研究表明卤代芳烃首先吸附到催化剂表面的活性位点，通过亲核取代使碳卤键发生断裂，形成表面酚盐，随后被表面活性氧物种攻击，发生亲电子取代形成苯醌类物质。此后，在活性氧持续攻击下，苯醌类物质发生断环形成非环类物质，与此同时 $V^{5+}O_x$ 自身被还原成 $V^{4+}O_x$。若反应气氛中有氧气存在，$V^{4+}O_x$ 可重新被氧化成 $V^{5+}O_x$，实现活性位的循环再生。

在探究钒氧化物复合材料催化活性时，模型污染物的获取主要有 3 种途径：一是配制的卤代芳烃标准气体；二是实验室模拟工业过程产生的含有污染物的烟气；三是从生活垃圾焚烧厂采集实际烟气和飞灰中脱附出的持久性有机污染物。为了寻求活性更高、稳定性更好、适用范围更广且经济高效的降解材料，研究人员在助剂、载体、各类共存污染物等方面开展了大量的工作。近年来，采用铈氧化物、锰氧化物等金属氧化物替代三氧化钨，利用碳纳米管、ZSM-5 沸石、活性炭、堇青石等比表面积更大或可与钒氧化物产生特定相互作用的载体代替 TiO_2 被广泛研究。同时，考虑到实际工业生产中的复杂工况，HCl、NaCl、NO、NH_3、氯苯类、氯酚类物质的存在对钒氧化物降解卤代芳烃的影响也被深入探讨。为了进一步提高卤代芳烃的处置效率，O_3 等氧化剂也可加入反应体系。O_3 不仅能直接氧化卤代芳烃，其在催化剂表面分解形成的活性氧物种也可显著促进催化剂的氧化活性，同时 O_3 也能提供较强的氧化基团，加速 $V^{4+}O_x$ 向 $V^{5+}O_x$ 转化，进一步提高催化剂的活性。

另外，钒氧化物催化剂在实验室模拟条件下和垃圾焚烧厂实际运行中对二噁英的降解活性存在差异，实际工业中二噁英的降解效率普遍低于实验室研究。这是因为一方面实验室搭建的模拟工业运行系统与实际工业运行复杂工况仍有一定差距，垃圾焚烧炉实际烟气的复杂成分会影响催化剂活性，另一方面实际应用中蜂窝状催化剂和实验室研究中粉末状催化剂之间存在性状差异，导致污染物与催化剂活性位点的接触量和反应空速均有所不同，也会使催化剂表现出不同的降解活性。因此，V_2O_5-WO_3-TiO_2 催化剂的实验室研究仍然与实际工业过程有一定距离，需要进一步贴近实际情况，为工业化应用提供技术支撑。

习　题

1. 工业过程中二噁英的主要生成机理是什么？
2. 工业热过程影响二噁英生成的因素有哪些？
3. 用于垃圾焚烧二噁英的阻滞剂有哪些？

第14章 饮用水消毒副产物的产生和控制

为杀灭水中残存的病原微生物，保障饮用水的卫生安全，通常采用物理、化学等方法对水体进行消毒处理。但是，水消毒处理中使用的消毒剂在杀灭病原微生物的同时，还可与水中的天然有机质、无机离子和人工合成化学品等发生化学反应，生成有毒有害的消毒副产物，威胁人体健康。本章主要介绍水消毒的历史和水消毒技术的发展，阐述饮用水中常见消毒副产物的种类、消毒副产物及其前驱物的识别、消毒副产物的赋存特征及其危害、消毒副产物生成的化学机制，以及消毒副产物控制的化学原理，最后分析目前消毒副产物管控所面临的挑战与机遇。本章所涉及的数据资料和技术内容来自最新科研成果和生产成果。

14.1 饮用水消毒

水消毒是指采用化学、物理等方法杀灭水中对人体健康有害的绝大部分致病性微生物、防止介水传染病、满足饮用水水质标准中微生物学有关指标要求的处理过程。然而，饮用水源水中往往含有一定量的天然有机化合物、无机离子以及人工合成化学品，其在水消毒处理过程中可与消毒剂发生一系列复杂的化学反应，生成有毒有害产物，该类物质称为消毒副产物（DBPs）。长期饮用含有消毒副产物的饮用水会对人体健康造成负面影响。可见，饮用水消毒和消毒副产物产生是水处理中的一个两难问题（Sedlak and von Gunten，2011）。水消毒处理历史悠久，早在4000多年前，古埃及、古印度、波斯的人们将"不洁净"的水经过煮沸、日光暴晒、过滤等多种方式"消毒"处理后饮用。1820年漂白粉发明后，将其用于饮用水消毒，成为人类主动采用化学法杀菌消毒的第一个里程碑。自1908年芝加哥饮用水厂首次引入次氯酸钠消毒工艺并推广后，霍乱、伤寒、痢疾在美国的发病率分别降低了80%、50%、90%。经过100多年的发展，饮用水消毒处理已有多种成熟的方法，如氯化消毒、氯胺消毒、二氧化氯消毒、臭氧消毒、紫外消毒、电化学消毒等。为进一步减少消毒副产物的生成，更彻底杀灭水中的病原微生物，人们在尝试研发氯胺-氯消毒、紫外-氯消毒、预氧化-氯消毒等联合消毒技术。

14.1.1 氯化消毒

氯化消毒是使用最早、应用最广泛、技术最成熟的饮用水消毒方法，目前全球仍有约95%的饮用水厂采用氯化消毒工艺，其具有价格低廉、操作简便、消毒持久等优点。氯化消毒常用的消毒剂有氯气、液氯、漂白粉和漂粉精等，这些氯化消毒剂的有效成分都是次氯酸（HClO）。HClO是一种强氧化性的弱酸，反应活性很高，当HClO扩散到带负电荷的细胞表面时，可穿过细胞膜进入细胞内部，氧化破坏细胞的酶系统导致细胞死亡。氯化消毒对多数微生物具有很高的杀灭效果，但其对部分耐氯微生物如大肠埃希氏菌、肠球菌等的去除效果较差。

　　氯化消毒的效果除主要取决于消毒剂氯本身的理化性质外，还受其他因素的影响，包括：①消毒剂氯投加量和接触时间。氯投加量取决于水体的需氯量，饮用水氯化消毒处理的接触时间一般不短于30 min。②水体pH。在较低pH条件下次氯酸的氧化还原电位更高，氯化消毒效果更好。③水温。水温越高，分子运动越快，杀菌效果越好。④水体浊度。低浊度水体中颗粒物少，吸附掩蔽病原微生物的作用弱，消毒剂对病原微生物的杀灭效果好。⑤微生物的种类和数量。消毒剂氯可以杀灭绝大多数病原微生物，但部分细菌、孢子、芽孢、病毒对氯消毒剂呈现一定的抵抗和突变现象。

14.1.2　氯胺消毒

　　氯胺是指氯和氨反应生成的一氯胺（NH_2Cl）、二氯胺（$NHCl_2$）和三氯胺（NCl_3）。氯胺在水中可缓慢水解生成HClO，达到杀菌消毒的目的。与氯相比，氯胺具有穿透能力强、稳定性高、持续时间长等诸多优点，能更好地防止供水管网中微生物生长，氯胺消毒还能显著改善水体的味觉和嗅觉指标。氯胺的氧化能力比氯弱，可减轻对管网的腐蚀。但也正是由于氯胺的氧化能力弱，往往需要通过提高氯胺浓度、延长接触时间，或者将其作为次级消毒剂，与其他强氧化性消毒剂（如氯、臭氧）联合使用才能达到更理想的消毒效果。此外，氯胺消毒处理也存在对部分耐氯微生物如克雷白杆菌、铜绿假单胞菌、伤寒杆菌等去除效果不佳的问题。

14.1.3　二氧化氯消毒

　　二氧化氯是一种强氧化剂，其中有效活性氯的含量约为氯的2.5倍。二氧化氯消毒主要是借助其强的氧化性。二氧化氯容易吸附在细胞表面，改变细胞膜的蛋白质和类脂组成，增加细胞渗透性。二氧化氯的扩散速度和渗透能力比氯快，更容易穿过细胞膜进入细胞内部，有效破坏细胞的酶系统，氧化微生物的氨基酸和核酸，导致氨基酸链断裂，抑制蛋白质合成，破坏蛋白质功能。此外，二氧化氯还能分解死亡微生物残体的细胞结构，抑制病毒的特异性吸附，阻止病毒对宿主细胞的感染。在饮用水消毒处理时，二氧化氯的投加量一般为0.1～1.4 mg/L，水温较低时投加量可适当增加，接触时间为15～30 min。二氧化氯消毒的优点是杀菌能力强、消毒速度快且耐久，副产物较氯化消毒少，适用的 pH 及水质范围更为广谱。但其缺点是其产品纯度低、制备设备比较复杂、成本高。

14.1.4　臭氧消毒

臭氧可以广谱、高效地杀灭细菌的繁殖体和芽孢、病毒、真菌等，并可破坏肉毒杆菌毒素，对霉菌也有极强的杀灭作用。近年来臭氧在饮用水消毒处理中的应用越来越广，特别是在欧洲地区应用更广。臭氧是一种强氧化剂，其灭菌机制有以下 3 种：第一，臭氧可以氧化分解细菌内葡萄糖降解所需的酶，使细菌灭活死亡；第二，直接与细菌、病毒反应，破坏它们的细胞器、DNA、RNA，使细菌的新陈代谢系统受到破坏，导致细菌死亡；第三，臭氧能透过细胞膜进入细胞内部，作用于外膜的脂蛋白和内部的脂多糖，导致细菌通透性发生畸变而溶解死亡。臭氧化学性质活泼，容易分解为氧气，对环境影响小。但臭氧消毒的不足是成本高，对管道有腐蚀作用，控制和检测技术要求高。

14.1.5　紫外消毒

紫外线是指波长在 100～400 nm 范围内的不可见光，其中波长在 240～280 nm 范围的紫外线具有杀菌能力，尤其是波长 253.7 nm 的紫外线杀菌能力最强。微生物细胞中的 DNA 能吸收该波段的紫外光，吸收的紫外线能破坏细胞的核蛋白，导致核酸结构突变，改变细胞的遗传转录特性，使生物体丧失蛋白的合成和繁殖能力，达到杀菌目的。紫外消毒具有诸多优点，如操作简单，不引入其他化学试剂，对耐氯微生物如隐孢子虫、贾第鞭毛虫等的杀灭效果强等。紫外消毒的不足在于不能持续杀菌，为了预防病原微生物在管网传输过程中发生暗复活，往往需要在处理出水中补加少量含氯消毒剂，以维持饮用水用户端的余氯水平。

14.1.6　电化学消毒

电化学消毒主要是借助电场作用杀灭水体中的致病性微生物。电化学消毒主要有两种方法：第一种是在电场作用下产生机械压缩作用，使细胞膜发生不可逆形变导致细胞膜破损，细胞质部分或全部流出，促使细胞死亡；或者细胞在电场作用下发生电穿孔现象，使细胞膜的磷脂双分子层及蛋白质失稳，小分子物质可以自由穿过细胞膜进入细胞内，引起细胞膜的膨胀破裂。第二种是通过电解产生的强氧化性中间产物，如臭氧、次氯酸等，穿过细胞膜进入细胞内部，氧化破坏细菌的酶系统而导致细菌死亡。20 世纪 50 年代，电化学消毒开始用于水消毒，该方法具有环境友好、安全、效率高、处理费用低等优点，对大多数微生物如病毒、细菌、真菌和藻类等均有良好的杀灭效果。但是，电化学消毒目前仍存在三方面的问题：电流效率较低、阴极结垢、杀菌活性物种浓度控制难。

14.1.7 联合消毒

由于各单项消毒技术都或多或少存在一定不足，为提高消毒效率，并减少消毒剂的投加和消毒副产物的生成，联合消毒技术得到了快速发展，如氯-氯胺消毒、紫外-氯（胺）消毒、预氧化-氯化消毒等。

氯-氯胺消毒结合了氯的强氧化性及氯胺消毒过程消毒副产物少的优点，两者结合既可以降低氯的浓度、减少含氯消毒副产物的生成，又能保证消毒效果。二氧化氯-氯（胺）消毒处理中，二氧化氯会与水中有机物发生更为彻底的氧化反应，可以大幅减少氯/氯胺和有机物反应过程中含氯消毒副产物的生成量；此外，余氯可将亚氯酸根（ClO_2^-）氧化为二氧化氯，既减少了消毒副产物 ClO_2^- 的残留量，又实现了二氧化氯的再生，增强了持续杀灭水中细菌的能力。二氧化氯-氯（胺）消毒不仅对大肠杆菌和脊髓灰质炎病毒具有协同灭活作用，对其他微生物的灭活作用也强于单一的氯消毒；二氧化氯-氯消毒对 f_2 噬菌体的灭活效果优于单一氯消毒，且在广谱 pH 条件下均有良好的消毒效果。

紫外-氯（胺）消毒也是当前备受关注的联合消毒方法，单一的氯消毒对饮用水中耐氯微生物的去除效果较差，紫外消毒对耐氯微生物的去除效果好，但紫外消毒不具备持续消毒能力，因此将紫外与氯（胺）二者联合，既可有效杀灭耐氯微生物，又可达到持续消毒效果，还减少了消毒剂用量。紫外-氯消毒过程中，紫外剂量为 40 mJ/cm² 的条件下，即使氯化消毒 CT 值［消毒结束时消毒剂残留浓度 C（mg/L）× 接触时间 T（min）］为 5 mg/L·min，只有常规单一氯消毒 CT 值的 1/12 时，紫外-氯消毒对病原体的灭活率仍达 99.99%以上。此外，由于预氧化可以有效降低水中消毒副产物前驱物的浓度或改变其性质，因此预氧化-氯消毒可以降低某些消毒副产物的生成潜势。例如，在高锰酸钾预氧化-活性炭吸附-氯消毒处理中，含碳消毒副产物和含氮消毒副产物的生成潜势显著低于单独氯化消毒处理。

14.2 饮用水消毒副产物

14.2.1 消毒副产物的种类

1974 年首次从氯化消毒后的饮用水中检出了三氯甲烷（Rook，1974），拉开了消毒副产物研究的序幕。截至目前已经报道的消毒副产物超过 700 种，但这只是冰山一角，还有更多的消毒副产物尚未识别出其分子结构。消毒副产物的种类多样，常见的消毒副产物根据其分子结构大致可以分为以下几类：三卤甲烷（THMs）、卤代乙酸（HAAs）、溴酸盐（BrO_3^-）、亚氯酸盐（ClO_2^-）、氯酸盐（ClO_3^-）、卤化氰（XCNs）、卤代乙腈（HANs）、卤代乙酰胺（HAcAms）、卤代硝基甲烷（HNMs）、卤代酮（HKs）、卤代酚（HPs）、卤代醛（HAs）等。随着分析检测技术的不断创新，越来越多的消毒副产物，如致诱变化合物卤代呋喃、N-亚硝胺（NAs）、卤代苯醌（HBQs）、碘代酸（IAs）等被发现。最近几年发现的新型消毒副产物越来越多，主要包括：①卤代及非卤代芳香族消毒副产物，包括含苯环的卤代多肽、水杨酸等及其衍生物，卤代苯乙腈等和杂环类消毒副产物，如卤代吡啶等；②卤代脂环族消毒副产物，如卤代环戊烯二酮；③新型卤代脂肪族消毒副产物，如卤代甲磺酸等和卤代烯烃酸。主要消毒副产物的发现历程如图 14-1 所示。

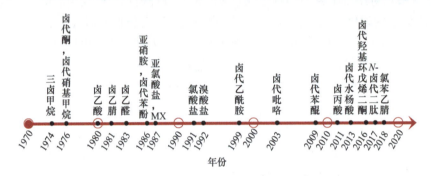

图 14-1　主要消毒副产物及其发现历程

14.2.2　消毒副产物前驱物

消毒副产物是指消毒过程中消毒剂与水体中残留的某些有机物或无机物发生化学反应所生成的产物，这些在消毒处理中能与消毒剂反应生成有毒有害副产物的物质称为消毒副产物前驱物。常见的消毒副产物前驱物包括天然有机质、人工合成化学品以及卤素离子等。其中天然有机质，如腐殖酸、富里酸、氨基酸、多肽、蛋白质等在天然水体中含量高，是最常见最主要的消毒副产物前驱物，具有很高的三卤甲烷等消毒副产物的生成潜势；藻类物质是高毒性含氮消毒副产物的重要前驱物，藻类细胞以及细菌等微生物的细胞内容物和胞外分泌物在水消毒处理过程中均可能生成消毒副产物。随着人类工农业生产活动的日益加剧，越来越多的人工合成化学品被生产和应用，如化工原料及产品、药物及个人护理品、农药、化肥等，这些化学品在生产、使用等过程中随着工业废水排放、城市污水排放、地表径流、农田退水等多种途径进入水源水，在饮用水消毒处理中可能生成消毒副产物。无机物卤素离子，如溴离子、碘离子，可通过海水入侵、地质侵蚀、海水淡化、尾矿生产、化工生产以及市政污水和工业废水排放等途径进入水源水。水体中的溴离子、碘离子在消毒处理中既可被消毒剂氧化生成无机消毒副产物（如溴酸盐），又可与消毒剂氧化反应生成次溴酸、次碘酸，继而与有机物发生亲电取代反应，生成毒性更高的溴代、碘代消毒副产物。

14.2.3 消毒副产物的危害

自从饮用水中首次发现消毒副产物三氯甲烷后,美国国家环境保护局组织筛查了80个城市饮用水源水和消毒处理出水中的卤代有机物,发现消毒处理后的饮用水中普遍存在 THMs。通过对部分癌症发病率的病原学关系的调查分析及大量动物实验研究,发现饮用水中的卤代烃类化合物是诱发多种癌症的重要因素(Freeman et al.,2017)。例如,居民长期饮用含 THMs 的水导致罹患膀胱癌、结肠癌、直肠癌的概率显著升高;当饮用水中总三卤甲烷(TTHMs)超过 40 μg/L 时,长期饮用人群的慢性髓细胞样白血病发病率明显增高;若妊娠期妇女饮用的水中含有三氯甲烷、一溴二氯甲烷,引发新生儿患神经管畸形、染色体异常等疾病的调整相对危险度显著升高;孕妇在妊娠期最后 3 个月内暴露 THMs 和 HAAs 会导致新生儿出生体重轻、宫内生长迟缓和早产等的相对危险度增加;男性血液样本中一溴二氯甲烷和二溴一氯甲烷的浓度分别与精子数量下降和精子直线运动能力下降有密切关系。

随着现代生物学技术的飞速发展和毒理学研究的逐渐深入,部分消毒副产物的毒理学和健康危害不断明确(Richardson et al.,2007)。例如,二溴硝基甲烷对中国仓鼠卵巢细胞 CHO 的 72 h 半数致死浓度为 6.1 μmol/L,2, 6-二氯-1, 4-苯醌对人膀胱癌细胞系 T24 的半数抑制浓度为 95 μmol/L;碘代乙酸、溴代乙酸可导致人肝癌细胞系 HepG2 的 DNA 损伤,最低可观察效应浓度分别为 0.01 μmol/L 和 0.1 μmol/L。埃姆斯实验(Ames test)结果表明 3-氯-4-(二氯甲基)-5-羟基-2(5H)-呋喃酮[MX]是氯消毒饮用水中发现的致突变性最强的物质之一,世界卫生组织已将 MX 列入潜在致突变物。N-二甲基亚硝胺(NDMA)可导致人体和动物发生癌变、突变和畸变,美国国家环境保护局已将其列为高致癌风险物质,安大略湖环境与能源部规定 NDMA 的临时最大可接受质量浓度为 9 ng/L。目前面临的最大问题在于,饮用水中发现的消毒副产物种类越来越多,而它们的毒理学数据非常缺乏,难以确定剂量-效应关系或因果关系,亟须深入研究其危害。

鉴于消毒副产物显著的毒理学效应,许多国家和国际组织已经将那些对人体健康危害大、毒理学数据充分、检出频率和浓度高的消毒副产物列入水质标准,并对其最大允许浓度进行了限定(USEPA,2006)。我国在《生活饮用水卫生标准》(GB5749—2022)中对三氯甲烷、二氯甲烷、一溴二氯甲烷、二溴一氯甲烷、三溴甲烷、二氯乙酸、三氯乙酸、溴酸盐、亚氯酸盐、氯酸盐等消毒副产物的最大允许浓度进行了限定。

14.2.4 消毒副产物的识别与检测

消毒副产物种类多、物理化学性质差异大,需要不同的方法对其进行甄别检测。消毒副产物的识别与检测主要包括预处理、色谱分离和检测器鉴定 3 个步骤。由于饮用水中消毒副产物的浓度通常低于分析仪器的检测限（μg/L 甚至 ng/L 水平），水中共存的有机物和无机物往往会干扰消毒副产物的识别与检测，因此必须对检测水样进行预处理。常见消毒副产物如 THMs、HAAs、HANs 等主要利用液液萃取进行浓缩富集，常用的萃取剂包括甲基叔丁基醚、环己烷、乙酸乙酯等。但传统的液液萃取富集倍数较低（< 10），对于浓度在 ng/L 级别甚至更低的新型消毒副产物富集效果有限。相比而言，固相萃取和液液萃取-旋转蒸发等预处理方式的富集效果大幅提高。例如，先采用大体积液液萃取将水体中的消毒副产物富集至萃取剂中，再采用旋转蒸发的方式将含有消毒副产物的萃取剂进一步浓缩富集，消毒副产物富集倍数可达 1000～4000 倍。固相萃取的预处理技术利用固定相选择性吸附水中的微量物质，再将吸附的消毒副产物洗脱至一定体积有机溶剂中，富集倍数可以轻松达到 100 倍以上，且有机溶剂用量小。

经预处理浓缩净化后的消毒副产物，可由气相色谱或液相色谱等系统分离后进入检测器分析检测。对于低极性、挥发或半挥发性的消毒副产物，如 THMs、溴代或碘代消毒副产物、部分含氮消毒副产物如 NAs、HAcAms 等，利用 GC-MS 获取消毒副产物的分子离子和碎片离子信息，为其分子结构的识别提供线索（Baird et al., 2017）。对于分子量小但极性高、分子量大但不易挥发易水解的消毒副产物，如碘代乙酸等，分子中往往含有一个或多个—COOH、—OH、—NH$_2$ 等官能团，可以运用 LC-MS 进行识别检测。针对实际饮用水中消毒副产物的检测，往往根据其物理化学性质对检测方法和仪器检测条件进行优化，实现多种消毒副产物的同时检测。例如，借助 LLE-GC-MS 或吹扫捕集-气相色谱-质谱（P&T-GC-MS）方法可同时测定 THMs、HANs 以及 HNMs。吹扫捕集对沸点较低和易挥发的消毒副产物有较好的富集效果，且可降低萃取剂对色谱保留时间短的消毒副产物的影响，常用于氯代乙腈和氯代硝基甲烷的测定。

14.3　饮用水消毒副产物产生的化学机制

14.3.1　三卤甲烷

自 20 世纪 70 年代首次从氯化消毒处理后的饮用水中检出三氯甲烷以来，国内外对氯化消毒过程中 THMs 的生成特征持续关注。水消毒处理中常见的 THMs 主要有氯代甲烷、溴代甲烷、碘代甲烷以及卤素混合取代的甲烷，其中检出频率和检出浓度最高的是三氯甲烷。在水消毒处理过程中，水体中残留的很多化学物质和生物质都能与氯等消毒剂发生一系列复杂的化学反应，相继生成中间产物、终产物 THMs。水体中的腐殖质、蛋白质、脂类、糖类等天然化学物质，藻类、细菌等生物质，以及人工合成的化学物质等，都可能是生成 THMs 的前驱物。但在实际消毒处理中，消毒剂与有机物反应生成

THMs 的机制、生成条件、影响因素都非常复杂。关于 THMs 生成机制的研究已有不少，随着前驱物种类、性质、消毒条件的不同，具体的生成机理存在较大差异。苯酚类化合物是腐殖质的基本结构单元，在氯化消毒中容易生成 THMs（Boyce and Hornig，1983）。图 14-2 以间苯二酚为例，阐释其在氯消毒过程中生成三氯甲烷的转化机制，反应主要包括两个阶段：第一阶段间苯二酚在次氯酸的作用下发生亲电取代生成氯代酚；第二阶段氯代酚类化合物进一步发生水解、脱羧等反应生成三氯甲烷。

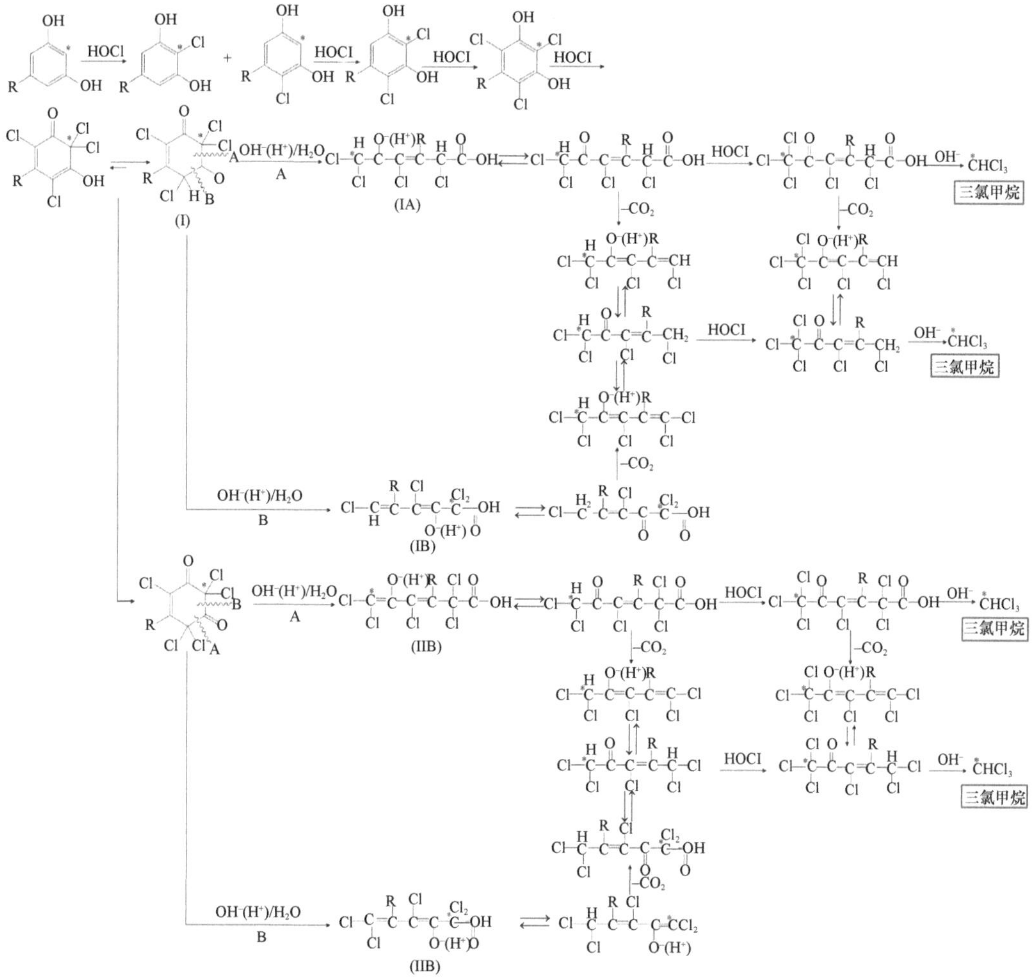

图 14-2　氯化消毒过程中间苯二酚转化为三氯甲烷的路径

　　水源水中消毒副产物前驱物的含量和种类影响消毒副产物的生成量，例如含碳量较高的前驱物在氯化消毒过程中往往会生成更多的 THMs，腐殖酸的分子量比富里酸更大、反应的活性位点更多，在氯化消毒处理中会生成更多的 THMs。除了有机质外，水中的无机物也会影响消毒副产物的生成。当水源水中含有溴离子、碘离子时，氯化消毒时会首先将其氧化成次溴酸、次碘酸,它们继续反应生成溴代甲烷、碘代甲烷。例如,在富含碘的水体消毒过程中,溴化物的存在不仅会增加碘酸盐的生成量和生成速率,还会促进溴代甲烷、碘代甲烷的生成。当溴化物存在时,形成了氧化性强的 HOBr 和 NHBrCl,它们进而将二氯一碘甲烷转化为毒性更高的二溴一碘甲烷,同时 THMs 分子中也会含有更多碘原子。此外,不同的消毒方式会影响 THMs 的生成,由于氯的氧化能力远远强于氯胺,氯化消毒比氯胺消毒能生成更多的 THMs。若在氯化消毒体系中引入紫外,THMs 的生成情况又会有所不同。若在氯化消毒处理中增加高铁酸盐预氧化过程,能够有效降低天然有机质(NOM)的浓度或改变其形态,从而改变 THMs 的生成特征。

14.3.2　卤代乙酸

卤代乙酸是另一类常见的消毒副产物,检出率较高的包括一氯乙酸、二氯乙酸、三氯乙酸、一溴乙酸、二溴乙酸等。水处理厂出水中检出含量较高的是三氯乙酸和二氯乙酸,有时它们甚至能在水源水中检出,其可能来源于化学试剂的排放。研究表明水体中的腐殖酸和富里酸等大分子天然有机质是生成 HAAs 的主要前驱物。图 14-3 以含有羧基、氨基等官能团的天然有机质为例,揭示了氯化消毒处理中 HAAs 的生成途径。含羧基的天然有机质在经过烯醇化作用、取代、加成及氧化反应后生成三碘乙酸;含有氨基的有机质首先生成卤代腈类中间体如一碘乙腈、二碘乙腈,继续发生加成反应和水解脱氨反应生成一碘乙酸和二碘乙酸。

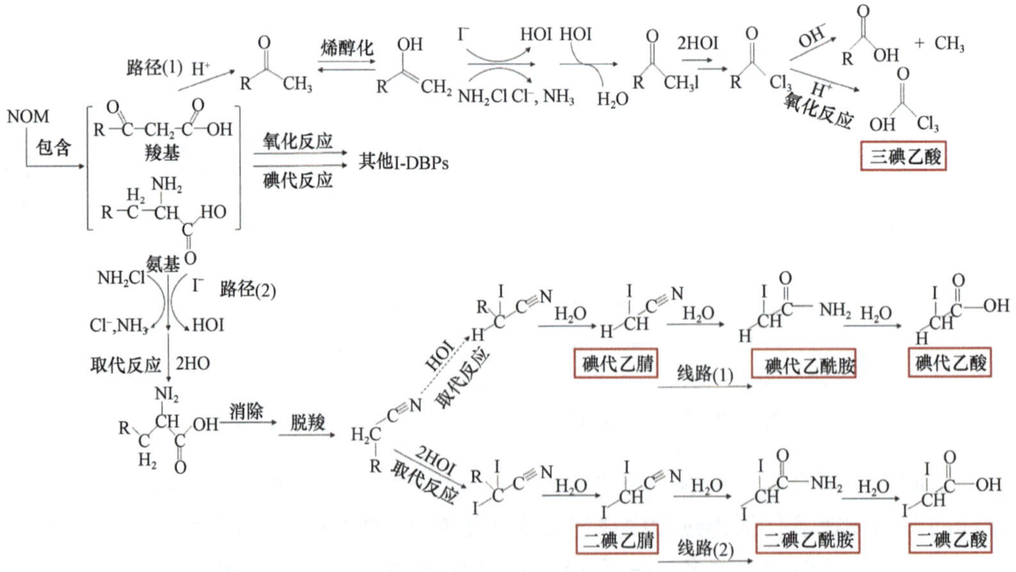

图 14-3　氯化消毒过程中 NOM 转化为 HAAs 的路径

HAAs 的生成量主要由腐殖酸和富里酸的组成比例决定，腐殖酸氯化后的 HAAs 产率高于相应的富里酸。不同的消毒方式及消毒条件也会影响 HAAs 的生成。例如，木质素在氯化过程中会生成较多的三氯乙酸，而在氯胺化过程中生成较多的二氯乙酸。氯胺消毒一般会增加碘代乙酸的生成量。氯胺消毒比氯化消毒过程生成的一碘乙酸、二碘乙酸以及三碘乙酸多。另外，温度也会影响消毒副产物的生成，HAAs 的浓度受季节的影响，温暖季节水体消毒后生成的 HAAs 明显高于寒冷季节。

14.3.3　卤代乙腈

20 世纪 80 年代首次发现氯化消毒过程中生成 HANs，常见的 HANs 有一氯乙腈、二氯乙腈、三氯乙腈、一溴乙腈、二溴乙腈、一溴一氯乙腈等。卤代乙腈的生成途径大致可归纳为两种：第一种途径是"脱羧途径"，即自由氯或氯胺与 α-氨基之间发生卤代反应，经由该途径生成卤代乙腈时，其氮源来自水中溶解性有机氮。图 14-3 显示了含有 NOM 和 I⁻的水体在氯化消毒过程中生成碘代乙酸的转化路径，含有氨基的有机物经过取代反应、脱羧反应生成碘代乙腈和二碘乙腈，继续水解后生成一碘乙酰胺和二碘乙酰胺，进一步水解生成一碘乙酸和二碘乙酸。第二种途径是"醛途径"，即氯胺分子中的孤对电子对醛类进行亲核攻击生成氯化氨醇，随后经脱水反应消除 HCl 分子后形成卤代乙腈，消毒剂氯胺为该途径提供氮源。如图 14-4 所示，甲酰乙酸经过取代反应、消除反应和水解反应转化为二氯乙腈，继续水解生成二氯乙酰胺。

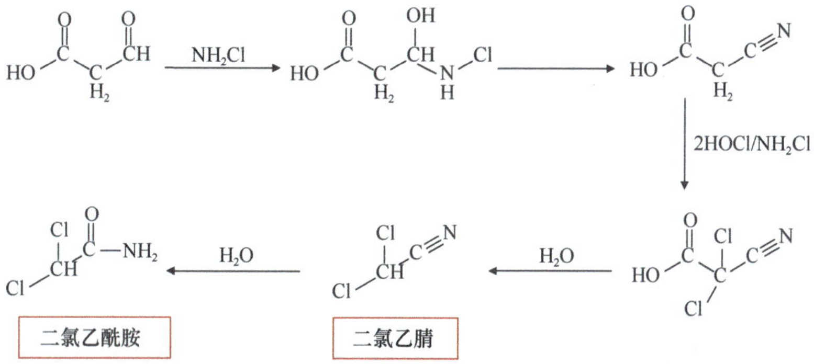

图 14-4　藻类有机质在紫外-氯消毒过程中转化为 HANs 和二氯乙酰胺的路径

HANs 是氯消毒处理中主要的含氮消毒副产物，氯化消毒过程中，当水源水中含氮有机物含量高时，能生成更多的 HANs。水温升高，HANs 的分解速率加快更有利于转化为 HAcAms。随着反应时间的延长，HANs 将会发生水解或继续与消毒剂反应，含量进一步降低。另外，pH 也是影响 HANs 含量的重要因素，碱性条件下 HANs 容易发生水解转化，HANs 的含量低。

14.3.4　卤代乙酰胺

在饮用水氯/氯胺消毒处理过程中可以检测到多种类型的 HAcAms。例如，美国、中国、澳大利亚、英国等的研究者均在消毒处理出水中检出了 HAcAms。4-羟基苯甲酸是腐殖质的重要结构单元，其在氯-氯胺消毒过程中会转化生成二氯乙酰胺和三氯乙酰胺等多种副产物，其转化路径如图 14-5 所示。4-羟基苯甲酸经过脱羧反应、取代反应、消除反应、加成反应及氧化反应最后转化为三氯乙酰胺和二氯乙酰胺。

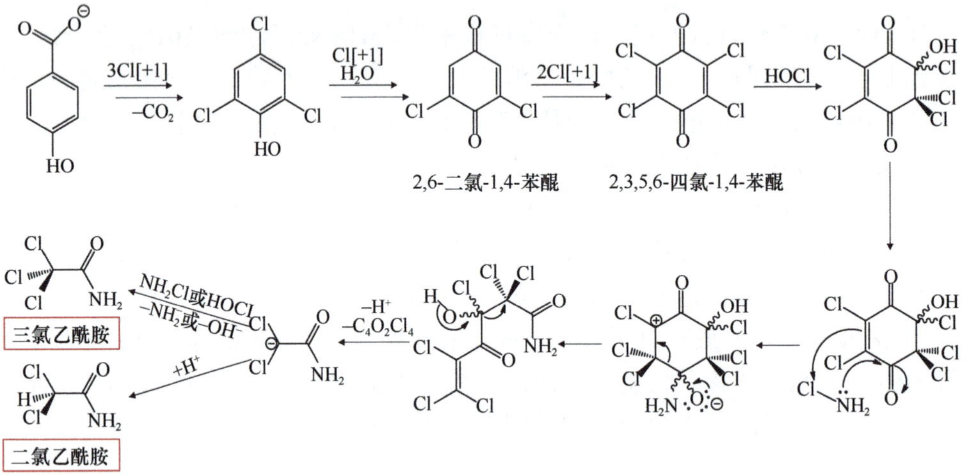

图 14-5　氯-氯胺消毒过程中 4-羟基苯甲酸转化为 HAcAms 的路径

HAcAms 是氯胺消毒过程中的主要含氮消毒副产物，其生成量受 pH、前驱物的类型和理化性质的影响，可以通过优化消毒条件控制其生成量。

14.3.5　卤代硝基甲烷

HNMs 是近年来国内外研究者广泛关注的检出率较高的另一类含氮消毒副产物。水体中可能生成 HNMs 的前驱物类型较多，嘧啶类化合物在氯化消毒过程中可生成三氯硝基甲烷，其中胞嘧啶在氯化消毒处理中经取代、加成、水解以及消去等一系列复杂的化学反应最后转化生成三氯硝基甲烷，其转化路径如图 14-6 所示。

HNMs 的生成受消毒方式、消毒条件和前驱物分子结构的影响。若在氯化消毒处理前进行臭氧预氧化处理或者 UV 辐射处理，均会改变 HNMs 的生成量，主要原因是臭氧预氧化或 UV 处理改变了 HNMs 前驱物的分子结构。此外，水源水中存在的无机离子如硝酸根离子、溴离子等会增加 HNMs 的生成量。

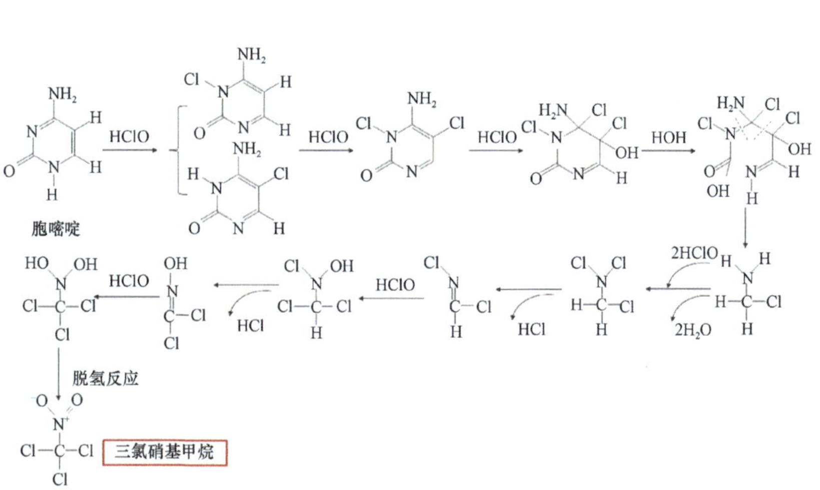

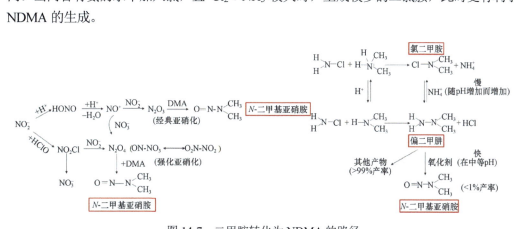

图 14-6 氯化消毒过程中胞嘧啶转化为三氯硝基甲烷的路径

14.3.6 亚硝胺

NDMA 等亚硝胺类也是近年来受到广泛关注的新型含氮消毒副产物,其中 NDMA 是检出频率最高、毒性效应最为显著的亚硝胺类消毒副产物。目前认为二甲胺是最重要的 NDMA 前驱物,其在消毒处理中可能通过亚硝化机理或偏二甲肼氧化机理生成 NDMA。对于亚硝化机理(图 14-7),消毒剂 HClO 首先将亚硝酸盐氧化生成中间产物硝酰氯(NO_2Cl),该产物继续与过量的亚硝酸根反应生成 N_2O_4,并进一步水解为硝酸根和亚硝酸根。由于 N_2O_4 与大部分胺类物质之间的亚硝化反应速率快于 N_2O_4 的水解速率,因而 N_2O_4 可以与二甲胺反应生成 NDMA。对于偏二甲肼氧化机理(图 14-7),二甲胺首先与二氯胺反应生成氯代偏二甲肼,后者再被氧化生成 NDMA。由此可见,NDMA 主要在氯胺消毒过程中生成,消毒条件的改变对其生成量有较大影响。不同的前处理方式对 NDMA 的生成潜势影响不同。当向含有氨的水中加入氯,且 $Cl_2:NH_3$ 较大时,生成较多的二氯胺,此时更有利于 NDMA 的生成。

图 14-7 二甲胺转化为 NDMA 的路径

14.3.7 其他消毒副产物

NOM 普遍存在于饮用水源水中，其结构异常复杂，能与不同消毒剂（氯、氯胺等）反应生成多种类型的消毒副产物。近年来高分辨质谱等先进技术的发展极大地加速了新型消毒副产物识别鉴定的进程。例如，近年来还在饮用水中检出了多种卤代苯醌类副产物，其中 2,6-二氯苯醌的生成量最多。研究发现 NOM 中的腐殖酸成分对以 2,6-二氯苯醌为主的二氯苯醌的生成贡献率较高。NOM 中的酚类化合物，以及对位取代的芳香胺类化合物等，可与液氯、氯胺等消毒剂反应生成氯代苯醌。氯消毒剂也可与 N-甲基苯胺发生取代反应分别生成一氯-N-甲基苯胺、二氯-N-甲基苯胺、三氯-N-甲基苯胺，继而生成 3,5-二氯苯醌-4-氯亚胺，最后生成 2,6-二氯苯醌。此外，绿藻也是醌类物质的前驱物，含有绿藻的水在氯化处理过程中能生成 2,6-二氯苯醌，从绿藻中提取的蛋白质也能与氯反应生成 2,6-二氯苯醌。若体系中存在溴离子，氯化消毒能够生成 2,6-二溴苯醌。臭氧氧化含溴的水体也能生成溴代苯醌，而且苯酚浓度固定时，2,6-二溴苯醌生成量与溴离子浓度线性相关。

14.4 饮用水消毒副产物控制的化学原理

就目前的水消毒技术而言，消毒过程中生成消毒副产物难以避免，如何有效控制消毒副产物的生成、降低其在饮用水中的浓度成为一个亟待解决的问题。消毒副产物的生成及赋存特征主要受水源水质、水处理工艺及其参数的影响。从水处理的工艺流程分析，降低饮用水中消毒副产物的浓度水平，主要有以下三条可能的途径：削减消毒副产物的前驱物、优化消毒方式、去除已经生成的消毒副产物。其中削减消毒副产物的前驱物是最有效的途径[①]。

14.4.1 削减消毒副产物的前驱物

在一定消毒处理条件下，消毒副产物的生成量与其前驱物的含量和性质密切相关。若在消毒处理前增加或强化其他处理单元，如混凝、吸附、膜过滤、磁性离子交换、预氧化等，可显著降低前驱物浓度、改变前驱物形态，达到降低消毒副产物生成的目的。

消毒副产物前驱物的物理化学性质差异大，在不同的前处理过程中去除效率不尽相同。例如，混凝可去除水中分子量大、疏水性强、含芳香环的有机物，显著降低消毒副

---

① Karanfil T, Krasner S, Westerhoff P, et al. 2008. Disinfection by-products in drinking water: Occurrence, formation, health effects, and control(Vol 995). American Chemical Society.

产物的生成量。而混凝对小分子前驱物（分子量<5000）的去除效果不佳，对降低消毒副产物没有显著效果。

活性炭具有比表面积大、吸附容量大等诸多优点，因此活性炭吸附单元常作为水处理的有效单元。水处理中常用的活性炭包括颗粒活性炭、粉末活性炭和生物活性炭。将颗粒活性炭吸附单元置于消毒单元前，有利于吸附去除消毒副产物的前驱物，THMs、HAAs和总有机卤素等消毒副产物的生成量均降低30%左右。粉末活性炭比表面积更大，在混凝处理后增加粉末活性炭吸附单元，可更大幅度提高消毒副产物前驱物的去除率。生物活性炭通过生物降解和吸附的双重机制降低水中消毒副产物前驱物。通过不断驯化生物活性炭上附着的微生物群落，实现有机物的微生物持续降解且无须更换活性炭颗粒。在水处理实践中可将生物活性炭吸附单元置于消毒单元之前，能有效去除THMs和HAAs的前驱物。但有一点需要关注，活性炭上的微生物在降解污染物的过程中会生成溶解性微生物产物和胞外聚合物，增加了溶解性有机质的氮比例，导致后续消毒处理中含氮消毒副产物生成。

预氧化可降解水中的还原性和大分子前驱物，有利于减少消毒副产物生成。常用的预氧化方法有高铁酸盐、臭氧、过硫酸盐、高锰酸盐等，部分高级氧化技术如UV/H_2O_2、UV/过硫酸盐也可作为预氧化技术降解水体中的有机前驱物。

预氧化和吸附的耦合也是一种很好的工艺。臭氧-（生物）活性炭深度处理不仅可有效去除THMs、HAAs和NAs的前驱物，还可有效去除抗生素等新型污染物，在我国得到了较多的应用。该处理过程中臭氧、活性炭和微生物联合发挥作用，臭氧氧化可将部分非极性化合物转化为极性化合物，活性炭可吸附非极性的NAs类前驱物，微生物则利用自身表面的负电荷吸附NAs前驱物中带正电荷的二烷基胺基团，并将其作为碳源和氮源利用去除。

膜滤技术对消毒副产物前驱物的去除效果也较为理想。纳滤对NDMA、HNMs、THMs等前驱物的去除率分别可达57%～83%、48%～87%、72%～97%。此外，磁性离子交换是一种去除卤代消毒副产物前驱物的有效方法，可有效去除带负电荷的溶解性有机碳，尤其是低分子量亲水性有机物。事实上，对于成分复杂的水体，单项水处理技术难以奏效，多项技术的联合运用可以更大程度地去除消毒副产物的前驱物。例如，由于磁性离子交换树脂可以选择性地去除含有某些官能团的污染物，不同于混凝过程所去除的污染物类型，因此将二者结合可更好地去除消毒副产物前驱物，减少消毒副产物的生成。膜滤技术在去除天然有机物和人工合成化学品方面前景广阔，而膜材料的缺点是易污染、对低分子量组分的去除效率低，将膜过滤与粉末活性炭预处理相结合，既可以预防膜污染、延长膜寿命，又可高效去除前驱物。

14.4.2　优化消毒方式

消毒方式和消毒条件对消毒副产物生成具有显著影响，通过优化消毒方式、消毒剂用量、接触时间等方式可减少消毒副产物的生成。

前已述及，不同消毒方式所生成的消毒副产物的组成不同。游离氯灭菌效果好，但生成卤代消毒副产物的量比氯胺高；氯胺的氧化性比游离氯低，效果持久，常规消毒副产物如 THMs、HAAs 的生成量低。但氯胺分子中含有氮元素，可为含氮消毒副产物的生成提供氮源，增加毒性更高的含氮消毒副产物如 NAs、HANs、HNMs 和 HAcAms 等的生成。另外，与氯化消毒相比，氯胺消毒也可能促进含碘消毒副产物的生成。

此外，消毒剂用量也显著影响消毒副产物的生成，降低氯投加量可以有效减少消毒副产物的生成。然而，这种措施对降低消毒副产物生成的效果是有限的，因为消毒处理中氯投加量必须首先满足杀死病原体和保持出水余氯水平的基本要求。研究表明，与一次性加氯相比，在总氯投加量相当的情况下，分两次或三次投加氯消毒剂能够显著降低消毒副产物的生成量。

为了降低消毒剂用量，将传统的氯化消毒与物理消毒或者物理化学消毒相结合的方法也备受关注。UV 消毒具有不引入外来化学物质的优点，若将 UV 与氯或氯胺联合使用，既可达到杀灭微生物又可达到持续消毒的目的。UV 消毒处理中的剂量通常为 40 mJ/cm^2，过高剂量的 UV（500～1000 mJ/cm^2）处理可能激活/诱导生成多种活性物种（如自由基等），导致消毒副产物的生成量增加。

14.4.3　去除已经生成的消毒副产物

对于在消毒过程中已经生成的消毒副产物，通常通过加热煮沸、超滤、纳滤、反渗透、高级氧化、吸附、离子交换、电渗析等多种物理或化学方法去除。大量实践证明，煮沸可以有效去除水中的消毒副产物，减少人体暴露。饮用水煮沸 3 min，THMs 的去除率超过 92.3%；煮沸 5 min，卤代消毒副产物的总量降低 62.3%，其中含溴和含氯消毒副产物的去除率分别达到 62.8%和 61.1%。

膜滤可有效截留水体中的污染物，反渗透、超滤和纳滤已广泛用于去除水中痕量消毒副产物。由于尺寸排斥和电荷排斥的综合效应，反渗透/纳滤可以截留超过 90%的 HAAs，但该过程能耗高，过高的污染物浓度也会限制膜滤的使用。

吸附法既可以去除消毒副产物的前驱物，又可以去除已经生成的消毒副产物。国内外已经研发出多种新型吸附材料（如纳米复合材料），能够有效去除消毒副产物。零价铁具有比表面积大、活性高、价格低廉等优点，已广泛用于去除水中的氯代烃、硝基苯、氯代酚、多氯联苯、重金属和阴离子等多种污染物。氯-强碱型阴离子交换树脂是一种价廉、高效的饮用水溴酸盐脱除剂。

此外，水源水中的落叶有机质和藻类有机质分别是含碳消毒副产物和含氮消毒副产物的潜在前驱物，河流、湖泊的沉积物中含有的大量 NOM 在适当条件下可能重新释放进入水体，在消毒处理中可被转化为消毒副产物。溴化物、碘化物和亚硝酸盐分别是含溴、含碘和含氮消毒副产物的前驱物。因此，加强区域环境保护，确保饮用水源不受污染具有更加重要的意义，是保障饮用水质量的根本。

14.5　饮用水消毒副产物研究和管理存在的问题

经过近几十年的研究，已经对饮用水消毒副产物的识别检测、生成、毒性和危害等有了一定的认识。但是，由于水质条件、水处理工艺的复杂性，消毒副产物生成具有较大不确定性，相关研究仍需深入拓展。

第一，尽管目前发现的消毒副产物已经超过 700 多种，但还有更多的消毒副产物没有确认结构。因此，开发全覆盖无歧视的高效样品处理方法，结合先进的高分辨色谱-质谱技术、数据挖掘技术的非靶标分析方法，是识别检测消毒副产物的关键。

第二，虽然对传统消毒处理中常见消毒副产物的生成机制有了一定认识。但是，实际饮用水处理中各种单元技术的耦合，特别是近年来各类氧化技术的应用，对前驱物及消毒副产物生成的影响显著。另外，由于人类活动日益加剧，水源水中人工合成化学物质、天然源化学物质越来越多，消毒处理中消毒副产物的生成机制仍需进一步加强。

第三，消毒副产物的毒理学研究取得了一定进展，但目前多采用传统的体内、体外测试方法，若结合基因组学、蛋白质组学、转录组学、代谢组学等组学方法，可更深入揭示消毒副产物的毒理学效应。此外，饮用水中消毒副产物对人群的外暴露、内暴露以及所导致的健康效应，如罹患肿瘤、不良生殖结局等方面的流行病学研究十分迫切。

第四，在消毒副产物控制和管理中，应注重消毒副产物的协同控制，即耦合源头、过程及末端控制方法，兼顾水源、水厂、管网及用户端处理，实现对饮用水中各类消毒副产物的高效控制。不仅要关注材料安全、成本控制、工艺兼容性问题，还要关注消毒处理过程中毒性的变化，因此可采用毒性效应引导的策略系统开展消毒副产物的研究，包括高风险消毒副产物的识别、生成机制、消除技术的选择和评估管理（陈妙等，2018）。

总之，消毒和消毒副产物的研究是多学科交叉的领域，涉及化学、毒理学、流行病学和工程技术等。为预防介水传染疾病的暴发、削减消毒副产物的生成、降低消毒副产物的潜在健康风险，不同学科的科学家和工程师之间需要建立更加密切的合作，为保障人类饮水健康做出贡献。

习　题

1. 如何快速准确识别消毒副产物?
2. 如何有效管控饮用水中的消毒副产物?
3. 饮用水消毒副产物研究未来的发展方向有哪些?

第15章　地下水砷氟去除的化学方法

地下水砷氟污染严重危害人体健康。开发高效去除砷氟的新材料、新技术及新原理是解决砷氟污染问题的关键。地下水除砷氟技术主要包括絮凝、电化学、膜过滤、离子交换和吸附等方法。利用 X 射线吸收光谱、傅里叶变换红外光谱、表面络合模型和量子化学计算等方法从微观分子水平认识砷氟界面吸附和动态转化的过程机制是开发高效吸附材料的化学基础。本章重点介绍砷氟在二氧化钛、活性氧化铝、载镧二氧化钛等材料表面的吸附机理，并介绍基于活性材料的地下水砷氟吸附去除实用案例。

15.1　地下水砷氟来源与危害

15.1.1　地下水砷的来源与危害

砷元素在元素周期表中位于第 33 位，是一种有毒、致畸、致癌的非金属，广泛存在于岩石圈、水圈和生物圈。早在 1978 年，砷已被国际癌症研究机构（International Agency for Research on Cancer，IARC）列为第一类致癌物。表 15-1 列出了环境中常见的砷化合物。砷主要以无机砷和有机金属态砷的形式存在，有四种价态（–3、0、+3、+5）。单质砷非常少见，–3 价砷只存在于强还原性环境中，+5 价无机砷主要存在于氧化条件下，而 +3 价无机砷主要存在于厌氧条件下。有机砷如甲基砷和二甲基砷主要存在于动植物的分解物或者排泄物中。随着化学形式和氧化状态的不同，砷的毒性和活性也不同。一般来说，无机砷毒性和流动性比有机砷强，而 As(III)毒性和流动性比 As(V)强。

表 15-1　环境中常见的砷化合物形态与种类

砷形态	中文名称	英文名称	简写	化学式
无机三价砷	砷化氢	arsine	As(–III)	AsH_3
	亚砷酸	arsenous acid		$As(OH)_3$、AsO_2H
	亚砷酸盐	arsenite	As(III)	AsO_2^-
	三氧化二砷	arsenite trioxide		As_2O_3、As_4O_6
	氯化亚砷酸盐	arsenite chloride		$AsCl_3$
	硫化亚砷酸盐	arsenite sulfide		As_2S_3
无机五价砷	砷酸盐	arsenates	As(V)	$H_2AsO_4^-$、$HAsO_4^{2-}$、AsO_4^{3-}
	五氧化二砷	as pentoxide		As_2O_5
	原砷酸	ortho-arsenic acid		AsO_4H_3、$AsO(OH)_3$
	偏砷酸	meta-arsenic acid		AsO_3H

续表

砷形态	中文名称	英文名称	简写	化学式
	甲基三氢化砷	methylarsine	MMA	CH_3AsH_2
	二甲胂	dimethylarsine	DMA	$(CH_3)_2AsH$
	三甲胂	trimethylarsine	TMA	$(CH_3)_3As$
	一甲基胂酸	monomethylarsonous acid	MMA^{III}	$CH_3As(OH)_2$
	二甲基亚砷酸	dimethylarsinous acid	DMA^{III}	$(CH_3)_2As(OH)$
	一甲基胂酸	monomethylarsonic acid	MMA^V	$CH_3AsO(OH)_2$
	二甲基胂酸	dimethylarsinic acid	DMA^V	$(CH_3)_2AsO(OH)$
有机砷	砷糖 OH	arsenosugar OH		
	砷糖 PO_4	arsenosugar PO_4		
	三甲基氧化胂	trimethylarsine oxide	TMAO	$(CH_3)_3AsO$
	四甲基胂离子	tetramethylarsonium ion	TMA^+	$(CH_3)_4As^+$
	砷胆碱	arsenocholine	AsC	$(CH_3)_3As^+CH_2CH_2OH$
	砷甜菜碱	arsenobetaine	AsB	$(CH_3)_3As^+CH_2COOH$
	二甲基胂酰乙酸酯	dimethylarsinoylacetate	DMAA	$(CH_3)_2AsOCH_2COO^-$

由于过度开采地下水，砷污染已成为全球性问题。人类冶金、采矿和燃煤等工业的发展以及含砷农药的应用，造成了局部地区高浓度砷污染现象。受高砷地下水问题影响的国家和地区超过 70 个，包括中国、美国、印度、孟加拉国、越南、智利、阿根廷、缅甸以及匈牙利等。2010 年 Fendorf 报道，目前仅在东南亚地区就有超过一亿人面临着饮用砷污染地下水的问题。孟加拉湾地区是世界上砷污染最严重的区域，20 世纪 90 年代，大约 3600万人因饮用含砷地下水而发生大规模砷中毒。根据模型统计，在中国有 1960 万人处于砷暴露风险，集中在新疆、内蒙古和山西等地区。自从世界卫生组织建议饮用水中砷含量低于 10 μg/L 之后，许多国家或地区，如美国、欧洲、日本和中国逐渐开始接受这一标准。

近年来，对砷的来源、迁移和转化等地球化学行为的研究逐渐成为国内外学者关注的焦点。高砷地下水分为原生高砷地下水和人为活动影响导致的高砷地下水。原生高砷地下水是地下水砷污染的主要成因，主要归结于两种地质条件：一种是内陆干旱或半干旱地区封闭的盆地或冲积层，这些地区含水层处于强还原条件，沉积物中的砷易被释放并在地下水中积累；另外就是一些地热地区，含砷岩石易在生物地球化学活动中释放砷，并向地表及地下水迁移。除自然成因外，人类活动如含砷废水排放、含砷矿物开采导致的砷解析和溶滤、含砷矿物或者矿石燃料的燃烧、富含砷的农药及建筑材料或试剂的使用均可造成砷污染。无论自然原因或人为原因，砷一旦被释放到自然介质中，将进入生物地球化学循环，在各种矿物表面发生吸附解吸，可在微生物的氧化还原作用下发生形态转化，并受水体中多种条件如共存离子和有机质等影响。

迄今为止，高砷地下水的成因已有多种不同的理论，包括磷酸根、碳酸氢根与砷的竞争吸附、含砷硫化物的氧化、含砷铁氧化物的还原释放等。此外，氧化还原电位（pe）也被证明是高砷地下水成因及演变的关键因素。当 pe > −3 时，砷主要以 As(V) 存在并吸附在固相表面，是砷的吸附稳定区；在 −7 < pe < −3 区间，As(V) 还原为 As(III)，随含砷矿物的溶解一同脱附释放到地下水中，是砷的还原脱附区；当 pe < −7 时，砷与硫化物生成硫化砷矿物，是砷的还原沉淀区。

砷的迁移转化包括非生物参与和生物参与的迁移转化。这两种形式的迁移转化构成了砷的生物地球化学循环。砷在天然生态系统的迁移主要由以微生物为媒介的生物地球化学作用引起。微生物在长期与砷共存过程中，进化出多种不同的砷转化机制，包括砷的氧化、还原以及甲基化等。按照微生物对砷的不同代谢机制，可以将这些微生物分为砷甲基化微生物（AMBs）、化能自养型砷氧化微生物（CAOs）、异养型砷氧化微生物（HAOs）、异养型砷还原微生物（DARPs）以及砷抗性微生物（ARMs）。

近年来，已有学者开展了微生物影响砷迁移转化方面的工作，包括：含砷黄铁矿的氧化；由于铁氧化物被一些土著有机物（如泥炭）还原而导致的 As(V) 的释放；由于铁氧化物被一些非土著有机物（如排放的废水中溶解的有机物）还原而导致的 As(V) 的释放。但是也有研究表明，铁氧化物的还原并没有促进吸附态砷向水环境的释放，反而抑制了砷的脱附，这主要是因为还原后的二价铁形成了新的沉淀，同时再次吸附共沉了游离态的砷。世界上没有两个完全相同的砷污染环境，对于不同地区的地下水砷污染而言，气候条件、地质条件、地下水的开采和利用情况、污染物的化学性质和数量、与污染物有关的微生物的种类和特征各不相同。因此，微生物在复杂地下水环境中对砷的富集及迁移转化的研究具有重要环境意义。

过去数十年来，以高砷地下水为水源的饮用水砷污染一直是危及公众健康的重要水质问题。在我国山西、内蒙古典型砷污染地区的一项调查发现，34%的被调查农村居民（$n=557$）患有疑似及以上典型砷中毒症状，然而54%的村民甚至不清楚自家的饮用井水中是否含砷。柬埔寨相关调查表明，连续三年饮用高砷水即会发生砷中毒。孟加拉国至今依然有上千万人处于癌症以及其他致命疾病的困扰之中，根源就是井水中的砷含量严重超标。大量的流行病学资料表明，人体从饮用水中摄入的砷与慢性砷中毒导致的皮肤病变间存在剂量反应关系。评估砷暴露风险对地方性砷中毒早期发现及监测评价起着重要的作用。无机砷摄入体内后主要在肝脏通过甲基化反应解毒代谢。在此代谢过程中，无机砷通过氧化甲基化反应转化为 MMA 和 DMA，通过尿液排出体外。研究发现，As(III) 与蛋白质中的半胱氨酸巯基有较强的亲和力，进而导致某些蛋白酶失去活性。摄入人体的 As(III) 易与人体皮肤、指甲和头发中的巯基结合，进而导致各种皮肤疾病。因此，利用尿液、指甲和头发等生物标志物高灵敏的特性，可直接表征人群砷暴露水平及其中毒效应水平，并反映不同个体的砷代谢差异。

15.1.2 地下水氟的来源与危害

氟在饮用水中的作用比较特殊。氟是人体内必需的微量元素，当饮用水中的氟含量在 0.5～1.5 mg/L 范围时，长期饮用能够有效预防龋齿的产生。当饮用水的氟含量大于 1.5 mg/L 时，长期饮用会引起氟斑牙。当饮用水的氟含量大于 4 mg/L 时，会导致氟骨病。其致病机理主要为氟易与钙结合，取代了骨骼和牙齿中主要成分——羟基磷石灰中的羟基。饮用水中氟超标还可能对人体肾脏造成危害，损伤人的大脑神经，甚至可能导致癌症。我国规定饮用水中氟含量不能超过 1 mg/L，世界卫生组织规定饮用水的氟含量不能超过 1.5 mg/L。

地下水中氟含量升高的因素包括人为因素和自然因素。人为因素有化工厂污染、生活废水污染等。目前地下水中的高氟含量主要为自然地理原因。氟从页岩等富含氟化钙的岩石中溶出，造成地下水的氟含量升高。地下水的氟含量受地理地质条件影响较大。在干旱的盆地地区，因为地下水流的汇集以及水分的大量蒸发得不到有效补充，地下水的氟含量往往较高。根据联合国儿童基金会的报道，世界范围内约有 2 亿人口暴露于高氟水中，超过 20 个国家有氟相关流行病。高氟（> 1 mg/L）水在北美、非洲和亚洲均有较多报道。其中，高氟水情况较为严重的有中国、印度和斯里兰卡。在中国大约有 2600 万人口面临氟污染的危害，山西、吉林、四川和广东等地均有氟超标状况，其中山西大同、朔州等地区氟污染尤其严重，山阴、应县等地均有大量的氟斑牙患者，而且有部分氟骨病患者，因此高氟水的治理对中国有着特殊的意义。

15.2　地下水砷氟去除进展

15.2.1　主要化学处理方法

地下水砷氟去除技术主要包括絮凝、膜过滤、离子交换和吸附等方法。表 15-2 对这几种方法的优劣进行比较。

表 15-2　地下水中砷氟去除技术

氟砷去除方法	优势	劣势
絮凝	成本低廉，操作简便	效率低，生成有害产物，需氧化、静沉、过滤等程序
膜过滤	高效率，无须化学剂，选择性强，适用 pH 范围广	成本高，操作人员需培训，不适用于高盐度和总溶解性固体的水体
离子交换	去除效率高，不受 pH 影响	成本较高，会受阴离子影响，出水氯含量高，对三价砷去除效率低
吸附	成本低，效率高	受 pH 和共存离子影响，材料需再生

絮凝法利用絮凝-吸附作用去除水中的目标物质。常用的絮凝剂有铝盐、铁盐、石灰、有机高分子絮凝剂等。研究人员在孟加拉国使用絮凝法对当地饮用水中的砷进行去除，发现家庭式絮凝/过滤处理对地下水中砷有很好的去除效果，操作简便、去除效率稳定。当 Fe/As 体积比大于 40 时，可将水中的砷含量降到 0.05 mg/L 以下。研究人员构建的铁絮凝-双重过滤系统在 5 个循环中能持续提供约 500 L 安全饮用水。絮凝法对水中砷和氟的去除通常包含电吸附作用交联、形成氢氧化物吸附两个过程。对于地下水中砷的去除需预氧化，将三价砷氧化为五价砷后进行吸附。絮凝法产生的沉淀物质需经过静置沉淀和过滤过程。使用絮凝方法时应将上述因素考虑在内。

膜过滤方法包含反渗透和电渗析等技术，通过物理压力或电势差使含砷氟水通过滤膜，对砷和氟进行去除。反渗透使用物理压力，根据离子的大小或电荷将砷截留在膜的一侧。电渗析通过对溶液施加电势差，使砷或氟聚集到膜的一侧。有研究就使用膜过滤方法对水中砷的去除进行了统计，认为膜过滤方法对五价砷去除效果良好，但是对酸性条件下的三价砷去除效果并不好。膜过滤的方法选择性好，但是成本高，电渗析则会消耗更多能源。其设施操作并不简便，需要对操作人员进行培训。同时，水中的高盐度和总溶解性固体会对膜过滤方法的效率产生较大影响。此外，在膜上会滋生细菌，影响除砷氟效率和水质。

离子交换法是利用离子交换树脂与水中的砷或氟离子发生置换，完成对砷氟的吸附。有较多利用离子交换树脂对砷氟进行去除的报道，均证明其可有效对砷和氟进行去除。树脂的除砷效果与树脂的类型、溶液 pH 及水中共存离子（如 PO_4^{3-}、SO_4^{2-} 和 HCO_3^- 等）等因素有关。离子交换法主要是通过砷或氟与树脂上的氯离子进行置换作用，因而出水中氯离子含量会较高。由于离子交换法的原理是电荷置换，对于非离子形式存在的水中三价砷的去除效果并不好。此外，离子交换树脂通常较为昂贵，所需成本高。

吸附法是利用含有功能基团或比表面积较大的材料，通过物理或/和化学吸附作用与水中的目标污染物发生吸附反应，完成对水中目标污染物的去除。通常吸附材料会填充于一定体积的柱子中，水通过泵压或重力作用经由柱子，达到去除出水中目标污染物的目的。其操作简便，吸附材料和运行成本均较为低廉。目前，吸附法是应用较为广泛的砷氟去除技术。

15.2.2 砷氟吸附材料

1. 铁基化合物

砷与铁氧化物间的表面吸附是一个极其重要的环境过程。铁基吸附剂主要分为三大类：第一类为不同形态不同晶型的铁氧化物，如纳米零价铁（nZVI）、针铁矿、赤铁矿、磁铁矿等，它们在晶型上存在差异，造成比表面积和活性点位不同，进而影响除砷效果；第二类铁基吸附剂是负载铁氧化物吸附剂，将铁氧化物负载于不同载体，可以增加吸附剂比表面积，降低吸附剂成本，常用的载体有活性炭颗粒、沸石等；第三类铁基吸附剂是在铁吸附剂中掺杂一定比例的其他金属，再用共沉淀或热熔法得到复合吸附剂，与第一类吸附剂相比，此类吸附剂比表面积有一定的增加，除砷性能更好。

颗粒态氢氧化铁对自然水体中砷的去除效率非常好，吸附容量可达到 8.5 g/kg，并可以保持 30000～40000 个固定床体积出水中砷浓度低于 10 μg/L。活性氧化铝和负载铁氧化物的活性氧化铝对水体中砷去除的实验结果表明，Freundlich 和 Langmuir 模型可以很好地拟合吸附等温线，吸附动力学符合拟一级动力学方程。负载了铁氧化物的活性氧化铝的砷吸附容量为 12 mg/g，高于活性氧化铝（7.6 mg/g）。滤柱实验在地下水处理中能够有效评价吸附剂的优劣。相关结果表明滤柱接触时间越长，砷去除效果越好；较高浓度的共存离子如硅离子和磷酸根由于占据吸附剂表面的吸附位点，对砷有明显阻碍作用。为了降低成本并易实现固液分离，将稀土盐类或稀土氧化物直接浸渍在多孔载体上，也可用来吸附去除砷。有研究利用廉价铁氧化物作为活性载体，将稀土铈嵌入活性载体的晶格结构，研制了高效新型稀土复合铁氧化物吸附材料。该吸附材料具有高效、pH 适用范围宽的优点，在饮用水除砷中有较大的应用前景。

近年来，nZVI 被广泛运用于地下水砷污染治理中。nZVI 活性极高，易与溶液中的氧和 H_2O 反应，形成表层以铁氧化物或氢氧化物形态存在的“壳-核”结构。在此“壳-核”结构中，外层 Fe 主要以二价的 FeO 或 FeOOH 形态存在，内核为零价铁。nZVI 电负性较大，电极电位 E^0（Fe^{2+}/Fe^0）=–0.44V，还原能力强。在地下水修复中，nZVI 最初被用于卤化物的还原脱氯，可有效去除地下水中的三氯乙烯、六氯苯、二氯苯酚、二苯胺、溴代物等卤化有机物。随着研究和应用的深入，nZVI 也被成功用于去除地下水中砷等重金属。

铁基吸附材料具有来源广泛、成本廉价等优点。然而其由于性质不太稳定，易在物理化学及生物作用下释放铁，铁与溶解态砷可能会构成协同毒性，需要引起注意。此外，铁基吸附材料易受酸碱影响，反洗性能较差，处理地下水后的残渣不易处理，对环境易造成二次污染。

2. 铝基吸附剂

活性氧化铝（AA）是一种多孔性高分散度的固体物料，比表面积大、热稳定性好。400℃煅烧之后的氧化铝比表面积为 312 m^2/g，较大的比表面积是其高效去除 As(V)的原因之一，但最主要的原因是表面羟基的吸附与扩散作用。溶液 pH 接近中性时，氧化铝对 As(V)的吸附效果最好。活性氧化铝曾经是应用最为广泛的水体砷去除材料，但是有适用 pH 偏酸性、吸附容量低、再生频繁、铝溶出较高等缺陷。

活性氧化铝对氟的选择性与亲和力均较高，被美国国家环境保护局推荐为最佳除氟技术之一。有关活性氧化铝吸附除氟的案例较多，早在 1958 年，有文献报道了使用活性氧化铝将水中的氟从 5 mg/L 削减到 1.4 mg/L，并使用 2 mol/L HCl 实现了吸附剂再生。γ 型氧化铝对氟的吸附能力 10 倍于 α 型氧化铝。氧化铝对氟的去除能力易受到水中共存离子的影响，受 pH 影响明显。当 pH>6 时，其去除效率显著降低，但是当 pH<6 时，容易产生铝的泄漏，对人体健康造成影响。因此，对氧化铝进行负载和改性成为提高其吸附性能的重要手段之一。将活性氧化铝与其他金属氧化物煅烧制得改性复合材料，可显著提高砷氟去除率，而且几乎不受温度和 pH 的影响。

近年来，使用稀土元素改性吸附剂（REMAs）去除水中以砷氟为代表的含氧阴离子被大量报道。在这些报道中，有关砷等含氧阴离子在 REMAs 上的吸附界面机理一般为配位交换。载镧活性氧化铝（LAA）是一种具有代表性的 REMAs，与活性氧化铝相比，其除砷氟效率高、适用 pH 范围广、溶解铝泄漏少。镧氧化物和铝氧化物简单物理混合后，其砷吸附能力显著强于铝氧化物，LAA 可去除砷（9.23 mg/g）和氟（16.9 mg/g）。红外光谱与同步辐射的研究结果表明，REMAs 上的稀土元素不仅改变基底材料结构或性质，还为 As(V) 和 As(III) 提供了新的吸附位点。例如，As(V) 和 As(III) 在镧改性吸附剂上更倾向于与镧氧化物结合，而不是铝氧化物；单齿单核的吸附构型节省了砷在镧氧化物上的吸附位点，使其吸附容量显著提升。

3. TiO$_2$

TiO$_2$ 已被广泛应用于除砷研究。大部分研究致力于合成高吸附活性材料，包括纳米 TiO$_2$、水合 TiO$_2$、颗粒状 TiO$_2$、TiO$_2$ 浸渍的玻璃珠及沙子等。早期研究多是粉体 TiO$_2$ 材料，但在应用过程中易流失，再生效果差；而且粉体材料较高的水头损失限制了其在固定床连续流工艺中的大规模应用。为了解决上述问题，后续研究合成了颗粒状 TiO$_2$ 材料及浸渍 TiO$_2$ 的多孔球珠，基于滤柱的连续流工艺实现对地下水中砷的吸附去除。

Hombikat UV100 和 Degussa P25 两种纳米 TiO$_2$ 对砷的吸附结果表明，As(III) 和 As(V) 在 Hombikat UV100 上的吸附容量较高，主要原因是其具有较大的比表面积（334 m^2/g），而 Degussa P25 的比表面积仅为 55 m^2/g。一系列具有不同粒径尺寸（6.6～30.1 nm）及比表面积（25.7～287.8 m^2/g）的 TiO$_2$ 对砷的吸附结果表明，As(III) 和 As(V) 在 TiO$_2$ 上的吸附容量与比表面积呈正相关关系。研究人员制备无定型 TiO$_2$（S-TiO$_2$）及不同温度煅烧后的 TiO$_2$，并与商业化 H-TiO$_2$（Hydroglobe Inc.，NJ）对比，考察粒径尺寸和结晶度对砷吸附的影响。结果表明，比表面积归一化的 TiO$_2$ 吸附容量（145.6～184.9 μg/m^2）小于 H-TiO$_2$（391.7 μg/m^2），该研究将其归因于不同的颗粒性质及制备过程。纳米 TiO$_2$（5 nm）可实现工业废水中高达 3890 mg/L 砷的去除，废水中其他重金属离子，包括镉（369 mg/L）、铜（24 mg/L）、铅（5 mg/L），经处理后均降至 0.02 mg/L 以下，达到国家工业废水的排放标准。碱化处理 TiO$_2$ 纳米颗粒可得到 TiO$_2$ 纳米管，不同比表面积（197～312 m^2/g）的纳米管具有不同的孔径尺寸（2～6 nm），其对 As(III) 和 As(V) 的吸附容量分别为 59.5 mg/g

和 204.1 mg/g，远高于未处理的 TiO$_2$ 颗粒［As(III)=6.32 mg/g，As(V)=6.15 mg/g］。水解 TiCl$_4$ 合成的水合 TiO$_2$（TiO$_2$·xH$_2$O）对 As(III) 的吸附容量高达 90 mg/g。

TiO$_2$ 已被广泛应用于地下水和工业废水中砷的去除，但其对氟的吸附作用并不显著。通过在 TiO$_2$ 上定向生长镧氧化物的方式可制备得到颗粒 TiO$_2$-La 复合材料，该材料可用于水体中砷氟复合污染去除。同步辐射 EXAFS 和密度泛函理论计算表明，砷可以同时吸附在钛镧活性位点上，而氟特异性吸附在镧位点上。

4. 其他吸附剂

碳材料广泛应用于水中砷氟的去除。碳材料主要包含活性炭、碳纳米管、石墨烯材料以及低成本生物炭等。应用较为广泛的活性炭材料可分为颗粒活性炭、粉末活性炭、炭分子筛、含碳纳米材料、活性炭纤维等。砷在颗粒活性炭和活性炭纤维上的吸附以物理吸附为主。实际应用时，需要通过改性提高其对砷的吸附容量才能够用于实际水体处理。活性炭在 pH < 3 时对氟的吸附效果较好，由于 pH 较高时其扩散层的负电荷对氟的排斥作用，pH 升高后除氟能力显著降低。阵列碳纳米管在 pH=7 时对氟的吸附容量约为 4.5 mg/g。石墨烯对氟的吸附速度很快，在 pH=7 时吸附容量达到 17.9 mg/g。生物炭对氟去除能力大小排序为骨炭 > 煤炭 > 木炭 > 炭黑 > 石油焦。碳材料对氟的吸附主要是由于其比表面积大，对氟的选择性和吸附力并不高。氧化石墨烯（GO）或石墨烯负载金属氧化物不仅可使金属氧化物高度分散，还能有效增强其对砷的吸附能力和分离效率，例如铁氧化物负载的氧化石墨烯具备优异的电子传递特性及铁氧化物对阴离子的亲和力，二者协同能够增强对 As(III) 和 As(V) 的吸附能力，显著提高除砷效果。

15.3 砷氟吸附机理

15.3.1 研究手段

借助光谱技术、能谱技术及显微技术，能够提供砷氟界面吸附机制的直接证据。用于界面机理研究的光谱方法主要包括 X 射线光电子能谱、傅里叶变换红外光谱以及 X 射线吸收光谱。这些光谱手段可以对材料表面/体相的元素状态、络合物结构进行分析，得到官能团含量、元素价态、键长、配位体数量、质子化状态等重要的界面信息。

1. X 射线光电子能谱

XPS 原理是利用 X 射线激发目标原子的电子，使其变成光电子，通过测定光电子的能量，得到电子与原子的结合能。X 射线光电子能谱被广泛用于测定吸附剂吸附前后表面官能团的变化，尤其适用于含有多种官能团的吸附剂，如石墨烯、活性炭、有机高分子材料等。X 射线光电子能谱也适用于表征金属氧化物吸附前后表面羟基的变化。例如，利用 X 射线光电子能谱表征发现吸附砷后 TiO_2 上的羟基含量减少，证明砷与 TiO_2 上的羟基发生了置换反应。X 射线光电子能谱可被用来分析吸附态砷的化学价态，对三价砷和五价砷在零价铁上吸附的 X 射线光电子能谱表征结果表明，五价砷在零价铁上吸附 5 d 后，体系中未出现三价砷，而 30 d 后有三价砷的检出，证明了零价铁对五价砷的还原。通过分析 Fe-Al 氧化物吸附氟前后 Al 的 X 射线光电子能谱图，可发现体系中的 O—Al—F 键。利用 X 射线光电子能谱，研究人员发现氟吸附在锰铈氧化物上后，M—OH 的含量变化明显，推测氟与金属氧化物上的羟基发生了置换反应。

2. X 射线吸收光谱

X 射线吸收光谱与 XPS 类似，不同点是其测定对能量的吸收系数，而非光电子的能量，另外 X 射线吸收光谱侧重于内层电子的激发，因而所需能量更高。所有元素均对 X 射线有一定吸收，大小以该元素的吸收系数 μ 表示，见式（15-1）

$$\mu_x = \ln I_0 / I \tag{15-1}$$

式中，x、I_0、I 分别为样品厚度、入射光强度、透射光强度。吸收系数在特定能量位置上会发生跳跃，此时入射光光子能量正好对应于物质目标元素内层电子的束缚能，这个位置称为元素的吸收边。在吸收边的高能侧，吸收系数会以振荡形式下降。从吸收边后 $50 \sim 1000$ eV 区间的吸收光谱称为 EXAFS；从吸收边前 30 eV 到边后 50 eV 的吸收光谱称为 XANES。

X 射线吸收光谱对光源有很高的要求，通常是利用同步辐射光源。同步辐射光源是指高速运转的电子在其切线方向所产生的辐射，所释放的光源能量高并且稳定。同步辐射光源的建设依赖于国家大科学装置的发展。在我国大陆地区，主要有中国科学院高能物理研究所同步辐射光源（北京同步辐射光源）、中国科学院上海应用物理研究所同步辐射光源（上海同步辐射光源），以及国家同步辐射实验室同步辐射光源（合肥同步辐射光源）。X 射线吸收光谱实验方法应用广泛，对材料的表面和体相均可以进行深入研究，材料涵盖范围广。对材料的形态无要求，可以是固体、液体及气体，其吸收在合理范围内（$2 \sim 3$）可以得到较高质量的光谱。有关 X 射线吸收光谱的研究涵盖超导材料、磁性材料、纳米材料、催化材料、生物材料等。

X 射线吸收光谱技术被大量应用于砷的微观结构表征。通过 XANES 分析，可以表征吸附态砷的价态；通过 EXAFS 分析可得吸附态砷的外围原子类型、数目及其与砷的距离。水中游离态 As(V) 其外第一层原子为 O，As(V)-O 平均距离为 $1.69 \sim 1.70$ Å，O 配位数为 4，吸附态 As(V) 的结构未见显著改变。与 As(V) 类似，水中游离态 As(III)-O 的平均距离为 1.79 Å，O 配位数为 3，吸附态 As(III) 的结构也未发生显著改变。通常研究者关注吸附态砷外的第二层原子类型与数目，用于分析砷的界面吸附构型。

有关砷与铁氧化物、钛氧化物、铝氧化物的 X 射线吸收光谱研究已有很多。对于吸附态 As(V)，其在铁氧化物上与中心原子铁的距离 R（As-Fe）在 $3.28 \sim 3.60$ Å，形成单齿单核和双齿双核两种吸附构型。As(V)在针铁矿、正方针铁矿、纤铁矿、水铁矿上与中心原子铁的微观络合构型 EXAFS 分析结果表明，As(V)在晶型较好的铁氧化物上以双齿双核形式络合，而在水铁矿上存在双齿双核和单齿结构两种形态的络合物。针铁矿上 As(V)的吸附构型与其浓度有关，随着浓度的升高，吸附构型逐渐由单齿单核变为双齿双核，进一步变为双齿单核。通常，对于砷吸附构型的判断除了拟合结果中的配位数以外，还会根据 As 与吸附剂上金属原子的距离进行判断。例如，As-Fe 距离在 3.2～3.4 Å 通常会被认为是双齿双核，然而对于某些吸附体系，当 As-Fe 距离为～3.29 Å 时，As-Fe 配位数仍在 0.7～1.1，即 As-Fe 距离和配位数并不一定正相关。As(V)在铝氧化物上与铝的距离 R（As-Al）在 3.13～3.23 Å，形成双齿双核吸附构型。As(V)在二氧化钛上与中心原子钛的距离 R（As-Ti）在 3.25～3.53 Å，为双齿双核构型；在不同 pH 下 As(V)在二氧化钛上的吸附构型会发生变化，有单齿单核吸附构型的存在。对于吸附态 As(III)，其在铁氧化物上与铁的距离 R（As-Fe）为 3.34 Å，吸附构型为双齿双核；As(III)在铝氧化物上与铝的距离 R（As-Al）为 3.18～3.49 Å，吸附构型包括双齿双核和单齿单核；As(III)在钛氧化物上与钛的距离 R（As-Ti）为 3.35 Å，吸附构型为双齿双核。

X 射线吸收光谱是研究污染物界面吸附结构强有力的先进技术，对于分析砷在吸附剂表面的络合结构具有独特优势。但是 EXAFS 是短程有序的技术手段，其对于砷周围较轻元素如碳和氢等并不敏感。此外，砷在吸附剂表面质子化状态对于理解砷的微观络合构型、迁移转化机制、吸附常数有重要意义。因此解析砷的微观络合构型必须结合其他光谱手段。

3. 傅里叶变换红外光谱

傅里叶变换红外光谱是研究微界面络合结构有效的光谱技术。傅里叶红外光谱通过检测具有红外活性的络合构型振动，将红外信号进行傅里叶变换。傅里叶变换红外光谱具有分辨能力高、扫描时间快、杂散辐射低、辐射通量大等优点，被广泛应用于界面机理研究。

吸附剂界面的吸附质络合结构分子振动若有红外活性，当特定波长红外光照射时，会激发此络合结构跃迁至上一能级，因而根据红外光谱即可推断特征分子振动。传统傅里叶变换红外光谱使用透射模式采集。这种模式需要采集溴化钾压片作为背景，容易受到水分及二氧化碳的影响。20 世纪 60 年代，研究人员提出 ATR-FTIR。ATR-FTIR 已成为应用最为广泛的一种红外光谱技术。近年来，众多研究将 ATR-FTIR 与在线流动池设备结合，实时原位观测吸附质在溶液-吸附剂界面的红外光谱变化，该技术已被广泛地应用于研究固-液微界面吸附作用机制。当红外光由光密介质（ZnSe/Ge 晶体）传播到光疏介质（吸附剂界面，水溶液）中时，入射角大于一定程度，其折射角会大于 90º，发生全反射；如果界面上同时有红外活性的分子振动，就会有部分能量被此分子振动吸收，造成反射光能量损失。根据这一现象，将样品放到 ZnSe 和 Ge 上，令红外光在晶体中进行

多次全反射，则有部分能量以渐消波形式被样品吸收。其间红外光的吸收符合朗伯比尔定律，即

$$A_i = \varepsilon \times c \times l \tag{15-2}$$

式中，A_i 为吸收强度；ε 为样品的摩尔吸收系数，L/（mol·cm）；c 为样品浓度，mol/L；l 为有效光程，cm。衰减全反射技术大大缩短了红外光在样品中的传播光程，降低了来自样品主体和溶液相（尤其是水）的强吸收。多次反射增强了对界面吸附质分子红外振动的检测敏感度。

红外谱图能够直接地反映分子对称性及分子振动模式，通过对比污染物在矿物表面吸附前后的红外谱图并结合其他谱学手段，能够推断出污染物在矿物表面的络合结构。由于吸附质在吸附剂界面不同质子化状态会引起吸附质络合结构对称性的变化，因而红外光谱中振动波段会发生偏移。傅里叶变换红外光谱可用于探究不同 pH 下磷酸根、砷酸根在针铁矿上的质子化状态，并依此推断出针铁矿上磷酸根、砷酸根不同质子状态的 pK_a。红外光谱对质子化的检测及其对分子对称性结构的判断，恰好弥补了 X 射线吸收光谱分析手段的缺陷，将 X 射线吸收光谱与在线流动池 ATR-FTIR 技术结合对分析吸附界面微观机制有重要意义。

针对红外光谱，还可以结合二维相关光谱（2D-COS）对不同峰之间的关系进行分析。2D-COS 建立在红外信号时间分辨检测的基础上，描述了两种相互独立的光学变量间的相关函数，是研究吸附界面过程机理的新方法。

4. 表面络合模型

表面络合模型是用于描述水化学界面吸附过程的理论，由学者在 20 世纪 70 年代初期提出。该理论基于配位化学方法，认为金属氧化物–水溶液界面上的羟基与金属离子的结合属于表面络合反应，其吸附方程可按照络合反应的计算方式讨论，并遵从质量和电荷平衡法则。这一理论经众多学者的研究已经发展成为比较完整的体系，众多不同的表面络合模型被提出，包括扩散双电层（DDL）、三层模型（TLM）、电荷分布多位点络合（CD-MUSIC）模型等。

上述模型中，CD-MUSIC 模型不同于其他模型。因为 CD-MUSIC 模型综合考虑了固体表面的空间电荷分布及吸附质中心原子对不同电位层的电荷贡献，通过对宏观吸附数据的模拟得到配合物的微观结构。在 CD-MUSIC 模型中表面络合物不再是点电荷，而是具有空间电荷分布的界面区域。因此在 CD-MUSIC 模型中，pH、背景离子强度、吸附材料等电点、表面电层质子的变化都被考虑在内，更接近真实环境。CD-MUSIC 模型于 1996 年由荷兰的 Wageningen 等提出，是目前描述表面络合反应的主流理论。

在金属氧化物表面，大部分固体中的金属（Me）与氧（O）结合，表面上 Me 的 O 可通过两个步骤结合两个质子，分别形成 OH 和 OH_2 配体，见式（15-3）：

$$MeO^{2-} + 2H^+ = MeOH^- + H^+ = MeOH_2 \qquad (15\text{-}3)$$

根据 Pauling 价键理论，表面金属分配给 O 的电荷为 $v=z/CN$，其中 z 为金属的价态，CN 为金属的配位数。一般配体与其他（质子化的）表面氧在同一位置，表面氧称为 0 层。吸附质中心原子靠近溶液相部分配体，位于静电面 Stern 层范围内，称为 1 层。吸附质中心原子按照电荷分布原则将自身电荷分配给 0 层和 1 层，双电层中的电解质离子称为 2 层或 d 层。

在 CD-MUSIC 模型中存在 3 个静电层，每层都有相应的静电电容，内层与外层的电容分别为 C_1 和 C_2，与总电容的关系如式（15-4）所示：

$$\frac{1}{C} = \frac{1}{C_1} + \frac{1}{C_2} \qquad (15\text{-}4)$$

以 As(III)吸附到二氧化钛表面为例，对 CD-MUSIC 模型中的吸附方程式进行解释。一般而言，As(III)在二氧化钛表面形成双齿双核络合结构，反应方程可表示为式（15-5）：

$$2TiOH^{-1/3} + H_3AsO_3 = Ti_2O_2AsO^{-5/3} + 2H_2O + H^+ \qquad (15\text{-}5)$$

pH 较低时，络合物会被质子化，表面络合反应的方程见式（15-6）：

$$2TiOH^{-1/3} + H_3AsO_3 = Ti_2O_2AsOH^{-2/3} + 2H_2O \qquad (15\text{-}6)$$

0 层电荷的变化（Δz_0）为

$$\Delta z_0 = \Delta n_H z_H + f z_{As} = [(-2) \times (+1)] + [(0.5) \times (+3)] = -0.5$$

相应的 Boltzmann 常数是 $\exp(-0.5F\Psi_0/RT)$。

1 层的电荷变化（Δz_1）为

$$\Delta z_1 = (1-f)z_{As} + \sum m_j z_j = [(1-0.5) \times (+3)] + [(1) \times (-2)] = -0.5$$

相应的 Boltzmann 常数是 $\exp(-0.5F\Psi_1/RT)$。

式中，Δn_H 为表面基团上质子数的变化；z_H 为质子所带电荷；f 为电荷分布系数；z_{As} 为中心原子所带电荷；m_j 为在 1 层上的配体数；z_j 为 1 层上配体所带的电荷；F 为法拉第常数，C/mol；Ψ_0 是 0 层电荷电势，V；Ψ_1 为 1 层电荷电势，V；R 为气体常数 J/（mol·K）；T 为绝对温度，K。

表面络合模型自提出后被广泛应用，目前已建立了多种计算机程序，如 MICROQL、MINTEQA、FITEQL、PHREEQC 等对表面络合模型进行研究和分析。MINTEQA 程序是由美国国家环境保护局阿森斯实验室开发的一系列地球化学热力学平衡模型程序，该程序包含 7 个表面吸附模型，能够运用质量平衡方程模拟溶解物质与固体表面的相互作用。

5. 量子化学计算

量子化学计算是采用量子力学的基本原理解决化学问题的基础方法，其研究范围主要包括微观构型的结构和性质、原子间的相互作用与化学反应等问题。量子化学计算包含从头算（ab initio）、赝势（pseudo potential）法、半经验（semi-empirical）以及密度泛函理论等方法。目前，密度泛函理论已广泛应用于有关环境微观界面过程机理的研究中。有关三价砷和五价砷在铝氧化物以及铁氧化物上不同吸附构型的吸附能已经有较多密度泛函理论的研究报道，主流观点认为无论是三价砷还是五价砷均在铝氧化物和铁氧化物上形成了双齿双核的吸附构型。密度泛函理论的模型构建可以与 EXAFS 得到的齿合度结合，还可以和红外光谱结合。EXAFS、在线流动池 ATR-FTIR 和密度泛函理论的联用对研究砷的微观吸附构型具有重要意义。

15.3.2　吸附机理

吸附剂对砷氟的去除主要通过吸附作用。吸附是发生在界面层中一个组分或多个组分从某一相黏附到另一相的现象。吸附过程与吸附剂本身的特性如表面活性位点、比表面积、孔径大小、孔隙率和晶型结构相关。表面活性位点浓度和比表面积决定了吸附剂对吸附质的理论吸附容量。孔径大小和孔隙率会对吸附过程产生影响。不同晶型结构会影响吸附剂的表面化学特性，可能会对活性位点的密度以及微观界面吸附过程产生影响，进一步影响吸附剂对砷和氟的去除。

吸附包含物理吸附和化学吸附。其中，物理吸附主要靠静电吸引（长程库伦作用）和范德瓦耳斯力驱动。静电吸引由吸附剂扩散层和吸附质本身电荷决定，而范德瓦耳斯力普遍存在于各种吸附质与吸附材料之间，因此物理吸附一般不具有选择性，既可发生单分子层吸附，又可形成多分子层吸附。物理吸附作用力相对于化学吸附较弱，吸附和脱附均易进行。因此物理吸附速率较快，易达到吸附平衡。物理吸附的产物被称为外层络合物。化学吸附的过程中，在吸附剂和吸附质之间，电子云会发生变化，形成化学键。因此，化学吸附所引起的能量变化比物理吸附大、吸附速率慢且有明显的选择性，仅是单分子层吸附且一般不可逆。化学吸附产物被称为内层络合物。砷可能在吸附剂表面形成表面沉淀或者表面共沉淀，这一过程会增加砷在吸附剂上的吸附量，但是会对材料的再生造成影响。

关于砷在天然矿物、土壤沉积物和金属氧化等不同界面上的吸附一直是国际研究的热点。目前学术界普遍认为，厌氧环境下 Fe(III)氧化物的还原溶解是吸附态砷转化为游离态砷，从而释放到地下水的主要途径，但对其具体过程的认识还存在争议。2004 年相关研究表明，吸附态砷的释放晚于氧化铁的还原反应。然而后续有研究人员证明 As(V)的还原脱附同时或早于 Fe(III)氧化物的还原。研究人员指出还原溶解 Fe(III)氧化物的过程并不一定会使水体中的砷浓度升高，反而可能促进砷在铁矿物上的吸附，这取决于铁矿物物相的转化。铁矿物在地下水微生物的作用下还原溶解生成 Fe(II)，而 Fe(II)进一步原位形成次生矿物，如磁铁矿和针铁矿，这些次生矿物会再次吸附共沉被释放到水体中的自由溶解态砷。上述观点得到了独立实验验证，表明含砷铁氧化物的还原溶解不一定会造成砷的释放。但也有报道指出，微生物还原生成的次生铁矿物表面具有负电性，会排斥带负电的 As(V)，从而减弱 As(V) 的吸附。在自然环境中，微生物介导的砷、铁、硫的生物地球化学循环相互耦合，导致吸附态砷的价态转化及吸附脱附过程非常复杂。认识砷在氧化还原条件变化时的界面反应过程与机理一直是砷研究的重点与难点。

砷在吸附剂表面的去除是由其微观吸附机制决定的。关于砷在铁氧化物、纳米零价铁、活性氧化铝、二氧化钛等吸附剂表面的反应机制已有大量研究。研究人员比较了铁盐与聚合铁盐絮凝法去除地下水中砷，并评估了铁盐絮凝的可行性及安全性。该研究在山西山阴县现场集成了次氯酸氧化、铁盐絮凝、直接过滤及活性炭深度处理相结合的工艺。结果表明此工艺在 5 个循环中能持续提供～75 倍床体积（～500 L）的安全饮用水。XANES 结果表明铁盐和聚合铁盐的絮凝产物中主要成分均为水铁矿。EXAFS 结果证明砷主要以双齿双核构型吸附于原位生成的水铁矿上，而不是与三价铁离子形成 $FeAsO_4$ 沉淀。

零价铁除砷机理比较复杂，涉及氧化还原、吸附、表面沉淀等反应。在水溶液中，零价铁表面会自发地发生氧化腐蚀反应，Fe^0 先与水分子或者氧气发生氧化反应产生 Fe^{2+}。根据溶液氧化还原条件和 pH，Fe^{2+} 可以进一步反应生成磁铁矿（Fe_3O_4）、氢氧化亚铁 $[Fe(OH)_2]$ 和氢氧化铁 $[Fe(OH)_3]$ 等。研究表明 nZVI 可有效去除溶液中的 As(V)。在 90 d 的时间内，约 25% 的 As(V) 会转化为 As(III)，但绝大多数的 As(V) 被 nZVI 吸附且形成复合物。As(III) 的吸附机理与 As(V) 较为相似，为 nZVI 表面氧化层对其的吸附及复合物的形成。nZVI 的"壳-核"结构会造成 As(III) 在其表面的"氧化–还原"可逆转化。研究者认为零价铁去除砷的机制为砷吸附于零价铁腐蚀产物原位生成的氧化铁上。在有氧条件下，零价铁的腐蚀产物不会导致 As(V) 还原至 As(III)，但会使得 As(III) 氧化至 As(V)。砷在零价铁表面的氧化还原行为表明零价铁以铁–氧化铁的"核-壳"结构形式存在。零价铁与 As(III) 反应后，一些 As(III) 会被外层的氧化铁氧化至 As(V)，还有一些 As(III) 和 As(V) 会接受来自内部 Fe^0 核的电子被还原为元素砷 As(0)，证实了还原 As 为 As(0) 是零价铁去除砷的一种重要机制。

傅里叶变换红外光谱与 EXAFS 相结合可用于研究 As(III) 和 As(V) 在 TiO_2 上的吸附机理。当 As(III) 和 As(V) 在 TiO_2 表面吸附后，TiO_2 表面等电点（pH_{PZC}）由初始的 5.8 减小为 5.2，说明形成带负电的内层配合物；EXAFS 研究表明 As(III) 和 As(V) 在 TiO_2 表面以双齿双核的吸附构型存在，其中 Ti- As(III) 和 Ti- As(V) 的距离分别为 3.35 Å 和 3.30 Å，配位数为 2；傅里叶变换红外光谱结果表明 As(III) 和 As(V) 在 pH 为 5～10 条件下吸附时主要以 $(TiO)_2AsO^-$ 和 $(TiO)_2AsO_2^-$ 的形式存在。基于 XANES 的研究表明，在无定型 TiO_2 上吸附的 As(III) 会部分氧化为 As(V)，而在商业化的 TiO_2 上并未发现 As(III) 的氧化现象。EXAFS 对 MMA 和 DMA 在 TiO_2 上的吸附构型表征结果表明，MMA 在 TiO_2 上以双齿双核吸附构型存在，其 As-Ti 距离为 3.32 Å；DMA 在 TiO_2 上存在单齿吸附构型，其 As-Ti 距离为 3.37 Å。

结合傅里叶变换红外光谱、EXAFS 及基于密度泛函理论傅里叶变换红外光谱的量子化学计算手段，研究人员研究了 Cd 共存条件下 As(III)在 TiO$_2$ 上的吸附机理。当 As(III)和 Cd 在较低浓度时（Cd=3.11 mmol/L，As/Cd 摩尔比小于 0.5），As(III)和 Cd 分别以双齿双核的吸附构型存在于 TiO$_2$ 表面。当 As/Cd 摩尔比从 0.5 增至 15.8 时，吸附在 TiO$_2$ 表面的 Cd 会脱附，而 As(III)占据表面更多位点，以 Cd-As（III）-TiO$_2$ 三齿络合结构的形式共吸附去除 As(III)和 Cd。量子化学计算及同步辐射的研究结果表明，As(III)和 As(V)在 TiO$_2$(001)晶面为双齿双核吸附构型。在 TiO$_2$（001）晶面，砷存在解离吸附，即亚砷酸（H$_3$AsO$_3$）和砷酸根（H$_2$AsO$_4^-$）的 H 原子与 TiO$_2$ 表面的 O 原子结合，使得砷分子解离并伴随表面重构。这种解离吸附作用使得 As(III)和 As(V)在 TiO$_2$(001)晶面具有较低的吸附能，分别为–4.24 eV 和–4.18 eV。As(III)在 TiO$_2$ 表面吸附时 As-O 距离为 1.77 Å，As-Ti 距离为 3.30 Å；对于 As(V)，结构优化后 As-O 距离为 1.71 Å，As-Ti 距离为 3.34 Å。

利用前线轨道理论对砷在 TiO$_2$ 表面吸附成键机制的研究结果表明，当吸附分子与表面发生反应时，可能存在 3 种相互作用：①分子的最高占据轨道（HOMO）与表面的导带（CB）相互成键；②分子的最低未占据轨道（LUMO）与表面的价带（VB）相互成键；③分子的最高占据轨道（HOMO）与表面的价带（VB）相互成键。前两种相互作用是两轨道两电子的稳定化相互作用，每个这样的相互作用中会发生从一个体系到另一个体系的电荷转移，形成稳定成键作用。第 3 种相互作用是两轨道四电子的去稳定化作用，但当相互作用的反键成分升至费米能级之上时，可在费米能级处腾空其反键成分的电子，不再对体系起去稳定化作用，此时体系间的成键组合仍是被填充的。

许多因素都会对砷的吸附造成影响。①吸附剂的理化性质：不同的吸附剂之间表面性质差异较大，通常具有不同的比表面积和孔隙结构，这些差异均会影响吸附。②溶液 pH：pH 既可以影响吸附剂的表面电荷，还会对吸附质分子的形态、电荷产生重要影响。③吸附时间：吸附时间决定了吸附反应是否达到平衡，吸附速度越快，达到吸附平衡所需时间越短。④共存物质：环境中存在的阴阳离子或天然有机质对目标吸附质的去除有非常复杂的影响；有的具有协同作用，如 Cd 和 As(III，V)、Cd 和 Sb(III，V)、Ca 和 As(III，V)、Cr 和 Sb(III，V)；有的具有干扰作用，如 PO$_4^{3-}$ 和 As(III，V)、PO$_4^{3-}$ 和 Sb(III，V)、天然有机质和 As(III，V)、天然有机质和 Sb(III，V)。⑤离子强度：内层吸附基本不受离子强度的影响；而外层吸附则会受离子强度的影响，较高的离子强度通常会抑制外层吸附的发生。⑥反应温度：大多数吸附反应均为放热反应，因此升温会使得反应向脱附的方向移动，不利于吸附反应的进行。

环境介质中共存离子对砷的吸附影响显著。研究表明，地下水中阴离子如磷酸根、硅酸盐、硫酸盐等可抑制 As(V)在 TiO$_2$ 上的吸附，但并未发现 As(III)与上述共存离子存在竞争吸附。关于砷、磷在不同吸附材料表面的竞争吸附有很多研究，但是不同的实验结果之间存在很多矛盾。很多研究者认为与磷相比，砷更容易吸附到针铁矿表面；而另一些研究者却持相反观点。部分研究人员认为砷相比于磷，更容易吸附到铁/锰氧化物或者是含铁的层状硅酸盐表面，而磷则优先吸附到铝的氢氧化物、异丙酚和高岭石表面。另有研究表明，共存的 PO_4^{3-}（7 mg/L）和 SiO_4^{4-}（20 mg/L）可使 As(III)在 TiO_2 上的吸附量降低 43%，但 PO_4^{3-} 的存在对 As(V)在 TiO_2 上的吸附并没有影响，SiO_3^{2-} 可使 As(V)的吸附效果降低 29%。共存硝酸根（NO_3^-）和氯离子（Cl^-）对砷的吸附并没有显著影响。碳酸氢根（HCO_3^-）对 As(V)的吸附效果可抑制近 50%，但对 As(III)的吸附量仅抑制 8%。不同阴离子对 As(V)在 Ti-Ce 双金属氧化物上的吸附结果表明，各阴离子对 As(V)吸附的影响顺序为 HPO_4^{2-} > F^- > HCO_3^- > SiO_3^{2-} > SO_4^{2-} ≈ NO_3^- > Cl^-。Si 在金属氧化物上可以形成低聚体或多聚体，将极大地阻碍 As(V)的吸附。Si 在金属氧化物上形成的低聚体和多聚体随时间增加而增加，且不能够被 As(V)和其他阴离子解吸附。吸附态 Si 多聚物将长期占用 TiO_2 上的吸附位点，阻碍 As(V)的吸附。同时，在吸附材料反洗再生过程中，由于 Si 的多聚体很难被解吸附，也会造成吸附材料再生不完全等现象。因此，地下水中 Si 的存在可能是影响 As 吸附容量的重要原因之一，为了有效地利用与再生吸附材料，地下水中砷的过滤去除过程应发生在较短时间内，即在 Si 的低聚物与多聚体完全占据 TiO_2 的吸附位点之前完成。

除了上述阴离子外，水体中共存的阳离子如钙（Ca）、镁（Ca）及镉（Cd）均对砷的吸附有影响。研究表明，地下水中共存的 Ca 可通过与 As(V)形成三齿配合物 Ca-As(V)-TiO_2 促进 As(V)在 TiO_2 上的吸附。在 Ca 和 As(V)共吸附样品中，在第二层振动峰处同时检测到了 As-Ti 振动和 As-Ca 振动。其中 As-Ti 振动键长为 3.27~3.28 Å，配位数为 1.4~1.8 个 Ti 原子。说明 As(V)与 Ca 共吸附不会影响 As(V)在 TiO_2 上的双齿双核结构。As-Ca 振动键长为 3.56~3.61 Å，配位数为 0.4~1.6 个 Ca 原子。在一些样品中，As-Ca 的配位数小于 1，这说明 As 与 Ca 以单齿形式结合，同时还伴随相邻羟基基团的氢键作用。EXAFS 结果表明在 As(V)与 Ca 共吸附样品中 As-Ti 键与 As-Ca 键共存，说明 As(V)与 Ca 在 TiO_2 上形成了 Ca-As-TiO_2 的三元络合物，该三元络合物可以显著增加 As(V)和 Ca 的吸附容量。同理，工业废水中共存的高浓度 Cd 亦可显著促进 As(III)和 Cd 在 TiO_2 上的共吸附。研究发现，尽管地下水中 Mg 浓度（104.3 mg/L）大于 Ca 浓度（39.1 mg/L），但 Ca 的吸附容量（311 mg/g）远大于 Mg（171 mg/g），说明 Mg 对砷吸附的影响较 Ca 小。

天然有机质结构复杂，具有较强的络合、螯合、吸附和氧化还原能力。水体中微生物降解的天然有机质可以还原被铁氧化物/氢氧化物包裹的砷，使其溶解；天然有机质分子结构中具有羟基、羧基、羰基等活性官能团，容易作为配位体与砷络合而改变砷的环境行为；在其他重金属存在的情况下，天然有机质可以通过架桥作用影响三者之间的络合体系，从而改变砷的迁移行为；天然有机质还会与金属离子、氧化物、矿化物、有毒活性污染物等发生复杂的交互作用，进而影响砷的吸附。腐殖酸（HA）的存在会导致砷在 FeOOH 表面的解吸，从而使溶液中砷浓度上升。在赤铁矿表面，天然有机质的存在可以导致砷吸附容量的减少，砷吸附强弱的顺序为 As(V)–赤铁矿 ＞ 赤铁矿–[As(V)–HA] ＞ As(V)–(HA–赤铁矿) ＞ As(III)–赤铁矿 ＞ 赤铁矿–[As(III)–HA] ＞ As(III)–(HA–赤铁矿)。当介入腐殖酸时，砷在零价纳米铁上的吸附受到抑制，主要原因是腐殖酸能与零价纳米铁形成络合物，一定程度上阻碍铁的腐蚀产物生成，进而使砷的吸附受到影响。

15.4　地下水砷氟吸附去除实例

15.4.1　地下水吸附除砷

　　山西、内蒙古是中国地下水砷污染的典型地区。在 20 世纪 80 年代以前，当地居民的主要饮用水源来自手压井。手压井井深较浅，一般小于 10 m。由于浅层水中富含的氟污染引起当地居民氟斑牙的发生，此后居民改为饮用深层井水，井深一般为 30~60 m。经实地调查发现，深层井水中砷含量超标，远远高于国家饮用水标准（10 μg/L），大量居民出现了砷中毒现象。本应用案例通过野外现场实验，初步探讨了当地地下水的水化学组成、影响地下水化学的物理化学过程以及地下水中高砷浓度的主要成因。调查采样地点共计 13 个乡村，分别为位于山西大同盆地西南山阴县的大营村、古城村、四里庄村和西盐池村，内蒙古河套平原的红旗二队、联合乡、狼山农场、明强六队、四支乡、五星二队、先锋七社、新星四队和沼谭村。现场共采集了 97 个手压井地下水的样品，其中山西山阴县 37 口手压井，内蒙古河套平原 62 口手压井。利用原子荧光光谱仪（AFS）等仪器对 97 个地下水样进行了分析。结果表明，大同盆地地下水中砷的平均浓度为 280 μg/L，河套平原的砷平均浓度为 314 μg/L，其最高浓度分别为 1160 μg/L 和 804 μg/L。两个地区地下水中的溶解态砷约有 73%以 As(III) 的形式存在，未检测到有机砷。地下水都呈弱碱性，pH 分别为 8.0（山西）和 8.2（内蒙古）。大同盆地地下水的平均 Eh 为–113 mV，同时 NO_3^- 浓度（0.5 mg/L）及 SO_4^{2-} 浓度（43.0 mg/L）较低可能是地下水的还原环境影响砷释放。而河套平原地下水的 Eh 为–162 mV，NO_3^- 浓度（2.4 mg/L）及 SO_4^{2-} 浓度（174.0 mg/L）相对较高，表明除了还原环境因素外，共存离子的竞争吸附可能是地下水中砷浓度高的原因之一。

　　对山西山阴县高砷暴露人群的健康状况进行了评估分析。当地居民的饮用地下水中砷平均浓度为 168 μg/L（n=113），75%超过国家饮用水标准（10 μg/L）。其中 As(III) 平均浓度为 111 μg/L，As(V) 平均浓度为 57.8 μg/L。蔬菜中砷平均浓度为 1.21 μg/g（n=121，干重），约 93%的样品高于我国食品卫生标准规定的限量值（0.05 μg/g）。其中砷含量较高的有黄瓜、茄子和西红柿。经与文献比较发现，所采集的蔬菜中砷浓度普遍高于已报道的数值（平均浓度为 0.25 μg/g）。同时该地蔬菜中砷浓度与浇灌的地下水中砷浓度呈正相关（p=0.026），表明长期浇灌含砷地下水很有可能导致蔬菜中砷浓度增高。采集的粮食（n=22）中，共有 7 个超过我国食品卫生标准规定的限量值，尽管浓度比蔬菜低，但作为当地居民的主食，由粮食引起的砷摄入量仍不容忽视。

根据美国国家环境保护局健康风险评估模型，从膳食角度对饮用水、蔬菜和粮食中的砷进行计算，得到该地区人群平均砷摄入量（ADD）为 1.92×10^{-3} mg/（kg·d），有 96% 的人摄入量超过了最低摄入量 [3×10^{-4} mg/（kg·d）]，说明通过饮食摄入的砷已对该地居民构成了一定的潜在威胁。ADD 与水中砷浓度相关系数 r 为 0.997（$p < 0.001$），说明人体平均摄入量与水中砷浓度显著相关。年龄和地下水饮用时间与 ADD 均有一定的正相关关系，说明长期砷暴露导致了砷在人体内的积累。另外，单独考虑蔬菜和粮食发现，蔬菜和粮食对人体的 ADD 平均贡献分别达到 2.51×10^{-4} mg/（kg·d）（28% > RfD）和 3.65×10^{-4} mg/（kg·d）（63% > RfD），说明对人体进行风险分析时，蔬菜和粮食中的砷是不可忽略的因素。

AFS 分析结果表明，当地人群尿液中总砷平均浓度为 58.6 μg/L。尿液中砷浓度随水中砷浓度增大而升高，且呈显著相关关系。经分析发现 70% 以上的人群尿液中砷浓度高于背景值（10 μg/L），而且当水中砷浓度低于 10 μg/L 时，尿液中砷浓度与水中砷浓度相关性仍然较高（n=31，r_s=0.996，$p < 0.001$），说明尿液中砷浓度可以作为指示物来评估砷低剂量暴露所引起的风险。尿液中砷形态分析显示 DMA 和 MMA 为主要形态，这与摄入的无机砷经肝脏甲基化代谢后经尿排出相一致。人群指甲和头发中砷浓度与水中砷浓度呈正相关（p 均为 0.001），平均浓度分别为 7.1 μg/g 和 3.5 μg/g。75% 的指甲样品和 59% 的头发样品砷浓度高于正常水平（指甲为 1.5 μg/g，头发为 1.0 μg/g）。同时发现，当水中砷浓度低于 10 μg/L 时，指甲和头发中砷浓度分别为 1.4 μg/g 和 0.5 μg/g，低于正常水平，与水中砷浓度没有相关性，说明在低剂量暴露（水中砷浓度 < 10 μg/L）时并不适合作为指示物。

同步辐射微束 X 射线荧光分析法实验结果表明砷在指甲横断面三层结构分布，在横断面外层和内层浓度较高，在横断面中间浓度较低（图 15-1）。指甲和头发中砷形态以硫-砷结合态 [As(Glu)$_3$] 居多，经线性拟合后 As(Glu)$_3$ 含量分别达到 69%~76% 和 54%~64%，表明指甲和头发中的砷容易富集在富含巯基的角质层。另外，指甲中 As(Glu)$_3$ 比重较大，这与指甲中角质层多于头发相吻合。3 个头发样品中不同含量的 DMA 和 Ad(V) 表明不同人体头发对砷代谢的差异性。

ADD 与尿液中砷浓度（n=61）、指甲中砷浓度（n=93）和头发中砷浓度（n=91）均呈显著相关（$p < 0.01$），尿液、头发和指甲中砷浓度随 ADD 升高而增大。因此这些指示物可以反映人体砷的摄入。经美国国家环境保护局健康风险评估模型分析得到平均危害系数为 6.40，其中有 91% 超过正常值（1.0）。致癌风险分析得出平均值为 2.87×10^{-3}，

结果显示该研究人群致癌风险全部高于最低致癌风险（1×10^{-4}），表明该地砷污染防控的紧迫性。

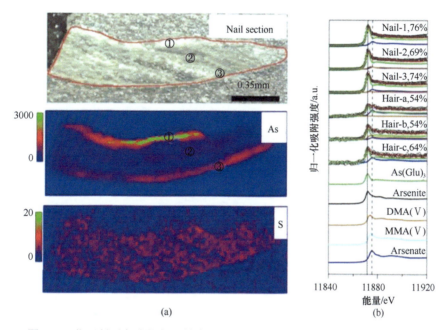

图 15-1 指甲断面中砷微束 X 射线荧光（a）以及指甲头发 XANES（b）分析
（b）中指甲代号与（a）中数字一致，头发为 3 个不同个体，（b）中红色实线为拟合数据，实竖线代表 As(Glu)$_3$，虚竖线代表 As(V)，百分率为线性拟合后 As(Glu)$_3$ 的比例

在上述调查评估基础上，本应用案例以硫酸氧钛为原料，制备了比表面积大、吸附性能强、操作简易且可再生的纳米 TiO$_2$，并开发了相应的 TiO$_2$ 除砷颗粒吸附剂。选取山西山阴县古城村、双寨村、后射躲村居民，安装了家用水处理滤壶，并考察了对砷的去除效果。从图 15-2（a）可以看出，当滤壶过滤水量达到 2000 柱体积后，过滤后水中砷浓度开始逐渐上升，达到穿透曲线。然后用 5 mol/L NaOH 溶液对其进行反洗，将吸附的砷脱附，重新装滤柱进行滤壶实验，结果见图 15-2（b），结果表明第二次使用时柱体积达到 5000，表明制备的 TiO$_2$ 可以重复使用。图 15-2（c）和（d）为其他两家滤壶实验结果，表明在较低地下水中砷浓度水平时，滤壶使用时间较长。然而在实验过程中，一些过滤后水样砷浓度超出国家标准 [图 15-2（c）]，图 15-2（d）出水中砷浓度则始终比较稳定。经实际调查发现，图 15-2（d）所示农户受教育水平较高，对滤壶实验比较认真，说明当地居民的教育水平会对实际水处理过程有一定的影响。图 15-2（a）中黑色数据点为一般商用的水处理滤柱，对砷基本没有处理效果，说明本实验 TiO$_2$ 颗粒吸附剂的优越性能。

将 TiO$_2$ 颗粒填充于滤柱中，可制成小型水处理器。将小型水处理器安装于山西山阴县双寨村村民家。该村民家长期饮用自家手压井水，经检测该井水砷浓度为 600 μg/L As(III)，

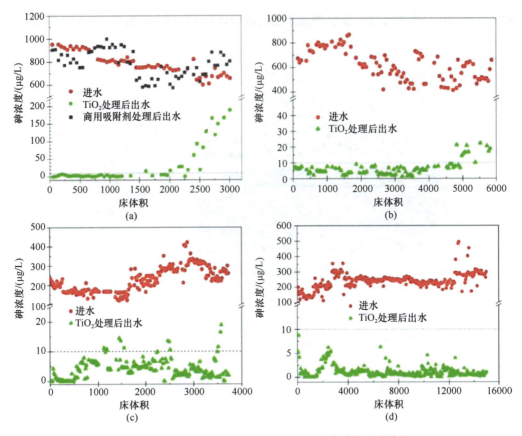

图 15-2 TiO₂ 颗粒滤柱对山西实际地下水中砷的吸附效果

（a）～（c）为三家农户，（b）为（a）滤柱达到穿透后反洗重新使用效果

pH 为 8.66，氧化还原电位为−131 eV，浊度为 0.40 mg/L，氟离子浓度为 0.12 mg/L，氯离子浓度为 42.9 mg/L，硝酸根浓度为 3.76 mg/L，硫酸根浓度为 97.7 mg/L，溴离子浓度为 10.71 mg/L，磷酸根浓度为 0.09 mg/L。实验结果表明，TiO₂ 颗粒在 1620 柱体积时出水砷浓度高于 10 μg/L，此时吸附容量为 0.92 mg As(III)/g TiO₂。将吸附饱和的 TiO₂ 颗粒用 2 mol/L NaOH 溶液进行反洗，在小型水处理器内反洗 6 h，反洗率可达到 80% 左右。将 NaOH 溶液反洗后的 TiO₂ 颗粒用 HCl 将 pH 调回中性，再次用于处理地下水。反洗后 TiO₂ 颗粒在达到 496 柱体积时出水砷浓度高于 10 μg/L，此时吸附容量为 0.46 mg As(III)/g TiO₂。

在当地居民饮用除砷地下水前后一段时间内，每天取晨尿样品进行砷形态及浓度分析，居民尿样中总砷及各形态砷浓度随时间变化规律如图 15-3 所示。在饮用除砷地下水前尿样中总砷浓度为 972～2080 μg/L，饮用除砷地下水一段时间（15～33 d）后，居民尿样中砷浓度降低至 31.7～73.3μg/L。值得注意的是，在只饮用含砷地下水两周的居民尿样中也检测到了（1490±92）μg/L 砷的存在，证明短期砷暴露可显著增加人体内砷

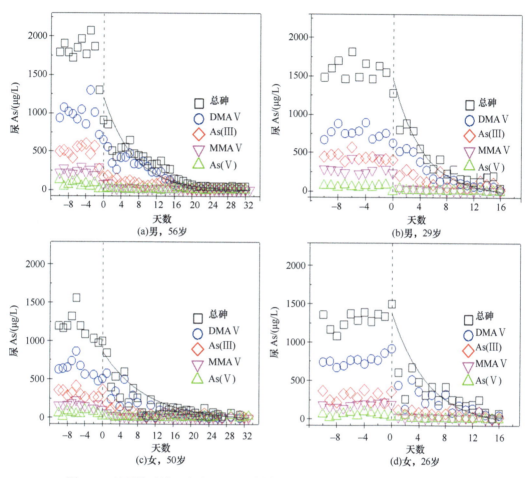

图 15-3　饮用除砷地下水前后居民尿样中总砷及各形态砷浓度随时间变化规律

的浓度水平。在饮用除砷地下水之前，二甲基胂酸（DMA V）为居民尿样中砷的主要形态，其浓度范围为 475～1300 μg/L；As(III)次之，浓度范围为 206～600 μg/L；一甲基胂酸（MMA V）浓度范围为 123～439 μg/L；As(V)浓度最小，浓度范围为 42.4～131 μg/L，且证明了人体内甲基砷可优先通过肝脏代谢的方式在尿液中排出体外。当居民饮用除砷地下水后，尿样中砷形态比例并未发生变化，说明饮用除砷地下水后，居民体内砷的代谢途径没有发生变化。

15.4.2　地下水砷氟共除

1. 活性氧化铝基材料应用

饮用水中砷和氟的复合污染现象在我国较为严重，约有 2600 万居民暴露于高氟饮用水中，尤以山西、内蒙古等农村地区情况严重。目前，AA 已经被广泛应用去除水中的氟，并被美国国家环境保护局推荐为最佳除氟吸附剂。在实际应用中，AA 去除氟的适用 pH 范围在 6 以下，其去除水中氟的效率常常难以达到需求。并且在吸附过程中容易发生 Al^{3+} 的泄漏，造成二次污染。

通过超声浸渍烧结法对 AA 进行镧氧化物的负载被证明对氟的去除效果较好。吸附等温线结果显示，LAA 对氟的吸附容量为 16.9 mg/g，是 AA（3.02 mg/g）的 5.6 倍，说明镧的负载显著提升了氟的去除性能。结合比表面积计算，镧活性吸附位点的浓度为 2.8 site/nm²，7 倍于 AA（0.4 site/nm²）。

测定吸附过程中铝的泄漏量，发现随着氟吸附量的升高，溶解铝含量升高，这是由于氟对 Al_2O_3 的促溶作用。当 AA 对氟的吸附容量高于 2 mg/g 时，吸附过程中铝的泄漏量已经超过世界卫生组织的饮用水标准（0.2 mg/L）。与此相反，吸附过程中，LAA 对氟的吸附过程中，在氟吸附量达 12 mg/g 前，溶解铝含量并未超出 0.2 mg/L。说明镧的负载显著缓解了除氟过程中铝在饮用水中的泄漏。在吸附过程中，溶解镧的含量在 0.008～0.146 mg/L，显著低于慢性毒性实验中镧的致病含量。

AA 在实际应用中另一显著缺陷是其适用 pH 范围窄，如图 15-4 所示，pH < 5 时 AA 的除氟率较好（48%～53%），当 pH > 7 时，AA 的除氟率大幅降低（～20%），在实际应用中，AA 的除氟率也仅在 pH < 6 时较好。然而，实际地下水的 pH 一般在 7.6～8.6。另外，LAA 在 pH 6～9 均表现较好的除氟率（70.5%～77.2%）。此外，在 pH 为 5.5～8 时，镧的负载显著降低了溶解铝含量，使其降低至饮用水标准以下。而此范围内 AA 的溶解铝含量已超出饮用水标准。LAA 在 pH 低于 5 时，其除氟率有所降低，这是当 pH 小于 5 时镧的溶解造成的。

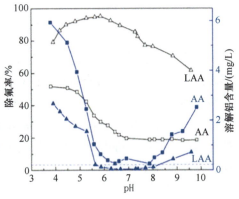

图 15-4　AA 和 LAA 的照片、除氟率（空心）以及溶液中溶解铝含量（实心）

对于吸附剂而言，实际应用中其可再生性能非常重要。对 LAA 除氟的再生性进行研究，结果表明，LAA 除氟再生性能良好。氟脱附率在 84%～98%，经过 5 次吸附-脱附之后，LAA 对氟的吸附容量仍高达 11.8 mg/g。吸附剂的硬度对其在吸附柱中是否会破碎有着重要的作用。对 AA 和 LAA 的机械强度进行测试，其机械强度分别为（52.4±12.0）N

和（60.8±11.3）N。t-检验结果表明，二者机械强度并无明显差异，表明所制备的 LAA 并没有显著改变 AA 的机械强度，可进行工业应用。

2. TiO₂ 基材料应用

LAA 被证明可以去除砷（9.23 mg/g）和氟（16.9 mg/g），但是吸附过程中砷和氟会竞争有限的 La 吸附位点。为了突出复合材料的优越性，在 TiO₂ 上定向生长 La 氧化物，生成的复合材料 TiO₂-La 同时存在钛镧活性位点，可用于砷氟的共吸附去除。

TiO₂-La 颗粒的粒径为 180～250 μm，机械强度为 45 N。TiO₂-La 复合材料由 LaCO₃OH 以晶格匹配的形式定向生长在 TiO₂（100）晶面上形成，La 负载质量分数高达 26.4%。与 TiO₂ 材料相比，La 负载后的 TiO₂-La 复合材料对 As(III) 的吸附效果提高了 42%，对 F 的吸附效果显著提高了 79.2%。吸附等温线结果显示，TiO₂-La 对 As(III) 和 F 的吸附容量分别为 114 mg/g 和 78.4 mg/g（图 15-5）。吸附动力学结果表明，F 的吸附速率 [0.51 g/（mg·h）] 略大于 As(III) [0.43 g/（mg·h）]，这是因为 F 的分子结构小于 As(III)，其具有的空间位阻较小。另外，F 的吸附位点主要是 La 氧化物，而 La

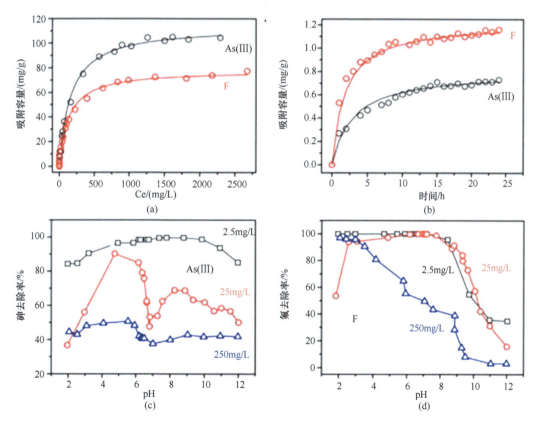

图 15-5　As(III) 和 F 在 TiO₂-La 上的吸附等温线及 Langmuir 模型拟合、吸附动力学曲线及拟二级动力学拟合，以及不同浓度下的 pH 边吸附实验

氧化物在 TiO_2 外层的定向生长使得 La 位点与 F 的空间距离缩短，因此有利于 F 的快速吸附。pH 边吸附实验表明，TiO_2-La 在较大的 pH 范围（3～9）内，对于初始浓度为 2.5 mg/L 的 As(III)和 F，其去除率分别高达 90%和 95%。当 As(III)浓度增大至 25 mg/L 和 250 mg/L 时，不同 pH 下 As(III)的吸附效果呈现先减小后增大的 M 形曲线，说明在 TiO_2-La 上存在 As(III)吸附的两种位点。其中之一是 Ti 活性位点，在 pH 3～7 的范围内起主要吸附作用；另一活性位点是 La，在 pH 为 7～10 的范围内起作用。F 的吸附主要在 La 活性位点上，而且随着 pH 的增大吸附容量显著降低，如图 15-5 所示。TiO_2-La 可应用于实际地下水处理。实际砷氟共存地下水取自我国山西砷污染地区，其中 As(III)=342 μg/L、As(Ⅴ)=16 μg/L、F=1.9 mg/L、pH=8.2。结果显示，用 5 g/LTiO_2-La 进行吸附后，出水的砷和氟浓度均达到国家饮用水标准（As=10 μg/L、F=1.5 mg/L）。

TiO_2 材料表面结构影响金属氧化物的负载。在高能晶面(201)TiO_2 上负载氧化锆，生成(201)TiO_2-ZrO_2 砷氟共除材料。吸附实验表明，(201)TiO_2-ZrO_2 对 As(III)、As(Ⅴ)和 F 的吸附容量分别为 58.5 mg/g、21.6 mg/g 和 13.1 mg/g。共存离子对砷氟的吸附影响结果表明，NO_3^-、Mg^{2+}、Ca^{2+} 和 Fe^{3+} 对 As(III)的吸附无影响，SO_4^{2-} 和 PO_4^{3-} 在酸性条件下抑制 20%～30%的 As(III)吸附。在 pH>9 条件下，SiO_3^{2-} 和 CO_3^{2-} 对 As(III)的吸附有抑制作用。NO_3^-、SO_4^{2-} 和 Fe^{3+} 对 As(Ⅴ)的吸附无影响，SiO_3^{2-} 在 pH>6、CO_3^{2-} 在 pH>10 时抑制 As(Ⅴ)的吸附。PO_4^{3-} 在 pH 为 2～12 范围内对 As(Ⅴ)吸附的抑制作用明显。Mg^{2+} 和 Ca^{2+} 在 pH>10 时可促进 20%的 As(Ⅴ)吸附。NO_3^-、SO_4^{2-}、Mg^{2+}、Ca^{2+} 和 Fe^{3+} 对 F 的吸附无影响，SiO_3^{2-} 和 CO_3^{2-} 在 pH>4 时抑制 F 的吸附，PO_4^{3-} 在 pH 为 2～12 范围内显著抑制 F 的吸附。

利用(201)TiO_2-ZrO_2 对取自我国山西山阴地区的砷氟地下水进行吸附去除，如图 15-6 所示，用 3 g/L(201)TiO_2-ZrO_2 吸附后，出水中的砷和氟浓度均达到国家饮用水标准。对吸附剂的再生性能进行研究，结果表明，经过 5 次吸附-脱附之后，(201)TiO_2-ZrO_2 的再生性能良好，对 As(III)、As(Ⅴ)和 F 的吸附率分别为 87%～100%、89%～100%和 69%～81%。

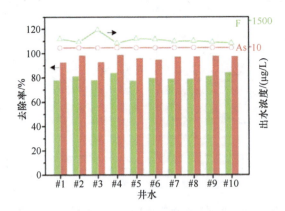

图 15-6   (201)TiO_2-ZrO_2 对实际地下水中砷和氟的去除率

习　题

1. 写出 As(Ⅲ)和 As(Ⅴ) 在 TiO$_2$ 表面双齿双核吸附的络合反应方程式。

2. 简述同步辐射 EXAFS 技术研究砷表面吸附构型的原理。

3. 简述如何用红外光谱研究砷在 TiO$_2$ 表面吸附的动态过程。

第16章 微纳颗粒的环境化学研究

微纳材料因具有优良的光、电、磁特性以及表面活性,在工业生产和日常生活中得到广泛应用。微纳材料的生产、加工、使用和处置过程会不可避免地直接向环境释放微纳颗粒。环境中的天然过程也会间接产生大量的微纳颗粒,例如废弃塑料进入环境后可转化成微米至纳米级的微纳塑料颗粒。环境中的这些微纳颗粒给生态环境安全和人体健康带来潜在威胁,已被公认为一类重要新污染物。微纳颗粒的分离测定技术、环境过程、生物效应和环境应用已成为环境化学研究的重要课题之一(江桂斌等,2015)。

16.1 纳 米 材 料

16.1.1 纳米材料的定义及环境来源

纳米材料是一类在三维空间中至少有一维处于1~100 nm尺度范围的材料及其构建的纳米结构。根据空间维数的差异可将纳米材料分为:空间三维尺度均在纳米尺度的零维材料,如纳米颗粒、原子团簇等;有两维处于纳米尺度的一维材料,如纳米线、纳米带、纳米棒、纳米管等;有一维处于纳米尺度的二维材料,如纳米片、纳米薄膜等。根据纳米材料的化学组成和性质的不同,还可分为碳纳米材料、零价金属纳米材料、金属氧化物纳米材料、纳米高分子材料等。当材料的尺寸进入纳米量级之后,其会表现出与宏观块体材料不同的性质,如量子尺寸效应、表面效应、小尺寸效应、库仑阻塞与量子隧穿效应等,并在光学、电学、磁学、热学、力学及催化活性等方面表现出独特的物理化学性能及优势,已广泛地用于生物医药、电子产品、食品添加剂及个人护理用品等诸多领域。

环境中纳米材料的来源主要有人为来源和天然来源。纳米材料在从制备、使用到废弃物处理的全生命周期内都会导致纳米材料释放到环境中,如工业生产的废气排放、汽车尾气排放、汽车轮胎的磨损、废弃物的燃烧填埋等过程。纳米材料的天然来源主要包括火山爆发、森林燃烧、岩层的风化沉积以及生物过程等。自然环境中存在的氧化还原反应能够形成一些金属纳米材料。例如,环境中普遍存在的腐殖酸、富里酸等天然有机质含有大量羟基、醛基、酮基等还原性的基团,它们在自然光照及高温环境下能够还原环境中的金、银等贵金属离子,使它们凝结成核生成相应的金属纳米颗粒。此外,自然界的一些植物、细菌、真菌也能够通过生物作用合成一些纳米材料。因此,天然来源的纳米材料具有来源广、种类多、数量多、分布广等特点。

16.1.2　纳米材料的分离测定方法

发展环境样品中纳米材料高效灵敏的分离测定方法，对于研究其在环境中的分布、转化、归趋和效应具有重要意义。纳米材料的组成、结构、形态和粒径分布等显著影响其环境行为和效应。因此，与传统的污染物分析不同，纳米材料的分析不仅需要测定其化学组成和浓度，还需要表征其粒径、形貌和表面电荷等物理化学性质，这就要求在分离测定过程中保持其原有的形貌特征，但传统的针对离子和化合物的分析方法难以直接适用于纳米材料的分离测定。

1. 纳米材料的分离与富集

环境样品中的纳米材料浓度较低且基质复杂，往往需要在保持纳米材料自身性质（如粒径、形貌、组成等）不变的前提下，选择性地萃取富集样品中的纳米材料，以便后续的检测和表征。目前，关于环境中纳米材料的萃取方法较少，主要包括浊点萃取和固相萃取等。

1）浊点萃取

浊点萃取主要利用非离子型表面活性剂胶束溶液的溶解性和"浊点"特性，通过改变实验条件（如温度）达到其浊点引发相分离而形成小体积的富表面活性剂相，疏水性的纳米材料富集至富表面活性剂相。该方法无须大量的有机溶剂，对环境友好，在能保持被萃取物质原有性质的条件下，具有较高的富集倍数和萃取率，已广泛用于复杂基质样品的前处理和预富集。基于非离子表面活性剂曲拉通 X-114 浊点萃取纳米材料的方法，可从样品中分离富集多种不同粒径、不同涂层的纳米材料，包括半导体量子点、金属纳米材料和碳纳米材料等。透射电子显微镜观察表明，萃取后的纳米材料能够保持其原有的形貌和大小，这为研究纳米材料的环境行为提供了有效的技术手段（Liu et al.，2009）。浊点萃取的优点是可以有效萃取不同粒径、不同材质的纳米材料。除极少数表面包覆有亲水性很强的蛋白质等修饰剂的纳米材料的萃取效果不理想，环境中普遍存在的纳米颗粒均能获得较高的萃取回收率，该方法已普遍用于水、土壤和生物基质中纳米材料的萃取富集。

2）固相萃取

作为目前环境分析中应用最多的样品前处理技术，固相萃取也已被用于纳米材料的分离富集。圆盘固相萃取是一种特殊的固相萃取，其基本原理与柱式固相萃取相同，但其大而薄的圆盘结构赋予其萃取容量大、流速更快、效率更高且不易堵塞的优点。圆盘固相萃取已用于环境水样中痕量纳米材料的分离富集。研究发现，尽管纳米材料粒径远小于微孔滤膜孔径（0.22 μm），但由于纳米材料与微孔滤膜间存在静电吸附、疏水作用等微弱的相互作用力，它们通过滤膜时易富集在滤膜上，因此可利用微孔滤膜作为固相萃取圆盘高倍数富集纳米材料。选择合适孔径、不同组成的微孔滤膜,调控水相中离子强度、表面活性剂浓度可改变微孔滤膜与纳米材料的作用力强弱,从而实现微孔滤膜选择性富集纳米材料后的可逆洗脱。

2. 纳米材料的分析与表征

纳米材料的分析与表征主要采用显微镜相关技术,如扫描电子显微镜、透射电子显微镜和原子力显微镜等,但上述方法不适用于分析与表征环境样品中低浓度纳米材料(ng/L 级)。环境中纳米材料的识别、表征和定量测定多采用尺寸排阻色谱、毛细管电泳分离、流场流分离等粒径分离技术与电感耦合等离子体质谱等高灵敏度检测技术联用,以及单颗粒电感耦合等离子体质谱技术(周小霞和刘景富,2017)。

1)尺寸排阻色谱

尺寸排阻色谱采用具有多孔结构的硅胶或凝胶作为固定相,当纳米材料流经色谱柱时,大颗粒纳米材料无法进入固定相的小微孔,只能通过固定相颗粒之间的大孔隙,因路径短而优先流出;小颗粒纳米材料可以渗入固定相的微孔,因流程长而后流出,从而实现不同粒径纳米材料的分离。纳米材料由于具有很高的表面活性,通常与固定相存在很强的吸附作用,一般需要在流动相中加入一定量的表面活性剂,以消除分离过程中固定相对纳米材料的不可逆吸附。更重要的是,纳米材料的粒径与其尺寸排阻色谱保留时间成反比,据此可将色谱图的保留时间换算成粒径,从而得到纳米材料的元素质量粒径分布。该方法集分析元素质量、颗粒组成及粒径分布于一体,可用于水环境和血清中痕量金属纳米颗粒的识别、表征和测定,为研究环境中金属纳米材料的转化提供了很好的定性与定量分析手段。

2)毛细管电泳分离

制备纳米材料时,一般会加入稳定剂以增强纳米材料溶液的分散性和稳定性,这使得纳米材料表面带有一定电荷,因此可利用毛细管电泳来分离纳米材料。为防止纳米材料在管壁上吸附或在分离过程中团聚,通常需要在分离前对毛细管内壁进行预处理,使管壁带电,以增加管壁与颗粒之间的排斥力。在电解液中加入适量的表面活性剂(如十二烷基硫酸钠),可促进纳米颗粒的分离。在分离体系中加入金属离子络合剂,可有效分离金属纳米颗粒和金属离子,实现金属纳米颗粒和相应金属离子的形态分析。例如,将毛细管电泳和电感耦合等离子体质谱技术联用,可用于银纳米颗粒的元素识别和粒径表征,即通过电感耦合等离子体质谱的多元素同时监测可确定纳米颗粒的元素组成,颗粒的迁移时间可换算为颗粒粒径,得到样品中纳米颗粒的粒径分布信息(图 16-1)。

3)流场流分离

流场流分离分辨率较高,可实现粒径分布为 1 nm~100 μm 的大分子、胶体和纳米颗粒的在线分离与纯化。该技术无须固定相，避免了样品组分和固定相间不可逆的相互作用，从而确保了样品组分原有的理化性质不变。其中，中空纤维流场流分离采用体积小的分离通道，有效减少了载流对样品的稀释作用。将中空纤维流场流分离–微柱富集与紫外可见吸收光谱仪、动态光散射和电感耦合等离子体质谱等多重检测器联用，可实现环境水体中痕量银离子和不同粒径银纳米颗粒的分离、粒径表征和定量分析。

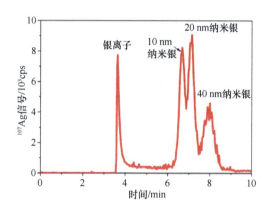

图 16-1 含纳米银颗粒（10～40 nm）与银离子的基线分离

资料来源：Liu et al.，2014

4）单颗粒电感耦合等离子体质谱

单颗粒电感耦合等离子体质谱在时间分辨分析模式下采集质谱的信号数据，可测定纳米材料的颗粒数浓度和粒径分布。当纳米颗粒进入电感耦合等离子体质谱的等离子体后，单个颗粒可在极短时间内（< 1 ms）产生极强的脉冲信号，脉冲信号的个数与纳米颗粒数相等，而脉冲信号强度正比于纳米颗粒的粒径，通过传输效率和溶解态元素标准曲线计算得到颗粒粒径。与前述的联用方法相比，单颗粒电感耦合等离子体质谱的粒径检出限往往较高（> 10 nm），难以区分小粒径的金属纳米颗粒和金属离子。以银纳米颗粒为例，单颗粒电感耦合等离子体质谱目前很难分辨 20 nm 以下的银纳米颗粒和银离子。

16.1.3 纳米材料的环境行为与效应

纳米材料通过人为来源和天然来源进入环境之后，参与大气、水、沉积物、土壤和生物循环，并以多种形式在环境和生物体中发生物理化学转化。例如，环境中广泛存在的小分子有机酸、无机盐、大分子聚合物等，可通过置换或吸附作用改变纳米材料的表面涂层。同时，受光照、pH、天然有机质、无机离子等诸多环境因素的影响，纳米材料可发生团聚/再分散等物理形态的变化。此外，绝大部分金属纳米材料在环境中还可发生一系列化学转化，如氧化溶解、硫化、氯化等。这些转化行为会改变金属纳米材料的结构、形态和粒径分布等，进而影响其环境归趋和生物效应（Hochella et al.，2019）。

1. 纳米材料的释放和迁移

纳米材料的天然形成（如火山喷发、森林火灾等）或制备过程（如烘干、粉碎、混匀、分装等）都可能导致其释放到大气环境中。另外，纳米材料消费品的生产及使用过程中也不可避免地向大气中释放纳米材料。大气中纳米材料的迁移能力与多种因素有关，如粒径大小、化学修饰和稳定状态等，同时环境温度、湿度和风等天气因素的影响也起着关键作用。根据菲克第一定律，颗粒物的扩散系数与颗粒的粒径大小成反比。纳米颗粒由于具有极小的粒径，可以在大气中迅速扩散，并可能会发生长距离迁移。纳米颗粒大的比表面积也为共存污染物提供了足够的吸附位点，影响其在大气中的迁移。大气中的纳米材料往往与大气悬浮颗粒物共存，最终由于重力作用沉降或经雨水冲刷进入水体或土壤中。

纳米材料可通过以下途径进入水环境以及沉积物中：①空气中悬浮的纳米颗粒沉降，或随雨水进入河流；②纳米产品在使用过程中释放出纳米材料，最终进入河流或污水处理系统；③雨水冲刷被纳米材料污染或用纳米材料修复过的土壤等。纳米材料在水环境中的迁移能力与水体 pH、温度、盐度、天然有机质含量等密切相关。在淡水系统中，纳米材料相对稳定，可能会发生长距离迁移。海水系统一般具有更高的离子强度和碱性，在某种程度上限制了纳米材料的长距离迁移。海水的物理化学性质随深度变化较大，因此海水中纳米材料的迁移机制非常复杂，纳米材料在高盐度下团聚沉降导致其在水体底泥沉积物中蓄积。

土壤中纳米材料的主要来源包括生产使用过程中释放到大气的纳米材料最终沉降、纳米产品的直接废弃、垃圾的填埋焚烧、纳米农药和肥料的使用、纳米材料用于土壤的修复等。纳米材料在土壤中的迁移能力受到纳米颗粒的粒径、土壤性质、天气环境等多种因素的影响。纳米材料由于粒径较小，可能会进入土壤颗粒之间，在土壤中发生迁移。土壤类型、天然有机质含量、pH、离子强度以及其他污染物的存在都会对纳米材料的迁移造成影响。天气因素如雨水的冲刷、高温等也会影响纳米材料的迁移。

纳米材料进入大气、水、沉积物、土壤等环境介质后，使得这些介质中的细菌、真菌和藻类等环境微生物、植物以及鱼类、蚯蚓等环境动物直接暴露于纳米材料。纳米材料可通过食物链传递，并在更高营养级生物体中不断富集。另外，纳米材料也可经由皮肤接触、呼吸道吸入、消化道摄入以及血液接触等方式直接进入高营养级生物体内。

2. 物理转化

1）团聚

纳米材料具有大的比表面积和较高的表面势能，它们处于热力学不稳定状态，容易发生团聚。当水溶液 pH 高于纳米颗粒的零点电势（pH$_{PZC}$）时，纳米颗粒会吸附一些带负电的基团如氢氧根离子、含氧基团等，通过静电斥力保持稳定。但由于静电斥力较弱，当溶液中加入电解质后，纳米颗粒很容易发生团聚。此外，溶液中离子强度和离子的种类也影响纳米材料的分散状态，例如高离子强度明显降低纳米材料的稳定性，而钙、镁等二价阳离子则由于带有更多的电荷，能显著促进纳米材料的团聚。水环境中普遍存在的天然有机质对纳米材料的团聚行为也有重要的影响。天然有机质能通过疏水作用力等包裹在纳米材料的表面，同时通过静电斥力和空间位阻作用使纳米材料更加稳定。除此之外，其他环境因素（如溶解氧浓度及光照等）、纳米颗粒的粒径大小、浓度都会影响其分散状态。

2）表面富集

水体表面微层是空气与水溶液液面的交汇层，具有不同于整个水体的独特的物理化学性质，能够明显富集纳米材料。布朗运动是纳米材料从水体到表面微层迁移的主要动力，而静电斥力是迁移过程的最大阻力，纳米颗粒间静电作用力的改变会显著影响它们在表面微层的富集。因此，纳米颗粒的表面富集受到天然有机质、pH、离子强度等多种环境因素的影响。

3. 化学转化

1）氧化溶解与再还原

金属纳米材料的化学性质一般较活泼，其进入水环境中后很容易被氧化溶解，释放出金属离子。金属纳米材料的氧化溶解受到粒径大小、表面包裹剂种类、天然有机质、纳米颗粒分散状态和初始浓度等多种因素的影响，例如，团聚的纳米颗粒由于比表面积减小，离子释放速率会大大下降。而若纳米颗粒初始浓度较高，会限制氧气和质子扩散到活性位点表面的速率而抑制纳米颗粒的氧化；高浓度下颗粒之间的碰撞频率增加，加速了纳米颗粒的团聚，也会抑制纳米颗粒的氧化。水中的天然有机质和 SO_2 等还可作为还原剂，能够将金属纳米材料释放的金属离子重新还原成金属纳米材料。在太阳光照下，天然有机质可介导溶解氧转化为超氧自由基，后者也可使金属离子重新还原成金属纳米材料。纳米颗粒的氧化溶解和再还原过程均受溶解氧浓度、离子强度、pH、温度、光照等因素的影响。

2）硫化与再转化

硫化是金属纳米材料的又一重要化学转化过程。由于绝大多数金属硫化物的溶解性差，金属纳米材料表面经硫化后，释放的金属离子会大大下降，影响金属纳米材料的环境迁移、转化及生物效应。金属纳米材料的硫化过程受其形状和大小、天然有机质、离子强度及离子类型的影响。纳米材料硫化的速率常数与其比表面积的大小呈正相关。离子强度越高，越能促进纳米材料的硫化，且相同离子强度下，钙、镁等二价金属离子比钠、钾等一价金属离子有更强的促进作用。一般认为，在有氧条件下，溶解性硫化物如硫离子、硫氢根离子等容易被氧化，纳米材料的硫化反应难以发生。但地表水中其他一些金属硫化物如硫化铜等，它们性质稳定，且浓度远高于纳米材料的浓度，也能与纳米材料发生反应，生成其金属硫化物和可溶性的金属离子。

4. 纳米材料的毒性效应

1）纳米材料的生物毒性

纳米材料对不同生物均表现出一定的毒性效应。对处于食物链最底层的细菌、真菌等微生物，纳米颗粒能够通过静电相互作用吸附在细菌细胞膜表面，并破坏细胞膜的完整性；此外，纳米材料也能通过产生活性氧自由基并诱导氧化应激作用而产生毒性效应。纳米材料的植物毒性效应多表现为光合作用降低、生长抑制以及细胞氧化应激反应等。

纳米材料对动物体的毒性是多方面的。在微观分子层面，表现为由不同形态纳米材料所诱导的活性氧自由基的产生、对细胞能量代谢和基因转录的破坏，以及胞外纳米材料诱导的细胞膜完整性的破坏等。在宏观组织层面，通常表现为个体生长速度改变、体重及器官质量的变化、组织病理学损伤、血生化指标的异常以及与氧化应激相关的酶活性的升高等。

2）影响纳米材料生物毒性的因素

纳米材料的生物毒性除与剂量有关外，主要由其粒径、形貌和表面性质等物理化学性质决定，而纳米材料的化学组成是影响其生物毒性的最根本因素。不同化学组成的纳米材料诱导细胞产生活性氧自由基的能力不同，从而生物毒性也不尽相同。纳米材料的粒径是影响其进入细胞的重要因素。一般认为，小粒径的纳米材料更容易通过内吞、胞饮等作用进入细胞。另外，团聚后的纳米材料虽然难以进入细胞，但其可能会吸附在细胞膜表面，导致细胞膜通道的堵塞，影响营养物质的运输和离子交换等。纳米材料的粒径还会影响其在生物体内的分布和毒性。细胞对纳米材料的摄入还具有形貌依赖性，球状颗粒相对于棒状或者纤维状等形貌更容易进入细胞。纳米材料的长径比也会显著影响细胞对纳米材料的摄入。纳米材料的表面包裹剂影响其在生物体内的吸收和转运，进而影响其生物毒性。

纳米材料具有较大的比表面积和高表面能，一旦进入环境或生物体，其表面包裹剂容易发生改变。例如，纳米材料进入生物体内可迅速与蛋白质结合，表面形成一层新的保护层，即"蛋白冠"结构，这将直接改变纳米材料的生物毒性。由于不同表面包裹剂的纳米材料与蛋白质结合能力不同，因此，可通过改变纳米材料的表面包裹剂调控其对蛋白质的吸附性能，从而改变纳米材料的生物毒性。另外，纳米材料的表面电荷通过改变纳米材料的胶体行为以及影响其分散状态，从而改变纳米材料的生物毒性。通常认为，带正电荷的纳米材料由于更易与细胞膜结合，表现出更高的生物毒性。

除了纳米材料剂量和本身的特性能够影响其生物毒性外，天然有机质、pH、离子强度、光照等环境因素可改变纳米材料的形貌、粒径、形态等，影响其在环境中的分散、团聚、迁移、转化等环境行为，进而影响其生物毒性。环境中的纳米材料能够与天然有机质、大分子以及其他颗粒结合，导致其形貌、粒径和结构的改变，影响生物摄取和迁移分布。天然有机质能够改变纳米颗粒表面电荷分布而影响其在环境中的分散稳定性，增加或者降低潜在的环境风险。pH 的变化能够改变纳米材料的表面电势，影响纳米材料之间的静电斥力而导致团聚行为发生变化；pH 还能够影响纳米材料的氧化还原等化学转化，这种化学转化所引发的纳米材料的形貌、形态转化对其迁移、生物可给性及毒性有显著影响。离子强度和电解质主要影响纳米材料的团聚行为，进而导致其形貌和化学形态发生变化，从而影响其生物毒性。光照在纳米材料的光化学转化中发挥重要作用，如银纳米颗粒的光还原以及富勒烯的光化学降解等，影响纳米材料的稳定性、迁移能力以及其生物可给性。

16.1.4　纳米材料的环境应用

纳米材料和技术的快速发展为环境污染防治提供了新途径。环境功能纳米材料已用于污染物的传感和分离测定，以及吸附和催化降解去除，在污染物检测以及水和空气的深度净化方面展现出传统的块体材料所不具备的优异性能，具有广泛的应用前景。

1. 纳米材料在污染物检测中的应用

纳米材料由于比表面积大且吸附位点丰富，可作为吸附剂分离富集污染物，用于环境样品前处理，提高检测灵敏度。纳米材料具有良好的可修饰性能，可通过调节纳米材料表面修饰基团的种类和待处理水样的 pH 来调控纳米材料对目标污染物的选择性吸附，实现高效分离富集。

纳米材料具有优异的光、电、磁等性能，同时具有比表面积大、吸附能力强、反应活性高、催化效率高等特点，可作为污染物的分子识别和信号传导器件，实现污染物的高灵敏传感检测。在纳米金颗粒表面修饰对目标污染物具有选择性吸附作用的官能团，则目标污染物的存在会导致单分散纳米金的团聚，溶液颜色由单分散纳米金的酒红色变为聚集态纳米金的紫色或蓝色，实现目标污染物可视化检测。金、银等纳米材料因其独特的光学和电学性质，成为表面增强拉曼散射检测污染物的优良基底材料。当激光照射在基底表面时，金、银等被激发出表面等离子体，表面激发的电磁场也会大大增强，进而极大地增强吸附在基底表面的分子所产生的拉曼散射强度，可实现单分子检测。纳米材料做基底的表面增强拉曼散射不仅被用于快速检测水果、蔬菜表面的农药残留，还被用于污染物环境转化过程和催化降解机制研究。

2. 纳米材料在污染物去除中的应用

功能纳米材料是污染物的优异吸附剂，被用于水和空气中污染物的高效吸附去除。为提高纳米材料的吸附性能，可对其表面基团进行修饰，改变材料的亲疏水性和对目标化合物的选择性吸附能力，获得更好的污染物吸附去除性能。腐殖酸包覆的四氧化三铁纳米材料对重金属离子具有优异的吸附性能，且具有很好的耐酸碱能力，可用于废水中重金属离子的吸附去除。纳米零价铁已在地下水修复工程中得到应用，是最早得到规模化工程应用的环境纳米材料（Yan et al.，2013）。

纳米材料还可高效催化降解污染物，在环境污染防治中发挥着重要作用。环境功能纳米催化剂可通过光、电或光电催化降解处理工业废水和生活污水等（Alvarez et al.，2018），还可通过热催化处理汽车尾气和对烟气进行脱硫脱硝。纳米材料的小尺寸效应、表面效应、量子尺寸效应均有利于材料催化性能的提高。

尽管纳米材料表现出优异的污染物去除性能，但其规模化工程应用还面临一些关键问题需要解决。首先，纳米颗粒是热力学不稳定体系，需要解决其在使用过程中容易团聚和流失的问题。将纳米簇颗粒负载到毫米级的树脂微球或微孔膜上，不仅能够解决团聚和流失问题，还可产生限域效应，提高吸附和催化性能。其次，要解决纳米材料的规模化制备问题，国内已实现了树脂载氧化锆纳米复合材料的吨级量产，为规模化工程应用提供了保障。最后，纳米材料主要用于微污染物的吸附和降解，在水处理应用中要与传统水处理单元有效耦合，提高处理效率。

16.2　微 纳 塑 料

16.2.1　微纳塑料定义及环境来源

1. 微纳塑料定义与分类

微塑料通常是指尺寸小于 5 mm 的塑料碎片（Thompson et al.，2004）。鉴于小粒径的塑料碎片更加容易被生物体摄食，近年来有学者提出纳塑料的概念。从胶体理化性质以及生态毒理效应角度考虑，大部分学者建议将粒径≤1000 nm 的塑料碎片定义为纳塑料。本书将微塑料和纳塑料统称为微纳塑料。

环境中微纳塑料的种类、形状各异，可根据微纳塑料的不同特征对其进行归类。根据聚合物种类，可分为聚乙烯、聚苯乙烯、聚氯乙烯、聚丙烯、聚对苯二甲酸乙二醇酯、聚酰胺、聚碳酸酯、聚甲基丙烯酸甲酯等微纳塑料。根据形貌特征，可分为颗粒、碎片、纤维、薄膜以及棒状微纳塑料。另外，还可根据微纳塑料的颜色、来源等特征对其进行分类。

2. 微纳塑料的环境来源

微纳塑料在环境中普遍存在，从赤道到两极，从深海沉积物到珠穆朗玛峰均发现有微纳塑料的存在（Stubbins et al.，2021）。微纳塑料的环境来源主要分为原生来源和次生来源。其中，原生来源是指含有微纳塑料颗粒的产品在生产、使用、废弃处置过程中向环境直接释放微纳塑料颗粒；次生来源是指排放到环境中的塑料垃圾，在太阳辐照、机械磨损、化学氧化和生物降解等作用下破碎形成次级微纳塑料颗粒。

1）原生来源

化妆品和个人护理品是环境微纳塑料重要的原生来源。这些商品在使用过程中会不可避免地向环境释放微纳塑料，目前在地表水、海水、污水处理厂废水等介质中均检测到与化妆品中塑料微珠类似的微纳塑料颗粒。另外，医疗产品与工业原料也是环境微纳塑料的原生来源。这些产品在生产、使用、处置过程中也会不可避免地向环境释放微纳塑料。

2）次生来源

次生来源被认为是环境微纳塑料的最主要来源。暴露于自然环境中的微塑料产品和塑料垃圾，在太阳辐照、机械磨损、化学氧化、生物降解等的共同作用下会形成微纳塑料。其中，太阳辐照被认为是微纳塑料产生的关键因素。另外，洗衣机洗涤是纤维状微纳塑料的重要来源，其释放量与洗衣机种类、洗涤温度等条件息息相关。车辆在行驶、制动过程中，轮胎与路面发生摩擦产生大量的轮胎磨损颗粒物。生物降解也是不可忽略的微纳塑料次生来源。例如，细菌通过分泌胞外酶可破坏塑料进而生成微纳塑料。

16.2.2　环境中微纳塑料的分离测定方法

1. 微纳塑料的分离与富集

环境样品中含有丰富的天然有机质、无机颗粒等，其容易附着于微纳塑料表面，使微纳塑料的直接分析测定极为困难。因此，需要采取合适的消解方法去除环境基质，净化微纳塑料，以便后续的分离、富集和测定。微纳塑料环境样品的消解方法主要有化学消解法和酶消解法。化学消解法是指向环境样品中加入某种化学物质并与环境基质发生化学反应，从而去除环境基质干扰，根据所加化学物质的类别可分为酸消解法、碱消解法以及氧化消解法等。酶消解法指利用活性酶水解环境介质中天然有机质的方法，具有高效、不破坏微纳塑料形貌等优点。然而，活性酶的专一性限制了酶消解法的应用范围。通过使用多种酶分步消解样品，可在一定程度上扩大酶消解的应用范围。

人工纳米颗粒的常用分离技术如浊点萃取、流场流分离等也被广泛应用于环境微纳塑料的分离、富集。例如，将浊点萃取法用于分离、富集纳塑料时，纳塑料由于其疏水性而容易进入表面活性剂胶束内部，通过低速离心即可将其与基质分离。另外，基于颗粒物粒径大小分离的场流分离技术是分离人工纳米颗粒的有力工具，也被逐渐用于分离环境微纳塑料。近年来根据微纳塑料特殊的理化性质发展了一些特殊的分离方法。例如，基于疏水性铁纳米颗粒的疏水吸附作用的磁固相萃取技术。

2. 微纳塑料的检测方法

微纳塑料的检测方法主要包括目检法、定性检测和定量检测方法。微纳塑料的目检法是指直接通过肉眼观测或者借助显微镜将微塑料从环境样品中识别并统计的分析方法。基于肉眼观测的可视化检测方法操作简便，并且可同时得到微塑料粒径、颜色及形貌特征等信息，但此方法容易受操作人员主观意识影响，准确性不高。借助显微技术可将可视化检测方法的粒径检出限大大降低，同时增加可视化检测的正确率。例如，利用扫描电子显微镜和透射电子显微镜可检测数微米甚至纳米级的塑料颗粒。将电子显微技术与 X 射线能量色散光谱联用，还可以分析颗粒的元素组成以识别微纳塑料，从而提高检测的正确率。

光谱技术是定性识别微纳塑料的主要方法。其中，傅里叶变换红外光谱技术是目前最常用的环境微塑料定性分析方法，可识别粒径大于 20 μm 的微塑料。使用衰减全反射傅里叶变换红外光谱技术可进一步降低粒径检出限，其理论上可低至 1 μm。拉曼光谱技术是一种基于拉曼散射效应的分子振动光谱技术，具有快速、无损、空间分辨率高（1 μm）等优点，现已被广泛用于微塑料的定性研究。

质谱技术是定量分析微纳塑料的主要方法。目前，常用的微纳塑料质谱分析技术包括热裂解–气相色谱质谱联用技术、液相色谱–串联质谱联用技术、单颗粒电感耦合等离子体质谱联用技术等。其中，热裂解–气相色谱质谱联用技术通过高温将微纳塑料裂解并释放出短链小分子，再用气相色谱质谱进行分离测定，最终通过色谱保留时间和质谱特征碎片定性与定量分析微塑料的主要化学成分及含量。此方法灵敏度高、检出限低，是环境微纳塑料的主要定量方法之一。热解吸–质子转移反应–质谱分析、基质辅助激光解吸/电离飞行时间质谱、热重–质谱联用、热萃取解吸–气相色谱质谱联用等方法在进样量和干扰基质耐受程度等方面具有明显的优势，在一定程度上弥补了热裂解–气相色谱质谱联用技术在大粒径微塑料测定方面的不足。

随着对微纳塑料污染问题重视程度的提高，微纳塑料的分离富集、表征技术得到了显著提高，发展了各式各样的定性、定量分析方法。然而，目前仍存在一些难题亟待解决：采样技术尚未成熟，小粒径微塑料与纳塑料的采集较为困难，并且尚未形成标准化采样方法，进而导致环境调查、数据对比等工作受到极大的限制；土壤等复杂样品的前处理方法依旧缺乏，无法满足定量分析要求；在使用主动采样技术采集大气样品或者膜过滤处理环境水样时，膜与微纳塑料间的吸附作用严重降低了洗脱效率，妨碍了微纳塑料的定量。

16.2.3 微纳塑料的环境行为与效应

微纳塑料的环境行为研究对评估其环境风险具有重要意义。在太阳辐照、机械磨损、生物酶等环境因子作用下，微纳塑料可发生氧化、高聚物解聚、团聚以及分裂等多种物理与化学转化行为。这些转化行为极大地影响了微纳塑料的迁移传输、生物可给性以及生态毒性。

1. 微纳塑料的传输与分布

微纳塑料可通过多种方式在多介质环境中迁移。与金属纳米颗粒相比，微纳塑料的密度相对较小，有利于其在大气中的赋存与长距离输送。此外，这些微纳塑料颗粒可通过干湿沉降的方式进入陆地与水体中。在土壤介质中，微纳塑料颗粒容易吸附在土壤颗粒上，使其在土壤中的迁移较为困难。尽管如此，陆地上的微纳塑料依然可通过雨水冲刷、地表径流汇入湖泊及海洋。

大气中微塑料的分布受众多因素，如高度、颗粒粒径、湿度等的影响。土壤中微塑料的分布受人类活动影响极为显著，例如道路、城市及周边以及曾使用农膜的农田土壤中微纳塑料的含量明显高于其他地方。微塑料进入水体后会随河流、洋流等进行远距离迁移，使微塑料在全球水域中广泛分布。值得注意的是，微塑料在水域中的分布同样受人类活动影响，人口密度大的近海区域中的微塑料明显高于人口密度低的近海区域及远海区域。此外，微纳塑料在环境水体中的具体分布还取决于塑料颗粒与水体的理化性质。微塑料进入海水中后，密度小于海水的微塑料倾向于浮在海水表面（0~0.5 m），而密度较大的微塑料则最终沉积于海底底泥中；浮于海水表面的微塑料在微生物或其他物质的附着作用下密度增大，进而致使其沉降于海底。目前由于纳塑料分析技术尚不成熟，对纳塑料的赋存、分布的研究较少。

2. 微纳塑料的转化行为

微纳塑料在环境介质中存在物理转化、化学转化与生物转化。例如，在高离子强度的海水中，微纳塑料颗粒容易发生团聚；微纳塑料吸附于其他颗粒表面并沉降至水域底泥中。微纳塑料还可以发生如表面官能团的改变、高聚物的解聚以及矿化等化学转化。另外，在微生物的作用下微纳塑料表面可形成生物膜。这些转化行为可影响微纳塑料的理化性质，进而影响微纳塑料的赋存、分布、生物可给性以及生物毒性效应等。

1）物理转化

微纳塑料的团聚行为是影响其在水环境中的迁移、转化、生物可给性的重要因素。微纳塑料的团聚过程通常用胶体稳定性理论进行描述，即胶体颗粒之间存在范德瓦耳斯力与静电斥力，两者之间的相对大小决定了胶体的稳定性。另外，天然有机质、离子强度、pH、光照等对微纳塑料的团聚行为具有重要的影响。一般认为，天然有机质通过吸附于微纳塑料表面产生空间位阻或增大静电斥力，进而促使微纳塑料颗粒保持稳定。相反，环境水体中的无机离子，尤其高价离子，可极大地压缩微纳塑料表面的双电层，最终导致微纳塑料团聚。然而，目前关于微纳塑料团聚行为的研究主要局限于纯水基质以及聚苯乙烯微球等人工合成微纳塑料。

环境介质中存在大量的天然有机质、金属离子、天然表面活性剂以及胞外聚合物等，当这些物质吸附于微纳塑料颗粒表面后可引起微纳塑料表面电荷、亲疏水性等性质的改变，进而影响微纳塑料的赋存与迁移。另外，环境中部分微纳塑料可吸附于大气颗粒物、水体悬浮物以及土壤颗粒等固相上，并最终赋存于土壤与底泥中。

2）化学转化

微纳塑料在多种环境因素作用下发生化学转化，使其表面官能团、结构等发生变化，进而影响其生物有效性。其中，光照可诱导高聚物中化学键的断裂、重排、交联，是自然条件下聚合物发生化学转化的主要原因之一。光照老化过程可促进微纳塑料表面的氧化，生成大量含氧官能团如羟基、羰基、羧基等。其中，羰基官能团（1780～1600 cm^{-1}）与亚甲基基团（1490～1420 cm^{-1}）的吸光度比值，即羰基指数，是评价微塑料老化程度的重要指标。表面官能团的改变会影响微塑料的表面电位以及亲疏水性，从而最终影响其在环境水体中的稳定性以及在土壤中的迁移行为。另外，在宏观角度上，太阳光中的紫外线可使微塑料产生粒径更小的微塑料甚至纳塑料，极大地增加了微纳塑料的环境风险。

3）生物转化

微纳塑料还可在环境生物介导下发生生物转化。其中，以微生物诱导的生物降解过程最具代表性。微纳塑料是微生物的天然良好载体，微生物可吸附于微纳塑料表面，并在其表面形成一层生物膜。同时，表面生物膜为微生物的繁殖提供了适宜的场所，因此生物膜的形成被认为是微纳塑料生物降解的开端。

微纳塑料被动植物摄取后可在生物体内发生进一步转化。不同于水、大气、土壤等环境介质，生物介质中微纳塑料的转化过程主要由生物酶、胃酸、肠道细菌以及胃研磨作用等因素诱导，形成不同形态的次级产物。这些转化产物具有颗粒粒径小、分子量低的特点，更加容易穿透生物屏障，给动植物生长发育带来更为严重的危害。

3. 微纳塑料的生物暴露与毒性效应

大量研究表明，微纳塑料广泛存在于水、土壤、大气、沉积物等各种环境介质中，且在海产品、食盐、牛奶、蜂蜜、啤酒、饮用水等与人体健康密切相关的食品中均检测出大量的微纳塑料。这些微纳塑料颗粒可通过人体消化系统、呼吸系统、皮肤进入体内，造成人体的长期持续性暴露。

微纳塑料对人体呼吸系统、消化系统、组织器官具有潜在的毒性效应。小鼠毒性实验表明，累积在肠道中的微纳塑料会诱导肠道炎症反应、肠道微生物功能紊乱等现象，进而导致组织水肿、炎性浸润，最终导致组织功能异常甚至坏死。从流行病学调查数据发现，长期职业暴露微纳塑料的人群患有间质纤维化、慢性肺炎、肺癌等呼吸类疾病的风险会增加，并且症状随连续暴露时间的增加而明显加重。另外，微纳塑料可通过引发炎症因子、产生活性氧自由基、诱发组胺失衡等方式产生免疫毒性效应。

微纳塑料由于具有分布广、赋存量高等特点可引发一系列生态环境效应。首先，微纳塑料通过物理损伤、堵塞食道、添加剂释放、造成饱腹感等方式使海龟、海鸟等动物受到伤害甚至死亡。此外，微纳塑料可通过根部吸收进入植物体，并干扰植物的生长。微纳塑料可为微生物提供良好的繁殖场所，是微生物在江、河、湖、海中传播的重要媒介，影响着微生物的分布结构。另外，微纳塑料可通过疏水作用吸附大量的有毒有机污染物，如多环芳烃、多氯联苯、有机氯杀虫剂等，从而影响这些污染物的迁移、转化和生物有效性。

习　题

1. 天然有机质如何影响水环境中纳米材料的生成和转化？
2. 影响纳米材料生物毒性的主要环境因素有哪些？选择一种因素，举例说明。
3. 纳米材料的主要环境应用有哪些？其污染治理应用面临的主要技术难题是什么？
4. 环境微纳塑料的检测方法有哪些？

第 17 章　病毒与抗性基因的环境传播及其环境化学问题

环境中的病毒或微生物污染可严重危害人类健康。环境中的致病病毒可导致疾病传播，甚至区域性或全球性地蔓延。深入理解病毒在生态环境中的行为，是应对传染性致病病毒有效监测和防控的基础。抗生素是人类预防和治疗细菌性传染疾病最重要的药物，大量抗生素的使用导致现代环境中抗生素耐药性流行，深入认识环境中抗生素抗性基因分布规律、传播、污染形成机制及消除技术，是有效控制抗生素耐药性的生态与健康风险的关键。

17.1　病毒及环境病毒学

17.1.1　病毒

病毒是含有遗传物质的传染性病原体，是一种介于非生命与生命之间的寄生实体。单个病毒颗粒非常小，尺寸处于纳米级别，大多数病毒在传统光学显微镜下不可见。病毒无细胞结构，其自身不进行分裂，也无代谢活动。但是，病毒可以感染生物细胞，包括细菌、真菌、植物、动物等。感染后的病毒依赖宿主细胞完成自身的复制。病毒主要由核酸和蛋白质组成。病毒的核酸物质被蛋白亚基包围，这些蛋白被称为衣壳，核酸物质与衣壳共同构成核衣壳；有些病毒在核衣壳外，与来自宿主的脂质和糖蛋白共同构成的包膜称为病毒包膜。病毒的分类一般可依据病毒所含的核酸类型（DNA 和 RNA）以及核酸的单链或双链等特征；也可依据结构上是否有包膜覆盖，分为非包膜病毒和包膜病毒（图 17-1）。例如，可引起脊髓灰质炎的脊髓灰质炎病毒（poliovirus）（一种 RNA 病毒），可引起感染性腹泻的诺如病毒（norovirus）（一种非包膜病毒）。进入 21 世纪以来，多次引起全球流行性疾病的多种冠状病毒均为包膜 RNA 病毒，包括 2002 年引起严重急性呼吸综合征（SARS）的严重急性呼吸综合征冠状病毒（SARS-CoV-1），2012 年引起中东呼吸综合征（MERS）的中东呼吸综合征冠状病毒（MERS-CoV），以及 2019 年引起全球性新型冠状病毒感染的严重急性呼吸综合征冠状病毒 2（SARS-CoV-2）。

某种病毒的起源时间、地点和发展过程很难追溯。现代病毒被认为是由多种来源的核酸碎片拼接组合形成的，来源极其复杂。因此，从病毒源头或者进化阶段对致病病毒进行根源性防治非常困难。除了直接的人传人的方式，病毒也可通过环境介质进行传播。

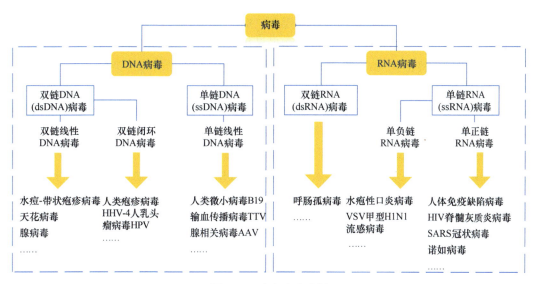

图 17-1　病毒分类举例

通过研究病毒在环境中的生存和传播途径，有助于疫情防控，也逐渐产生了对环境中病毒的存活、传播和特性等方面的研究需求。

17.1.2　环境病毒学

环境病毒学（environmental virology）主要研究病毒在生态环境中的行为，包括生存、繁殖、进化、传播等。环境病毒学也是对病毒进行有效的环境监测和防治病毒环境污染理论基础。环境病毒学常常被认为是病毒学或分子生物学的分支。此外，环境病毒学的研究还涉及环境科学、免疫学、流行病学、公共卫生等多个学科，是一个多学科交叉的研究领域。环境病毒学是一个年轻的学科，其起源于 20 世纪 40 年代对脊髓灰质炎病毒的研究。脊髓灰质炎病毒是一种可以通过粪–口传播的肠道病毒，研究人员通过向猴子注射病毒污染污水来分离病毒，并以此为契机，发展了细胞培养的方法来检测水体中的致病病毒。伴随病毒污染的水体和食物引发的多次公共卫生事件，环境病毒学所研究的环境场景在不断拓宽，研究技术也在迅速发展。目前环境病毒学的研究对象仍集中于致病或有害病毒，涉及的环境介质逐渐拓展到水体、土壤、大气、食物、动物、生物排泄物等。

17.2　病毒的环境传播

17.2.1　病毒的环境传播途径

病毒传播方式多种多样，包括性传播、母婴传播、咬伤传播等直接传播，也包括传播媒介介导的间接传播。病毒传播的环境媒介包括空气、水体、土壤、食物、物体表面等。病毒依赖宿主进行复制和存活，因此，病毒最初是通过宿主行为释放进入环境介质（如通过口腔飞沫和排泄物等），继而通过环境媒介进行传播。当病毒感染者说话、打喷嚏、咳嗽时，病毒会通过口腔飞沫进入环境，其中一些较大的飞沫颗粒会在较近距离处沉降，停留在食物及静物表面，而一些较小的含有病毒的飞沫颗粒，则会随着空气气流进行较长距离的传播，一部分病毒因此进入空气并扩散，另一部分病毒可能最终沉降在物体表面。感染者体内的病毒也会通过排泄物进入污水处理系统，如果污水处理不当，病毒可能会随着污水进入自然水体中。此外，污水气溶胶中的病毒可能通过有缺陷的下水管道和通风系统，进一步造成空气污染。土壤和沉积物也可受病毒污染，来源可能是接触受病毒污染的水体，以及感染者排泄物的直接排放。对于食物，除了表面可能被病毒污染外，一些可食性生物本身也是病毒宿主，病毒随着这些污染食物的生产、运输、食物加工等过程，进行环境传播。病毒通过环境传播多次造成大规模感染甚至全球大流行。例如，脊髓灰质炎流行病，就是污水中的脊髓灰质炎病毒通过粪–口或手–口传播并感染宿主，引起流行性疾病。对广泛关注的 SARS-CoV-2 而言，多个紧急公共卫生案例已经证明，在同一密闭空间中，如影院、机舱、公寓等，阳性感染者可导致同一密闭空间的人群通过气溶胶或表面传播而感染。

进入空气中的病毒颗粒（依附于气溶胶、灰尘、悬浮颗粒物等），可通过呼吸道系统进入宿主体内造成感染。空气、土壤、食物及静物表面的病毒，可能通过宿主触摸、手-口等途径导致病毒与宿主的黏膜系统结合或进入消化道系统，造成宿主感染。病毒污染的水体在宿主日常活动中可能通过饮用或食用等方式进入宿主体内并造成感染。若在食用前消毒处理不当，尤其在生食习惯下，可能直接造成宿主食用感染。一些可食用生物在生产、运输、加工等过程中，可能会造成职业人群的感染。总之，病毒通过环境媒介进行传播，在环境媒介接触宿主的各种各样的途径下，造成感染（图 17-2）。但是，只有当环境媒介中的病毒具备感染活性且保持一定的病毒载量时，才可造成感染。病毒在环境媒介中的稳定性受到各种环境因素的影响。因此，环境因素从一定程度上决定了某类病毒通过环境媒介的传播和感染行为。

17.2.2　病毒环境传播的影响因素

不同的传播媒介和传播方式，决定了病毒的感染性和人体对病毒的易感性，其中环境因素起到了关键影响作用。由于病毒无法离开宿主而长期稳定存活，在环境媒介中，其感染能力逐渐衰减。影响病毒稳定性的主要因素包括温度、相对湿度、光线、pH、表面物理特征等。对于大多数病毒而言，高温和干燥的环境不利于病毒的长期存活，但不同类型的病毒对环境条件的耐受程度存在较大差别。针对 SARS-CoV-1 和 SARS-CoV-2 在空气及不同材质物体表面的稳定性对比研究结果表明，SARS-CoV-1 和 SARS-CoV-2

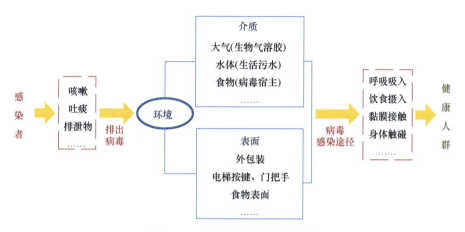

图 17-2 病毒的环境传播示意图

在空气中的存活时间可以持续数小时至数天，且相比于粗糙表面（如粗糙纸质表面），病毒在不锈钢和塑料表面的存活时间更长。但值得注意的是，这两种冠状病毒在同样光滑的铜板表面，其存活时间比粗糙纸质表面短，提示了表面材料的物理性质和化学性质均对病毒稳定性产生影响。相比之下，诺如病毒抵御环境影响的能力更强，可耐受低温、高温、高浓度氯剂等，在环境中的存活时间也更长。

目前，关于致病病毒的环境行为，尤其是环境传播影响因素和稳定性衰减特征的研究数据仍然不足，这很大程度上受限于对环境中病毒及其活性的实验条件、实验材料、分析方法、检测技术等。例如，出于安全考虑，病毒在不同环境条件下的行为特征研究，需要在生物安全级别等级 3 及以上的实验室进行，而配备该级别生物安全实验室的研究机构并不普遍；出于实验安全考虑，需要使用替代病毒或假病毒开展相关实验，这会导致实验结果无法准确反映真实病毒的实际特征；从预防病毒环境传播的角度开展环境病毒学研究时，需要对环境中相对低含量的致病病毒的活性和载量进行灵敏且有效的收集与检测，而相应的材料和技术仍亟待开发。尽管如此，目前已经发展的多种病毒分析和检测技术奠定了环境病毒学的发展基础。

17.2.3 病毒环境传播的典型实例

1. 天花病毒

天花病毒（variola virus）是一种古老的 DNA 病毒，属于正痘病毒属。天花病毒感染导致的传染性疾病天花（smallpox），被称为"人类历史上规模最大的种族屠杀"。天花病毒分大、中、小三种，其中最常见，也是感染后死亡率最高的就是大天花病毒，感染后死亡率约为 30%。天花病毒在植入口咽部或呼吸道黏膜后就会发生感染，只需要少量病毒就可达到感染剂量，感染者唾液中的天花病毒可进一步通过生物气溶胶进行传播。宿主也可通过直接接触或间接接触疱疹、结痂后脱落的痂皮、飞沫等污染的物品感染天花病毒。

到目前为止，天花仍然没有有效的治疗手段，通常使用支持疗法对感染者进行治疗，给其补给充足的营养、水分等，必要时也会使用抗生素，以预防可能发生的细菌感染。感染天花的患者必须被隔离至痊愈，在此期间患者使用、接触过的所有用具及其呼吸道分泌物、脓疱渗出物等都要经过严格的消毒程序。尽管无法治疗，但疫苗接种（种痘）可以起到预防天花的作用。

2. 脊髓灰质炎病毒

脊髓灰质炎病毒是一种 RNA 病毒，主要有三种亚型，能够引发脊髓灰质炎，俗称小儿麻痹症。人是脊髓灰质炎病毒唯一的天然宿主，对脊髓灰质炎普遍易感，感染可发生在全年，以夏季居多。感染后的患者95%表现为无症状或流感症状，少数发病时表现为肌肉疼痛、肌肉痉挛，随后发展为下肢松弛无力，偶有病例可发展为急性脑炎。大多数经历脊髓灰质炎后可产生新的脊髓灰质炎后综合征。脊髓灰质炎病毒感染力极强，主要经粪-口传播的方式进行传染，也可通过飞沫直接传染。脊髓灰质炎病毒感染患者的唾液和粪便中均可检出病毒，可随着病人排泄物进入环境，导致环境传播和人群感染。

目前尚无有效药物用于治疗脊髓灰质炎可能引起的瘫痪症状。临床上以支持治疗为主，愈后应及早开始锻炼以防止肌肉萎缩。对于严重的畸形，也可手术进行矫正。幼儿可注射脊髓灰质炎灭活疫苗或口服减毒活疫苗进行预防。

3. 带状疱疹病毒

带状疱疹病毒一般指水痘-带状疱疹病毒（VZV），是一种普遍存在的 DNA 甲型疱疹病毒。带状疱疹病毒只感染人类，没有动物宿主，分原发感染水痘和复发感染带状疱疹两种类型，属于自限性疾病。感染者一般可在两周内痊愈，水痘痊愈后会获得终身免疫，但并不能阻止带状疱疹的发生。带状疱疹病毒具有高度的传染性，大多数病毒来自皮肤并高度集中在皮肤表面的水泡当中，水泡破裂会增大感染概率。水痘患者的汗液中也可携带 VZV。VZV 可在空气中存活达到半小时左右，对高温、干燥等不耐受，条件适宜可在宿主外存活1~2 d，可通过飞沫吸入、直接接触等方式感染。

目前，注射水痘-带状疱疹免疫球蛋白（VZIG）或高效价的 VZV 抗体制品，以及接种水痘疫苗等都是有效的预防手段。感染后服用阿昔洛韦或其他抗病毒药物也是有效的治疗手段。

4. 诺如病毒

诺如病毒又称诺瓦克病毒（NV），是一种无包膜的 RNA 病毒，也是第一个被证实可以导致胃肠炎的病毒病原体。诺如病毒感染在全球范围内流行，全年均可发生感染，寒冷季节多发。病毒在环境中耐受力较强，表现出对冰冻、60℃加热、氯气消毒、酸性条件、酒精、高糖等条件的耐受，只需 100 个病毒颗粒便可造成感染。部分感染者表现为无症状，但具备感染能力。诺如病毒感染主要表现为自限性疾病，只有少数病例会发展成重症甚至死亡。

诺如病毒的感染途径有多种，依靠生物气溶胶进行的粪–口传播、直接接触或吸入被污染的空气等是大多数集中性感染和散发性感染的主要原因，此外，食用受污染的食品或水也会造成感染。

针对诺如病毒目前尚无疫苗或特效药物，主要依靠非药物性措施进行预防，包括对环境的消毒、食品和饮用水的安全管理等措施。

5. 流行性感冒病毒

流行性感冒病毒简称流感病毒，是正黏病毒科（*Orthomyxoviridae*）的代表种，是一种 RNA 病毒，分为甲、乙、丙、丁四种类型。人流感主要是由甲、乙、丙型流感病毒引起的，其中甲型流感病毒经常发生抗原变异，又可进一步分为 H1N1、H5N1、H7N9 等亚型（其中 H 和 N 分别代表流感病毒表面两种糖蛋白）。传染源主要是病患及隐性感染者（包括无症状感染者与处于潜伏期的感染者），被感染的动物如猪也是传染源。宿主主要通过吸入带流感病毒的飞沫感染，少数也可通过共用毛巾、水杯等物品间接接触感染。

在流感季节，含有流感病毒 RNA 的颗粒足够小，所以可以在空气中停留较长时间、分散到环境中被吸入呼吸道。这些结果支持了在季节性流感或流感大流行高峰期间流感病毒发生空气传播的可能性。

目前可以通过接种流感疫苗有效预防流感病毒导致的流行性感冒，保障饮食安全、注意个人卫生、提高抵抗力等方式也可以预防感染。

6. 冠状病毒

冠状病毒属套式病毒目（*Nidovirales*）冠状病毒科（*Coronaviridae*）冠状病毒属，是一类具有包膜的 RNA 病毒，拥有目前已知 RNA 病毒中最大的基因组，在复制过程中易发生重组事件，是自然界广泛存在的一类病毒。到目前为止，共发现 7 种可感染人类的冠状病毒，包括 HCoV-229E、HCoV-OC43、HCoV-NL63、HCoV-HKU1、SARS-CoV-1 和 MERS-CoV，以及 2019 年出现的 SARS-CoV-2。21 世纪以来，冠状病毒因多次引起全球公共卫生事件而备受关注。SARS 是由 SARS-CoV-1 引起的病毒性呼吸道疾病。冠状病毒会引起人的呼吸道和肠道感染，通过呼吸道分泌物和排泄物排出体外，依附口腔飞沫、空气、水、物体表面等介质传播，通过呼吸、接触、饮食等途径造成感染（张雨竹等，2020）。冠状病毒一定时间内可以在环境中保持感染活性，但是对环境因素敏感，高温、紫外线、来苏水、75%乙醇等都可以对其进行灭活。

目前市场上已出现多款抗 SARS-CoV-2 感染的疫苗，且已进行大规模接种，但 SARS-CoV-2 的不断变异，对已有疫苗的有效性提出挑战。COVID-19 局部暴发的案例持续出现，说明 SARS-CoV-2 的传播和感染仍然存在，坚持个人防护、提高自身抵抗力等行为对预防 COVID-19 仍然十分必要。

17.3　环境病毒的分析技术

从病毒的结构出发，主要通过分析核酸、蛋白质、颗粒对病毒进行检测，此外，还可以通过病毒的感染特性，对病毒及其活性进行分析。对实际环境中的病毒进行分析之前，首先需要从环境样品中对病毒进行收集和提取。

针对不同环境中的病毒，对应不同的采集方法。对于物体表面的病毒，多采用直接擦拭的方式进行原位收集；对于空气中的病毒，一般通过大气采样器和功能膜对空气中含有病毒的颗粒进行收集；对于水和土壤，一般采用直接取样的方式，收集原始环境样品（Yao et al.，2021）。样品采集过程中需要避免器具污染以及人体接触感染，采集后及时密封，低温条件运输至规定等级的生物安全实验室进行处理和研究。由于环境中的病毒量通常较低，在进行分析前需要进行预处理。预处理的过程主要涉及以下步骤：提取、灭活、净化、浓缩。值得注意的是，擦拭采集静物表面病毒以及膜技术采集空气和水体中的病毒时，实际上已经对环境样品中的病毒进行了初步的浓缩处理。

17.3.1　病毒核酸的分析技术

通过对病毒核酸物质进行扩增对低浓度病毒进行定性或定量检测，这是目前使用最广的病毒核酸检测方法，主要包括变温扩增技术以及等温扩增技术。变温扩增的典型技术包括 PCR、反转录-PCR（RT-PCR）、反转录实时定量 PCR（RT-qPCR）、微滴式数字 PCR（ddPCR）。由于变温扩增技术需要精准的变温循环，对核酸扩增效率和检测时效来说是一个挑战，因此发展出了等温扩增技术。传统等温扩增的典型技术包括滚环扩增（RCA）、核酸序列依赖的扩增（NASBA）、环介导等温扩增（LAMP）和重组酶聚合酶扩增（RPA）。通过对原始病毒样品的核酸物质进行扩增来分析病毒，可有效提高对低浓度病毒分析的灵敏度。但是这类技术的普遍缺点是过程烦琐、对实验操作人员的专业要求高、实验条件苛刻、可能造成环境污染、实验室间结果比对困难等。近些年，逐渐发展了多种新型核酸检测技术，例如，成簇的规律间隔的短回文重复序列（CRISPR）技术以及核酸杂交技术，相对于传统技术，其在病毒分析的特异性、稳定性、效率、成本、步骤复杂程度等方面有显著提升。此外，测序也是分析病毒核酸的一种重要方法，这种技术可以对环境中的目标病毒进行大规模筛查，同时可以进行"非靶标"的病毒分析，获得更为全面且可回顾分析的环境病毒分析结果。

17.3.2　病毒蛋白的分析技术

针对病毒蛋白的分析技术，大多应用了基于抗体-抗原反应的免疫学原理。ELISA方法使用范围最为广泛，这得益于其操作简便且实时分析的技术特点，其分析目标包括病毒特异性抗体、抗原、激素等。基于纳米材料的横向流动免疫分析（LFA）技术是一种非专业人员可操作的可视化的一步免疫分析方法，作为即时检测（POCT）技术得到了较为普遍的商业化开发，但其灵敏度和重现性一般较差。此外，可以使用高通量、高灵敏度的质谱技术对病毒蛋白进行分析，通过分析病毒结构中的多种生物分子，如蛋白质、多肽和寡核苷酸，实现目标检测和疑似病毒的分析与筛查。质谱技术分析病毒的优势在于其高通量、高内涵的技术特点，但是当前的质谱分析技术对病毒浓度有一定要求，尤其针对环境样品中的低含量病毒，需要在样品前处理中对病毒进行高效的富集和净化，进而保证质谱的有效分析。

17.3.3　病毒颗粒的分析技术

对于病毒颗粒进行分析的前提是不破坏病毒结构的完整性。利用电镜技术可以对病毒结构和形态进行可视化分析，该技术包括传统的电子显微镜（EM）、免疫电子显微镜（IEM）、冷冻电子显微镜（cryo-EM）。通过电子显微镜技术可直接可视化解析病毒的结构和形态，但其主要缺点是灵敏度较低。原子力显微镜也是一种可视化病毒分析技术，可以对病毒表面的分子状态和特征进行分析。利用抗原-抗体免疫反应，通过捕捉并分析病毒颗粒表面蛋白，研究者发展了新的病毒颗粒检测技术。例如，对材料进行抗体修饰后，可特异性捕捉 SARS-CoV-2 的表面蛋白，然后通过抗原-抗体结合后的信号变化，对病毒颗粒进行分析的生物传感器技术；通过特异性抗体对石英传感器表面进行功能化修饰的石英晶体微天平（QCM）技术；以及对单个病毒颗粒分析的改进的流式细胞仪技术。

17.3.4　病毒活性的分析技术及集成化分析方法

细胞培养技术从诞生之初至今，仍然是病毒活性分析的金标准，但其只能应用于可以进行细胞培养的活病毒的检测。此外，细胞培养方法对实验条件和操作流程的规范性要求很高，若想要得到更为可信的实验结果，需要对悬浮培养基、初始接种量、环境温度、相对湿度等多种因素进行控制，否则会对实验结果造成影响。若要使用细胞培养技术对环境中的活病毒进行分析，首先需要能够采集到足够量的活病毒，这对环境病毒采样材料和技术提出了新的要求。目前除了细胞培养的方法外，暂时没有更为可靠有效的活病毒分析技术。

新型集成化分析技术的产生是为了能够简化环境病毒的采集、处理、分析流程，对各个流程所需的技术进行集成和一体化。例如，通过将气溶胶采样设备、微流控通道、纳米检测技术进行整合，开发环境病毒的实时在线分析的集成化设备，以应用于实时环境监测。此外，微流控芯片技术在集成化分析技术领域也有很大的发展空间。集成化技术的发展需求包括简化环境病毒分析步骤、节约技术成本、现场在线分析、高通量实时监测。

17.4　病毒环境传播的预防与控制

持续发展病毒分析的材料和技术，以及深入研究致病病毒的环境行为，将极大提升对病毒环境传播防控的有效性。从环境病毒学的角度，开展以下方向的研究可为环境病毒的有效防控提供依据：①深入解析致病病毒的结构、理化性质、感染机制，研发特异且无害的病毒消杀试剂和技术。在疫情下，虽然人们有意识进行环境消杀工作，但普遍存在消杀过度的情况，且使用的消杀试剂仍然以传统的氯剂、乙醇、乙醚等为主，长期大范围过度使用这些化学消毒剂，有可能会对人体健康和生态环境造成伤害。②通过发展新技术，对环境病毒进行定量分析，研究病毒活性衰减特征，明确能够造成生物体感染的最低病毒量。结合病毒的感染途径，有针对性地制定相关保护标准，例如对污水、土壤、空气的消毒技术和效果设立规范，对环境中的病毒浓度设立安全阈值，结合病毒衰减特征制定消杀计划。③通过发展新技术，对环境病毒进行实时在线监测与大范围筛查。已有研究表明，生活污水中的病毒含量与当地受病毒感染的病例数量之间存在一定的相关性。因此，通过对环境病毒的监测，可以提前主动探究环境病毒传播和传染现状，而无须被动等待临床报告病例；无须进行复杂且庞大的个体病毒感染排查，而是通过环境病毒监测排查潜在感染区域；可以与临床诊断数据相结合，预测环境病毒传播及传染范围。④开发更为安全的个人防护用品。在预防疫情的过程中，通常需要长期佩戴口罩、面罩等个人防护用品，因此，需要进一步开发有效阻隔病毒、适合长期佩戴、健康无害的防护材料。⑤接种疫苗。当前病毒学和生物医学高速发展，科学家不断开发稳定、高效、经济的疫苗来帮助对抗病毒感染，接种疫苗相当于在人体自身免疫系统基础上特异性增强对抗病毒的能力，因此应该正确对待并及时接种疫苗，对自己和他人负责。⑥个人防护。病毒通过环境传播并感染人类的多种途径中，最主要的是呼吸和经口感染，因此在对环境进行消杀和预防的同时，应该注重个体卫生，培养健康的生活习惯，提高免疫力，守住病毒侵染的最后一道防线。

17.5 环境中的抗生素抗性基因

17.5.1 抗生素概述

1. 抗生素的定义与分类

抗生素是指由生物（主要是微生物，也包括动物、植物）在其生命过程中合成的具有抗病原体或其他活性的一类次级代谢产物，能干扰其他细胞功能和发育的一类化学物质。20 世纪 30 年代，英国细菌学家弗莱明发现了人类历史上最早的抗生素——青霉素。随后，抗生素被广泛用于细菌性传染疾病的预防和治疗。

抗生素化学结构极其丰富。大量化合物具有杀菌和抑菌活性，但由于绝大多数毒性较高，不能用作人类或动物的治疗药物。根据抗生素化学结构，可以分为 β-内酰胺类、喹诺酮类、氨基糖苷类、大环内酯类、四环素类等。按照抗生素的抗菌谱，可分为广谱类抗生素（如四环素等）和窄谱类抗生素（如青霉素主要作用于革兰氏阳性球菌）。按照抗生素的作用机制，可分为抑制细菌细胞壁合成型、干扰蛋白质合成型以及抑制核酸的复制和转录型等。按照抗生素的生产方式，可分为生物合成抗生素（如青霉素）及化学合成或半合成抗生素（如喹诺酮）。半合成抗生素是在生物合成得到的抗生素基础上再使用化学、生物或生化方法改造其分子结构（葛顺等，2012）。根据抗生素的临床使用等级又可分为非限制使用级、限制使用级和特殊使用级。

2. 环境中抗生素的来源

自然环境中存在大量的能合成抗生素的微生物，例如土壤中链霉菌可以合成链霉素。然而，环境中自然来源的抗生素水平低，多数情况低于抗生素分析方法的检测限。

环境中的抗生素污染主要是由于人类对抗生素的大量生产和广泛使用。《美国国家科学院院刊》上发表的数据表明，2000～2015 年全球抗生素使用量增幅高达 65%，每 1000 位居民的抗生素日使用量增幅高达 39%；预测 2030 年的抗生素全球使用量将比 2015 年提高近 3 倍（Klein et al.，2018）。我国抗生素产量和使用量均居全球首位，中国科学院广州地球化学研究所的研究显示，2013 年中国抗生素使用总量约是 16.2 万 t，其中 52%为兽用抗生素。抗生素的污染源包括制药厂、污水处理厂、医疗机构、畜牧养殖场、水产养殖场等，经污水排放、固废处理、大气传播等多种方式进入周边环境，导致严重的抗生素污染，如图 17-3 所示。

17.5.2 抗生素的生态与健康风险

抗生素一般对人和高等生物的毒性效应较小。环境中抗生素的水平低，如饮用水中

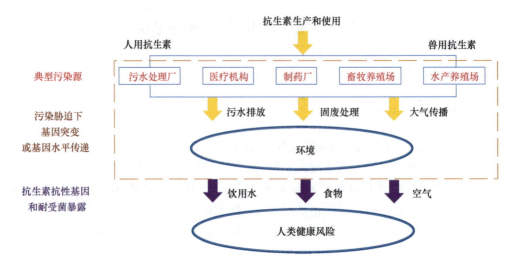

图 17-3　抗生素及其抗性基因污染和健康风险

持久性抗生素一般在 ng/L 水平，制药厂污染的水井中抗生素在 mg/L 水平，并不能对人体产生明显的毒性效应。使用定量结构–活性关系和毒理学数据评价了 226 种抗生素的水生生态风险，发现约 16%的抗生素对大型溞的半数效应浓度（EC_{50}）小于 0.1 mg/L（毒性极强），约 1/3 的抗生素对实验的鱼类有较高的毒性（Sanderson et al., 2004）。

抗生素污染会影响环境中的微生物群落结构和功能。有研究发现，红霉素对水体中的反硝化细菌具有抑制作用，从而影响了水环境中的氮循环过程。更为重要的是，抗生素的使用诱导产生抗生素耐受细菌（ARB），导致抗生素耐药问题日趋严重。研究鲑鱼养殖场中的微生物，发现抗生素使用导致抗生素耐受微生物比例提高。大量实验表明，人类致病菌可以从环境中获取抗生素耐药基因并不断传播，导致抗生素的临床使用剂量不断增加甚至失效。

17.5.3　抗生素耐药性概述

抗生素耐药性是指部分微生物（尤为病原微生物）对原本敏感的抗生素产生高度耐受的特性，可分为内在抗性和获得性抗性。内在抗性是指某些微生物的天然或固有抗生素耐药属性，其细胞内有抵御抗生素的结构或代谢物，例如链球菌细胞壁含有隔离氨基糖苷类抗生素的物质。获得性抗性与微生物携带的基因遗传信息的改变相关。抗生素抗性基因（ARGs），又称为抗生素耐药基因，是微生物中能表达对抗生素耐药性的可遗传基因序列，位于微生物基因组中或者质粒、整合子等可移动基因元件上。

世界卫生组织将细菌耐药性作为 21 世纪危及人类健康的最严峻的挑战之一。据统计，欧洲每年有超过 33000 人死于耐药病原菌引起的感染；美国每年约有 280 万人感染抗生素耐受的致病菌，导致超过 35000 人死亡。由于抗生素耐药问题，临床治疗需要频繁使用昂贵的特殊使用级抗生素，平均住院时间从 6.4 d 延长到 12.7 d。我国政府于 2016 年也制定了《遏制细菌耐药国家行动计划（2016—2020 年）》，旨在积极加强抗菌药物的管理，遏制细菌耐药问题进一步恶化。

17.5.4　抗生素耐药机制

抗生素抗性基因有 7 种不同的抗生素耐药机制，主要包括外排机制（efflux）、灭活（inactivation）或钝化机制、改变作用靶点、降低细胞壁或细胞膜的通透性、作用靶点保护机制等。抗生素外排泵系统是最为普遍的细菌抗生素耐药机制。抗生素被吸收后，耐受细菌针对靶向抗生素表达转运蛋白，将抗生素排出细胞、降低抗生素的胞内浓度。人类致病菌如金黄色葡萄球菌、铜绿假单胞菌等可通过该机制对四环素、大环内酯等多种抗生素产生抗性。抗生素灭活或钝化机制是细菌具有针对靶向抗生素的降解酶或钝化酶，改变抗生素的化学结构。目前发现的抗生素灭活酶包括 β-内酰胺酶、氨基糖苷类钝化酶、氯霉素乙酰转移酶等。通过基因突变或酶修饰改变抗生素作用靶点（如核糖体或核蛋白）的结构，使抗生素与其作用靶点结合不紧密甚至不结合。例如，耐甲氧西林的金黄色葡萄球菌中 MecA 基因可表达修饰的 PBP2a 蛋白，使其在甲氧西林胁迫下仍能完成肽聚糖的合成。细菌通过改变外膜孔通道蛋白合成、结构等特性，降低对抗生素的吸收效率。例如，抗生素胁迫下大肠杆菌 MarA 基因编码的激活蛋白因子高表达，引起外膜孔通道蛋白合成下调。

17.5.5　抗生素耐药基因的分类

目前，抗生素抗性基因数据库有抗生素耐药基因数据库（ARDB）、抗生素耐药综合数据库（CARD）等。ARDB 是最早的抗生素抗性基因数据库，收录了 4554 条非冗余的抗生素耐药性相关的蛋白序列，目前已停止更新。CARD 是一个综合抗生素抗性数据库，目前收录了 4973 条抗生素抗性基因参考序列，数据仍在不断更新。香港大学研究团队整合 ARDB 和 CARD 的数据库和分析方法，并新纳入了 NCBI-NR 数据库中的 ARGs 序列，开发了抗生素抗性基因的在线分析平台（ARGs-OAP）。

抗生素抗性基因可以根据抗生素耐药机理分类。按照抗药图谱，抗生素抗性基因可分为多重抗性基因和特异性抗性基因，特异性抗性基因是只针对某一特定类型的抗生素表达抗性的基因。根据基因抗性相关的抗生素的分类如下。

四环素类抗性基因：四环素类抗生素主要的作用靶点是细菌核糖体 30S 亚基，干扰细菌的蛋白合成过程。四环素类抗性基因以外排机制为主，编码四环素外排转运蛋白的基因超过 40 多种，包括 MepA、TetA、TetC、TetE、TcmA、OtrB、Tcr3 等。此外，还有核糖体保护蛋白基因（*TetM*、*TetO*、*TetQ*、*TetW*、*Tet34* 等），*TetX*、*Tet37* 等基因可以表达四环素类抗生素的氧化还原酶。

β-内酰胺类抗性基因：*β*-内酰胺类抗生素是使用最广泛的广谱类抗生素，通过抑制胞壁黏肽合成酶活性阻碍细胞壁黏肽合成，使细菌胞壁缺损、菌体膨胀裂解。细菌对 *β*-内酰胺类抗生素的主要耐药机制是酶失活或钝化，有 70 多种不同基因亚型表达 *β*-内酰胺酶，包括 *ACC-2*、*Bl_AER-1*、*Bl2a_1*、*Bl2d_OXA*、*Bl3_SHW* 等。此外，*MecA* 等基因表达经修饰的 PBP2a 蛋白，通过改变 *β*-内酰胺的作用靶位点而取得抗性。

喹诺酮类抗性基因：喹诺酮类抗生素是人工合成的含 4-喹诺酮结构的药物，以细菌的脱氧核糖核酸为靶点，干扰 DNA 回旋酶的活性。喹诺酮类抗性基因主要包括 *MdtK*、*QepA* 等编码喹诺酮外排转运蛋白，*MfpA*、*QnrA*、*QnrC* 等表达的蛋白产物可以和喹诺酮类抗生素结合，是一种抗生素靶点保护的耐药机制。

氨基糖苷类抗性基因：氨基糖苷类抗生素是由氨基糖与氨基环醇连接而成的苷类抗生素，可以抑制细菌蛋白合成。氨基糖苷类抗性基因主要是抗生素失活或钝化机制，包括氨基糖苷乙酰转移酶基因 *Aac3I*、*Aac6I* 等，氨基糖苷腺苷酸转移酶基因 *AadA2*、*AadA6*、*AadD*、*Ant* 等，氨基糖苷磷酰转移酶基因 *Aph33IA*、*AphD*、*Aph4IB* 等。

大环内酯类抗性基因：大环内酯类抗生素通过阻断 50S 核糖体中肽酰转移酶的活性来抑制细菌蛋白质合成。大环内酯类抗性基因主要包括：*MphA*、*MphB* 等编码大环内酯磷酸转移酶；*EreA* 基因表达红霉素酯酶；*ErmC*、*ErmE* 等基因表达红霉素甲基化酶；*GimA*、*OleD* 等基因表达大环内酯糖基转移酶，都是抗生素失活机制。

万古霉素类抗性基因：万古霉素是一类糖肽类抗生素，所谓的临床治疗中的最后一线抗生素药物，通过干扰细胞壁的合成来抑制细菌的生长和繁殖。万古霉素类耐药基因包括 *VanA*、*VanB*、*VanG*、*VanZ* 等，其机理均是通过表达连接酶用于合成 D-Ala-D-Ala，D-Ala-D-Ala 可以作为替代基质合成肽聚糖，从而消除万古霉素对细胞壁合成的抑制。

17.5.6 抗生素抗性基因的研究方法

1. 基于微生物分离和培养的研究方法

该类方法是将微生物从不同的环境介质中分离并培养，再通过药敏实验确定可培养微生物的抗生素抗性表型。常见的药敏实验主要有纸片扩散法、抗生素浓度梯度法、利用自动化仪器（如 BD Phoenix、Vitek 2 等全自动微生物分析仪）等。光学检测技术可提高药敏检测效率，例如利用大肠杆菌内的酶可分解新型 MI 培养基中的荧光物质并在紫外光下显示蓝色特点，快速测定蓝色菌株数目并判断其抗生素耐受水平。微生物培养法的优点是，分离得到纯菌株有助于研究其生理生化特征，可以建立抗生素耐药表型和基因型间的关系，深入研究耐药机理。然而，由于现有的微生物培养技术的不足，环境中仍有约99%的细菌不能被分离和培养。

2. 基于PCR技术的抗生素抗性基因检测方法

PCR技术具有简单、快速、灵敏、准确、特异性高等优点。普通PCR技术可用于抗生素抗性基因的定性分析，也可以与微生物培养法结合检测抗生素耐受菌携带的抗性基因。定量PCR（qPCR）技术也可不依赖微生物培养，直接分析环境样品DNA提取物中的抗生素抗性基因，可以准确估计复杂环境样品中抗生素抗性基因的水平，探索环境中抗生素抗性基因的迁移和传播规律。然而，PCR技术极大地依赖引物设计，且一次只能检测有限数量的抗生素抗性基因，显然对于多样性高的抗生素抗性基因有分析通量不足的缺点。针对这一问题开发的定量PCR阵列（qPCR array）技术，可一次检测上百种抗生素抗性基因，但提高分析通量的同时其灵敏度有所降低。此外，PCR分析中可能出现假阳性结果，需辅以基因测序来帮助判断PCR扩增产物的序列。

3. 基于高通量测序的抗生素抗性基因分析方法

高通量测序技术，是一次基因测序技术的革新，能一次并行对几十万条到几百万条DNA分子进行序列测定，具有准确、快速、高通量等优点，最主流的是Illumina系列的测序平台。二代高通量测序技术有以下几个缺点：只能读取几十个到几百个碱基长度的序列，需要严格复杂的序列拼接；测序质量有待进一步提高，有研究报道NGS在序列拼接的错误率为0.1%～15%；二代测序建库过程中涉及PCR扩增，会出现系统偏好性等问题。目前，第三代高通量测序技术被称为单分子测序技术，测序不需要经过PCR扩增，实现了对每条DNA分子的单独测序，具有测序速度更快、读长更长、准确度更高的特点。

基于高通量测序的抗生素抗性基因分析方法，可分为序列注释宏基因组方法和功能宏基因组方法。其中序列注释宏基因组方法，通过将测序数据与抗生素抗性基因数据库（如CARD等）进行比对，以确定样品中抗生素抗性基因的组成和丰度。与PCR方法相比，序列注释宏基因组方法的分析通量高，能获取样品中抗生素抗性基因全谱，缺点是灵敏度低。此外，功能宏基因组方法使用分子生物学技术和功能筛选构建有关抗生素的抗性基因库（图17-4），再结合高通量测序技术和生物信息学分析，可以高效地发现环境中抗生素新型抗性基因（何荣等，2019）。

4. 其他抗生素抗性基因分析方法

抗生素抗性基因分析方法还有DNA芯片、DNA分子杂交等。DNA芯片是新一代基因诊断技术，可以同时快速地检测不同基因片段，具有高效、快速、自动化等优点。目前，DNA芯片技术已经被广泛用于人类致病菌抗生素抗性基因的临床检测。由于环境样品基质复杂，一些共存物质将会干扰目标抗性基因的检测，因此DNA芯片技术在环境分析中的应用较少。DNA 分子杂交技术被用于抗生素抗性基因的检测已有近 30 年的历史，探针必须经过标记以便示踪和检测，因此探针设计和合成方法是 DNA 分子杂交技术的核心，仍在不断地改进完善。

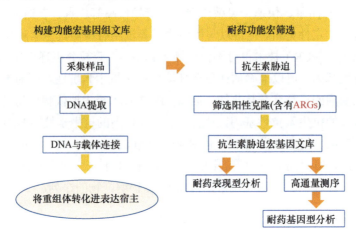

图 17-4　功能宏基因组方法筛选新型抗生素抗性基因

17.5.7　环境中抗生素抗性基因

1. 环境中抗生素抗性基因的来源

抗生素耐药性是一个自然现象。抗生素作为生物合成的一类具有抑菌或杀菌活性的化合物，其合成生物必然携带能表达该抗生素抗性的基因，使合成生物如放线菌免受其害。在没有受到人类干扰的自然环境中，包括深海、南北极、青藏高原等，均发现抗生素抗性基因。在 30000 年前白令永冻土中也发现多种抗生素抗性基因，说明抗生素耐药起源远早于人类文明。

抗生素抗性基因是一种环境"新污染物"。环境中的抗生素抗性基因污染总是与抗生素的生产和使用密切相关，污染源包括污水处理厂、畜牧养殖场、水产养殖场、制药厂等，如图 17-3 所示。通过污水排放、固废处理以及大气传播等途径，抗生素抗性基因从污染源进入周边环境。研究表明，现有的污水处理技术不能完全去除抗生素抗性基因，污水处理厂出水中仍能检测出水平较高的抗生素抗性基因（如 *TetA*、*Sul1*、*QnrB* 等）。在养猪场周边的化粪池中检测到多种四环素抗性基因，甚至在下游 250 m 处的地下水仍有检出。与对照样品相比，动物粪便作为肥料的农田土壤中抗生素抗性基因含量要高 192～28000 倍。

2. 环境中抗生素抗性基因的水平

不同环境中抗生素抗性基因的组成与水平变化很大，取决于污染源类型和规模、与污染源的相对距离、微生物群落组成和生物量等多种因素。调查不同环境介质发现 56 种抗生素抗性基因，其在不同介质中的水平分别为：表层水体为 ND～6.7×10^{10} copies/mL，沉积物为 7.4×10^{10}～9.7×10^{10} copies/g，土壤为 ND～1.4×10^{11} copies/g，大气为 3.0×10^2～7.9×10^2 copies/m^3 等（Ben et al.，2019）。土壤和沉积物中抗生素抗性基因的水平较高，大气中的水平最低，显然是由于空气中的微生物数量少。值得关注的是，在饮用水中可检出抗生素抗性基因，例如德国饮用水样中检测出 β-内酰胺类抗性基因（*AmpC*），在饮用供水管网中检测到万古霉素抗性基因（*vanA*），其中 β-内酰胺类抗生素是临床治疗中常用的抗生素，万古霉素是最后一线抗生素。

3. 抗生素抗性基因的特性

抗生素抗性基因作为一类生物污染因子具有其特殊性。首先，与化学污染物相似，抗生素抗性基因也可以在不同环境中传输与迁移，当然多数情况是以其微生物宿主为载体。例如，抗生素耐受菌可像化学污染物一样吸附在悬浮颗粒物或微塑料上在水环境中传播。其次，抗生素抗性基因携带可遗传基因信息既可在微生物基因组上又可在质粒、整合子等可移动基因元件上，在外部环境压力胁迫下随着其生物宿主的优势生长和增殖而不断被富集，这与化学污染物的环境行为不同。最后，抗生素抗性基因可通过水平基因转移的方式在不同的微生物宿主间传播。水平基因转移是相对于垂直基因转移（亲代传递给子代）提出的，指在差异生物个体间或单个细胞内部细胞器间发生的遗传物质交流。质粒介导的水平基因转移是抗生素抗性基因在环境中传播的重要方式，打破了亲缘关系的界限，使基因流动变得更为复杂，包括接合、转化、转导等方式。

4. 抗生素抗性基因污染的化学诱因

环境中抗生素浓度的提高，会导致细菌发生基因突变产生耐药性。尽管细菌的自发突变率很低（10^{-11}～10^{-8}），但是细菌数量庞大和传代速度快等特点促进了细菌突变株的产生。使用微流控芯片技术发现大肠杆菌在环丙沙星暴露 10 h 后就能产生耐药性。抗生素胁迫也会导致微生物通过水平基因转移获得外源抗生素抗性基因，进而重组到微生物基因组中并稳定遗传。有研究使用细胞成像技术，呈现了大肠杆菌通过质粒介导的基因水平转移获取四环素类抗性基因的动态过程。调查不同环境介质的抗生素抗性基因，经常发现抗生素浓度与抗生素抗性基因水平显著相关。此外，微生物同时携带多种抗生素和其他污染物相关的抗性基因，导致在单一抗生素胁迫下引起多种抗生素抗性基因的污染，或者在非抗生素污染物（如重金属、多环芳烃、杀虫剂等）胁迫下存活并引起抗生素耐药基因污染，即共选择现象。

17.5.8　环境中抗生素抗性基因的健康风险

与化学污染物能直接引起毒性效应不同，环境中抗生素抗性基因的健康风险总是与其微生物宿主的致病性密不可分。在抗生素胁迫下致病微生物可以通过自发突变或水平基因转移方式获得抗生素耐受特性。抗生素抗性基因从非致病性的微生物传播到致病菌被认为是低概率但高影响的事件。比较土壤微生物和临床致病菌携带的抗生素抗性基因，其序列完全一致，证明两者间进行水平基因转移的可能性。根据抗生素抗性基因的特点可制定 3 个风险分类标准，即是否能在人类相关的环境中富集、基因传递性及其生物宿主的致病性，发现约 3.6%的抗生素抗性基因具有最高的健康风险。综上所述，抗生素抗性基因的健康风险可归结于抗生素耐受的致病菌暴露。因此，可以更多地关注与人体直接暴露相关的介质，如食物、饮用水和大气等。在美国西南部的芹菜、香菜、菠菜等蔬菜中发现大量对常用抗生素（如环丙沙星、四环素、呋喃妥因等）耐受的肠球菌。多种致病菌（包括致病性的假单胞菌、大肠杆菌等）在饮用水源、瓶装水、饮用水管网等中被发现。这些致病菌及其携带的抗生素抗性基因进入人体和动物体内，会在细菌之间进一步传播，对人类健康和养殖动物产生潜在的风险。

17.5.9　抗生素抗性基因的去除技术

抗生素抗性基因的生物去除技术有人工湿地、厌氧膜生物反应器等。使用一个中规模的人工湿地处理添加抗生素的生活污水，抗生素抗性基因的去除效率可达到 87.8%～99.1%。研究发现，厌氧膜生物反应器可以有效地减少抗生素抗性基因和耐受菌的排放量，分析生物膜反应器的入水和出水，估算抗生素抗性基因的去除效率在 3.3～3.6 log。然而，厌氧膜生物反应器的膜污染能显著降低抗生素抗性基因的去除效率。针对膜污染问题研发了一些新型厌氧膜生物反应器，包括厌氧流化床膜生物反应器、厌氧电化学膜反应器等。

非生物去除技术是指通过物理过程或化学过程去除抗生素抗性基因的技术，包括吸附、消毒、高级氧化等。生物碳具有大的比表面积并含有丰富的官能团，是一种高效吸附材料，能有效去除水体中的致病微生物和抗生素抗性基因。氯化消毒是能通过氧化破坏细胞膜和降解微生物基因物质，使用 0.5 mg/L 氯气处理 30 min 后细菌和抗生素抗性基因的去除效率分别达到 3.8～5.6 log 和 0.8～2.8 log。高级氧化方法主要通过各种化学反应产生自由基（如 $\cdot OH$、$SO_4^-\cdot$、$O_2^-\cdot$ 等），从而破坏微生物膜和 DNA 结构，包括芬顿反应、臭氧、超声、光催化等。在中性溶液可见光照射条件下，芬顿过程对携带四环素类和 β-内酰胺类抗性基因的大肠杆菌 30 min 内的去除效率约为 6.17 log。

习　题

1. 病毒的分类依据有哪些?

2. 病毒的环境传播途径有哪些? 选择一类病毒, 举例说明在日常生活中, 可能感染该类病毒的行为和场景。

3. 微生物抗生素耐药机制有哪些?

4. 与化学污染物相比, 抗生素抗性基因有什么特殊性?

第 18 章　水处理膜技术中的化学

膜分离是指利用膜的选择透过性，在膜两侧化学势梯度的驱动下，从料液中分离、纯化或浓缩目标成分。以微滤、超滤、纳滤、反渗透、电渗析等为代表的膜技术由于污染物分离效率高、出水水质稳定可控、无二次污染等优点，近年来在水处理行业发展迅速。在膜分离过程中，料液（原水）中颗粒物的拦截称为过滤，溶剂（水）的透过称为渗透，溶质（污染物）的透过称为渗析。膜的选择性是保障有效分离的关键。膜分离的机制包括机械筛分、扩散/电渗析、正/反渗透、相转化等。机械筛分依赖于膜孔道和颗粒物/溶质之间的尺寸排阻效应；其他机制则依赖于料液组分和膜材料之间的物理化学相互作用，如亲/疏水相分配作用、静电吸引/排斥作用、道南/介电作用、离子交换作用等。这些作用决定了膜分离的选择性。

18.1　膜分离过程的物理化学原理

18.1.1　膜分离过程的驱动力

膜分离过程的驱动力包括压强梯度、浓度梯度、温度梯度、电势梯度等。利用压差驱动的膜过程，按照操作压力递降的顺序，包括微滤（MF）、超滤（UF）、纳滤（NF）和反渗透（RO）；其中纳滤和反渗透的操作压强在 MPa 级别，又称为高压膜过程。微滤可截留 0.1 μm 以上的悬浮颗粒、菌体等；超滤可截留 0.002～0.1 μm 的胶体和大分子物质，超滤膜的截留能力通常用截留分子量来评价；纳滤膜的孔径在 1 nm 左右，可截留分子质量为 100～1000 Da 的有机物，以及部分硬度离子；反渗透则可截留离子和小分子溶质。水中典型污染物尺寸和膜孔尺寸的对比如图 18-1 所示（肖康，2012）。

利用浓差驱动的膜过程包括扩散渗析、正渗透等。扩散渗析是溶质由高浓度侧向低浓度侧的跨膜迁移（如透析过程），所用的半透膜称为透析膜。正渗透则是溶剂的跨膜迁移，例如水从淡水侧向浓水侧渗透，从而实现污水浓缩。电渗析是指在电势梯度的驱动下，阴阳离子分别穿过阴离子膜和阳离子膜，实现脱盐或浓缩的过程。与电渗析相关的膜包括阴离子膜、阳离子膜、质子膜、双极膜等。在阴阳离子膜之间填充离子交换树脂，从而提升阴阳离子传质效率的电渗析工艺，称为电去离子工艺。膜蒸馏是由温差驱动的膜过程，从温度较高的料液侧蒸发出来的溶剂蒸汽，穿过膜孔后在另一侧冷凝回收，从而实现脱盐和水回用。

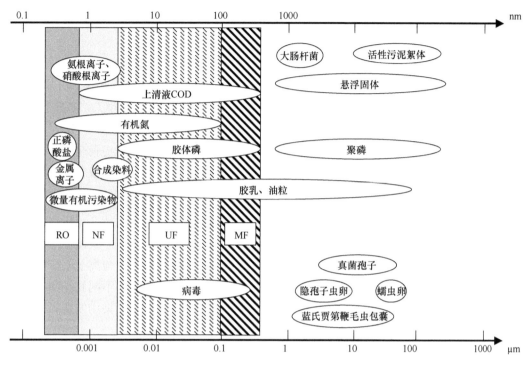

图 18-1　压差驱动膜对各种污染物的截留能力示意图

无论是压差、浓差、温差还是电势差驱动，膜分离过程的驱动力本质上均可归结为溶质或溶剂的化学势梯度。溶质或溶剂的化学势（μ）可综合表达为

$$\mu_i = \mu_i^{\ominus} + RT\ln(\gamma_i n_i) + pV_i + z_i F\psi + \cdots + \varepsilon \qquad (18\text{-}1)$$

式中，i 代表混合体系中第 i 个组分；$\mu^{\ominus}$ 为标准状态的化学势；R 为理想气体常数；T 为绝对温度；γ 为活度系数；n 为摩尔分数；p 为压强；V 为摩尔体积；z 为单个分子或离子所带电荷数；F 为法拉第常数；ψ 为电势；省略号代表其他可能的势能项；ε 为由于分子间作用（如在浓差极化边界层或膜体内）造成的化学势偏差。

18.1.2　压差驱动膜分离过程

1. 微滤和超滤

微滤膜和超滤膜对污染物的截留机理主要为机械筛分。在膜两侧压差的推动下，水从膜的料液侧流向出水侧。在水流的携带下，污染物颗粒垂直流向膜表面并被膜拦截。当污染物粒径大于膜孔径时，其被直接拦截于膜孔之外；当污染物粒径小于膜孔径时，部分污染物（如疏水有机物）可通过吸附于共存的大颗粒表面，从而间接地被膜拦截。随着过滤过程的进行，污染物在膜表面会形成凝胶层或滤饼层，凝胶层或滤饼层对污染物也有机械截留作用。由海藻酸类多糖形成的凝胶层可截留粒径为 5～30 nm 的污染物。

2. 纳滤

　　纳滤膜对污染物的截留机理包括空间位阻效应（机械截留）、道南平衡和介电效应。根据空间位阻效应，有效粒径大于膜孔径的溶质将被截留，而且粒径越大，截留率越高。例如当用纳滤截留水中离子时，阳离子水合半径排序为 $Mg^{2+} > Ca^{2+} > Na^+ > K^+$，则空间位阻效应的大小也依次为 $Mg^{2+} > Ca^{2+} > Na^+ > K^+$。道南平衡的本质是电荷平衡，当一种离子被膜截留时，相同当量的异号离子也必将被膜截留，以满足电中性条件。常见的纳滤膜材料（如聚酰胺）通常带负电荷，通过静电排斥作用拦截 SO_4^{2-}、Cl^- 等阴离子，从而根据道南平衡，同步实现对阳离子的拦截。介电效应是指溶质在进入 1 nm 尺度的膜孔前后，周围环境的介电常数不同，导致额外的溶剂化能（玻恩效应）或镜像电荷排斥作用，阻止溶质进入膜孔，从而实现纳滤膜对溶质的拦截。介电效应与离子电荷的平方成正比。由于空间位阻效应、道南平衡和介电效应的共同作用，具有不同孔径和带电性的纳滤膜，对电荷和半径各异的污染物产生差异化的截留特性，对污染物的选择性去除具有重要意义。

3. 反渗透

　　反渗透过程是借助半透膜对溶液中低分子量溶质的截留作用，以高于溶液渗透压的压差为推动力，使溶剂通过渗透透过半透膜。反渗透膜是致密膜，水分子通过膜内高分子链的间隙传输，间隙直径为 2～5 Å；而溶质离子或溶质分子在穿越反渗透膜时则受到重重阻力，一般而言，溶质的电荷数越高、水合半径越大，越不易穿透反渗透膜。反渗透膜对常见离子的截留能力通常满足如下规律：阳离子为 $Fe^{3+} > Ni^{2+} \approx Cu^{2+} > Mg^{2+} > Ca^{2+} > Na^+ > K^+$；阴离子为 $PO_4^{3-} > SO_4^{2-} > HCO_3^- > Br^- > Cl^- > NO_3^- \approx F^-$。与水的渗透通量相比，溶质的通量越低，则出水中溶质的浓度越低，出水水质越好。

　　水和溶质的跨膜传输过程，可由经典的溶解–扩散模型描述，包括从料液侧溶入、在膜内扩散和从出水侧析出的过程。其中，溶解模型描述水和溶质在膜界面的分配特征，扩散模型描述水和溶质在化学势梯度的驱动下跨膜迁移的过程。水通量的表达式如下：

$$J_w = K_w(\Delta p - \Delta \pi) \tag{18-2}$$

式中，K_w 为水的渗透系数；Δp 为膜两侧的压强差；$\Delta \pi$ 为膜两侧的渗透压差。溶质通量的表达式如下：

$$J_s = K_s(c_f - c_p) \approx K_s c_f \tag{18-3}$$

式中，K_s 为溶质的渗透系数；c_f 和 c_p 分别为溶质在浓水和淡水中的浓度。由式（18-2）和式（18-3）可得出水浓度为

$$c_p = \frac{J_s}{J_w} = \frac{K_s c_f}{K_w (\Delta p - \Delta \pi)} \tag{18-4}$$

可见，污染物截留率和出水浓度除了与 K_s 和 K_w 有关（这两个参数与膜对溶质和水分子的分配系数、扩散系数，以及膜的厚度有关，属于膜的固有性质），还与膜过程的操作压强和渗透压有关。采用相同的膜处理相同的料液，操作压强越大，出水水质越好。渗透压与污染物的浓度有关，可由范特霍夫关系式近似描述：

$$\pi = -\frac{RT}{V_w} \ln n_w = -\frac{RT}{V_w} \ln(1 - n_s) \approx i_{vH} c_s RT \tag{18-5}$$

式中，π 为渗透压；R 为理想气体常数；T 为绝对温度；V_w 为水的摩尔体积；n_w 和 n_s 分别为溶液中水和溶质的摩尔分数；c_s 为溶质的摩尔浓度；i_{vH} 为范特霍夫因子。对于非电解质（如蔗糖），$i_{vH} = 1$；对于 AB 型电解质（如 NaCl），$i_{vH} = 2$；对于 A_2B 及 AB_2 型电解质（如 Na_2SO_4 和 $MgCl_2$），$i_{vH} = 3$。当溶质浓度较高时，范特霍夫关系式的准确度降低，应乘以校正因子。对于海水和苦咸水，渗透压可根据总溶解性固体（TDS）浓度粗略估算如下：

$$\pi \approx 0.8 \times \text{TDS} \tag{18-6}$$

式中，π 为渗透压，bar[①]；TDS 的单位为 g/L。

反渗透工艺的能耗主要在于维持较高的操作压强。反渗透脱盐的理论最低操作压强即为渗透压，该数值即为热力学意义上的理论最低吨水能耗（压强=能量/体积），例如对渗透压为 30 bar 的原水进行脱盐，对应的理论最低吨水能耗约为 3000 kJ/m³（或 0.84 kW·h/m³）。但反渗透工艺的实际操作压强数倍于渗透压，能耗远高于理论值，是因为一方面需要维持足够高的水通量，以保障产水效率和脱盐率（盐截留率），操作压强高出渗透压的部分耗散在克服跨膜阻力的渗透过程中；另一方面为减轻膜表面的浓差极化，料液（浓盐水）需要高速循环，造成动力消耗。为此，开发具有高透水性和高截盐率的膜，并对循环水的尾端压强进行有效回收，是降低反渗透能耗的重要策略。

18.1.3　电势差驱动膜分离过程

电渗析工艺由阴/阳电极以及电极之间交替布置的阴/阳离子交换膜组成。阴离子交换膜（AEM）阻碍阳离子、透过阴离子，阳离子交换膜（CEM）阻碍阴离子、透过阳离子，其基本原理是膜内带电基团对阴阳离子的交换与排斥作用。因此在交替排布的阴/阳离子交换膜之间，可形成交替的高浓度腔室（浓室）和低浓度腔室（淡室），分别得到浓盐水和脱盐后的淡水。

电渗析的传质过程包括离子在电场作用下在溶液中的迁移、在阴/阳离子交换膜中的

---

① 1 bar=10⁵ Pa。

迁移以及在膜界面上的浓度分配。在电渗析过程中,浓度梯度和电势梯度共同决定了离子的化学势梯度,从而影响离子的迁移速率。在稳态条件下,离子在迁移过程中所受的电场力、浓差扩散力和水动力学阻力达到平衡,如图 18-2(a)所示。根据阴阳离子的道南平衡、正负电荷总量的平衡以及膜内外离子迁移通量的平衡,并且考虑膜表面的浓差极化,可得到化学势、电势和阴阳离子浓度的分布曲线,分别如图18-2(b)~(d)所示。

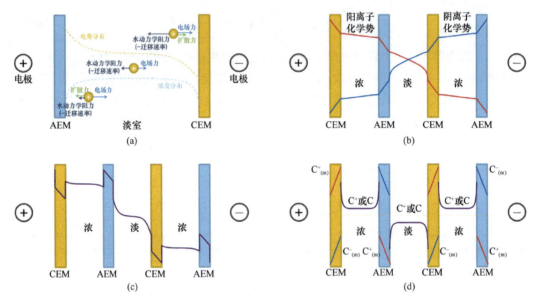

图 18-2 电渗析过程中离子受力分析(a)、化学势分布曲线(b)、电势分布曲线(c)和阴阳离子浓度分布曲线(d)示意图

原水经过电渗析之后,分别得到浓水和淡水,因此电渗析过程的理论最低能耗等于浓水与淡水自由能之和减去原水自由能。实际上,由于膜界面的传质限制和浓差极化等因素,需要更高的电压来推动电渗析过程,因此实际能耗高于理论能耗。总电压由道南电势、扩散电势、欧姆电势和电解电势等几部分构成。其中道南电势由膜界面的离子道南平衡导出,膜两侧的道南电势差与膜两侧的浓差(即理论渗透压或自由能)相对应,因而代表了理论电压。扩散电势又称为液接电势,在膜表面的浓差极化边界层内发生。由于浓差极化边界层内存在浓度梯度,阴/阳离子扩散速率的差异导致出现双电层,从而产生液接电势。欧姆电阻由主体溶液、边界层和膜的电阻三部分组成,其中淡室边界层内由于离子浓度最低,欧姆电阻最大。在欧姆过程中,能量以热量的形式散失。除了实际电压高于理论电压之外,由于同离子竞争、阴阳离子渗漏、水分子穿透等因素,实际电流也高于理论电流。此外,电场的切换(交流变直流、周期性倒极等)以及料液的循环、输送、分配、储存、调配等还需消耗额外的能量。

18.1.4　膜分离过程中的浓差极化

在膜分离过程中，由于污染物迁移至膜表面时传质受阻，膜表面边界层内污染物浓度高于主体溶液，该现象称为浓差极化。浓差极化导致污染物穿透膜的概率增加、水的通量降低、出水水质恶化等后果，并且由于膜表面污染物浓度增高，膜表面产生无机垢、形成有机凝胶、滋生微生物的风险大大提高。浓差极化可谓膜污染的前奏。根据膜分离类型、截留对象和截留精度的不同，发生浓差极化的物质可包括胶体、大分子有机物、中小分子有机物、无机盐离子等。浓差极化可由边界层内污染物对流和扩散传质的物料平衡描述，现以反渗透过程中盐离子的浓差极化为例分析如下。反渗透过程中，离子浓度在主体溶液、膜表面边界层、膜内以及出水侧的分布如图 18-3 所示。根据溶质物料平衡，正向迁移通量与渗出通量之差等于反向扩散通量，由此可得

$$\frac{c_m - c_p}{c_b - c_p} = \exp\left(\frac{J_w \delta_c}{D}\right) \tag{18-7}$$

式中，J_w 为水通量；c_b、c_m 和 c_p 分别为主体料液、膜表面和出水侧溶质浓度；D 为边界层内的溶质扩散系数；δ_c 为边界层厚度。式（18-7）左侧的浓度比例即为浓差极化的体现。可见，影响浓差极化的因素包括以下几方面：①水通量（J_w 项）。水通量越大，浓差极化越严重。②浓水侧的水力条件（δ_c 项）。膜表面切向循环流速越快，则边界层越薄，越有利于反向扩散，以减轻浓差极化。③溶质的扩散系数（D 项）。与分子量、水合半径有关。④脱盐率和出水浓度（c_p 项）。膜的截留率越高，则同等条件下浓差极化越严重。

高截留率、高水通量和低浓差极化，是膜分离工艺优化的三大目标。然而从上面的浓差极化因素分析可见，这三大目标之间存在相互制衡关系。这三大目标如何兼顾或如何侧重，在膜材料、膜过程和工艺应用等方面还有很大的优化空间。

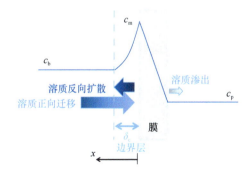

图 18-3　反渗透过程中浓差极化示意图

18.2　膜材料的化学合成原理

18.2.1　常规膜材料

在微滤和超滤水处理工艺中，膜材料应具有与工艺运行环境相适应的性能，如机械强度高、热稳定性强、化学稳定性强、耐受生物降解、抗污染等性能。常见的有机膜材质包括以下几类：①卤代聚乙烯系列，包括聚偏氟乙烯（PVDF）、聚四氟乙烯（PTFE）、聚氯乙烯（PVC）等，其中 PVDF 膜由于机械强度、化学稳定性、生物稳定性强，易制备，且并非完全化学惰性（具有一定的化学可修饰性），在微滤和超滤领域备受青睐；②聚烯烃系列，包括聚丙烯（PP）、聚乙烯（PE）、高密度聚乙烯（HDPE）等；③其他，如聚砜（PS）、聚醚砜（PES）、聚碳酸酯（PC）、聚酰胺（PA）以及纤维素衍生物等。其中卤代聚乙烯是最为常见的类型，尤其以 PVDF 膜应用最为广泛。有机微/超滤膜的合成方法主要为相转化法，高分子原料溶解在有机溶剂中形成铸膜液，通过接触非溶剂（如水等）、蒸发溶剂、改变温度等方式，使高分子在相界面析出，形成多孔固体薄膜结构。铸膜液浸没在非溶剂浴（又称为凝胶浴）中成膜的方法称为非溶剂致相分离（NIPS），是制备有机微/超滤膜的最常见方法。高分子–溶剂–非溶剂之间的相图是 NIPS 法的基本理论依据，如图 18-4（a）（Baker，2012）所示。图 18-4（a）中箭头反映了反应的路径，从初始点出发，穿越单相和两相区域，到达相图的彼端而成膜。由于相分离反应起始于溶剂–非溶剂的相界面处，NIPS 所得的膜孔在相界面处更细小、更致密，离初始相界面越远，反应越滞后，形成的膜孔越是粗大、疏松。由于温度变化而成膜的方法称为热致相分离（TIPS），所得的膜孔结构沿膜厚度方向较 NIPS 更均匀，但更厚的致密孔层会导致透水阻力增加。用高温高湿的水蒸气代替 NIPS 中的凝胶浴，即为蒸汽致相分离（VIPS）。相转化法所得膜孔呈粒状或海绵状，如图 18-4（b）所示。可通过改变铸膜液性质、凝胶浴性质和相分离条件等方式，调节膜产品的性质，例如在铸膜液中加入聚乙烯吡咯烷酮（PVP）或聚乙二醇（PEG）添加剂以促进成孔。对于 PTFE、PE、PP 等聚烯烃类半结晶高聚物，则主要通过单方向或多方向的熔融拉伸法成孔，膜孔周围呈丝状结构，如图 18-4（c）所示。除了有机高分子材质之外，沸石、Al_2O_3 陶瓷等无机材质也常用于微滤和超滤水处理工艺中，主要采用固态粒子烧结、溶胶–凝胶等方法制备；不锈钢等金属膜在特殊场合也有所应用。

对于水处理高压膜工艺（纳滤和反渗透），最为常见的商业化膜材料为聚酰胺复合薄膜（TFC）。TFC 为三层结构：①表层为聚酰胺材质的超薄分离层（活性层），厚度为 0.25～1 μm，通常由酰氯单体（如均苯三甲酰氯）和多胺（哌嗪或间苯二胺）在多孔支撑层界面上聚合而成（称为界面聚合法），如图 18-5 所示；②中间层为聚砜材质的多孔支撑层，厚度约 40 μm；③底层为聚酯材质的增强无纺布，厚度约 120 μm。除了聚酰胺复合膜之外，醋酸纤维素（CTA）膜也有所应用。纤维素材质与水的亲和力较好，更容易让水透过；聚酰胺材质的电荷密度较高，更容易排斥盐离子。膜材质对水的亲和力与对离子的排斥力共同决定了膜的选择透过性。此外，在工艺运行和周期性清洗过程中，TFC通常脱盐率更高、寿命更长；CTA膜更耐氯氧化剂（如NaOCl）的腐蚀。

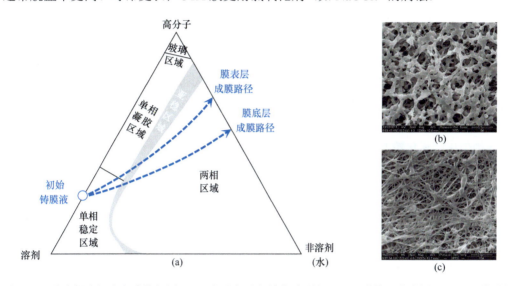

图18-4　非溶剂致相分离法的相图（a）、非溶剂致相转化法所得PVDF膜的形貌举例（b）以及熔融拉伸法所得PTFE膜的形貌举例（c）

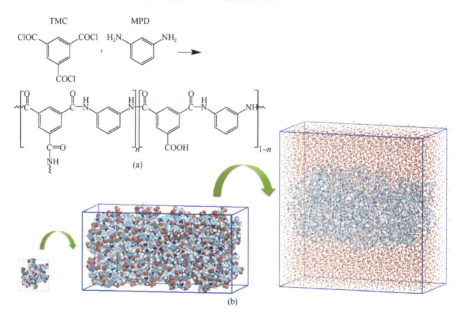

图18-5　聚酰胺膜制备过程中均苯三甲酰氯（TMC）和间苯二胺（MPD）的聚合反应（a）以及聚合物空间结构的分子动力学模拟（b）
资料来源：Liu et al.，2019

电渗析所用的离子交换膜材料需要具备较高的电荷密度，通常为 3～4 meq/g 或更高，以保障对阴阳离子的选择性透过和截留。假设有机高分子膜材料的含碳量为 1/3，则每 6～10 个碳原子就需要携带一个电荷。阳离子交换膜通常携带磺酸根离子等负电荷基团，阴离子交换膜通常携带季铵盐等正电荷基团。由于膜内同号电荷之间的静电排斥，分子链之间需要交联，以免溶胀。较高的交联度使得材料易碎，因此需要保持润湿状态（提供塑化度），以免脆化。均质膜可通过高分子聚合反应直接制备（如酚醛缩合法制备磺化酚醛阳离子交换膜），或先形成交联结构，再接入带电官能团。均质膜通常需要有支撑基底（如纤维状），以减轻由机械力和溶胀引起的形变。非均质膜是将阴/阳离子交换树脂颗粒分散于高分子基材中，往往溶胀问题突出，机械性质较差，可采用颗粒细化、分散均匀化的优化策略，先将树脂前体（单体）与高分子基材混匀，再离子化，例如先将苯乙烯单体、PVC 基材和交联剂混匀于溶剂中，成膜之后再在聚苯乙烯单元中进行苯环的磺化。

18.2.2　功能膜材料

功能膜材料除了具备分离功能外，还集成了吸附、催化、导电等功能，相当于集成的微型膜反应器。鉴于疏水作用和静电作用是引起膜污染的重要因素，可通过增加亲水性或增加负电性使膜具备抗污染功能，具体的合成方法包括化学接枝、表面改性、等离子体处理、辐射处理法、物理吸附和共混成膜等。吸附膜结合了吸附和分离污染物的功能，通常可通过混合、共聚、沉积和接枝等方法将无机或有机吸附剂负载到膜上进行制备。催化膜材料是通过将光/电催化剂加入膜基质中或将催化剂涂布在膜表面，从而使得膜同时具有催化和截留作用。目前表面涂层是制备催化膜材料最常用的方法，这使催化剂能更充分地暴露于料液侧。当污染物流经多孔膜材料时，强制对流可提高传质和反应速率。此外，纳米材料的限域效应与膜过程相结合，可提升催化效能。电化学膜材料包括导电膜、电解膜、电容膜等。导电膜可通过聚苯胺、聚吡咯和碳纳米管等材料进行制备，可在通电条件下静电排斥污染物，或发生电极反应降解污染物，从而缓解膜污染。

18.3　膜反应器中的化学原理

18.3.1　膜生物反应器

1. 污染物去除途径

膜生物反应器（MBR）是集生物处理和膜分离于一体的污水处理工艺，典型工艺流程如图 18-6 所示。生物处理包括好氧生物处理、厌氧生物处理或者两者的组合。在好氧环境下，碳源污染物的去除途径包括分解代谢和合成代谢，前者是微生物将碳源分解为二氧化碳和水并释放能量,后者是指将碳源用于合成新的细胞物质。在厌氧环境下(无氧或兼性厌氧),微生物将碳源转化为甲烷和二氧化碳等物质,降解过程可分为三个阶段:大分子分解为小分子阶段、产氢产酸阶段和产甲烷阶段。好氧和厌氧相结合,可实现生物脱氮除磷。含氮物质在各类微生物的氨化、亚硝化、硝化和反硝化作用下转化为氮气;含磷物质在微生物的厌氧释磷和好氧吸磷作用下将磷富集在菌体细胞内,以剩余污泥的形式排出系统。

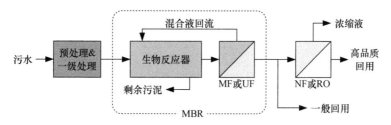

图 18-6 膜生物反应器污水处理工艺流程图

MBR 中使用的膜主要为微滤膜或超滤膜,可通过筛分效应完全截留菌体和悬浮颗粒,并部分截留胶体和大分子物质。膜表面的污染层也能起到截留和吸附污染物的作用。这极大地促进了微生物(尤其是一些培养难度大的微生物,如硝化细菌和基因工程菌)在反应器内的繁殖积累。一些难降解污染物在反应器内的截留提高了其被微生物持续降解的机会。因此,MBR 中膜过程的参与,对污染物的生物去除起到了强化作用。MBR 对碳源污染物的去除途径包括部分物理截留(大分子部分)和强化生物降解,对氮的脱除方式主要为强化生物降解,对磷的去除方式包括部分物理截留(胶体磷)、完全物理截留(生物聚磷)和生物富集。对于病原体,MBR 的微滤或超滤膜能够完全截留原虫、蠕虫卵、真菌孢子和病原细菌,能够部分截留病毒,同时 MBR 的活性污泥体系能够对病原体进行生物降解。此外,对于新污染物,MBR 能对微量有机污染物(如内分泌干扰物、药品及个人护理品等)进行污泥吸附和生物降解,对抗生素抗性细菌和基因进行物理截留与生物降解,对微塑料进行物理截留和污泥吸附。

2. 反应动力学

MBR 的污泥混合液中,异养微生物通过氧化分解外源有机物(污水中的有机物)或内源有机物(菌体本身)获得能量,合成新的菌体,以实现微生物的增殖。微生物的增殖曲线分为适应期、对数增长期、减速增长期和内源呼吸期,MBR 由于污泥负荷较低[0.03~0.1 kg BOD$_5$/(kg MLSS·d)],微生物处于饥饿状态,通常处于减速增长期;在一些特定工况下也会处于内源呼吸期,如在好氧池和膜池之间增设缺氧池以强化内源反硝化的情形。异养微生物的增殖速率可描述如下:

$$\frac{\mathrm{d}X}{\mathrm{d}t} = Y\frac{\mathrm{d}S}{\mathrm{d}t} - k_\mathrm{d}X \tag{18-8}$$

式中，X 为微生物的质量或浓度；t 为时间；S 为有机物基质的质量或浓度；Y 为产率系数（$0.4 \sim 0.8$ kg MLSS/kg BOD$_5$）；k_d 为内源呼吸衰减系数（$0.05 \sim 0.2$ d^{-1}）。为维持系统内生物量的平衡，通过定期排放剩余污泥来抵消微生物的增殖。污泥表观产率系数（Y_t）定义为单位基质所产生的污泥量：

$$Y_t = \frac{\Delta X}{\Delta S} = \frac{Y}{1 + k_d X / (\Delta X / \Delta t)} = \frac{Y}{1 + k_d \theta} \qquad (18\text{-}9)$$

式中，θ 为更新系统内所有生物量所需时间，定义为污泥龄，又称为污泥停留时间（sludge retention time，SRT）。一方面，由于膜的截留作用，微生物不会随出水流失，能够允许较长的 SRT（一般为 $15 \sim 30$ d）；另一方面，由于污泥负荷低，微生物的内源衰减速率较大。这两方面使得 MBR 通常具有较低的污泥产率，表观产率系数为 $0.25 \sim 0.45$ kg MLSS/kg BOD$_5$，有利于减轻剩余污泥的处理负担。

污泥混合液中的硝化菌为自养微生物，通过氧化氨氮获取能量，在好氧池增殖。硝化菌的增殖速率受底物浓度的影响，可用莫诺方程描述：

$$\mu_n = \mu_{nm} \cdot \frac{N}{K_n \cdot 1.053^{(T-20)} + N} \cdot 1.07^{(T-20)} \qquad (18\text{-}10)$$

式中，μ_n 为硝化菌的比增长速率，d^{-1}；μ_{nm} 为 20℃时硝化菌的最大比增长速率，典型值为 0.66 d^{-1}；N 为混合液中氨氮浓度，mg/L；K_n 为 20℃时硝化菌增殖的半饱和常数，mg/L，通常为 $0.5 \sim 1.0$ mg/L；T 为摄氏温度，℃；1.07 和 1.053 分别为 μ_{nm} 和 K_n 的温度校正系数。氨氮的硝化反应速率为 $0.02 \sim 0.1$ kg NH$_4^+$-N /（kg MLSS·d），随后的反硝化反应速率通常为 $0.03 \sim 0.06$ kg NO$_3^-$-N /（kg MLSS·d），反应速率随底物浓度的变化关系也满足类似的莫诺方程。值得一提的是，硝化菌的增殖速率慢、世代周期长、富集难度大，因此在工艺设计时应保证好氧池具有足够长的污泥龄，理论最低污泥龄等于 μ_n 的倒数，实际上在此基础上还应乘以 $1.5 \sim 3$ 的安全系数。

污水中的磷通过聚磷菌富集，以剩余污泥的形式排出。在平衡状态下，污水中磷的去除速率等于剩余污泥排放速率。因此可估算出水磷浓度（P_{eff}）：

$$P_{eff} = P_{inf} - P_{ws} X_{ws} \frac{Q_{ws}}{Q} = P_{inf} - P_{ws} X_{ws} \frac{\text{HRT}}{\text{SRT}} \qquad (18\text{-}11)$$

式中，P_{inf} 为进水磷浓度；X_{ws} 为剩余污泥悬浮固体浓度（通常为 $8 \sim 15$ g/L）；P_{ws} 为单位剩余污泥中的含磷量（一般为 $0.03 \sim 0.07$ kg P/kg MLVSS）；Q_{ws} 为剩余污泥的排放流量；Q 为处理水的流量；HRT 为系统的水力停留时间（HRT），通常为 $6 \sim 12$ h。MBR 具有较高的污泥浓度和较高的污泥含磷量，但较长的 SRT 不利于磷的排出。当生物除磷不能满足出水要求时，应采取化学辅助措施，通过投加铝盐或铁盐等方式生成沉淀，将磷酸盐从水相转移至固相，以剩余污泥的形式排出。

在好氧池，有机物的氧化反应和氨氮的硝化反应都需要氧气。通过鼓风机等设备给好氧池曝气，气态的氧需以溶解氧的形态传递给菌体，方可用于生物反应。污泥混合液中的氧传递速率可表达如下：

$$\frac{\mathrm{d}O}{\mathrm{d}t} = \alpha \cdot k_{\mathrm{L}}a_{20} \cdot 1.024^{T-20}(O_{\mathrm{s}} - O) - q \qquad (18\text{-}12)$$

式中，O 为 t 时刻的溶解氧浓度；$k_{\mathrm{L}}a_{20}$ 为 20℃时的氧传质系数；1.024 为温度校正系数；T 为摄氏温度，℃；O_{s} 为饱和溶解氧浓度；q 为内源呼吸速率；α 为氧传质修正系数，等于污泥中氧传质系数与清水中氧传质系数的比值（小于 1）。氧传质系数（$k_{\mathrm{L}}a$）受曝气强度、气泡尺寸、曝气池水深、污泥浓度、胞外多聚物浓度等多个理化或生物性质的影响。α 受到污泥浓度、胞外多聚物浓度、气泡尺寸等因素的影响；对于微气泡曝气，α 随污泥浓度（X，g MLSS/L）的变化关系可近似表达如下：

$$\alpha = k_1 \exp(-k_2 X) \qquad (18\text{-}13)$$

式中，k_1 和 k_2 为经验参数，对于处理城市污水的 MBR，在 6～20 g MLSS/L 的污泥浓度范围内，k_1 和 k_2 的参考取值分别为 1.6 和 0.08。

微量有机污染物在污泥和水相的迁移、分配、吸附和降解如图 18-7 所示，并可通过两相迁移模型描述：

$$\frac{\mathrm{d}(\beta c_{\mathrm{W}})}{\mathrm{d}t} = -k_{\mathrm{b}}(k_{\mathrm{p}}c_{\mathrm{W}} - c_{\mathrm{S}})X \qquad (18\text{-}14)$$

$$\frac{\mathrm{d}(c_{\mathrm{S}}X)}{\mathrm{d}t} = k_{\mathrm{b}}(k_{\mathrm{p}}c_{\mathrm{W}} - c_{\mathrm{S}})X - k_{\mathrm{r}}c_{\mathrm{S}}X \qquad (18\text{-}15)$$

式中，c_{W} 和 c_{S} 分别为污染物在水相和泥相中的浓度；t 为时间；β 为体积校正因子；k_{b} 为污泥对污染物的吸附速率常数；k_{p} 为污染物在泥相和水相之间的分配系数；k_{r} 为污染物的降解速率常数；X 为污泥浓度。

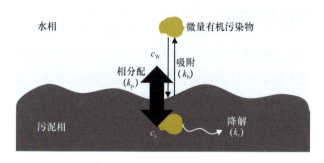

图 18-7　微量有机污染物在污泥混合液中的两相迁移模型示意图

18.3.2　膜化学反应器

膜化学反应器（MCR）是集化学反应和膜分离于一体的技术。MCR 中的化学反应包括氧化还原反应、光催化反应和电催化反应等。以臭氧氧化 MCR 为例，一方面，催化产生的羟基自由基可对污染物实施高级氧化；另一方面，膜截留则可保障出水水质。膜催化反应器是将光催化、电催化乃至光电催化等技术与膜分离技术结合，形成一体式反应器。催化剂一般是一些半导体或过渡金属氧化物（如 TiO_2、ZnO、SnO_2、ZrO_2、WO_2、Fe_2O_3 等），在紫外光照射或电加载条件下，电子从价带跃迁到导带，从而产生电子-空穴对，进而与氧和水反应产生活性氧。这些活性氧具有降解不同类型持久性有机污染物的能力，并能使病原微生物的代谢途径失活。在 MCR 中，膜分离与催化氧化的协同作用体现在以下几方面：

（1）膜对催化剂的截留作用，有效防止催化剂的流失；

（2）膜对污染物的截留作用（以及伴生的浓差极化效应），提高污染物的反应速率；

（3）污染物的化学反应能缓解膜污染，有利于保持膜分离效率。

18.3.3　膜混凝反应器

膜混凝反应器是将混凝作用与膜分离结合而成的技术。在混凝剂或絮凝剂的作用下，水中的胶体污染物通过吸附、电中和、架桥作用或网捕卷扫作用聚集成团，从而易沉淀或过滤。与传统的沉淀或过滤（如砂滤）相比，膜对混凝程度的要求更低，絮体粒径只要能超过膜孔径，即可被膜有效截留。因此，污染物进行短时的微絮凝后，即可进行膜过滤，这极大地提高处理效率、操作灵活性和出水水质稳定性。此外，由于小颗粒物质和胶体被絮凝团聚，膜孔内的膜污染亦能得到缓解。然而絮凝剂本身（如高分子絮凝剂）可能由于疏水作用或静电作用吸附在膜表面并形成凝胶层，反而造成膜污染。因此，药剂种类、投加量和反应条件的优化十分关键，混凝反应动力学以及污染物-药剂-膜之间的相互作用值得研究。

18.3.4　膜生物电化学反应器

膜分离技术也可与生物电化学过程结合，形成微生物燃料电池（MFC）、微生物脱盐电池（MDC）、微生物电解池（MEC）等技术。在这些工艺中，膜主要起到分隔阴极室和阳极室、淡水室和浓水室的作用，并能选择性地传递阴阳离子。MFC 的阳极室为厌氧环境，在电活性微生物的催化作用下，废水中的有机基质被氧化降解，同时产生电子和 H^+。电子通过外电路流到阴极，同时输出电能；H^+ 穿过离子交换膜进入阴极室，达到电荷平衡。在 MFC 的阴极室，则是氧气、硝酸盐等电子受体在电极催化材料的作用下被还原。MDC 则是集 MFC 与电渗析过程于一体，同时使用阳离子交换膜和阴离子交换膜将反应器分为阳极室、阴极室和脱盐室。脱盐室中的阳离子通过阳离子交换膜流向阴极方向，阴离子则通过阴离子交换膜流向阳极方向，从而达到脱盐的目的。MEC 是在外接电源的情况下，阳极室中的微生物将有机物转化为 CO_2、H^+ 和电子，H^+ 通过阳离子交换膜流到阴极室被还原为 H_2，从而回收能源。在电活性微生物的催化作用下，MFC 在降解有机物的同时收获电能；MDC 在降解污染物、收获电能的同时实现脱盐；MEC 则在催化电解有机物的同时回收 H_2。

18.4 膜污染的分子机制

膜污染指悬浮颗粒、胶体颗粒或溶质大分子由于与膜存在物理化学相互作用或机械截留作用，在膜表面或膜孔内吸附、累积而造成传质通道堵塞，从而使膜分离阻力升高、效率降低的现象。膜污染包括有机污染、无机污染以及生物污染。有机污染主要由多糖、蛋白质、腐殖质、脂类等有机物质造成。无机物则以颗粒物沉积、无机盐结垢以及有机–无机混合凝胶等形式参与膜污染。生物污染是由于细菌在膜上的沉积、生长和代谢，形成影响膜分离性能的生物膜，是一种有机物、无机物和生物均参与的复合污染。有机物通常是膜污染的核心成分，可直接吸附在膜孔内或膜表面，也可与无机离子结合形成致密的凝胶层，还可作为后续生物污染的底物。

膜污染的形成过程可大致分解为污染物向膜表面或膜孔的传输、污染物与膜的接触和结合，以及污染层的发展，如图 18-8 所示。污染物首先通过对流、扩散、剪切、惯性提升等水动力学传质作用，穿越可能存在的浓差极化边界层，到达膜的外表面或孔壁，从而与膜材料接触。传质迁移的过程中可能还受到膜–污染物之间静电长程力（吸引或排斥）及边界层内污染物–污染物之间作用力（与化学势梯度有关）的影响。在膜–污染物的接触界面，发生物理化学相互作用（包括共价作用和非共价作用）。非共价作用包括范德瓦耳斯作用、路易斯酸碱作用、氢键作用、静电作用等；传统的 DLVO 理论主要考虑范德瓦耳斯作用和静电作用，而扩展的 DLVO 理论（XDLVO 理论）则在传统

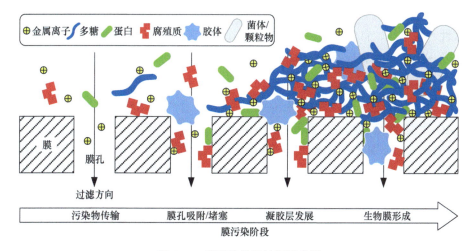

图 18-8 膜污染发展过程示意图

理论的基础上增加了对路易斯酸碱作用的考虑，并将氢键作用等效地纳入路易斯酸碱计算，范德瓦耳斯作用和路易斯酸碱作用之和计入疏水作用（van Oss，2006）。共价作用则涉及共价键的形成，如污染物和膜表面的酸碱基团与金属离子之间的络合架桥作用。这些作用还可能受到空间效应（如膜和污染物的尺寸与形貌等）的制约。在膜表面附近，污染物颗粒受到的非共价作用情况如图 18-9 示意。

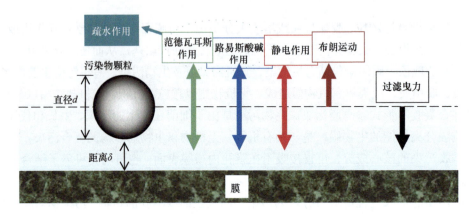

图 18-9　污染物颗粒在膜表面附近的受力情况示意图
资料来源：肖康，2012

在污染物达到膜之后，膜–污染物相互作用主要影响膜孔内的初始吸附/堵塞以及膜表面的初始吸附。膜孔内的疏水吸附、静电吸附或共价吸附导致膜孔变细，增强膜孔对污染物的空间效应，促进膜对后续污染物的机械截留，使膜污染逐渐由膜孔内向膜表面转移，并对由截留导致的污染物浓差极化效应产生影响。由于膜孔内的吸附改变了膜的孔隙率和孔隙形貌，空间效应又会反过来影响膜–污染物吸附作用。膜表面的疏水吸附、静电吸附或共价吸附也影响污染物在膜表面的富集。膜–污染物相互作用与膜和污染物的疏水性、带电性、官能团特性（如络合基团）以及空间特性（如膜孔隙结构、膜表面形貌以及污染物尺寸和形态）密切相关，各种因素的综合效应可框架性地表达（Xu et al.，2020）如下：

$$\Delta G_{\text{total}} = \sum \Delta G_i s_i + \varepsilon = (\Delta G_{\text{HP}} s_{\text{HP}} + \Delta G_{\text{EL}} s_{\text{EL}} + \Delta G_{\text{CV}} s_{\text{CV}} + \cdots) + \varepsilon \qquad (18\text{-}16)$$

式中，ΔG 为膜–污染物相互作用的自由能；ΔG_{total} 为膜–污染物相互作用的总自由能；下标 HP、EL、CV 分别代表疏水作用、静电作用、共价作用；s 为空间效应对自由能的校正因子；ε 为误差项（由于其他作用或不同作用能之间的交叉贡献）。每项作用能同时受膜性质和污染物性质的影响，例如对于疏水作用，XDLVO 理论给出范德瓦耳斯作用（ΔG_{LW}）和路易斯酸碱作用（ΔG_{AB}）表达式分别如下：

$$\Delta G_{\text{LW}} = -2s_{\text{LW}}(\sqrt{\gamma_{\text{m}}^{\text{LW}}} - \sqrt{\gamma_{\text{w}}^{\text{LW}}})(\sqrt{\gamma_{\text{f}}^{\text{LW}}} - \sqrt{\gamma_{\text{w}}^{\text{LW}}}) \qquad (18\text{-}17)$$

$$\Delta G_{AB} = -2s_{AB}\left[(\sqrt{\gamma_m^+} - \sqrt{\gamma_f^+})(\sqrt{\gamma_m^-} - \sqrt{\gamma_f^-})\right.$$
$$-(\sqrt{\gamma_m^+} - \sqrt{\gamma_w^+})(\sqrt{\gamma_m^-} - \sqrt{\gamma_w^-}) \qquad (18\text{-}18)$$
$$\left.-(\sqrt{\gamma_f^+} - \sqrt{\gamma_w^+})(\sqrt{\gamma_f^-} - \sqrt{\gamma_w^-})\right]$$

式中，γ^{LW} 为物质表面能的范德瓦耳斯分量；γ^+ 和 γ^- 分别为表面能的路易斯酸和路易斯碱分量；下标 m、f 和 w 分别代表膜、污染物和水；s 为空间效应因子，与有效作用面积和作用距离有关。若用物质与水的接触角（θ_w）来表征亲疏水性，则膜与污染物之间的疏水作用能近似正比于膜与污染物的 $\cos\theta_w$ 之和；膜与污染物之间的静电作用则近似正比于膜与污染物的 ζ 电位之积。空间效应与膜和污染物的形貌特征密切相关。图 18-4（b）和图 18-4（c）分别展示了粒状膜孔壁和丝状膜孔壁的形貌。对膜孔壁和污染物颗粒的质点之间的疏水作用力进行积分不难发现，在相同距离时，丝状膜孔壁与污染物之间的作用力更小。

当污染物在膜表面富集到一定程度后，会形成连续的污染层。凝胶层是结构较为均一的一种污染层形态，通常由有机高分子骨架经金属离子（如 Ca^{2+}、Mg^{2+} 等硬度离子）的络合架桥而成，具有高含水率、低渗透性。在凝胶层阶段，膜污染的主要作用为污染物–污染物相互作用而非膜–污染物相互作用，污染层的性质由污染物之间的内聚能而非污染物与膜之间的黏附能决定。有机物–金属离子–有机物之间的络合架桥是凝胶层的关键作用，如图 18-10 所示。有机物的酸性基团为金属离子提供了络合配体，尤其是 pK_a 在 5.5 以下的羧基，其与 Ca^{2+} 之间的表观络合稳定常数为 10^4 L/mol 左右。污染层的结构、孔隙率、渗透性等性质受到污染物–污染物共价作用、非共价作用和空间效应的联合影响。这些效应与污染物的疏水性、带电性、尺寸、形态以及官能团（如羧基络合基团）等特性密切相关。

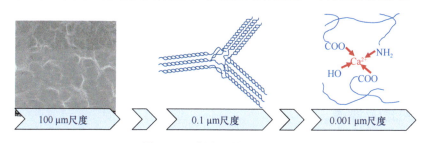

图 18-10 凝胶层的结构示意

在适合微生物生长的有机基质和无机离子环境下，膜将会遭遇生物污染，包括三种机理：胞外多聚物在膜表面的吸附、细胞对膜孔的堵塞，以及细胞和菌胶团在膜表面的积累，从而形成泥饼层或生物膜。其中生物膜的形成是最重要的一步，它会导致污染层对化学清洗药剂产生抗性，将生物污染转化为一个长期的问题。以某 40000 m^3/d 处理规模的城市污水 MBR 工程为例，运维人员对微滤膜的过滤阻力进行了跟踪观测，并分析了 NaOCl 药剂清洗前后膜表面菌体和代谢产物（多糖和蛋白）的附着情况，发现在新膜运行的前两个月，膜上的生物群落零散多样；但运行 4～6 个月后，膜上微生物逐渐驯化产生集约的耐药型优势菌群（如 β-变形菌纲），通过分泌大量的多糖等物质抵抗化学清洗，造成顽固的不可逆污染。

18.5　膜法水处理技术应用

随着水资源短缺、水污染严重的问题日益严峻，水处理技术朝着高质高效的方向发展。膜法由于具有分离效率高、过程简单易控、无二次污染等优点，近年来在水处理行业发展迅速。随着膜生产成本逐渐降低、相关技术逐渐进步，膜分离在污水处理、饮用水处理、水回用和海水淡化等方面得到了广泛应用。

18.5.1　微滤/超滤

微滤和超滤由于能够去除水中绝大部分悬浮物和细菌等，成为饮用水处理的主流趋势技术。其中，微滤的分离范围通常为 0.1 μm 以上，可用于截留悬浮物微粒和细菌，超滤的分离范围通常为 0.002～0.1 μm，能够替代传统工艺中的混凝沉淀过滤单元去除生物大分子，可在常温低压下操作，除浊效果好，能耗低，被称为第三代饮用水处理工艺。自 1987 年美国科罗拉多州建成投产了世界第一座采用膜分离技术（外压式中空纤维聚丙烯微滤膜）的净水厂以来，以微/超滤为核心的组合工艺的应用迅速发展，目前世界上超滤水厂的日处理规模已经超过千万吨。以超滤膜为核心组建的浸没式膜过滤、外置式膜过滤以及连续超滤技术被广泛应用。在由微滤/超滤和纳滤/反渗透组合而成的"双膜法"深度净水工艺中，微滤或超滤作为预处理单元，可降低后续纳滤或反渗透的膜污染风险。

在污水处理方面，微滤和超滤常被用于 MBR 中。MBR 具有出水水质稳定、占地面积小、易操作、易维护的优点，近年来在世界范围内得以广泛应用。到 2020 年，已经有 60 余个 10 万 t/d 以上级的超大规模 MBR 投运或在建。MBR 在我国城镇污水处理中的规模占比已接近 10%。

18.5.2　纳滤/反渗透

纳滤和反渗透均属高压膜过程。其中，纳滤是一种分离精度和操作压强均介于反渗透与超滤之间的膜分离技术，被广泛应用于水质软化、污水处理和水回用中。自 20 世纪 90 年代，美国佛罗里达州开始大量采用纳滤代替石灰软化进行饮用水软化，满足当地用水供给。

18.5.3　电渗析

电渗析是在外加直流电场的驱动下，利用离子交换膜的选择透过性来分离不同溶质离子的膜分离技术，被广泛应用于海水与苦咸水淡化、废水废液处理、金属离子回收等方面。其中，苦咸水淡化是电渗析的最主要用武之地。对于苦咸水的淡化，脱盐工艺的选择与盐浓度有关，当盐浓度低于 500 mg/L 时，通常采用离子交换脱盐；当盐浓度在 500～2000 mg/L 时，电渗析具有最佳的技术经济性；当盐浓度高于 2000 mg/L 时，反渗透工艺占据主导地位。电渗析工艺的能耗也与盐浓度有关，当原液盐浓度为 1000 mg/L 时，电渗析的吨水能耗约为 1 kW·h；当原液盐浓度为 5000 mg/L 时，电渗析的吨水能耗增至 2.5～4 kW·h，其中 30% 左右的能耗用于料液循环（以减轻浓差极化等）。海水中盐的提取也是电渗析的重要应用方向。此外，电渗析还被用于海水淡化、水的软化、食品工业脱盐、废水脱盐、重金属脱除、重金属/酸/碱回收等方面。目前电渗析作为盐浓缩和废水减排工艺，在零排放系统中获得青睐。

18.5.4 其他膜工艺

此外，还有一些新型膜分离过程，如正渗透、膜蒸馏等，在水处理行业具有应用潜力。正渗透是依靠膜两侧化学势差驱动的膜分离过程，具有能耗低、低膜污染等优点，在一些特定场合的海水淡化、饮用水处理和废水处理方面具有应用前景。目前一些国家在正渗透技术的研究上取得了一定的成果，少数正渗透工程或膜产品开始进入商业化阶段。膜蒸馏是一种采用疏水微孔膜以膜两侧蒸汽压强差为传质驱动力的膜分离过程。该技术不受渗透压限制，可利用低温热源如太阳能、地热、温泉和工厂废热等作为廉价蒸馏热源，在海水淡化、超纯水制备、废水处理、共沸混合物的分离等领域具有应用前景。目前膜蒸馏虽未实现大规模工业化应用，但相关的基础和应用研究不断深入，一些膜技术公司也开展了膜材料和工艺的研发与应用。

习　题

1. 如何选择合适的膜分离工艺，有针对性地去除水中不同类型的污染物？

2. 不同类型的膜分离过程，分别都有什么样的驱动力，如何调控这些驱动力？

3. 污染物截留率、过水通量和膜污染情况是评价膜分离性能的三个重要方面，这三方面往往此消彼长，例如高截留率往往容易伴随低通量和高污染。如何通过调控膜的性质和运行条件，同时实现这三方面性能的优化？

第 19 章　环境污染与食品安全

目前，环境污染问题日趋严峻，各种传统及新污染物层出不穷，并通过多种环境介质沿食物链或食物网进行传递、富集及放大，从而产生由环境污染引起的一系列食品安全问题，进而危害人体健康。此外，随着新原料与新技术应用到食品加工过程中，造成食品污染的因素来源更广、种类更多。近年来，全球相继发生了一系列食品污染事件并导致严重的人群健康问题，例如，1996 年日本发生的大肠杆菌 O157 中毒事件、1999 年比利时"二噁英毒鸡"事件、1999 年美国李斯特氏菌事件等。高耗能农业发展模式与化学品投入的低效利用和集约化耕作、大型畜禽养殖场带来的空气、水体、土壤交叉环境污染与食品安全问题相互交织。化肥和农药等农用化学品的过量和低效施用破坏了农业生态环境，导致农产品中有害物质残留量超标，直接危害食品安全和人体健康。值得一提的是，一些区域性的人畜共患疾病流行也显示出与环境污染、食品安全的高度相关性。另外，重金属、有机化合物等环境污染同样导致了食品安全问题。

19.1　食品安全的基本概念

食品安全指食品无毒、无害，符合应有的营养要求，对人体健康不造成任何急性、亚急性或者慢性危害。食品污染根据污染物的性质可划分为物理性污染、化学性污染和生物性污染三类。

19.1.1　物理性污染

根据污染物的性质，物理性污染分为两类：食品的杂物污染和放射性污染。杂物污染是在食品生产的各环节中混入杂质所造成的污染。杂物污染不一定都直接威胁消费者身体健康，但会降低食品的营养价值并影响其感官性状，使得食品质量得不到保证，也严重损害了消费者的权益。放射性物质则会引发整条食品链或食物网的全污染，并在较高营养级进行累积。食品中的放射性污染物主要是碘（^{131}I）和锶（^{90}Sr）。^{131}I 是在核爆炸早期出现的最突出的裂变产物，经由牧草进入牛体内造成牛奶污染；^{131}I 通过消化道进入人体，可被胃肠道吸收，并且选择性地富集于甲状腺中，造成甲状腺损伤甚至可能诱发甲状腺癌。^{90}Sr 在核爆炸过程中大量产生，污染区牛奶、羊奶中含有大量的 ^{90}Sr。^{90}Sr 进入人体后参与钙代谢过程，大部分沉积于骨骼中。此外，部分鱼、软体动物类等水生生物能富集金属同位素，如 ^{137}Cs、^{90}Sr、^{65}Zn 和 ^{55}Fe。研究者还发现了 ^{226}Ra、^{239}Pu、

^{60}Co、^{144}Ce、^{137}Cs、^{216}Po、^{89}Sr 和 ^{40}K 在水生生物中的富集现象。由于通过食物摄入放射性核素的量一般较低，鲜有放射性物质对人体产生急性毒性的报道。长期低剂量内照射效应是食品放射性污染对人体的主要危害。这种慢性危害会对免疫系统和生殖系统造成损伤，甚至有致癌、致畸、致突变等作用，例如滞留体内的 ^{90}Sr、^{226}Ra 和 ^{239}Po 会引发骨肿瘤。

19.1.2 化学性污染

化学性污染是有毒有害的化学物质对食品的污染，可分为重金属类、POPs、农药残留类、毒素类以及其他污染物等。

1. 重金属

重金属一般指相对密度在 5 以上的金属。重金属在人体富集到一定程度可导致急性或慢性中毒。其中，由于慢性中毒的隐蔽性，人们常常因忽视或在未知的情况下持续摄入重金属而对身体造成严重损害。常见的引起慢性中毒的重金属代表有镉（Cd）、铬（Cr）、汞（Hg）、铅（Pb）、砷（As）。重金属的危害主要是破坏人体内脏器官、心血管系统和神经系统等，部分重金属还具有致畸、致癌性。

食品中的有毒重金属来源包括：①重金属污染严重地区（如化工厂、矿山等）的工业排放；②农畜业生产中农药、化肥和饲料的使用；③食品加工过程（如食品生产中接触到的金属器件以及食品包装）中引入的污染。

镉：镉中毒的主要表现为肾脏以及骨骼损伤，也有研究证明镉能引起心血管疾病和生殖系统损伤，甚至会诱发前列腺癌。镉在人体中的半衰期为 15～30 年，当处于长期低剂量暴露时，镉中毒的潜伏期长达 2～8 年。随着全球镉的排放增加，土壤中镉的负担急剧增大。其中，大量镉通过植物吸收转移到农作物，从而直接或间接进入人体中导致慢性中毒。

铬：环境中的铬主要来自工业活动（金属加工、电镀、制革等）产生的废水和废气，由植物的吸收与富集转移到农作物中，进而造成食品铬污染。中国营养学会公布的人体每日最高耐受铬摄入量为 500 μg。铬在环境中主要以三价（Cr^{3+}）和六价（Cr^{6+}）形式存在，且二者可在一定条件下相互转化。铬的毒性与其存在价态有关，Cr^{6+} 的毒性远高于 Cr^{3+}，其易被人体吸收，进而在体内蓄积。污染地区中蔬菜和粮食的铬超标率因地区受污染情况不同也呈现不同结果。长期摄入铬超标食品，无疑对人体健康产生巨大威胁。

汞：汞主要以单质汞、无机汞和有机汞等多种形态存在于环境中，其生物半减期总体较长，但也取决于汞的存在形式。上述三种形态的汞能在生物作用下相互转化。其中，有机汞最易被人体吸收，且毒性更高，尤其以甲基汞和二甲基汞的毒性最强。汞主要通过吸入或饮食暴露途径进入人体，易在肝脏、肾脏和脑部富集，引起人体器官损伤和神经毒性等。此外，甲基汞还可以通过胎盘对胎儿健康造成威胁。人体暴露于甲基汞主要通过食用水产品以及一些受汞污染影响的稻米等。20 世纪在日本发生的"水俣病"事件是由于居民食用了甲基汞超标的鱼类。2013 年 1 月 19 日，联合国环境规划署通过了旨在全球范围内控制和减少汞排放的《关于汞的水俣公约》，共有 128 个缔约方。2016 年，我国全国人民代表大会常务委员会决定批准该公约。

铅：环境介质中的铅主要来源于采矿、冶炼、生产含铅制品（如机动车铅酸蓄电池）和回收活动，以及某些国家对含铅涂料的持续使用等。铅在人体中主要富集在骨骼中，可影响造血系统，同时对人体神经系统、消化系统和其他功能系统造成损伤。相较于成人，年幼儿童更易受铅中毒的影响，他们从特定来源的铅摄入量是成人的 4～5 倍。膳食摄入是人体暴露铅的主要途径。食品中铅的来源广泛，可通过沉降在植物表面或被植物直接吸收而在农作物中富集，此外，食物在加工或运输过程中也会引入铅污染，如接触铅釉制作或铅焊接的容器，这些受到铅污染的食品最终进入人体中造成健康损伤。研究表明，成人的食用性铅来源贡献较高的是贝类和鱼类。

砷：砷的毒性与其存在形态有关，通常无机砷的毒性更高。进入动物体的无机砷（如 As^{3+}）会发生甲基化反应、并产生活性氧，与硫和膦酯发生相互作用，造成组织细胞凋亡。美国国家环境保护局将无机砷列为 I 类致癌物。人体摄入砷主要通过饮用水和食用污染区域的蔬菜、粮食以及家禽等。人体砷中毒常表现为慢性，主要引起心血管系统、消化系统以及内分泌系统等的损伤。砷中毒带来的影响是全身的，砷中毒会引发黑变病、各种神经疾病和一些癌症，研究表明砷暴露量越大，患肺癌的概率也会更高。

2. 持久性有机污染物（POPs）

POPs 具有亲脂性，因此能在生物体中富集，通过食物链的放大作用对人体健康造成潜在威胁。

膳食摄入是 POPs 最主要的人体暴露途径之一。POPs 进入食品的途径复杂，几乎贯穿在食品的整个生产流程中。植物源性和动物源性食品在原材料阶段就可能存在 POPs 的污染。1968 年日本食用油工厂生产的米糠油中混入多氯联苯的事件造成上千人中毒；而同样的悲剧在 1979 年又在我国台湾上演。1999 年比利时"二噁英毒鸡"事件，其原因是比利时一家生产畜禽饲料添加物的部分产品被二噁英污染，进而污染了饲料，致使欧洲多国畜禽产品及乳制品中含有高浓度的二噁英，最终导致比利时内阁集体辞职。POPs 的亲脂性使得它能更大程度地在动物源性食品中富集，研究发现禽蛋和肉中都有 POPs 的赋存。同时，在食品的加工和包装等阶段也有 POPs 引入的风险。在传统烹饪过程中，热过程会促进 POPs 类物质生成与转化。此外，富集在母亲体内的 POPs（如氯化石蜡、全氟/多氟类化合物）能通过母乳传递给哺乳期的婴儿，使婴儿从早期就开始暴露POPs，这可对其生长发育造成潜在不利影响。

3. 农药残留

食用农药残留超标的蔬菜和粮食是人群暴露农药残留的主要途径。农药残留污染物包括有机氯农药（OCPs）、有机磷农药（OPs）、氨基甲酸酯类和重金属类等。

OCPs 和 OPs 都曾是广泛应用在农业生产中的化学产品。其中 OCPs 包括 DDT、六六六、毒杀酚、氯丹、狄氏剂和艾氏剂等，DDT 和六六六的生产量最高。在 20 世纪 70 年代全球就已经开始禁止 OCPs 的使用，但由于其持久性，至今 OCPs 还能在一些环境介质中检出。OPs 种类繁多，包括对硫磷、内吸磷、甲拌磷、敌敌畏等几百种，部分 OPs 在环境中能持久存在并且存在转化成毒性更强的二次污染物的可能。OPs 的毒性差异大，而且部分品类混合后还具有毒性协同效应，例如马拉硫磷与敌百虫、敌百虫与谷硫磷等混合后的毒性增强，因此研究 OPs 的联合毒性也成为广泛关注的科学问题。OPs 对人体健康的影响主要表现为遗传毒性、生殖毒性、免疫毒性、神经毒性和致癌作用等。

氨基甲酸酯类农药具有毒性低、药效好等优点，在 OCPs 被禁用和抗有机磷农药虫类逐渐增多的情况下得到了越来越广泛的应用，目前氨基甲酸酯类农药已有 1000 多种，常见的有叶蝉散（isoprocarb）、速灭威（metolcarb）、西维因（carbaryl）和涕灭威（aldicarb）等。氨基甲酸酯类农药毒性与 OPs 相似，主要抑制胆碱酯酶活性，但由于氨基甲酸酯类农药与胆碱酯酶结合是可逆的，因此氨基甲酸酯类农药的毒性较 OPs 更低一些。尽管如此，日益增大的使用量，也使得人们必须关注氨基甲酸酯类农药给环境以及人体所带来的潜在威胁。

4. 毒素

食品中的毒素主要是指一些天然毒素，包括动物毒素、植物毒素以及微生物毒素，它们随着饮食过程被人体吸收，从而对健康造成危害。常见的毒素大类可分为海洋毒素类和真菌毒素类。海洋毒素类多指各种贝类和鱼类介导的毒素，如神经性贝毒、河豚毒素和遗忘性贝毒等多种。与鱼类毒素不同的是，贝类毒素不是由贝类自身产生的，而是由其他海洋生物在贝类中累积所形成的。人体对这类毒素的暴露途径主要为食用含这类毒素的鱼类和贝类。由西加鱼毒素引起的中毒事件多发生在加勒比海和太平洋地区，每年引起近万人中毒。常见的真菌类毒素有黄曲霉毒素、赭曲霉毒素和单端孢霉烯族毒素等，其中黄曲霉毒素是近几年被大众熟知的一种真菌毒素，据报道其毒性是砷的 68 倍，是目前发现的化学致癌物中最强的物质之一，其衍生物约 20 种，主要包括 B1、B2、G1、G2 等，其中以 B1 的毒性最强。因其致突变性、致癌性、强毒性，黄曲霉毒素于 2017 年被世界卫生组织纳入 I 类致癌物清单。黄曲霉毒素可存在于豆制品、乳制品和坚果中，摄入黄曲霉毒素可引起肝损伤，并且一定剂量的黄曲霉毒素暴露还与癌症发病率有关。

5. 其他污染物

另外一些食品污染物主要是在食品生产过程中为了提高食品色香味，食品防腐所使用的食品添加剂以及一些还缺乏明确法律法规和标准的化学品。添加剂的主要分类有抗氧化剂、酸度调节剂、甜味剂、防腐剂、增味剂、着色剂、漂白剂、增稠剂和香料等。此外，一些新污染物，包括新型溴代阻燃剂、氯化石蜡和全氟化合物等可在食品的原材料生产、加工、运输及储存等不同阶段进入食品中，并造成污染。食品添加剂的过度添加和不当添加均可造成食品污染问题，其毒性作用也不容小觑。食用过量亚硝酸盐可使人缺氧，糖精可使人产生过敏反应，肉制品中亚硝酸盐与肉制品腐败产物反应生成的亚硝铵具有致癌作用。食品添加剂的危害与食品添加剂的使用是否规范有密切联系，通常规范的食品添加处理过程是可接受的。但是随着食品添加剂种类的增多和用量的增大，或者部分商家因追求利益而不规范地添加都可造成非常严重的食品安全问题，如 2001年增白剂超标毒面粉事件、2008 年三聚氰胺奶粉事件、2011 年瘦肉精事件以及 2012 年白酒塑化剂超标事件等。

19.1.3 生物性污染

世界卫生组织估算，在全球每年数以亿计的食源性疾病中，70%是由各种致病性微生物污染的食品和饮用水引起的。据统计，生物性污染是最常见的食源性致病因素，其中约有 60%为细菌性致病菌所致的食源性疾病。在我国，导致食源性疾病的主要因素是微生物污染。

细菌性污染：由于波及面广、影响程度大、产生的危害严重等特征，细菌性污染在各类微生物污染中是最为棘手的一类。常见的易污染食品的细菌有假单胞菌、微球菌、葡萄球菌、芽孢杆菌、芽孢梭菌、肠杆菌、弧菌、黄杆菌、嗜盐杆菌和乳杆菌等。极易受到细菌污染的食品主要包括我们日常食用的各类肉制品、蛋制品、奶制品等。致病菌是细菌中危害更大的一类，它们主要来自病人、带菌者、病畜和病禽等。食用致病菌污染的食品可能引起食物中毒。常见的引起食物中毒的细菌有沙门氏菌、葡萄球菌、肉毒梭状芽孢杆菌、蜡状芽孢杆菌、致病性大肠杆菌、结肠炎耶尔森菌、副溶血性弧菌和李斯特菌等。炭疽杆菌、结核杆菌和布氏杆菌病（波状热）等传染病也可由食用被污染的食品导致。携带大量病菌和有毒有害物质的污染食品不仅能使食用者产生食物中毒，严重时还可能引起食源性疾病的传播流行。

病毒性污染：病毒是纳米尺寸、结构简单的以复制进行繁殖的一类严格寄生的非细胞型微生物，由蛋白质和核酸组成。常见污染食品和危害健康的病毒与亚病毒主要有甲型肝炎病毒、口蹄疫病毒、狂犬病毒和诺如病毒等。病毒性污染一般存在引起人畜共患病的现象。作为最易感染的宿主，目前人类应对病毒的最佳手段是增强自身的免疫机制。

真菌及其毒素污染：真菌大部分对人无害，且能应用于食品生产中。但部分霉菌如黄曲霉、青霉、毛霉、根霉、寄生曲霉及其产生的黄曲霉毒素却能威胁人类健康。作为大型真菌中的一种，毒蘑菇（又称毒蕈）也含有毒素，分布于我国的有毒蘑菇达 100 多种，每年因误食毒蘑菇而中毒的案例屡见不鲜，尤其在我国的西南地区云南、贵州、四川等地更是常见。真菌污染一方面直接降低了食品的风味及食用价值，另一方面其产生的真菌毒素更是可能导致食用者食物中毒，如黄曲霉毒素等。

水生生物毒素污染：目前已经鉴定出有毒或可分泌毒液的海洋生物一千余种。全世界每年发生两万多起误食有毒水产品引起的食物中毒事件，死亡率为 1%。分布于我国的有毒鱼贝类有 170 余种，例如在我国沿海江浙一带常发生由食用河豚引起的食物中毒事件。作为一种剧毒的神经毒素，河豚毒素的毒性为氰化钠的 1000 倍，并且无法通过煮沸和盐腌的手段破坏其毒性。

寄生虫污染：寄生虫污染主要指寄生虫病的病原体对食品造成的污染，常见的寄生虫污染有吸虫、绦虫、弓形虫、旋毛虫污染等。寄生虫污染对消费者的危害主要表现为可能使人感染人畜共患寄生虫病。寄生虫污染的产生和传播媒介主要是蝇虫，因此在食品生产、运输和储备的各个过程中，应当严密防范蝇虫接触或具备严格的蝇虫杀灭措施。

19.2　食品安全风险评估

通常将食品中化学物质的风险评估描述为"对人类在特定时期内暴露于食品中的化学物质所产生的可能危害及与生命和健康相关的风险特征进行描述"。

19.2.1　概念

风险评估的相关概念如下（IPCS，2004）：

（1）危害：食品中可能引起不良健康效应的生物性、化学性或物理性因素或条件。

（2）风险：一种不良健康效应发生的可能性及其严重程度的函数，一般由食品中的危害因素引起。

（3）危害识别：确定一种因素能引起生物、系统或（亚）人群发生不良作用的类型和属性的过程。

（4）危害特征描述：对一种因素或状况引起潜在不良作用的固有特性进行的定性和定量（可能情况下）描述。应包括剂量–反应评估及其伴随的不确定性。

（5）暴露评估：对一种生物、系统或（亚）人群暴露于某种因素（及其衍生物）所进行的评价。

（6）风险特征描述：就一种因素对特定生物、系统或（亚）人群在具体确定的暴露条件下所产生的已知或潜在不良健康影响的可能性及其相关的不确定性进行定性并尽可能定量地描述。

19.2.2　典型膳食暴露评估方法与模型

通常情况下,暴露评估将得出一系列(如针对一般人群和重点人群摄入量或暴露量)估计值,也可以根据人群(如婴儿、儿童、成人)分组分别进行估计。在进行化学物质的膳食暴露评估时,利用食物消费数据与食物中化学物质含量数据,可得到膳食暴露量的估计值。再将该估计值与相关的健康指导值或毒理学上的分离点 [未观察到不良作用水平(NOAEL);基准剂量下限值(BMDL)] 比较来进行风险特征描述。评估可分为急性暴露评估和慢性暴露评估。

1. 数据来源

暴露评估所需数据主要包括食品中化学物质含量数据和食物消费量数据。

1)食品中化学物质含量数据

建议的最大水平(ML)或最大残留限量(MRL)、建议的最大使用限量、监测数据、总膳食研究(TDS)、GEMS/Food 数据库、农药监管实验中的最高和平均残留水平以及科学文献数据都可用于暴露评估。对于已有的浓度数据,应对数据的质量以及是否满足评估的目的要求进行审核,必要时应向数据提供单位索取与数据相关的信息;鉴于加工、储存、烹饪对食品中化学物质浓度的影响,必要时需要使用校正因子对加工烹饪后的食品中化学物质浓度进行校正。

2)食物消费量数据

食物消费量数据主要包括膳食记录/日记、三日(或一日)膳食回顾法、食物频率问卷或总膳食研究等已获得的人群营养调查数据;若已有数据不能满足需要,可根据各种消费特点(如个体差异、地域及民族差异、季节区分等),设置专项(按照相应筛选条件)针对食物消费量数据及目标人群个体信息进行采集。膳食消费专项调查只采集所消费食物可食部分质量的数据,所有食物消费量均应采用统一的计量单位(g 或 kg);若食物消费量数据来自已有的膳食调查数据库,应在暴露评估中说明数据来源及获得时间,并且在风险特征描述的不确定性分析中说明数据的局限性、可能的饮食习惯变化对评估结果的影响。

3)对未检出值/未定量值的处理

对未检出(ND)数据或未定量(NQ)数据的赋值原则对于膳食暴露评估至关重要。在保证科学合理的情况下,浓度数据应充分考虑营养或毒理学意义。除非有原因表明受关注的化学物质不存在于食品中,否则,若食品中化学物质浓度未检出或未定量,都应该认为样品中化学物质的浓度低于检测限（LOD）或定量限（LOQ）。如果低于 LOD 或 LOQ 的数值的比例低于 60%，那么分别将所有的 ND 和/或 NQ 赋值为 1/2 LOD 或 1/2 LOQ，否则，所有的 ND 和/或 NQ 赋值为 LOD 或 LOQ（WHO，1995）。

2. 急性暴露评估

对于在可能的人体膳食暴露水平内具有急性毒性的化学物质，需要开展急性暴露评估。图 19-1 显示了基本的用于急性膳食暴露评估的决策树，这种方法可以用于任何具有急性参考剂量（ARfD）值的食物化学物质。

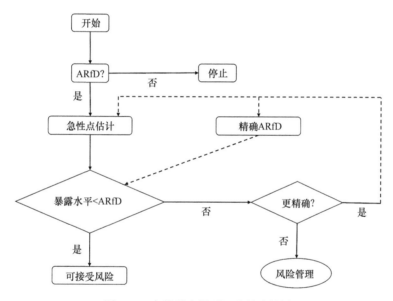

图 19-1　急性膳食暴露评估的决策树

通常，食品化学物质的急性暴露评估采用某种食品中该食品化学物质的最高含量以及该食品一餐或一日内消费量的高端值（通常为 P97.5）进行暴露量估计。农药残留急性膳食暴露模型中涉及的参数如下。

LP，大份食品质量，即膳食调查报告的某种食品每餐份消费最大量（摄食者的 P97.5 消费量，而不是消费者在这段时间内的每日平均消费量数据），以每天消费的食物千克数表示，kg/d。

HR，最大残留值，在用于估计最大残留浓度的监管实验中发现的混合样品可食部分的最大残留值，mg/kg。

HR-P，加工食品的最大残留值，以 mg/kg 表示，计算方法是将原料食品中的最大残留水平与加工因子相乘。

BW，平均体重，以 kg 表示。

U，每个食品单位（如一个苹果）可食部分的平均质量，以 kg 表示。

v，变异因子，指一批产品中不同个体或同一个体不同部位的残留变异。

STMR，监管实验残留浓度中位数，mg/kg。

STMR-P，加工食品的监管实验残留浓度中位数，mg/kg。

情况 1：混合样品（原料或者加工）的残留浓度可以反映一餐份食物（单位质量低于 0.025 kg）中的农药残留浓度。情况 1 也适用于肉类、可食内脏和鸡蛋，如果是对收获后使用的农药进行分析，还可以用于谷类、油籽和豆类食品。

$$\text{IESTI} = \frac{\text{LP} \times (\text{HR 或 HP} - \text{P})}{\text{BW}} \tag{19-1}$$

情况 2：一个餐份，例如一个水果或者蔬菜单位中农药残留的浓度高于混合样品中的残留浓度（整个水果或者蔬菜单位的质量大于 0.025 kg）。

情况 2a：每餐份原料食品单位可食部分质量低于大份食品质量。

$$\text{IESTI} = \frac{(\text{HR 或 HR} - \text{P}) \times v + (\text{LP} - \text{U}) \times (\text{HR 或 HR} - \text{P})}{\text{BW}} \tag{19-2}$$

情况 2a 方程的假设情况是，第一个食物单位中农药残留是在[HR×v]水平，下一个或多个食物单位的农药残留是在 HR 水平，即第一个食物单位所在批次食品的混合样品农药残留水平。

情况 2b：每餐份原料食品单位可食部分质量高于大份食品质量。

$$\text{IESTI} = \frac{\text{LP} \times (\text{HR 或 HR} - \text{P}) \times v}{\text{BW}} \tag{19-3}$$

情况 2b 方程的假设情况是只消费一个食物单位，并且其农药残留是在[HR×v]的水平。

情况 3：针对那些被散装或者混合的加工食品，这意味着 STMR–P 可以表示可能的最大残留值。情况 3 还适用于牛奶，在对收获前进行农药残留估计时还适用于谷类、油籽和豆类食品。

$$\text{IESTI} = \frac{\text{LP} \times \text{STMR} - P}{\text{BW}} \tag{19-4}$$

3. 慢性暴露评估

通过膳食摄入化学物质导致慢性不良作用的毒理学实验通常需要很长一段时间（如几个月或者实验动物的大部分生命周期）才能完成。这里所谓的不良作用一般是指研究物质低剂量长期暴露的结果。与之相对应的暴露评估称为慢性膳食暴露评估。

（1）点评估：一个单个数值，这个数值可以描述消费者暴露水平（如人群的平均暴露水平）的一些参数，计算公式如下：

$$\text{膳食暴露} = \frac{\sum(\text{食品中化学物质浓度} \times \text{食物消费量})}{\text{体重(kg)}} \tag{19-5}$$

在有合适数据的情况下，还可以计算高暴露人群（如处于第90百分位数的消费者）的点估计水平。当初步筛选法的膳食暴露估计值接近或者高于健康指导值，就需要进行更加精确的评估。

（2）简单分布评估：若有个体食物消费数据，则可采用食物中化学物质的平均含量，结合个体消费数据，计算获得采样人群每个个体每日通过各类食物摄入食物化学物质的水平，进而可以获得不同百分位数的摄入量。其计算公式如下：

$$\mathrm{EXP}_j = \sum_{i=1}^{n} \frac{F_i \times C_i}{\mathrm{BW}_j} \tag{19-6}$$

式中，EXP_j 为个体 j 的每日化学物质摄入量，μg/kg bw；F_i 为个体 j 第 i 种食物的消费量，g/d；C_i 为第 i 种食物中化学物质的含量，一般为平均值，mg/kg；BW_j 为个体 j 的体重，kg。

（3）构建高消费人群模型：对于同时通过多种食物摄入造成的高暴露（如环境重金属污染物的高膳食暴露评估），采用上述简单分布评估的方法，可以获得不同百分位数的高暴露水平；若个体食物消费量或食物中某化学物质浓度的高百分位数未知，可以通过构建高暴露人群模型替代这些点估计值。

$$\mathrm{HExp}_{\text{总}} = \sum_{i=1}^{2} \mathrm{HExp}_i + \sum_{j=3}^{n} \mathrm{AExp}_j \tag{19-7}$$

式中，$\mathrm{HExp}_{\text{总}}$ 为多种食物的高暴露量；HExp_i 为高暴露食物的高端暴露量；AExp_j 为非高暴露食物的平均暴露量。

在该模型中，消费者对某种食物化学物质的总暴露量是将该消费者通过两种消费量最大的食物类别的P97.5消费量对应的这种化学物质暴露量，与其他类别食品造成的平均暴露量进行叠加来获得的[①]。但是对于百分位数上限的选择，要根据评估的目的，以及能够获得的数据情况而定。高暴露人群模型不需要获得单个个体的膳食记录的原始数据，利用那些只能获得大多数食品消费量的平均值和高值的调查研究数据即可进行构建和评估。

另一种高暴露人群模型同时考虑了高食物消费量和高化学物质含量两种因素造成的影响，采用单个食物造成的高暴露量最高的三种食物作为高暴露食物构建（张磊等，2013），公式如下：

$$\mathrm{HExp}_{\text{总}} = \sum_{i=1}^{3} \mathrm{HExp}_i + \sum_{j=4}^{n} \mathrm{AExp}_j \tag{19-8}$$

式中，$\mathrm{HExp}_{\text{总}}$ 为人群通过多种食物的高暴露量；HExp_i 为人群通过高暴露食物的高暴露量；AExp_j 为人群通过非高暴露食物的平均暴露量；i 和 j 分别为高暴露食物类别和

---

① EFSA. 2008. Concise European Food Consumption Database. Parma, European Food Safety Authority.

其他非高暴露食物类别。

该模型采取如下步骤计算人群的高端暴露量（以 P95 暴露量为例）：①采用点暴露计算方法，以某类食物中化学物质平均含量乘以该类食物的平均消费量或 P95 消费量（均以全人群消费量计），计算该人群通过每类食物的平均暴露量和 P95 暴露量；②将各类食物的 P95 暴露量排序，找到对 P95 暴露量贡献最大的前三类食物（高暴露食物）；③将这三种高暴露食物的 P95 暴露量与其他食物的平均暴露量加和，计算得到人群通过多种食物的高端暴露量。

（4）经常性消费者：经常性消费者具有反复购买和消费相同食物产品的倾向，这种倾向在进行膳食暴露计算中需要充分考虑。在计算存在于加工食品中的某些食物化学物质（如食品添加剂）的高水平慢性膳食暴露时，可能更需要考虑经常性消费者的情况。

19.2.3　暴露评估案例——中国总膳食研究

总膳食研究是研究及评估某一人群通过烹调加工的、可食状态的代表性膳食（包括饮水）摄入的各种膳食化学成分（污染物、营养素）的方法。我国 1990 年开始实施与国际暴露评估接轨的总膳食研究，从重金属元素及其形态、农药及兽药残留、POPs 及其他新污染物等当前食品安全关注热点的各方面，阐述我国居民重点食物的污染状况，结合食物消费量数据全面评价我国居民的多种化学污染物的膳食暴露情况，为系统而准确地评估我国居民的膳食风险提供了科学依据。这里基于第五次中国总膳食研究介绍食品污染物的暴露评估方法和流程，并展示我国居民典型化学污染物的膳食暴露评估结果。

总原则是以所选调查点所得的综合结果能代表该省（自治区、直辖市）的平均膳食组成。第五次总膳食研究覆盖了我国 20 个省（自治区、直辖市）。南方省（自治区、直辖市）在春季（4 月中旬至 6 月底），北方省（自治区、直辖市）在秋季（9 月至 10 月底）开始调查。膳食调查分别以住户及个体为单位进行。5000 万以上人口的省（自治区、直辖市）设 6 个调查点，5000 万人口以下的省（自治区、直辖市）设 3 个调查点，每个点调查 30 户。

住户各种食物的烹饪方法按多数人的食用方法确定，并统计和计算各种调味品的消费量，作为烹饪时实际用量的依据。各省（自治区、直辖市）住户膳食调查结果以户为单位分别计算出各户和该省（自治区、直辖市）成年男子平均每日各种食物的消费量（不分城市、农村）或分城市和农村的成年男子平均每日各种食物的消费量。个体膳食调查的计算按各自的性别和年龄分别统计。各年龄组分别按加权平均统计法计算得到该省（自治区、直辖市）不同年龄组人均每日各种食物的消费量。

按目前采用的混合食物样品法将调查所得的人均食物消费量分为 13 类，包括各类原料（谷类、薯类、豆类、坚果类、肉类、乳类、水产类、蔬菜类、水果类、蛋类、糖类）及其制品、饮料及水、酒类和调味品类（包括烹调用油）。根据聚类原则，按照分析测定样品所需用量制定采样单，分别在各个调查点附近的食物采购点购买，实际采样量应略大于计算的采样量（约 1 kg/每种）。采集样品时应选择新鲜、无杂质的粮食。采集后应尽快将样品送至烹调加工的地点，如不能立即烹调，应放入冰箱低温保存，生肉及水产品应储在冰箱冷冻室内备用。样品运送采用空运或陆运均可，运输过程中所有样品均需保存在−20℃，以待分析测定。

根据调查结果，结合当地饮食习惯和菜谱编写出相应的烹调方法。再将原料按烹调方法在指定的饭馆、厨房或实验室，用当地的炊事用具进行烹调并详细记录烹调用水及烹调前后样品质量。

将三个点（六个点）制备好的样品分别按比例混合，去掉不可食用的部分后将可食部分称重，打碎成匀浆；需配置或混合的样品按照具体比例调配（如奶粉、茶叶、酒及饮料）。各省（自治区、直辖市）的总膳食研究分别将成年男子及不同性别年龄组按各自膳食组成混成 13 类膳食样品并保存相对应的单个样品。

2010 年联合国粮食及农业组织和世界卫生组织的联合食品添加剂专家委员会第 72 届会议将无机汞的暂定每周耐受摄入量（PTWI）降为 4 μg/kg bw，适用于来源于非鱼贝类食品的膳食汞暴露评估，对来源于鱼贝类食品的膳食汞暴露评估仍采用以前设定的甲基汞PTWI（1.6 μg/kg bw）。总汞摄入量扣除水产动物汞摄入量可作为无机汞摄入量估计值。

我国成年男子总汞的膳食暴露量均值为 4.5 μg/d，范围为 0.9～9.4 μg/d。总汞膳食暴露量存在明显的地区差异，福建、上海的暴露量明显高于其他省（自治区、直辖市）。

我国成年男子甲基汞的膳食暴露量为 0.6 μg/d，相当于 PTWI 的 4.2%，范围为 0.04～3.1 μg/d，为 PTWI 的 0.3%～21.5%。甲基汞膳食暴露量存在明显的地区差异。福建、广东和上海的暴露量明显高于其他省（自治区、直辖市）。

19.2.4 食品中污染物的生物有效性

生物有效性一般是指进入人体后能够通过消化道吸收，最终到达血液或淋巴组织内（即进入人体内循环）的污染物占摄入总量的比例。生物可及性，也被称为"生物可给性"，一般是指污染物在胃肠道消化过程中，从基质（如土壤、食物等）释放到胃肠液中的量与总量的比值，表示了基质中污染物能被人体吸收的相对量，这也是人体可能吸收的最大量。生物可及性一般通过体外胃肠模型，获得污染物在模拟消化液中的释放程度，未涉及跨膜运输，可看作（经口）生物有效性的首要阶段（图 19-2）。

目前，针对污染物生物有效性的研究受到实际数据缺乏的限制，各国在进行相关人群污染物膳食暴露评估时，一般基于食品中污染物的总剂量（即外暴露剂量），而非污染物被机体摄入后经过消化、吸收而到达组织产生毒性作用的剂量（即内暴露剂量）

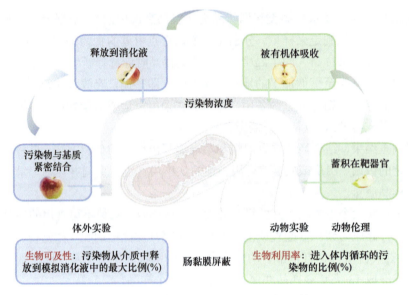

图 19-2　污染物的生物可及性与生物有效性

（图 19-3）。因而可能导致假阳性的结果。生物有效性测定一般通过动物体内（*in vivo*）实验和体外（*in vitro*）胃肠消化实验进行。

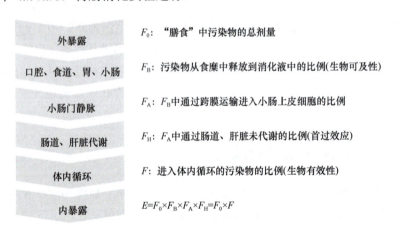

图 19-3　生物有效性与污染物内外暴露的关联

1. 动物体内实验在生物有效性测定中的应用

　　在测定生物有效性的动物体内实验中，一般是将粉状或油状的污染物均匀分散到饲料中，对动物进行定餐饲喂；或将污染物通过静脉注射直接注入动物体内，观察一定暴露时期内生物有效性的终点。生物有效性终点的确定包括测定污染物（原体）及代谢物在组织（血液、脂肪等）、器官（肠道、肝、肾等）、排泄物（尿液、粪便等）中的浓度，以及对 DNA 加合物和酶诱导的观察等。测定内循环系统中污染物的浓度是测定无机污染物（如铜、锌、砷、铅）生物有效性的常用手段（Juhasz et al.，2006）。若仅以血液中污染物浓度作为监测终点，可能导致生物有效性的假阳性结果。

作为不被动物体吸收部分的代表，粪便或脂肪组织中污染物浓度的测定也可以用于该类污染物生物有效性的计算。酶的诱导（如细胞色素 P450 单加氧酶）和 DNA 加合作用也被用于判断生物有效性的终点，但它们对化合物单体并不适用；此外，采用这种方式进行方法学验证也非常耗时，有些甚至未经验证。

体内实验多采用污染物纯品进行实验动物暴露，把污染物纯品以合适的途径/载体转入动物体内，如静脉注射和饲喂（均匀分散在复合饲料中）。同时，也有研究采用 POPs 污染的土壤饲喂并观察其在土壤中的生物有效性。目前，对于 POPs 的生物有效性研究因动物实验模型、生物有效性评价终点、给药剂量以及给药途径的不同而有较大差异。有研究通过饲喂实验动物获得的 PAHs 吸收率和生物有效性，发现按给药剂量和给药方式的不同，苯并[a]芘（B[a]P）的生物有效性在 5.5%～102%的范围内大幅变动（Ramesh et al.，2001）。

2. 体外胃肠消化实验在生物有效性测定中的应用

由于体外胃肠消化实验所具有的优点，近年来针对这种方法的研究和应用越来越受到重视。为了测定污染土壤中 POPs 的生物有效性，目前国际上已建立了多种体外模型（如 PBET、RIVM、DIN 和 SHIME 等）用于模拟土壤基质中的 POPs 在人体消化系统内的释放过程。由于人体消化系统的复杂性，上述模型仅能够对部分关键过程进行模拟。

体外消化模型主要由口腔模拟、胃部模拟和小肠模拟三部分组成。然而，由于食物在口腔内驻留时间较短（约 2 min），污染物的释放可能十分有限，因此多数模型聚焦于胃部和小肠的模拟，一般把口腔模拟作为备选步骤。此外，儿童作为环境污染物的易感人群，在设置体外消化模型的参数时应充分体现儿童的生理特点。

由于对同一样品通过不同的体外消化模型所测得生物有效性结果普遍存在差异性，目前国际上仍未制定出一种通用的标准方法以评判实验方法的准确性。因此，对经体外消化模型得到的结果进行验证非常重要，其判断依据一般是通过比较体外模型和动物活体实验数据的相关性。由于人体的消化系统与实验动物在生理条件上存在差异，把从动物活体实验得到的数据推广到对人体，在解释上有一定的困难。

近年来，体外消化模型结合 Caco-2 细胞模型的协同研究，引起了研究者的广泛关注（吴永宁等，2019）。Caco-2 细胞是一种人克隆结肠腺癌细胞，其结构和功能类似于分化的小肠上皮细胞。它能够在细胞及分子水平提供关于药物分子通过小肠黏膜的吸收、代谢、转运的信息，从而模拟体内小肠转运，已被广泛应用于研究外源化学物质，特别是环境污染物的吸收、转运和代谢情况（图 19-4）。

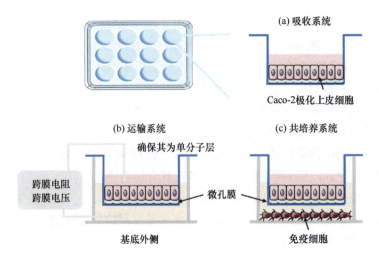

图 19-4　肠内功能细胞模型转运机理示意图

3. 基于生物有效性/生物可及性的膳食暴露评估

通过分析上海 31 类共 299 份动植物源性食品中 PBDEs 的含量，结合膳食摄入量，得到当地人群通过植物源性食品和动物源性食品摄入的 PBDEs 分别为 13.2 ng/d 和 13.7 ng/d（Yu et al.，2011）。此外，利用体外消化模型测定了 PBDEs 的生物可及性，发现植物源性食品中 PBDEs 的生物可及性介于 2.6%~39.9%，动物源性食品介于 5.2%~105.3%。在考虑生物可及性的情况下，当地人群 PBDEs 摄入量分别为 2.7 ng/d 和 4.3 ng/d，分别降低了 79.5% 和 68.6%。

以猪肉、牛肉、淡水鱼、大米、小白菜、鸡蛋和奶粉七类食品为基础，根据浙江居民的膳食消费量和污染物调查数据（PCDD/Fs 和 PCBs 结果），分别计算了不考虑生物可及性的摄入量和基于生物可及性校正的摄入量，并与 2007 年我国 TDS 浙江的数据进行了对比。研究发现，若假设食物全部水煮，日均摄入量为 13.0 pg WHO-TEQ，比未考虑生物可及性的结果（112 pg WHO-TEQ）降低了 88%；若全部油炒，41.8 pg WHO-TEQ 比未考虑生物可及性的结果降低了 63%；假设一半水煮一半油炒，27.4 pg WHO-TEQ 比未考虑生物可及性的结果降低了 76%。该研究模拟了污染物在胃肠内的消化过程，较大程度地降低了评估的不确定性。但它的局限性在于纳入的食品种类少，可能造成最终结果的低估。

习　题

1. 食品安全的定义是什么？目前国内外关注的食品安全问题主要有哪些？
2. 如何检测食品中的有机污染物？分析检测时需要注意什么？
3. 简述食品安全风险评估的步骤。
4. 为什么要测定食品中污染物的生物有效性？

第 20 章　危险化学品相关的环境化学

具有毒害、腐蚀、爆炸、燃烧、助燃等性质，对人体、设施、环境具有危害的剧毒化学品和其他化学品统称为危险化学品。用于战争目的以对人畜的毒害作用为主要杀伤手段的化学物质，称为化学战剂或化学毒剂（chemical warfare agents），爆炸物泛指能够引起爆炸现象的物质，可对人身安全造成极大威胁。化学毒剂与爆炸物是国家安全、国防安全防控处置的主要对象之一。此外，违禁药物（illicit drugs）（如毒品和兴奋剂）以及核泄漏和放射性废物引发的环境污染同样可能危及国家安全，其污染问题的原理规律及解决路径与化学污染问题有一定相通之处，在本章中亦加以简要阐述。

20.1　化学战剂及其污染事件

20.1.1　化学战剂

1. 化学战剂的分类

根据作用效果，化学毒剂主要分为五大类，包括神经性毒剂（nerve agents）、糜烂性毒剂（如芥子气、氮芥、路易氏剂、光气肟）、全身中毒性毒剂（如氢氰酸、氯化氰）、失能性毒剂（毕兹，BZ）和窒息性毒剂（如光气、双光气、氯化苦）。其中，神经性毒剂有沙林（sarin，甲氟膦酸异丙酯，GB）、梭曼（soman，甲氟膦酸特己酯，又称甲氟膦酸频哪酯，GD）、塔崩（tabun，二甲氨基氰膦酸乙酯，GA）、环沙林（甲氟膦酸环己酯，GF）和维埃克斯[S-(2-二异丙基氨乙基)-甲基硫代膦酸乙酯，VX]等。

图 20-1 按照历史上的出现次序给出了经典的五类 12 种化学毒剂结构式。另外，国际《关于禁止发展、生产、储存和使用化学武器及销毁此种武器的公约》（以下简称《禁止化学武器公约》）禁控清单中还包括两种生物毒素——石房蛤毒素和蓖麻毒素，其中蓖麻毒素为一种蛋白质类大分子生物毒素，但主要中毒症状表现符合化学中毒典型特征。

目前，受《禁止化学武器公约》约束，国际范围内禁止发展、生产、储存和使用化学武器（简称"化武"），并大规模销毁现有化武已成为客观现实。但是，当前化武仍然存在，在部分特定条件下可能被发展使用并导致大量人员伤害。2014 年以来的叙利亚化武危机中，多次发生化武中毒事件。

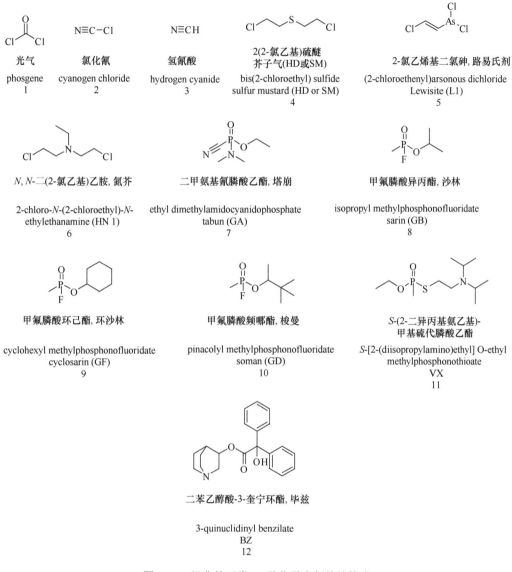

图 20-1 经典的五类 12 种化学毒剂的结构式

传统化学毒剂的使用方式也呈现多样化。1995 年东京地铁沙林事件，属于针对群体的恐怖袭击事件；2017 年"金正男"马来西亚遭 VX 毒剂致死事件、2018 年俄罗斯双面间谍"诺维乔克"谋杀案和 2020 年俄罗斯最大反对派纳瓦尔尼"诺维乔克"中毒案则属于化学暗杀。除此之外，第二次世界大战后数十万吨化学弹药被倾弃于海上，特别是波罗的海地区；日本遗弃在我国境内的化武不时出现泄漏，造成持续环境污染，严重威胁民众健康。

2. 相关条约、公约

1）海牙道德准则

对于化学技术及产物造成的滥用风险，特别是国家安全直接相关的非和平目的的安全隐患，2015 年国际禁止化学武器组织（OPCW）编制了 140 条化学方面的行为守则，后来逐步完善成"海牙伦理准则"（The Hague Ethical Guidelines），致力于促进和平使用化学，保护环境和维护实验室安全。其核心要素是"化学领域的成就应用于造福人类和保护环境"。2016 年，美国化学会据此制定了"全球化学家道德规范"。

2）现行监管禁控条约建设

备豫不虞，为国常道。国际多边履约方面，我国是首批国际《禁止化学武器公约》履约成员方。在国内法规条例方面，以《中华人民共和国国家安全法》为统揽，我国已经出台了《中华人民共和国监控化学品管理条例》及实施细则（2020）、《危险化学品安全综合治理方案》（2020）、《危险化学品安全管理条例》（2013）等系列相关法规、条例，分环节进行生产安全管理、环境管理以及公共卫生管理管控等。

根据以上条例、方案等，应急管理部、工业和信息化部、公安部、生态环境部、交通运输部等多部委还编制了《特别管控危险化学品目录》（2020 年第一版）、《中国严格限制的有毒化学品名录》（2020 年）、《易制爆危险化学品名录》（2017 版）、《危险化学品目录》（2015 版）。

3）国际《禁止化学武器公约》框架

国际《禁止化学武器公约》，是世界上第一个全面禁止和彻底销毁一种大规模杀伤性武器的公约，于 1993 年 1 月 13 日在巴黎开放签署，于 1997 年 4 月 29 日正式生效，现有 193 个缔约方，占全球总数的 98%，常设执行机构为总部设在荷兰海牙的 OPCW，致力于携手共创一个永无化武的世界。2023 年 7 月 7 日，OPCW 确认所有已申报的共72304.34 t 化武库存均被不可逆转地销毁，有效改善了全球总体安全形势。

在《禁止化学武器公约》约束下，签约国禁止发展、生产、获取、储存、保有、使用、转让或为使用化学武器而进行的军事准备活动。除正文条款外，有 3 个附件：《关于化学品的附件》《核查附件》及《保密附件》。规定除研究、医疗、药物或防护性目的外，各缔约方不得生产、获取、保有、转让或使用《禁止化学武器公约》化学品附件清单 1 禁控化学品（化武原型及其前体）。仅可在实验室研究、医疗或药物目的而非防护性目的的每年合成合计数量不超过 100 g 的清单 1 化学品。并且所有清单 1 化学品都需持续监测使用走向。《禁止化学武器公约》依据《核查附件》对销毁过程等遵约情况进行核查，这为"全球范围内尽早彻底销毁化武及其相关设施"确立了技术规范和法规约束。

第二次世界大战日本在中国大陆遗弃了大量化学武器。《禁止化学武器公约》为销毁日本遗弃在华化学武器（简称"日遗化武"）奠定了国际法基础。我国的日遗化武属于遗留化武范畴，按规定由日方负责彻底销毁。

根据《禁止化学武器公约》相关条款，1997年，中日正式着手处理在华日遗化武问题。1999年7月，中日两国政府正式签署了《中华人民共和国政府和日本国政府关于销毁中国境内日本遗弃化武的备忘录》，日方承诺承担所有处置资金。2010年9月，日本销毁在华日遗化武工作正式启动，处理在华日遗化武由挖掘回收进入销毁阶段。目前整个销毁过程分为8步：运送→拆包→爆炸→膨胀→消毒→过滤→排放→善后，过程复杂而漫长，对日遗化武污染的消除、回收以及销毁过程中二次污染的防范与控制是处理日遗化武的关键。

截至2019年7月，日方在OPCW第91次执理会上的通报称，"发现74719枚/件日遗化武"，已经"销毁54620枚/件日遗化武"。中国生态环境部已经颁布了78项环境标准，规范上述日遗化武销毁工作。依据中日两国协议，完全销毁日期有所延迟。

3. 遗弃化学武器事件

1）海洋倾弃化学武器事件

第一次世界大战、第二次世界大战期间欧洲储存了大量武器。海洋倾弃化武曾经是战后最"便捷"的处置化武方式。自1920年始，数十万吨化学弹药被倾倒遗弃到海里。欧洲、俄罗斯、日本和美国海岸是全世界受影响最严重的地区。其中特别是波罗的海遭受了集中的大量倾弃，大约50000 t化武被倾倒在波罗的海南部的博恩霍尔姆盆地，对环境卫生和生态造成重大危害。

《防止废物和其他物质污染海洋公约》（《伦敦公约》）于1975年生效后，海洋倾弃化武事件完全停止。1992年起，欧洲议会启动波罗的海倾弃化武环境本底调查及风险评价。2005年起欧盟框架计划项目"倾弃化武威胁监测"、"化武在海洋环境中的风险评估模型"和"化武搜查与评估"陆续启动，化武污染问题受到进一步关注。

2）在华日本遗弃化武事件

我国日遗化武包括毒剂弹140万～170万发，毒气筒200万个以上，散装毒剂150余吨。截至目前，在我国境内共发现日遗化武约230万件，所含化学毒剂约120 t。仅在哈尔巴岭一地，发现日军遗弃化学炮弹的总数已超过40万枚。形式包括填充了化学毒剂的化学炮弹、化学炸弹、有毒发烟筒、装有化学毒剂的金属罐装容器等。大多数日遗化武为芥子气、路易氏剂的化学炮弹（日方俗称"黄弹"）以及装有二苯氰胂、二苯氯胂的化学炮弹（日方俗称"红弹"）。数百万日遗化武经过近70年的埋藏，大部分严重锈蚀，一些弹体破损，导致毒剂泄漏。一些化武因安装有引信，存在爆炸隐患。很多日遗化武地区，已发现不同程度的土壤和生态环境污染。战后，黑龙江齐齐哈尔、吉林敦化莲花泡、广东广州番禺、吉林集安、山西太原、天津滨海新区等地相继发生了多起日遗化武伤人事件。

20.1.2 化学战剂的环境检测与风险评估

1. 化学战剂的环境归趋

化学战剂在环境中的归趋在很大程度上取决于其化学和物理特性。大多数中高持久性化学毒剂具有低蒸气压、水中的低溶解度、自然非生物和微生物的低降解率等特点。某些不易水解或生物降解的中等水溶性毒剂则可能会在干燥土壤中持续存在，或浸入地下水并在其中长期存在。挥发则是一些化学毒剂从土壤和水转移到空气的重要机制。同时，气象条件如温度、湿度及土壤干燥程度、储存体积等也会影响化学毒剂的降解速度。与气溶胶或蒸气状态相比，液体或固体毒剂的降解速度较为缓慢。

环境中潜在的化学毒剂降解产物往往通过历史上被使用或掩埋的化武及废物中意外释放的化学毒剂与土壤、水或大气接触后产生，或是在弹药的非军事化和处置活动中可能发生的泄漏所造成。化学毒剂生成的降解产物类型及含量随地理位置、pH、温度、湿度、光照和土壤类型等环境条件的变化而存在差异。主要的降解过程包括光解、水解、氧化和微生物降解等，目前降解产物的环境持久性或潜在毒性数据仍存在大量空白。

根据不同毒剂的化学和物理性质以及存储与处置条件，可以解释其在环境中的持久性或逸度。

2. 化学武器污染危害及风险评估

1）海洋倾弃化武危害

1918～1970年，德国和英国在波罗的海以及白令海峡等海域，将30多万t化武炮弹倾倒沉入海底，处置了一些过剩、过时和遗弃的化学弹药与化武。苏联也曾向波罗的海倾弃了数万吨化学弹药。第二次世界大战后，美英军队将缴获的17万t德国产芥子气和神经性毒剂倾倒在斯卡格拉克海峡，数艘装满化学毒剂的德国U型潜艇被直接凿沉海底。美军还先后70多次向全世界海洋倾倒化武和弹药，集中在大西洋和太平洋沿岸以及阿拉斯加与夏威夷水域的几个地点，共处置了大约3万t化武。

倾弃化武的类型包括芥子气、路易氏剂、神经性毒剂、全身中毒性毒剂、窒息性毒剂以及控暴剂。形式包括含有化学品的弹药（如炮弹、迫击炮弹、航空炸弹、火箭弹）或储存在大型金属容器（如重达1t的圆筒、滚筒）中或装在混凝土中的化学品等。炮弹和炸弹经常整体装载到船只上沉没，沉船往往被水流挟带至海床处，基本上完好无损，因此，沉船中的化武仍保留在较小区域内。另外，少部分化学弹药被随意抛弃，可能被洋流、潮汐和其他动力广泛分散。

海底倾弃的炮弹（含常规炮弹和装填有化学战剂的炮弹）至少存在三种威胁或危害。第一，被倾弃的未爆弹药经长时间腐蚀后易爆性增加，在波浪、船舶、渔网、水下动物的扰动下，自爆经常发生，剧烈的水下爆炸会伤害鱼类及其他海洋生物，还可威胁水坝和航运安全；第二，在倾弃化武区域的一些作业中，如捕鱼、挖泥和管道铺设，可能会导致人接触到高浓度的剧毒性化学战剂；第三，化学战剂及其降解产物可对海洋环境造成直接和间接损害。随着时间推移，部分海底储存化学弹药和装有军用毒剂的容器遭受海洋环境的侵蚀，已开始泄漏，弹体蚀穿后有毒的弹药以小孔释放，可造成周围水体的持续污染，并对周边海域的鱼类、鸟类、哺乳动物、海上作业人员等构成严重威胁。海洋倾弃化武也曾发生过多起伤人事件。

全球倾弃化武的位置、类型和数量存在不确定性，仍需更先进的分析化学检测方法、最新的生态毒理学和物理化学数据、关于深海环境中化武降解转化和运输特性的特定知识、针对化武的环境生态毒理学指标等。

2）日遗化武现状及危害

案例二

在华日遗化武不仅数量庞大、内装毒剂种类多、分解产物复杂、埋藏状况复杂，经过几十年的埋藏，部分容器腐蚀泄漏十分严重，引发的伤人事件屡屡出现，严重危害并威胁当地人民健康和生态环境安全。最大的埋藏点——吉林省敦化市哈尔巴岭埋藏点，夏天林区虽然茂密，但经常散发出刺鼻气味，并对动物的栖息环境构成了严重污染和破坏。

2003 年的齐齐哈尔"8·4"事件是在我国境内发生的最大的日遗化武伤人事件。2003 年 8 月 4 日 4 时许，齐齐哈尔市龙沙区机场路的北疆花园在施工过程中挖出 5只已经生锈的金属桶，高约 75 cm，直径约 45 cm。施工时造成其中一个桶壁破损，桶内液体喷溅到挖掘机司机的身上，并喷洒到挖掘出的土方上。并且，几只金属桶还被作为废品流转多次，共致使 43 人发生不同程度中毒，并最终导致 1 人死亡。经过多名权威专家确定，桶内所装液体为芥子气。事件距今近 20 年，多名中毒患者的病情从急性转成了慢性，均受到不同程度的呼吸道、眼睛损伤、免疫机能损伤等。

日遗化武主要埋在地下，其中芥子气性质较为稳定，虽然其容器经过近六十年时间的储存或埋藏，多数都严重腐蚀或锈蚀，但仍能从发现的武器或容器中检测到芥子气原型化合物，有可能在销毁过程中发生泄漏和伤亡事故。另外，日遗化武中的含砷毒剂或其混合物占大多数，如路易氏剂、二苯氯胂、二苯氰胂等均含有砷，泄漏的含砷毒剂及降解产生的砷化物可污染周围土壤。在挖掘日遗化武时，破损、泄漏的炮弹内部所装填的化学毒剂及其降解产物会向空气中挥发，造成局部空气染毒，危害作业人员及邻近群众的安全与健康。处理和销毁日遗化武过程中造成的环境污染，主要体现在大气、水、土壤及固体废弃物等方面，日遗化武含砷毒剂数量较为庞大，亦增加了固体废弃物的处理难度。

3. 持久性化学武器污染物的生物积累

一些化学毒剂属于暂时性毒剂，如光气、氢氰酸等，对大气、土壤、水和植物等仅造成暂时污染。但另一些化学毒剂属于持久性毒剂，如芥子气、路易氏剂、VX、BZ 等，可在环境中残留数天、数周或更长时间。持久性化学毒剂可影响农作物的生长和微生物、水生生物的繁殖等，人们若长期摄取残留毒剂的食品、饲料、水和水生生物，毒剂会在体内积累转化，人们发生慢性中毒。

海洋倾弃化武的弹体蚀穿后释放的有毒弹药，可以造成周围水体的持续污染。另外，水下炮弹常吸引水生生物聚集和寄生，导致污染物在水生生物体内富集。而一些化学毒剂是致癌物，即使发生轻微泄漏，污染物也能够逐步被放大至食物链，达到伤害鱼类的剂量，特别是供人类消费的大型鱼类。

4. 化学武器污染物对人体的健康危害

日遗化武污染场地是我国面临的一类特殊污染场地。长期埋藏在土壤中的日遗化武由于腐蚀，内部毒剂可能发生泄漏。例如，日遗化武中占比较高的化学毒剂是芥子气，其在常温下的中性水溶液中水解速率慢，密度较水大，易造成水源的长期污染。日本遗弃在我国水井中的芥子气，十几年甚至几十年后依然还会引起人员中毒。芥子气中毒开始并无症状，依据剂量不同存在不同的潜伏期，一般低浓度蒸气作用时潜伏期可达 24 h 以上，而中高剂量在 4～6 h 甚至更短，但一经发作便对机体造成明显损伤（瘙痒、起疱）。进入体内后，芥子气发生烷基化反应，引起细胞毒作用和凋亡，甚至诱发 DNA 断裂损伤和细胞周期 S 期阻滞，引起突变、癌变和畸变。芥子气长期低剂量暴露与呼吸道肿瘤、皮肤癌、白血病等恶性肿瘤存在因果关系。

路易氏剂导致显著的糜烂性毒害，可通过接触、吸入等方式造成皮肤、眼部、呼吸道损伤。路易氏剂的起效比芥子气更快、更剧烈，皮肤中毒立即出现烧灼痛，但易治愈。吸入低浓度的路易氏剂蒸气，短暂潜伏期后出现咳嗽、流涕、喷嚏。日遗化武中的芥–路混合毒剂暴露后呈现兼具芥子气和路易氏剂的中毒特点，损伤效应比单一毒剂更为严重和复杂。长期暴露导致免疫系统敏化，呼吸系统功能损害，表现为咳嗽、短促呼吸、胸痛等；长期暴露明显诱发呼吸系统和皮肤产生肿瘤，并可能存在生殖毒性。

日遗化武中大量的路易氏剂、二苯氯胂和二苯氰胂，均含有对人体危害严重和对环境污染严重的砷。砷及含砷化合物属于不易降解的持久性污染物，是强致癌物。砷进入人体后可随血液循环分布全身,破坏机体的氧化还原平衡,诱导细胞内活性氧水平增高,导致 DNA、脂质和蛋白质的氧化损伤,引起多组织器官损伤。砷还可以通过胎盘屏障进入胎儿体内,影响胎儿的生长发育。而含砷毒剂的降解产物——无机砷化合物(如 As_2O_3)在合适的还原性条件下,会进一步转化为结构简单、毒性更高的无色砷化氢气体(AsH_3)。AsH_3 是强烈的溶血性毒物,吸入体内后可与血红蛋白快速结合,使中毒者出现急性溶血症状和黄疸,还直接对心、肝、肺等造成损伤。

20.1.3 化学战剂污染处置及其化学原理

化学战剂使用后的直接后果为场地环境、设施设备、人员物料等大面积染毒。毒剂易渗透(溶)于装备表面及设备材料中,同样易对皮肤、服装染毒。当毒剂渗入焊缝、裂缝及其他连接处,消毒难度增大。毒剂被土壤吸收后,在一定时间内仍能散发大量有毒蒸气,对过往人员、车辆的危害增加,增稠后的化学毒剂对装备的附着度增大,更难以消毒。化学毒剂的降解、消毒是全球性科学问题。发展多种新型技术、材料、试剂等并将其应用于化学毒剂的降解研究,具有重要的理论意义和应用价值。

1. 洗消

洗消是减轻化学毒剂危害的最有效途径,以达到快速、有效地对有毒物质实施消毒的目的。一般通过以下方式实现:①破坏毒剂的结构,降低其毒性;②通过吸附、冲洗等方式转移毒剂或使毒剂自然降解,处理后的有毒残留物需进一步消毒;③对染毒地域实施隔离。对于大面积染毒的洗消,使用固定在重装或轻装车辆上的喷洒装置进行。

用于化学毒剂的洗消剂可分为两大类:一类是物理洗消剂,其仅简单吸收或溶解毒剂,不破坏毒剂结构;另一类是化学洗消剂,一般通过水解(加温、加碱)、氧化、氯化等作用分解毒剂,使残留物毒性降低或降解为无毒物质。

2. 洗消中的化学原理

1)水解作用

G 类、V 类毒剂均可以与水发生反应,水解是消毒的基本方法。沙林和梭曼均可溶于水,其水解过程由对 P 原子的 SN2 亲核攻击进行;水解速率与温度和 pH 有关。当 pH > 10 时,沙林和梭曼都能在几分钟内被水解,但水解中产生了酸,pH 降低,水解速率也随之降低,需要加入过量的碱来维持相同的反应速率,以达到洗消目的。

2)过氧化水解

过氧化物(R—O—O—R)无毒、无腐蚀性、凝固点较低,适合寒冷天气洗消。反应通过过氧膦酸中间体进行。动力学上,过氧化物与 G 类、V 类毒剂的反应比简单的

OH⁻更有效。VX 中的—S—在酸性条件下氧化后快速水解成无毒产物，可避免形成有毒的 EA-2192。VX 的过氧化反应依赖于 pH，酸性产物的形成可使反应停止，因此通常需要添加碳酸氢盐作为缓冲组分推动反应完成。

单过硫酸氢钾（商用 Oxone）是最有效的过氧化剂之一。Oxone 的水溶液 pH 为 2，能溶解大量 VX，并对—S—进行快速氧化。其他过氧酸如单过氧邻苯二甲酸镁、过氧乙酸和间氯过氧苯甲酸在水溶液或水–极性有机溶剂中均可以对 VX 进行洗消。

3）活性氯氧化水解

漂白粉或三合二能与神经性毒剂及芥子气强烈反应。次氯酸盐阴离子在 pH 为 5～9 的水溶液中可催化水解 G 类毒剂，以及能在酸性条件下，对 VX 进行剧烈、迅速的氧化水解。VX 在酸性介质中更容易溶解，VX 的 P—S 键断裂，—S—发生氧化，氧化水解 1 mol VX 需要 3 mol 活性氯。高 pH 下，VX 的溶解度降低，其氨基部分发生氧化，同时伴随着析出氯气或氧气，以及形成硫酸盐和碳酸盐。此时，氧化水解 1 mol VX 则需要超过 20 mol 活性氯。N,N-二氯异氰脲酸钠在 pH 为 6 的水溶液可以对 VX 进行有效消毒，但对 G 类毒剂的消毒效果不佳。次氯酸盐及表面活性剂组合是有效的洗消剂。当 pH 为 8.5 时，表面活性剂——十六烷基三甲基溴化铵显著提高了次氯酸盐的水解能力。

4）醇氧水解

醇氧阴离子（RO⁻）是一种良好的亲核试剂，对神经性毒剂具有良好的化学破坏作用，反应在非水介质中也有效。将醇与 NaOH 或 KOH 混合，即制备得到醇盐溶液。醇盐的反应活性随烷基体积的增加而增加。VX 中 P—S 键的醇氧裂解比单纯碱水解更有效，反应通过醇盐离子取代硫代盐进行，烷基硫配体在过渡态中占据轴向位或平伏位的内在动力学亲和力决定了取代选择性。VX 经甲醇盐水解，主要产物是 $MeP=O(OR)(OR_1)$，随时间增加，该产物和醇盐进一步反应产生 $MeP=O(OR)_2$ 和烷基甲基膦酸酯。

5）芥子气的洗消

芥子气的降解途径主要包括脱氯消去、水解以及氧化反应。但前两者均导致生成有毒产物如盐酸等。部分氧化生成的亚砜无毒，而完全氧化生成的砜仍具有糜烂性毒剂的特性，且其毒性与芥子气相当。

6）生物酶的水解本质

磷酸三酯水解酶（PTH）包含两大亚类：一类是磷酸三酯酶（PTE，EC 3.1.8.1），易水解含 P—O 键的有机磷酸三酯类化合物和对氧磷，包括有机磷水解酶（OPH）、甲基对硫磷水解酶（MPH）和有机磷水解酶 C2(OPHC2)；另一类是二异丙基氟磷酸酯酶（DFPase），易水解含 P—F 键或 P—CN 键的有机磷酸单酯化合物，包括 DFPase、Ⅰ型对氧磷酶（PON）和有机磷酸酐水解酶（OPAA）。

不同 PTH 在作用方式上存在显著的相似性，均通过二价金属阳离子与底物的相互作用发挥活性；底物结合位点含有 3 个疏水口袋，分别结合底物的离去基团和另外两个取代基。不同 PTH 由于空间折叠结构上的差异而表现出相应的底物特异性。OPH、MPH、OPAA 底物结合方式存在差异，DFPase 则兼具水分子攻击和共价催化机制。

天然 OPH 中两个 Zn^{2+} 与"TIM 桶"中心位置的 β 片层 C-末端的 5 个氨基酸（H55、H57、D301、H201 和 H230）配位，形成双 Zn^{2+} 金属核活性中心。同时双 Zn^{2+} 金属核还与 K169 的羧基和溶剂中的水分子或 OH^- 配位，在亲核攻击底物 P 中心的亲电子基团的过程中发挥重要作用。

20.2　其他涉及国家安全的化学品及其污染

20.2.1　违禁药物与环境污染

违禁药物一般指法律规定管制的具有精神依赖性和生理依赖性，反复、大量使用可使人产生依赖（瘾癖）的药品。最初因非医疗用途滥用而被禁止和管制的违禁药物是毒品，例如吗啡、可卡因、海洛因和大麻等；而后违禁药物蔓延到了体育领域，为获得竞争优势，在体育竞赛中利用违禁药物的某些特性提高人体的机能状态（即兴奋剂）。目前，全球违禁药物市场持续扩大，违禁药物的滥用种类不断增加。违禁药物滥用均给使用者的生命与健康带来严重威胁。同时，伴随着违禁药物非法制造加工的化学废弃物和人类滥用后排泄物，违禁药物也对生态环境造成潜在威胁。

1. 违禁药物的定义和分类

1）毒品的定义和分类

目前对毒品的概念尚无一个公认的、统一的定义。自 1961 年开始，联合国就药物管制问题定期举行会议，相继通过了 3 个国际药物管制条约，即《1961 年麻醉品单一公约》《1971 年精神药物公约》和《联合国禁止非法贩运麻醉药品和精神药物公约》（1988），旨在通过协调一致的国际干预来打击药物滥用，确保医疗和科学用途的麻醉药品和精神药品得到安全供应，并防止药物流入非法渠道。

我国相继于 1985 年和 1989 年批准加入联合国三大毒品控制公约。依据《中华人民共和国刑法》和《中华人民共和国禁毒法》，毒品是指鸦片、海洛因、甲基苯丙胺（冰毒）、吗啡、大麻、可卡因，以及国家规定管制的其他能够使人形成瘾癖的麻醉药品和精神药品。截至 2023 年 10 月，我国列管毒品已达 459 种，包括 123 种麻醉押品、162 种精神药品和 174 种非药用类麻醉药品和精神药品，同时整类列管芬太尼类物质、合成大麻素类物质。

从自然属性看，毒品可以分为麻醉药品和精神药品两类，如表 20-1 所示。麻醉药品指的是对中枢神经有麻醉作用，连续使用、滥用或者不合理使用，易产生身体依赖性和精神依赖性的药品。精神药品指的是直接作用于中枢神经系统，使之兴奋或抑制，连续使用易产生依赖性的药品。

表 20-1　常见毒品的分类

自然属性分类	具体分类		化合物
麻醉药品	阿片类	生物碱类	吗啡、可待因、那可汀、蒂巴因、罂粟碱等
		化学合成类	海洛因、杜冷丁、芬太尼、二氢埃托啡、美沙酮等
	大麻类	大麻植物干品	四氢大麻酚
		大麻树脂	
		大麻油	
	古柯类	古柯叶、古柯糊	可卡因
精神药物	中枢兴奋剂	苯丙胺类	苯丙胺、甲基苯丙胺、3,4-亚甲基二氧基苯丙胺（MDA）、3,4-亚甲基-N-甲基苯丙胺（MDMA）等
		非苯丙胺类	哌醋甲酯、苯甲吗啉等
	中枢抑制剂	巴比妥类	苯巴比妥、巴比妥、司可巴比妥等
		苯二氮卓类	地西泮、艾司唑仑、氯硝西泮等
		非苯二氮卓类	佐匹克隆、唑吡坦、扎来普隆等
	致幻剂	苯烷胺类	麦司卡林、4-溴-2, 5-二甲氧基苯乙胺（2C-B）等
		吲哚烷胺类	麦角酸二乙胺（LSD）、二甲基色胺等

从流行的时间顺序来看，毒品可以分为第一代传统毒品、第二代合成毒品和第三代新型毒品。第一代传统毒品是从植物中提取、加工而成的植物源性毒品，包括鸦片、海洛因、吗啡、可卡因等。第二代合成毒品是化学合成的甲基苯丙胺（麻古、冰毒）、MDMA、氯胺酮（K 粉）等。第三代新型毒品，主要为化学合成的新精神活性物质（NPS），是不法分子为了逃避打击对管制毒品进行化学结构修饰得到的毒品类似物，例如芬太尼类物质、合成大麻素类物质等。

2）兴奋剂的定义和分类

体育运动中的兴奋剂是指国际体育组织规定的禁用物质和禁用方法的统称。由于运动员为提高成绩而最早服用的违禁药物大多属于中枢兴奋药，所以尽管后来被禁用的其他类型药物并不都具有兴奋功能，国际上对这类违禁药物仍习惯沿用兴奋剂的称谓。兴奋剂不是一成不变的，为此，世界反兴奋剂机构（World Anti-Doping Agency，WADA）每年公布一份国际标准禁用清单。自 1987 年开始，我国设置了兴奋剂检测中心以开启反兴奋剂管理，至 2022 年，新修订的《中华人民共和国体育法》增加"反兴奋剂"一章，表明了在反兴奋剂问题上的坚定立场和坚决态度。

依据国家体育总局、商务部、国家卫生健康委员会、海关总署、国家药品监督管理局联合发布的《2024 年兴奋剂目录公告》，兴奋剂主要分为 7 大类，包括蛋白同化制剂、肽类激素、麻醉药品、刺激剂（含精神药品）、药品类易制毒化学品、医疗用毒性药品及其他品种，共计 391 种违禁药物。《2024 年兴奋剂目录公告》中有许多物质如麻醉药品（如吗啡、羟考酮等）和部分刺激剂（可卡因、甲基苯丙胺等），都与毒品列表清单中重合，但使用兴奋剂是为了提高人体机能状态以获取运动成绩的优势，与吸食毒品存在差异。刺激剂主要通过神经系统起作用，是最原始意义上的兴奋剂；麻醉药品可以产生强烈的镇痛作用，提高运动员对疼痛的耐受力；以合成类固醇为代表的蛋白同化制剂可以使肌肉体积增大，力量增强；肽类激素能通过刺激肾上腺皮质生长、红细胞生成等促进人体生长、发育，显著提高人的有氧运动能力；β2 受体激动剂，如沙丁胺醇、福莫特罗等，通过扩张气道、加速血液循环，提高专注力，从而增强体育动作的稳定性和协调性；利尿剂则因为可帮助快速减轻体重和增加排尿量、稀释体内的兴奋剂及其代谢物而被列入兴奋剂管理。

按不同时期兴奋剂中的主导药物划分，20 世纪 50 年代主要是苯丙胺类精神药品；自 70 年代后以合成类固醇为主，且已经不局限在比赛内使用；80 年代后期肽类激素，例如促红细胞生成素、生长激素等开始被滥用；进入 21 世纪后，在体育领域被滥用的药物种类越来越多，几乎所有体育项目都出现了兴奋剂问题，滥用人群甚至扩大至业余运动员和青少年群体。此外，兴奋剂的滥用动机不只局限于追求运动成绩的提高，还出现了对身体塑形的需求。随着人们生活水平的提高，对健美的渴望和健身运动的普及，以蛋白同化制剂和肽类激素为代表的兴奋剂滥用已向社会体育和学校体育运动领域迅速蔓延。

2. 违禁药物的环境污染

违禁药物的环境污染主要来源于生产加工过程产生的化学废弃物和人类摄入违禁药物后的代谢物、残留物。与违禁药物的生产制造相关的化学废弃物往往被隐蔽地非法倾倒或排放至下水道、地表水和环境土壤中，且由于非法实验室的隐秘性，其对环境造成的危害往往难以被发现。违禁药物生产加工的各过程中会产生多种化学废弃物，包括酸、碱、金属、有机溶剂、违禁药物及其类似物等。除了生产加工废弃物的非法排放外，违禁药物的环境污染还可能来自人类使用药物后排泄的原体残留物及代谢物。违禁药物原体残留物及代谢物主要通过尿液、粪便等排出体外，进入污水系统。

许多违禁药物及其代谢物成分，不仅在污水处理厂中未经处理的进水中存在，在已处理的出水中也多有发现。在世界很多地区，违禁药物及其代谢物可通过污水处理厂出水、未经处理的工业废水和生活污水进入地表水环境。多项研究在河流、湖泊和其他地表水环境中发现了违禁药物及其代谢物，包括苯丙胺、甲基苯丙胺、可卡因、吗啡、四氢大麻酚、雄激素类固醇等。

（1）违禁药物滥用的监测与评估。近年来，越来越多的法庭科学部门应用污水中违禁药物监测技术评估其滥用的态势。对污水中违禁药物的监测研究起源于污水流行病学，指的是通过对污水处理厂或地表水等未经生化处理的污水进行定期检测，测定污水中违禁药物原体及代谢物的浓度，根据违禁药物原体或代谢物的排泄率，结合污水流量，反推监测区域内的违禁药物滥用量和滥用规模。污水流行病学不仅能反映短时间内某污水处理厂覆盖区域违禁药物消费模式的变化，还可以预警新物质的滥用趋势。

（2）追踪违禁药物的非法制造与滥用场所。对污水中的违禁药物进行检测分析还可用于判断一个地区是否存在非法制造活动，为禁毒和环境保护执法、实现精准打击提供关键技术支撑。我国各级政府对禁毒工作高度重视，使得污水监测技术在国内得到了广泛推广。污水监测技术不仅帮助我国警方侦破多起非法制造案件，还用于评估缉毒行动的成效。

20.2.2　爆炸物及其环境污染

1. 爆炸物的定义及分类

《全球化学品统一分类和标签制度》将爆炸性物质或混合物定义为本身能够通过化学反应产生气体，而产生气体的温度、压力和速度之大，能对周围环境造成破坏的固态或液态物质（或物质的混合物）。我国《危险货物分类和品名编号》（GB 6944—2012）中将爆炸品分为 6 项，包括：①有整体爆炸危险的物质和物品；②有进射危险，但无整体爆炸危险的物质和物品；③有燃烧危险并有局部爆炸危险或局部进射危险或这两种危险都有，但无整体爆炸危险的物质和物品；④不呈现重大危险的物质和物品；⑤有整体爆炸危险的非常不敏感物质；⑥无整体爆炸危险的极端不敏感物品。

常见的爆炸物有黑索今、奥克托今、太恩、2,4,6-三硝基甲苯、2,4-二硝基甲苯、硝化甘油、硝酸铵、氯酸钾、叠氮化铅、高氯酸铵等，图 20-2 为一些常见爆炸物的结构式。如表 20-2 所示，爆炸物分子结构中含有不稳定的爆炸性原子团，如乙炔基、叠氮基、雷酸（异氰酸）基、亚硝基、过氧基等爆炸性原子团。这种爆炸性原子团很容易被活化，在外界能量的作用下，其化学键容易破裂，激发起爆炸反应。

2. 爆炸物的环境污染

一些爆炸物本身即为重点关注的环境污染物，如 2,4,6-三硝基甲苯、高氯酸盐等。

爆炸过程除了引发人员与财产风险，还可产生噪声、粉尘、有毒有害气体（如氮氧化物）等环境污染。此外，与爆炸物共存的有毒化学品在爆炸过程中可能存在泄漏与扩散，也可以在爆炸过程中经过二次反应，转化生成其他有毒污染物。

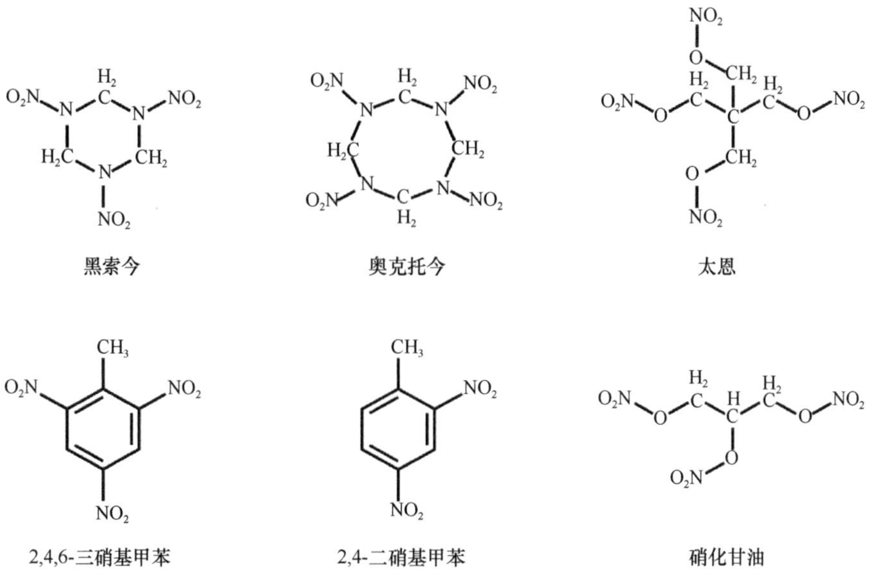

图20-2　常见爆炸物的结构式

表20-2　常见爆炸物及其爆炸性原子团

爆炸物类型	爆炸性原子团	化合物举例
乙炔类化合物	—C≡C—	乙炔银、乙炔汞
叠氮化合物	—N=N⁺=N—	叠氮铅、叠氮镁
雷酸盐类化合物	—C≡N⁺—O⁻	雷汞、雷酸银
亚硝基化合物	—N=O	亚硝基乙醚、亚硝基酚
过氧化物	—O—O—	三过氧化三丙酮
氯酸或高氯酸化合物	O=Cl—O，O=Cl=O	氯酸钾、高氯酸钾
氮的卤化物	—N—	氯化氮、溴化氮
硝基化合物	—N⁺O	三硝基甲苯、三硝基苯酚
硝酸酯类	—O—N⁺O	硝化甘油

黎巴嫩首都贝鲁特港口爆炸事故是一起典型的由爆炸物引发的灾难。此次爆炸事件的"罪魁祸首"是 2014 年以来被扣押在贝鲁特港 12 号仓库的 2750 t 硝酸铵。港口工人对 12 号仓库的大门进行焊接作业时产生的火花引发了硝酸铵爆炸,最终酿成惨案。这一事件不仅重创了黎巴嫩的经济,还造成生态环境长期污染。此次硝酸铵爆炸产生的残留化学品与二次污染物逾百种,对事故中心区及周边局部区域大气、水和土壤环境造成了不同程度的污染。

20.2.3 核污染事件

根据联合国原子辐射效应科学委员会的资料,1945～1980 年,美国、苏联、英国、法国和中国共进行了约 423 次核爆炸(不包括地下核试验),其中仅两次用于战争目的,即美国在 1945 年投掷在日本广岛和长崎的两枚原子弹。核能更多地被用于能源领域,以满足日益增长的能源需求。据统计,目前全世界运行着 437 座核电站,供应全部电能的约 16%;有 9 个国家的超过 40%的能源生产均来自核能。值得注意的是,因多种因素叠加,核电站曾发生过多次核事故,其中有 5 次事故较为重大,分别是英国温茨凯尔核事故(1957 年)、苏联克什特姆核事故(1957 年)、美国三哩岛核事故(1979 年)、苏联切尔诺贝利核事故(1986 年)和日本福岛核事故(2011 年)。

以福岛核事故为例,在地震和海啸的双重作用下,福岛第一核电站的重要设施严重受损,导致放射性物质泄漏,对周围环境和人体健康造成了严重危害。事故发生后,大量的淡水和海水被作为冷却水注入受损的核反应堆,这些冷却水由于接触到熔融核燃料而成为含有高浓度放射性物质的污染水。截至 2023 年 8 月,核污染水库存量已超过 134 万 t。2023 年 8 月 24 日,日本政府正式启动核污染水排海计划,预计将持续 30 年。

福岛核污染水里含有超过 64 种放射性核素,虽然在排入海水之前,日本政府采用了一套多核素去除设备,吸附去除其中的大部分放射性核素,但剩余的放射性核素仍然会被排放到海洋中,且该设备无法处理与氢原子性质相似的氚。所有放射性核素排入海洋中后均会经历复杂的物理化学过程。放射性核素本身理化性质的差异,以及洋流、季风、温度、盐度以及海洋中存在的悬浮颗粒物、微塑料和其他污染物等多方面变量均可能影响放射性核素的传输与归趋。例如,由于洋流的作用,半衰期较长的放射性核素可以在数年内扩散到整个太平洋,还可经由洋流从太平洋扩散到北冰洋和印度洋。离子态的放射性核素可以与有机物、微塑料和其他悬浮颗粒作用形成颗粒物质,更容易下沉并暂存在沉积物中,在之后的几年或几十年通过再悬浮、生物扰动等过程再次成为污染源。放射性核素也可以被海洋生物直接摄入或吸附在浮游动物的表面,通过食物链富集和积累。此外,以底栖浮游动物为主要食物的底栖鱼类体内更容易富集放射性核素。

对于未能有效处理的氚,虽然关于其辐射危害仍有争议,但目前普遍公认的是,即使在低辐射剂量下，氚的暴露也会对 DNA 和其他生物分子造成损害。除了氚以外，核污染水中所含的 ^{14}C 可以通过食物摄入的方式与人体的多个器官和组织等同化，且其半衰期长达 5700 年，可能会成为严重的遗传威胁。此外，即使以低浓度排放，其他放射性核素也会在海洋生物体内富集，对海洋生物和人体造成潜在危害。例如，福岛核事故产生的 ^{110m}Ag 在霓虹鱼等海洋生物的肌肉和内脏中的生物累积量甚至高于 ^{134}Cs 和 ^{137}Cs。碘可以在海藻和某些海鱼中高度富集，而 ^{129}I 的半衰期约为 1570 万年，容易被人体甲状腺高吸收和富集，因此放射性碘暴露可能会增加人体特别是青少年儿童的甲状腺癌发病率。

不可否认的是，全球的核电厂在运行过程中会产生一定核废物并向环境中排放，但均会尽量回收，减少排放量。历史上从未有过将总量可观且含有各类放射性物质的核污染水直接稀释后长时间排放到海洋环境的先例，这可能给今后全球范围内核电站对核相关废物的处理带来负面影响，给环境和健康带来更大危害。

习 题

1. 五类化学战剂的结构及毒效是怎样的？

2. 什么是化学毒剂及其相关物？如何对化学毒剂及其相关物开展系统分析鉴定？

3. 日遗化武埋藏与挖掘中的毒剂破损、泄漏对环境和人体造成哪些危害？

4. 海洋倾弃化武对环境及人员造成哪些危害？相关的环境风险评估模型应考虑哪些因素？

5. 哪些是常用于化学毒剂的洗消剂？

6. 违禁药物的定义是什么？主要有哪类物质？

第 21 章　污染物的长距离传输与国际履约

POPs 和汞是全球性污染物的典型代表，其具有的长距离传输能力使它们可迁移到远离排放源的区域，甚至到达人迹罕至的偏远地区。因此，南极、北极和世界"第三极"青藏高原是研究污染物长距离传输的典型区域。本章重点阐述污染物长距离传输能力的判断依据、传输机理和主要途径。介绍全球减少/消除此类污染物的国际公约——《斯德哥尔摩公约》和《关于汞的水俣公约》，并展望未来研究重点。

21.1　全球性污染物

21.1.1　持久性有机污染物

POPs 是在环境中难降解、高毒性、在食物链中累积放大并能够在环境中进行长距离传输的一类污染物。POPs 种类繁多，有些因为具备特殊的性质，在历史上被大量生产使用，如 DDT，是一种典型的有机氯农药，广泛地应用于农业和医疗卫生领域（治疗疟疾和防治蚊蝇传播疾病）；PCBs 因具有良好的化学惰性、阻燃性、导热性和绝缘性，在电力设备、液压设备和导热系统中具有广泛的应用；PFOS 具有良好的表面活性、热稳定性和化学稳定性，被应用于聚合物和表面活性剂的制备及消防泡沫。还有一些 POPs 如 PCDD/Fs 是各种燃烧及热过程的副产物，是人类活动无意产生并排放的污染物。

由于大多数 POPs 具有半挥发性，可以从土壤、水体和植物中挥发至大气中或吸附到大气颗粒物上，并随大气长距离传输（LRAT），因而 POPs 能够迁移到从未生产使用过该类物质的偏远地区。辛醇–空气分配系数（K_{OA}）、辛醇–水分配系数（K_{OW}）和空气–水分配系数（K_{AW}）是描述化合物在有机相、气相和水相之间分配的重要参数，直接影响 POPs 的大气长距离传输潜力。一般情况下，对于长距离迁移的判定标准有：①在远离人类活动的偏远地区如南北极地区、高山地区及远洋深海发现污染物的存在；②监测数据表明污染物可能通过空气、水或迁徙物种发生远距离环境迁移，并有可能转移到受纳环境；③环境归趋特点和/或模型结果表明该污染物有可能通过空气、水或迁徙物种产生长距离迁移，并有可能转移到远离其释放源的受纳环境。

POPs 所引起的污染问题是影响生态系统与人类健康的重大环境问题，其科学研究的难度与深度，以及污染的严重性、复杂性和长期性远远超过常规污染物。POPs 在通过大气、洋流、生物体等的长距离传输作用下，成为全球性的污染物。在偏远的南极、北极、世界"第三极"青藏高原及远洋深海中的多种环境介质中都有 POPs 的检出，对当地脆弱的生态环境造成潜在危害，近年来一直是环境科学的研究热点。

21.1.2 汞

汞由于其独特的物理化学性质，已成为一种公认的全球污染物并在国际上受到广泛关注。地壳中的汞有 99.98%呈稀疏的分散状态，只有 0.02%富集于可以开采的矿床中。由于汞具有亲硫性和亲铜性，在已发现的汞矿物中，汞主要以硫化物（朱砂或辰砂）形式存在，还有少量的自然汞、硒化物、碲化物、卤化物及氧化物等。因此，汞是一种稀有元素，但广泛分布在水、土壤、岩石和大气等各种环境与生物介质中。

汞可以通过自然过程和人为排放两种方式进入环境。汞的自然来源包括森林火灾、火山与地热活动，以及从土壤和水体表面蒸发等，人为源包括燃煤、金属冶炼、水泥生产、汞矿开采，以及含汞产品的生产和使用等。根据联合国环境规划署发布的《2018 年全球汞评估》（*Global Mercury Assessment 2018*），2015 年人为源向大气排放的汞总量约为 2220 t，约占全球每年汞排放进入大气总量的 30%。

排放到环境的汞可以单质汞、无机汞和有机汞等多种形态广泛存在。其中，大气中80%以上的汞以气态单质汞形式存在，由于其相对惰性，在大气中停留时间较长，可随大气循环进行长距离传输，经干湿沉降造成全球性的汞分布。无机汞有一价化合物和二价化合物，二价汞离子形成络离子的倾向很强，能与卤素离子、氢氧离子、氰离子及有机配位体发生络合反应，生成一系列稳定的络合物。有机汞主要有甲基汞、乙基汞和苯基汞等。

不同形态的汞在环境中可以发生相互转化，如氧化/还原、甲基化/去甲基化等。由于各形态汞化合物具有显著不同的毒性及物理化学性质，其形态转化必然影响其环境行为及生态毒理效应。其中，无机汞的甲基化，不仅使其毒性增强，还极大地提高了环境中汞的生物可利用性。目前，普遍认为汞在环境中存在两种基本的甲基化方式：生物甲基化和化学甲基化。各种环境条件，如温度、pH、氧化还原电位、汞的浓度和微生物活性等均能影响汞的甲基化。同时，环境中的甲基汞也可以通过生物和化学过程降解为无机汞。但是，对于汞的甲基化/去甲基化的过程和机理尚不完全清楚，自然环境中汞的甲基化/去甲基化过程及其反应机理仍是汞污染研究的一个热点和难点。

汞是毒性较强的重金属污染物之一，具有明确的神经毒性和遗传毒性，容易损伤中枢神经系统，且不可逆转。更为严重的是，甲基汞可通过胎盘屏障传给胎儿，甚至可导致新生儿发生先天性疾病，出现脑瘫、运动失调和生长迟缓等症状。需要注意的是，各种汞化合物的毒性差别很大，其毒性并不完全取决于汞的总量，与其存在形态、环境条件和侵入人体的途径、方式以及生物本身的特征均有密切关系。在汞的诸多形态中，甲基汞是已知毒性最大，也是环境中分布最广、最主要的有机汞化合物。此外，甲基汞还具有很强的生物富集和食物链放大作用。除了一些污染比较严重的区域，甲基汞在自然水体中的浓度普遍较低，但由于其极强的生物富集和食物链放大作用，位于水生食物链顶端的鱼体中甲基汞含量可达水体的 $10^6 \sim 10^7$ 倍，而且鱼体中的汞约 80% 以上都是以甲基汞形态存在。因此，水产品摄入通常被认为是人体暴露汞的主要途径，世界卫生组织及许多国家政府都制定了水产品中甲基汞的限量标准，并提醒公众避免食用甲基汞含量超标的鱼种。

汞及其化合物的大量生产、使用和排放造成了全球性的汞污染，在许多国家和地区都发生过不同程度的污染事件。其中，影响最大的是 20 世纪 50～60 年代发生在日本南部熊本县水俣镇的汞中毒事件，主要是由于 Chisso 公司在水俣湾建造了化工厂，在生产氯乙烯的过程中使用含汞的催化剂，大量含汞的废水未经处理直接排放到水俣湾，导致严重的中毒事件，引起了世界范围对汞污染的广泛关注，"水俣病"也因此而得名，并被列为 20 世纪"世界八大环境公害事件"之一。

21.2　污染物长距离传输途径及典型研究区域

21.2.1　长距离传输途径

污染物可通过多种途径实现全球传输，主要包括大气长距离传输、水体全球传输和生物传输等，各种传输途径的贡献大小与污染物的理化性质密切相关。

1. 大气长距离传输

对于 POPs 和汞这类全球性污染物而言，最基本的传输途径当属大气长距离传输，该传输过程对污染物全球迁移和分布具有至关重要的作用。由于其半挥发性，这类污染物比较容易进入大气环流体系中，能够以气相形式或颗粒相形式（吸附于大气颗粒物），经过挥发–沉降的多次循环过程，可长距离传输到偏远地区。这种大气传输过程不同于常规污染物的自由扩散过程，常规污染物的迁移过程由于扩散、稀释和降解等作用，污染物浓度水平通常随污染源距离的增加而逐渐降低，但此类污染物的大气传输分布有时存在距离污染源较远浓度水平反而增高的现象。

根据 Goldberg 提出的"全球蒸馏效应"，加拿大学者 Wania 和 Mackay（1996）成功地解释了 POPs 从热带、温带地区向寒冷地区迁移的现象。从全球来看，由于温度的差异，地球就像一个蒸馏装置，在低、中纬度地区，由于温度相对高，具有半挥发性的污染物挥发速率大于沉降速率，使得它们不断地进入大气中，并随大气迁移；当高纬度地区气温较低时，沉降速率大于挥发速率，污染物又会沉积下来。随着季节的变动，全球气温发生周期性变化，因夏季气温高污染物更易挥发进入大气进行迁移，而冬季气温变低，污染物更易沉积。这种因气温周期性变化污染物间歇地由低纬度向高纬度迁移的过程称为"蚱蜢跳效应"（图 21-1）。蚱蜢跳效应很好地解释了污染物从热带地区迁移到寒冷地区的过程，汞的大气迁移过程和 POPs 具有相似性。因此，南北极和高寒地区成为全球 POPs 和汞等污染物的重要富集区。

图 21-1 POPs 的"全球蒸馏效应"与"蚱蜢跳效应"过程

资料来源：Wania and Mackay，1996

由温度差异驱动的污染物富集现象，称为"冷捕集效应"（Blais et al.，1998）。人们将随纬度升高污染物浓度增加的现象称为"极地冷捕集效应"；相类似地，高山区域随海拔变化也存在相应的温度梯度变化，将随海拔升高污染物浓度增加的现象称为"高山冷捕集效应"。这两种冷捕集效应很好地解释了污染物的大尺度空间传输过程，即在较高温度地区挥发，在较冷地区冷凝沉降，实现了污染物的全球传输。为了研究污染物随海拔的分布规律，Wania 和 Westgate（2008）提出了有机物长距离迁移的高山冷捕集机制模型（Mountain-POP）。通过模型计算，认为 $\lg K_{AW}$ 介于 $-6 \sim -3.5$，并且 $\lg K_{OA}$ 介于 $8.5 \sim 11.5$ 的有机化合物最有可能发生高山冷捕集效应（图 21-2）。而实际环境中高山地区作为有机污染物蓄积库的潜力取决于诸多因素影响，如湿沉降速率和降水类型、风向、环境温度、地表覆盖等环境气象条件以及与污染源的距离远近等。

森林植被可对污染物的全球迁移产生重要影响。森林植被能够吸收大气中 POPs 和汞等污染物，在降低大气浓度的同时，通过植被凋落物将大气污染物转移到林下土壤，增加了森林土壤中污染物的含量，相当于增加了污染物的净大气沉降通量。森林植被对大气污染物的吸收过滤作用称为"森林过滤效应"（McLachlan and Horstmann，1998）。研究表明在森林中大气污染物的浓度低于林外对照区污染物浓度，证实了森林过滤效应对污染物大气传输的影响。通过对全球背景区表层土壤中 POPs 浓度分布的研究发现，

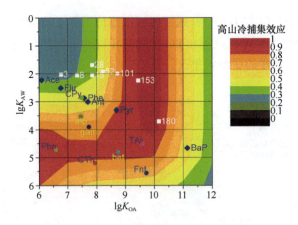

图 21-2 高山冷捕集效应与有机污染物性质的关系

资料来源：Wania and Westgate，2008

其浓度的最大峰值分布在 60°N～70°N，表明高有机质的森林土壤是阻碍环境中 POPs 向北极迁移的主要原因。

2. 水体全球传输

POPs 和汞等污染物还可以通过水体进行全球传输。污染物进入水体之后，可以溶解态和水中颗粒物吸附态随水流共同迁移。北极海域，尤其是北冰洋，河流输入被认为是污染物进入北极的重要途径之一。北极圈国家有众多河流最终汇入北冰洋，如叶尼塞河、鄂毕河、勒拿河、伯朝拉河等，在夏季冰雪融化期，北极圈及周边国家产生的污染物通过河流进入北冰洋。

洋流是海洋中物质与能量最重要的传递方式之一，污染物也可以通过洋流进行长距离传输。洋流的环流作用使 POPs 和汞等污染物可以迁移至全球各地海岸，包括南北极地区。同时，污染物可在水中浮游植物、浮游动物等低营养级的生物体内吸收，经生物富集、放大作用在高营养级的生物体内高浓度积累。吸附在沉积物中的污染物在一定条件下也会通过转化、微生物的分解以及解析再次进入水体中，在水–气界面，POPs 和汞等污染物处于挥发和溶解的动态平衡，风速和温度等环境因素会影响这个平衡过程。风速通过改变大气–水表面之间的质量传质系数影响污染物的扩散作用，风速越高，温度越高，水体污染物的挥发和扩散越快。通过挥发、扩散以及溶解过程，实现了污染物多相之间的全球传输。

污染物水体长距离传输的贡献大小与化合物物理化学性质密切相关。大多数 POPs 在水中溶解度相对较小，且具有一定的挥发性，主要通过大气进行长距离传输；但有些 POPs 与其前驱体之间的物理化学性质差异较大，如全氟辛基磺酸及其盐类（PFASs）一般在环境中呈离子型，但同时 PFASs 的部分前驱体在环境中呈分子态，具有一定的挥发性，在环境中主要以气相方式存在，也被称为中性 PFASs。离子型 PFASs 的挥发性可以忽略不计，这种特性使之可通过水圈伴随洋流传输，其在极地水环境中的普遍检出证明了其长距离传输能力。极地内陆湖泊，表层雪等介质中 PFASs 的普遍存在并不能用水体长距离传输来解释，一般认为，南极大陆、北极冰盖及高山区域等洋流不能直接到达区域的 PFASs，主要由中性 PFASs 的大气长距离传输和转化导致。

3. 生物传输

生物传输也是污染物进行全球迁移和再分配的重要途径。POPs 和汞一般具有生物富集性，并在食物链上可发生生物放大作用，导致高营养级的生物体内富集大量的污染物。当生物在生存的环境中摄入并积累大量污染物后，随着生物自身的迁徙行为，污染物也被携带至非污染排放源的地区。这些迁徙动物主要包括鸟类、鲸类、鳍脚类动物、大马哈鱼和鳕鱼等。

鸟类因其数量巨大、显著的生物放大效应以及迁徙性等特征，对污染物的定向传输和再分配产生重要影响，最为典型的即为候鸟迁徙行为的污染物传输。候鸟在温热带地区富集污染物，然后到达靠近北极的寒温带进行繁殖，通过代谢、换羽、死亡等途径将自身体内富集的污染物转移到繁殖地。此外，海鸟通过捕食、排泄等方式可将海洋中的污染物搬运至陆地。研究表明海鸟及其排泄物对挪威北极岛屿湖泊生态系统造成新的点源污染。由于海鸟对 POPs 等污染物显著的生物放大作用，其定向传输效率可以达到大气传输效率的 30 倍左右。据估计，全球海鸟每年消耗海洋鱼类食物量约为 7000 万 t，其负载的污染物最终会通过海鸟的排泄、死亡等途径转移到陆地生态系统中，海鸟在污染物的海洋–陆地定向传输中具有重要的作用。鲸类也是一类典型的携带污染物的季节性迁徙生物，每年通过鲸类向极地传输的 POPs 也不可忽略。

污染物不同传输途径的相对贡献主要取决于目标物质的理化性质与环境参数。一般情况下，通过生物途径进行长距离传输的污染物浓度随着其挥发性和水溶性的增加而降低，随着生物富集性的增加而增加。

4. 气候变化对污染物全球传输的影响

气候变化对污染物的全球传输和分配也会产生重要影响。全球气候变暖直接促进了污染物的二次排放，增加了污染物从土壤和水体的挥发，使其迁移性增强；而冰川融化、冻土退化过程可将长期积累的污染物重新释放，增加了污染物的全球传输量。全球极端气候（如干旱和洪水）通过剧烈的地表侵蚀过程，将土壤所负载的污染物重新释放进入环境，进而改变污染物的全球分配。气候异常现象如厄尔尼诺现象会导致洋流运动产生变化，气候变化也会使大气环流发生变化，这些都可改变全球污染物的迁移路径。气候变暖改变了海洋生物生产力，进而改变了海洋对污染物的储存能力。在全球气候变化和环境变化的背景下，海鸟、候鸟和留鸟的栖息地、迁徙路径也正在发生变化，进而对污染物的全球迁移产生影响，带来新的环境问题。

21.2.2　污染物长距离传输有关的模型研究

为了更好地描述、模拟、预测污染物的长距离传输过程，研究者开发建立了诸多适用于不同情景的传输模型。污染物长距离传输模型的研究大多基于环境多介质模型，该模型是为了表征污染物在环境多介质之间所发生的持续分配与交换过程而应用的模型。POPs 和汞等污染物具有半挥发性，易在大气环境中迁移，但同时沉降后也能够稳定存在于其他环境介质中，如水体、土壤和生物体内。环境多介质模型用一个统一的数学框架对各种环境过程进行理论描述。在此基础上，可通过引入新的变量来扩展和优化模型，以更好地模拟实际环境中污染物的传输过程和环境归趋。同时，通过模型敏感度分析可确定影响迁移过程的关键因素。

环境多介质模型建立于逸度概念，逸度即物质从某一相中逃逸的趋势。逸度可以用来描述污染物在环境各相间的分配行为，预测污染物在环境各相（如空气、水、土壤、底泥及生物等）中的浓度水平、分布特征及持久性等。基于逸度的质量平衡原理，环境多介质模型可分为Ⅰ级、Ⅱ级、Ⅲ级和Ⅳ级逸度模型，如用于评价化合物长距离传输潜力的 TaPL3 模型、POPs 全球分配的 Globo-POP 模型等，在预测化学品环境归趋和评价化学品环境风险中得到广泛应用。下面简要介绍几个常见的污染物长距离传输模型的应用。

TaPL3 模型基于Ⅲ级稳态多介质逸度模型。假设污染源向大气或水体中稳定排放化学物质。不考虑通过大气和水体的水平输入和输出，化学物质的总量削减主要是环境中的降解。环境相主要由大气、水体、土壤、沉积物和植被 5 个主相组成，各个主相又包括若干子相，例如大气中包括气相和颗粒物相；水体中包括水、悬浮物和生物子相；土壤中包括气相、固相和液相；沉积物包括固相和水相。该模型在计算污染物长距离迁移潜力的同时，还可以得出化学物质在环境中的总停留时间（环境持久性）、在各相间的迁移通量和最终的相间分配结果。

Globo-POP 模型是一种研究污染物全球传输的环境多介质箱体模型（Scheringer and Wania，2003）。该模型将全球划分为 10 个气候区，南北半球各有 5 个气候区，根据纬度依次划分为热带、副热带、温带、副寒带、寒带。通常情况下，采用气候分区的平均浓度来代表整个气候分区的污染特征。每个气候分区都是由几个环境箱体组成的，包括：2 种土壤（农业用地土壤和非农业自然土壤），4 层大气（从地面到高空分别为大气边界层、低/中对流层、中/高对流层、平流层），2 种水体（地表水体和海洋）。温度参数在 Globo-POP 模型计算中具有关键作用。极地的低温条件加强了污染物向非气相介质如土壤、水体的分配，从而增加了污染物的持久性；低温还增强了大气颗粒物对污染物的吸附作用，提高了湿沉降的效率，这与实地观测结果往往一致。

HYSPLIT 模型是一种常常被用作指示大气污染气团的传输路径。该模型相关的气象数据以及应用软件，可以在美国国家海洋和大气管理局（NOAA）的网站上得到。其中后向轨迹统计模型，是基于一个受体点位同一时期后向轨迹统计计算，可以得到该点位周围的"空域"，模拟采样对应时期的主导风向和周边地区的相对影响。在此基础上，就能建立污染物受到气象条件影响下的传输模型，从而对污染源以及受到污染的区域进行具体的描述表征并对污染物的传输过程进行模拟。

在后向轨迹模型的发展应用中，研究者提出了"潜在源贡献因子"（PSCF）模型，将后向轨迹得到的信息与实地观测的污染物浓度相关联，进而推测污染物排放的来源区域。该模型将后向轨迹统计计算的区域划分成若干网格。每个网格的 PSCF 数值根据式（21-1）计算，即该网格中特定污染物的受体点浓度超过其均值的后向轨迹的节点数目与所有后向轨迹的节点数目的比值。其中具有最大 PSCF 数值的网格即为最大可能的特征污染物的潜在排放源。

$$PSCF_{ij} = m_{ij}/n_{ij} \qquad (21-1)$$

式中，m_{ij} 为经过网格 ij 的污染轨迹数；n_{ij} 为经过网格 ij 的所有轨迹数。

大气扩散模型能够更加精细地模拟污染物在大气环境中的迁移行为。该模型基于较高的时间和空间分辨率，运用大量的气象数据，依靠强大的计算能力，对大气气团和污染物的迁移行为进行动力学描述。大气扩散模型可应用于区域和全球范围的特定污染物的迁移过程模拟。该模型将污染物的迁移视作一个动态化的过程，来模拟污染物的浓度水平、空间分布以及传输过程。

基于大气扩散模型的区域尺度和全球尺度的大气汞循环模型主要有 CTM-Hg 模型、DEHM 系统模型、GRAHM 模型和 MSCE-HM 模型等。此类模型需要导入大气汞排放清单，标准化的气象数据，地形、地貌和土地利用类型等数据，以及大气汞转化反应的化学动力和大气汞干湿沉降参数。目前发达国家人为源大气汞排放清单已经比较完善，我国的人为源大气汞排放清单经过近 10 年的研究，其水平已经得到大幅度的提升。但是，非洲、南美、东南亚等地区大气汞排放清单仍有很大的提升空间；对全球自然源特别是海洋水体和陆地地表与大气间的汞交换通量认识尚不足。此外，模型涉及的大气汞物理化学转化过程参数和反应动力学系数通常有较大的变化范围，这些因素的不确定性直接影响模型的应用精度。

21.2.3 典型研究区域

极地、高山、远洋等区域统称为偏远区域，其中极地一般指南极和北极地区，高山地区则一般指海拔高，并且存在明显垂直落差的区域，如青藏高原地区、北美的落基山脉区域、欧洲的阿尔卑斯山区等，远洋则一般指距离陆地人类聚集区 1200 km 以上的海洋区域。偏远区域的共同特征是受到人类活动干扰少，这些区域理应是全球最为洁净的地区，然而极地之远、珠峰之高并没有阻挡污染物的迁移传输，一些污染物在大气长距离传输以及洋流传输等的作用下最终到达偏远区域生态系统。偏远区域几乎没有当地污染源，同时偏远区域生态系统的能量流动一般也较为简单，是研究 POPs 长距离传输机制及环境行为的理想场所。同时，长距离传输特性将 POPs 和汞等污染物的风险也扩大至南北极、高山等偏远区域，这些外源污染物有可能对脆弱的生态系统构成威胁。

POPs 等污染物在环境中具有极强的持久性和生物放大能力，以 PCBs 为代表，虽然已经被禁用近 50 多年，但有研究表明海洋顶级捕食者虎鲸依然受其困扰。全球不同区域（包括偏远区域）的虎鲸体内 PCBs 浓度依然居高不下，有可能对其种族繁衍产生影响，北半球部分区域的虎鲸甚至面临物种崩溃的风险，南极区域的虎鲸种群也受到一定影响（Desforges et al.，2018）。近年来对偏远区域的 POPs 研究越来越多，全球各国政府和科学家对偏远区域 POPs 的赋存及其在生态系统中的富集放大的关注日益增加。

在南极生态系统中发现最早的 POPs 是 DDT 和 PCBs，近 20 年 PBDEs、PFASs、短链氯化石蜡（SCCPs）及 OPEs 等新 POPs 也在南极的各类环境介质中陆续检出，这些污染物在南极的发现几乎可以作为一个其是否能够进行长距离传输的确证（Fu et al.，2021）。表 21-1 汇总了几类重要 POPs 在南极的赋存水平和发现历程。偏远区域 POPs 赋存特征随时间呈现显著变化，多数限制/禁止使用的传统 POPs 浓度呈下降的趋势，而一些新 POPs 在环境介质中的浓度已经高于传统 POPs。以 OPEs 为例，OPEs 是当前被广泛使用的磷系阻燃剂，在多种溴系阻燃剂被《斯德哥尔摩公约》限制/禁止使用后，其生产使用量大幅上涨，随之造成的是其在偏远环境中（如大气）比 PCBs 和 PBDEs 高出 1~2 个数量级。同样，PFASs、SCCPs 这些新污染物在偏远区域环境中的赋存也经常高于传统 POPs，占据主导地位（图 21-3）。造成这种现象的原因可能有两方面：①传统 POPs 被禁止生产使用后在环境中逐渐降解或集中到汇区（如底泥等），其生物和环境活性降低；②随着全球人口数量的增加，人类所需化学品数量需求也大幅增加，PCBs 是历史上产量很高的一类 POPs，其全球总产量大约为 100 万 t，而 OPEs 近年来每年的年产量就达百万吨级。新化学品的高产量高排放导致其在环境中的赋存含量较传统 POPs 高。偏远区域环境中有可能存在着更多的新 POPs，已有研究在北极熊等生物中发现了一系列新 POPs，它们在偏远区域的发现及潜在的生态风险研究将是环境科学长期关注的热点。

下面以 PFASs 为例说明 POPs 在偏远区域的赋存和环境行为。PFASs 在环境中持久性极强，目前已经在南极、北极、青藏高原等偏远区域生态系统中普遍检出，其数量繁多，有记载的高达 4000 余种。PFOS 是目前在环境中分布最广，也是最受关注的一种 PFASs。PFOS 具有生物富集放大特性，因此其在全球顶级捕食者中的赋存受到广泛关注。鲸豚类和鳍脚类是海洋中分布极为广泛的顶级捕食者，无论是人群密集地附近还是偏远区域的样品中，都能检测到较高浓度的 PFOS，部分区域的鲸豚类体内 PFOS 浓度甚至已经超过根据模式生物推导出的临界致毒浓度。

表 21-1 重要有机污染物在南极区域的发现历程及赋存水平

污染物	结构式	样品	浓度	采样时间	报道时间
DDT		企鹅（肝脏）	16～115 μg/g lw	1964 年	1966 年
		企鹅（脂肪）	24～152 μg/g lw		
		食蟹海豹（肝）	13μg/g lw		
		食蟹海豹（脂肪）	39 μg/g lw		
PCBs		鸟蛋	21～180 ng/g lw	1975 年	1976 年
PBDEs		磷虾	5.6 ng/g ww	2000～2002 年	2006 年
		石斑鱼（全鱼）	4.57 ng/g ww	2000～2002 年	
		石斑鱼（肌肉）	5.81 ng/g ww	2000～2002 年	
		企鹅（蛋）	3.06 ng/g ww	1995～1996 年	
PFASs		威德尔海豹（肝脏）	＜35 ng/g ww	2001 年	2001 年
		贼鸥（血浆）	＜1～1.4 ng/g ww		
SCCPs		大气	19.4 pg/m³	2013 年	2014 年
		帽贝（软组织）	1.5 μg/g lw		
		南极骨螺（软组织）	2.7 μg/g lw		
		南极牛首鱼（肌肉）	1.5 μg/g lw	2012～2013 年	2016 年
		藻类	2.8 μg/g lw		
		苔藓	1.7 μg/g lw		
		土壤	0.015 μg/g dw		
OPEs		气溶胶	＜2 ng/m³	1991 年	1994 年
		大气	141 pg/m³	2009～2010 年	2013 年
		底泥	3.66 ng/g dw		
		海藻	88.3 ng/g lw		
		帽贝（软组织）	83.8 ng/g lw		
		南极骨螺（软组织）	150 ng/g lw	2012～2013 年	2020 年
		南极牛首鱼（肌肉）	173 ng/g lw		
		花斑鳞（羽毛）	326 ng/g lw		
		企鹅（羽毛）	2246 ng/g lw		

注：lw：脂重；ww：湿重；dw：干重。

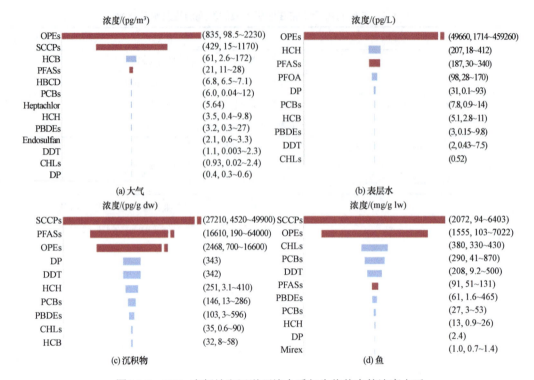

图 21-3　POPs 在极地和远洋环境介质与生物体中的浓度水平
HCH：六氯环己烷

如何采集到具有代表性的样品是偏远区域污染物环境行为研究的瓶颈。通常污染物在同一个生态系统的不同介质中浓度差距可达几个数量级。因此，不同研究中采用的环境样品不一致将导致区域之间污染水平很难相互比较，同时也不利于评估其整体风险。水和大气虽然化学成分相对均一，是比较理想的研究介质，但环境大气和水体中污染物一般浓度很低，需要样品量大，运输不便，并且比较容易受到点源污染的干扰。鉴于一些污染物在生态系统中具有显著的生物累积能力，通过生物中污染物水平和特征指示生态风险也更为直接和有效。肌肉组织或血液的采样对动物本身具有侵害性，尤其在针对濒临灭绝的野生动物（国家保护动物）研究中，样品难以获取。因此近年来大量的研究开发了基于鸟类的羽毛、蛋（卵）的非侵害性采样技术指示环境中的新污染物。羽毛中的污染物同时存在外源性和内源性，不能很好地反映生物体内污染物实际负荷。而蛋（卵）中的污染物则来源于生物体内部，且不同鸟类在蛋之间成分较为一致，同时在运输过程中不易被污染。蛋（卵）是卵生动物生命的起源，因此其污染物水平有可能影响卵生动物种族繁衍，采用蛋（卵）作为生物污染指示物将使得不同区域污染状况的横向比较和风险评估成为可能。图 21-4 以 PFOS 为例，展现了将蛋（卵）样品作为污染指示物评估污染物全球空间分布的应用价值。

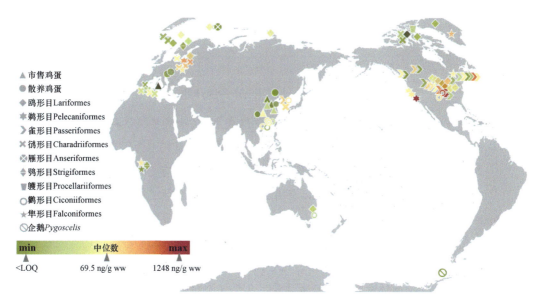

图 21-4 蛋（卵）作为 PFOS 污染指示物的应用

青藏高原平均海拔在 4000 m 以上，被喻为"地球第三极"。青藏高原本地源污染物排放相对有限，然而其周边尤其是南亚地区是当前全球 POPs 和汞等污染物排放的重要源区之一。在南亚季风和西风的驱动下，青藏高原承受着来自周边地区大气污染物跨境输入的压力。我国学者较早利用湖泊鱼揭示了青藏高原环境普遍存在多种 POPs 和汞等污染物，且一些污染物的浓度随海拔升高而增加证实了其高山冷捕集效应。近年来随着该地区污染物时空分布数据的不断积累，显示青藏高原东南部地区是大气长距离传输污染物的重要汇区。青藏高原东南部地区具有显著的海拔梯度，同时受到南亚季风的影响森林植被非常丰富。森林作为连接大气和土壤 POPs 传输过程的重要纽带，能够显著增强大气 POPs 向土壤中的迁移，而且对疏水性强的 POPs 过滤效应更加明显，高山冷捕集效应和森林过滤效应是青藏高原东南部森林土壤污染物富集的两大关键因素，山地森林土壤成为不易挥发 POPs 等污染物的蓄积库（Yang et al.，2013）。

越来越多证据表明极地和高山区域成为一些 POPs 类污染物的汇区。然而，在气候变化背景下，这些寒冷区域长期积累的污染物随着冰川消融、冻土退化会被重新释放，造成一些区域污染物浓度的局部升高，影响当地的生态系统。气候变化等外部因素导致 POPs 等污染物在极地和高山区域中的源汇关系转变需引起更多的关注。

选读内容

偏远区域野外科考站/平台介绍

野外科考站/平台是生态环境研究的有机组成成分,承载了提供科技基础条件和参与科技创新体系的重要使命,对于偏远区域生态环境研究尤为重要。

南极:南极大陆是唯一没有土著居民的大陆,目前已有 28 个国家在南极洲建立了 76 个长期科考站。我国于 1984 年开始在西南极南设得兰群岛(South Shetland Islands)的乔治王岛(King George Islands)西部的菲尔德斯半岛(Fildes Peninsula)建设了我国第一个南极科考站——中国南极长城站。截至 2024 年,中国在南极共建设了长城站、中山站(1989 年)、昆仑站(2009 年)、泰山站(2014 年)和秦岭站(2024 年)5 个科考站,除长城站外,其余 4 个科考站均位于南极圈之内,长城站、中山站和秦岭站为常年站,其余 2 个科考站均为夏季站。昆仑站海拔为 4087m,位于南极内陆冰盖最高点冰穹 A 附近,是目前南极海拔最高的科考站。

北极:北极周边围绕多个国家,这些国家基本均建有本国的北极科考站。我国于 2004 年在挪威斯瓦尔巴群岛新奥尔松(Ny-Alesund)建立了中国首个北极科考站——中国北极黄河站。

青藏高原:青藏高原被喻为“地球第三极”,平均海拔在 4000 m 以上,是世界上海拔最高、面积最大的高原。青藏高原的野外台站分布在各个地形地貌特征区域,其中中国科学院青藏高原研究所在青藏高原设有珠穆朗玛大气与环境综合观测研究站等 7 个野外台站,西藏大学等机构也在青藏高原设有多个野外台站。

远洋平台:科考船是重要的海洋环境研究平台,目前,我国共有两艘国家级的科考船,分别是雪龙号和雪龙 2 号,此外厦门大学、中国海洋大学、中山大学、中国科学院海洋研究所等单位均有具备远洋考察能力的科考船。

21.3 污染全球控制国际公约

21.3.1 《斯德哥尔摩公约》

鉴于 POPs 的全球危害,国际社会自 1995 年起开始筹备,于 2001 年 5 月 22 日共同通过了《斯德哥尔摩公约》,旨在通过全球共同努力,保护人类健康和环境,减少和/或消除 POPs 排放和释放。《斯德哥尔摩公约》于 2004 年 5 月 17 日正式生效,截至 2022 年 9 月共有 186 个国家和地区加入。

《斯德哥尔摩公约》共包括 30 条正文和 7 个附件（A～G）。附件 A 规定了缔约方必须采取措施，消除所列 POPs 的生产和使用；附件 B 规定了缔约方必须采取措施，限制所列 POPs 的生产和使用；附件 C 规定了缔约方必须采取措施，减少所列 POPs 的人为来源无意形成和排放；附件 D 明确了提议将某化学品列入管控附件 A、B 和/或 C 时需提供的信息要求与筛选标准；附件 E 规定了对附件 D 中所述资料的进一步阐述和评价资料；附件 F 规定了在考虑将化学品列入公约时所需提供的涉及社会经济考虑因素的信息；附件 G 订立了仲裁程序和调节程序为争端解决。

《斯德哥尔摩公约》管控的 POPs 清单持续更新。《斯德哥尔摩公约》管控的 POPs 清单中，最初包括 12 种（类）POPs 物质，被称为"肮脏的一打"；2009 年，新增 9 种（类）管控；2011～2022 年，继续陆续新增 10 种（类）化合物。目前，已批准加入《斯德哥尔摩公约》管控清单中的 POPs 共有 31 种（类），其中包括 18 种农药类 POPs、14 种工业化学品类 POPs，有 3 种化合物同时属于农药类和工业化学品类。附件 A 中共列出 27 种化合物，附件 B 中共列出 2 种化合物，附件 C 中共列出 7 种化合物；有 5 种化合物同时出现在附件 A 和附件 C 中。《斯德哥尔摩公约》中所列某个化合物，可能是包含多个化学物质的类型总称，具体化合物在《斯德哥尔摩公约》管控列表中明确列出（表 21-2）。

中国作为首批缔约方率先加入了《斯德哥尔摩公约》，承诺与国际社会共同努力逐步消除 POPs。2007 年 4 月 14 日，国务院批准了《关于持久性有机污染物的斯德哥尔摩公约的国家实施计划》，确定了履约目标、措施和具体行动。2009 年 4 月 16 日，环境保护部等 10 部门联合发布公告，宣布自 2009 年 5 月 17 日起，禁止在中国境内生产、流通、使用和进出口 DDT、氯丹、灭蚁灵及六氯苯物质，标志着中国基本实现了淘汰杀虫剂类 POPs 的阶段性履约目标。此外，中国陆续出台多项"通则""意见""标准"类文件，指导含有 POPs 产品的生产和使用、控制 POPs 的产生和排放、推广 POPs 替代型化合物的生产工艺和应用模式，科学持续地推进履约进程。

21.3.2 《关于汞的水俣公约》

由于全球汞排放量的增加，以及汞的长距离传输特性，即使远离汞污染源的地区，也会面临潜在的汞污染危害。联合国环境规划署发布的《2012 年全球汞评估》（*Global Mercury Assessment 2012*）中指出，"自工业革命以来，汞在全球大气、水和土壤中的含量已增加了 3 倍左右，汞污染的不断加剧对人类健康和环境造成极大危害，在全球产生了重大的不利影响"。

鉴于汞的全球污染和危害，联合国环境规划署在 2010～2013 年召开了 5 次政府间谈判委员会会议，并于 2013 年 1 月达成了一项具有法律约束力的国际公约——《关于汞的水俣公约》，已于 2017 年 8 月 16 日正式生效。《关于汞的水俣公约》包括 35 条正文和 5 个附件（A～E），内容涉及汞的供应和贸易、添汞产品、使用汞或汞化合物的生

表 21-2 《斯德哥尔摩公约》管控的 POPs 清单

列入时间	所属附件	化学品中文名称	化学品英文名称	化学品归类
2004 年	A	艾氏剂	aldrin	农药类
	A	氯丹	chlordane	农药类
	A	狄氏剂	dieldrin	农药类
	A	异狄氏剂	endrin	农药类
	A	七氯	heptachlor	农药类
	A/C	六氯代苯	hexachlorobenzene（HCB）	农药类/工业化学品类 无意产生
	A	灭蚁灵	mirex	农药类
	A/C	多氯联苯	polychlorinated biphenyls（PCBs）	工业化学品类 无意产生
	A	毒杀芬	toxaphene	农药类
	B	滴滴涕	DDT	农药类
	C	多氯二苯并对二噁英	polychlorinated dibenzo-p-dioxins（PCDDs）	无意产生
	C	多氯二苯并呋喃	polychlorinated dibenzofurans（PCDFs）	无意产生
2009 年	A	十氯酮	chlordecone	农药类
	A	六溴联苯	hexabromobiphenyl	工业化学品类
	A	六溴二苯醚和七溴二苯醚	hexabromodiphenyl ether and heptabromodiphenyl ether	工业化学品类
	A	α-六氯环己烷	alpha hexachlorocyclohexane	农药类
	A	β-六氯环己烷	beta hexachlorocyclohexane	农药类
	A	林丹	lindane	农药类
	A/C	五氯苯	pentachlorobenzene	农药类/工业化学品类 无意产生
	A	四溴二苯醚和五溴二苯醚（商用五溴二苯醚）	tetrabromodiphenyl ether and pentabromodiphenyl ether（commercial pentabromodiphenyl ether）	工业化学品类
	B	全氟辛基磺酸及其盐类和全氟辛基磺酰氟	perfluorooctane sulfonic acid，its salts and perfluorooctane sulfonyl fluoride	农药类/工业化学品类
2011 年	A	硫丹原药及其相关异构体	technical endosulfan and its related isomers	农药类
2013 年	A	六溴环十二烷	hexabromocyclododecane（HBCDD）	工业化学品类
	A/C	六氯丁二烯	hexachlorobutadiene（HCBD）	工业化学品类 无意产生
2015 年	A	五氯苯酚及其盐类和酯类	pentachlorophenol and its salts and esters	农药类
	A/C	多氯萘	polychlorinated naphthalenes	工业化学品类 无意产生
2017 年	A	十溴二苯醚（商用十溴二苯醚混合物）	decabromodiphenyl ether（commercial mixture，c-decaBDE）	工业化学品类
	A	短链氯化石蜡	short-chain chlorinated paraffins（SCCPs）	工业化学品类
2019 年	A	三氯杀螨醇	dicofol	农药类
	A	全氟辛酸及其盐类和全氟辛酸相关化合物	perfluorooctanoic acid（PFOA），its salts and PFOA-related compounds	工业化学品类
2022 年	A	全氟己烷磺酸及其盐类和全氟己烷磺酸相关化合物	perfluorohexane sulfonic acid（PFHxS），its salts and PFHxS -related compounds	工业化学品类

产工艺、土法炼金、点源和面源排放、污染场地、能力建设、财务机制、认识和教育等各个方面。同时，《关于汞的水俣公约》也对汞的生产、使用、排放和贸易等方面提出了强制性的条款并明确了淘汰时限。

我国是目前汞生产、使用和排放的大国，每年通过人为活动向大气排放的汞量为 $500 \sim 700$ t，这些排放的汞在我国环境中的分布、迁移、转化、归趋及健康风险等尚不明晰。面对我国汞污染现状及管控需求，我国积极参与《关于汞的水俣公约》，在 2013 年 10 月 10 日作为首批签约国签署了《关于汞的水俣公约》，在 2016 年 4 月 28 日的第十二届全国人民代表大会常务委员会第二十次会议正式审议并批准《关于汞的水俣公约》的决定，并于 8 月 31 日向联合国交存批准文书，成为第三十个批约国。目前，我国已经按照《关于汞的水俣公约》要求，采取一系列措施积极减少汞的使用和排放。例如，自《关于汞的水俣公约》生效之日起，禁止开采新的原生汞矿，2032 年 8 月 16 日起，我国全面禁止原生汞矿开采；《关于汞的水俣公约》生效之日起，我国禁止新建的乙醛、氯乙烯单体、聚氨酯的生产工艺使用汞、汞化合物作为催化剂或使用含汞催化剂，我国禁止新建的甲醇钠、甲醇钾、乙醇钠、乙醇钾的生产工艺使用汞或汞化合物；自 2019 年 1 月 1 日起，我国禁止使用汞或汞化合物作为催化剂生产乙醛，自 2027 年 8 月 16 日起，我国禁止使用含汞催化剂生产聚氨酯，禁止使用汞或汞化合物生产甲醇钠、甲醇钾、乙醇钠、乙醇钾；自 2021 年 1 月 1 日起，我国禁止生产和进出口公约附件中所列含汞产品（含汞体温计和含汞血压计的生产除外）。

21.4　挑战与展望

长距离传输通常被用作判断 POPs 的四大标准之一（长距离传输性、持久性、生物累积性和高毒性），但具有长距离传输特性的污染物种类很多，并不局限于本章列举的 POPs 和汞。一些逐渐引起关注的新污染物也具有长距离传输性，因此长距离传输污染物同样是一个开放的名单。

由于污染物的长距离传输，学者对这些污染物源汇关系及生态环境风险的研究更加困难。对于人工合成的化学品，可以通过一些背景区域污染物的演变来反映人为活动造成的污染加剧或采取管控措施的效果；但对于自然形成的元素如汞，由于其存在一定的环境本底值，并具有大量的自然来源，并不能简单地通过浓度变化来反映其源汇关系及环境风险，近年来汞同位素技术已成功应用于汞环境过程的研究并展现出巨大的潜力，但仍需要不断发展新的溯源新技术和方法。

长距离传输使得这些污染物不再是区域性的问题，即使远离污染源或偏远地区，乃至人迹罕至的高山地区和极地地区，也会面临这些污染物的危害。因此，需要更多地从全球角度来研究这些污染物，同时需要世界各国共同采取积极措施以减少这些污染物的排放和危害。

习　题

1. 高山地区和极地地区都具有低温的特点,请比较高山地区和极地地区污染物的赋存特征有何不同并解释其原因。

2. 以 POPs 为例,请说明气候变化对污染物长距离传输和环境归趋的影响。

第 22 章　碳中和与环境保护

全球气候变化显著威胁着人类的生存和可持续发展。国际社会为应对气候变化做出巨大努力，多数国家已提出具有里程碑意义的气候雄心目标：碳中和。本章介绍碳中和的内涵与提出背景，分析我国碳中和目标的实现路径。从环境化学的视角，阐述"减碳"和"降污"的同向作用；分别探讨大气污染物与温室气体协同减排的技术措施与健康效益，污水处理中实现能源自给自足、资源回收利用的碳中和技术以及绿色可持续的土壤污染防治技术；展望碳中和实现过程中面临的挑战和需要防范的新环境问题。

22.1　碳中和的概念与提出背景

22.1.1　碳中和的概念

碳中和是指一定时期内特定实施主体 CO_2 的人为排放量与人为移除量之间达到平衡，实现 CO_2 的"净零排放"。根据联合国政府间气候变化专门委员会的定义，人为排放即人类活动造成的 CO_2 排放，包括化石燃料燃烧、工业过程、农业及土地利用活动排放等。人为移除则是人类从大气中移除 CO_2，包括植树造林增加碳吸收、碳捕集等。1997年，碳中和由英国环保机构（未来森林公司）作为商业策划概念提出，21 世纪初在西方逐渐流行开来。2006 年，《新牛津美语辞典》将碳中和评为年度词汇。一些机构和专家将碳中和概念沿用到其他的主要温室气体（如甲烷、氧化亚氮等），进而提出"温室气体净零排放"或"气候中和"概念，这些延伸概念与"碳中和"在内涵上有所不同，但彼此关联。

22.1.2　碳中和的提出背景

自工业革命以来，人类的生产、生活等活动导致大气中 CO_2 的浓度持续增加，从19 世纪初的约 280 ppm 增加到 2022 年的 415 ppm，特别是近半个多世纪来，CO_2 浓度呈现快速增长的趋势（图 22-1）。以 CO_2 为主的温室气体排放所导致的全球气候变暖，严重威胁着人类的生存和可持续发展，是当前人类面临的重大全球性挑战之一。气候变暖导致极端气候事件频发，冰川退缩，冻土融化，水资源分配失衡，生态系统受到严重威胁。气候变暖引起海平面上升，海岸带遭受洪涝、风暴等自然灾害。气候变暖加剧传染性疾病的流行，导致与热浪相关的心脏、呼吸道系统等疾病的发病率和死亡率增加，威胁人类健康。

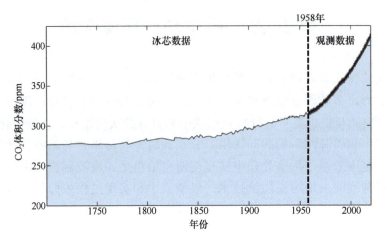

图 22-1   全球大气中 CO_2 体积分数变化

资料来源：斯克利普斯海洋学研究所（https://keelingcurve.ucsd.edu/）

为了减缓全球气候变暖带来的不利影响，国际社会做出了巨大努力，先后制定了多部具有法律约束效力的温室气体减排国际公约。1992 年签署的《联合国气候变化框架公约》（简称《气候公约》）是世界上第一部全面控制 CO_2 等温室气体排放的国际公约。1997年《气候公约》第三次缔约方大会上通过的《京都议定书》首次以国际性法规的形式限制温室气体排放，2009 年达成的《哥本哈根协定》在发达国家实行强制减排和发展中国家采取自主减排行动方面迈出了新步伐。2015 年《巴黎协定》就全球平均气温需较前工业化时期上升幅度控制在 2℃以内，并努力将气温升幅限制在 1.5℃之内的目标达成共识。2021 年，第 26 届联合国气候变化大会（COP26 峰会）上近 200 个国家达成《格拉斯哥气候公约》，这项公约巩固了《巴黎协定》的气候共识，并让各方认识到所有国家都需要立即采取更多应对气候变化的措施。世界上多数国家和地区包括欧盟、英国、美国等已提出到 2050 年实现碳中和。

2020 年 9 月，中国向国际社会承诺将采取有力的政策和措施实现碳中和。碳中和是一场广泛而深刻的经济社会系统性变革，中国实现碳中和对世界应对气候变化行动具有决定性意义。在碳中和目标下，中国经济社会发展将全面加速进入低碳转型新阶段，经济结构和生产消费模式更为显著地突出绿色低碳特征。

22.2   我国碳中和的实现途径

碳排放是人类经济社会的综合反映，与人口、经济、产业、能源、技术等多重因素相关，我国碳中和的实现必将经历经济社会的系统性变革，加强顶层设计与系统谋划,有效促进我国经济的高质量发展和生态环境的高水平保护。CO_2 等温室气体的减排和增汇是实现碳中和的两个关键途径。根据国际原子能(IAE)数据,全球大约 86% 的能源都是通过燃烧化石燃料获得,2021 年化石能源消费产生的 CO_2 达 363 亿 t。因此,实现碳中和要从源头上降低碳排放,其中最主要的途径就是降低化石能源消费总量,推进高碳工业的脱碳/低碳化发展,推行绿色建筑、减少交通运输排放、发展可持续城市、发展循环经济,同时需要进一步挖掘和提升生态系统固碳和人为工程碳封存潜力。

22.2.1 能源行业减排

确保能源行业的低碳转型是实现碳中和的首要任务。2020 年,我国能源消费总量为 49.8 亿 t 标准煤,能源相关的 CO_2 排放量约 99 亿 t,占全球总排放量的 30.7%。在我国能源结构中,化石能源占能源消费的 84.3%,其中一半以上是煤炭[图 22-2(a)],远高于全球水平。从我国发电类型来看,2020 年全国总发电量中 67.9% 来自火电,可再生能源发电占比较低,其中水电占 17.8%,风、太阳能发电占 9.50%,核电占 4.8%[图 22-2(b)]。因此,我国减排潜力最大的方向是能源结构的清洁化、减少使用化石能源,构建新型电力系统和能源供应系统。

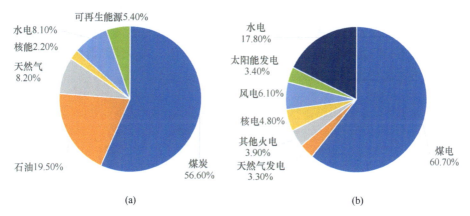

图 22-2　2020 年中国的能源消费结构(a)和电力结构(b)
资料来源:2021 版《BP 世界能源统计年鉴》;《中国电力行业年度发展报告 2021》

然而,传统能源逐步退出要建立在新能源安全可靠的替代基础上。我国实现碳中和,非化石能源占比预计需要提高到 70%~80%,但囿于资源潜力等因素,水电难以实现翻番式增长;核电受资源约束和安全问题,其发展也存在不确定性。在碳中和背景下,大力发展风电、太阳能等可再生能源是重要选择,但这些能源的间歇性和不稳定性在现阶段难以满足可持续发展的要求,能量存储是实现可再生能源大力发展的重要保障。目前储能技术尚不完善、成本高、规模不足,还远不能满足碳中和的实际需求。但我国在短期内很难改变以煤为主的能源结构，煤炭能源需要承担"托底"的重任。现阶段和未来较长时期需要高度重视煤化工领域的节能减排和清洁利用，从燃烧前的净化加工技术、燃烧过程中的先进燃烧技术、转化为洁净燃料的技术和燃烧后的烟气处理技术等多方面来发展绿色低碳技术。同时，增加新能源消纳能力，推动煤炭和新能源优化组合，将为CO_2减排做出重要贡献。

目前，我国风电、太阳能发电装机容量均居世界首位，新能源汽车保有量占世界的一半。未来仍将大幅提升风电、光伏发电等规模，逐步减少传统化石能源比例。可以预计，化石燃料燃烧产生的传统污染排放将大幅降低。与此同时，新能源、新技术的快速发展也可能带来新的环境问题，如退役动力电池、光伏组件、风电机组叶片等新型废弃物处置和回收问题。大面积光伏发电，导致土地利用变化，引起局部辐射和地表能量平衡变化；影响动植物的生长、活动和生命周期过程。因此，需要加强防范大规模风能、太阳能开发的气候、环境效应的负面影响，优化生态空间布局，保障新能源的可持续发展。

22.2.2　工业部门绿色低碳发展

我国处于工业化中后期，单位 GDP 碳排放量高。我国第二产业能源消费占全国能源消费总量70%左右，其中高耗能产业是主要碳排放源工业部门，如钢铁、水泥、有色金属、化工等是我国能源消费和碳排放大户（图 22-3），也是污染物的排放重要源。一是通过结构调整、产品替代、工艺再造来提高用能效率、减少能源消费；二是通过新型燃料替代、电气化替代来减少碳排放。

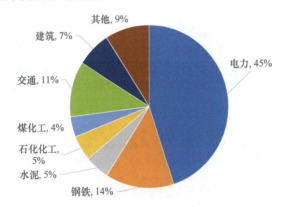

图 22-3　2020 年中国工业领域各行业能源消费 CO_2 直接排放占比

资料来源：《中国能源统计年鉴 2020》

钢铁行业 CO_2 直接排放量占比 14%。2020 年我国粗钢产量已超过 10 亿 t，约占全球产量一半。钢铁行业的低碳转型对于我国实现碳中和目标至关重要。钢铁行业实现碳中和的主要途径有：①发展节能技术，提升能效、余热回收和智能化管理等；②废钢循环利用；③新能源替代，如利用氢能，替代钢铁生产过程中的焦炭等化石能源来减少碳排放；④末端脱碳技术，将钢铁生产环节中释放的 CO_2 进行封存或利用。

水泥行业占我国碳排放的 5%。2020 年我国水泥产量 23.8 亿 t，占全球水泥产量的 50% 以上，连续多年产销量位居世界首位。水泥生产过程中的 CO_2 排放主要源于熟料生产过程，其中石灰石煅烧产生生石灰的过程所排放的 CO_2 占全生产过程碳排放总量的 55%~70%；高温煅烧过程燃烧燃料产生的 CO_2 占全生产过程碳排放总量的 25%~40%。水泥行业 CO_2 减排主要通过产业结构调整及低碳技术实现，通过能效提升、余热利用、原料替代、清洁能源利用/碳捕集等低碳技术来支撑水泥行业 CO_2 排放的大幅消减。

我国化工行业碳排放强度显著高于工业部门的平均水平。化工行业碳中和的主要途径有：①转变发展模式，提高产业集中度，形成规模优势，优化石油化工行业上下游资源配置；②通过系统、工艺及设备节能提高能效；③通过原料、装置、产品结构调整，可再生能源替代实现降碳。大规模、长期性储能，有望驱动化工新材料如电池储能材料包括铅酸电池储能、镍氢电池储能，锂离子电池储能等的产业升级。

22.2.3　交通和建筑领域

我国交通领域 CO_2 直接排放主要来自石油的消费。全面推进交通运输电气化是实现交通领域碳中和的根本途径，积极促进清洁燃料替代如氢能和生物燃料的利用是交通领域降碳的重要保障。另外，优化交通运输结构和运输方式，加强低碳交通政策引导、大力发展公共交通、科学制定城市空间规划等途径来实现交通领域的碳中和。

我国建筑行业年碳排放约 20 亿 t，其中电力和采暖分别占 46% 和 25%。2019 年我国建筑部门整体的电气化率仅为 37%，全面电气化是实现碳中和的主要途径。提升建筑物能效是实现碳中和的关键要素，设立更严格的建筑节能设计标准和绿色建筑评价体系，推行节能减排优先的绿色低碳建筑。另外，部署低碳建材生产技术、可再生能源建筑技术和智能支持技术等创新技术，从根本上实现建筑部门的碳中和。

22.2.4　CO_2 捕集、利用与封存

CO_2 捕集、利用与封存技术（CCUS）是实现 CO_2 深度减排的重要技术手段。CCUS 在传统煤化工、发电、钢铁、水泥等高碳行业的应用潜力很大。根据 CO_2 捕集方式主要分为膜分离法、低温精馏法、吸附法等。根据碳捕集与燃烧过程的先后顺序，可以分为燃烧前、富氧燃烧和燃烧后 3 种类型。燃烧前捕获是在燃烧前将燃料中的含碳组分分离，转化为以 H_2、CO 和 CO_2 为主的水煤气，然后将 CO_2 分离，剩余 H_2 作为清洁燃料使用。富氧燃烧则是指以纯氧进入燃烧系统，辅以烟气循环的燃烧技术，可视为燃烧中捕获技术。燃烧后捕获是指直接从燃烧后烟气中分离 CO_2，该技术仅需要在现有燃烧系统后增

设 CO_2 捕集装置,对原有系统变动较少,是当前应用较为广泛且成熟的技术,但由于烟气中 CO_2 浓度较低,捕获能耗和成本仍然较高。另外,Lackner 教授于 1999 年提出了直接空气捕集(DAC)CO_2 技术,目前直接空气捕集 CO_2 技术一般采用物理吸附或化学吸附的形式,由于大气 CO_2 浓度相对较低,直接空气捕集 CO_2 的能耗成本较高,高效低成本的吸附材料的开发和利用是关键环节。

CO_2 资源化利用主要有化工利用、生物利用、地质资源利用等。CO_2 化工利用是指以 CO_2 为原料,与其他物质发生化学转化,生产出附加值较高的化工产品,主要包括利用 CO_2 制备合成气、CO_2 制备液体燃料或化学品、CO_2 合成甲醇和合成碳酸二甲酯等。由于独特的化学结构,CO_2 分子很稳定,需要在高温、高压或高过电压等较苛刻的条件下才能转化。CO_2 转化方法主要包括化学重整法、光化学法和电化学法等。其中,电催化还原 CO_2 由于其环境兼容性强,可与太阳能、风能等可再生能源良好结合,应用潜力较大。电化学还原 CO_2 可以产生多种产物,从 CO 或甲酸等简单产物到乙烯等更复杂的分子。CO_2 生物利用是利用植物的光合作用吸收 CO_2,常见的有微藻固定 CO_2 转化为液体燃料和化学品、利用 CO_2 气肥技术在提高作物产量方面的应用等。CO_2 地质矿化主要利用天然硅酸盐矿石或固体废渣中的碱性氧化物,将 CO_2 化学吸收转化成化学性质稳定的无机碳酸盐。CO_2 驱油与封存具有大幅度提高石油采收率和碳减排的双重效益,是现实可行的应用技术。

CO_2 封存技术是指将 CO_2 注入废弃矿井、不可采煤层、枯竭油田、深部咸水层等密闭地质构造中,进行长时间或永久性封存。目前 CCUS 技术本身的能耗和成本较高,未来应发展与可再生能源耦合的技术,注重全生命周期的减排。随着碳中和的逐步推进,CCUS 在未来将发挥更加重要的作用。

22.2.5　提升生态系统碳汇功能

在碳增汇方面,可通过森林固碳、改善土地利用、海洋增汇等方面促进碳汇。陆地和海洋生态系统通过光合作用与碳循环过程,将大气中的 CO_2 固定下来,成为大气 CO_2 重要的汇,称为"生态系统碳汇"。巩固和提升生态系统碳汇功能是绿色、经济、最具规模效益的技术途径。根据"全球碳计划"的估算,2010~2019 年,陆地生态系统净吸收了同期 31%人类活动所释放的 CO_2。由于陆地生态系统存在非常大的空间异质性,如何准确估算区域尺度陆地碳收支,是学术界面临的一个重要挑战。近年来,我国通过实施植树造林等生态系统工程以及生态系统管理,贡献了相当于全球陆地生态系统净 CO_2 吸收量的 10%~31%。当前中国陆地生态系统是显著的碳汇,基于不同方法估算的范围在 0.17~0.35 Pg C/a(朴世龙等,2022)。

海洋生态系统是地球上最大的活跃碳库,每年吸收约 30%的人类活动排放到大气中的 CO_2。由海洋生物捕获的碳称为"蓝碳"。蓝碳的主要形式包括海藻床、红树林、盐沼、微型生物等。海洋碳库具有碳循环周期长、固碳效果持久的特点，在气候变化中发挥着不可替代的作用。我国拥有 18000 km 海岸线，也是世界上少数几个同时拥有红树林、盐沼和海草床的国家，海洋增汇潜力巨大。然而近年来海域富营养化、海岸工程等人类活动使海洋蓝色碳汇功能受到很大威胁。

基于自然方案的巩固和提升生态系统碳汇功能有望实现社会、经济和生态环境效益的协调统一。一方面，做好国土空间规划，严守生态保护红线，稳定现有森林、草原、滨海、湿地、冻土等生态系统的碳储量；另一方面，可通过实施自然保护工程与生态修复工程，统筹现有天然生态系统、自然恢复的次生生态系统、人工恢复重建的生态系统等途径来综合提升碳汇能力（于贵瑞等，2022）。

22.3 碳中和与协同减排

22.3.1 碳中和对环境保护的同向作用

气候变化与生态环境变化密切关联，二者相互影响。以气候变暖为主要特征的气候变化导致极端天气增多、自然灾害频发，影响自然生态系统；气候变化引起的气象要素变化会影响污染物的生成和传输，加剧区域空气污染，扩大传染性疾病的流行范围，直接或间接威胁人类健康。积极应对气候变化有利于生态环境的改善，同时，建设良好的生态环境有利于增加气候系统的稳定性。可见，应对气候变化和保护生态环境是同向的，二者的目标相一致。

温室气体和大气污染物如 $PM_{2.5}$、SO_2、NO_x 等同根同源，都主要来源于煤炭、石油等化石燃料的燃烧利用。例如，电力与热力、钢铁、交通、建筑等领域，既是温室气体排放的重点行业，又是大气污染的主要排放源。近年来，我国通过实施《大气污染防治行动计划》等政策措施在改善空气质量方面取得了明显效果，同时也显著促进了 CO_2 减排，说明温室气体和大气污染具备协同治理的巨大潜力。加快我国能源结构、产业结构优化调整，促进产业转型升级的系列措施，既能"减污"又可"降碳"，可以产生很好的协同效益，这是由我国高碳能源结构和高能耗产业结构决定的。

协同推进"减污降碳"已成为我国新发展阶段经济社会发展全面绿色转型的必然选择。我国已明确将碳达峰碳中和纳入生态文明建设的整体布局，提出以"减碳降污，协同增效"为总抓手，以改善生态环境质量为核心，在战略规划、法律法规、评价体系等方面积极推动应对气候变化与保护生态环境的统筹融合。同时，加快推动从污染末端治理向源头治理的转变，在环境污染治理中优先选择化石能源替代、产业结构升级等源头协同治理措施，为深度治理大气污染、持续改善空气质量提供强大的推力，对水、土壤的污染防治以及提升生态系统服务功能产生积极的影响。碳中和实现将全面提高环境治理综合效能，实现环境效益、气候效益、经济效益多赢。

22.3.2   碳中和与大气污染协同减排

1. 温室气体与大气污染协同减排

实施温室气体与大气污染物的协同减排是大气污染防治攻坚的重要抓手。在能源使用的宏观调控过程中需要逐步降低高碳、高污染排放的化石能源的比例，提高能源利用效率，大力发展可替代的清洁能源。在工业、交通和建筑领域尽可能实现电力对化石能源消费的替代；对于目前无法实现电力替代的工艺和设备，则考虑使用新的工艺技术进行替代，如发展氢冶金取代焦炭冶金、在航空领域用合成燃料取代传统的化石燃料等。厘清污染物和温室气体的生成转化机制，采取针对性控制或削减措施，实现化石燃料使用过程中温室气体与大气污染物排放的精准管控。

近年来，我国在改善空气质量方面取得了显著效果，到 2030 年前后全国绝大部分地区 $PM_{2.5}$ 的年均浓度有望达到 35 $\mu g/m^3$ 的现行环境空气质量标准（Cheng et al.，2021）。然而，届时末端治理措施的减排潜力将基本耗尽。为实现空气质量达到世界卫生组织的指导值（5 $\mu g/m^3$），未来将通过强化应对气候变化行动进行深度经济能源结构转型，从源头上减少温室气体和大气污染物的排放。随着能源和工业结构的根本性调整，以及更严格的环境政策实施，工业部门将淘汰落后的工业技术，电力部门对污染物排放的贡献将显著降低。

O_3 和 VOCs 也是中长期影响我国空气质量的重要因素，碳中和目标下的低碳政策对这两类污染物减排至关重要。O_3 的形成机制十分复杂，其与 NO_x 和非甲烷挥发性有机化合物的排放变化密切关联，且对气象条件也十分敏感。VOCs 的减排面临严峻挑战。在不考虑末端控制的情况下，VOCs 的排放预计在未来进一步增加。一方面 VOCs 的排放与清洁能源转型相关性相对较低；另一方面，与 VOCs 排放相关的产业如石油化工、食品饮料行业和纺织业等产业预计会增加，导致了更多 VOCs 的排放，并且 VOCs 排放源过于分散多样，难以有效控制。总体上，在短期内现有的末端控制政策仍将主导空气质量的改善，需继续推行更严格的环保政策；而长期空气质量根本性改善主要归功于清洁能源转型。

2. 协同减排的健康效益

环境污染、气候变化与人群健康有密不可分的关系。空气污染和气候变化协同治理的健康效益是评估碳中和协同路径与政策措施的一个重要指标。我国受气候变化的不利影响十分突出，气候变化导致的极端高温以及热浪频率的上升均会增加人群死亡风险。同时，我国当前仍面临较严重的大气颗粒物和 O_3 污染问题。全球疾病负担研究认为，$PM_{2.5}$ 通过导致心血管、呼吸、代谢系统疾病和不良生育结局增加人群死亡风险；O_3 暴露则通过导致慢性阻塞性肺病增加死亡风险。

碳中和背景下，缓解气候危机和改善环境质量，将对人类健康产生显著的协同效益。火力发电、工业、交通等部门不仅排放温室气体，而且排放大量污染物，直接或间接导致人群过早死亡和疾病负担。碳中和背景下，随着能源结构的深度转型和严格的末端控制措施的共同作用，空气质量改善的健康效益可以抵消大部分人口老龄化带来的健康损失，能够获得显著的人群健康效益。

22.3.3　污水处理中的碳中和技术

污水处理过程主要通过物理、化学以及生物处理等技术手段，实现污染物分离、降解和转化，是一种能源密集型行业，高能耗导致大量间接碳排放。污水处理过程会产生并逸散大量甲烷和氧化亚氮，是重要的直接温室气体排放源。我国目前污水处理碳排放占总碳排放的 1%～2%（戴晓虎等，2021），这种高碳排放模式不符合可持续发展理念。在碳中和目标下，污水处理已不能局限于传统的出水达标排放，还应考虑温室气体的直接排放和能源消耗、药剂投加等所导致的间接排放，并对处理过程中的资源和能源加以回收利用。未来污水处理厂将逐渐演变为营养物、能源与再生水合而为一的可持续运行模式，实现能源自给自足。

1. 水处理过程中的能源回收利用

污水处理碳中和运行的关键是实现整个污水处理过程能源的自给自足，依靠污水处理厂或污水自身的能量来弥补能耗。污水中蕴藏着巨大的余温热能。污水中的热能回收可减少水处理厂对化石能源、电能等的消耗，在处理工艺中将热能直接回收利用是一种主要的节能方式。另外，采用热交换器和热泵等技术回收低位物理热能等用于供暖也是一种可行的利用方式。为了更好地实现水处理厂的碳中和运行目标，美国、欧洲等国家和地区已经开始关注太阳能、风能的应用。在给水工程中，饮用水输配管网中的冷能也可以进行回收。这些都将成为实现水处理低碳运行的重要技术手段。

污水中的有机物也是能源的载体，其能源转化过程一般在污泥处理阶段实现。直接焚烧、厌氧消化和生物制氢是产生能源的主要途径，其中污泥厌氧消化是工程化应用中的重要途径，在有机物转化为甲烷等能源物质后可进一步发电利用。由于污泥中通常存在较难消化降解物质，一般的污泥厌氧消化产能过程中仅有 40%～70% 的甲烷转化效率，厌氧消化的预处理技术是能源高效转化的关键。这些预处理技术主要通过"细胞破壁"促进难降解基质的高效利用，提升产气效率。另外，将剩余污泥与餐厨垃圾等废弃物共同消化，也是一种提升消化速率和产气量的方式。

2. 水处理过程中的资源回收

资源回收是水处理技术的可持续发展方向之一。碳中和目标下，更应重视水中污染物的回收而非单纯处理。污水中的有机碳资源非常可观，城市污水中约含有机物[以化学需氧量（COD）表示]0.5 kg/m³，理想情况下回收污水中 20%的碳源就有望实现污水处理的能源需求。另外，污水中有机物的代谢热约为 $1.4×10^7$ J/kg COD，氮磷等也可作为资源回收利用。

磷回收是污水中资源回收的主要关注点。地球上磷矿资源储量非常有限、分布不均、不可再生以及人类过度开发所导致的全球磷危机实际已经出现，磷的稀缺性将在未来不断凸显。污水处理中磷回收主要从富磷水相和污泥中回收磷。富磷水相以磷酸铵镁的形式进行回收；厌氧池末端和污泥消化液中磷酸盐浓度较高。污水中约 90%的磷最后均进入了污泥，从污泥中回收磷则主要包括从富磷消化液中回收磷和从污泥焚烧灰分中回收磷，后者适用于大规模集中式磷回收，回收效率可达 70%～90%，而且工艺简单，经济可行。另外，尿液中的氮磷含量分别约占污水中总量的 80%和 50%，污水源分离技术的应用，将有效提升营养物质的回收率，降低污水处理中的耗能、碳源消耗和药耗等。磷回收在技术层面已逐渐成熟，需政府立法支持和补贴，以市场来驱动磷回收产业。

尽管污水中氮比磷的含量更高，但因自然界中氮循环的存在及其可工业合成的特点，对氮回收的关注相对较少。然而，近年联合国环境规划署提出关于可持续氮管理的宣言，指出应促进"人为氮使用和循环利用方面的创新"，推动污水中氮回收利用的发展。目前主流的氮回收方式是在污泥消化上清液中回收硫酸铵。在尿源分离理念的结合下，氮的利用在能源方面已有所突破，例如电渗析处理尿液产出的氨气可以用于固体燃料电池发电，实现仅排放氮气和水的无害排放。回收营养物质将减少对传统化石肥料的需求，节约了用于生产传统肥料的能量和水资源。

对污水处理中的剩余污泥碳源进行资源化回收，并制成相应的生物材料或工业产品，已成为研究热点之一。污泥中材料的资源化回收主要与胞外聚合物相关，胞外聚合物提取后可制成多种物质如海藻酸盐、硫酸多糖、氨基葡聚糖等，进一步可用于各种涂层材料、混凝剂以及吸附材料等的制备。工业废水处理中有价物质回收、盐浓缩与资源化等技术的开发和应用未来越发受到关注。我国城市污水生化处理过程中往往需要额外补充碳源，而一些工业废水如啤酒废水中的碳源较为丰富，二者联合处理时，既减少了工业废水处理过程中的碳排放，也降低了污水厂额外补充碳源的成本。同时，"以废治废"或废弃物再利用的方式可以降低对废渣/废气治理的投资，也能显著降低污水处理的运营成本，是一种有效降低水处理中碳排放的途径。

22.3.4　土壤污染防治与减排增汇

土壤是地球表层系统中最重要的碳库之一。我国大规模城市化过程使得土地资源变得尤为紧缺，工农业迅速发展带来的土壤污染问题仍然十分严峻。因此，聚焦土地可持续利用和管理,发展土壤污染防治的绿色低碳技术,发掘土壤碳库巨大的减排增汇效益,对实现国家碳中和目标具有重要意义。

全球目前超过 1/3 的可耕地用于农业,其表层有机碳含量远未达到饱和状态。联合国粮食及农业组织的报告指出,农业土壤固碳可能是减少大气中 CO_2 经济有效的方法之一。农业土壤是最活跃的有机碳库,也是可能在短时间内通过合理利用而适度调节的碳库。同时,我国农田较普遍受到重金属和农药的污染,保障食品安全是当前和未来长时期的一项重要任务。我国农业面临土壤肥力低、化肥农药施用量大、土地退化普遍,以及农业废弃物资源化利用难等问题。农田土壤有机质变化的影响因素主要包括气候、土壤理化性质等自然因素,以及农业管理措施等人为因素。因此,因地制宜推行少耕免耕、秸秆还田、化肥农药减量增效,进行水土流失治理等措施,是实现农业土壤污染治理与减排增汇的重要途径。

生物质炭在农业应用的固碳潜力巨大。生物质炭由作物秸秆、动物粪便等废弃生物质在厌氧环境下发生热解反应生成。生物质炭化利用与直接燃烧或还田相比,有机碳的周转时间大幅度延长,将大气 CO_2 更长时间地封存于土壤。同时,生物质炭利用减少了化学肥料施用,还能减少农田温室气体直接排放。未来有望形成集农业废弃物处理、生物质能源利用与土壤改良和环境污染治理的多元化生物炭利用途径。施用生物质炭可大幅度降低污染物的溶解性和植物可利用性,从而降低重金属等污染物在食物中的含量。林木类、果壳类生物质炭与畜禽粪污混合堆肥,通过接种有益微生物,制备土壤调理剂,可用于盐碱土壤治理和中低产田土壤快速改良,提升土壤健康水平。

我国土壤修复产业正在迅速发展。对于一些污染较重的建设用地,常见的有热脱附、气相抽提、水泥窑协同处置等技术,处理过程耗能高、碳排放强度大。碳中和目标下,土壤修复技术也向绿色低碳方向发展。一些化学修复与物理修复对环境容易造成二次污染或者改变土壤性质,需要研究新的化学方法或物理方法,在土壤修复过程中尽量减少对土壤功能的破坏。当前有潜力的修复材料包括零价铁、生物炭等,有望对土壤修复中 CO_2 减排发挥积极作用。

22.4　挑战与展望

我国实现碳中和面临巨大挑战。2020 年,我国单位 GDP 能耗和碳排放量分别是世界平均水平的 1.5 倍和 1.8 倍。我国碳排放主要来源于化石能源的使用,其中煤炭消费占 56.8%,远高于全球能源消费结构中的煤炭占比。而且,我国区域辽阔,能源结构存在明显地区差异,碳达峰碳中和实现时间与压力也有显著差异;地区与行业发展不平衡,公平性问题凸显。

环境污染和气候变化同为我国长期面临的两大严峻环境问题。调整能源结构,大力发展风电、光电等清洁可再生能源是我国应对气候变化和改善环境的关键,但新能源新技术的大规模发展需要加强防范可能出现的新环境问题。另外,我国的工业产业比例大、转型升级难度大。随着能耗降幅逐年缩窄和提升能源利用效率的边际成本增高,工业领域进一步的减排脱碳需要从技术到产业链更为深层的变革。与此同时,我国当前仍面临较严重的大气颗粒物和臭氧污染等一系列环境问题。随着污染末端治理,措施的环境收益边际成本提高,减排难度日益增大。

碳中和是我国实现绿色低碳发展、经济结构调整升级的重大战略机遇。我国主要大气污染物与温室气体同根同源,"减污"与"降碳"在管控思路、手段措施等方面具有一致性,二者具备协同治理的先决条件。未来需要建立气候友好的污染防治政策措施体系,加强环境污染防治与应对气候变化协同能力的建设,协同削减污染物和温室气体排放,同时增强生态系统的适应能力,实现碳中和与环境保护共赢的战略目标。

习　题

1. 气候变化是近年来备受关注的全球性问题,其给人类社会和自然生态系统带来了巨大的影响。请解释引起气候变化的可能原因。

2. 碳排放涉及国家碳排放总量、人均碳排放、国家累积碳排放、人均历史累积碳排放等概念。你认为影响碳排放的主要因素有哪些?

3. 我国哪些行业是 CCUS 技术应用的重点领域? 该技术商业化的掣肘是什么?

参 考 文 献

步平, 高晓燕. 2017. 日军化学战及遗弃化学武器伤害问题实证调查与研究. 北京: 中共党史出版社.

蔡禄. 2012. 表观遗传学前沿. 北京: 清华大学出版社.

陈怀满. 2013. 环境土壤学. 北京: 科学出版社.

陈静生. 1987. 水环境化学. 北京: 高等教育出版社.

陈君石等. 2012. 食品中化学物风险评估原则和方法. 北京: 人民卫生出版社.

陈妙, 魏东斌, 杜宇国. 2018. 毒性效应引导的高风险消毒副产物识别方法. 中国科学: 化学. 48(10): 1207-1216.

陈正隆, 徐为人, 汤立达. 2007. 分子模拟的理论与实践. 北京: 化学工业出版社.

戴树桂. 2005. 环境化学. 北京: 高等教育出版社.

戴晓虎, 张辰, 章林伟, 等. 2021. 碳中和背景下污泥处理处置与资源化发展方向思考. 给水排水, 57(3): 1-5.

邓东阳, 于红霞, 张效伟, 等. 2015. 基于毒性效应的非目标化学品鉴别技术进展. 生态毒理学报, 10(2): 13-25.

邓南圣, 吴峰. 2003. 环境光化学. 北京: 化学工业出版社.

范望喜, 张爱东, 秦中立. 2015. 有机化学. 武汉: 华中师范大学出版社.

葛顺, 贾存岭, 陈新, 等. 2012. 抗感染药物临床实用手册. 郑州: 郑州大学出版社.

郭婧, 史薇, 于红霞, 等. 2014. 以毒性效应为先导的有毒物质鉴别研究. 南京大学学报(自然科学), 50(4): 414-424.

郭磊, 刘勤, 房彤宇, 等. 2011. 化学毒剂侦检的现状与前景. 中国科学: 生命科学, 41(10): 849-855.

何荣, 原珂, 林里, 等. 2019. 功能宏基因组学在新型抗生素耐药基因研究中的应用进展. 环境化学, 38(7): 1548-1556.

江桂斌, 全燮, 刘景富, 等. 2015. 环境纳米科学与技术. 北京: 科学出版社.

江桂斌, 阮挺, 曲广波. 2019. 发现新型有机污染物的理论与方法. 北京: 科学出版社.

江桂斌, 宋茂勇. 2020. 环境暴露与健康效应. 北京: 科学出版社.

江桂斌, 郑明辉, 孙红文, 等. 2017. 环境化学前沿. 北京: 科学出版社.

柯以侃, 董慧茹. 2016. 分析化学手册 3 分子光谱分析. 3 版. 北京: 化学工业出版社.

冷曙光, 郑玉新. 2017. 基于生物标志物和暴露组学的环境与健康研究. 中华疾病控制杂志, 21(11): 1079-1095.

李建祥, 宋玉果, 栗建林. 2011. 血液毒理学. 北京: 北京大学医学出版社.

李芝兰, 张敬旭. 2012. 生殖与发育毒理学. 北京: 北京大学医学出版社.

林必桂, 于云江. 向明灯, 等. 2016. 基于气相/液相色谱-高分辨率质谱联用技术的非目标化合物分析方法研究进展. 环境化学, 35(3): 466-476.

林梦海. 2005. 量子化学简明教程. 北京: 化学工业出版社.

林泳峰, 阮挺, 江桂斌. 2018. 发现新型化学污染物的技术途径. 中国科学: 化学, 48(10): 1151-1162.

刘维屏. 2018. 手性污染物的环境化学与毒理学. 北京: 科学出版社.

刘兆荣, 谢曙光, 王雪松. 2010. 环境化学教程. 北京: 化学工业出版社.

麦振洪等. 2013. 同步辐射光源及其应用. 北京: 科学出版社.

朴世龙, 何悦, 王旭辉, 等. 2022. 中国陆地生态系统碳汇估算: 方法、进展、展望. 中国科学: 地球科学, 52(6): 1010-1020.

裴祖文. 1980. 电子自旋共振波谱. 北京: 科学出版社.

曲广波, 史建波, 江桂斌. 2011. 效应引导的污染物分析与识别方法. 化学进展, 23(11): 2389-2398.

任肖敏, 张连营, 郭良宏. 2014. 多溴联苯醚和全氟烷基酸的分子毒理机制研究. 环境化学, 33: 1662-1671.

瑞恩 P. 施瓦茨巴赫, 菲利普 M. 施格文, 迪特尔 M. 英博登. 2004. 环境有机化学. 王连生, 译. 北京: 化学工业出版社.

沈文霞, 王喜章, 许波连. 2016. 物理化学核心教程. 3 版. 北京: 科学出版社.

苏吉虎, 杜江峰. 2022. 电子顺磁共振波谱: 原理和应用. 北京: 科学出版社.

谭壮生, 赵振东. 2011. 免疫毒理学. 北京: 北京大学医学出版社.

王连生, 支正良. 1992. 分子连接性与分子结构-活性. 北京: 中国环境科学出版社.

王晓蓉, 顾雪元. 2018. 环境化学. 北京: 科学出版社.

王玉婷, 于红霞, 张效伟, 等. 2016. 基于毒性效应的间隙水致毒物质鉴别技术进展. 生态毒理学报, 11(3): 11-25.

吴永宁, 等. 2019. 持久性有机污染物的中国膳食暴露与人体负荷. 北京: 科学出版社.

肖凯, 朱洪平. 2015. 日军侵华战争遗毒. 上海: 第二军医大学出版社.

肖康. 2012. 膜生物反应器微滤过程中的膜污染过程与机理研究. 北京: 清华大学.

邢其毅, 裴伟伟, 徐瑞秋, 等. 2005. 基础有机化学. 北京: 高等教育出版社.

徐光宪, 黎乐民, 王德民. 2007. 量子化学——基本原理和从头算法. 2 版. 北京: 科学出版社.

许禄, 胡昌玉. 2000. 应用化学图论. 北京: 科学出版社.

于贵瑞, 朱剑兴, 徐丽, 等. 2022. 中国生态系统碳汇功能提升的技术途径: 基于自然解决方案. 中国科学院院刊, 37(4): 490-501.

张爱茜, 刘景富, 景传勇, 等. 2014. 我国环境化学研究新进展. 化学通报, 77(7): 654-659.

张磊, 刘爱冬, 刘兆平, 等. 2013. 食品化学物高端暴露膳食模型的建立. 中华预防医学, 47: 565-568.

张雨竹, 姚林林, 刘倩, 等. 2020. 典型人冠状病毒的环境行为及传播方式. 环境化学, 39(6): 1464-1472.

赵超英, 姜允申. 2009. 神经系统毒理学. 北京: 北京大学医学出版社.

郑国经. 2016. 分析化学手册 3A 原子光谱分析. 3 版. 北京: 化学工业出版社.

郑玫, 张延君, 闫才青, 等. 2014. 中国 $PM_{2.5}$ 来源解析方法综述. 北京大学学报(自然科学版), 50(6): 1141-1154.

郑祥, 魏源送, 王志伟, 等. 2016. 中国水处理行业可持续发展战略研究报告(膜工业卷 II). 北京: 中国人民大学出版社.

中华人民共和国生态环境部. 2020. 中国现有化学物质名录. http://www.mee.gov.cn/ywgz/gtfwyhxpgl/hxphjgl/wzml/[2022-03-29].

周公度, 段连运. 2017. 结构化学基础. 5 版. 北京: 北京大学出版社.

周黎明, 周学志. 2014. 销毁日本遗弃化学武器环境监测指导手册. 北京: 中国标准出版社.

周庆祥, 江桂斌. 2001. 浅谈环境内分泌干扰物质. 科技术语研究, 3(3): 12-14.

周小霞, 刘景富. 2017. 环境中金属纳米材料分离及测定方法研究进展. 科学通报, 62(24): 2758-2769.

朱德熙, 郑昌学. 2003. 基础生物化学. 北京: 科学出版社.

Allen M P, Tildesley D J. 2017. Computer Simulation of Liquids. 2nd ed. Oxford: Oxford University Press.

Al-Sid-Cheikh M, Rowland S J, Stevenson K, et al. 2018. Uptake, whole-body distribution, and depuration of nanoplastics by the scallop *Pecten maximus* at environmentally realistic concentrations. Environmental Science & Technology, 52(24): 14480-14486.

Alvarez P J J, Chan C K, Elimelech M, et al. 2018. Emerging opportunities for nanotechnology to enhance water security. Nature Nanotechnology, 13: 634-641.

Baird R B, Eaton A D, Rice E W.2017. Standard Methods for the Examination of Water and Wastewater. 23rd ed. Washington DC: American Public Health Association.

Baker R W. 2012. Membrane Technology and Applications. 3rd ed. Chichester: Wiley.

Ben Y J, Fu C X, Hu M, et al. 2019. Human health risk assessment of antibiotic resistance associated with antibiotic residues in the environment: A review. Environmental Research, 169: 483-493.

Blais J M, Schindler D W, Muir D C G, et al. 1998. Accumulation of persistent organochlorine compounds in mountains of western Canada. Nature, 395(6702): 585-588.

Boyce S, Hornig J. 1983. Reaction pathways of trihalomethane formation from the halogenation of dihydroxyaromatic model compounds for humic acid. Environmental Science & Technology, 17(4): 202-211.

Cheng J, Tong D, Zhang Q, et al. 2021. Pathways of China's $PM_{2.5}$ air quality 2015-2060 in the context of carbon neutrality. National Science Review, (12): 63-73.

Dela Cruz A L, Gehling W, Lomnicki S, et al. 2011. Detection of environmentally persistent free radicals at a superfund wood treating site. Environmental Science & Technology, 45(15): 6356-6365.

Desforges J P, Hall A, McConnell B, et al. 2018. Predicting global killer whale population collapse from PCB pollution. Science, 361: 1373-1376.

Dong M M, Rosario-Ortiz F L. 2012. Photochemical formation of hydroxyl radical from effluent organic matter. Environmental Science & Technology, 46(7): 3788-3794.

Dossin E, Martin E, Diana P, et al. 2016. Prediction models of retention indices for increased confidence in structural elucidation during complex matrix analysis: Application to gas chromatography coupled with high-resolution mass spectrometry. Analytical Chemistry, 88(15): 7539-7547.

Ellison D H. 2007. Handbook of Chemical and Biological Warfare Agents. 2nd ed. New York: CRC Press.

Faiola F, Yin N, Yao X, et al. 2015. The rise of stem cell toxicology. Environmental Science & Technology, 49(10): 5847-5848.

Freeman L E B, Cantor K P, Baris D, et al. 2017. Bladder cancer and water disinfection by-product exposures through multiple routes: A population-based case-control study(New England, USA). Environmental Health Perspectives, 125(6): 067010.

Fu J, Fu K, Chen Y, et al. 2021. Long-range transport, trophic transfer, and ecological risks of organophosphate esters in remote areas. Environmental Science & Technology, 55(15): 10192-10209.

Giannakoudakis D A, Bandosz T J. 2019. Detoxification of Chemical Warfare Agents. From WWI to Multifunctional Nanocomposite Approaches. Switzerland: Springer.

Gullett B K, Bruce K R, Beach L O. 1992. Effect of sulfur dioxide on the formation mechanism of polychlorinated dibenzodioxin and dibenzofuran in municipal waste combustors. Environmental Science & Technology, 26(10): 1938-1943.

Gupta R C. 2015. Handbook of Toxicology of Chemical Warfare Agents. 2nd ed. Amsterdam: Academic Press.

Hochella M F, Mogk D W, Ranville J, et al. 2019. Natural, incidental, and engineered nanomaterials and their impacts on the earth system. Science, 363: eaau829.

Hoh E, Dodder N G, Lehotay S J, et al. 2012. Nontargeted comprehensive two-dimensional gas chromatography/time-of-flight mass spectrometry method and software for inventorying persistent and bioaccumulative contaminants in marine environments. Environmental Science & Technology, 46(15): 8001-8008.

Hsieh H S, Zepp R G. 2019. Reactivity of graphene oxide with reactive oxygen species(hydroxyl radical, singlet oxygen, and superoxide anion). Environmental Science: Nano, 6(12): 3734-3744.

Iino F, Imagawa T, Takeuchi M, et al. 1999. De novo synthesis mechanism of polychlorinated dibenzofurans from polycyclic aromatic hydrocarbons and the characteristic isomers of polychlorinated naphthalenes.

Environmental Science & Technology, 33(7): 1038-1043.

IPCC. 2018. Intergovernmental Panel on Climate Change. The Intergovernmental Panel on Climate Change. Special Report on Global Warming of 1.5℃. https: //www.ipcc.ch/site/assets/uploads/sites/2/2019/06/SR15_Full_Report_High_Res.pdf[2022-03-29].

IPCS. 2004. International Programme on Chemical Safety & Organization for Economic Cooperation and Development. IPCS Risk Assessment Terminology. World Health Organization. https://apps.who.int/iris/handle/10665/42908[2022-03-29].

Jang J J, Kim K, Tsay O G, et al. 2015. Update 1 of: Destruction and detection of chemical warfare agents. Chemical Reviews, 115(24): PR1-PR76.

Jin X, Zhang J, Li Y, et al. 2022. Exogenous chemical exposure increased transcription levels of the host virus receptor involving coronavirus infection. Environmental Science & Technology, 56(3): 1854-1863.

Jonsson S, Skyllberg U, Nilsson M B, et al. 2014. Differentiated availability of geochemical mercury pools controls methylmercury levels in estuarine sediment and biota. Nature Communications, 5: 4624.

Joshi S Y, Deshmukh S A. 2021. A review of advancements in coarse-grained molecular dynamics simulations. Molecular Simulation, 7(10-11): 786-803.

Juhasz A L, Smith E, Weber J, et al. 2006. *In vivo* assessment of arsenic bioavailability in rice and its impact on human health risk assessment. Environmental Health Perspective, 114: 1826-1831.

Keiluweit M, Kleber M. 2009. Molecular-level interactions in soils and sediments: The role of aromatic π-systems. Environmental Science & Technology, 43(10): 3421-3429.

Kern S, Fenner K, Singer H, et al. 2009. Identification of transformation products of organic contaminants in natural waters by computer-aided prediction and high-resolution mass spectrometry. Environmental Science & Technology, 43(18): 7039-7046.

Khachatryan L, Dellinger B. 2011. Environmentally persistent free radicals(EPFRs)-2. Are free hydroxyl radicals generated in aqueous solutions?. Environmental Science & Technology, 45(21): 9232-9239.

Kim D H, Mulholland J A, Ryu J Y. 2005. Formation of polychlorinated naphthalenes from chlorophenols. Proceedings of the Combustion Institute, 30: 1245-1253.

Kind T, Fiehn O. 2007. Seven Golden Rules for heuristic filtering of molecular formulas obtained by accurate mass spectrometry. BMC Bioinformatics, 8: 105.

Klein E Y, van Boeckel T P, Martinez E M, et al. 2018. Global increase and geographic convergence in antibiotic consumption between 2000 and 2015. Proceedings of the National Academy of Sciences of the United States of America, 115(15): E3463-E3470.

Kostal J, Voutchkova-Kostal A, Anastas P, et al. 2015. Identifying and designing chemicals with minimal acute aquatic toxicity. Proceedings of the National Academy of Sciences of the United States of America, 112(20): 6289-6294.

Kuitunen M L. 2010. Sample Preparation for Analysis of Chemicals Related to the Chemical Weapons Convention in an Off-site Laboratory. New Jersey: John Wiley & Sons Press.

Kuntze K, Kozell A, Richnow H H, et al. 2016. Dual carbon-bromine stable isotope analysis allows distinguishing transformation pathways of ethylene dibromide. Environmental Science & Technology, 50(18): 9855-9863.

Lee S, Kim K, Jeon J, et al. 2019. Optimization of suspect and non-target analytical methods using GC/TOF for prioritization of emerging contaminants in the Arctic environment. Ecotoxicology and Environmental Safety, 181: 11-17.

Li J, Li Y, Zhu M, et al. 2022a. A multiwall-based assay for screening thyroid hormone signaling disruptors using *thibz* expression as sensitive endpoint in *Xenopus laevis*. Molecules, 27(3): 798.

Li P, Lai Y J, Li Q C, et al. 2022b. Total organic carbon as a quantitative index of micro- and nano-plastic pollution. Analytical Chemistry, 94(2): 740-747.

Li T, Guo Y, Liu Y, et al. 2019. Estimating mortality burden attributable to short-term $PM_{2.5}$ exposure: A national observational study in China. Environment International, 125: 245-251.

Li Y, Meng T, Gao K, et al. 2018. Gonadal differentiation and its sensitivity to androgens during development of *Pelophylax nigromaculatus*. Aquatic Toxicology, 202: 188-195.

Liao C, Cui L, Zhou Q, et al. 2009. Effects of perfluorooctane sulfonate on ion channels and glutamate-activated current in cultured rat hippocampal neurons. Environmental Toxicology and Pharmacology, 27(3): 338-344.

Liu G R, Zheng M H, Lv P, et al. 2010. Estimation and characterization of polychlorinated naphthalene emission from coking industries. Environmental Science & Technology, 44(21): 8156-8161.

Liu G R, Zheng M H, Lv P, et al. 2014. Sources of unintentionally produced polychlorinated naphthalenes. Chemosphere, 94: 1-12.

Liu J F, Chao J B, Liu R, et al. 2009. Cloud point extraction as an advantageous preconcentration approach for analysis of trace silver nanoparticles in environmental waters. Analytical Chemistry, 81(15): 6496-6502.

Liu M B, Liu G R, Zhou L W, et al. 2015. Dissipative Particle Dynamics(DPD): An overview and recent developments. Archives of Computational Methods in Engineering, 22(4): 529-556.

Liu Q S, Sun Z D, Ren X M, et al. 2020. The chemical structure-related adipogenic effects of tetrabromobisphenol A and its analogs on 3T3-L1 preadipocytes. Environmental Science & Technology, 54(10): 6262-6271.

Liu S, Liu G, Yang L, et al. 2022. Critical influences of metal compounds on the formation and stabilization of environmentally persistent free radicals. Chemical Engineering Journal, 427: 131666.

Liu S, Yin N, Faiola F. 2018. PFOA and PFOS disrupt the generation of human pancreatic progenitor cells. Environmental Science & Technology Letters, 5: 237-242.

Liu W B, Zheng M H, Zhang B, et al. 2005. Inhibition of PCDD/Fs formation from dioxin precursors by calcium oxide. Chemosphere, 60(6): 785-790.

Liu Y, Xiao K, Zhang A, et al. 2019. Exploring the interactions of organic micropollutants with polyamide nanofiltration membranes: A molecular docking study. Journal of Membrane Science, 577: 285-293.

Lomnicki S, Dellinger B. 2003. A detailed mechanism of the surface-mediated formation of PCDD/F from the oxidation of 2-chlorophenol on a CuO/silica surface. Journal of Physical Chemistry A, 107(22): 4387-4395.

Lukey B J, Romano J A, Harry S. 2019. Chemical Warfare Agents Biomedical and Psychological Effects, Medical Countermeasures, and Emergency Response. 2nd ed. New York: CRC Press.

Lu D W, Liu Q, Yu M, et al. 2018. Natural silicon isotopic signatures reveal the sources of airborne fine particulate matter. Environmental Science & Technology, 52(3): 1088-1095.

Lu D W, Liu Q, Zhang T Y, et al. 2016. Stable silver isotope fractionation in the natural transformation process of silver nanoparticles. Nature Nanotechnology, 11(8): 682-687.

Ma R F, Wu X P, Tong T, et al. 2017. The critical role of water in the ring opening of furfural alcohol to 1, 2-pentanediol. ACS Catalysis, 7(1): 333-337.

Marrs T C, Maynard R L, Sidell M F. 2007. Chemical Warfare Agents: Toxicology and Treatment. 2nd ed. New Jersey: John Wiley & Sons Press.

McLachlan M S, Horstmann M. 1998. Forests as filters of airborne organic pollutants: A model. Environmental Science & Technology, 32(3): 413-420.

Meng D, Fan D L, Gu W, et al. 2020. Development of an integral strategy for non-target and target analysis of site-specific potential contaminants in surface water: A case study of Dianshan Lake, China. Chemosphere, 243: 125367.

Moschet C, Anumol T, Lew B M, et al. 2018. Household dust as a repository of chemical accumulation: New insights from a comprehensive high-resolution mass spectrometric study. Environmental Science & Technology, 52(5): 2878-2887.

Muir D, Howard P. 2006. Are there other persistent organic pollutants? A challenge for environmental chemists. Environmental Science & Technology, 40(23): 7157-7166.

Nendza M, Muller M, Wenzel A. 2014. Discriminating toxicant classes by mode of action: 4. Baseline and excess toxicity. SAR and QSAR in Environmental Research, 25(5): 393-405.

Nendza M, Muller M, Wenzel A. 2017. Classification of baseline toxicants for QSAR predictions to replace fish acute toxicity studies. Environmental Science: Processes & Impacts, 19(429): 429-437.

Park N, Choi Y, Kim D, et al. 2018. Prioritization of highly exposable pharmaceuticals via a suspect/non-target screening approach: A case study for Yeongsan River, Korea. Science of the Total Environment, 639: 570-579.

Pottage C, Buckley M E. 2010. Sampling, Detection and Screening of Chemicals Related to the Chemical Weapons Convention. New Jersey: John Wiley & Sons Press.

Qin L, Yang L, Yang J, et al. 2021. Photoinduced formation of persistent free radicals, hydrogen radicals, and hydroxyl radicals from catechol on atmospheric particulate matter. iScience, 24(3): 102193.

Ramesh A, Inyang F, Hood D, et al. 2001. Metabolism, bioavailability, and toxicokinetics of benzo[a]pyrene [B(a)P] in F-344 rats following oral administration. Experimental and Toxicologic Pathology, 53: 253-227.

Richardson S, Plewa M, Wagner E, et al. 2007. Occurrence, genotoxicity, and carcinogenicity of regulated and emerging disinfection by-products in drinking water: A review and roadmap for research. Mutation Research, 636: 178-242.

Rook J. 1974. Formation of haloforms during chlorination of natural waters. Water Treatment and Examination, 23: 234-243.

Sanderson H, Brain R A, Johnson D J, et al. 2004. Toxicity classification and evaluation of four pharmaceuticals classes: Antibiotics, antineoplastics, cardiovascular, and sex hormones. Toxicology, 203(1-3): 27-40.

Schauer J J, Rogge W F, Hildemann L M, et al. 1996. Source apportionment of airborne particulate matter using organic compounds as tracers. Atmospheric Environment, 30(22): 3837-3855.

Scheringer M, Wania F. 2003. Multimedia models of global transport and fate of persistent organic pollutants//Field H. Persistent Organic Pollutants. Berlin: Springer: 237-269.

Schymanski E, Gallampois C, Krauss M, et al. 2012. Consensus structure elucidation combining GC/EI-MS, structure generation, and calculated properties. Analytical Chemistry, 84(7): 3287-3295.

Sedlak DL, von Gunten U. 2011. The chlorine dilemma. Science, 331(6013): 42-43.

Shi X, Zheng Y, Lei Y, et al. 2021. Air quality benefits of achieving carbon neutrality in China. Science of the Total Environment, 795: 148784.

Song W, Zhao L, Sun Z, et al. 2017. A novel high throughput screening assay for binding affinities of perfluoroalkyl iodide for estrogen receptor alpha and beta isoforms. Talanta, 175: 413-420.

Stanmore B R. 2004. The formation of dioxins in combustion systems. Combustion and Flame, 136(3): 398-427.

Stubbins A, Law K L, Munoz S E, et al. 2021. Plastics in the earth system. Science, 373(6550): 51-55.

Sun Y Z, Pan W X, Fu J J, et al. 2016. Conformation Preference and Related Intramolecular Noncovalent Interaction of Selected Short Chain Chlorinated Paraffins. Science China Chemistry, 59(3): 338-349.

Sun Z D, Cao H M, Liu Q S, et al. 2021. 4-Hexylphenol influences adipogenic differentiation and hepatic lipid accumulation *in vitro*. Environmental Pollution, 268: 115635.

Sun Z D, Tang Z, Yang X X, et al. 2020. Perturbation of 3-*tert*-butyl-4-hydroxyanisole in adipogenesis of male mice with normal and high fat diets. Science of the Total Environment, 703: 135608.

Sun Z D, Tang Z, Yang X X, et al. 2022. 3-*tert*-Butyl-4-hydroxyanisole impairs hepatic lipid metabolism in male mice fed with a high-fat diet. Environmental Science & Technology, 56(5): 3204-3213.

Sun Z D, Yang X X, Liu Q S, et al. 2019. Butylated hydroxyanisole isomers induce distinct adipogenesis in 3T3-L1 cells. Journal of Hazardous Materials, 379: 120794.

Thompson R C, Olsen Y, Mitchell R P, et al. 2004. Lost at sea: Where is all the plastic?. Science, 304(5672): 838.

Thomson M, Mitra T. 2018. A radical approach to soot formation. Science, 361(6406): 978-979.

Tomasi J, Mennucci B, Cammi R. 2005. Quantum mechanical continuum solvation models. Chemical

Reviews, 105(8): 2999-3093.

Tong L, Liu H, Xie C, et al. 2016. Quantitative analysis analysis of antibiotics in aquifer sediments by liquid chromatography coupled to high resolution mass spectrometry. Journal of Chromatography A, 1452: 58-66.

Tuppurainen K, Asikainen A, Ruokojärvi P, et al. 2003. Perspectives on the formation of polychlorinated dibenzo-p-dioxins and dibenzofurans during municipal solid waste(MSW)incineration and other combustion processes. Accounts of Chemical Research, 36(9): 652-658.

Tuppurainen K, Halonen I, Ruokojarvi P, et al. 1998. Formation of PCDDs and PCDFs in municipal waste incineration and its inhibition mechanisms: A review. Chemosphere, 36(7): 1493-1511.

USEPA. 2006. National primary drinking water regulations: Stage 2 disinfectants and disinfection byproducts rule. Federal Register, 71(18): 4644-4930.

van Oss C J. 2006. Interfacial Forces in Aqueous Media. 2nd ed. Boca Raton: Taylor & Francis.

Vergeynst L, van Langenhove H, Joos P, et al. 2014. Suspect screening and target quantification of multi-class pharmaceuticals in surface water based on large-volume injection liquid chromatography and time-of-flight mass spectrometry. Analytical and Bioanalytical Chemistry, 406(11): 2533-2547.

Wang C, Wang T, Liu W, et al. 2012a. The *in vitro* estrogenic activities of polyfluorinated iodine alkanes. Environmental Health Perspectives, 120(1): 119-125.

Wang H, Liu Z, Luo S, et al. 2020. Membrane autopsy deciphering keystone microorganisms stubborn against online NaOCl cleaning in a full-scale MBR. Water Research, 171: 115390.

Wang P, Wu T H, Zhang Y. 2012b. Monitoring and visualizing of PAHs into mangrove plant by two-photon laser confocal scanning microscopy. Marine Pollution Bulletin, 64(8): 1654-1658.

Wang X Y, Sun Z D, Gao Y R, et al. 2023b. 3-*tert*-Butyl-4-hydroxyanisole perturbs renal lipid metabolism *in vitro* by targeting androgen receptor-regulated de novo lipogenesis. Ecotoxicology and Environmental Safety, 258: 114979.

Wang X Y, Sun Z D, Pei Y, et al. 2023a. 3-*tert*-Butyl-4-hydroxyanisole perturbs differentiation of C3H10T1/2 mesenchymal stem cells into brown adipocytes through regulating Smad signaling. Environmental Science & Technology, 57(30):10998-11008.

Wang Y, Zhou Q, Wang C, et al. 2013. Estrogen-like response of perfluorooctyl iodide in male medaka(*Oryzias latipes*)based on hepatic vitellogenin induction. Environmental Toxicology, 28(10): 571-578.

Wania F, Mackay D. 1996. Tracking the distribution of persistent organic pollutants. Environmental Science & Technology, 30(9): A390-A396.

Wania F, Westgate J N. 2008. On the mechanism of mountain cold-trapping of organic chemicals. Environmental Science & Technology, 42(24): 9092-9098.

Weber R, Iino F, Imagawa T, et al. 2001. Formation of PCDF, PCDD, PCB, and PCN in de novo synthesis from PAH: Mechanistic aspects and correlation to fluidized bed incinerators. Chemosphere, 44(6): 1429-1438.

Weber R, Kuch B. 2003. Relevance of BFRs and thermal conditions on the formation pathways of brominated and brominated-chlorinated dibenzodioxins and dibenzofurans. Environment International, 29(6): 699-710.

Westervelt D M, Ma C T, He M Z, et al. 2019. Mid-21st century ozone air quality and health burden in China under emissions scenarios and climate change. Environmental Research Letters, 14(7): 074030.

Wiederhold J G. 2015. Metal stable isotope signatures as tracers in environmental geochemistry. Environmental Science & Technology, 49(5): 2606-2624.

Winteringham F P W. 1975. Isotope ratios as pollutant source and behavior indicators. Atomic Energy Review, 13(1): 153-156.

Xie C L, Niu Z Q, Kim D, et al. 2020. Surface and interface control in nanoparticle catalysis. Chemical Review, 120(2): 1184-1249.

Xu H, Xiao K, Wang X, et al. 2020. Outlining the roles of membrane-foulant and foulant-foulant interactions in organic fouling during microfiltration and ultrafiltration: A mini-review. Frontiers in Chemistry, 8: 417.

Yan W, Lien H L, Koel B E, et al. 2013. Iron nanoparticles for environmental clean-up: recent developments and future outlook. Environmental Science: Processes & Impacts, 15: 63-77.

Yang R Q, Zhang S J, Li A, et al. 2013. Altitudinal and spatial signature of persistent organic pollutants in soil, lichen, conifer needles and bark of the southeast Tibetan Plateau: Implications for sources and environmental cycling. Environmental Science & Technology, 47(22): 12736-12743.

Yang X, Ku T, Sun Z, et al. 2019. Assessment of the carcinogenic effect of 2, 3, 7, 8-tetrachlorodibenzo-p-dioxin using mouse embryonic stem cells to form teratoma $in\ vivo$. Toxicology Letters, 312: 139-147.

Yang X X, Song W T, Liu N, et al. 2018b. Synthetic phenolic antioxidants cause perturbation in steroidogenesis $in\ vitro$ and $in\ vivo$. Environmental Science & Technology, 52(2): 850-858.

Yang X X, Sun Z D, Wang W Y, et al. 2018a. Developmental toxicity of synthetic phenolic antioxidants to the early life stage of zebrafish. Science of the Total Environment, 643: 559-568.

Yao L L, Zhu W T, Shi J B, et al. 2021. Detection of coronavirus in environmental surveillance and risk monitoring for pandemic control. Chemical Society Reviews, 50(6): 3656-3676.

Yu Y X, Huang N B, Zhang X Y, et al. 2011. Polybrominated diphenyl ethers in food and associated human daily intake assessment considering bioaccessibility measured by simulated gastrointestinal digestion. Chemosphere, 83(2): 152-160.

Zhang H F, Zhang Y H, Shi Q, et al. 2014. Characterization of unknown brominated disinfection byproducts during chlorination using ultrahigh resolution mass spectrometry. Environmental Science & Technology, 48(6): 3112-3119.

Zhou X X, Liu R, Liu J F. 2014. Rapid chromatographic separation of dissoluble Ag(Ⅰ)and silver-containing nanoparticles of 1-100 nanometer in antibacterial products and environmental waters. Environmental Science & Technology, 48(24): 14516-14524.

Zhu B Z, Mao L, Huang C H, et al. 2012. Unprecedented hydroxyl radical-dependent two-step chemiluminescence production by polyhalogenated quinoid carcinogens and H_2O_2. Proceedings of the National Academy of Sciences of the United States of America, 109(40): 16046-16051.

习题答案见封底激光二维码

献给尼日利亚独立六十周年

Dedicated to the Sixtieth Anniversary of the
Independence for Nigeria

前　言

　　《尼日利亚文学史》是国家社会科学基金资助的"十一五"规划项目。当笔者着手写作时,中国没有这种研究著作,世界上也没有同类研究著作。也就是说,这既是对非洲文学研究者的挑战,又是非洲文学研究者的机遇。

　　我乐意承担这个项目,因为它符合我的科学研究理念——独立思考、独辟蹊径、独树一帜。搞研究,就要搞前人没做过的、外国人没做过的,开辟一个新的领域,走在有关研究的前沿。国别文学研究就是当今非洲文学研究的前沿,写《尼日利亚文学史》就是非洲文学研究的一项前沿工作。

　　我敢于承担这个项目,因为从 1960 年以来,我便与非洲文学结下不解之缘,对非洲文学研究有一定积累。1985 年以来,我三次受国家委派,到国外访学,先后在美国的印第安纳大学、尼日利亚的阿赫默德·贝洛大学和伊巴丹大学,以及英国伦敦大学的亚非学院与著名的非洲文学与文化研究学者交流、切磋。这些学府都是世界有名的非洲文学与文化研究重镇,与此处同行的交流让我获益匪浅。尤其是在尼日利亚的一年,给了我接触当地学者、当地学生和当地生活与文化的机会,让我对尼日利亚有了实际的感受。这些交流与沟通令我获取了更多的信息和资料,扩大了视野,提高了研究能力。我也在那里的会议、报纸和杂志上发表文章,为中国发声。

　　这些研究与交流极大地鼓励了我。于是,我立志完成一部《尼日利亚文学史》。

　　尼日利亚是一个历史悠久的国家,尽管它作为一个地理政治实体是英国在 1914 年确立的。但据考古发现,在石器时代,这里就有人类栖居、采集、狩猎并且使用石器。在阿布贾附近,考古发现公元前 580—公元前 200 年的熔铁炉。在诺克附近考古又发现公元前 500—公元前 200 年的炼铁工具。这些足以证明尼日利亚的原住民很早就懂得用铁矿石炼铁的技术。公元 8 世纪,扎格哈瓦(Zaghawa)游牧部落在乍得湖周围建立卡奈姆-博尔努(Kanem-Bornu)王国,该王国延续了一千多年。公元 9 世纪,埃多人在贝宁建国。从 10 世纪开始,约鲁巴人在尼日尔河下游建立伊费和奥约等王国。11 世纪前后,豪萨人在尼日利亚西北部建立七个城邦,史称"豪萨七城邦"。正像美国专家戴维·拉姆(David Lamb)在《非洲人》(*The Africans*)中指出的那样:

　　使尼日利亚不同于其他黑非洲国家的部分原因是它的历史,因为它并不是文化上的暴发户。在基督诞生之前,诺克人就在铸造铁器和制作赤土陶器的雕像了。……当 15 世纪第一批欧洲人来到贝宁时——比哥伦布开始出发寻找美洲还要早好多年——他们就发现它是一个组织完善的王国,拥有纪律严明的军队、礼仪周到的宫廷活动以及从事象牙、青铜、木头和黄铜制品的各类手艺人。这些制品的制作艺术和美妙之处至今仍为全世界称赞。①

尼日利亚曾经是英国殖民地,但是它与北美殖民地、加拿大、澳大利亚和新西兰不同,这些地区已经成为白人为主体、白人为主宰的国家,那里的原住民有的几乎被灭绝,有的已经被边缘化。尼日利亚与南非也不同:南非有大批白人定居者,而尼日利亚一直以来是地地道道的黑人国家,是黑人主宰的国家,是一个最能体现黑人文明且有尊严、有理想的国家。

尼日利亚是一个多民族、多语种的国家,有 250 多个民族和 50 多种语言、250 多种方言。其中最大的 3 个民族是:北部的豪萨-富拉尼族(占全国总人口的 29%),西南部的约鲁巴族(占全国总人口的 21%)和东南部的伊博族(占全国总人口的 18%)。政府规定:豪萨语、约鲁巴语和伊博语是教育语言,英语是官方语言和教育语言,即全国各族的通用语言。

尼日利亚也是一个多元文化国家:从社会发展阶段来说,有狩猎采集文化、农耕文化、铁器文化和现代工业文化;从价值取向来说,有基督教文化、伊斯兰文化和非洲传统文化。如今,这个地大物博、人口众多的西非国家已加快融入现代社会,加大工业化和城市化的步伐。政府积极推行现代教育,小学、中学和大学日益增多,三个级别的学制和我国的学制差不多。国内报纸种类繁多,仅次于埃及,在撒哈拉以南的非洲名列第一。

尼日利亚文学是既古老又崭新的文学。口头文学源远流长,长达几千年,至今不但存在,而且继续发展,成为当今人民生活的一部分。13 世纪前后,书写文学在北方出现,后来又出现用豪萨语、约鲁巴语和伊博语以及英语书写的文学。尼日利亚现代文学非常发达,不但数量多,而且门类齐全。在非洲100 部经典中,有 13 部出自尼日利亚作家之手。作家之多,超过任何一个非洲国家,而且作品数量遥遥领先,质量令人称赞。钦努阿·阿契贝(Chinua Achebe, 1930—2013)被称为"非洲现代小说之父",沃莱·索因卡(Wole Soyinka, 1934—　)是获得诺贝尔文学奖的第一位非洲黑人作家,克里斯托弗·奥吉格博(Christopher Okigbo, 1932—1967)是非洲重要的诗人,西普利安·艾克文西(Cyprian Ekwensi, 1921—2007)是"非洲城市小说之父",本·奥克瑞(Ben Okri, 1959—　)和女作家奇玛曼达·恩戈齐·阿迪契

① 戴维·拉姆:《非洲人》,张理初等译,1998,第 396 页。

(Chimamanda Ngozi Adichie，1977—　　)已经誉满国内外，有望摘取诺贝尔文学奖桂冠。……事实证明：尼日利亚是非洲的文学大国，也是非洲的文学强国。

尼日利亚文学，是尼日利亚各族人民共同创造出来的。尼日利亚文学，跟其他国家的文学一样，经历了发生、发展、互动、嬗变的过程。反过来，尼日利亚文学也反映了历史的变迁、社会的发展和文化的差异。尼日利亚文学史就是关于尼日利亚文学发生、发展、互动、嬗变的历史叙事。文学史以文学创作为基础，但不只是单纯的文学叙事，还常常是国家叙事：一方面它勾勒一个国家的文学发展轨迹，总结其文学成就；另一方面它也描绘和反映民族和国家的整体形象，强化和反映一定的意识形态。

据笔者所知，无论是在尼日利亚国内还是国外，研究某部尼日利亚文学作品或某位尼日利亚作家的学者不少，发表的文章或出版的著作也很可观，甚至有关于尼日利亚文学的论文集，如布鲁斯·金(Bruce King)的《尼日利亚文学导论》(*Introduction to Nigerian Literature*，1971)和伯恩斯·林德福斯(Bernth Lindfors)的《尼日利亚文学评论集》(*Critical Perspectives on Nigerian Literatures*，1975)。尼日利亚卫报图书有限公司也在1988年出版两卷本《尼日利亚文学面面观》(*Perspectives on Nigerian Literature: 1700 to the Present*)，其中第一卷综合评价尼日利亚三大民族语言文学以及诗歌、小说和戏剧的发展，第二卷评论单个作家。文章作者都是尼日利亚有名的作家或评论家，文章本身论点明确，论据充分，有说服力。但是统观两卷，均只是高质量的尼日利亚文学评论集，而不是一部尼日利亚文学史。

因此，笔者决心写一部《尼日利亚文学史》，主旨就是力求完整、客观地表现尼日利亚文学的历史全貌，深入研究伟大的口头文学传统和书写文学在不同时期的主要倾向以及重要作家与作品，总结尼日利亚文学怎样由相对独立而又互有联系的各民族和各语言的文学形成国家文学，然后走向世界、成为世界文学一个重要组成部分的经验。

《尼日利亚文学史》的写作原则是：坚持史论结合，把作家、作品、文学样式等文学现象置于一定的历史框架、一定的社会环境和一定的文化语境中进行较为深入的研究，然后实事求是地分析、评论，提出自己的看法。

《尼日利亚文学史》的建构是以时间为经，语种为纬。全书共分五编。第一编介绍伟大的口头文学传统，涵盖有史以来的豪萨、约鲁巴和伊博三个民族的口头文学。笔者采用历史叙事的方式，尽管不十分具体。对书写文学的介绍则根据历史进程、社会环境变化以及文学本身的发生、发展、互动和嬗变的基本情况分为四个时期，即前殖民时期文学(13世纪前后—19世纪中期)、殖民征服时期文学(19世纪中期—20世纪初期)、殖民统治时期文学(20世纪初期—1960年)和独立以来文学(1960年代—2010年代),它们依次构成本书的第二至第五编。原则上,作家都根据成名作或主要成就列入相应时期予以评说。特别重要的作家,如果其成就跨越不同时期又在不同时期具有举足轻重的地位,则在不同时期予以评说。

《尼日利亚文学史》具有的特色是:1) 它是一部独立而又完整的尼日利亚文学史;2) 它是一部综合的尼日利亚文学史,涵盖豪萨、约鲁巴和伊博三个民族的口头文学以及他们的书写文学,还包括全国各族人创作的英语文学等;3) 它是一部复杂的尼日利亚文学史,既包括现代意义上的小说、诗歌和戏剧,又包括儿童文学、传记文学和文学批评,还包括书写起始阶段的日记、游记之类非虚构文学以及口头传统的神话、传说、故事、谚语、格言和口头诗歌等;4) 它始终坚持社会关注、人性关怀同艺术价值相结合的批评标准;5) 它始终以辩证唯物主义和历史唯物主义为全书写作的指导思想,既把作家、作品和文学现象放在一定的历史阶段、一定的社会环境和一定的文化语境中考察研究,又进行纵向、横向的比较,包括在尼日利亚文学内部的比较,以及必要时同欧美文学和中国文学的比较。另外,本书所有引语,除特别注明外,均为笔者自译。

需要说明的是,笔者所参考的文献有些题名只有民族语言,查不到相应的英语题名或解释。笔者已利用手边的资料尽量提供汉语译名,但仍有少数无法翻译,只能以原来的文字留在书中。另外,本书启动较早,写作时间也比较长,有些参考文献难以追溯,可能著录不全,请读者见谅。

在该书准备和写作过程中,笔者得到美国得克萨斯大学伯恩斯·林德福斯教授,印第安纳大学非洲学专家南希·J. 斯密特博士(Dr Nancy J. Schmidt)、非洲学专家李·尼柯尔斯先生(Mr Lee Nichols)的帮助和支持,得到英国伦敦大学亚非学院大卫·阿普尔亚德博士(Dr David Appleyard)和加纳学者娜娜·V. 威尔逊-塔戈女士(Ms Nana V. Wilson-Tagoe)的帮助和支持,得到尼日利亚伊巴丹大学丹·伊泽夫巴耶教授(Professor Dan Izevbaye)、萨缪尔·O. 阿塞因教授(Professor Samuel O. Asein)、岱勒·拉伊伍拉教授(Professor Dale Layiwola)、梅布尔·塞贡教授(Professor Mabel Segun),哈科特港大学童德·奥坎拉旺教授(Professor Tunde Okanlawon),《每日时报》契迪·阿穆塔博士(Dr Chidi Amuta)和阿赫默德·贝洛大学英语系主任 A. 巴米孔勒博士(Dr A. Bamikonle)和阿赫默德·亚里马博士(Dr Ahmed Yalima)及其同事们的帮助和支持,还得到著名作家西普利安·艾克文西和1991年尼日利亚作家协会主席、已故作家肯·沙罗-威瓦先生(Mr Ken Saro-Wiwa)的帮助和支持。笔者在此向这些国际友人和专家致以真挚的感谢!

在国内,笔者得到国家社会科学基金的支持,得到中国社会科学院郅溥浩教授、北京大学刘安武教授、山东大学王治奎教授、山东师范大学李自修教授、浙江湖州师范学院颜治强教授、中国矿业大学党委书记邹放鸣教授的支持和帮助，谨在此向他们致以诚挚的感谢。

上海外语教育出版社社长孙玉博士、学术部负责人孙静女士、编辑梁晓莉女士和潘敏女士鼎力相助，使本书得以问世，笔者在此致以特别感谢！

李永彩

2020 年 3 月 20 日

Foreword

A *History of Nigerian Literature* is a project aided by the National Social Science Fund of China in the Eleventh Five-Year Plan. It is very important because there is no work of its kind in China and abroad. For the researchers in African Literatures it is both a challenge and a chance.

I am pleased with the project because it is in keeping with my own idea of "thinking things out for oneself, opening a road for oneself and striking out a line for oneself" in academic research, i.e. to do academic research is to do what other scholars have not done in China and abroad and open up a new realm of research. Research in national literature is the frontier of the research in African literature; therefore, it is a great beginning to write *A History of Nigerian Literature*.

I dare to take on the project because I love African people, and their culture and literature, having done much work for the study of African literature since 1960. Moreover, I was sent abroad to study African literature for three times: Indiana University (USA), Ahmad Bello University and University of Ibadan (Nigeria) and SOAS (University of London, UK), collecting literary materials and exchanging literary ideas and views with the scholars in those universities. The year in Nigeria was especially important because it gave me chances to meet local students and scholars, and to understand local life and culture, so as to impress me deeply and widen my views. At the same time, I attended conferences and published papers, expressing my literary views.

All these research and communications inspired me. Therefore, I was determined to write *A History of Nigerian Literature*.

Nigeria is a country with a long history, although it was established as a geo-political entity by Britain in 1914. According to archaeological discoveries, there were people living by fishing, hunting and gathering in the land of Nigeria in the Stone Age. Iron-furnaces between 500 BC and 200 BC were discovered in Abuja and iron-smelting implements of the same period were also reported around Nok. The discoveries are the evidence that the old residents mastered the iron-smelting technique. In the 8th century, the Zaghawa nomadic tribe established the Kingdom of Kanem-Bornu, which lasted for 1 000 years around Lake Chad. In the 9th century, Edos built a kingdom in Benin. Since the 10th century, the Yorubas have established such Kingdoms as Ife, Oyo and Benin along the lower reaches of the Niger River. Around the 11th century, the Hausas established seven states which are called "Seven Hausa States" in Northwestern Nigeria. In his book *Africans*, David Lamb said:

> The part of the reason for the difference between Nigeria and other African countries is its history and it is not an upstart in culture. Before the birth of Christos, the people of Nok made ironware and carved statues out of terracotta. When the first batch of Europeans arrived in Benin (many years earlier than Columbus began to look for America), they found it a well-organized kingdom with a strict-disciplined army and well-observed etiquette in the royal court. There were many craftsmen producing the exquisite handicrafts which are highly praised all over the world today.

Nigeria, North America, Canada, Australia and New Zealand were colonies of Britain. But Nigeria is sharply different from the others, where the population is mainly composed of whites who dominate the fate of those countries or regions and the indigenous tribes are marginalized, or even extinct. Nigeria is also different from South Africa in that the latter is an African country with many white residents besides the major black while Nigeria is a real country of the black race, fully reflecting the black civilization with the ideal and dignity of the Nigerian people.

Nigeria is also a country with over 250 nationalities, over 50 languages and more than 250 dialects. The Hausa in the Northern Nigeria, the Yoruba in the Southwestern Nigeria and the Igbo in the Southeastern Nigeria are three major nationalities, constituting about 70% of the population of the country. Their languages are stipulated by the federal government to be languages for education. English is the official language and also used in education, so it is a common language in the country.

Nigeria is a multicultural country. According to the stages in social developments, there are hunting-gathering culture, farming culture, iron culture and modern industrial culture. According to the ideas of values, there are Christian culture, Islamic culture and traditional culture. Now Nigeria, with modern industrialization and urbanization, has entered the modern society in the world. The federal government promotes education actively, running primary schools, secondary schools, colleges and universities, and the local governments, too.

Nigerian literature, a literature created by the Nigerians for the Nigerians, is able to express the Nigerians' experiences and aesthetics. Nigerian literature embraces oral literature back to ancient times, and written literature back to around the thirteenth century. At present Nigerian literature is a most prosperous and strong one in Africa. Like other literatures, Nigerian literature has gone through the processes of growth, development, interaction and change. And in turn, Nigerian literature has been reflecting historical changes, social developments and cultural differences. *A History of Nigerian Literature* is a historical narrative with creative literary works as its base. But a history of literature is not a simple literary narrative; it is a narrative of a nation (or country), drawing the orbit of literary growth, development and achievements on the one hand, and describing, reflecting the image of the whole country and strengthening a definite ideology on the other.

Nigerian literature has attracted the attention of the reading public and scholars in Nigeria and abroad, and the scholars have done much in their research on Nigerian literature by publishing essays and books on individual writers or works. Among these books are *Introduction to Nigerian Literature* edited by Bruce King (1971), *Critical Perspectives on Nigerian Literatures* edited by Bernth Lindfors (1975) and *Perspectives on Nigerian Literature: 1700 to the Present* edited by Yemi Ogunbiyi (1988). These works are important surveys of Nigerian literature, but none of them is a history of Nigerian literature. Therefore, it is both my wish and my mission to write *A History of Nigerian Literature*.

The purpose of writing the book is to present a full, objective and complete view of Nigerian literary history, providing main genres in oral literature, and writers, works and major literary tendencies in written literature in different periods. Again, the book sums up the experiences of integrating literatures in various languages (which are both relatively independent and mutually connected) into a national literature which advances toward the world literature and becomes an important part of it. The ultimate aim of the book is to understand Africans, especially Nigerians, through literature which "is the soul of any nation" (said by Nnamdi Azikiwe), so as to promote academic exchange and strengthen friendship between the Chinese people and African people, especially the Nigerian people.

The principle behind the book is to combine critical comments with historical facts in literature, i. e. to fully study the writers, the works, the genres, etc. in a definite historical frame, a definite social environment and a definite cultural ethos, and draw appropriate comments and conclusions.

A History of Nigerian Literature is designed to take time as its longitude and language as its latitude, thus consisting of five parts: Part One — Oral Tradition of Nigerian Literature, covering Hausa oral literature, Yoruba oral literature, Igbo oral literature, and the status and influence of the oral tradition of Nigerian literature; Part Two — Nigerian Literature in the Period of Pre-colonial Nigeria (from about the 13th Century to the Middle of the 19th Century), covering the literature and its social-cultural background, early Arabic writings, literature in Hausa, literature in Yoruba, literature in Igbo and literature in English; Part Three — Nigerian Literature in the Period of the British Penetration and Conquest (from the Middle of the 19th Century to the Early 20th Century), covering the literature and its social-cultural background, literature in Hausa, literature in Yoruba, literature in Igbo and literature in English; Part Four — Nigerian Literature in the Period of British Colonial Rule (from the Early 20th Century to 1960), and Part Five — Nigerian Literature since the Independence of Nigeria (from 1960s to 2010s), covering the literature and its social-cultural background, literature in Hausa, literature in Yoruba, literature in Igbo and literature in English.

The characteristics of *A History of Nigerian Literature* are : 1) it is an independent and complete national history of literature for Nigeria, not touching upon the literatures in Hausa and Yoruba in neighbouring countries; 2) it is a comprehensive history of Nigerian literature, covering the oral tradition of literature and written tradition of literature in Nigeria; 3) it is a complicated history of Nigerian literature dealing with various genres like a) modern novel, poetry, drama, children's literature and literary criticism, etc., and b) traditional forms such as myth and legend, story and tale, oral poem and oral performance, proverb and aphorism, etc.; 4) it always adheres to the principle of literary criticism, with all its comments coming from social attention, humane solicitude and artistic effect; 5) the book regards dialectical materialism and historical materialism as its guideline, which goes through the process of writing and makes fulfilment of the project possible and significant. Again, all the quotations in this book are translated by the author with exception of clear indications of sources.

Titles of a few literary works mentioned in this book, I feel sorry to say, have no Chinese translations and therefore have to be written in their original national languages the way they appear in my reference materials for lack of English translations or explanations, though I have drawn upon all the possible resources to give a tentative Chinese translation. Again, writing of the book started long ago and took a long time, so some reference materials may not be documented sufficiently. For these I beg to be excused by readers of the book.

In the preparation for the writing of A History of Nigerian Literature, the author has been helped and supported by such Africanists as Professor Bernth Lindfors (University of Texas, USA), Dr Nancy J. Schmidt (Indiana University, USA), Mr Lee Nichols (USA), Dr David Appleyard (SOAS, London University), Ms Nana V. Wilson-Tagoe (Ghana), Professor Dan Izevbaye (University of Ibadan, Nigeria), Professor Samuel O. Asein (University of Ibada, Nigeria), Professor Dale Layiwola (University of Ibadan, Nigeria), Professor Mabel Segun (University of Ibadan, Nigeria), Professor Tunde Okanlawon (University of Port Harcourt, Nigeria), Dr Chidi Amuta (Daily Times, Nigeria), Dr A. Bamikonle (ABU, Nigeria), Dr Ahmed Yalima (ABU, Nigeria), and Mr Ken Saro-Wiwa (Chairperson of Association of Nigerian Authors in 1991, Nigeria), etc. All of them are well-known researchers in African literature. Here the author makes a grateful acknowledgement for them.

In China, the author is aided by the National Social Science Fund of China and helped by Professor Zhi Puhao (Chinese Academy of Social Science), Professor Liu Anwu (Peking University), Professor Wang Zhikui (Shandong University), Professor Li Zixiu (Shandong Normal University),

Professor Yan Zhiqiang (Huzhou Normal College, Zhejiang Province) and Professor Zou Fangming (China University of Mining and Technology). The author expresses heartfelt thanks for their support and help.

Now the author should specially thank Dr Sun Yu, president of Shanghai Foreign Language Education Press (SFLEP), Ms Sun Jing, head of Academic and Scholarly Department of SFLEP, and Ms Liang Xiaoli and Ms Pan Min, editors of the department, for whose efforts the book comes to the reading public!

Professor Li, Yongcai

20 March 2020

目　录

第一编　口头文学传统

第五编 独立以来文学(1960年—2010年代)

Table of Contents

Part Five　Nigerian Literature since Independence (from 1960 to 2010s)

第一编
口头文学传统

尼日利亚作为一个地理政治实体是由英国在1914年确立的,而作为欧洲人在非洲统治区域的一部分,则开始于19世纪的最后25年。这里的诸多民族却有悠久的历史,一些地方的人类栖居点可以追溯至公元前500年以前。根据考古发现,阿布贾附近存在公元前500—公元前200年的熔铁炉,诺克附近存在同一时期的铁制工具。这些发现足以证明尼日利亚原住民很早就知道炼铁的技术,对农业、城镇化和定居点产生了重大影响。公元8世纪,卡奈姆-博尔努王国建立,延续了一千多年。公元9世纪,埃多人建立贝宁王国。10世纪,约鲁巴人在尼日尔河下游建立伊费、奥约等王国,其中贝宁的铜质铸雕艺术品非常著名。11世纪,尼日利亚西北部的居民创建了豪萨七城邦。……1804年,尼日利亚北部发生伊斯兰革命,建立起强大的哈里发王国。尼日利亚是一个历史悠久的国家。自古以来,黑人各民族就在这块土地上生息和繁衍,创造着灿烂的黑人文明。

文学是人学,文学是人类社会的一个普遍特征。文学是一种语言艺术,无论是口头的还是书写的。所以人类在发明书写方式之前就有了自己的文学,即口头文学。尼日利亚的口头文学非常丰富多彩,在传统社会中居于主流地位;即使到了现代,由于民众识字率低,口头文学仍然活跃,仍是民众生活的一个部分。换言之,口头文学就是民间文学,研究口头文学实质上就是研究民间文学。

尼日利亚是一个多民族、多语种国家,有250多个民族和50多种语言、250多种方言。人口在100万以上的民族有豪萨族、约鲁巴族、伊博族、卡努里族、努佩族、蒂夫族、伊哲族、埃多族和伊比比奥族。应该说,各个民族都有自己的文化和口头文学,也应该予以研究和介绍。但是由于时间和篇幅的限制,笔者行权宜之策,只研究和介绍豪萨族、约鲁巴族和伊博族的口头文学,因为这三大民族约占全国人口的70%,是尼日利亚最主要的民族。

因此,本书提到的"尼日利亚口头文学"就是指豪萨口头文学、约鲁巴口头文学和伊博口头文学。三大民族在尼日利亚古老的土地上各处一地,分别生活、分别创造了各自的文化和口头文学,但是文化互动现象很普遍。所以,各族的口头文学既有自身的特点,也有与他族口头文学相近或类似的地方。

在同欧洲人接触之前,尼日利亚口头文学完全是独立发展的,既不受外部世界的影响,也不为外部世界所知。直到19世纪中期,欧洲白人为了基督教使命和对当地人的统治,对尼日利亚南部的语言、福音传道和行政产生了兴趣,进而对语法、词汇和口头文学文本的搜集产生兴趣。他们着手研究语言和搜集口头文学,继而将其翻译成英语文本,这才使外部世界发现尼日利亚南部一直存在的口头文学,即原来代代相传的约鲁巴口头文学和伊博口头文学。据现有资料显示,欧洲学者和殖民官员对尼日利亚北部的豪萨口头文学也做了早期收集、整理工作。早在1885年,德国学者J. F. 肖恩出版了《豪萨宝库:豪萨语土著文学——谚语、故事、寓言和历史片段》。1913年,老殖民官员弗兰克·埃德加将搜集的口头文学进行整理和编辑加工,出版了《豪萨故事与传统》。这两本书使外部世界得以了解豪萨丰富多彩的口头文学并为之惊叹。20世纪后半期,中国人大都通过英语将其译成汉语,零星地介绍过尼日利亚的一些民间故事。应该说,本书第一编是中国学者首次将尼日利亚口头文学作为专门课题研究的结果,也是首次向国人评述。

豪萨口头文学主要包括各种各样的口头叙事:神话、传说、人类故事、动物故事、魔怪故事和难题故事。其中有些动物故事是寓言,假借动物形象来表现人类,大都以道德教育结束。难题故事的结尾是开放的,考验和锻炼人类的判断能力和处事能力。豪萨口头文学还有谚语和谜语,也有歌和诗。除赞颂诗外,还有婚礼歌、葬礼歌、劳动歌、布道歌以及传统戏剧。

约鲁巴口头文学同样有各种各样的口头叙事:神话、传说、人类故事、动物故事、魔法故事和难题故事。其中动物故事包含骗子故事。豪萨族动物骗子故事的主人公是蜘蛛,而约鲁巴族这类故事的主人公是乌龟。据说,约鲁巴人信奉400多位神,有最高神、主神和其他各种各样的神,因此,他们有自己的创世神话、洪水神话和铁神奥贡神话等,体现了约鲁巴人的高度想象力——既想了解大自然又想征服大自然。此外,还有约鲁巴王桑戈羽化登仙的传说。约鲁巴人还有谚语和谜语。约鲁巴口头诗歌非常多样、非常发达,有赞颂诗、占卜诗、葬礼歌和爱情歌谣,其中占卜诗为其所特有,与日常生活紧密相连。约鲁巴的传统戏剧(Alarinjo)来源于祖先崇拜(Egungun)。16世纪出现的《捉鬼故事》不但反映当时宫廷的现实,而且成为后来的保留剧目和最早有文字记录(1826年2月22日)的剧目。

伊博口头文学主要包括各种各样的口头叙事:神话、传说、人类故事、动物故事、魔法故事和奥格班儿故事。伊博人相信最高神楚克伍,认为他创造了天和地,创造了男人和女人,创造了动物和植物。他们有关于死亡的神话,也有关于历史人物的传说。动物骗子故事的主人公也是乌龟。奥格班儿故事就是幼儿夭折的故事,在约鲁巴人那里也存在,被称作"阿比库的故事"。这类故事之所以出现,乃是过去恶劣的生活环境所致。伊博口头文学也有谚语和格言,它们既是经验的总结,也是智慧的结晶,成为人们立身行事的指南。伊博口头文学中同样有口头诗歌:赞颂诗、祈祷诗、挽歌、讽刺诗和故事歌。他们的面具表演古已有之,开始旨在拜祖驱邪,后来注重表演艺术以娱乐观众,很像中国广西的傩戏。

总之,尼日利亚口头文学具有五大特点。首先,尼日利亚民间口头创作都是尼日利亚劳动人民在生产斗争和生存竞争中的精神产品。这样的口头作品源于生活,也为生活服务,大多数具有独特的色彩和奇异的情调。其次,尼日利亚口头文学有各种各样的形式,如口头叙事、口头诗歌和戏剧表演,还有结构短小而又富有哲理的谚语和格言。在口头表达的时候,有时配以乐曲,有时伴以手鼓,有时吟哦,有时翩翩起舞,甚至有观众或听众参与其中。这些生动活泼、引人入胜的口头作品充分显示出尼日利亚人民丰富的想象力,反映了他们的憧憬和向往,表达了他们追求光明的意志。这些作品颂扬勇敢,反对邪恶,赞美谦虚,抨击贪婪,具有浓郁的生活气息和一定的教育作用。第三,尼日利亚口头文学源远流长,在无文字时代居于主流地位,即使在书写文学发达的今天,也不但存在,而且在社会生活中非常活跃。第四,口头文学有力地证明了"非洲人并不是从欧洲人那里第一次听说'文化'这种东西的,非洲的社会并不是没有思想的,它经常具有一种深奥的、价值丰富而又优美的哲学"。① 最后,口头文学助推尼日利亚人文化自信。成名的尼日利亚作家无不从口头文学中汲取灵感和养料,因此他们即使受过西方教育,也依然能写出具有非洲性和人民性的作品,从而走向世界。

---

① 见《尼日利亚杂志》1964 年 6 月号。

第一章

豪萨口头文学

第一节
社会文化背景和文学

　　豪萨人主要居住在尼日利亚北部和尼日尔,是西非地区人口最多的民族,也是尼日利亚人口最多的民族,占尼日利亚总人口的29%。

　　"豪萨"一词原文由两个音节组成,第一个音节"豪"的意思是"骑",第二个音节"萨"意为"牛",合起来是"骑牛"的意思。据传说,巴格达王子巴亚吉达一行人骑马来到道腊,杀死井中恶蛇,解决了城中居民用水的困难。道腊女王心存感激,自己嫁给这位王子。由于当时这里的居民只见过牛,没见过马,把马也认成了牛,故称他们为"骑牛来的人"。后来,"豪萨"这两个字就成了这个民族的名称。① 据人类学家考证,豪萨人是阿拉伯人同黑人原住民混合而成的一个民族。他们身材魁梧,性格强悍,黑棕色的皮肤,卷曲的头发,大眼睛,腿很长,比较乐观,富有幽默感。从长相来说,豪萨人既有阿拉伯人的特征,又有明显的当地黑人特点。

　　豪萨人的语言是非洲最古老的语言之一,属于亚非语系乍得语族。豪萨语是一种声调语言,结构简单,说起来含蓄、形象,听起来优美、悦耳,具有独特的民族风格。由于豪萨语容易学习,西非地区能够说豪萨语的人很多,豪萨语便成了该地区的通用语言。因此,"豪萨"既指豪萨族,又指豪萨语,还指豪萨地区(Hausaland),即豪萨语使用者的主要聚居区——从扎里亚到卡齐纳和索科托这一片地区。

　　豪萨人拥有悠久的历史和灿烂的文化。早在公元前900年到公元200年之间,豪萨人的祖先,即尼日利亚西北部的原住民,就创造了自己的文化,并且得以发展和兴盛。现在已经发掘出来的当时的古文物有陶器、陶塑、青铜雕塑、黄铜雕塑、象牙雕刻、铁制品、木雕和石器等。这就是闻名于世的诺克文化,非洲最古老的文化之一。

　　早在11世纪前后,豪萨人就在尼日利亚西北地区建立了七个城堡王国,又称"豪萨七城邦",即道腊、比腊姆、卡齐纳、扎里亚、卡诺、腊诺和比戈尔(即

---

① 李永彩主编:《非洲古代神话传说》,1999,第94页。

现今的索科托）。其中，道腊在建城之前已有八位女王，卡诺早在公元 999 年左右建城。正像斯坦莱克·萨姆坎治所指出的那样，豪萨七城邦"位于桑海与卡奈姆-博尔努之间。早在 800 或 900 年前，豪萨人的每个定居地由一个主要城市控制，以其作为内部和外部的贸易中心、政府所在地和受到敌人威胁时的避难所。各个城邦单独存在，相互不和，尽管有时为了共同利益也会集体努力。豪萨诸城邦从未变成一个豪萨帝国，但它们却发展成强有力的商业中心。公元 1400 年前后，在大多数国王拥抱伊斯兰教的时候，它们变成一个伊斯兰教文化和伊斯兰教的重要地区"。[①] 应该说，这些城邦早在公元 10 世纪到 13 世纪就已经各自发展成组织相当严密的封建奴隶王国，王国最高统治者是国王，下面设有宰相、司事、监狱长和警察长等。每个王国按伊斯兰教执法并规定严密的税收制度和财政制度，向居民征税。甚至在 1804 年富拉尼人发动圣战并把它们逐个征服之后，这些制度还基本保存下来。

每个王国的主要城市周围筑有又高又厚的泥墙，沿外墙挖有深沟，长达数公里；城内有许多良田，在外敌入侵时，人民便可进入城内耕种、生活，凭借城堡抵御敌人。一直到现在，尼日利亚北部大草原上还不同程度地保留着这些王国的城堡。卡诺是其中的典型代表，充分体现豪萨人的建筑艺术。卡诺旧城区完全是豪萨传统式样：红土筑墙，高大结实；墙面有浮雕，雕刻飞禽走兽、花卉人物，富有生气；建筑物顶端有造型优美的女儿墙和垛口，宛如中世纪的城堡；城中分布着雄伟壮观的清真寺、埃米尔王宫，还有大型市场和土筑城郭。从卡诺城，人们可以看到豪萨人高超的建筑艺术。

豪萨人的纺织工艺品历来在国际市场上享有盛誉。他们生产的纺织品不但行销西非，而且远及北非和欧洲。他们生产的染色布色彩鲜艳、质地柔软、穿着舒适，卡诺一向以生产这种纺织品著名。豪萨城邦也盛产铜制品和皮革制品。欧洲所用的"摩洛哥皮"实际上产于豪萨诸城邦，经由摩洛哥传入欧洲。豪萨人也制作陶器和雕刻，艺术水平很高。

豪萨族也跟世界上的其他民族一样，经历过狩猎采集、畜牧农耕等发展阶段，在各个阶段也创造了多种多样的文学。因为处于无文字社会，所以他们的文学作品都靠口耳相传、代代相承，因此被称为"口头文学"。豪萨族口头文学丰富多彩，源远流长，既是豪萨文学的源头，又是豪萨文化的宝藏。根据现有资料，欧洲学者和英国殖民官员做了早期搜集工作：J. F. 肖恩（J. F. Schön，1803—1889）出版《豪萨宝库：豪萨语土著文学——谚语、故事、寓言和历史片段》(*Magana Hausa: Native Literature, or Proverbs, Tales, Fables and Historical*

---

① Stanlake Samkange, *African Saga: A Brief Introduction to African History*，1971，p. 157.

Fragments in the Hausa Language，1885)，C. H. 鲁滨逊(C. H. Robinson)出版
《豪萨文学样品》(*Specimens of Hausa Literature*，1896)，G. 梅里克(G.
Merrick)出版《豪萨谚语》(*Hausa Proverbs*，1905)，R. S. 弗莱彻(R. S.
Fletcher)出版《豪萨格言与口头传说》(*Hausa Sayings and Folklore*，1912)。
1913 年更是丰收之年，弗兰克·埃德加(Frank Edgar)的《豪萨故事与传统》
(*Litafi na Tatsuniyoyi na Hausa*)、A. J. N. 特伦米尼(A. J. N. Tremearne)的
《豪萨迷信与民间习俗》(*Hausa Superstitions and Customs*)和 R. S. 拉特雷
(R. S. Rattray)的《豪萨民间传说、民间习俗、谚语等》(*Hausa Folk-Lore,
Customs, Proverbs, Etc.*)几乎同时出版。它们都是豪萨口头传统的珍贵记
录，对后来的研究者具有重要意义。埃德加曾在 1905—1927 年任北尼日利亚
英国行政官员，他搜集、编辑豪萨口头文学作品并译成英语，使得《豪萨故事与
传统》更有价值。该书第一卷于 1969 年再版，包含寓言、历史、谜语、歌、诗、谚
语与宗教和法律材料；第二卷和第三卷于 1977 年再版，第二卷是寓言，第三卷
由历史片段和传统构成。总之，这部作品历来受到学者重视，尼尔·斯金纳
(Neil Skinner)教授据此编辑一本《豪萨读物》(*Hausa Readings*，1968)。此
外，R. 普瑞兹(R. Prietze)还发表《豪萨习用语与歌》(*Haussa-Sprichworter
und Haussa-Lieder*，1904)、《豪萨歌手》(*Haussa-Sanger*，1916)和《豪萨诗》
(*Ditchting der Haussa*，1931)，H. A. S. 约翰斯顿(H. A. S. Johnston)出
版《豪萨故事选》(*A Selection of Hausa Stories*，1966)，默文·希斯凯特
(Mervyn Hiskett)出版《豪萨伊斯兰诗歌史》(*A History of Hausa Islamic
Verse*，1975)，尼尔·斯金纳教授出版《英译豪萨文学文集》(*An Anthology of
Hausa Literature in Translation*，1977)。这些著作都为豪萨口头文学的记
录和研究做出了贡献，并且借助英语译文把豪萨口头文学推向世界，让千千万
万不懂豪萨语的人士得以了解这个古老的口头文学。

第二节
神 话

　　豪萨民族的先人亦如现在，生活在沙漠和热带雨林之间广袤的稀树草原
上。他们在劳动之余，在清凉的夜晚，对苍穹、对大地、对风雨雷电等自然现象
产生无限的遐想，试图了解它们、解释它们甚至支配它们。为此，豪萨族的先
人们编织了许多故事，这便是神话。这里就有一个关于大象的神话：

有一天,也就是创造日,精灵们、大大小小的野兽们聚集在一起。造物主开口说:"稍稍等我一下——有一种大动物,我是说我要创造的大动物,可是我原先忘记了!现在我想要你们每个人都贡献一点儿肉体,把它们带过来。然后我把这一点一点的肉体放在一起,就把它创造出来了。"于是每个人都从自己的身上割下一些肉,集中在一起,大象就被创造出来了。这就是大象比其他动物体型大的缘故——因为每个人都对它做出了贡献。

这则神话不仅表现了豪萨族先人的想象力,而且反映了他们的哲学思想:集体的贡献造就了大象。由此推想,豪萨族必定创造了许多神话。

可是后来,伊斯兰教传入豪萨地区。统治者不但自己皈依伊斯兰教,而且强制平民百姓信仰伊斯兰教,致使原先的信仰消失了,神话也从记忆中磨灭了。现在只有少许与博里精灵崇拜(Bori cult)①有关的神话故事和一两种自然神话保存下来。这些保存下来的神话有的讲述星星之间的关系,有的解释月亮同太阳争吵的原因。②

第三节
传　说

传说是一种口头散文叙事,主要讲述历史人物和历史事件,有事实、有夸张甚至有神话的成分。它也讲述世系传承或部落迁徙的故事。豪萨族最著名的传说就是《豪萨人的祖先》:

很久很久以前,有一个青年来到道腊城为他的牲口向一个老太婆讨水喝。老太婆告诉他附近有一口井,但她不敢从井里打水,因为井下有条蛇。这个青年听完毫不畏惧,把水桶放下井去。就在这时,有条毒蛇从井下飞腾上来要咬他,青年手起刀落,砍掉了蛇的头。当时统治道腊城的女王听到这个消息后非常高兴,立即召见他,并把自己嫁给他。

这个青年原来是巴格达国王的儿子巴亚吉达。因为和父亲争吵,他带着一行人马穿越沙漠,长途跋涉来到道腊。

---

① 一种迷信,相信万物有灵和人死后有鬼魂,类似中国的鬼神附身。
② cf. A. J. N. Tremearne, *Hausa Superstitions and Customs*, 2014, pp. 112 - 117.

巴亚吉达同道腊女王结婚后,由他们的儿子巴沃继承王位,继续统治道腊。巴沃在位时,让自己的六个儿子各自统治一个城邦。这七个古城邦在尼日利亚北部。它们是道腊、比腊姆、卡齐纳、扎里亚、卡诺、腊诺和比戈尔(即现今的索科托),在历史上号称"豪萨七城邦"。

传说中的古井依然存在。后人立碑纪念,碑文说,豪萨七城邦就是豪萨族的祖先。

《豪萨人的祖先》又称《道腊传说》,在各个地区有不同的版本。其中一个版本加叙了巴亚吉达长途跋涉的一段故事:

> 他首先越过苏丹地区来到卡奈姆,在卡努里人中间定居下来,同那里统治者的女儿结婚,渐渐有了大批支持者,致使岳父不悦。为了避免卡奈姆当局的愤怒,他带着一行人往西逃走,来到今天的豪萨地区,先在比腊姆住下。后来他把妻子留在那里,自己带着一队人马来到盖拉。他碰上一个铁匠社区,铁匠们为他打造了一把特别的大刀。他又来到道腊,在这里做了使他成为豪萨传说中的英雄的事情。①

这个传说按时间顺序叙事,条理清楚。字里行间给我们带来诸多信息:在巴亚吉达来到道腊之前,豪萨地区早有原住民,有统治者——女王,有图腾信仰——蛇,还有高超的铁器制作技术——为巴亚吉达打造了一把特别的大刀。原住民同阿拉伯人通婚融合,创造豪萨七城邦,从而开始出现一个新的朝代。

另外,豪萨地区还广泛流传着《巨人猎手的传说》。《卡诺编年史》(*The Kano Chronicle*)不但记录了48位国王,而且把卡诺建城时间上溯至公元10世纪,其根据就是《巨人猎手的传说》:

> 有一个黑人,名叫巴布舍。他是定居在达拉山丘上的一位好猎手,身材高大魁伟,力大无比,用一根手杖就能打死很多大象,甚至能用自己的脑袋托住大象走九英里,身不弯,气不喘。人们很佩服他,称他为"巨人猎手"。他有一个信奉的神,名叫祖姆布尔-布拉。他把这个神安置在舍玛斯树(shamus)下。而舍玛斯树就生长在库民-巴金-汝瓦树丛里面。据说那个树丛是非常危险的地方,除他之外,没有任何一个人走进去能活着出来。他心地善良,受到大家

---

① Biodun Adediran, "The Origins of Nigerian People," see *Nigerian History and Culture*, edited by Richard Olaniyan, 1985.

的爱戴,于是带领大家建设城邑,以保护人民的生命安全。

此外,还有许多关于 16 世纪的凯比国王坎塔(Kanta, the king of Kebbi)这个人物的传说:他成功地独立于强大的桑海帝国统治之外,又战胜了博尔努的统治者,还征服了豪萨的大部分地区。[①]

后来还有赞颂豪萨地区富拉尼人统治者和 1804 年发动圣战的领袖们的传说、关于索科托和格旺都的富拉尼人同凯比和戈比尔的豪萨统治者斗争的传说,凯比和戈比尔的豪萨统治者都在圣战结束后坚决捍卫国家的独立。[②]

第四节
故　事

故事亦称"民间故事",是口头文学最重要的文学样式之一。人民大众创造故事、传播故事、接受故事。在豪萨地区,虽然没有培养职业故事讲述人的机构,但是在民间还是出现了一些富有天赋的故事讲述人,他们在家里或村人集合的场所讲故事。他们讲故事时充满感情、生动活泼,必要时变腔变调,变换肢体动作,有时候模仿故事人物的声音和动作,使听者有身临其境的感觉。他们甚至向听者发问,同听者互动。一句话,讲述故事俨如一场表演,深受民众欢迎并使他们受益匪浅。因此,有天赋的故事讲述人创作了大量故事,在民众中广为流传。

豪萨故事多以千计。在 19 世纪后半期,仅 J. A. 伯顿(J. A. Burdon)这位索科托的英国驻扎官就记录下 1 000 个故事和 2 000 条谚语,且不说后来的官员、西方学者和豪萨学者搜集和记录的部分。然而,相当可观的豪萨故事具有功利主义的特点:在伊斯兰教传入之前和伊斯兰教传播初期,这些故事具有教育价值,因此自身保留了延续至现代的道德伦理体系;在伊斯兰教传播期间,故事的主题反映了诸如命运由真主事先设定、个人想改变命运纯属徒劳等教条。当然也有仅供消遣娱乐的笑话。

豪萨故事内容丰富,多种多样。就内容来看,豪萨故事主要有五大类:动

---

① One of the Legend is to be found in the book *Labarun Hausawa da Makwabtansu*, vol. I, pp. 1 - 5.

② A great many of these legends are included in H. A. S. Johnston's *A Selection of Hausa Stories*, 1966, pp. 111 - 142.

物故事(animal stories)、魔怪故事(stories of monsters)、人类故事(stories of human beings)、人类与动物互动的故事(stories of human and animal interaction)和难题故事(dilemma stories)。

一、动物故事

　　豪萨故事中有大量动物故事。蜘蛛是豪萨动物故事中最重要的主人公,是狡猾、机灵和足智多谋的代表。狮子是百兽之王,是权力和尊严的化身。豺被视为林中最有学问的动物,他能给出明智的裁决,尽管不总是公正。山羊和绵羊绝不可被看作愚蠢的动物,山羊甚至能智胜狮子或鬣狗。鸟类通常没有野兽聪明,他们总是站在人类一边,虽然有时不值得这样。鱼类很少出现在故事中,且多是反面角色;有一种鱼叫布图鲁(Butulu),更是忘恩负义的象征。大象和河马也时常出现在故事中。

　　蜘蛛故事,又称"动物骗子故事"(stories of animal tricksters),在豪萨动物故事中占的比重最大,《豪萨故事与传统》卷二收录的 130 个动物故事中就有 55 个蜘蛛故事。

　　现在我们就介绍几个有关蜘蛛的故事。

1. 蜘蛛、大象和河马

　　因为出现饥荒,蜘蛛和家人变得越来越饿,越来越瘦。绝望之中,蜘蛛对妻子说:"我们在这里饿着,而大象和河马却把大量粮食贮存在外以应对以后的歉收时光。大个儿富有,小个儿一无所有。但是我们明天就会有我们的那份。"

　　日出时分,蜘蛛对大象说:"陆地上的大动物,不论你走到哪里都是大王,我是河马派到你这里的信使。水中大王要求你把 100 筐谷物送到河边。作为交换,在收获季节再次到来的时候,他将给你一匹良马。但是没有一只低级动物会知道这笔交易,这是大王之间的事情。傍晚时分,太阳落下,就把谷物送来,这可能让陛下高兴吗?!"

　　当天傍晚,年轻的大象们把 100 筐谷物放在河岸上。蜘蛛对他们表示感谢,并说他将告诉河马把谷物收起来。但是大象们还没踏进森林,蜘蛛的家族就蜂拥到河边把这些谷物带回家。当天晚上,蜘蛛全家和他们的亲戚朋友吃得肚胀腰圆,可是蜘蛛仍然不满意。

　　随着朝阳升起,蜘蛛出现在河岸上,对河马发表谈话:"水中大动物,无论你在河中走到什么地方都是王,我是大象派到你身边的信使。陆地大王有许多谷物,可是做汤需要鱼,所以他需要你将 100 筐鱼送到河边。作为回报,在收获的季节再次到来的时候,他将给你一匹良马。可是没有一只低级动物会知道这笔交易,这是大王之间的事情。傍晚时分,太阳落下,就把鱼送来,这可能让陛下高兴吗?!"

当天傍晚,年轻的河马们把100筐鱼送上河岸,水表面的气泡在他们头上裂开。一群群蜘蛛急忙奔到水边把鱼拖出来,接着又是一夜的狂食暴饮。太阳正要升起的时候,蜘蛛对他的家族和朋友们发话。"听着,"他说,"有两个夜晚我们驱赶了饥饿。还有足够的盈余应对许多夜晚。可是饥馑持续,因此今天号召大家要为这可口的食物有所付出。我要求你们必须编织又粗又长的绳索:像眼镜蛇那样粗、从这里到巴吉姆苏那么长。这就是我的计划。"他说的时候,他们笑得打滚,一小群一小群像高兴的小托钵僧一样跳着舞蹈。

雨来了,谷物在田里摆动,饥馑只是一种回忆。这时候大象派人来找蜘蛛,要求他的良马。蜘蛛说他去同河马谈话,后天回来。蜘蛛的家人和朋友帮助他把长绳拉到一棵非常粗壮的猴面包树上。

蜘蛛把绳子的一端牢牢地拴在这棵树上,拉着另一端穿越丛林,把绳子交给大象。"这儿是一根绳子,陆地上的大王。明天,水中大王会把一匹马——一匹未曾被驯服的野马——拴在绳子的另一端。与此同时,你必须把你这一端系在一棵非常结实的树上。天色到了黎明的时候,树摇晃起来,就让年轻的大象们拉。这是值得的,这样马才能带来给你。"

然后他走到河马那里说,大象坚守给你一匹良马作为礼物的诺言,但是一只蜘蛛的力量不足以拉动一匹马,尤其是这样一匹未被驯服的野马;他已经把绳拴在猴面包树上。"天色到了黎明的时候,让你的年轻河马们解开绳子拉。这是值得的,这样马才能带来给你。"

当大象们在黎明时分看见树枝摇晃、树叶舞动的时候,他们就把绳子解开,大家全力去拉。河马们更是合力去拉。就这样,早上太阳升起,晚上太阳落下,双方谁也没有后退,谁也没有前进。大象们和河马们力气耗尽,躺了下来,就地睡觉了。

第二天他们又试着这样做,同样没有成功。"把绳子拴在树上。"大象说。而身在不远处的河马也说了同样的话。

又一个早上,大象和河马半途相遇,两人怒气冲天。"我来问你那是什么马,竟然让我的小河马们拉了整整两天,结果白费力气。"河马怒吼起来。

"这正是我来见你要谈的事情!"大象气愤地回答。

当他们意识到双方干的原来是费力、无效的拔河赛,根本没有马,奸猾的蜘蛛轮流捉弄他们每一个的时候,他们发誓逮住这个恶棍给他惩罚。可是蜘蛛害怕暴露自己,就把自己隐藏起来,越来愈瘦,越来越虚弱,直到快饿死的地步。

蜘蛛蹒跚地走动,寻找食物,终于发现一张羚羊皮是完整的,有头有蹄子,便缓缓地爬到羚羊皮下面。看到大象慢慢地走进开阔地,他狡猾的脑袋快速运转,问道:"啊,了不得的大象,你在寻找蜘蛛吗?你看看他对我做了什么,不久前我这只羚羊还在盛年。我们争吵过,看看他对我做了什么。"

大象喊起来:"你是说蜘蛛让你变得虚弱不堪。可是怎么会呢?怎么会呢?"

"他用手指指我,就这么一指,我就没有健康、没有力气了,可是你别告诉任何人,因为我不想他再来,下一次他肯定会把我完全毁掉。啊,这个小昆虫有多么大的力量!"

"当然不告诉,"大象结结巴巴地说,"有个条件,你答应不告诉他我在找他。"当他转身走掉的时候,蜘蛛现身,说:"大象,我相信你在找我。"

蜘蛛说:"如果我再听见你在找我,你就会分享不幸的羚羊的命运,他竟糊涂到跟我争吵的地步。"

大象逃走之后,蜘蛛终于找到一些食物,恢复了体力。他披着羚羊皮急匆匆地赶路,这时河马出现在树木下面,哼哼发声:"羚羊,你怎么看上去那么虚弱不堪,出什么事儿了,让你出现这种状况?"

"别向任何人提及这件事,因为我不想再遭受痛苦。我原来傻得够呛,竟卷入跟蜘蛛的争吵。他指了我一下,我就失去生气,委顿下来。他是那么小,可又那么强而有力。可是直到我成了他的魔咒的牺牲品,我才知道这个。"

"好了,"河马说,有了警惕,"不必提到我在找他或者找过他。这是我们之间的小秘密,我希望你快速康复,完全康复。"

他转身要走,蜘蛛出来,说:"河马,听说你在森林里找我,咳,我就在这里。"

"谣言,亲爱的伙计,谣言,没有根据。"河马脱口而出,"你对我做过什么事,嗯,我应该找你?没有,亲爱的小朋友,我不是在找你,只是出来找个安静的地方溜达溜达。不过,我现在必须回到家人那里。再见,蜘蛛!"

看见河马惊慌失措地撞入森林,最后"扑通"一声投入河里,溅泼声远在巴吉姆苏都能听见,蜘蛛不由得笑了。①

这则蜘蛛故事很典型:在饥荒之际、生活无着之时,蜘蛛施用巧计让大象和河马送来谷物和鱼类,让他的家人吃饱吃好;在大象和河马发现上当、立誓报仇的时候,蜘蛛披上羚羊皮,编造故事,化险为夷。大象这位陆地大王和河马这位水中大王终于屈服于小小的蜘蛛。巧取胜过豪夺,弱者战胜强者。

---

① Forbes Stuart，*The Boy on the OX'S Back*，1971，pp. 20 - 26.

2. 蜘蛛与狮子

有一天,蜘蛛到河边去捕鱼。这天该是蜘蛛走运的日子,鱼儿们挤到他周围,最后竟然在他旁边的泥岸上挤成了一大堆。

"现在该生火烤鱼了。"蜘蛛高兴地喊叫起来。接着他去捡柴火,不一会就捡到几根柴棍,开始生火烤鱼。

人人都知道,烤鱼不仅美味可口,而且香味飘散得很快,所以就发生了这样的事情:路过那里的一只狮子停下脚步,用鼻子嗅了嗅,就顺着香味走过来。

他发现蜘蛛正要吃烤好的第一条鱼,就大声吼道:"把那个给我!"声音是那么可怕,吓得蜘蛛不敢吭声就把烤鱼递了过去。

"美味!"狮子喊着说,咂了咂嘴,两只眼睛迷糊着。他在火堆旁坐了下来,命令道:"现在给我多烤几条!"

蜘蛛面对着这么粗暴的大狮子吓得不得了,不敢违抗他。要想不放弃所有的鱼,他肯定不能跑掉,所以他又动手再烤一些,希望那只狮子很快就吃够,给他留下几条。于是,他全力以赴地干着这苦差事,却饿得全身疼痛。

这些芳香美味的鱼一条又一条消失在狮子的喉咙里,可怜的蜘蛛不停地捡拾木柴,站在火边越来越热。他注意到旁边的鱼越来越少,心里越来越悲伤,不由得绝望起来,泪水流在脸上。狮子看见他在哭泣,反而轻蔑地笑起来。

"啊,没有,我不是哭,"蜘蛛傲慢地撒谎说,"那是烟火刺激得我的眼睛痛。"

说这些话的时候,他又把最后一条宝贵的鱼递给了狮子,狮子一口吞了下去,连一句感谢的话也没有。

就在这时,一只美丽的棕色野鸟从他们身边飞过,惊讶地叫起来:"咕咯!咕咯!咕咯!"接着就消失在花草之中,随即一切寂静下来。

"好了,这个你怎么看?"蜘蛛问道,"她白天不跟我在一起,我从来也不知道这样一只粗鲁而不知道感恩的鸟。我期待她不会告诉她的朋友们是我给了她带有斑点的漂亮羽毛。"

狮子仰天向上看了看,问道:"你说你给了她带有斑点的羽毛?"

"是啊,我是这么说了,"蜘蛛郑重回答,"这件事你不知道?"

狮子眼巴巴地看着自己没有花纹的棕色身体,说:"我倒喜欢有斑点的皮肤,你能帮我改变我的皮肤吗?"

蜘蛛眼睛半睁半合,端详着狮子的皮毛。"好吧,"他满腹狐疑,慢吞吞地说,"那可是件非常难办的事。"

"啊,请帮我吧!"狮子站起来乞求他,"有困难的地方我都可以帮你嘛,告诉我该做什么。"

这么轻易就哄骗住狮子,蜘蛛高兴得几乎大笑起来,可是他还是板着严肃的脸孔,郑重地回答:"我们需要两样东西。首先是一头野母牛,然后是一棵长得粗壮的卡早拉树。"

"我会马上把第一件东西弄到,"狮子说,"在这里等着吧。"

虽然狮子身体庞大,但是他却毫无声响地钻进灌木林;在他穿越草丛时,草丛几乎没有受到惊扰。好长一段时间一切悄无声息,蜘蛛几乎要睡着了,狮子却突然出现,拖着一具野母牛的尸体。

"现在我们必须扒她的皮,"蜘蛛解释说,"我需要从她身上剥下一条条皮,然后才能让你像野鸟一样美丽漂亮。"

毫不怀疑的狮子用他尖锐的爪子从野母牛身上扒下皮肤,然后撕成一段一段的皮条。

"好极了!"当他完成的时候,蜘蛛喊叫起来,"你干得干净利落。我想你的斑点会远比野鸟的漂亮。"

"好了,告诉我下一步该做什么。"狮子不耐烦地说。

"你必须在灌木丛里找到一棵最粗壮的卡早拉树。"蜘蛛解释说,"当你看见一棵你认为足够粗壮的卡早拉树,就冲过去,用胸膛撞上去。如果它稍稍晃动或者根部好像不结实,那就不是好的。你必须找一棵足够结实的树,你撞上去的时候,它会像块磐石一样屹立不动。"

狮子尝试几次,弄得满胸伤痕。终于,他找到一棵躯干壮实的卡早拉树,当他猛烈撞击的时候,它竟然纹丝不动。

蜘蛛看着那棵树,声称它适合,吩咐狮子去弄来皮条和野母牛的尸体。

与此同时蜘蛛却捡了一大堆柴火,又生一堆火,狮子就把一个架子放在火上准备烤肉。

"现在我们来做最困难的部分,"蜘蛛宣布说,"你必须躺在这棵卡早拉树下面,让我把你紧紧地捆在树上。捆得越紧,效果越好。"

傻乎乎的狮子躺了下来,蜘蛛开始用皮条捆起他来,直到他几乎不能动弹。可是狮子还不住地嫌捆绑得不够紧。他说:"这儿也松。"还说:"我的后腿还能动,你应该捆得更紧些!"

当这头傻头傻脑的狮子让蜘蛛把自己紧紧捆在树上直到不能动弹的时候,蜘蛛几乎掩盖不住自己内心的高兴。狮子终于喊叫起来:"已经捆得结结实实了,再没有谁能捆得这么紧。喏,让我们赶快烙斑点吧!然后你给我松绑,除非必要,我可不想这样多待一点时间。"

"你说得对!"蜘蛛得意扬扬地喊叫起来,"你这个要求会得到满足的。"

他把许多烤肉叉放进火里,一个一个烤得炽热,然后再一个一个抓起来插进狮子的皮肤,说:"这是你吃第一条鱼的回报。这是第二条鱼的回报。这是你一口吞下的那条可爱的肥河鲈鱼的回报。这是你偷吃的那条鳗鱼的回报。"

蜘蛛用炽热的烤肉叉接连不断地往狮子身上烙印记，到头来狮子满身尽是棕色的印记。

"现在你跟野鸟一样有了斑点，"蜘蛛嘲弄地说，"如果你以为我会给你松绑，那你可就错了。你就在那儿待着吧，待到死。"

可怜的狮子发狂了，左转右拧就是松不了绑。他不仅受到伤害，而且蒙受羞辱。蜘蛛看到野母牛已经烤好，就把自己的家族召集过来，坐在狮子面前品尝。可怜的狮子孤苦无助，只能眼巴巴地看着他们。

夜幕降临，蜘蛛和他的家族回到家，狮子却被留在野林里，孤苦无助，绑了七天七夜。最后，当他想到没有食物、没有水，必定会死掉的时候，一只小小的白蚂蚁从那儿经过。为了寻找食物，白蚂蚁从叶子和根茎上走过，发出微微的沙沙声。

"救救我吧！快救救我吧，善良的小蚂蚁！"狮子乞求说。

蚂蚁惊愕地停了下来，看了看他。

"像我这样的小东西能为你这样一个伟大的动物做什么呢？"他问道。

"你有结实的上下颚，"狮子回答说，"一眨眼的工夫你就能咬断束缚我的皮条。我在这儿好多天了，我就快饿死了。"

蚂蚁思考片刻。

"要是我放你自由，你像你说的那样饥饿，说不定会一口把我吃掉。"他郑重地回答。

"肯定不会，"狮子劝说道，"我怎么会以恶报善？"

"我认为，你要是有机会的话，会的。"蚂蚁回答，"不过我还是愿意放你自由。"他开始啃咬捆绑狮子的皮条，直到狮子获得自由。狮子小心翼翼地伸开被束缚的四肢，静静地躺着，后来才有力气站起来，一瘸一拐地离开卡早拉树。他饿极了，要不是那只白蚂蚁早已安全地逃走，他肯定会一口把那小东西吞掉。

几天之后，狮子开始恢复气力，想方设法寻找一些小动物充饥。他决定必须给蜘蛛一个教训。

"现在那只狡猾的蜘蛛在哪里？"他吼叫起来，"我要是抓住他，一定马上把他除掉！"他一面在森林里大踏步前进，一面询问他遇到的每一只动物："你们是不是看见过蜘蛛？！"

不一会儿，他看见远处有一只骨瘦如柴的瞪羚，对他大吼起来："你看见过蜘蛛吗？我要找他算账！"

瞪羚浑身发抖地回答："没有。真主在上。我没有看见蜘蛛。要是我看见蜘蛛，我会马上躲藏起来的。"

"难道你害怕小蜘蛛?"狮子问。

"你看见我已经瘦小乏力了吗?"瞪羚说,"这都是邪恶蜘蛛的错。我跟他吵了架,他用手指指我,施放魔咒,我就消瘦下来了。"

"怎么会这样呢?"狮子问道。

"我不知道,"瞪羚回答,"可有一件事情我可以肯定。如果有人惹蜘蛛不高兴,他不会攻击他。他只是用手指指,那人就会消瘦,就像我现在这样。"

狮子害怕了,他没想到蜘蛛这般强而有力。

"那么请别告诉他我在找他!"他一边说一边跑掉了。

喏,这头瞪羚并不是真的瞪羚,而是披着一张瞪羚皮的蜘蛛,是他在跟狮子谈话呐。他扔掉那张皮,会心地笑了。他跟随狮子并且赶上他。

"有人告诉我你在找我,"蜘蛛气势汹汹地说,"我可以问您想要干什么吗?"

狮子随即倒在地上,俯卧在蜘蛛面前:"啊,没有! 啊,确实没有!!"

"我希望没有,"蜘蛛说,"如果我再听说你在找我,那你就必须像其他动物那样向我道歉。再说,我现在负责这片野林,所有动物都必须服从我,这个你别忘记了!"

胆战心惊的狮子赶快跑了。从此蜘蛛就是所有动物的大王,没有谁敢不服从他。①

这则蜘蛛故事告诉我们:百兽之王狮子抢夺蜘蛛的食物,并且嘲笑蜘蛛为食物哭泣,真是欺人太甚。狮子贪婪,要求得到飞鸟羽毛的斑点。蜘蛛将计就计,惩罚了他。蜘蛛又冒充瞪羚虚假宣传自己的魔咒,致使狮子胆战心惊地逃走,"从此蜘蛛就是所有动物的大王"。弱者反败为胜,智慧大过力量。

3. 橡胶人

蜘蛛是个懒家伙。雨季到来的时候,除了蜘蛛,每个人都到田地里干活——犁地、锄草和栽种。每天上午,蜘蛛都懒懒地躺在床上,直到中午才起身凑凑合合地吃顿饭,而下午他又在树荫下休息度过。

妻子知道村里的其他人都快完成栽种任务时,每天总是迟疑地说:"当你需要我到田里帮忙的时候,别忘了告诉我。"

蜘蛛总是回答:"啊,时间有的是。雨季还没有开始呢。"

可是日子一天一天过去,路过的人就对蜘蛛喊话,问他什么时候开始到地里干活。蜘蛛于是决定制定一个计划。

---

① Kathleen Arnott, *African Myths and Legends*, 1962, pp. 25 - 31.

"今天我开始清除野草，明天我种落花生。"一天早晨他对妻子说，"去市场买一袋花生，然后把它烤好、腌好，给我准备好，我明天早上去种。"

"可是老公，"他妻子反对说，"谁听说过花生除了吃还要烤、还要腌呢？"

"别跟我争论，女人。"蜘蛛说，"我知道我在做什么。你肯定能理解，如果我们去种用这种方法准备好的花生，那么它们产出的新鲜庄稼将是烤好的、腌好的，一旦成熟就可以吃，用不着烧煮了。"

"你好聪明啊！"他那朴实的妻子说，接着动身去市场。蜘蛛却钻进灌木丛深处没人能看见的地方美美地睡觉去了。

到了晚上，蜘蛛回来告诉妻子他怎样辛苦地在田里干活，又监督她把花生脱壳、烧烤和腌制。

太阳一出来，蜘蛛就拿出一袋花生，假装去他的田里。他沿着弯弯曲曲的小道走去，直到远离村庄和田地的地方。然后他坐在树下，一颗接一颗地享受花生，喝着附近溪流的水，吃饱喝足，蜷缩在树荫下，呼呼地睡到太阳落下。

他匆匆忙忙地赶回家，对妻子喊道："晚饭准备好了没有？我们男人干活辛苦，我一天都在田地里干活，而你，除了给我做晚饭，别的什么都不干，甚至连晚饭也没做好。"

"来了，"他的妻子慌忙答道，同时给他把晚饭拿来。"我正用火烧水，让你洗个温水澡再上床睡觉。"

同样的事情每天都重演一遍。蜘蛛早上和妻子说再见，假装去农田干活，但并不像别人那样锄地除草，而是找一个非常僻静的地方睡觉。到了晚上，他回到妻子身边，抱怨腰酸背痛、四肢疲累，吃完做好的晚饭，洗个热水澡，就上床睡觉。

时间一天天地过去，别人家的丈夫开始把收获的庄稼带回家，而蜘蛛什么也没带回来，最后他妻子说："我们的花生现在成熟了吧？村里几乎每个人都在收获。"

"我们的比别人的生长得慢，"蜘蛛郑重地说，"稍微等待一下吧。"

妻子终于改变了策略，提出建议："明天我跟你到田里去，帮助你收获，我相信我们的也长熟了。"

"我不想要你像穷人家的老婆那样在农田里干活，"蜘蛛郑重地回答，"耐心多等几天嘛，我会亲自收获花生，把它们带回家里。"

现在蜘蛛确确实实陷入了困境，他从未去过田里，又怎么把花生带回家放到妻子面前？只有一个办法，他必须偷一些。

当天晚上，趁妻子睡着的时候，蜘蛛从屋子里爬出来，直奔农田中最大的一块——酋长的农田，那里还有一排一排的花生没有收获。他小心地不弄出声响，把从地里扒出来的花生装进皮口袋，把袋子藏在比较远的一棵树上，然后回家了。

"啊哈！今天我去收获我们的第一批花生。你可要注意，在我疲惫不堪回家的时候，要做一顿丰盛的晚饭等着我。"

"哦是啊，老公，我愿意！"妻子高兴地大声说，一点也不知道蜘蛛径直往他藏袋子的大树走去，会在那里睡上一天。

她把晚饭做好，蜘蛛正好回到家里，发牢骚说他疲惫不堪，又描述他挖花生多么多么辛苦，然后把花生交给她。

她满心欢喜地打开一个花生放到嘴里，接着脸奋拉下来。她喊叫起来："这可是普通的花生！你不是说过它们会长成烤熟盐腌的嘛？"

"我记得我没说过这样的话，"蜘蛛郑重地回答，"我们用盐腌制花生的理由是不让蚂蚁咬它们，一旦我把它们种在土里。你是一个笨女人，竟认为烤过、腌过的花生还会生长！"

"我明白了，"他的妻子说，"我必定是误解你了。"她是一个非常单纯的女人，没再多想。

当天晚上，还有随后的许多个夜晚，蜘蛛来到酋长的农田，偷来一袋袋花生藏在树上。到了早晨，他就假装到自家的农田去；到了晚上，他就带着偷来的花生回到妻子身边。

哎呀！酋长的仆人很快注意到有人在偷主人的花生，下决心要把贼捉住。于是，他拿着几个大葫芦到野林里，找到几棵杜仲胶树，然后用力猛砍，在树皮上砍出长长的口子，又在每棵树下放一个葫芦接住从口子里流出的树液。第二天，他回到那里，葫芦里已装满黏黏的棕色胶汁。他把这些胶汁带回农田，用它捏塑成人的模样，再安放在酋长的农田中间。他得意地搓搓手，对自己说："啊哈！我不久就会知道谁是小偷了！"

当一切都黑暗下来，村里的人都上床睡觉的时候，蜘蛛像往常一样蹑手蹑脚地从自家屋子里爬出来，悄无声息地来到酋长的农田里。他正想动手挖花生，突然看见一个人形的东西，只有几码远。

"啊！"他气喘吁吁地说，"你在这儿想干什么？"但没有回答。

"你是谁？"蜘蛛的声音大了一点，"你深更半夜在酋长的农田中央干什么？"仍然没有回答。

蜘蛛又害怕又生气，于是举起手朝那个人的面颊狠击一拳，说道："你为什么不回答我？"

这时候，橡胶人虽在太阳底下站了一整天，但还是黏性极强，蜘蛛发现他不能把手从这个人的面颊里拉出来。

"立刻放开我！"他气急败坏地说，"你怎么敢抓住我不放！"他又用另一只手狠狠地打橡胶人。这时候，蜘蛛真的陷入了困境，两只手都被黏住。他开始意识到这绝对不是普普通通的人。他抬起膝盖抵住这个人的身体,试图让自己解脱出来,结果发现两个膝盖被紧紧抓住。

他简直疯了,用脑袋猛击这个人的胸部,结果完全不能动了!

"我多么傻啊,"他自言自语,"我不得不在这儿待上一整夜,明天每个人都会知道我是窃贼。"

第二天早上,酋长的仆人便匆忙赶到农田,想看看谁被捉住了。当他看见蜘蛛——脑袋、双手、双膝和整个身体都黏在橡胶人身上的时候,开心得大笑。

"这么说你就是窃贼!"他大声说,"我原来就是这么猜想的。"

可怜的蜘蛛!当酋长仆人想方设法把他从黏黏的橡胶人中扯脱出来并带到酋长面前的时候,他该多么羞愧啊!后来接连几个星期,蜘蛛就藏在他家的橡木中间,不见任何人,也不回答任何人的话,而且从那天以后,他的子孙后代也总藏在角落里。①

这是有关蜘蛛的另一类故事:懒惰、说谎是不良行为,偷盗带来可耻的后果。

在豪萨动物骗子故事中,主要人物是蜘蛛,也偶尔出现地松鼠和家兔,而后者经常出现在东非故事中。现在依次介绍他们的故事。

4. 地松鼠与狮子

有一次,动物们意识到狮子正要把他们全部杀光。

"喂,注意!"他们互相说道,"如果我们想要活下来,就必须制定个计划,不然狮子会把我们全部消灭掉。"

于是他们开会,开完会就一块去见狮子。

"丛林君主,"他们找到狮子说,"我们来求你帮忙,如果每天早上我们把我们中的一个带给您吃,把其他的留下,行吗?"

"很好!"狮子说。

因此动物们去抽签,第一签落在瞪羚羊身上,于是其他人抓住他送到狮子那里。狮子吃掉他,心里很满意,那天就不去打猎。

第二天,动物们又去抽签,这一签落在斑羚羊身上,他也被抓住送给狮子吃了。

这样一直持续到签落在地松鼠头上。其他动物想捉住他送到狮子那里的时候,他制止他们。"不,"他说,"放开我,我自己到狮子那里去。"其他动物同意了。

① Kathleen Arnott, *African Myths and Legends*, 1962, pp. 16 - 21.

地松鼠恢复自由后就回到自己的洞里,一直睡到中午。那天,狮子没有像往常那样吃到食物,非常饥饿,正在灌木丛中游荡、吼叫,试图找些东西吃。地松鼠终于从地洞里出来,爬到邻近井口的一棵树上。

地松鼠在树上等着,直到狮子走过来,才问他为什么吼叫。

"我为什么吼叫?"狮子答道,"为什么?大清早我就一直在等候你们,你们没有给我带来一样东西。"

"好了,情况是这样,"地松鼠说,"我们抽签,签落在我头上,我给您带来了你最喜欢的一碗蜜。可走到半路,我在井口边遇到了另一只狮子,抢走了蜜。"

"那另一只狮子在哪里?"狮子问。

"他在井下面,"地松鼠说,"可是他比你强壮。"他补充说。

狮子听到这个,生气了。他朝那口井冲过去,站在井口旁边往里面瞧。他看见另外那只狮子也在往上看他,便发起挑衅,没得到回应。他又发起挑衅,还是没有回应。他气急败坏,便向那只狮子扑过去,结果落在井里淹死了。

接着,地松鼠回到其他动物身边。"我杀死了狮子。"他说,"现在你们可以随意生活过日子了,可是就我本人来说,"他继续说,"我要再回到我的洞穴。"

"谋略总比力量好。"其他动物都说,"地松鼠杀死了狮子。"①

这则故事情节简单,对话生动。它表现地松鼠临危不惧,善于思考,用计杀死狮子,救助其他动物,保护和平生活。

5. 动物农场

大象有次把其他动物召集起来,对他们说:"现在你们所有人,不论是谁,都要到这里来,因为我们将要建造一个农场。"

"很好。"动物们说。

"你们必须干活,"大象说,"要干上一周。"

"很好。"动物们说。鬣狗和其他动物走过来,开始清理农场。

他们一心一意地干活。一周后,大象说要去看看他们干了些什么。可当他到达那里的时候,却发现他们并没有清理多少地面,只清理了不超过一个人行进两个钟头的距离。这使他非常生气。他开始亲自推倒树木,一直不停,结果清理出东西南北各个方向足够一个人行走一天的距离。

雨季来了,动物们又出去,开始掘坑播种。地松鼠翻腾进坑里,出不来,就大喊起来:"这儿是到底了!不要再在我们背后扒坑,以防土落下来。"可是其他动物继续工作,直到整个农场播种完毕,才各自回家。

---

① Frederick Lumley, ed., *Nigeria*, 1974, pp. 118 - 119.

到了除草的时候,动物们又出来锄全农场的草;后来谷物成熟了,他们又出来收割。然后他们建起谷仓,把谷物放进去,封仓。"现在动物们,"大象说,"集合起来,我好跟你们讲话。现在我们继续吃草本植物,把谷物留在仓里,到天热的时候再享用。"

"很好。"动物们说,随后四处走开。

但是家兔自言自语,他要到矮树丛下躺着,等其他动物走掉、道路畅通时,再到谷仓办自己的事。后来他去搜集鬣狗的粪便放进谷仓里,一直干到其他动物回来。

其他动物在经过干季远征之后,又集合起来。不在那里的只有家兔,他在矮树丛中待着,躺得很低。当他们叫他的时候,他只有气无力地回答。

"家兔必定走了很远的路。"动物们你一言我一语地说,"我们喊他的时候,他的回答多么微弱。"他们每次喊"哎家兔"的时候,家兔都会回答,可是声音还是有气无力。最后他猛然起身,飞扬的尘土扑向动物们。他们看见家兔气喘吁吁,伸出舌头。

"那么现在,"大象说,"大家都到齐了?"

"都到齐了。"骆驼说。

动物们说家兔应该去查看仓库,可是鬣狗说他去。鬣狗往里面一看,那里什么都没有,只有他的一些粪便。他说:"啊!啊!!啊!!!"

"怎么回事?"动物们说。

"我发誓不是我干的。"鬣狗说。

动物们说家兔应该去看看,家兔爬到谷仓上方,往里一看,说道:"里面全是鬣狗的粪便。"

大象很生气。他走过去把谷仓打开,可是里面只有一个穿孔。

"我发誓不是我干的。"鬣狗又说一遍。

"好了,不论是谁,"大象说,"我要把他找出来。大家去裹上缠腰布。"

于是所有动物都去制作缠腰布。鬣狗的缠腰布朴实无华,可家兔用大麻做成的缠腰布很奇特,他炫耀般的在鬣狗面前来回跳舞。

"有些人就是有福气,"鬣狗说,"你愿意交换吗?"

"好的。"家兔说。他把那奇特的缠腰布给了鬣狗,接受了鬣狗朴素的缠腰布。

"现在都去捡柴火,"大象说。于是,动物们都去捡柴火,生火,点燃木棒照明。当火堆燃烧起来的时候,大象从上面跳过去。"谁要是跳不过去,"大象说,"谁就是干这桩坏事的人。"

于是所有动物都来跳火堆。野母牛跳过去了,家兔跳过去了。可是轮到鬣狗的时候,他的缠腰布着火了。

"揍他!"所有的动物叫了起来。大象给鬣狗重重的一击,鬣狗倒了下去,臀部也因此松松地下垂。这就是为什么鬣狗即使站着看上去也好像在往下蹲。①

《动物农场》中的家兔自私自利,包藏祸心,阴谋陷害他人,是个十足的坏蛋。

总之,豪萨族创造并保存了大量的动物故事,尤其是动物骗子故事。故事中的动物完全拟人化了,能思想、能讲话,既体现动物本身的特点,也折射了人类的所思所想、所作所为。动物世界普遍是弱肉强食,但同样也存在弱者智胜强者的事例,这与人类社会有何异哉?!显然每个动物故事就是一则寓言,动物故事就是动物寓言。故事或长或短,生动有趣;故事人物栩栩如生,活灵活现;故事情节脉络清晰,合情合理,引人入胜,且内涵丰富,寓意明确。豪萨动物故事是颇具艺术性的作品,从而证明豪萨人是一个富有想象力和创造力的民族。

二、魔 怪 故 事

在豪萨故事中有许多关于魔怪精灵的故事,在非穆斯林部落中甚至有祖先魂灵的故事。为了叙述方便,我们将这类故事统称"魔怪故事"。神怪、吃人魔鬼、巫师、精灵等超自然人物频频出现在魔怪故事中,最常见的超自然现象是他们拥有超自然力量或变形能力。

豪萨故事中有一个同科萨故事中 Zim 一样的吃人魔鬼 Dodo,姑且译为"朵朵"。他是个半人半兽的怪物,经常在水下、地上两个世界出没,以人肉为主食;有时候他也爱人类妻子,但要求对方对他顺从。豪萨故事中有许多有关朵朵的故事,这里仅举两例:

1. 大姐姐、小妹妹和朵朵

这是一个发生在某城的故事。那里住着一个美丽无比的姑娘。当她与女性朋友外出玩耍的时候,年轻的男人总是把她约出来,同她聊天。因此别的姑娘并不怎么喜欢她。

"我们该怎样杀死她呢?"那些姑娘说,"让我们问她要不要来捡木柴?"

美丽的姑娘说:"我母亲不愿意。你们去问她愿不愿意让我去。"

她们就去问她母亲:"我们可以同她一块儿去捡木柴吗?"

母亲回答:"她有工作,你们必须先帮助她完成这个工作。"她们同意帮

---

① Frederick Lumley, ed., *Nigeria*, 1974, pp. 116−117.

助她。

母亲说:"这儿有一筐高粱,里面有沙砾,你们把沙砾拣出来;这儿还有一筐棉花,你们把棉籽拣出来。"于是她们动手做起来。母亲思忖着:"我担心她们会杀死我的女儿。"但她说:"你们大家都去吧。"

大家走进野林,来到朵朵的井边。其中一个姑娘被要求下去为她们取水。她推辞道:"我要下去,留下我的小妹妹?"

她们又对另一个姑娘说:"下去给我们取水。"

这个姑娘也推辞道:"我要下去,留下我的小妹妹?"

其他姑娘一个接一个地被问过,都拒绝了。

接着她们转向那个她们准备杀死的姑娘:"下去给我们弄些水来。"姑娘身边只有一条狗,没有小妹妹也没有大姐姐,只好说:"我要下去,把狗留在这儿?"

可是她的女性朋友们反复说:"下去给我们弄水,下去给我们弄水。"姑娘便答应了:"唉,好吧!"

于是,女性朋友们把自己的缠腰布一个一个地接起来,让她一段一段地往下沉,一直沉到井底。她给她们弄水,直到她们喝足。这时候她们解开连接在一起的缠腰布,把她留在井里。

回来后,她们告诉姑娘的母亲:"我们没有看见她。我们在野林的时候她就消失了。"

不久,朵朵带着他所有的动物过来饮水,可木桶被井底的姑娘牢牢地抓住。他说:"你要是人,就放开木桶。等我给所有动物饮完水,我就帮你离开这个井。"最后姑娘爬进水桶,他把她拉了出去。

看到她美得无与伦比,朵朵叫来他的理发师把她的头发剃掉。他还给她带上金镯银镯,送给她许多好衣服。他又给她一个名字"塔马吉罗"。他说要娶她,因为她长得漂亮。接着他把她带到他的屋里。过了一段时间,她怀孕了,生了个男孩,名叫顶髻,后来又生了个女孩,名叫脐带。

女孩失踪后,她母亲怀孕了,后来给她生了个小妹妹。当这个小妹妹外出玩耍的时候,别人告诉她:"嗨,你还装糊涂!你姐姐被人杀了。"小妹妹窝着一肚子火回到家里,质问母亲:"妈妈,我真的有个姐姐吗?"

"你原来是有个姐姐,可是她被杀害了。"母亲说。

小妹妹拿出一些葫芦籽种在她的茅舍后面。"要是葫芦长起来了,不断地伸展,一直到达朵朵的那口井就好了。"她想。不久,葫芦藤便沿着紧邻她那个院落的无花果树往上爬,爬到茅舍上面。

小妹妹跟随葫芦藤,一直走到朵朵的井口。她看见葫芦藤甚至伸展到了朵朵的家。她爬上无花果树,摘下一片叶子,把它投入石臼中。姐姐把它拿出来扔掉了。小妹妹又摘下一片叶子，把它丢进石臼里。

姐姐抬头往上看，发现小妹妹在上面。她想："这个人看起来像我。我离家后母亲给我生了个小妹妹？"她吩咐小妹妹下来，小妹妹真的这么做了。

朵朵总是去打猎，杀死野兽和人类。他把猎物切成肉条，放进储存箱内。他有人类储存箱、动物储存箱和睾丸储存箱。

姐姐对小妹妹说："你喜欢藏在人类储存箱、动物储存箱还是睾丸储存箱里？"妹妹说她更喜欢睾丸储存箱，于是姐姐就把她放进那个储存箱。

朵朵回来了，坐下说："我闻到了人类的味道。"他的妻子说："除了我和孩子没有别人，除非你想吃掉我们。"朵朵静了下来，想一想又说："我闻到了人类。"妻子重复说："除了我和孩子没有别人，除非你想吃掉我们。"

姐姐准备送小妹妹回家，送给她牛和绵羊，并且说："你会在小路上碰到朵朵的。他用棍棒击打地面时，你必须说：'朵朵，你让我去我的城；塔马吉罗的丈夫让我去我的城，你击倒许多人，让我去我的城。'"

小姑娘动身上路，走到野林的心脏地带，遇上了朵朵。他过来用棍棒击打地面，说："小姑娘，你看上去像我的老婆。"朵朵说："你的眼睛像塔马吉罗的。"接着他开始跳舞，仿佛从扎里亚到卡诺。朵朵一转身，小姑娘飞快地走掉了。

朵朵赶上小姑娘。他用棍棒击打地面，说："小姑娘，你认识塔马吉罗？"小姑娘说："离开我，离开我，朵朵，我必须去我的城。你打倒许多人。"朵朵随即打断她，说："眼睛像塔马吉罗的，脚像塔马吉罗的，头像塔马吉罗的。"他跳起大舞，仿佛从卡诺到麦加。在这次朵朵转身之前，小姑娘已经到达伟大的尼日尔河，带着所有财物过了河。

她渡过尼日尔河以后，城里人看见了她。他们问道："过来的是一大队人马吗？"

她回答说："不是一大队人马。"

他们拦住她说："这么说，是个小姑娘。"

她的母亲叮嘱她："听着，仔细听我们以前做过什么。"

小姑娘说："听着，仔细听我做过什么。我在朵朵的院子里找到了我的姐姐。"

就在这时候，身在朵朵院子里的姐姐想："我必须追随小妹妹的脚步。"她收拢朵朵的财物，然后对那条狗说："朵朵回来叫喊'塔马吉罗'的时候，你回答他；当他问'你在那儿吗'，让这只公猫回答。"

然后她动身上路，全身遮盖得严严实实，只脸部露出小小的一部分。她走到野林的心脏地带，碰上了朵朵。他用棍棒击打地面说："你认识塔马吉罗吗？"她说："朵朵，朵朵，让我去我的城。你击倒许多人，让我去我的城。"

"两只脚像塔马吉罗的，眼睛像塔马吉罗的，头像塔马吉罗。"朵朵说，接着他来个大旋舞,仿佛从扎里亚到麦加。在他回转之前,姑娘已经带着朵朵的财物渡过了尼日尔河。

城里人看见她从远处走来,说:"来了一大队人马。"

她回答:"不是一大队人马。"然后继续往她的家走去。

人们说:"哎呀,原来是被女友们放到井里的那个姑娘。"

在这之后,这个城被分成两半,一半给这位姑娘,另一半给她的小妹妹。

又过了一段时间,朵朵回到家,喊他的妻子,狗回答了他。他问:"你在那儿吗?"公猫回答了他。接着他走到里面,看见猫和狗在那里。他跟随妻子的足迹往前走,但是没有赶上她,却掉进尼日尔河里淹死了。这就是朵朵怎么来到水里的缘故。故事结束了。①

2. 两个妻子、朵朵和大个儿公山羊

今天我讲的是关于两个女人的故事。她们嫁了同一名男子,一个有许多孩子,另一个从来没有生过孩子。第一个妻子总是喜欢嘲笑另一个妻子,而且每天都嘲笑她,直到她的精神出问题。可是丈夫却喜欢第二个妻子而不是第一个。

一天她们到河边去取水,这时真主终于让不生育的妻子怀了孕。当她们又去取水的时候,第一个妻子满心妒忌,真的非常妒忌。她自言自语地说:"现在我丈夫已经很爱她,尽管她没有给他生过孩子。她要是有了孩子,他会多么爱她!我就真的成为受鄙视的妻子了。"于是,她就自己取好水,快速把水罐举到头上,留下另一个妻子,而另一个妻子在她们刚到河边的时候,就到旁边方便去了,把水罐留在那里。第一个妻子则把水罐里的水倒出来,往里放满沙子,又用少量的水浇在上面。等对方回来,她已经走了。另一个妻子来到水罐旁想把水罐举起,可是举不到头上,尝试几次,都失败了——水罐太重了,是沙子让它这么重的。她在那里站了好长好长一段时间,没有一个人过来帮助她把水罐举到头上。她又看又想,自言自语地说:"水里总是有什么东西:鱼,鳄鱼,还是什么?"她大声地说:"我求你了,不管你是什么,是人你就帮我举到头上;是神怪,就待在里面好了。"

嗨,马上有一个朵朵出来。她看见了,心里很害怕。朵朵说:"别害怕,我来帮你把水罐举起来。但是有一个条件。你肚子里的孩子生出来要是个男孩,他就是我的朋友;要是个女孩,她就是我的妻子。"这个女人同意了。

于是朵朵把水罐提起来,走进水里,把里面的沙子一点不剩地倒出来。接着他问她:"你愿意我给你取哪种水?从我大便的地方,还是从我小便的地方?

---

① Neil Skinner, *An Anthology of Hausa Literature in Translation*, 1977, pp. 58-61.

还是从我饮水的地方?"可是她回答:"你给我取什么水都是好的。"因为她害怕。好吧,他走进水里给她取最好的水,从他饮水的地方取出清澈透明的水,没有人见过的那种水。他过来把水罐举到她的头上,她就回家了。到家之后,她把水倒出来,人们大为惊诧,因为水质太好了。

日子一天一天过去,终于到了孩子出生的那一天。她生出一个女孩,非常漂亮,绝世无双。她自言自语:"那个男人说要是女孩就同他结婚;他还说他会知道的,生产后的第七天他就到这里。所以我知道我要干什么。"于是她让人捉了一只蜥蜴,把它带到她这里。她给它穿上礼服带上礼帽,打扮得很漂亮,接着她就坐在外面。等了好长时间,那个朵朵走过来了。他来到这里,她就说:"这就是我生出的东西。"他说:"是这个样子?"又说:"这个太丑陋了,我不打算让她做我的妻子。"他抓起那只蜥蜴一口吞进肚里,随即走了。

事情就是这样。日子来了又走,这女孩长啊长啊,长成了大姑娘。可是骗子大王吉佐(蜘蛛)听说了这事,就去找那个朵朵。"朵朵,朵朵,你有多少只耳朵?""两只。"他说。"那个和你有协议的女人给你的什么,你一口吞进肚里?那可不是她的婴孩。你知道,一只蜥蜴就是她给你的东西。""不是,"朵朵说,"那是她的女儿。"可是吉佐坚持说"不是她,我现在告诉你",直到朵朵同意,说如果真的不是,他会知道的。吉佐才闭上嘴。

于是有一天,朵朵乔装打扮。他知道了那只蜥蜴不是受他帮助的那个女人的女儿,就上城去了。他看到那个姑娘并且认出她。事情就是这样,他走过去,走到她们家门口,停在那里唱:"我萨卡达姆达姆,我萨卡达姆达姆,我来收我的债。"

好了,姑娘听见的时候,正独自一人坐在门口。她意识到原来发生的事情,知道她必须要做的事。于是她唱了起来:"听着,听着,阿爸,这里有个叫萨卡达姆达姆的人,他来收他的债。"

她父亲听见她的歌,回答说:"城里的牛是我的,把牛交给萨卡达姆达姆,因为他来收债。"

于是她对朵朵说:"城里的牛群在这里,我父亲把它们给你。"接着朵朵吞食牛群,吞食牛群,吞食城里每一头牛。

可是那个朵朵不想要牛,他想要的是姑娘,他们说好的是姑娘。所以吞食完牛群之后,他又唱起来:"我萨卡达姆达姆,我萨卡达姆达姆,我来收我的债。"他又重复一遍:"我萨卡达姆达姆,我萨卡达姆达姆,我来收我的债。"姑娘跟着唱起来:"听着,听着,阿爸,这里有个叫萨卡达姆达姆的人,他来收他的债。"

她的父亲回答:

"城里的绵羊是我的,把绵羊交给萨卡达姆达姆,因为他来收债;

"城里的绵羊是我的,把绵羊交给萨卡达姆达姆,因为他来收债;

"城里的雏鸡是我的,把雏鸡交给萨卡达姆达姆,因为他来收债;

"我和你母亲都是我的,把我们交给萨卡达姆达姆,因为他来收债。"

这就是一切,所以姑娘把绵羊给朵朵,他吞食城里所有的绵羊,他吞食雏鸡,他吞食城里所有的东西,一个不剩,通通吞食光。后来朵朵弯腰对着那里的人们,也把他们吞食,每一个人都被吞食。接着他转向女孩的母亲和父亲,吞食了他们。唯一剩下的只有那个女孩。他说:"嗨,现在看来没有人了,我要把她吞食掉。她就是原先协议上说的那个女孩。尽管吞食了一切,但我不满足;将来如果我也吞食掉她,我还是不会满足。"

是的,情况果然如此。他四面张望,在那里看不到另外一个人。他很得意,对自己说:"现在我要吞食她。"他又唱起歌。他想:如果她喊叫就没有人回答她了。他唱起来:"我萨卡达姆达姆,我萨卡达姆达姆,我来收我的债。"

姑娘绝望了,不知道能够做什么。她环顾四周,没有母亲,没有一个人。然后她开始唱歌:"听着,听着,阿拉。听着,听着,我的真主。这儿有个叫萨卡达姆达姆的人,他来收他的债。我已经把这个世上的一切都给了他,却没有还上他的债。我把母亲和父亲都给了他,也不够偿还我的债。听着,听着,阿拉。听着,听着,我的真主。"

她唱完了,真主给她一头硕大的公羊,公羊的身体就是一堆尖锐的箭头。"好啊,"朵朵恼火了,"多么神奇的一个姑娘,她竟然有真主的援助。这个世界的一切都被我吞食掉了,上苍就多给她送些东西吧。"于是他一把抓住公山羊,一口吞进肚里。羊身体的锋利箭头彻底刺穿了他的胃,彻底刺穿了他的胃。这么一来,他倒在这一大堆箭镞中死了。他吞食的人,他吞食的绵羊,他吞食的牛群,还有姑娘的父母……统统出来了,重新过他们的生活。

故事结束了。要不是吉佐干的,我是在撒谎。我甚至之前在积累谎言,吉佐打死了萨卡达姆达姆![1]

现在,我们对上面两个朵朵的故事进行分析。前一个故事始于女孩们对漂亮女孩儿的嫉妒,她们把后者骗入水井,让她做了朵朵的妻子,为朵朵生儿育女。最后在妹妹的指引下,她义无反顾地回到人间,回到父母身边,而吃人魔鬼朵朵紧追不舍,最后落入尼日尔河溺死。人类战胜吃人魔鬼,克服生存的艰难。故事完整,脉络分明。后一个故事中的朵朵乘人之危,要强娶人类女儿为妻,未遂就丧心病狂,掠夺财产,大肆杀戮,吞食一切,甚至是上苍送来的公

---

[1] Told by Hausa Saidu, July 1967, Zaria, and transcribed by Dave Bellama, see *An Anthology of Hausa Literature in Translation* by Neil Skinner, 1977.

山羊。公山羊原是一堆锋利的箭镞,把朵朵刺死。之前被朵朵吞噬的人、绵羊、牛群,还有姑娘的父亲母亲……统统出来了,重新过他们的生活。这是人类战胜吃人魔鬼的一曲赞歌:面对魔鬼,面对浩劫,人类拼死奋战,在真主的帮助下,终于赢得再生。同时,我们也看到父母对女儿的爱心,他们不惜一切,甚至牺牲自己的生命去保护女儿。可怜天下父母心! 他们对女儿的爱心,他们与邪恶势力作斗争的决心,也感动了真主,使他们得到真主的帮助。自助者,天助也!

第二个故事的艺术特色是:故事人巧用唱答方式。唱答方式表明了人与吃人魔鬼的敌对立场,凸显了情节的发展,加强了紧张气氛,使听众或读者仿佛目睹了一场惊心动魄的大战,为之担心、揪心、痛心,甚至感到大快人心。

3. 一个降妖的人

三兄弟分手后,吉劳沿着朝南的一条路走去。一路上,他日夜兼程,不知走了多少路。有一天,他路过一片丛林时,看见丛林里有一座破旧的农舍,便走上前,问里面是否有人。过了一会儿,屋里走出一个约莫六七岁的男孩。吉劳看了看这个男孩,问道:"主人在家吗?"

"您有什么事情找他吗?"孩子反问道。

"是主人派您来迎接我的吗?"

"如果您愿意听的话,我可以告诉您。我就是这座房子的主人。"

"我是一个过路人,我是怀着赤诚的心情向您问话的,可没有半点开玩笑的意思。"

"客官,您不相信我的话,对吗? 您大概瞧不起我吧? 我再一次郑重地告诉您,我就是这座房子的主人! 我也是怀着赤诚的心情回答您的问话的,信不信由您自己决定。"

吉劳见孩子说话的语气这样坚决,便对此没有什么怀疑了。他看天色已晚,便对孩子说:"我有什么理由怀疑您说的话呢? 我只是表现出了一个过路人常有的那种谨慎而已。主人,现在天色已晚,前方又没有投宿的地方,我打算在这里借宿一晚,明天再继续赶路,我想您不会反对吧!"

"当然! 当然! 谁能拒绝客人呢? 快请进吧!"孩子高兴地说道。

吉劳走进农舍,放下身上的行李,这才感到松了一口气。他仔细看了看屋子的四周,见屋里什么陈设也没有。他感谢孩子留他住宿,并问道:"家里就一个人吗? 是不是您的父母都到地里劳动去了,留下您看家呀?"

"您怎么还不相信我刚才对您讲的话呀?"孩子显得有些不高兴地说道。

吉劳一听,便不好再说什么了,只是说:"如果您同意,我现在想休息一会儿,因为我还要继续赶路呢!"

孩子见吉劳不再问什么了，便高兴地说道："您打算在晚上继续赶路吗？夜晚赶路会有很多危险的。等明天起床后，直到天黑以前，您可以放心地赶路。今晚您可以放心地睡觉，只要我在这里，是绝不会有任何人来打扰您的。"

吉劳忙说："那太感谢您啦！"说着，他将行李摊在地上，伸开腿躺在上面。孩子坐在一旁，问他从哪儿来，准备到哪儿去。吉劳将他们兄弟三人离开家的故事详细讲了一遍。夜里，孩子给吉劳送来香喷喷的烤肉和各种各样的食物，这些食物对吉劳来说，不但没有吃过，甚至连见也没有见过。吉劳正要问孩子是从哪里弄来的这些食物，孩子阻拦说："请您别问！我最不喜欢的事情就是问个不停。给您送来什么吃的，您只管吃好啦！"吉劳便不再说什么了。

第二天清晨，吉劳向孩子告别，准备继续赶路。孩子再三挽留他住些日子，并说只要他留下来就会获得财富。吉劳被孩子真诚的态度打动，高高兴兴地答应住些日子。孩子同吉劳整天形影不离，不久两人就成了知心朋友。吉劳见到什么奇怪的事情就问孩子，孩子总是痛痛快快地讲给他听。时间不知不觉地过去了，吉劳在这里住了快十个月了。在这十个月里，孩子喜欢什么，吉劳就干什么。他帮孩子重新粉刷了墙壁，筑起了一个新的院子，修了一个存放东西的仓库。在满十个月的那一天，吉劳向孩子告别，准备回家去。他告诉孩子，他们兄弟三人向父亲保证一年以后回家。孩子向吉劳一再表示感谢，并送给他一只猫，说："带上这只猫吧，它会帮助你获得财富的。"

吉劳见孩子只送给他一只猫，心里有些不快，但为了不让孩子从自己的表情上看出来，便伸手接过猫，向孩子表示感谢，并希望孩子能送给他一只布袋。孩子从屋里取出一只布袋，吉劳接过后，将猫装进布袋里，背在背上，准备出发。孩子对他说："朋友，我看得出，您是不太喜欢这只猫。我要十分荣幸地告诉您，您应为得到这只猫感到高兴。您带上它，途中您将会亲眼看到它给您带来的好处。"接着，孩子告诉吉劳，在回家途中，会遇到一个妖精，这个妖精心狠手辣，谋财害命，伤害了不少过路人。到那时候，这只猫会帮他除掉妖精，夺取妖精的那些财产。孩子还告诉吉劳除掉妖精的办法，吉劳都一一记在心上。

吉劳再一次向孩子表示感谢，两人泪流满面，拥抱在一起，久久都不松手。道别后，吉劳将猫揣在胸前，踏上了回家的路。路上，吉劳想，如果孩子讲的话是真实的，那个胆敢阻拦他的妖精也就到末日了。

像当初出来时那样，吉劳在回家路上走啊走啊。很多人见他怀里揣着一只猫，总是不解地问："先生，您干嘛带着一只猫赶路啊？"吉劳总是说："谢谢您的关心！我带着这只猫，是为了防妖精的，有了它，妖精就不敢伤害我了。"

一天傍晚，吉劳来到一个村子。为了不让别人抢走猫，他脱下自己的上衣，将猫包起来，向村里走去。原来这个村子就是妖精住的地方。为首的是一个漂亮的女妖精。小妖精们见有人向村里走来，便立即报告给女妖精，女妖精高兴异常,心想这是送上来的一顿美餐。

吉劳走进村后,见这里的人一个个打扮得妖里妖气,房屋也同其他地方的不一样,就立即想起离别时孩子对他讲的话,意识到这可能是妖精住的地方,提醒自己要小心行事。就在这时,一个年轻漂亮的女子出现在吉劳面前。这女子含情脉脉、羞答答地对吉劳说:"您的光临让我们感到万分荣幸。"吉劳客气地回了礼。

在女子的带领下,吉劳走进一座庭院很大的房子。坐定后,女子问吉劳从哪里来。吉劳看了看那女子,说自己是从苏丹来的。女子又问吉劳这次出门有何贵干。

吉劳昂起头,哈哈大笑起来,边笑边说:"你难道还不清楚吗?有关你的消息可真是广为流传,我在苏丹国就听人们说你能够迷惑住你想要弄到手的一切人。我历尽艰辛,长途跋涉,来到这里,就是想证实这种说法是真是假。俗话说,百闻不如一见。我为证实这种离奇说法而来到这儿,早已把你会害死我的事抛到脑后。你想怎样就请便吧。"

女妖精见吉劳揭穿了自己的秘密,知道已无法掩盖了。她仔细看看吉劳,见这个年轻人体格健壮、血肉丰满,恨不得一口吃下他。妖精再眯着眼一看,见吉劳长相英俊,感到马上吃掉也有些可惜,打算先戏弄他一番。女妖精就地一抖身子,变得更加美丽标致。她娇声娇气地对吉劳说:"年轻人,不要害怕,不要相信那些广为流传的说法,因为那些说法是不真实的。不了解我的人都以为我残暴凶恶,其实我的心是最善良的。你长途跋涉一定感到疲乏不堪。来,让我变点儿戏法给你看看,这样也可以帮你解除疲劳。"女妖精说着,拉着吉劳来到院子里。吉劳刚在院子里站定,女妖精一耸肩膀,立刻变成一头大象;接着又耸肩膀,马上变成一只老虎;随后又接二连三地变成一只狗、一头水牛、一只羚羊、一只鸵鸟……变完后,女妖精恢复了人的形状,而且比先前更漂亮。吉劳看了看她,笑着对她说:"你刚才变的都是些体型比较大的动物。一般来说,体型大的动物是比较容易变的。你能不能变些小动物给我看看,比如老鼠之类的啊?"

女妖精轻蔑地一笑,说:"老鼠?我连大象都会变,难道还不会变一只老鼠吗?"女妖精说着说着,摇身一变,变成一只小巧玲珑的银灰色老鼠。老鼠在院子里转了一圈,急忙向屋里跑去。吉劳跟着追进屋里,迅速解开上衣,放出猫来。

猫一见老鼠,迅速冲上去,一口咬住老鼠的脖子。猫用力咬着,老鼠挣扎几下,便死去了。猫慢慢把老鼠吃了下去。猫把妖精吃下后,吉劳觉得房子在摇晃,屋顶上传出一个声音:"哈哈!吉劳,你干得太妙了!祝贺你!"

这声音听起来是表示祝福的,但显得阴森森的,吉劳听后浑身直打颤。这时,吉劳想起男孩对他讲过的话,知道将要发生什么事情。他壮了壮胆,向内屋走去,只见里面金光闪闪,地上堆满金银珠宝,这都是女妖精得到的不义之财。他抬头一望,见墙壁上挂着口袋,便顺手摘下,赶紧将金银珠宝往口袋里装,整整装了十口袋。随后,他又将屋里有用的东西装进口袋里,又装了满满六口袋。最后,屋里几乎连一根针也没剩下。这时,屋外传来一阵马的嘶叫声,吉劳喜出望外,沿着马声寻去,发现旁边的院子里有四匹高头大马。吉劳将马牵过来,将装满金银珠宝和财产的口袋分别驮在马背上。当吉劳准备完毕,正要赶着马上路时,"轰隆"一声巨响,房子没有了,村庄没有了,变成一片荒无人烟的草地。吉劳愉快地笑了笑,骑上马,赶着马群,驮着钱财,哼着小曲,向着自己的家走去。①

这个故事是一个典型的人类同妖精斗争的故事。妖精身怀绝技,心狠手辣,图财害命,伤害过不少过路人;而吉劳真诚善良,因此获得孩子的友谊,获得朋友送的礼物——猫。在妖精有恃无恐、逞其所能的时刻,吉劳用猫杀死了她,为人类除害,并且得到被妖精侵占的各种财物。故事揭示这样一个道理:妖魔鬼怪无论怎样凶残,无论怎样变换花招,人类只要团结互助,运用智慧,完全可以把他们打败,过上好日子。

诸如此类的魔怪故事还有许多,有的荒诞不经,有的匪夷所思……总之,充满神秘色彩。

三、人 类 故 事

豪萨故事中有许多人类自身的故事,其中涉及穆斯林与非穆斯林、城里人与以游牧为生的富拉尼人之间的恩恩怨怨,往往含有对非穆斯林和富拉尼牧民的贬低或嘲笑。随着文化交流和民族融合的深入,这类故事日益减少或失去意义。但是以人类为主人公的寓言故事和人类生活故事却值得我们注意和研究,因为它们或揭示人的本性,或讲述人伦关系,凸显了豪萨文化。人类生活故事是贴近人类现实生活的故事。

1. 哈拉宝的嫉妒

很久以前,这里住着一个人,他有两个儿子。虽然他很喜欢两个男孩,但是他渴望有一个女儿。后来有一天他妻子生了个女婴,他满心欢喜。因为婴孩太麻烦,所以他什么也做不成。无论什么时候去市场,他总要给她带回蜜

---

① 哈吉·阿布巴卡·伊芒:《非洲夜谈》(上),黄泽全选译,1985,第169—174页。

钱、五颜六色的珠子或者绚丽的头箍。而男孩们在节日有新衣穿的话，就算幸运的啦。他从不让女儿跟别的孩子去野林打柴取水，但她的哥哥们总是分头做这些艰苦的工作。

时间一天天过去，女儿长成一个年轻漂亮的姑娘：一对眼睛明亮发光，皮肤光滑呈棕褐色，胳膊和两腿也没有别的孩子身上留下的疤痕——和她同年龄段的其他孩子要做家务，还要帮父母在田野里干活，在岩石和荆棘中间穿行，经常是这里受个伤那里划破皮的。

现在，她的两个哥哥哈拉宝和萨杜沙对比父亲对待妹妹的态度，觉得父亲对待他们不公平。大哥哥夜里躺着睡不着觉，就考虑怎样摆脱妹妹，终于想出一个计划。

一天早上，这时女孩已经十岁了，两个哥哥按照父亲的嘱咐要去森林打柴。哈拉宝转身去看他的妹妹，她正坐在羊皮垫子上，茅屋房顶的阴影遮住了她。他轻声地说道："妹妹，过来跟我们一块儿到森林去，帮我们收收木柴。弟弟和我爬到树上，折断枯枝，你要是能把它们拢成堆，那么我们的活就轻松多了。不要害怕！"他看到妹妹有点儿迟疑，就又满面笑容地说："我们会照看你的。如果你同我们在一起，你不会受到什么伤害。"姑娘很高兴，因为两个哥哥要她做伴。她站起来跟他们走出院子，走进遮天蔽日的黑乎乎的森林。

开始哈拉宝和萨杜沙爬到高高的树上折断枯树枝，妹妹就在下面收集，然后用藤蔓捆成一大捆。

"把这捆木柴运到森林边缘，萨杜沙，"哈拉宝说，"然后回来拿另一捆。我和妹妹会给你准备好的。"弟弟照他的吩咐做了。他的身影刚消失在浓密森林的阴影之中，哈拉宝便抓住妹妹扔到他的肩膀上。"放下我！放下我！"她尖叫起来。可是他毫不理睬，开始往高高的红木树上爬，那棵树就是为了邪恶的目的事先选定的。姑娘一动不敢动，生怕哥哥把她扔下摔死。哈拉宝越爬越高，一直爬到一根粗枝上，那里被树叶遮得严严实实。

残忍的哥哥从缠腰布里抽出一根结实的藤蔓，把她紧紧地拴在树枝上，让她动弹不得。当她知道即将到来的命运时，吓得晕了过去。

这正是哈拉宝渴望看到的情景。他赶快从树上爬下来，沿着弟弟走过的那条道路往前去，不一会儿遇见弟弟带着更多的木头回来。

"哎呀！哎呀！"哈拉宝喊叫起来，"咱们的妹妹走失了。快来帮我找她，不然爸爸会大发雷霆的，一定会的。"这个邪恶的男孩说话的同时用手指着捆绑妹妹的那棵树的相反方向。

两兄弟连续搜寻了几个钟头，当然没找到她。他们决定回家，把这个坏消息告诉父亲。父亲很生他们的气，让他们一天又一天去搜寻。不久父亲不只是生气而是感到悲痛了。他意识到女儿是永远地失踪了，悲伤得很。

这可怜的姑娘怎么样了？拴在森林中最高树木的树枝上，她是怎么活下来的？一段时间之后，她从晕厥之中苏醒过来，开始大声呼喊，希望森林中有人听见她的声音，会放她自由。可是没有一个人从那儿经过。她喉咙干燥，心里疼痛，饥渴难忍。

到了傍晚，她听见下面有人的声音，还有骆驼匆忙赶路的蹄踏声。往下看，她看见一支骆驼商队，每个商人驱赶着几头骆驼，驮着几大包柯拉果。最后走来骆驼商队的头领，骑着最壮的牲畜，催促商人和牲畜加快脚步，以便在太阳落山之前赶到他们的过夜处。

她不舒服地扭动她的脑袋以便让他们听见她。姑娘唱了起来：

"啊，你们认识我的哥哥吗？

"你们听说过哈拉宝吗？

"我希望我永远见不到他。

"哦，请你们，来人救救我。"

"听声音像一个小姑娘。"骆驼商队的头领说。他开始爬上红木树。

毫不意外，他找到了这个姑娘——被残忍地拴在大树枝上。他松开她被捆绑的双手，问道："你是个姑娘，还是一个精怪？"

"啊，老爷！"姑娘叫起来，"我是个可怜的姑娘，我的好嫉妒的哥哥把我拴住，想让我在这儿死去。"她把她落到这般悲惨境地的故事一五一十地告诉了这个头领。

头领是个富人，也是个心地善良的人，他自己没有孩子。当他看到姑娘是如此美丽的时候，赶忙把姑娘从树上救下来，还把她放到自己的骆驼上，说："你不必回到你父亲的家里，你的哥哥总是想杀掉你。跟我回家吧，从现在起，你就是我的女儿。"

骆驼商队继续赶路，终于到家。头领的妻子关照这个姑娘，让她作为他们的女儿跟他们在一起生活。许多年过去了，她出落得更加漂亮，来自远方的人都对她凝望。渐渐地，人们忘记了她不属于富人和他的妻子，认为她就是他们的女儿。

她终于到了谈婚论嫁的年龄。她的养父说除了最好的男人，谁也不配做她的丈夫。

许多年过去了，哈拉宝，也就是她的大哥，已经长得强壮、英俊。有一天，他告诉父亲自己要外出旅游找个老婆。原来是他妹妹的这位姑娘很有名气，这名气也传到他住的小村庄。他决定去求婚，带礼物去试试自己的运气。

父亲给他准备了好多衣服、一大袋贝壳和一篮子柯拉果，让他随身携带着。全村人出动，又击鼓又唱歌地欢送他，祝他这次求亲走运。

他走了许多天,到不同的村庄打听怎样才能到达那个以美貌著称的姑娘的家。一天傍晚,太阳正落坡的时候,他到了这位富有商人的家。

哈拉宝站在院子入口,看上去多帅啊:高挺笔直,皮肤黝黑,整个人在金色的阳光里熠熠发光。一大堆礼物摆在他的脚旁边。

当这位商人听到他的来意之后,就同他交谈,一直谈到夜阑更深,终于满意了,认为他是一个配得上漂亮女儿、可以做女婿的年轻人。

第二天早上,女儿被带出见面。面对这样的美人,哈拉宝发现自己连一句话也说不出来。这姑娘也被年轻人的美貌吸引住了。可是他一开口说话,她便认出他是谁——原来就是她的哥哥!

她一句话也没说,看着他把宝贵的礼物交给她的养父,然后向慈善的老夫妇伤心地告别。她动身跟哈拉宝一起走上回家的路程。一路上她什么也不说,年轻人以为她害羞,也没去想个中缘由。

她的亲生父亲张开双臂迎接她,开始为婚礼做准备,可是谁也没有认出她就是长期失踪的女儿,只是对她的沉默不语感到诧异。

在姑娘离开时,养父母送给她一个金制的杵,以便婚后舂谷给丈夫做米饭。当天晚上她就从大包袱里取出金杵。她舂着谷米,一边舂,一边甜甜地唱着:

"我怎么能嫁给我的哥哥?

"我怎么向我的父亲直说?

"甚至我的母亲她会相信吗?

"啊,我怎么证明我是谁呀?"

院子里的人们听见她甜美的声音,悄没声息地聚拢起来,想看一看这位声名远扬的美丽姑娘,倾听她的歌唱。当他们看到她哭得两眼发红的时候,你可以想象他们是多么惊讶。

他们听她一而再、再而三地唱着:

"我怎么能嫁给我的哥哥?

"我怎么向我的父亲直说?

"甚至我的母亲她会相信吗?

"啊,我怎么证明我是谁呀?"

一位老太太听见了这首歌,忙去把哈拉宝的父母找来。他们藏在席子围成的篱笆后面,倾听她唱歌。

"她不可能是我们失踪的女儿!"父亲说。

"打一开始,我就认为她脸上有点熟悉的东西。"母亲郑重地说。

"哎,我们能够轻易地证明这件事情,"父亲提示说,"你还记得不? 我们女儿小时候滚进火里,后背中间留下个疤。"

"当然记得！"母亲叫起来，"现在我就去问姑娘这个事情。"

于是，这对父母走到姑娘春谷的地方说："我们可以看看你的后背吗？我们认为那里有个疤，它会证明你是我们的女儿。"

听到这里，姑娘眼泪哗哗地流，心里十分欣慰。她拥抱父亲和母亲说："我已经忘记我背上的疤痕。来吧，你们亲自看看吧，我确确实实是你们长久失踪的女儿。"

晚上，这个村庄出现了好长时间未曾出现过的欢乐场景：点燃火把，烹饪美食，召集鼓手，人人都高高兴兴跳起舞蹈。

邪恶的哥哥哈拉宝为他许多年前做出的事情感到羞耻，非常羞耻。他拿起弓和箭，一声不响地离开院子，消失在夜幕之中，人们再也没听到过他的任何消息。①

这是一则有关兄妹关系的故事：妹妹天生漂亮，心地善良，得到父母的疼爱；哥哥哈拉宝心存嫉妒，施用诡计把她放在野林的树枝上，欲置她于死地；幸运的是，骆驼商队由此经过，将她搭救，头领夫妇收养她为女儿，疼爱有加；阴差阳错，哥哥求婚，把她带回家；聪明的妹妹用歌声揭露真相，拒绝成婚，得到亲生父母的认可；哥哥羞愧难当，永远地离开家乡。真是善有善报，恶有恶报。故事本身曲折动人，反复歌唱推动情节发展，基本符合非洲故事模式：从家到野林，经受磨难，获取财富，再回家。

2. 成为法官的女人

话说从前有一个男人，他的名字叫贾泰。他有一个年轻的妻子，名字叫贾库。他们有三个儿子，分别叫穆萨、哈汝纳和乌马汝。

现在这个年轻妇女有一个情夫，他总是诱惑她犯罪："跟我来吧，贾库，咱们一块儿到大城市里生活。在那里我们开始一种新的生活，我们在一起生活，只有你和我，无忧无虑。想想我们将过上舒服自在的生活，又快乐又开心。"

贾库终于动心了，同意跟她的情夫私奔，对他说："你听着，我有一种长时间停止呼吸的本领。当我这么做的时候，人们会以为我死了，就会把我掩埋。他们这么做的那天夜晚，你必须过来把我扒出来。然后我就自由自在地跟你走了。"

此后不久，她对丈夫抱怨说肚子疼，不一会儿又全身疼痛，最后她就停止了呼吸。丈夫确信她死了，便在当天晚些时候，按照伊斯兰风俗把她埋葬了。深夜，她的情夫拿着铲子把她扒出来。夜间的清新空气把她吹醒，她又开始呼

---

① Kathleen Arnott, *African Myths and Legends*，1962，pp. 160 - 166.

吸了,正像她原来说过的那样。这两个情人就到大城市去享受生活了。

说来事巧,不久之后她原来的丈夫贾泰带着孩子来到这座城市朝拜伟大圣人的圣殿。一边是贾泰念念有词地祈祷,一边是孩子们在街上游荡。突然间,穆萨看见了他妈妈,她也看见了他,便给他糖果和大饼。当天夜晚,穆萨对父亲说:"爸爸,我看见妈妈了,她给我这些糖果。"

可是父亲却说:"再也不要说这个了,你知道你的妈妈已经死了。"

第二天哈汝纳在街上碰上他的妈妈,她也给他一些糖果。像他的哥哥那样,哈汝纳也把相遇的事情告诉了父亲,得到同样的回答。第三天,乌马汝见到妈妈,扑到她的怀里。她拥抱他,给他买糖果、大饼和衣服,最后让他回到父亲那里。乌马汝也忍不住把看见妈妈的事情讲出来,终于贾泰相信了,因为三个儿子不可能都撒谎。于是,翌日儿子们带他上街,把他们见到妈妈的地方指给他看。真真切切地,他也看见了她。他跟她讲话,她假装不认识他。然而,贾泰坚信她就是他的妻子,于是他走到城市法官那里。

法官把与本案有关的所有人员传唤到法庭,要求他们各自讲出自己的故事。贾泰坚持认为贾库是他的妻子,可是她否认,她的情夫也否认。然而,三个男孩确认他们的父亲说得对——贾库就是他们的妈妈。两拨人不可能都对,那谁是对的呢?

法官当天休庭。法官有一个聪明的女儿,问他那天晚上在想什么而不吃东西。法官把事情的原委向她说了一遍。

"父亲,"这个年轻妇女说,"明天上午让我来断这个案子,因为我是个女人,比起你一个男人,更能洞察女人们耍弄的诡计。"

法官觉得有趣,答应让女儿做一天法官。第二天清晨,女儿穿上父亲的官袍(法官袍有一个大头罩),在法庭上就座。她问父亲(他就坐在她后面)是否可以把三只绵羊带进法庭。法官派出一个佣人把三只绵羊带进院子。接着审判程序开始。

这位新法官又让每个人向她陈述一遍事情经过。当她听完所有陈述之后,转向贾库说道:"既然你声称这三个孩子不是你的孩子,你确实没见过他们,那我们就把他们处死。我们首先处死最大的孩子。刽子手,把这个孩子带到后院,用你的刀杀死他。"

行刑人事先已被叮嘱:他不能杀任何人,只能杀死绵羊。于是他把孩子带走,锁进一间牢房并杀死一只绵羊。这只动物被杀死的声音和落地的声音在法庭上可以清楚地听到。完事后,行刑人带着沾满鲜血的大刀来到法庭报告说,他已经执行法官的命令。看到这种情景,法庭上没有人显露抗议的迹象。法官继续说:"那么,我们对第二个儿子哈汝纳执行死刑。"

她让这个孩子跟刽子手出去,把这个孩子同他的哥哥关在一起。第二只绵羊又被杀掉,杀羊的声音在法庭上依然听得清楚,人们相信孩子被杀死了。法官的女儿等待反应,可是法庭上一片沉静。因此,她说:"现在,我们对最小的孩子乌马汝执行死刑。"

突然间,出现了哭声,很快变成号啕大哭:"不,不是这个,不是我的孩子,他太小……"

贾库成了泪人,抽泣着承认:"我是这个小乌马汝的母亲,是的,对,我是所有这三个男孩的母亲。是的,我是贾泰的妻子。是的,我是个骗子,可是请不要加害小乌马汝……"至此,这个想跟情夫逃到大城市的妻子的故事结束了。老法官回到座位行使职能,裁定:既然贾库从来没死、没有离婚,那她仍然是名叫贾泰的这个男人的妻子。又说,她的孩子和他的孩子是相同的,既然三个孩子都还活着,没有受到伤害,他们可以同父母一块儿走。至于所谓的情夫,他是智慧无人能比的全能者派出的邪恶精灵,诱惑一个年轻的妇女。基于这种邪恶行径,他应该受到惩罚——流放,从此离开尼日尔河流经的美好大地。这是对通奸者的温和判决。至于他本人,聪明的法官补充说:"了解女人的人是女人。"[①]

这是一则内涵丰富的法庭审判故事:开明的法官和聪明的女儿联手审判,终于查明真相,公正结案。由于城市生活的诱惑,贾库装死,离开丈夫和三个儿子,和情夫私奔。虽然丈夫和三个孩子都见到她并在法庭确认,但是她仍然拒不承认。法官的女儿了解女人的心理,于是假扮法官,佯杀三个孩子。贾库心地冷酷,直到行刑人要杀第三个孩子才良心发现,承认孩子和丈夫。最后法庭判决:情夫流放,贾库重新回到丈夫身边和三个孩子团聚。

这个故事,与其说是一则法庭审判故事,不如说是一则家庭生活故事。城市生活的诱惑,人伦道德的堕落,致使家庭破碎。在维护家庭方面,法律固然起作用,但启发良知,提高道德觉悟,恐怕不容小觑。

此外,以孤儿和后妈为题材的故事,几乎各个民族的民间故事都有,豪萨人也不例外。下面我们来看一则这样的故事。

3. 孤儿与皮斗篷

从前,有一个男人死了,留下两个儿子和各自的母亲,也就是两个女人。其中一位母亲病了,在吃药,可是她的病就是不好。当她感到自己要死去的时候,就对同夫姐妹说:"我知道我要死了,当阿拉,最尊重者,从我这里拿走生命的时候,注定我会把我的小儿子托付给你照看,看在阿拉和先知的份上。""再合适不

---

① Jan Knappert, *The Book of African Fables*, 2001, pp. 214-217.

过了,我会把他当作自己的儿子关心,"对方回答道。可实际情况是,她从来没有这样做。

两个男孩各有一只母鸡,他们一块儿养活它们。有一天,孤儿不在家,继母举起棍子打他那只母鸡的脑袋,把它打死了。孤儿回来,发现他的母鸡死了。他只是说:"哎呀,阿拉,强大者,今天我的母鸡死了。"他把它捡起来,拔掉毛,准备妥当,再放到火上烤熟,最后拿到市场上。无论谁过来说要买它,他总是回答他不卖,除非用一匹马换。

后来,酋长宠爱的儿子来了。他也是一个很小的男孩,骑着一匹高头大马。他说这只母鸡的肉是他最想要的,必须卖给他。可是孤儿说,如果他不用马交换,就别想得到这鸡肉。于是,孤儿得到一匹马,酋长的儿子得到鸡肉。男孩把马带回家,可是他的继母说:"把你的马牵过来放进屋里,用泥土把门堵住。过上七八天,你去把门打开,就会发现马上了膘,变得肥壮起来,肥壮得足以爆炸。"她心里琢磨着,要是这么办,马当然会死掉。男孩相信了继母的话,把马放进屋里,并且严严实实地封住屋门。差不多十天过去了,他把屋门打开,发现马果真上了膘,变得肥壮起来。继母的肺都气炸了。

哎,事态继续发展。有一天继母说:"今天没有什么煮来吃。你必须把你的马卖掉,买些带谷穗的秸秆。"当男孩拒绝并问为什么的时候,她告诉他:"只是因为我不是你的亲妈,你就认为你能跟我顶嘴吗?"男孩说:"我不辩论了,我照你说的做。"于是他卖掉马,买了带谷穗的秸秆带给她。她不但不用它们煮饭,反而把它们扔进火里全烧了,只剩下很小的三个残片。男孩把它们捡起来,又缝了个小袋子,把它们装在里面。

又一天,男孩出去走走,来到一个村庄,他认为应该在那儿做一下礼拜。可是当他往祭坛上爬的时候,有人看见他,抓住他,说要砍掉他的脖子。他说:"我听到消息,说你们的酋长看不见东西,因为这个缘故我来给他配药。如果你不要我尝试,那么你就杀了我。"他们同意让他尝试,把他带到酋长的院子,还给他一个茅舍。他随身带着未被火烧掉的那三个小残片。夜幕降临,他给一块残片点上火,然后在酋长的房屋后面来回走动,直到火熄灭。这时,酋长开始看到一点点。接着男孩点燃另一块残片,当它烧起来的时候,酋长的两只眼睛睁开了。因此他们对这个男孩表示敬意。

黎明到来,酋长把人民集合起来,说:"你们已经看到这个男孩帮我制药,把我的两只眼睛医治好了。我要把这个城市的一半给他治理。"可是男孩回答:"我只是个做买卖的,从这里经过,我不想治理。"他们说:"如果不治理城市,你可以拿你喜欢的东西走你的路。"于是,男孩带着奴隶、牛及各种美好的东西回到自己的城镇。人们大为惊诧。可是他的继母说:"过来,咱们一块儿到溪边的路上去。我看见一只老鼠进了一个洞。你把它挖出来让我做汤。"而男孩却说:"过来,我的母亲,老鼠肉算什么肉? 你看,我给你带来珍珠鸡、母鸡和山羊。"她说:"我们都知道你发财了,可是对我来说,老鼠肉是我想要的。"男孩说:"这没有什么害处,咱们走吧,你指给我看。"现在继母已经清楚那其实是一个蛇洞,却告诉他那是老鼠洞。这会给男孩带来麻烦,他的一个大个儿奴隶起身想和他一块儿去,但是继母却说:"我知道你是奴隶的主人,可是必须只有你跟我去。"于是,男孩吩咐奴隶坐下,自己和继母出发了。

继母把他带到洞口,吩咐他去挖。当他准备动手的时候,继母说话了:"把锄头放下,把你的手伸进去。"他就一只手放进去,掏出一个非常漂亮的手镯。她说:"不是这个,是一只老鼠,我说过,就在那里。"于是他又把手放进去,抓出一个金光闪闪的脚镯。她生气了,回到家里把自己的儿子叫来。可是当她儿子把手放到里面时,却被蛇咬了。人们不得不把继母的儿子送回家。还没到家,他就死了。三天后,这个继母也死了,把房屋与财产留给了孤儿。于是出现这样的说法:"戴皮斗篷的孤儿遭人恨,斗篷变成金属的孤儿受人仰慕。"这就是一切。①

故事中的继母特别狠毒,不但从肉体到精神折磨自己丈夫的另一个妻子留下来的孤儿,而且想方设法要把后者置于死地。可是天理不容,亲生儿子和她本人却先后死去,房屋与财产尽落孤儿手中。这诚如故事结尾所说:"戴皮斗篷的孤儿遭人恨,斗篷变成金属的孤儿受人仰慕。"故事沿袭了这类母题的惯用叙事模式,但更加注意细节,更突出世态炎凉。

4. 没法帮助不幸的人

有这么一个人,他是个穷汉,除了他和妻子吃的糠秕之外,什么东西都没有。另外还有一个富人,他有许多老婆、孩子和奴隶。这两家的农庄紧密地靠在一起。

一天,一个非常富有的人打路边走过,穿着破上衣、破裤子,戴着有破洞的帽子。人们不知道他很富有,以为他是一个叫花子。这位非常富有的人走近了,对那个富人说:"祝贺你在干你的工作。"可是那个富人听见"祝贺"就说:"你跟我讲话是什么意思,说不定你是个麻风病人?"于是这位非常富有的人继续往前走,走到那个穷汉的农庄,说:"祝贺你在干你的工作。"穷汉郑重回答:"嗯。"并且吩咐妻子:"快,把糠秕和水掺和起来,给他喝。"妻子把食物端给那位非常富有的人,并且跪着说:"这就是我们不得不喝的东西。"于是那位非常富有的人说:"好。"他把嘴唇伸过去佯装在喝,但实际上并没有喝,然后又退还

---

① Roger D. Abrahams, *African Folktales*, 1983, pp. 307 - 309.

给她,说:"我感谢你们。"

非常富有的人回到家里说:"喏,那个对我仁慈的人我必须奖赏。"他用白土把葫芦洗好,塞满钱币,然后用新的草垫把口封住。这个非常富有的人派自己的女儿带着葫芦走在前面。当他们到达野林边缘的时候,他说:"你看见在那儿干活的一群人了吗?"女儿郑重回答:"看见了。""好,你看见那儿有一个男人正跟他妻子一起在干活吗?"她郑重回答:"是的。""好,"他说,"你必须把这个葫芦交给他。"女儿说道:"很好。"她走过去,来到穷汉跟前,说:"你好啊!"又继续说:"我被派来看你,看看这个葫芦,是父亲吩咐我带来的。"

穷汉并没有打开葫芦看里面装着什么。他的穷困境况不允许他那样做。他说:"把它拿到玛拉目阿巴那里,让他取出他想要的面粉,剩余的给我们。"可是当葫芦送到玛拉目阿巴那里后,阿巴看到内里放着钱币,便取出放进自己的衣袋,又往葫芦里装进高粱面并压紧,说:"带给他吧,我已经拿出了一些。"而穷汉看到葫芦里还有些面粉的时候,说:"好啊! 谢谢真主,把它倒进我们家的葫芦。走吧,我感谢你们。"

(当这些事情发生的时候)那个非常富有的人一直从远处注视着,内心发火,说:"真是,不幸的人你把他放进油瓮里,出来还是一身干。我本来想要他交些好运,可是真主就不让他这样。"①

这个故事以对比手法讲述了富人和穷人品质的不同和处事方法的不同:穷人勤劳老实,安于现状,从不做非分之事;富人恃财傲物,看不起别人,即使对穷人有所帮助,也居高临下,视之为施舍。

这个故事有两大特点:1) 故事标题反映了伊斯兰教的命运前定论;2) 故事末尾用谚语做结论,言简意赅,一目了然。故事是以人类为主角的寓言,其角色是个性与类型的结合。

5. 狮子的痕迹

从前有一位有钱有势的苏丹,他有四个妻子和四十个嫔妃。他还有一个能干的大臣。

有一天,这位苏丹正从房屋的上层凝望窗外,看到大街对面的房子里有一位漂亮的女人正在梳理长发。那座房屋的主人就是大臣,那个女人就是大臣的妻子。苏丹沉思一会儿,就召唤他的大臣。大臣到来,说:"听候您的吩咐,我的君主。"

苏丹假装在读一封信:"我刚刚得到消息,在巴苏拉城里有人造反。我想

---

① A. J. N. Tremearne, *Hausa Superstitions and Customs*, 2014, pp. 242 – 243.

派你去平息,恢复秩序。”

“很好,我的君主。”大臣说,并且立即离开。他走到港口,命令准备好一艘大船。他回家去和妻子告别,妻子告诉他要照顾好自己。

当天夜晚,大臣出发之后,苏丹仔仔细细穿好衣服,戴上非常闪亮的钻石戒指,再向身上喷了香水,就出发了。他走到大街对面,敲了敲大臣家的前门。大臣的妻子打开门,看见这位君主,便让他进来。她向他致敬,请他就座,他们交谈了一会儿。苏丹的话执着而热烈,她察觉到他的真正来意。于是,她托词去了厨房,快速地准备一顿美餐:四大盘主菜和四十小碟美味佳肴。苏丹分别从大盘和小碟中挑出一点点尝尝,然后说道:“主菜和小肴都好,但是它们是一个味道。”

“是的,我知道。”大臣的妻子说,“我是有意这样做的。”

苏丹理解了,离开这座房子,留下他的戒指。在此之前戒指已经从他的手上摘下,只是无人注意。

大臣从巴苏拉回来,迷惑不解的是那个城市忠于苏丹,平静无事。他在椅子上坐下,注意到一件令人感觉不舒服的物品,那就是苏丹的戒指。他一眼就看得出来,因为只有苏丹的戒指有这样大的钻石。大臣意识到苏丹来找过他的妻子,所以决定不再同她说话,不再同她发生关系。妻子晓得丈夫知道了且不想再同她打任何交道,感觉受到伤害。于是,她走到父亲那里,把事情从头到尾说了一遍。父亲思考了一下,说道:“这件事情交给我吧,明天我想去拜访苏丹和女婿。他们会理解的。”

第二天,父亲去求见苏丹,他发现苏丹和他的女婿,也就是那位大臣,在一起。苏丹要求他陈述来意,这位年老的绅士便开口了:“差不多二十年前,我好不容易找到我非常喜爱的一座花园,因为它非常美丽。我再也没有另一座花园。几年前,你的大臣,陛下,他来拜访我,说要租我的花园,我就以很公道的价钱租给他了,我相信他会妥善照料它的。他做到了,直到几个星期之前。他出差回来以后,开始怠慢这座花园。我看到大门半开,我精心看护的树木已经枯萎,现场却没有人照料它,为它除草。”

那位大臣站起来,说道:“我就是租用那座花园的人,在这个世界上没有我更喜爱的东西了。我照看它的时间就像陛下的政务需要我的时间一样多。有一天,我为了公务不得不出差远行,回来以后,发现在我的花园里有狮子利爪的痕迹。我在大门口认出了狮子利爪留下的印记。从那天起,因为害怕狮子,我不敢再进入我的花园。说到底,狮子可能做了什么。这就是树叶枯萎的原因。”

苏丹理解“狮子利爪的痕迹”就是他的戒指,便发誓说:“真主在上,狮子抓破了大门是真的,可是他在花园里什么也没吃,没吃果子,没吃老鼠。”

最后,大臣回到妻子身边同她讲话,充满爱意,跟从前一样。[1]

这则故事虽然以"狮子的痕迹"命名,实际上却是一则人类故事,是一则寓言。苏丹有钱有势,拥有四个妻子和四十个嫔妃还贪心不足,欲占有大臣的美妻。他滥用权势,命令大臣外出,借机亲近大臣之妻,遭到婉拒却不死心,留下戒指,企图离间大臣夫妻关系。聪明的妻子和岳父巧妙地揭示真相,消除误会,最后大臣夫妻和好如初。故事短小,语言精练,比喻恰当。人物各具特征,虽然描述不多,但仍然清晰可辨。这个故事寓意明确,尽在不言中。

6. 自我牺牲

一个年轻男子病得很厉害。他的母亲就去找博卡(即医生)。博卡对她说:"如果你生一大堆篝火,再全身扑向篝火,烧死的话,第二天你的儿子就会变得好些。"

这个女人对丈夫说道:"我不想死,因为我还有许多个健康的儿子。"

年轻男子听到这番话就哭了。他的未婚妻来到,问他:"你为什么哭?"

"我就要死了。"他回答。

她一路哭着回家,她的母亲问她:"你为什么哭?"

"我爱的那个男子快要死了。"她痛苦地回答。

于是她的母亲去找博卡,问他可以做些什么。博卡说:"找一些木柴,点燃它,你扑在火上,年轻人就会变好。"

女孩的母亲回到家里,堆好木柴,点燃,然后全身扑了上去。乌云突然出现,大雨倾泻,火熄灭了。这位母亲从一堆湿透的木柴上站起来,精神矍铄,满心欢喜。年轻男子也站了起来,走出房间。女友向他致意,快活地笑着。此后许多年他们平安无事地生活在一起。[2]

这则人类故事十分短小,考验了亲妈和岳母对小伙子治病的态度:亲妈冷漠,见死不救;岳母甘愿扑火以救治女婿,结果安然无事,女婿得救。真正的爱不怕自我牺牲,真正的爱超越血缘。

7. 虚伪比真理有利可图

这是一个关于人的故事。真理大王和虚伪大王一块儿动身旅游。虚伪大王说,真理大王第一天应当为他们弄到食物。他们继续前行,在一个城镇睡了

---

① Jan Knappert, *The Book of African Fables*, 2001, pp. 187 - 189.
② Ibid., pp. 72 - 73.

一夜,没有弄到食物吃。第二天早上,当他们又开始上路的时候,真理大王说:"在今天晚上我们睡觉的城里,你必须弄到我们的食物。"虚伪大王说:"同意。"

他们继续前行,来到一个大城市。你瞧! 这个城市大王的母亲刚刚死去。全城都在哀悼,说:"这个城市大王的母亲死了。"虚伪大王问:"什么事儿让你们哭起来?"他们哀伤地回答:"大王的母亲死了。"虚伪大王说:"你们去告诉大王,他的母亲还会站起来。"于是人们去告诉大王。城市大王说:"陌生人在哪里?"人们齐声回答:"看,他们就在这里。"于是真理大王和虚伪大王被带到一座大房子那里并住下。

到了晚上,虚伪大王出去捉到一只黄蜂,就是能发出"库如如如"嘈杂声音的一种昆虫。他回来把它放进一个小小的马口铁器皿里,让人们去把坟墓指给他看。他到达之后就观察整座坟墓。他说:"让每个人都走开。"人们刚刚走开,他稍微打开一下墓口,把他带来的黄蜂放进去,然后把墓口关闭,跟以前一样。然后他派人找来大王,让他把耳朵贴近坟墓——与此同时黄蜂在坟里嗡嗡直叫。虚伪大王问道:"你听见你的母亲在谈话吗?"大王站起来,挑选了一匹马送给虚伪大王,又带来女人送给他。整个城市欢喜雀跃,因为大王的母亲又要站起来了。

接着虚伪大王问城市大王,他的父亲死了是不是真有其事,城市大王说:"是的,他是死了。"虚伪大王接着说:"好了,你的父亲正在把你的母亲往坟墓里拉。他们正在争吵。"他继续说:"你的父亲,如果他出来,他会把你的大王头衔摘走。"他还说城市大王的父亲会把城市大王杀死。当城市大王把这句话告诉城里人时,人们就在坟墓上堆上许多石头。城市大王说:"虚伪大王,你就从这里走开吧。我把这些马都给你。"他继续说,至于他的母亲,他并不想要她出现。

肯定地说,在这个世界上虚伪比真实有利可图。[①]

这则故事是对城市大王的讽刺,也是统治者的写照。

四、人类与动物互动的故事

在古代,由于人类与大自然,尤其是与动物的接触很密切,因此产生了许多人类与动物互动的故事。

1. 作为朋友的狮子

话说从前有一个猎人。有一天他很伤心,因为除了一只蝗虫他什么也没

---

① Ruth Finnegan, *Oral Literature in Africa*, 1970, pp. 378 - 379.

有猎到。回到家里，他吩咐妻子把蝗虫煎了。妻子把蝗虫放进锅里，可这只昆虫却逃跑了，它从屋里跳出去，钻进了后边的灌木丛里。

"去把它捉住！"猎人叫起来，"捉这只蝗虫花费了我一整天时间！"

于是，他妻子不得不从屋里走出来，进入荒野去搜寻跑掉的蝗虫。她走啊走啊，终于来到一堵石头墙面前。她发现那里有个洞穴。她走进洞穴，坐下来休息，已经筋疲力尽了。她在那里生下一个小男婴，就在洞穴那里呀！她给他喂奶。说来也是幸运，她还找到水给他洗洗。她还发现一些果树长着低垂的果实，所以她一边喂养婴孩，一边吞食果实。她找不到的却是回家的路。

她在丛林里迷了路，就决定就地留下。洞穴很深，足以为她过夜提供一个合适的地方。她相信，有一天她丈夫会找到她。可是他却没有找她。于是，她住在那里看着月亮的变化，圆了缺，缺了又圆，许多个月过去了。婴孩顺利成长，开始爬来爬去，后来学会走路。母亲每天出去寻觅食物。她找到一些可吃的植物和根茎，把它们栽种在她锄好的一小块地里。母子过得相当好。

她不知道洞穴非常深而且还有一个入口。在洞穴另一边住着一只母狮子和她的狮崽。小男孩长大并学会走路后，就开始对这个洞穴——白天他母亲不得不把他留下的地方——进行探险。人类的孩子和狮子的幼崽就在洞穴中相遇，成为朋友。他们一起玩耍了几天，甚至学会了交谈。

几年过去了，两个小家伙长大了，又健康又结实。他们一块儿玩耍，一块儿打猎。

令人悲伤的一天到来了，狮子的妈妈捉住男孩的妈妈，把她吃了。因为妈妈吃掉他最好朋友的妈妈，小狮子非常生气，决定离开她，再也不回来了。

小狮子和他的人类朋友出发了，他们一起沿着小路在荒野树林里穿行许多天。他们现在都长成熟了。有一天，这头狮子遇到一头年轻的母狮，他们互相喜欢，他决定娶她。当然他要求妻子：虽然人类通常是狮子的食物，但她必须承诺永远不去碰他的朋友。

就这样他们生活在一起。不久后，母狮有幼崽需要照料，狮子就和朋友一块儿打猎。狮子是非常聪明的动物，他对他的朋友说："你也必须找到一个妻子。我听说国王的女儿正带着随从沿大道旅行。照我说的去办，那个公主就是你的。"

他告诉朋友去做什么、说什么。这只聪明的狮子知道恐惧的作用及其效果，他和朋友藏身在灌木丛里。公主的队伍一出现，现在已经长得很庞大的狮子张着大嘴，大声吼着，向前一纵，他那长长的牙齿在阳光中闪烁。公主的随从四处逃窜，真是令人痛心的景象。那些士兵都是从国王卫队中挑选出来的勇士，现在竟然能跑多远就跑多远。只有公主的侍女跟她待在一起，如有必要,她愿同公主一块儿死。其他人都找到一个安全的地方——一棵树或一块岩石后——躲藏起来。在那儿他们既能观看事情的发生过程,又能保持一个安全的距离。

然而,狮子只是吼叫,没有做任何伤害公主的事情。这时候,从野林里蓦地冲出一个个子高挺的年轻男子,几乎一丝不挂,皮肤闪闪发光,肌肉发达。他拦住狮子,一人一狮不久就吵嚷、缠斗在一起,在沙地里滚来滚去。这场打斗持续了很长时间,有些士兵还走近观看。最后,年轻的英雄终于喊叫起来:"走开。"

于是,狮子逃跑了,在场的人惊诧得喘不过气来。男男女女随即从他们藏身的地方再次回到队伍中。公主派一个报信人去告知国王。当他们进城的时候,所有居民夹道欢迎。国王决定:把公主嫁给这位最勇敢的男子。①

人类的孩子和母狮的幼崽从小一起生活,一起打猎,遂成为亲密的朋友。然而狮子的妈妈却杀死了人类孩子的妈妈,这让狮子很生气,于是离家出走。人类的孩子也没有追究。换句话说,老一代的恩怨没有成为年轻一代的负担,他们依然友好。年轻狮子娶妻之后,想方设法帮助他的人类朋友。人类朋友以英雄的身份搭救随时可能"丧命"的公主,获得信任和赞赏,成为公主的丈夫。人、狮可以成为朋友,互相帮助,那人类之间何尝不可以和平相处?!

2. 兽的本性

从前,一个农夫在地里干活,一条白蛇突然朝他爬来,说许多人在追逐他。

"你必须把我藏起来。"这条蛇说。

"我能在哪里藏你呢?"农夫问道。

"要救我的命呐,"蛇说,"这就是我要的全部。"

农夫想不到在哪里藏他。于是他弯下腰,让蛇爬进自己的肚子里。追赶的人们来到,问:"嗨,你,我们追赶的蛇在哪里? 他是朝你这个方向来的。"

"我没有看到他。"农夫说。

当追赶的人们走了以后,农夫对蛇说:"道路畅通无阻,你现在可以出来了。"

"不可能,我已经给自己找到家了。"蛇回答。

农夫的肚子鼓得老大,你可能会认为他是个孕妇。他正准备回家的时候,看到一只苍鹭。他向苍鹭示意,并悄声告诉他发生了什么事情。

"去蹲下,"苍鹭说,"蹲下后,别再起来——挤压住蛇,直到我过来。"

---

① Jan Knappert, *The Book of African Fables*, 2001, pp. 81 - 83.

农夫照苍鹭吩咐的去做，过一会儿，蛇就把头伸出来，开始猛咬。就在这个时候，苍鹭猛扑过来用他长长的嘴咬住蛇头，然后一点一点地把蛇从农夫肚子里拉出来咬死。

农夫站起来对苍鹭说："你已经让我摆脱了蛇，可是他留下一些毒液，我想要解药。"

"你必须去找六只白色的鸟，"苍鹭说，"煮了吃掉——这就是解药。"

"我来想想，"农夫说，"你就是白色的鸟，那么先从你开始吧。"

说着，他就把苍鹭抓起来绑住，带回家去。他把苍鹭悬挂在茅舍里，对妻子说了发生的事情。"你真叫人吃惊，"妻子说，"这只鸟对你做了好事，把你肚子里凶恶的东西弄出来，事实上救了你的命，而你却抓住他谈论杀死他的事儿。"她一边求情，一边解开苍鹭。苍鹭飞走了。可是他飞走的时候，却挖出她的眼睛。

这就是一切。当你看到水往山上流的时候，那就是说有人在偿还德行。①

这则人类与动物互动的故事严厉谴责了忘恩负义、以怨报德的丑恶行径，斥之为"兽之本性"。禽兽有之，人亦然。故事令人甚为悲观，认为只有水往山上倒流之时，人类才能偿还其德行。在笔者的看来，故事旨在贬恶扬善，给出教训。

五、难　题　故　事

豪萨民族的难题故事，指面对各种难题，人们难以抉择的故事。故事结尾是开放型的，往往留下一个问题，由当事人解决，或由听众解决。

1. 丈夫、妻子和她的情夫

有一天，一个男人头顶着盐袋，和妻子一块儿过河，没想到碰上妻子的情夫，情夫正在河里洗澡。当丈夫和妻子正在渡河的时候，情夫说道："哎，亲爱的，我从来不知道你的丈夫有个这样粗糙的屁股，让我拿些泥给他摩擦摩擦。"于是他从河底挖出一些泥，往丈夫的屁股上搓。

现在的难题是：这个头顶着盐袋的男人是把盐扔进水里，跟妻子的情夫打斗，还是不理他呢？简单地说，就是要掂量掂量尊严和盐这种贵重商品孰轻孰重了。②

---

①　Roger D. Abrahams, *African Folktales*, 1983, pp. 142 - 143.

②　Neil Skinner, *An Anthology of Hausa Literature in Translation*, 1977, p. 29.

这位丈夫有两种选择,关键在于他的价值观:是尊严高于物质,还是物质重于尊严?正如故事所说:"要掂量掂量尊严和盐这种贵重商品孰轻孰重了。"这确实是人类生活中经常遇到的难题。

2. 魔鬼来到他们中间

有一次,一个男孩看见一个姑娘,对她说爱她;同样,姑娘看见他,也对他说爱他。年轻小伙子拿起他的睡席,拉着她的手,同她一块儿到野林去。在那里,男孩把睡席铺开,请姑娘坐下。他们俩就坐在那里聊天。魔鬼伊比里斯顺路来到,抓住男孩的手,把他杀了,还砍掉他的头。这个姑娘除了坐在睡席上悲伤之外,什么事也不能做。

就在这时候,两个母亲和两个父亲正在寻找他们的儿子和女儿。一个老妇人告诉他们应当到哪里去找。他们表示感谢以后,就快速走上那条路。在那里,男孩的父母找到了被杀死的儿子,头已经被砍掉。看到这种情况,他们悲伤起来。

突然间,伊比里斯又来了。他造出一条火河、一条水河和一条有黑头罩的眼镜蛇的河,而且他把一头巨蜥放到最后一条河里。然后,他走向这群人——男孩的父亲和母亲,女孩的父亲和母亲,还有女孩本人,对他们说:"你们愿意让我帮助你们重新找到男孩并让他复活吗?""当然!"他们回答。"很好,"他说,"你,男孩的母亲,必须走进火河,再走进水河,接着走进有眼镜蛇的河,在那里你必须抓住巨蜥,把它拿出来。"可是男孩的母亲这样回答:"不行。我不能下火河被烧死,我不能下有眼镜蛇的河,在那里会被吃光的。"伊比里斯说:"如果你去抓住了巨蜥,我就会帮助救你的儿子。"

这时姑娘说话了:"是这样吗?如果把那只巨蜥抓住拿到这里,男孩会活过来吗?""是的。"伊比里斯说。姑娘跳进火河游了过去。接着她跳进水河,又游了过去。最后她跳入有眼镜蛇的河,把游动的蛇推到旁边,抓住了那只巨蜥。她又游过这三条河,把巨蜥亲手交给伊比里斯。

接着,伊比里斯说话了:"啊,这么说你给我拿到了巨蜥?!"于是,男孩复活了,站在那里。

这时,伊比里斯又开口了:"喏,要是杀掉这只巨蜥,男孩的母亲就会死;要是不杀死它,女孩的母亲就会死。"

那么,男孩是去杀死巨蜥,让他的母亲去死,还是饶巨蜥一命,让女孩的母亲去死?这两种做法你认为要选哪一种呢?①

---

① Roger D. Abrahams, *African Folktales*, 1983, pp. 113 - 114.

这实在是个难题,但是这不是故事的本意,故事其实是在批评男孩的母亲,歌颂女孩为了爱情不怕牺牲的伟大精神。正因为这男孩死而复生,重新站在女孩面前,爱胜利了。男孩如果选择后者,显然对女孩和女孩的母亲不公平;如果选择前者,应该说这是对见死不救行为的惩罚。怕死者死,勇敢者胜——这应该是故事主旨所在。

3. 一场精神的较量

从前有两个年轻人在追求同一个姑娘,而且各自都有两支长矛。有一天,二人同姑娘在回家的路上经过野林,一只狮子袭击了他们。姑娘倒在地上说她肚子疼。狮子纵身扑向他们,第一个年轻人投掷他的长矛,可是狮子避开了,长矛落到地上。这个年轻人又投出他的第二支长矛,也落在地上。

轮到另一个年轻人,他向前一步投出他的一支长矛,矛落到地上。于是他又投出他的第二支长矛,可是仍未击中狮子。他们所有的长矛都用完了,这头狮子还是没有被击中。

接着,一个年轻小伙子对另一个说:"快,跑回家去,在我母亲的茅舍里,在床头上,你会找到一些长矛,把它们带过来。还要一葫芦瓢水,一些草木灰。"听的那个年轻人马上去做这些事情。

与此同时,留下的那个年轻人纵身扑向狮子,经过一番搏斗,他压倒狮子,拿刀割断它的喉咙。接着,他提了提狮子,让狮子呈蹲坐姿势。姑娘过来,躺在狮子旁边,小伙子却在狮子鬃毛后面躲藏起来。

不久,先前离开的那个小伙子带着长矛、水和草木灰回来了,但他没找到另一个年轻人和那个姑娘。他往前走一点,撞上蜷缩在那里的狮子,还有躺在旁边的姑娘,但是他没有把她辨认出来。他自言自语:"这么说原来是个计谋?这两个人走了,跑掉了,把狮子留下来杀别人家的孩子。好了,我不能让狮子活着再干这种事。"他把长矛、水和草木灰扔到一边,纵身扑上狮子。他同狮子格斗,当然狮子躺在那里一动不动。这时,姑娘和另一个年轻人站起来,哈哈大笑。

这两个年轻人一个打死了狮子,一个去拿长矛、水和草木灰,那么他们当中谁的精神更伟大呢?[①]

我们应该首先赞扬打死狮子的那个青年,在危急时刻,他把困难留给自己:保护女孩并面对凶猛的狮子。他同狮子格斗,杀死狮子。去取长矛等物品的青年也是好样的,他返回后没有辨认出姑娘,却决意杀死狮子,不让它加害他人。

---

① Roger D. Abrahams, *African Folktales*, 1983, pp. 120-121.

4. 技艺测验

话说从前,一个酋长有三个儿子。他们是强壮而又优秀的年轻人,可他们的父亲想知道这三个富有天赋的小伙子中哪一个最聪明。

一天,酋长把顾问们集合在会议室,他环顾了下这一群上了年纪的人。当他们安静下来准备开始早晨的讨论时,各自抖动了下宽大的白色长袍。酋长下定决心,请他们帮助确定三个儿子中谁是最聪明的。

"过来,到猴面包树这儿,"他说,"再把我的三个儿子立即带过来。"

老人们站起来,移身到明亮的太阳光下。然后,他们拖着脚步从崎岖不平的地面走到猴面包树下。

过了一小会儿,三个年轻人出现了,每人牵着一匹马。

"我的儿子们,"酋长说,"我要你们骑上自己的马回来集合在这里的众人面前,轮流展示一下你们的技艺。你们喜欢怎样做就怎样做,但是当你们到猴面包树的时候,必须发挥以前没有发挥过的能耐,向我们展示你们是什么样的人。"

三个男孩骑上他们的马,一溜烟地飞跑,离开酋长,扬起的尘土一路延伸至酋长家的宽大院落。

这时候,旁观的除了这群正在等待的顾问,还有另外的人参加进来。在大儿子骑马穿过尘埃向他们冲来的时候,旁观者快速分至两边。骑马人既不偏左也不偏右,一路狂奔,直冲向猴面包树。他手中高擎长矛,用力投向树干,刺出一个大洞。接着让旁观者惊诧不已的是,酋长的大儿子顺着长矛骑马穿过这个大洞,完好无损地落在远处的地面上。

观看的人们鼓掌欢呼。

"肯定了,"他们一个对另一个说,"没有人能做得比这更好。"

接着二儿子向他们飞速奔来,马蹄子在干燥的地面上留下活泼的花纹。他出现的时候,没持宝剑,骑马直冲猴面包树。人们认为他会撞死在树上。

可是他的马突然立在空中,就像一支箭,浮游在猴面包树的上空,之后他与马毫发无损地落在树的对面。

人们又惊又喜,哈哈大笑,一个对另一个说:"第三个儿子肯定不能做得比这更好。"在最小的儿子骑着马朝他们奔来的时候,他们都屏住呼吸。

他来的时候,和那树一样高。他两手抓住树枝,把马刺踢进马的肚子,猛地一拧把树连根拔起。接着,他骑马来到父亲面前,高举大树在空中挥动。人群大声喝彩,他也得意扬扬地笑着。

如果你是酋长,你会在这三个儿子中选谁做优胜者?[①]

---

① Kathleen Arnott, *African Myths and Legends*, 1962, pp. 40 - 42.

　　这个技艺测试让酋长的三个儿子大显身手,一个比一个强,表明酋长家的兴盛和后继有人。人群的喝彩表明人们对高超技艺的追求,对智勇双全者的赞赏。这是一个既给人娱乐又给人教益的小故事,结构完整,情节生动。

5. 玛拉目、猎人、摔跤手和妓女

　　有个玛拉目出去散步,正巧遇上一个猎人。"去往何处,玛拉目?"猎人问。"只是出去走走,猎人。""我可以跟你同去吗,玛拉目?""当然,一块儿来吧,猎人。"玛拉目说,"谁会拒绝有伴同行呢?!"

　　玛拉目和猎人走出去了,不一会儿遇见一个摔跤手。摔跤手问:"玛拉目和猎人,去往何处?"玛拉目说:"我们只是出去走走,我和猎人。""我可以同你们一块儿吗,玛拉目?""当然,一块儿来吧,摔跤手。"玛拉目说,"谁会拒绝有伴同行呢?!"

　　于是,三个人——玛拉目、猎人和摔跤手——一块儿走了一会儿,碰上一名妓女。"去往何处,玛拉目?"妓女问。"只是出去走走,妓女。""我可以同你们结伴同行吗?""当然。"玛拉目说,"谁会拒绝有伴同行呢?!"于是妓女跟在他们后面。

　　他们走啊走啊,来到一条河边。玛拉目说:"喏! 现在我们到了水边,水浪相当高。好了,让我们各显身手吧。能够游过去,就表明有自救能力。"

　　说着,玛拉目拿下小背包,打开,拿出一片纸在水上展开。他走上去,过河到了对岸。玛拉目说:"猎人,摔跤手,妓女,过来,让我们一块儿走吧。"

　　猎人说:"好的,我来了,玛拉目,可是我不知道摔跤手和妓女怎么过来。"他拿出一支箭发射,箭头插到对岸,他顺着箭杆走到对岸。他说:"摔跤手,你和妓女过来吧,过来吧。让我们一块儿走吧。你们看,玛拉目和我在等着你们呢。"

　　摔跤手说:"哦,我这就来了,但是我不知道妓女怎么过来。"摔跤手把弓放在岸边,一拉一放,就跃到对岸玛拉目和猎人的身边。"过来,过来,妓女,让我们一块儿走吧!"摔跤手说。

　　妓女打开她的小篮子,拿出一些土——红色的土——往脸上搓了搓,又拿出石灰、钾碱擦一擦牙齿,再拿些锑放在眼上,最后站起来,用肥皂洗洗脸、洗洗脚,然后回到她的小座位上。接着,她又拿出一些柯拉果和烟草放嘴里咀嚼,再用靛蓝搓搓她的衣服,戴上小件饰品,开心地笑着,翻动眼睛和眉睫,结果河水分开,向旁边流动,妓女走到玛拉目、猎人和摔跤手所在的地方。"咱们走吧!"她说。水随即合拢在一起。

　　那么现在,玛拉目、猎人、摔跤手和妓女谁展示的技艺最好? 他们四人当中谁该得到夸奖呢? 有人说,应是妓女从另外三个人——玛拉目、猎人和摔跤

手那里得到夸奖,因为无论什么时候女人遭遇困难,都会得到男人的救助,这就是一切,这就是故事的结局。①

这是四个传统职业人物运用各自的智慧过河的故事。故事情节荒诞,竟把不可能的事变为可能。故事重点刻画妓女沉着应对出行困难,不是靠男人救助,而是靠自己的智慧战胜困难。谁说女子不如男?! 这是对传统观念的颠覆。

难题故事就是旨在激发人们思考和解决问题。

第五节
谚　语

谚语是口头文学的一种重要样式。它是人类智慧、自然知识、心理活动和生活现实的重要表达方式。豪萨人的谚语异乎寻常地丰富。G. 梅里克 (G. Merrick)于 1905 年出版《豪萨谚语》(Hausa Proverbs),A. H. M. 柯克-格林(A. H. M. Kirk-Greene)于 1967 年出版《豪萨谚语五百条》(Hausa Ba Dabo Ba Ne: Collection of Five Hundred Proverbs),C. E. J. 惠廷(C. E. J. Whitting)于 1967 年出版《豪萨与富拉尼谚语》(Hausa and Fulani Proverbs)。这三本书共收入数以千计的豪萨谚语。此外,还有许多谚语散见于简·克纳佩特(Jan Knappert)的《非洲谚语 A - Z》(The A - Z of African Proverbs)等作品。其中某些条目难免重复,但是有这么多学者关注谚语,又收集如此之多的条目,着实令人惊叹。

豪萨谚语意义深刻,简洁有力,往往是一个短小的句子,甚至是一个省略句,谓语动词缺失。许多谚语中出现词语的重复、头韵和脚韵,给人以节奏感。

豪萨谚语的表达方式也颇有特色。有的直接陈述,言简意赅,一目了然,如"真理比铁马更坚强""狂言害怕事实""害人者必害己"等。有的善用比喻,形象生动,语义显豁,如"给客人水喝,你会喝到新闻""吃掉野兔者吃掉速度""财产就是用荆棘做成的长袍"等。有的谚语则似是而非,促使听者去辩证思考,得其真义,如"你躺倒死去,你就能看到谁爱你"。这条谚语表层意思有点

---

① Neil Skinner, *An Anthology of Hausa Literature in Translation*, 1977, pp. 34 - 35.

不合常理，因为人死了就什么也不能看见了，可深层意思是：人死了，真正爱他的人会来吊唁哀悼。有的谚语表述荒诞不经，但含义明确，如"大河失火，真主拯救"。这条谚语类似一条中国谚语："天塌下来，地接着。"它旨在教育人们：大河失火是根本不存在的，即使有这种事情发生，也只有求助真主，人无能为力，所以人不必为之忧虑。

豪萨谚语有的来源于生活经验，比如"头无身体走不了""捕鱼要到河里，逮兔要到荒野""旱季同渡船工交朋友，雨季你先过河""不要让敌人插手你的工作""一只小昆虫毁坏了一个大坚果""只有傻瓜恨他的家人"等。有的谚语则源于人类故事，如前文《成为法官的女人》这则中出现的谚语"了解女人的人是女人"。故事讲一个女人受城市诱惑，跟情人私奔，在法庭上拒不承认自己的丈夫和孩子。法官的女儿代父审判，佯杀她的孩子，触动那个女人的良知，终于让她认罪，使她同丈夫和孩子和好如初。在审判中法官没办到的事，女儿办到了，关键在于"了解女人的人是女人"。前文另一个故事——《孤儿与皮斗篷》是关于孤儿与后妈的故事。孤儿受到后妈的折磨和虐待，但后来走运发财，不再受歧视。故事以谚语作结："戴皮斗篷的孤儿遭人恨，斗篷变成金属的孤儿受人仰慕。"应该说，这条谚语是从故事中提炼出来的，也是故事的点睛之笔。

豪萨谚语跟非洲其他民族的谚语一样，表现他们的哲学和伦理道德标准，并以此教育孩子，让他们从小形成对生活的态度，接受符合现存社会标准的道德教育。这些谚语精辟、独到，或明或暗地有一种冷嘲热讽的意味。就内容而言，大致有下列几种类型：

一、价值观念型

☐ 保持你的尊严比保护你的财产更重要。
☐ 任何财产都是用得完的，只有知识例外。
☐ 真理比铁马更坚强。
☐ 谋略比力量更好。

二、劝善规过型

☐ 没有不端行为，就不会懊悔。
☐ 不善于舞蹈，就别去跳舞。
☐ 容忍是医治世道的良药。
☐ 甚至真主对人都有耐心。

三、勤奋向上型

- [ ] 一斧子砍不倒一棵大树，一根针迟早掘出一口井。
- [ ] 没有辛苦过的人，就要尝贫穷的滋味。
- [ ] 雨季做奴隶，旱季变富翁。
- [ ] 智慧在于你利用它。

四、人际关系型

- [ ] 朋友的朋友像台阶的台阶。
- [ ] 不要让敌人插手你的工作。
- [ ] 兄弟是荆棘做成的礼服。
- [ ] 只有傻瓜恨他的家人。
- [ ] 穷人没有朋友。

五、生活经验型

- [ ] 带领雏鸡的母鸡害怕老鹰。
- [ ] 不要碰一条睡觉的毒蛇。
- [ ] 见过大王的眼睛从来不怕办事员。
- [ ] 害羞的男人像井中的鱼，永远出不了门。
- [ ] 撒灰的人灰满身。
- [ ] 孩子不打不经心。
- [ ] 没有雨水，没有财富。
- [ ] 石头变不成水（即努力掘井才能得到水）。
- [ ] 黑夜再长，天总归要亮的。
- [ ] 幸运的人在尼日尔河边卖水。
- [ ] 谁会同鱼辩论鳄鱼长多少颗牙齿？
- [ ] 鼻子知道鱼的滋味吗？
- [ ] 自己的半截斧子也比借来的强。
- [ ] 天空永远不落在地上，山丘永远落在山谷。

总之，豪萨谚语是豪萨民间广为流传的表达人们智慧的简短语句。它总结生活经验，具有传授经验、教训和劝诫人的功能。它语言凝练，常具有鲜明的形象和一定的节奏,而且具有地方文化特色。它来源于生活,服务于生活。它历史久远,生命力特强,迄今仍然出现在日常交谈和口头故事中,甚至成为书名或报刊上的标题。

第六节
谜 语

谜语是影射人或事物、供人猜测的隐语。它能激活头脑,又因短小、富有节奏、便于记忆,常常是晚上人们相聚时的传统娱乐项目。豪萨谜语散见于口头故事集,它采用常见的象征手法,深深地扎根于非洲现实:

我们院子里的树,树荫落在他家院子。(答案:女孩)
他慢慢行走,在远处歇息。(答案:骆驼)
你总是在接收,可是你不回谢。(答案:胃)
在家做主人,胡须在外面。(答案:火)

如果一个人猜不出来,他就说:"我把这个城镇交给你了。"这样,他就会被告知正确答案。

第七节
口头诗歌

口头诗歌在豪萨传统社会起着重要作用。根据现存的历史资料,早在14世纪,宫廷诗歌已处于活跃状态。宫廷诗歌主要指赞名和赞颂诗。赞名类似一种短小的赞歌,往往只有1—5个诗行,多用来颂扬统治者或职位高的人(如军事首领),旨在赞颂他们的美德。比如,卡诺王亚吉(Yaji, King of Kano, 1349—1385)有这样的赞名:

亚吉,他诱捕岩石,

他让部队陷入恐慌，
他迫使敌人向他进贡。

赞名也用于其他人、动物甚至无生命的东西。每种动物都有特定的赞名，比如：狮子——野林里的强壮大哥，鬣狗——伟大的舞蹈家。

赞名还用于博里精灵崇拜。在卡齐纳，豪萨人崇拜 69 种神灵，其中扎汝弥(Zarumi)和杜赛(Dusai)分别有下列赞名：

没有水的溪流，
不是清凉之地。
扎汝弥来到这里，
他用龙涎香洗浴。

高贵而又慷慨者，
慷慨，双倍的慷慨。
谁拒绝他的礼物，
谁就被迫偷盗。

有些赞颂统治者和重要廷官的诗是用鼓语表达的。豪萨人有一种谈话的鼓，鼓手模仿豪萨语言的音调，击鼓即可发出听众能够理解的节奏，宛如吟诵一首赞颂诗。这种鼓语赞颂诗也用来赞颂不同职业者、不同年龄者，尤其是少男少女。

宫廷吟唱诗人马罗卡(Maroka)通常住在宫廷附近，平时迎接和问候来到宫廷的重要客人，斋节夜晚更是忙碌。他们吟唱赞名和赞颂诗之后，会得到衣食、动物、田地，甚至宫廷的头衔等。

吟唱诗人在朗诵赞颂诗时往往伴以鼓点和乐器，朗诵内容则取决于赞颂对象的年龄、出身、等级、财富和职务。朗诵分三部分：引言，向被赞颂者致以问候、敬意或敦促奖赏；正文，歌颂被赞颂者的美德(其中有些是被赞颂者的真实美德，也有些是希望他拥有的)；结尾，表示感谢和祈祷。

在英国征服尼日利亚北部时，扎里亚拥有一个强而有力的统治者马哈马，他因为不屈服而被殖民当局废黜。现在让我们欣赏一首关于他的赞颂诗：

马哈马造福者，马哈马捉摸不定，马哈马厚盐板他弄得尝起来满心欢喜
虽然你厌恨一个人可是你给他一千个贝币
虽然你厌恨裸者的血可是你得不到他的衣服才把他杀掉

马哈马鸣叫飞行的乌鸦,啊孩子不再盯着看,只见他忽白忽黑地飞行……
一座银墙高及骑马人的胸膛
紧紧束缚就像松绑一样
奥都之子,真主救助你
奥都之子,真主支持你,胜过带箭者,胜过骑马的酋长
奥都的锤头
卡干达的盐又苦又甜
奥都之子,啊太阳不斜视不轻慢
大地的风景,给戴草帽者带来福祉
长红鸡巴的大象,对付站立的野草,又用象牙侦查每个人的家
雨点猛击,制止不住铃声叮当
棕榈树干的树榴抵住爬树的孩子的胸口
那里的黑达拉树是个麻烦,你把它折断。①

这首赞颂诗使用暗指和比喻手法,赞颂马哈马强而有力、得到真主救助并给人民带来福祉,但尽管如此,也不可能期望他始终如一。

对统治者和职位高的人,吟唱诗人不但颂扬他们的权力和成就,而且可以坦率地评论他们,或给以忠告。

请看关于扎骚(Zazzau,扎里亚的古称)两位豪萨埃米尔的赞颂诗:

不要用太友好的眼睛看世界,
用手捂住脸默默地思考。
别用来自太阳的热量。
公大象聪明活得久长。

又:

沉住气,不要听闲话。
毒谷壳吸引傻绵羊——杀死他们。②

在乡村和城市,吟唱诗人对社会地位较低的富人和暴发户是美化还是嘲讽,往往取决于奖赏的多少。嘲讽的话尖酸刻薄,如"泥坑的鱼不等同于河中

---

① Ruth Finnegan, *Oral Literature in Africa*, 1970, pp. 114 - 115.
② Ibid., p. 115.

的鱼""石头永远变不成水""有钱人爱你,没钱你不如狗""没权力支持的话没用"等等。在吟唱诗人队伍中,有盲人,有乞丐,甚至还有到处传教布道的玛拉目,人的素质各不相同,表演水平自然各不相同。

除赞名和赞颂诗以外,口头传统中还保留一些诸如婚礼歌、葬礼歌、劳动歌、布道歌和情歌等民歌。首先我们来看布道歌(sermon songs),它是由巡游的玛拉目及其门徒宣教时唱的,旨在布道,含有自我表扬的成分,其间不时出现由徒弟合唱的叠句,如:

> 玛拉目塔昆塔是有名的玛拉目,
> 玛拉目塔昆塔是井水。
> 无汲水桶的人喝不到它!

豪萨口头传统中也不乏爱情诗歌,而且影响着周围的民族。现在让我们看一首朴实的情歌《致达卡波姑娘》:

> 达卡波是锡!
> 达卡波是铜!
> 达卡波是银!
> 达卡波是金!
> 红云了不起
> 渴望的东西到时候得到。
> 你的东西就是我的东西,
> 我的东西就是你的东西,
> 你的母亲就是我的母亲,
> 我的母亲就是你的母亲,
> 你的父亲就是我的父亲,
> 我的父亲就是你的父亲,
> 耐心,啊姑娘!
> 耐心,年轻的姑娘![1]

小伙子真心爱上达卡波姑娘,姑娘在他心中很有分量:是金、是银……而且他决心同姑娘共享所有东西,共同爱戴彼此的爹娘。反复递进的方式表达了深挚的爱情,也预示了未来家庭的和谐幸福。

---

[1] Ruth Finnegan, *Oral Literature in Africa*, 1970, p. 253.

第八节
传统戏剧表演

传统戏剧表演（Wasannin Gargajiya）既指与豪萨传统习俗相关的戏剧表演，又指从大众口头传统发展起来的戏剧表演，尔后成为豪萨戏剧文学。我们这里研究的是后者。

一、博里表演

博里表演（Bori performance）是豪萨地区最古老的一种戏剧表演。早在伊斯兰教传入豪萨地区之前，当地人民信仰万物有灵论，有博里崇拜。虽然受到伊斯兰教、基督教和殖民政权的不断打击，讲豪萨语的马古扎瓦人（the Maguzawa）迄今仍然坚持博里崇拜，举行礼拜仪式。

所谓"博里崇拜"，就是举行一定的仪式，神灵就可以附在一个人——祭司身上，祭司就成了神灵的媒介。祭司被附身后进入恍惚状态，他再也不是原来的他，而成了某个神灵。他以神灵的身份同观众谈话。这种仪式是宗教性的、神圣的，其主要目的是达到魔法效果，扮演者被看作祭司或神灵的代表。

博里表演虽然形式上与博里崇拜仪式相似，二者都有演员与观众，演员与神灵或观众与神灵之间都有交流，但是我们应看到戏剧表演与宗教仪式之间最重要的差别：在博里崇拜这种宗教仪式中，人企图同超自然现象、超自然力量直接交流，他与祭司的交流实际是与神灵的交流，只不过以祭司为媒介，而神灵又通过这个媒介向恳求者发话；而在博里表演这种戏剧表演中，人始终在与人交流，人类演员扮演角色，同其他人类演员或某个人类听众谈话，人类听众也可以同人类演员交谈。博里表演里的这些声音都是人类的声音，而博里崇拜仪式中的声音是怪诞的，甚至有使用舌头发出的不知所云的话语。博里表演这种交流设计不是从无形的冥界中得到的，而是从人类的头脑中产生的。总之，戏剧表演是演员为其他人演示各种人类情景的方式，其目的是娱乐人类。

二、猎人戏剧与铁匠戏剧

猎人戏剧（Wasau Maharba）和铁匠戏剧（Wasau Markera）也是源远流长

的戏剧。因为狩猎和打铁是人类社会发展的重要阶段,当时人类的重要活动就是狩猎和打铁,于是产生了反映这两类活动的戏剧表演。

三、宫 廷 戏 剧

宫廷戏剧(Wasau Gauta)在许多方面都是发展成熟的戏剧表演,扮演、对话、模仿还有讽刺等手段都在其中得到运用。戏剧情节或故事取材于传统社会的政治、管理问题,人物是"萨基"(大王)和他的朝臣。表演目的就是把王权关注的问题戏剧化,剧中对宫廷重要人物的讽刺模仿旨在提醒他们注意自身被舆论关注的那些问题。豪萨社会的宫廷戏剧可以比作中世纪末期欧洲宫廷中的假面戏剧,然而宫廷戏剧的表演者只限于传统宫廷的女演员,她们得到萨基、朝臣及其他高级官员的积极支持和鼓励。她们在宫廷内露天演出,据说一年一次。

第 二 章

约鲁巴口头文学

第一节
社会文化背景与文学

约鲁巴人是尼日利亚第二大民族,占尼日利亚总人口的 21%,主要居住在尼日利亚西南部热带雨林和沿海一带。此外,贝宁共和国和多哥也有约鲁巴人。

"约鲁巴"(Yoruba)这个称谓源于"亚巴"(Yarba),即约鲁巴人的第一个定居地。豪萨人称"约鲁巴"为"亚里巴"(Yarriba)。[①]

约鲁巴人的早期历史可以追溯到与约鲁巴人祖先奥杜杜瓦(Oduduwa)有关的古代时期。口传历史称奥杜杜瓦从天上下凡到伊勒-伊费(Ile-Ife),也有的称他来自东北方。不过,普遍的说法是公元 8 世纪前后,约鲁巴人来自东方的上埃及,因为在伊费发现的某些石刻中,殡葬时对死者的包扎方式以及包扎用的布料都与上埃及相似。不过,根据考古、地理和种族语言学的研究,这种东方移民或埃及移民说是站不住脚的,因为早期移民活动发生在尼日利亚境内。再说,在奥杜杜瓦到来之前,伊勒-伊费地区早有原住民,大约有 13 个居民点,它们组成部落联盟,盟主由居民首领轮流担当。奥杜杜瓦征服它们之后,逐渐建立了伊费王国。后来,由于干旱和饥荒,奥杜杜瓦的子孙离开伊费,创建了新的王国。这些王国都以伊费为他们的圣地和精神家园,每年赴伊费祭拜"民族神"奥杜杜瓦、奥贡和奥兰米延等。因此,我们说,约鲁巴人是外来移民同当地原著居民融合而成的一个民族。这个民族正像出土的约鲁巴人祖先的赤陶头像所显示的那样,"具有典型的黑人特征:宽阔的面庞,一双智慧的大眼睛,嘴唇丰厚微突。这种形象充分表达出非洲黑人那种和善而安详的性格。"[②]

约鲁巴语是今日尼日利亚三大民族语言之一,也是非洲古老的语言之一,属于尼日尔-刚果语系的克瓦语族(Kwa)。约鲁巴语包括奥约、伊杰布、埃格

[①] 最早见于 Dixon Denham and Hugh Clapperton, *Narratives of Travels and Discoveries in Northern and Central Africa: in the Years 1822, 1823 and 1824.* 另见 Samuel Johnson, *The History of the Yorubas*, 1921, pp. 5 - 6。

[②] 宁骚主编:《非洲黑人文化》,1993,第 273 页。

巴、伊费、伊杰沙、埃吉提、昂多、奥沃和阿科科等地的方言,逐渐发展成以奥约方言为基础的标准约鲁巴语。它是一种孤立的语言,词汇主要包括单音节词和可以分解成单音节词的合成词。单词有上声、平声和下声之别,因此,约鲁巴语又是一种有声调的语言。约鲁巴语已经有了公认的正字法,适用于学校教育、报刊、书籍和电视广播。

约鲁巴人拥有悠久的历史和灿烂的文化。众所周知,他们创造了著名的伊费文化、奥约文化和贝宁文化。

一、伊 费 文 化

伊费古国的历史大约始于 11 世纪。在国王的带领下,伊费古国十分强盛。开国君主是奥杜杜瓦,他的子孙在外地建立新国家,从而形成了以伊费为宗教中心并在政治上对伊费有松散臣属关系的一系列约鲁巴城邦。伊费国王同时是宗教领袖,称作"奥尼"(Ooni)。约鲁巴族的先人们在伊费城逐渐建立起一套完善的宗教祭拜体系及相关仪式,人的精神世界从此获得了富有尊严的大幅提升。同时,宗教活动在人们生活中扮演极其重要的角色,宗教艺术也获得极大的发展,一批工艺精湛的艺术杰作相继诞生,它们是用陶土、黄铜和青铜等材料制成的人像、动物雕塑和人物头像作品。其中一件青铜雕像——《奥尼头像》是 13 世纪伊费艺术极盛时期的代表作。该头像的面容、刺花刻纹和饰满串珠的王冠都雕刻得极其精致,面庞的轮廓、耳朵的造型以及眼睛和嘴唇的线条优美谐调,整个轮廓线生动清晰,表明当时伊费的艺术家善于深刻理解人物的精神世界,从而使自己的作品生动、形象、富有艺术表现力。铜像嘴唇周围以及两腮有些小孔,可以用来安插举行仪式的串珠饰物。铜像面部的刺花刻纹是非洲铜雕的独特之处。动物雕像似乎与图腾崇拜有关。在青铜铸雕的国王头像的小圆底座上雕刻着各种象征王权和国王封号的动物,表示国王像豹一样勇敢、像牛一样有力、像大象一样强大等等。而且,这种铜雕制品是用一种"脱蜡法"(lost-wax process)制作的,其工艺精巧,后来传遍非洲。

总之,伊费艺术是黑人创造的。雕像特征与约鲁巴人的面貌特征相似,艺术作品中所表现的人物形象的确是黑人。伊费艺术传承了诺克艺术,虽然"诺克和伊费之间有一千年的间隔","我们相反应当对于它们彼此多么完全相似而感到惊讶"。[①] 在艺术风格上,伊费艺术作品带有明显的现实主义和自然主

---

① 威廉·法格:《尼日利亚雕刻》,1965,第 20 页。转引自张荣生编译:《非洲雕刻》,1986,第 13 页。

义倾向,艺术水准之高,足以同古希腊艺术和埃及艺术媲美。

二、奥约文化

奥约王国为奥杜杜瓦的后代奥兰米延所建,大约出现在 14 世纪末和 15 世纪初(约 1388—1431),位于热带雨林边缘。在第四位国王桑戈在位时,国王改称"阿拉芬"(Alafin),政治中心移至今天的旧奥约。奥约国力日盛,遂成为帝国,18 世纪达到巅峰:北到尼日尔河,东邻贝宁王国,南至大海,西部包括达荷美的大部分。奥约也实行集权,但它发展了一套在大酋长和阿拉芬之间实行制衡的政治体系。帝国一分为二:首府奥约城由阿拉芬和他的大酋长管理,省一级实行间接统治,奥约派官员监督地方统治者。在权力集中的中央,阿拉芬从王国创建者奥兰米延的王室后裔中遴选产生。从理论上说,阿拉芬拥有绝对的权力,被视为仅次于神的存在,而实际上,他的权力受到其他权势较大的酋长的制约。当他逝世的时候,包括他长子在内的几个人要为他殉葬。国王非常富有,住在一座巨大的宫殿中。排在他之下的七位重要的酋长组成奥约梅西(Oyo Mesi,即国王的顾问委员会),由巴索朗(Basorun)领导。这些酋长拥有巨大的权力,负责新阿拉芬的任命,并有权要求不称职的阿拉芬自杀。为解决奥约梅西和阿拉芬之间的纷争,一个叫"奥格伯尼"(Ogboni)的秘密会社应运而生。国家还有一大帮官僚,他们由住在宫中的伊拉里(Illari)组成。作为一个主张扩张的帝国,奥约拥有一支以大量骑兵为基础的强大军队,由一位叫"埃索"(Eso)的军事首领统率。他作为军队的总领导人,人们期望他要么打赢战争,要么自杀。

奥约帝国是当时最富有、最先进的国家,不但种植庄稼、捕鱼制盐,而且重视贸易。国王和酋长们可能很富有,而大多数臣民的生活水平仅限于自给自足。

约鲁巴人像大多数非洲人一样,相信最高神的存在,称之为"奥劳容"(Olorun)。他们相信来世审判,相信神灵转世,膜拜死者。据说他们信奉 400 个神,其中包括各种各样的主神、小神以及神化了的国王或英雄。萨缪尔·约翰逊(Samuel Johnson,1846—1901)本人也是约鲁巴人,他在《约鲁巴历史》(*The History of the Yorubas*,1921 年出版,2010 年数字版问世)中就列述了包括桑戈、奥约、奥贡在内的 13 位最重要的神。约鲁巴人还为主神们建庙堂,向他们拜祭。这种现象很像古代的印度人和希腊人,而在非洲唯独约鲁巴人如此。因此,约鲁巴人的艺术和他们的宗教信仰密切联系在一起,大多数艺术品是为庙堂制作的。约鲁巴人利用泥巴、赤陶土、象牙、木头和青铜等材料制作出包括青铜雕塑、黄铜雕塑和象牙雕刻在内的大量艺术品,其中不少堪与世界最伟大的作品比肩。

三、贝宁文化

贝宁王国位于尼日利亚西南部热带雨林地区,在伊费东南约 240 公里的地方。埃多人征服原住民,在 9 世纪建国。到 12 世纪下半期,已有 30 个君主相继在位。大约在 1170 年,贝宁人迎请伊费国王奥杜杜瓦最小的儿子奥兰米延为新王朝的第一代国王,从此贝宁王国的每一个国王即位时都需要在形式上经伊费的奥尼(即国王)确认,贝宁国王称作"奥巴"(Oba)。贝宁这个具有伊费王室血统的王朝一直持续到 19 世纪末。15 世纪末、16 世纪初,贝宁的实力足够强大,迫使从拉各斯到尼日尔河的地区臣服于它,影响力达到北方的伊达赫王国(the Idah Kingdom)和西北的奥约王国。17 世纪的欧洲来访者对它的政府有效性留下印象。"国王可以看成公平公正的,他渴望官员准确地执法,认真地履行他们的责任……"约翰·巴博特写道,"他几乎每一天都要同他的主要大臣举行内阁会议,迅速处理带到他面前的许多事务……来自王国各地下级审判法院的申诉,倾听陌生人的意见,关注战争和突发事件。"1688 年,荷兰医生奥列弗尔特·达彼尔在阿姆斯特丹出版《非洲各国游记》,其中记录了访问过贝宁王国的荷兰商人萨姆埃里·布罗美尔特的一篇游记。这个商人说:"(贝宁)王宫中有高大的房屋和许多漂亮的长方形游廊,其规模和阿姆斯特丹交易所相差无几。它们由高大的柱子支撑,柱身从上到下镶上了铜料并绘有军事场面的画……屋顶均有作为装饰的小塔,其中置放铜雕鸟雀,它们张开双翼,做得极为精致。"1701 年,荷兰人范·尼因达列来到刚刚受到内战破坏的王宫,发现在一个四周有游廊的院落中有 11 个铜雕头像,每个头像上插着象牙。①

贝宁是一个崇尚艺术的国家,它是几内亚湾地区的铜雕中心。"相传新王朝的第四代国王奥郭拉(约于 1400 年继位)在位时,迎请伊费宫廷艺术家伊格哈到贝宁传授青铜铸雕工艺。伊格哈使贝宁人熟练地掌握了铜雕艺术技巧。15 世纪以后,贝宁的青铜雕刻艺术迅速发展起来,很快就超过了伊费,并且具有自己独特的创造性。贝宁王国从此成为整个非洲在这方面最有造诣的国家。"②非洲的雕刻品一般富于象征意味而缺乏写实的表现,而贝宁的铜质艺术品都体现出高度的写实主义手法。作品大部分是神祇、国王和大臣的头像,此外则是鸡、蛇等动物,显然是作为宗教的供物而创作的。其中有一件优美而著名的青铜雕刻作品——《母后头像》,"这件珍品曾放置在奥巴埃西吉为纪念他的已故的年轻母亲伊第雅而设立的祭坛上。这是 16 世纪初贝宁早期的作品,

---

① 宁骚主编:《非洲黑人文化》,1993,第 275 页。
② 同上,第 274—275 页。

高 15.8 英寸,母后是一位极其漂亮而富有魅力的青年妇女,她的表情庄重,豪华威严,凝视的眼睛和紧闭的双唇深刻地反映出丰富的内在精神世界。她的头上点缀着典型的尖顶帽形状的网饰,是作为统治者权贵标志的碧玉、珊瑚以及玛瑙串珠饰物的真实写照,颈上装饰的无数串珠也是高贵的象征。"①

贝宁王国的象牙雕刻在 15、16 世纪已经相当发达,在 17 世纪有了进一步发展,表现出更强烈的自然主义或写实主义倾向,在 18 世纪则更倾向于追求华丽美观,以装饰品见长。人物、动物和植物图案的雕刻风格也发生了一定的变化,风格化、程式化和象征主义特点更加明显。18 世纪的著名牙雕《豹》则象征国王的权力,共由五根象牙制成。豹的整个身躯灵活雄健,眼神凝聚逼真,大小牙齿外露,胡须突起,下颏的造型浑厚有力,身上还有用铜针镂刻的分布均匀的小圆斑点。这些豹斑的分布还富有韵律感,构成了优美的装饰图案,又表现出豹的真实形象。但是从整体上看,豹是象征性、风格化和程式化的。

铁片雕也是贝宁文化的一大特色。每块铁片雕都有特定的故事,真实地记述了古代贝宁王宫的人和事,因此极富历史价值。

总之,贝宁王国有着精湛的艺术,作品足以同世界优秀的作品媲美。1897 年英国军队攻占贝宁城时,被王宫中的艺术品所震撼,随之将它们抢掠一空,带出非洲,以重金出售给世界各地的博物馆和私人收藏者。其中英国收藏 700—800 件、德国收藏 1 000 件以上,拒不归还。

约鲁巴人的社会发展先后经历狩猎采集、畜牧农耕和黑奴买卖时期,他们创造了多种多样的文学作品。因为当时一直处在无文字社会,这些作品只能口耳相传,一代一代地传承下来。及至 1856 年,约鲁巴语言有了文字,有了正字法,人们才将这些口头文学作品记录下来,如 S. A. 艾伦(S. A. Allen)的《约鲁巴谚语集》(*Iwe Owe*,1885)、D. B. 文森特(D. B. Vincent)的《约鲁巴谜语》(*Iwe Alo*,1885)、M. I. 奥贡尼兰(M. I. Ogunniran)的《约鲁巴传说》(*Yoruba Legends*,1929)、拉迪波·索兰克(Ladipo Solanke)的《约鲁巴谚语及解释》(*Yoruba Proverbs and How to Solve Them*,1936)、阿代博耶·巴巴娄拉(Adeboye Babalola)的《约鲁巴口头诗歌艾加拉的内容与形式》(*The Content and Form of Yoruba Ijala* [oral poems],1966)、W. 阿宾宝拉(W. Abimbola)的《约鲁巴神谕诗》(*Ijinle Ohun Enu Ifa* [*Apa Kin-in-ni*])第一集(1968)和第二集(1969)、M. A. 法邦弥(M. A. Fabunmi)的《约鲁巴古代咒语》(*Ijinle Ohun Ifa* [*Ancient Yoruba Incantation of Ifa Vintage*],1972)、O. 奥拉珠布(O. Olajubu)的《假面具者的诵词》(*Iwi Egungun*

---

① 宁骚主编:《非洲黑人文化》,1993,第 278 页。

［*Collection of Masquerader's Chant*］，1972）、H. 库兰德（H. Courlander）的
《约鲁巴诸神和英雄的故事》（*Tales of Yoruba Gods and Heroes*，1973）以及
散见于其他著作中的口头文学作品。它们为我们提供了关于约鲁巴口头文学
中神话、传说、故事、谚语、谜语和口头诗歌的知识，是十分珍贵的。

第二节
神　话

　　古代的约鲁巴人与世界各地的其他民族一样，企图认识世界、了解世界
（包括人类自身），进而想征服自然力并支配自然力。于是他们把自然力形象
化，称这个形象为"神"。约鲁巴人所尊崇的最高神是奥劳容（Olorun），又称
"奥乐杜马尔"（Oludumare），他至高无上。约鲁巴人的主神是奥巴塔拉
（Obatala）和奥杜杜瓦（Oduduwa），其下有诸多小神（Orisha），其中包括雷神
桑戈（Sango），天花神绍泡纳（Shopona），狩猎神、铁神和战神奥贡（Ogun），林
神奥罗（Oro），药神阿罗尼（Aroni）和占卜神奥兰米拉（Orunmila）等。据萨缪
尔·约翰逊说，约鲁巴人信奉的神有 400 个。这些神在约鲁巴人心目中不是
抽象的，而是真实的存在。他们有活动、有行为。约鲁巴人用语言把这些活动
和行为编织成故事，称为"神话"。

　　据传说，奥劳容是世界万物的创造者：他创造了别的神，大地也是根据他
的指示创造的，虽然不是他亲自创造的；他创造了白昼和黑夜，对季节的接续
也负有责任。他是所有神与人的大王。他无所不在，无所不知，无所不能，而
且他是不可挑战的：

　　话说从前，有 1 700 个神联合起来反对奥乐杜马尔，决心要他放弃权力和
权威。他们走到他那里，要求他必须把权力交给他们，至少是 16 年的试验期。
奥乐杜马尔向他们建议先试验 16 天，这对他们来说是明智的。这个建议他们
欣然接受。奥乐杜马尔接着告诉他们：在这期间，世界是他们的，由他们自行
管理。他们立即着手执行任务。可是仅仅 8 天，他们就发现一切事物都乱了
套，中心不再存在，整个宇宙陷入僵局，无法运转。①

---

　　① Richard Olaniyan, ed., *Nigerian History and Culture*, 1985, p. 236.

这则故事在说,最高神奥乐杜马尔拥有权力和权威,不可挑战,不可逾越。否则,宇宙将分崩离析,无法运转。

一、奥杜杜瓦创造陆地

有一次,天上最伟大的天神奥乐杜马尔向下张望整个世界的时候,发现下面几乎还是一片汪洋大海。他召集了他的两个儿子——奥巴塔拉和奥杜杜瓦,给他们每人一个口袋、一只母鸡和一只蜥蜴,并把他们送到人间。他们下去的时候,最伟大的天神还在地上的水里种下了一棵棕榈树。兄弟俩就降落在这棵棕榈树上。

奥巴塔拉一下来就剥开棕榈树的树皮,取出里面的甜汁酿了一碗棕榈酒。很快他就喝得酩酊大醉,倒头而睡。这时奥杜杜瓦也从树上爬了下来。他打开父亲给他的口袋,找到一把沙子。他把沙子撒在稍微凸起的地面上,然后把蜥蜴放在沙地上。蜥蜴慢慢地向前爬行,陆地开始变得坚固起来。蜥蜴就是那时出现的。在口袋的最里面,奥杜杜瓦又发现一小撮黑土。他把黑土撒在沙地上。母鸡在地上又挠又啄,陆地慢慢地变大,最后形成了非洲大陆。

奥杜杜瓦自豪地看着自己创造的土地。从那时起,奥乐杜马尔把阿杰(Aje,财富之神)派下人间同奥杜杜瓦做伴,还给奥杜杜瓦一袋播种用的玉米和一些买东西的贝币以及制作武器和农具用的铁块。奥杜杜瓦成了约鲁巴的第一任国王。他把自己创造的这片土地称为"伊勒-伊费"(Ile-Ife),它也被称为"大房子"(Wide House)。①

这则神话讲明了陆地的形成,是一个创造神话,同时也透露出铁器的存在和实用价值。

二、奥巴塔拉用泥土造人

承上所述,奥巴塔拉没有完成创造陆地的任务。所以创造人类的任务落在他的身上。他开始用泥土塑造人体。虽然只有奥劳容能给人体以生命,然而人体形态是由奥巴塔拉决定的。因此,人体缺陷自然由他承担责任。有的神话说,一天,奥巴塔拉喝了棕榈酒,便造出白化病人、驼背、瞎子和各种各样的跛子。这就是为什么残疾人认为奥巴塔拉是神圣的,有诸多禁忌,白化病人

---

① 李汉平译:《祖先的声音——非洲神话》,2003,第 28 页。

尤其如此认为。① 所以，奥巴塔拉的崇拜者都不准饮用棕榈酒。

三、奥贡——铁神和战神

奥贡是铁神。他原来是狩猎神。在奥劳容决定创造硬的陆地之前，奥贡常常凭借蜘蛛网下到大沼泽去打猎。当硬的陆地创造出来的时候，大地或多或少有了今天这般模样，诸神决定到陆地去占有它。在占有相当的地面之后，他们到了被称为"没有道路的地方"，或许就是某种密林。尽管他们努力尝试，但是没能开辟出一条通过密林的道路，因为他们没有合适的工具。但是奥贡有，他开辟出一条道路，和其他的神继续前行。到了陆地，诸神就在圣城伊费(Ife)定居下来，并且把他们拥有的唯一一顶皇冠给了奥贡。但是奥贡已经习惯了猎人那种自由自在、独来独往的生活，即使身为大王，他生活在社会的藩篱之中也找不到愉悦。所以，他离开伊费，在一座高山上为自己建了个家。他从那儿下去也只是为了打猎、打仗和征服新的领地——有时代表别的神，有时为了满足他自己的固有嗜好。后来，奥贡过够了那种孤独的生活，希望回到他早先背离的社会生活。可是，这件事说来容易做来难，因为这位好战的神外貌叫人害怕，没有社会敢接受他。后来，他用棕榈树叶把自己装饰打扮之后，看上去不那么让人感到讨厌，就获准进入伊莱(Ire)城，在那里成了戴上皇冠的大王。②

关于奥贡的故事，阿沃拉鲁(Awolalu)有另外一个版本。根据这个版本，奥贡是奥杜杜瓦的儿子，奥杜杜瓦立奥贡为伊莱的大王，表明奥杜杜瓦欣赏他作战时的英勇气概。阿沃拉鲁得到伊莱时任大王的信息，讲述了下面这个故事：

有一次，奥贡刚刚从一场惨烈的战斗中回来，在集会上碰上了一群伊莱人，惊讶地发现这群人没有一个问候他。他手持大砍刀，碰上一些立在集会中心的棕榈酒桶；他发现酒桶空空的，而且是桶底朝上，他感到失望、怒火中烧，开始砍这些人的头——砍自己的臣民和儿童。砍死砍伤一大批人后，他才醒悟过来。他认识到自己举动的残酷，决定停止大肆杀戮。他把剑插进地里，坐在剑上，开始慢慢地沉进大地的胸膛。但在完全消失之前，他向人们保证：无论什么时候需要，他们都可以呼唤他。伊莱人民声称，在敌人逼近的时候他们

---

① Stephan Larson, *A Writer and His Gods*, 1983.
② Ibid.

呼唤过他,他没有让他们失望。[1]

奥贡是约鲁巴人诸神中的伟大开拓者,正像我们看到的那样:是他为其他下凡的神开辟了道路。甚至在今天,人们也相信:是他为诸神同人的精神世界相遇开辟了平坦之路,为他的崇拜者们开通了物质繁荣、精神丰富的道路。既然奥贡是铁神,那么他保护每一个使用铁制工具的人。他是战神、狩猎神、铁神、工程师神、机械工神,也是卡车司机的神、屠夫的神和木头雕刻家的神,还是主持盟约缔结、签订协议和发表誓言的神。帕林德(Parrinder)解释说:"吻一件铁器即确保:一个异教徒在法庭上讲真相,平民百姓在铁匠作坊签订友好协议或分享摆在铁盘子上的柯拉果。"[2]

奥贡最喜爱的祭品是狗。几种用来制造弓箭的树在他看来是神圣的。就行为方式而言,奥贡像埃修(Eshu)一样反复无常、具有危险性,但声势更为浩大。本质上,他是"难对付的、凶悍的和令人恐怖的",但是他并不被看成邪恶的神,"确切地说,人们强烈相信,他需要得到公正、光明磊落和正确的判断。"[3]

四、埃 修 的 故 事

埃修是奥兰米拉的信使,也是天地之间的总监督。他根据上司的指示,让人类得知诸神的意志,也定期向奥乐杜马尔报告有关崇拜,尤其是有关祭祀的情况。他不受管制,爱惹是生非,有时又自加改正,是约鲁巴万神殿中最可怕的角色。

有次奥兰米拉出访奥沃小镇,出行之前,他没有像平常一样用占卜器具预测此行的吉凶。结果,埃修的一场恶作剧几乎酿成一场大灾。埃修在奥兰米拉经过的路上放了一堆柯拉果。奥兰米拉经过长途跋涉,又累又渴。当他正想把柯拉果放进嘴里的时候,一个农夫突然跑出来,指责奥兰米拉偷吃他的果子。农夫又骂又叫,还用刀子把奥兰米拉的手割破了。其实,农夫是埃修故意引来的。

当奥兰米拉到达小镇时,那个农夫已经把他告到了法庭,指责奥兰米拉偷窃,还把奥兰米拉受伤的手指拿出来做证据,证明他就是那个贼。

这下子埃修意识到事情已经闹大了。于是,就在奥兰米拉被传讯到奥巴(Oba,大王)那里的前一晚,他绕城一周,趁人熟睡之际,在城里每个人的手上

---

[1]　Stephan Larson, *A Writer and His Gods*, 1983, pp. 28 - 30.

[2]　Ibid.

[3]　Ibid.

都划了一刀,包括奥巴的手。第二天,当奥巴要求奥兰米拉伸出双手时,埃修作为奥兰米拉的辩护人,要求大家都把手伸出来。奥巴看见大家的手上都有伤口,只得宣布奥兰米拉无罪释放,并应该得到赔偿。奥兰米拉一下子得到一大堆东西:水果、鸡羊鱼肉、棕榈酒之类。尽管如此,他还是很长一段时间没有跟埃修一起外出旅行。[①]

另一则有关埃修的故事是《埃修的帽子》:

话说从前,有一对好朋友,他们从很小的时候就非常要好,形影不离,从来不吵架。他们种的地连在一起,经常一块儿种庄稼,种一样的庄稼。他们不分彼此,如同亲兄弟。可是,埃修来到他们中间之后,情况就不同了。

有一天,埃修来到这里,在他们两人田地中间的小路上溜达。埃修戴着一顶红白相间的帽子,烟斗搭在后脖颈上而不是放在胸前,让人觉得他是在用后脖颈吸烟。他还把拐杖夹在腋窝里,而不是放在胸前。两个朋友正在田地里埋头干活,看到埃修经过,赶忙直起腰,一边歇息一边争论埃修帽子的颜色,争论埃修走向哪里。两个人谁也不服谁,结果拉拉扯扯到了国王那里。

埃修也来到宫廷。他看到那两个朋友还在争吵,于是承认是他故意挑起的,因为他喜欢恶作剧。国王随即下令逮捕他,他却一下子逃跑了,谁也没有抓住他。他跑到镇里,到处放火,制造混乱。人们纷纷从大火里抢出自己的东西。埃修却把各人的东西混在一起,使得人们开始争论哪样东西是自己的,而他却非常开心,拍拍屁股走开了。[②]

埃修是个骗子,是个麻烦制造者,难怪有人称埃修的故事是骗子的故事。唯独约鲁巴骗子故事中有埃修这位来自神界的主人公。[③]

五、占卜神奥兰米拉

奥兰米拉是约鲁巴人的占卜神和预言神。他被认为是最高神的副手,有关智慧的事情他都无所不知。在奥巴塔拉第二次被派往大地的时候,奥兰米拉被指定为奥巴塔拉的伙伴和顾问。据说他第一次进入世界就是去执行最高神的使命——匡正混乱的世界秩序,监管怀孕、生育、疾病以及药物使用等事情。因为奥兰米拉知道命运为人类和神祇储存了什么,所以他能够预知未来,

---

[①] 李汉平译:《祖先的声音——非洲神话》,2003,第59—60页。
[②] 同上,第86—87页。
[③] 同上。

预知避开灾难的方法。奥兰米拉崇拜(Orunmila cult)的重要部分是称之为"艾法"(Ifa)的一种富有魔力的预言体系,它存在于奥兰米拉的祭司(babalawo)使用棕榈核仁对未来所做的预言之中。传统信仰说,预言是奥兰米拉自己做出的,祭司只是他的代言人。

任何人都可以向奥兰米拉提出问题,因为他懂得世界的所有语言。

奥兰米拉不仅能够预知未来,而且据说也能医治疾病,他的祭司是技术高超的天然医生,精通各种药草的知识。[1]

六、洪 水 神 话

预言神奥兰米拉曾经在大地上给自己造过临时居住的家。然而,有一天他厌倦了跟人类生活在一起,于是回到天上,回到朋友奥巴塔拉那里。奥兰米拉走了,人们再也不能得知诸神的意愿,于是不久就忘记了上供祭祀,这就激起诸神的愤怒,其中怒气最大的神是海洋之主奥洛昆(Olokun)。他掀起冲天巨浪淹没了陆地,淹死了每个活着的生物,唯一幸存下来的是寥寥几个人类。他们抓住奥巴塔拉向他们放下的绳子往上爬,想方设法拯救自己。奥洛昆的怒气终于消了,世界上覆盖着淤泥和泥块,完全不适合居住。后来,奥兰米拉和奥杜杜瓦回到地上,又把它变成一个人们能够生活和劳动的地方。[2]

七、太阳和月亮的由来

约鲁巴人的主神奥巴塔拉之所以未能造出陆地,就是因为他喝棕榈酒大醉了一场。在睡梦中,他答应为人们造出一个太阳。后来有一天,森林部落的酋长忘记了摆放供品祭祀天神,因而触怒了天神。天神一怒之下向他的房子上方扔下一棵大树,幸亏被奥巴塔拉及时挡住,结果非但没有造成破坏,他还施展魔法把大树变成一大块金子。他命令天国的铁匠把那块金子做成一条船和一个圆坛。然后,他叫几个下人抬着圆坛,坐上船,运到天国的顶空。圆坛被下人们悬在高空,就变成了太阳。奥巴塔拉的父亲奥乐杜马尔又造了一个银白色的又扁又圆的月亮,并且让月亮每天接替太阳去照亮人间。月亮听从奥乐杜马尔的命令,开始在约鲁巴人的天空一圈又一圈地旋转,从新月到满月,转个不停。[3]

---

① Stephan Larson, *A Writer and His Gods*, 1983, pp. 25 - 26.
② Ibid.
③ 李汉平译:《祖先的声音——非洲神话》,2003。

这则神话强调月亮的外部形态又扁又圆,颜色是银白的,月亮自身的使命是"接替太阳去照亮人间","从新月到满月,转个不停"。这儿的月亮是最高神奥乐杜马尔创造的,旨在满足人间对光明的需要。从艺术层面上看,这则神话只是叙事,语言朴素无华。

综上所述,我们获知了约鲁巴人最高神奥劳容(又称"奥乐杜马尔")、主神奥杜杜瓦和奥巴塔拉以及狩猎神奥贡和占卜神奥兰米拉的故事,也获知了陆地的出现、泥土造人、洪水神话与太阳和月亮的由来。这个神的世界俨如人间社会,等级森严。最高神主宰一切,发号施令。两位主神分别创造了陆地和人类,其他神则各司其职,干了他们分内的事情。神话的主人公——诸神——也各具特色,而且颇具人情味:有的嗜酒误事(如奥巴塔拉);有的传递信息,帮助神与人进行沟通(如奥兰米拉);有的外貌可怕,非常好战,又是开拓者,"为他的崇拜者们开通了物质繁荣、精神丰富的道路",人们强烈相信"他需要得到公正、光明磊落和正确的判断"(如奥贡);有的思想缜密,考虑周到,善于处理紧急问题(如最高神奥劳容)。他们也像人类,有爱发脾气、嗜酒的缺点,并非完美无缺,只有最高神例外。

最高神超然于世界之外,那其他神从何而来呢? 让我们看下面的神话。

八、其他神源自奥巴塔拉

据说,奥巴塔拉和他的顾问,即占卜神奥兰米拉,在大地这儿生活一段时间,比较好地完成了奥劳容指定给他们的任务。有一天奥巴塔拉发现他需要一个奴隶,就去奴隶市场买了一个。他买来的这个奴隶叫阿托伍达,其含义,就是"用头搬运工"。阿托伍达看着忠心耿耿,愿意提供服务,不久便赢得了主人的友谊。过了一段时间,阿托伍达向奥巴塔拉要求能够耕种的土地。奥巴塔拉愉快地答应了这个奴隶的要求,把山坡上的一块土地给了他。此后不久,阿托伍达开始耕种这块土地,还在山脚下为自己造了一个小屋。奥巴塔拉对他这个勤劳能干的奴隶所做的事情很有印象,常常到小屋看望他。看上去阿托伍达和奥巴塔拉是最好的朋友,可是阿托伍达正在暗地里筹划谋杀他的主人。

有一天,阿托伍达藏在山坡上,奥巴塔拉从下面的道路走上来。阿托伍达把一块大圆石朝奥巴塔拉滚过去,奥巴塔拉惊诧万分,想躲也来不及,正巧被这个圆石击中,当即粉身碎骨。奥兰米拉得知后,匆忙赶到出事地点,用一个大葫芦把不幸的奥巴塔拉的碎骨收集起来,就地埋葬了大约一半,另外一半则撒向了整个地球,这就是为什么现在有数以百计的神存在的原因。[1]

---

① Stephan Larson, *A Writer and His Gods*, 1983, pp. 23 - 24.

其实,有的神原本是约鲁巴人的祖先(如奥杜杜瓦),也有的是人世的英雄(如奥贡)。简而言之,神是人类虚构的,是自然力形象化的结果,也是某些卓有影响的人被神化的结果。

九、天为什么高高在上

天原来很低,就像地上的屋脊,人甚至可以伸手摸到它。天有些地方松垂下来,就跟我们夜晚罩在床上的蚊帐差不多。

诸神和我们先人的灵魂就住在天上,地上所发生的一切事情,诸如祈祷、诵诗、聊天甚至口角,他们都听得见。天很低,所以我们能够跟诸神谈话;神有指示,我们立即照办;我们之间出现争吵,神也很快判定谁是谁非。

但是神却不得安宁。妇女一天到晚唠唠叨叨,让他们厌恶;孩子们脏兮兮的手竟然伸进天的褶缝里揉来揉去,玷污了神的住所。诸神和先人没办法解决这个难题,只得忍受人类这些只顾自己的行为。

有一天,在收获庄稼之后,地上的妇女集合起来舂米,那又长又重的杵捣着石臼,不但发出噼里啪啦的声音,而且一起一落地捣着天的脸,有的神被击中而摔了下来。还有,妇女们无休无止的胡诌八扯,声音大得震耳欲聋。因此,诸神立即开会,决定天必须升高,以便摆脱妇女们这般不顾他人的干扰。

根据这个决定,诸神就把天升高了。从此,天就停在我们现在看到的高度,诸神也随天升高了,妇女们再也不能辱没他们,普通人也不能同他们轻易接触了。

喏,你们想想看,就是那些不动脑筋的傻瓜干出的坏事才把天和诸神赶走,让他们远离我们。[①]

这则神话告诉我们,人类和诸神原来关系很密切,相邻相伴。诸神帮助人类排忧解难,判断是非。可是由于人类自私,天与诸神高高升起,远离人类。

总之,约鲁巴人的神话丰富多彩,自成体系,回答了陆地形成、人类起源、诸神起源、太阳与月亮的由来以及人类与神之间关系等问题。这些神话故事生动有趣,人物性格鲜明,受到人们的欢迎。故事中的人物亦受到人们的敬畏和崇拜,迄今人们在人生重要阶段(如出生、结婚)和重大节日仍要祭祀和赞颂这些神话的主人公——诸神。

神话是口头文学的重要文学样式,体现了约鲁巴人伟大的想象力和语言组织能力。神话是原始社会乃至奴隶社会的产物,可又反映了原始社会乃至

---

① 李永彩主编:《非洲古代神话传说》,1999,第14—15页。

奴隶社会时期的社会现实,反映了当时人们的世界观和价值观,从而奠定了约鲁巴文化的基础,为其他文学样式(如口头诗歌)提供养料,甚至穿越时空影响着现代作家沃莱·索因卡等人的文学创作。约鲁巴神话之于约鲁巴文化的意义,就犹如希腊神话之于西方文化。

第三节
传　说

约鲁巴人不但创造了许多神话,而且编成许多传说。传说中的英雄,有些是编造出来的,同神话中的神一样。有些在历史上确有其人,但被神化了,和编造出来的英雄一样,做出了超越人类能力的奇迹。在古代约鲁巴人的心目中,他们是祖先,是民族英雄,是真有英雄事迹的超人。

一、桑 戈 传 说

桑戈(Sango)是约鲁巴第四位国王,曾经统治包括贝宁、波波和达荷美在内的所有约鲁巴人。据说他是个暴君,被他的人民推翻,流落国外。他发现不但朋友抛弃了他,而且爱妻奥娅也抛弃了他,于是在一个名叫科索的地方自杀身亡。他的悲惨结局成了一条谚语,他那些不忠的朋友因为曾经嘲笑过他而感到羞耻。为了弥补自己的卑劣行为,这些不忠的朋友到巴里巴国学习魔法,即吸引雷电击毁敌人房屋的办法。

在回国途中,他们怀着复仇之心实践他们学到的魔法,结果灾难频频发生,闪电带来许多死亡,由此引发人们的怀疑和探问。桑戈的朋友们就说,这些灾难应归因于这位已故的国王,是国王在向侮辱他的敌人报仇。为了让这位国王不再向大地复仇,他们向这位恼怒的国王允诺以祭祀安慰他。于是,朋友们把他神化,桑戈遂成为雷神。[①]

二、莫 里 弥 传 奇

莫里弥(Moremi)是伊勒-伊费一位古代英雄的妻子,也许就是奥兰米延

---

① Samuel Johnson,*The History of the Yorubas*,2010,p.34.

的妻子。她是一位非常美丽而又具有道德感的妇女,只有一个儿子,名叫伊拉或奥鲁罗博。

当时,由于一个名叫伊博的部落频频发动攻击,伊勒-伊费城处在骚乱不安的状况中。这种状况一直持续多年。伊费人把这种苦难和痛苦归因于诸神的不悦,因为来自伊博地区的攻击者看上去不是人类,而是神或者半神。伊费人觉得不能抵御他们,而那些攻击者大肆抢掠他们的宝贵财物,抢掠他们的妇女和儿童。伊费人则谋求诸神的好感,呼吁诸神相助,但是没有得到回应。

这时候,这位充满热情和爱国精神的莫里弥决心做她能够做的事情,帮她的国家摆脱灾难。她下定决心要弄明白这些伊博人到底是什么,该怎样同他们做斗争。为此,她经常到一条名叫埃欣来瑞的小溪那里,向神祇发誓:如果她能够执行她的计划并且获得成功,她就不惜代价地向神献出祭品。她的计划是把自己暴露在那些攻击者面前,让他们捉住,然后被带到他们的国家,以便她在那里了解他们的种种秘密。"可是,"她说,"要是我死了,我就死吧。"

在伊博人又一次发动攻击的时候,她着手执行她的计划。她被伊博人捉住,带到他们的国家。因为她是一位非常美丽的妇女,她就和其他人及战利品一起被送到国王那里。她的美貌和美德让她在那个国家赢得了地位,并且得到了人民的信任。她熟悉了他们所有的习惯,了解了他们所有的秘密,并且也知道了那些让她的人民感到恐惧的对象只是一些男人,那些男人从头到脚覆盖着艾坎草和竹子的须根,让他们看上去不是普通的人类。她也从丈夫那里得到成功攻击他们的秘密:"如果你的人民知道怎样制造火把,有胆量举着点燃的火把往他们中间冲,他们就抵挡不住。"

莫里弥觉得她现在熟悉了伊博人的每件事情,已经解除了他们对她这个俘虏的怀疑。于是有一天,她找到机会跑回她的老家,利用她得到的秘密,让自己的国家永远摆脱了人民曾经恐惧的那些男人的攻击。现在她要兑现她的誓言。

她经常带着羔羊、公山羊等祭品到那条小溪旁边献祭,可是那个神什么也不接受。后来,她又以小公牛做祭品,那个神也拒绝接受。于是她乞求祭司为她占卜献什么才会被神接受。结果那个神要她的儿子,她唯一的儿子奥鲁罗博。

为了兑现誓言,她放弃儿子,让儿子做祭品。伊费全国为她的损失哀痛,都答应做她的儿子和女儿,补偿她为拯救自己的国家而承受的重大损失。

然而,人们认为奥鲁罗博虽被杀死,可只是半死。后来,他又复活了,站了起来,搓了一根绳爬上了天。直到今天,所有的伊费人仍然满怀期待地希望他会再回到这个世界,收获对他伟大善举的最高奖赏。①

---

① Samuel Johnson, *The History of the Yorubas*, 2010, pp. 147 - 148.

这则传奇告诉我们,莫里弥的确是一位了不起的女英雄:她主动当俘虏,深入敌人阵营,了解敌情,然后逃回自己的国家,利用她所了解的秘密,帮助自己的国家摆脱敌人的恐怖袭击。她是个说到做到的女丈夫:她制定计划,执行计划,把生死置之度外;她发誓若计划成功就不惜代价地向神献祭,结果献出自己唯一的儿子。从另一个层面看,莫里弥也是一个兵法专家,践行了"知己知彼,百战不殆"的兵家法则。莫里弥也是最受人爱戴的女人:"伊费全国为她的损失哀痛,都答应做她的儿子和女儿";儿子献祭了,但又复活上天,"所有伊费人仍然满怀期待地希望他会再回到这个世界,收获对他伟大善举的最高奖赏"。

从艺术角度看,这则传奇也有明显的可圈可点之处:故事完整,前后呼应;语言简洁,没有废话;人物性格鲜明,描述恰当。

三、奥贡传奇

奥贡是约鲁巴地区所崇拜的众神之一。他是铁神和战神……奥贡原本是一位勇猛的武士和强有力的魔法师。他知道如何制造魔法和如何向人们投放符咒。据说,有段时间,人们非常害怕他,就把他从城里驱赶进浓密的森林。他没有大砍刀在森林里开辟路径,也没有锄头开垦土地。他孤苦无助地待了七天。后来,也就是第七天,他在森林里发现了一块打火石,向它施加符咒。一把锋利的短剑立刻从石中出来。他用这把短剑在森林里砍出一条路径,开辟出他回城的路。

当奥贡回到他的城里,他又把他的追随者集合起来,跟那些驱赶他进入森林的敌人战斗,并且赢得胜利。他本人就成了这个城的武士首领,而且比从前更强而有力。他拥有约鲁巴地区最大的战争武器收藏库。他作为拥有魔剑的伟大武士,名声传遍四方。无论他走到哪里,哪里就有一大群人围着他争着看他的魔剑。

这时候,在伊莱附近的城镇村庄里也住着别的武士首领。当他们听到有关奥贡的英勇事迹和魔法强力的故事时,他们开始妒忌他……因此,他们开始设计阴谋杀害奥贡。有一天,当奥贡和他家里人正在农田里忙着干活的时候,一个送信人跑来告诉他们:城镇已经被来自远处的敌人包围了,人们非常惶恐,妇女和儿童纷纷离家,逃进附近的灌木丛。男人们从农田匆忙回来保卫城镇……奥贡跑回家去拿他那把魔剑,决心用魔剑消灭敌人。

在奥贡出去战斗的时候,城镇里原来故意留下来的一些人却去攻打他的家。他们发现他的儿子,就把他的儿子杀了。但是他的妻子和他的父亲却想方设法逃进了森林。于是那些人又放火烧他的房子,房子随即夷为平地。

当奥贡听到这个消息时,悲不自胜。他离开城镇去森林里寻找他的父亲和妻子。他不能理解为什么自己人在他为他们的安全去战斗的时候,还会阴谋反对他。

奥贡离开家之后不久,瘟疫在这个城里传播开了。他们请示艾法神谕(Ifa oracle)。神谕告诉他们:因为他们杀死奥贡的儿子,诸神对他们感到气愤。神谕还告诉他们:除非奥贡和他的家人返回家园,否则瘟疫还会继续。……

经过几次三番的劝说,奥贡同意回来住在这座城里。奥贡回家之后没几天,大家恢复了健康,快活起来。他们举行盛大宴会,全城的人载歌载舞好多天,以此向他们的武士首领奥贡致敬。①

奥贡原来是位武士和魔法师,因其能力强而被担惊受怕的人们逐入森林。他用魔法符咒获得短剑,向敌人报复。后来一次又一次地受人攻击,他才想用短剑还击。奥贡是战神,为自卫而战,为全城人民而战。另外一个版本说,奥贡拥有世界上第一把铁刀,用这把铁刀在森林里开垦土地。奥贡建立锻铁炉,开始制造打猎用的长矛、刀和锋利的剑。奥贡答应向诸神和人类传授铸造铁器的知识,铸铁的知识因之传遍了邻国乃至整个非洲。他制造铁器,帮助人们狩猎,促进了农业发展,大大提高了生产力,难怪人们尊奉他为狩猎神、铁神和战神。从传奇的角度来说,奥贡开启了铁器文明时代。

第四节
故　事

约鲁巴人也有给孩子和村民讲故事的传统,借以达到教育和娱乐的目的。约鲁巴人中有许多具有讲故事天赋的人,他们不但讲述别人的故事,而且讲述自己创作的故事,讲得声情并茂、生动有趣,给人以精神享受。因此,约鲁巴文学中包含许多故事,而且丰富多样。就内容而言,约鲁巴故事主要有七大类:动物故事(animal stories)、人类故事(stories of human beings)、人类与动物互动的故事(stories of human and animal interaction)、魔法故事(stories of magic)、难题故事(dilemma stories)、幼儿夭折的故事(enfant stories)和孪生孩子的故事(stories about twins)。

---

① Toyin Falola, *Yoruba Gurus: Indigenous Production of Knowledge in Africa*, 1999, pp. 151 - 152. See also Kemu Morgan, *Legends from Yorubaland*, 1998, pp. 3 - 11.

一、动　物　故　事

约鲁巴人以动物为主要人物的故事多不胜数,故事中的动物都被拟人化,能够像人类一样思考、讲话,像人类一样有情感。其中以乌龟为主人公的动物骗子故事(animal trickster stories)居多。

1. 乌龟怎样得到水

乌龟生活的那个村庄出现了干旱。雨水缺得相当厉害,整个地区的大河、小溪都干涸了,只剩下一个小水洞。水洞为周围的村庄和城镇提供水源。

过了一段时间,水洞也开始干涸了。乌龟看到这种情形,开始琢磨起来,就想把剩下的水弄去贮存在自己家里。

于是,他到市场买来 20 个大葫芦,用来取水。可是乌龟也认识到,大象和野母牛,还有比他身大力强的其他动物,都住在离水洞很近的地方。所以他又想,用 20 个葫芦取水,怎样才能不让这些野生动物看见。他把 20 个葫芦拴在头上。当他向水洞走去的时候,葫芦开始相互碰撞,发出悦耳的声音。伴着这悦耳的音乐,乌龟唱了起来:"我见过野林里的大象,我碰到过河里的野母牛。"

当乌龟开始唱歌的时候,住在水洞附近的所有动物——包括大象和野母牛——都开始跳起舞蹈。他们跳啊跳啊,一直跳到离水洞差不多十来里远的地方。乌龟乘机走到水洞旁边,用 20 个葫芦取满水,把水弄回家。

乌龟在回家的路上又唱了起来:"我见过野林里的大象,我碰到过河里的野母牛。"

乌龟的智慧使他能取走水洞里所有的水,让他在下一个雨季到来之前有足够的水喝。其他动物呢,却个个生活在干渴之中。①

在干旱季节,生存竞争异常残酷。小小的乌龟用智慧战胜了大象、野母牛和比他身大力强的其他动物,获得了继续生存的物资,从而证明了智慧的重要性。

2. 为什么乌龟是秃头

在上帝造物之初,乌龟被赋予满头秀发。有些好妒忌的姑娘羡慕乌龟的美发。可是乌龟贪心。他太贪心,以致他竭尽全力要实现他贪婪的野心。

---

① "How Tortoise Got Water," see *West African Folktales*, compiled and translated by Jack Berry, 1961, pp. 74 – 75.

到头来,他的贪婪竟然发展到偷窃的地步。乌龟成了偷盗高手,他偷妻子,偷父亲,甚至偷自己的儿子和女儿,登峰造极的是他偷自己。

在乌龟向妻子求婚的时候,他表现得俨如一位最了不起的活圣人,在大地表面走动。他把品格藏在长袍下面,岳父家里没有人知道他是不同寻常的窃贼。

可是俗话说得好:"没质量的篮子难以掩藏火的烟。"他的偷窃恶习成了公开秘密,乌龟也就声名狼藉了。

这时候,要阻止他娶未婚妻延尼博为时已晚。延尼博已经怀上他的孩子,不久他们就结婚了。

延尼博用尽她的全部力量去改正乌龟的坏习惯,可他反而一天比一天更精于偷盗。

妻子意识到丈夫的情况无法挽救,就放弃了把他挽回正道的想法。

有一次,乌龟妻子把他的午饭摆在餐桌上,然后去后院为他取饭前洗手的水,这时乌龟从食盘中偷走两片肉并巧妙地掩盖住盘子。

妻子回来的时候,发现盘子有些不对劲,就把盘子揭开。哎呀,两片肉竟然不见了。她突然泪如雨下,乌龟也跟着哭,可是他哭是为了否认他偷走了肉。

正像一句格言说的:窃贼天天得意,物主一朝如愿。

乌龟成了他的家庭、他岳父的家庭的悲哀之源,成了同他有这样那样联系的每个人的悲哀之源。

有一天,这位偷盗高手把偷窃提升到新的境界。他到丈母娘家,碰见她正在煮木薯糊糊。木薯糊糊的香味把乌龟"送"到一个陌生的地方,他开始做起梦来。

一旦乌龟看到和嗅到木薯糊糊,他脑海里就会出现丈母娘就不配吃她自己做的木薯糊糊这种念头。

结果,他不但没有在适当的时候离开丈母娘家,反而不恰当地滞留下来。

丈母娘感到有些蹊跷。可是她认为她的女婿还不敢把偷盗领域扩展到她家。但是她怎么也想不到他脑子里在想些什么。

为了不想看到他,丈母娘提醒他该走了。在他走之前,她说要给他一些柯拉果让他在路上咀嚼。于是她急急走进自己的房间。

加上佐料的木薯糊糊恰巧到了要从火上拿下来的时候。乌龟动起脑筋,想如何带上锅逃之夭夭。可是不幸的是,锅太热,谁也带不走它。

然而乌龟还是想到了一个方法。一见岳母离开,往她的房间走去,他便摘下戈比帽,用巨大的汤匙把大量的木薯糊糊舀进帽里。他轻快地戴上帽子,装出没事人的样子。

岳母回来之后,立即注意到棕榈油从女婿的头上流出。她感到极大的耻辱,但是装出毫不知情的样子。

柯拉果送上。按照习惯,她送女婿离开房屋。因为乌龟对粥锅做了手脚,岳母送他走了很长一段路程。这么做倒把乌龟折磨得够呛,受的罪简直无法描述。

岳母继续装出对发生的事情一无所知的样子,即使棕榈油从乌龟头上流到胸口、流到双肩、流到这个肇事者的后背,弄脏了他的衣服。

乌龟想早点摆脱岳母,以便能坐在某个地方吃偷来的木薯糊糊,于是他开始唱歌:

啊,亲爱的岳母,

很有同情心的岳母,

你护送我走得太远。

回去吧,让我快快走回家。

我帽子下面的太阳

灼烫厉害,我受不了啦。

岳母相信,她这一招已经狠狠伤害了贼女婿的脑袋。于是她转身回家去吃剩下的糊糊。

天呐,乌龟的脑袋受到很大的伤害。岳母一离开现场,乌龟赶忙跑到一处树荫下,摘下帽子。

唷! 他所有的头发已和着木薯糊糊掉光了,他的脑袋被严重烫伤。

他泪流满面。糊糊是再也不能吃了,因为上面覆盖着乌龟长长短短的头发。帽子也被糊糊渗出的棕榈油浸透了。

风吹过乌龟光秃秃脑袋,他痛苦不堪,更不用说还有一只苍蝇在上面短暂休息了。乌龟痛苦极了。他知道他的脑袋已经烫伤,但若想用一顶新帽子罩住它,虽然就地办得到,却是危险的。

乌龟又在左思右想怎样面对回家后的情景。

他妻子首先看到他,不由得惊叫起来。

"保持冷静!"乌龟对她咆哮起来,"归根结底,我是在社区服务时失去头发的。"他说在回家的路上看见一座房屋着火了,就问附近的一个药人该怎么办,药人说除非烧掉一个人的头发,不然整座房屋就要化为灰烬。

当时当地要求他勇敢地把脑袋投入浓烈的大火,大火烧着他的头发后就熄灭了。

妻子和家里的其他成员知道,不论小偷是什么人,都善于说谎。他们决定不对乌龟发难了。但是第二天,秘密却被岳母捅了出来。

村民和邻居对乌龟在岳母家的"冒险"事迹也佯装不知。每当受到责难,乌龟就把自己禁闭在壳里。

从那天起,乌龟发现他的脑袋再也长不出新头发了。每当乌龟为那次事件感到羞耻,他总是缩着脑袋。村里无论谁要乌龟遮住脸面,总是提醒他用稀饭锅表演的那种特殊武艺。①

这则故事有声有色,生动有趣地揭露了乌龟贪婪、偷盗、奸诈的本质。他尽管诡计多端,到头来还是自食其果——失掉头发,落个笑柄的下场。

3. 乌龟与世界上所有的智慧

每个人都知道乌龟是一个非常聪明智慧的造物。事实上,乌龟也认为自己是地球上最智慧的造物。有一天乌龟对自己说:“我要把世界上所有的智慧收进一个很大的葫芦,把葫芦放到树顶上,这样就没有谁能够得到它。今后我就永远是世界上最聪明的人。”

于是乌龟取来一个葫芦,当他认为已经把世界上所有的智慧收进葫芦以后,就把它封好,用一根绳子把它拴到自己的胸前,开始往树上爬,准备把装有所有智慧的葫芦挂在上面。可是事实是,葫芦正好拴在胸前,使他不能爬树。他每次试着爬树,每次都摔了下来。

当乌龟用很大力气爬树的时候,蜗牛就在很近的地方仔细看着。蜗牛嘲笑乌龟的愚蠢,说:“乌龟,他们说你是非常聪明的人,可我不明白一个聪明的人把一个大葫芦挂在胸前怎样爬树?! 如果你想爬到树上,你应该把葫芦拴在后背上,而不是拴在你的胸前。”

乌龟听到这番话,就尝试这个建议,果然奏效。这时候,乌龟才认识到他的葫芦里并没有贮存世界上所有的智慧。

没有人能聪明到占有世界上所有的智慧。②

这则故事简单明了,揭示了乌龟这个非常聪明的人物的野心和狂妄。正像中国一则谚语所说,“智者千虑,必有一失”。乌龟把葫芦系在胸前,企图爬上树去挂装满世界上所有智慧的葫芦,结果失败,成了蜗牛嘲笑的对象。小小的蜗牛却比乌龟聪明,提出的建议合理而且奏效。

二、人 类 故 事

人类故事中,所有人物都是人类。这类故事叙说人类的生活、行为和

---

① “Why Tortoise Has Bald Head,” see *Great Tales of the Yorubas* by Mike Omoleye and Muyiwa Johnson, 1977, pp. 9 – 13.

② “Tortoise and All the Wisdom in the World,” see *West African Folktales*, compiled and translated by Jack Berry, 1961, p. 104.

思考。

1. 活着，就有希望

话说以前，有一个受人欢迎的富人。人民非常爱戴他，决定拥立他为国王。可是他就职不久，在竞选中失败的对手就开始阴谋推翻他。

城里终于出现混乱，有些人暗示是新国王策划的。事情好像还不够乱，国王的店铺、财宝和宫殿遭到夜盗。到头来，他变穷了，生活上不断遭遇一些丑恶事件。

最后，国王的大多数支持者被迫支持反叛者，还对国王提出几桩控诉，国王在反叛者的压力下被迫退位。就在被迫离开宫殿的那天，他受到安全警察的严密监护。他终于发誓同这个王国断绝关系。后来，妻子们和孩子们都支持他。他身受奇耻大辱，决定前往很远的村庄，在那里没有人认得他。

他走了几天，穿过一些城镇、一些村庄和一些野生动物众多的茂密森林，但从来没有停下脚步。他终于走到了他认为没有人会认出他的一个村庄。当他正准备放下小包袱在一棵树下休息的时候，离他不远站着的两个男人却自问起来："这不是……的国王吗？"他们十分惊讶。前国王一听到这话，立即转过脸去，马上走开，不去理他们。

在到达远离他们的另一个村庄的时候，同样的事情又发生了。这时候他已经离开他的城镇几百公里了。这表明他在周围城市、城镇和乡村都很有名。不久他感到疲累和挫折。他到达一个地方，在那里买了根绳子，准备自杀。他在森林深处正想结束自己生命的时候，听到一个声音。

他立即打住，仔细倾听那个声音。这时候，他能够听清嘟囔着的几个字："活着，就有希望。"在头脑混乱的时候，他放弃了自杀的计划，思考片刻。他又听到那个声音，于是放下包袱，顺着声音的方向走过去。真是想不到啊！他碰到一个年老的麻风病人正在给蔬菜浇水。这两个陌生人惊奇地对看着。麻风病人首先开口讲话，向这位前国王问候，又问他从哪里来，是什么把他带到这个大森林的。然后前国王讲述了发生在他身上的一系列不幸事件，包括他听到麻风病人的声音之前决心了结自己生命的事情。

麻风病人哈哈大笑，在地上打滚，然后站起来，讲述他简单的生活经历。前国王跪了下来，感谢上帝，因为他的不幸同麻风病人相比微不足道，而且他还拥有健康。于是，前国王毫不迟疑地决定同这位麻风病人一起继续生活。他收拾好行李和那根绳子。每个夜晚，两个不幸的人常常互相讲述他们过去的幸运事情。

不到一个星期的时间，前国王自己就应验了这个麻风病人的话："活着，就有希望。"回头看看城里，在废黜奥巴（约鲁巴语"国王"）之后新立的国王仅短暂在位就死去了。最后，曾经爆发并被归罪于前国王的那次混乱，原因已经查明，他被免罪。城里的人民着手开始调查，同时也咨询艾法神谕。两方面都显示应找到流放的国王并让他复位。

反叛者怎么样了？他们听到调查的结果后，为了挽回面子逃出城镇。一个猎人在同伙伴搜查的时候，在森林里面发现了国王和他的朋友麻风病人。猎人走到他们两人跟前，礼貌地叫出这位前国王的名字。

猎人讲述了国内发生的一些事件并请求他回到王座。前国王立即干脆地拒绝，说他对目前的境况很满意。可是麻风病人一再劝告，于是前国王同意回家。

就在他回到城里的那天，学校的孩子们，还有许多男人和女人，在路旁列队欢迎。前国王还把麻风病人带回城，而且回城后没几天，就命人为麻风病人治病。几个月之后这个病人痊愈了。

共过患难的两位朋友在宏伟的大厦里富足幸福地生活着，常常回忆使他们浮沉的生活潮流。他们永远不忘这句格言："活着，就有希望。"[①]

这则故事讲出了人生哲理：人生难免沉浮，在受挫与失意的时候，人不可自暴自弃，更不可自寻短见。"活着，就有希望。"人应该采取这种积极的生活态度，正像中国古诗所说的那样："山重水复疑无路，柳暗花明又一村。"

故事中的两个人物具有典型性。在医疗科学不发达的时代，麻风病一般被视为不治之症，患者往往被逐出人群，赶进荒山野岭，自生自灭。老麻风病人面对这样的厄运，非但没有绝望，反而坚守"活着，就有希望"的生活理念。国王先是富人和地位尊崇者，过着富贵尊荣的生活；后来被掠走财物，废黜王位，流浪野林，一度想自绝于人世。但在麻风病人的指导下，他重拾生活的勇气，终于时来运转，恢复王位，又受到人民的爱戴。从精神和政治层面来看，这位国王也获得了新生。从肉体和社会层面来看，老麻风病人也获得了新生，因为国王为他治好了麻风病，他被社会接纳，过上了正常人的生活。

2. 孩子选父亲

很久很久以前，一个名叫苏比汝的穷困老汉和他的独生子伍勒生活在一起。他们穷得可怕，只能靠打兔子为生。苏比汝唯一的财产就是他穿的旧衣裳，他的儿子实际上什么也没有。

一天，他们到农庄去，伍勒碰上了从另外一个地区来的几个男孩。他们都

---

① "Where There Is Life, There Is Hope," see *Great Tales of the Yorubas* by Mike Omoleye and Muyiwa Johnson, 1977, pp. 24 - 27.

穿着漂亮的衣服，上下整齐。看到这种情况，他开始想知道父亲为什么让他光着身子而不关心他。他脸上没有表现出这种情绪，只是两只手抱在胸前跟在父亲后面走。可是他心里翻来覆去地想，如果情况继续这样，将来等待他的是什么。突然间，父亲看到路边有一个可爱的洞穴，他弯下身子向里挖掘，同时吩咐他的儿子守着兔子可能逃跑的路线，以便兔子跳出来时把它捉住。不幸的是，在父亲挖洞忙得不亦乐乎的时候，伍勒却忙着考虑自己的命运。兔子听到有人挖洞穴的声音，意识到即将到来的厄运，眨眼的工夫从一个洞穴里冲了出来，正好撞在伍勒的脚上。"他出来了，跑掉了。"伍勒喊叫起来，可是他不能杀死逃命的兔子。

苏比汝站着一动不动。他对伍勒的漠不关心感到悲伤和沮丧，因为七天来他们不够幸运，没有杀死一只兔子。苏比汝怒气冲天地尖叫起来："你是笨蛋、傻瓜，你这个懒儿子，你的注意力放哪儿了？没了兔子，有什么希望活下来？为了满足你，你要我去偷吗？"

看来伍勒不为这些话打动。他不自然地站着，他的表情显示他对父亲提出的问题怒火中烧。苏比汝正在发火，跳到伍勒身上无情地猛击，直至他站立不住。苏比汝把儿子留在那里，自己回家了。在回家的路上，他对自己嘟囔起来："我还是现在摆脱他好，我们每人都会面对自己生活中的障碍。"

光着身子的伍勒躺在地上，冷得发抖，肚子空空，痛苦呻吟。身上有些地方肿胀起来，那是父亲揍他的结果。此时此刻，他宁可死掉。时间一分一分地过去，一个小时一个小时地过去，他活下去的希望也在逐渐减小。

可是突然间，一个名叫雅考的有钱人骑马走过来。当他看见这个男孩的时候，为他感到难过，很快下马来帮助他。他把本来回家路上准备自己享用的饭食和酒给他一些。后来，伍勒重新获得力气，讲了发生的一系列事情，还说要不是雅考及时来到，那些事会把他弄死的。说来也怪，这个男孩同这个富人倒有几分相似，尤其是声音和外貌。但有一点不足，男孩的身体因为受过苦，不像富人的身体那么好看。

在伍勒讲述他的故事时，雅考一直在思考一件事，那就是他没有孩子，尽管他有多个老婆和许多财富。事实上，如有可能，雅考也不反对买个孩子，只是机会远远未到。所以他想知道为什么孩子的父亲因为贫困要抽打他。这个男孩讲完他的故事后，雅考马上问他是否愿意到自己家里，男孩同意了。雅考就给他穿上相配的漂亮衣裳，好让人们相信他有一个收养的儿子。

雅考带着伍勒回到家里，人们很惊奇，就问他："在哪儿得到一个这么可爱的孩子？"他郑重地回答："啊，我那个在别村的妻子几年前生的他。她总惩罚他，很厉害，对他一点儿也不关心。所以我今天把他带回家里。"伍勒听到这些话，默不作声。人们听到这个富人的陈述，并不满意这种解释，可是男孩的外貌和声音很像雅考,他们也就不怎么怀疑了。

不久,伍勒的生活发生了变化。雅考所有的妻子都非常关心他,他一天想吃几次饭就吃几次,除了跟街上的伙伴一起玩,什么活儿也不干。他有许多衣服,他的房间就像小王子住的房间。尤其是,雅考还给他买来一匹健壮的骏马,他骑上去到处走动,跟其他富人家的孩子一样。一个月的工夫,原来悲惨、瘦弱、靠打兔子为生的伍勒变成一个年轻俊美的男孩,形象丰满可爱。

每年总是有一次节日,城里所有富人家的孩子都要参加。他们衣着华丽,骑在马背上,朝节日场地走去,有一个孩子要被证实他或她是带他们来的那个富人的亲儿子或亲女儿。距离这个节日的时间还有一个月,雅考就教导伍勒这个节日的含义或要求,其中包括整个仪式中间该做什么和不该做什么。一句话,他忠告伍勒要留心看其他男孩和女孩会做什么、不会做什么。在节日那天,城里大多数人来到节日场地,目的是观看雅考的儿子。可是让他们十分惊讶的是,在其他孩子给乞丐钱的时候,雅考的儿子毫不例外地做同样的动作。最后,所有的孩子从他们装饰华丽的马上下来,尔后把马赶到不为人知的地方。伍勒也这样做了,甚至比其他孩子做得更为完美。

因此,人人都满意地认为他是雅考的亲儿子。雅考对他"儿子"的表演也非常高兴,并且为此大吹大擂。以后几年,这样的节日每年都在举行,伍勒年年参加而且非常成功。

有一年,雅考养子伍勒的父亲从他的村庄赶来观看富人子弟在节日仪式上的表演,希望像其他乞丐一样得到礼物。他认出了正在参加节日的儿子,感到十分惊讶。在彻底调查之后,他得知那个男孩是雅考的儿子。听到这个以后,他再也不接受孩子们的礼物。他的心里充满酸楚,产生各种奇怪的想法。节日结束,这个可怜的衣着破旧的苏比汝一直追踪到城里雅考的宏伟住所。

伍勒一看见父亲便满心欢喜。他把父亲带到雅考跟前,向雅考介绍他的父亲,还介绍他在路边被收养之前的真实场景。雅考虽然欢迎苏比汝,但心里对接待苏比汝一事是不高兴的。他没有把这种感情表现出来,反而劝这位老人睡在自己的屋里,并且下令给他最好的食物和滋味香甜的酒。

这天半夜时分,雅考走到可怜的老人苏比汝面前,问他来自己家的目的是什么。苏比汝郑重地回答就是把儿子带走,又补充说:"我必须非常感谢您对这个孩子的极大关心。愿上帝赐福给您,阿门!"可是心情不快的雅考许诺给他财富和金钱,前提是"你能把你的儿子永远留在我这里的话"。

"世上没有什么财富和金钱能够取代我的儿子。"愤怒的苏比汝反击。

雅考很快离开这个老人,免得惹起麻烦,使自己成为永久的笑柄。

雅考一夜烦躁不安。第二天早晨,他把父子俩叫起来,把他们带到远离他所在城镇的森林深处。到了森林之后,他把一把剑交给伍勒,对他说:"喂,孩子,现在,要么杀了我,跟你的父亲苏比汝走;要么杀了你的父亲跟我雅考回家。现在就是你在我们之间选择父亲的时刻。"

伍勒对此感到害怕。可是他很理智,冷静回答道:"我宁可杀死我自己,也不杀死你们当中的任何一个。"他把剑扔到远处,考虑一会儿,恳求他们两人回家和解,两人同意了。

在回家的路上,这个男孩的心里考虑了许许多多的方法来解决这个问题。

当他们回到家里,伍勒把两人叫到一个房间开会。伍勒回忆起生活经历中的桩桩事件,压低声音对他们说:"这是我人生的黑暗时刻。可是我不想成为你们斗争的根由。确切地说,我想要你们有个好的方式来解决这件事情。"

他感谢雅考把他从路边捡来的恩德,说如果没有他,自己可能已经死掉了。"另一方面,我不能因为过去日子中的不端行为责怪我的父亲。"他宣告。

"现在,"他面对雅考郑重地说,"你对孩子的爱实在了不起,这就是你为什么坚持我永远跟你在一起的道理。""但是,"他又说下去,"我的父亲想尽办法让我回家,而你却反对。"

停顿一下。他接着向他们提出一个建议:他们三个人应当到谁也不认得他们的另一个城镇去。"这样,在那里建造一座房屋,我们仨就可以住在一起,你们俩就像兄弟一样。"

原先宁可死掉也不愿孩子离开他的雅考,这时欣然接受这个建议;孩子的父亲苏比汝原来不希望孩子同他再分离,这时也满脸笑容地接受了这种安排。

此后不久,雅考就在远离这个城镇的村庄买下一座房子,他们三人在那里定居下来。似乎待在那里就意味着雅考处境的改善,他爱上村里的一个姑娘,姑娘怀孕,给他生下一对男婴。

雅考是最快乐的。几年之后,苏比汝和伍勒想要回老家,雅考给他们祝福。不仅如此,雅考还给他们足够的钱,让他们也成为城镇里最富有的人。伍勒和父亲也不时来这个村庄看望雅考,直到雅考决定回老家。

他带着五个孩子——三个男孩和两个女孩,而且都是这个乡下妻子生的——回到老家城镇,他成了一个幸福的人。在回来的那天,原先收养的儿子伍勒也随行到了他的老家城镇,就如同他们长期旅游之后回来了。

过了一段时间,男孩伍勒离开雅考回到自己的父亲身边,回到他们的村庄,他们后来过着富足的生活。

父亲和儿子常常坐下来,回忆两人迫于贫穷分离之后各自遭遇的种种事情。

他们每次这样做的时候,都会感谢上帝让雅考成为他们尘世上的救主。①

---

① "The Boy to Choose a Father," see *Great Tales of the Yorubas* by Mike Omoleye and Muyiwa Johnson, 1977, pp. 14–20.

整个故事主题明确,跌宕起伏,人物性格鲜明。苏比汝缺吃少穿,无力养活孩子,致使父子分离,但爱子之心从未泯灭。雅考富裕,有妻无子,缺乏幸福感,但心地善良,善待养子。男孩伍勒谅解生父,感谢养父,对他们不离不弃,三人共同生活,和谐一致。后来雅考同苏比汝和伍勒分享自己的财富,又有了自己的孩子,于是分成两家,各自生活,互相往来,幸福美满。三个普通人解决了贫富差距的问题,给人们带来幸福,给社会带来稳定。难道大呼小叫的政治家们在他们面前不应感到汗颜?!

三、人类与动物互动的故事

在生活中,人类经常会遇到动物,因此,出现了许多人类与动物互动的故事。

猎人遭遇母老虎

在某个时期,一个猎人同三个妻子生活在一起。前两个老婆都有孩子,第三个老婆没有,但反而最受猎人宠爱。

后来,前两个老婆中的一个又生了一个孩子,定下起名的日子。在那天,所有的猎人都来祝贺他们的领袖:他要给他的新生孩子起名。

在起名仪式上要向铁神(即狩猎神)献祭。轮到这个猎人献祭的时候,他站在铁神面前,衷心许诺:如果第三个老婆生了孩子,他要在起名日给这个神带来两个虎崽。

献祭当月,他的第三个妻子就怀了孕。九个月过后,这个女人生下了一个活泼可爱的男婴。根据传统,孩子出生的第八天定为起名日。

从这一天起,为了兑现诺言,猎人开始猎取虎崽的行动。可是他在森林各处漫游六天,连一只松鼠也没有碰到,更不要说一只老虎了。他吃饱了,就坐在邻近小溪的一块小岩石上考虑他的困境。他思来想去,焦急万分,因为已经到了起名日前的最后一个夜晚。

就在起名日那天的一大早,猎人们集合在他们的领袖家里,而领袖本人却还在森林里面。枪声和歌唱声开始回响,他在那里都听见了。这激发了他践行誓言的勇气,可他陷入了困境。

当时他坐在横在路上的一棵树上,一只乌龟从枯叶下面爬出来走到他的脚下,说话了,问他为什么没精打采地坐着。猎人害怕地讲述了他向铁神承诺的故事——他好像无法兑现诺言。

乌龟答应帮助他,但提醒猎人不要告诉任何人是自己帮助他摆脱麻烦的,因为"你们人类是说谎话的人,是忘恩负义的人"。猎人很快答应:如果能帮助他,他绝不告诉任何人。

后来,乌龟指向离他们不远的灌木丛,说:"去那里吧,猎人,你会发现你在寻找的东西。"接着他退回来,钻进他那个枯叶掩盖的洞。

猎人足够小心地走近灌木丛,果然发现两只虎崽。说来他也走运,母老虎出去打食,把幼崽留在了那里。猎人抓起两个"小孩"放进猎袋,带着它们拔腿就跑,尽快跑回家里。

当他带着他承诺的东西到达的时候,欢呼声、枪声响成一片。

猎人一离开森林,母老虎就回来了,发现她的幼崽们不见了。她吼叫起来,弄得整个森林骚动不安。附近的动物们听到吼声,纷纷为"宝贵的生命"东奔西跑。

母老虎还是为她的孩子们担忧,在乌龟家附近喊叫起来,虽然她并不知道乌龟在那里。乌龟感到厌烦,向外窥视,警告她不要制造令人烦恼的声音打扰他。母老虎向他讲述了她的麻烦。

作为回答,乌龟向她透露有个猎人要把幼崽送到城里向铁神兑现诺言,但自己不知道是谁向猎人泄露的这个地点。

"拿别人的孩子兑现对铁神的承诺。"母老虎被激怒了。她决定亲自到城里实施报复。

她快进城的时候,就看见上千个猎人举着枪庆祝起名仪式。她感到害怕,迟疑地向后撤退。在别无选择的时候,她把自己变成了一个美女。这是可能的,因为在古代,动物们都有能力转变为人形而把自己的皮挂在树林里面。

现在这位可爱的年轻女子——母老虎——开始往猎人家里走去,并且告诉众人:她听说猎人做出许多不凡的业绩,特来同他结婚。人们大吃一惊,因为这个女人的美非比寻常。猎人毫不迟疑地同意了。婚礼和起名礼一起进行。

婚礼之后的第六天,这个女人恳请猎人拜访她的双亲。猎人欣然同意,决定翌日成行。

第二天(就是这个女人到他家的第七天)一大早,猎人穿上猎装,拿起猎枪,准备去他的岳父母家。

"这是干什么,你认为你去打猎?"新妻子抗议说。她劝他穿上漂亮的好衣裳,这样她的父母才会相信他是来拜访他们。

然而,猎人穿好衣服之后,又握住打猎用的大砍刀。女人又劝他放下。从新妻子抗议她丈夫携带任何打猎工具这一做法来看,大老婆开始怀疑新妻子别有用心。

在猎人和新妻子即将离开家的时候,大老婆叫住他,佯装同他商讨一下至关重要的问题,偷偷地递给他一把猎刀,让他藏在衣服里。猎人这样做了,没让新妻子知道。

他们出发了。可是走到新妻子藏匿兽皮的地方,她找了个借口去方便了。令猎人十分震惊的是,几分钟后,一只成熟的母老虎从他妻子去方便的地方出现并向他冲来。

他想跑掉,但来不及了。他发出若干咒语,一半起作用一半无效。他大声喊叫,没人搭理。母老虎把他撞倒,压在身子下面,不久他就投降了。

母老虎知道她抓到了敌人,野蛮地对他陈述:"是的,到了你该为你做过的事情后悔的时候了。上帝给你孩子,也给了我孩子。你却把他们拿来在你儿子的起名仪式上向铁神献祭。""顺便问一下,是谁给你指路把他们弄走的?"她又恶狠狠地问道。

猎人在母老虎重压下胆战心惊,直打哆嗦,忘记了他对乌龟的承诺,说是乌龟。

"你在撒谎。好吧,咱们到他那里去弄个明白,我再杀死你。"母老虎回答道。

在这里,母老虎想创造机会把乌龟和猎人同时杀掉。她非常清楚是他们俩共同策划的阴谋。为了让乌龟认不出她,她命令猎人无论什么时候走近乌龟的家,都要说她是他的一条狗。她知道乌龟如果看见她同猎人在一起,就会消失在洞穴里。

可是,在他们计划这件事的时候,乌龟正在抄另一条路从城镇往家跑,并且听见了母老虎的每一个计划。乌龟很快跑回家里,想思考万全之计确保猎人的生命安全。他确定母老虎抓不住自己。在离家两百米左右的地方,乌龟望了一下,看见了他们。想到破解之法后,乌龟提高嗓门问道:"朝我家方向走来的这个男人你是谁? 跟随你走的那个动物是什么动物?"

猎人说:"我是一个猎人,我的狗跟着我。"

乌龟说:"你和你的狗停在那里吧。"

他们俩停住了。

"如果那真是你的狗,搓搓它的头让我看看。"乌龟下了命令。

猎人照办了。

母老虎不得不冷静下来,以便得到机会杀掉他们俩,所以她就听从了乌龟的命令。

乌龟说:"我对你的那条狗没有把握,你把它的背翻到地面上,上下滚动一下,让我确认。"

猎人照办了。

乌龟说:"如果它真的是你的忠实听话的狗,你就用你自己的腿压住它的前腿和后腿,再戳戳它的喉咙。"

猎人这么做了。

乌龟说:"最后,在来我跟前之前,先摸摸你的屁股,再戳戳它的喉咙。"

此时,猎人意识到若要结束虚假妻子的性命,没有比现时现刻更合适的了。

遵照乌龟的命令,猎人把手放到腰间,抽出离家前大老婆给他的猎刀。他的腿压住母老虎的腿不放,用刀猛戳母老虎的喉咙,一刀把它砍断。

他把猎刀抛向一边,留下母老虎疼得上蹦下跳,直到死去。

这时候,乌龟出来对猎人说出下面的话:"我亲爱的朋友,我上次给你帮忙。对此你给出的回应是忘恩负义。我放过你,今天又给你一次帮助。要记住你答应过,关于这件事你永远不能对任何人提到我的名字。"

猎人拜倒在地乞求原谅,乌龟饶恕了他。

后来,乌龟把这件事总结成一条谚语,送给这位猎人:"如果你对某个人做好事,他不领情,再尝试做另一件好事。"

猎人把死的母老虎带回家后,他在城镇和郊外猎人中间的地位更加崇高。几个世纪以来,他的名声无人超越。

可乌龟有什么奖赏呢?上帝看见他怎样帮助猎人,就赐予他这样的智慧,以致他成为森林动物中最聪明的人物。

无疑,在约鲁巴地区讲述的传奇故事中,几乎没有乌龟不积极参与其中的,或作为正面角色,或作为反面角色。

从标题得知,这是人类同动物较量的故事——力量的较量、智慧的较量、品质的较量。主人公猎人热爱孩子,笃信铁神,深孚众望,成为众多猎人的领袖;但他有自身的弱点,如易中美人计、忘恩负义等。母老虎力大刚烈,热爱幼崽,一心为受害的幼崽复仇。乌龟看似愚笨,行动迟缓,实际上聪明过人,用智慧帮助猎人,最后战胜凶猛而狡猾的母老虎,把她置于死地。而且,乌龟占据道德品质的高地,宽恕猎人的忘恩负义,再次帮助猎人取得最后的胜利,显现了他的博大胸怀。

整个故事脉络分明,语言平实,而且富有深刻的教育意义:智慧胜过强大的力量,帮人要一帮到底而且不求名利。

四、魔法故事

魔法故事就是有关人类与超自然物的故事,以魔法与变形为其主要特征。按常情不会出现或不能解决的问题,通过魔法即可出现或解决。

魔鼓

从前,有一个非常富裕的国王。他有五十个妻子和许多孩子,有大片的农田和成百上千个在农田里干活的奴隶。在他的王国里,每一个人都幸福和满足,因为他是一位仁慈而安详的君主,公正地治理国家。

国王的大部分财富都是一面魔鼓给他的。无论什么时候,国王一敲响这面鼓,大量的美味佳肴就出现了,摆在一张张餐桌上,随时可以吃。在一个常常发生饥荒的国家,这的确算是富有了。

国王不仅用这面鼓养活他的妻子们、孩子们和仆人们,而且还用它来阻止战争。有时邻近的部族会向国王宣战。敌对部族的战士们会在自己身上画上一些可怕的图案,到国王领土的边界,挥舞长矛发出挑衅的叫嚣。

于是,国王敲着鼓迎接他们,一桌桌美味的食物便立刻出现了,都是敌人从来没有尝过的。敌兵们高兴地叫喊着,扔下武器,向食物扑去。每一次饱餐之后,队伍就开拔回家。兵士们感谢国王的慷慨,完全忘记了他们的不合。

国王不仅用他的鼓变出食物来招待人,而且常常邀请野兽们。那时候,人们懂得野兽的语言,而且大象啦、狮子啦、羚羊啦、野牛啦,全都一起跑来,饱饱地吃上一顿,然后再乖乖地回到森林里面。

人人都渴望能有国王那样的一面鼓,而且有几个人对它还很嫉妒,但是国王总是把鼓带在身边,用心地看守着它。

这面鼓有一个秘密,除了国王以外,谁也不知道。主人敲响它时,它总会供给食物,除非他在走路的时候迈过了路上的小树枝,或者在旅途中跨过了倒在地上的树干。那时,敲击这面鼓,出现的就不再是食物,而是三百名怒气冲冲的勇士。当客人们向国王恳求恩惠时,这些勇士就会用木棍和鞭子抽打他们。所以在旅行的时候,国王总是留心着这件事。由于他难得出一次远门,而且就是走路的时候,他也总是注意自己的脚步,因此,魔鼓就没有理由不变出食物而变出充满敌意的勇士来,所以一切都很好。

一天早晨,国王的一位妻子带上她的小女儿,到附近的小溪去给她洗澡。这天阳光明媚,因为雨季快要过去了。母亲和孩子沿着一条路向前走,这条多沙的赤色小径通向水边。她们抬头望着优美的棕榈树,衬着蔚蓝色的天空,显得绿油油的。她们到了小溪旁,当清澈的河水溅泼上孩子的身体时,她高兴地唱起歌来。她终于洗干净了,消除了疲劳,走上长满青青小草的溪岸,来到母亲的身旁。

而这个时候,一只乌龟碰巧在一棵棕榈树上,在为他的这顿饭采集坚果;孩子从水中走出来的时候,他恰巧弄掉一颗棕榈果,落到孩子的脚下。

"看啊,母亲!"她叫喊起来,"我多么幸运啊!洗完澡后,我正感到饥饿呢,刚好一颗棕榈果为我落下。我可以吃它吗?"

母亲弯下腰，将它拾起，仔细看了看，相信它是一颗好果子，于是把它递给了女儿，小姑娘很快把它吃掉了。

这时坏乌龟认出了这位母亲就是国王的一位妻子，便匆忙爬下树来，火大地说："把坚果还给我吧。你把它弄到哪儿去了？"

"我把它吃掉了，"孩子说，"而且它的味道也非常好。我不知道它是你的。"

乌龟假装生气，因为他想出了一个占便宜的办法。它对这位女人说："啊哈！你偷了一个穷人的食物，你把它给了你的女儿，我看见了。你不能赖掉。我一个可怜的乌龟，在这儿爬树，为我饿着肚子的一家人采摘坚果。我要到国王那里去，告诉他，他的一位妻子偷了我的食物，那么，就会有一场大乱子了。"

女人笑了，她告诉女儿不要担心。

"我的丈夫是一个富人，会立刻赔偿你的损失的，"她对乌龟说，"不管怎么说，我并不知道坚果是你的呀，所以你怎么能够控告我偷了它呢？"

"我们现在就到国王那里去，"乌龟说，"我认为，他不会把这件事看成一桩小事。你自己也知道，在这个国家里，偷了别人的食物，是多么严重的罪过啊。"

于是，女人、孩子和乌龟动身往王宫去。国王正坐在一棵大树下，他的大臣们围聚在他的身旁。

乌龟在他的龟壳里，尽可能深深鞠躬，然后说："国王呀，在这块土地上，从别人那里偷取食物，难道不是一个人所能犯下的最大的罪过吗？"

国王点头说，这的确是一种严重的罪行。于是乌龟便唠唠叨叨地讲着，讲这个女人如何偷了他的食物，而他正需要把它送给他饿着肚子的一家人吃。故事讲完后，国王感到很为难，因为他已经当着大臣们的面，承认偷窃食物是严重的罪过。然而他是一位正直的君子，也是一个富有的人，所以他平静地说："这样吧，乌龟，既然你认为我的一个妻子抢了你的食物，那么我一定百倍地补偿你的损失。现在，告诉我吧，你要些什么呢？我一定会把你点名想要的东西给你——山羊、雏鸡、奴隶，你选择什么呢？"

乌龟一分钟也没有迟疑，回答说："我要你的魔鼓。"

国王怎么办呢？他是一个讲信用的人，而且答应过乌龟，给他所选择的任何东西。所以，国王交出了魔鼓，伤心地走进了他的房子。可是他没有告诉乌龟，如果他迈过路上的小树枝，将会发生什么事情。他晓得迟早会发生那一切，稍稍感到安慰。

那天晚上，乌龟家里多么欢乐呀！他将鼓的魔力演示了一番。乌龟的孩子们从来没有这样吃饱过肚子。他的妻子很高兴——她拾柴烧火、看守锅灶的日子结束了。至于乌龟，他高兴地夸耀自己的聪明，竟从国王那里弄到了这面鼓,并且告诉他的妻子,这一辈子再也不必操劳了。

一连三天,乌龟这家人,除了吃饭和睡觉,什么事都没有做。这时乌龟决定向旁人显示一下自己的财富和巧思,好让所有的人都能看到他是多么善于恶作剧、多么聪明。他向认识的每个人都发出了请帖,有人类也有动物,请他们来赴宴。但是多数人都知道他很穷,所以只有几个客人来了,而且他们不大指望在乌龟家吃得上饭。

尽管没有几个人,乌龟仍然敲起鼓来,客人们面前立刻摆满了一盘盘精美的饭菜。客人们飞快吃完,然后离去,告诉那些留在家里的朋友们,他们错过了怎样好的一件事情。

乌龟是多么快乐呀!因为他一生中第一次富裕起来,人们开始尊敬他。但他却一天比一天自负起来,变得愈来愈不想干活了。

国王呢?唔,他在等待时机,等待有朝一日,事情会自己纠正过来。

现在,那个乌龟阔气了,别的富人开始邀请他去做客,于是,事情发生了。有一天晚上,乌龟参加一次宴会后走回家去,不知不觉地迈过路上的一根树枝。

他太疲劳了,而且又很好地吃了一顿宴席,以致那天晚上没有再敲鼓要晚饭吃。但是第二天早上,他的一家人围着他,吵吵嚷嚷地要东西吃,他就敲起了鼓,为他们弄早餐。

这一下,出现了怎样一片尖叫、怎样一片哭喊、怎样一场大混乱啊!三百名勇士站满了院子,狠狠地抽打乌龟和他的一家人。他们尽管有坚硬的龟壳,还是被打得浑身伤痕,倒在地上。后来勇士不见了,乌龟稍微恢复了精神。这时,这只晦气的乌龟便自言自语地道:"这面鼓出毛病了,好的魔力全用光了。但为什么只有我和我的一家人该遭殃呢?如果我们挨打,那么别人也该挨打。"

于是,这个不友善的家伙邀请所有他请来吃过饭的和没有来过的人。"这一次,"他说,"将会比上一次更好吃。"

当然,乌龟过去请客的消息已经传得很远很远,凡是上次没来吃美味佳肴的人,都决定不再错过这一次机会。所以,一群群客人潮水般涌进了院子,他们一想到将要举行的宴会,就涎水直流。

乌龟将他的妻子和孩子们安全地藏进灌木丛,恶意地咧嘴笑着,使劲地敲响魔鼓,然后自己一下子钻在长凳下面,不让任何人看见他。

三百名勇士马上出现,可怜的客人们被打得几乎不省人事,不得不互相搀扶着回家去。他们仍然饿着肚子,咕咕哝哝地咒骂乌龟,原来请他们吃的是这样一顿宴席。

之后,乌龟躲在家里不敢动,甚至连鼻子也不敢伸出去。门外,一些受伤的客人正愤怒地恫吓,要向他报仇。因此乌龟终于决定,唯一要做的事便是把鼓还给国王,因为他们一家人绝不能再敲它了。

那天晚上,邻居们都上床睡觉了,乌龟便带上鼓,爬了出来,朝王宫爬去。国王料到乌龟会来,因为他已经听到这次痛打的传言,而且他明白,乌龟是不知道这面鼓的秘密的。

"我厌恶这件东西了,"乌龟抱怨地说,"我想要你把它换成别的东西给我。"

"很好。"国王回答。他极其渴望再得到他的魔鼓,为此他没有迈过一根小树枝。

"恰巧我有一棵魔树,我愿用它来换鼓。"他随随便便地说,尽量不让乌龟看出来他又得到魔鼓是多么欢喜。"这棵树,"他继续说,"每天都会溢出一次汤和富富粥来的。然而只有一次。如果当天有谁回头再来接汤,那么树就会枯死。"

乌龟高兴极了,因为富富粥是用捣碎的木薯做成的奶油状美味食品,是所有非洲人爱吃的食品。所以他便扛着这棵神奇的树回家,把它藏在灌木丛里一个非常隐秘的地方,避开所有窥探的眼睛。

第二天早晨,乌龟又恢复了盛气凌人的老样子,又叫他的妻子弄到十个葫芦,跟着他走。妻子感到十分诧异,但照办了,却警惕地睁着眼睛,防备可能突然出现的勇士。但是没有一个勇士出来。不久,当她发现自己站在一棵神奇的富富树面前时,几乎不敢相信自己的眼睛。她很快将这种奶油状的白色糊粥盛满了最大的一个葫芦。然后,她又在另一个葫芦里盛满从树枝上滴下来的喷香的汤。

那天晚上,乌龟一家吃了多美的晚餐呀!但是,孩子们问父亲是从哪里弄到这些食物的,乌龟却不说,因为他记得国王告诉他,这棵魔树每天只能使用一次。

几天以后,孩子们开始抱怨起来,说他们的那份食物不够吃,但是他们的父亲除了自己和妻子外,仍然拒绝让其他任何人去取食物。大儿子很生气,对弟妹们说:"父亲认为他能够把这样好的东西留给自己享用,是不是?给我拿些木灰来吧,我一定会很快发现,食物是从哪里来的,我们就能够设宴款待自己和朋友们了。"

小儿子给他拿来了一些木灰,他将木灰装进一只长颈口的小葫芦,然后把这只小葫芦牢牢地系在父亲提袋底部,事先还在底部弄了个小洞。

"这下可好了,"他对弟妹们说,"父亲走路的时候,会留下一条木灰的痕迹,我就可以在远处偷偷地跟着他。"

第二天早晨,大儿子果然像他计划的那样做了。当他隔着一大片草地偷看的时侯,他是多么惊奇呀,他看见父亲正在从魔树上接汤和富富粥。然后,大儿子悄悄地赶回家,以免错过吃早饭的时间。他和家里其他人一起吃了一顿丰盛的美餐。

就在这一天,大儿子又开始感到饥饿了。他叫来了弟妹们,让他们保守秘密,然后便带路来到魔树前。他们简直不相信自己的眼睛,他们贪婪地享受着汤和富富粥的美味,欢乐地笑着。"父亲是个多么自私的老头啊!"他们用塞满食物的嘴巴使劲地叫喊,"想想看,在我们总是十分饥渴的时侯,他竟然把这棵树留给他自己,不让我们知道。"

他们终于吃饱了,因为吃得太多,只好摇摇晃晃地拖着颤抖的腿,回家去睡觉。

第二天清晨,乌龟照例起得很早,出门往富富粥树爬去。到了那里,他惊慌地直喘气,因为那棵树不见了——它枯萎了,死去了。这块地方长满了灌木,原本富富粥树所在之处现在是一棵繁茂而多刺的拉菲亚棕榈树。

"哎呀呀! 哎呀呀!"乌龟哭了起来,"有人发现了我的树,从它里面收取了食物。现在,符咒打破了,魔力消失了。"

他又伤心又饥饿地回到家,把全家人喊到一起,告诉他们发生了什么事情。孩子们内疚地你看看我、我看看你,结果他们的父亲猜出了是谁干的这桩坏事,但是他们撒谎抵赖,不肯承认。"跟我一起来吧。"乌龟伤心地说,引着他的一家人,回到了灌木丛,指给他们看那已经很快长起来的拉菲亚棕榈树。

"我亲爱的妻子和孩子们呀,"他说,"我尽了最大的努力来养活你们。但是你们毁掉了这棵魔树,我再也不能用它了。从今以后,你们全都得生活在这个灌木丛林里,自己寻找食物吃了。我再也不能为你们做什么了。"

于是,乌龟一家人就在这棵拉菲亚棕榈树下安了家。从那以后,他们就一直生活在那里,无疑像你所看到的那样。[①]

故事中的国王仁慈、公正而且富有,这都得益于魔鼓。魔鼓不但供应食物,而且可以阻止战争。狡猾的乌龟用欺诈手法取得魔鼓,因不知操作秘密,到头来以害己告终。乌龟的子女也犯了同样的错误,致使魔树不再提供饮食。总之,靠魔法生活是不可靠的,狡诈的乌龟也不例外。

五、难 题 故 事

这类故事以问题结束,结论是开放式的。用杰克·贝里(Jack Berry)的话

---

① 尧雨等译:《非洲童话集》,1988,第206—214页。

说:"没有暗示解答。听众中的每个人必须给出他的意见,而且每次讲述都有一种可接受的特定解答,这取决于在场人的一致意见和提出论据的分量。"①

最名副其实的名字

话说从前,咨菩、贪婪和多管闲事之间开始辩论。咨菩对贪婪说:"你不像我名副其实。"

"胡说!"贪婪回答,"你没有权力说我有这类情况。"

"我当然有,"咨菩说,"比你更有权力说你说的事。如果你要证明我们之中谁最名副其实,那么我们一块儿去世界旅游,让人们决定我们之中谁最名副其实吧。"

可是他们没有注意到多管闲事就站在旁边,听见了他们争吵的每一个字。当多管闲事回到家中,他就对妻子说:"给我准备足够的食物,我要去长途旅游。我要开始密切关注咨菩和贪婪,看看谁的名字最适合他。"

他的妻子说:"好了,你的名字'多管闲事'很适合你,你吵吵嚷嚷,已经把你送上了旅程。"

翌日清晨,多管闲事收拾好食物,往咨菩和贪婪约好的地方走去。

喏,贪婪是非常喜欢乞食的,所以他没有带什么食物——他决心迫使咨菩给他一些东西吃。天色亮了,他们动身往一个远方城镇走去。咨菩由于饥饿,走起路来一拐一拐的。他对贪婪说:"停一会儿! 在这儿等我一下,我去方便方便。"其实,他是想离开去吃些粥,免得任何人同他分享。

贪婪感到怀疑,说:"好吧,做这类事我也不介意。我憋得要炸了,咱们一块儿去方便方便吧。"

多管闲事走在他们后面,自言自语道:"我必须走过去看看他们要干什么。哪怕他们干的就是他们说的那件事。"于是,他跟随他们走进灌木丛。

当咨菩看到他不能烧粥吃的时候,就小心地偷偷拿出他的舂捣谷米饼,准备让太阳晒干,这样他可以打包,而且贪婪也不可能看见,更不用说要求同他分享了。当他拿出米饼来晒干的时候,一不留神,一只瞪羚过来,衔起那个晒干的饼状食物就走了。咨菩看见了,跑起来去追,决心把他的食物收回来。

贪婪也看见了。贪婪说:"我要跟随咨菩这家伙,等他抢回瞪羚衔走的饼,我要他给我一半。"这正是多管闲事一直要求的公正。所以他追在他们后面:"我必须看看咨菩怎样处理从瞪羚那里抢回的那块饼。"

于是他们都跑起来,一个跟着一个。

---

① Jack Berry, "Preface: Spoken Arts in West Africa," see *West African Folktales*, compiled and translated by Jack Berry, 1991, p. Ⅻ.

现在我问你们,吝啬、贪婪、多管闲事三个人正你追我赶、看谁取胜,他们三人当中哪一个最名副其实? 如果你说吝啬取胜,他由于小气,追赶衔走他食物的瞪羚,那你忘记了贪婪? 他期待吝啬会从瞪羚那里收回饼并分他一些食物。多管闲事怎么样呢? 他正追随并暗中窥视吝啬和贪婪。①

这个问题看似简单,实际复杂,存在各种变数,因此有多个答案。其中一个是,瞪羚跑得快,吝啬追不上,收不回那个饼,多管闲事自然取胜。归根结底,这类故事旨在培养听众的分析判断能力,帮助他们拓展思维空间,提高思考问题和解决问题的能力。这个故事的最大特点是:吝啬、贪婪和多管闲事本来是三个抽象概念,在这里彻底人格化了,有思维,有语言,有行动,共同演绎一个小故事,生动又有趣。

六、幼儿夭折的故事

在约鲁巴人中有不少关于幼儿夭折的故事,这类夭折的孩子叫"阿比库"(Abiku),因此这类故事又称"阿比库故事"。据说,阿比库生来就要死去。他们本来是一群魔鬼,住在树林里面,尤其是住在大型伊罗科树上或附近。每一个轮流进入世界,然后按约定的时间死去,也就是重新回到同伴那里,因而给生育他们的妇女带来痛苦,令人烦恼,令人害怕。当一位妇女接连失去几个幼儿之后,就会把他们的死亡归于这个原因,从而采取一些措施来挫败这些幼儿的计划,让他们留住并活下去。例如,人们会给幼儿系上护身符或在他们面部烙下丑陋的印记,以期让同伙拒绝与容貌破损的他们联系,从而迫使他们留下来。有时人们也给他们起名"马娄莫"(不再走了)、"提朱-伊库"(羞于死亡)等,表示早已知道他们的目的;抑或提供豆子或棕榈油,请同龄的孩子和他们的魔鬼同伙(假想魔鬼们参加)享用,安慰他们,以期达到让这些幼儿永久地留在世界上的目的。显然这是一种迷信。19 世纪有思想、有知识的约鲁巴人就指出:幼儿死亡率高的真正原因是疾病和遗传因素。②

七、孪生孩子的故事

约鲁巴人认为,孪生孩子都有自己的保护神,名叫伊贝吉(Ibeji)。孪生孩子的父母为了防止天神降怒,通常对他们异常和蔼可亲。父母们甚至把孪生

---

① Jack Berry, comp. and trans., *West African Folktales*, 1991, pp. 82 – 83.
② Samuel Johnson, *The History of the Yorubas*, 2010, pp. 83 – 84.

孩子看作早年夭折的孩子转世投胎的结果。有一个约鲁巴传说说,世上第一对孪生孩子是一群愤怒的猴子为了惩罚一个农夫送来的:

有个农夫住在伊绍昆小镇。猴子们去偷他的玉米,被他赶了出去。这个农夫很富有,娶了很多妻子。有一天,她们中的一个怀孕了。一个恰好经过那里的占卜师告诫农夫,说猴子们正在伺机报复,叫他不要跟猴子继续斗下去了。农夫没有听从他的劝告。后来,两只猴子变做孪生孩子投胎到农夫妻子的肚子里,降生在人世。世上第一对孪生孩子就这样诞生了。人们对这两个孩子持有不同的看法:一种认为是丰收的征兆,而另一种则认为是灾难的征兆。

这对孩子很快便死掉了。但是当农夫的妻子再次生育的时候,他们又降生到人世。不久他们再次死去。如此循环往复了很多次。最后,一个占卜师建议农夫允许猴子们在他的土地上自由来去。尽管如此,他的妻子还是生下一对孪生孩子。农夫吓坏了,急忙去找那个占卜师。占卜师告诉他,这对孩子已经不是猴子投胎转世变的了,并且叫农夫对他们多加宠爱。从此,农夫终于过上了平稳安宁的日子,两个孩子也给整个家庭带来了好运。①

这个故事既讲到阿比库,也讲到约鲁巴人对孪生孩子的爱心,后者显然跟非洲别处的观念不同。有的民族认为孪生孩子是灾难的征兆,把他们杀死,这显然是一种迷信。

第五节
谚 语

谚语是口头文学中最普遍、最受人民大众欢迎的一种文学样式。它语句简练,富有智慧,经常出现在人们的交际话语中。谚语是人们对生活密切观察的结果,是经验的总结,也是祖先智慧的传承。它善用比喻,引发联想,以达到预想的效果:或揭示真相,或婉转说明,或避开矛盾。因此谚语受到约鲁巴人的高度重视,正像一条谚语所说的那样:"谚语是话语的骏马,当交流失去的时候,谚语则将其恢复。"现在我们来看看下面的谚语:

---

① 李汉平译:《祖先的声音——非洲童话》,2003,第36页。

☐ 大象的儿子不可能是矬子。

☐ 贼的儿子不一定模仿他的父亲。

☐ 蝴蝶举动像鸟儿,可身上没有肉。

这三条谚语告诉人们,看待事物要往深处着想,不可硬性地逻辑推理,以免以偏概全。事物有必然性,也有或然性,甚至有意想不到的可能性。谚语告诫人们要持辩证思维,深究实际,实事求是。

☐ 话语再多也填不满一个箩筐。

☐ 真理不能在市场上出售,谎言可用现钱买到。

前一条谚语在说,空话无用,解决不了实际问题;后一条谚语讲明,真理是不能买卖的,是无价的。

☐ 聪明的人避免同愤怒的公牛遭遇。

☐ 我带一瓮棕榈油,你运大石头,请你过去。

这两条谚语告诫人们:遇到事情,要冷静处理,避免伤害,保全自己,正像中国人说的"不要拿鸡蛋碰石头"。尽管两个民族借用的形象不同,但表达的意思一样。

☐ 雨不偏爱什么人,它落在每个农民的田地。

☐ 山丘抱怨所有的雨水流进了峡谷。

雨水,换言之,大自然,对谁都是平等的。它的赐予不分彼此,是否得到或是否受惠,关键是自身。从哲理上说,外因相同,内因是决定因素,这就是以上两条谚语想说明的道理。

☐ 撒灰者灰撒满身。

☐ 播种就是收获,在路上大便的人回来时发现苍蝇。

前一条谚语与中国谚语"玩火者必自焚"语意相同,都有"损人开始、害己告终"的意思。后一谚语和中国"种瓜得瓜,种豆得豆"这个说法相近,即办坏事有坏结果。

一味批判他人而且直言不讳,约鲁巴人称这种行为是"整个大嘴在说话",

显然不认可。如果一个人声称一口气能游 60 里,这种说法是令人难以置信的,因为当地没有水塘,没办法测试游泳速度。批评者就此巧妙地说出一条谚语:"太监说他是许多孩子的父亲,孩子都在远方。"听者没有谁会不理解说话人的目的和指向,尽管说话人没有确定地说指向谁。

□ 不要在长九个指头的人面前数指头。
□ 你嘲笑老人,不久你会成为老年人。

这两条谚语告诫人们:不要歧视有生理缺陷的人,不要看不起老人,要学会尊重他人,尤其是老人。

□ 如果你从来不给叔叔棕榈油,你就学不到许多谚语。

谚语就是经验的总结、智慧的结晶。老人经验丰富,智慧多多。年轻人必须尊重老人(叔叔),才能学到谚语,增长自己的智慧。

总之,约鲁巴谚语内容涉及族人生活的各个方面,大多只用一两句话就揭示出事物的本质,可谓语言简练,形象生动,通俗易懂,富有哲理而又耐人寻味。

第六节
谜 语

谜语是暗射事物、供人猜测的隐语。谜语像谚语一样,以比较或比喻为基础,但通常是事物而不是情景或状况的比较或比喻。谜语大都以已知事物描写未知事物并暗示谜底,让听者给出解答,指出未知的事物,即谜底。

约鲁巴人的谜语措辞已被传统固定下来,常为人引用,其基本特点是鲜明的节奏和形象的语言。事实上,象征是约鲁巴谚语的本质所在。因此,约鲁巴谚语基本形式是韵语,但也有的是短语和句子,富有诗意。现在我们介绍几条谜语:

我高祖父的公鸡,
我老祖宗的公鸡。
它在大地上啼叫,天上听见它的啼叫。——它是什么?

正确答案是"枪"。

奥汝库的赞名是延迪延迪。
奥汝库的别名是延迪延迪。
奥汝库生了两百个孩子，
给每个孩子一个棍棒。——它是什么？

正确答案是"猴面包树"。

我父亲的古树，
我父亲的古树，
你从顶端攀爬，
你绝不从底部往上爬。——这树是什么？

正确答案是"井"。

苗条女子倒在盘子上，
盘子没破碎。
苗条女子倒在研钵上，
研钵分成两块。——这是什么？

正确答案是"太阳的射线"。

直直地去奥约又直直地回来——它是什么？

正确答案是"一双脚"。

什么从国王宫殿经过，
不先向国王问候？

正确答案是"雨水急流"。

主人带着重担前行
仆人啥也不带跟随走动
仆人如此大胆，究竟是谁？

正确答案是"狗"。

如果说谚语主要用来说明事理和类似的情景,谜语则启迪联想,给人娱乐。谚语用于各种交流场合,而谜语则出现在讲故事前或讲故事当中,借以集中听者的注意力,或者出现在猜谜竞赛中。

第七节
口头诗歌

在约鲁巴人漫长的无文字时期,口头诗歌非常发达,非常普遍。有的诗歌在国王加冕、酋长就职或重大的宗教节日时唱诵,有的诗歌在出生、命名、结婚、死亡等人生节点上朗诵,有的是为狩猎、打铁或收获木薯等生产活动唱诵,还有的为谈情说爱歌唱……总之,口头诗歌是约鲁巴人生活的一个重要部分。它使用隐喻反复和应答轮唱,给人以教育,给人以娱乐。而且,这些口头诗歌具有优美的风格、深邃的思想和富有节奏、抑扬顿挫的表达方式,受到民众的普遍欢迎。称职的口头诗人受到社会的普遍尊敬。

一、赞 颂 诗

赞颂诗(oriki)是口头诗歌中最精致、最成功的组合,而这些赞名就是一个句子。赞颂诗可以赞颂一个人、一个家族、一个祖先、一个神、一种超自然现象、一种动物或一种植物等等,赞颂他们的品质。赞颂诗,根据内容又可分为拉拉诗(rara)、艾加拉诗(ijala)和艾维诗(iwi)。

1. 拉拉诗

具体地说,拉拉诗主要关注对个人的赞颂,或对某个神的赞颂。它往往是由宫廷诗人吟唱,也有职业乞丐在乡村吟唱。拉拉诗是一系列生动的人物速写和人物简介。这里介绍一首关于奥约国王的赞颂诗——《奥约国王》("The King of Oyo"):

卡贝西!
死亡之子
所有母亲的父亲

所有大王的国王
你负载黑色的森林
像一件王袍。
你承载敌人的鲜血
像一顶闪光的王冠。
对我们宽大仁慈
就像丝绵树对森林仁慈宽大
就像苍鹰对鸟儿们仁慈宽大。
城镇睡在你的手掌
轻而易碎
不要毁坏它：
我们的命运就在你的手上
小心挥动它
就像你的镶嵌珠子的权杖。
想要毁灭你的敌人
他们毁灭他们自己
当他们要烧烤玉米。

他们在他们的房顶放火。
当他们要销售水
那将是一场干旱。
筛子永远是谷壳的主人。
睡莲将永远漂浮在湖上。
死亡之子，
你的胸毛数不胜数
就像唠叨女人话语那么多。
你攫住敌人的脑袋
把他们的脸推进沸水。
你在他们鼻尖底下把门锁上
钥匙放在你的布袋。
死亡之子
所有母亲的父亲
所有大王的国王。①

---

① Judith Gleason，*Leaf and Bone: African Praise-Poems*，1980，pp. 16-17.

这首赞颂诗赞颂了奥约国王是"所有母亲的父亲/所有大王的国王"。他对臣民宽大仁慈,对敌人凶狠,他"攫住敌人的脑袋/把他们的脸推进沸水"。他富有威严,致使想要毁灭他的敌人"毁灭他们自己"。在艺术方面,这首赞颂诗不仅使用了赞名"死亡之子""所有母亲的父亲""所有大王的国王"等,而且使用了大量比喻,诸如"王袍""王冠""丝绵树""苍鹰""筛子""睡莲""钥匙"等,形象地解说了奥约过往的素质和威严,推进了诗意的展开。赞颂诗的结尾再次提到奥约国王的赞名,起到前后呼应的作用。

约鲁巴的万神殿中有这样一个神,名叫埃修(Eshu)。他有时被称为"信使神"(Message Deity),有时被称为"捣乱神"(God of Mischief)。有人说,他是占卜神奥兰米拉的助手;有人说,他不守纪律、难以驾驭,是个麻烦制造者,对奥兰米拉要他向人类传达的命令和忠告置若罔闻。可是,在其他神阴谋反对奥兰米拉的时候,埃修能在最高神面前为奥兰米拉辩护。这里就有关于埃修的赞颂诗:

> 他发怒时把一块石头打得出血。
> 他发怒时在蚂蚁皮肤上就座。
> 他发怒时哭出血泪。
> 埃修,总是把人们弄错。
> 二十个奴隶的主人正在祭祀,
> 所以他不可能把他弄错。
> 三十个人质的扣押者正在祭祀,
> 所以他不可能把他弄错。
> 他把新婚的妻子弄错,
> 在她偷拿奥娅神龛里的贝壳。她说她没认识到
> 偷拿二百个贝壳就是偷盗。
> 埃修让王后头脑糊涂,
> 她开始出走片布不挂。
> 然后,埃修揍她让她哭叫
> 埃修,不要把我弄错
> 埃修,不要把我头上的负担弄错……
>
> 埃修在屋里睡觉——
> 可是屋子太小容不下他。
> 埃修在阳台睡觉——
> 他终于能伸直自己。

埃修穿行花生地，
只能看见他的一缕头发。
要不是因为块头儿巨大，
那就根本看不见他。

他昨天扔出一块石头——今天把鸟打杀。
他躺倒，脑袋击中房顶。他站起来，不能看见饭锅里有什么。
埃修把是变成非，把非变成是。[①]

这首赞颂诗通常在祭祀埃修时由专门的信奉者和祭司吟诵。它生动逼真地描画了埃修自身矛盾的性质：他时而大时而小，时而年轻时而衰老，时而白时而黑。他还不守规矩，他的要务就是捣乱："把是变成非，把非变成是。"

这首赞颂诗也反映了约鲁巴赞颂诗朦胧的诗歌特点，它更多地关注赞颂和比喻的意象，而不是代人祈祷。

2. 艾加拉诗

艾加拉诗就是狩猎诗，即一种有关狩猎的专用赞颂诗，源于对铁神，也是猎人庇护神的奥贡(Ogun)的赞颂。这类诗歌也用来赞颂著名的猎人，甚至用来赞颂动物和植物。

现在我们来欣赏铁神、战神和狩猎神奥贡的赞颂诗：

奥贡左面砍杀左面毁坏。
奥贡右面砍杀右面毁坏。
奥贡突然在室内砍杀突然在田地砍杀。
奥贡用他手中耍弄的铁器把孩子砍杀。
奥贡砍杀一声不响。
奥贡砍杀盗贼和窝主。
奥贡砍杀奴隶主——奴隶逃脱。
奥贡砍杀三十个人质的扣押者——钱财、财富和孩子们不见踪影。
奥贡砍杀屋子的主人用他的鲜血涂抹炉膛。
奥贡是死亡追赶孩子直至他进入野林。
奥贡是针，两头插进。
奥贡有水但用鲜血冲洗。

---

① Ruth Finnegan, *Oral Literature in Africa*, 1970, pp. 175-176.

奥贡不打我,我只属于你。

奥贡的妻子像一个精美的皮垫。

她不喜欢两个人睡在她身上。

奥贡有许多衣服,统统给乞丐。

他送给丘鹬,丘鹬把他染成靛蓝色。

他送给库克鸟,库克鸟把它染成红色。

他送给牛白鹭,牛白鹭把它染成白色。

他不像捣碎的木薯:

你想把它捏在手里

吃掉它直至心满意足?

奥贡不像玉米粥:

你想把它捏在手里

吃掉它直至你心满意足?

奥贡不像你可以扔进帽子的东西:

你想戴上帽子把它带走?

奥贡让它的敌人四处逃散。

当蝴蝶来到猎豹拉屎的地方,

猎豹们四处逃散。

奥贡脸上闪现的光亮不易看见。

奥贡,别让我看见你眼睛发红。

奥贡用他的脑袋牺牲一只大象。

铁的主人,勇士们的首领,

奥贡,抢掠者的伟大首领。

奥贡戴着血染的帽子。

奥贡有四百个妻子一千四百个孩子。

奥贡,横扫森林的大火。

奥贡发笑绝不是开玩笑。

奥贡吃掉两百条蚯蚓也绝不呕吐。

奥贡是一个疯神,七百八十年后还提问题。

无论我能回答还是不能回答,

奥贡请你别问我什么。

狮子从来不允许别人跟幼崽玩耍,

奥贡从来不让他的孩子受到惩罚。

奥贡不要拒绝我!

纺织的妇女拒绝纺锤吗?

染色的妇女拒绝衣服吗？
看东西的眼睛拒绝景色吗？
奥贡不要拒绝我(奥贡需要他的崇拜者)！[①]

　　这是由许多赞名组成的赞颂诗。它揭示了奥贡神的许多特点和品质：他嗜杀成性，左砍右杀在所不惜；他喜欢复仇，即使"七百八十年后还提问题"；他的砍杀和雷神桑戈不同，"一声不响"；他对奴隶主和人质扣押者、盗贼和窝主毫不留情；他喜欢鸟类和五彩斑斓的颜色——靛蓝色、红色和白色；他不赞成懦弱，反对"像捣碎的木薯""玉米粥"那样任人拿捏；他不惧怕强者，让"猎豹们四处逃散"，"用他的脑袋牺牲一只大象"，不愧被称为"铁的主人，勇士们的首领"；"奥贡从来不让他的孩子受到惩罚"，"奥贡需要他的崇拜者"。一句话，奥贡是铁神、战神和狩猎神，给猎人、勇士和崇拜者带来福祉。
　　狩猎诗与打猎直接相关，但是也有许多狩猎诗是吟诵动物或植物的，比如：

大象
带来死亡的大象。大象，野林里的精灵。
他用一只手把两棵棕榈树拉倒在地。
如果他用两只手——
他就会把天撕裂成一块旧碎布。
吃狗的精灵，吃公山羊的精灵。
把棕榈树连刺一块吞食的精灵，
用石臼般沉重的四条腿——他践踏青草。
无论他在哪里行走，草被禁止再站起来。
大象既不是老人的负担，
也不是年轻小伙子的负担。[②]

卡萨瓦
如果你吃我同时唱我的赞歌，
你教我这是危险的动作。
像好园主把我栽种——我愿意长胖像木薯，
把我扔掉——我会发育更好。
把我挂在树枝上的——可真是我的敌人。

---

① Ruth Finnegan, *Oral Literature in Africa*, 1970, pp. 113-114.
② Ibid., p. 225.

我不同持棍棒的打伙——
只同端锅的打伙。
它使老婆的双唇肿胀。
它使丈夫的阴茎涨大。
兰巴尔的嘴像鼓那样大。
如果你问他：怎么回事？
你在吃这么多的卡萨瓦？
他会回答：偶尔，偶尔，
你就等着吧：他会应对你。
台特・比尔！现在你得了痢疾！
现在你开始崇拜奥顺！
这不是诸神的事：
即使你向奥巴塔拉本人祈祷，
卡萨瓦也会把你带走！
人们看见你在路上就争论：
是个新老婆？嗨，是卡萨瓦。
瞧它怎样用红木擦拭它的身体。
卡萨瓦以粗糙的皮肤对它的背。①

大象是森林中的大动物。这首艾加拉诗赞颂了他块头大、力气大，富有生命力："一只手把两棵棕榈树拉倒在地""两只手就会把天撕裂成一块旧碎布""无论他在哪里行走，草被禁止再站起来"。然而猎手是无所畏惧的，不会把他当成负担，无论是"老人"还是"年轻小伙"。

卡萨瓦是人们可以食用的植物，既可栽培，又可野生。它有许多功用，但食用时切忌过多，不然会得病。

3. 艾维诗

艾维诗是与祖先崇拜（Egungun）相关联的诗歌，其内容包括神祇、家系族群的一系列赞颂诗，其中还有咒语、祝福和对约鲁巴人生活方方面面的评论。艾维诗只关注人和人际关系，突出约鲁巴人的世界观和价值观，它也讲述家族的光荣岁月、昔日战争中的英雄和当下发生的事情。它和艾加拉诗不同，不关注动物和植物，也不强调对某个神的赞颂；它和拉拉诗不同，不只关注孤立的个人，还关注人和整个环境的关系。现在让我们欣赏下面的艾维诗：

① Ruth Finnegan, *Oral Literature in Africa*, 1970, pp. 225 - 226.

Ⅰ. 开头

敬意!

我今天表示敬意,我向博格表示敬意

向你我的父亲表示敬意。

我向埃修向桑戈表示敬意。

我向平直的棕榈致敬。

我向平直的双脚致敬。

我向不长毛的双脚底板致敬,

直至平滑肥胖的大腿。

向我的母亲奥索昂戛表示敬意,

她不求死神即可杀害,夜晚的名人。

一个在鹰群中进食的鸽子精英。

向在黑暗中行走者的子孙表示敬意

向埃修、拉罗耶·阿拉格博表示敬意

拉费安,吃掉祭品吃掉动物脑袋献祭者的子孙

奥卡卡,使妇女烦躁不安者。

埃修,请不要在这个城镇利用我。

我再次表示敬意。

我再次向我的父亲表示敬意,

今天的统治者,我向你表示敬意,

然后表演我的艺术。

歌:

独唱：我表示敬意,

我表示敬意。

入会者和未入会者,

我表示敬意。

合唱：我表示敬意,

我表示敬意。

入会者和未入会者,

我表示敬意。

Ⅱ. 正文

第一位独唱者:

感谢你阿比娄代修的子孙。

感谢你,愿你欣赏你的身体。
愿你的身体欣赏你
就像白人欣赏他的鞋子,
像劳动者欣赏多草的农田。
这就是我怎样向我的上帝致敬。
阿代耶弥,勇敢者的子孙。
阿坎吉·阿格比,给城镇带来和平的大王。
阿坎吉,作为阿瑞莫去伊巴丹,
他作为阿瑞莫回来了。
阿代耶弥,阿莫拉-奥耶,去了。
埃瑞乔贡诺拉的子孙,猎人们的奥乔莫。
来自远方应邀受衔者的子孙,
你好阿金吉,柯拉果市场老板的子孙。
阿代耶弥,塞吉娄拉的丈夫。
贪婪的龙线虫,这就是阿金吉,
攻击人的脚踝。
罐子主人的子孙。
他们的老爷爷
把罐子带到森林。
它们变成精灵,住在艾吉容,
住在埃瑞乔贡诺拉家里,猎人们的奥乔莫。
阿贡托尼拉,柯拉果市场老板的子孙。

第二位独唱者:
不要让它一次超过两个。
阿拉比我的巴塔鼓手,
在左脸上留下一个标记卡穆里的父亲
可怕森林的子孙。
伊博莱凯的子孙
把艾吉容变成海洋的埃奥约的子孙。
没有山羊,
他们造篱笆横过小巷,
没有绵羊,
他们造篱笆横跨沟壑,
因为英纳娄伍拉不在,

他们造篱笆横过昂托基

拉谟弥,身穿长裤追赶军队者的子孙。

我租壁炉,我没在伊萨那儿做汤。

第一位独唱者:

这是真的,真的这样,

这就是我怎样

向阿代埃弥·阿坎吉·阿格比致敬。

阿金容不是小的大王

塑料和钢铁拥有者的子孙。

阿贡托尼拉,老者,柯拉果市场老板的子孙。

塞吉丈夫有钱又有安全

阿代耶弥勇敢者的子孙

阿坎吉·阿格比,回复城镇和平大王的子孙。

第二位独唱者:

不要让它一次超过两个。

阿代迪吉,一个选择自己住处的啮齿动物。

是我的祖父教我咒语,每天朗诵有益。

现在问我,说,它是什么?

第一位独唱者:

他们说,阿娄娄,阿娄娄

当阿卡拉要去天国的时候

对他们来说非常痛苦。

这就是奥娄弥图图要的预言

奥娄弥图图就是阿格博尼瑞贡的妻子

埃迪迪·阿娄。

艾拉不杀死奥娄弥图图要它发红

你绝不会死于麻疹。

第一位独唱者:

我也说,"好吧随它去吧"

我这样说,因为面具演员吃柯拉果的牙齿顶住了面具。

啮齿动物用来破坏棕榈的牙齿

在它的孩子面前暴露出来。
我父亲用来吃柯拉果的牙齿
我不向任何人暴露。
阿坎吉·阿格比,适于参与的爷爷的子孙。

第二位独唱者:
阿比娄代修,倾听我的话。
没放好头垫者。
用反叛旋律击鼓者的子孙。
要是没有死亡
阿迪沙,倾听我的讲道。
三个人本来可以把自己称为大王神。
现在,问我,他们是谁?

第一位独唱者:
他们是谁?
无论怎样,把它说明
因为妇女总是敞开害怕者的大门。

第二位独唱者:
一个富人本来会把自己叫作大王神。
药人的情况怎么样?
他本来会把自己叫作大王神。
大祭司,本来会把自己叫作,大王神。
有一天死神杀死富人
金钱完全没用。
有一天死神杀死药人
魔法镇住他的意图,使人发呆
使人看起来像傻瓜
阻止人的运动。
的的确确,一切消灭殆尽。
有一天死神杀死大祭司,
清风带走他所有的证件。

第一位独唱者:

情况真实,千真万确。
死神杀死一个药人
仿佛他不知道艾法
死神杀死药人
仿佛他不拥有魔法。
死神杀死一个大祭司
仿佛他未对大王神喊叫。
我向上看
我向下看
我没看见两个大王称为大王神。
没有什么大王像巴拉拉图创造伟大业绩。

第二位独唱者:
情况真实,千真万确。
不要让它一次超过两个。
现在轮到拉吉·阿贾尼一片叶子的子孙。
你好奥娄布罗,真正了解
把孩子分娩者自由带走者
把孩子分娩者从家里家外带走者的子孙。
为人和动物把孩子分娩者带走者的子孙。
当太阳在天空高高升起,
不要让它走过他们家的前面,
当太阳直直升到头的中央
不要让它穿过阿格比里。
所有的毒物,所有的疾病,
生存在阿格比里,
不要让任何疾病传染我,
让我独自死去。
把孩子分娩者自由带走者的知情人。

第一位独唱者:
多谢你,愿你享受自己,
现在为了阿拉多昆的缘故倾听。
阿贾拉,他是多昆的鼓手。
他是多昆的鼓手,毁掉房屋者。

昂尼贾瑞,在阿瑞毁坏房屋者的子孙。

阿延达是自愿为鸽子筑巢者的子孙。

阿延达是跟铁匠打仗者的子孙

破坏了他的锤子。

我认为它在你父亲的家里。

昂尼贾瑞,在阿瑞毁坏房屋者。

Ⅲ. 结尾——告别

独唱:

现在我要唱完。

我要回家。

猎人渴望家中的箭袋。

农民渴望雨水。

我的母亲盼望着我。

她们在家里盼望着我。

阿贡比,柯拉果种植园主人的子孙。

等候木薯做好吃掉的子孙。

豆叶在伊山旺盛得泛绿。

歌:

独唱:

我们要走了,

免得你们说我们没有告别。

合唱:

我们要走了,

免得你们说我们没有告别。

独唱:

我说我们要走了,

免得你们说我们没有告别。

合唱:

我们要走了,

免得你们说我们没有告别。

独唱:

阿凯瑞布鲁,贾鲁贡的儿子,

在埃库里面跳舞,那是个沉闷者。

歌手像收到预付工资者跳舞。

合唱：

我们要走了，

免得你们说我们没有告别。

独唱：

城镇的事务根据它的规模安排。

阿凯瑞布鲁，要根据他钱袋的力量，

安排一次埃贡贡演出。

我要为村长专门跳舞

免得你说我们没有向你告别。

合唱：

我们要走了，

免得你们说我们没有向你告别。

独唱：

我向你们歌手们表示敬意。

你好阿杰杰。①

二、占 卜 诗

在约鲁巴人中有一种非常重要的诗歌形式，它就是占卜神艾法(Ifa)或奥兰米拉(Orunmila)的信徒用以占卜的占卜诗(Ifa poems)。这类诗歌在约鲁巴人的宗教与生活中起着非常重要的作用，正如一首诗所说的那样：

艾法是今天的主人，

艾法是明天的主人，

艾法是后天的主人，

神为世界创造的四天，

统统属于艾法。②

占卜诗与生活的方方面面关联，涵盖约鲁巴人的宇宙观、创造理念与秩序观。因此，占卜诗内容丰富，数量很多。

据说，约鲁巴的占卜诗全集有 256 个重要章节，每个章节包含 600 首诗。

① Bernth Lindfors, ed., *Forms of Folklore in Africa: Narrative*, *Poetic*, *Gnomic*, *Dramatic*, 1977, pp. 163–173.

② Ruth Finnegan, *Oral Literature in Africa*, 1970, p. 192.

每首诗只是一个个案,记录很久以前恳求者提出的具体问题与解决这个具体问题的规定,以及恳求者对这种规定遵守或不理睬而产生的后果。当一个约鲁巴人寻找某个事项的指南或某个问题的答案时,他就走近艾法祭司。这位祭司通过巧妙操作手中的占卜工具(通常是棕榈核仁),从占卜诗中找出一个段落,这个段落将提供问卜人寻求的指点或信息。

这种占卜过程就是从部落经验宝库中寻找一些先例,或寻求很久以前所采取的有效方法,从而确定现在这种方法还会有效。下面就是祭司吟诵的一首占卜诗,它是占卜诗 16 个首句,即最重要的部分:

> 奥兰米拉说:"情况如何?"
> 我说:"一切顺利。"
> 在我醒来的时候,
> 我看见无数神的子孙,
> 他们用蜗牛汁予以抚慰。
> 他们问我缺少什么,
> 我说我缺少财富、孩子、妻子、好的东西。
> 他们告诉我,到家里,
> 把我主人的手洗得干干净净,
> 用一只雏鸡向我的脑袋祭祀;
> 每天一只大的柯拉果;
> 把豆饼给予诸神。
> 然后,艾法,我回头一看,
> 财富从远处来了!
> 无尽的财富!
> 然后,艾法,我回头一看,
> 妻子们从远处来了!
> 全是丰满健康的妻子!
> 然后,艾法,我回头一看,
> 孩子们从远处来了!
> 无数的孩子,健健康康!
> 然后,艾法,我回头一看,
> 所有的好东西从远处来了!
> 好东西就在手边!
> 我说,
> 我骑着马做我们的礼仪!

我骑着马做我们的礼仪！
我骑着马做我们的礼仪！
除非 Ejiogbe 不支配世界，
我们将骑着马去做我们的礼仪。

从上面的诗不难看出：这些文本必须完整、真实地保留下来，因为若有遗漏或掺假，那么为应对生活机会所设计的有意义的机制就会失去作用，整个占卜过程就失去意义。

三、葬 礼 歌

人死了，必然引起亲人的悲伤。约鲁巴人要对死者哀悼，唱起挽歌：

我去市场，
市场拥挤不堪，
那里许多人，
可是他不在他们中间。
我等啊等啊，可是他不来。
啊我！ 我是孤孤单单。①

在举行葬礼时，约鲁巴人郑重地唱起葬礼歌（funeral song），表示对死去的亲人的怀念：

泥塘慢慢地变成河流。
我母亲的疾病慢慢变成死亡。
木头断裂可以修复，
象牙断裂永远恢复不了原样。
鸡蛋摔地暴露一个大秘密。
她已经走向远方，
我们寻找她毫无希望
可是当你看见小羚羊在去农田的路上，
当你看见小羚羊在去河流的路上，
把你的箭放进你的箭袋

---

① Ruth Finnegan, *Oral Literature in Africa*, 1970, p. 150.

让死者平静地离开吧。[1]

这是孩子们唱给已故母亲的哀歌。疾病夺走母亲的生命,令亲人悲伤,但是她也摆脱了尘世的"泥塘",流入"大河",生命力进入精神世界。死者是宝贵的,犹如"象牙"。根据约鲁巴风俗,在亲人死去的时刻或在举行葬礼的早晨,哀悼者和祭司要到村庄路口"寻找"死者灵魂。孩子们相信,把他们同死者联系在一起的力量,即死者的灵魂可能会回来。这种联系强调祖先同活着的人的精神联系。哀歌中的小羚羊漂亮优美,可能就是已故母亲的图腾形象,哀悼者提醒猎人不要杀害小羚羊,"让死者平静地离开吧"。

有时葬礼歌提到人向死者发话,请看下面这个例子:

来自艾迪(Ide)的约鲁巴葬礼歌

我说起来,而你不会起来。
要是奥鲁被吩咐起来,奥鲁就会起来。
刚结婚的新娘听到一声吩咐就站起来,
虽然她不敢对丈夫直呼其名。
大象被唤醒就站起来,
水牛被唤醒就站起来,
哎呀! 大象已经倒下,
再也不能站起来啦!
你说你没有财富没有孩子,
甚至没有买盐的四十贝壳?
你裹着的脑袋,站起来吧![2]

奥鲁显然是死者的亲属,死者的图腾动物是大象和水牛。大象——众兽之王——已经躺倒,再也不能站起来了。

现在,我们再看另一首挽歌:

猎人死了,
把财富留给他的火枪。
农民死了,
把财富留给他的锄头。

---

[1] Kofi Awoonor, *The Breast of the Earth*, 1975, p. 196.

[2] Ulli Beier, ed., *Yoruba Poetry*, 1970, p. 64.

铁匠死了，
把财富留给他的铁砧。
鸟儿死了，
把财富留给巢臼。
你死了，
把我遗弃在黑暗的一角。
如今你在哪里？
你变成山羊，
在屋子四周吃草？
你变成蜥蜴，
在热烘烘的土墙上纹丝不动？
我要叫你别吃蚯蚓呢，
岂不是让你挨饿受饥？
不管蚯蚓在天国吃什么东西，
你就与它分食。
死去的肉体可不能受双份罪。
如果没有衣服蔽体，
总还有泥土可以掩埋。①

这首挽歌讲述了一个真理：人死了，把创造财富的工具留给亲人，亲人可以继续创造财富；亲人心境凄凉，却又对死者深切怀念和百般关怀。挽歌既有事实描述，又有独特想象。

四、爱 情 歌 谣

约鲁巴人有许多爱情歌谣，这儿举出三首：

1

我酣睡已久，
门倏然而开，
我蓦然睁开双眼，
爱人就站在身边。
我死去也甘愿。

---

① 周国勇、张鹤编译：《非洲诗选》，1986，第202—203页。

2

外面下着大雨,下着大雨,
我跑出去留下我的脚印,
我看见我心上人的脚印。

3

他有两个情人,
他有两个情人,
我去送他远行。
我碰上另一个女人,
我无法忍受
我也无法摆脱
我只是泪水涟涟。①

　　第一首情歌表现爱情的珍贵:"爱人就站在身边。/我死去也甘愿。"第二首情歌讲的是男女守约,大雨也无妨。第三首情歌是爱情出现问题,有了第三者,给爱他的人带来悲伤,以致"无法忍受""无法摆脱""只是泪水涟涟"。总之,语言直白,坦露心迹。

　　约鲁巴人不但喜歌善舞,而且追求美与吉祥。他们用独到的见解、朴实的语言、排比的技巧,唱出了感人肺腑的抒情歌谣——《美》:

红羽毛是鹦鹉的骄傲,
绿叶是棕榈的骄傲,
白花是绿叶的骄傲,
扫净的廊子是户主的骄傲,
挺拔的树木是森林的骄傲,
飞跑的小鹿是旷野的骄傲,
彩虹是天堂的骄傲,
孩子是母亲的骄傲,
星星和月亮是太阳的骄傲,
美与吉祥在骄傲中来到。②

① 汪剑钊:《非洲现代诗选》,2003,第 620—621 页。
② 周国男:《非洲情》,1986,第 107 页。

这首民歌不仅是美的礼赞,歌颂美的世界、美的生活,展示了非洲人民质朴、高尚的审美情趣,而且它本身就是美的珍品——短短十行,充满了美的形象:静态美、动态美、色彩美、心灵美,构成一幅色彩缤纷、生机盎然的交响音画,富有鲜明的节奏感,唤起了人们多少美的遐想?![①]

第八节
传统戏剧

约鲁巴传统戏剧(Alarinjo)具有悠久的历史,源自祖先崇拜(Egungun)。传统戏剧实际是一种面具表演。最早宣布传统戏剧为宫廷娱乐的国王是阿拉芬奥格博鲁,他于 1590 年左右在奥约伊格侯侯登位。关于他和传统戏剧,还有一个饶有风趣的故事:

阿拉芬奥格博鲁是流亡中的第四位国王,他想把政府迁回古都卡东戛,但是大多数臣民,尤其是流亡中出生的人都不赞成。他们认为在伊格侯侯已经安定下来了,也有安全保障。他们早年颠沛流离,不想搬迁。奥约梅西,即国王的顾问委员会也坚决反对,但不起作用。他们决定用伪装战略挫败国王搬迁的想法。

阿拉品尼既是奥约梅西成员又是埃贡贡会社驻宫廷的代表,他在背后谋划了这个战略。奥约梅西成员都知道,根据习惯,国王要派密使前往旧址视察,谋取神的好感并敬献祭品,最后搬迁。

于是,他们想出一计:让鬼怪哑剧演员吓走密使即可达到目的。

有六个主要人物,每个人物代表一个顾问:驼背人(巴索朗)、白化病人(阿拉品尼)、麻风病人(阿西帕)、突颚者(萨姆)、矬子(拉吉纳)和跛子(阿金尼库)。他们出现在旧址,确实吓走了山上的第一批密使。国王感到沮丧,可是宫廷铙钹手奥娄格博对真相有些想法,劝国王再派一批值得信赖的人去调查这件事情。六个有名的猎手被派出,随后围捕了这些伪装的鬼怪。

根据国王的命令,六个鬼怪哑剧演员被带到宫廷,交由奥娄格博负责看管。他们住在宫廷中的一座建筑物里以方便娱乐国王。每周国王同顾问们相聚给贾库塔献祭的时候,六个哑剧演员就退入宴会厅,以便宗教仪式之后提供消遣。国王为了让顾问们惊诧,安排鬼怪哑剧演员演出,以招待他们的创造

---

① 周国男:《非洲情》,1986,第 107—108 页。

者。顾问们惊讶得发呆,但是还是好声好气地离开了。后来国王要求他的奥娄格博安排公开演出《捉鬼故事》(*Ghost Catcher*)。这激怒了顾问们,他们呼唤风雨来毁掉演出,但是奥娄格博制止了倾盆大雨。

约在 1610 年,国王迁都奥约。《捉鬼故事》每年演出三次:农神节、莫勒神节、奥杜杜瓦节。后来,新国王登基时,也有这类演出。至 17 世纪中期,这种演出已在宫廷确立下来。[①]

奥娄格博的儿子把戏剧作为宫廷娱乐的固定节目。19 世纪欧洲探险家来访,国王以传统戏剧招待。休·克拉珀顿(Hugh Clapperton)在 1826 年 2 月 22 日的日记中记下了这件事,应该说这是有关约鲁巴传统戏剧的最早文字记录。

---

① J. A. Adedeji, "'Alarinjo': The Traditional Yoruba Travelling Theatre," see *Drama and Theatre in Nigeria: A Critical Source Book* by Yemi Ogunbiyi, 1981, pp. 221 - 225.

第三章

伊博口头文学

第一节
社会文化背景与文学

伊博族是尼日利亚第三大民族,占尼日利亚人口的 18%,主要聚居于尼日利亚东南部。大致说来,他们主要在北纬 5 度到 7 度、东经 6 度到 8 度的地区生活;换言之,这一地区就是伊博人的祖居地。

伊博族是尼日利亚的一个古老的民族。据恩苏卡的考古发现,早在公元前 2500 年以前他们就有了农业。据伊博-乌克伍的考古发现,早在公元 9 世纪以前他们就有精美的青铜制品。公元纪年伊始,伊博人开始使用铁器,这显然与中国的情况不同:中国首先冶炼和使用铜,尔后才冶炼铁和使用铁器。伊博人拥有自己的语言——伊博语,它是许多方言的集合体,属于尼日尔-刚果语系克瓦语族。

至于伊博人的起源,一种说法是来自埃及,另一种说法是古代以色列人消失的十个部落之一,还有一种说法认为他们是来自尼日利亚中部地带的古代人,来到伊博人的祖居地后同当地原住居民融合,遂成为后来的伊博人。笔者赞同最后一种说法,因为伊博人属于黑色人种,而且像约鲁巴人一样拥有自己民族起源的神话传说。前两种说法同语言和考古证据相矛盾。

至于"伊博"这个术语,尼日利亚学者讲述了它的由来。在 1950 年代,一个名叫阿凯·阿克威娄莫(Ike Akwelumo)的作家出版了一本小册子《伊博人的起源》(*The Origin of Ibos*),称伊博人就是犹太人的分支。据他说,在殖民时代,Ibo(伊博)这个术语指称这个族群,这个词是 Hebrew(希伯来)的缩写。接着他又说它原来被缩写为 Heebo。[1] 早在 18 世纪,艾奎亚诺就用 Heebo 指称"伊博人"。这种说法或许就是"伊博"这个术语的来历。"伊博"不仅指称这个族群,而且指称这个族群的语言和文化。伊博人喜欢用 Igbo,而不是 Ibo。

在伊博人中,社会政治的发展主要是内部的:核心家庭(丈夫、妻子和孩子)—扩大型家庭(丈夫、妻子、孩子及配偶、孙辈等)—氏族—村庄—村庄联盟。家庭有家长,氏族有族长,村庄有首领,村庄联盟有盟主,整个社会是父系

---

① Toyin Falola, ed., *Igbo History and Society: The Essays of Adiele Afigbo*, 2005, p.126.

社会。人口增多便出现了城镇。在伊博社会有自由人和奴隶的分别。但是，"在伊博地区，对待奴隶也颇为人道。他们受雇在农田劳动和去市场买卖东西。他们也常被主人家庭吸收为成员。根据 V. C. 乌辰杜（V. C. Uchendu）的《尼日利亚东南部的伊博人》（*The Igbo of Southeastern Nigeria*，1966），吸收进主人家庭的奴隶不能被提及出身，这是一个禁忌。虽然奴隶可以娶主人的女儿，有些女奴隶可以嫁给她们的主人，但是都不允许参与对土地女神艾拉（Ala）的祭祀。"[①]伊博社会也出现了君主和贵族。伊博-乌克伍的考古发掘确认了伊博地区存在"君主"或"礼仪元首"，他有随身用品，备受礼仪尊重。据说，受贝宁帝国的影响，伊博人把君主称为"奥比"（Obi）。君主的权威倚重于宗教和礼仪，而不是政治、经济和军事。君主有宫廷和议事会。托因·法洛拉曾这样总结过伊博人的社会组织结构：

> 伊博人为非集权式的社会提供了一个很好的案例。伊博人分为很多父系氏族，每一个都有自己的开创祖先。存在的数百个村庄不是作为统一的伊博王国的成员，而是作为自治的单位，每个都有自己的政府。在一个典型的伊博人村庄里，有一个长老委员会（ama-ala）和一个村议事会，前者由不同的家庭首领组成，后者是一个允许大部分民众自由发表言论的地方，并且影响到决策的制订。司法制度民主，由长老和村民们一起讨论案情，作出定性和惩罚。有一个秘密会社从事许多与法律有关的活动，同时，一个同龄人会社负责公共事务。人们崇拜相似的神，并且承认有强大魔力的神谕的权威，这为各个村庄提供了把人们团结起来的手段。[②]

在同欧洲人接触之前，伊博人主要靠农业生产为生，种植木薯等农作物。生活在沿海和河边的伊博人主要以捕鱼为生。有些人以制盐和打铁为生，铁匠备受尊重。他们不仅在内部进行物品交换，而且同伊博地区以外的各族进行贸易，甚至有长途贸易。伊博人的纺织品历史悠久。据伊博-乌克伍的考古发现，伊博地区有了鞣皮纤维，是尼日利亚乃至整个撒哈拉以南非洲迄今发现的最早的纺织品。

伊博人有自己的宗教信仰：最高神名曰楚克伍（Chukwu），创造了天和地；次于最高神的有太阳神安延伍（Anyanwu）、天神伊格伍（Igwu）、土地女神艾拉（Ala，有的地方称为 Aria 或 Arri）；此外还有雷电之神艾马迪-奥哈（Amadi-Oha）、农作物神伊费吉库（Ifejiku）、占卜神兼药神艾格伍-恩瑟

---

① Elechi Amadi, *Ethics in Nigerian Culture*, 1982, p. 46.
② 托因·法洛拉：《尼日利亚史》，沐涛译，2010，第24页。

(Agwu-Nsi)、冒险神伊肯加(Ikenga)等,其中土地女神艾拉备受尊崇。伊博人也非常崇拜太阳。伊博人相信死去的祖先能够佑护活在世上的亲人,所以他们崇拜祖先。

伊博人的最高价值观是对生命的尊重,反对自己或他人对生命的伤害。即使老者高龄去世,也被认为是件悲伤的事情。整个社会主张团结、和谐和合作。伊博人看重个人的成就而不是社会地位,相信每个人只要努力就会成功,因此,伊博族是个乐观向上的民族。

这里再简略介绍下伊博-乌克伍文明(Igbo-Ukwu Civilization)。1939年,在尼日尔河三角洲乌克伍村一个农家院里的贮水池中发现数十件青铜器。20年后正式挖掘,经英国考古学家瑟斯坦·肖(Thurstan Shaw)通过碳14测定,确认三个发掘点的遗存年代是公元9—10世纪。在乌克伍发现的青铜器累计800余件。这些艺术品的优美造型和精湛工艺令人赞叹不已。其中一号坑可能是一个出售神龛的商店,有一个构造十分复杂的"铜质系绳罐"(Roped Pot)特别引人注意。这是古代非洲黑人用脱蜡法(lost-wax process)浇铸的精美青铜艺术品的代表作,对于了解黑非洲古代青铜文化的起源有重要意义。二号坑是一个大祭司的墓坑,墓的主人身着华丽服饰,戴满了铜脚镯、珠链,头上有一顶青铜王冠,面前还放着一个青铜铸成的豹子头,墓中显然有陪葬的人。在三号坑中则发现大量的铜盘、铜罐。此外还发现有纺织品和木制品等。以这些文物分析,可知当时伊博-乌克伍是一个重要的文明中心城市,到处是宫殿和庙宇建筑。结合伊博口头传说分析,这个古老而发达的文明显然早在公元9世纪就已在伊博人中发展起来,而且还与外界有了发达的外贸关系。它的青铜显然是从远方输入的,因为本地不产铜。"从艺术风格来看,伊博-乌克伍的青铜雕刻与尼日利亚其他地区的有所不同,但与伊费艺术有明显的相似之处。"[①]此外,伊博人还有艺术精湛的木雕和陶器,有的用于日常生活,有的用于宗教活动。

"在伊博人的世界观中,神话不多,与人类、宇宙和死亡起源相关的神话尤其少。在阿古克伍-恩瑞,人们讲过世界伊始、木薯起源和祭司、大王崇拜的神话。但是民间故事、传说和寓言让我们逐步了解这个民族未曾讲出的思维模式、信仰和智慧。谚语和为孩子起名的意味深长的方式也在揭示宗教信仰、世界观和人们的渴望、希求和恐惧心理。"[②]此外,伊博族也是一个能歌善舞的民族,创作了大量的口头诗歌。他们的面具表演艺术也为人称道。

---

① 刘鸿武等:《从部落社会到民族国家——尼日利亚国家发展史纲》,2000,第89—90页。
② Edmund Ilogu, *Christianity and Igbo Culture*, 1974, pp. 42–43.

第二节
神 话

伊博人相信最高神楚克伍,认为是楚克伍创造了天和地,创造了男人和女人,创造了动物和植物。这里介绍几则与他有关的神话。

一、陆地的出现

楚克伍为了创造陆地,把埃瑞(Eri)和他的妻子恩纳马库(Nnamaku)从天上派下来执行这个任务。埃瑞和妻子恩纳马库奉命下来,却发现到处水汪汪的,软软的,所以只好在一座蚁丘上着陆。于是他们的儿子恩瑞(Nri)向最高神楚克伍苦苦哀诉。楚克伍立即决定派一名奥卡(Awka)铁匠带着风箱、木炭和其他工具下来,而且带给他一根权杖。他们把木炭撒在湿地上,用权杖拨匀,再用风箱吹,湿地变干,出现了陆地。[①]

这则神话讲明是最高神楚克伍创造了陆地,也传递出这样的信息:恩瑞可以同最高神沟通,而且持有权杖。我们从其他传说获知,恩瑞创建了阿古克伍-恩瑞,是阿古克伍-恩瑞的大王。言外之意是:这位大王拥有神性,权力来自权杖,权杖为最高神所赐。

二、木薯和柯柯木薯神话

恩瑞派他的儿子到楚克伍那里取火,发现楚克伍正在吃烧过的木薯。楚克伍给他一片木薯,他吃过后,还给父亲带回来一片。他父亲喜欢烧过的木薯的味道,于是又把他送到楚克伍那里再取几片。儿子到了楚克伍那里,发现楚克伍正在吃烧过的柯柯木薯。楚克伍给他一些。他吃了一些,把剩下的带给父亲。父亲也喜欢烧过的柯柯木薯的味道,就亲自到楚克伍那里求他供应这些食物。楚克伍吩咐他杀掉他的大儿子和大女儿,把他们的脑壳分别埋在地

---

① Toyin Falola, ed., *Igbo History and Society: The Essays of Adiele Afigbo*, 2005, pp. 131 - 132.

里。过了当地的三个星期之后,恩瑞把墓穴中出现的东西掘出来,那些东西就是木薯和柯柯木薯。①

木薯和柯柯木薯是伊博人赖以生存的主食,是伊博人农业文明的支撑。为了获得木薯和柯柯木薯,恩瑞毅然决然杀死自己亲生的大儿子和大女儿。这种自我牺牲的精神,让我们想到希腊神话中的普罗米修斯。恩瑞是伊博人的文化英雄,为伊博人带来新的文明。

三、关于死亡的神话

当死亡第一次进入这个世界的时候,人类想派一个使者到楚克伍那里,问他死去的人能否复活并被送回老家。他们挑选狗做他们的使者。

然而,狗并没有直接到楚克伍那里,反而一路上磨磨蹭蹭、溜溜达达。癞蛤蟆无意中听到消息,他希望惩罚人类。于是他超越狗,首先到达楚克伍那里。他说人类派他来说,他们死了之后根本不渴望回到这个世界。楚克伍宣布他将尊重人类的愿望。后来狗带着真实的信息到达,楚克伍拒绝改变他的决定。

因此,一个人可以再生,但是他不能以同样的肉体和同样的人格回来了。②

从这则神话可见:当初人类渴望死而复生,但由于癞蛤蟆从中作梗,最高神楚克伍作出误判,致使人类永远不可死而复生,尽管可以再生。这则神话同时也反映出楚克伍在伊博人心目中具有至高无上的地位。

笔者还见到另一种版本,抄录如下:

当上帝创造出这个世界之后,他让生物们决定,是不是应该有死亡存在。有生命的造物分为两组:人类和动物。上帝要求在他们中间决定死亡是否要存在。所有的生物开了个会,他们中的大多数决定,不应该有死亡,以鳄鱼为首的少数则决定,应该有死亡。既然反对有死亡的是大多数,鳄鱼和他的支持者也就缄默不语了。

狗被派去向上帝报信:不应该有死亡。可是他在路上碰上了骨头,于是停下来啃骨头。骨头的香味弄得狗头脑发昏,竟然忘记了他去上帝那里的使命。鳄鱼看见狗在啃骨头,立即派出青蛙去告诉上帝应该有死亡。青蛙照

---

① Toyin Falola, ed., *Igbo History and Society: The Essays of Adiele Afigbo*, 2005, p. 299.

② "Toad," see *Voices from Twentieth-Century Africa*, edited by Chinweizu, 1988, pp. 321 - 322.

做了。

狗啃完骨头才跑去送信。上帝告诉他,他来得太迟了,死亡已被创造出来。

这个版本跟前一个版本不同:死亡不只指向人类,而是指向所有生物;不是癞蛤蟆从中作梗,而是以鳄鱼为首的少数派的意见被上帝采纳。相同的是,两个版本中的狗玩忽职守,没有完成多数派交付的任务,致使死亡不可避免。

四、阿道法河神话

尼日利亚的本代尔州有一条河,名叫阿道法河(River Adofi),它的由来原来是一个神话:

话说从前,伊都有一位战俘,名叫埃米斯。他脾气暴躁,为了复仇,竟然把乌布鲁大王的脑袋砍了下来。伊都大王得知这件事,非常不满,就此谴责埃米斯和他的妻子。埃米斯不得不把伊布鲁大王埃泽谟的头颅放在他的小神龛里。

埃米斯不得不认真照看埃泽谟的脑袋。第七天,他惊讶不已地发现,有一层水雾环绕在这个颅骨上面。当他走近仔细观察的时候,竟听见一个声音命令他带走颅骨。他试图照做,可他的视线变得模糊起来。对他说来,一切变成黑暗,除非他抚摸那个头颅。

埃米斯听从声音的命令,带上那个头颅,和妻子欧妮赫一起离开了伊都。在他们旅行途中,头颅上的水形成一条小小的溪流跟随他们。他们向东方走去,每到一座城镇,他们就停一停。带着头颅的埃米斯、溪水环绕的埃米斯在未曾开垦的林地停留时,妻子就去城镇寻找食物,用水交换。

他们停停走走,溪水越来越深,水流越来越大,小溪变成了河。埃米斯总是在河水中游动。埃米斯多数时候待在河水里面,偶尔也出来看看他的妻子和他们的仆人恩南苏。后来,埃米斯和河水到达埃杰米-安尼阿戈,就在那里安顿下来。就在这个时候,埃米斯的身体变成了白粉。

于是河岸上举行隆重仪式,埃米斯和他的妻子在众人面前追述了这条河流的历史。接着埃米斯向众人展示埃泽谟的头颅——河水产生的源头。展示之后,埃米斯猛地向空中纵身一跳,随即落进河里。他的妻子紧随其后,他们的仆人恩南苏也做了同样的事情。这就是众人最后一次看见他们的情景。从此,埃杰米-安尼阿戈的人民遵守规则,把他们的生活归诸这条河,把河当神崇拜,为此定下乌托节(Uto)。①

　　像木薯神话的叙事一样,阿道法河神话的叙事程序是以行为、动机和后果为基础。这种形式的情节连起来促使人们认识到人类活动的主要目的:获取食物和水。故事中的自相矛盾之处就是大自然的自相矛盾之处:生来源于死。木薯是人类赖以生存的主要食粮,却来源于它的主要受益者——人类;水为人类生活之必需,但只能通过牺牲人的生命而获得。换句话说,"失此"乃是"得彼"的前提。先舍而后得,不失为一种人生哲学。

第三节
传　说

　　伊博人跟其他民族一样,有许多自己的传说,尤其是早期移民的传说。不过,有些移民传说是子虚乌有,比如,原来的以色列人有十个部落失踪,其中一个部落到达今天尼日利亚东南部,成为伊博人的先民。有些移民传说是牵强附会,比如,埃及人有一部分移居后来的伊博地区。但是有些移民传说比较可信,甚至有些历史根据,比如琦玛(Chima)传说。据说,在奥巴埃塞基(Oba Esigie)执政时期(c. 1504 - c. 1550),琦玛率领一批人到达伊博地区的西部,先后建立奥尼查等九个城镇。现在,奥尼查等九个城镇的人还承认琦玛率领的一批人是他们的先人,甚至追溯琦玛一批人离开贝宁的来龙去脉,但是说法不一。有的说,琦玛和他的同伙是前奥巴奥祚鲁亚(Oba Ozolua)的儿子,但这似乎不可能;有的说琦玛及其同伙是奥巴宫廷的伊博奴隶或人质,琦玛的名字似乎反映一种伊博人身份;第三种说法比较合乎情理,即他们来自伊博地区西部的祖居地,这些祖居地早在 15 世纪就被贝宁原来的扩张主义者奥巴马征服过。奥尼查称这块祖居地为"阿多-纳-伊都"(Ado-na-Idu)。

一、琦 玛 传 说

　　琦玛传说的一个版本:

---

① Helen Chukwuma, *Igbo Oral Literature*, 1994, pp. 137 - 138.

传说琦玛是古代伊博人的圣王,统治着被称为"阿多-纳-伊都"的祖居地。他还要向贝宁的奥巴进贡。由于琦玛跟奥巴埃塞基或奥巴奥祚鲁亚发生争吵,他和他的追随者就从祖居地离开,向东迁移,随后逐渐扩散,最后到达尼日尔河。在迁徙过程中,有些人不堪流徙之苦或意见分歧,便停留下来,建城,于是阿萨巴-阿博尔地区出现奥尼查等九座城镇。迄今它们还保留同一个身份——乌姆埃泽琦玛。[①]

琦玛传说的另一个版本:

早在 16 世纪,有一位名叫琦玛的大酋长和他的家族住在贝宁。除他之外,当时还有两位不知名的大酋长也住在贝宁。不知什么原因,其中的一位大酋长死了。因为得到埋葬死者的权力就可以得到他的权力和财产,琦玛和那一位活着的不知名的大酋长争吵起来,各不相让。据说奥巴出面干涉,解决他们之间的争吵,免得他们的争吵威胁帝国的和平和宁静。奥巴决定打造两口棺材:一口棺材装饰华丽,棺内放一块木头;另一口棺材朴实无华,棺内存放那位死去的大酋长的遗体。琦玛是两个竞争者中的强者,显然又是一个反应比较迟钝的人,他抬走了那口装饰华丽的棺材,后来发现他被智胜了。

输掉了这次竞赛,琦玛带着他的所有追随者离开贝宁,直奔尼日尔河地区而去。他们时走时停,唯独在阿博尔,也就是奥伍奥汝或阿尼-阿吉迪长久停留。在那儿他和他的追随者们受到伊博人强而有力的影响,开始失去他们的埃多语言。后来,琦玛又和他的大多数追随者继续迁徙。在迁徙过程中,这个团队中有些成员厌倦这种旅行,就中途停下,在旅途中这个或那个吸引他们的地方定居下来。这个团队的主要成员后来在伊盖拉船夫的帮助下渡过尼日尔河,定居在今天奥尼查内城的地址。

再者,由于在阿博尔停留时间久,琦玛率领的移民团队还为那儿提供了一个女摄政王和一个采用"奥巴"称号的男性统治者,此前统治者称为"奥杰"。[②]

从上面两则传说来看,伊博人在同贝宁连接的地区来往流动是可信的,伊博人同贝宁的埃多人(Edo)互有影响也在情理之中。从文学角度来看,第二种版本比第一种版本更细致、更生动。

---

① Helen Chukwuma,*Igbo Oral Literature*,1994,p. 67.
② Toyin Falola,ed.,*Igbo History and Society: The Essays of Adiele Afigbo*,2005,pp. 128 - 130.

二、奥布亚·阿朱克伍传说

奥布亚·阿朱克伍(Obua Ajukwu)传说非常有名。它表明有关故事是怎样围绕历史人物构建的。历史为想象提供凭证。奥布亚·阿朱克伍是一个历史人物,这个事实绝不是预设故事,而是千真万确,讲起来足以证实他的品格,显示他的武功和力量。"在奥古塔,奥布亚·阿朱克伍让人生畏,人们尽力避开同他公开冲突,这不仅是因为他的财富,而且也是因为他的英雄业绩。"[①]

第四节
故 事

伊博族同尼日利亚其他民族一样,也有许多故事。伊博故事主要有四类:动物故事(animal stories)、人类故事(stories of human beings)、魔法故事(stories of magic)和奥格班儿的故事(stories about Ogbanje)。这些故事由来已久,口耳相传,不仅给人以娱乐,而且给青年以教诲。

一、动 物 故 事

动物故事中最重要的乃是骗子故事,又称"乌龟骗子故事",因为这类故事的主人公是乌龟。乌龟看上去笨头笨脑,貌不惊人,行动迟缓。可是他充满智慧,善动脑筋,经常以意想不到的计谋战胜比他强大得多的动物。

1. 老虎藐视乌龟

老虎曾经把他城里所有动物——乌龟除外——请到他的农庄为他干活。乌龟不仅感到受侮辱,而且对他不被理睬也迷惑不解,于是决定调查这个事情。他发现,老虎不邀请他是因为老虎认为他太弱小、干不了农活。乌龟深深感到这是对他的藐视,下定决心寻机报复老虎。第二天上午,所有动物都集合在老虎的农庄,动手干活。快到中午的时候,老虎派他的大儿子回家提醒他的妻子们给每个动物送来食物和棕榈酒。

---

① Helen Chukwuma, *Igbo Oral Literature*, 1994, p. 59.

与此同时,乌龟从邻近城里雇了一只家兔,让家兔在靠近老虎农庄的地方挖掘壕沟。壕沟挖好之后,乌龟带着竖琴通过地洞走到地下,开始又弹又唱:

可怜的动物们为老虎干活
　　吉里班巴吉里
愚蠢的动物们为老虎干活
　　吉里班巴吉里
扔掉你们的锄头,愚蠢的牲畜
　　吉里班巴吉里
扔下你们的大刀,愚蠢的牲畜
　　吉里班巴吉里
你们在别人的农庄会累得喘不过气
　　吉里班巴吉里
你们会为别人劳动死去
　　吉里班巴吉里
为你们自己的农庄省下力气吧
　　吉里班巴吉里
可怜的动物们,愚蠢的牲畜
　　吉里班巴吉里

乌龟的歌声有一种优美的曲调,跟动物们从前听到的任何歌子都不同。

在回家的路上,老虎的儿子听见这种音乐,停住脚步,环顾四周,寻找唱歌的人和演奏的人。虽然他没有发现任何人,但是那声音却使他十分陶醉,完全忘了自己的差使,反而开始跳起舞来。

而这时候,老虎却焦急万分,等着妻子们从家里来,因为所有劳动者都非常饥饿,想要吃食物。既然没有一个人到来,老虎非常忧心,就亲自动身去弄明白食物和酒为什么没有送到农庄。

这时候,他的妻子们也到了载歌载舞的地方,也开始跳舞。老虎打老远就看见了她们,怒火中烧,于是从树上砍下几根长枝条,准备抽打她们。然而,当他走近的时候,音乐捉住了他的耳朵。他开始合着拍子,频频点头。待他到达那里的时候,甚至不知怎么回事就把枝条扔掉了,自己开始跳舞。

现在,劳动者完全筋疲力尽了。他们停下手中的活,不耐烦地等着食物和饮料。当他们看到没有一个人到来的时候,就扛起锄头和大砍刀,动身回家。他们一边离开一边嘟嘟囔囔地说:"老虎似乎不知道,马只有肚子里有东西才跑得动。"

在回家的路上,他们碰上那群跳舞的人,饥饿仿佛突然消失了,他们也开始兴致勃勃地跳起舞来。乌龟意识到这群人都在这儿集合了,于是更加起劲地演奏音乐,加上华丽的润色细节。歌子的词句愈来愈清晰。每个劳动者跳舞的时候,都在无声地责怪自己为什么要去为老虎劳动。乌龟继续演奏他的音乐,每个狂欢者都跳得疲惫不堪。

接着音乐戛然停止,乌龟从洞里出现。他对老虎说:"既然你不邀请我为你劳动,我必须不请自来。如果说我没有力气用我的锄头为你劳动的话,我可有足够的力量用我的竖琴去分散劳动者的心。我希望,从现在起你不会忘记你同伙动物们的需要。"

乌龟对其他动物说:"再见,他的劳动者,再见,我的舞蹈者。"①

乌龟受到老虎的侮辱和藐视,心怀不满,伺机报复。他挖洞藏身,弹奏音乐,涣散其他动物的心智。结果,其他动物后悔为老虎劳动。这个故事说明:双方对峙,攻心为上,智慧胜过权势,弱者战胜强者。它最后还点明:统治者必须满足劳动者的需要,不然将以失败告终。

2. 你们全体先生

有一次,所有的鸟都被请去参加天上的一次宴会。他们都很高兴,都在为这个伟大的节日做准备。他们用红木做的染料涂抹全身,用乌里在身上画上一些美丽的花纹。

乌龟看到这一切,很快就明白了这是什么意思。动物世界所发生的事情,从来没有一件逃得了他的注意;他是诡计多端的。他自从听到天上将要举行大宴会,每次一想到,喉头就发痒。那时正碰上饥荒,乌龟已经有两个月没有吃过一顿好饭。他的身体在空壳里像根棍子似的咔嚓咔嚓直响。所以他开始盘算怎样也到天上去。

乌龟没有翅膀,但是他到鸟那里去,要求准许他一同前去。

"我们很了解你,"群鸟听了乌龟的话以后这样说,"你是很狡猾的,你是忘恩负义的。如果我们让你同我们一道去,你很快就会耍出什么鬼把戏来。"

"你们不了解我,"乌龟说,"我已经改过自新了。我已经懂得了,一个人要是同别人为难,也就是同自己为难。"

乌龟的嘴巴很甜,不一会,群鸟都一致同意他已经改过自新,他们就一道出发了。乌龟飞在鸟群中,心里高兴极了,老是不停地说话。由于他善于说话,鸟群不久就推举他代表大家发言。

"有一桩重要的事情,我们不应该忘记,"飞到中途时乌龟说,"人们被请去参加这样盛大的宴会时应当临时取个新名字。我们天上的主人一定盼望我们

---

① Roger D. Abrahams, *African Folktales*, 1983, pp. 141-142.

尊重这个古老的习俗。"

没有一只鸟听到过这种习俗,可是他们知道,乌龟尽管在其他方面不行,总还是个走遍天下的人,他熟悉各个民族的风俗习惯。于是他们各自取了个新名字。大家都有了新名字,乌龟也取了一个,叫"你们全体"。

最后,大家到了天上,主人见到他们十分高兴。身披各色羽毛的乌龟站起来,对主人的邀请表示谢意。他的谈吐很是风雅,所有的鸟都觉得把他带来是件很好的事。他们点着头,表示赞同他所说的话。主人以为他是鸟中之王,特别是因为他看起来确实有些与众不同。

献上的柯拉果吃完以后,天上的人们把最鲜美可口的饭菜摆到客人面前,那些食物是乌龟从未见过或梦想过的。刚从炉火上端下来的滚热的汤,就用原来煮汤的钵子装着,里面尽是肉和鱼。乌龟缩着鼻子拼命地闻。还有木薯粉,以及加了棕榈油和鲜鱼一起煮的木薯粥。还有一壶一壶的棕榈酒。所有食物都摆在客人的面前以后,就有一个天上的人走上前来,在每个钵子里尝了一口,然后他请鸟们用餐。这时乌龟却站起来问道:"你们这场盛宴是为谁准备的呢?"

"为你们全体。"那人答道。

乌龟转身看着鸟们,说道:"你们记得我的名字是'你们全体'。这里的习俗是先招待发言人,然后再招待其他的人。等我吃完以后,他们才会来招待你们。"

于是乌龟开始吃喝,鸟们都气愤地抱怨起来。天上的人们以为,让他们的王享受所有的食物一定是他们的习俗。因此乌龟把最好的食物吃了,又喝了两壶棕榈酒。他的肚子里装满了食物和饮料,身子把壳都塞满了。

鸟们聚拢来,吃乌龟的残羹剩饭,啄他扔在地上的骨头。有些鸟气得什么也不吃了,宁愿空着肚皮飞回家去。但是他们在离开之前,都把借给乌龟的羽毛取了回去。乌龟站在那里,坚硬的壳子里装满了食物和酒,可是没有翅膀飞回去了。乌龟请求鸟带个信给他老婆,他们都拒绝了。后来,最愤怒的鹦鹉突然改变了主意,答应给他带信。

乌龟说:"告诉我的老婆,把我家里的软东西都搬出来,铺在我的院子里,那么我就可以从天上跳下去,没有太大的危险了。"

鹦鹉答应传达这个口信,就飞走了。但是当他来到乌龟家里时,却对乌龟的老婆说,把家里坚硬的东西都搬出来。于是乌龟的老婆把丈夫的锹、刀、矛、枪,甚至连大炮也搬了出来。乌龟从天上往下看,看到老婆搬出了一些东西,可是因为太远,看不清究竟是些什么。看来一切都准备好了,他就向下一跳。他一直落呀,落呀,落呀,正担心会无休止地落下去时,突然,就像大炮轰鸣,他哗啦一声跌进了自己的院子。

他的壳碎成了一片一片。但是他家附近住着一个很有本领的医生,乌龟的老婆把他请了来，把一片一片碎壳聚集起来，粘到一起。所以乌龟的壳总是凹凸不平的。[①]

这个故事再次表现乌龟狡猾欺诈的本性。他有时会阴谋得逞，有时也会以失败告终。受骗者一旦像鹦鹉一样觉悟起来，以其人之道还治其人之身，就完全可以击败乌龟这样的骗子和阴谋家。

3. 狐狸之死

骆驼王后想给她旅途中的丈夫建一座宫殿。于是她邀请所有臣民为她清理建筑工地。所有动物都出现了，他们非常认真地干活。没用多大功夫，工地被整平了，树桩被拔除了。这番景象给王后留下深刻的印象。她非常满意，决定给他们一头母牛。她说大王回到家的那天就杀掉这头母牛。臣民们也非常高兴，他们把母牛放到茂盛的草原上吃草。

蜗牛想要欺骗所有动物。一连五个夜晚他都没有睡觉，煞费苦心地琢磨怎样偷走母牛。

他走到牛吃草的草地，把自己藏在高高的野草里面，希望牛吞下一口草时，把他也吞进去。他的梦想果然实现了！母牛把他同草一起吞了下去。接着他开始在母牛肚子里享受。母牛却变得越来越瘦，怎么也站不起来。所有动物都注意到这种突然变化的状况，得出的结论是这头母牛第二天就该杀掉。第二天早上他们集合起来，可是有一个动物没到场——蜗牛。

蜗牛竟然不在场，这着实让人感到惊诧。首先，他非常爱好肉食是整个国家人人皆知的事情。其次，每个人都想知道他为什么缺席。于是他们马上同他的老婆联系，可是她丝毫不知丈夫的下落。

母牛被杀了。原来没有一个人想过蜗牛可能在母牛肚子里。在他出来的时候，是狐狸看见了他。狐狸要求大家回家，晚上再回来。

狐狸决定当天晚上向大家宣布这个秘密。可是到了晚上，蜗牛还没有出现。

"我过来的时候，看见他在弹竖琴。"有一个动物这样说。

于是几个动物被派去把他带来。当蜗牛看见他们过来，就演奏了一首好曲子。动物们跟着曲子跳舞，拒绝回去。狐狸急于宣布这个秘密，可又得等别的动物把贼带来。于是又一批动物被派出，可是跟第一批一样，没有回来。骆驼王后恼火了，让狮子带领另外一群动物再去。

狮子打老远就看到他们摇摇摆摆的。他下定决心揍他们一顿。可他还没

---

① Roger D. Abrahams, *African Folktales*, 1983, pp. 86 - 89.

完全到达现场,就被快活的曲子打动了,开始跳起舞蹈。他请求蜗牛教他弹奏竖琴。他从蜗牛手中一把抓住竖琴,弄断了其中的一根弦。

"这些弦可以用狐狸的筋腱代替。"蜗牛告诉狮子。狮子逮住狐狸把他杀了,抽出他的筋腱。动物们——包括蜗牛在内——一块儿回到宫殿,他们一块儿分享了母牛肉。①

虽然蜗牛是不起眼的动物,但是狡猾得很,设法让母牛把自己吞进肚里,在牛肚子里伤害母牛。母牛被杀后,他安然无恙地走出来。这个秘密被狡猾的狐狸发现。但在狐狸泄露秘密之前,蜗牛借狮子之手杀死狐狸,抽出他的筋腱。总之,蜗牛这个动物骗子先战胜比他大无数倍的母牛,又利用百兽之王狮子除掉以狡猾著称的狐狸,把骆驼王后蒙在鼓里,终于在骆驼大王回宫之前,达到他们分食母牛的目的。小小的蜗牛却是大大的骗子!! 故事结局在意料之外,但又在情理之中。

现在,我们再看两个鸟类故事:

4. 鸽子和啄木鸟

鸽子和啄木鸟是好朋友。一个住在天上,另一个住在地上。鸽子还是个单身汉,他频繁地访问啄木鸟和他的妻子。他每次拜访这对夫妻,都会得到他们给的食物。当他准备走的时候,他们给他食物让他带走。啄木鸟告诉他的妻子要让鸽子非常开心,无论他啄木鸟在家还是不在家。有一天,鸽子像往常一样来访。他被给予面包果和甜的木薯淀粉,还有稻米,装在小包里让他带走。

"明天我拜访你。"啄木鸟告诉他的朋友。

后者停下,哈哈大笑:"当心啊,你不能飞,我住在天上呐!"

啄木鸟听到他朋友的话后感到不高兴。鸽子答应给啄木鸟价值三十多贝壳的礼物,如果啄木鸟能设法来到他在天上的住所。

第二天早上,啄木鸟吩咐他的妻子把五杯稻米捆在一起,再把这个包裹交给鸽子。

"如果他问到我,你就告诉他我去看姻亲了,那在二十四英里之外。"

他把自己同稻米裹在一起。当鸽子来的时候,女主人给他食物吃。当鸽子准备走的时候,女主人就把伪装的包裹交给他。鸽子谢过女主人就走掉了。

至于这个包裹,鸽子却没有多想。到了家里,他就把它扔在厨房的一个角

---

① R. N. Umeasiegbu, *The Way We Lived*, 1969, pp. 87 - 89.

落里。啄木鸟撕开包裹走了出来。他走到他朋友的茅舍,发现他在休息。鸽子发现他,很是惊讶。

"你是怎么来的?"鸽子问入侵者。他走到厨房,发现包裹被撕破。"你是一个多么不诚实的朋友!这么说你一直以来都在干这么肮脏的事情?难怪我五天前就没有了汤!"

一怒之下,他把啄木鸟扔到地上。从此以后,鸽子和啄木鸟成了死敌。①

这是一则寓言,讲述一个朴实的道理:好朋友之间必须讲诚信,否则会使得朋友变成死敌。

5. 丢脸的鸬鹚

鸬鹚正在屋里吃东西,无意中吞下一块小骨头。他想把它吐出来,可就是办不到。他走到所有朋友那里,竟然没有一个人能够给他急需的帮助。有的朋友想把骨头取出来,结果反而又把它推得更深。于是鸬鹚许诺,无论谁能够帮助他取出骨头,他就把女儿嫁给他。一天晚上,一个朋友来拜访他,发现鸬鹚非常沮丧,感到很惊讶。他建议应当通知鹈鹕。

"两年前我的母亲吞下一块尖骨头。人人都认为她必死无疑。可是鹈鹕救了她的命。"

这件事被告诉了鹈鹕。鹈鹕就把他长长的喙伸进鸬鹚的嘴里,把骨头叼了出来。鸬鹚说他非常感激,可是拒绝把女儿嫁给鹈鹕。

"你本来知道你能够救我,可是你不愿意来,你想要我先受罪。"

其他鸟类都来劝鸬鹚,可他就是不改变主意。

八个月过去了,鹈鹕开始不断地拜访鸬鹚的家。他看似又同鸬鹚友好起来,但其实产生了一种敌意,想寻求一种方法向鸬鹚报仇。鹈鹕寻找的机会终于来了。猎鹰娶上一个新妻子,邀请所有鸟类过来庆祝。鸬鹚和鹈鹕都受到了邀请。说来凑巧,二人共享同一个盘子的饭食。在大家大吃大喝的时候,鸬鹚首先喝醉了。鹈鹕就把一块钩状的骨头放在他们的饭盘里。鹈鹕请他醉醺醺的伙伴吃饭食,后者连饭食和骨头一并吞食进去,立马醉意消失。鸬鹚跑来跑去地寻找帮助。能帮助他的只有鹈鹕,可是鹈鹕拒绝帮助。

这块骨头再也取不出来,痛得鸬鹚发出可怜的叫声。②

这个故事也是一则寓言,强调"言必行,行必果",否则会自取其辱。

---

① R. N. Umeasiegbu, *The Way We Lived*, 1969, pp. 73 - 74.
② Ibid., pp. 97 - 98.

二、人 类 故 事

人类故事就是以人类为主人公的故事。伊博地区有许多人类故事,有的反映人情世态,有的富有教育意义;有的是直接叙事,有的是寓言。现在我们来看下面的故事:

1. 不听话的姐妹

很久很久以前,某个村庄的人们生活在对陆地和海上凶残人的恐惧之中,因为凶残人时常侵犯他们,把他们的孩子带走。

在这个大恐怖时期,奥米鲁玛和奥米鲁卡汉姆两姐妹都是很小的孩子。她们的父母跟村里的其他父母一样,为孩子的安全担忧。无论什么时候外出,他们总是给孩子们留下大量食物,叮嘱他们待在屋子里。

有一天,父母不得不到远处市场去。在动身前,他们提醒两个姐妹要非常小心。他们说:"孩子们,我们外出的时候,不要让做饭的炊烟逃入空中。你们舂米的时候,不要让杵狠击石臼。尤其是姑娘们,不要同其他孩子一块儿在宽阔的田地玩耍。"

但是奥米鲁玛和奥米鲁卡汉姆不负责任,她们没有听从父母的警告。她们单独在一起,开始做那些恰恰是父母教导她们不要做的事情。她们烧起大火,让大量的烟逃逸到空中。在粉碎谷物的时候,她们狠狠地击打石臼。更糟糕的是,听见其他的孩子在田地里喊叫发笑的时候,她们跑出去和他们在一起。

他们一块玩了不久,成年人原来担心害怕的事情发生了——陆地和海上凶残人入侵这块田地。孩子们逃命,每个人朝不同的方向逃跑。海上凶残人抓住了奥米鲁玛,陆地凶残人把她的小妹妹带走。就这样,她们被迫分开,失去自由。

奥米鲁玛后来被卖给一个青年,青年很喜爱她,同她结婚。奥米鲁卡汉姆却没有这种运气,她被卖给一个又一个邪恶的人,总是干各种各样的杂活。

被掳走多年后,两个姑娘变成了妇女。奥米鲁玛生下一个男婴。她的丈夫到市场给她买来一个仆人。说来凑巧,他把奥米鲁卡汉姆买来了,可是两姐妹谁也认不出谁来。

奥米鲁玛对待奥米鲁卡汉姆非常苛刻。奥米鲁玛在去市场之前,总是给奥米鲁卡汉姆开列许多许多杂活让她做。奥米鲁玛还提醒她让孩子舒舒服服不要哭。可奥米鲁卡汉姆只有把孩子放在席上才能干杂活,而这时候孩子哭得厉害,奥米鲁玛回来后就会发怒,就会打她。另一方面,奥米鲁卡汉姆抱着孩子转悠,孩子就不哭,但这样她完不成任务,奥米鲁玛还是揍她。情况更糟的是,无论她怎么做,孩子总是哭,邻居们总是向奥米鲁玛报告。奥米鲁卡汉姆真是左右为难。

有一天,奥米鲁卡汉姆想要干活的时候,婴孩大声哭叫起来。她把他放在膝盖上对他唱歌。就在这时候,一个邻居恰好走过来,问她为什么不干活。奥米鲁卡汉姆跳起来,接着绝望地坐下,把孩子放在膝盖上,对他唱起催眠曲:

孩子,别哭,别哭,别哭

　　泽米里里泽

别哭,奥米鲁卡汉姆的孩子

　　泽米里里泽

我们的母亲提醒我们不要让烟逃逸

　　泽米里里泽

可是我们让炊烟逃逸

　　泽米里里泽

我们的父亲提醒我们不要狠狠抨击石臼

　　泽米里里泽

可是我们狠狠抨击石臼

　　泽米里里泽

催眠曲继续讲述了那个致命日子发生的故事——奥米鲁卡汉姆被迫同姐姐分开。

邻近院里的老太婆听见了奥米鲁卡汉姆唱这个悲伤的故事。在这之前老太婆曾经从奥米鲁玛那里听到同样的故事,所以她不由得想到这个仆人必定是奥米鲁玛失散的妹妹。老太婆决定在奥米鲁玛回家责打奥米鲁卡汉姆之前出去找她,把催眠曲的故事告诉她。第二天,奥米鲁玛像往常一样威胁和训诫奥米鲁卡汉姆之后,装作离家去市场,可实际上她藏在房屋后面。

当婴孩开始哭而且哭个不停的时候,奥米鲁卡汉姆又唱起那支催眠曲,不管因为没干活她可能遭受的任何虐待。突然间,奥米鲁玛痛哭流涕,从藏身的地方冲出来,把她热烈地抱在怀里。奥米鲁卡汉姆既惊讶又害怕,试图解释她为什么没有干活。可是她姐姐打断她,说:"奥米鲁卡汉姆,我是你的姐姐奥米鲁玛。"两人拥抱在一起,哭了起来。奥米鲁玛一直为她过去的残忍道歉。

从这一天起,她们成为柔情的姐妹,幸福地生活着,而且奥米鲁玛决心永远不再虐待仆人。①

① Roger D. Abrahams, *African Folktales*, 1983, pp. 142-145.

故事开头就讲明了发生的时代背景：那是一个恐怖时代，人们生活在对陆地和海上凶残人的恐惧之中，凶残人侵犯他们、掠走他们的孩子。

父母百倍地关心孩子，千叮咛万嘱咐地要他们注意安全。但是孩子们不听话，暴露自己，结果被凶残人掠走，当商品出卖。亲姐妹变成主人和奴仆，主人残酷无情，仆人受尽虐待。直到邻院老太婆细心发现她们原来是一对失散的姐妹，她们才和好如初，幸福地生活在一起。故事意味深长：主人和仆人本来是亲姐妹，理应过着正常的生活，只因凶残人的掠夺，她们才处在不同的社会地位。所谓"海上凶残人"，暗示外来的奴隶贩子，"陆上凶残人"暗示当地的奴隶贩子，他们都对人类犯罪。因此，这个故事是对奴隶贩卖制度的强烈控诉。它说明，奴隶贩卖制度是丑恶的，造成社会的分裂，破坏了人们之间的和谐关系。

整个故事按时间顺序叙事，脉络分明；语言平实，是口语化的；人物形象鲜明，突显了主人和仆人的特点。故事中穿插歌曲，借以传达人物的心声，不失为伊博族故事的一大特点。

2. 女人为什么没有胡须

很久很久以前，女人也长胡须。她们的胡须比男人的还长、还平滑。她们的胡须长得可以卷起来作钱袋使用。有一位酋长叫阿吉姆。他是一位既仁厚又能干的统治者。他对待臣民非常照顾、非常仁慈，甚至让穷人分享他的财富，因此他受到所有人——不分穷人和富人——的一致爱戴。

也从未听说过他被敌人打败的事情。他手下既有最坚强的士兵又有最幸福的臣民。他之所以获得成功，关键在于他有一根象牙，这是从他祖父那里传下来的。这根象牙保存在一个陶盘里，每天由他的僮仆拿到溪流边刷洗。酋长非常珍惜这份遗产，每天早上都是亲自拿过来交给僮仆去刷洗。

有一天早上，阿吉姆正在和他的顾问们开重要的会议，竟然忘记了亲自拿来象牙交给僮仆。僮仆也没有意识到这一点，就把盘子和盘子里的东西拿到溪流旁边。僮仆们打开盖子的时候，象牙掉进水里。僮仆们下到水里游啊游啊，想把象牙找回来，可是没有成功。他们伤心地回来向阿吉姆酋长报告象牙丢失了。酋长呜咽悲叹。

"这样我就没有力量了，"他说，"对我说来像一个女人似的活着还不如死了的好。没有我的保护者，我算什么？"

要不是他的顾问们拦着，阿吉姆酋长早已自杀了。顾问们召开会议，决定给找到象牙的人奖赏 300 个贝壳。渔夫们和为了奖赏的水手们一连用了几个夜晚去搜寻象牙。六个月之后，每个人都放弃了搜寻。不久敌人来攻打酋长的王国，把他打败了。有一次，他被俘虏，但交了赎金后获释了。

一天早晨,云雾缭绕。一个小男孩到溪流那儿捉鱼,当他发现捉到一条大鱼的时候,高兴得不得了。可是让他惊讶的是,那条鱼竟然对他说话:"别杀我,好小孩。你要是把我留在水里,我会奖赏你,好好奖赏你。"

出于害怕,这个男孩把鱼扔到水里,而且又远离一点儿。他放下鱼钩,当他再次抬起钩子的时候,他看见一个长长的闪亮的东西附在上面。他发现这东西的亮光让他头晕目眩,就随手拿了起来往家里跑。跑着,跑着,一个长胡须的年轻女人拦住了他:"这是我的。我一个星期以前丢失的! 如果你把它还给我,我就给你四个糖果和一块方糖。"

小男孩放弃了象牙。他一边回家一边想着这一天发生的事情。他把事情的来龙去脉向父亲述说了一遍。父亲同儿子一块走到阿吉姆那里。酋长一听说象牙已经找到,高兴极了。他急于把象牙取回,就径直走到那个女人的家里。女人说她没有占有象牙,还说她整天都没出门。于是酋长命人搜她的家,什么也没找到。她的汤罐也倒空了,还是没有找到象牙。他们正要离开的时候,有人建议说:"检查一下她那乱蓬蓬的胡须!"

一搜,象牙果然藏在胡须里。阿吉姆酋长宣判她死刑,将在两天后的集市日执行。第二天一大早,这个女人来到酋长家里恳求宽恕。酋长原谅了她,但是命令她把胡须刮掉,抹上一种油使它再也长不出来。从此以后,酋长又变得强而有力受欢迎。[①]

这个故事看似荒诞,实质是一则寓言:别人的东西不可据为己有,否则就要受到惩罚。另一方面也说明,酋长只有靠祖先遗物的佑护,才会强而有力受欢迎。

三、魔 法 故 事

在伊博人的宇宙观里,既有人类世界和动物世界,又有精灵世界。在精灵世界有各种各样的精灵。他们是不为人知、不被看见但有非凡力量的造物。他们能够通过魔法变形,或以动物形体出现,或以人形出现。据海伦·楚克伍玛(Helen Chukwuma)所说,在《安纳马里·奥吉亚》("Anamali Okia")这个故事中,头朝下走路的老太婆就是一个精灵,她能够变成一头狮子或一个孕妇。奥费凯(Ofeke)更是伊博故事中一个独特的精灵人物——一条腿的聋子,然而他又是运动速度非常快的人物。还有的精灵长着七个头、八个头,甚至九个

---

① R. N. Umeasiegbu, *The Way We Lived*, 1969, pp. 43-45.

头。他们有全知的能力,借此帮助别人,警告卑鄙者,甚至惩恶扬善。① 现在,我们看下面的故事。

1. 魔血

蚊子曾经跟精灵生活在一起,他被雇用做家仆。他常常被派到远方的国度。为了方便他执行任务,主人给了他一匹马。精灵女王喜欢他,很友善地对待他。女王已经怀孕很长时间,显然快要分娩,于是派蚊子到动物的国度去访问小母牛。

蚊子到了动物的国度,对小母牛说精灵女王要她立即过去。小母牛匆忙收拾了下,就跟蚊子一块骑马去了。途中,蚊子停住,跟小母牛交谈起来。

"如果他们给你食物,不要接受。不然你就会惹上麻烦。"他警告她说。

在蚊子停在小洞口拴马的时候,小母牛仍然在思考这些话。

"就这么办,小母牛小姐。"他教导他的伙伴。

小母牛发现洞口干干净净,不由得惊诧起来。这个洞不像她以前看过的那些洞。这个洞明亮,入口还有鲜花装饰。而且她受到五个精灵的迎接。其中两个精灵各有四个脑袋和三条腿,另外的精灵各有十条腿,却没有脑袋。小母牛怕得要命,立刻头昏脑涨起来。

小母牛被猛推到刚开始分娩的女王面前。小母牛帮助女王分娩。她清洗婴儿,还给婴儿抹上粉。女王拿来发出恶臭味的润发油,要求"助产婆"把它抹在婴孩的脸上。这润发油能使抹上它的人看得更远,超出精灵们的国度。这样的人仿佛生活在双重国度,他能够看见大地上所发生的一切事情。小母牛用手抓了抓眼睫毛,立刻发现她能够比过去看得更远。

在回去的路上,她把发生的事情告诉了蚊子。

"五年前,我同其中的一个精灵一块儿吃食物,从此我回不了家了。"蚊子说。

小母牛把粘在眼睫毛上的润发油搓下一点抹在蚊子的脸上,蚊子就能看见精灵看见的东西。所有精灵都承认蚊子的智力,不失时机地立他为精灵大王,但是有一个必要条件:除了人血,他不应当吃别的东西。蚊子答应这个条件,接受了王位。从这个时候起,蚊子只靠人血生活。②

这个故事是一则不折不扣的魔法故事。蚊子成为只靠人血生活的动物,实际上是精灵们的润发油发生作用,是精灵邪恶所致。从另一层面看,王位是

---

① Helen Chukwuma, *Igbo Oral Literature*, 1994, pp. 73 - 74.
② R. N. Umeasiegbu, *The Way We Lived*, 1969, pp. 114 - 116.

血腥的,以人血为食是必要条件。

2. 强大的托罗费尼的鬼魂

麻哈马制作的美味的阿卡拉丸子,不仅在她村子里有名,而且在丛山之外的城镇市场上也很有名,卖得很好。这些丸子是用肉、玉米和剁碎的药草制作的,还加上了葱花提味。无论她走到哪里,奇异的香味就扩散到哪里,甚至她人未到,顾客们就从他们的茅舍里走了出来。

有一天,她头顶着盛着阿卡拉丸子的篮筐,沿路走向市场去售卖。这时,靠别人生活——说得好听点儿是靠机智生活——的乌龟正在圆石后面的藏身洞里潜伏睡觉。他闻到香味醒来,翕动一下鼻子,在这个姑娘走过去的时候暗自思忖着:"明天,明天……"

第二天,她还没走到他跟前,乌龟就闻到了阿卡拉丸子的香味,尤其是剁碎的药草和从灌木丛新采摘的葱花的香味。他从不能被人看见的藏身地洞听见了她的歌声:

我带阿卡拉丸子来卖。

啊香气扑鼻的葱花味道。

我制作我煎烤的阿卡拉丸子——

带到市场! 带到市场! 快来买哟!

当她舞蹈般的脚步从他身边沙路上踢起一股股尘土时,乌龟开始唱歌:

如果你在卖豆子,我拦住道路;

今天我在这儿让四个面包师停住。

我就是托罗费尼,神奇的大王,

世事听从我,件件桩桩。

亲爱的,舞蹈吧,一路舞蹈,

把你的阿卡拉丸子留下

留给强大的托罗费尼的鬼魂就好。

许多人发现乌龟的歌声不可抗拒,甚至一生一世不再干自己白天的工作。麻哈马也像做梦的女孩一样,把筐子放下,一路舞蹈。直到魔咒突然解除,她才意识到自己已经把东西丢在了后面的路上。当她回到乌龟对她施魔法的地方,发现筐子还在那里,丸子全没有了。乌龟却在他藏身的地方为自己轻易获得非常美味的食物哈哈大笑,笑得几乎喘不上气来。

麻哈马把不知从哪里发出声音的事告诉了父母,他们没有笑。"唱歌的鬼魂,的确!"他们哼了一声,"明天我们跟你去,确保别傻里傻气地再把筐子弄空了。到厨房去,上当受骗的姑娘,制作一些阿卡拉丸子,我们明天到市场去卖。"

当父亲、母亲和女儿走上去市场的道路时,太阳已升到天上,让他们的身

影在地上拖得老长。乌龟在藏身的洞里猛地抽动一下鼻子。他们的三双脚刚在他藏身的洞外啪嗒作响,乌龟立刻唱起来:

阿卡拉丸子昨天来过,
今天再让它们留下
留给神奇的大王托罗费尼,
听见他唱歌的所有人都要听话。
我说,把阿卡拉丸子留下,
空手跳舞,离开吧!

他们一阵恍惚,照吩咐的做了。当姑娘的父母从梦境中醒来,非常生气,匆忙赶到他们受迷惑的地方,却发现筐子空空地摆在路上。

"国王必定听人说过这种事!"愤怒的父亲吼叫起来。他做好安排去见他们的统治者。那位统治者长得肥胖,坐在那里,身体沉重地压着宝座两边。他周围站着毕恭毕敬的酋长,也就是说,一大圈人围着他们的君主。

当姑娘的父亲讲述这个故事的时候,国王越听越生气,酋长们也是如此。"够了!"国王吼叫起来,他那肥胖的身体颤抖起来,使得宝座吱吱嘎嘎地响。"够了!"酋长们做出回应。国王抬手示意肃静,说:"你们的国王有一个崇高的计划,就像王室血统把他置于王座让他明智地统治他的臣民那样。麻哈马,去做更多的阿卡拉丸子,加剁碎的葱花和药草让丸子更香。明天,你们的国王,你们的酋长,还有你们全家,敲打着部落鼓,一块儿向市场进发。这样托罗费尼的声音就会淹没在我们的嘈杂声中,市场会因'阿卡拉叫卖声'而激动起来。"

第二天上午,这个队列——抖动而吼叫的国王、他那壮实的酋长们、麻哈马和她的父母——走出村子,在他们前头有六个鼓手不停地敲打,鼓手们的手和指头在绷紧的牛皮上舞动。

乌龟听到远处传来越来越大的擂鼓声,接着闻到阿卡拉丸子的香味,又看见行进的许多脚掀起路上的沙尘。于是他唱了起来,先是颤抖的声音,后来声音变大,压过鼓声:

应着鼓点跳舞
走向远处的小山
可是我必须留下
吃个肚子溜圆。
国王酋长,一切人等
放下丸子,一个不剩。
朋友们你们不得品尝,
全部由强大的托罗费尼独享。

当国王、酋长等人走出梦境,看到路上摆着的空筐,个个都怒气冲天。乌龟却在藏身洞里笑得打滚,无法控制,以致国王一行人在远处变成小点点儿他还不能开始吃丸子。

次日,麻哈马没有去市场。国王感到沮丧,因为有一种大过他权力的力量战胜了他。酋长们有些闷闷不乐,没精打采地围着他们的统治者。第二天,一个智者被引来觐见国王。他对国王说的事儿足以使他笑得隆隆作响、全身发抖。酋长们当然也觉得有趣。"命令麻哈马制作大量的阿卡拉丸子。"国王喊叫起来。接着他对智者说道:"告诉你的兄弟莫提洛准备好,早上同我们一起行进。"

他们背着太阳向前走,身影在路上拖着,乌龟在那儿等着。闻到阿卡拉丸子的香味,感到藏身洞被鼓声、跺脚声震动,乌龟就开始唱起歌来,声音甚至比以前更洪亮:

托罗费尼今天不说废话

因为他饥饿。蹦跳着走吧

走到中午你们到达的地方

但是要把阿卡拉丸子留下

留下丸子你们走吧。

他得意地笑着,看着众人把喷香的筐子放下,敲着鼓,跳着舞,一路朝小山走去。于是他从藏身洞里出来,站在那里,对盛满阿卡拉丸子的筐子发笑。他停在那里哈哈大笑,突然有个身影碰上他,他被攫住而且是从后面被握住。他又绝望地唱了起来:

从这儿跳舞,避开我吧!

听从托罗费尼的命令

像你们所有其他的朋友那样执行。

从我眼前离开,跑吧,嗨,跑吧!

可是他被抓握得更紧。随后乌龟发现他本人被国王、酋长们、麻哈马、她的父母和鼓手们团团围住。国王自负地说:"原来你就是强大的托罗费尼!好了,我逮住了你,所以比你强大。我猜你想知道我们是怎么做的,乌龟?好吧,当你用歌声迷惑我们的时候,莫提洛待在后面。在你出来吃你得来的不义之食——阿卡拉丸子的时候,他捉住了你。我猜你想知道他为什么没听见你唱的歌。莫提洛,乌龟先生,莫提洛是个聋子!他和他的兄弟明天将带着礼物回到他们的村子。"

当然他们着手审判乌龟。"夜晚再审吧,"乌龟哀求说,"因为阳光把我的眼睛伤害得很厉害,我无法看见国王。"星星在天空闪烁,一轮圆月发出亮光。这时候国王宣布对乌龟的判决。"你要为你的罪过去死!"国王吼叫起来。就在这个时刻,乌龟的声音充满夜空:

托罗费尼命令你们原地不动。

把你们的眼睛聚焦一颗远方的星。

下次捉住他,在白天把他审判,

因为夜晚带走他,无影无踪。

这时候魔力生效,乌龟消失在黑暗之中,国王他们四下搜寻无果。所以,在非洲的那个地方,不只是动物们把乌龟看成一个极其聪明的家伙;这一点儿也不足为奇。[1]

这个故事再次显现了乌龟的聪明才智。他会施展魔法,善于用歌声表达自己,不但以此骗取别人的食物,而且在被逮住、危难当头的时候,依然能够巧用计谋,得以逃脱。这正像故事末尾总结的那样:"……在非洲的那个地方,不只是动物们把乌龟看成一个极其聪明的家伙;这一点儿也不足为奇。"一句话,乌龟不但战胜了强大的动物(比如上篇故事提到的老虎),而且战胜了国王和酋长们……这个故事显示出伊博人崇尚智慧的哲学。伊博人巧妙编织的这个短小故事讲出了一个大道理:为了生存,必须用智慧;有了智慧,没有克服不了的困难。

3. 乌龟与魔鼓

话说从前,乌龟非常饥饿,决定去寻找棕榈果。他爬到一棵棕榈树上,亲自摘取棕榈果。事不凑巧,他摔了下来,滚进一个蟹洞。

饥饿的乌龟,毫不迟疑,进入洞里。让他惊诧的是,他看见一个老太婆。老太婆的那副模样让人知道她就是一个精灵。乌龟向她询问失去的棕榈果,老太婆吩咐他去拿悬挂在绳子上的一面鼓,因为那颗棕榈果她已经吃掉了。那面鼓是魔鼓,它响起来后,就能帮助处在困难中的乌龟,给他各种各样的食物和点心。乌龟对礼物很开心,走出去就敲鼓,想得到他妈妈通常在举行仪式时为他准备的那种美味可口的饭食。果不其然,他所想要的都得到了。他吃得心满意足。

回到家里,他把神奇鼓的事告诉了邻居、亲属和朋友,邀请他们来参加宴会。到了晚上约定的时间,乌龟的住处挤满了人。他进来,锁上门,敲鼓,一直敲到他筋疲力尽。锁好的房间每个角落都摆满了美味可口的食物和点心。客人们吃得心满意足,十分开心。他们回家,宣布乌龟是最好的动物。

第二天早上,乌龟非常生气,因为他的鼓敲击之后不再给出食物。于是他想出一个狡猾的计划:假装把另一颗棕榈果扔进蟹洞,以便得到另一面鼓。

---

[1] Forbes Stuart, *The Boy on the Ox's Back*, 1971, pp. 90-96.

老太婆作为一个精灵,一下便知晓乌龟的动机。乌龟实施计划,在一连串质问之后,得到另一面鼓,比第一面鼓大。乌龟非常开心,走到清凉的树荫下面,像从前那样一个劲儿地敲鼓,要求食物。意想不到的是,各种各样戴面具的人从中出来,从四面八方用鞭子抽打他。乌龟只得回到龟壳藏在里面。戴面具的人以为他死了,就又回到鼓里。休息了好长一段时间,乌龟带着鼓回家了。

回到家里,乌龟又举行了一次宴会。他发现这次来的客人更多,因为上次参加欢宴的人把消息传播出去了。他照例锁上房间敲起鼓。戴面具的人立刻出现。乌龟通过房间的一个小洞逃跑了。客人们受到鞭打,大哭大叫,乌龟却爬上房屋附近的一棵树。戴面具的人继续抽打客人,直至他们失去知觉。戴面具的人又回到鼓里,坚信所有客人都死掉了。昏迷几个钟头之后,客人们醒来回家了。在他们回去的路上,乌龟发出嘲弄般的大笑,说:"如果你们陪我享受欢乐,那么你们也得受到持久的恶劣惩罚。"客人们太疲惫了,没有回答,径直回家,发誓说再也不同乌龟打任何交道了。[①]

这是一个典型的魔法故事,既显示魔法,又表现奸诈。整个故事表现乌龟既贪婪又无赖,是个不值得相处的人物。

四、奥格班儿的故事

据说奥格班儿(Ogbanje,即琵琶鬼)住在奥吉里索圣树里面。他们是一群魔鬼,轮流进入妇女的子宫,而后从母体出生,又按预先约定的时间死去,给母亲带来极大的烦恼和痛苦。钦努阿·阿契贝在他的《崩溃》(*Things Fall Apart*,1958)中讲述了这类故事:

在埃喀维菲的第二个孩子死亡后,奥贡喀沃曾到一个巫医——也是阿发神的预言者——那里去问这究竟是为什么。那人回答说,这孩子是个奥格班儿,是那种坏孩子,每次死了以后,总是又投胎到母亲的子宫里重新出世。

第三个孩子奥文比科死后,没有得到正式的安葬。……巫医接着禁止人们再为这死去的孩子表示哀悼。他从左肩上挂的羊皮袋里取出一把锋利的刀,在孩子身上割了几刀,然后拖着他的脚跟,顺着地面一直拖到凶森林里埋葬了。受到这样对待后,孩子下次投胎之前,就要仔细考虑了。如果它是个倔强的孩子,还要回来,身上一定会带着被割的痕迹——或者少一个手指头,或者在巫医割过的地方有一道黑线。

① Helen Chukwuma, *Igbo Oral Literature*, 1994, pp. 279 - 280.

奥文比科的死,使埃喀维菲变得很抑郁。

后来,埃金玛出世了,她虽然体弱多病,却打定了主意要活下去。……埃金玛也有一段健康的时期,在这段时期里,她活力充沛,像新鲜的棕榈酒似的,此时完全看不出她会遭到什么危险。可是突然之间,她就又不行了。所有人都知道她是个琵琶鬼。这种突然发病的状况,正是这类孩子的特点。但是她已经活得这样久,也许她终于决定留在世上了。的确也有些孩子厌倦了这种邪恶的生死循环,或者怜悯他们的母亲,而留下来。埃喀维菲内心深深地相信埃金玛一定会留下来。……她自己的生活才会有意义。一年多以前,一个巫医把埃金玛的魂包掘出来以后,她的信心就更强了。所有人这时候也都相信埃金玛会活下去,因为她和琵琶鬼世界的联系已经被切断了。这话使埃喀维菲感到宽慰。……她可不能无视这个事实:有些狡猾透顶的孩子往往引导人去掘出一个假的魂包来。

一年多过去了,埃金玛再没有病过。可是突然间,她在夜间又打起寒战来……虽然埃喀维菲丈夫的其他妻子都说这不过是发烧,埃喀维菲可不信她们的话。

奥贡喀沃等到药煮的时间够长了才回来。他让埃金玛坐在凳子上,让锅中的热气熏她,用席遮盖她。

最后席子拿掉时,埃金玛全身汗水淋漓。埃喀维菲用一块布给她擦了擦,让她躺在另一块干席子上,她马上就睡着了。[①]

笔者认为,有些孩子先天不足,体弱多病,又缺医少药,成活率低。从上述故事来看,奥贡喀沃煎煮草药,让埃金玛出汗,治愈发烧,避免死亡,应该是当时社会现实的一个写照。

第五节
谚语和格言

一、谚　语

谚语是口头文学的一个重要样式,语句短小且意义丰富,经常出现于人们

---

① Chinua Achebe, *Things Fall Apart*, part one, chapter nine, 1958.

的语言交流之中。诗歌和散文之中也常常出现谚语，不但增色，而且增强意义。之所以如此，是因为谚语是人类生活经验和生产经验的总结，是人类文化的浓缩，也是人类智慧的结晶。每个民族都有许多谚语，伊博族也不例外。现在，我们介绍一些伊博族谚语：

□ 真理胜过十只山羊。
□ 生命比财富更优越。
□ 他活着一定会有一天找到财富或好运。
□ 杀了母鸡就是取走了蛋。
□ 死亡不屈从于任何类型的恐惧。
□ 听到一面之词不可做出判断。
□ 没有房屋的人没有蜥蜴。
□ 鸢栖息，鹰栖息，谁不让别人栖息谁的翅膀就折断不能飞。
□ 右手洗左手，左手洗右手，两手都干净。
□ 夫妻耐心一致，一片木薯可熬过四个月。
□ 大果壳里的两个棕榈核像兄弟一般，何必分开各有一个小果壳！
□ 兄弟之气，气在皮肉，不及骨头。
□ 长者坐着看到的东西，孩子即使站着也看不见。
□ 变色龙不会因为森林着火改变他高贵的行走方式。
□ 让大王丢脸比杀他还糟糕。

从上述谚语来看：有的反映了伊博族的价值观，他们尊重真理（如"真理胜过十只山羊"）、尊重生命（如"生命比财富更优越"）、重视尊严（如"让大王丢脸比杀他还糟糕""变色龙不会因为森林着火改变他高贵的行走方式"）；有的强调团结、和谐（如"夫妻耐心一致，一片木薯可熬过四个月""大果壳里的两个棕榈核像兄弟一般，何必分开各有一个小果壳"）；有的反映伊博人乐观进取的精神（如"他活着一定会有一天找到财富或好运"）；有的则是伊博人的生活经验（如"听到一面之词不可做出判断""杀了母鸡就是取走了蛋"）；有的阐明了互助共赢、自私招损的道理（如"右手洗左手，左手洗右手，两手都干净""鸢栖息，鹰栖息，谁不让别人栖息谁的翅膀就折断不能飞"）；有的则肯定兄弟之情（如"兄弟之气，气在皮肉，不及骨头"）；有的反映伊博人尊重长者、尊重长者的眼光和智慧（如"长者坐着看到的东西，孩子即使站着也看不见"）……一言以蔽之，伊博族谚语是伊博族智慧的结晶、文化的浓缩。据说，伊博族学者迈克尔·埃克劳（Michael Echeruo）和已故的多纳图斯·恩沃加（Donatus Nwoga）对谚语很感兴趣，出版过有关伊博谚语的集子。

二、格 言

格言,也是口头文学中一种常见的文学样式,是含有劝诫和教育意义的话,一般较为精练。这里摘录 O. L. 奥坎拉旺(O. L. Okanlawon)收集的一部分伊博族格言:

- 遭遇饥荒的时候,你想起木薯被剥去的皮。
- 如果追母牛时有人被踩死,母牛立刻变得无足轻重。
- 着火时暴露玉米能开怀大笑。
- 逮不住脚下蜗牛的盲人,还能逮住什么?
- 蚂蚁干季收集东西,湿季吃。
- 孩子掉落在地的这一天他才领教土地的力量。
- 说大地不会头疼的人,应该先看看它的裂缝。
- 吃了两个年头玉米的老鼠,几乎不可能是一只小老鼠。
- 硕鼠说有关土地的事情,你应该咨询他。因为土地微妙的知识属他专有。
- 一只癞蛤蟆满口是水的时候,他就懒洋洋地叫起来。
- 孩子拼命地砍树,砍倒的树折断了他的大砍刀。
- 狐狸不养育胆小的幼狐。
- 一个人有公鸡,全社区有鸡叫。
- 房子失火,不要追老鼠。
- 讨论秘密太久,即使聋子也听得见。
- 火上的水壶没人看管,壶水就会冒出浇灭火。
- 站在高耸的棕榈树底部的人能看得更清楚哪个果子成熟了。
- 与其被从洞里挖出的东西致命地咬住,不如让它从洞的另一端跑掉。
- 杀死奥提里幼苗的东西在它的基部。
- 老太婆遭到粗暴推搡,脏话就破口而出。[①]

格言既是经验的总结,又具有深刻的哲理,往往用作立身行事的指南,大有裨益。

---

① "Insights of Our Fathers," see *Kiabara*, vol. Ⅰ, 1978, Harmattan Issue, pp. 80 - 86.

第六节
谜 语

谜语是一种口头文学样式,形式短小,含有比喻,一般由发问和解答构成。它给出发问中事物与解答中事物出人意料的相似性。它要求回答快速和精确,比如:

问:告诉我,什么陪伴我到外国,在我面前吃柯拉果?
答:你的指甲。
问:告诉我,什么东西在老太婆屋子后面愤怒地列队行进?
答:兵蚁。
问:未开垦的林地旁边两位戴礼帽的绅士是谁?
答:玉米穗。
问:告诉我,她像一片木薯,全世界享用足够了。她是谁?
答:月亮。
问:告诉我,谁逼迫孩子从食物盘子里抽出他的手?
答:黑蚂蚁。
问:告诉我,它们像姐妹俩,从来身体不接触。它们是什么?
答:双生棕榈仁。

谜语的发问和解答两部分合起来往往可构成比喻。例如,上面最后一个谜语合起来就是一个比喻:"双生棕榈仁就是身体不接触的姐妹俩。"

谜语常常出现在晚上故事会开始时,借此吸引少年儿童;也出现在少年儿童竞赛中,考查他们的联想能力和判断能力。

第七节
口头诗歌

口头诗歌是伊博族口头文学传统的一种重要文学样式,一般是口头创作,在民间流传,或吟诵或歌唱。口头诗歌内容丰富,多种多样,有赞颂诗、祈祷诗、挽歌、讽刺诗和故事歌等。兹分别介绍如下:

一、赞 颂 诗

赞颂诗是最重要的诗歌形式,赞颂大王、酋长等有名望的人。伊博族具有悠久的祖先崇拜传统,为此伊博人还有化装成祖先并戴上面具进行表演的传统。现在我们来看这样一首赞颂诗:

奥多面具
祈望这儿的信众倾听
倾听,是奥多听着市场的喧嚣,
讲出他的愿望——他永远的愿望:
我对你说
除了犀鸟
没有别的奥多咬住我的树干
咬住我的枝条
犀鸟响声如雷吃掉他的访客;
我是以市场的喧嚣为食的奥多——
我,奥基尼铃铛,召集会议
我,长喙的歌手,把玉米棒子撕碎
我,用来煮饭的神秘鼎
因此锅直直挺立;
我的三条腿撤退两条,
饭锅跌落,滚动
寻求永久的厨师。

我请求蝗虫的创造者和散播者
请他退后一步
因为全能的奥多缠上布
正在平安地行走——
如果兵蚁前进，人前进
如果兵蚁后退，人后退
他应该把自家的篮子带到荒野
因为数不胜数的蝗虫
正在荒野里飞来飞去。

我，杀死大象的奥佐
我，披棕榈叶子丢弃锄头的奥佐
我，在埃克日取得头衔的奥佐
在奥里埃日在村里广场表演；
我，长喙的歌手
我，从未用作运物篮子的荆棘丛林
我，变成药物的伊义树枝条——
其他树木的杀手。

犀鸟。
我是啄木鸟
把树木破坏；
我们献祭的大树
从来是我的手杖——
哈哈哈哈——

我是直直飞行的奥多
触及伊博地区的每个地方
住在满意大王的庭院
恩格伍树是其大门的奥多
我是快速完成艰难旅程的孩子
据说在超自然力影响下赛跑
我是精灵世界的巨匠。
我是一面锣；
这面锣获得灵感

> 开始谈话
> 我是发出悦耳声音的锣；
> 这里密密麻麻
> 白蚁成群结队慌忙行动；
> 我的乌图汝鸟声音
> 正以奥多方式歌唱；
> 我来了，我来了，我来了
> 全能奥多的儿子；
> 抄写员不能拣起
> 从我声音里流出的一切
> 我正在歌唱的内容
> 我，一只鸣禽。①

　　这首赞颂诗有许多赞名和许多比喻，用以说明奥多面具表演的重要，也表达人们的期盼。诗句要求奥多面具（即祖先的化身）提供佑护，不要释放破坏性潜能。全诗多处使用排比句，表现得更有气势、更有力度。

　　一连串的赞名也可以用来赞扬自己，这一点在伊博人中被有效地利用。在某人被授予"奥佐"（Ozo）头衔时，他会大声唱出一连串的赞名，希望人们这样称道他、承认他。这儿有一连串的赞名，以比喻的方式提到吟诗人自己的各种功绩和财富：

> 我是
> 带着财富的骆驼，
> 培育恩格伍树的土地，
> 正在盛年的表演者，
> 背负兄弟的脊背，
> 赶走大象的老虎，
> 结满果实的高地，
> 神秘莫测的兄弟情谊，
> 砍伐浓密野林的大砍刀，
> 名不虚传的锄头，
> 以木薯喂养土壤的人，
> 戴上光荣冠冕的护符，

---

① Judith Gleason, *Leaf and Bone: African Praise-Poems*, 1980.

　　挺拔通天的森林，
　　势不可挡的洪流，
　　不会干涸的海洋。

　　这首赞颂诗由一连串赞名组成，这些赞名全用比喻，既表现受衔者希望社
会认可自己的业绩和财富的愿望，又体现伊博社会尊崇的价值。

二、祈 祷 诗

　　占卜者向祖先祈祷
　　今天怎么样？
　　成功还是失败？
　　死还是生？
　　哈！洪水爬不上高坡。
　　什么邪恶的魂灵投下他的身影
　　阻挡我把真理看清？
　　我举起圣杖向他猛击！
　　这儿是东；那儿是西。
　　这儿太阳展现勃勃生机；
　　看见真理来了，怎样驾驭阳光！
　　天空和大地注视着我；
　　我的舌头怎样翻来卷去？
　　灰发就是谎言的大敌。
　　来吧，我祖先的魂灵，来吧！
　　站在你儿子身旁！
　　让我们向求预言者显示我们能做什么，
　　我们因什么而出名；
　　如果恩格伍树午间被砍，
　　不到太阳落下
　　它就挫败砍树者，长出新芽。
　　回答吧！回答你的儿子。①

　　占卜者向祖先祈祷，请他"站在你儿子身旁！"，"挫败砍树者，长出新芽"。

---

① Chinweizu，ed.，*Voices from Twentieth-Century Africa*，1988，p. 326.

伊博人非常相信长者或祖先的智慧,"灰发就是谎言的大敌"。

三、挽　歌

伊博人首领若胜利时刻倒下死掉,他的勇士们会为他唱一首歌。这首歌现在被用作挽歌:

奥杰,高贵的奥杰,走之前四面看看,
奥杰,看见了吧,战斗已经结束,
战火消费了广场消费了家园,
奥杰,看见了吧,战斗已经结束。

奥杰,兄弟奥杰,想想看看,
奥杰,看见了吧,战斗已经结束;要是雨水浸透身体,衣裳还会干吗?
奥杰,啊! 战斗已经结束。[①]

四、讽 刺 诗

现在我们再看一首讽刺诗《你》:

你!
你的脑袋象空空的鼓。
你!
你的眼睛象熊熊的火球。
你!
你的耳朵象鼓风的扇子。
你!
你的鼻孔象黑漆漆的耗子洞。
你!
你的嘴巴象臭烘烘的泥坑。
你!
你的双手象鼓槌。
你!

① Ruth Finnegan, *Oral Literature in Africa*, 1970, p. 149.

你的肚子象脏水罐。
你！
你的双腿象木头杆。
你！
你的脊背象山包。①

　　这首诗大量使用比喻和排比句,愤怒指责游手好闲的贪婪之徒。因为批评涉及身体的各个部位,被讽刺者被批得可谓"体无完肤"。反过来可以说,伊博人赞赏勤劳无私的品格。

五、故 事 歌

　　此外,在伊博口头诗歌中还有劳动歌谣(work song)和叙事歌(narrative song),后者又叫故事歌(story song),是用唱歌的形式讲述故事。《傻瓜山羊》("The Foolish Goat")就是一例:

有只山羊捡到一片木薯
恩扎米里
他想要到一条河的对岸
恩扎米里
有块木板当作一座桥梁
恩扎米里
山羊就站在木板桥上面
恩扎米里
他被河水强烈地吸引住
恩扎米里
有生以来他第一次看见
恩扎米里
看见河水里有一个形象
恩扎米里
浑然不知是自己的形象
恩扎米里
那只山羊衔着一片木薯

---

① 周国勇、张鹤编译:《非洲诗选》,1986,第 199 页。

恩扎米里

他觉得那片木薯比他的大

恩扎米里

他说："我想要那片木薯。"

恩扎米里

他说："我必须得到那片。"

恩扎米里

恩扎米里——赞扎——恩赞扎

恩扎米里——赞扎——赞扎

哟——嘘——嘘——嘘——嘘——

他一头栽下河水吼叫

哟——嘘——嘘——嘘——嘘——

急流雷鸣般地咆哮

傻瓜山羊已经溺毙

恩扎米里

贪婪造成了山羊死亡

恩扎米里

这个故事引出教训

我们必须对我们拥有的满意

恩扎米里

恩扎米里——赞扎——恩赞扎

恩扎米里——赞扎——赞扎[①]

这个故事短小,情节简单,但是构思巧妙,寓意深刻。它以歌唱的方式讲述情节,辅以反复叠加的手法,让听众既有美的享受,又能从中获得教益。

第八节
面具表演

面具表演(Masquerade)是伊博人古已有之的一种传统戏剧形式,与礼仪

---

① R. N. Umeasiegbu, *The Way We Lived*, 1969, p. 60.

形式相关联，但又独立存在。演员或称扮演者，要佩戴面具、头饰并全身化装，在观众面前呈现的不是演员本人而是他所扮演的对象。他在表演剧中人，他所发出的声音不是自己的声音，而是变了腔调的剧中人的声音。面具表演总是带有某种宗教成分，比如说，有一种信仰，面具人物在某种意义上是超自然的，或与超自然物有密切联系。妇女和未入秘密会社的人对此有种畏惧感，因为演员是男性。伊博人因其民族传统，选择面具表演主要是作为他们展现艺术天赋的方式。在这里，戏剧本身是重要的事情，超自然成分，尤其是恐惧感在减退，喜剧与娱乐感则取而代之，华丽的戏装、面具、鼓声、舞蹈和歌唱也在其中得到充分展示。哑剧表演和模仿（尽管不太高明）得以充分发展。

伊博地区北部的鬼戏就是一例，它包括佩戴不同面具或头像（或者同时佩戴二者）的各种人物。这些面具有着不同的传统意义：有的用来表现男性，有的用来表现女性，有的表现凶猛，有的表现滑稽可笑，还有的表现的是大多数女性的美丽。

表现"美"的面具则根据伊博人关于"美"和女性人物的理念创作，由男性佩戴着去表现。他们跳舞。先是"女儿"面具出现并跳舞，继而是"母亲"，最后是"祖母"独唱独舞。喜剧面具以丑角取悦观众，凶猛面具意在吓人。有的非常凶猛（尤其是那些结合狮子、大象和水牛特点的面具），以致侍者必须给予束缚。还有一些人被雇来以鞭子驱使观众远离跳舞者。模拟表演和滑稽模仿也得到很好的发展。

面具表演由面具人物演出，重视戏装（尤其是面具）、音乐和舞蹈。另一方面，它似乎没有或几乎没有语言内容，尽管有时有简单的情节。这显然与欧洲话剧不同，后者重视对话和情节。

博斯顿说得明白："每种类型的面具表演都有一种独特的节奏。这种节奏是由声音、乐器和风格化的动作巧妙复杂地结合而产生的。这种节奏为表演提供了强有力的推动，正像情节在欧洲话剧里所起的作用那样。它也创造面具表演不同成分之间的戏剧联系，而这些成分往往散见于村庄的不同区域。"①面具表演主要在干季，尤其是在收获木薯的木薯节举行，地点通常在村庄中心的广场。

---

① Ruth Finnegan, *Oral Literature in Africa*, 1970, p. 512.

第四章

尼日利亚口头文学的
地位与影响

尼日利亚口头文学源远流长，至少有几千年的历史。尼日利亚口头文学丰富多样：神话、传说、故事、谚语、诗歌和歌谣，应有尽有。在 19 世纪中期以前，口头文学一直是尼日利亚文学的主流，虽然在此之前豪萨人已经有了阿贾米（Ajami）文学，即用阿拉伯字母拼写豪萨语言的文字所创作的书写文学。在鼎盛时期，口头文学受到传统统治者和一般公众的热情庇护和赞赏。口头文学成了古代经验与信仰的宝库，也是民族智慧与知识的宝库。它给人民以教育和娱乐，甚至在人们发生争执时充当"终审法院"，可见其在传统社会中的重要地位。难怪尼日利亚人对它高度尊重。

传统统治者，即大王和酋长，非常重视口头文学，在宫廷里都有类似格里奥特（Griot，口语诗人）的史官，如豪萨宫廷的马罗卡（Maroka，吟唱诗人）和约鲁巴宫廷的阿昆扬巴（Akunyunba）。他们不但讲述大王和酋长的家史，而且评论重大事件和统治者的功绩，甚至有权批评统治者的缺点和错误。此外，一些自由口头艺术家、职业口头艺术家以及传统宗教领袖和信徒，也一直在传播口头文学传统，甚至自己创作口头文学作品。他们为后代保留了大量的文化遗产，使其得以了解本民族或本氏族的历史、社会价值、道德规范、文化成就和美学观念。应该说，他们是一支文化生力军，活跃在当时的城镇和乡村，传播着语言艺术的文明。

19 世纪中期以后，教会和殖民主义者带来了英语及其文字。教会出于传播基督教的目的，创办教会学校，让当地皈依基督教者学习英语；又帮助约鲁巴语和伊博语等当地语言创制以拉丁字母拼写的文字，还把豪萨语用阿拉伯字母拼写的阿贾米文字改为用拉丁字母拼写的博科文字（Boko）。但是能读会写的人数甚少，因此，口头文学在现实生活中依然具有举足轻重的地位，在广大民众中继续流传。

后来，尼日利亚各个主要民族开始出现用本民族语言文字创作的文学。口头文学深刻地影响着尼日利亚民族语言创作的书写文学，为书写文学提供灵感、题材、表达方法及深刻的文化内涵。

豪萨著名诗人、扎里亚埃米尔阿里尤·丹·西地（Aliyu Dan Sidi）就利用口头传统的材料写出抗议英国殖民主义的诗篇。1930 年代，豪萨地区涌现了一批具有非现实主义特点的长篇小说，它们以荒诞为基础，非常近似民间故事传统。1934 年，穆罕默德·贝洛·卡戛拉（Muhammadu Bello Kagara）出版名为《甘多吉》(*Gandoki*)的长篇小说。其情节围绕几个创造奇迹的"神秘"人物展开,这些人物可以变身成为其他的东西。对话发生在人类和精怪之间。人们不禁想到,这本书是豪萨口头文学向书写文学的转变。

约鲁巴著名小说家 D. O. 法贡瓦(D. O. Fagunwa)创作了《神林奇遇记》(*Ogboju Ode Ninu Igbo Irunmale*,1938)等五部长篇小说,其中最后一部由他本人译成英语 *God's Conundrum*(《上帝的难题》)。这些作品表明作者广泛使用了约鲁巴谚语、谜语、传统笑话和与约鲁巴信仰相关的其他口头传说。因此,他对约鲁巴语书写文学做出了巨大贡献。

伊博作家皮塔·恩瓦纳(Pita Nwana)在 1933 年出版《欧弥努科》(*Omenuko*)。这部小说以教诲为目的,以荒诞为基础,由于作者吸取了大量的民间传说而获得成功。1937 年,D. N. 阿卡拉(D. N. Achara)出版《宾戈岛》(*Ala Bingo*)。这是一本以谜语作为框架的书。它表明伊博作家怎样用文学突显传统价值与信仰,提醒人们重新审视西方理念和西方风格。

综上所述,尼日利亚口头文学不仅继续在民间广为流传,成为民众不可或缺的精神食粮,而且坚守着文化精神和美学观念,对新兴的民族语言文学产生了重要影响。

第二次世界大战结束以后,现代英语文学在尼日利亚崛起。尼日利亚人用英语创作文学作品,不仅量大质优,在尼日利亚文学中取得支配地位,而且引起世人瞩目,对非洲文学乃至世界文学做出了卓越贡献。它们与尼日利亚口头文学有什么关系呢? 换言之,口头文学对英语文学有什么影响、什么作用呢? 这些影响和作用是好还是坏?

阿莫斯·图图奥拉(Amos Tutuola)于 1952 年在英国出版《棕榈酒醉汉》(*The Palm-Wine Drinkard*),引起巨大轰动。它讲述一个没有出息的棕榈酒醉汉去死人国寻找侍者的冒险故事。主人公有点像骗子,像魔法师,像超人,但是他不能克服每一个困难,或让自己摆脱每一个困境。超自然的救助者时不时地出来援助他,最后他在死人国找到侍者,但是不能够劝说侍者重新进入活人国。棕榈酒醉汉和他的妻子离开死人国,经历几次冒险之后回到家里,结果发现他们的亲人还活着。天与地发生争吵,天拒绝下雨,大地遭遇干旱,饿死许许多多人(这是一个有名的约鲁巴民间故事)。棕榈酒醉汉立即采取行动,想方设法短时间内解决了剩下的人们的饮食问题,平息了天地之间的争吵,结束了干旱和饥饿,恢复了世界的正常秩序。这个本来没出息的主人公到头来创造了奇迹,成了全人类的救世主和恩人。换句话说,他变了,从典型的民间故事主人公变成了典型的史诗英雄。作者创作风格的转变并没有使他脱离口头传统的影响。无论从内容、叙事模式还是叙事技巧来看,这部作品显然吸收了口头文学的营养,证明作者掌握了口头艺术的基本形式,巧妙使用了口头文学的素材。后来,图图奥拉又写了许多小说,其题材、叙事模式和风格与《棕榈酒醉汉》基本相似。因此,我们说,图图奥拉从口头文学获益甚多,是法贡瓦的继承者。

钦努阿·阿契贝(Chinua Achebe)是尼日利亚乃至整个非洲最重要的小说家,先后出版五部长篇小说:《崩溃》(*Things Fall Apart*,1958)、《再也不得安宁》(*No Longer at Ease*,1960)、《神箭》(*Arrow of God*,1964)、《人民公仆》(*A Man of the People*,1966)和《荒原蚁丘》(*Anthills of the Savannah*,1987)。它们都是从非洲视角出发,为反映非洲社会状况和非洲历史经验所进行的文学创作实践,尽管选用的语言是外来语言——英语,选用的文化样式是外来的长篇小说。正像南希·斯密特所说,"即使小说的内容可能在表面上让人想不到口头传统的内容……小说的基本叙事性质可以追溯到它,如使用谚语和赞名来描写、用谚语和故事来评论人物的动作"。①《崩溃》所讲述的故事就是摔跤手奥贡喀沃的故事,他不断地为地位奋斗,试图跟他的保护神摔跤而被毁灭。故事表面上让我们想不到口头传统的内容,但小说基本的叙事性质依然可以追溯到伊博人的一个民间故事:

> 从前有一个伟大的摔跤手,他的脊背从没有触过地。他走遍各个村子,把所有的人都摔翻在地。然后他决心去神灵之地摔跤,他也要成为那里的冠军。他去了,打败了所有前来应战的神灵。有一些神灵长着七个脑袋,有一些长着十个;可是他把他们全打败了。吹奏笛子颂赞他的伙伴乞求他离开,他却不肯走,因为他的血已经沸腾,他的耳朵已经被钉死。他不但不把回家的忠告放在心上,反而向神灵们发出挑战,要他们派出最好、最强壮的摔跤手。神灵们派出自己的神。这个瘦长结实的小神灵用一只手抓住摔跤手,把他重重地摔在石头地上。②

后来,阿契贝把这个民间故事写入《神箭》,教育人们"无论一个人多么强壮、多么伟大,他也绝不能挑战他的祺(即保护神)"。

在伊博人中,谈话艺术受到高度重视。对伊博人而言,谚语好比棕榈油,可伴着词汇吃下去。阿契贝就是一位重视使用而又擅长使用谚语的语言艺术家。他用谚语来刻画人物。例如,奥贡喀沃的父亲好吃懒做,是个失败者,"他常常说,每当看到死人的嘴巴时,他心里就常想,一个人要是活着的时候不吃

---

① Nancy Schmidt,"Nigerian Fiction and the African Oral Tradition," see *Folklore in Nigerian Literature* by Bernth Lindfors,1973,p.11.

② Bernth Lindfors,*Folklore in Nigerian Literature*,1973,p.78.

掉自己的一份东西,那才愚蠢呢。"①在这里,谚语显示出人物的特点。又如,"虽然奥贡喀沃还很年轻,但他已是当代最伟大的人物之一。在他的族人中间,年龄是被敬重的,但是事业却更受尊崇。诚如长者所说,一个孩子只要把手洗干净,他就可以同皇帝一道吃饭。奥贡喀沃把手洗得干干净净,就可以同皇帝一道吃饭。"②这条谚语肯定奥贡喀沃由于事业有成受到人们的尊敬,不受父辈和年龄的影响。

阿契贝还在《崩溃》中使用了不少有关地位和成就的谚语,比如:

□ 太阳先照到站着的人,然后再照到跪在他们下面的人。
□ 对伟大的人表示尊敬,就是给自己的伟大铺平道路。
□ 蜥蜴从高高的伊罗柯树上跳到地面,说如果别人不称赞它,它就自己称赞自己。
□ 只看外表,就可以认出它是成熟的谷子。
□ 我不能坐在河岸上用泡沫洗手。
□ 一个人怎样跳舞,鼓手就怎样为他敲鼓。

这些谚语给我们讲述了伊博社会的价值观念和奥贡喀沃生死遵循的价值观念,也让我们想到小说言及的几个方面:地位的重要性、成就的价值、人塑造自己命运的理念。

《神箭》也使用了许多谚语。例如,"把爬上蚂蚁的粪便带回家的人,在蜥蜴来访时不应该抱怨"。它明确说明:一个人要对自己的行为负责,必须承担行为的后果。又如,"拴在柱子上的母山羊承受下羔之苦时,成年人不能坐视不问"。这条谚语被主人公伊祖鲁使用两次,痛斥长者鼓励同邻村的"可耻战争",提醒长者不要忽略他们对人们应负的责任。十分有意思的是,后来,长者们也用这条谚语反击伊祖鲁,批评他没有履行礼仪之责,影响新木薯的收获。

据伯恩斯·林德福斯(Bernth Lindfors)统计,《崩溃》《神箭》《再也不得安宁》和《人民公仆》四部长篇小说共使用 234 条谚语。这些谚语讲明和重申了小说的主题,强化了对人物的性格刻画,澄清了各种冲突,聚焦于阿契贝所描写的社会价值观念。这些谚语也帮助我们了解人物行为评价所依据的价值标准,理解小说的真正内涵;反过来说,这也证明谚语具有强大的生命力和丰富的功能性,不但口耳相传,而且进入文本,继续发挥作用。

---

① Nancy Schmidt, "Nigerian Fiction and the African Oral Tradition," see *Folklore in Nigerian Literature* by Bernth Lindfors, 1973, p. 4.

② Ibid., p. 8.

约鲁巴有这样一种说法："谚语是话语的骏马,当交流失去的时候,谚语则将其恢复。"因此,同一条谚语在实际中既可能是普通的"驮畜",也可能是一匹受过严格训练的"赛马",这要看谚语的使用和使用者了。沃莱·索因卡把这些谚语用在剧作的人物嘴里,起到刻画人物的作用。例如,《森林之舞》(*A Dance of the Forests*,1960 年首演,1963 年出版)中,阿格博列科在劝说老人要有耐心时说出一串谚语:"朝下看的眼睛当然能看见鼻子。伸到罐子底部的手才能捞到最大的蜗牛。天上不长草,如果大地因此而把天称作荒地,它再也喝不到牛奶了。蛇不像人类长着两条腿,也不像蜈蚣长着一百只脚。不过,如果阿吉列能像蛇耐心地跳舞,他就能就解开通向死亡的锁链……"①这一串谚语似乎与他要传达的信息有点儿相关,又增加了些地方色彩,但主要是为了让听众感觉他是个迂腐的傻瓜,过分炫耀他的知识。《沼泽地居民》(*The Swamp Dwellers*,1958 年首演,1963 年出版)落幕之前,瞎眼乞丐也说出一串谚语:"冷天一过,燕子就要回来找老窝。蝙蝠也知道离开树上黑黝黝的洞,用它们的皮翅膀拍打潮湿的树叶。当我的泥脚一踏上你们家的门槛,我就听到拍打翅膀的声音。老人和我说话的时候,我还听到蟋蟀沙沙地抓痒……"②瞎眼乞丐虽然经历了大自然的严酷折磨和同胞的白眼,他仍然相信日子会变好,还要在重新获得的沼泽地种上更新的种子,过好有生之年,他是个乐观主义者——谚语就是明证。另一个剧本《孔琪的收获》(*Kongi's Harvest*,1967)不仅采用了节日的元素,而且也运用谚语来搪塞独裁者孔琪。但洛拉就说出"鸵鸟也在炫耀羽毛,可是我要看见这种聪明的鸟离开这块地盘""一条狗藏下一根骨头,他不会把它扔到沙子上吧?""只有假冒者让自己穿戴比死者儿子更加深蓝的衣服"等谚语。

沃莱·索因卡也很重视神话:其诗集《伊丹瑞及其他诗歌》(*Idanre and Other Poems*,1967)探讨和吸收了神话;在 500 行的长诗《奥贡·阿比比曼》(*Ogun Abibiman*,1976)中,他探讨了约鲁巴神奥贡和祖鲁大帝恰卡在当代非洲的意义。索因卡不但掌握了口头文学传统,而且喜欢采用,运用自如,应该说他是驾驭口头文学传统的大师。

据海伦·楚克伍玛说,伊博神话中有一个阿多托女神,通称为"水妈妈"(Mammy Water)。诗人奥吉格博的外祖父就是对她施以祭拜的祭司。据信奥吉格博是外祖父的转世再生,他自觉对神负有使命,便以阿多托为灵感创作诗歌《水姑娘》:女神居住在深水之中,有时短暂地浮现于人的世界,给出她的财富,然后再回到深水之中;她就是美丽、富饶、宽厚大方的水女神。该诗已收

---

① Nancy Schmidt, "Nigerian Fiction and the African Oral Tradition," see *Folklore in Nigerian Literature* by Bernth Lindfors, 1973, p. 171.

② Ibid., p. 34.

入诗集《天门》(*Heavensgate*，1962)。

1947 年，西普利安·艾克文西(Cyprian Ekwensi，1921—2007)用英语把豪萨人的一个长篇故事改写成《非洲夜晚的娱乐》(*An African Night's Entertainment*，1962)。后来，J. P. 克拉克(J. P. Clark)又把著名的伊卓族(Ijo)史诗《奥兹迪》(*Ozidi*)改成同名剧本。奥兹迪是个遗腹子。史诗讲述他出生、成长、决心为父亲复仇、后来被他的同伴杀死的故事，非常感人。从上面不难看出，尼日利亚作家非常重视口头文学传统，他们用文字记录下来，加以改造，使之传承下去，继续发挥作用。

时至尼日利亚独立之后，口头文学不仅在民间继续口耳相传，而且在拉各斯、埃努古、卡杜纳等城市出现以城市生活为内容的民间故事。在北方，豪萨传统妇女(而不是年轻的女大学生)创作口头诗歌，或朗诵或歌唱，表达她们对社会问题的看法，或宣传妇女的独立和解放。根据美国威斯康星大学一位学者的记录，[①]卡诺的豪瓦·格瓦拉姆(Hauwa Gwaram)于 1967 年创作《北方妇女协会之歌》("Wakar Jama' iYar Matan Arewa")，有 47 对联句，描述这个组织的目的、功能，尤其表达了穆斯林对教育的尊崇。该诗形式上符合豪萨传统诗歌的标准，开头有向真主求助的赞颂诗，结束时有对真主的颂词，还有诗人的署名，每对联句有连续的韵脚，全诗有明显的韵律。卡齐纳的宾塔·卡齐纳(Binta Katsina)在 1980 年为巴耶罗豪萨语年会创作并演唱《尼日利亚妇女之歌》("Wakar Matan Nijeriya")。此诗共有 88 个诗行，反复强调"尼日利亚妇女能够做任何工作""能够参与工作"，其写诗手法与豪萨赞颂诗相同，但她不断重新组合短语，使之获得新意，鼓励妇女解放思想、改变自己、改变社会。奋图阿的迈谟纳·科济(Maimuna Coge)在同一次年会上演唱自己创作的《豪萨语大会赞歌》("Wakar Ta Yabon Kungiyar Hausa")。此诗共 199 个诗行，素材、演唱风格与传统的博里(Bori)表演相同，作者将崇敬与亵渎并置，不时以夸张而猥琐的身体动作打断演唱。诗歌开头是赞颂真主的诗句，暗指博里崇拜(Bori cult)中的主要精灵英纳(Inna)，英纳在豪萨语中也有"母亲"的意思，也指妓院组织者。全诗赞颂各种职业，尤其关注自给自足。

总之，尼日利亚各民族口头文学是大众喜爱的文学，帮助人民大众交流经验、传播知识、增长智慧、提高文化水平。它有多种多样的文学形式，不但扎根于人民生活之中，而且影响着现代文学——豪萨语文学、约鲁巴语文学、伊博语文学和尼日利亚的英语文学。口头文学现今在尼日利亚文学中仍然有一定地位。

---

① Beverly B. Mack, "Hausa Women's Oral Literature," see *Contemporary African Literature*, edited by Hal Wylie et al., 1981, pp. 15 - 45.

第二编
前殖民时期文学
(13 世纪前后—19 世纪中期)

第 一 章

社会文化背景和文学

尼日利亚是一个历史悠久的国度,现在已经发现早在公元前 1200 年就有人类居住且已进入石器时代。公元前 500 年,铁器文明出现,其中一个重要中心在诺克,因此又称为"诺克文化"。铁器的使用促进生产技术的发展,对农业、城镇化和定居点产生重大影响。公元 200 年,境内城镇和乡村有了很大发展。公元 8 世纪起,卡奈姆-博尔努、贝宁、奥约、豪萨七城邦等诸多王国相继建立。而且在此期间,尼日利亚北部发展了跨撒哈拉贸易。1450—1850 年,南部发展了跨大西洋贸易。二者对尼日利亚产生了深刻而又久远的影响。

几个世纪以来,尼日利亚北部,即当年的卡奈姆-博尔努王国和豪萨七城邦一直是集权的封建王国,土地肥沃,农牧业发达,而且商贸活跃,一直同北非和中东有着穿越撒哈拉沙漠的贸易往来。穿越撒哈拉的贸易是重要的对外贸易,是借助耐热耐寒、耐饥耐渴的骆驼进行的,能满足欧洲和北非对西非黄金和奴隶的需求,能使主要参与者从中获取巨额利润。因此几个世纪以来,尼日利亚北部提供纺织品、皮革制品,以及胡椒、柯拉果、象牙和鸵鸟羽毛等物品。作为交换,尼日利亚北部获得布料、金属制品、香料、椰枣、玻璃器皿、袜子、珠子、纸张,以及来自沙漠地区比尔马和塔加扎的食盐。另外,他们还购买马匹装备骑兵,供统治者炫耀。在集权的卡奈姆-博尔努和豪萨七城邦,统治者通过扮演地区商人进行贸易和收缴市场税,获取巨额利润。南部的贸易终点,如卡诺、加扎加姆和卡齐纳,都是繁荣的商业中心。一些统治者对盐和奴隶实行贸易垄断,从而获得更多的财富。

最早的商路之一位于乍得盆地和北非的黎波里之间。到 16 世纪,卡奈姆-博尔努和豪萨七城邦被通往的黎波里的重要商路连接起来。在 17 世纪及以后,卡诺和卡齐纳成为重要的贸易集散地。穿越撒哈拉的贸易在 19 世纪初始时都进行得很好,直到欧洲人在沿海活动日益频繁才受到威胁,此后贸易转向南方。

穿越撒哈拉的商道同时也是伊斯兰教传播之道。11 世纪,伊斯兰教由北方传入卡奈姆-博尔努王国。借助来自北非的传道士和伊斯兰商人的活动,伊斯兰教在这一地区缓慢传播。卡奈姆-博尔努的国王们皈依了伊斯兰教,其中不少国王变成狂热分子,鼓励臣民皈依伊斯兰教和去麦加朝觐。14 世纪,伊斯兰教经旺盖拉瓦商人引进豪萨地区,在阿里·雅吉(Ali Yaji)在位期间(1349—1385)传到卡诺,直至穆罕默德·里木法(Muhammad Rimfa)在位期间(1463—1499)才站稳脚跟。易卜拉欣·马杰(Ibrahim Maje)在位期间(1492—1520),卡齐纳接受了伊斯兰教。卡诺和卡齐纳这样的城市成为著名的伊斯兰中心。几个世纪以后,伊斯兰教传播到尼日利亚北部和西部的其他地区,但是在19世纪之前,它并没有成为一种大众性宗教。在豪萨和卡奈姆-博尔努,国王和酋长们也接受了伊斯兰教,有些人非常虔诚,并献身于传教。

伊斯兰教的传入和传播深刻地改变了豪萨人的生活方式,直至今天,豪萨人的所作所为还受到《可兰经》、圣训和伊斯兰教马立克法典的指导。伊斯兰教改变了豪萨人的思维方式,他们相信来世,认为现世生活是短暂的、浮夸的。值得注意的是:阿拉伯商人既是商人,又是伊斯兰教传教士;伊斯兰教传教士既是传教士,又是商人。正如卡诺和卡齐纳,它们既是商贸中心,又是伊斯兰文化中心。商贾在这里云集,清真寺和学校在这里建立,学者在这里聚会,甚至长期驻留。这里的国王、酋长和学者们也去麦加朝觐。

1804年,尼日利亚北部发生伊斯兰革命,由此诞生了一个强大的哈里发王国,推动了伊斯兰教的传播。在逐渐接受伊斯兰教的过程中,人们也同时引进了伊斯兰文明的其他方面,如作为传教媒体的读写艺术。与此同时,豪萨地区也出现了被称为"玛拉目"(即学者和教师)的一种知识阶层。他们发展了一种独特的学习制度:第一阶段是马卡兰顿-阿娄(Makarantun-allo),即可兰经学校,旨在掌握《可兰经》的要义;第二阶段是马卡兰顿-伊尔弥(Makarantun-ilmi),即专门学校,寻求掌握诸如神学、句法、逻辑、法学、天文学和数学等专门知识。

由于阿拉伯语是实施教育的工具,教育使用的所有书籍都是用阿拉伯语写成的,所以早在13世纪,豪萨地区的学者就开始使用阿拉伯文字写书、写诗。尼日利亚北部从此拥有历史悠久的阿拉伯语文学传统。

早期的可兰经学校不仅用豪萨语讲出阿拉伯字母,而且用它读出阿拉伯语的词汇。在专门学校,则用阿拉伯语逐字逐句读出阿拉伯语文本,同时又由教师译成豪萨语,便于学生理解。后来,就在这种教与学的过程中,阿贾米文字,即用阿拉伯字母拼写豪萨语词汇的文字,应运而生。

早在17世纪之前,阿贾米文字就已繁荣起来,并非在19世纪初富拉尼圣战前后才出现,后者只是阿贾米文字的另一个繁荣期或一个新的发展期。虽然许多受访的卡诺、卡齐纳、道腊、索科托、扎里亚、阿布贾和包齐的学者坚持认为,在豪萨地区阿贾米文字和阿拉伯语文学同时开始,但从现有的历史文献来看,豪萨地区的阿拉伯语文学最先产生,是豪萨文学的先驱,或许也是尼日利亚最早的书写文学。然而,用阿贾米文字创作的文学才是真正的豪萨语文学。

跨大西洋奴隶贸易是欧洲人贩卖非洲黑人奴隶,为自己扩大生产、谋取暴利的一种惨无人道的贸易。它历时四个多世纪,给西非人民带来深重的灾难。约有4 000万黑人被迫远离家乡,有的被虐待致死,有的充作家奴,还有的到北美洲、加勒比海地区和南美洲等地的种植园做无偿的劳动力。他们失去尊严,失去自由,没有任何权利,变成供欧洲人役使的"牲口"。因为奴隶贸易利润丰厚,欧洲列强为此争夺霸权:15—16世纪,葡萄牙居于支配地位;17世纪,荷兰处于支配地位;及至18世纪和19世纪前半期,法国和英国居于支配地位;甚至在1776年,获得独立的美国也参与这种罪恶活动。

尼日利亚濒临几内亚湾,是跨大西洋奴隶贸易的重灾区,被称为"奴隶海岸"。"卖为奴隶的尼日利亚人的精确数字或许永远不得而知,但是历史学家确认若干模式。从1480年左右到1630年,除个别年份外,从尼日利亚海岸运走的奴隶每年约2 000人;从1630年到1730年,平均每年超过5 000人或者更多;最后,从约鲁巴海岸开放和博尼贸易繁荣直至奴隶贸易结束的年份,这个时期所有港口运出的总数必定达到每年3万人的高峰。"[1]在18世纪结束之前,伊博人口受到巨大影响。正像约翰·亚当1822年所说,博尼是一个主要的奴隶市场,那里"每年卖出的奴隶不少于2万人,其中1.6万人是来自伊博族的土著。因此,在最近20年间,这样一个单一民族出口的人口不少于32万人。在新卡拉巴尔和旧卡拉巴尔,同一民族同一时期出卖的人口可达5万人,总共有37万伊博人,剩下的2万多人则是这个铜国度的土著,……还有伊比巴(伊比比奥)或夸(克瓦)的土著。"[2]当然,奴隶贸易殃及的地区和民族不止尼日尔河三角洲和伊博地区的伊博人和伊比比奥人,还有尼日尔河-埃努河交汇地区的努佩人和朱昆人。另外,约鲁巴地区的约鲁巴人,早在17世纪就已经通过达荷美(现贝宁共和国)的港口出口奴隶,18世纪末大量出口,及至18世纪最后几年和19世纪的头十年,奴隶出口再次增加,巴达格利和拉各斯发展成活跃的奴隶港口。及至18世纪末和19世纪初期,豪萨人和尼日尔河流域北部诸族群则有大量奴隶通过波多诺伏、巴达格利和拉各斯出口。奴隶贸易是耗资巨大的贸易,是通过捕获奴隶和买卖奴隶完成的。用霍普金斯的话说,"大西洋奴隶贸易只有两个集团——欧洲发货人和非洲供应者——的联盟才能使其成为可能。"[3]换句话说,巨大的经济利益驱使非洲有钱有势的人或国家从事这种人对人的非人道活动。他们通过战争、袭击、拐骗、操纵司法等手段,把同胞变成奴隶,当作商品卖给欧洲人。

至于大西洋奴隶贸易对尼日利亚的影响,那确实是严重、深远且无法估算的。从有形方面说:成千上万的青壮年被卖作奴隶,直接减少了生产劳动力,

---

① Richard Olaniyan, ed., *Nigerian History and Culture*, 1985, pp. 119-120.

② T. Hodgkin, *Nigerian Perspectives*, 1975, p. 178.

③ A. G. Hopkins, *An Economic History of West Africa*, 1973, p. 106.

破坏了尼日利亚的经济;成千上万个家庭破碎,破坏了社会结构,社会地位的标准也从年长和家族背景,转变为财富和经济地位。从无形方面讲,这种极坏的贸易使受害者和受益者都受到损害,正像赖德教授所言:"奴隶贸易给靠它生活的人和深受其害的人都造成了大破坏和大贬降。"①18世纪及至19世纪前半期,出于同英国人商业沟通的需要,尼日利亚境内,尤其是东南部的旧卡拉巴尔地区开设学习英语的学校,酋长和大商人的子弟甚至远涉重洋去英国留学。当地商人开始用不标准的英语记账和写日记,甚至写诗。生活在英国的尼日利亚奴隶,在英国废奴运动日益高涨的背景下,开始用英语写作奴隶叙事和诗歌等。从此,尼日利亚人有了自己同胞创作的英语文学。

总之,在前殖民时期,尼日利亚人不但利用外来语言文字创造了自己的阿拉伯语文学和英语文学,而且创造了豪萨语的阿贾米文字和阿贾米文学。毋庸讳言,它们受到外来语言文化的影响和启迪。但是,我们决不能忘记这样一个事实:早在17世纪之前,在毫无外部影响的情况下,伊博人和邻近民族创造了恩西比迪文字(Nsibidi),许多符号联结而形成故事。虽然这种文字被后来的殖民者废止了,但它否定了"撒哈拉以南非洲未曾发明文字"的说法。

---

① Alan Ryder, "The Trans-Atlantic Slave Trade," see *Nigerian History and Culture*, edited by Richard Olaniyan, 1985, p. 120.

第二章

早期的阿拉伯语文学

根据现有资料，尼日利亚的阿拉伯语学术活动和写作可以追溯至 13 世纪。当时的卡奈姆－博尔努帝国是一个确认受穆斯林统治的国家。它西邻豪萨七城邦。当时卡奈姆有一位非常著名的阿拉伯语作家，名叫阿布·伊萨克·易卜拉欣（Abu Ishaq Ibrahim, d. c. 1212），他既是诗人，又是语法学家。博尔努的乌斯曼·伊本·伊德里斯（Uthman Ibn Idris）在 1391—1392 年给埃及的马木鲁克苏丹（the Mamluk Sultan of Egypt）送去一信，信是外交性质的，还包括诗歌和对伊斯兰法的深入理解，其中的诗乃是尼日利亚现存的当地人创作的最早的一首诗。

时至 15 世纪，阿尔及利亚的著名学者阿里－马格希里（al-Maghili, d. 1504）在苏丹地区（即萨赫勒大草原）到处旅游，在卡诺和卡齐纳等地教书。他是马立克学说（the Malikite doctrine）最具影响力的阐释者。他用阿拉伯语写了不少东西，有六个阿拉伯语作品的文本保留至今，其中包括他为卡诺统治者撰写的著名论文《国王的责任》，讲述治国之道。该文 1933 年被 T. H. 鲍德温（T. H. Baldwin）译成英语"The Obligations of Princes"。廷巴克图（15—18 世纪著名的伊斯兰文化研究中心）最著名的作家阿赫默德·巴巴（Ahmad Baba, 1556—1627）是一位多产作家，据说写过大约 50 篇论文，涉及语法、马立克法典和其他题材，现已找到十几个文本。在 1580 年代中期去麦加朝觐归来后，他在卡诺教书。因此，在豪萨地区及邻近地带出现了一个独立于廷巴克图之外的阿拉伯语写作流派。第一个被证实的作家是阿里－塔扎赫提（al-Tazadhti, 1469—1529）。他是阿里－马格希里的学生，曾在开罗和麦加学习，尔后在卡齐纳担任法官并定居下来。

从 17 世纪头几年起，大多数豪萨城邦受到卡奈姆－博尔努这个伊斯兰国家的强烈影响。16 世纪末，卡奈姆－博尔努就有自己的阿拉伯语写作传统。博尔努的主要伊玛目阿赫默德·b. 法图阿（Ahmad b. Fartua）为苏丹伊德里斯三世（Sultan Idris Ⅲ）编写他在位期间（1570—1602）的编年史，分别于 1576 年写成《博尔努战争史》（*The Book of the Bornu Wars*）、1578 年写成《卡奈姆战争史》（*The Book of the Kanem Wars*），因为伊德里斯三世在桑海帝国垮台时巩固了卡奈姆－博尔努帝国。对卡奈姆－博尔努的阿拉伯语创作，豪萨人也不是没有做出过贡献。17 世纪伊始，卡诺的阿卜杜拉希·苏卡（Abdullahi Sukka）写出《捐赠者的献礼》（"al'-Atiya li'l-mu'ti"）。默文·希斯凯特说，它

"是当地创作的最早的韵诗例子,它是在大量吸收早先存在的散文资料的基础上创作的",①其内容让人想起苏菲神秘主义。这首作品说明了伊斯兰知识在豪萨地区取得的进展。

稍后,豪萨诗人兼宗教评论家丹·马瑞纳(Dan Marina,d. 1655,阿拉伯语名 Ibn al-Sabbagh)写了一首诗,赞颂博尔努国王阿里·b. 乌马尔(Ali b. Umar)在 1670 年战胜贝努埃河谷异教徒克瓦拉拉法诸部落。他的论文《告诫年轻人》("Mazjarat al-fityan")具有政治意义和历史意义,因为它表明伊斯兰学问的所有重要分支已经为以豪萨城市卡诺为中心的为数不多的学术精英们所熟悉。丹·马萨尼(Dan Masanih,c. 1595—1667,阿拉伯语名 Muhammad al-Barnawi)是丹·马瑞纳的学生,也是当时豪萨地区最有影响力的法学家。他的创作期在 17 世纪初,人们记得他用阿拉伯语写了十多篇论文。

18 世纪,桑海被征服,穿越撒哈拉的商路东移,位于博尔努与尼日尔河之间的豪萨小城邦获益。廷巴克图衰败,阿拉伯语写作传统在比较弱小的豪萨城邦继续发展。虽然学者们在博尔努一些地方比较活跃,但在豪萨地区工作的作家不一定是豪萨人或富拉尼人,也许就是柏柏尔人;也不论其是在卡齐纳、卡诺还是博尔努,他们创作的阿拉伯语文学都趋于教诲,回到阿里-马格希里宣讲过的马立克派原教旨主义。

18 世纪初期,博尔努的伊玛目穆罕默德·b. 阿布杜·阿里-拉赫曼写出 *Shurb al-Zulal*,它是众所周知的韵文,深受西非阿拉伯语读者欢迎,19 世纪初期还受到开罗一位评论家的好评。它引用的权威来自埃及,表明这里的学者欢迎的是埃及的影响而不是马格勒布的影响。阿里-拉赫曼是一个很有学问的人,他向新皈教者介绍广受认可的伊斯兰法,同时对马立克法理学家宣传的理论法典与当地当代人日常行为之间的所有矛盾留有印象。他是 19 世纪初期比较彻底的改革运动的先行者。在这次改革运动中,豪萨地区的谢胡乌斯曼·丹·福迪奥(Usman Dan Fodio,1754—1817)为一方,博尔努的穆罕默德·阿里-阿明为另一方。应该说,直到 18 世纪后期,韵文的相关题目才变得明显。一批作家尽其所能地保持和传播伊斯兰法律和科学。谢胡吉卜里尔·b. 乌马尔(Jibril b. Umar,d. c. 1794)本人就是豪萨人,尽管他来自阿加德兹。他反对偶像崇拜,是一位宗教改革家。他的论文《止渴》("Shifa al-ghalil")攻击综合论者,即追随伊斯兰教又同时容忍当地传统宗教遗产的人。

18 世纪以来,在伊斯兰精英中出现改革运动,有些统治者和受过教育的教士决心恢复伊斯兰教的纯洁性,甚至想建立一个神权国家。为此,富拉尼人谢胡乌斯曼·丹·福迪奥发动富拉尼圣战(1804—1808),并且在豪萨地区获得

---

① Mervyn Hiskett, *A History of Hausa Islamic Verse*, 1975, p. 15.

大胜。富拉尼圣战前后,伊斯兰教旨得到广泛宣传,阿拉伯语文学呈现兴盛状况,进入一个新的繁荣时期。

这个时期,乌斯曼·丹·福迪奥及其家人和追随者对阿拉伯语文学做出了卓越的贡献。

尽管乌斯曼·丹·福迪奥获得军事成功,取得了巨大的政治成就,但他主要是一名学者和一位神学家,他的许多阿拉伯语作品仍然坚定地强调他的神学目的。根据希斯凯特的说法,乌斯曼的作品"可以分为两个类型:圣战之前,他偏重于学术,他的一般作品具有相当的神学性质,更具学术性;圣战之后,他的作品则是比较短小的论战性作品,处理新建伊斯兰国家出现的具体难题"。[①] 在他的早期论文中,《明确的解说》("Diya'al-Fáwil")评论《可兰经》,《复活正统和消灭变革》("Ihya al-Sunua wa-ikhmad al-bid'a",早于1793年)与《思想之光》("Nūr al-allab",后来在开罗印行)直接抨击泛神论和前伊斯兰习惯,提倡正统的伊斯兰教。后来的《重要事情》("Masa'il muhimma",1802)则表明他开始专注于当代实际问题,"标志着从一个教师的相当学术性的态度向一个积极的改革者和复活者的态度转变。"[②]乌斯曼·丹·福迪奥在富拉尼圣战后的一部重要作品是《向崇拜者解释希吉拉的必要性》("Bavan wujub al-Hijra ála al-'bad"),关注现实世界伊斯兰社会应该如何作为的问题。《兄弟情义之灯》("Sirj al-ikhwan")则关注他的追随者之间的团结。

乌斯曼的两个直接接班人是他的弟弟阿布杜拉·b. 穆罕默德(Abdullah b. Muhammad,1766—1829)和他的儿子穆罕默德·贝洛(Muhammad Bello,1781—1837)。他们都是合格的学者,用阿拉伯语写了许多作品。阿布杜拉的《文本宝库》(*Ida'al-nusukh*)特别出名,展现了他对苏丹地区阿拉伯文化历史的兴趣,主要讲述了他和哥哥受教育的经历以及他们依据伊斯兰原则所接触的一些书籍。他也关注好的政府管理,写出《法理学家之光》(*Diya al-hukkam*,c.1808),帮助卡诺人民建立一个伊斯兰政府。

穆罕默德·贝洛在位时期(1817—1837),豪萨地区阿拉伯语文学的复兴达到至高点。贝洛写了许多文章和几本有关苏菲圣徒的传略,其中最重要的论文是《消费可用的东西》("Infag al-maisur")。特别有意义的是,它包含贝洛同对手、博尔努统治者穆罕默德·阿里-阿明·伊本·穆罕默德·阿里-卡纳米(Muhammad al-Amin ibn Muhammad al-Kanami,d. 1837)在1810—1837年的来往信函,涉及索科托同博尔努之间争论的各种问题,博尔努统治者表达了对富拉尼圣战扩大边界的正义性的质疑。博尔努统治者基本上是一位

---

① M. Hiskett, *The Sword of Truth: The Life and Times of the Shehu Usman Dan Fodio*, 1973, pp. 118 - 119.

② Ibid., p. 119.

同乌斯曼·丹·福迪奥一样的穆斯林学者,也是一位能力出众的诗人,这说明豪萨地区不是西非唯一的阿拉伯文学中心,博尔努的贡献也不可小觑。

在索科托帝国的头几十年,豪萨地区的大多数文学作品聚焦于它第一位领导者的生活、理想以及创建帝国时的军事与政治状况。乌斯曼的女婿玛拉目吉达多·丹·拉依马(Gidado Dan Laima)写的《牧场还是天堂》(*Raud al-jinan*)就表述了上述内容,成为乌斯曼·丹·福迪奥传记的重要资料。1800—1850 年,豪萨地区出现大量的阿拉伯语作品,其中不乏历史纪事,代表作品是阿里-哈吉·萨伊德(al-Hajj Sáid)的《索科托历史》(*The History of Sokoto*)。

综上所述,在廷巴克图衰败之后,豪萨地区成为西非伊斯兰文化中心,产生了大量的阿拉伯语诗歌、论文和信函,其特点是宗教性质的。

19 世纪中叶之后,虽然索科托统治者偏离传教热情和严格的伊斯兰理想,经历了英国殖民征服,富拉尼人同化于豪萨族,但是,还有些作家创作阿拉伯语作品,当然为数甚少。1995 年,由学者扎卡里尧·I. 奥森尼(Zakariyau I. Oseni,1950—)创作的阿拉伯语剧本《荣誉主任》(*Al-'Amid al-Mubajjal*)问世,描写了尼日利亚一些大学里的腐败状况。

第三章

豪萨语文学的起始与形成

豪萨语是尼日利亚北部通用的语言,不仅豪萨七城邦的人使用这种语言,而且它还是西非地区的通用语言。豪萨人创造了伟大的口头文学传统,体现了他们原有的信仰、原有的文化和现实生活。后来,他们穿越撒哈拉沙漠同东方人进行贸易,不但互通有无,而且接触和接受了伊斯兰文化。伊斯兰文化影响甚大,不仅带来伊斯兰文化的宗教故事和阿拉伯语,而且豪萨地区出现了前面讲述的用阿拉伯文字创造的文学:诗歌、论文和信函。但是阿拉伯语是一种外族语,懂得阿拉伯语的豪萨人为数甚少,能用阿拉伯文字创作文学作品的豪萨人更是少之又少,仅有统治阶层和为数不多的玛拉目懂得和使用阿拉伯语。

虽然用阿拉伯文字创作的文学是豪萨书写文学的先驱,但是用豪萨文字创作的文学才是豪萨语言文学的主体。

豪萨语言最早使用的文字是阿贾米(Ajami)文字,即用阿拉伯字母稍加变通书写的豪萨文字。

豪萨语言的阿贾米文字是豪萨人在深受阿拉伯文字影响后发展起来的一种当地文字。考虑到豪萨社会高度商业性的传统和它同中东商人之间的互通,早期阿贾米文字的书写局限于商品交易日记、会计账目及其他与生意有关的书写记录。至于书写文本的基本形式,很可能是在可兰经学校和专门学校由伊玛目们确定下来的,因为出于讲解的需要,他们有必要也有能力这样做。

尽管有人声称,随着阿贾米文字的出现,豪萨语文学就有了文本,因而豪萨族具有长期的文学传统,但是根据已有记述,事实似乎并非如此。

在 17 世纪前,阿贾米文字已经很活跃。随后出现了一批优秀的伊斯兰学者,他们用阿拉伯文字和阿贾米文字写作。其中,卡诺的阿卜杜拉希·苏卡(Abdullahi Sukka)用阿贾米文字写出了《瑞瓦亚·安纳比·穆萨》(*Riwayar Annabi Musa*),据说它是现存最早的阿贾米文本,现存于乔斯博物馆。卡齐纳的丹·马瑞纳(Dan Marina, d. 1655)的作品既有用阿贾米文字创作的,也有用阿拉伯文字创作的;他用阿拉伯文字写过关于法理学和句法学的几部专著,用阿贾米文字写出文学评论文章《阿尔法扎则的伊希里尼亚》("Ishriniya of Alfazazi"),还用阿贾米文字写出一首名诗《巴达尔的战歌》("Wakar Yakin Badar"),描写发生在巴达尔的一次伊斯兰战争。

丹·马萨尼(Dan Masanih *c*. 1595—1667)是丹·马瑞纳的学生,是来自

卡齐纳的著名学者,在 17 世纪也用豪萨语阿贾米文字写作。他写了许多作品,其中之一是《关于约鲁巴人的记录》(*Azhar al-ruba fi akhbar Yoruba*)。这是非洲当地人最早记录跨大西洋奴隶贸易的书。该书还指出,豪萨地区的自由穆斯林也被捕捉和卖给欧洲基督徒。他还给约鲁巴地区的一位律师写信,解释怎样决定傍晚祈祷的时间。他还把在卡齐纳从一个妇女那儿听到的一首诗用豪萨语写了下来。

在 18 世纪,穆罕默德·b. 穆罕默德(Muhammad b. Muhammad,d. 1741)不仅写学术著作,而且写了一首论逻辑的诗。塔希尔·b. 易卜拉欣(Tahir b. Ibrahim)写过讽刺卡努里的诗歌。教长乌斯曼·丹·福迪奥的诗歌(有些用豪萨语创作)为宗教改革运动做了思想准备,也展现了对宗教的虔诚和谦恭,从而成为后来豪萨语诗歌的一种特征:

> 我欣然感谢阿拉
> 给我机会赞颂他的宽宏大量,
> 我在向我们的先知自我推荐。
> 你应该知道我了解他许多品质;
> 我确实愿意感谢阿拉时提到它们
> 让穆斯林了解,无论东方还是西方。

18 世纪与 19 世纪之交,既是富拉尼教长乌斯曼·丹·福迪奥及其儿子穆罕默德·贝洛的宗教政治活动时期,也是他们的文学活动时期。这个时期,豪萨语已经成为地区通用语。富拉尼人和其他种族在文化上和语言上已经同化于豪萨族,智识水平大大提高。伊玛目也在成长、增多。所以阿贾米文学,即豪萨语书写文学,得到空前的发展,成就非凡。

教长乌斯曼·丹·福迪奥一人就用阿拉伯语、富拉语和豪萨语创作了480 首诗,且不说他用阿拉伯文字写就的众多著作。诗作中大约有 25 首是从阿拉伯语原文译成豪萨语。"吉哈德"时期,教长本人、他的门徒和追随者还用豪萨语阿贾米文字写下 100 多首诗。其中杰出的作者有:纳纳·阿斯玛乌(Nana Asma'u,17 首),教长谢胡阿卜杜拉希·福迪奥(Abdullahi Fodio,8首),萨伊杜·丹·贝洛(Sa'idu Dan Bello,3 首),伊桑·克瓦瑞(Isan Kware,7 首),迪科·丹·巴吉尼(Dikko Dan Bagine,2 首),玛雅漠·牙·谢胡(Maryam 'yar Shehu,3 首),卡理勒·丹·阿卜杜拉希(Khalil Dan Abdullahi,2 首),瓦兹里·布卡里(Waziri Buhkari,2 首)。还有其他学者,他们除了用阿拉伯语和富拉语创作诗歌以外的其他作品,还创作了豪萨语诗歌。

最有名、最典型的诗歌是教长乌斯曼·丹·福迪奥用富拉语写成,尔后被译成豪萨语阿贾米文字的诗体自传《教长的品质》(*Siffofin Shehu*)。它共有 67 行,符合阿拉伯语诗歌韵律。在 67 行的脚韵词中竟然有 44 个词源于阿拉伯语。全诗分两个部分:前半部分,2—23 行,把福迪奥的品质同先知比较;后半部分,24—67 行,把福迪奥的品质同人们渴求的马赫迪(Mahedi,即救世主)的品质相提并论。全诗旨在表明,他一直沿着先知和救世主的路线走,是一位名副其实的伊斯兰宗教改革领袖。难怪捷克学者符拉迪米尔·克里马等人把这首诗称为"豪萨语阿贾米文学的第一个里程碑"。[①]

正像艾尔伯特·S. 杰拉德指出的那样:"豪萨语写作的基础,是在穆罕默德·贝洛在位时期(1817—1837)由乌斯曼的弟弟阿卜杜拉·b. 穆罕默德(Abdullah b. Muhammad,1766—1829)、女儿阿斯玛乌·宾特·谢胡(Asma'u Bint Shehu,1794—1863)和他的早期门徒阿西姆·戴格尔(Asim Degel)与穆罕默德·塔克(Muhammad Tucker)等人奠定的。他们用豪萨语处理了特别喜爱的文学样式和伊斯兰写作的主要主题。"[②]

大多数豪萨语古典诗歌以早先阿拉伯散文作品为基础,但也有创新的诗歌作品。它们往往具有教诲或布道的意义,具有阿拉伯古典诗歌惯常使用的韵律与节奏,以向真主表示爱戴开始。

诗歌的主要内容,有对先知、圣人或领袖的赞颂诗(wakokin madahu),有就宗教、政治和社会事务给予提醒和告诫的告诫诗(wakokin wa'azi),有阐明穆斯林宗教义务的诗(wakokin farilloli),有记述先知穆罕默德和其他重要宗教领袖经历的圣徒诗(wakokin sira),有关于伊斯兰神学和哲学的哲理诗(wakokin tauhidi),还有天文诗(wakokin taurarai)、占卜诗(wakokin hisabc)和献给穆斯林神秘主义的诗。

神秘主义诗歌出自苏菲教派的诗人之手。他们把现世比作年老体衰的妇人或被疾病吞噬的妓女。她们以耀眼的衣服和化过妆的脸蛋勾引轻浮的男人。这些象征出现在玛拉目希以图(Shi'itu)的诗歌《瓦维雅》("Wawiyya")、布哈瑞·丹·吉达多(Buhari Dan Gidado)的诗歌《布哈里之歌》("Wakar Buhari")和阿里尤·丹·西地的诗歌《我们共享神的恩典》("Mu Sha Fala")之中。

阿卜杜拉·b. 穆罕默德也用豪萨语写诗,现存的作品有《奥迪的财产》("Mulkin Audu")、《传记之歌》("Wakar Sira")和一首战争之歌。《奥迪的财产》是一首告诫诗,呼吁人们要有耐心,表现出伊斯兰末世学的感觉。穆罕默德·塔克也以同样精神创作一首告诫诗《黑色的铁镣》("Bakin Mari"),绘形绘

---

① Valadimir Klima, Karel F. Ruzicka and Petr Zima, *Black Africa: Literature and Language*, 1976, p. 166.

② Albert S. Gerard, *African Language Literatures*, 1981, p. 58.

色地描写地狱中的拷打折磨,也描写天堂里各种愉快喜悦的场景,其中黑眼女神起到重要作用。

阿卜杜拉·b.穆罕默德的《传记之歌》和阿西姆·戴格尔的《穆罕默德之歌》("Wakar Muhammadu")都是赞颂先知的诗歌。阿斯玛乌的《漂泊者之歌》(*Wakar Gewaye*)则记述了她的父亲从漂泊直至去世的经历,歌颂了他的功绩。

在"吉哈德"时期,阿卜杜拉·b.穆罕默德亲自率领穆斯林军队,后来成为格旺杜(Gwandu)的埃米尔。据说他用豪萨语写出第一首完全世俗的战歌,纪念他们在戈比尔国王云塔(Yunta)进攻富拉尼人的汝夏法科之后取得反击胜利。它提到云塔的残暴,揭露云塔的扩张主义和不公正。阿卜杜拉宣称,"原来只有野兔害怕的"勇士不久就站立在戈比尔首都阿尔卡拉瓦的城门前面。①

时光荏苒,第一代富拉尼改革者的追随者失去了革命热情,转而迷恋权力和腐败生活,不再遵从伊斯兰法。乌斯曼·丹·福迪奥放弃政治活动,转向沉思,创作了名诗《以真主的名义》("Wallahi Wallahi"),表现了虔诚的理想同政治现实的冲突。

穆罕默德·贝洛死后,索科托帝国开始衰败。统治者们非但没有革命热情,反而生活腐败。他们不但奴役"异教徒",还要奴役穆斯林。他们互相残杀,掠夺邻人的土地和财富。他们为了有利可图的奴隶贸易,不惜兵戎相见,伤天害理。诗人穆罕默德·纳·格瓦瑞(Muhammadu Na Gwari)做出强烈反应,写出《我渴望真主把它给我》("Wakar Billahi Arum"),号召全世界的力量反对歧视穷人,抗议残酷无情的朝臣没收他们的财产。道腊的伊玛目还写了一首政治抗议诗《河流》("Kogi"),抨击道腊的统治者及其官员非法攫取人民的财产,揭露他们的腐败无能和专横跋扈。结果他被逐出道腊。哈雅图·丹·萨伊杜(Hayatu Dan Sa'idu)混合使用豪萨语和阿拉伯语,写出一首讽刺长诗《啊,那些呼唤拯救者的拯救》("Ya, Ghiyatha'l-Mustaghithna"),讽刺整个索科托体制。

综上所述,阿贾米文字的发生、发展已有几个世纪的历史。阿贾米文学的主要样式是诗歌,但是也有论文,其中包括乌斯曼·丹·福迪奥的重要阿拉伯语论文的阿贾米译本;主要内容与宗教相关,但是也有世俗的战争题材和政治题材;不仅有赞颂诗,而且也有讽刺诗。这个时期不仅有男诗人,还有女诗人,而且女诗人阿斯玛乌的文学成就不同凡响。20世纪末还出现了研究阿斯玛乌的学术著作,如《乌斯曼·丹·福迪奥之女纳纳·阿斯玛乌的作品集》②和《一

---

① 阿贾米原文及其英译版本见 C. H. Robinson, *Hausa Grammar*, pp. 133 - 144。
② Jean Boyd and Beverly Mack, ed., *The Collected Works of Nana Asma'u*, 1997.

个女人的"吉哈德"：纳纳·阿斯玛乌——学者与作家》①等。阿贾米诗歌采用阿拉伯古典诗歌的节奏和韵律，但计算单位不是对句，而是诗节。诗歌长短不一，每首诗最多有 450 个诗节，最少有 11 个诗节。大多数诗歌是短诗。19 世纪及之前，豪萨地区没有印刷条件，作品写就后或保存在皮质书袋中，或抄写后交给教士，由教士在清真寺或集市宣读。他可以有选择性地宣读，也可以加上自己的评论。这些书稿自然会受到虫灾、天灾或战乱的破坏，破损、丢失也在所难免。现存的作品应该说弥足珍贵。到 19 世纪中期，阿贾米文学已经发展成熟，但没停止。19 世纪中期至 20 世纪初，阿贾米文学还在继续，而且有新的发展，出现了抵抗文学等新现象，后文对此会有评述。

①　Beverly Mack and Jean Boyd，ed.，*One Woman's Jihad: Nana Asma'u，Scholar and Scribe*，2000.

第四章

约鲁巴语文学

早在 17 世纪中期,约鲁巴地区北部就同伊斯兰世界接触,因此极有可能出现过用阿拉伯语写作的现象。据史书记载,1787 年,一位在贝宁的法国商人报告说,他曾遇见过一些懂阿拉伯语的奥约使节,但是迄今还没有发现约鲁巴人用阿拉伯语写作的文本。19 世纪,伊洛林因为同伊斯兰教密切接触而成为学问中心,约鲁巴的伊玛目和教师用阿拉伯语写过一些有关历史、法律和诗歌的作品。不幸的是,几乎无人努力去发现这些作品。

　　然而,约鲁巴民族拥有活生生的口头文学创作传统和多种多样的口头文学文本,而且口头文学源远流长。尤其是奥约王阿比奥顿在位期间(1775—1805),社会和平安定,口头文学进入一个相当繁荣的时期,口头文学的各种文学样式均已成熟。称职的口头诗人和讲故事的人能够娴熟地运用约鲁巴语言吟唱诗歌和讲故事,给约鲁巴人以教诲和娱乐。第一编提到的约鲁巴口头文学文本有的就取自这个时期的口头文学。

　　直到 19 世纪中期,欧洲传教士和早期约鲁巴基督徒出于传播福音的需要,创造了约鲁巴语言的拼写文字和印刷文本。印刷厂、语法书、普通读本和 1843—1849 年间《圣经》部分译文的出现,促成了字母表的标准化和正字法的产生。随后 10 年,这些基础设施则成为文学和文化的基础。约鲁巴文版的赞美诗(1856)和"土著歌谣"读本,阿贝奥库塔教会的约鲁巴文版报纸《新闻报》(*Iwe Irohin*,1859 年创刊,比尼日利亚英语报纸早三年),还有约翰·班扬(John Bunyan,1628—1688)《天路历程》的约鲁巴文版(*Ilosiwaju Eromimo*,1866)先后问世。应该说,以拉丁字母拼写的约鲁巴文字非常有用、非常实用,而且具有丰富的表现力。它不仅实现了约鲁巴语从口头文学向书写文学的转型,而且可以转译外国文学和文化,扩大约鲁巴人的视野,加强文化自信。

第五章

伊博语文学

人们普遍认为撒哈拉以南非洲未曾发明文字，那里的人只是用记忆保留和积累知识，其实不然。早在 17 世纪以前，尼日利亚东南部伊博人及其邻近民族就独立自主地发明了恩西比迪(Nsibidi)文字，并且比较广泛地使用它。

恩西比迪文字用不同的曲线和直线组成不同的几何图形，表示不同意义。换言之，它是一种表意文字。20 世纪初，两个欧洲人，即驻卡拉巴尔的行政长官 T. D. 马德韦尔(T. D. Madwell)和 J. K. 麦格雷戈(J. K. Macgregor)分别于 1904 年和 1905 年发现了这种文字。

1909 年，J. K. 麦格雷戈发表一篇文章，对恩西比迪文字做出最好的说明。[①] 他的论述以两个当地人提供的信息作基础。其中一个妇女说，她的母亲办过一所学校教授恩西比迪文字，她还保留着外祖母用布制作的一个符号本，它是历经多年制作出来的。可见，恩西比迪文字应用比较广泛，超越了秘密会社的使用范围。但他提到，精确的使用区域是在乌维特(Uwet)以北和克罗斯河(the Cross River)以东，即在伊博靠近边界的地区。[②] 可以肯定地说，伊比比奥人(the Ibibio)使用它。在与伊比比奥人有牢固联系的东南部伊博社区，该文字可能使用更广泛，也最发达。它原本是某个神秘社团的独占艺术，尤其被流动铁匠使用，后来某些符号的知识已经广为传播。麦格雷戈记录了 98 个符号，他说"使用恩西比迪就是使用普通的文字。我手中有恩杨溪(Enion)上一个城镇的法庭案件记录的副本，除证据之外，每个细节都用图形非常细致地描述出来"。[③] 另外一位学者埃尔芬斯通·戴雷尔(Elphinstone Dayrell)则认为其中"许多符号相互联结而形成短篇故事"。[④] 他还给出几个例子，其中一则民间故事值得注意，它有关一个神奇的孩子：孩子从妈妈的膝盖生出来，他的父亲不承认；这个孩子就用长矛刺死父亲，然后爬上升天的长绳消失不见了。这个故事使用四个几何图形符号来讲述，每个几何图形表示故事的一部分，很艺术。总之，故事富有奇想，文字富有表现力。

恩西比迪是西非地区唯一真正的表意文字，也是该地区唯一用以表达明

---

① A. C. Moorhouse, *The Triumph of the Alphabet: A History of Writing*, 1953.

② Ibid.

③ J. K. Macgregor, "Some Notes on Nsibidi," *Journal of the Royal Anthropological Institute of Great Britain and Ireland*, XXXIX (1909)209 ff.

④ Ibid., p. 212.

确概念的公认的文字符号系统。它通常刻在或画在棕榈树叶梗上。大卫·迪林格(David Diringer)在其《字母表》(The Alphabet)一书中摘要收录了恩西比迪文字并提供译文。恩西比迪文字的重要性,正像 A. C. 穆尔豪斯(A. C. Moorhouse)在其著作《字母的胜利:手写字的历史》(The Triumph of the Alphabet: A History of Writing,1953)中公正指出的那样,已经达到其他"创造文字"借以形成完备书写系统的程度。

恩西比迪文字像中国文字那样,采用定形的文字形式。如果不是殖民统治扭曲伊博人和邻近民族的发展模式,它可能会在更多的社区乃至整个社会传播,也可能会像中国文字那样增加愈来愈多的文字形式,成为愈加丰富、愈加灵活的文学表达工具。其形式意味着它也许能像中国文字那样,可以被讲不同方言或不同语言的人使用。

令人难以置信的是,卡拉巴尔地区的伊图人(the Itu,伊比比奥人的分支)发明了奥贝里-奥凯姆文字(Oberi Okaime)。该地区接近阿罗楚库(Arochuku)和伊博边界,被推定为恩西比迪文字的发源地。伊图人几乎没有正式教育,却有自己的语言、文字和计数系统。奥贝里-奥凯姆文字是用字母表示的拼音文字,与恩西比迪文字完全不同,很可能是对西方拼音文字的回应。有人说它是一种倒写(mirror writing),后来被 R. F. G. 亚当斯(R. F. G. Adams)的文章令人信服地否定了。[①] 据 K. 豪(K. Hau)的研究,有一首赞美诗是用这种文字书写的,其中第一个诗节开头直译为"敬爱的上帝给受奴役的孩子送来预言"。[②] 由于殖民统治者的干涉和阻挠,这种文字已不再使用了。

后来,伊博语还是采用了用拉丁字母拼写的文字。我们要讲述的伊博语书写文学,就是以用拉丁字母拼写的伊博语言文字书写的文学。

---

① See R. F. G. Adams, "Oberi Okaime A New African Language and Script", *Africa*, 17 January 1947.

② K. Hau, "Oberi Okaime Script, Text and Counting System," *Bulletin de L'Ifan*, XⅧ, ser. B, facing, p. 304.

第六章

英语文学

第一节
本土英语文学

在长达几个世纪的奴隶贸易过程中,欧洲人——首先是葡萄牙人,尔后是英国人——频频来到尼日利亚沿海地区。在掳掠和贩卖大批黑人到美洲各地做奴隶的同时,葡萄牙人留下一些造型艺术、贸易站和葡萄牙语词汇,而英国人因为与当地人长期接触、相互交往,留下皮钦英语,或称"洋泾浜英语",即不纯粹的英语。这种皮钦英语已经成为尼日尔河三角洲地区的通用语言。时至18世纪,尼日尔河三角洲地区有些酋长和商人开始使用这种皮钦英语写信、写日记、写诗歌。根据现存资料,卡拉巴尔的一名商人安特拉·杜克(Antera Duke),其原名或许是恩提罗·奥罗克(Ntiero Orok),是一位有名的皮钦英语使用者。他用皮钦英语记日记,写了一大本,俨然一部航海家日志。日记19世纪被一名传教士带到苏格兰,收藏在苏格兰联合教堂(the United Church of Scotland)图书馆,但被毁于第二次世界大战炮火,现在仅剩 A. W. 威尔基博士(Dr A. W. Wilkie)做的摘要,举例如下:

日记——酋长之死

1786 年 2 月 7 日

大约上午 5 点,在阿奎亚·兰丁,晴朗的早晨。我去看生小病的公爵。夜晚 8 点,我们大家带去两只山羊去同公爵"配药"。(About 5 a. m. in aqua Landing with fine morning and I go down to see Duke with little sick 8 clock night wee all take 2 goat for go mak Doctor with Duke.)

1786 年 3 月 7 日

大约上午 5 点,在阿奎亚·兰丁,晴朗的早晨。我去看公爵,他生病。1 点后,我们都去公爵的院子吃我们用来"制药"的山羊,夜晚 7 点钟公爵病很重。(About 5 a. m. in aqua Landing with fine morning I go in to see Duke with sick after 1 clock time all wee going to Duke yard for chop them goat we was mak Doctor and 7 clock night Duk ferry Bad.)

1786 年 4 月 7 日

早晨 4 点左右伊弗雷姆公爵去世。随后不久我们来看埋葬他的地方。（About 4 o'clock in the morning Duke Ephraim died. Soon after we came up to look where to put him in the ground.）

1786 年 5 月 7 日

5 点左右我们把公爵埋在地里……我们大家看起来很不幸。萨维奇船长到来。（About 5 o'clock we put Duck in the ground ... and we all looked very poor. Captain Savage arrived.）

1786 年 6 月 7 日

我们坐独木舟登上每条船，让所有的船长都知道。（Wee go on board Every ship 5 canow to let all captain know.）[①]

仔细观察，原文既有拼写错误，也有语法错误，甚至大小写和标点符号用得欠妥，但是意思清楚，阅读者能够读懂。这充分反映了皮钦英语的特点，从而证明书写者没有受过正规的英语训练。

这个时期，卡拉巴尔有些酋长和生意人也用皮钦英语书写和通信。亨利·罗斯科（Henry Roscoe）在他写的《威廉·罗斯科的一生》（*Life of William Roscoe*，1833）的脚注中就收录了他们书写的一批信件，足见皮钦英语在社会中所起的功能，也表明皮钦英语从口头向书写的转变。虽然从严格意义上讲，这些算不上文学作品，但在初始阶段有这种散文表达方式是难能可贵的。

第二节
三位域外作家

这个时期的域外英语文学是由获得自由的奴隶创造出来的，最早在 18 世纪的英国发生。因此，我们有必要介绍当时当地的社会文化背景。

18 世纪的英国像欧洲大陆一样处在一个伟大的"启蒙时代"。原先看待人类活动——政治的、社会的、经济的活动——的方式和方法发生了改变。卢梭、伏尔泰和孟德斯鸠的哲学思想强调人类自由的意义，强调法律面前人人平等，因此帮助点燃了美国革命，同时也使奴隶贸易和奴役制成为不可接受的社

---

① 上面引用的原文摘自 Lalage Bown，*Two Centuries of African English*，1973，pp. 24 - 25。

会怪物和经济怪物。

启蒙时代之前的经济制度是重商主义：政府紧紧控制贸易，一味强调"条金"。启蒙时代则要求：人应该自由，贸易也应该自由。亚当·斯密（Adam Smith）预言了"自由企业"。他在《国富论》中向英国人表明政府为什么不应该控制贸易或干涉经济，认为政府应当允许自由经济原则成为个人和公司自身的利益原则，成为调节供需、管理经济的原则。① 在他的多种规划中，奴隶劳动对自由企业来说是错误的。他说，从效果上讲，自由人干的工作实际比奴隶干的工作廉价，因此，英国的奴隶主必须解放他们的奴隶，这样做对企业有好处。奴隶贸易必须取缔，工业化必须赶紧前行，这可能就是执政党——辉格党寡头支持废除奴隶贸易的主要原因。② 另外，福音派的宗教热情和"天父之下人们是兄弟关系"的信念也起到作用。这个时代培育了"人道主义"，旨在改革英国的道德观念和废除奴隶贸易。像威廉·威尔伯福斯（William Wilberforce）和福韦尔·巴克斯顿（Fowell Buxton）这样的人道主义者也是国会议员。当他们同威廉·皮特（William Pitt）这样的政治家联合在一起，废除奴役制法案的通过就有了可能。1807 年，议会宣布英国废止奴隶贸易；1833 年，英帝国废除奴隶贸易。英国还在 1815 年维也纳会议上力促其他欧洲国家废止奴隶贸易。

这个时期，黑奴逐渐获得解放，自谋生计。有些黑奴学会读书写字，写作并发表自传性叙事、诗歌和书信，它们既是废奴运动的支撑，又是废奴运动的产物。

早在 1722 年，几个非洲奴隶和获得解放的奴隶就开始写作，讲述他们的遭遇，有时借助他人笔录。白人废奴主义者鼓励 O. R. 戴索恩（O. R. Dathorn）称之为"否定的文学"的文学，公开肯定非洲人写作。

一、乌考索·格罗尼奥索

乌考索·格罗尼奥索（Ukawsaw Gronniosaw，全名 James Albert Ukawsaw Gronniosaw，1705—1775）就是一位在英国开始写作的非洲人。他向一个住在伦敦敏斯特的妇女讲述自己的经历，后者笔录，题为《非洲王子乌考索·格罗尼奥索的生活叙事》（*A Narrative of the Most Remarkable Particulars in the Life of James Albert Ukawsaw Gronniosaw, An African Prince*）（以下称《生活叙事》，本小节下文引语出自此书）。这是一本仅有 49 页的小册子，大约 1770 年在巴斯印行，新版在罗得岛发售，后来又多次重印。乌考索·格罗

---

① Adam Smith, *An Inquiry into the Nature and Causes of the Wealth of Nations*, 1776.
② Eric William, *Capitalism and Slavery*, 1960, p. 169.

尼奥索于 1705 年出生在非洲的博尔努，即现在的尼日利亚东北部。书中曾提到内容"由他本人讲述"（as dictated by himself）。

故事记录了作者三十五六岁前的生活经历。故事开头讲述他在博尔努的生活和他对有权势的大人物的兴趣，然后写他十来岁时被拐骗做奴隶，到达西非海岸后被卖给奴隶贩子的经过。该书以较长篇幅写他皈依基督教的过程，也记录了他跟随一个荷兰牧师的生活，后者在他十八岁皈依基督教后给他自由。但大多数读者的兴趣在他记述的英国生活上。他生活困窘，负债累累，以做厨师或为私掠船服务维持生活。他在英格兰同白人女子贝蒂结婚，经常辗转城镇之间，不断地更换工作。至于他三十五六岁之后的生活，则不得而知。

他这部作品多次出版。据说，奥托巴赫·库戈亚诺（Ottobah Cugoano，加纳人）和奥劳达赫·艾奎亚诺（Olaudah Equiano，*c*. 1745—1797）都知道它。虽然代笔女子文笔优雅，但是该书的叙事方式却直接而朴实，令人信服地讲述了作者的经历，正像他描述本人及家庭成员生活难以为继的段落那样：

在这个季节，大雪下得很深，我们不会有获救的希望。境况如此悲惨，也不知道下一步怎么办。于是决定让住在附近的绅士的园丁了解我的状况，恳请他雇佣我。可是当我走到他跟前时，却没有勇气说出口，总觉得让人家知道自己的真实情况是件丢人的事情。我还是竭尽全力地劝说他给我工作做，可是没有达到目的。他让我确信他没有这种权力。但是当我要离开他的时候，他却问我要不要几个萝卜。我非常感激地看着萝卜，把萝卜带回家。他给了我四个萝卜，又大又好。可是我们没有东西生火把它们煮熟。生吃也高兴。我们最小的孩子是个幼儿，我妻子把萝卜嚼碎，喂它，接连喂了几天。我们一天吃一个，生怕接不上后来能够得到的其他接济。

尽管生活窘迫到这种地步，格罗尼奥索却没有抗议。相反，他对上帝的崇敬真真切切。《生活叙事》写到他的获救经验：

我不能不佩服上帝的脚步，让我吃惊的是我竟然保留下来！我是国王的孙子，却缺少面包吃。我一看到硬邦邦的面包皮自然满心高兴。以前我在家里，一些奴隶围着我、护卫我，以致无关的人都不能走近我，我穿戴的也是配有金饰的衣物。可我现在却面临着残酷无情的死亡威胁，常常缺少衣服，使我无法抵御恶劣的气候。然而我从来不咕哝，从来没有不满意。我愿意，也渴望把我看成微不足道的人、这个世界的陌生人、这里的一个流浪者。

因此他对贫困的忍受、对奴隶贸易的残忍野蛮的忍受，是全能上帝谋划的一部分。他认为上帝是"如此的慈悲,把我一个又穷又瞎的异教徒,握在他的手中"。显然,乌考索·格罗尼奥索受尽折磨和痛苦却没有反思,没有抗议奴隶贸易制度。

二、奥劳达赫·艾奎亚诺

奥劳达赫·艾奎亚诺(Olaudah Equiano,c. 1745—1797)也是黑奴出身。他与格罗尼奥索截然不同,并不为幸运之事头脑发昏。他不仅帮助别人而且帮助自己,从来不自卑、不消极,认真学习英语和名家著作,借助宗教和法律,争取个人和黑人同胞的人身自由和权利,为废奴运动做出巨大贡献,成为废奴运动的主要发言人。44 岁时,他亲笔写出《艾奎亚诺人生的有趣叙事》(*The Interesting Narrative of the Life of Olaudah Equiano, or Gustavus Vassa, the African, Written by Himself*, 1789,本小节下文括注的页码均来自此书),使之成为废奴运动的重要武器。

根据奥劳达赫·艾奎亚诺自己的记述,他约 1745 年出生在今日的尼日利亚,是伊博族人。11 岁时,他和妹妹被拐卖给当地奴隶主。几经易手后,他又被卖给欧洲奴隶贩子,被船运到大西洋彼岸的巴巴多斯,再也见不到妹妹和其他家人。后来他又被英国海军军官迈克尔·帕斯卡尔买去。帕斯卡尔以 16 世纪瑞典国王的名字给他取名为古斯塔夫·瓦萨。艾奎亚诺跟随帕斯卡尔参加了七年战争(Seven Years' War,1756—1763),有立功表现,但是不能分享奖金。后来,艾奎亚诺被卖给"迷人莎丽号"的船长詹姆斯·多兰。多兰又把他卖给贵各教派商人罗伯特·金。金先生承诺艾奎亚诺可以用 40 英镑赎买自由。21 岁时,艾奎亚诺获得人身自由,又回到英国定居。1772 年萨默赛特案件裁决后,人们才相信他们已经免除再被奴役的危险。

13 岁左右,艾奎亚诺成为基督教徒。他参加过地中海航行和北极探险,甚至成为向塞拉利昂遣返黑人的粮秣官。1792 年,他同英国姑娘苏珊·卡伦结婚,生有两个女儿:安娜·玛利娅(1793—1797)和乔安娜(1795—1857)。

1780 年代和 1790 年代,艾奎亚诺在英国参加废奴运动,并且在朋友和废奴主义者的鼓励下开始写他的自传,即《艾奎亚诺人生的有趣叙事》(以下称《有趣叙事》)。1797 年,艾奎亚诺去世,报纸还发表讣告。

《有趣叙事》共分三个部分:第一部分记述了他的故国和他遭受的奴役,第二部分记述他的各种冒险经历和他个人所取得的成就,最后以他积极参与废奴运动和建议英国同非洲建立新型的贸易关系作为结束。

表面看来,《有趣叙事》跟格罗尼奥索的《生活叙事》起同样的功能,可是事实上它远远超越易动感情的《生活叙事》所体现的人类同情。《有趣叙事》旨在完全改变在英国及其殖民地的同代非洲人的形象,树立新非洲人形象。艾奎亚诺既能深情地爱着故国及其文化,又能有批判地接受欧洲文明,还经常引用同代人有关非洲的著作来加强他的论点。正如其英语书名所昭示的那样:《有趣叙事》是一个非洲人的叙事,是由"他本人"写的。

18 世纪是英国的启蒙时代,固然有许多先进人士和思想家主张废奴,把黑奴看作同其他人一样的人类,但是也有许多白人把非洲看成"黑暗的大陆",把非洲人看成"高尚的野蛮人",威廉·布莱克(William Blake,1757—1827)甚至在《自由之歌》("A Song of Liberty")中喊出"啊非洲人,黑皮肤的非洲人!""去吧,长着翅膀的思想,加宽他的前额"。诗句显然以黑人狭窄的头颅暗示所谓与之相联的"智力缺失"。美国第三任总统托马斯·杰斐逊(Thomas Jefferson,1743—1826)曾在革命热情高涨时宣布人人生而平等,可却在他的《弗吉尼亚州记事》(Notes on the State of Virginia,1787)中直言:"黑人,无论是起源不同的一个种族,还是时间和环境使其成为一个不同的种族,在身心天赋方面都不如白人。"因此,艾奎亚诺给自己设定了一个艰巨的任务:现身说法,创造一个新的非洲人形象,同时向世人证明,非洲人是能够从事真正的智力活动的。

他在《有趣叙事》中回顾了他早年在非洲的活动,指出在他 11 岁被拐卖为奴之前的时代不是一个黑暗时代,而是一个幸福启蒙的时代:"我们国家的风俗习惯……已经非常细心地植入我的心灵,给我留下时间抹不去的印象,我从此经历的逆境和各种幸运之事反而使这些印象集中并得以记录,无论对我的国家之爱是真实的还是想象的,是理智的教训还是天然的本能,我仍然快乐地回顾我早年的生活场景,虽然这种快乐大都已经同伤心事混合在一起。"(p.32)"我们的土地是不同寻常地富饶多产。农业是我们的主要职业,每一个人,甚至妇女和儿童都从事农业。我们每个人打小就习惯劳动,每个人都对共同的家族做出贡献。我们不知道懒惰,我们没有乞丐。"(pp.24-25)"至于宗教,土著人相信万物有一个造物主,他住在太阳里面,用一根带子拴着,他从来不吃不喝。也有人说他抽一根大烟袋,这就是我们的奢侈享受。他们相信他管理万事万物,尤其是我们的死亡和监禁。"(p.26)"我们像犹太人一样实行割礼,在这种场合也像犹太人那样拿出贡品进行宴请。我们给孩子起名也跟犹太人一样,根据某个事件、某种状况或者孩子出生时的某种征兆。"(p.27)"像处在原始状态的以色列人,我们的政府由我们的酋长或法官、我们的智者和长者运作,一家之主有权同我们一起管理家务,犹如亚伯拉罕和其他家长享有的权威。"(p.30)"我们几乎就是一个舞蹈家、歌唱家和诗人的民族,因此,每个大事件,诸如从战场凯旋或者值得公众欢乐的事情都要以舞蹈公开庆祝,伴随歌唱和适宜的音乐。"(pp.21-22)"的的确确,欢乐愉快和和蔼可亲乃是我们民族的两个主要特征。"(p. 25)由此可见,"黑暗的大陆"和"高尚的野蛮人"的说法完全是一派胡言,是欧洲人为其掠夺非洲人、奴役非洲人捏造的谬论!

真正的野蛮人是奴隶贩子,是美洲的种植园主和蓄奴主。他们是欧洲的白人,不远万里来到几内亚湾,来到尼日利亚沿海,掠夺和贩卖黑人为奴,使黑人妻离子散、家破人亡。黑人骤然间变成了商品或白人的财产。艾奎亚诺本人就是一例。自从他被当地掳掠者拐卖,先后被卖给白人船长法默和坎贝尔、英国海军军官迈克尔·帕斯卡尔、船长詹姆斯·多兰和贵各会成员罗伯特·金,后来还当了欧文博士的助手。他甚至被主人改名换姓,先后被叫"迈克尔""雅各"和"古斯塔夫·瓦萨"等。一句话,黑人变成了奴隶,失去自由,失去尊严,甚至失去本民族姓名。而且被掳为奴的心理创伤是惊人的,艾奎亚诺写道:"因此我像被猎获的小鹿:每一个叶片和每一次小声呼吸都传递着敌人信息,敌人传递着死亡信息。"(p. 34)在第一次遭遇白人时,他生怕"被那些一副可怕相貌,长着红色脸蛋和松散头发的白人吃掉",生动逼真地描写了一个孩子诚惶诚恐的心态。他还根据登上奴隶船的经历写下令人难以忘记的惨象:"我们上了海船,货舱的恶臭令人难以忍受,直想呕吐,待在那里随时都有危险,因此我们当中有些人被允许到甲板上呼吸呼吸新鲜空气。可是整船的货物被堆挤在一起,绝对让人恶心。地方封闭,天气燥热,又加上人数太多,拥挤不堪,每个人几乎无法转身,几乎窒息,不久就大汗淋漓。空气不宜呼吸,发出各种各样可恶的气味,使奴隶病倒,许多人死掉。因此我们成为购买者毫无远见的贪婪的牺牲品。这种悲惨的局面又因镣铐的磨伤而加剧,还有必不可少的马桶里令人难以忍受的污物。万一有孩子掉进去,十有八九被窒息而死。女人的尖叫与垂死者的呻吟,更添加了不可思议的恐怖。"(pp. 40-41)

作为一名海事奴隶,艾奎亚诺跟随主人到过中美洲、南美洲、北美洲,也到过地中海地区、北极和英格兰,甚至参加过七年战争,还有立功表现。他在书中写道:"当我受雇于主人的时候,我常常见证施加在我的不幸奴隶伙伴身上的种种残酷暴行。我常常被吩咐照看被当作不同货物的新奴隶,那些职员和白人常常践踏女性奴隶的贞操。而我虽然不情愿地屈从于主人,可又不能帮助她们。这些行为非常可耻,不仅是基督徒的耻辱,也是男人的耻辱。"(p. 77)"在蒙特赛拉特的时候,我认识一个名叫伊曼纽尔·桑吉的尼格罗男子,他竭力摆脱束缚,坐在去伦敦的船上,可是命运不支持这个受压迫的可怜人。他在船开始起锚的时候被发现,又被交给他的主人。这位基督徒主人立即把这个可怜的人钉在地上,手腕和脚踝被钉上钉子,又拿出封蜡点着,直往脊背上滴。另外一个主人以残酷出名。我相信没有一个奴隶不是被他砍伤的,身上还被抽出一片片肌肉。在这样惩罚之后,他再把他们装进事先准备好的一个长木箱子里,箱子高低大小和一个人一样,关进去的人动弹不得。"

(pp. 71 - 72)"在西印度群岛上这种现象非常普遍,圣基茨岛尤甚。奴隶身上被烙上主人名字的首写字母,脖颈上套着沉重的铁环。出点儿鸡毛蒜皮的小事,也要加上镣铐和其他刑具。嚼子和拇指铁杆,人所共知,不需要再描述了。我还看见一个尼格罗人被打得骨头断开,又被浇上一锅热水。这种做法逼得这些可怜人十分绝望,他们宁可死去也不愿活着忍受无法承受的邪恶,也就不足为怪了。"(pp. 79 - 80)他还无情地揭露土耳其人压迫和虐待希腊人的罪恶行径。由此可见,艾奎亚诺是一位反对压迫、反对奴役的人道主义者。他的博爱丝毫没有种族主义的色彩。

艾奎亚诺是一个海事奴隶,人们设想他鲜有接受教育的机会,其实不然。第一次机会是从美洲到英格兰的 13 周旅行中,他跟一个名叫理查德·贝克的男孩学习英语。"在两年的时间里,"他说,"他对我有很大用处,是我的忠实伙伴和指导者。"他相处的英国人家庭待他如同他们的孩子,而且他的主人帕斯卡尔的朋友格里瑞姐妹把他送进格里塞的学校。艾奎亚诺甚至在海上就读于海军船"纳谟号"上的学校。他广泛阅读《圣经》、宗教论文和废奴论文。从《有趣叙事》来看,他引用过弥尔顿、蒲柏和托马斯·戴的诗。在准备《有趣叙事》的时候,他接触了康士坦丁·菲普斯(Constantine Phipps)的《北极旅行日志》(*Journal of a Voyage towards the North Pole*,1771)、格罗尼奥索的《生活叙事》、安东尼·贝尼泽特(Anthony Benezet)的《几内亚的若干历史纪事》(*Some Historical Account of Guinea*,1771)和几部其他著作。他也阅读过詹姆斯·拉姆齐(James Ramsey)和詹姆斯·托宾(James Tobin)的论战文章,甚至著文评论托宾的《漫话》(*Cursory Remarks*)和戈登·特恩布尔(Gordon Turnbull)为《公共广告》(*Public Advertiser*,28 January 1788 and 5 February,1788)写的《为尼格罗奴役制道歉》("Apology for Negro Slavery")。原来艾奎亚诺是一位见多识广、博览群书的非洲人!

艾奎亚诺 13 岁受洗成为基督徒,他赞赏基督教文化,珍爱《圣经》。他说:"现在《圣经》是我唯一的伙伴和安慰。我非常珍视它,千恩万谢的上帝,我能够亲自阅读它,不再受人的计谋或观念的摆弄或引导,一个人的价值不是别人说的——愿主在这方面给读者以理解。无论何时我看到《圣经》,我就看见许多新的事物,许多文本给我很大的安慰,我知道它们给予我的就是拯救的话。"(p. 145)在历数欧洲人种族歧视和种族奴役之后,他提出"让精致、傲慢的欧洲人回忆他们的祖先曾经像非洲人一样无文化甚至野蛮,大自然就会让他们不如他们的子孙吗?他们也应该被强迫做奴隶吗?每个有理性头脑的人都会回答:不。让这些反思把他们因优越引发的骄傲熔化成对他们黑色兄弟缺吃少穿和悲惨境遇的同情,迫使他们认识到,对黑人的理解不能停留于面貌和肤色这些表层的东西。如果他们环顾世界而欢喜雀跃,就让他们想到要对别人仁慈、对上帝感激。"(p. 31)艾奎亚诺自己阅读《圣经》,悟出其中的真谛,即"不再受人的计谋或观念的摆弄或引导。一个人的价值不是别人说的"。艾奎亚诺相信,是上帝"用同一种血创造了居住在地球表面所有民族的人。他的智慧不是我们的智慧,我们的方式也不是他的方式"。(p. 31)他引用《圣经》有理、有力地批评了欧洲人借用《圣经》的名义去奴役其他民族的虚伪和无耻,指出最该在上帝面前忏悔的是欧洲人,因为他们违背了上帝的意旨,践踏了人性。

艾奎亚诺在描写贩奴船离开非洲海岸时黑人们哭叫流泪的生离死别场面之后,问道:"啊,你们名义上的基督徒! 一个非洲人不可问你们,但你们从上帝处也应得知这个,他对你们说,你们愿意人怎样待你们,你们也要怎样待人,不是吗? 我们被撕离我们的国家和朋友,为你们的奢华和获利的欲望去辛劳还不够吗? 每一种亲情都必须为你们的贪欲做同样的牺牲吗? ⋯⋯为什么父母失去他们的孩子,兄弟失去姐妹,丈夫失去妻子?"(p. 35)这些名义上的基督徒只是为了自己的奢华和贪欲就不惜破坏黑人的亲情,完全忘记了黄金律,违背了基督教的基本教义。

欧洲人真的文明吗? 请听蚊子海岸一个印第安人同艾奎亚诺的对话:"最后他问我:'船上所有的欧洲人能读会写、观看太阳、知道所有的事情,然而他们咒骂、撒谎、醉酒,只有你自己除外,这是怎么回事儿?'我回答他,原因是他们不惧怕上帝。如果他们当中谁死了,他们就不能到上帝那儿去,不能同上帝一起享受幸福。"(p. 154)原来到达殖民地的欧洲人毫无文明可言,这次对话撕破了"文明使命"的画皮。

1770年代和1780年代,艾奎亚诺主要在不列颠参与废奴运动,甚至同他认识的非洲出身的公众人物创立"非洲之子"组织,以增强废除奴隶贸易和奴役制度的力量。1781年11月,有船主在途中把132名病弱的非洲奴隶倒进海里活活淹死。这就是骇人听闻的"宗格谋杀事件"(the Zong Massacre)。是艾奎亚诺首先将此事告知废奴主义者格兰维尔·夏普(Granville Sharp),后者把事件公开,让公众了解奴隶买卖的惨无人道,大大推进了废奴运动。1789年,艾奎亚诺致信废除奴隶贸易委员会,呼吁委员会动议英国议会控制并最终废除有利可图的奴隶贸易。1787年开始的废奴运动在1807年终于成功,英国废除了奴隶买卖和奴役制度。

艾奎亚诺是一位多才多艺的非洲人。在回答他的主人罗伯塔·金的问题时,"我告诉他我知道一些驾驶技能,能够熟练地修面理发,我能够造酒而且是在船上学会的,我能够写字,还多多少少懂得算术和比例的运算法则"。(p. 74)后来他又学习航海术,跟欧文博士做助手时学会把海水净化成淡水的本领。不仅如此,他还掌握了英语,能够正确地运用英语写出驳斥"贩卖黑奴有理"这种谬论的檄文《致詹姆斯·托宾的信》("Letter to James Tobin") (pp. 197 - 199)，写出了诗歌《杂诗》（"Miscellaneous Verses"）（pp. 146 - 149）。他还非常得体地写出致女王陛下的请愿书（pp. 175 - 176），表达黑奴的歉意和提出合情合理的建议。即使按照欧洲标准，艾奎亚诺也是一个了不起的"上帝选民"和社会精英。

而且，艾奎亚诺还是一位思想先进、富有哲学头脑的非洲人。他认为人受到压迫和迫害就应当得到补救，所以他对摩西杀死一个埃及监工的事抱有同情。他认为不同种族的男女可以通婚，不应对此强加任何限制，因此他非常赞成摩西娶埃塞俄比亚女子为妻。奴隶贸易制度把黑人变成商品、变成财产，而艾奎亚诺做小生意，赚钱买回自己的身体与自由，从而用"财产"改变了自己的"财产"地位，成为人类——他本来就是一个人类！他还通过自己的努力，积累了 950 英镑（相当于现在的 8 万英镑）的财富，跻身于英国中产阶级行列。他主张废除奴隶买卖，使双方获益，这非常符合亚当·斯密的《国富论》倡导的"企业自由"精神。他紧紧抓住《圣经》的黄金律，狠狠批判名义上的基督徒，揭发他们违背《圣经》、践踏人性的罪恶行径。通过对黑人和白人、非洲人和英国人的观察和比较，艾奎亚诺写道："关于肤色，美的种种概念完全是相对的。"（p. 25）这种文化相对论早在托马斯·布朗（Thomas Browne）的《伪学说》（*Pseudodoxia Epidemica*，1646）中出现。布朗强调非洲人非常满意黑色，"他们把其他颜色看成丑陋，把魔鬼和可怕的东西描写为白色"，从而得出结论说"美是看法决定的，似乎没有一种实质把一切包括在一个概念之中"。[1]

在诗歌方面，艾奎亚诺发表《杂诗》。这是已知最早的非洲英语诗歌之一，与 18 世纪最后 20 多年的英语诗歌惯例没有区别。《杂诗》共有 28 个诗节，每个诗节含有 4 个诗行，总共 112 个诗行。这些诗节平平，但是真诚可嘉。现在我们从中选出 3 个诗节：

> 我的生活完全可以说
> 是悲哀痛苦的场景；
> 从小我就知道不幸，
> 伴随成长不幸接连发生。
> ※　　※　　※
> 一路走来险象环生，
> 生怕惩罚，担心同死亡遭逢。
> 苍凉的沮丧占据上风，
> 我时常落泪，悲不自胜。

---

[1] Charles Sayle, ed., *The Works of Sir Thomas Browne*, vol. Ⅱ, 1904, p. 385.

※　　※　　※
残忍不义的家伙
掳掠我,离乡背井,
莫名的恐怖压在心头,
再也掩不住悲叹哀鸣。

这种自传式的语调一直延续到后面的 25 个诗节,同样真诚,同样平淡,其风格与非洲不相干。但是他脑海里还存在着非洲,他还记得他遭受的奴役。而且我们从史料得知,艾奎亚诺是一位富有战斗精神的废奴主义者,1787 年曾亲自参与安排获得自由的奴隶去塞拉利昂弗里敦。他拥护不列颠的非洲事业,首先使用宗主国的语言反对他的主人,这为后来几代非洲人使用英语反对奴役、反对压迫开了一个好头。

总之,艾奎亚诺是一个具有世界视野和远见卓识的非洲人,又是一个敢于斗争、善于斗争的非洲人。他既能吸收外来文化,又不失民族自尊。他利用英语写下非洲人的经典著作《艾奎亚诺人生的有趣叙事》。该书成功采用笛福和斯威夫特的写作策略和技巧,甫一出版即成为畅销书。其鲜明的意象、细致的描写、生动的类比和平实的文学风格着实让很多人感到震惊,一些尚未参与废奴事业的人得知作者遭受的苦难后感到羞耻。爱尔兰废奴主义者托马斯·迪格斯(Thomas Digges)称艾奎亚诺是"实现废奴法案动议的一个主要工具。"艾奎亚诺生前《有趣叙事》在英国和美国出版了九版,还被译成荷兰语(1790 年)、德语(1792 年)和俄语(1794 年)出版,被称为"19 世纪出现的奴隶叙事的样板和可尊敬的先驱",可见影响之大。1950 年代,这部著作再次引起西方和尼日利亚学界的注意,钦努阿·阿契贝称之为"文学祖先"。1980 年代,尼日利亚学者 S. E. 奥古德指出,它是"18 世纪非洲英语创作的高峰","展望了现代非洲创作的未来方向","它仍然是抗议文学的最佳样板"。英国人也没有忘记艾奎亚诺,1996 年在伦敦创建艾奎亚诺会社,旨在传播和颂扬其人其作。英国广播公司(BBC)也不时播放有关其人其作的节目。2001 年,美国出版《有趣叙事》的权威版本及相关评论等。艾奎亚诺的确是"穿越时空"的作家,他的《有趣叙事》是公认的不朽著作。

三、约翰·杰

19 世纪初期,在美国又出现一位尼日利亚英语作家兼诗人约翰·杰(John Jea, 1773—?)。他出生在尼日利亚旧卡拉巴尔城,父母是贫穷而勤劳的农人。在两岁半的时候,他同父母、哥哥和姐姐一起被人偷走,运往纽约卖作奴隶。

他们为一对荷兰夫妇干活。在学习《圣经》之后,他获得自由。尔后,他旅行至波士顿、新奥尔良,又去了南美、荷兰、法国、德国、爱尔兰和英格兰,在那些地方做过传道士。约在 1811 年(一说是 1815 年),约翰·杰出版一本奴隶叙事《非洲人传道士约翰·杰的生活、历史和无比的苦难》(*The Life, History and Unparalleled Suffering of John Jea, the African Preacher*)。这本著作跟大多数奴隶叙事不同,很少采用自传性材料,却包括布道文、关于基督教的沉思和几十条冗长的《圣经》引语。很大程度上,它是一本精神传记。

杰在纽约做奴隶,常去教堂,对人类罪孽状况渐渐产生兴趣而且愈来愈强烈。他想方设法偷偷让自己受洗。主人得知后便打他、威胁他,生怕他以受洗作为理由要求自由(当时奴隶普遍认为受洗即可获得自由,但却罕有得到法律认可者)。让人感到讶异的是,主人的担忧不久成为现实:杰向当地长官申请自由,获得成功。此后不久,杰声称一位天使出现在他面前:

> 上帝乐于大慈大悲,在我的幻想中,派出一位身着闪光衣服的天使,面容像太阳一样闪闪发光……虽然这地方像地牢一样黑暗,但正像经文所说的那样,我醒来并且发现它因为上帝荣光而光辉灿烂。他对我说:"你渴望阅读和理解这本书,用英语和荷兰语来讲它;因此我来教你,现在读吧。"

不必说,杰的突然识字让人们——不仅是和他一样的奴隶,还有纽约城所有的人——感到诧异,尤其是他只能解读《圣经》却对其他书感到莫名其妙这一点,更是让人啧啧称奇:

> 从那个时刻,即上帝教我阅读的时候,直到现在,我不能读任何书,也不能读任何东西,但上帝的话除外。

杰同美洲印第安女子结婚,奔走于纽约和波士顿各地传播福音,直到出现家庭悲剧。据杰本人说,他妻子渐渐仇恨起教会,转而回到她的异教方式,"被撒旦的诱惑引向歧途",认为唱歌无害。杰坚决不认可与赞美诗不同的歌,这说明他陷入病态,失去判断是非的能力。妻子在绝望和挫折之下杀死母亲和小女儿,被控谋杀罪并判死刑。她不但不后悔,反而咒骂杰:"我杀死了孩子,我打算杀死你,如果我可以的话。"

杰没有显示觉悟,也没有暗示他那死板的宗教态度在这个悲剧中可能起过的作用,可是他妻子的精神错乱是对他沉迷于《圣经》和男子的负罪感做出的某种反应,这一点似乎是明显的。阅读杰的论述,你就想不出他会对普通的欢欣、笑声、歌声和性爱有什么兴趣。

　　杰继续在美洲传道，两年后扬帆去英国，在利物浦、曼彻斯特、利默里克和库克向广大热情的信众布道。在爱尔兰他第三次结婚。他的第二任妻子是马耳他女子，"自然死亡"。他在朴次茅斯结束了这个时期的布道，回访美洲，又在法兰西待了一段时间，最后在朴次茅斯定居。1811 年左右，他的叙事出版。1816 年他第四次结婚。

　　1816 年，约翰·杰尽其所能编辑出版了一本《赞美诗集》（*A Collection of Hymns*），其中收入他本人和其他诗人的诗篇、赞美诗和圣歌，题材涉及生与死、未来的惩罚和永久的欢乐，旨在教导男女的灵魂，增强宗教意识。这再次证明，一个非洲传道者同样可以写出宗教诗篇。

　　总而言之，约翰·杰能文能诗，熟知《圣经》，乐于布道，骄傲地自称"非洲人布道者"，这在那个时代是难能可贵的。《非洲人传道士约翰·杰的生活、历史和无比的苦难》于 1983 年在牛津附近的一家图书馆被重新发现，2009 年在渡渡鸟出版社重新出版，足见后人对它的重视。

第三编
殖民征服时期文学
(19 世纪中期—20 世纪初期)

第 一 章

社会文化背景与文学

早在 1787 年,英国成立了非洲学会,以探索尼日尔河道。几位英国探险家——芒戈·帕克(Mungo Park)、休·克拉珀顿(Hugh Clapperton)和兰德兄弟(John and Richard Lander)——是尼日利亚内地,特别是尼日尔河和贝努埃河两岸及河道探索行动的领导人。芒戈·帕克到非洲旅行过两次,收集关于尼日尔河道的信息。1820 年代克拉珀顿和德拉姆从北非旅行到尼日利亚北部。1830 年代兰德兄弟从巴达格里南部旅行到布萨北部,再从那里到贝努埃河交汇处,随后他们意识到尼日尔河在油河处流入大西洋。他们的活动曾让索科托统治者怀疑他们探险的动机。

从 19 世纪中期开始,基督教传播到尼日利亚许多地区。作为一种新传入的宗教,它首先在南方传播,并逐渐扩展到中部和北部,但规模有限,在征服北部伊斯兰教时遭遇惨败。它还挑战本土宗教,而后者在整个 19 世纪仍势力强大。传教士们创办学校,从而培养出一个精英阶层。传教士们引进新的农作物和经济作物,使信徒们产生兴趣并加以种植,以求增加收入。传教士们鼓励对语言的研究,用拉丁字母拼写当地语言的文字,继而用英语或当地语言发表文章和出版著作,因此开创了一种新的文化氛围。1880 年代,尼日利亚人还建立了土著浸礼会,独立于欧洲人的浸礼会之外。在传教士获得成功的地方,古老的价值观和文化遭到破坏。

1807 年,英国议会通过一项法案,认定奴隶贸易非法,并在 1833 年禁止本国公民蓄奴。法国在 1815 年废除奴隶贸易,美国早在 1807 年也通过了一项类似法案。英国建立了一个海军支队在西北海域游弋,在贝宁和比夫拉湾逮捕奴隶贩子,抓获后送往塞拉利昂的弗里敦受审;获救的奴隶被释放后重新安置在弗里敦殖民地。贸易于是转向了原材料。先前从奴隶贸易中获利的精英阶层,经过持续调整后,开始大规模地生产出口产品。19 世纪后半叶,当汽船的使用使更多人参与经商变得可能的时候,一个新的商人阶层——被称为"受过教育的非洲人"——也加入进来。他们是以拉各斯为大本营的自由人,毕业于教会学校,已养成欧洲人的生活方式。他们参照欧洲企业的模式充当零售商和欧洲各家公司的代理商。有些尼日利亚企业家开始同欧洲企业家竞争。

欧洲人之间也存在竞争,最后促成英国一个贸易垄断公司——皇家尼日尔公司(RNC)的建立,它也是一个成功的领土侵占代理机构。1877 年,乔治·陶布曼·戈尔迪(George Taubman Goldie)来到尼日尔河下游。1879 年,他将所有英国商人团体并入一个公司——非洲联合公司(UAC),1882 年他将公司改名为"国家非洲公司"(NAC)。1886 年英国政府授予该公司特许状,该公司因此获得另一个名字——皇家尼日尔公司。特许状使皇家尼日尔公司能在尼日尔河下游地区像政府一样运行,直到 1899 年为止,充分代表了英国的存在。它将总部设在尼日尔河畔的阿萨巴。它拥有一个行政机构、一支警察部队和一座高等法庭。公司不仅对贸易实行强有力的控制,而且还开始政治统治,对进出口货物征收高额关税。在该地区经营的公司不得不支付高昂的费用,德国和法国的公司被迫逃离。戈尔迪还与不同的酋长签署了 37 个条约,获得了干涉地方政治的权力。这个"帝国"让远在英国持股的公众获益。戈尔迪毫无顾忌地使用种族主义、高压手段和极度的暴力,土著人(他这样称呼尼日利亚人)只有与他合作,才是"有用"的生产者。

直至 19 世纪中期,欧洲各国并没有把殖民占领提上日程。对热带疾病的恐惧和高昂的扩张成本阻碍了任何野心勃勃的帝国计划,但英国人没有退出尼日利亚。1849 年,他们任命约翰·比克罗夫特(John Beecroft)为西非沿海的领事,负责管理"合法贸易"。1880 年,英国的殖民地和影响力仅限于拉各斯和尼日尔河三角洲部分地区,但到了 1905 年,整个尼日利亚都处在英国统治之下。

对尼日利亚的瓜分发生于 19 世纪最后 25 年。1884—1885 年,柏林会议——一场瓜分非洲的会议——结束之后,欧洲人疯狂地掠夺非洲,通过边界条约或谈判解决他们的争端,完全不管尼日利亚地方统治者的态度。那些在拉各斯和尼日尔河三角洲的欧洲商人,要求用政治控制来建立贸易垄断。1884 年,英国抢在法国和德国之前在尼日尔河三角洲签署一些条约,让自己的土地要求"合法化"。欧洲人把殖民争夺看成民族主义的表现,认为征服可以显示国家的实力,即使这块地方不一定具有经济价值。殖民地因此成为鼓吹民族自豪感的一种手段。不少人还表现出种族主义的观点,认为"优等民族"有权统治"未开化的初民",以便提高后者的文明水平。

英国对尼日利亚的征服分为两个阶段:南部阶段(1850—1897)和北部阶段(1900—1914)。

一、南部阶段(1850—1897)

1851 年,拉各斯在经历了英国人的炮艇袭击后,被迫签署了一项条约,交出了主权,英国官员从这里能够监控约鲁巴内地的一举一动。1861 年,英国使拉各斯成为自己在尼日利亚的第一个直辖殖民地,任命了一位总督进一步推动贸易。当时约鲁巴正经历一场内战,英国人从中调停,促使和平条约在

1886 年得以签署,迫使约鲁巴各邦国听命于总督,并许诺不干涉贸易。1892 年,总督卡特进攻伊杰布,当地民众顽强地捍卫主权,但最终失败。后来,伊杰布人不仅接受了英国的统治,而且他们中的许多人还接受了基督教教育。伊杰布的失败削弱了阿贝奥库塔和伊巴丹等其他城邦抵抗的决心。但是在奥约王国的奥约,英国在 1895 年不得不动用军队来征服阿拉芬及其麾下的各位酋长。阿贝奥库塔被暂定为半殖民地,但这种"特权"随后被取消。1890 年代,英国确立对约鲁巴地区的控制。

英国的猛烈渗透导致东南部的奥波特、布拉斯、邦尼、新卡拉巴尔,东部的奥克里卡,西部的伊特塞基里,以及比尔河周围地区的垮台。1849 年,英国任命约翰·比克罗夫特担任贝宁和比夫拉湾的领事。皇家尼日尔公司建立了一个商业帝国,用武力赤裸裸地统治三角洲部分地区。1891 年,英国建立了一个殖民机构,称为"油河保护领"。早在 1887 年,奥波特的商人兼国王与英国发生重大冲突,被诱捕、受审和流放。1893 年,英国又建立"尼日尔河沿岸保护领"。英国对三角洲西部伊特塞基里王国的占领遇到激烈的反抗,一支强大的英国海军陆战队击败了国王纳纳。1897 年,英军第一次进攻贝宁王国被打败;第二次进攻,贝宁在经过英勇抵抗后被打垮,王宫被抢劫一空,国王奥姆拉姆被抓捕并流放,直至 17 年后去世。

贝宁以东和三角洲各族以北居住着伊博人和伊比比奥人。英国人在1901 年 11 月至 1902 年 3 月的军事远征中征服了阿罗丘库城的贸易寡头阿罗。

二、北部阶段(1900—1914)

19 世纪中期至 20 世纪初期,北方的富拉尼王朝开始衰败,各个酋长国逐渐不听从索科托帝国的指挥,出现分离倾向。酋长国之间互不服气,甚至相互倾轧和发动战争。索科托哈里发帝国和酋长国的统治者们贪婪腐败,不但欺压和剥削"异教徒",而且对不服从的穆斯林同样进行压榨和剥削。后来基督教出现在北尼日利亚即豪萨地区,主要是少数非穆斯林乡村,影响甚微。英国势力逐渐伸入豪萨地区,先是以乔治·陶布曼·戈尔迪为首的皇家尼日尔公司以商业贸易为名,以欺诈和武力为手段,同当地一些酋长签订保护条约,从而占有和控制大片土地。1899 年后,英国政府接管该公司的控制权,并建立一支西非边防军,弗里德里克·卢加德上尉(后来被封为勋爵)成为北尼日利亚的高级专员。1900 年 1 月 1 日,卢加德升起米字旗,宣布原先由皇家尼日尔公司控制的地区为"北尼日利亚保护领"。卢加德把大本营设在交通要塞洛科贾,然后向北扩张,征服一个又一个小国,只遭到零星抵抗,直到 1903 年,英国军队攻下卡诺和索科托,扎里亚不战而降。在中部地带,英国在 1900—1901 年和 1906—1908 年又同蒂夫人进行了一系列小规模战争,将其征服。1906 年,索科托以北萨提鲁的马赫迪起义,遭到英国残酷镇压,成千上万的人死伤,全村被夷为平地。三千名妇女和儿童交由苏丹处理,驻扎官伯顿禁止任何人在萨提鲁重建村庄。卢加德认为屠杀正确:"为了恢复英国特权和防止未来出现这类起义,军事情况要求一次压倒性的胜利。"[①]1914 年,北部和南部的保护领合并,统称为"尼日利亚"。自此,尼日利亚成为一个政治实体、一个国家。总之,英国人利用探险家提供的信息、商业活动的扩展、基督教的传播和先进的武器实现了对尼日利亚的征服。

其间,基督教的传播和西式教育的创办对尼日利亚的宗教影响和文化影响是深刻的。尤其是在 1840 年代,原来在塞拉利昂受过西式教育的解放奴隶及其子女陆续返回约鲁巴地区和伊博地区,他们以非洲人的身份宣传基督教、研究语言学、传播英语知识,为把约鲁巴语与伊博语等当地语言改为书写文字做了大量工作,对当地文化和文学产生了深刻影响。他们对当地民族的认同和对当地文化的强烈兴趣,促使他们收集当地口头文学和传统,用英语或当地语言的文字把它们转变为书写形式。他们甚至写出一些学术著作,如萨缪尔·约翰逊(Samuel Johnson,1846—1901)具有里程碑意义的历史散文著作《约鲁巴历史》(*The History of the Yorubas*,1897 年完稿,1921 年出版)。当然,有些西方传教士也在收集口头文学传统和语言学研究方面做了不少工作。教会带来印刷机,建立印刷厂,助推了报纸的出现,在阿贝奥库塔和拉各斯等地出现许多报纸,如《新闻报》(*Iwe Irohin*,1859—1867)、《英非报》(*Anglo-African*,1863—1865)、《拉各斯时代和黄金海岸殖民地广告报》(*Lagos Times and Gold Coast Colony Advertiser*,1880—1893)、《观察家报》(*The Observer*,1882—1888)、《苍鹰与拉各斯批评者报》(*Eagle and Lagos Critic*,1883—1887)、《镜报》(*The Mirror*,1887—1888)、《拉各斯每周时报》(*Lagos Weekly Times*,1890)、《拉各斯回声报》(*Lagos Echo*,1891)、《拉各斯每周记录》(*Lagos Weekly Record*,1891—1930)、《拉各斯旗帜报》(*The Lagos Standard*,1891—1930)、《尼日利亚纪事》(*Nigerian Chronicle*,1908—1913)和《尼日利亚时报》(*The Nigerian Times*,1910—1913)等。当武力被滥用时,这些报纸会进行控诉,例如在 1895 年英军轰炸奥约的事件中,《拉各斯每周记录》刊登了反英的报道。当然,报纸也为少数精英分子提供发表意见、故事甚至小说的机会,成为书写文学的载体,功不可没。

在北方,基督教的传播受到伊斯兰教的抵制,只在非穆斯林地区有些进

---

① 转引自 G. G. Darah, ed., *Radical Essays on Nigerian Literatures*, 2008, p. 197。

展。北方依然是伊斯兰教的天下,那里的阿贾米文学占主导地位。1860 年代,欧洲教会已经开始使用拉丁字母拼写豪萨语言。及至 1903 年,采用这种新拼写系统被确立为殖民教育部记录豪萨语文本的一个政策。随后豪萨语采用以拉丁字母拼写的文字,即博科文字书写豪萨语文本,以拉丁字母拼写的博科文字被正式引进,从此出现阿贾米文字和博科文字并存的豪萨语文学。

　　总之,在教会支持下,约鲁巴语和伊博语等当地语言有了各自的《圣经》和《天路历程》(*The Pilgrim's Progress*)译本,一方面便于传教,一方面也使当地人借以了解西方文学和文化。当地人使用新创的文字把口头文学作品记录下来,甚至出版诗集,创作新的文学样式——长篇小说。他们还在文化民族主义的鼓舞下写出许多历史散文。回归尼日利亚的约鲁巴族和伊博族传教士对当地英语文学做出重大贡献。豪萨语宗教诗和教诲诗继续发展,反抗殖民征服的诗歌接连出现。

第二章

豪萨语文学

第一节
诗 歌

19 世纪中期以来,宗教诗、教诲诗继续发展。当时最有名的诗人就是穆罕默德·纳·格瓦瑞(Muhammadu Na Gwari)。他曾在廷巴克图受教育,一直为索科托哈里发帝国服务。他是豪萨语宗教诗歌的卓越开拓者,有两首宗教诗被收入《豪萨文学样品》(*Specimens of Hausa Literature*, 1896),编号分别为 poem B 和 poem D。Poem B 是一首 175 个诗行的长诗,包括:引言(1—3),祈求帮助写作(4—9),傻瓜的特征(10—14),颂扬和追随穆罕默德(15—21),选择现世与来世不可兼得(22—31),知识与见识不必相连(32—34),为真主服务的困难(35—43),祈灵神助(44—46),忽视今世与展望未来(47—52),现世的不确定性与麻烦(53—72),我们的祖先都已过世(73—80),我们不久会死去(81—90),现世是破旧的、不值得信赖(91—112),为未来做准备的必要性和重新获得准备的性质(113—129),自我规劝(130—135),尘世的欺骗性及知识与辨别的必要性(136—161),去麦加朝觐和遵守相关礼仪(162—175)。这首诗一开始就表现了对宗教的虔诚和谦恭,内容是宗教的内容;每行由对句构成,按照阿拉伯韵律押韵,不失为豪萨语宗教诗歌的典范。另一位有名的宗教诗人是一个名叫利马·契迪亚(Lima Chidia,又名 Halila)的豪萨玛拉目,他的两首宗教诗被收入《豪萨文学样品》,编号分别为 poem A 和 poem C,也是优秀的作品。

后来,纳格瓦马采(Nagwamatse)脱离索科托帝国,在孔塔戈拉另建新的埃米尔国,又称"纳格瓦马采朝代"。纳格瓦马采通过袭击并强掳为奴的办法对近邻的酋长国制造恐怖威胁,大大激怒了穆罕默德·纳·格瓦瑞,他写了一首以阿拉伯语"Billahi Arumi"(《我渴望真主把它给我》)为题的豪萨语诗,谴责对穷人的剥削和虐待。19 世纪末,道腊的伊玛目把对当地富拉尼统治者的政治攻击写进了《河流》("Kogi")。它就是一首政治讽刺诗。另外一首著名的政治讽刺诗是谢胡·纳·萨尔夏(Shehu Na Salga)创作的《犀牛皮鞭》("Bakan damiya")。这时候,有学问的诗人日益转向对业已出现在富拉尼统治者之间的分裂和腐败的道义批评。穆罕默德·纳·格瓦瑞则成了这种新的世俗诗倾向的早期代表。及至乌斯曼的一个孙子哈雅图·丹·萨伊杜（Hayatu Dan Sa'idu），他能够用豪萨语和阿拉伯语写出双语混合诗来攻击索科托帝国的体制，这种新倾向的要义才完全体现。

豪萨地区接连出现骚乱，腐败盛行，内争不断。东苏丹马赫迪运动的主张和要求激发新的争斗，英国人的渗透和占领也带来威胁。有思想的人，如索科托的高官布哈里·丹·吉达多（Buhari Dan Gidado）写诗，向真主和圣人寻求安慰和希望。也有一些诗人写出抗议的诗歌。

据史料记载，索科托城之南有一个著名的城镇名叫萨提汝，在 1894—1906 年发生过农民造反运动，先是反抗当地贵族的压迫，继而反抗英国侵略，最后遭到残酷镇压，被屠城，被夷为平地。有一个名叫穆罕曼（Mahamman）的玛拉目写下《萨提汝之歌》（"The Song of Satiru"）。这首诗遵循伊斯兰诗歌的传统，开头就是"我们心口如一地感谢阿拉，/我们打算编一首萨提汝之歌"。然后再进入正文。全诗总共 12 对联句，结构规整。其中有这样的诗句："看那些好战的食叶者，/他们从来不继承/母系和父系的农庄，/他们的意图就是得到世上的权力。"不难看出萨提汝的造反意在夺取权力，而不是仅仅为了经济利益。英国侵略者联合原先的统治者对他们实行残酷镇压。结果，"你看人民怎样像羚羊一样被猎杀！/好像羚羊在萨提汝被猎杀！/你看人民怎样像葫芦一样被开瓢！/好像葫芦在萨提汝被开瓢！/你看全城红得透亮！/好像巨幅红绸在萨提汝铺开，/你看全城像蝗虫脑袋发出恶臭！好像蝗虫脑袋把萨提汝铺盖，/你看杂种殖民怎样向一个城镇发展！/今天只有狐狸在萨提汝等待"。作者以见证人的身份描述萨提汝遭到屠城后的惨状："人民像羚羊一样被猎杀"，"脑袋像葫芦一般被开瓢"，血流满地，"像蝗虫脑袋一般发出恶臭，……今天只有狐狸在萨提汝等待"。这是在以血泪控诉英国殖民者的罪行！作者在诗中巧用比喻和对句，益发突显殖民者的残忍，增强了控诉的力量。虽然萨提汝人民被消灭，但他们毕竟进行过反殖民斗争，理应受到歌颂。这儿就有一首《萨提汝人赞歌》（"Kirari for the Satirawa"）：

> 萨提汝人！
> 坚硬草原的异教徒，
> 尽管你们被消灭，你们已经杀死希拉里。①

可以想象，这个地区的领导人历来傲慢，对到来的英国人，也有一定程度的轻慢。白人是局外人，虽然在军事上占有优势，但在素有传统意识的富拉尼

---

① 希拉里，指代理驻扎官 H. R. Hillary，他曾带英军到萨提汝，被萨提汝人杀死。

统治者看来,他们对自己已有的文明也做不出多大贡献。可是,白人却不这样看。有意思的是,英国人的到来却造成豪萨诗歌同其传统诗歌的决裂。阿里尤·丹·西地(Aliyu Dan Sidi)是一位既有天赋又有深厚穆斯林学问的诗人,因阐释和宣扬伊斯兰传统广为人知。但是他也利用口头文学传统创作充满讽刺和影射(habaici)的诗歌。1903—1920 年他曾担任扎里亚的埃米尔,在卢加德出现的时候写出了一首讽刺长诗"Tabar koko":首先赞颂他本人和他的统治多么和平、多么昌盛,继而谩骂欧洲人的干涉,历数让英国人接管这个国家所带来的种种危险。殖民者没办法同诗歌打仗,后来卢加德把阿里尤·丹·西地废黜并流放到洛科贾。

阿里尤·丹·西地是一位天才诗人,能写宗教诗,如《我们共享神的恩典》("Mu Sha Fala")和"Mu San Yarda";教诲诗,如"Saudi Kulubi"和"Sasake";引喻诗,如"Tabar koko";世俗诗,如"Wakar Birmin Kano"等。1980 年,他的《阿里尤·丹·西地诗集》(*Wakokin Aliyu Dan Sidi*)出版。

从语言学的观点来看,阿里尤·丹·西地的诗歌是非常重要的,它确立了阿贾米文学的主导地位,完全取代了在 19 世纪一直占据支配地位的阿拉伯语文学。与此同时,谢胡·纳·萨尔熨根据传说创作了一部史诗《巴高达之歌》(*Wakar Bagauda*),讲述哈比人(Habe,即 Hausa)怎样创造卡诺朝代,诗篇题名取自卡诺城第一位异教徒首领的名字。此诗题材比较传统,但是对确立阿贾米文学的主导地位做出了很大的贡献:作者成功地清除了阿拉伯语,使他的豪萨语变得纯洁。据说,他还是反殖民诗篇《犀牛皮鞭》的作者。这些史实表明,豪萨文明源远流长,豪萨人并不是从阿拉伯人或欧洲人那里才知道文明。

当代话题也有吸引力。卡齐纳的易卜拉欣·纳拉多(Ibrahim Nalado of Katsina)以教育的重要性为内容写诗,号召人们在任何可找到知识的地方寻求知识,回应先知穆罕默德的教诲:"人们应当寻求知识和智慧,哪怕千里迢迢走到中国。"从写作技巧上看,他的诗之所以重要,就在于他使用了头韵表达法。直到今天,这种技巧仍被大大地忽略。他的诗作风格至今仍有影响。

还有些诗歌表达对豪萨地区传统的前途的担忧。康塔戈拉的纳格瓦马采(Nagwamatse of Kontagora)写了一首有关欧洲人同北部埃米尔们之间斗争的纯豪萨语诗歌,该诗以对伊斯兰教被消灭的恐惧作为结束。纳格瓦马采把欧洲教育完全看成基督教教育,因此认为基督教的影响是负面的。很大程度上他真诚地欢迎以改革社会的名义而崛起的改革者们。另一位同时代的豪萨商人阿里-哈吉·乌马尔·伊本·巴克尔(Al-Haji Umar Ibn Bakr, 1858—1934)因其著名诗篇《基督徒的到来》("Labarin Nasara or Wak'ar")而广为人知。该诗写于 1903 年,猛烈抨击英国殖民化政策,因为这些政策动摇了索科托苏丹的权威,导致原本团结一致的全体人民分裂,也致使苏丹流亡到东方。
这里摘引该诗的一个片段,足以反应阿里-哈吉·乌马尔对新统治者的蔑视:

> 你可以说站起来困难
>
> 所有过错都在白人追随者一边。
>
> 如果你有权力,就拒绝站起来。
>
> 既然权力来自白人,你的权力何在?
>
> 如果他们给你权力,不要接受。
>
> 它是白人给你的毒药。
>
> 他们警告我们不要盛气凌人,
>
> 可他们自己行动起来却咄咄逼人。
>
> 他们居心险恶,试图用阴谋诡计
>
> 消灭伊斯兰的宗教。①

第二节
诗体编年史

  或许不是纯粹的巧合,这个多灾多难的时代也见证了用豪萨语写下来的
诗体编年史(salsala 或 sisila)。仿佛豪萨诗人们感觉到英国人的到来是一种
不祥征兆:有可能从他们的集体记忆中抹掉殖民前历史。于是,有些豪萨语
阿贾米文人学士产生了编写历史文本和编年史的渴望,以便用文字把口头传
说中展现的本民族人民的形象固定下来,把历史人物和重大事件记录下来。
19 世纪晚期,谢胡·纳·萨尔戛用阿贾米文字写出了史诗《巴高达之歌》,即
《卡诺编年史》(The Kano Chronicle)。作者相当注意富拉尼圣战之前的历史。
《卡诺编年史》上溯至卡诺最早的首领——传说中的异教徒巴高达,往下讲至
埃米尔穆罕默德·贝洛。它不仅列述历史上的国王和酋长,而且还有评论,开
创了该地区编年史的先河。随后又出现一批编年史,比如阿布巴卡尔·丹·
阿提库(Abubakar Dan Atiku)在 1920 年代完成的《哈代贾编年史》(Terihin
Hedeja),即《索科托编年史》(The Chronicle of Sokoto)和《哈代贾烈士赞》
(Begen Yakin Shahadar Hedejia),后者生动描述 1906 年统治者穆罕默德与

---

① Graham Furniss, *Poetry*, *Prose and Popular Culture in Hausa*, 1996, p. 207.

英国人的战争。《扎里亚编年史》(*The Chronicle of Zaria*)提供了扎骚酋长国
(the Emirate of Zazzau)的历史记述,《卡齐纳编年史》(*The Chronicle of Katsina*)列述了卡齐纳城的历代统治者,直到 1807 年。同时期其他城镇也出现编年史,记载影响豪萨以外其他王国的重大事件。这些编年史弥足珍贵,证明豪萨文化源远流长。它们不仅为撰写豪萨史、尼日利亚史提供重要资料,而且为后来的文学创作提供灵感和养料,上面提到的史诗作品《巴高达之歌》就是最好的例证。

诗歌编年史也可看作一种叙事诗,不仅用诗歌叙说一个城市或国家的历史,如上述几部诗体编年史,也可以记述某个种族的族谱或某个高官显贵的人生经历或丰功伟绩,例如教长乌斯曼·丹·福迪奥的女儿阿斯玛乌的《漂泊者之歌》(*Wakar Gewaye*)也是一部诗歌编年史,描述其父在宣传伊斯兰教主旨期间的生活。玛拉目穆罕玛杜·布哈里(Muhammadu Bahari)就曾记述当时北方总理阿赫默德·贝洛的族谱和他悲惨死去的情景(书稿现存于加纳大学非洲研究所)。该诗五行为一个诗节,每个诗节都有诗韵,全诗由一系列诗节构成,细述阿赫默德的男女祖先,直至阿赫默德。遗憾的是,这些诗歌编年史著作至今都未出版。

众所周知,英国的殖民政策不同于法国的同化政策。英国鼓励使用当地语言,在北尼日利亚提倡识字,用当地语言开展正式教育。但是英国人既不热衷使用以阿拉伯字母拼写的阿贾米文字,也不热心让豪萨语阿贾米文字创作活动继续发展。在 1903 年占领索科托和卡诺之后,1904 年卢加德做出决定,赞成豪萨语的拉丁字母拼写形式,即博科文字,并命令驻扎官们兴建小型学校教授新的豪萨文字。1910 年,汉斯·维谢尔爵士(Sir Hanns Vischer)在卡诺建立省级学校,后来又用这种新文字编制学校读本,而当时当地的伊斯兰学校还在继续使用阿贾米文字。因此,出现了豪萨语阿贾米拼写文字和博科拼写文字并存的局面,甚至延续至今。

第三节
散文叙事

1913 年,《豪萨故事与传统》(*Litafi na Tatsuniyoyi na Hausa*)的出版是一件文化大事。它是三卷本的口头叙事(Tatsuniyoyi),由当地学者收集并用阿贾米文字记录,再由殖民官员弗兰克·埃德加(Frank Edgar)编辑出版,后

来被尼尔·斯金纳(Neil Skinner)译成英语出版(1969 年)。此书既有神圣的内容又有世俗的内容。它包括动物故事、骗子故事、历史故事、战争故事、圣战故事、先知穆罕默德及其追随者的故事。一言以蔽之,它集口头叙事之大成,与豪萨文化息息相关,是对豪萨文化基础的反映。它是后来研究豪萨口头文学和历史文化不可或缺的珍贵资料。

其实,豪萨语的拉丁字母拼写形式早在殖民征服前就已经被欧洲教会使用了。1860 年代,教会就用豪萨语出版了第一批材料,与此相连的一个重要名字是 J. F. 肖恩牧师(J. F. Schön, 1803—1889),尽管 S. W. 克勒(S. W. Koelle)在 1840 年出版的《非洲土著文学:卡努里或博尔努语言中的谚语、故事、寓言和历史片段》(*African Native Literature, or Proverbs, Tales, Fables and Historical Fragments in the Kanuri or Bornu Language*)中也包括豪萨语文学。J. F. 肖恩牧师是德国语言学家,为英国传教会服务。1840 年他被要求陪同尼日尔远征队。他的注意力首先指向豪萨语。1843 年他回到不列颠,尔后被派往塞拉利昂,在那里他编写了一部豪萨语词典。教会未予出版,认为豪萨工作还远未提上日程。1859 年,肖恩把《摩西五经》的第二经译成豪萨语的博科文字("Letafi Musa na Biu")。1866 年海因里希·巴思(Heinrich Barth)远征归来,肖恩牧师回到伦敦后,继续研究豪萨语。他从巴思那里"偷走"从非洲带来的两名获释黑奴———一个是马吉人(Margi),一个是名叫多汝古(Dorugu)的豪萨人,让他们做信息员。当时多汝古十六七岁,帮助肖恩写有关豪萨的材料。1866 年,肖恩编辑和出版了《豪萨宝库:豪萨语土著文学、谚语、故事、寓言和历史片段》(*Magana Hausa: Native Literature, or Proverbs, Tales, Fables and Historical Fragments in the Hausa Language*),其中包括故事、谜语和谚语,但是最为有趣的部分,乃是肖恩逐字逐句用豪萨语的拉丁字母拼写形式记录的多汝古的回忆录。这个回忆录包含多汝古早年生活的细节,如他怎样被捉当奴隶,怎样被卖给巴思,他在非洲的旅行、在的黎波里看到的海洋、坐轮船到欧洲的旅行,更有趣的是多汝古用豪萨人的眼睛所看到的汉堡赛马场和维多利亚时代中产阶级的用餐。这些经历都描写得惟妙惟肖、生动逼真,堪称一部优秀的旅行叙事。《豪萨宝库》开创了豪萨文学的一种新的文学样式———旅游叙事,对后来的文学创作产生影响。例如,阿布巴卡尔·塔法瓦·巴勒瓦(Abubakar Tafawa Balewa)的小说《教长乌马尔》(*Shaihu Umar*)中的旅行记述就从这类回忆录中吸收了养分。玛丽·F. 史密斯(Mary F. Smith)所写的《卡罗的巴巴》(*Baba of Karo*)也包含同样的记述,虽然这个女人的世界给出了不同的看法。

此外,还有一些教会人士与豪萨文学有牵连。C. H. 鲁滨逊(C. H. Robinson)在英格兰向英国官员和传教士教授豪萨语,并且出版《豪萨文学样品》(*Specimens of Hausa Literature*，1896)。沃特尔·米勒(Walter Miller)在当地生活了50年,他接替鲁滨逊完成全本《圣经》的豪萨语翻译(*Littafi Mai Tsarki*，1932),还创作了一部长篇小说,批判英国殖民当局。

直到1920年,豪萨语文字拉丁化对豪萨语文学的影响仍然不大。正像捷克学者彼得·扎马(Petre Zima)指出的那样:

> 豪萨语读者最初的反应并不讨人喜欢。阿拉伯文字及用阿拉伯字母拼写的文字(即阿贾米文字)占有已经使用的优势,虽然那时候阿贾米文字可能已经受到限制。另外可以确定的是,拉丁字母拼写可能自动同外来的"异教徒"或"不信教者"的理念联系在一起。以拉丁字母拼写的文字通常被称为"博科"(Boko),很容易同英语单词book、同豪萨语原义"欺骗"或"假货"联系起来。①

结果,几十年内,受过教育的豪萨人简直不理会新的拼写文字,不理会埃德加开发的用当地语言写作虚构散文的可能性。他们将自己局限于阿贾米诗歌传统。

---

① Vladimir Klima, Karel F. Ruzicka and Petr Zima, *Black Africa: Literature and Language*, 1976, p. 171.

第 三 章

约鲁巴语文学

直到 19 世纪,具体地说,19 世纪中期,约鲁巴地区才出现真正的英语文学和约鲁巴语文学。约鲁巴语书写文字的出现显然是欧洲人 19 世纪中期在约鲁巴地区活动的结果。然而读者应该注意到:约鲁巴语已经有各种文学样式的口头艺术存在,而且这些口头文学样式至今在约鲁巴人的农田村舍和乡镇城市仍然非常活跃。

第一节
早期的约鲁巴语翻译文学

约鲁巴语用拉丁字母拼写的正字法,是伦敦正教传教会 1842—1872 年在约鲁巴地区工作期间确立、1875 年初在拉各斯召开的传教士会议上审定的。此后,约鲁巴文字成为约鲁巴基督教成年教徒追求的能力和初等学校教育最初的主要目标。

对约鲁巴语言文字做出突出贡献的人物有两位。一位是教会中的德国人约翰·拉班(John Laban),他在塞拉利昂率先写出语言著作《约鲁巴词汇》(*A Vocabulary of the Eyo or Aku*)三卷本,于 1830 年和 1832 年在伦敦出版。该书包括对约鲁巴语言的研究和七页《约鲁巴人的早期传统》。至于书名中的 Aku,那是当时塞拉利昂对约鲁巴人的称谓。另一位则是约鲁巴人、解放奴隶萨缪尔·阿贾依·克劳瑟(Samuel Ajayi Crowther,*c.* 1807—1891)。他是富拉湾学院(建于 1827 年)第一届毕业生,1843 年被教会派到后来称为"尼日利亚"的地区,后来成为第一位非洲人主教。他于 1843 年出版一部约鲁巴语-英语词典《约鲁巴语言的词汇》(*A Vocabulary of the Yoruba Language*),1849 年发表包含约鲁巴语文本的《约鲁巴语初级读本》(*Yoruba Primer*)。1852 年,伦敦正教传教会发表他的《约鲁巴语言的语法》(*A Grammar of the Yoruba Language*)。从这些著作中足见克劳瑟对约鲁巴语言文字研究的深入,他的成果助推了有关约鲁巴语言文字的学习和研究。1900 年,他出版《圣经》的约鲁巴语译本(*Bibeli Mimo*)66 册。因为"他选择一种方言并从这种方言中挑选措辞和表达方式,以《圣经》译文向读者证实、以语法和辞典向语言学家证实他的做法是正确的,从而创造了标准的约鲁巴语。现在它已经影响到口头语言,而且广泛传播,许多方言形式迅速地消失了。"①再说,《圣经》约鲁巴语译本译文准确、优美,足以同路得的德语版《圣经》和英国的钦定版《圣经》相媲美。克劳瑟"对后来的约鲁巴文学的影响……无疑是压倒性的"。② 总之,克劳瑟的著作和译文不但确立了标准约鲁巴语,而且促进了约鲁巴语言文字写作。

无独有偶。阿贝奥库塔的传教士亨利·汤森(Henry Townsend)也对促进约鲁巴文字写作做出了贡献。1859年,他创办约鲁巴语和英语双语版的半月刊《新闻报》(*Iwe Irohin*),截至1867年共计发行了190期。刊物的成功证实了约鲁巴文字的发展,也鼓励另一位传教士大卫·欣德勒(David Hinderer,1800—1877)把约翰·班扬(John Bunyan,1628—1688)的《天路历程》(*The Pilgrim's Progress*)译成约鲁巴语文本(*Ilosiwaju Ero Mimo*,1866年完成),于1911年出版。这个译本几乎像《圣经》译本一样受到普遍欢迎,并对20世纪中期约鲁巴语散文小说创作产生相当影响。

众所周知,基督教会来到非洲,乐于创办学校。正统传教会驻拉各斯总部为了给约鲁巴学童提供阅读材料,编印了一套约鲁巴读物(*Iwe Kika Yoruba*):第一册(*Elini*,1909)、第二册(*Ekiji*,1909)、第三册(*Eketa*,1910)、第四册(*Ekerin*,1911)和第五册(*Ekarun*,1915)。每一册都有诗歌和散文,题材广泛。书中叙事,有的是传统的,有的译自英语,但内容非常吸引读者。

第二节
学术著作与宗教文学

1880年代标志着约鲁巴地区文化民族主义的开始。约鲁巴受过教育的精英们意识到他们的土著文化。用E. A.阿延代勒(E. A. Ayandele)的话说,"他们开始对这种习惯和制度有自豪感,对他们原来不加批判地接受外来文化形式的狂热做法感到遗憾。这种自豪感改变了他们的思维,于是他们开始独立思考,比以前更认真地评估和批判这个地区的基督教事业、英国政府和贸易模式"。③精英们开始更喜爱约鲁巴人的而不是英国人的衣着款式、名字、食物

① P. E. H. Hair, *The Early Study of Nigerian Languages*, 1967.
② Albert S. Gerand, *African Literature*, 1981, pp. 246 – 247.
③ E. A. Ayandele, *The Missionary Impact on Modern Nigeria: 1842 -1914*, 1974, p.19.

等等。他们鼓励在学校里使用约鲁巴语进行教学并讲授约鲁巴历史。更重要的是,他们著文评论约鲁巴文学、宗教、历史,以便了解和拯救它们,使它们免于湮没无闻的厄运。《拉各斯观察家报》(*The Lagos Observer*)在 1888 年 10 月 27 日表达了这种担忧:"我们的民俗、传说、历史、寓言、讽喻故事、格言等等濒于湮没无闻的境地。"

在高涨的文化民族主义推动下,约鲁巴语言写作出现前所未有的新景象。第一,在约鲁巴地区,尤其是在拉各斯,开始了一个真正的学术时期。先驱者 J. O. 乔治(J. O. George, *c*. 1847—1915)本来是阿贝奥库塔商人,热衷于约鲁巴文化,和他的同代人或组建或加入了一些学会。比较有名的学会有拉各斯互助促进会(The Lagos Mutual Improvement Society,1879)、面包果教会青年基督徒学会(The Breadfruit Church Youngmen's Christian Association,1874)、阿贝奥库塔爱国协会(The Abeokuta Patriotic Association,1883)和教师协会(The Teachers' Association,1887)等。这些学会的宗旨正像拉各斯土著研究会(The Lagos Native Research Society,1903)所指出的那样:"搜集和保存有关约鲁巴人的历史、法律、习惯、风俗、礼仪、宗教、神话、科学、艺术和哲学的信息。"这些学会聚会交流信息和看法,尔后出版论文集。J. O. 乔治于 1897 年出版的《关于约鲁巴地区及其各个部落的历史评论》(*Historical Notes on the Yoruba Country and Its Tribes*)就是这种会议的论文集。E. M. 里加杜(E. M. Lijadu, d. 1926)是口头文学和宗教文学的先驱学者,1892 年前担任昂杜(Ondu)教会学校的校长,先后出版关于艾法神谕的学术著作《艾法》(*Ifa: Imole Re Ti Ise Ipile Isin Ni Ile Yoruba*,1897)和《奥兰米拉》(*Orunmila*,1908)。第二,学者们积极搜集和记录了许多口头文学资料,汇编成册,接连出版专集。S. A. 艾伦(S. A. Allen)出版《约鲁巴谚语集》(*Iwe Owe*,1885),D. B. 文森特(D. B. Vincent)出版《约鲁巴谜语》(*Iwe Alo*,1885),E. M. 里加杜出版 19 世纪早期埃格巴诗人阿里比洛索(Aribiloso,d. 1848)的《阿里比洛索诗歌集》(*Kekere Iwe Orin Aribiloso*,1886),诗人乔塞亚·索博瓦勒·索旺德(Josiah Sobowale Sowande,又名 Sobo Arobiodu,1858—1936)出版诗集《索博·阿罗比奥杜的唱诵诗集》(*Awon Arofo Orin ti Sobo Arobiodu*,1902)。从此,口头诗歌进入书写文学的殿堂。第三,在约鲁巴地区,以拉各斯为中心,出现创办报刊的热潮。先后有《新闻报》(*Iwe Irohin*,1859—1867)、《英非报》(*Anglo-African*,1863—1865)、《拉各斯时代和黄金海岸殖民地广告报》(*Lagos Times and Gold Coast Colony Advertiser*,1880—1893)、《观察家报》(*The Observer*,1882—1888)、《苍鹰与拉各斯批评者报》(*Eagle and Lagos Critic*,1883—1887)、《镜报》(*The Mirror*,1887—1888)、《拉各斯每周时报》(*Lagos Weekly Times*,1890)、《拉各斯回声报》

(*Lagos Echo*, 1891)、《拉各斯每周记录》(*Lagos Weekly Record*, 1891—1930)、《拉各斯旗帜报》(*The Lagos Standard*, 1891—1930)、《尼日利亚纪事》(*Nigerian Chronicle*, 1908—1913)和《尼日利亚时报》(*The Nigerian Times*, 1910—1913)等。这些报刊多是约鲁巴语和英语双语并用,不但发布国内外新闻,而且刊登短篇故事、评论,甚至连载长篇小说等。换句话说,报刊不但扩大了人们的视野,而且提升了约鲁巴语言文字的表达力,推动了文学发展。

正像教会对知识分子所期待的那样,宗教文学是重要的,内容涉及基督教,也涉及约鲁巴固有的传统宗教。教会人士也希望从新学会的约鲁巴文字中得到好处,有益于传教。赞美诗和布道文乃是基督教文学常见的文学样式。亨利·汤森牧师在埃格巴工作,于 1850 年出版《约鲁巴赞美诗》(*Yoruba Hymns*)。这是第一本赞美诗集,供新皈依基督教的人士使用。这个传统贯穿 20 世纪。H. A. 阿通道鲁(H. A. Atundaolu)于 1906 年出版《圣经主要人物》(*Awon Enia Inu Bibeli*),列述《圣经》中的主要人物,目的是教育约鲁巴人有必要过好生活,并提供榜样角色。书中人物按字母顺序排列,事迹用约鲁巴语撰写。1909 年,A. W. 豪威尔斯(A. W. Howells)出版《固姆拜及其他地方的布道文》(*Akanse Iwaasu Nijoa ti Ijo Goombay, ati iwaasu miran ni Ile Olorun St. John's Aroloya Lagos*),谴责据说是从塞拉利昂引进的固姆拜(Goombay)舞蹈风格。之后,一位以 S. A. O 为笔名的作家自行印刷出版一部题为《给女人们的忠告》(*Ele tabi Amoran fun Odomobinrin*, 1919)的作品。这是一部篇幅不长的道德说教小说,批判拉各斯的一些人行为"有失检点"。在他的批判当中,不体面的、坏的言语使用相当普遍。他警告妇女要避开坏的伴侣,要从《圣经》中撒拉、拉结、利百加和哈拿等人物的故事中汲取力量。

欧洲教会也鼓励对约鲁巴当地宗教的研究,上面提到的约鲁巴人 E. M. 里加杜就是受委托的研究者。至于欧洲教会的目的,西非副主教 C. 菲利普斯说得非常清楚:"如果我们不了解敌人力量的来源,我们征服不了他们。如果我们基督徒不了解异教和伊斯兰教,我们就不能用他们愿意欣赏的方式传递福音。"①可是里加杜迷恋艾法的特征,但又持怀疑态度。另一位学者 D. 奥纳代勒·埃庇盖(D. Onadele Epega)则认为艾法是一种公认的宗教,他写出令人生畏的著作《艾法》(*Ifa Amona Awon Baba wa*, 1936)。他声称他本人是基督徒,但是警告说新宗教不应该是破坏艾法或贬低过去传统的理由。他一直追求艾法传统,直至 1956 年去世。阿福拉比·埃庇盖(Afolabi Epega)子

① E. M. Lijadu, *Ifa: Imole Re Ti Ise Ipile Isin Ni Ile Yoruba*, 1897, preface.

承父业,把他父亲的著作加以扩充和修改,用英语和西班牙语重新出版。正当西药广泛传播的时候,来自伊杰布-奥迪(Ijebu-Ode)的约瑟夫·奥杜莫苏(Joseph Odumosu,1863—1911)写出了今天称之为"医药经典"的著作《药书》(*Iwe Egbogi*)两卷本,列出了172种疾病和5621种治疗方法。他的另一部著作是《说梦》(*Iwe Ala*)。这是一部严肃著作,包含666个梦及其意义。他让读者相信这些梦,并给予释梦指南,如怎样揭示梦中数字和动物的意义。约瑟夫的儿子奥英博·奥杜莫苏是牧师,在拉各斯被称为"耶稣奥英博",但这不是因为他信仰耶稣,而是因为他拥有《药书》中的种种"魔法"。

第三节
诗歌、小说和历史叙事

书写诗歌是一种成功的文学样式,赞颂诗(oriki)首先出现在教会刊物和世俗报刊中。19世纪,安东尼·奥里沙(Anthony Olisa)出版了两本书:一本是关于约鲁巴谚语的《谚语集》(*Alome Meje*,1893),另一本是关于战争的道德故事《约鲁巴故事》(*Yoruba Buru*,1893)。比奥里沙更有名的莫乔拉·阿格贝比(Mojola Agbebi)在1887年出版了《谚语集》(*Alome Meje*)。E. M.里加杜还把19世纪阿格巴著名诗人阿里比洛索的口头诗歌收集起来,出版了《阿里比洛索诗歌集》(*Kekere Iwe Orin Aribiloso*,1886)。最多产的作家和学者阿贾依·科拉沃勒·阿基塞夫(Ajayi Kolawole Ajisafe,1875—1940,曾用名Emanuel Olympus Moor)写了50本书,其主要的兴趣在约鲁巴的法律和习惯,出版过有关宗教的重要著作《奥兰米拉》(*Orunmila*,1923)和有关法律的著作《约鲁巴人民的法律与习惯》(*The Laws and Customs of the Yoruba People*,1924),对英国人的统治大加颂扬。他在诗中提到西方教育、基督教的崛起和约鲁巴内战的结束等重大变化。

在1890年代,有一位无名作家写下一本罗曼司小说,题为《道拉泼的女儿》(*Dolapo Asewo Omo Asewo*)。故事脉络清楚:一个漂亮女人来自伊杰布一个落后的乡村,被拉各斯的一个中产阶级男人带到拉各斯;她在那里接受了身体清洁和护理的训练;后来这位丈夫给她钱,她用这些钱投资生意,变成富人;令人十分不解的是,她很快便开始追求其他男人,不理睬她的丈夫,可后来遭到报应——她的生意破产了,男友们抛弃了她,丈夫拒绝了她。有人怀疑作者是个疯子或精神不正常的人,认为作品是淫秽的。笔者不这么看。作品是一部社会小说,揭露拉各斯社会的险恶:金钱把善良的妇女变成淫妇,落个悲惨的下场。作者关注社会,揭露现实环境对人的腐蚀,是一位有社会良知的人。

19世纪还出现了历史写作,这也可视为一种历史叙事的开始。J. O. 乔治、E. M. 里加杜和阿贾依·科拉沃勒·阿基塞夫是这个领域的先驱。约翰·奥古斯都·奥通巴·佩恩(John Augustus Otonba Pagne, 1839—1906)被称为"年鉴大王",从1874年起每年出版年鉴《拉各斯与西非年鉴及日志》(*Lagos and West African Almanac and Diary*)。莫乔拉·阿格贝比自己出版《约鲁巴插图年鉴》(*A Yoruba Illustrated Almanac*, 1893)。I. B. 阿金耶勒(I. B. Akinyele)在1911年发表有关伊巴丹历史的著名演说,后来扩充为《伊巴丹及邻居的历史》(*Itan Ibadan ati Die Ninu Awon Ilu Agbegbe ke bi Iwo, Osogbo, ati Ikirum*)。J. B. 洛西(J. B. Losi)先后出版《拉各斯历史》(*History of Lagos*, 1914)、《埃库历史》(*Itan EKO*, 1916)和《阿贝奥库塔历史》(*Itan Abeokuta*, 1917)。D. 奥纳代勒·埃庇盖出版《伊杰布历史》(*Itan Ijebu ati Ilu Miran*, 1919),A. 阿肯苏旺(A. Akinsowon)出版《阿贾塞历史》(*Iwe Itan Ajase*, 1914)等。其中,I. B. 阿金耶勒所著伊巴丹历史最有影响,后来又出版其英文版《伊巴丹历史纲要》(*The Outline of Ibadan History*, 1946)。此书后来经他的侄女凯弥·摩根(Kemi Morgan)修改后出版三卷本修订扩充版《阿金耶勒的伊巴丹历史纲要》(*Akinyele's Outline History of Ibadan*, 1970年代至1982年间出版)。约鲁巴语原版还有一个特色:它收录了伊巴丹许多贵族的个人赞颂诗。后来,其他约鲁巴学者把这些赞颂诗抽出来另行出版并加以评论。

总之,在教会,尤其是在约鲁巴族传教士的努力下,约鲁巴语在19世纪中期出现了用拉丁字母拼写的文字并有了《圣经》和《天路历程》(*The Pilgrim's Progress*)的约鲁巴语文本,给约鲁巴族精英以鼓励。他们开始学术研究,写成学术著作,后来把谚语、民间故事和口头诗歌转换成书写文本,完成了口头文学向书写文学的转型。接着,无名作家写出罗曼蒂克小说,第一次把欧洲的小说体裁引进约鲁巴语文学。历史叙事诗得到空前发展,对保护约鲁巴文化起到承前启后的作用。

第四章

伊博语文学

伊博语文学的兴起,可以追溯到伊博语言正式研究开始时,即 19 世纪中期英国和其他国家的传教士被指定到尼日利亚伊博地区的时节。第一批传教士——伦敦正教传教士于 1875 年在奥尼查(Onitsha)的伊博人中间定居下来。实际上差不多 20 年前,他们在英国政府派遣的尼日尔河远征队资助下已经到达尼日利亚。1840 年,伦敦组成这支远征队,德国传教士 J. F. 肖恩牧师(J. F. Schön, 1803—1889)和约鲁巴族解放奴隶、传教士萨缪尔·阿贾依·克劳瑟牧师(Samuel Ajayi Crowther, c. 1807—1891)被选入这支远征队,当时他们已经在同塞拉利昂的伊博族解放奴隶一道工作。他们被要求研究与教会在尼日尔河福音传道相关的那些非洲语言。他们挑选了豪萨语和伊博语。肖恩在塞拉利昂的伊博族解放奴隶的帮助下开始严肃认真地研究伊博语言。他收集了 1 600 个词和一些祷告语。但是不久他就放弃伊博语,选择了豪萨语。他的解释是,豪萨语比伊博语使用广泛。真正的原因是:尽管肖恩广泛研究了这种语言,但与伊博人交流仍然存在障碍,没办法沟通,因为他研究一种伊博方言结果往往遭遇另外一种伊博方言,总是陷入尴尬的境地。

虽然肖恩在 1840 年发表《伊博语言语法》(*A Grammar of the Ibo Language*),其中包括词汇表和一些祷告语,但是这部关于伊博语言的早期著作很大部分是克劳瑟牧师努力的结果。当时伊博语言没有拉丁字母书写形式,是克劳瑟牧师和他的几位传教同事一致努力才把伊博语变成用拉丁字母拼写的书写语言。1848 年,浸礼派传教士约翰·克拉克(John Clarke)和非裔美国人梅里克(Merrick)发表第二本伊博语词汇集,总共收入数字和 250 个词,其中 10 个词有 27 种写法。1854 年,德国传教士 S. W. 克勒(S. W. Koelle)发表《非洲地区多种语言对照》(*Polyglotta Africana*),其中有 5 种方言的 300 个伊博语词。同年,参加远征队的英国海军医生威廉·F. 贝克(William F. Baikie)发表他个人的尼日尔河远征记录《克沃拉河与贝努埃河考察途中叙事》(*Narrative of an Exploring Voyage up the Rivers Kwora and Binue*),书中附有一个伊博语文集,后者还可以真正当作伊博语文学基础的参照。

1857 年,在来自塞拉利昂的伊博人西蒙·乔纳斯(Simon Jonas)的帮助下,克劳瑟牧师制定了《伊博语识字课本》(*Isoama Igbo Primer*, 1857)。该书有 17 页,内容包括伊博语字母表、词汇、短语、句型、主祷文、十诫和《马太福音》前几章的译文。这本书成为伊博语书写文学的第一次文学创作,克劳瑟因此成为德国文字学家莱普西厄斯(Lepsius)制定的《标准字母表》的第一位使用者。[①] 同年,来自塞拉利昂的伊博族牧师 J. C. 泰勒(J. C. Taylor)在接管奥尼查的教会后立即开办年轻女孩子学校,率先使用《伊博语识字课本》作为她们的教科书。1861 年,肖恩出版《伊博语言的语法要素》(*Oku: Grammatical Elements of the Igbo Language*)。该书采用以莱普西厄斯的《标准字母表》拼写的伊博语言文字撰写。1882 年,克劳瑟写出了《伊博语言的词汇》(*Vocabulary of the Ibo Language*),一年后又写出《伊博语言的词汇(二):英语-伊博语对照》(*Vocabulary of the Ibo Language, part Ⅱ: English-Ibo*)。至此已有 50 本书和小册子是用伊博语文字写出的。1892 年,在奥尼查工作的塞拉利昂传教士朱利叶斯·斯宾塞(Julius Spencer)发表《伊博语基本语法》(*An Elementary Grammar of the Igbo Language*)。

传教会的早期工作专注于语言研究,而且主要是由从塞拉利昂还乡的伊博人完成的。这引起传教会内部更倾向于文学方向的同事的不满,他们想要看到的语言研究结果是发表这种语言的文学。例如,在其《语法要素》(*Grammatical Elements*)一书的序言中,肖恩就攻击 J. C. 泰勒,说泰勒提供大量的《圣经》译文和词汇。他宣称:"他们可能说他的劳动说了些与其他事情有关的话,他把马鞍子安在马尾巴上;也就是说,他应该首先从聪明的土著人嘴里搜集民间故事、谚语和格言之类的土著文学,从语法上分析它们,然后着手翻译神圣的约书。"

显然,这种观点对这个领域后来的传教士意味着一种新的责任:他们要搜集这种土著语言的民间故事、谚语、谜语和格言。果不其然,传教会的第二阶段活动就是全力寻求伊博口头文学中显现的人民的信仰和哲学与基督教观念之间的共通点,以便更有利于传教。

德国学者扬海因茨·雅恩(Janheinz Jahn)在开列非洲口头文学集的清单时指出:诺斯科特·托马斯(Northcott Thomas)印刷出版过《伊博故事集》(*The Igbo Stories*, 1913)和《伊博谚语集》(*The Igbo Proverbs*, 1914)。[②] 事实上,1906 年,伦纳德少校在其著作《尼日尔河下游及其部落》(*The Lower Niger and Its Tribes*)中专辟一章讲述谚语和寓言,分析它们对该地区包括伊博人在内的各族人民的宗教意义和哲学意义。1921 年,G. T. 巴斯顿(G. T. Basden)在其著作《在尼日利亚的伊博人中间》(*Among the Ibos of Nigeria*)一书中收入一个小的寓言与谚语集并给出它们的原文,更显示出他的学术兴趣。也许因为比神话和故事短,谚语是更受欢迎的文学样式。

---

① Louis Nnamdi Oraka, *The Foundations of Igbo Studies*, 1983, p. 25.
② Janheinz Jahn, *A History of Neo-African Literature*, 1968, pp. 69 - 72.

传教士们很快认识到伊博民间故事及其结构在把孩子引入他们社区文化过程中的教育作用。于是他们使用孩子们已知的结构，建构有关伊博生活事物的短小的叙事文章，同时又把《圣经》的信息和宗教教导编入其中。这就是《伊博语识字课本》修正版中所有短文的结构。教会学校广泛使用《伊博语识字课本》。比如，讲述伊博狩猎术的文章，它的结尾以著名的猎人宁录（Nimrod）收场，而《圣经》中曾讲述过宁录的故事，他是一位上古英雄。又如，有篇文章描写伊博人怎样一年到头从事农田工作，结尾写到上帝创造了第一个人后，赐予他的第一份工作就是农田劳动，正像我们从《圣经》中了解的那样。

"可这些文章还有别的深远影响。它们仍然是早期伊博作家眷顾的一种模式，他们通常把《圣经》的相同部分或引语加入他们的作品之中。这种做法在现代作家中也不是不常见。对早期作家来说，这可能是让读者认可他们观点和看法的一种方式，因为这能让他们的作品被有《圣经》故事背景的一般伊博读者认为比较真实可靠。"[①]

至于《圣经》的翻译，早在 1860 年代，J. C. 泰勒（J. C. Taylor）就率先用伊博语翻译《马太福音》。后来在阿奇迪肯·丹尼斯（Archdeacon Dennis）主持下，包括当地伊博人在内的传教士终于完成《圣经》的伊博语全译本（*Bible Nso*），时为 1917 年。另一种说法是《圣经》的伊博语译本在 1860 年和 1906 年出现。[②]《圣经》译本和克劳瑟的《伊博语识字课本》一样，对伊博教育和文学产生重要影响。托马斯还把约翰·班扬（John Bunyan，1628—1688）的《天路历程》（*The Pilgrim's Progress*）译成伊博语文本。1870 年，来自塞拉利昂的伊博人弗里德里克·威克斯·斯马特（Frederick Weeks Smart）出版一本小书《伊博赞美诗》（*Ibo Hymns*）。P. E. H. 海尔（P. E. H. Hair）在研究之后得到这样的印象，"即在 1893—1914 年之间正教传教会工作者出版了一批小的伊博文学作品"，因此有理由认为"一个令人尊敬的活跃的伊博语文学时代即将到来"。[③]

但是这个推论终究没有成为现实，主要原因有两个。第一个原因是伊博语言的方言繁多，给克劳瑟和肖恩等传教士的语言学研究带来难以克服的困难——无论哪种方言的拼音文字在别的方言中无法沟通、无法应用，即使设定统一拼写的几种大的方言，如综合伊博语（the Isuama Igbo，1864—1872 年使用），也无异于柴门霍夫创制的世界语。第二次试验联合伊博语（the Union-Igbo，1905—1939 年用来翻译《圣经》和赞美诗）和第三次试验中心伊博语

① Ernest N. Emenyonu, *The Rise of the Igbo Novel*, 1978, p. 26.
② Emmanuel N. Obiechina, *Languages and Theme*, 1990, p. 18, Note 22.
③ P. E. H. Hair, *The Early Study of Nigerian Languages*, 1967, pp. 98－99.

(the Central Igbo，1939—1972 年使用)也均以失败告终。人们对拼写形式分歧很大、争论不休。至于伊博语言的统一拼写形式，在 1972 年才达成一致，1973 年标准伊博语(Standard Igbo)确立。第二个原因，正像海尔所说的那样："伊博人对当地文字的兴趣高涨过，可是不是真正的、持续的。伊博孩子通过当地识字课本学过读写技巧。在父母催促下，他们赶忙学习可以获得机会的语言——英语，以便从尼日利亚的殖民时代和后殖民时代的社会秩序和行政秩序中获得权力与地位。可是伊博语言被忽略了。伊博人对伊博语言的兴趣持续缺失要归因于特有的伊博环境和伊博心理，比如几代语言学者没有拿出可以接受的解决方言问题的办法。再说，1882 年，英国颁布第一个教育法令，控制和指导后来成为其殖民地的那些区域的两次基督教会教育活动，给只教英语读写者提供资助，从而使许多非洲语言的发展陷入僵局。"①当然伊博语也不例外。

---

① Louis Nnamdi Oraka，*The Foundations of Igbo Studies*，1983，p. 25.

第五章

英语文学

19 世纪中期以来,欧洲的基督教开始在尼日利亚南方各地建立教会和学校。主要传教人员则是来自塞拉利昂和巴西的解放奴隶和他们的子女。这些人皈依基督教并接受过西式教育,而且是约鲁巴人和伊博人的后代,本身就对约鲁巴人和伊博人有认同感。他们一方面热心传播基督教和西方文化,另一方面也乐意为自己的家乡做些有益的工作。他们传播英语知识,撰写有关当地语言的语法和词典;更重要的是,他们用拉丁字母拼写当地语言的文字,实现口头语言向书写文字的转型。当然他们也写书信、游记和历史,还编写当地语言读本,从而培养当地人,造就了一批传教、商业、公众服务甚至行政管理的精英。

这批当地精英有的能使用英语,有的能使用当地语言的新文字,还有的二者都能使用。他们写信、为报纸写稿,甚至出版小册子和书。但是尼日利亚最有名的英语作家却是回归故国的解放奴隶和他们后代中的基督教传教人士,最大的成就也是他们的著作。

第一节
文化巨人的写作

一、萨缪尔·阿贾依·克劳瑟

萨缪尔·阿贾依·克劳瑟(Samuel Ajayi Crowther, *c*. 1807—1891)出生在约鲁巴地区的奥绍贡,即今天的尼日利亚奥约州的伊塞因。他是约鲁巴人。1821 年他和母亲、蹒跚学步的弟弟以及其他家庭成员,还有他的整个村庄,遭到富拉尼穆斯林奴隶劫掠者的攻击并被俘获,当时他只有 15 岁。然后他被卖给葡萄牙奴隶贩子。奴隶船离港之前被英国皇家海军截获,克劳瑟被送到塞拉利昂的弗里敦,从此获得自由,皈依基督教。

在弗里敦,克劳瑟对语言产生兴趣。1826 年,他被送到英国,在伊斯林顿圣玛丽教堂和教会学校读书。1827 年,他回到弗里敦,在新办的富拉湾学院学习。他学过拉丁语、希腊语和檀姆尼语(Temne)。他和同一艘奴隶船上的穆斯林妇女阿萨诺结婚。该女子已经受洗,是当地学校的女教师。

1840年,克劳瑟被挑选出来陪伴传教士J. F. 肖恩(J. F. Schön)参加尼日尔河远征队。远征队的目的是发展商业、教导农业技术、传播基督教和帮助结束奴隶贸易。远征期间,克劳瑟被召回英国,在那里被委任为牧师。1843年,他同亨利·汤森(Henry Townsend)一道回到非洲,在阿贝奥库塔开办教会;在此期间,他巧遇失散多年的老母亲,并为她施洗礼。1857年,克劳瑟率领的远征队同奥尼查的奥巴阿卡祖亚(Oba Akazua)和他的议事会达成的协议开始实施,在奥尼查建立了基督教教会,由牧师J. C. 泰勒(J. C. Taylor)领导。泰勒本人是来自塞拉利昂的移民,父母都是伊博人。

1864年,克劳瑟被任命为圣公会主教,成为基督教传教会的第一位非洲人主教,管辖尼日尔河上自三角洲至贝努埃河汇合处所有的传教点。同年,他又被牛津大学授予神学博士学位。1891年12月31日,克劳瑟因中风逝世。

克劳瑟积极做好传教工作,同时认真执行一项西非发展计划:建立发展点,让皈依基督教的当地农民种植棉花、烟草、花生、芙莲和辣椒等有价值的出口作物,并且采用新的栽培方法;建立轻工业,加工西非的许多农产品;为正在发展的工匠群体提供更多的工作机会,以增添他们的财富。一言以蔽之,克劳瑟在其漫长的一生中为他的主张"一手拿《圣经》,一手拿犁耙"而奋斗。

但是"对来自西方现代化的兴趣并没有蒙蔽克劳瑟的眼睛,他看得见欧洲的缺点和非洲许多传统制度的优势。确切地说,基督教精神是基本配方,可是基督的话最好由非洲人自己、由克劳瑟这样了解他的人民并且能够抵抗严酷气候的教会工作者去传播。此外,当地的习惯、谚语、歌谣和寓言可以同传统制度的优势共用,从而丰富格言和澄清教义。克劳瑟敦促他的传教工作者要学习当地语言,以使他们的传教更有效果"。[1] 早在1860年代,他就告诫洛科加的教会助手:"非洲既没有知识也没有技巧去把她的大量资源用于自身的发展改进……可以肯定地说,除非有来自外部的帮助,一个民族决不会崛起和超越现状。"[2]克劳瑟主教对西方标准的敬重,部分是出于对现代化的理解,部分则是对殖民主义全力来到西非之前的久远时代的反思。后来几代人也没少考虑这个动机。

克劳瑟主教是一位非常伟大的语言学家。他先后出版《约鲁巴语言的词汇》(*A Vocabulary of the Yoruba Language*,1843)、《约鲁巴语言的语法》(*A*

---

① Albert S. Gerard, ed., *European-Language Writing in Sub-Saharan Africa*, vol. Ⅰ, 1986, p. 83.

② "Crowther's Charge at Lokoja," Sept. 13, 1869, see *Church Missionary Society Achives*, CA3.04A.

Grammar of the Yoruba Language，1852)、《约鲁巴语言的语法与词汇》(*A Grammar and Vocabulary of the Yoruba Language*，1852)和《约鲁巴语词典》(*Yoruba Dictionary*，1913)、《伊博语言的词汇》(*Vocabulary of the Ibo Language*，1882)，还有《努佩语法与词汇大全》(*A Full Grammar and Vocabulary of Nupe*，1864)等语言著作。他还为约鲁巴人、伊博人和努佩人制定了各自的《初级读本》。他的这些著作不仅便于教会人士学习当地民族语言，而且促使当地语言从口头交流的形式转变成为书写形式，从口口相传上升到科学学习和运用，这是文化上的战略转变。

从严格意义上讲，克劳瑟不是一位文学创作家。但是，他有不少散文作品；具体说，他在尼日尔河上传教期间写下许多书信和日记，后来结集成《尼日尔河与查达河上的远征日记》(*Journal of an Expedition up the Niger and Tshadda Rivers*，1855)一书发表。他向伦敦正教传教总部所写的许多报告也发表在教会期刊上。从这些文件来看，克劳瑟对非洲的需要和非洲的可能性的看法始终如一，正像一个深深关注自己人民的西非人的观感那样。在运用英语表述时，他展现了驾驭英语的卓越能力。据说，1852 年，伦敦的伊斯林顿(Islington)出版了他的著作《由恶到善》(*Good Out of Evil*)。1844 年，克劳瑟出版圣公会使用的《祈祷书》(*The Book of Common Prayer*)的约鲁巴语译本，1910 年他再次出版《圣经》的约鲁巴语译本(*Bibeli Mimo*)。总之，克劳瑟的著作和译文彰显了他对英语和约鲁巴语的熟练掌握，为尼日利亚后来的英语写作和约鲁巴语写作提供了范本，助推了尼日利亚现代英语文学、约鲁巴语文学和伊博语文学的崛起和发展。

二、詹姆斯·约翰逊

詹姆斯·约翰逊(James Johnson，1836—1917)，人称"圣人约翰逊"(Holy Johnson)，在克劳瑟之后接任主教。他曾在富拉湾学院学习，后来加入牧师行列，到伊博地区传教。

从职业意义上讲，他不是作家。然而，作为一名牧师和传教士，他曾就许多问题发表公开讲话，他的意见广泛地发表在教会刊物上。他定期向塞拉利昂和尼日利亚的报纸供稿。无论何时外出，他总会发表有争议的观点，可是又有一种内在的一致性制约着他的言行。一方面，他是一个虔诚的基督教传教士，献身于同异教徒、迷信和愚昧作斗争的任务；另一方面，他又是非洲文化、习俗、思想和语言的提倡者。比如，他在 1908 年举行的圣公会大会上做过这样的提醒："基督教旨在成为全世界的宗教，而不是仅仅是某个种族的宗教。它在不同的国家有不同的样式，如果它要同每块土地接地气

的话。在欧洲它应当是欧洲样式,在亚洲应是亚洲样式——同一种宗教因
为不同的信仰惯用方式和礼拜的不同表现方式而有不同的样式。基督教传
播到那个民族,就不能不具有那个民族的样式。基督教的态度不能不是对
民族习惯的态度,民族习惯在帮助促进接地气方面起了很多作用。"①显然,
他与蛮横的白人传教士不同。他认为传播基督教应当尊重民族习惯,让二者
互补,相得益彰。

面对当时一些非洲人一味模仿、全盘照搬西方生活方式和价值观念的做
法,詹姆斯·约翰逊警告:非洲人不应该落入不加批判地模仿欧洲的陷阱,自
我改进需要突出自己。他还指出:非洲人,即使为了文明的利益去模仿欧洲,
也会招致文化湮灭;即便有了成就,他也会发现本质的人消失了——"非洲人
不在那里,我们认为我们模仿的欧洲人不在那里。什么也没留下"。②詹姆
斯·约翰逊是非洲民族主义的先驱,发表过许多有价值的文章,受到后人景
仰。E. A. 阿延代勒(E. A. Ayandele)在 1970 年出版《圣人约翰逊:非洲民
族主义的先驱,1836—1917》(*Holy Johnson: Pioneer of African Nationalism*,
1836—1917),对詹姆斯·约翰逊的一生做出评价,肯定他对非洲民族主义做
出的贡献。

三、阿非利卡纳斯·霍顿

阿非利卡纳斯·霍顿(Africanus Horton, 1835—1883,全名 James Africanus
Beale Horton),伊博族人,出生于塞拉利昂。其父母都是在成年时期获得自由
的奴隶。父亲是木匠,全家过着贫困的生活。在当地黑人大法官的资助下,霍
顿读完中学。因成绩优秀,他获得英国政府的奖学金,到伦敦国王学院学习医
学。后来他在爱丁堡获得医学博士学位,并且获得许多奖金和荣誉称号。他
从事医学事业获得成功,成为英国海军中校和黄金海岸(今加纳)陆军医事部
门的首领。

他是个精力充沛、富有进取心的人,在积极做好本职工作的同时,写出多
部著作。他也是一个大胆又有魄力的生意人,投资兴办银行和资助伊博孩子
受教育。在他的帮助下,诗人克里斯蒂安·科尔得以去伦敦学习。阿非利卡
纳斯·霍顿个头儿不高,但是心胸开阔;虽然于 1883 年英年早逝,但他获得的
成就超过同龄人的梦想。

阿非利卡纳斯·霍顿写过多部著作,其中最重要的医学著作是《非洲西海

---

① 转引自 Edmund Ilogu, *Christianity and Igbo Culture*, 1974, p. 199。
② "The Nigerian Pioneer," *Lagos Weekly Record*, 2 May 1896.

岸的天然医疗气候与气象》(*Physical and Medical Climate and Meteorology of the West Coast of Africa*, 1867)，对西非医学发展做出了重要贡献。他最重要的政治著作是《西非国家与民族》(*West African Countries and Peoples*, 1868)。这两本书也是那个时代的重要散文著作。

《西非国家与民族》详细讲述西非主权国家的形成，同时也像该书副标题"关于非洲种族的辩白"(A Vindication of the African Race)那样，包含他批驳当时流行的非洲种族低劣论最强有力的论据。他坚信世界种族的不同与体能和智能没有任何必然的因果关系。作为一名拥有多年行医经验和实验室第一手资料的医生，他本身就是实证。他发现在颅骨结构、生理成熟或智力敏锐等指标方面，种族之间并没有明晰的差别。"我断言非洲人身上存在人类共同的特点。"他确信他"本身展现的道义和智力能量与大自然原先的赋予、与欧洲民族是一样的或几乎一样的。"[①]他承认欧洲文化当时有优势，但完全是以环境因素和历史因素做基础。不列颠人也曾经文身、住树洞，处在野蛮状态，比奴隶还糟糕。在那些岁月里，罗马人处在支配地位。非洲曾处在优势地位，同希腊人分享学问，在罗马衰亡时荫庇早期基督教会，保留下来许多学问。而今欧洲人崛起，非洲落入黑暗时代。他又说奴隶贸易及其影响即将终结。非洲，从压迫之下解放出来，肯定会前进并重新创造辉煌。

怎么办？他提出要通过教会努力在非洲传播基督教和现代制度，非洲人自身也要指导和推动民族复兴。对霍顿来说，改革的主要引擎是教育。他主张建立小学、中学、医校、职业学校，直至大学；课程既要有古典的，也要有切合非洲实际的。就在100多年前，也就是欧洲殖民主义侵入非洲前夕，霍顿对大学教育和西非独立国家的这种见解，已经预见了未来。他的许多同代人当时并没有这种看法。

阿非利卡纳斯·霍顿的《非洲西海岸的天然医疗气候与气象》是一本科学著作，对非洲医学和气象学的研究迄今仍有重要意义。《西非国家与民族》是一部卓有建树的政论散文著作，结构严谨，立论正确，论据充分有力，1969年再版时加上了乔治·谢波森的引言。1969年戴维森·尼柯尔(Davidson Nicol)编辑的《阿非利卡纳斯·霍顿》(*Africanus Horton*)出版，1970年克利斯托夫·法伊夫(Christopher Fyfe)的专著《阿非利卡纳斯·霍顿：西非科学家与爱国者》(*Africanus Horton: West African Scientist and Patriot*)出版，足见霍顿的科学精神与爱国精神对后代的深刻影响。阿非利卡纳斯·霍顿关于西非国家独立的预言早在1950年代和1960年代就已实现。

---

① James Africanus Beale Horton, *West African Countries and Peoples*, 1868, p. 27.

四、萨缪尔·约翰逊

萨缪尔·约翰逊（Samuel Johnson，1846—1901）是 18 世纪末奥约帝国最著名的国王阿比奥顿（Abiodun）的后裔。其父亨利·约翰逊（Henry Johnson）是国王阿比奥顿的孙子。亨利和他的妻子萨拉生活在塞拉利昂的黑斯廷斯。他们都是解放奴隶、农夫和虔诚的基督教徒。黑斯廷斯是弗里敦半岛上的一个村庄，那里有许多约鲁巴（又称"阿库"）解放奴隶，其中许多人都是新皈依的基督教徒。1840 年代，经济恶化，许多阿库人开始移民到约鲁巴地区，许多传教会利用这个机会到拉各斯、巴达格里、阿贝奥库塔和伊巴丹等城市建立教会。应牧师大卫·欣德勒（David Hinderer）征召，亨利·约翰逊去伊巴丹教会做教师，全家加入了移民队伍。

1857 年 12 月，亨利带着他的四个孩子，其中包括接近 12 岁的萨缪尔回到约鲁巴地区。亨利既是大卫·欣德勒的助手又是约书讲师，工作可靠，直到他 1865 年去世。从他的家庭到达伊巴丹，萨缪尔就同那里的正统传教会发生联系。他的父亲和欣德勒准备让他做教会工作。他被送到安娜·欣德勒的学校，同欣德勒夫妇接触密切。因为伊巴丹同伊贾耶之间的战争，他在伊巴丹待到 1862 年 12 月。他很早就注意到他的人民在为这次大战做准备。

欣德勒夫妇非常看重普通教育和良好的写作素养。阿贝奥库塔训练学院的校长戈特利比·比勒牧师为了履行调解伊贾耶战争的和平使命，于 1862 年访问伊巴丹。欣德勒牧师请他回来时把萨缪尔带来。1863—1865 年，萨缪尔在阿贝奥库塔训练学院就读，接受了希腊语、拉丁语、英语、宗教学、哲学、历史和数学等普通教育。这所学校处在德国教士比勒牧师的监管之下。比勒牧师同欣德勒牧师一样，以文科教育为导向。萨缪尔的两个兄弟也在该校受过文科教育，一个成为卓越的牧师，另一个就是奥巴迪亚。奥巴迪亚是以拉各斯为基地的医师，也是萨缪尔的《约鲁巴历史》（*The History of the Yorubas*，1921）的修订者和出版监管人。

1865 年底，萨缪尔获得学校教师资格，被安排在伊巴丹的圣公会教会工作。1867 年，当正统传教会的约鲁巴人丹尼尔·奥鲁比成为执事时，萨缪尔成为他的助手之一，忙于许多城镇的教会工作。1875 年，萨缪尔被任命为问答法教学者。

萨缪尔是一名虔诚的传教士和一位诲人不倦的教师。通过同教会和学校的联系，他能与年轻人和老年人沟通，也能同基督徒和非基督徒互动。他不但教书，而且讲道并履行问答式教学者的责任，同时还要同当地宗教和伊斯兰教竞争,以赢得新的基督教皈依者。在 1870 年代的日记中,他表现出对约鲁巴历史的浓厚兴趣。

萨缪尔对当地政治也有兴趣。他认识酋长,其中包括 1870 年代和 1880 年代的伊巴丹领导人阿莱(Are)拉多沙。到 1880 年代,萨缪尔成为最有影响的基督教领袖之一,致力于对和平的探索,因为他感到一个约鲁巴集团对另一个约鲁巴集团的攻击是破坏性的。正像他在书中清楚说明的那样,由于服务于英国人和伊巴丹与奥约的酋长们之间的联络,他本人成为一个积极为和平努力的主要人物。1875 年,萨缪尔受任为执事,扩大了他在奥约的影响,也使他的约鲁巴知识更为丰富。萨缪尔和他的同事接受更多的新皈依者,因此必须管理更多的会众和更多的教堂。1887 年,他被任命为奥约的牧师,第二年又成为这个著名城市的全权主祭,一直工作到 1901 年。尽管他同当地宗教信仰者和酋长们打交道时遭遇许多困难,他还是成功地获得新皈依者,确立了同法院的关系,而且同时还在写书。

在奥约,他同宫廷口述史官(Arokin)、他的亲戚、酋长们和其他有见识的人的交往甚密,因此得以搜集内容广泛的口头传统。他也继续担任外交官,把他有关当地政治人物的知识用到极处。1893—1895 年,他调解了英国人同奥约的冲突。

至于私人生活,萨缪尔于 1875 年结婚,1887 年移居奥约,1888 年失去妻子,1895 年再婚。1901 年 4 月 29 日,他因久病不治而去世,享年 55 岁,留下妻子和四个孩子,还有一部未出版的书稿。《拉各斯每周记录》刊登的讣告则抓住了他人生的本质:

他为结束约鲁巴国家十七年战争的和平协商做出的贡献众所周知。他对这个国家和各个部落风俗习惯的了解无人可比。他对约鲁巴国家历史信息的大量收集有书稿为证。他以忠于责任著称,他的心地善良、胸怀坦诚为人所知,他的温文有礼、自我克制、富有爱国情感更是人所共知。[①]

萨缪尔·约翰逊凭借文科教育的功底、渊博的历史知识和亲身经历,着手写作《约鲁巴历史》,历时 20 年,终于在 1897 年完成。书稿几次失而复得,于 1921 年出版。

《约鲁巴历史》是一部历史巨著,多达 684 页,时间跨度"从最早时代到英国保护国"。此书内容宏富,共分为两大部分。第一部分论述"人民、国家和语言"。这部分篇幅不长,总共 142 页,分为 8 章,介绍这个国家及其早期历史、

[①] "Obituary: The Late Samuel Johnson," *Lagos Weekly Record*, 4 May 1901.

这个民族的制度和风俗习惯,尤其是他们的宗教、政治、姓名来历、土地使用制度和各种文化。

第二部分内容广泛,涵盖四个历史阶段(即四个时期),分为35章。第一时期像第一部分的续篇,包括对早期统治者(即约翰逊)所称"约鲁巴民族创造者"——奥杜杜瓦、奥兰廷(别名奥鲁费兰)、桑戈和阿贾卡——的记述。约翰逊在很早时候就把重点放在约鲁巴人的一个分支上,奥约-约鲁巴出现了。这个"民族"的创造者们主要是奥约的国王。第二时期依然如此,这部分历史完全变成直至18世纪结束的奥约帝国的历史。约翰逊利用国王一览表建构了密集的编年史叙事。他对国王们做出评价:有些是英雄,有些是暴君,还有的在混乱时期过后能够恢复秩序。第二时期以18世纪末阿比奥顿在位时期结束,约翰逊将这一时期描写为和平盛世。第三时期是"革命战争与崩溃",它把我们带入19世纪,让我们了解导致奥约帝国衰亡的种种事件。约翰逊的记述变得更有信心、更加细致。他的杰出才能足以让他准确分析奥约灭亡的后果,尤其是随之而来的各种各样的战争。第四时期是关于伊巴丹作为一个帝国的出现、阿提巴对奥约的复兴以及伊巴丹的扩张战争。教会、英国官员和约翰逊都成为这个时期历史的一部分。英国统治开始于约翰逊生命的最后几年,《约鲁巴历史》第二部分在结尾处考察了这几年的英国统治。

《约鲁巴历史》有两个附录:一个包含英国同约鲁巴签订的条约文本,显示出萨缪尔掌握的书写文件的性质;另一个则列出奥约、伊巴丹和阿贝奥库塔的国王,他们均是领袖和重大事件的代表。

在讲述约鲁巴历史时,萨缪尔采用宫廷口述史官的奥约历史框架,对成功者的故事讲得多,对早期历史故事讲得少,对近期历史故事给予更多注意。他是基督徒,主张约鲁巴按照基督教、商业和文明的发展方向发展。他是民族主义者,强调以奥约-伊巴丹为中心的约鲁巴各个分支的团结和统一。他认真记录约鲁巴文化的方方面面,强调持久的约鲁巴价值体系。他认为约鲁巴文化具有崇高地位,足以同英国人的成就相比:

约鲁巴人——上面已经提到——在其品质与特色方面不是不像英国人。看来英国人在白人中是什么,约鲁巴人在黑人中就是什么。热爱独立,对别人有优越感,具有强烈的商业精神和坚持不懈的进取心,从来不允许也不同意失败成为他们解决问题的结果。这就是他们特有的一些品质,无论在什么情况下,约鲁巴人都会表现出来。①

---

① Samuel Johnson, *The History of the Yorubas*, 2010, pp. XXI-XXII.

　　萨缪尔·约翰逊对约鲁巴历史学,甚至尼日利亚历史学做出了卓越贡献。首先,我们应当承认他作为一个研究者所具备的技巧和毅力。他寻找证据力求准确。他的文字天赋非同寻常,他试图把能够搜集到的所有重要传统写进书里。他把所受到的文科教育和他参与其中的政治用到极处。他是"以一种纯粹爱国的动机"写这本书的,也确实达到"我们祖国的历史不能湮没无闻"的目的。该书又用英语写作,直接向世界发声:非洲拥有悠久的历史和丰富的文化。它是一部振聋发聩之作,戳穿了当时西欧流行的社会达尔文主义的谬论邪说。

　　《约鲁巴历史》是尼日利亚历史上最早、最具规模的一部民族通史,也是"一个连接并不很好的赞歌集,(作者)把它构建成一个似乎和谐一致的史诗故事。史诗的基础是由国王名单形成的,转过来又被许多历史学家以这种形式或那种形式沿用,构成奥约历史可以置放其中的编年史框架。"[①]萨缪尔·约翰逊也是一位杰出的讲故事专家。他讲故事的天才在本书第二部分第四时期达到巅峰:优美的行文、慎重的语气、对人物与事件的深刻洞察、生动的描写以及对细节的关注都使这部分成为这部著作最精彩的部分。因此,《约鲁巴历史》是一部文学性很强的历史散文著作。

　　《约鲁巴历史》在文学方面的贡献也很了不起。书中不仅记录了约鲁巴神话传说、谚语、格言、口头诗歌和口头叙事,给后来的文学创作提供素材和养分;而且在人物塑造、对话和情景描写等方面更显示出约翰逊的文学才能,为后来的作家提供了范例。

　　在伊巴丹扩张初期,伊巴丹站在伊杰布人一边对埃格巴人作战。战争开始,伊巴丹军队右翼指挥官拉坎勒(Lakanle)留在家里,直至他的军队溃败、极度渴望救援时,才匆忙赶到营地。他"没有摆出高高在上的架势,也没有说出一个责备的词",反而鼓励士兵:"同胞们和战友们,你们的英勇果敢让我感到惊奇,还有你们的骑士风度,请我来分享战场的光荣。没有你们,我单枪匹马能干什么呢,……让我勇敢的战士尽情地欢呼吧,明天的这个时候我们的努力就变成胜利。"[②]接着战士们"发出响亮的呼声,经久不息,很远很远的地方都听得到"。这番讲话塑造了拉坎勒的指挥官形象:很懂得战士心理,很关心战士及其家属的福利,很有人情味,并不飞扬跋扈,也不透过于人。这样的讲话是别的历史学家不予注意的,可它塑造了与他人不同的人物形象。

　　关于阿贝莫的酋长阿约的故事,后来聚焦于他如何解决城里的内部冲突。书中不止一次介绍他"家里的女人们在染布,马伫立在他身旁,长矛插在紧靠

---

　　①　Michel Doorment, "Samuel Johnson (1846 – 1901): Missionary, Diplomat and Historian," see *Yoruba Historiography*, 1994, p. 76.

　　②　Samuel Johnson, *The History of the Yorubas*, 2010, p. 254.

他的地上"①,反映出他的生活原本是一片和平恬静的景象。后来军营因一个战俘背叛而被攻破时,阿约非但不惊恐,反而沉着冷静。在他遭人暗算不得不离开阿贝莫时,他骑马走了一会儿,便决定等候追杀者。这就是我们看到的:"他走到某个地点便从马上下来,坐在一棵树下,他的马站立在他身旁。为了像个战士独自死去,他把一队追随者打发离开,自己就在这里等候追杀者。"②在这儿我们再次注意到他面对死亡的冷静,还看到他对部下的关爱,不愿意他们为他牺牲,正像后面倒叙部分所说的那样,他"本质上是宽厚的、仁慈的,在这方面跟同时代嗜血成性的军阀不一样"。③ 这些描写塑造了人物性格,也反映出书中人物和作者的道德价值取向。

萨缪尔·约翰逊也使用民歌来辅助历史叙事和评价历史人物。伊贾耶的人民唱出这样一支歌:

> 在奥纳鲁时代我们经常更换衣服
> 在库汝弥时代我们穿精致的衣服
> 在阿代鲁时代最好的衣服盖住屁股。④

在歌词前两行,人民用伊贾耶两个酋长的名字赞颂他们的时代,那时百姓富足,有许多衣服更换,甚至穿着精致的衣服。可是到了阿代鲁时代,百姓贫困,只能用破布盖住屁股,那块破布就是他们最好的衣服! 显然,这首诗是在讽刺阿代鲁,批评他的无能和误国,他没有给人民带来福祉。这儿只用三句民歌就揭露了阿代鲁在位时期的社会问题,显示了作者卓越的表达能力。

总之,萨缪尔·约翰逊是约鲁巴历史上的文化巨人,写出了前所未有的巨著《约鲁巴历史》,"获得'标准文本'的地位。许多约鲁巴人,包括传统历史学家,把约翰逊的这本书看作《圣经》,认为其中的智慧令其他著作相形见绌。即使其他学者能够用其他材料质疑或修正他记载的日期或编年史,这些修正或建议当地读者一般也不予理会。许多读者有一个信条:约翰逊总是正确的。"⑤《约鲁巴历史》1921 年出版,1937 年再版,1956—1966 年四次再版,2010 年剑桥大学又再版。《约鲁巴历史》对约鲁巴历史、文化和文学的发展做出了深远而又持久的贡献。它更是约鲁巴口头文学向书写文学转型的一座不朽的丰碑。约翰逊乃是这一转型的战略家和实施者。

---

① Samuel Johnson, *The History of the Yorubas*, 2010, p. 269.
② Ibid., p. 272.
③ Ibid., p. 273.
④ Ibid., p. 334.
⑤ Toyin Falola, *Yoruba Gurus: Indigenous Production of Knowledge in Africa*, 1999, p. 32.

第二节
现代戏剧、长篇小说及其他作品

众所周知，基督教的传入早于英国殖民征服，但前者只是后者的工具。基督教会特别注意吸收当地的新教徒和创办学校与主日学校补习班，借以控制非洲人的思想，向他们传播西方文化。当地权贵和新教徒为了寻找机会，也乐于学习英语，因此产生了当地的知识阶层。这个知识阶层或称精英分子，也确实得到了好处，从事翻译、秘书和商业中介等当时令人艳羡的工作。但他们毕竟是非洲人，有些人也想保留非洲文化元素，在教会主要的娱乐形式——音乐会和大合唱中添加歌舞和当地乐器，结果受到教会的压制。有些非洲教徒则视西方文化为优等文化，一味模仿英国人，穿他们的衣服，起欧洲人的名字，说他们的话，模仿莎士比亚的语言，甚至搬用他们维多利亚时代的文学程式写英语诗和文章，结果落到东施效颦的地步。

由于掌控教会的英国人坚持"白人优越"和"黑人低劣"的种族主义观点，坚持白人用基督教来"教化"非洲人，非洲教徒在教会中受到排挤和打击。因此，非洲人坚决反对英国人的观点和做法。1901年，尼日利亚出现第一个分离教会——伯特利非洲人教会（the Bethel African Church）。到1917年，这类教会大约有14个之多。其中阿贝奥库塔教会（Abeokuta Mission）积极鼓励喜剧的综合性特点，吸收当地文化元素，赋予正在崛起的尼日利亚戏剧以新的形式和新的目的，不再一味盲从西方文化，从而推进了尼日利亚的文化民族主义运动。早在1894年，埃格比伊费剧团演出 D. A. 奥劳耶德（D. A. Oloyede）创作的《埃勒吉格博大王》（*King Elejigbo*）和《康塔戈拉的王子阿比济》（*Prince Abeje of Kontagora*）。它们是真正的尼日利亚文化范例，让人赞赏并站稳脚跟。后来，该剧团又演出《嫉妒的奥约王后》（*The Jealous Queen of Oyo*，1905）和《珀涅罗珀》（*Penelope*，1908）。这两场演出已经具备现代戏剧的形式和结构——分场分幕，主题取自约鲁巴民俗和口头叙事。1912年，南尼日利亚的世俗娱乐剧发展太快，以致殖民政府发布《喜剧与公共演出条例令》，要求戏剧团要在公开演出前获得许可。[①]

至于小说，还很少见。1895年2月13日，《拉各斯旗帜报》（*The Lagos*

---

① Wole Soyinka，*Theater in African Traditional Cultures: Survival in African*，2009，p. 409.

Standard)发表洛拉(Lola)的长篇小说《西奥多拉》(*Theodora*)的首章,后来该报未再提及这本书及其作者。根据 S. O. 阿塞因(S. O. Asein)的说法,这个残存部分是自传性的旅游记述,反映喧闹的城市生活与偏远乡村沉静生活的对照。① 短篇故事有时出现在报纸上,也引发读者的文学兴趣。此外,阿代奥耶·丹尼戛(Adeoye Deniga)在 1914 年出版《西非人传记》(*West African Biographies*)。阿代奥耶是昂多人(Ondo),当时住在拉各斯;他写作认真,经常访问有关人物的后裔了解相关信息。所以书中的人物对读者很有吸引力。据说1934 年阿代奥耶·丹尼戛又出版一本书,书中人物较前一本多一倍。总之,《西非人传记》是一本承上启下的书,上有奴隶叙事,下有更多的自传和传记,似乎后来的政治家和名人很喜欢有本传记或自传作为自己一生的桂冠。

---

① Samuel Omo Asein, "Literature and Society in Lagos: Late 19th to Early 20th Century," see *Radical Essays on Nigerian Literatures*, edited by G. G. Darah, 2008, pp. 171 - 172.

第四编
殖民统治时期文学
(20 世纪初期—1960 年)

第一章

社会文化背景与文学

1900—1914 年，英国殖民者全神贯注于巩固自己的成果和建立一个新的政治体系，一方面继续征伐北方的索科托帝国，一方面镇压约鲁巴人和伊博人的起义。到第一次世界大战爆发时，英国把先后占领和统治的三个地区合并为一个新的政治实体，称之为"尼日利亚"，置于弗雷德里克·卢加德总督统治之下。与此同时，卢加德构建了一套双重的政治体系——管理整个国家的中央政府和被称为"间接统治"的地方政府模式。

卢加德最初在北方实施间接统治，以管理广大地区和控制伊斯兰教信徒。当地早已建立起一套带有等级制度、文职官员和行政单位的管理结构。在这样一个本土体系下，很容易确定领导人和权力中心。此外，还有一套以税收为基础的公共财政收入体系，以及以"沙里亚法"和"阿尔卡里"法庭为基础的司法体系。卢加德小心地变动土著人的制度。他和其他英国官员控制埃米尔，而埃米尔统治其民众。埃米尔通过英国人控制的"土著管理局"（Native Authority, NA）获得权力。埃米尔既是这个管理单位的政治首领，又是土著法庭的头，还是一位"财政管理者"。对英国人来说，这套体系成本很低，可以确保稳定与和平。

从 1914 年到 1916 年，卢加德把间接统治模式从北方推广到南方，让奥巴（即国王）们享有和埃米尔相似的权力。如果说约鲁巴人的国王和酋长们对自己地位和权力的提高感到满意，那么他们的臣民并非如此。约鲁巴人的国王此前从未行使过与埃米尔同样的权力。在新体制下，他们成为当权者，忽视了在传统的王权体制下的控制和协调。由于征税成为间接统治的一部分，这是当地人不能接受的，于是发生了反税收暴动。受过教育的新贵也被间接统治边缘化了，因此他们也攻击传统统治者的保守及其对英国人的忠诚。

在东部，间接统治遇到的问题更加严重，因为卢加德扶植几位大酋长，可此前他们并不存在。政府想通过向民众征税提高财政收入，而当地从来没有税收的观念。在那些政治分裂、村庄构成最大的政治单位且缺少强有力的统治者的社会里，间接统治成为一种灾难。英国刻意扶植新的强势的酋长，但新授予的权威并不建立在传统的基础之上。那些被称为"委托酋长"（warrant chiefs）的新酋长，在臣民面前更像是陌生人。实际上，其中有些酋长是毫无影响力的小人物，无法获得尊重和信任，且因为倒行逆施和冒犯已有的习俗而臭名昭著。当直接税被引进时，传言说征收对象也包括妇女，从而引发了1929 年的阿巴妇女暴动，这迫使英国在当地的管理中实行民主化，并邀请村社长者参与。

在选任统治者时,英国人制定了许多他们必须执行的法律,并付给他们工资。英国官员的建议无异于命令,地方统治者经常被迫服从,不然就被停发工资、被解职和流放,甚至被投进监狱。许多酋长和下属只对英国人负责,很少为臣民办事。从整个国家来看,间接统治青睐酋长而不是受过教育的新贵。酋长们缺少动力与知识分子结盟以谋求独立。总之,中央和地方两级政府助推了尼日利亚的分裂和种族间的敌视。

殖民统治时期也进行了现代化建设。1907—1911 年拉各斯—卡诺铁路线修建,1911 年又从扎里亚延伸到乔斯。还有多条铁路线同其他非洲国家相连。公路、港口、电信、电报、自来水工程也都兴建起来。1945 年,制造业逐渐兴起。但是殖民经济的基石是农业,主要发展出口作物的生产,农业技术没有发生任何重大变化。

西方的卫生服务得到普及。医院从 1917 年的 17 家增加到 1951 年的 157 家,到 1960 年超过 300 家。殖民政府出于关心其职员的健康等需要,修建了综合医院、诊所、医务室和妇产科医院。另外,政府还制订了接种天花、麻风和麻疹疫苗,提高卫生条件的庞大计划。传教士也在继续努力,解决他们信徒的一些卫生要求。尽管存在机构和人员缺乏、几乎没有培训学校等缺陷,但现代医疗的基础还是成功地得以奠定。

城市化是另一个显著的社会变化。像伊巴丹和拉各斯这样古老的城市得到大规模的扩建。很多城市是新建的,尤其是作为行政中心的埃努古、哈科特港和卡杜纳。像卡凡钱这样的火车站点,因为吸引了成千上万的商人、顾客和定居者而发展成城市。像阿巴这样的中心城镇,能够从过境的铁路和公路中获益。港口城镇(如拉各斯)或矿业地区(如乔斯和埃努古)发展迅速。在东部,1931 年时还没有一个超过 2.6 万人的大城市,到了 1952 年,4 个城市的人口超过了 5 万,1921—1952 年城镇人口的增长幅度接近 70%。

然而最先发生而又持续发展并产生深远影响的变化则是西式教育的引入。基督教会开创了尼日利亚的现代教育。教会学校重点教授书写、阅读和算术,培养了一批为殖民地社会服务的精英人士。在早期,殖民政府对发展西式教育不感兴趣。例如在北方,卢加德认为应该加强伊斯兰教育。截至 1914 年,北方有两万所可兰经学校,估计有 25 万名学生。他甚至阻止在北部的伊斯兰地区创办新的学校。在南方,传教会继续扩建教育设施,建立新的学校。殖民地的教育政策是建立一些小学和中等学校,并为教会学校制定指导方针。大部分公立学校坐落在城市地区和行政中心。学校培育出的文员远多于技术人员。总之,殖民时期的教育体制不是要培养大量的专业人士来管理一个工业化、技术化的社会。各个阶层对教育的需求成为民族主义的诉求之一,人们的不满促使政府在

1934 年创建第一所高等学校——亚巴学校。但它不是一所授予学位的学校，最初十年招收的学生也很少。第二次世界大战结束后，第一所大学于 1948 年在伊巴丹创建，即伊巴丹大学学院。纵观整个殖民时期，有志向的尼日利亚人都尽力到国外接受高等教育。尽管西式教育存在局限性，但它是引发社会变化的一个有力因素，培养出来的精英分子成为现代尼日利亚变革的先驱。

殖民政策在民众中造成不满，特别是在那些最初要求变革、后来要求独立的精英分子中。民众最不满意的是白人种族主义和对传统价值观念的破坏。民族主义以文化形式表现出来，即大力推崇尼日利亚人的食物、姓名、服饰、语言，甚至宗教。

后来出现欧内斯特·伊科利、纳姆迪·阿齐克韦和赫伯特·麦考莱等著名的民族主义活动家，他们或创建政党或创办报纸，甚至出书，宣传和推动民族主义运动。

第二次世界大战对民族主义产生了影响。近十万尼日利亚人被征召入伍。许多人接受了战时关于解放、平等和自由的宣传。他们退伍后许多人加入了政党，主张自由和反对剥削的宣传被用于反对英国。由于和白人交战以及与驻扎在尼日利亚白人士兵的交往，他们对白人的敬重减少了，这也在一定程度上鼓励他们提出进一步的要求。另外，1941 年丘吉尔和罗斯福签发《大西洋宪章》，决定建立联合国并支持民主和民族自决，大大激励了非洲自由斗士。1944 年，由赫伯特·麦考莱任主席、纳姆迪·阿齐克韦任秘书长的"尼日利亚国民协会"宣告成立。1945 年，劳工联合会发动了一场持续 52 天的大罢工，这显然是对殖民政府的挑战。

殖民政府先后进行宪政改革（1922、1947、1953 年），逐步向尼日利亚人民移交权力。但是当时的尼日利亚没有一个政党能够统领全国，因为所有政党都有强烈的地方色彩。1954 年殖民政府再次召开制宪会议，制定了一部给地方更多权力的宪法。1954 年 10 月 1 日，英国被迫同意把"尼日利亚殖民地和保护国"改名为"尼日利亚联邦"，它包括北区、东区、西区、联邦领土拉各斯和西喀麦隆（英国托管地）。迫于形势的压力，北区在 1959 年自治。1959 年尼日利亚全国大选，阿布巴卡尔·塔法瓦·巴勒瓦当选总理，纳姆迪·阿齐克韦任总统，北方人民大会党与尼日利亚和喀麦隆国民大会党结盟。1960 年 10 月 1 日，尼日利亚脱离英国而独立，虽仍留在英联邦的框架内，但英国女王已经不再是尼日利亚的国家元首。

一、豪萨语文学

20 世纪初，诗歌仍然是人们喜闻乐见的文学样式。重要诗作有乌马汝·

萨拉戛(Umaru Salaga)的《基督教来到北尼日利亚》("Wakar Narasa")和扎里
亚酋长阿里尤·丹·西地(Aliyu Dan Sidi)的反英诗篇。阿里尤·丹·西地
"确立了阿贾米作为一种主要的文学表现形式",取代了"一直主宰 19 世纪的
阿拉伯语写作"。他的同代人谢胡·纳·萨尔夏(Shehu Na Salga)创作了许多
具有强烈民族主义风味的史诗,其中包括给卡诺王朝第一位豪萨统治者的史
诗《巴高达之歌》(*Wakar Bagauda*)。1911 年,殖民当局引进拉丁字母拼写
法,即博科文字(Boko)。从此,豪萨语出现阿贾米文字和博科文字并存选用的
现象。1908 年,L. A. 查尔顿(L. A. Charlton)出版了《豪萨语读物》(*Hausa
Reading Book*),后来弗兰克·埃德加(Frank Edgar)编辑出版了《口头故事与
传统》三卷本(*Tatsuniyoyi na Hausa*, vols. Ⅰ, Ⅱ, 1911; vol. Ⅲ, 1913)。不
难看出,豪萨语文学已经引起外国人的兴趣。

　　1930 年,北方翻译局(后来改名为北方文学局)在扎里亚建立,1933—
1934 年组织了一次豪萨语创作比赛。五部长篇小说获奖,其中包括后来成为
尼日利亚第一任总理的阿布巴卡尔·塔法瓦·巴勒瓦(Abubakar Tafawa
Balewa, 1912—1966)的《教长乌马尔》(*Shaihu Umar*),于 1934 年出版。
1937 年,阿布巴卡尔·伊芒(Abubakar Imam, 1911—1981)发表他的重要著
作《语言即财富》(*Magana Jarice*)。1938—1939 年,阿米努·卡诺(Aminu
Kano, 1920—1983)率先写出几个剧本。

　　此前创刊的《豪萨学刊》(*Hausa Journal*)在 1939 年改为《真理报》
(*Gaskiya ta fi Kwabo*),由阿布巴卡尔·伊芒主编。它是周报,后成为提高豪
萨人思想和文化水平的卓有影响的工具。1954—1959 年,北方开展成人教育
运动,北方地区文学局支持有关当地历史和传记的出版。1955 年创立的豪萨
语言局(The Hausa Language Board),对这项文化工程做出了贡献。在诗歌
方面,穆阿祖·哈代贾(Mu'azu Hadejia, 1920—1955)、沙阿杜·曾格尔
(Sa'adu Zungur, 1915—1958)、纳伊比·苏莱马努·瓦里(Naibi Sulaimanu
Wali, 1929—　)等天才作家熟练地运用诗歌形式发出激进的声音。

　　在这一时期,长篇小说和舞台剧得到新的发展,甚至出现游记和历史
散文。

二、约鲁巴语文学

　　1909—1915 年,正统传教会为满足对阅读材料的需求出版了一本诗歌散
文集,该文集显然受到教会意识形态的影响。与教会没有直接联系的诗人有
乔塞亚·索博瓦勒·索旺德(Josiah Sobowale Sowande, 1858—1936)、阿贾
依·科拉沃勒·阿基塞夫(Ajayi Kolawole Ajisafe, 1875—1940)和丹雷勒·

阿代廷坎·奥巴萨(Denrele Adetimkan Obasa,1878—1945)。1920年代末和1930年代,曾有两部长篇小说发表。第二次世界大战期间和战后,阿代博耶·巴巴娄拉(Adeboye Babalola,1926—2008)和约瑟夫·福拉汉·奥顿乔(Joseph Folahan Odunjo,1904—1980)酋长是剧作家,也是诗人。这个时期最负盛名的长篇小说家是D. O. 法贡瓦(D. O. Fagunwa,1903或1910—1963),他被誉为"讲故事大师",对许多约鲁巴族作家产生了深刻影响。尼日利亚对非洲文学的又一创造性贡献,就是以休伯特·奥贡德(Hurbert Ogunde,1916—1990)为代表的戏剧家创造的"约鲁巴歌剧"这种戏剧文学样式。

三、伊博语文学

尽管传教会在伊博语地区做过大量工作,但用伊博语正字法书写的读物直到1927年才出现。1933年,皮塔·恩瓦纳(Pita Nwana,1881—1968)在伦敦出版《欧弥努科》(Omenuko),该书在国际非洲语言文化研究所组织的用非洲当地语言创作的全非文学竞赛中获奖。它反映个人特权与群体团结之间的紧张态势。殖民统治撕裂当地文化已经成为伊博知识分子钦努阿·阿契贝(Chinua Achebe,1930—2013)、约翰·芒昂耶(John Munonye,1929—1999)和恩凯姆·恩旺克沃(Nkem Nwankwo,1936—2001)创作的英语小说的持久主题。

四、英语文学

由于殖民政府和教会兴办学校,民众的英语读写能力大大提高。在拉各斯和南方接连出现办印刷厂和办报纸的热潮。在第二次世界大战之前,还出现两种重要刊物——《尼日利亚杂志》(Nigeria Magazine,1934)和《西非舵手》(West African Pilot,1937),它们也为英语文学提供了发表机会。伊萨克·托马斯(Issac Thomas)的长篇小说《塞吉洛拉》(Segilola)在1920年代末的报纸上连载,穆罕默德·杜斯(Mohammed Duse)的《法老们的女儿》(A Daughter of the Pharaohs)1930年代初发表在报纸上。纳姆迪·阿齐克韦和丹尼斯·奥萨德贝(Dennis Osadebay,1911—1995)也在报刊上发表诗作。在东部出现被称为"奥尼查市场文学"(the Onitsha Market Literature)的大众文学。第二次世界大战期间及战后,首先引人注目的是小说家西普利安·艾克文西(Cyprian Ekwensi,1921—2007)和阿莫斯·图图奥拉(Amos Tutuola,1920—1997)、剧作家詹姆斯·埃尼·亨肖(James Ene Henshaw,1924—2007)、诗人兼剧作家加布里尔·奥卡拉(Gabriel Okara,1921—2019)等。

1948 年伊巴丹大学学院建立,结果引发文学风格从奇想转向现实主义。1957 年校内出现《黑色的竖琴》(*Black Orpheus*)和《号角》(*The Horn*)两种刊物和姆巴里俱乐部(Mubari Club),为文学的发展起到助推作用。从该校英语系走出来钦努阿·阿契贝、沃莱·索因卡(Wole Soyinka,1934—　)、克里斯托弗·奥吉格博(Christopher Okigbo,1932—1967)和 J. P. 克拉克(J. P. Clark,1935—2020)等文学大家。他们创作和发表的长篇小说、剧作和诗歌作品质量高,影响大。

第二章

豪萨语文学

19世纪末期,豪萨语已出现用拉丁字母拼写的文字(即博科文字)以及使用这种文字书写的文本,但都是欧洲教会人士和热衷豪萨语言和文字的学者在使用,豪萨普通民众全然不知。

1903年英国人攻克卡诺和索科托以后,整个豪萨地区变成了英国的殖民地。英国统治者督办学校,推广博科文字。因此,豪萨地区出现了采用博科文字的欧洲模式学校和采用阿贾米文字的伊斯兰学校并存的局面。

在豪萨语言文字拉丁化的早期阶段出现的作品主要是欧洲教会人士的福音书文学,如 J. F. 肖恩1860年完成的《马太福音》译本。随后是口头文学的记录集。在1911—1913年间,时任索科托英国殖民地官员的弗兰克·埃德加出版三卷本巨著《豪萨故事与传统》(*Lita fi na Tatsuniyoyi na Hausa*)。这些作品原来是玛拉目们,即受过阿贾米传统训练的教师们,从索科托搜集的阿贾米音译口头民间故事。尼尔·斯金纳又重新建构了这些民间故事,把它们分类为 Tatsuniyoyi(民间故事,即骗子故事、讽刺故事和起源故事)和 Labaru(传统,即与吉哈德领袖们、传奇圣徒们和领导人有关的短小的口头琐事、战争故事和有关过去奇异事件的其他故事)。Tatsuniyoyi 和 Labaru 都是具有道德力量的教诲性文学样式。

1930年,北方翻译局(后改为北方文学局)在扎里亚建立,1933—1934年举行文学竞赛。获奖者都是 R. M. 伊斯特(R. M. East)任教的教师训练学院的学生。他们的作品是用博科文字创作的新文学形式——长篇小说和戏剧作品,从而构成博科文字书写的现代豪萨语文学。然而这种文学既不是欧洲文学形式的复制品,也不是传统的豪萨伊斯兰文学的拉丁化版本。这种新文学的特点,事实上是影响其兴起的不同文学传统的聚合。

第一节
二战前与二战期间豪萨语文学

一、诗　　歌

豪萨地区出现用阿贾米文字和博科文字书写的现代豪萨语文学：大多数传统的诗歌文学使用阿贾米文字，大多数现代散文用博科文字。这是一种新的过渡，出现在两次世界大战之间，繁荣在第二次世界大战之后。有一种新的豪萨诗歌流派，它既使用阿贾米文字又使用博科文字，或者采用两种文字中的一种，但总是跟豪萨古典诗歌的形式（有时甚至是题材）紧紧地联系在一起，然而在引用豪萨话题、形式和内容的同时又企图使豪萨语诗歌现代化。

宗教诗歌传统还是在宗教教师和穆斯林教士的诗歌作品中生存下来。像过去那样，这些诗歌用于宗教教导，用阿贾米文字书写的诗歌以手稿形式流传。像过去那样，这样的诗歌，或在清真寺前朗诵，或由流动乞丐表演。现代这类诗歌最优秀的代表人物是阿里尤·纳·曼济（Aliyu Na Mangi，1895—?）和加巴·阿塔（Garba Atta）。后者是《唯一的真主和一个祈祷者之歌》（"Wakar Tauhidi da Salla"）的作者。在第二次世界大战之后出现了世俗诗歌，发展迅速，比得上宗教诗歌。但是，即使在专注于典型的世俗事情的时候，世俗诗歌仍然保留了伊斯兰教的某些色彩——赞颂安拉或先知穆罕默德。世俗诗歌常常吸收古典诗歌的形式甚至主题，可是在把新内容引进新形式的同时，又受到口头诗歌的影响。

早先的诗歌是由穆斯林学者写的，第二次世界大战后，诗人却来自不同的社会群体和职业群体，包括州官员、传统权力代表、政治家、教师和社会领袖。这些诗人论及社会问题和政治理念，宣读道德复兴的口号，抗议人类的丑恶和社会弊病，反对新形式的卖淫、酗酒、不诚实和对传统权威的不尊重。他们讨论当前政治问题，尤其在《真理》（Gaskiya，1939 年创刊，周刊，后来每周出版三次）上讨论。

1. 阿里尤·纳·曼济

阿里尤·纳·曼济（Aliyu Na Mangi, 1895—?）是来自扎里亚的天才诗人，从小失明，但是受过良好而全面的伊斯兰教育。开始他用口头诗歌形式创作诗歌，成年后他创作诗歌和朗诵诗歌。他创作了数以千行的诗歌，最有名的作品是《救世歌》(*Wakokin Imfiraji*)，其中包括赞颂穆罕默德先知的 12 首长诗，可这些诗经常超越了宗教诗狭隘的框架。诗人为年轻人的态度担忧：他们轻浮、放荡，放任坏习惯。诗人也关注年轻人对宗教的肤浅接触、对权威的漠视和在人际关系中使用暴力等问题。他蔑视追求金钱的人，尤其是那些贪婪的玛拉目。他号召孩子们尊敬父母、成人们互相帮助。他写过符合阿拉伯玛达赫诗体要求的带有阿拉伯语标题"Nuniyatul Amdahi"的诗，还写过诸如《邋遢女人》("The Slattern")和《自行车之歌》("Wakar Keke")这类语调轻松、幽默风趣的讽刺诗。后者是一辆自行车同骑自行车的人之间的诗体对话，展现了这样的图景：一个玛拉目穿着长袍，骑上借来的一辆自行车，向清真寺冲去，不一会儿栽个跟头；这个场景正好被妻子们看见，引起她们一阵傻笑。阿里尤·纳·曼济是第一位用阿贾米文字出版印刷作品的诗人，他的《救世歌》在 1972 年第三次出版。

2. 沙阿杜·曾格尔

沙阿杜·曾格尔(Sa'adu Zungur, 1915—1958)是一位主要的豪萨语现代诗人。他出生在一个宗教气氛浓厚的伊斯兰家庭，其父是宗教神学教师。沙阿杜也是在拉各斯的亚巴学院就读的第一个北方人，非常趋时。他曾把《可兰经》翻译成豪萨语文本。他积极参与社会政治和教育活动，观点往往超前。最有名的诗作是《欢迎，士兵们》("Wakar Maraba da Soja")。这是一首典型的赞颂诗，歌颂第二次世界大战后尼日利亚士兵的胜利归来："我们所有的兄弟都愿意唱/向我们的骑士、向我们的士兵、向我们的勇士表示感谢和赞扬。"它还讲述"解放军队在肯尼亚/面对大江大河/人迹罕至的大山。/没有一天/缺乏自信、懒散和犹豫不前"，即使"炮火密集，战士面对死亡/毫不畏惧，毫不迟疑"。多么好的士兵！多么让人尊敬！在埃塞俄比亚，他们打败了骄傲的意大利士兵："埃塞俄比亚统治者/海尔·塞拉西显露他的高贵品性，/说'尼日利亚人/比其他所有的士兵优秀，/我挑选他们做宫廷士兵'。"随后，诗人又歌颂尼日利亚士兵在缅甸、在印度同日本士兵奋勇作战、不怕牺牲，最后赢得第二次世界大战的胜利。当然此诗也提到盟军以其人之道还治其人之身，美国对广岛和长崎投放两枚原子弹，对此沙阿杜感到惊讶。这首诗以其要旨"自由"结束。在诗中沙阿杜还历数某些社会的弊病，指出若想要自由持久就必须消灭这些弊病。他说："贫穷存在的地方，自由没用，/嫉妒的人存在，信赖没用，/诚实不存在，领导没用，……/人们受到蔑视，绝对没有自由/人们饿着肚子，绝对没有自由。/直到这一切了结，/自由绝对不会持久。"在这里，诗人间接提到他当时所在社会存在的弊病。诗人提醒尼日利亚人：他们的士兵牺牲生命拯救被德国和日本攻击的国家，是为了确保自由、正义和繁荣持久；现在是尼日利亚人摆脱各种社会弊病的时候了，因为它们妨碍进步和自由。诗人强调：贫穷和饥饿存在的时候，自由是毫无意义的。

这首诗的形式是传统的，但题材远非如此。全诗分为数个诗节，每个诗节由五个诗行组成，只是最后几个诗节表达了诗人对自由的看法，偏离了这个模式。诗节内的诗行押脚韵，各个诗节的脚韵并不相同，从而加强了诗歌的音乐性和美感。

在走向独立的年代，尼日利亚人产生了分歧：南方主张立即独立，北方主张渐进，甚至南北分治。沙阿杜·曾格尔适时写出《北方——共和制还是君主制？》（"Arewa, Jumhuriya ko Mulukiya?", c. 1950），表达了他个人的、也是部分北方人的主张。诗歌开门见山："如果你要讲话，就讲真话！/无论后果怎样，就要面对它！/《真理报》的编辑，质量/胜过千金，不是这样吗？"诗人又说："至于尼日利亚宪法/观点分歧很大。/南方的意图，如果他们获胜/就是全国共和制。/可是我们打算维持分治，/以便我们选择君主制的道路。"沙阿杜承认地区自治是北方的唯一希望，因为他看到了南方和北方发展不均衡，尤其是在教育方面。

沙阿杜反对共和制，原因不是政治哲学的条件而是现实的条件。共和制下的自由竞争将意味着南方人统治尼日利亚。沙阿杜暗示，这就意味着对北方的剥削和压制："毫无疑问，南方人将坐上/尼日利亚统治的鞍座，/即使我们祈求和平与慈悲，/他们将在我们头上奋蹄掠过。"为了避免这种北方人不乐意见到的前景，沙阿杜历数了北方社会存在的种种弊端，诸如不诚实、不公正、滥用权力、腐败成风、裙带关系、愚昧无知等等，并要求将其消灭殆尽。沙阿杜强调历史、强调先人留下的遗产——"真理、学问、智慧、宗教以及用来管理世俗事务的所有技巧"。他强调福迪奥开创的革命传统，要求统治者们自我改革。他号召群众也要这样做，如果他们想要赶上南方、赶上世界的话。沙阿杜还回忆了印度、巴基斯坦、缅甸和印度尼西亚的贵族统治垮台的例子，以此教训北方的统治者们。诗歌的这个部分无异于向北方贵族发出哀的美敦书："改革，不然你们就被消灭！"后来，他也认识到，在现存状况下，君主制的理想是不可能实现的，《自由之歌》（"Wakar 'Yanci"）则表达了他的这种思想。

因此，《北方——共和制还是君主制？》也是沙阿杜·曾格尔的一首诗歌名作，展现了作者对他所在社会的深刻了解和精辟分析，也表现了他直面现实的勇气。而且他巧妙地使用豪萨语言，多次使用比喻和谚语，甚至采用当时北方著名歌手查吉（Chaji）的歌调，使这首诗广受欢迎。

他的早年诗作中有两首诗值得特别注意：《异端邪说》（"Wakar Bidi'a"）和《关于传播流言蜚语者之歌》（"Wakar'yan Baka"）。前者谴责了违背伊斯兰教的行为做法，但与从前的宗教诗决裂，避免使用阿拉伯文字。后者提醒人们不要在第二次世界大战中听信谣言和传播谣言。诗歌的语言是公开的演讲式语言,切合北尼日利亚公众的欣赏习惯。

总而言之,沙阿杜·曾格尔的诗歌内容广泛:既有宗教的,又有世俗的;既有当地的,又有世界的。诗歌形式多样:既有传统的,又有创新的。语言生动活泼,贴近大众,甚至不识字的人听到后也能理解。他的诗歌在唤醒北方人追赶南方人、追赶世界方面发挥了积极作用,对北方的政治进步和教育发展做出了很大贡献。

3. 穆阿祖·哈代贾

穆阿祖·哈代贾(Mu'azu Hadejia,1920—1955)是少数既受过传统的伊斯兰教育又受过西方教育的知识分子之一,在卡诺地区执教多年。无疑,教育活动对他的诗歌技巧有深刻影响。《现代教育》("Ilmin zamani")和《让我们同无知作斗争》("Mu Yaki Jahilci")等诗篇表现出明显的教育特点。他在后一首诗中说,所有的罪恶来自无知,体现在当代年轻人身上。他主张人要活到老学到老,在《让我们寻求知识》("Mu nemi ilmi")这首诗中他好像说过这样的话:"如果胡须阻挡不了跳舞,它也阻挡不了寻求知识。"他还写过一首反映大众聪明才智的诗《真理毫发未动》("Gaskiya be ta sake Gashi")。他不像沙阿杜·曾格尔那样关心政治,但是他也写过《教长的旗帜及其他》("Tutocin Shaihu da waninsu")这样的诗,表达尼日利亚获得独立前的北方观点,肯定宗教领袖在豪萨生活中所起的作用,把他们看成尼日利亚进步与光荣的代言人。他的思想显然是保守的。他排斥异常,强调一致。社会的变化让穆阿祖·哈代贾震惊,与西方影响相连的社会弊端——酗酒、卖淫让他痛恨。他认为卖淫制度破坏婚姻家庭,酗酒败坏社会风气。题名《妓女》("Karuwa")和《酒之歌》("Wakar Giya")的两首诗更表现他的看法,后者以"酒"字押韵到底,强调诗的主旨。

4. 穆迪·希皮金

穆迪·希皮金(Mudi Sipikin,1930—2013)是卡诺地区的一名商贾,也是一名多产的诗人,诗作达 300 多首,题材涉及宗教、政治、科学、经济学和社会生活。他常常以清晰甜美的声音朗诵或吟唱自己的诗作。1971 年,他出版诗集《旧歌与新歌》(*Tsofaffin wakoki da sababin wakoki*),语言直率,清晰。

希皮金比较有名的诗篇有:《赞颂古代人们的技能》("Yabon fasahar mutanen"),颂扬豪萨人祖先;《古代人的品格与正直》("Halayen mutanen da da kirkinsu"),强调正直的美德、尊重社会秩序和接受社会等级;《线桥》("Gadar zare"),强烈批评迷信,揭露和嘲笑庸医、算命先生、巫师和信仰博里

(Bori)万神殿的人;《北方应该共和制》("Arewa Jumhuriya Kawai"),表达他对政治的关注;《忠告政治家们》("Nasiha ga 'yan siyasa")和《团结就是力量》("Hada kai shi ne karfi"),表现了穆迪·希皮金的爱国热忱。他的另一个诗篇《兄弟情谊》("Zumunta"),被尼尔·斯金纳译成英语"The Tree of Brotherly Love"并收入《英译豪萨文学文集》。① 斯金纳称,在现代,这首诗有一种哥尔斯密(Oliver Goldsmith,1730—1774)的《荒凉村庄》(*The Deserted Village*,1770)的调子,适度怀旧。

穆迪·希皮金曾经思想激进,参加过偏左的党派。1950 年殖民地官员在豪萨报纸《彗星日报》(*The Daily Comet*)上看到他写的《俄罗斯赞歌》("Song in Praise of Russia")是反对殖民主义的,感到惊讶。据扎马说,后来希皮金放弃原来的激进思想,加入北尼日利亚的执政党,喜欢用阿贾米文字和博科文字(尤其是后者)写他的宗教诗。②

5. 其他诗人

纳伊比·苏莱马努·瓦里(Naibi Sulaimanu Wali,1929—　)是豪萨老诗人瓦里·苏莱马努的儿子,受过世俗教育和可兰经教育。他参与政治,在卡诺州教育部工作。1959 年北尼日利亚获得自治时,他创作诗歌《欢迎自由》("Maraba da 'yanci"),赞扬北尼日利亚人的文化遗产,并且号召他们团结起来完成建设一个独立国家的任务。另一首诗《雨季之歌》("Wakar Damina")备受关注。这是一首非同寻常的抒情诗,描写萨赫勒布经历炎热干季后,雨季的到来给人民带来欢乐和福祉,表达人们的愉快与感激之情。它不同于大多数豪萨诗歌,因为大多数豪萨诗都有社会目的或教诲意义。这首诗在 1953—1954 年艺术节上获奖。

无独有偶,伊萨·哈辛姆(Isa Hasim,1933—2020)在 1955 年或 1956 年写出一首讽喻诗《刺猬之歌》("Wakar Bushiya")。全诗由 29 个联句构成:1—6,祈祷真主帮助;7—9,诗人和他的敌人;10—17,痛骂;18—27,预报必死性和审判;28—29,呼吁真主的帮助和听众的同情关注。这首诗表现了作者受到挫折时的痛苦和愤懑。虽然作者没有指名道姓,但朋友圈的人都知道说的是谁。哈辛姆将宗教的引证同辛辣的讽刺、将真主的宽宏大量同那个人的卑劣相对比。他稍加变通地采用阿拉伯诗歌的韵律,用朴实而又生动活泼的豪萨语表达方式,因此诗歌感人至深。为了支持政府的扫除文盲运动,他曾创作《让我们同无知作斗争》("Mu Yaki Jahilci")和《时代在变化》("Jujin Zamini")。

---

① See Neil Skinner, *An Anthology of Hausa Literature in Translation*, 1977, pp. 163 - 174.

② Valadimir Klima, Karel F. Ruzicka and Petr Zima, *Black Africa: Literature and Language*, 1976, p. 74.

诗人戛巴·格旺杜(Garba Gwandu，1932—　)也号召读者注意知识带来的好处，写下《关于学校的歌》("Wakar Makaranta")和《关于无知之歌》("Wakokin Jahilei")。在《乞讨》("Rarraka")中他表达自己的看法：乞讨的瘟灾并不是客观的必要，而是缺乏尊严感造成的。

在殖民统治时期，诗人的作品一般在报纸、刊物或电台上发表，不再像此前的诗人只能以手稿形式流通或由流动乞丐口头传颂了。有些诗人甚至获得出版个人诗集的机会。1950年代，北方地区文学社出版一套诗集：《沙阿杜·曾格尔诗集》(*Wakokin Sa'adu Zungur*)、《穆阿祖·哈代贾诗集》(*Wakokin Mu'azu Hadejia*)、《穆迪·希皮金诗集》(*Wakokin Mudi Sipikin*)、阿里尤·纳·曼济的《救世歌》(*Wakokin Imfiraji*)以及豪萨诗歌的样品选集《豪萨诗歌》(*Wakokin Hausa*)。

这些诗集中的诗和其他单篇诗歌清楚地展现了豪萨诗歌主题发展的继承与变化，因为它们不仅包括告诫诗、颂扬诗、宗教教导诗，而且还有讨论豪萨地区现实问题的诗，如：关于第一次世界大战(如"Wakar ′Yaba Baka")、现代教育(如"Ilmin Zamani")、去英国旅游(如"Wakar Zuwa Ingila")、政治意识形态问题(如"Arewa, Jumhuriya ko Mulukiya?"，即《北方——共和制还是君主制?》)。还有一些诗歌则谴责了诸如贪污腐败、卖淫、不公正、铺张浪费、卑劣、虚伪、懒惰和无知等社会弊病。还有些诗抒写个人情感受挫，如伊萨·哈辛姆的《刺猬之歌》。纳伊比·瓦里的诗《雨季之歌》描写大自然，主题是生活的快乐和雨季的富饶与青翠。二者显然不同于阿拉伯诗歌的教诲传统，也有别于具有集体灵感的非洲传统诗歌。

二、小　说

在豪萨地区，除了原有的伊斯兰学校之外，英国殖民当局在1909—1928年间又建立了许多初级学校和省级学校，推广豪萨语拉丁字母拼写文字，即博科文字，传授文化和科学知识，甚至建立卡齐纳教师训练学院以培养当地知识分子。1930年，殖民当局在扎里亚设立翻译局，以便把殖民当局的法律、规定翻译成豪萨语。翻译局还负责职员的资格考试，生产学校使用的教科书和阅读材料，鼓励当地作家用当地语言写作。在翻译局存在期间，在与豪萨学者合作之下，一些具有欧亚文化色彩的文学作品被译为豪萨语，如阿拉伯文学作品《一千零一夜》和《过去与现在》，还有译自英语的作品《议员们》(*The Assemblies*)和利奥·阿非利卡纳斯(Leo Africunus)的一部分故事。此举旨在鼓励潜在的豪萨作家创作世俗方向的现代散文和虚构作品。

1933—1934年，在汉斯·维谢尔(Hans Visher)倡议下，翻译局在豪萨地区举行豪萨作家创作比赛,结果有五部长篇小说脱颖而出,获得大奖。它们是:《甘多吉》《教长乌马尔》《身体会如实告诉你》《问询者的眼睛》和《活命的水》。

《甘多吉》(Gandoki)出自玛拉目穆罕默德·贝洛·卡夏拉(Muhammadu Bello Kagara,1890—1971)之手,是五部长篇小说中获得头奖者。该书1934年由翻译局出版,属于惊险小说。主人公是勇士甘多吉,时代背景是北尼日利亚殖民征服时期。全书有三分之一的篇幅用于讲述英国确立其殖民统治的一系列真实的历史事件。它描写了作者童年时代已熟知的英国人围攻康塔戈拉城的情景,虽无文学价值可言,但有历史文献价值。比如,读者从中可看到康塔戈拉城统治者纳格瓦马采的形象,后者被欧洲人看作暴君和猎奴者。主人公甘多吉受到富拉尼人圣战的刺激,站在纳格瓦马采的一边同欧洲人战斗,可最后向武器精良的欧洲人投降。在得知索科托陷落、领袖被迫去麦加朝觐的消息之后,甘多吉和儿子随他而去。在同欧洲人进行多次战斗之后,甘多吉和儿子"在树下酣睡,精灵们把我们升到空中,又放到地上",落在印度的沙拉亚纳国,进入一个个想象的世界:同不了解的人作战,强迫他们皈依伊斯兰教;有时同鬼怪作战,有时又得到鬼怪的帮助。最后甘多吉回到自己的国家,决心赶走异教徒——那些欧洲人,结果却惊奇地发现,他原先勇敢的朋友们已放下手中的剑并拿起锄头——人民满足于欧洲人引进的秩序。找不到同基督徒作战的理由,甘多吉就定居在卡齐纳,一边思考一边研究度过余生。整个故事既有现实的题材,又有幻想成分。时有赞颂诗穿插在叙事当中,风格华丽,显然受到口头文学的影响。故事结局是主人公顺应时局,与殖民社会和平相处,而不是像钦努阿·阿契贝《崩溃》一书中的主人公奥康克沃那样,为了自己的理念和尊严而自杀。作者难免有讨好殖民当局之嫌。

《教长乌马尔》(Shaihu Umar,1967年再版)是现代小说名作之一,其作者署名为阿布巴卡尔·包奇(Abubakar Bauchi),其实就是尼日利亚已故总理阿布巴卡尔·塔法瓦·巴勒瓦(Abubakar Tafawa Balewa,1912—1966)。该书属于历史小说,故事发生在19世纪末期豪萨地区的酋长国。由这部小说改编的英语舞台剧剧本于1975年出版,豪萨语舞台剧剧本于1974年发表,后来又改编为电影。

乌马尔幼年丧父,母亲在亲戚劝说下改嫁宫廷内臣马卡乌。马卡乌不久遭遇不幸。有一次,酋长命令其亲信袭击邻近某区的多神教徒,目的是掳取奴隶,然后把奴隶送到卡诺拍卖,换钱购置衣物和骑马用具。还有一部分奴隶准备在比杜拍卖,换钱买一批火枪。袭击大获成功,俘虏许多男人、女人和小孩。马卡乌掠得两名奴隶,但宫中有人嫉妒,告他私藏了两名奴隶并在回城的路上卖掉。酋长大怒,命令没收马卡乌的全部财产,将其家中洗劫一空。马卡乌本人被赶出领地。在他未在其他城市找到安身之处前,其家小可暂居原地。当时小说的主人公乌马尔只有两三岁。

马卡乌在马卡尔费城定居之后,派人去接家小。乌马尔的母亲在去之前想去福其卡城看望父母。她把儿子留给邻居照顾,不久他被一个到处贩卖小孩的窃贼拐走。他们夜宿在山洞中,洞中来了一条鬣狗,把贼咬死。乌马尔被一些陌生人发现和收养。他说:"我对这一切都无所谓,根本不懂是怎么回事,只在沙滩上和孩子们一起玩。"

不久,武装的骑士——卡诺酋长的仆人——来袭击山庄,劫走几个成人和小孩,乌马尔及其养父母亦在其中。在卡诺,乌马尔落到萨基(即大王)的一名仆从家中,仆从又把乌马尔卖给埃及来的阿拉伯商人阿布杜卡利姆。阿布卡利姆无子,待乌马尔如亲生子,这也冲淡了乌马尔离开自己国家和无望见到亲人的痛苦。

经过在沙漠中 70 天的旅行之后,骆驼商队回到埃及,到了阿布杜卡利姆居住的巴尔-库发城。阿布杜卡利姆夫妇收乌马尔为养子,让他随本地学生接受伊斯兰教育。乌马尔很有学习阿拉伯语言的能力,很快就能背诵《可兰经》并顺利通过考试,为此养父母举行盛宴庆祝。几年之内乌马尔成为闻名埃及等地的学者,"四面八方都有人到我这里来,为其主竟然造就了一个如此聪明的黑人而惊讶"。乌马尔在巴尔-库发城中升迁极快,在他的老师死后接替职位,成为本地的首席学者。

乌马尔之母此时偶然得知他的下落,不顾丈夫的劝阻,决定出来找他。她来到卡诺城,得知乌马尔已去埃及,就加入商人阿多的骆驼队。阿多说他们要去埃及,其实是看中了她,想占为己有。她在中途无意中察觉阿多的骗局,发现商队其实是前往利比亚穆尔祖克。她佯装不知实情,但一到穆尔祖克之后立即去法院告状。在审理过程中,阿多与贪财的法官达成交易,法官暗中把乌马尔之母从阿多手中买来,答应让她随最近出发的骆驼队去埃及,后又把她卖给利比亚商人阿赫马德,他的商队要去的黎波里,而乌马尔之母又以为是去埃及与儿子会面。到的黎波里后一切重演:她从家中溜走,又去法院告状,但法院判定在穆尔祖克所做的交易合法,乌马尔之母仍为阿赫马德的奴隶。阿赫马德对她进行报复,痛加殴打,令她挨饿,如此折磨她整整一年,几乎致死。阿赫马德害怕女仆死掉使自己赔本,才不再折磨她。

此时苏丹已为马赫迪起义军占领,埃及至豪萨地区的方便通道已失去。阿布杜卡利姆的兴旺家道主要靠与豪萨的贸易才得以维持,因此不得不去开辟新线路。他与养子乌马尔沿尼罗河而上,至亚历山大港,并经此去的黎波里,打听有谁知道去豪萨地区的路线。人家告诉他们去阿赫马德家,乌马尔终与母亲相见。阿布杜卡利姆将乌马尔之母赎出,但她因受虐待和饥饿之苦,不久死去。

乌马尔行至拉乌塔城，得知马卡乌已死。至此，他亲人中无一人幸存，于是他定居拉乌塔城，以讲授《可兰经》为生。小说以传统的祈祷结束，作者祈求真主宽恕他的罪过，为他驱除敌人。

整个故事叙述平稳、严肃，没有夸张和过分激动之处，也毫无通常的幻想成分，如巫术、精灵、水怪之类。但是它反映了19世纪末期豪萨地区的社会不安定和跨撒哈拉奴隶买卖的状况。《教长乌马尔》是一部真正意义上的现实主义作品。它也是一部具有深刻教诲意义的作品，主人公的人格作为、思想方法就是穆斯林学习的榜样。诚如作者在该书中所指出的那样："真主赐予了这位教士理解事物的智慧。他知道星宿书籍及《可兰经》。有坚定的信仰……凡跟乌马尔学习过的人从未见过他生气。没人听说过他因疲倦或者身体不适而不上课。即使生病，只要不是卧床不起，他都出来接待学生。他修养之高，世上少有人能与他相比。无论发生什么事，他都说'不要紧，真主保佑'。他从不发怒，他的面容永远明朗、安详，他从不与人争论。他以自己的德行赢得了全国人的尊敬。"一言以蔽之，他是一个有坚定信仰、博学多识、敬业爱生、待人宽容、遇事淡定的学者，本身就具有榜样意义。再说，乌马尔的母亲是一位伟大的母亲，爱子如命。她两次丧夫，两次上当受骗，被变卖为奴，仍然历经千辛万苦，跨过撒哈拉沙漠去寻找乌马尔，表现出伟大的母爱精神，不失为天下母亲学习的榜样，具有深刻的教诲意义。

《身体会如实告诉你》(*Jiki Magaji*)，也有人译为《你要为你的不义付出代价》，作者是英国人R. M. 伊斯特(R. M. East)和豪萨学者J. 塔费达·伍沙沙(J. Tafida Wusasa)。它既是一个悲惨的爱情故事，也是一个渴望复仇的故事。

一个来自盖尔马城的有钱教士没有孩子。他用魔法手段得到青年阿布巴卡尔的漂亮未婚妻札纳布的爱情。阿布巴卡尔绝望了，发誓报仇。尔后就是描写他如何报仇及其后果。本来乐观而又脾气好的小伙子变成粗鲁蛮干的暴徒。他到外面的世界去寻找用来复仇的毒药。小说一下子进入荒诞的世界。阿布巴卡尔一步一步地走进达旺-汝库吉魔树林深处。

他从达旺-汝库吉回来，意味着小说从荒诞世界回到豪萨生活的现实世界。阿布巴卡尔进入教士家里把毒药交给教士同札纳布的孩子，也就是教士的独生子凯奥塔。在此之前，凯奥塔一直享有无可指摘的好名声。可现在他却走上歧途，最后出人意料地杀死了自己的父亲——教士为他的不义付出了代价。由于母亲隐藏事实，凯奥塔逃脱了对自己行为应当承担的责任。当得知自己变态的原因时，他决心亲自向阿布巴卡尔报仇。然而，由于阿布巴卡尔当时已经死去，凯奥塔也就没有这项任务了。凯奥塔回到父亲的屋子，向穷人分发他的遗产。为了弥补自己和父母的罪孽造成的恶果，凯奥塔开始远行。

　　整个故事，正像尼尔·斯金纳（Neil Skinner）所说的那样，"描画人类本性中比较黑暗的方面——嫉妒、仇恨和复仇，气氛是威尔第[①]比较阴暗的歌剧气氛。与《教长乌马尔》不同，苦难和死亡不是无声容忍和屈从的理由，而是造成小说人物的怨恨和读者同情的原因。重要的是，小说中的一切麻烦始于一个男人对一个女人的情欲，这个主题是豪萨书写文学中罕见的主题，戏剧除外"。"可是正式的豪萨语戏剧 20 年后才出现。"[②]总之，这是一部关注人性弱点和感情的现实主义小说，其中的荒诞元素不但使它更加生动，而且还与民间故事传统相联系。西普利安·艾克文西（Cyprian Ekwensi，1921—2007）曾以《身体会如实告诉你》的主题为基础写出英语小说《非洲夜晚的娱乐》（*An African Night's Entertainment*，1962）。据说这是作者在豪萨地区听一位上了年纪的玛拉目讲述的一个令人彻夜不眠的故事。尼尔·斯金纳对上述两本书进行过比较研究："《身体会如实告诉你》有 2 万字，《非洲夜晚的娱乐》有 1.7 万字。二者有许多事件相同，但后者有省略、有改动，不是前者的逐字翻译，而是意译。后者没有赶上前者的水准。"[③]也就是说，《非洲夜晚的娱乐》的艺术价值低于《身体会如实告诉你》。

　　《活命的水》（*Ruwan Bagaja*），又译为《神水》，作者是阿布巴卡尔·伊芒（Abubakar Imam，1911—1981）。故事有两个相对立的人物——阿尔哈吉·伊芒和玛拉目·祖尔克。他们既贪婪又腐败，是主要人物，也是作者讽刺的对象。小说围绕一系列插曲故事建构，描写阿尔哈吉·伊芒怎样使用诡计让一个无知的伊斯兰小社区消除有学问的伊斯兰学者玛拉目·祖尔克的权威。所有的阴谋诡计和恶作剧都发生在给城里统治者的儿子寻找活命的神水的旅途中。阿尔哈吉·伊芒从现实世界走进魔怪精灵的世界，同魔怪精灵的大王们交朋友，得到他寻找之物的秘密，把活命的水带回现实世界。这部小说也利用了许多口头故事、寓言和欧洲民俗的元素，荒诞成分也增强了小说的生动性和可读性。

　　上述四部长篇小说的作者都来自伊斯特博士任教的卡齐纳教师训练学院，都关注世俗事务，后来都成为社会精英，如阿布巴卡尔·塔法瓦·巴勒瓦成为公认的豪萨现代文学的奠基人。这部长篇小说，有的取材于历史，有的取材于现实生活，也有的取材于口头文学，还有的利用外来文学因素，既有现实主义倾向，又不乏荒诞成分。它们是豪萨文学史上第一批小说，"既不是欧洲文学某些文学形式的复制品，也不是豪萨传统的伊斯兰文学的拉丁化拼写文

---

① 即意大利歌剧作家朱塞佩·威尔第（Giuseppe Verdi，1813—1901）。
② Albert S. Gerard，*African Language Literatures*，1981，p. 65.
③ Bernth Lindfors，ed.，*Critical Perspectives on Nigerian Literatures*，1979，pp. 143-153.

字版本。这种新文学的特点,事实上是促成其兴起的多种多样文学传统的融合"。[①] 它们的写作技巧和语言水准都达到相当高的程度,都于 1934 年出版、1970 年再版,被视为豪萨语文学的经典。

1937 年,阿布巴卡尔·伊芒发表他的第二部作品《语言即财富》(*Magana Jarice*)三卷本。这是一部有 80 个故事的系列故事集,其中包括豪萨的寓言故事,也有印度、希腊、波斯、阿拉伯和德国民间故事的文学元素,主要由鹦鹉面向不同的听众和场景讲述。伊芒关于鹦鹉的运用和讲述技巧来自 14 世纪波斯的《鹦鹉故事》,讲述方式与《一千零一夜》雷同,因此也被称为"豪萨语版的《一千零一夜》"。书中故事种类丰富,有神话、传说、寓言、童话、民俗、宗教故事等,它们都带有浓厚的非洲特色,语言朴实,情节生动,形式多样。全书以一个主情节贯穿始终,各个故事安排自然,首尾呼应,浑然一体,故书长而不紊乱,故事多而不乏味,让人读完一章还想读下一章。这本书在 1937—1939 年再版 11 次,成为阿布巴卡尔·伊芒的代表性作品,是尼日利亚全国最畅销的书籍之一,被称为"黑非洲文学的杰作"。它也是笔者见到的唯一有汉语译本的豪萨语书写文学作品。此书汉语译名为《非洲夜谈》,分上册和下册,译者为黄泽全先生。作者获得成功,原因是视野广阔,善于学习和吸收外来文化,善于运用本民族的传统文化和民间口头文学。译者获得成功,原因在于他深刻了解豪萨文学和文化,在于他有深厚的汉语功底并且娴熟地运用汉语表达方式。

三、戏　剧

豪萨现代戏剧是一种新型的戏剧形式,跟希腊戏剧和传统的非洲戏剧不同,不是由宗教崇拜发展起来的。豪萨人大多数皈依伊斯兰教,因此在书写文学出现之前就几乎完全放弃了"异教"——博里精灵崇拜(Bori cult)。豪萨戏剧反而是由讲述民间故事的戏剧风格发展起来的,因为豪萨人讲述故事基本上是采用表演方式,尽管它只有一个表演者。豪萨故事的戏剧力量可以用豪萨商人关于跨越撒哈拉骆驼商队的故事作为佐证,该故事加上舞台指示后,俨然是一部正式的戏剧。这种新型戏剧首先出现在学校里,因此与教育制度有关。

R. M. 伊斯特博士亲自筹集、编辑《六个豪萨剧本》(*Wasanni Shida na Hausa*),于 1930 年由翻译局出版。这是第一部豪萨剧作集,取材于豪萨民俗,其中五个剧本是由民间故事改编而成,第六个剧本是根据《巴亚吉达传奇》

---

① Bernth Lindfors, ed., *Critical Perspectives on Nigerian Literatures*, 1979, p. 341.

（*The Bayajida Legend*）改编而成。这证明，豪萨现代戏剧与讲故事的传统血脉相连。

最早尝试并获得成功的剧作家是阿米努·卡诺（Aminu Kano，1920—1983）。他从小接受伊斯兰传统教育，后来又接受西式教育。他热心政治活动和教育工作。1938—1939年，他还在中学读书的时候，就写下许多剧本，用来批判对群众的剥削、挑战北尼日利亚的埃米尔酋长国制度。在剧本《不论你是谁，到了卡诺市场你就上当受骗》（*Kai，Wane ne a kasuwar Kano da ba za a cuce ka ba*）中，他描写没心肝的商人对乡下人的剥削；在剧本《谎言开花但不结果》（*Karya fure ta ke，ba ta'ya'ya*）中，他提出对农村人口征税过重的问题。第三个剧本《敲打卡诺土著当局的锤子》（*Qundumar Dukan y'an Kano*）直接抨击殖民政权支持的地方傀儡政府。1939—1941年，他写下大约20个短剧，供学校使用。他用这些剧本嘲讽过时的当地风俗，嘲弄在殖民地间接统治制度下的土著当局的活动。

这个时期的剧本以1943年上演的阿布巴卡尔·图纳乌（Abubakar Tunau）的《马拉发的故事》（*Wasan Marafa*，1954）最为有名。其情节如下：马拉发及其家人因不懂卫生，患上严重皮肤病，为此痛苦不堪；马拉发和他几个儿子后来竟完全不能干活，于是他决定进城医治；医院给他药物，并派了一名卫生指导员到他的村里去，给没有文化的农民讲解个人卫生规则及水必须煮开之类的卫生知识；马拉发学会这一套后，完全变了样。剧本后半部表现马拉发一家的幸福。作者在说明中写道："一年之后，马拉发已痊愈，他的亲人也不再生病。他们都好了，因为都认真遵守了卫生指导员的规定。现在他家中一片健康、快乐的景象。"健康带来富足，马拉发购置了牛车、马、自行车、缝纫机等等。最后一场充满家庭、田园之乐的气氛，作者有意使之与剧本开始时贫困交加、破败不堪的景象形成强烈的对比。

《马拉发的故事》虽然很简单，却是名副其实的戏剧作品。故事安排巧妙，人物性格生动，最鲜活的人物是马拉发本人。作者嘲笑他保守多疑，但他温和而有分寸，不至陷于过分尴尬可怜的境地。《马拉发的故事》是一部文学作品，同时也有科学说理的成分。剧本不是对概念进行抽象的逻辑叙述，而是尽可能采用文学的、有情节的形式，至少也要用对话、问答的形式。其实，在豪萨地区，实用文体与纯文学之间很难截然划分。《马拉发的故事》就是个范例：它旨在宣传卫生知识，却使用了大众喜闻乐见的戏剧形式，取得圆满的效果。

第二节
二战后豪萨语文学

一、诗　歌

第二次世界大战结束后,世界恢复了和平,殖民地人民更加了解世界,思想更加解放,因而更加关心民族的解放和国家的独立。为此,豪萨人民对尼日利亚的前途,尤其是北尼日利亚的前途展开讨论。如前所述,沙阿杜·曾格尔发表诗歌《欢迎,士兵们》,颂扬出国作战的尼日利亚士兵的战功,欢迎他们胜利归来。对于北尼日利亚的政治前途,曾格尔发表诗歌《北方——共和制还是君主制?》,公开表态赞成君主制。另一位著名诗人穆迪·希皮金则针锋相对,写下《北方应该共和制》("Arewa Jumhuriya kawai")一诗作为回应。和他们同时代的政治诗人还有穆阿祖·哈代贾。他们的政治诗都有很高的文学价值。

尼日利亚独立前,尖锐复杂的党派斗争使政治诗歌的创作进入全盛时期。尤素夫·甘图(Yusufu Kantu)创作的《真主给予我们自由》("Ya Allah Ka ba mu Sawaba")和岗波·哈瓦贾(Gambo Hawaja,1914—1985)的《萨瓦党党员之歌》("A Yau ba Maki NEPU sai wawa")是这一时期的代表作。这些诗歌充分反映了当时存在于尼日利亚北方人民大会党与萨瓦党之间的尖锐矛盾。同时,对政治领导人的颂歌也纷纷出现,并且在豪萨人赞颂诗的独特形式"基拉利"方面有所创新。

当北尼日利亚在1959年获得自治时,政治诗歌的创作达到了顶峰。这些诗歌的内容与风格早就没有了传统诗歌的影子。纳伊比·苏莱马努·瓦里(Naibi Sulaimanu Wali,1929—　)的《欢迎自由》("Maraba da 'yanci")就是这类诗歌的典型:

> 在天空成行飞行的鸟儿,
> 在盘旋,在欢笑,
> 在无拘无束地展翅飞翔,
> 在纵情地欢乐。

鸟儿啊,你能停下来回答我吗?

今天世界上发生了什么事?

一切的一切都变了样。

世界充满了阳光。

盛装下,她变得那么漂亮,

处处在闪闪发光,

我见到的一切都在欢笑,

太阳也穿上了绿色的衣裳

······ （王正龙译）

然而,豪萨语采用拉丁字母拼写文字后,实现诗歌创作革命的是 1903—1920 年在位的扎里亚酋长阿里尤·丹·西地(Aliyu Dan Sidi)。是他首先在 1950 年代写出了第一首豪萨语的现代诗《卡诺欢歌》("Wakar zuwa Birmin Kano")。这是一首描写尼日利亚铁路修到卡诺时人们欢庆通车盛况的诗歌。这一新主题的出现改变了从内容到形式几乎一成不变的老诗歌的面貌,开创了豪萨语新诗创作的新时期。阿里尤·丹·西地后来创作了《塔克米西》,挖苦在他背后为非作歹、搞阴谋诡计的部下,进一步使豪萨语诗歌成为反映现实生活乃至进行斗争的武器。他的另一首诗《老巫婆之歌》("Wakar Ajuza")则把世界拟人化为一个老太婆。在他的影响下,其他诗人也纷纷效仿,创作了不少现代诗。扎里亚的盲人诗人阿里尤·纳·曼济(Aliyu Na Mangi,1895—?)创作的《自行车之歌》("Wakar Keke")和宣传讲究卫生的《肮脏歌》便是充满时代气息的作品。在创作现代诗方面较为有名的还有瓦杰雷法官的《卡诺之歌》("Wakar Kano")和《道拉之歌》("Wakar Daura")等。当然也包括前面提到的沙阿杜·曾格尔、穆迪·希皮金等作家创作的政治诗。特别值得一提的是后来成为第二共和国总统的谢胡·沙加里(Shehu Shagari,1925—2018)的长诗《尼日利亚之歌》(*Wakar Nijeriya*)。这首长诗是介绍尼日利亚历史、地理知识的格律诗,全诗共分为 6 个部分,总共 500 个长句,历史方面的知识占全诗的 1/6。该诗虽然是知识性诗歌,但是由于作者技巧娴熟,爱国主义激情充沛,所以读来仍然趣味盎然,毫无冗长累赘、枯燥乏味之感。

这儿还要指出的是 1957 年出版的《豪萨诗歌》(*Wakokin Hausa*)是一本重要的豪萨语诗歌选集。其中第一首诗是《一个清醒的告诫》("Gardadi don Falkawa"),出自纳伊比·苏莱玛之笔,表现作者对道德沦丧的哀叹和对沉迷于酗酒、女人和歌曲之人的抨击。第二首诗是萨里胡·克旺拉戈拉(Salihu Kwanlagora)的《反对压迫》("Wakakar Hanan Zalunci"),连珠炮似的抨击贿赂、腐败和非正义。这两首诗表现了典型教诲诗的两个方面:个人道德行为和官场的公共行为。[①] 后来,该选集多次再版。另外,盲人诗人阿里尤·纳·曼济在 1959 年发表《救世歌》(*Wakokin Imfiraji*),这是他的著名宗教诗,包括 9 个诗章,1 000 个诗节,多次再版。

现在,我们所讨论的豪萨语现代诗歌只是实际诗歌创作的一小部分。大量的宗教诗歌还是通过传统渠道广为流传。学生们记住老师们的诗歌并且仔细地抄录他们的手稿。这些诗歌经由吟唱诗人马罗卡(Maroka)在清真寺前朗诵或歌唱。也有一些名气不大的诗人写诗自娱或者表达对时事的看法,这些诗往往在朋友圈子内流传,也有的在《真理报》(*Gaskiya ta fi Kwabo*)、《信使》(*Jakadiya*)和《和平》(*Salawa*)等报纸、期刊上发表,甚至在广播电台朗诵,其中也有教诲诗、哲理诗等。

二、小　说

第二次世界大战后的豪萨语长篇小说具有独特的冒险主题,而且开始试验荒诞小说和科学幻想小说,对于当下的社会道德问题不那么关注。唯一的例外,就是贾比汝·阿卜杜拉希(Jabiru Abdullahi)的《人皆好善》(*Nagari na Kowa*)。主人公萨里希表现出作者关于好豪萨人的理想:品德高尚、勤劳、笃信宗教、举止文雅、尊敬老人和拥有公认的权威。作者强调伊斯兰德行的价值,他更欣赏的是德行而不是才能和知识。与此同时,他也指出伊斯兰教惯例,如传统司法制度的弊端。

贾比汝·阿卜杜拉希似乎也赞成现代教育,虽然他认为在教学过程中应该给年轻人以坚持伊斯兰理想的教育。萨里希完成学校教育后,去有钱人迈杜布家当管家,迈杜布待他如子。迈杜布因患天花而死,死后其继承人在家中未找到任何钱财,十分奇怪,于是怀疑被萨里希偷走,将他送交法庭。作者描写了北尼日利亚司法诉讼中的野蛮和黑暗——拷打嫌疑人、收买法官和证人。尽管受尽严刑拷打,萨里希仍然坚持自己清白无辜。最后品德良好的萨里希得到神助:当斧头已经高高举起,即将砍去他的手臂时,超自然力出来干预,将他救出,并严惩害人者。后来萨里希继续得到超自然力的帮助,成为深受人民爱戴和敬重的酋长。这种现实主义的、几近于新闻纪录的生活风俗描述与荒诞因素的混合,二者之间的自然交替,也是豪萨其他文学作品的特点。另外,作者在描写北尼日利亚一个偏僻小城中的小学的教学方法时,表现了独特的幽默才能。作者的写法是极尽其详,信笔写来,毫无欧洲读者在喜剧作品中看惯了的传统讽刺手法。乍看之下,作者对事件只是平铺直叙,毫无取笑之

---

① Graham Furniss, *Poetry, Prose and Popular Culture in Hausa*, 1996, p. 215.

意,但细心读之,印象完全不同,足见作者艺术手法之娴熟。

努胡·巴马利(Nuhu Bamali)的《巴拉和巴比亚》(*Bala da Babiya*)是一部教诲小说。在非洲当地语言文学中,美学和文学成分与实用目的相伴是十分常见的,努胡·巴马利写的是教育题材。小说描写一个模范家庭:卫生指导员巴拉、他的妻子巴比亚和小儿子穆萨。巴拉从卫生学校毕业后,携家定居于偏僻的彭久库城。城里居民对产生疾病的原因和治病方法一无所知。巴拉身体力行,说服教育,终于逐渐克服市民的保守,教会他们遵守卫生规则。最后,他竟说服当局按照卫生的要求重建彭久库城。结果彭久库城成为一个比较健康的地方。随着时间的推移,该城镇开始吸引那些之前绕开它的受过教育的聪明人。

这部小说和剧本《马拉发的故事》一样,是旨在宣传卫生的文学作品,主题是讲究卫生、健康幸福。它们都在说教性的叙述中穿插描写没文化的非洲人对生活中新事物的天真可笑的反应,语言生动有趣。但两者的侧重点有所不同:小说侧重知识分子忠于使命、服务大众的奉献精神,剧本侧重记述农民马拉发逐渐觉悟、与时俱进、接受新事物的过程。

在现代豪萨语文学中占有不同寻常地位的作品是阿赫马杜·因戛瓦(Ahmadu Ingawa)的长篇小说《大力士之子伊利亚》(*Iliya dan Maikarfi*,1970)。故事开头,在一个非常重视传宗接代的社会里,一个家庭在饱受多年无孩痛苦之后,终于有了儿子伊利亚。可这个儿子一副病态,四肢麻痹,使父母又喜又忧。三个天使下凡到伊利亚家,考验他对宗教的虔诚程度,给他治病,给他以超人的力量。他们派他去吉布城(Kib)执行任务,可对此行目的语焉不详。但是作者为此用上不少篇幅。主人公伊利亚同人类打仗,同妖魔鬼怪打仗,打了无数仗。每次作战他都英勇无比,终于确立了正义与和平。他拯救了吉布的统治者瓦尔迪马,使其摆脱了许多不幸。完成任务后,伊利亚却在一块岩石上坐了下来,手中握有一把剑,祈求真主把他和他的骏马变成一块石头。

这部长篇小说之所以不同寻常,不是因为其结尾同伊斯兰教如此相悖,而是因为作者从俄国关于伊利亚·穆洛梅茨(Elias Muromčik)的壮士史诗中吸收了某些主题。这一点已由尤·K.塞格洛夫(Yu K. Ščeglov)指出。阿赫马杜·因戛瓦把瓦尔迪马等同于弗拉基米尔王子(Prince Vladimir),把神秘的吉布等同于基辅(Kiev)。① 这引起苏联学者的注意,他们对此"颇感兴趣",认为"这种联系主要不表现在许多与一般民间创作相似的故事情节上,……而是在人名、地名的雷同上(伊利亚与俄国的伊利亚,瓦吉马与弗拉基米尔大公,瓦吉

---

① 比较 Yu K. Ščeglov, *Sovrememnaja Literatura na jazykach tropiceskoj Afriki*, p. 167ff。

马统治的基布市与基辅)。父子相斗以及儿子杀死母亲的故事,与大多数有此流行情节的其他传说不同,为俄国壮士歌所特有。"①总之,《大力士之子伊利亚》是一部以民间创作为基础的小说,并且从国外文学中吸收了营养,艺术性很高。

1950年代初有一批长篇小说问世。它们是戛巴·冯屯瓦(Garba Funtunwa)的《你的英雄》(Gogan Naka)、阿马杜·卡齐纳(Amadu Katsina)的《令人着迷的城镇》(Shirtacen Gari)、唐柯·赞戈(Tanko Zango)的《夜袭者》(Da'U Fataken Dare),还有1954年发表的阿卜杜尔·马里克(Abdul Malik)的长篇小说《先苦后乐》(Bayan Wuya Sai Dali)。

其中,唐柯·赞戈的《夜袭者》是豪萨语文学中篇幅最长的长篇小说,也是一部惊险小说,它描写一个强盗集团的经历。这个强盗集团打劫的地方是一个相当欧化的尼日利亚城市,而且在森林深处有他们的隐蔽处。他们把一些乐师、跳舞者和放荡的女人带到隐蔽处,在那里寻欢作乐。为了喂养这群乌合之众,匪徒们经常到城里抢掠。有一次行动他们中了圈套,落荒而逃。像上面讨论过的小说一样,这部长篇小说也有超自然力量出现的情景:它们同一个商人兼巫师纳吉米决斗,同小说开头遭遇过的穆萨决斗,盗匪头子落入湖水被水怪吞噬。作恶者照例受到应有的惩罚。

小说由几个单独的冒险故事组成,多少由统一的情节线索串在一起,如商人起初被盗首抢劫时曾预言会再次与他相遇,小说结束时果然如此。此书有趣之处主要是生活风习的场景:银行、跳现代舞和有留声机的晚会。在这一段叙述中,强盗所讲述的城市生活本身以及他讲话的口吻都值得注意,他完全是一个粗鲁无知的乡下小伙子,看见什么都觉得惊奇和可笑。

另一部冒险小说是出自阿卜杜尔·马里克之手的《先苦后乐》,讲述两个图阿雷格人在撒哈拉沙漠寻宝的故事。他们历尽艰辛,终于找到装满财宝的一口井,苦尽甘来,如愿以偿。

短篇小说通常出现在报纸和期刊上,但在1958年,阿里尤·马卡费(Aliyu Makarfi)以书的形式出版一本短篇小说集《让我们提高我们豪萨人的知识》(Mu Kara Hausa),内容主要涉及豪萨人因接触各种文化而发生变化的态度。《预防比治疗好》旨在宣传卫生标准。《父与子》讲述北尼日利亚民族资产阶级在当地的兴起。还有,《不经批准不得砍树》写的是土地和森林转入私人手里,引起社会崩溃。总之,"阿里尤·马卡费的故事是教导、解释、提醒、展示,根据作者的说法,怎样给人们带来健康和财富的方法。"②

① 伊·德·尼基福罗娃等:《非洲现代文学:北非和西非》,刘宗次、赵陵生译,1980,第453页。此引文中的"瓦吉马"即上文所说"瓦尔迪马","基布市"即上文"吉布城"。
② V. V. Laptukhin, *Hausanskaya Literature*, 1970, p. 202.

三、游　　记

第二次世界大战后，豪萨语文学中出现一种新的散文形式——游记。阿米努·卡诺（Aminu Kano，1920—1983）的《宁行万里路》（*Motsi ya fi zama*，1955）就是他战后几年出行欧洲的一本游记。如前所述，作者是一位剧作家，也是一位教育工作者和社会政治活动家。他还是那个时代渴望了解世界的新非洲人。游记描写了 1946 年他第一次赴欧洲旅游的所见、所闻、所感。他到伦敦后，为英国人的个人主义和一眼望去的孤僻习性感到惊奇。"他们性格中令人奇怪的首先是沉默寡言。人人都只顾自己的事，对其他人的事毫不注意。如果火车或者汽车中有一百个乘客，也很少有人交谈；你若对他们说话，有人甚至会生气。可是你习惯于什么呢？你如遇到一个人，虽然彼此并不相识，也还是向他问好。你如果在英国这么做，可没人会理睬你。即使有人回答你，也是连看也不看你一眼，只在牙缝里哼一声。"在伦敦"一眼望去，到处是紧闭大门的房子"，伦敦郊区"每个人的房子都是与邻居隔开的"。在大学里每个教授都有自己单独的办公室。他在谈到对巴黎拿破仑陵墓的观感时说："看着这座陵墓简直感到奇怪。人们为什么仅仅为一个人修建一座这么大的房子？"在罗马参观古代竞技场给他的印象最强烈。卡诺在其废墟上沉湎于典型的穆斯林式的人世若梦的遐想："伟大的真主啊！伟大的真主啊！看到这些建筑物，想起这里的往事，想起昔日来此寻欢作乐的人们早已统统化为灰烬，让人不禁感到，世上的一切都是过眼云烟。我坐在石头上，沉默无语达十分钟。我眼看残垣断壁，沉思良久。"他在赞赏埃菲尔铁塔的同时，准确记录其高度的英尺数，并不忘提及他在顶尖的咖啡厅里大饮其茶。

阿米努·卡诺乐于同所访问国家的人交朋友，特别是农村的居民："我在伦敦郊区和乡下有不少熟人和朋友。我去过农民、小贩、教师、工人、养老金领取者的家里。"为了体验这些人的生活，卡诺在他们家中长时间做客，帮他们干家务活。他参加政治性集会，并在会上发言。他努力打破英国人的孤僻，到处与人结交，甚至在大街上也是如此。他自豪地写道，有一次他在伦敦还调解了一对夫妻的争吵。

他喜欢伦敦大学写学年论文的规定，因为这有助于深入了解专业知识。他对参加国际童子军的联欢活动至为重视。他写道："这次联欢给我前所未有的深思。几乎有四万人从世界各国来到这里相聚，在欢乐和友好的气氛中做各种事。每个人回去时，都满怀各国人民能够友好相处的信心。各民族间之所以敌视，就是因为他们彼此分离、互不了解。"

作者广泛的游历、细致的描述，让我们看到欧洲文化和非洲文化的重要差

异：前者是个人主义甚至是利己主义的，后者是非洲传统社会深远影响下的
集体主义。但是通过接触、冲突和了解，各国人民是能够友好相处的。以作者
为代表的一代新非洲人直率、开放，渴望了解其他社会，吸收有益于非洲发展
的东西，摒弃无用甚至有害的东西。全书价值就在于此。

另一本游记是玛拉目·道拉·哈汝纳（Malam Daula Haruna，1921—
1956）的《欧洲之行》（Yawo a Turai，1960）。玛拉目·道拉·哈汝纳是一个与
苏丹内地传教会有联系的基督徒。他对宗教信念的坚持使他的游记独具特
色，其中包括引用《圣经》和向救世主祈祷。然而此书的叙述方式和内容与《宁
行万里路》有许多共同点。1953 年，他同阿布巴卡尔·塔法瓦·巴勒瓦和阿赫
迈德·贝洛参加过确认尼日利亚独立的伦敦会议。他没有记述会议过程，但
是提供了当时北尼日利亚政治气氛的信息。作品是写给一般豪萨人看的，所
以写得细致，非常注意细节。对于那些不知道当时非洲真实情况的欧洲人来
说，它可能貌似天真，但肯定不缺幽默。

四、历 史 散 文

1940 年代，阿尔哈吉·哈桑（Alhaj Hassan）和另外一位学者舒艾布
（Shu'aibu）合写《阿布贾编年史》（The Chronicle of Abuja）。这是用豪萨语撰
写的阿布贾埃米尔酋长国的历史，上溯至阿布贾的第一位埃米尔穆罕默德·
马卡乌（Muhammad Makau，1804—1825 年在位）。他所辖领土是原来的扎
骚酋长国，圣战后它没有向富拉尼政权屈服。另外一部《豪萨史》（The
History of the Hausa）也保存下来，有两种版本，是由居住在黄金海岸（今日
加纳）的豪萨学者撰写的。他们还用豪萨语记录了其他民族的故事和战争。
显然，他们继承了编年史传统。该传统后来扩展到重大事件的记录，如阿布杜
尔马里克·曼尼（Abdulmalik Mani）撰写的《欧洲人来到北尼日利亚》（Zuwan
Turawa Nijeriya ta Arewa，1959）。

五、戏 剧

第二次世界大战结束后有两个剧本出版：一个是《长舌妇》，另一个是《遮
羞布》。

阿尔哈吉·穆罕默德·萨达（Alhaji Muhammad Sada）的《长舌妇》（Umar
Gulma）是一部六幕悲剧。在父母包办下，哈里玛嫁给哈雅图。哈里玛对婚姻
不满意，因为丈夫经常不回家，在外面同不三不四的男女鬼混，吃喝嫖赌。她
请求父母帮助解除婚姻。回娘家的路上哈里玛遇见长舌妇，后者出了一个馊

主意,让她在背上擦黄油到太阳底下晒,即可作为丈夫暴打她的证据。她照办了。由于法官和助手事先接受贿赂,法庭判决不准离婚。最后的场景回到哈里玛和哈雅图的家里:哈里玛不住地自言自语,哀叹不幸的命运,然后吃下哈雅图的安眠药自杀。哈雅图一回家就发现她死了,全剧非常悲惨地结束。

《长舌妇》是一个短小的剧本,情节简单,结构松散,但是语言是现实主义的,生动活泼,剧中人的对话忠实于生活。哈里玛这个人物刻画得好,像英国作家托马斯·哈代(Thomas Hardy,1840—1928)笔下的苔丝,是一个受外部力量支配的人物,落个悲惨的结局。整个剧本批判包办婚姻,批判诸如酗酒、贿赂、赌博、司法腐败等社会弊病,也反映妇女要求解放的心理。

阿达姆·丹·戈戈(Adamu Dan Gogo)和达乌达·卡诺(Dauda Kano)合写的《遮羞布》(Tabarmar Kano,1970)显示一夫多妻制已成为过去,不再受欢迎。卡诺富商曼达乌有一个年轻美丽的妻子萨拉玛图,但他决定再娶一个妻子以显示自己的富有。可是他不敢告诉妻子,因为他知道现在的豪萨妇女不愿意接受家里有另外一个妻子。萨拉玛图从老太婆乌瓦尔·吉尼比比(也是一个长舌妇、麻烦制造者)处得知这个消息,就离开丈夫的家回娘家去。曼达乌的新未婚妻不想嫁给他,尽管她的父母坚持,因为她认为富有并不保障幸福。在这种情况下,曼达乌能做的就是同萨拉玛图重新和好。他告诉萨拉玛图自己已撕毁婚约,萨拉玛图也不理会父母的抗议,又回到丈夫家里,因为她深爱着他。

这是一部艺术上成功的喜剧。剧中充满喜剧的场景和稀奇古怪的人物——库尔玛、伊迪、乌瓦尔·吉尼比比。它清晰地传递了这一信息:在变化了的社会中,一夫多妻制不可能再存在下去,婚姻和谐很大程度上依赖于夫妻双方的感情纽带。

1950年代,北方地区文学社(NORA)和北尼日利亚出版公司(NNPC)出版了一批剧本,其中包括《马拉发的故事》(Wasan Marafa,1954)、阿尔哈吉·道刚达吉(Alhaji Dogondaji)的《英昆塔姆先生》(Malam Inkuntum,1954)、舒艾布·马卡费(Shuaibu Makarfi)的著名剧本《吉亚鲁的丈夫贾塔乌》(Jatau na Kyallu,1960)和剧作集《我们的这个时代》(Zamanin nan Namu,1959)。这些剧本关注欧式教育引发的传统同现代性的冲突,以及这些冲突对豪萨生活诸多方面(比如结婚与离婚,女孩上学、酗酒、卖淫和物质主义)的重要影响。而且这些剧本中既有独幕剧也有多幕剧,既有悲剧又有喜剧,是一个重要发展。总之,这些剧本为豪萨现代戏剧奠定了基础。

此外,杰加的马伊·马伊纳(Mai Maina)出版自传《阿斯基拉酋长马伊·马伊纳》(Labarin Mai Maina na Jega Sarkin Askira,1957)。北方地区文学社1958年将其再版,易名为《杰加的马伊·马伊纳的故事》(The Story of Mai

Maina na Jega）。

总之，从第二次世界大战结束以后，直至 1960 年尼日利亚独立，豪萨语文学发生了重大变化：散文体长篇小说和舞台剧得到发展成长，传统形式的诗歌在主题上创新，更加世俗化；作家视野广阔，小至个人、家庭，大至社会和世界，都得到他们的关注。传播手段现代化，作品不仅在报纸、刊物上发表，也会交由出版社出版。新与旧的冲突是这个时代的基本特征，也是豪萨语现代文学绕不开的主题。但是文学界没有出现妇女作家的身影，"部分原因在于英国殖民者的态度：英国人可能不反对妇女接受教育，但也不积极促使殖民地学校招收女学生，以至于他们默认北方领导人的感情。后者总的来说反对西式教育在北方传播，尤其担心妇女受到欧洲价值观念的同化"（Ousseina Alidou 语）。

第三章

约鲁巴语文学

真正意义上的约鲁巴语言文字的原创文学似乎是两次世界大战之间出现的原创约鲁巴语散文和诗歌。

第一节
诗　歌

在诗歌方面,先驱作品似乎是阿贝奥库塔的阿贾依·科拉沃勒·阿基塞夫(Ajayi Kolawole Ajisafe,曾用名 Emanuel Olympus Moor,1921 年改用现名,1875—1940)出版的《人类生活充满陷阱》(*Aiye Akamara*,1921)。阿基塞夫是位多产作家,他的作品包括原创诗歌和散文论述,出书约 50 本之多。这里提到的诗歌就是他对生活环境的深入思考。1921 年,他还发表另一首诗作《你控告英国人什么》("ki L'e Poyinbo se"),对英国人的统治大加颂扬,还提到西方教育、基督教的崛起和约鲁巴内战的结束等重大变化。《阿贝奥库塔大王格巴代博》("Gbadebo Alake",1934)是阿基塞夫最重要的诗作之一。它是当时过世不久的阿贝奥库塔大王的诗体小传。作者用诗歌直率地批评了这位刚刚过世的大王。阿基塞夫的主要散文作品是《人是难对付的》("Enia Soro",1921 或 1935)和《谁比得上上帝?》("Tan' t' Olorun?",1919)。

在用约鲁巴语言文字创作诗歌的早期,也有少数人因为接受西方教育而采用西方诗歌形式。然而,那些用外国形式写诗的人还不及那些用传统形式写诗的人那么成功。阿福拉比·约翰逊(Afolabi Johnson,1900—1943)就是一例。最初他用英语诗体写诗,写对句诗和三行诗,结果受到讥讽。后来他逐渐对约鲁巴语诗歌形式有了兴趣。另外有少数人不同于这些"殖民诗人",他们有着爱国观念,写诗抗议那些破坏传统生活的教会活动。这些"抗议诗人"则采用约鲁巴传统形式创作,其中最孚众望的诗人是丹雷勒·阿代廷坎·奥巴萨(Denrele Adetimkan Obasa,1878—1945)。奥巴萨出生在伊勒-伊费,从小在拉各斯上学,尔后在那里工作。他 1924 年创办《约鲁巴新闻》(*Yoruba News*)周刊,也是旨在保护约鲁巴文化的长者有作为协会(Egbe Agba-O-

Tan)的创建人之一。据他本人说,他从 1896 年起就热心收集民间文学。奥巴萨于 1927 年出版《吟游诗人话语集》(*Iwe Kinni Ti Awon Akewi*),内容是体现约鲁巴民族生活哲学的谚语型箴言名句。这个诗集中的代表性诗歌有:《背叛的邪恶》("Ike Eke")、《嫉妒》("Ilara")、《子孙》("Omo")和《智慧》("Ogbon")。1934 年,他又出版《吟游诗人话语二集》(*Iwe Keji Ti Awon Akewi*),依然以约鲁巴哲学为主题。第三部诗集《吟游诗人话语三集》(*Iwe Keta Ti Awon Akewi*)于 1945 年由长者有作为协会出版。它是前两集的续集,论述约鲁巴传统行为准则。总而言之,这三部诗集聚焦于怎样在精英与大众中间维持精神上的艺术鉴别能力,尤其是它以书面形式记录下诗人话语,方便人们把约鲁巴智慧传说加以分类和利用,因此出版时受到欢迎,后来受到高度重视。其中一些诗歌被译成英语,发表在一些期刊上,如《非洲事务》(*African Affairs*, October 1950, December 1951, April 1954)。这里要特别指出的是,这三本书中有些诗篇是奥巴萨自己的原创作品,特色特别鲜明的一首诗是《做过头事的人》("Alaseju"),取笑人们行为中各种各样的极端表现。

乔塞亚·索博瓦勒·索旺德(Josiah Sobowale Sowande, 1858—1936)出生在阿贝奥库塔的一个唱诵诗人家庭,曾在教会办的训练学校读书,具有一定的读写能力。他曾当过政府监狱的看守,后来辞职回家,白天干农活,晚上写诵诗。早在 1902 年,他的诗稿被 E. M. 里加杜拿去出版,题为《索博·阿罗比奥杜的唱诵诗集》(*Awon Arofo Orin ti Sobo Arobiodu*),成为用约鲁巴语言文字写成并且出版的第一本原创诗集。随后他又出版《各种朗诵诗》(*Oriruru Arofo Orin*, 1906)。这些诗歌是用埃格巴的约鲁巴方言写成,在整个约鲁巴地区受到欢迎,"索博·阿罗比奥杜"(Sobo Arobiodu)这个笔名成为家喻户晓的名字。或许索旺德认识到自己具有写作天赋,从此笔耕不辍,接连在 1908、1910、1913、1917、1924、1927、1929、1930 和 1934 年分别出版诗集,累计有十余部。这些诗集的出版也得到他的兄弟加布里尔·索旺德的帮助。加布里尔当时在埃格巴政府印刷厂工作。他早年与约鲁巴传统宗教,尤其是与奥罗崇拜(Oro cult)活动关系密切。但是,他不放弃基督教信仰。他的诗歌完全采用传统的诵诗形式,但是涉及当时各种向往和个人经历,而且以基督教视角进行反思,从而获得高度成功,尽管没有引人效仿。如果说大多数约鲁巴诵诗难以确认其作者和创作时期,乔·索·索旺德的作品却迥然不同。索旺德的诗涵盖了 19 世纪末期和 20 世纪初期埃格巴社会的各种问题和各种事件,他不但提到大王、酋长、行政人员和英国官员,而且加以评论。他既赞扬英国人给埃格巴人带来的重大变化,又哀叹当地宗教的式微和政府代理人的过度权力。他的诗歌受到广大听众和读者的高度赞扬,他的名字在约鲁巴人中变得家喻户晓。他是一位富有思想的人,声音像木琴一样洪亮。早在 1906 年,他就预见殖民主义引发的社会暴行肯定会终止：

> 可能有一段时间，
> 公鸡还被关在笼子里，
> 不久白人就会离去，
> 从地平线上不见踪迹。①

1974 年，阿代博耶·巴巴娄拉（Adeboye Babalola，1926—2008）在摩西·里加杜的帮助下编辑出版了索旺德的一本诗集，分两卷收录 1902 年和 1906 年的诗歌作品。1982 年，奥拉同德·奥拉同济（Olatunde Olatunji）又出版索旺德的另一本诗集。由此不难看出这位大诗人在约鲁巴语文学史上享有崇高的文学地位。

约瑟夫·福拉汉·奥顿乔（Joseph Folahan Odunjo，1904—1980）在 1946 年出版长篇叙事诗《埃格巴与埃格巴多条约的真实意义》（*Ijinde-Majemu Laarin Egba ati Egbado*）。后来他又出版一本诗集《有趣的诗歌》（*Akojopo Ewi Aladun*，1961），其中大多数诗歌具有教诲意义，在风格上具有约鲁巴传统诗歌的特色——高雅的措辞和恰当的语调。

紧跟这些先驱诗人的脚步，新的一代诗人出现了。他们陆续出版自己的诗歌作品。阿代博耶·巴巴娄拉出生于伊庇图莫杜，其父是一个开明的农民，识字。巴巴娄拉受过良好的教育，1963 年在伦敦大学亚非学院获得博士学位。他是一位约鲁巴口头文学研究专家，写过一些论文。1940 年代，他写过不少诗篇。虽然他没有出版过单本诗集，但是他的诗歌译文被英国广播公司（BBC）广播，还被奥鲁姆贝·巴希尔（Olumbe Bassir）编选的《西非诗集》（*An Anthology of West African Verse*，1957）收入。用巴巴娄拉本人的话说，他的诗歌是"以我经常听到的农民背诵的口头诗歌为基础。……它们属于约鲁巴人称之为'艾加拉'（ijala）的口头诗歌传统。以农民和猎人乡村生活的某些方面为内容"。因此，他的诗歌某种程度上非常接近口头传统诗歌，甚至可以认为等同于口头传统诗歌；然而它又不同于口头诗歌，而是更多地表达个人的思想感情。虽然巴巴娄拉的许多诗歌吸收了口头传统，但是也表现了他本人所做的文学尝试。在《在我第一次听说森林农场的时候》这首诗中，他说：

> 我希望我能够立即出发
> 奔赴原始的森林地带，在那里

---

① Simon Gikandi, ed., *Encyclopedia of African Literature*, 2003, p. 810.

想象所至,我可以有大猎物捕杀。
我厌恶所有的农田,它们靠近家。

这是人们所熟悉的向往乡村的情怀,但在这里却枯竭了,不十分真实了。这种田园牧歌显然源自约鲁巴猎人的诗歌,可是巴巴娄拉诗歌的其他特点并不是由这个传统派生的。比方说,单单拎出一个人物并取笑他,这种写作手法更接近假面崇拜诗人:

奥乔是他的名字,奥乔喜欢麻烦。
一旦麻烦路过,他高声呼唤麻烦,
邀请麻烦进入他的家待上一段时间。

巴巴娄拉诗作中更具特色的是他那些优美的规劝人们举止向好的诗,他称之为"美的本质":

当你走进一处房子,你必须
先拜访那里的主人,一个可能
拥有一百五十个老婆的男人。
对每个猎人,无论大小,
我给予适当的面子和尊重,毫无偏颇,
在跨越门槛之前我喊道:"请大家欢迎我。"
登堂入室之前,我先向
站岗的狗说不胜打扰。
一个进城的人不被垛墙守门人看见
其行为就像一只狗;一旦
几个老人胆敢进城,事先
未在垛墙守护人面前现身,
大王颁布惩罚他们的命令,
他们像山羊一样捆绑在市场的木桩上。

这首诗相当夸张,其响亮的警告依然同某些口头诗歌保持一致,要求人们遵守礼仪,举止光明正大。

巴巴娄拉的诗展现了"塞吉洛拉"的道义正直、法贡瓦的幽默和幻想以及德拉诺的某些现实主义,此外还具有他本人多思的特质。因此,虽然他称自己的诗是"我从口头诗摘录的英文版",但是诗中有足够的个人声音使之同口头诗歌相区别。它们不只是复制，而是法贡瓦式的再创造。

加布里尔·伊比托耶·奥乔(Gabriel Ibitoye Ojo，1925—1956)发表了一首长诗《上帝报仇》("Olorun Esan"，1953)。该诗是故事诗，讲述一个民间故事，意在说明善有善报、恶有恶报。另一位诗人奥莱雅·法班米比(Olaiya Fagbamigbe，1928—　)出版了一本叙事诗《吉里济战争》(Ogun Kiriji)。这是以口头历史为题材的诗，描述 1880—1893 年间约鲁巴人自相残杀的战争场面：火器的运用、无情的杀戮和无法克服的饥荒致使民生凋敝、饿殍遍野。

多才多艺的作家阿代巴约·法里蒂(Adebayo Faleti，1930—2017)不仅在《当代约鲁巴诗歌》(Ewi Iwoyi，1969，由伦敦柯林斯父子公司出版)上，而且还在《奥洛昆》(Olokun)等刊物上发表诗歌。他还以书本形式发表了几首长篇叙事诗，值得注意的是《永远不要低估某个人的未来成就》("Eda Ko L'Aropin"，1956)。1950 年代是尼日利亚历史上充满希望和理想的黄金时代，那时尼日利亚引进联邦政府体系，即将获得独立。法里蒂为此写下长诗《独立》("Independence")，由巴卡勒·格巴达莫西(Bakare Gbadamosi)和乌里·贝尔(Ulli Beier)译成英语。全诗英语译文 163 行。诗篇伊始，作者指出："独立可爱，无与伦比。/它是个喜庆日子：奴隶买回他的自由。"他继而指出奴隶"不再干无偿的劳动/不再耗费老年为别人效劳"。他把尼日利亚比喻为一头大象，把英国比喻为欺压大象的小羚羊，呼吁尼日利亚人民："让我们向大象学习智慧，/让我们以忍耐摆脱痛苦。/我们轻轻地杀死我们身上的苍蝇，/让我们大家准备买回我们自己。/毕竟我们有土地有锄头。/我们有可可树有香蕉，/我们有棕榈核我们有花生。"诗歌表明作者对独立自主建设国家的信心。但独立不能指望殖民者的恩赐，所以他深情地呼唤："让我们战斗吧，我们就可以耕种我们的农田，/为了避免典当性命避免做奴隶，/让我们的人们自由吧。"整个诗篇语言朴素，比喻恰当，让我们深切了解"独立"的真正意义就是从奴隶走向自由，就是殖民地人民摆脱宗主国的剥削和压迫。这首诗深得人心，广受好评，在 1957 年尼日利亚艺术节上获得约鲁巴语文学头奖。

第二节
小　说

1920 年代，约鲁巴地区再次出现办报高潮。1922—1929 年，至少增加了六种新报纸。它们是阿代奥耶·丹尼戛(Adeoye Deniga)创办的《拉各斯圣坛报》(*Akede EKO*, 1922)、E. A. 阿肯坦(E. A. Akintan)创办的《快报》(*Eleti-Ofe*, 1923)、丹雷勒·阿代廷坎·奥巴萨(Denrele Adetimkan Obasa)创办的《约鲁巴新闻》(*The Yoruba News*, 1924)、T. H. 杰克逊(T. H. Jackson)创办的 EKO Osoose(1925)、E. M. 阿沃比伊(E. M. Awobiyi)创办的 *EKO Igbehin*(1926)和 J. B. 托马斯(J. B. Thomas)创办的《拉各斯圣坛报》(*Akede EKO*, 1928)。这些报纸主要集中在拉各斯等城市,主要作用是宣传基督教,也介绍当地新闻和国际新闻。但它们都关注约鲁巴历史和文化,为新兴的约鲁巴文学开道,对传播约鲁巴文字也功不可没。

小说是传统文学中未曾出现的文学样式。J. B. 托马斯(J. B. Thomas)率先写出第一部约鲁巴语中篇小说《塞吉洛拉的生活故事》(*Itan Igbesi Aiye Emi Segilola*)。这部作品首先在他自己创办的报纸《拉各斯圣坛报》上连载(1929 年 7 月—1930 年 3 月),尔后于 1930 年结集出版。小说是虚构的,主人公塞吉洛拉是作者杜撰的人物,她一而再地致信编者,声称她原先是一个漂亮的少女,后来屡犯错误,堕落成为妓女,最后孤苦伶仃、生活悲惨。托马斯结合当时拉各斯社会的现实状况,把塞吉洛拉塑造成一个需要帮助的真实的人。在报纸发表她的第 15 封信时,真的有人寄来捐款,编者佯称会亲自把捐款送给塞吉洛拉。可见作者的写作手法得到读者的认可,小说内容贴近现实。

整个小说由 30 封信构成。尽管书中有明显的色情淫秽的叙述,但总的来说,内容介于教会告诫的沉闷的道德说教和伦理道德的解放之间。在这个生活故事的末尾,塞吉洛拉呼吁所有的年轻女子要从她的不幸中吸取正确的教训去过有道德的生活。

不久又有一部中篇小说出现,它是 E. A. 阿肯坦创作的《先苦后甜:一个孤儿的故事》(*Igbehin-a-dun tabi ItanOmo OruKan*)。小说最初在他创办的报纸《快报》上连载,显然早于 J. B. 托马斯的小说,可是到 1931 年才正式完成,走上市场。它讲述约鲁巴姑娘的生活故事:1860 年代的孤儿过着不幸福的生活,后来成为王后,过上幸福的家庭生活。这是一个真实的故事。

无论是约鲁巴语报纸还是约鲁巴语、英语双语报纸,都发表加以修正的口头诗歌。例如 1924 年,《约鲁巴新闻》发表《伊巴丹新王奥伊沃勒就职的赞颂诗》("The Oriki of Oyeewole, the New Baale of Ibadan, on His Installation")。这期报纸还发表阿贾依·科拉沃勒·阿基塞夫的两篇短的散文作品《人是难对付的》("Enia Soro")和《谁比得上上帝?》("Tan' t' Olorun?")。前者讲到人是怎样变坏的,后者论述人际关系的复杂性,二者都以简短的叙事作为解释谚语的例证或者说明一个道德教训。

在第二次世界大战前夕,正统传教会书店出版约鲁巴作家 D. O. 法贡瓦(D. O. Fagunwa, 1903 或 1910—1963)的第一部长篇小说《神林奇遇记》

(*Ogboju Ode Ninu Igbo Irunmale*，1938)。它也是第一部约鲁巴语长篇小说。小说是一个英雄探索故事，主人公是一个上了年纪的猎人阿卡拉奥贡。整个故事首先在作者所在地的现实生活中发生，一个勇敢的猎人根据大王的命令开始充满危险的远征。他走进约鲁巴人现实世界之外的荒野密林，遭遇各种妖魔鬼怪和超自然力量并同他们作战。利用魔法和死去的母亲的帮助，他战胜他们，最后胜利归来。为了躲避各种危险，他自身变形，甚至长出羽毛，飞离麻烦地点，就像原文所说的那样："Ibiti nwon ti npa ero bi awon yio se re mi lule，ni mo ti ranti ogun mi kan bayif，egbe ni；mo ba sa a were mo si ba ara mi ni iyara mi ni ile，egbe ti gbe mi de ibe."（当他们正打算把我扔下去的时候，我想起来我的魔法。它就是埃格比。我用它，不一会儿就发现我本人就到了自家院子里的一个房间。是埃格比把我放飞到那儿的。）诸如此类的故事情节屡屡发生，这归功于法贡瓦大量使用约鲁巴民间故事和民间传说，也归功于他从希腊、拉丁和阿拉伯文学中博采众长。书中当然也有他本人创造的故事。猎人对其经历的叙述反倒成了作者布道的工具，因此小说末尾清楚地引出这样的教训：努力无往不胜。

《神林奇遇记》第一版销售很好，因此托马斯·纳尔逊父子公司在1950年出版了它的新版本。早在一年前该公司已出版法贡瓦的第二本长篇小说《奥乐杜马尔的丛林》(*Igbo Olodumare*)和第三本长篇小说《营长的甘蔗》(*Ireke Onibudo*)，后来又出版他的第四本长篇小说《大胆猎人在千魔百怪城》(*Irinkerinclo Ninu Igbo Elegbeje*，1954)和第五本长篇小说《奥乐杜马尔的秘密》(*Adiitu Olodumare*，1961)。

《神林奇遇记》甫一出版即引起轰动，不仅老少争读，而且连不识字的人也买书让别人读给他听。学校将它用作教材，《神林奇遇记》从此成为约鲁巴语文学经典。1968年，沃莱·索因卡将它译成英语出版。第二本小说《奥乐杜马尔的丛林》也被沃莱·索因卡译成英语于2010年出版。

《神林奇遇记》成为法贡瓦后来四部长篇小说的样板。后来的作品基本上是这类框架小说，即探索小说。诚如阿纳·班格博斯所说：每部小说都有个引言，作者与主要故事叙事者相见；情节发展采用旅程，尤其是险象环生的旅程方式，主人公要经历各种各样的大灾大难，最后同年长的智者相见，故事达到高潮；智者讲述各种故事并从中讲出某种道德价值。[①] 正像许多教会学校的教师成为非洲语言现代创作的开创者那样，法贡瓦作为教会学校的校长，身体力行地为学生和识字的约鲁巴人提供阅读材料，从而发挥了母语的优越性，改进了欧洲人提供的拙劣又不切实际的基本教材。当然，小说中的各个故事有

---

① Ayo Bamgbose，*The Novels of D. O. Fagunwa*，1974.

时结合得不好,结构有些松散。

法贡瓦的最后一部长篇小说与之前的几部小说有显著的不同。虽然坚韧不拔的主题还在,但是故事的幻想成分大大减少,现实主义成分相当突出,尤其是关于阿迪图和伊玉奈德的叙事,他们从友谊发展到结婚,完全是两个正常人的事情。

法贡瓦的其他作品,包括几本民间故事集和他应英国文化教育协会(the British Council)之邀赴英国 18 个月而写下的《旅游纪事一》(*Irin Ajo*,*Apa Kini*)和《旅游纪事二》(*Irin Ajo*,*Apa Keji*)。

法贡瓦小说的成功鼓舞了其他作家,有几个作家模仿他,但没有取得他那样的成功。比如奥贡希纳·奥贡德勒(Ogunsina Ogundele,1925—)在 1956 年由伦敦大学出版社出版《奥洛昆称霸的大海深处》(*Ibu Olokun*)。这是一部扎根于民间传说的幻想小说。主人公奥罗戈道干因是一个生来就有超自然力量的男人。他卷入各种各样不同寻常的环境,并且在这些环境中干出各种各样的奇迹,尤其是不情愿地从大地到天空,又穿过大海深处从天空到大地。第二部长篇小说《埃济贝德从大地去天空》(*Ejibede Lona Isalu Orun*)也是一部幻想小说,1957 年由伦敦的朗文-格林公司出版。小说的主人公被描写成一个爱折磨人的孩子。这个孩子原先从天上跳到大地生活,后来又经历许多惊涛骇浪返回天上。1957 年,约瑟夫·阿金耶勒·奥莫雅乔沃(Joseph Akinyele Omoyajowo,1934—)出版《伊坦·奥德尼雅-奥莫·奥德里汝》(*Itan Odeniya-Omo Odeleru*),它是扎根于口头传说的小说。后来,D. J. 法坦弥(D. J. Fatanmi,1938—)出版一部法贡瓦模式的幻想小说《科里迈勒在阿迪姆拉森林》(*Korimale Ninu Igbo Adimula*,1967)。主人公科里迈勒是一位勇敢的猎人,在神秘的森林中遭遇各种各样的造物。故事充满布道精神,结尾处引出道德教训。这些小说确实模仿了法贡瓦的写法:从丰富的民间传统汲取素材,然后"把一些传统故事编织在一起,由一个中心叙事线索贯穿起来,稍为加以现代化的处理,使之同基督教精神的道德原则协调一致"。[1] 一句话,法贡瓦开创了尼日利亚奇幻小说传统。真正继承并将法贡瓦奇幻小说传统发扬光大的作家乃是用英语进行创作的约鲁巴族作家阿莫斯·图图奥拉(Amos Tutuola,1920—1997)。

承上所述,J. B. 托马斯以中篇小说《塞吉洛拉的生活故事》开创了约鲁巴语小说的现实主义传统,但是这一传统真正开花的时间却是 1940 年代、1950 年代及至尼日利亚获得独立之后。

---

[1] Michel Doorment, "Samuel Johnson(1846-1901):Missionary, Diplomat and Historian," see *Yoruba Historiography*,1994,p. 76.

阿德坎弥·奥耶德勒(Adekanmi Oyedele，1900—1957)是现代约鲁巴语文学发展史上一位重要作家。1947 年，设在伊巴丹的西尼日利亚文学委员会出版他的长篇小说《什么世道！》(*Aye Kee!*)。这是一部虚构的自传体小说，突出约鲁巴人的传统生活。正像巴巴娄拉所说："它明显地偏离了法贡瓦的路径，它是一部现实主义长篇小说，它是以欧洲人到来以前约鲁巴人民的传统生活为基础的一部虚构的自传。"[①]虽然在叙事方式、教诲想法的吐露以及几个孤立事件的串联方式上我们发现法贡瓦的笔法，但是最突出的主题是肯定一个人的前定事件。1970 年，奥耶德勒的第二部长篇小说《你就是那个人！》(*Iwo Ni!*)由麦克米伦公司出版。这个故事忠实描述了名叫埃伊阿拉的女主人公的生活和她经历的变迁。当然书中人物名字有喻义，故事内容有教诲意义，这些方面与法贡瓦的小说有些相像。

伊萨克·O. 德拉诺酋长(Chief Issac O. Delano，1904—1979)是约鲁巴文化学会(Egbe Omo Oduduwa)的官员，也热心约鲁巴语言文字工作。牛津大学出版社出版过他编写的《约鲁巴语词典》(*Atumo Ede Yoruba*，1958)，后来又出版了他的《约鲁巴语言的中枢》(*Agbeka Oro Yoruba*，1960)、《谚语是语言的骏马》(*Owe L'Esin Oro*，1966)和《现代约鲁巴语法》(*A Modern Yoruba Grammar*，1965)。可以说他是一位语言学专家。1955 年，德拉诺酋长在托马斯·纳尔逊父子公司出版他的第一部长篇小说《变化的时代：白人来到我们中间》(*Aiye D'aiye Oyinbo*)。这部长篇小说是历史题材小说。故事发生在由传统社会向殖民统治过渡的时期。主人公是叙事者的丈夫，他是乡村首领，也是她的偶像。他在英国统治者把间接统治强加在传统政府模式过程中经历了种种变化。他奋力抵抗但失败了，因为白人殖民主义者有武器精良的部队优势，也因为人民在他极其需要支持的时候没有给予支持。作者巧妙地采用了以约鲁巴长者传递回忆的典型模式为基础所形成的叙事风格。因此，这部小说中充满大量的约鲁巴谚语和习惯用语，行文稳健悦人。1963 年，德拉诺酋长又出版他的第二部长篇小说《往昔的日子》(*L'ojo Ojolln*)。这也是一部历史小说，故事发生在 1920 年代的阿贝奥库塔，中心人物是作者皈依基督教的父亲，一个由勇士变为农民的人。他试图领导农村社区克服这个新时代的各种困难。整个小说讲述酗酒问题，涉及导致拉各斯发布禁酒令以控制约鲁巴地区人民烈性酒消费的种种事件。小说体现了作者对社会状况的关注。

约鲁巴正规文学的成长表明：它已从口头故事和口头叙事向散文、小说和书写形式的戏剧发展。

---

①　Bruce King，ed.，*Introduction to Nigerian Literature*，1971，p. 52.

第三节
戏　剧

约鲁巴戏剧与其说是一种文学样式,倒不如说是一种表演。约鲁巴民间戏剧历来存在,但是剧本创作的尝试,最早出现在 E. A. 阿肯坦创办的《快报》(*Eleti-Ofe*)1923 年 2 月 24 日这一期上。最重要的剧本创作直到 1958 年才正式出版。

法贡瓦和德拉诺酋长的同代人约瑟夫·福拉汉·奥顿乔酋长(Chief Joseph Folahan Odunjo,1904—1980)在 1958 年出版了他的第一本书——剧本《阿格巴洛沃弥瑞》(*Agbalowomeeri*)。它是用约鲁巴语写出的最早的印刷剧本,即主要供读者阅读的文学剧本之一。当然这类剧本也可能被搬上舞台,获得成功。这个剧本的主人公就是阿格巴洛沃弥瑞,他是个腐败的酋长,最后因其恶行受到惩罚,过早地死在妖怪精灵充斥的森林之中。同年,阿代博耶·巴巴娄拉出版剧本《鞭子打错了人》(*Pasan sina*)。这是一部五幕剧,聚焦在一个男孩身上。为了鞭打他的老师,这个男孩扮成假面剧演员,结果鞭子却打错了人。这个带有教诲意义的笑剧情节体现了学校剧的特征,但是作者围绕它,也把对传统生活方式的描写编织了进去。这两位作家都是受过高等教育且有创造天赋的剧作家,以这样两个剧本奠定了约鲁巴语书写剧本的基础。

然而引起国际关注的却是"约鲁巴民间歌剧"。在约鲁巴地区,正像在非洲其他地区一样,戏剧往往出现在宗教节日语境中,以重演历史事件的方式安慰神灵、抚慰死者。这些演出也用作讽刺的手段。乔尔·阿德德济(Joel Adedeji)描述说,在 1920 年代,奥约国王禁止由演员兼经理的阿比道贡(Abidogun)领导的阿比丹剧团的演出,因为它对王室无礼。另外一种戏剧活动由传教士们提供。有些教会人士为了让不识字的听众熟悉《圣经》里的故事,转向中世纪的戏剧技巧或奇迹剧。根据乌里·贝尔(Ulli Beier)的说法,1930 年代,《圣经》题材的剧在上演,特别是一些分离的非洲教会在演,艺术处理粗糙,演员沉迷于西欧神秘剧的下流欢笑。

约鲁巴戏剧世俗化是由教师兼唱诗班歌手休伯特·奥贡德(Hubert Ogunde,1916—1990)率先在 1940 年代中期开始的。1943 年,休伯特·奥贡德让他的唱诗班演出由《圣经》故事改编的学校剧。1944 年,他创建他的音乐会公司。他最早的剧本是《伊甸园和上帝的宝座》(*The Garden of Eden and the Throne of God*，1944年首演)，它们是约鲁巴巡回剧团演出的范例，在拉各斯的圣主教会(Church of Lords)被搬上舞台，首次正式演出在纳姆迪·阿齐克韦(后为尼日利亚独立后的第一任总统)任主任的格洛弗纪念堂。随着对约鲁巴文化，尤其是对舞蹈、音乐、民俗和民间故事的非凡而严肃的研究，奥贡德的音乐研究团队把口头表演形式定型为在常规舞台演出的剧本和小型歌舞时事讽刺剧。除美学之外，剧本的社会、政治的维度也在发展，它们是对当时为自决和独立而进行的民族主义斗争的有意识回应。奥贡德的戏剧为全国青年运动的文化民族主义提供了文化透视。《非洲与上帝》(*Africa and God*，1944)就是对这个运动要求的非洲复兴大动员的回答。用约鲁巴语言演出的《罢工与绝食》(*Strike and Hunger*，1945)和《比犯罪更糟糕》(*Worse than Crime*，1945)不但描绘了第二次世界大战结束后立即兴起的文化觉悟和政治民族主义浪潮，而且体现了深刻的使命感。《罢工与绝食》把当年发生的全国大罢工事件搬上舞台，通过戏剧演出直截了当地揭露和讽刺了外国对尼日利亚实行的殖民统治的暴虐和剥削。该剧演出后受到民众欢迎，但遭殖民当局禁演。恰好当时的阿克拉仍然被看作西非的文化中心。奥贡德奔赴黄金海岸(今日加纳)演出，在1947年和1948年都获得成功。他没有放弃《圣经》带给他的灵感，可却把《圣经》题材随意地非洲化了。他还演出过一些以约鲁巴传统为基础的剧。出于票房考虑，他也不得不演出纯娱乐性的流行音乐剧。

第二次世界大战后的十几年，奥贡德成为别人学习的榜样，几个剧团在西尼日利亚涌现，其中最著名的是奥贡莫拉巡游剧团，大约在1947年由E.科勒·奥贡莫拉(E. Kole Ogunmola，1925—1973)创建。他的作品与奥贡德的作品有相同的地方：既采用《圣经》题材又采用约鲁巴民俗材料。但他的观点显然是基督教的，有道德说教的特点，而且他更喜欢社会批评而不是政治批评。

第四章

伊博语文学

1921 年,伊萨克·伊韦卡努诺(Isaac Iwekanuno)用奥博西方言写出伊博语的第一篇历史文章《奥博西力士》("Akuko AlaObosi")。

1927 年,克劳瑟制定的《伊博语识字课本》经过修改、扩充,含有 19 篇世俗文章、1 篇关于太阳的长篇叙事谜语、9 篇关于基督教的文章和 18 篇民间故事。同时,此书易名为 *Azundu*,一直作为教科书沿用下来,成为 1930 年代—1950 年代上学的大多数伊博孩子的主要读物。教会利用它教导伊博人阅读和创作伊博语文学。应该说,对伊博语文学创作影响最大的书籍,是这个《伊博语识字课本》和《圣经》的伊博语译本。当然伊博口头文学的影响也不可小觑。综上所述,用伊博语拼写文字出版的东西稀少,且往往局限于学校读物、宗教教育和书面故事之类。

1930 年,翻译局在乌穆阿希亚(Umuahia)建立。

1933 年,皮塔·恩瓦纳(Pita Nwana,1881—1968)创作的长篇小说《欧弥努科》(Omenuko)在国际非洲语言文化研究所举办的非洲当地语言创作竞赛中脱颖而出,获得伊博语言文学创作的头奖。接着该小说以伊博语的两种方言文字出版,很受读者欢迎。

《欧弥努科》总共 67 页,分 15 章。故事根据一个历史人物的人生经历写成。这个历史人物就是殖民统治初期的伊博酋长伊格韦格比·奥德姆(Chief Igwegbe Odum,1855—1940)。小说主人公欧弥努科非常自负,野心勃勃,贪恋财富和权力。他经商,在去大市场的途中,大桥坍塌,货物损失殆尽。为了弥补损失,欧弥努科竟然丧尽天良,把徒弟、奴仆、他的一个近亲卖作奴隶。他不但毫不愧疚,反而移居其他城镇。在那里他巧施诡计,当上酋长接班人。他对其他酋长威逼利诱,骗取殖民当局的信任,先后当上委任酋长和最高酋长。但好景不长,他劣迹败露,半年之后又被撤销职务。后来他回到家乡,用挣的钱将原来卖作奴隶的人赎回,与家乡的人和解。

皮塔·恩瓦纳是一位具有多种特质的作家:他意象性地使用语言,机智、轻快又幽默,善于构建情节和巧妙地运用情节。但是作为作家,他的卓越之处主要在于塑造人物的独特能力。因此在《欧弥努科》中他全神贯注于主人公的发展,创造了一个读者在小说中所能碰到的最难忘的人物。正是欧弥努科这一人物使这本书成为一部杰作,使恩瓦纳成为合乎时宜的作家。

欧弥努科聪明、机灵、足智多谋,可也狡猾和反复无常。他最大的毛病就是贪得无厌。为了发财他为所欲为,为了保住高位他不惜一切。他不择手段地利用他个人的优势。他就是自己的法律,增加个人财富就是他的宗教。他在桥塌事件中的作为便是明证。

在流亡中,他的罪恶计谋充分暴露出来。只要流亡不严重影响他发财兴旺的野心,他就能忍受。因此他靠主人,即姆格博罗格伍的人民增加财富。可是当他们挑战他不堪忍受的生态中心主义时,他则毫无内疚地策划破坏他们的行动。在小说末尾,他被要求做礼仪献祭以便同家乡人和好。他像往常一样恶作剧,尽管巧妙地加以掩饰。他以他典型的满不在乎的方式应对这种礼仪献祭:做祭司期望他做的事,说正确的话,像当年卖徒弟为奴那样轻松地赎回他们。

他是真正悔悟,还是为了晚年幸存而不得不为之? 很难说。最后,欧弥努科才明白成功、幸福和自由的真正意义。"我现在比我逃离咱们村子以来任何时候都快乐自在。"他这样说,"即使死亡临头,我也不会害怕。"

正像 O. R. 达索恩(O. R. Dathorne)所指出的那样:"恩瓦纳的篇幅较小的长篇小说不只是一个英雄探索的故事。它是对相互冲突的忠诚和犯规与报应心理的考察。作者并没掩饰他称之为一个真实故事的教诲目的:'我记录了梅兹·欧弥努科人生中的某些事件和事故,以便读者从中可以学到一些东西,……'整个故事也反映了随着殖民者的到来,非洲产生了沮丧情绪,社会动荡不安。"①

《欧弥努科》是伊博语文学最大成就之一,也极有可能是后来钦努阿·阿契贝用英语写作伊博历史小说所用的一个样板。近 100 年来,它一直是文学的经典作品。1937 年,D. N. 阿卡拉(D. N. Achara)的《宾戈岛》(*Ala Bingo*,以下括注的页码均来自此书)在伦敦出版。它讲述一个国王半年在天上生活、半年在地上生活的故事。国王的运动产生了季节:在天上时下雨为雨季,在地上时干旱为旱季。他的两个儿子成了他的神童,可他必须决定谁当王位继承人,于是用猜谜语的方法测试他们的个人能力。大儿子猜到了谜底。这是种令人不满的结果,作者补充说,总是老大继承。

小说关注人类尊严并探究谦卑。从小说开头我们就得知国王非常重要,"整个城镇只有一个男人(大王本人)和他的一个仆从"(p. 2)。最后,他不得不接受奴仆忠告回到大地,从而得出道德教训:"饥饿使他接受他以前拒绝的东西。"(p. 38)他经受了各种各样的屈辱,如他去"病院"拜访一个麻风病人和奴仆,他等候好多天才受到东方君王的接见,等等。

这部小说还非常关注爱情主题。这是当地语言创作传统几乎不曾涉及

① O. R. Dathorne, *The Black Mind: A History of African Literature*, 1974, p. 99.

的——口头文学中没有,书写文学中也鲜见,例如下面这个段落:

有天,公主正在吃为她摆放的东西时,突然被国王看见。她是那么漂亮,举世无双。她的脸蛋像一轮明月,头发像英国羊毛,皮肤光滑得像一块磨光打滑的木头,牙齿像唾液一样闪闪发亮。她的微笑就像干季的朝阳那般粲然。她,美颜绝伦;她,搅得国王心潮起伏。他说的每一个字都与公主有关,他做的所有美梦都集中在公主身上,看见她就像见到美味佳肴那样开心。(p.25)

这个段落充满感情,但比喻牵强附会,可是同国王放弃天上虚无缥缈的东西、回到大地求得安全的结局却出人意料地形成对照。

1949 年,东尼日利亚文学局在乌穆阿希亚建立,但是伊博语书写文学依然停滞不前。1950 年代,只有少量短篇小说发表。

第五章

英语文学

随着殖民统治的确立和巩固，英国殖民政府开始加强殖民主义教育，懂英语、使用英语的尼日利亚人日益增多。还有些尼日利亚人从英美留学归来，不但熟练地掌握英语，而且拥有先进的思想。他们主动兴办报纸和刊物，既提供新闻材料，也刊登故事、诗歌、小说和剧本，激发了尼日利亚人使用英语、创作文学作品的兴趣。还有些尼日利亚人甚至买下教会的旧印刷机，办起印刷厂。因此，英语文学创作有了载体和出路，因缘际会发展起来。开始，模仿英美文学在所难免，但作品也反映了作者的思想和社会现实。在民间，具体说在城市，受教育程度不高的市民中还出现了市民写、市民读的市场文学。一俟伊巴丹大学学院(后改称伊巴丹大学)建立，在校学生和大学毕业生陆续走上文坛，优质作品迭出。尼日利亚英语文学创作后来者居上，在黑非洲英语文学中占有不容争辩的领先地位。

第一节
二战前与二战期间英语文学

一、诗 歌

早在 1930 年代—1940 年代，纳姆迪·阿齐克韦(Nnamdi Azikiwe，1904—1996)和丹尼斯·奥萨德贝(Dennis Osadebay，1911—1995)就在报刊上发表诗歌作品。他们都是文化民族主义者和尼日利亚独立运动领导人。但就诗歌而言，奥萨德贝成就最大，率先出版诗集《非洲歌唱》(*Africa Sings*，1951)，比后来奥鲁姆贝·巴希尔(Olumbe Bassir，1919—2001)编辑出版的诗集《西非诗集》(*An Anthology of West African Verse*，1957)早六年。

1. 丹尼斯·奥萨德贝

丹尼斯·奥萨德贝(Dennis Osadebay，1911—1995)被称为"先驱诗人"。他出生在东部阿萨巴的伊博人家庭，曾在英国学习法律，是一位新闻记者和律师,在伦敦参加过促成尼日利亚独立的制宪会议,担任过现在不复存在的中西部第一任总理。他写诗的目的相当明确,正像《非洲歌唱》的第一首诗《谁购买我的思想》("Who Buys My Thoughts")所说的那样:

> 谁购买我的思想
> 购买的不是一杯甜蜜
> 让每种胃口感到甜蜜;
> 他购买的是青年非洲的
> 心灵悸动,
> 数以百万计的心灵
> 饥饿,赤裸,病态,
> 向往,渴望,等待。
>
> 谁购买我的思想
> 购买的不是神龛的
> 小神们的欺诈
> 他购买众多烦躁青年
> 规划的思想
> 他们出生在深刻冲突的文化之中,
> 分类、探问、观察。
>
> 谁购买我的思想
> 闷烧的不能遏制的火
> 闷烧在每一颗活着的心
> 心是真的高尚的抑或痛苦;
> 它烧遍了整个大地
> 破坏、追逐、清理。①

在这首诗里,作者大胆讲出他的诗歌应该向读者传达什么——他的思想就是他的诗歌。

奥萨德贝属于新兴的中产阶级,尼日利亚未来的政治领袖和社会领袖将从这个阶级中涌现,承担民族解放的责任。因此他的诗歌充分体现中产阶级的气质,主张非洲人的心是自由的。但是奥萨德贝却不确定他的艺术发展方

---

① Donatus I. Nwoga, comp., *West African Verse*, 1967, pp. 15 - 16.

向。他的诗歌《年轻非洲的请求》("Young Africa's Plea")明白说出了他的混乱和不确定性：

> 不要保留我的习惯
> 当作好玩的古董
> 去适应某个白人史家的趣味
> 没有什么矫揉造作的东西
> 击败文化的天然方式
> 和生活的理想。
> 让我用白人的方式玩耍
> 让我用黑人的头脑工作
> 让我的事情井井有条。
> 然后我在美好的再生中
> 崛起，成为一个较好的人
> 面对世界没有愧疚。
> 那些怀疑我才干的人们
> 暗地里害怕我的力量
> 他们知道我同样是一个人。
> 让他们埋葬他们的偏见
> 让他们显示他们高尚的方面
> 让我不受妨碍地成长
> 我的朋友们将永远不知道遗憾
> 而我，我从来不曾忘记。①

殖民主义造成的最严重的破坏性结果，就是自卑综合征，它存在于所有荣耀之中。诗人不为迎合白人的趣味而保留自己的习惯，他请求那些人不要妨碍他的成长，请求那些怀疑他才干的人显示高尚的方面。如果说他真正怀念他的习惯，那么从某种意义来说，这意味着他热爱和尊重习惯，那么，他为什么面对世界时会感到羞愧？他谈论的"不受妨碍地成长"是什么？打算引向何处？他说"用白人的方式玩耍"和"用黑人的头脑工作"，其意义究竟是什么？这一切让人迷惑。这种感觉似乎被诗歌中间的凄凉词语最强而有力地加以确认："让我的事情井井有条。/然后我在美好的再生中/崛起，成为一个较好的人。"这些诗行闪现希望的火光，但也携带一个绝望的世界。作为一名殖民化

---

① Donatus I. Nwoga, comp., *West African Verse*, 1967, p. 17.

了的尼日利亚人,奥萨德贝的混乱感情所采用的表达既不像艾奎亚诺那样模仿西方,又没有非洲特色——既没有故乡的图画,也没有暗示近在手边的充满比喻和形象的古代诗歌艺术的存在。因此,除了作者的混乱感,读者得到的主要印象就是作者关于文化遗产的困惑和欧洲对他的吸引。这首诗多次被收入非洲诗歌集,回应了1930年代—1940年代占社会主流的文化民族主义情感。它在呼吁欧洲读者承认非洲人的人性和对自由的渴望。

总之,《非洲歌唱》主要探讨了三大主题:1)颂扬土生土长的非洲文化价值和黑人骄傲,如《非洲的崛起》("Rise of Africa");2)表面上美化实则讽刺作为殖民大国的大不列颠,如《非洲对英格兰说》("Africa Speaks to England");3)歌颂大自然,《棕榈树颂》("Ode to the Palm Tree")则是其中的例子。奥萨德贝有些诗是从伊博语译成英语的,措辞以皮钦英语和方言为特点,表明他翻译技巧娴熟。《非洲歌唱》再版时又将他后来的诗歌收入,易名为《一个民族主义者的诗歌》(*Poems of a Nationalist*)。

奥萨德贝也写过《年轻非洲的感谢》("Young Africa's Thanks"):

> 谢谢你们
> 不列颠的儿女们
> 你们给我医院,
> 你们给我学校,
> 还有方便的交通,
> 你们的西方文明。

从此诗可以看出,一个典型的先驱诗人竟然忘记了殖民主义的负面影响,不加批判地发出赞颂的声音。在艺术创作方面,奥萨德贝显然受到教会赞美诗和标语口号的强烈影响,请看下面一首质疑白人谎言与迷信的诗:

> 我简单的父辈
> 在孩子气的信仰中相信一切:
> 它耗费他们许多
> 他们不怀疑魔法的谎言
> 迷信似乎有某种逻辑。[①]

---

① Ulli Beier, ed., *Black Orpheus: An Anthology of African and Afro-American Prose*, 1964, No. 1.

2. 纳姆迪·阿齐克韦

纳姆迪·阿齐克韦(Nnamdi Azikiwe，1904—1996)博士是另一位重要的先驱诗人。他出生在北部宗盖鲁的一个伊博人家庭，曾就读于几所教会学校，后来做了两年小职员。1925年他去美国留学，获得两个硕士学位。作为一名成功的记者、出版商、企业家、民族主义者和政治家，阿齐克韦是尼日利亚激进民族主义的重要奠基人之一。他动员成千上万的人从事民族主义事业，利用报纸从事反殖民主义事业。他曾是尼日利亚第一位名义上的总统和总督。他从来没有退出政坛。早在美国留学期间，他就意识到黑人在白人统治的社会里受到限制：

> 没有朋友，郁闷不乐，
> 我满心难过，
> 所有希望不复存在。
> 现在我想要死
> 没人给我安慰。
> 在这个荒原
> 就是我的命运，
> 现在我想要死。①

这首诗表达了作者在白人统治环境中的心情——痛不欲生。"荒原"更体现了完全无望。

后来，尼日利亚和其他非洲国家开始斗争，诗人发出忠告：

> 现在起来，复兴的非洲人：相信你自己。
> 相信你有才干，你潜在的才干，
> 相信它会对你发挥作用。
> 非洲过去已经产生天才。
> 非洲今天正在产生天才。
> 非洲将来还会产生天才。
>
> 你瞧赋予宇宙人类的
> 　一个大洲！
> 你瞧产生和养育文明的

---

① Nnamdi Azikiwe, *My Odyssey*，1970，pp. 100 - 101.

> 一个大洲!
> 你瞧曾被苦难遮蔽的伟大的
> 一个大洲!
> 非洲,起来,行动起来……①

这首诗强调非洲人应当自信——民族自信和文明自信,因为非洲过去产生过天才,今天正在产生天才,将来还会产生天才。非洲是人所共知的人类发源地,"赋予宇宙人类","产生和养育文明"。虽然一度"被苦难遮蔽",非洲依然是"伟大的/一个大洲"。关键是"非洲,起来,行动起来",复兴曾经了不起的非洲。一言以蔽之,非洲曾对宇宙有过贡献、对人类文明有过贡献。它虽然遭遇苦难,但是要自信、要行动,复兴在望。后来的事实也证明了阿齐克韦的忠告。这首诗的语言直白,善用排比句,加强了气势,有种催人行动的力量。

阿齐克韦最有名的著作是《非洲复兴》(*Renascent Africa*,1937)和《我的奥德赛》(*My Odyssey*,1970)。在他漫长而又积极的人生中,他获得许多荣誉学位和酋长头衔,并在 1980 年荣获尼日利亚联邦共和国大统帅勋章。尼日利亚首都阿布贾的国家机场是以他的名字命名的。

此外,阿代博耶·巴巴娄拉(Adeboye Babalola,1926—2008)也根据约鲁巴口头诗歌创作英语诗歌,在 1940 年代由英国广播公司(BBC)广播,有些诗歌被巴希尔编辑的《西非诗集》选入。还有一位诗人加布里尔·奥卡拉(Gabriel Okara,1921—2019),他用英语写诗和小说。

二、小说和散文著作

1930 年代,尼日利亚出现许多英语报纸和杂志,其中《尼日利亚杂志》(*Nigeria Magazine*,1934)和《西非舵手》(*West African Pilot*,1937)都为尼日利亚作家提供发表作品的园地。据说尼日利亚第一部英语长篇小说,即穆罕默德·杜斯(Mohammed Duse)的《法老们的女儿》(*A Daughter of the Pharaohs*)就发表在 1930 年代初的报纸上。

《西非舵手》的创办人、后来的尼日利亚联邦共和国第一任总统纳姆迪·阿齐克韦发表《非洲复兴》。这是一本宣扬民族复兴的重要散文著作。他曾召唤他的同胞迎接"创造学术的黎明",呼吁他们"创造一个体系以保存他们的文学产品、文化传统和美学理想"。他宣布"文学是任何一个民族的灵魂",以期

---

① Nnamdi Azikiwe, *Renascent Africa*, 1937, p. 117.

引起尼日利亚人对文学的重视。①

班德勒·奥芒尼伊(Bendele Omoniyi，1884—1913)是尼日利亚民族主义者，出生在今天的尼日利亚拉各斯。父母卖掉土地资助他在英国学习。他在1906年进入爱丁堡大学学法律，后因参与政治活动而放弃学习。他经常向一些杂志投稿，敦促殖民地的政治改革。1908年，他出版《为埃塞俄比亚运动辩护》(*A Defence of the Ethiopian Movement*)，旨在敦促殖民地的政治改革，并警告说，若不改革，非洲一场革命即可结束不列颠的统治。1910年奥芒尼伊移居巴西，后来因为政治活动被逮捕，又拒绝英国文化教育协会的援助，后来染上脚气病，最后死在牢中，时年29岁。

之前，还有一本皇皇巨著在1921年问世。它就是萨缪尔·约翰逊(Samuel Johnson，1846—1901)在伦敦出版的《约鲁巴历史》(*The History of the Yorubas*)。全书共684页。该书是一本历史散文著作，讲述约鲁巴人从起始至被英国征服的历史，也是一本颇具文学性的著作，不仅收录大量的神话传说、民俗习惯、民间故事和口头诗歌等，而且书中的历史往事和历史人物还为后来的文学家们提供素材和灵感。在笔者看来，《约鲁巴历史》对尼日利亚文学的意义，犹如司马迁的《史记》对中国文学的意义。

三、戏　　剧

承前所述，1894年，埃格比伊费戏剧团演出由D. A. 奥劳耶德(D. A. Oloyede)创作的《埃勒吉格博大王》(*King Elejigbo*)和《康塔戈拉的王子阿比济》(*Prince Abeje of Kontagora*)，这两部剧作乃是真正的尼日利亚戏剧，即当地戏剧的范例，受到欢迎，站稳脚跟。该剧团又继续演出《嫉妒的奥约王后》(*The Jealous Queen of Oyo*，1905)和《珀涅罗珀》(*Penelope*，1908)。两部剧都具有当代戏剧的形式和结构——分幕分场，主题取自约鲁巴民俗和口头故事。到1912年，戏剧娱乐的世俗化在尼日利亚南部发展得很快，吓坏了殖民政府，它立马制定登记核准法令，规定剧团须获得许可后才可公开演出。但是在1930年代—1940年代，当地大众戏剧还是达到了高潮。1944年，休伯特·奥贡德以其精湛技法和受大众喜爱的早期戏剧出现在尼日利亚剧场，多数以约鲁巴语演出，也有少数使用他本人创作的英语剧本，如《伊甸园和上帝的宝座》(*The Garden of Eden and the Throne of God*)和《罢工与绝食》(*Strike and Hunger*)。奥贡德为尼日利亚戏剧传统的确立做出了巨大贡献。此外，在1940年代—1960年代出现了奥尼查市场文学，其中就有英语文学剧本，留

---

① Nnamdi Azikiwe，*Renascent Africa*，1968，pp. 137 - 138.

在下一节评述。然而，当代文学戏剧传统必须追溯到詹姆斯·埃尼·亨肖（James Ene Henshaw，1924—2007）。

第二节
奥尼查市场文学

奥尼查（Onitsha）是尼日利亚东部尼日尔河岸上的一个城市，早在 19 世纪末就是一个商业和文化中心，也是最早设立基督教传教站的地方。1940 年代，尤其是第二次世界大战结束后，城市化日益加速，农村人口流入，中小学迅速发展，民众识字率大幅提高，相对富裕的中产阶级下层也在扩大，而且出现了购买教会旧印刷机创办个人印刷厂和出版机构的情况。当年参加二战的士兵复员，从国外带回新思想和通俗读物。于是在奥尼查市场出现了一种新兴的英语文学，即奥尼查市场文学（Onitsha Market Literature）。它是与严肃文学不同的一种文学：严肃文学是知识分子，尤其是伊巴丹大学教师、学生创造的文学，面向海外，关注海外市场；而奥尼查市场文学的创作者们是中小学教师、中学生、印刷厂老板和各种从业人员，他们的教育程度仅达中小学水平。他们关注当地的迫切需要，创作小册子供具有同样教育水平的读者消费。1950 年代末，市场摊点和附近书店每天都有 200 种不同名目的小册子可供选择。每种小册子篇幅不大，通常只有 45 页左右，销售量通常就是 3 000 至 4 000 册，售价不高，一般人都买得起。买者或自我保留或馈赠朋友，或自我欣赏愉悦心情或汲取智慧指导人生。简言之，奥尼查市场文学就是一种大众写、大众读的通俗文学。它在内战期间结束。

奥尼查市场文学是用当地民族语言或英语书写的文学，但是大多数作品是用英语写的，因为英语是跨民族的、小学和中学授课用的主要语言，所以容易被大多数读者接受。作者用英语写作是适应现实的需要。

虽然此类文学最有名的是虚构作品，但是大部分却不是虚构作品，而是各种各样的实用题材的读物。有的小册子教导考试的技巧；有的小册子为年轻男女提供应对现代生活难题的忠告，这些忠告涉及一个人怎样在经济活动中获得成功，甚至谈到怎样洗衣服。关于青年婚姻、恋爱、挣钱谋生的小册子又多又受欢迎。A. O. 乌代（A. O. Ude）的《尼日利亚光棍儿指南》（*The Nigerian Bachelor's Guide*）竟然售出四万册。有的小册子则包含当地的历史、民间故事、生活轶事和谚语。虚构作品包括中篇小说（novelette，可作者常常错误地标之为长篇小说 novel)和戏剧,它们大都以恋爱、婚姻或政治人物活动为基础,还有一些则是神奇的冒险故事。

通过对小册子的总体观察,我们不难发现:小册子文学既是现代社会文化状况的产物,又是社会文化状况的征兆。它深刻地受到西非口头传统、西式教育和现代信息媒体以及变化中的文化习惯和态度的影响。变化中的文化习惯和态度已经引发新旧价值观念的许多冲突和年轻人必须面对的难题。这些因素决定了小册子的题材,也制约了作者对它们所持的观点。

这些小册子显示出对新社会问题的关注,表明引进的新文化元素已经激发了新的欲望、新的态度和新的价值观念。作者意在为陷入这些迅速变化危机中的群众提供指导。不难看出,他们在全心全意地接受变化的现实并且融入其中。反过来,作品又倾向于渲染他们对变化问题的感性认识和态度。而知识分子长篇小说家和剧作家同小册子作者形成对照:前者深深怀疑现代社会及其变化着的价值观念,用自己的作品表现他们对变化的怀疑;后者认同变化,迷恋变化带来的诸种可能性,鼓励读者充分利用这些可能性。正像艾德里安·A. 罗斯科(Adrian A. Roscoe)指出的那样:"伊巴丹大学已经造就了克拉克和索因卡之类的作家。奥尼查也培养了它的(通俗文学)作者,他们高兴地挥动笔杆,就当地人愿意欣赏的任何题目写出卖得出去的稿件。他们创造了一种把森林的丰富资源同人民异乎寻常的能量相结合的新文学,但是在文学内容中拒绝咨询神谕或膜拜偶像。""奥尼查作品……大都摆脱了尼日利亚更受尊重的文学(即严肃文学)中突显的忧郁症和怀旧感。肯定地说,在这些作品中存在一种对社会变化的反思。但是,文化大辩论的细节和黑人性门徒的极度痛苦并没有吸引(小册子)作者的注意,他们把票投给他们过得热情满意的生活本身。""然而,他们的作品基本上是短命的东西,其兴趣不在它们可能显现的任何特有的艺术技巧,而在于它们对正在成长的当地大众阅读具有的意义。"①

奥尼查市场文学活跃了 20 多年,出版了许许多多小册子,也产生了一些有名的作家。奥肯瓦·奥里沙(Okenwa Olisa, d. 1964)就是其中的一位。他常常以"生活的主人"(Master of Life)和"笔头强人"(Strong Man of the Pen)为名发表作品。他是一位多产作家,据不完全统计,发表了 20 多本小册子,其中包括《小心妓女和许多朋友》(*Beware of Harlots and Many Friends*)、《流浪汉对王子》(*Vagabond versus Princes*)、《醉汉相信酒吧是天堂》(*Drunkards Believe Bar Is Heaven*)、《生活让人浮沉——金钱和姑娘让人浮沉》(*Life Turns Man Up and Down — Money and Girls Turn Man Up and Down*)、《卢蒙巴是怎样承受生命之苦和死在卡坦加的》(*How Lumumba*

---

① Adrian A. Roscoe, *Mother Is Gold*, 1971, pp. 144－145.

Suffered in Life and Died in Katanga)以及书名冗长的《你必须知道的有关奥格布埃费·阿齐克韦及共和制尼日利亚的许多事情》(*Many Things You Must Know about Ogbwefe Azikiwe and Republican Nigeria*)等。这些作品有的是忠告,指导人生,有的则歌颂民族英雄。

"奥里沙是有志于小册子文学的青年的鼓舞者和灵感提供者,很受他们的爱戴,在他们的作品中常常被引用或被指名提到。奥里沙在他的忠告里拿出相当篇幅教导读者怎样好好生活和避免过早死亡。可是具有讽刺意味的是,1964 年他英年早逝,年龄 40 出头。……奥里沙和许多像他那样的人已经竭尽全力给当代生活中的许多难题找到一些答案,还把欢笑的阳光带进同胞的心田。""让他们同他们的人类状况和谐一致。"[1]

奥盖利·A. 奥盖利(Ogali A. Ogali, 1931—   )是奥尼查市场文学最著名的作家之一。他 1950 年代开始写作,作品大多是中篇小说和虚构的小册子。他是一位多产作家,主要创作篇幅较短的长篇小说和剧本,还有伊博民间故事集。他的戏剧作品《帕特里克·卢蒙巴》(*Patric Lumumba*)很受欢迎,售出 8 万本。另一个剧本是《维罗尼卡,我的女儿》(*Veronica, My Daughter*, 1957),写的是一个受过西式教育的姑娘,她坚决拒绝文盲父亲为她选定的丈夫巴塞酋长。虽然在旧体制中巴塞酋长年长钱多、备受尊重,但是这位女大学生还是拒绝了他,同自己心爱的迈克结婚。巴塞酋长只能悻悻地守着他的黄金,万般无奈。她的父亲江波酋长也成了大家的笑柄,不仅因为他讲出的英语不三不四、错误百出,而且因为他的家长威风扫地以尽。这是妇女争取婚姻自主权利的胜利,也是新思想战胜旧体制的成果。整个剧本富有喜剧效果,因此受到广大群众,尤其是年轻人的欢迎,销售量达到 25 万本,仅次于钦努阿·阿契贝的《崩溃》,成为尼日利亚文学史上第二大畅销书。

在内战(1967—1970)中,奥尼查遭到破坏,市场通俗文学随之衰落。但是奥盖利没有放下手中的笔,在 1978 年出版《土生子的故事》(*Tales of a Native Son*)、《火炉边的民间故事》(*Fireside Folktales*)和《爱的护符》(*Talisman for Love*)以及两部长篇虚构作品《煤城》(*Coal City*)和《朱朱祭司》(*The Juju Priest*)。

《煤城》是奥盖利的第一部标准的长篇小说,长达 128 页。它是以作者的两个奥尼查小册子《煤城孩子埃迪》(*Eddy the Coal-City Boy*)和《卡罗琳,一个几内亚女孩》(*Caroline the One-Guinea Girl*)为基础创作的作品。它以政治、财富和腐败为背景,讲述了在埃努古崛起的新贵的生活与爱情故事。《朱朱祭司》以作者的家乡为背景,记录了一个有代表性的伊博社区的暴风雨般的

---

[1] E. N. Obiechina, *Onitsha Market Literature*, 1972, pp. 29 - 30.

变化史：从一个传教会的到来，到民族主义的兴起，再到基督教精神同朱朱祭司的精神综合起来的非洲民族教会的建立。主人公是丁格巴和恩沃瑞西。他们注定要成为伊英塔女神的祭品，可又被传教士解救和培养。他们结了婚，作为传教士回到自己的村子，向传统宗教和非洲的一切宣战。这时候，奥盖利的观点开始转变，记述了当地的传统宗教和外来的基督教之间斗争产生的恶果——道德沦丧和家庭纽带的破坏。

1980 年，美国三洲出版社出版《维罗尼卡，我的女儿及其他奥尼查戏剧与故事》(*Veronica, My Daughter and Other Onitsha Plays and Stories*)，长达 376 页，其中就收录了奥盖利的两个畅销剧本——《维罗尼卡，我的女儿》和《帕特里克·卢蒙巴》。此书是故事、戏剧和非虚构作品的全集，也是研究尼日利亚现代英语文学兴起不可或缺的素材。

综合分析，"他（奥盖利）的作品长时间以来并没有被接纳为非洲文学的主要部分。现在人们都很清楚，尽管他用一种接近大众读者的语言写作，但是他作品的主题和关注点——传统信仰和现代制度的冲突、道德和现代货币经济的关系——同公认的尼日利亚作家的主题与关注点相同。关键的不同是，典范作家的作品主要被少数精英分子解读，而奥盖利的作品则为尼日利亚社会各阶层购买和阅读。"[1]对此，笔者无异议。

西普利安·艾克文西也是从奥尼查市场走出来的小册子作者，在那里出版过《爱情悄悄说》(*When Love Whispers*, 1948)和《摔跤者伊罗科及其他伊博故事》(*Iroko the Wrestler and Other Igbo Tales*, 1947)。可是不久他转向城市长篇小说，获得成功，成为非洲城市小说的领军人物，被称为"非洲的笛福"。

第三节
现代英语作家的崛起

第二次世界大战结束后，尼日利亚处在国家要独立、民族要解放的热潮当中，经济、文化进一步发展。英语文学蓬勃发展，现代文学出现前所未有的局面。现代英语作家随之崛起，首先是 1920 年代出生的诗人兼小说家加布里尔·奥卡拉（Gabriel Okara, 1921—2019）、小说家西普利安·艾克文西（Cyprian Ekwensi, 1921—2007）、小说家阿莫斯·图图奥拉（Amos Tutuola,

---

① Simon Gikandi, ed., *Encyclopedia of African Literature*, 2003, p. 562.

1920—1997)和剧作家詹姆斯·埃尼·亨肖(James Ene Henshaw, 1924—
2007)。他们是尼日利亚现代文学第一代作家,在 1940 年代末或 1950 年代登
上文坛。

1948 年,伊巴丹大学学院(今日伊巴丹大学)建立,从全国招收最优秀的高
中毕业生,按照伦敦大学课程设置授课。校内各民族学生团结和谐,教师积极
认真,学术氛围浓厚,既有诗刊《号角》(The Horn, 1957)、学术刊物《黑色的竖
琴》(Black Orpheus, 1957),又有《大学先驱》(University Herald, 1948)和姆
巴里俱乐部(Mubari Club,后来改为 Mubari Press),从而为在校生、毕业生、
甚至为与该大学有关联的文人提供发表机会。从 1950 年代至今,有许多人从
该大学走上文坛,成绩卓著。因此伊巴丹大学获得尼日利亚"文学摇篮"的美
称。根据学术界的说法,1930 年代出生、在 1950 年代或 1960 年代走上文坛的作
家,被称为"尼日利亚现代文学第一代作家"。其中诗人 J. P. 克拉克(J. P.
Clark, 1935—2020)、诗人克里斯托弗·奥吉格博(Christopher Okigbo, 1932—
1967)、诗人兼剧作家沃莱·索因卡(Wole Soyinka, 1934—   )和小说家兼诗人
钦努阿·阿契贝(Chinua Achebe, 1930—2013)就是从伊巴丹大学走上文坛的现
代文学第一代作家。他们和前面提到的四位作家都是尼日利亚现代文学第一代
作家,都在殖民统治时期崛起。

一、现代诗歌

1. 加布里尔·奥卡拉

加布里尔·奥卡拉(Gabriel Okara, 1921—2019)出生在尼日尔河三角洲
的一个伊卓族家庭,曾在乌穆阿希亚读书,后来到拉各斯和埃努古做印刷装订
工。1959 年他在美国西北大学获得比较新闻学证书。他未在伊巴丹大学学院
受过教育,但是他在该大学学院的刊物《黑色的竖琴》最初刊行的五年中发表
了《努恩河的召唤》("The Call of the River Nun")、《魔鼓》("The Mystic
Drum")、《雪花飘飘》("The Snowflakes Sail Gently Down")和《钢琴与羊皮
鼓》("Piano and Drum")等四首诗。在大学学院的文学天才不为人知的时候,
奥卡拉的短篇小说《反偶像崇拜者》("The Iconoclast")已经在 1952 年英国文
化教育协会组织的短篇小说竞赛中获得头奖;他的诗歌《努恩河的召唤》成为
1953 年举行的尼日利亚艺术节的最佳项目。他是一位独具特色的抒情诗人,
对家乡、对尼日利亚文化有深厚的感情。请阅读《努恩河的召唤》:

> 我听见了你的召唤!
> 从远处我就听见,

听见你的召唤

从起伏的群山环抱中穿越而来,

我想再一睹你的面容,

感受你清凉的拥抱,

或者在你的河边坐着,

大口吸进你的气息;

或象岸树那样,凝视

我自己的印象在河中展开,

聆听黎明的嘴唇流出的歌,

追溯那逝去的年代。

我听见你哗啦啦的召唤,

听见召唤声远远传来,

荡起了一个孩子的幽灵。

他在倾听河鸟

欢呼你的水波闪耀银彩。

我的河呵又在召唤,

永不停息的水流推动

我的独木船

在既定的航程中顺流而下。

每一个即将消逝的年华,

都带来海鸟的叫唤。

这最后的叫声平息了汹涌的波澜。

独木舟翻身朝天,

它那沉默的幕帘,

被海鸟的鸣叫撕裂成两片。

啊,不可思议的上帝,

莫非未诞生的星星将是我的导航,

引向您最后的召唤?

哦,我的河流之复杂的航程!①

---

① 周国勇、张鹤编译:《非洲诗选》,1986,第107—108页。

这是一首颇具吸引力的诗,以简单的、几乎实事求是的方式开始,然后渐渐复杂起来,最后以严肃、沉思的调子结束。它开始于反思,有种对某种确定的东西的渴望,最后以对人生的深刻反思结束。诗人使用一系列可视的具体形象和与这条河相关联的比喻来探讨他的主题和他欲表达的希望。

努恩河本来是奥卡拉家乡的河,从 19 世纪一直流到 20 世纪前 30 年。它是一条贸易通道,然而在诗歌中,它是一种象征——童年的象征,它的持续流动是人生的进展,结束则是不确定的。表面看来它是诗人表达个人的歌,其实它也是他为同胞唱的歌,因为主题具有普遍意义。

在奥卡拉的早期诗作中,《钢琴与羊皮鼓》也非常出名,值得我们阅读和思考:

拂晓时分,在小河边,
我听到丛林的羊皮鼓敲响
神秘的节奏,短促,纯净
恰似流血的肉体,诉说
骚动的青春和生命的起源,
我看见美洲豹作势猛扑,
花豹怒吼着窜跃,
猎手们握紧长矛蹲伏着等待。

我的热血激荡,化成急流
冲击着岁月,而转眼间
我又吮吸在母亲的怀中
转眼间我又徘徊
在质朴而又粗砺的小路上,
没有时髦的装饰品,
却有匆忙的脚步的温热
和绿叶野花丛中寻索的心灵。

然后,我听到钢琴的啜泣声,
泪痕斑斑的协奏曲
倾诉着错杂的道路,
倾诉着遥远的土地
和崭新的地平线,
带着魅惑的渐弱,渐强,
展开部。却陷入

复杂的迷宫,在乐章的中段
打上一个休止符。

在小河边,我迷失于
一个时代的晨雾之中
在羊皮鼓的神秘节奏
和钢琴协奏曲之间徘徊。①

　　诗人奥卡拉生于尼日尔河三角洲,成长于尼日尔河三角洲,亲身感受非洲文化,了解非洲风景和传统,血液里流淌着非洲精神。可是在殖民统治时代,他被灌输西方文化,又阅读大量的西方(具体地说是说英语)书籍,致使他"迷失于/一个时代的晨雾之中/在羊皮鼓的神秘节奏/和钢琴协奏曲之间徘徊"。这既是诗人本身的写照,也是他的大多数同代人的写照。羊皮鼓是非洲人的文化象征,钢琴是西方文化的象征。这首诗也体现一种新型文化——用英语作为工具,表达一个非洲人的传统、理念和精神。

　　2. J. P. 克拉克

　　J. P. 克拉克(全名 John Pepper Clark,又名 J. P. Clark-Bekederemo,1935—2020)出生在尼日尔河三角洲地区的伊卓族家庭,在伊巴丹大学学院学习英语文学,了解莎士比亚、浪漫派诗歌和现代派诗歌,而且深受其影响。大学时代,他在英国青年教师马丁·班汉(Martin Banhan)的支持下创办了学生诗刊《号角》(The Horn)。这个刊物为尼日利亚现代英语诗歌的出现和发展做出了重要贡献,发表了包括克里斯托弗·奥吉格博(Christopher Okigbo)、沃莱·索因卡(Wole Soyinka)和他本人在内的许多著名诗人的诗歌。这些诗歌作品是尼日利亚人用英语创作的具有尼日利亚新文化特色的作品,既不是对英美诗歌的单纯模仿,也不是对当地口头诗歌的照搬。这些诗歌表现了诗人们自己的经验,浓缩了当地文化与风景所产生的敏感性,甚至出现了弗兰克·艾格-伊谟库德(Frank Aig-Imoukhuede,1935—　　)用皮钦英语(pidgin English)创作的诗歌《一个男人一个妻子》("One Wife for One Man")。② 马丁·班汉把《号角》上发表的作品编辑成《尼日利亚学生诗歌》(Nigerian Student Verse),于 1959 年出版,但此书没收入克拉克的作品。

　　毋庸置疑,《号角》也是克拉克的文学摇篮:1958—1961 年,他在上面发表的诗

① 汪剑钊译:《非洲现代诗选》,2003,第 278—279 页。
② Langston Hughes, ed., *Poems from Black Africa*, 1963, pp. 95 - 96.

歌不少于 14 首;大学时代的重要作品《伊微贝》("Ivbie")出现在《号角》1958 年第 2 期第 2 至第 15 页,占据该期大部分篇幅。后来克拉克把自己发表于《号角》的诗编辑成册,由姆巴里出版,名为《诗歌集》(*Poems*,1961)。他既谴责殖民主义,又担忧未来前途。短诗《溪边交易》("Streamside Exchange")就反映了他的这种心思:

> 孩子:
> 河鸟,河鸟,
> 整天坐在河湾
> 俯视野草,
> 河鸟,河鸟,
> 给我唱一支歌
> 讲述过去的一切
> 你说,
> 母亲今天会回来吗?
>
> 鸟儿:
> 你不能知道
> 不应该烦恼;
> 潮水与市场来而复去
> 你母亲的来去她知道。[①]

这首诗看起来像英国诗人布莱克《天真之歌》那样简单,但它对未来的问题做出了深刻的评论。该诗的框架呈现孩童的忧虑,但想反映的问题集中在母亲身上。河鸟的回答是对未来忧虑的回答:"你不能知道/不应该烦恼。"

该诗歌用词简约,形式优美,堪称一首好诗。诗人对国家的关注,犹如孩子对母亲的关心。他想了解过去,更想知道未来,然而"你不能知道"。他者告诉他"不应该烦恼",可他又怎样做得到呢?!

克拉克还有不少诗歌入选他人编选的《西非诗歌》(*West African Verse*,1967)、《黑非洲诗歌》(*Poems from Black Africa*,1963),甚至入选中学教科书《非洲诗选》(*A Selection of African Poetry*,1976),足见其诗歌的意义。克拉克的早期诗歌采用当地素材和形象,又吸收 20 世纪初期英国现代派诗人的技巧和手法,因而是成熟的,为尼日利亚现代英语诗歌的创作开了个好头。他创办的诗刊《号角》为发现和鼓励尼日利亚现代诗人发挥了重要作用。

---

① Donatus I. Nwoga, comp., *West African Verse*, 1967, p. 56.

3. 克里斯托弗·奥吉格博

克里斯托弗·奥吉格博(Christopher Okigbo，1932—1967)出生在离奥尼查仅有十英里的奥乔图村，是伊博族。其父是基督徒和小学教师。奥吉格博曾在有名的乌穆阿希亚中学就读(两年前钦阿努·阿契贝在此就读，文森特·楚克伍弥卡·阿凯是奥吉格博的同班同学)。他热爱体育和音乐，是一个活泼早熟的孩子。1951年，他入读伊巴丹大学学院，先学医学，一年后改修古典文学。1956年他毕业，获文学学士学位，续读一年后，获拉丁语三级荣誉证书。他曾担任恩苏卡大学的图书馆员工，那儿诗情画意的外部环境和内部的学术氛围与图书对他影响甚大。他还在伊巴丹学习和担任剑桥大学出版社驻伊巴丹代表。无论是大学学院还是伊巴丹城邦，都为他写诗提供了理想环境。他的早期诗歌发表在伊巴丹大学学生刊物《号角》和文学刊物《黑色的竖琴》及坎帕拉出版的《过渡》(Transition)上。奥吉格博在创作上深受英国现代派影响，认为声音千差万别的神韵比某些单纯、确实的感觉意义更大，作品不应容忍轻率的解释和理性的分析。他的想象在节奏、形象和隐喻的丰富暗示性方面发挥了作用，能把毫不相干、天壤之别的联想巧妙地结合在一起，在朦胧之中找到鲜明之处，在含混之中找到精确，在无形之中找到有形。正是上述特色，将他造就为最具现代性的非洲诗人。

他的早期诗作并不怎么关注社会或政治，而是关注当地信仰和文化，如《伊杜托》("Idoto")：

> 在你面前，伊杜托母亲，
> 我赤身裸体地站立，
> 在你的水体存在面前，
> 一个流浪儿，
>
> 紧靠在一棵油豆树上；
> 沉迷在你的传说之中……
> 在你的权力下我赤脚等待，
> 看守人守护暗号
> 站立在天门；
>
> 我从内心深处发出呼喊
> 倾听和侧耳倾听。[①]

---

① Donatus I. Nwoga，comp.，*West African Verse*，1967，p. 50.

"伊杜托"是奥吉格博家乡的女神,圣坛设在圣河边,因此说"水体存在"。"油豆树"则是这种崇拜的圣树,"流浪儿"指的是《圣徒传》里的寓言。"暗号"可以是一个词或一个短语,喻指崇拜的原则。这首诗具有祈祷的性质,向女神祈求灵感。诗人放低身价(赤身裸体、赤脚),注视女神,期盼她听到他的祈祷。这首诗抒情风格浓郁,必须高声朗诵才能充分欣赏。这首诗还具有宗教仪式的元素,既不是纯粹传统的,也不是纯粹基督教的,而是二者的混合。

奥吉格博还有一首经常被收入非洲诗集的诗值得我们欣赏。它就是《分离的爱》("Love Apart"):

> 月亮升起在我们中间,
> 升起在两棵松树中间,
> 树冠将要合拢;
>
> 爱情伴随月亮上升,
> 在我们孤立的茎干上生存
>
> 而,我们现在成了影子
> 相互缠绕
> 却只能亲吻空气。①

这首短诗是写爱情的,可是这种爱情是分离的,虽然在月光下,像松树的影子相互依赖,但彼此的爱情已经没有意义,"却只能亲吻空气"。

这两首诗歌和其他早期诗歌,后来收入诗集《天门》(*Heavensgate*,1962),从而为1960年代诗歌创作确立了风格、基调和方向。然而1960年代奥吉格博的诗歌内容发生变化,甚至批判腐败的政治家。

4. 沃莱·索因卡的早期诗歌

沃莱·索因卡(Wole Soyinka,1934—)是尼日利亚现代英语文学中的诗人、剧作家、小说家和文学评论家,也是荣膺诺贝尔文学奖的第一位非洲作家。

索因卡出生在阿贝奥库塔的一个约鲁巴族家庭。父亲既是圣公会教徒,又是教会小学督学;母亲是商贩,也是当地妇女运动活跃分子。索因卡受过优质的中学教育和伊巴丹大学学院、英国里兹大学的高等教育。简而言之,他热

---

① 汪剑钊译:《非洲现代诗选》,2003,第281页。

爱文学,受过文学的科班教育。

索因卡最早创作的短篇小说《凯菲的生日宴会》("Keffi's Birthday Treat")1951 年在尼日利亚广播电台播出,并于 1954 年 7 月发表在《尼日利亚广播电台时报》(*Nigerian Radio Times*)上。第一首诗《雷雨交加》("Thunder to Storm")于 1953 年出现在伊巴丹大学学院学生会刊物《大学之声》(*University Voice*)上,总共 98 行,艺术上并不成功。1953—1954 年,他在伊巴丹大学学院学习期间编辑学生刊物《苍鹰》(*The Eagle*);在里兹大学时,他还为大学校刊《鸳头飞狮纪念碑》(*The Gryphon*)和以伦敦为基地的尼日利亚学生刊物《新尼日利亚论坛》(*New Nigerian Forum*)撰稿。

直到 1960 年,索因卡创作了许多诗歌,其中《季节》("Season")、《阿比库》("Abiku")、《黎明中死亡》("Death in the Dawn")和《电话交谈》("Telephone Conversation")等诗篇最有名,屡屡被收入不同的诗歌选集。让我们来欣赏前三首:

季节

红褐色是成熟,红褐色
与枯萎的庄稼羽毛相映;
花粉是配偶的时光,当燕子
编织羽箭的舞蹈,
在一道道飞动的光线里
穿过一丛丛庄稼。我们爱听
风的迭词,爱听
田野嘎嚓嘎嚓的声音。
田野间的庄稼叶
象竹片那么扎人。

此刻,我们——收获者
等待穗须变成红褐色,
在黄昏时分投下长长的影子,
且在木紫的青烟里将晒干的茅草
捆扎。果实累累的茎秆
抵御了病菌的损坏——我们等待
红褐色的希望。①

---

① 周国勇、张鹤编译:《非洲诗选》,1986,第 104 页。

从实际层面看,这首诗描写玉米的生活:1—2 行写玉米生命的开始至成熟,后面几行又回到授粉季节,燕子从这个茎秆飞到另一个茎秆给玉米花授粉,最后一个诗节则是收获玉米。但它也是一首关于生命、老年和死亡的哀伤诗。我们也注意到 7—10 行中有一种遗憾懊恼的调子:风穿过灌木丛的声音让人想起童年的杂乱无序,再同 16—17 行——"我们等待/红褐色的希望"对照:玉米成熟就被收获,对我们来说,老了就等待收获。这首诗取材于实际生活,使用诸多人们熟悉的形象,而且对人生赋予比喻意义。

阿比苦①

你用脚镯徒然地
在我脚上绕圈划符
我是阿比苦第一次来访
以后还要不断光顾。

难道我得为山羊、玛瑙贝
为棕榈油和喷撒灰粉而啼哭?
从驱邪符里不会生出甘薯来(应译为"木薯"——笔者)
把阿比苦的手脚埋盖住。

因此当蜗牛在壳中被烧死时,
把火热的碎屑研磨,给我在胸上
深印上标志。等阿比苦下次来访时
你一定认识他了。

我是松鼠的牙齿,已把
棕榈之谜嗑破。记住
这一点,要想挖我需要在
神灵的肥肿的脚的深处。

纵使我呕吐,我一次、多次
还要再来,无尽无休。当你把奠酒洒在地上,每个手指
在我走来的路上指着我,那里

---

① 本书译为"阿比库",此处引用尊重原译。

悲泪把土地都给滴湿，
白的露水却在哺育着肉食的禽鸟，
黄昏在帮助蜘蛛
在粘液网里把飞虫捉捕；

夜间，阿比苦在油灯里
吸油。作妈妈的！我将是条
蛇，随时恭候地缠在门口，
你的哭喊是迷死人的。

熟透的果子是最糟不过，
我爬过的地方温度热得腻人。
在沉默的网里，阿比苦在呻吟。
用胚乳堆成一座座小山丘。①

若一位母亲接连生几个孩子都不能存活，她就会认为是孩子在故意折磨母亲，并把这种孩子称为"阿比库"。人们通常同情母亲，谴责死而复生又生而复死的孩子。可是索因卡在这首诗里号召我们佩服阿比库的难以捉摸。当然，我们认识到这首诗虽然谈论阿比库，但它带来的感情和主题超越了传统的阿比库神话。传统社会通常喜欢秩序和一致性，认为有强烈个人性格的人是社会的灾难，因而采用各种手段让他们符合大众认可的规范。在这种情景下，大多数人总是自然地站在社会一边，可是这儿性格鲜明的人也有让人羡慕和同情的地方，因为他能够公然反抗社会，过着一种遵循他的原则和本质的生活。这首诗是一首富于想象的诗，只要你善于想象，就不难理解其意义。再来看《黎明中死亡》一诗：

黎明中死亡

旅人，你必须出发
在黎明时。在湿漉漉的大地上
擦洗你的双脚。

让你的灯火在朝霞中淹没。在天光中
观察模糊不清的灌木针刺，

---

① 渥雷·索因卡：《狮子和宝石》，邵殿生等译，1990，第419—420页。

娇贵的脚把早出的蚯蚓碾碎
在锄头上。现在阴影漫漫,生机盎然,
不是朦胧暮色死气沉沉地平伏着。
这种柔和的似明似暗的境界唤起
晴朗白天中旅行的愉快
与忧虑。满载的车骸从旅行中告退
面目不清的一大群倾身在雾气中
唤醒沉默的市集——在灰色小路上的
匆促、缄默的队伍……在这一
背景上,黎明的孤寂号手的死亡
使人突然感到寒气凛凛。白色的
羽毛片纷纷下落……但那却是
一种毫无效益的仪式。为赎罪的献祭
在前面冷酷地促着我们前进。

迈右脚喜,迈左脚忧,
妈妈祈祷说,孩子,
当路在饥饿地等待时
你千万别出来行走。

旅人,你必须出发
在黎明时。
我期待这神圣时刻的奇迹
种种预感:白公鸡拍打着翅膀
遭到横死作了牺牲——谁还敢向
人类前进的愤怒翅膀挑战?……

但又是这样一个阴魂!伙计,
竟沉默在你自己的发明的惊奇
拥抱中——这个令人嘲弄的怪模样
这个僵挺歪扭的形象——是我?[①]

这是诗人亲眼看见早上一个人出行被摩托车撞死的惨剧而引发灵感写下

---

① 渥雷·索因卡:《狮子和宝石》,邵殿生等译,1990,第416—418页。

的诗。这个景象着实让诗人想了很多——生活的不确定性和旅行者途中存在的危险。他比喻说,人在生命旅途中也是如此。反讽意义在标题上清清楚楚:黎明含有"开始与希望"之意,死亡则含有"毁坏"之意。生活中的反讽则由诗中几个主要形象表现出来。15—19 行描写公鸡被旅行者汽车轧死的事故。杀死公鸡应该是一种让旅行安全的祭奠,可是没用。从 30 行起描写汽车压坏人的惨剧。汽车是人的发明,本意是让旅行便捷,可是它也置人于死地,这是一种反讽。诗的末尾,诗人令人吃惊地把自己同被压死的人等同起来,说自己也有死者那样歪曲的脸。这首诗言少意多,富于想象,耐人寻味。

二、现 代 小 说

1. 西普利安·艾克文西的早期小说

西普利安·艾克文西(Cyprian Ekwensi,1921—2007)出生在北部明纳的一个伊博族家庭,曾在尼日利亚北部、西部,加纳和英格兰受过正式教育,接受过林学、药物学和电台新闻的职业培训,并从事过相关职业。他拥有北部、西部和东部的生活经验和工作经验,从而为他的创作提供了素材。他喜欢阅读和了解他称之为"民粹派"的作家——英国的查尔斯·狄更斯、美国的欧内斯特·海明威、俄国的陀思妥耶夫斯基,甚至英国的莎士比亚。这些作家的作品给他以文学教育,使他把自己定位为"为大众写作的作家"。

艾克文西在 1948 年首次以书本形式出版小说《爱情悄悄说》(When Love Whispers)。这是一部哀婉动人的中篇小说,也是一部反映文化冲突的小说,结局是一对有情人未能成为眷属。小说很受青年人喜爱,持续十年之久。随后,他出版根据豪萨故事改写的《非洲夜晚的娱乐》(An African Night's Entertainment,1962),还有《王蛇求婚者》(The Boa Suitor,1949)、《豹子的爪》(The Leopard's Claw,1950)、《擂鼓的孩子》(A Drummer Boy,1960)和《玛拉目伊里亚的护照》(The Passport of Mallam Ilia,1960)等儿童文学作品。这个时期他最大的成就是《城里人》(People of the City,1954)。

《城里人》是艾克文西第一部长篇小说,是一部插曲性的长篇小说。作品主人公阿穆萨·桑戈是一名记者和一家夜总会的乐队领队。他撰文评论拉各斯生活。他笔下的几个人物都被这个城市击败,有的变为娼妓,有的沦为窃贼,还有的自杀。阿穆萨为了掌握生活,必须穿行拉各斯的"地狱"(艾克文西使用了但丁《神曲》的意象)。城市的破坏性在艾克文西描写比阿特丽斯第一的时候已经表现得很突出:她是一个漂亮的女人,来到这座城市,先后有过几个情人(财产、地位逐一下降),在死去的时候,无人理睬,无人表示爱怜,最后被埋进一块穷人的墓地。阿穆萨的得救是通过另一个比阿特丽斯,即比阿特丽斯第二实现的。他终于同比阿特丽斯第二结婚。在失掉记者工作后,阿穆萨同比阿特丽斯第二一同去加纳。这个比阿特丽斯以她沉静、朴实的方式给他提供了稳定的生活。

总之,这部长篇小说在批判城市生活的丑陋——娼妓、糟糕的住房状况、无耻的房东。让人开心的混乱事件和各色人物也让读者看到了大城市生活混乱不堪的横断面。小说的语言比较庸俗,反而符合人物的身份。小说反映了非洲劳工阶级让人心惊肉跳的城市生活和被大众文化吞噬的现实。出版后,这部长篇小说受到读者大众的欢迎,使作者获得"非洲的笛福"的美称,作品本身成为非洲通俗文学的一个中心文本,从而确立了艾克文西的长篇小说家地位。但这部小说也遭到一些批评家的嘲笑,甚至在爱尔兰被禁止。

2. 图图奥拉的早期小说

阿莫斯·图图奥拉(Amos Tutuola,1920—1997)出生在阿贝奥库塔一个约鲁巴族可可种植者家庭。1939 年父亲去世,他也辍学,仅仅受过六年的小学教育。他聪明好学,读过诸如约翰·班扬的《天路历程》和《天方夜谭》等书籍。他信仰基督教。他受过金属工匠训练,二战期间在皇家空军做铜匠,后来又为政府送信。

1946 年,图图奥拉完成他的第一部长篇小说《棕榈酒醉汉》(*The Palm-Wine Drinkard*,1952)。这是一部用英语书写的奇幻小说,讲述一个醉心于棕榈酒的男子去寻找死去的棕榈酒侍者的故事。醉汉经历了许多冒险的事情,其中包括抓捕死神、战胜"头颅"、带回被"头颅"俘虏的一个女子并与之结婚等。他的胜利证明他是"诸神的父亲",因此,找到侍者的下落对他而言是值得去做的。后来,这对夫妻生下一个胡作非为的孩子,他们想杀死他。一个"半身"婴孩从灰中出现,他们不得不带着他旅行,可是他们在遇见鼓、歌和舞的时候又把他处理掉了。此时他们身无分文,主人公把自己变成一只独木舟,供妻子摆渡。他们终于赚到足够的钱来继续旅行。他们想方设法逃脱那些长长的白家伙和田地里的玩意儿。他们还经历幽灵岛上那些生物的善行,发现"贪婪灌木丛"的居民拥有的马匹太多太多,几乎逃避不了捕食幽灵的捕捉。在受过折磨之后,他们逃离了再也不想回去的"天城",然后受到"白色树上忠实母亲"的照顾。在离开她之前,他们卖掉死神但保留了对死亡的恐惧。后来,他们遇到红色城的红色人,因为一个误解,进入"错城",最后来到"死人城",原来死掉的棕榈酒侍者就在那里。虽然侍者不能随主人夫妇回去,但是他给了他们一个"蛋"。在回来的路上,夫妇俩受到死去婴孩的追逐,一个男人抓住他们,放进袋子。他们逃脱之后,竟发现自己已经到了"饥饿生物"的肚子里,还遇到大山生物。主人公及时回来,借助魔蛋使他的城免受饥饿之苦。

1952 年,《棕榈酒醉汉》由伦敦的费伯和费伯出版社出版,随即在西方引起轰动。英国著名作家迪伦·托马斯(Dylan Thomas,1914—1953)率先在《观察家》杂志发表文章,称它是一个"简洁、紧凑、恐怖而又令人着迷的故事",又说它"绝不是太奇异或者太琐碎而无法列入夸张的魔鬼故事"。① 随后在欧洲出现这部小说的法语、德语、荷兰和意大利语译本。可是在尼日利亚等非洲国家的反应却是不以为然。德国学者乌里·贝尔(Ulli Beier)在《尼日利亚文学》一文中指出西非不接受的错误原因:"尼日利亚读者抱怨……图图奥拉写的是'错误'英语,这本书只是他们早已听过的老祖母故事的改编。他们硬说欧洲人主要是受到这本书离奇古怪的异国情调的吸引。他们不能用文学品质来评论这部作品。"②甚至有一位加纳青年提出这样的问题:"除了好的想象和糟糕的英语,图图奥拉有什么?!"③图图奥拉没有使用标准英语,一方面与他的教育程度有关,另一方面也符合人物身份和作品本身需要,这其实是个优点。文学大师詹姆斯·乔伊斯(James Joyce,1882—1941)的英语比图图奥拉的更不符合语法。马克·吐温(Mark Twain,1835—1910)的《哈克贝利·芬历险记》(*Huckleberry Finn*)是用五种语言写成的。显然,图图奥拉并非自成一类。至于民俗和民间故事经过改造、用作小说的素材,是有先例的。D. O. 法贡瓦(D. O. Fagunwa,1903 或 1910—1963)用约鲁巴语创作的奇幻小说就是图图奥拉创作的榜样。让-保罗·萨特(Jean-Paul Sartre,1905—1980)说:"我们的诗人重新同大众传统结合几乎是不可能的。十个世纪博学的诗人同它分离了。再说,民俗灵感被吸干了:至多我们能够努力于枯燥的摹写。比较西化的非洲人也处于这样的地位。当他把民俗引入他的创作,更符合评注的性质,在图图奥拉身上则是内在的、固有的。"小说的人物各种各样,各具特色。好的想象正是图图奥拉的天赋,也正是好的想象造就了他的奇幻小说。怎么能以轻蔑的语气打发呢?! 一句话,尼日利亚和西非不接受图图奥拉。其根本原因,就像西蒙·吉甘迪(Simon Gikandi)所说:图图奥拉不是知识精英阶层的成员;他的作品不符合当时独立运动的主流,没有关注殖民统治和大众的日常生活;他的语言跟当时西非英语文学的语言使用模式(正规的英语或沿海通用的皮钦英语)不一致。④

O. R. 达索恩(O. R. Dathorne)说得对:对图图奥拉应该认真予以考虑,因为他的作品表现出将民俗同现代生活结合的意图;在这方面,他不仅在非洲(那里老于世故的非洲作家无法做到精细而又有控制的联系),而且在欧洲(情

---

① *Observer*,No. 8405,6 July 1952.

② Ulli Beier,"Nigerian Literature," *Nigeria: A Special Independence Issue of Nigeria Magazine*,October 1960.

③ Ama Ata Aidoo,*Letter in Transition*,4,1956,p. 46.

④ Simon Gikandi,ed.,*Encyclopedia of African Literature*,2003,pp. 752-753.

形同非洲作家一样)都是独特的。①《棕榈酒醉汉》不关注政治,但是决心保护当地文化,因此在那个时期也具有了政治意义。它是一部奇幻小说,在尼日利亚文学史上的地位如同神魔小说《西游记》在中国文学史上的地位,是一部极富想象力的文学经典,具有里程碑意义。

《我在鬼怪灌木丛的生活》(*My Life in the Bush of Ghosts*,1954)是图图奥拉的第二本奇幻小说。年轻的主人公是父亲几房妻子争风吃醋的受害者。七岁的时候,他不得不离开城镇出走,当时正是袭击者来寻找奴隶的时候。他撞进鬼怪灌木丛,冒险活动从此开始。图图奥拉讲述主人公受害的经历:他怎样变成不同的物品和动物;他结婚两次,先是和一个女鬼,后是和一个超级女士;在鬼怪灌木丛林生活 24 年之后,他终于有机会逃离长着电视手的女鬼,她是个半神话半普通的怪诞造物;他又遭遇一些不幸事件之后才回到村庄。男孩在经过许多冒险事件后发现了"善"的意义。

图图奥拉的第三本奇幻小说是《辛比和黑暗丛林的林神》(*Simbi and Satyr of the Dark Jungle*,1955)。辛比是这部小说的女主人公,她是村里最富女人的独生女,也是最漂亮的姑娘,生活优裕。但是她想要知道贫穷与惩罚带来的艰难困苦,于是不顾警告,动身去寻找处世经验。一个艾法祭司给她提示了一条冒险的路径。她听从祭司的忠告,先在岔路口献祭。她嗓门大得很,一下子震醒死神,死神多古就把她送上死亡之路。她经历不少大苦难才碰上两位朋友(她们曾遭遇相似的绑架)。三人慢行若干时间,逃脱了诸多生命威胁。最后,辛比和一个朋友回到家里。在多次旅行中,辛比也接触到罪犯、老虎、鸟、蛇、剑突联胎(后变成一只公鸡)和林神本人。她把自己变成一只苍蝇从林神的鼻孔飞出来。她也从苦难考验中发现"贫困"的意义,感到家里生活更好。

这两本小说的主人公都是孩子,经历种种磨难之后长大成人,尔后回到家乡,身心巨变。因此它们也是成长小说,而且蕴含伦理道德的意义。在表现手法上,它们都是从现实世界到魔怪世界再到现实世界的迂回方式,插曲连着插曲,从而推进冒险故事的发展。两本小说都使用了民俗和神话传说中的人物,但是缺少《棕榈酒醉汉》的力量。这里要特别指出:第三本书是图图奥拉第一次分章叙述,第一次用第三人称讲述故事,也是第一次写非洲之外的造物——森林之神(半人半兽形)、宁芙(半神半人的少女)、长生鸟和小鬼等;它清楚地表明,图图奥拉用他读过的世界神话补充他那丰富的约鲁巴民间文学宝库。

图图奥拉的第四本书,乃是《勇敢的非洲女猎人》(*The Brave African Huntress*,1958)。这是一本儿童文学读物,主人公是一个名叫阿黛杜西的勇

---

① O. R. Dathorne,*The Black Mind: A History of African Literature*,1974,p. 185.

敢的非洲女猎人。她继承了父亲的打猎职业及其相关的护身符,动身去拯救在可怕的俾格米①丛林因为打猎而失踪的四个哥哥。经过一系列的艰难险阻,她活着回来,不仅带回四个哥哥和数以百计的俘虏,而且带回大量的金银财宝,使她立马成为非常有钱的女人。在写作方面,图图奥拉在每章开头先使用一条或多条谚语,接着又用故事情节说明谚语。该书的叙述方式可以说已经由口头传统转入了书面文学(伯恩斯·林德福斯语)。

尽管有争议,图图奥拉仍是尼日利亚第一位出版英语长篇小说的作家,是一位具有独特风格的作家。

3. 钦努阿·阿契贝的早期小说

钦努阿·阿契贝(Chinua Achebe,1930—2013)是尼日利亚现代文学的小说家、诗人和文学评论家。

阿契贝出生在尼日利亚东部奥吉迪的一个伊博族家庭,其父母是虔诚的基督教徒。他童年时代生活在基督教与传统宗教共存的乡下,上过主日学校,也看过假面演出,听过许多传统故事。后来他在乌穆阿希亚中学就读,1948 年以优异成绩考入伊巴丹大学学院,学过一年医学后改学英语、历史和神学。1950 年他就在《大学先驱》(*University Herald*)上发表他的首篇文章《作为向导的大学生》("Polar Undergraduate")。他也在另一校园杂志《狂热》(*The Bug*)上发表文章。大学期间,他写出诸如《在乡村教堂》("In a Village Church")、《同新秩序相冲突的旧秩序》("The Old Order in Conflict with the New")、《结婚是私人事》("Marriage Is a Private Affair",1952)、《死人的路径》("Dead Men's Path",1952)、《祭蛋及其他故事》(*The Sacrificial Egg and Other Stories*,1953)等短篇小说。1951—1952 年,他做过《大学先驱》的编辑。大学期间,他批判爱尔兰小说家乔伊斯·卡里(Joyce Cary,1888—1957)关于一个尼日利亚人的长篇小说《约翰逊先生》(*Mister Johnson*,1939),不喜欢作者将非洲主人公作为文化无知观点的标志。1953 年大学毕业后,阿契贝做过短期教师,后来去拉各斯国家广播公司(1933 年由殖民政府建立)主持对话节目,后来升至对外部主任,直至 1966 年内战爆发前回到东区。

众所周知,1950 年代是尼日利亚乃至整个非洲民族主义高涨的时代,艾克文西的长篇小说《城里人》已经问世。受过大学文科教育的阿契贝读后很受鼓舞,于 1956 年写成他的第一部长篇小说《崩溃》(*Things Fall Apart*)。此书经过修改,于 1958 年在英国正式出版。故事发生在 19 世纪后半期至 20 世纪初期的尼日利亚东部伊博族聚居地区。当时基督教传教活动渗入这个地区,殖

---

① 赤道非洲身材很矮小的一个人种。

民统治逐渐在那里确立。小说主要围绕主人公奥康喀沃展开。奥康喀沃的父亲胆小怕事,穷困潦倒,连自己的一个老婆和孩子都养活不了,死后还被扔进凶恶的森林。奥康喀沃看不起他父亲的懦弱无能,立志成为一个意志坚强的人,决心艰苦奋斗、白手起家。故事开始,他十八岁就击败了乌穆阿希亚九个村子最有名的摔跤能手。经过二十年的顽强拼搏,奥康喀沃积累起相当可观的财富,娶了三个妻子,养活十一个孩子,还获得两个头衔,成为一位非常有技巧的勇士和乌穆阿希亚法律委员会所在村的代表。

然而在其成长年代,奥康喀沃却产生了焦虑感,而且这种感觉贯穿他的整个人生。他喜爱他父亲厌恨的一切,厌恨他父亲喜爱的一切。这种心理致使他很快毁坏东西,对妻子和孩子们严厉,处理家里的事情时出重手,有时对不太成功的人不友善。老婆和孩子都对他的严厉脾气感到害怕。他被恐惧支配,"对无能和软弱感到恐惧"。

姆贝诺人因为一个亲族杀死乌穆阿希亚的一个女人,把男孩伊凯来福纳作为对村落联盟的赔偿,寄养在奥康喀沃家。三年的时光,伊凯来福纳完全融入这个家庭,他喊奥康喀沃"父亲",后者也喜欢这个孩子。可是村落联盟根据神谕杀这个孩子、孩子向他求救时,奥康喀沃却抽出一把大砍刀把孩子砍死,他生怕"被人看成软弱"。虽然此前备受尊敬的长者艾祖杜忠告他不要插手杀这个孩子的事情,但他没有听从。他的密友奥贝里卡告诫他:杀死伊凯来福纳是一种亵渎,不是一种勇敢行为,要受土地女神惩罚。

在艾祖杜葬礼上,奥康喀沃鸣枪致敬,无意中误杀了死者的一个孩子,结果造成他人生的逆转。家中一切财产被砸个稀巴烂,家禽被杀。他不得不携全家移居姥姥家生活。流亡生活使他几乎落到崩溃的地步:他失去原先在自己村里的优越地位,又为自己不能控制剧烈的文化变化和政治变化而烦恼。姥姥家所在的村子也出现了基督教教堂。他抗议,可是他的儿子反对他,说:"他不是我的父亲。"

七年后,奥康喀沃流亡归来,得知情况不符原先的期待,发现乌穆阿希亚不但有了教堂,而且尊敬女王及其代表。那些代表拥有致命的武装力量,发布命令(如禁止把双胞胎扔进凶恶的森林),设立法院,任命腐败的法庭传令官,用奇怪的方式裁决争论或把罪犯送进牢狱。奥康喀沃怀疑他的人民没有同这些暴行的先遣官们做斗争,他被告知采取行动的时代已经过去。

在乌穆阿希亚,殖民政府鼓励的生活方式和原有的传统方式并存。一个狂热的新版教者在一年一度的土地女神庆祝活动中把一个假面舞者的假面撕掉,激怒了乌穆阿希亚长者们。他们起而袭击教会,捣毁教堂,反对基督徒的抗议。两天后,白人区行政长官进行干预,邀请六位长者,其中包括奥康喀沃,到区总部讨论这次麻烦。在会议开始前,殖民系统的十二个伊博雇员走近他们,长者们未来得及怀疑,就被扣上手铐,罚款二百袋贝壳,随即被送到牢狱。在那里,他们被剃成光头,遭到彻底羞辱。在村里付了罚款之后他们才回家。

在这次拘留后,社区长老们开会,奥康喀沃怒火中烧地赴会并准备复仇,但克兰决定不再还击。开会期间,奥康喀沃坐在边上,面对传令官,问他想干什么。后者嘲笑地说:"你也很清楚白人的权力,白人要会议停下来。"奥康喀沃立即回应,抽出大砍刀,把传令官的脑袋砍了下来。此时此地,奥康喀沃认识到乌穆阿希亚不愿意同他一道战斗了。他立马回家上吊死了。

后来区长官来逮捕杀人犯奥康喀沃,结果发现他的尸体挂在树上晃荡。奥贝里卡要求区长官带来的人,即另外一个社区的人,帮助把尸体弄下来,并且说"这个人是乌穆阿希亚最了不起的人之一,是你们逼他自杀的,他的死葬像狗一样"。

区长官镇定自如,反而在这次死亡中为他计划写的《平定尼日尔河下游原始部落》找到更多材料。奥康喀沃光辉而又悲惨的人生则被压缩成一个合乎情理的词组——"一个杀死传令官又自缢身亡的男人"。

总之,《崩溃》讲述了奥康喀沃浮沉的悲剧故事,也讲述了以乌穆阿希亚农业社会为象征的伊博文化在基督教和英国殖民主义的无情入侵下分崩离析的悲剧故事。奥康喀沃体现了他的人民最有价值的品质:强烈的目的感、社区合作感,同时又以强烈的个性为其标志。奥康喀沃和社会也以恪守传统为标志,正因为如此,最终导致毁灭。同时,这部小说让人看到前殖民社会的政治、宗教、文化、家庭和法律等,还看到伊博人民同西方文化的斗争,从而证明:"非洲人民并不是第一次从欧洲那里听说文化的,他们的社会并不是没有思想的,而是常常有深刻的哲学、价值和美的观念,他们有诗歌,尤其有尊严。只是这种尊严非洲人民在殖民时期几乎丧失掉了,现在必须重新获得。"[1]

这部长篇小说不但具有深刻的社会意义和文化意义,而且具有很高的艺术价值。作者善于用个性化的语言和动作塑造人物,让人物栩栩如生。奥康喀沃就是一例,他是典型环境下的典型人物。作者深谙伊博口头传说,不时引用谚语和名言,恰到好处地说明事理和判断问题。作者受过长期而严格的英语训练,能够娴熟地运用英语,能"完好地表达他的信息而不至于令这种语言改变至丧失其作为国际交流媒介价值的地步";换句话说,作者在这部作品中"创造出一种英语,它既是普遍的,又能够带有他的独特经验"。[2] 但它不是洋泾浜英语。正因为这样,一般英语读者读得懂,能够借以了解非洲和非洲文

---

① "The Role of the Writer in the New Nation," see *Nigeria Magazine* 81, June 1964, p. 160.
② *English and African Writer in Transition*, 4, No. 18, 1965, p. 29.

化。《崩溃》风行欧洲和非洲,迄今已经被译成 50 多种语言,出版 1 200 万册,不仅是畅销书,而且成为现代非洲文学经典。该书在我国也有多种汉语译本。

第二部长篇小说《再也不得安宁》(*No Longer at Ease*,1960)以 1950 年代尼日利亚独立前夕的拉各斯为背景。小说的主人公奥比是《崩溃》主人公奥康喀沃的孙子,在村民和驻拉各斯的乌穆阿希亚进步联盟的资助下,在英国接受大学教育,尔后返回尼日利亚,在拉各斯谋得一份很体面的工作,做奖学金委员会秘书。他是一个理想主义青年,开始时雄心勃勃,立志改革行政机构。拉各斯是当时尼日利亚的首都,社会一片混乱,各类人物杂居,各派政治势力你争我夺,政府机关人员腐败成风。奥比身处其中,极想与之斗争,可又力不从心。后来为了显示身份与地位,他租住豪华住宅和购买汽车,超越了支付能力,同时还要支付老家父母的生活费和偿还乌穆阿希亚进步联盟的借款,债台高筑,被压得喘不过气。到头来他屈服于金钱的诱惑,接受贿赂。于是出现小说开头的一幕:他在受审,公开蒙羞,失掉光辉前程。他痛心地流泪,可是悔恨已经来不及了。回国途中他爱上护士克拉拉,准备同她结婚,但遭到联盟和父亲的反对,母亲甚至以自杀相威胁,因为克拉拉出身于伊博族祭祀奴隶家庭,被看作"奥苏"(Osu),是贱人。于是奥比众叛亲离。这位倔强任性的年轻人和他的祖父奥康喀沃一样,被看成非洲内部两种文化冲突的牺牲品。西方化搞得他晕头转向,他对自己的社会也感到心神不安,可又在腐败面前不堪一击。这是一部颇为有力的现实主义作品,为尼日利亚青年提出警示:千万不要让物质主义毁坏自己的光辉前程。同时,它也对尼日利亚作为一个国家获得独立后将会面临社会、政治、经济难题提出含蓄的警告。

这部小说以倒叙的手法讲述故事,体现了阿契贝讲述身边现实生活与现实人物的能力。作者善于描写主人公的思想活动和他同友人的谈话。这些谈话多是空谈,但是反映出归国留学生不切实际的特点,对塑造人物起到很大作用。小说语言流畅,阿契贝让英语服从他的表达需要,颇有创造性。

三、现 代 戏 剧

1. 詹姆斯·埃尼·亨肖

詹姆斯·埃尼·亨肖(James Ene Henshaw, 1924—2007)出生在尼日利亚东部卡拉巴尔一个名门望族,先在当地受教育,后在都柏林大学学院学医,学成后归国。他一直在尼日利亚从医,成绩卓著,曾担任克罗斯河州文化中心董事会会长,1970 年被尼日利亚联邦政府授予国家奖尼日尔河勋章(the Order of the Niger)。虽然亨肖广为人知且受尊重,他的剧本经常在中学演出和阅读,但是他长期受到评论家的漠视。1980 年代中期他才受到评论家的热议,得到应有的地位。

亨肖的创作事业是在都柏林求学期间开始的。1945 年他写出剧本《这是我们的机会》(*This Is Our Chance*),1948 年在都柏林首次演出。1956 年,该剧本和另外两个剧本——《一个有个性的人》(*A Man of Character*)和《祠堂的宝石》(*The Jewels of the Shrine*)合集出版,命名为《这是我们的机会》(*This Is Our Chance*)。其中《这是我们的机会》写的是部族冲突及其对跨部族婚姻的影响。冲突双方达到剑拔弩张、几乎开战的地步,最后教师班布鲁的介入扭转了局面。两个部族的酋长从不妥协转而向西式教育屈服,同意让他们的社会向学校开放、他们的生活向西式教育开放。思想境界扩大,增加了容忍度和团结的机会,增加了接受新理念的机会。换言之,教育给生活进步提供了许多新的可能性。这就是该剧本的主旨所在。这是尼日利亚人写出的第一个英语文学剧本,也是亨肖的代表作。

《一个有个性的人》的主题是普遍的贪污腐败、偷盗和敲诈。中心人物是考比纳,一个有个性的人。他从头至尾坚持诚实正直。他有种充实、自豪的感觉,对妻子阿约代勒说他已经获得这个国家最好的东西。

《祠堂的宝石》是一个独幕剧,在 1952 年全尼日利亚艺术节获得头奖。它关注传统社会价值的丧失:年轻人不尊重、不关爱老人。老人很无奈:"你们懂得女人,我在祠堂礼拜,感到幸福,我知道幸福是什么,它关乎我的生活。后来传道士来了,我放弃了祖先的信仰。老方式没离开我,新方式没有完全接纳我。因此,我不幸福。"(p. 42)也有陌生人告诉他:"在我离开的那座城市,一个十岁的孩子骑脚踏车撞倒一个五十岁的男子,却一点儿负疚感都没有。"因此老人对孩子们使了一招,谎称在祠堂里发现宝石,谁不孝顺他,谁就不能继承。这个剧本揭示了殖民主义造成道德与人性的滑落,认为有必要回到社区生活的基本价值。

剧本集《女神的孩子们》(*Children of the Goddess*,1964),除了先前提到的三个剧本,还包括与剧作集同名的《女神的孩子们》《酋长的陪同》(*Companion for a Chief*)和《血脉里的魔法》(*Magic in the Blood*)。《女神的孩子们》是一个以 19 世纪的尼日利亚为背景的三幕剧,或许是亨肖所创作的文化冲突剧中最有趣、最吸引人的剧本。剧情围绕双胞胎是否该杀而展开,展示了基督教同传统宗教的斗争。传统宗教认为双胞胎是邪恶的东西,应当毁掉;基督教认为,为了基督要把他们救活。结果基督教获胜,双胞胎(或者说他们的象征)经受住了考验。放在太阳下灼烧的葫芦里的两片叶子没有收缩,表明基督教的上帝创造奇迹拯救了他们。双胞胎孩子的父亲阿曼萨大王,也是传统宗教的头儿,改信基督教并允许它繁荣发展。双胞胎的母亲却坚持说奇迹是海洋女神创造的,女神首先给她送来双胞胎,女神早就证明了她的权力:

她放到盘子中的两根白羽毛让盘子重得任何男人或女人都拿不起来,可她阿沙里,一个忠诚的信徒,竟然奇迹般地一只手举了起来。剧本结尾,每种宗教都证明自己有活力和有大批追随者庆祝自己的胜利。

《酋长的陪同》显然是谴责在贵族葬礼上的礼仪谋杀,即陪葬习俗。这种习俗不仅本身坏,而且在该剧中,祭司还以此为手段去报私仇,因为他的对手索马娶了他想要的女人阿德格拉。祭司想要这个女人的头陪同大王的尸体进入坟墓。幸运的是,到头来祭司的脑袋成了祭品,预想的受害人和她的丈夫却逃走了。剧本的旨意就是非洲传统中的恶劣东西必须抛弃。

《血脉里的魔法》描写传统制度下偷羊贼的受审,嘲弄和讽刺了长者委员会所代表的法律制度的腐败和无能。在对话中间那些醉醺醺的长者们打盹儿,心里想到什么就宣判,有时无辜一方反而获刑。长者们是自私的利益追求者,责罚一个人是因为他行贿不够多、不够给面子;有时犯罪者无辜是因为他同某个传说中的英雄有"假定的"血缘联系。妇女阿费尤也在长者委员会,她做得更加过分,只凭"骨子里的感情"和所谓"英雄祖先的尊严"行事。难怪亨肖在剧中给予猛烈抨击。

《爱的救药》(*Medicine for Love*,1964)是一个三幕喜剧,写了一夫一妻制同一夫多妻制的文化冲突,也写了独立后政治选举中出现的谋财害命、贿赂和其他虚假现象。一句话,作者关注社会现实,抨击社会政治的弊端。

《升迁宴会》(*Dinner for Promotion*,1967)是一个三幕喜剧,也可以说是一个闹剧。赛依勒和提库是朋友和室友,同在一个公司工作。提库准备利用他同老板女儿撒里娅的关系来确保自己升职,还对朋友赛依勒施以肮脏的毒计,让他同女朋友撒里娅的关系破裂,把她让给自己。到头来。他的一切努力毫无作用,赛依勒同撒里娅结婚,获得升职。这个剧本暴露了道德在一个重视职位和物质提升的社会中的堕落。

《够了就是够了》(*Enough Is Enough*,1975)通过内战接近结束时的被拘留者讨论了战争、和平和爱的问题,反映了人们的复杂感情和对和平与爱的期盼。最后,和平、爱还有和解君临一切。

从上面的讨论来看,亨肖在殖民时期的文学剧本多关注文化冲突和对青年的品德教育,提倡爱、诚实、正直、和平、公正、勇敢、勤劳和精神活力。独立后他的文学剧本更关注社会现实和政治弊端。前期作品的情节简单,人物也简单朴实。后期作品的人物塑造变得更丰满,对话更贴切,喜剧增添了情节的活力。《够了就是够了》在描写内战后期的被拘留者时加大心理描写的力度,从而产生了更强烈的喜剧效果。亨肖在选材上客观地对待外国人。剧本《献给玛丽·查尔斯的歌》(*A Song to Mary Charles*,1984)是关于一个爱尔兰籍修女的传记性作品,表彰她对尼日利亚的贡献。

2. 沃莱·索因卡的早期剧作

1957 年，索因卡在里兹大学获得文学学士学位。1958—1959 年他在伦敦皇家宫廷剧院担任剧本审读。1958 年，剧本《沼泽地居民》(*The Swamp Dwellers*)在伦敦大学戏剧节上首演，当时 20 多岁的索因卡亲自扮演叛逆的儿子伊格韦祖。1959 年，独幕讽刺喜剧《新发明》(*The Invention*)在皇家宫廷剧院首演，开演之前索因卡朗诵了嘲笑种族歧视的讽刺诗《电话中交谈》("Telephone Conversation")。同年，《沼泽地居民》和《狮子与宝石》(*The Lion and the Jewel*)在伊巴丹艺术剧院上演。1960 年，索因卡回到尼日利亚，为庆祝尼日利亚独立创作了《森林之舞》(*A Dance of the Forests*，1960 年首演，1963 年出版)，该剧也在庆祝会上公演。同年，《热罗兄弟的磨难》(*The Trials of Brother Jero*)在伊巴丹艺术剧院首演，广播剧《枝叶繁茂的紫木树》(*Camwood on the Leaves*)在电台播出。也是在 1960 年，索因卡还组建两个剧团：业余的"一九六〇假面剧团"(1960 Masks)和专业的"奥里森戏剧公司"(Orison Theater Company)。

在这一时期，索因卡创作多个剧本，并且搬上舞台。

《沼泽地居民》(1958 年首演，1963 年出版)是个独幕剧，是索因卡青年时期的代表作。剧本描写殖民统治时期尼日尔河三角洲沼泽地区的农村生活：经济落后，人民生活贫困，当地祭司利用所谓的蛇神崇拜残酷地剥削当地人民，致使很多青年流入城市。青年主人公从人吃人的城市里两手空空地回到农村，在这里迎接他的是自然灾害的肆虐和封建宗教势力的压迫。他起来抗争，但生活无着落，不得不再次背井离乡，从洪水泛滥的沼泽地重新投身金钱统治一切、骨肉相残的罪恶城市。从中不难看出索因卡对大众生活的关注。他在剧本里发出叛逆、抗议的声音，尽管他对前途感到迷惘。

《狮子与宝石》(1959 年首演，1963 年出版)是一个风格迥异的喜剧。剧本写的是 1930 年代—1940 年代的非洲生活：村里最漂亮、最聪明的姑娘希迪像一块宝石，为许多人追逐，而主要追逐者是一个青年小学教师和一个年过花甲、妻妾盈室的老酋长。青年教师是一个可笑角色，他夸夸其谈、不切实际而又醉心于西方文明；他指责娶亲要付彩礼的陈规，只因为他口袋里没钱。老酋长反对文明、进步和铁路……因为它们危及他的利益；但是他精明世故，老奸巨猾，凡是有利可图的"文明设施"，他也引进利用。例如，他想发行邮票，还想把希迪漂亮的头像印在邮票上。他把这些打算说得天花乱坠，终于诱使希迪上钩。剧本以姑娘涂脂抹粉，在鼓乐声中送上门去嫁给老酋长而结束。该剧在艺术方面很成功：主要人物的对话全部用自由体诗句写成，是作家在这方面的首次尝试(后来在《森林之舞》和《孔琪的收获》中索因卡也常常让他的主要人物用自由体诗说话)。剧本自始至终洋溢着轻松愉快的气氛，中间穿插着载歌载舞的场面和非洲传统的以哑剧形式表演的戏中戏。通过对比,作者既尽情刻画了老酋长的世故狡狯,又嘲笑了那个满口摩登名词的青年教师的浅薄和迂腐笨拙。它是索因卡最受欢迎的剧目之一,至今仍被评论家视为他早期的杰作。

《热罗兄弟的磨难》是索因卡所有剧本中最短小精悍、上演率最高的讽刺喜剧。剧中人物热罗教士是当代尼日利亚最机灵透顶的江湖传教士。他熟悉人情世故,习惯用其三寸不烂之舌,巧妙地迎合社会上各种人的不同心理,以宗教迷信进行诈骗。他的信徒中既有为生计所迫乞求上帝保佑的平民百姓,也有利欲熏心、祈求上帝恩赐以期升官晋级当上部长的议员。剧本以小见大,是一幅妙趣横生的世态画。换言之,它是尼日利亚城市生活的一个横断面,反映那个时代的尼日利亚社会现实。作者对人物的刻画入木三分,情节结构也十分紧凑。

《枝叶繁茂的紫木树》(1960年广播,1973年出版)是一个广播剧,探讨由少年成长为青年的礼仪剧。在一个现代约鲁巴人家庭,严厉的教师伊瑞侥比和他的儿子伊索拉发生严重冲突,既有内部的代沟冲突,又有外部欧洲基督教对传统文化模式的压制。伊索拉觉醒后,起而反抗父亲的权威和宗教,维护自身的独立和后来成为爱人的那个女孩的独立。其实,在父亲的教条和儿子的反叛之间的斗争背后,存在着基督教与非洲信仰、殖民文化与传统文化之间的大冲突。弑父被用作象征,表明处在独立边缘的新国家正在摆脱殖民遗产的文化依附。这个剧本既是国家的又是孩子的成长礼仪——杀死这个父亲,国家成年了。

《森林之舞》(1960年首演,1963年出版)是一部宏大的诗剧。戏剧场景设在非洲丛林里,那里活跃着树精、鬼魂以及各种各样的神(包括创造与暴力之神奥贡)和半人半神,其情节是非现实的、多线索的。剧中主要人物都意味深长地担负着历史和现实的双重角色。作者通过他们让历史的罪恶和不幸以惊人的相似在现实中重演。例如,作为宫廷史学家的阿德奈比曾收受贿赂,致使六十名奴隶被装在"指头大的船"逃走;而作为议员演说家的阿德奈比又接受贿赂,批准只能乘四十人的汽车坐七十人,以致造成惨重的车祸。这部作品文笔犀利,既有对历史的批判,又有对现实生活的揭露。虽然这个倾向受到激进派的批评,但索因卡在自己的忧伤中确立了两个方向:常常利用神话作为间接批评当代尼日利亚政治的手段;以神话作为教学工具教育外国读者,让他们了解约鲁巴世界,从而为非洲作家创造更大的空间,让他们意识到丰富的非洲传统及其对世界的贡献。

第四节
文学批评

　　文学批评的兴起,本能地与(口头和书面)文学的兴起和发展连在一起。口头文学先于书面文学发生。直到殖民者征服尼日利亚的土地和人民并创办学校和教会之后,人们才开始认真地考虑他们的文学。文学的艺术表达形式直到殖民化到来才开始得到正式讨论。讨论的起点必然是殖民主义对尼日利亚文学主体的影响——牵连与批评标准。

　　詹姆斯·埃尼·亨肖是一位关注文学批评理论的剧作家,他认为人物塑造是最重要的戏剧元素。然而,需要强调的是,在形式选择和艺术实践的背后,存在着亨肖在剧本序言或后记(演出说明部分)中专门提出的一种健全的社会论和文化艺术论。阅读了这些评论,你会立马相信,亨肖所写的东西没有什么偶然或任意的,每件事都有预设的功能和影响,而且都是以艺术与生活之间关系的某些概念为基础。他对形式的选择基于这样一条原则:形式与艺术的社会功能要充分结合。下面三段摘引即可佐证这一点。在《升迁宴会》序中,他提出对戏剧乃至文学艺术的基本看法:

　　文学作为影响人民和实现变革的工具所具有的力量是人所共知。因此,整个非洲场景对非洲作家(不仅作为个人而且作为群体)提出挑战。[1]

　　剧本需要在非洲自己的环境里书写和演出,拥有普通的非洲人所熟悉的人物。[2]

　　所有发展中国家的一个重要问题,就是要保留好的传统,而且在恰当的时候把来自其他国家最好的东西嫁接在它上面。[3]

　　总之,"亨肖是创造尼日利亚书写戏剧传统的先驱者……第一位值得注意

---

[1]　James Ene Henshaw, *Dinner for Promotion*, 1967, preface, p. 5.
[2]　Ibid.
[3]　Ibid.

的剧作家,他企图系统地批评被传统束缚的生活。他做了,毫不害怕丢失身份……第一个探究尼日利亚人生活中的文化冲突……而且……使非洲传统生活与经验成为他的剧本基础,成为连沃莱·索因卡都一直追随到斯德哥尔摩的一种传统……第一个选择青年作为一切旨在带来社区、组织和国家变化与创新的信息的目标观众和读者。"[1]

在文学批评方面,索因卡在 1960 年《号角》第一期上发表《西非创作的未来》("The Future of West African Writing"),率先确认非洲创作真实性的真正标志是无偏袒的自我接受,而不是刻意的种族自我保证。他声称,早期的非洲创作是不诚实的,因为它模仿欧洲的文学样式,或迎合欧洲对异国情调和未开化状态的需要与期待。他还指出,生产真正的非洲文学的第一位非洲作家不是列奥波德·桑戈尔,而是钦努阿·阿契贝:

> 钦努阿·阿契贝的意义,就西非创作而言,就是似乎无偏袒的演化。我相信这就是我们文学发展的转折点,因为固有的无效的"黑人性"教条,在时间选择上它也是个幸运的巧合。桑戈尔就是个显明的例子。如果我们说及更能接受的、意义更加广泛的"黑人性",钦努阿·阿契贝比桑戈尔更是"非洲的"作家。小羚羊不会在它美丽的脊背上画上"小羚羊"去公开宣布其"小羚羊性";你是通过它的优美跳跃认识它的。非洲人自我意识越少,他在其作品中出现的个人品质就越是生来具有的,他就越被严肃地看成一位鼓舞人心且有尊严的艺术家。[2]

索因卡著名的拒绝"黑人性"("老虎不必公开宣布其老虎性")的观点显然源于有关"小羚羊"和"小羚羊性"的评论。这必定是误用,因为老虎并不像超现实主义法语诗歌那样是非洲土生土长的。应该说,索因卡拒绝黑人性是由他的文艺观决定的。

从早期著作来看,沃莱·索因卡是个多才多艺、富有创新精神的作家,也是一位卓有创见的文学评论家。从 1960 年起他已经成为尼日利亚剧坛领军人物。

总而言之,二次世界大战后出现的诗人是现代诗人。他们与先驱诗人不同,他们不是政治家,不赞成标语口号式的诗作。他们直接或间接地受到英美现代派诗人的影响,不是模仿,而是试验,创造出独具特色的作品,更自由地处理句法、措辞,使词语更有自己的内涵,不受诗行与韵律的常规限制。他们采

---

① James Ene Henshaw, *Dinner for Promotion*, 1967, preface, p. 5.
② Wole Soyinka, "The Future of West African Writing," *The Horn*, No. 1, 1960.

用当地素材或个人经验,反映殖民主义在当地造成的文化冲突,有时给以讽刺。诗人们各具特色,发出各自独特的声音。

小说家们采取"拿来主义",采用由西方舶来的长篇小说形式,表现当地文化和城市社会,或者追忆殖民统治确立之前的农村社会、文化和制度,肯定自己民族的文明和尊严。他们或用标准英语,或将英语改造,使之既切实反映尼日利亚的现实,又不妨碍与外部世界的沟通。他们成功了,他们创作的长篇小说成为经典。钦努阿·阿契贝成了"非洲长篇小说的教父"。

尼日利亚固有的戏剧大多没有文本,没有舞台话剧。在二战后出现像詹姆斯·埃尼·亨肖、沃莱·索因卡这样的剧作家,给尼日利亚送来优秀的新式剧作文本,既可阅读,又能搬上舞台。这些剧本非常注意语言运用和人物塑造,完全达到现代戏剧的要求。

随着现代文学的发展,文学批评理论应运而生。批评家们强调:要在非洲人自己的环境里书写和演出所有普通的非洲人熟悉的人物,要把文学作为影响人民和实现变革的工具;形式的选择要以形式和艺术的社会功能充分联系的原则为基础;在表达意识形态时,要实事求是,要用具体的形象而不是空洞的界定,也不可将其罗曼蒂克化。总之,这些理论既是尼日利亚创作实践的总结,又是创作实践的指导原则。

尼日利亚人为尼日利亚人创造的有关尼日利亚的尼日利亚现代文学,在非洲文坛取得了领先地位,这是个不争的事实,也是个奇迹。而且这个奇迹是在殖民统治的背景下创造出来的,因此更是难能可贵,令人赞叹不已。

第五编
独立以来文学
(1960 年—2010 年代)

第一章

社会文化背景与文学

1960 年 10 月 1 日,尼日利亚脱离英国殖民统治成为独立的联邦,全国处在欣喜若狂的状态中。但是好景不长。由于英国原先实行分而治之的政策,三大民族(豪萨族、约鲁巴族和伊博族)未能很好融合,他们居住的北区、西区和东区之间存在的差异和矛盾未能解决,所以尼日利亚独立之后的头十年经历了 1960—1965 年政府议会体制的实施与失败、1966 年的两次军事政变。在雅各布·戈翁(Yakubu Gowon)统治期间爆发和终结的 1967—1970 年内战,造成以百万计的人死亡。在 1960 年代前半期,各种语言的现代文学都在迅速发展。英语文学中,诸如克拉克、艾克文西、阿契贝和索因卡等作家不但确立了各自的作家地位,而且在尼日利亚,甚至在非洲英语文学界处在领先地位。

从 1966—1999 年,除了短命的第二共和国时期(1979—1983),尼日利亚一直处在军事统治之下。其间政变与反政变屡屡发生。直到 1999 年,民选总统奥卢塞贡·奥巴桑乔(Olusegun Obasanjo)上台,尼日利亚文官统治制度才开始恢复。

具体地说,1970 年代,尼日利亚在巩固统一和恢复遭到破坏的经济方面做了很多工作。适逢石油收入骤增,尼日利亚进入了政治稳定和经济繁荣时期。雅各布·戈翁、默尔塔拉·穆罕默德(Murtala Mohammed)和奥卢塞贡·奥巴桑乔三个军人政权都在设法保持繁荣局面。

石油收入使尼日利亚迅速由穷国变为富国,成为世界上第 13 个富有国,成为地区强国和新兴工业化国家,以及拥有成功的中产阶级和越来越多的百万富翁的自信国家,经济增长率达到前所未有的 8%。它加强基础设施建设、扩大教育、增设大学、中小学免费入学,甚至开始实行免费医疗和兴建经济型住房……1977 年,尼日利亚举办第二届世界黑人与非洲人文化艺术节,近两万名黑人和非洲艺术家欢聚一堂,近 60 个非洲国家和世界各地的黑人团体,20 多位非洲国家元首、政府首脑出席艺术节大会,可谓盛况空前、世界瞩目、耗资巨大。这类艺术节迄今举行过三次。第一届、第三届艺术节于 1966、2010 年由塞内加尔主办。1970 年代,联邦政府在拉各斯建造国家大剧院。多年来该剧院是尼日利亚国家文化的象征性和标志性建筑,宏大、实用。剧院主要设施有:环状的大剧场(5 000 座)、两个阶梯电影厅(600 余座)、配有七种语言翻译设备的会议厅(1 200 座)、大型现代化展厅、中小型会议厅、餐厅、图书馆、会客室等。许多尼日利亚文化机构也在这里落户,如国家艺术团、国家美术馆、国家文化发展协会、黑人与非洲人文化艺术中心等等。在尼日利亚人眼中，它不啻是民族文化发展的一座丰碑。

1970 年代，不但老作家笔耕不辍，发表新作品，而且新一代作家走上文坛，代表人物有：坦纽尔·奥介德(Tanure Ojaide, 1948—   )、布契·埃米契塔(Buchi Emecheta, 1944—2017)、费米·奥索费桑(Femi Osofisan, 1946—   )、伊希多尔·奥克皮尤霍(Isidore Okpewho, 1941—2016)。

1970 年代着重强调提高人民生活的发展计划，因为国家支持出口导向战略而放弃。1980 年代，尼日利亚经济进入严重的衰退期，生活水平降到比以前更糟糕的地步，外债增加。这也是一个冲突的时代，穷人抗议政府的政策，宗教冲突也不断增加，在经济衰退和政治管理不善的刺激下矛盾进一步激化。

宗教向政治的渗透成为国家面临的一个新危机。1980 年卡诺爆发了大规模暴动，到 1985 年时，暴动已蔓延到许多大城市。这场被称为"麦塔特斯尼暴动"(Maitatsine Riots)的动乱，造成数以万计的人员伤亡和财产损失。确切地说，宗教暴动是对政治腐败、经济衰退做出的回应。

由于石油收入减少，欠债太多，整个国家出现走私、失业、通货膨胀和对国家资产大肆掳掠等问题。政府的代表们首先违法，掠夺国家财富；富有的人可以凌驾于法律之上；警察为了保护官员的生命财产，在预算之外又追加 8 300 万奈拉购买设备。当沙加里在 1983 年 10 月开始他的第二任期时，公众、媒体和反对势力联合起来，最终将他赶下台。贫困、无纪律和不安全感笼罩着整个国家。

1985 年 8 月，易卜拉欣·巴班吉达(Ibrahim Babangida)发动宫廷政变，成为国家元首。他制定的经济结构调整政策最终彻底失败。当政府提高石油价格时，通货膨胀翻了十倍，给国民经济带来无法形容的困难。生活水平的下降让穷人和中产阶级深受其害。本地工业苦于国家外汇有限，而债务又增加了国家对外的依赖，成千上万的专家移民到西方国家或别的地方，这使得所有重要部门人员短缺问题异常严峻。反对结构调整计划的抗议活动演变成了暴动，造成高等教育机构长期关闭。巴班吉达领导的军人政府"还政于民"的尝试是欺骗性的和不可预知的，使国家付出巨大的代价，最终证明是一个失败。1985 年，巴班吉达政府使尼日利亚加入伊斯兰会议组织(OIC)，引起基督教徒的强烈反对。在以后的几年里，基督教徒和穆斯林之间在许多城市，如包齐、卡诺、卡杜纳和赞贡-卡塔夫都发生大的冲突，人们参拜的场所遭到严重破坏，许多人失去生命。

1980 年代，尼日利亚文学继续关注社会、关注政治，有了新发展。又有一批新作家走上文坛，其中包括奥迪亚·奥费穆(Odia Ofeimun, 1950—   )、尼伊·奥桑代尔(Niyi Osundare, 1947—   )、科尔·奥莫托索(Kole Omotoso,

1943— ）、肯·沙罗-威瓦（Ken Saro-Wiwa，1941—1995）和本·奥克瑞（Ben Okri，1959— ）等重要作家。然而，1980 年代的最大文化事件，乃是沃莱·索因卡在 1986 年获得诺贝尔文学奖。这是尼日利亚人的骄傲，也是非洲人的骄傲。

1990 年代尼日利亚的社会现实在托因·法洛拉的书中得到了很好的描述：

> 80 年代末冷战结束，全球政治也随之发生改变。在过去的几十年中，尽管尼日利亚更多地与西方国家保持一致，通过与超级大国协商来指导它的对外政策，然而，东方集团（社会主义阵营）为越来越多的尼日利亚激进分子和左派学者呼吁选择社会主义道路提供了机会。80 年代及其后，东方集团失去了影响，苏联不复存在，俄罗斯也没有积极的经验可供非洲学习。马克思主义政权——埃塞俄比亚、几内亚和莫桑比克——的失败，更使社会主义模式声誉受损。自由主义者和右翼意识形态占了统治地位。布雷顿森林机构（世界银行和国际货币组织）左右着国家的选择。90 年代，非洲国家不仅向国外寻求经济管理经验，也寻求关于"好政府"的理念。人们希望政府能够通过对公众需要给予更多的回应，改进民主制度和避免军人统治来改造自身。尼日利亚政府迎合国内外需要，承诺要向文官政府转变，但它并未履行承诺。[1]

1993 年 6 月，在尼日利亚历史上最和平、自由、公平的选举中，阿比奥拉（M. K. O. Abiola）赢得了 58% 的选票，甚至在非约鲁巴地区和他的反对者的家乡卡诺地区也获得了大量的选票和广泛的支持。公众对军人政权已经厌恶至极，而阿比奥拉为公众提供了改善经济状况的希望。巴班吉达耍弄阴谋，在选举委员会宣布阿比奥拉获胜之前，抢先宣布选举无效，从而把国家推向混乱状态，这种局面持续五年多。阿比奥拉被囚禁，后来死在狱中。许多地方，尤其是西南部的暴力抵抗激发了亲民主运动的发展。成千上万的人开始迁回家乡。

萨尼·阿巴查将军（General Sani Abacha）在 1993—1998 年统治尼日利亚，公开声称"独裁政府将与发展携手同行"。[2] 他把权力集于一身，与巴班吉达相比，有过之而无不及。他的统治建立在恐怖的基础上，并最终将政府变成镇压的工具。总统的突击部队羞辱和杀害了他的反对者和批评者，特工人员肆无忌惮地侵犯人权和监督所有所谓的"阿巴查的敌人"。1994 年 11 月 22 日

---

① 托因·法洛拉：《尼日利亚史》，沐涛译，2010，第 168—169 页。

② General Sani Abacha, "This Is How We Do It in Nigeria", *The Economist*, 22 July 1995, p. 40.

颁发的一项严酷法令,即第 22 号法令,允许阿巴查的特工人员无故扣押任何人,并拒绝被扣押人与他们的家人、律师见面和参与审判程序。法庭无权审理被错误扣留者的案件,同时,政府也不需要释放被扣留者,也无需对错捕者负责。专制统治的后果非常严重,军队、警察和行政部门降为维护专制主义和镇压平民的工具。1995 年 11 月 10 日,政府残忍地杀害奥戈尼生存运动领导人、作家肯·沙罗-威瓦和另外八人,遭到国内外的强烈谴责。

1998 年 6 月 8 日,阿巴查猝死。许多尼日利亚人举行庆祝,这在尼日利亚宽恕死者的文化中绝非寻常。

阿巴查死后,在搜查他的得力助手乌塞尼将军(General Useni)的家时,"找到了国内外货币几百万美元,还有许多汽车和卡车。在中央银行负责人的家中也搜到了他秘密库存的数百万的各国货币,他声称是为了维护阿巴查的利益而收藏的。在黄金地段还查到了他的 37 栋房子和一个汽车群,这些东西多数被没收。阿巴查的安全事务负责人被要求为拥有的 10 亿多美元作出解释。在阿巴查的家里搜到的钱更是惊人。据揭露,他在巴西、埃及和黎巴嫩的钱多达 30 亿美元,这是他 4 年执政过程中盗窃的国库资金。……此外,阿巴查的家人和朋友获得了几个政府机构的巨额合同,控制了天然气的进口,甚至将联邦政府的房子转为私人使用。阿巴查腐败的严重程度甚至连他的同僚都惊讶。"①正是因为阿巴查的掠夺性统治,尼日利亚已经"成为世界上第十三贫困的国家,这反映在国家大多数人处于赤贫状况,国内生产总值不足 2 500 亿美元、通货膨胀率达到了两位数、年轻人无时无刻不想着要移民国外。制造业和工业产量下降到了 20 年来最低水平。……农村地区一片萧条。"②

正如法洛拉指出的那样:"大多数的腐败案件根源于权力,根源于权力如何分配和部署。当权力集中在少数人手中,正如在尼日利亚,它就会被滥用和摆脱束缚,而这种束缚本是人民用来保护自身利益的。当权力以家长制的方式组织起来时,家长有责任不牺牲他人来显示其对'家族成员'的忠诚。当施行的是独裁统治时,正如在殖民时期和军人统治时期,权力只被用于实现有限的目标,其对人民的责任也就降到了最低限度。……在该制度中,只有极少数人在牺牲别人的利益中得到了满足,权力属于统治者而不是被统治者。"③

尼日利亚独立以来制定过五次宪法,即 1960、1963、1979、1989(该宪法从未颁布)和 1999 年宪法。1960 年独立宪法确立尼日利亚为主权国家,在1960 年 10 月 1 日独立,但仍保留英国女王伊丽莎白二世作为名誉国家元首。1963 年宪法,即尼日利亚第二部宪法确认尼日利亚为联邦共和国,废除名誉国

---

① 托因·法洛拉:《尼日利亚史》,沐涛译,2010,第 195—196 页。
② 同上,第 199—200 页。
③ 同上,第 143 页。

家元首。它仿效英国议会体制,实行立法、司法和行政三权分立。该宪法自1963 年 10 月 1 日开始实施,至 1966 年军事政变终止。1979 年宪法带来第二共和国,废止议会制,采用由总统负责的美国式宪政。与早期体制不同的是,总统和他的代理人必须由人民选举产生。总统为了确保大多数州和部族的认可,必须赢得整个国家的多数选票,至少是国家 2/3 的州超过 1/4 的选票。总统是最高行政长官和军队的总司令,连任不得超过两届,每届四年。1989 年宪法旨在促成民主统治回归和建立第三共和国,但从未完全实施,军事统治延至1999 年。1999 年宪法在 5 月 5 日颁布,5 月 29 日奥巴桑乔执政之日正式实施。它以 1979 年宪法为基础修订而成,确立尼日利亚是不可分割的主权国家,实行联邦制和以总统负责的三权分立的政治体制,从而在尼日利亚恢复了民主统治。这部宪法目前仍在实施,2011 年古德勒克·乔纳森(总统兼武装部队总司令)签署了两个修正文件。

尼日利亚历来比较重视教育,实行的学制和中国的差不多:小学 6 年,4 岁入学;中学分初中和高中,各 3 年;大学一般本科 4 年,也有 5 年的。还有硕士研究生和博士研究生制度。在 1948—1965 年,尼日利亚有 5 所大学,其中包括伊巴丹大学和校园设在恩苏卡的尼日利亚大学和设在扎里亚的阿赫默德·贝洛大学。1970—1985 年,全国各地又增设 12 所大学。1985—1999 年,再次增设 10 所大学。这些大学由联邦政府负责全额经费。还有一些州政府主办的大学。1993 年,联邦政府颁布准许私人办学的法令,但要遵循政府之前制定的指导方针。这些大学在 20 世纪为国家培育出大量急需的人才,但在1990 年代却出现大批人才流向海外的现象。

另外,新闻和出版行业也比较发达。就报纸品种和发行量来说,仅次于埃及,是全非洲第二大报纸国。但报界常常受制于恐吓和威胁,新闻记者被安全部门找去"谈话",可能受到威胁和监禁。1990 年,《共和报》《新种报》《拉各斯每日新闻》《笨拙》,还有其他报纸,就在其中某个节点被联邦政府勒令停刊。著名诗人尼伊·奥桑代尔(Niyi Osundare, 1947—)受到阿巴查政权的监视,甚至被安全部门要求解释其诗的意义。费米·奥索费桑(Femi Osofisan,1946—)、奇玛曼达·恩戈齐·阿迪契(Chimamanda Ngozi Adichie, 1977—)和托因·阿代瓦勒-加布里尔(Toyin Adewale-Gabriel, 1969—)则是1990 年代非常出名的文坛新秀。值得注意的是,尼日利亚北部出现以妇女为主创作的市场通俗文学。

自从 1999 年奥巴桑乔经过民主选举上台,尼日利亚的经济较以前有了重大发展,成为非洲第二大经济体,对西非乃至整个非洲有巨大影响。在 21 世纪的第一个十年中,发生了 3 起重大文化事件。2001 年,尼日利亚医生阿博塞德·埃曼努尔(Abosede Emanuel)以其 30 年研究成果、长达 630 页的著作《约鲁巴族幸运之神祭祀节》(*Odun Ifa Cultural Festival*,另一种译名为 *Odun Ifa*,*Ifa Festival*)荣获野涧奖(Noma Award)。评委称该书"是一部杰出的、优秀的文化著作,是向非洲文化觉醒所迈出的十分有力的一步"。同年,海龙·哈比拉(Helon Habila,1967——)获得凯恩非洲文学奖(Caine Prize for African Writing)。2007 年,钦努阿·阿契贝被授予曼布克国际奖(the Man Booker International Prize),这是对他身为作家和长篇小说家的整个事业的认可。纳丁·戈迪默在颁奖时称,阿契贝是"非洲现代文学之父"。[1]

也是在 21 世纪的第一个十年,人们看到一代重要的青年作家出现在文坛上,包括克里斯·阿巴尼(Chris Abani,1966——)、耶米西·阿里比萨拉(Yemisi Aribisala,1973——)、塞法·阿塔(Sefi Atta,1964——)、海龙·哈比拉、海伦·奥耶耶弥(Helen Oyeyemi,1984——)、恩尼迪·奥科拉福尔(Nnedi Okorafor,1974——)、萨拉赫·拉迪波·曼伊卡(Sarah Ladipo Manyika,1968——)、奇卡·尼娜·乌尼格韦(Chika Nina Unigwe,1974——)、A. 伊戈尼·巴雷特(A. Igoni Barrett,1979——)、奥戛戛·伊福伍都(Ogaga Ifowodo,1966——)、特珠·科尔(Teju Cole,1975——)和奇玛曼达·恩戈齐·阿迪契。其中,伊福伍都和阿迪契生活在西方。

---

① "Nigerian Author Wins Booker Honour," BBC, 13 January 2007.

第二章

豪萨语文学

经过几十年的反殖民斗争,尼日利亚各族人民于 1960 年获得国家独立。人民感到欣喜若狂,也在情理之中。尼日利亚独立后的头十年,经历了 1960—1965 年政府议会体制的实践和失败、1966 年的两次军事政变、在雅各布·戈翁统治期间爆发和终结的 1967—1970 年内战,以及在经济发展方面的尝试。诚如托因·法洛拉所说,"当尼日利亚人对自治的第一个十年进行回顾时,会发现取得独立比管理一个现代的民族国家要容易得多"。[①] 换言之,独立后的第一个十年,尼日利亚处在多事之秋。

第一节
1960 年代豪萨语文学

一、诗　歌

对政局动荡和社会不稳定,豪萨语诗歌必然做出反应,政治诗得以更快发展。上文提到的诗人戛巴·格旺杜(Garba Gwandu, 1932—　)关注知识普及和教育,写出诸如《学校之歌》("Waken Makaranla")和《关于无知之歌》("Wakokin Jahilci")。此外,他还写出《乞讨》("Rarraka")一诗,谴责"乞讨"是尊严的缺失而不是客观的必需。他的诗也关注国内和国际政治;在《朱利叶斯·尼雷尔》("Julius Nyerere")一诗中,他谴责坦桑尼亚的这位领导人对待尼日利亚内战的态度,因为尼雷尔支持"比夫拉"。诗人戛巴·伊比西迪(Garba Ebisidi, d. 1980)在《真理报》(Gaskiya ta fi Kwabo)上发表了多首紧跟政治形势的政治诗,其中包括《卡诺统治者阿尔哈吉·阿多·巴耶罗的赞歌》("Wakar Yabon Sarkin Kano Alhaji Muhammadu Ado Bayero", 1963)、《卡诺统治者阿尔哈吉·穆罕默德·英努瓦的赞歌》("Wakar Yabon Sarki Kano Muhammadu Inuwa", 1963)、《北方是属于北方人的歌》("Wakar Nuna

---

① 托因·法洛拉:《尼日利亚史》,沐涛译,2010,第 89 页。

Arewa ta'Yan Arewace", 1963)、《纪念尼日利亚变成共和国》("Wakar tunawa da zaman Nijeriya Jumhuriya", 1963)、《忠告参加未来大选的北方人》("Wakar nasiha ga'Yan Artwa da zabe mai zuwa", 1964)和《先知生活史之歌》("Wakar tariki Annabi Muhammadu")等。在《真理报》等报刊上发表作品的诗人还有许多,其中包括诗人 A. J. 阿里尤(A. J. Aliyu, 1918—1998)的作品:《赞扬尼日利亚军政府之歌》("Wakar Yabon Gwamnatin Mulkin Sojojita Nijeriya", 1969)、《赞颂先知之歌》("Wakar Yabon Amabi Muhammadu", 1969)、《为和平而斗争之歌》("Wakar neman Lafiya", 1967)、《赞颂尼日利亚军人之歌》("Wakar Yabon Sojojin Nigeriya afagen fama", 1967)等,表现作者对和平的渴望、对联邦政府的支持和对联邦士兵的赞扬。另一位诗人尤素夫·A. 比奇(Yusuf A. Bichi)写出长达几千个诗行的长诗《内战之歌》(*Wakar tarihin rikicin Nijeriya*),1971 年该诗以书的形式由北尼日利亚出版公司(NNPC)出版。这里还要特别指出的是:在 1967 年底,也就是内战开始几个月的时候,北方地区就这个主题开展了一次诗歌创作比赛,收到七百多件作品,其中有三件作品获奖,获奖作者应邀到卡杜纳广播电台朗诵自己的作品。获得头奖的作品,即 A. J. 阿里尤的《士兵之歌》("Jiki Magayi",通常被称为"Wakar Soja"),受到很高的赞誉。该诗于 1968 年 2 月发表在《真理报》上,后来,它的英语译文被尼尔·斯金纳收入《豪萨文学译文集》[①]。

　　"虽然在很大程度上豪萨诗人以阿拉伯语诗歌的韵律模式作为他们作品的基础,但是没有制定出评估诗歌的正式标准。……可以推断,'好诗'就是运用讽刺、引喻的诗,强调社会团结和政治团结的诗,忠实描绘国家生活情景的诗。能够利用穆斯林文学遗产的诗人受到高度赞赏,细心描写末世学、详细描述宗教义务的诗人受到尊重。穆斯林精英,甚至普通豪萨人都大为欣赏地提到阿拉伯古典语言的诗,他们重视把阿拉伯语言或引语同豪萨文本交织的能力。一首诗的文学性质的一个重要因素就是 azanci,即暗喻、双关、明喻及其他艺术表现方式的综合运用。"(Stanistaw Pitasewiez 语)

二、小 说

　　1960 年代,真理公司想方设法恢复 1959 年已经解散的北方地区文学社(NORA,即 the Northern Region Literature Agency)的某些服务功能,重印已有的书籍和出版新的书籍。1960 年,由政府组建的北尼日利亚出版公司也开始出版新书:1960—1967 年出版了一些有关宗教的书,如 *Hasken Mahuhunta*;

---

① Neil Skinner, *An Anthology of Hausa Literature in Translation*, 1977, pp. 176 - 182.

普通读物,如 *kayuwata*;散文,如 *Yawon Duniya Hajji Baba*;诗歌,如《告诫的鼓声》(*Gangar Wa'azu*)。

这个时期最有名的长篇小说是 1969 年出版的乌马汝·登博(Umaru Dembo)的《彗星》(*Tauraruwa mai Wutsiya*)。这是一部科幻小说,开豪萨科幻小说之先。主人公是一个名叫吉尔巴的男孩。他是个热心的星象观察家。在来自外层空间的客人科林·科里约的帮助下,他开始太空旅游。在此之前,吉尔巴进行了许多奇怪的试验,似乎在做现代宇航员的各种事先准备。可就在这里,虚构和非洲生活的现实同天真的科学幻想混合在一起。在一次实验中,他被带入一个类似化学实验室的房间,那里的科学家和设备由蝰蛇和蝎子保卫着。在最后一次试验中,为了适应外层空间的生活状况,他经历了完整的训练。

在乌马汝·登博的《彗星》中,人们看得见《一千零一夜》的影响,但是用科幻元素润色过。这些科幻小说愈来愈多地进入豪萨年轻一代的视野之中。

另一部中篇小说是沙伊杜·阿赫默德(Sa'idu Ahmed)的《撒哈拉明星》(*Tauraruwa Hamada*,1965),讲述窃贼达尼埃和他的同伙达博绑架一个公主的故事。由于得到会讲话的蛇的魔力帮助,他们逃脱了困境。

上述小说显然是受到西方科幻小说和印度电影的影响。

另外,有一篇短篇小说很有艺术价值,值得注意。它就是马赫穆德·亚哈亚(Mahmud Yahaya)发表于 1964 年 9 月《真理报》上的《财富与饥饿的夜晚》(*Ga Koshi ga Kwanan Yunwa*)。这个故事充满抒情气氛,大部分篇幅用来生动地描写大自然,同时独白和对话又富有诗意。故事以富拉尼牧人觉罗的不幸爱情为基础。在追求幸福的路上,觉罗遇上一个漂亮的豪萨姑娘,而后者是一个老于世故的城镇居民。觉罗不仅遇上"阶级"差别而且遇上传统的民族障碍。

三、历　史　散　文

这个时期出版了两本有关富拉尼人在豪萨地区行政管理中的作用的历史著作:一本是《富拉尼人是怎样在康塔戈拉当权的》(*Kafuwar mulkin Fulani a kasar Kwantagora*,1968),描写富拉尼人在这个埃米尔国实施统治的起源与过程;另一本是 M. 朱奈杜(M. Junaidu)撰写的《富拉尼历史》(*Tarihin Fulani*,1957 年初版,1970 年再版),从祖先开始讲述富拉尼的发展过程,直至圣战爆发,还描述富拉尼诸王在索科托的统治。

四、自　　　传

北尼日利亚前总理阿赫默德·贝洛(Ahmad Bello)在朋友建议下写出英

文版《我的人生》(*My Life*),1962 年在剑桥出版。这部作品深深扎根于英国统治北尼日利亚初期的现实,生动描写了那里经受的变革、民族觉悟的提升和政治的发展。虽然用英语写就,但该书仍然保留了豪萨语言的精神和措辞。这不仅赋予其特有的魅力,而且反映出一般豪萨人的思维方式。该书豪萨语版 *Rayuwata* 1964 年在《真理》期刊上连载,1970 年由北尼日利亚出版公司出版。

五、戏　　剧

1954 年,北方地区文学社出版阿布巴卡尔·图纳乌(Abubakar Tunau)的剧本《马拉发的故事》(*Wasan Marafa*)。更重要的剧作家是舒艾布·马卡费(Shuaibu Makarfi),他的文学作品关注社会道德问题。马卡费的剧本《吉亚鲁的丈夫贾塔乌》(*Jatau na Kyallu*,1960)对婚姻和家庭抱有更加传统的观点——不反对一夫多妻制,除非它超越穆斯林法律的界限。他认为造成家庭不和谐的重要原因在于别处。剧本的主人公——富有而受人尊重的玛拉目贾塔乌——爱上了妓女吉亚鲁,后者毁了贾塔乌,在贾塔乌去坐牢的时候又离家出走。在这种悲惨状况下,贾塔乌的第一个妻子帮助他逐渐重建原先的威望和昌盛。贾塔乌起到古代希腊戏剧合唱班领唱人的作用。作者表达出这样的观点:一夫多妻制婚姻的和谐很大程度上依赖于丈夫的态度。他把诗歌《告诫的鼓声》("Gangar Wa'azu")收入剧本中,警告读者不要娶装模作样、水性杨花的时髦姑娘。

在《我们的这个时代》(Zamanin nan Namu, 1959)的多个剧本中,舒艾布·马卡费表现出他对今天道德沦丧的时代背景下如何培养年轻人这一问题的关注。生活的欧洲化使他认为旧的好习惯在溃崩。在第一个独幕剧《玛拉目迈达拉伊鲁》("Malam Maidala'ilu")中,主人公迈达拉伊鲁开始认为:女孩子不必上学,只要虔信宗教,善心待人就够了。后来他转变观念,决定让女儿接受教育,没料到得到妻子塔雷雷的"认可",更没料到的是塔雷雷竟把女儿送到市场卖食品而不是送到学校念书,碰巧又被迈达拉伊鲁发现了。他暴怒之下把塔雷雷赶出家门,把女儿交给另一个妻子照管。最终女儿圆满完成学业,结婚时用上了在学校学到的知识。在第二个独幕剧《雅尔马苏济达》("Yarmasugida")中,标题人物的命运有所不同,她必须去市场卖食品而不是去学校读书。开始,小姑娘做得不好,受到母亲责骂;后来她学习其他姑娘,接触不三不四的男孩,接受男孩的礼物和金钱,母亲反而高兴。作者指出包办婚姻让新娘成了被拍卖的商品。

上述剧本奠定了豪萨语现代戏剧的基础。

第二节
内战后豪萨语文学

由于内战结束,尼日利亚秩序恢复,社会相对稳定,石油产业腾飞。因此,1970 年代和 1980 年代,豪萨语文学的创作和出版进入一个新的时期。

一、诗　歌

有不少诗集在内战结束后面世。例如,但达蒂·阿布杜卡迪尔(Dandatti Abdukadier)出版《新旧选曲》(*Zababbum Wakokin Na Da Na Yanzu*),阿布杜·亚赫亚·比奇(Abdu Yahya Bichi)出版《婚礼歌》(*Wakokin Bikin Aure*),穆迪·希皮金(Mudi Sipikin)出版《学校教育之歌》(*Wakokin Ilmi Don Mukarantu*),萨里胡·康塔戈拉(Salihu Kontagora)出版《尤拉》(*Yula*)和《平民百姓》(*Gama Gari*),阿里尤·丹·西地(Aliyu Dan Sidi)出版《阿里尤·丹·西地诗集》(*Wakokin Aliyu Dan Sidi*,1980)。另外,伊巴丹的牛津大学出版社还出版了易卜拉欣·亚罗·穆罕默德(Ibrahim Yaro Muhammed)的一本诗选《豪萨智慧之歌》(*Wakokin Hikimanin Hausa*,1974),收入 20 首豪萨语诗歌。这个时期还出版了一本儿童诗集《儿童之歌》(*Wakokin Yara*)。

总之,内战结束以后,政治诗便和宗教诗、通俗诗、即兴诗和豪萨人特有的悼亡诗平行发展。比较有成就的作家有哈吉·阿凯鲁·阿里尤(Haji Akilu Aliyu,1918—1998)。他的作品丰厚且题材广泛,有呼吁取消卖淫的,有鼓吹发展民族语言的,也有关于加强教育和扫盲的。政府决定大选了,他就写大选;政府号召农民使用化肥,他就创作宣传化肥的诗作。由于他语言娴熟且特别讲究韵律,其诗作在非洲鼓点的伴奏下朗读具有明显的娱乐功能,所以他成为当时最受推崇的豪萨语诗人,或许也是他那一代诗人中的佼佼者。他的代表作有:《拉各斯之歌》《令人气愤的豪萨语》《法萨哈·阿甘利亚》等。阿尔哈吉·加尔巴(Alhaji Garba)和穆迪·希皮金也是比较有名的应时诗人。

此外,传统豪萨妇女创作的口头诗歌也对豪萨当代文学做出了贡献。如卡诺的豪瓦·格瓦拉姆(Hauwa Gwaram)于 1967 年创作并表演的《北方妇女协会之歌》("Wakar Jama'iyar Matan Arewa")共 47 个联句,开头、结尾都符合口头传统诗歌的规范,节奏与韵律也是古典式的。诗人强调,只要缴纳会费,任何妇女都可入会;她还提倡妇女走出家门工作,号召她们团结起来闯进她们所生活的社会。她本人念过中等学校,在教别人家庭卫生和儿童护理。卡齐纳的宾塔·卡齐纳(Binta Katsina)在 1980 年创作的《尼日利亚妇女之歌》("Wakar Matan Nijeriya")共 88 个诗句,符合传统口头诗歌格式,善用重复手法,其主旨是鼓励妇女参与各项工作:"尼日利亚妇女,你能做任何种类的工作/尼日利亚妇女,你能在办公室(工作)。"(第 22 句和第 23 句)迈谟纳·科济(Maimuna Coge)的《豪萨语大会赞歌》("Wakar Ta Yabon Kungiyar Hausa", 1980)共有 199 个诗句,无论素材和表达方式都与传统的博里(Bori)表演相同:恭敬与亵渎并置,作者衣着艳丽而身体动作近乎淫秽,在合唱者和听众之间来回走动,可根据他们的情况和社会地位调整自己要展现的材料。她特别关注妇女的自给自足,既赞扬地位高的工作,又不贬低低级的工作,坚持每个人都可以做有益于别人的工作。总之,传统的豪萨妇女根据公认的文学标准创作和表演自己的作品,同时保留居家的角色。她们在自己文化的宗教与文学活动中找到工作方法,就影响她们的社会政治问题表达自己的意见。①

二、小说及其他散文著作

　　1979 年,北尼日利亚出版公司(NNPC)举行了一次创作比赛,结果三部长篇小说获奖并在 1980 年出版:苏莱曼·易卜拉欣·卡齐纳(Sulaiman Ibrahim Katsina)的《压在我心上的权力》(*Mallakin Zuciya*)获头奖。它是一部具有教诲意义的爱情小说,讲述受过西方教育的年轻人反对包办婚姻的斗争,以及支持女儿婚姻的父亲同反对女儿婚姻的保守母亲之间的对立。获二等奖的作品是女作家哈夫撒图·阿布杜尔瓦希德(Hafsatu Abdulwahid)的长篇小说《爱是人间的天堂》(*So Aljannar Duniya*),标志着现代豪萨女性小说家的出现。它是一对富拉尼青年爱情受到女魔怪干涉的故事,属于奇幻现实主义作品。获三等奖的长篇小说是马干·登巴塔(Magan Dembatta)的《玛拉目阿玛赫的阿玛迪》(*Amadi na Malam Amah*)。它也是一部奇幻现实主义作品,描述主人公同罪恶的精灵做斗争并且获得胜利的故事。比赛期间北尼日利亚出版公司共收到 22 部故事,唯独上述三部作品脱颖而出,从而表明长篇小说背离早期传统,因为它们利用奇思妙想和现实主义来表现涉及个人磨难的主题,这些个人生活和种种矛盾交织在一起。这种探索主题扩展到一夫一

---

① Hal Wylie et al., eds., *Contemporary African Literature*, 1981, pp. 15 - 46.

妻制和一夫多妻制的爱情问题,以及妇女为摆脱传统价值观念和现代价值观念限制所做的斗争。传统玛拉目的腐败再也不是焦点所在,取而代之的是因为石油景气所产生的买办资产阶级的腐败以及他们对普通人的剥削。这些故事也有一个以当代社会政治问题和宗教问题为中心的具有教诲意义的结尾。

早在上述三部长篇小说出版前两年,阿布杜尔卡迪尔·但戛姆博(Abudulkadir Dangambo)出版了长篇小说《肥大的卡萨瓦》(*Kitsen Rogo*,1978),又译为《幻想》,是关于乡下人进城的教训故事。故事聚焦于其主要人物易卜拉欣。为了到城市寻求财富,易卜拉欣离开乡村,结果陷入匪盗生活,被送进牢狱。获释后,他在父亲帮助下回到故乡,恢复了名誉。

1980年,尼日利亚联邦文化部与真理公司合作组织了一次全国范围的民族语言创作比赛,包括豪萨语、约鲁巴语和伊博语作者在内的数百名作家的作品参加了比赛。有30部豪萨语作品来自不知名的豪萨语作者,其中四部豪萨语小说获奖。它们是:苏莱曼·易卜拉欣·卡齐纳的《强人》(*Turmin Danya*,又译《毒根》,1983)、穆萨·穆罕默德·贝洛(Musa Mohammed Bello)的《转动的鞭子》(*Tsumangiyar Kan Hanya*,又译《路边的柳条牵万人》,1983)、巴塔尔·戛戛雷(Batture Gagare)的《舍弃的剩余物》(*Karshen Alewa Kasa*,又译《乐极生悲》)和穆尼尔·穆罕默德·卡齐纳(Munir Muhammed Katsina)的《选择你的》(*Zabi Naka*,1983)。最后两部长篇小说更清楚地描写了尼日利亚内战的后果:武器在社会上扩散,导致毒品买卖和武装抢劫等盗匪活动;出现了一种新的恐怖统治,后来受到抵制,最后恢复了强有力的领导和新的秩序。其中,《舍弃的剩余物》长达342页,是豪萨语文学中迄今最充实、最重要的一部长篇小说。在《舍弃的剩余物》中,主要人物代表不逞之徒,一个被蛇咬死,一个被子弹击中而死,结果社会恢复了和平与秩序。

《强人》在主题方面同《压在我心上的权力》相似,但比后者更具有政治意义。它鲜明生动地处理"腐败"这个主题,但又以一种比较复杂的方式揭露了1970年代后期—1980年代中期因石油业腾飞而在尼日利亚凸显的种种社会政治弊病,揭露了政府行政领导人同由腐败的阿尔哈吉们构成的新的不成熟的企业家阶级之间的阴谋勾结。这些人盗用联邦建设合同,但又不能提供或完成价钱便宜而又合乎标准的工程。

苏莱曼·易卜拉欣·卡齐纳在1983年出版的第三部长篇小说《心中的财富》(*Tura Ta Kai Bango*)或许是所有豪萨现代长篇小说中最激进的一部。它批判地描写了政党政治的腐败机构怎样利用贫穷、被边缘化且又易于操控的北尼日利亚群众,它也卓有成效地揭露了掌权的保守势力对进步声音的压制。这部小说以乐观主义的调子结束,表明只要坚持不懈和与群众合作,进步政治能够动员草根把腐败的专制政权推翻。在此过程中,他又把妇女人物描写成积极分子,这也背离了大多数豪萨语小说——大多数豪萨语小说往往把穆斯林妇女写成社会的被动分子。总之,苏莱曼·易卜拉欣·卡齐纳是内战结束后涌现出来的一大批中青年作家中的佼佼者,除三部长篇小说外,他还发表过其他著作,如《寓言 200 则》和《豪萨谚语》等。

就石油业景气时代产生的大多数长篇小说而言,以西方物质文化产品——房屋、汽车和现代道路等等——为象征的现代背景则反映了欧洲文化对豪萨的影响。豪萨-富拉尼穆斯林人物同非穆斯林人物的互动出现在贝洛的《转动的鞭子》里,这似乎表明:豪萨性在一个叫作尼日利亚的大异质的后殖民政治统一体中正在被重新解释,这与"吉哈德"(圣战)文学构建和描述的身份是不同的。

豪萨语言文学中压倒性地出现爱情故事,则是现代豪萨大众文化中意象散文小说发展的另一种倾向,而大众文化又是 1980 年代北尼日利亚识字和正式教育发展的结果。爱情小说这种文学样式成为许多豪萨-富拉尼年轻女作家参与社会文化生活的一个重要途径。她们的作品,在主题和语言方面,也常常表现妇女、文化、宗教和民族身份之间的互动。

根据玛格丽特·豪瓦·卡萨姆(Margaret Hauwa Kassam)提出的北尼日利亚当代 19 位非穆斯林女性作家的作品目录,用豪萨语写作的作家有 15 位。[①] 这些用豪萨语创作的女作家的确写出了一些像样的作品,其中包括瓦达·塔拉图·阿赫默德(Wada Talatu Ahmed)的《我的前半生》三卷本(*Rabin kaina*,1986,1987,1988)、格瓦拉姆·豪瓦(Gwaram Hawa)和哈吉亚·亚尔·谢胡(Hajiya 'yar Shehu)的《女人手中的一支笔》(*Alkalami a Hannun Mata*,1983)、哈迪扎·西地·阿里尤(Hadiza Sidi Aliyu)的《萨拉塔·特西亚》(*Salatar Tsiya*,1994)和拉玛特·巴拉拉巴·亚库布(Ramat Balaraba Yakubu)的《心里年轻》(*Budurwa Zuciya*,1989)。后来又有伊萨·祖威拉(Isa Zuwaira)的《爱情故事》(*Labarin So*,1995)问世。[②]

此外,阿米努·卡诺撰写的《萨阿杜·曾格尔的人生》(*Tarihin Rayuwar Ahmad Mahmud Sa'ad Zunger*)先在《真理报》上连载,1973 年由北尼日利亚出版公司正式出版。原先由玛丽·F. 史密斯记录的《卡罗的巴巴》(*Baba of Karo*,1954)1991 年又正式出版豪萨文版(*Hausa Labarin*)。

---

① F. Abiola Irele and Simon Gikandi, eds., *The Cambridge History of African and Caribbean Literature*, vol. I, 2004, p. 355.

② Ibid., p. 355, Note 2.

三、剧　　本

1970—1980 年似乎是出版剧本最多的时期,仅北尼日利亚出版公司就出版了十个剧本,其中有乌马汝·登博(Umaru Dembo)的著名剧本《儿童游戏》(*Wasannin Yara*,1972)、阿尔哈吉·穆罕默德·萨达(Alhaji Muhammad Sada)的《长舌妇》(*Umar Gulma*,1971)、贝洛·穆罕默德(Bello Muhammed)的《玛拉目穆罕曼》(*Malam Muhamman*,1974)、尤素夫·拉丹(Yusuf Ladan)的《生活的道路》(*Zaman Duniya*,1980)和乌马汝·拉丹(Umaru Ladan)和德克斯特·林德赛(Dexter Lyndersay)改编的《教长乌马尔》(*Shaihu Umar*,1975)。剧本《教长乌马尔》是根据塔法瓦·巴勒瓦的同名小说改编的。

乌马汝·登博于 1972 年写成并出版的《儿童游戏》包含两个两幕剧本。剧本一《你不能逃脱你的命运》("Ba Tsimi ba dahara")的主要人物是富商班沙纳,他利用大量财富尽享世俗生活,这是与伊斯兰教的教导不相容的。一个名叫马扎库勒的统治者禁止一切娱乐,其目的是让班沙纳奉上可观的礼物。意想不到的是班沙纳真的死了。百姓认为这是因为他违反了统治者的命令。这个剧非常有趣,人们在市场跳舞的场景尤其如此。与此同时,班沙纳家里的气氛先是忧虑,然后渐渐转为恐慌,最后成为悲伤。剧本二《检察官杜杰》("Sufeto Tuje")试图写一个侦探剧。故事发生在卡诺商贾云集的环境里,冒险者舒·沙因潜伏其中,假装成一个警长,到头来却是一个抢劫昆古扎银行的通缉犯。

乌马汝·巴拉拉比·阿赫默德(Umaru Balarabe Ahmed)写出一个非常现代的社会剧《布里吉》(*Buleke*)。其现代特性不但表现在主题方面,而且表现为风格和语言有点令人费解。剧中人物唱出他们从电影中听到的歌曲,在汽车里胡闹,互相奸淫对方的妻子,但他们又深深扎根于一个传统。乌马汝·巴拉拉比·阿赫默德的另一本书名曰《心爱的妻子与厌恶的妻子》(*Bora na Mowa*,1973),收入四个道德戏剧,书名取自第一个剧本的名称。

1977 年尼日利亚开展粮食生产运动,随之出现"发展戏剧",又称"社区戏剧"(community theater)。1980 年,一部关于教育的戏剧《不足为奇》(*Ba Ga Irinta Ba*)在竞赛中获得头奖。该剧以马曼·阿里夫(Mamman Arrivé)为中心,他是个没受过教育但很有权势的商人,有个屡屡犯罪的儿子。儿子在学校受到惩罚,阿里夫本人粗暴,接连不断地同教师、督学、当地警察、当地头人对立和冲突。最后他认识到自己失职就像儿子犯罪一样糟糕。

此外,易卜拉欣·亚罗·亚哈亚(Ibrahim Yaro Yahaya)把莎士比亚的《第十二夜》译成豪萨语(*Daren Sha Biyu*，1971)，阿赫默德·萨比尔(Ahmed Sabir)把陶菲克·阿尔哈基姆的《洞穴中人》译成豪萨语(*Mutanen Kogo*，1976)，达希汝·伊德里斯(Dahiru Idris)把莎士比亚的《威尼斯商人》译成豪萨语(*Matsolon Attajiri*，1981)。

俄罗斯文学也受到关注，A. 盖达尔、V. 卡达耶夫、列夫·托尔斯泰、M. 索洛可夫和其他作家的作品被译成豪萨语文本。

这些戏剧主要讲述因欧洲教育而引起的传统与现代的冲突。这种冲突也影响着豪萨人生活的其他重要方面——结婚、离婚、酗酒、卖淫和物质主义。这些戏剧通过在学校免费上演，到达广大不识字的人的耳目，同时还通过卡杜纳的广播电视网络传播，因而有着广泛的影响。扎里亚建立了尼日利亚文化研究中心，落户于阿赫默德·贝洛大学，更促进了这所大学以及尼日利亚北部各州的戏剧艺术发展。这个中心同 1975 年建立的舞蹈公司合作，上演了如下剧本和舞剧：《教长乌马尔》、《沙沙》(*Sasa*)、《巴亚吉达在道腊》(*Bayajida at Daura*)、《迈·伊德里斯》(*Mai Idris*)和《十几岁的青少年》(*The Teenager*)等。剧本演出与剧本写作呈现一种兴旺景象，现代戏剧从而在北尼日利亚确立下来。

第三节
通俗文学

此外，有一种新的文学现象值得注意，那就是在 1990 年代出现的豪萨语通俗文学。豪萨语称之为 Littatafan Soyaya 或"爱情文学"(Love Literature)，因为它涉及爱情和罗曼司。学术界又称之为"卡诺市场文学"，因为多数作品是在卡诺写出和销售的。卡诺市场文学的主题聚焦家庭和社区，反映城市中产阶级的现状和愿望，广及社会、文化、政治和新旧价值观念的碰撞。它与早先的奥尼查市场文学有许多相似之处：作者是受教育不多的人，阅读者也是受教育不多的人。奥尼查市场文学是受到西方通俗文学影响而产生的，而卡诺市场文学是受到印度、沙特阿拉伯和伊朗的通俗文学，尤其是受印度电影的影响而产生的。奥尼查市场文学多是用英语创作的，作者为男性；卡诺市场文学是用豪萨语创作的，作者多是女性，消费者也多是女性。

比尔吉苏·方图瓦(Bilkisu Funtuwa，生年不详)是一位用豪萨语写作长篇小说的女作家，也是卡诺市场文学的著名作家之一。她的主要作品有长篇小说《针落干草堆》(*Allura Cikin Ruwa*，1994)、《谁知道明天会带来什么?》(*Wa Ya San Gobe?*，1996)和《和我意趣相投》(*Ki Yarda da ni*，1997)，它们都聚焦于女性穆斯林主人公。她的作品把女性主义、妇女权利等主题同豪萨人民和伊斯兰相结合，还吸收了她在不同群体中的亲身经验。她现在同家人生活在尼日利亚卡齐纳州的方图亚。

卡诺市场文学领军人物是 1968 年出生的女性作家拉玛特·巴拉拉巴·亚库布(Ramat Balaraba Yakubu)。她是被暗杀的前国家元首穆尔塔拉·拉马特·穆罕默德将军的妹妹。因为包办婚姻 13 岁被迫辍学，她自称"不是用英语而是用豪萨语写作"。她是为数不多的作品被译成英语的豪萨语作家之一。她写电影脚本，也制作和导演电影，但主要成就是长篇小说，著有《心里年轻》(*Budurwa Zuciya*，1989)、《罪恶是随你进家的玩偶》(*Alkaki Kwikwiyone ...*，1990)和《谁愿意同一个无知的女人结婚?》(*Wa zai auri Jahila?*，1990)。她的故事聚焦于包办婚姻和妇女的教育等问题。

巴拉拉巴的代表作是《罪恶是随你进家的玩偶》。这部长篇小说以好色任性的阿尔哈吉·阿布杜之妻拉比——一个长期受苦的女人——为中心。拉比和阿布杜的大女儿索达图也是个极具淑德的好女人，她就是第二条线索的中心人物。小说的叙事轨迹是看过印度罗曼司电影的那些人都熟悉的，只是多了些转折。正像作者在该书序言中所说的那样："在这本书里我讲述在尼日利亚随处可以找到的那种类型的男人，他们把妻子和孩子看作可以在市场买卖的奴隶。男人们认为他们怎么对待一个女人都可以，因为他们相信她完全没有价值。"阿尔哈吉·阿布杜爱上一个名叫德卢的妓女，娶她为第二位妻子。德卢除了性欲和钱欲之外，什么事、什么人都不尊重。二人结合时，阿布杜正是一帆风顺、兴旺发达之际。他抛弃拉比和索达图，同德卢过起甜蜜幸福的生活。可是好景不长，阿布杜遭遇厄运，生意破产，德卢把他一脚蹬掉。而拉比和索达图聪明能干，在社区人们的支持下经济状况好转，成为独立女性，在社会上受到尊重。在阿布杜落难的时候，拉比听从所在社区男人们的劝说，把他接回家，恢复了家庭。然而拉比并不快乐，好像一个小姑娘再次进入包办婚姻似的。整个故事主题鲜明，反映当代金钱社会和全球化对人类精神的腐蚀，也表明善良的妇女自立即可受到社会尊重。

这部小说越来越受到文化界的关注，1998 年被阿布杜尔卡里姆·穆罕默德(Abdulkareem Mahammed)改编成电影，后来又被阿里尤·卡迈勒(Aliyu Kamal)翻译成英语，由印度一家出版社在 2012 年出版，从而成为当代豪萨语文学作品的第一个国际出版物。作者声名鹊起：美国康奈尔大学有人研究她的作品，尼日利亚国内设立一项以她的名字命名的文学奖——巴拉拉巴·拉马特·雅各布豪萨戏剧文学奖。

第三章

约鲁巴语文学

诗 歌

1961 年,老诗人约瑟夫·福拉汉·奥顿乔(Joseph Folahan Odunjo, 1904—1980)在伦敦出版自己的诗歌集《有趣的诗歌》(*Akojopo Ewi Aladun*)。其中大多数诗歌富有教诲意义,有些诗具有约鲁巴传统诗歌的特点——高雅的措辞和精心安排的停顿。另一位诗人奥兰尼庇昆·埃桑(Olanipekun Esan, 1931—)对约鲁巴语文学做出的贡献是他在 1965 年由伊巴丹的牛津大学出版社出版的三本书:剧本《美的化身》(*Orekelewa*)、长篇叙事诗《造物主的意志必定胜利》(*Teledalase*)和《踮着脚尖站立的战马》(*Escn Atiroja*)。这三本虽然是罗马和希腊文学作品的改写,但不是逐字翻译的,人名、地名都是约鲁巴的,丝毫不见原作的痕迹。《踮着脚尖站立的战马》是用诗歌书写的维吉尔《埃涅阿斯纪》中的特洛伊木马故事,《造物主的意志必定胜利》是以索福克勒斯的《俄狄浦斯王》为基础的诗歌,而《美的化身》是用散文写的一个剧本,复制了普劳图斯的《麦卡托》(*Mercator*)。

紧随先驱诗人的脚步,新一代诗人涌现出来,出版了一些诗作。早在 1958 年,在伊巴丹就出现诗人群体,其中以约鲁巴语言促进会(Egbe Ijinle Yoruba)最为有名,1960 年代已在许多城镇有了分支机构。促进会的宗旨之一就是创作和欣赏约鲁巴语诗歌。他们也阅读和分析传统诗歌,从中获得灵感。他们编辑出版了最受欢迎的《当代约鲁巴诗选》(*Ewi Iwoyi*),其中一些作品主要来自这个群体的成员。

《当代约鲁巴诗选》由阿肯·阿肯乔格宾教授(Professor Akin Akinjogbin)编辑,1969 年出版。这本诗选具有独特的意义:它简直是当时诗歌界的名人录,收录了当时最有名的一些诗人的诗歌作品。阿代巴约·法里蒂(Adebayo Faleti, 1930—2017)、阿福拉比·奥拉宾丹(Afolabi Olabimtan, 1932—2003)显然比其他诗人更积极活跃。奥拉宾丹的《诗 50 首》(*Aadota Arofo*)1969 年由麦克米伦公司出版,其中约鲁巴语诗歌质量很高,有些诗是他利用英语诗写法——对句、十四行诗和四行诗进行实验的结果。这些诗歌的支配性主题,则是谴责尼日利亚 1966 年前党派政治中不忠诚的丑恶行径和受过教育的尼日利亚人采用外国习惯的讨厌做法。他的第二本诗集《不同类型的诗歌》(*Ewi Orisirisi*)1975 年由麦克米伦公司出版。这些诗歌是作者有意根据约鲁巴口头诗歌中各自具有典型风格特点的不同诗歌类型(即 iwi, ijala, ese Ifa, ofo, ayajo, oriki 和 borokinni)创作的。这些诗歌作品非常成功,其中神谕诗让学者们洞察了艾法神谕诗在约鲁巴口头诗歌中的成长过程。

奥博·阿巴·希山加尼(Obo Aba Hisanjani, 1949—)是一位尼日利亚诗人,出生在现在已是喧闹市场的小村庄阿贾赫(Ajah)。他反对为纯粹商业目的的发展和剥削周边地区。在 2001 年一次电视访谈中,他讲到传统土地权和传统价值的丧失。

在拉各斯,他被称为"乡下诗人"(Bushman Poet)。他的诗作有《埃迪·约鲁巴》("Ede Yoruba", 1965)、《阿里法比蒂·约鲁巴》("Alifabeeti Yoruba", 1966)、《埃格博·伊索坎·埃格比·奥莫》("Egbo Isokan Egbe Omo", 1971)、《白人正在到来》("Oyibos Are a Comin", 1982)和《白人》("Ade Oyibos", 1991),主题涵盖传统惯例。在 1980 年代,许多政治家批评他反对现代化。他的作品以其土著的节奏和复杂的约鲁巴韵脚而为人所知。最近,他成为尼日利亚桂冠诗人。

随着时代的变化和电台、电视台的发展,约鲁巴语诗歌也出现一种新的变化:现代诗人不再常常使用传统的 iwi 形式,而是使用一种新的 ewi 形式,听起来就像蓄意扩大语调差距的一种单纯朗诵,低调很低而高调很高。这种新的 ewi 形式比较容易掌握,为介于不识字的农民和工薪精英之间的中间阶层创作。这种形式虽然不怎么得到学者们的认可,但是颇受大众欢迎,因为它传播道德价值观念。在这个又唱诵又印刷出版的新诗传统中,最有名的作品是奥拉顿博森·奥拉达波(Olatunbosun Oladapo, 1943—)和奥兰瑞瓦珠·阿德波珠(Olanrewaju Adepoju)的作品。他们既出版自己的诗集,又在电台、电视台等新媒体现场唱诵他们的作品。这些诗歌作品广泛吸收诸如 oriki 和 ese Ifa 等古老的口头文学样式的习惯用语,同时又有独特的语调和称谓。它们既散漫又连贯,因而并不支离破碎,还有一种反思的、哲学的、个人的、有时内省的语气,最终服务于一种"道德教训",甚至可能带有基督徒(奥拉达波)和穆斯林(阿德波珠)的词汇色彩。奥拉达波的《诗人的话语:一集》(*Aroye Akewi* I, 1973)和《诗人的话语:二集》(*Aroye Akewi* II, 1975)和阿德波珠的 *Ironu Akewi*(1972)既在学校教授又在教育环境之外广泛阅读。在 1980 年代,奥拉达波也常在自己的文学杂志 *Okin Olija* 上发表诗作。这种半吟唱半朗诵类型的诗歌已经极为流行,现在有许多 ewi 拥护者正在发展他们自己的风格,甚至使用舞乐为 ewi 伴奏。

1980 年代和 1990 年代出现一些诗歌新作,大都采用推论的哲理长诗形式,这或许是受到了大众媒体新 ewi 的影响。近期出版的有奥兰尼庇昆·奥鲁兰肯西(Olanipekun Olurankinse)的《世界风暴》(*Iji Aye*,1987)和用笔名"大象脑袋"(Atari Ajanaku)出版的诗歌《告别歌》(*Orcn Euro*,1998)。

现代约鲁巴语诗歌仍然在使用传统诗歌的技巧:对称、对偶、巧妙对话、明喻、暗喻和语义对比。换句话说,现代诗歌虽然在形式上、主题上有了新的发展,但是在手法上依然遵循传统或模仿英语诗韵律,结构方面实际上没有取得多大进展,因为约鲁巴语是一种声调语言。

第二节
小 说

早在 1950 年代中期,约鲁巴文学批评家,其中大多数是约鲁巴语言促进会的成员,就开始呼唤更多的现实主义小说。伊萨克·O. 德拉诺酋长(Chief Issac O. Delano,1904—1979)率先创作和出版两部长篇小说《变化的时代:白人来到我们中间》(*Aiye D'aiye Oyinbo*,1955)和《往昔的日子》(*L'ojo Ojolln*,1963)。它们是现实主义小说,又是历史题材小说。后来,西部地区教育部为了庆祝尼日利亚获得独立,在 1963 年组织了一次小说创作比赛,要求写作关于发生在"今日尼日利亚"的事情。费米·杰博达(Femi Jeboda,1933—)以长篇小说《奥洛沃莱耶莫》(*Olowolaiyemo*)获得头奖。该作品于 1964 年出版。通过主人公奥洛沃莱耶莫(意为"围着富人团团转的先生")的生活故事,杰博达描写了约鲁巴城镇当代生活的阴暗面。随着欧洲人的到来,十足的物质主义取代了传统价值观念。接着杰博达又出版了早先写好的篇幅较小的中篇小说《贪婪的鸽子先生》(*Afinju Adaba*,1964),小说以轶事方式处理一个恶作剧人物的经历和不幸事件。约瑟夫·福拉汉·奥顿乔(Joseph Folahan Odunjo,1904—1980)相继出版中篇小说《主妇的女孩》(*Omo Oku Orun*,1963)和长篇小说《库叶》(*Kuye*,1964)。两部小说都是描写孤儿经历种种困难,最后幸存下来过上幸福生活的故事。D. J. 法坦弥虽然又回到法贡瓦的创作道路,出版了一部长篇小说《科里迈勒在阿迪姆拉森林》(*Korimale Ninu Igbo Adimula*,1967),但是,他的大多数小说关注历史、关注现实。现实主义创作成为约鲁巴语文学的主流。

1960 年代末和整个 1970 年代,文学创作呈爆炸之势:新作家、新风格、新主题、新作品不断涌现。阿代巴约·法里蒂(Adebayo Faleti,1930—2017)的

《马主人的儿子》(*Omo Olokun Esin*, 1969) 是一部历史小说。故事发生在19 世纪前约鲁巴地区的奥图王国 (the Otu Kingdom)。作者叙事方法有所创新,让三个叙事者分别讲述故事的一部分,在结束部分又由第一个叙事者讲述,从而将整个故事串连起来。主题是附庸城镇一伙奴隶采用的战略:不仅要获得他们自身的自由,而且要获得所有人的自由,从而摆脱奥图王国的残酷统治。尽管这次反抗失败了,但是群众支持为自由而斗争的战士。这部作品让读者怀念奥凯-奥贡 (Oke-Ogun) 人民为摆脱奥约阿拉芬的统治而进行的独立斗争。

阿福拉比·奥拉宾丹 (Afolabi Olabimtan, 1932—2003) 是最优秀的约鲁巴语作家之一。他出生在奥贡州的伊拉罗 (Ilaro),1974 年获拉各斯大学约鲁巴语文学博士学位,1988 年晋升教授。他也是一位非常著名的政治家。奥拉宾丹的作品非常出色,一生创作了一百多首诗歌、三个剧本和八部长篇小说,其中有两部长篇小说是用英语创作的。1966 年,他出版《唯有上帝审判正确》(*Olum L'o M'ejo Da*)。1967 年,他在麦克米伦出版公司出版的长篇小说《豹崽》(*Kekere Ekun*) 是一部现实主义小说,故事围绕一个绰号"豹崽"的男孩展开,细致精巧地描写了基督教在农村传播初期一夫多妻制家庭妻子们的钩心斗角,也描写了约鲁巴教会在教会学校的传播中与农村旧传统制度的对立。《好爸爸!》(*Baba Kere!*) 于 1978 年出版,以城市为背景,是当代一部讽刺腐败大人物的小说。另一部长篇小说《奥瑞拉韦·阿迪贡》(*Orilawe Adigun*) 也是一部现实主义小说,故事围绕主人公奥瑞拉韦展开。奥瑞拉韦小学时代就受过非洲形而上学知识的训练,他在同学和老师面前演示魔法艺术以证明其效能和真实性,得到"神奇拉韦"的绰号。受过中等教育后,奥瑞拉韦成为记者,后来又在拉各斯一家国家报纸做政治记者。当时的政治背景是民主的,两个政党(花钱党和担当党)正在竞争权力,结果花钱党赢得大选、组成国家政府。奥瑞拉韦在奥乌德的选区处在他同情的担当党控制之下。可他又利用工作之便,成为执政党的成员。争夺权力和推翻文官政府的斗争成为这部长篇小说的情节。小说主题是描写和讽刺尼日利亚独立后的文官政府:执政党一方面宣扬"一个国家,一个命运",一方面又采取离间和霸权主义的原则和做法。艺术特色是作者巧妙使用谚语阐明主题和传递信息。执政党表现其全国视野,可又被一小撮权势人物掌控。领袖看上去简单朴实,可实际自私贪婪。在任命部长和其他公共官员时,他任命的部长有五位来自他所属地区,两位来自东区,只有一位来自西南区。作者通过一个虚构人物之口说出一条谚语,概括了这个政治阶级的贪婪本质:Eran ki fi enu ba ijo ko tun fe e sinu(山羊不尝盐,想要其他人去尝)。

T. A. A. 拉德勒 (T. A. A. Ladele, 1935—   ) 是一名老教师,在奥约州

很活跃。1971 年他出版了长篇小说《让我安享我的天年》(*Je Ng Lo'Gba Temi*),试图讲述新皈依基督教者在文化冲突中面对的各种难题。阿沃尼伊(Awoniyi)的《阿耶库图》(*Ayekooto*)则表现农村生活平静可靠的氛围远比受到腐败和非人性化影响的城市生活好。叶弥坦(Yemitan)的《格博巴尼伊》(*Gbobaniyi*)揭示现代尼日利亚腐败现象的因果关系,以此警示世人。

阿肯旺弥·伊苏拉(Akinwunmi Isola,1939—2018)出生在伊巴丹,是一位著名的作家和学者,也是伊费大学约鲁巴语文学教授,1974 年出版约鲁巴语长篇小说《伤心事接连发生》(*O le ku*)。这是一部校园小说,描写大学生的爱情生活:有时"保留"男/女朋友,有时又"甩掉"男/女朋友。这是任何一位男士在选择未来伴侣时会面对的问题。作者借阿贾依向读者传递了这种信息。阿贾依想要一位美丽宜人又才华横溢的女子为伴侣,不幸的是,他遇到的三个姑娘,没有一个具备他所要求的两种品质,不是缺这个就是缺那个。到头来,阿贾依同一个不具备他所要求的任何一种品质的女子结婚。整个小说的语言优美,富有诗意。阿贾依每次遇见新姑娘,都会为她写一首诗。

早在 1960 年代初,约瑟夫·阿金耶勒·奥莫雅乔沃(Joseph Akinyele Omoyajowo,1934—)创作和出版了第一部约鲁巴语侦探故事《阿代格贝桑的故事》(*Itan Adegbesan*,1961)。从此,一些作家陆续创作和出版侦探小说,侦探小说俨然成为约鲁巴语小说创作的新趋势。用评论家阿肯旺弥·伊苏拉的话说:"这些侦探故事使人类活动解释学的内容变得突出,经由某些约鲁巴语作家的改制,适应社会中的犯罪情景的特有本质。广义上讲,有两类侦探小说:软性侦探小说和硬性侦探小说。软性侦探小说并不强调暴力,而是依靠侦探将具体事件同屡发事件加以对比分析,从而确定真正的罪犯。因此聪明的读者应邀从似乎错综复杂的证据中看出来龙去脉。硬性侦探小说则处理那些已为人知和令人恐惧的罪犯,因为他们携带武器,非常危险。硬性侦探小说形式上强调追击,侦探在危险的游戏中必须能够让罪犯处处震惊。"[1]

现在我们来比较一下这两种类型的侦探小说。奥拉德乔·奥凯迪济(Oladejo Okediji,1934—2019)写硬性侦探小说,书中有大量的暴力场景。科拉·阿肯拉德(Kola Akinlade)写软性侦探小说,书中只有一个容易被人忘记的凶手。

奥凯迪济的恐怖小说很刺激,因为追击一个心肠冷酷的罪犯不能不令人毛骨悚然。奥凯迪济的罪犯故事可信,因为它们采用现代社会中的普通素材。事实并不神奇也不是奇思异想,它们只是大胆。作者运用最引人入胜的方式,也使小说让人深信不疑。奥凯迪济写出两部侦探小说:《只有勇者敢做》(*Aja*

---

[1] Yemi Ogunbiyi, ed., *Perspectives on Nigerian Literature*, vol. Ⅰ, 1988, p. 81.

Lo Leru，1969)和《阿格巴拉格巴·阿坎》(*Agbalagba Akan*，1971)。两个故事的主人公都是拉帕德，他是侦探，塔法是他的助手。拉帕德从前是一位警官，现在照看已故父亲在乡村的房产。尽管不是职业侦探，但是当过警察的经历有助于他追踪罪犯。他对社会有恰当的理解且享有好名声，这两点为他进行侦探活动创造了有利条件。他获得成功还因为他具有特殊的品质：思路敏捷，体力强大，而且很有智谋，还有一个得力的助手。这个助手原先是一个罪犯，所以拉帕德能放贼捉贼。

尽管有实际暴力和持续的紧张局面，侦探拉帕德和他的助手塔法共同具有一种良好的幽默感。用大师之手把适度的轻松心情置入故事而又不至于使故事成为喜剧，除了令人信服之外，这也是奥凯迪济的故事读起来令人愉快的原因。作者使用美丽的语言，尤其是谚语使用得恰到好处，尽可能延伸其在故事中的意义。奥凯迪济最近的一部小说《阿托·阿莱莱》(*Atto Arere*，1981)则追溯异常行为和社会犯罪的根源。

科拉·阿肯拉德的小说包括真正的侦探故事。迄今他已经出版七部长篇小说：《谁杀死了国王的儿子》(*Ta L'o pa Omo Oba*，1971)、《逮住肇事者》(*Owe Te AmaoKunsika*，1971)、《伤害你的人也是同情你的人》(*Asenibanidaro*，1973)、《谁是偷走你儿子的窃贼》(*Ta Lole Ajomogbe*，1973)、《勇士阿洛斯》(*Alosiologo*，1974)、《血钱》(*Owo Eje*，1976)和《遭遇麻烦》(*Agbako nile Tete*)。故事的重点就是查明真相找出罪犯。读者有双重的好奇心：想要知道那些看上去无辜的人中谁犯了罪，也想知道在如此繁多而相互冲突的证据中侦探将怎样找到答案。

阿肯拉德小说中罪犯犯罪多源于个人的妒忌。它们清楚地表明人类行为与物质世界之间的连环关系。阿肯·奥鲁西纳是他小说中的侦探。奥鲁西纳工作起来就像一位职业侦探，通常先接受咨询后接案子。他相当公正，是一位受过教育的中产阶级人士。他的衣着和嗜好表明他还接触约鲁巴人以外的文化。他已经学会让自己的知识适用于当地情况，可是当他使用某些当地未曾听说过的标准和计谋时，叙事者偶尔会忘记他是在当代约鲁巴社会做侦探工作。同德·阿托品品是奥鲁西纳的助手，与奥凯迪济小说中的侦探助手塔法不同，他是奥鲁西纳真正的智力伙伴。

总之，虽然约鲁巴语小说家模仿西方形式，但他们清楚地认识到，除了小说的主要结构，别的东西是不能照抄的，他们必须改变小说的所有其他方面以适应当地需要。他们已经妥善地使用约鲁巴语口头文学的常规做法。

通读约鲁巴语小说的批评家将受到小说中大量诗歌的冲击。约鲁巴语小说家们发现日常生活中约鲁巴人特别注意诗歌，于是在自己的作品中大量采用。举例说，拉德勒的《适宜的世界》(*Igli Ayenyic*)有整整一章是由艾法诗构成的,叙述阿拉巴(Alaba)看见活的骷髅并因此犯下吹嘘的错误。阿肯旺弥·伊苏拉的《伤心事接连发生》则用赞颂诗表现其中一位女主人公的美。拉伍伊·奥贡尼兰(Lawuyi Ogunniran)的《跳舞的假面具》(*Eegun Alare*)持续在散文与诗歌之间移动,逐步展开有关假面巡回剧团的迷人叙事。作家充满信心地吸收有知识的公众与他共享谚语、名言和其他口头文学样式以及文化资源,共同构建文本的意义。

为了效果,约鲁巴语小说家并不单独依赖西方传统,偶尔也使用口头文学的方法。举例说,约鲁巴语小说的人物塑造已经受到民间故事技巧的影响,用词非常经济。小说家赋予人物许多富有意义的暗示,让读者思考,以拓展这种描写。使用众所周知的隐喻和具有文化内涵的绰号往往可达到预期的效果。

约鲁巴语小说发展迅速,在1979年大约有70部长篇小说出版,甚至批评家也无法一一跟踪,更别说一般读者了。

在1980年代和1990年代,第三代约鲁巴语作家出现在文坛上,而且主题和风格进一步多样化。早已在1970年代出版作品的奥鲁·奥沃拉比(Olu Owolabi,d. 1991)在1980年代已经成为公认的最多产的约鲁巴语作家之一,出版长篇小说和剧本。他原先是一名教师和学校管理人,也是埃格巴多地区多年来卓有影响的政治人物。他曾是尼日利亚第一共和国时期行动派的强有力的成员和支持者,也是第二共和国时期尼日利亚统一党的活跃成员。在1991年去世之前,他已经创作了八部长篇小说和四个剧本。

奥沃拉比关注社会、关注战争、关注政治,所以他的长篇小说的主题是多样的:长篇小说《上帝拒绝杀死的人》(*Eni Olorun o pa*,1980)和《朋友反目》(*Ija Ore*,1983)关注尼日利亚内战期间(1967—1970)的士兵经历和遭遇;《奥山因的妖术》(*Isuju Osanyin*,1983)写的是银行抢劫,反映社会的混乱;《大选就是一次背叛》(*Ote n'ibo*,1988)揭露大选不符合民意,是一个骗局。最令批评家注意的作品是他的政治小说《鲍巴德,写请愿书的人》(*Bobade Onigege Ote*,1988)。

《鲍巴德,写请愿书的人》的故事围绕主人公鲍巴德展开。鲍巴德是其父母最小的儿子,魁伟、英俊、粗壮、热心但是智力不足,上完小学三年就辍学了。在缅甸战争期间他因为力气大、胆量大,被征兵入伍。战后退役回家乡,参与了他所在城镇的政治。既然在他的国家金钱至关重要,他就从事赌博和收债活动。通过这些活动,他有足够的钱供他参加当地政府大选。大选获胜后,他看到为自己聚敛财富和建设一个政治帝国的机会。他利用警察、卫生检查员和收税人恐吓他认定的敌人。他也喜爱向立法机构写申诉书。城里的大王驾崩后,鲍巴德参与竞争这个王位宝座,但是输给邻居阿德伍弥。于是他一而再、再而三地写请愿书,试图取消阿德伍弥的候选人资格,结果一切都是徒劳。

他不能用请愿书把这位大王赶走，内心非常伤心难过，于是与他人合谋害死了大王。最后，鲍巴德和他的三个合谋者被警察一网打尽并被处死。

这个故事就发生在第二共和国时期，反映了官吏的贪婪、社会的腐败和政治的丑恶，揭露了金钱万能的丑恶嘴脸。小说的主要特色是擅长使用谚语描述人物、传递信息和揭示"政治家们对聚敛财富和金钱的兴趣日益增长"的主题。

像《鲍巴德，写请愿书的人》这样关注尼日利亚政治历史的长篇小说还有很多，如叶弥坦（Yemitan）的《格博巴尼伊》（*Gbobaniyi*）和《只是名字不同》（*Oruko Lo yato*），还有阿比奥顿（Abiodun）的《飞禽栖息在绳上》（*Adije ba Lokun*）、巴米济·奥乔（Bamiji Ojo）的《负荷鹅卵石的大王》（*Oba Adikuta*）以及奥沃拉比的《危险的奇遇》（*Ijanba Selu*）和《大公鸡》（*Akutu Gagara*）。它们对军事介入政治期间的历史做出了反应。总之，这类小说不仅反映尼日利亚的政治历史，而且也创造和重新评估尼日利亚的政治制度，从而激发读者的政治觉悟。

幽默的、话题性的和现实主义的日常生活描写也很有效，已经扩展到其他领域。阿德比西·汤姆森（Adebisi Thompson）是为数不多的女作家之一，创作和出版了长篇小说 *Bosun Omo Odofin*（1987）。它是一部低调而又观察敏锐的长篇小说，写的是一对中产阶级夫妇在英国待了 15 年后又回到尼日利亚的经历。1980 年代和 1990 年代的经济灾难拖延了许多稿子的出版，但是没有完全阻断新作品的问世。现在有大约 200 本约鲁巴语长篇小说付梓出版。

第三节
戏　剧

书写戏剧主要作为供人阅读的一种文化形式存在，而不是在舞台上演出的戏剧脚本。然而有些剧本，有时改编后，由大学或大众戏剧公司在舞台或电视上成功演出。阿代巴约·法里蒂（Adebayo Faleti，1930—2017）乃是第一批出色的文学戏剧作家中的一员。他的剧作《他们认为她是疯了》（*Nwon ro pe were ni*，1965）是一个当代道德故事。主人公拉德波是一个自以为了不起的放肆男人。他决定卖掉他最好朋友的女儿换取大量财富。然而这个女孩在被屠杀之前逃跑回家。拉德波、他的妻子以及与谋杀相关的人悉数被捕、受审并被处以重刑。剧本反映了诚实、友谊和同情这些道德观念的丧失，有喜剧成分，但更多的却是悲剧成分。该剧俨然是一部情节剧。法里蒂的另一部剧作

《迈克尔神父的难题》(*Idaamu Paadi Minkailu*，1972)用一个城镇委员会作为较大政府的缩影，揭示官场腐败和弊政问题。这个委员会原来打算增选一位城市的宗教人士，以根除埃济格博城镇委员会负面性上升的倾向，可是委员会重要成员的误判使计划落空，诚实的司库塞提鲁参与抢劫金库的蛮干图谋竟然成了最后一根稻草，原先的打算变成了泡影。虽然真相最后水落石出，但是付出了几个人死亡的代价，而且其中包括诚实的人。法里蒂的第三个剧本《巴索朗盖阿》(*Basorun Gaa*，1974)是一部历史剧，也是他的主要作品，内容有关18世纪后半期奥约帝国的权力斗争。剧本展现帝国有名的宪政制衡制度已经遭到破坏，出现了一位飞扬跋扈的人物，他就是奥约梅西(即国王的顾问委员会)巴索朗盖阿本人。他篡夺这个委员会的权力，一人独自连续立四位国王又连续把他们处死。剧本开始时，巴索朗盖阿正在处死第四位国王和选择阿比奥顿·阿代古鲁为新国王。虽然巴索朗盖阿口口声声关心平民百姓，但是他的出现犹如魔鬼化身。他和他的扈从把专制奉为圭臬，抢劫、掠夺和杀戮，无恶不作。他最后一个杀人理由就是一个借口：阿拉芬(即国王)的独生女儿阿格邦因(Agbonyin)的名字听起来像礼仪需要献祭的一种动物agbonrin，因此应为礼仪杀掉。阿比奥顿奋起反抗，得到帝国大元帅奥耶拉比·阿叶·奥纳·坎坎福的帮助，对巴索朗盖阿宣战并打败了他，把他活活地绑在市场广场上，让每个人从他身上切下一块肉作为他违背公众意愿和心理的应得报应。该剧基本上符合史实和古代约鲁巴习惯。众所周知，阿比奥顿在位期间(1775—1805)是约鲁巴历史上的和平盛世。之所以如此，关键在于他打败专制独裁和恢复宪政制衡制度。剧本昭示了这一道理。作者善用诗意的语言，剧中人物谈吐不凡，受到广大公众的欢迎。

另一个历史剧本是拉伍伊·奥贡尼兰(Lawuyi Ogunniran)的《阿莱-阿戈·阿里库耶里》(*Aare-ago Arikuyeri*)，该剧的亮点是巴索朗奥贡莫拉的诚实和正义感。战将阿莱-阿杰(Aare-Aje)杀死被控搞巫术的一个妻子的时候，巴索朗奥贡莫拉是伊巴丹的统治者。案件交由奥贡莫拉审判，他召集其他将领听取案情。他们发现阿杰有罪，可是审理却遭暂停，直至次日上午。将领们唱一支新歌，要求饶恕阿杰。奥贡莫拉的情报人员发现有将领收受贿赂。奥贡莫拉谴责将领的不诚实，判处阿杰死刑，阿杰怯懦地溜掉了。故事发生在过去，但与今天相关：领导者要绝对诚实，要坚持公开、公正。

阿肯旺弥·伊苏拉(Akinwunmi Isola，1939—2018)出生在伊巴丹，是一位著名的作家和学者，也是伊费大学约鲁巴语文学教授。他创作了两个历史题材的剧本。第一个剧本，也是他最受欢迎的作品，乃是《埃方塞丹·阿尼伍拉》(*Efusetan Aniwura*)。该剧本写于1966年，出版于1970年。据历史记载，埃方塞丹是19世纪最后25年伊巴丹的女首领，她犯下一些暴行。在剧本中,她立法禁止女奴为任何男人(不论其地位多高)怀孕,任何抵制这个教导的人将被立即处死。城里许多重要人物,包括酋长们和大王本人,派密使到她那里劝她停止残忍行为,可是她是块顽石,好像把法律握在自己手里就是拥有了整个世界。后来,整个城,以大王为首起来反对她。他们打倒她,释放她的奴隶,同时将她掳为囚犯。埃方塞丹每天被迫为大王打扫宫殿。她感到耻辱,自杀身亡。《埃方塞丹·阿尼伍拉》也是一部诗剧,由大众剧团演出,因为把脚本和即兴表演相结合,所以大获成功。后来剧本改编成电影,1982年在伊巴丹自由体育馆首次放映,就吸引了14 000多名观众。伊苏拉的第二个历史剧《奥鲁·奥莫》(Olu Omo,1983),就集中表现提努布(Tinuubu)作为埃格巴地区首领(Iyalode)的活动。提努布跟埃方塞丹一样,是个富有、坚强却令人害怕的女人,但她并不邪恶,反而善良可爱。在达荷美人发动反对埃格巴人的战争时,她不但没有被收买,反而领导妇女到前线支持男人,最后打赢对达荷美的战争。国王萨摩耶赞赏提努布在这场胜仗中所起的作用,特授予她埃格巴地区 Iyalode 这个传统称号。

阿肯旺弥·伊苏拉同样关注当代社会问题,创作了多个现实题材的剧本,已经发表的剧本有《库西格贝》(Koseegbe 或 ko se e Gbe,1981)和《阿比·阿博》(Abe Aabo,原名 Were Lesin,1983)。《库西格贝》围绕关税证件部的赃款展开,那里贿赂和退赔赃款已经成为家常便饭。伊苏拉创造一个名叫马科的半完美人物。马科这位关税证件部的新任主任许诺荡涤贿赂和腐败,因此部里一些有肮脏记录的职员被辞退。马科还在新闻招待会上承担责任并且承诺制止已经深刻腐蚀该部门的各种各样的腐败和走私行为。正当马科筹划之时,反对他的势力和走私者们忙着想方设法来挫败他的一切好的和"革命的"动议。后来他们雇用漂亮的西里法引诱马科,马科落入陷阱并为此付出高昂的代价。但最后情报处的成员救了马科,他们逮捕了所有的走私者。第二个剧本《阿比·阿博》是一个批评当代社会的剧本,讽刺某些宗教骗子犯下的暴行。牧师杰里马雅巧妙地运用《圣经》和祈祷词,让虔诚的基督徒朱努相信是上帝派他到自己身边的。他住在朱努家里,不久即拜访采药的祭司、勾引女孩、把人们拉到教堂,接着他多次向朱努的女儿求爱,然后又将目标突然转向朱努的妻子。牧师正在教堂内向朱努妻子求爱的时候,被当场逮个正着。可是不幸的是,剧终时他又逃跑了。上述四个剧本证明伊苏拉是运用语言的能手,他借用语言包装,把主题传达出来。

奥拉德乔·奥凯迪济(Oladejo Okediji,1934—2019)的第一个剧本《悲剧发生了》(Rere Run,1973)一举成功。它是一个关于工人罢工的当代现实主义剧作。工人要求改善工作条件,可是雇主(也就是统治者)以卑鄙的阴谋和无耻的威胁等伎俩回答他们。受命为工会领导人的拉伍沃成为雇主们的眼中钉和肉中刺。他们极为狡猾地诽谤他,把他描写成工人伙伴的叛徒,希望用他们的走狗伊多伍代替他。伊多伍也参与其中,积极谋划,让骗子骗走由拉伍沃妻子代管的工会的钱。拉伍沃的妻子认为失去工会的钱会让丈夫终身失望,于是自杀。拉伍沃因为心理折磨不能领导工会,伊多伍顺利取代了他,斗争失败。工人重新回到增加税收和延长工时的状况。奥凯迪济接着发表《桑戈》(*Sango*,1987)。这是一部有关奥约同名国王传奇的历史剧。后来他又发表一个剧本《追逐赌注》(*Aajo Aje*),内容是三个年轻人追逐赌注,以求发大财。奥凯迪济后来亲自把剧本译成英语 *Running after Riches*(《追求财富》),于1999年出版。它是一部以当代社会为题材的现实主义剧作。

奥鲁·达拉莫拉(Olu Daramola)的《肉叉建成的房子》(*Ile ti a fi ito mo*,1970)是一个关于一对中产阶级夫妻家庭生活的文学剧本,讲丈夫同秘书发生风流韵事,致使婚姻受到威胁。这个剧本被大众剧团奥英·阿德乔比剧团接过去,根据他们的世界观和戏剧风格加以改造,大获成功。他们的版本也发表在大众图片杂志《阿透卡》(*Atoka*)上。该杂志使用图片和文字说明,以连环漫画的形式呈现舞台剧本。

1980年代,一位罕见的女剧作家珠拉德·法瓦勒(Jolaade Fawale)出版了剧本《谁的财产属于谁》(*Teni n'teni*,1981)。这是一部有关一个男人的婚姻情节剧。一个男人出差去欧洲,同一个外国女子坠入爱河,便蓄意破坏自己同忠实、虔诚的埃昆达约之间的婚姻,以达到同新欢在一起的目的。然而事态发展有了转机,那个家庭破坏者,即那个白人女子变成传教士,然后竟成了这对夫妇破镜重圆的工具,促成了妻子对丈夫的宽恕。

现在我们再回到约鲁巴民间歌剧。在休伯特·奥贡德开创约鲁巴歌剧之后,其他剧团也走上同样的发展道路:奥因·阿代乔比(Oyin Adejobi)、科拉·奥贡莫拉(Kola Ogunmola)和杜罗·拉迪波(Duro Ladipo)的剧团开始都为教会演出,后来逐渐世俗化、商业化和职业化。在此过程中,他们也形成了各自的风格。例如,杜罗·拉迪波以他的神话剧最出名,神话剧可以利用传统的赞颂诗和符咒口头表演者的天赋。其中最有名的剧是《国王没上吊》(*Oba ko so*),内容是传说中的奥约国王桑戈成神的故事。科拉·奥贡莫拉擅长社会讽刺和道德讽刺,他最受欢迎的一部剧是《钱迷》(*Ife Owo*,1963年首演,1965年发表)。该剧诙谐地批判了野心与愚蠢对一个富有家庭的毁坏。与此同时,大多数公司(即剧团)的表演日渐多样化。每个单一剧团的保留节目中就有一部神话剧、一部关于性道德或腐败的现代讽刺剧、一部以犯罪黑社会为背景的惊悚剧、一部围绕金钱魅力和神秘人祭的故事剧、一部民俗剧和一部以书写小说或文学剧本为基础的剧。此外,他们好像也在探索电视、印刷、录音、连环漫画等媒体。

　　剧团在石油景气期间吸引了观众,扩展很快。1960 年代完全职业化和商业化的剧团大约有 10 个,到了 1980 年代竟有 100 多个。每个剧团有 15 个或者更多的长期演员,他们在老板指导下即兴演出,没有脚本。剧团的风格大不相同,但是几乎都有这样的特点:1) 完全通过独立的戏剧人物的动作呈现设计好的叙事,没有讲故事者的干预,这是教会和殖民者到来之前约鲁巴文化所缺乏的;2) 他们共享由于浓缩集中的板块或一连串戏剧动作与演示带来的强烈冲击美学;3) 他们痴情于约鲁巴语言,剧中既有典雅的古风用词,又有俚语俗话,还有日常生活中生动鲜活的话语;4) 他们把力量用在挖掘道德教训上,力图让观众从中受到启发和自我教育。大多数剧团避开公开的政治评论。"创建之父"奥贡德是个例外,他以《让约鲁巴人想想》(*Yoruba Ronu*,1964)和《真理是苦涩的》(*O Tito koro*,1963)两剧对尼日利亚独立不久出现的政党政治的争论直接发声,用辛辣的讽刺回应 1963 年发生在西尼日利亚的事件。其他剧团也对普通民众的经济、政治和社会状况做出回应,虽不及奥贡德的激烈,但也颇受欢迎;他们还对专横的权势人物和社会虚荣给以尖锐的讽刺。

　　1980 年代末,大众剧团式微,纷纷转向电影制作和电视剧。休伯特·奥贡德又成为关键人物。他的《世道》(*Aiye*,1979)和《让世界安息吧》(*Jaiyesinmi*,1981)获得成功。另一位喜剧明星摩西·奥莱雅(Moses Olaiya)因颠覆性地、模棱两可地嘲讽权威和体面人士而受到热烈欢迎。电视剧迅速崛起,仅拉各斯一地就有 20 多家制作间,2 000 多位演员以此谋生。有很多电视剧涉及巫术、神秘事件和不同寻常的家庭巧合,技巧和艺术质量不高。但也有比较好的电视剧,比如同德·凯拉尼(Tunde Kelani)的《土地是上帝的》(*Ti Oluma nile*)。

　　1959 年,西部州电视台,也就是撒哈拉以南非洲第一家电视台,在伊巴丹建立。从一开始,这家电视台就寻求各种各样的表演艺术。大众戏剧从早先《圣经》题材的"土著曲调歌剧"(Native Air Opera)的合唱风格中发展出一种自然主义的、以说话为基础的戏剧,在这个过程中电视台起到一定作用。同时,每周喜剧节目也激发越来越多的大众对剧团现场表演产生兴趣,加上1950 年代末和 1960 年代初等教育的普及,能够欣赏约鲁巴语文本的潜在读者也在增多。电视上的现场表演和电视剧等也在寻求出版文本,《阿透卡》等杂志也发表现场即兴表演的戏剧。整个 20 世纪培养了约鲁巴语言文化的生命力和信心。

　　约鲁巴民间歌剧的民粹主义美学,是建立在松散的即兴表演、壮观的道具与服装、活跃而吸引人的音乐合唱以及与社会政治和文化相关联的内容上面的。许多创作由于缺乏脚本,表演之后就消失了,没有流传下来;但也有些作品借助录音手段在约鲁巴语言和外语中幸存下来,其中少数录音被转换成文本发表。例如,杜罗·拉迪波的三部曲——《国王没上吊》(*Oba ko so*)、《莫里弥》(*Moremi*)和《国王死了》(*Oba waja*)由乌里·贝尔(Ulli Beier)译成英语并编辑为《三个尼日利亚剧本》(*Three Nigerian Plays*),于1967年出版;科拉·奥贡莫拉的《兰克·奥缪蒂》(*Lanke Omuti*)变成《棕榈酒醉汉》(*Palmwine Drinkard*),于1972年出版。1980年代是艰难时代,约鲁巴歌剧衰落,许多从业者利用现代技术把他们的剧作制成家用视频。充满活力的商业性媒体抓住当地模式戏剧从业者的想象。他们接触奥拉·巴娄贡(Ola Balogun)等电影艺术家,并在他们的影响下,开始向电影和家庭视频制作转移。奥贡德的几个最成功的剧本被制作成电影,其中包括《世道》《让世界安息吧》和《人们考虑他人的命运》(*Aropin N'Taniyan*,1982)。摩西·奥莱雅先是把几个电影镜头加入戏剧,接着制作完整的电影《苍天激动了》(*Orun Mooru*)。开始他同奥拉·巴娄贡合作,后来自己独立制作了《世界总统》(*Aare Agbaye*,1983)、《奥拉·阿迪沙》(*Ore Adisa*)和《溺爱妓女的人》(*Ashale Gege*)。后面两部是私人家庭视频。另一位多产的演员兼导演阿德·阿福拉延(Ade Afolayan)把他的许多舞台剧,如《为独立而战斗》(*Ija Ominira*)和《购买》(*Kara*)等先拍制电影后制作成家庭视频。由于这些演员、导演奔向电影制作和家庭视频制作,曾经活跃的约鲁巴巡回剧团衰落了。

1990年代初,苏联解体,经济全球化加快。戏剧实验首先在尼日利亚北方出现,在联合国教科文组织和其他非政府组织支持下,逐渐出现一种大众戏剧,即发展戏剧。这种戏剧主要面向农村社区,也传到尼日利亚西南部的约鲁巴地区。它以伊巴丹大学的戏剧艺术系为根据地,开启了联合国教科文组织/伊巴丹大学的联合研究项目,努力普及社区戏剧,以期达到动员群众、增进道德良知的目的。这种戏剧主要是一种即兴表演的非书写戏剧,常在城镇流动演出。它逐渐同文学戏剧融合,直接为边缘化的城镇和乡村农民大众服务。这个新传统把戏剧看作民主斗争的论坛,强调社区和实现自我的关系。它使用不同社区现存的熟悉的表演形式——歌唱、舞蹈、音乐、讲故事、木偶戏和哑剧,让这些文化形式发挥效能,作为一种适当的工具带来这些社区内部的社会变化。

总之,约鲁巴语文学发展良好,丰富多样。自尼日利亚获得独立以来,约鲁巴语文学呈繁荣态势:至20世纪结束,约鲁巴语长篇小说发表和出版185部,剧本有80个,[①]诗歌更多;21世纪以来,约鲁巴语文学仍在继续发展,据不完全统计,共有约200本约鲁巴语长篇小说付梓出版。剧本和诗歌的出版也在增加,但尚无相关统计。

---

① "Igbo Literature," see *Encyclopedia of African Literature*, edited by Simon Gikandi, 2003, p. 328.

第四章

伊博语文学

口头文学文本

    1950 年代和 1960 年代,伊博人在搜集和记录口头文学方面比较活跃。他们把口头文学用书写方式固定下来。1951 年,S. N. 阿哈姆巴(S. N. Ahamba)在阿巴出版一本伊博语歌集,1954 年又在伦敦出版一本英文版的故事集。F. C. 奥格巴鲁(F. C. Ogbalu,1927—1990)搜集、整理出《伊博谚语》(*Ilu Igbo*)。这是一本伊博谚语集成,1965 年由奥尼查的大学出版社出版,后由美国伊博语专家弗朗西丝·W. 普利克特(Frances W. Pritchett)译成英语。《伊博谚语》内容丰富,分类明确:真实与真诚(16 条谚语)、善良与邪恶(10条)、服从与不服从(12 条)、智慧与愚蠢(77 条)、愚昧(4 条)、懒散(3 条)、冒险与不讲道德(18 条)、原谅与抱怨(25 条)、生与死(13 条)、屈从命运(11 条)、有利情景(3 条)、幸运(3 条)、经验与无经验(5 条)、相互关系(4 条)、财富与穷困(15 条)、因与果(38 条)、技巧与专长(18 条)、条理与适合(23 条)、细心与尊敬(22 条)、欺骗与真相(21 条)、准备与预防(29 条)、冒险(7 条)、故意犯罪(5条)、确定与不确定(10 条)、耐心与坏性情(7 条)、避免与忍耐(6 条)、羞耻(7 条)、可能与不可能(16 条)、托词与耐心(13 条)、聪明伶俐(4 条)、虚荣(27 条)、善与恶(14 条)、满意(11 条)、愚蠢与智慧(7 条)、恰当的时间与恰当的地点(20 条)、疏忽(10 条)、妒忌与猜忌(11 条)、方便与不方便(27 条)、优点与缺点(12 条)、经验(27 条)、伊博谚语与意义 I(100 条)、伊博谚语与意义 II(119 条)、其他伊博谚语(5—95 条)。这些谚语不但让我们了解伊博人的人情世故,也使我们洞见伊博人的生活智慧,应该说《伊博谚语》是一本难得的伊博人的生活教科书。

    F. C. 奥格巴鲁还出版了《伊博谜语集》(*Okwu Ntuhi: A Book of Igbo Riddles*,1973)。至于口头故事的搜集和出版,也颇有成绩,虽然这些故事是用英语讲述的。乌契·奥凯勒(Uche Okele)在 1971 年出版《生与死的故事》(*Tales of Life and Death*),罗马纳斯·埃古杜(Romanus Egudu)在 1973 年出版《智慧的葫芦及其他伊博故事》(*A Calabash of Wisdom and Other Igbo Stories*)。钦努阿·阿契贝和约翰·伊罗阿甘纳契改编而成的《豹的爪子》

(*The Leopard's Claw*，1973)也在这一时期面世。埃雷格韦(Eluigwe)在1974年出版故事集《炉火旁边》(*Beside the Fire*)。1977年,E. N. 埃曼南约(E. N. Emenanyo)出版《伊博的民间故事》(*Omalinze: A Book of Igbo Folktales*)。1982年,R. N. 乌弥西格布(R. N. Umeasiegbu)出版《话语是甜蜜的: 伊博故事与讲故事》(*Words Are Sweet: Igbo Stories and Storytelling*)。

伊博传统诗歌(即口头诗歌)受到伊博学者的重点关注。1971年,罗马纳斯·埃古杜和多纳图斯·恩沃加(Donatus Nwoga)出版《诗歌遗产: 伊博传统诗歌》(*Poetic Heritage: Igbo Traditional Verse*)。这是一本既有伊博语原文,又有英语译文的伊博诗歌集。萨姆·乌戈楚克伍(Sam Ugochukwu)是伊博语言文学专家,他把促进和使用非洲语言文学创作作为自己的使命。他发表许多作品,主要是诗歌,其中《葬礼歌》("Abern Akwamozu",1985)和《悼歌》("Abu Akwamozu",1992)为伊博语诗歌提供样板。他的学术著作《伊博语诗歌批评》(*Akanka na Nnyocha Agumagu Igbo*,1990)卓有见地,为伊博语文学,尤其是诗歌确立了批评标准。

史诗是伊博传统诗歌的最高形式,是一种英雄叙事。根据《伊博生活中与文学中的英雄》[①]所提供的信息,至少有三部伊博史诗整理出版。它们是《奥吉索史诗》(*The Ogiso Epic*,1977)、《阿弥克·奥考耶史诗》(*Ameke Okoye Epic*,1984)和《阿格博格哈迪史诗》(*The Agboghadi Epic*,1977)。

《阿弥克·奥考耶史诗》是学者迈克尔·埃泽南多(Michael Ezinando)根据奥西塔·阿贾纳(Osita Ajana)演唱录制的一个长篇英雄故事。史诗的主人公阿弥克经母亲怀孕39年才出生。他出生在村里的公共广场,身长达到父亲的院子。他受到祖母(一位巫师)、自己的神阿莫吉和万能的神的监护,这些超自然力量在他和同龄伙伴一起狩猎时就显现出来。阿弥克的吃喝习惯非常特别:只有身为巫师的祖母用小魔锅做出的饭才能让他满足;不然,全城的妇女煮上六仓库的木薯才能让他吃饱。平时他喝湖里面的水,没有一个水体不是被他一下子喝光的。从第一次打仗,他就追求荣誉和名声。他一生共打过二十次大仗和三次小仗,其中最重要的战事有: 第一次,同狠心女人遭遇,目的是保卫全城,使之免受狠心女人的侮辱;第二次,同生活在天上且掌管天地者遭遇;第十三次,同蔑视死神的大地,即不朽者遭遇;第十四次,同伊都大王遭遇。每次遭遇,只要理由正当,都会得到巫师祖母的护佑。唯有第二十次遭遇,作战理由不靠谱,祖母延迟支持,致使他与对手同时死去。双方都不知道各自的神都是阿莫吉,双方的护佑者都放弃了支持。阿弥克的对手比他本人块头大,一口吞食阿弥克半个身子,可又被噎死了。

---

① Donatus Nwoga and Chukwuma，ed.，*The Hero in Igbo Life and Literature*，2002.

《阿弥克·奥考耶史诗》整体说来是讲述阿弥克英雄事迹的故事,其中各个部分也有各自的解释:同伊都大王的遭遇,目的是讲述短尾鳄的伊博名称 oba 的起源;阿弥克在奥考迪人阿罗努的葬礼上所受的羞辱是有教诲意义的,旨在教导孩子们需要听父母的话;打仗时阿弥克与对手同时死去,则表明是人毁灭人。

故事涉及现代尼日利亚四个州的一些城市,这些城市现在依然存在。很有可能,过去某些时候真有阿弥克这个英雄人物在此进行过大规模的战争。[①]

1986 年,R. N. 乌弥西格布等出版《乌顾玛的阿米吉里史诗》(*Amikili na Ugooma*)。

第二节
小说、诗歌与戏剧

在《欧弥努科》(*Omenuko*,1933)问世 30 年后,由于 F. C. 奥格巴鲁的坚持不懈和出版社的支持,伊博语文学作品开始闪现,比如利奥波德·贝尔-盖姆(Leopold Bell-Gam)在 1963 年出版的长篇小说《奥杜莫杜游记》(*Ije Odumodu Jere*)。

这部小说的故事发生在 19 世纪末期。主人公奥杜莫杜出生在穷人家庭,父母不能送他上学。做过一段时间木工学徒后,他决定漂洋过海看看外面的世界,于是去做轮船的伙夫。后来轮船失事,只有他一个人幸存,落脚在芬达王国的沙漠岛上,在那里他碰上小白人种族,他给他们带来文明和学问。他开办了一个大农场,创建了一所学校,教当地人农业技术、木工活和造船。主人公先后到欧洲、北美洲、古巴等地,屡屡遭到当地人的反对。他教技术、传道、做善事,不但活了下来,而且大富大贵地回到故乡,之后便着手社区现代化的工作。那一年是 1886 年。

这部小说显然受到《欧弥努科》的影响。叙事方式沿袭民间故事的方式:出发——经历各种艰难险阻——最后回归家乡。艺术成就以成功塑造人物著称。不过《奥杜莫杜游记》的主人公更为正面。在芬达王国的公民反对他同他们的公主结婚时,奥杜莫杜并未因此停止为芬达的人民工作,仍然尽力提高他

---

① Donatus Nwoga and Chukwuma, ed., *The Hero in Igbo Life and Literature*, 2002, pp. 391 - 396.

们的生活水平、政府管理方法和道德价值观念,因为他要用他的时间服务人类同胞。在芬达人不给他机会时,他转移到米姆巴。在那里他建设学校,训练教师,向群众灌输赞赏劳动尊严的思想。他规劝他们:"凡是不羞于用双手劳动的人绝不会饿死。对于有需要的人来说,没有什么工作是低下的、卑贱的。"他宣传基督教(这与欧弥努科不同),劝他所遇到的要改变信仰的人"遵循十诫生活"。他态度谦卑,服务无私。耐人寻味的是:奥杜莫杜是非洲黑人基督徒,是一个多才多艺的人,而他竭力让芬达和米姆巴两个白人世界皈依基督教,教导他们过"好生活"。这个故事发生在 19 世纪,恰恰是欧洲人到非洲践行"文明使命"的时代。难道这不是一个反讽?

至此,恩瓦纳、阿查拉和贝尔-盖姆这三位先驱作家成为伊博语书写文学的创立者,他们的作品《欧弥努科》《宾戈岛》和《奥杜莫杜游记》构成现代伊博语长篇小说的起源和基础。现在要对伊博语文学进行认真研究,就必须从它们开始。三位作家中的任何一位仅仅凭借一部作品就在伊博语文学史上获得历久不衰的地位。然而,只有皮塔·恩瓦纳被承认为"伊博语长篇小说之父"。他有意无意地确立了伊博语长篇小说的性质、形式和语调,为今天还在追随他的作家们树立了标杆。他开创了一种主流文学传统,其作品中主人公的家乡甚至成为伊博人的朝圣地和游客的观光胜地。

总之,1950 年代和 1960 年代,伊博语文学只有稀少的作品出现,而伊博人的英语作品却大量涌现。一大批伊博族英语小说家,如西普利安·艾克文西(Cyprian Ekwensi)、钦努阿·阿契贝(Chinua Achebe)、奥努奥拉·恩泽克伍(Onuora Nzekwu)、芙劳拉·恩瓦帕(Flora Nwapa)等人,成为那个时代尼日利亚英语文学的主要提供者。

伊博语文学的真正发展开始于 1970 年代。当时设在伊巴丹的牛津大学出版社分社以及埃努古与奥尼查的几家小出版社出版了 R. M. 艾凯楚克伍(R. M. Ekechukwu)的《现代伊博语诗集》(Akpa Uche, 1975)、E. 艾比凯赫(E. Ebikeh)的史诗《埃克·乌尼》(Eke Une)、A. B. 楚库埃兹(A. B. Chukuezi)的第一个伊博语文学剧本《乌杜·卡·玛》(Udo Ka Mma)和几位作家的长篇小说。其中长篇小说的发展最为突出。

最引人注目的长篇小说是路易斯·纳姆迪·奥拉卡(Louis Nnamdi Oraka, 1945—)的《国王出生时没有王家标志》(Ahubara Eze Ama, 1975)。它受到学校师生和公众的广泛欢迎,原因与主题息息相关。小说探讨了"从草根到尊贵"(grass to grace)的主题。它讲述穷人奥康克沃的故事:他出身贫贱,但勤劳苦干、坚韧不拔,勇敢地面对各种毁灭性的社会差异,终于战胜严酷的生活环境而发达起来。主人公的这些美德都是前殖民社会培养起来的。他的成功成为读者学习的榜样。作者还在序言中提醒读者一个不言自明的道理——生活中没有永远不变的状况。谁也不知道一个孩子长大后会成为什么,谁也不能排除今天的穷人明天可以成为富贵大王的可能性,毕竟未来的大王或王后出生时没有身份标志。因而小说也充分反映出伊博人深刻的文化精神。作者还提醒读者:一个人富裕了,会有许多人聚集在他的身边,可这些人中有些迟早会离开他;这些人简直就是晴天的朋友,不能共患难。这也是严酷的社会现实。因而,小说触动人们的心弦,成为一部非常成功的作品。此外,奥拉卡的学术著作《伊博研究的基础》(*The Foundations of Igbo Studies*)也是学术界广为称赞、参考和引用的著作,他编写的《伊博语读本》(*Igbo Ndi Oma*)在小学广泛使用,对提高伊博人的识字能力起到很大作用。

J. U. T. 恩泽科(J. U. T. Nzeako)是一位多产的伊博语小说家,曾在东尼日利亚电台工作,迄今已出版七部长篇小说:《埃卡玛》(*Ekimma*,1972)、《诺科里》(*Nokoli*,1973)、《奥库科·阿格巴萨·奥克庇西》(*Okuko Agbasaa Okpesi*,1974)、《有钱人》(*Aka Ji Aku*,1974)、《埃米契塔》(*Emecheta*,1980)、《朱欧琪》(*Juochi*,1981)和《正午落日》(*Chi Ewere Jie*,1985)。他在长篇小说中大量吸收民间故事、节目和传说中的素材,突显成功与失败、胜利与挫折,强调伊博社区生活中的丰富价值体系。他的长篇小说已臻成熟。有的批评家认为,他试图通过文学恢复伊博习惯与传统。

女作家朱莉·N. 昂伍契克瓦(Julie N. Onwuchekwa)既勤奋又热情,既热爱伊博语言又用伊博语言创作。她已经出版一部长篇小说《上帝保卫我》(*Chinaagorom*,1979)和一本诗集《伊博诗篇》(*Akapaala Okwu. n. d.*)。前者描写一个知识妇女在乡村与一群未受过教育的人之间的冲突。由于内在力量、知识魅力和经久不衰的女性本能,知识女性胜利了。后者描写在各种生活环境,包括悲剧场景中女性的美、决断力和坚韧的品质。两本著作从本质上说是教诲性的,以道德为指向,反映作者对道义的关注和社会使命感。《上帝保卫我》广泛汲取口头遗产,为她的创作增添了活力。这部小说很受欢迎,确立了昂伍契克瓦作为一位大有前途的当代伊博语女性作家的地位。

乌德·奥迪劳拉(Ude Odilora)是一名教师,1981 年出版他唯一的一部长篇小说《守财奴》(*Okpa Aku Eri Eri*)。这部小说描述主人公阿库布佐一味追求物质财富、崇拜金钱直至酿成悲剧的人生故事。小说主题鲜明,人物生动逼真,情节前后呼应,叙事技巧娴熟,充满悬念,语言运用恰当,谚语的使用从不叠床架屋,因此受到普遍欢迎。批评家认为奥迪劳拉是一位重要的当代伊博语长篇小说家,对伊博语长篇小说的形式和艺术做出了巨大贡献。

当然,最有成就、最具影响力的长篇小说家是托尼·乌契纳·乌贝西(Tony Uchenna Ubesie,生年不详)。他先后出版《果子熟了落下来》(*Ukwa Ruo Oje Ta Oda*,1973)、《落到地上的最好果子》(*Isi Akwu Dara N'ala*,

1973)、《沸水煮乌龟》(*Mmiri Oku Eji Egbu Mbe*，1974)、《被响尾鸟抓住的必定是聋子》(*Ukpana Okpoko Burn*，1975)和《去问奥宾纳吧》(*Juo Obinna*，1975)等长篇小说。乌贝西作为小说家的独特之处在于他的风格创新和主题的现实主义。他以一种新鲜的意识带来熟悉的主题，以深刻的理解、敏锐的观察和与时俱进的方式讨论当代社会问题和文化问题。乌贝西给当下伊博语长篇小说的财富体现在语言、幽默、反讽和人物塑造四个方面。

乌贝西出色地掌握了伊博语言的用法，因此他的作品读起来自然流畅而富有吸引力。他的幽默感抓住了读者。他精练老道地运用反讽手法，让读者细嚼品味人类在复杂状况下的行为动机。他能把人物塑造得活灵活现、栩栩如生，给读者留下久久难忘的形象；即使读完故事很久，读者依然能想起人物的言谈举止。他解决人类冲突的方式既不是强迫也不是感情冲动，每部小说都讲求悬念、惊诧、好奇和美学乐趣的总体效果。因此，他的长篇小说让读者读了一本还想读下一本。有些作家利用有趣的轶事让读者反复产生愉悦感。这些特质也出现在乌贝西所有的小说中。

《去问奥宾纳吧》或许是关于尼日利亚内战的一部最优秀的伊博语长篇小说，它技巧娴熟地评说"比夫拉"掉队者现象。那些张开大嘴呼喊"我们要战斗到最后一个人"的鼓吹者，恰恰用了那些逃避应征入伍的伎俩来显示他们的勇敢和对战争的使命感。他们精通永远不到战区的战术技巧。乌贝西把主人公塑造成这样一个既简单又复杂的可怜人物。他有种奇思妙想的能力，能够毫不费力地把有关勇敢行为的无止无休的故事编进军事诡异伎俩的每个细节，以致读者不得不钦佩他是一位无与伦比的战争英雄。听众总是那些因为他大胆冒险和坚持不懈为事业奋斗而崇拜他的女人们。挺过尼日利亚内战的"比夫拉"人从主人公身上得到不少启示。

总之，乌贝西的长篇小说创作是恩瓦纳的经典作品《欧弥努科》出版将近一个世纪以来的最大成就。无论是写战争的悲剧、求爱与结婚、当代青年的想入非非，还是写社区之间的战事与奴役，乌贝西都能巧妙地掌控题材、使用精确的语言并实现文学的创新。他是新一代作家的领袖，也是新一代作家学习的榜样。一句话，"他对伊博语文学创作的贡献相当于钦努阿·阿契贝对非洲英语文学做出的贡献，在媒体与信息之间取得有价值的平衡"。[①]

"伊博语戏剧伴随电台和电视台开始，其中包括情景喜剧：1960年代的《伊契库》(*Icheku*)、1970年代的《泽布鲁达雅》(*Zebuludaya*)和1980年代的《乡村校长》(*The Village Headmaster*)。然而，从1970年代末直至整个

---

① Ernest N. Emenyonu, "The Rise and Development of Igbo Literature," see *Perspectives on Nigerian Literature*, vol. I, edited by Yemi Ogunbiyi, 1988, pp. 37 - 38.

1990 年代,伊博剧作家开始用伊博语和英语创作剧本,其中包括楚库埃兹(Chukuezi)的《乌杜·卡·玛》(*Udo Ka Mma*,1974)、阿扣玛(Akoma)的 *Obidiya*(1977)、米祖(Mezu)的 *Umu Ejima*(1977)以及苔丝·昂伍埃米(Tess Onwueme,1955—　)的《破碎的葫芦》(*The Broken Calabash*,1984)、《瓦佐比亚的统治》(*The Reign of Wazobia*,1988)和《把事情告诉妇女们》(*Tell It to Women*,1992)。"①

在这里,我们必须评述伊博语学者兼作家 B. I. N. 奥苏阿格伍(B. I. N. Osuagwu,1937—　)。近 30 年来他为伊博语发展做出了非同寻常的贡献。他为尼日利亚各级学校提供伊博语文读本,培养和造就了无数伊博语言文学学生。其主要学术著作有《伊博人和他们的习惯》(*Ndi Igbo na Omenala ha*,1978)、《语言学基础》(*Foundamentals of Linguistics*,1997)和《伊博元语言》(*Igbo Metalanguage*,2001)等。

奥苏阿格伍也擅长创作,早在学生时代就发表作品,其中就有《旅行者和讲故事的人》("Onyeije na Onyeakuko",1965)。1977 年,他为西非考试委员会提供了第一个伊博语戏剧文本《孤儿长牙咬了恩人的手指》(*Nwa Ngwii Puo Eze*),同年又出版《伊博语剧本》(*Egwnruegwu Igbo Abuo*)。其他作品还有《财富对荣誉》(*Akunwa na Uka Akpara Akpa*)、《过来同我们一起笑吧》(*Soro Mchia*,1982)和《恩凯姆去美国》(*Nkem Ejez America*,2001)。他还同 E. C. 恩瓦纳(E. C. Nwana)撰写《欧弥奥卡契·欧弥努科》(*Omeokachie Omenuko*,1999)。它是一部关于《欧弥努科》作者皮塔·恩瓦纳的传记,已被译成英语。另外,伊博族文学大师钦努阿·阿契贝也用伊博语写过一本《明天是不确定的》(*Tomorrow Is Uncertain: Today Is Soon Enough*,1999),此书后来有标准伊博语文本和英语译本。

总之,直至 20 世纪结束,伊博语文学已有相当多的作品出版。粗略估计,长篇小说约有 70 部,剧本 42 个,诗集 15 本,还有十几个短篇小说集。② 21 世纪以来伊博文学肯定有新的发展,但由于语言限制,笔者所知不多。

---

① See Douglas Killam and Ruth Rowe,eds.,*The Companion to African Literatures*,2000,p. 119.

② "Igbo Literature," see *Encyclopedia of African Literature*,edited by Simon Gikandi,2003,p. 328.

第五章

英语文学

尼日利亚是西非大国,人口众多,而且民族多达 250 多个,语言和方言繁多,其中豪萨语、约鲁巴语和伊博语是其三大语言,政府将它们列为教育语言,合情合理。自然,豪萨语、约鲁巴语和伊博语的现代文学得到很好的发展,取得很好的成绩。鉴于历史的原因和现实的需要,政府将英语定为官方语言和教育语言也无可厚非,这样做有利于各民族之间的沟通和国际交往。加之政府重视教育,小学、中学和大学在独立之后得到大力发展,学习英语、用英语交流的国民增多。善于学习的尼日利亚人中能读能写英语的人也日益增多。早在 1950 年代,尼日利亚大地上出现图图奥拉、艾克文西、奥卡拉、克拉克、奥吉格博、阿契贝、索因卡等一批英语作家。时至独立后的第一个十年,这批作家都成熟了。他们纯熟又创造性地用英语为尼日利亚人创作英语文学。无论是数量还是质量,尼日利亚的英语文学在黑非洲英语文学中占有不容置疑的领先地位。过去如此,现在也是如此。每代作家都有重要人物出现:费米·奥索费桑(Femi Osofisan, 1946—)、肯·沙罗-威瓦(Ken Saro-Wiwa, 1941—1995)、布契·埃米契塔(Buchi Emecheta, 1944—2017)、坦纽尔·奥介德(Tanure Ojaide, 1948—)、本·奥克瑞(Ben Okri, 1959—)、克里斯·阿巴尼(Chris Abani, 1966—)、塞法·阿塔(Sefi Atta, 1964—)、奇玛曼达·恩戈齐·阿迪契(Chimamanda Ngozi Adichie, 1977—)、A. 伊各尼·巴雷特(A. Igoni Barrett, 1979—)等。2016 年,阿德明(Admin)根据入选的作品和国内外成就编写出版了一本《尼日利亚作家奖:100 位 40 岁以下最具影响力的尼日利亚作家》(*Nigerian Writers Awards: 100 Most Influential Nigerian Writers under 40*),让我们得以领略众多文坛新秀的风采。

第一节
文学泰斗

一、钦努阿·阿契贝

1960 年代,对尼日利亚来说,是当地人接管政权、面临巨大考验的年代;对钦努阿·阿契贝（Chinua Achebe，1930—2013）来说，是他人生与文学事业的一个重要时期。1961 年 9 月 10 日他与尼日利亚广播公司的同事克里斯蒂·奥科莉结婚。1962 年，他获得联合国教科文组织艺术家奖金支持，到美国和巴西旅游，结识拉尔夫·埃利森和亚瑟·厄普代克等重要作家，了解到巴西葡萄牙语创作的现实状态。同年，他帮助制作的《尼日利亚之声》在元旦开播；他出席被他称之为"非洲文学里程碑"的坎帕拉非洲英语文学会议；他被选做"非洲文学丛书"的总编辑，该丛书把后殖民时期的非洲文学传播到世界各地。1966 年内战爆发前夕，阿契贝回到东部，为"比夫拉"做工作。作为外交使节，他拒绝美国西北大学非洲研究项目的邀请，反而去了欧洲许多城市，其中包括伦敦，他在那里也继续做"非洲文学丛书"的工作。1969 年，他被选为"比夫拉"国家指导委员会主任，负责起草《比夫拉革命原则》，后来发表时名为《阿希阿拉宣言》（"The Ahiara Declaration"）。同年 10 月，他同艾克文西和奥卡拉去美国时，已意识到"比夫拉"的可怕灾难；他说："世界政策是绝对的残酷无情。"1970 年 1 月 10 日，"比夫拉"军方向尼日利亚投降。阿契贝携家人回到奥克迪，在恩苏卡的尼日利亚大学找到工作，再次沉浸于学术之中。他帮助创办两种杂志：《奥卡克》（Okike），一份文学刊物，用作非洲艺术、虚构作品和诗歌的论坛；《恩苏卡透镜》（Nsukka Scope），一种大学内部刊物。后来，阿契贝和奥卡克委员会又创办一份文化杂志 Llwa Nadi Igbo，作为展示伊博社会土著故事和口头传统的橱窗。

1960 年代，钦努阿·阿契贝在内战爆发前出版两部长篇小说——《神箭》（Arrow of God，1964）与《人民公仆》（A Man of the People，1966），还出版了儿童故事《契克过河》（Chike and the River，1966）。内战期间（1967—1970），阿契贝因为积极参与"比夫拉"分离事业，没时间也没心思创作长篇作品，只是写些短诗，如《逃难的母亲与孩子》（"Refugee Mother and Child"），后来被收入诗集《小心啊，心灵的兄弟及其他诗歌》（Beware, Soul-Brother, and Other Poems，1971）；同时，他还写些短篇故事，后来被收入故事集《战火中的姑娘及其他故事》（Girls at War and Other Stories，1972）。

《神箭》是阿契贝发表的第三部长篇小说。故事发生在殖民统治初期伊博传统文化同基督教文化和殖民主义碰撞的时代。作者创作的灵感来自两个方面：1959 年，他听到一个主祭遭到行政长官监禁的故事；一年后他目睹考古学家瑟斯坦·肖从伊博地区发掘出来的古代精美物品，为此感到惊讶。他所看到的一些文件跟《崩溃》结尾提到的那本虚构的《绥靖尼日尔河下游原始部落》不同。阿契贝把历史上的两件事结合，认真地创作了《神箭》。

小说伊始，主祭司埃祖鲁正面临既要处理公共服务又要维持个人野心的两难问题。因为他拒绝担任殖民行政总部强加给他的委任酋长职位而被关进监狱。坐牢期间，两个新月过去了，两个神圣的木薯仍然未吃。吃木薯是决定季节节奏和宣布收获的事件。尽管他出狱回村受到热情欢迎，埃祖鲁想等一等再吃两个木薯，因而拖延了收获。新木薯烂在地里，氏族的人面临饥饿。埃祖鲁同自己的良心缠斗，既想回应他的人民收获全年口粮的需要，又要遵守和捍卫绝对习惯以保全他的神的面子。结果他做出错误的决定。阿契贝展现了使这位祭司和他的神垮台的社会心理过程。

埃祖鲁被氏族看作半人半神，可正像阿契贝说的那样："我们造出了我们崇拜的诸神。"埃祖鲁承认这点，并由此思考他的权力的性质：

每当埃祖鲁考虑他对年份和庄稼，还有对人民的无限权力，他就怀疑它是真的。他命名南瓜叶宴和新木薯宴是真实的，可日子不是他选定的。他只是个看守人。不！乌鲁神的主祭不只是这样。如果他拒绝命名这个日子，那么节日就不存在——没有计划，没有收获。可是他能够拒绝吗？没有主祭司拒绝过。所以这事不能做。他不敢做。①

这个段落预示着小说中事件的发展。埃祖鲁对他手中的权力不只是怀疑，他感到白人的存在就是一种影响，足以改变社会和改造社会。他决心了解这种影响并把它转变成对自己（还有村庄）的好处。于是他送儿子奥杜齐去教会学校："我想要我的一个儿子和那些人在一起，在那里做我的耳目……我的神灵告诉我，那些今天不对白人友好的人明天会说，如果我们早知道就好了。"②埃祖鲁这个决定是为了氏族的利益，出于政治的动机，但是被恩瓦卡酋长和埃兹代弥里祭司误解了。

氏族造出乌鲁神，因此氏族的意志大于神的意志；如果神脱离人民的手，人民就会向神亮出"造就他的木块"。社区人们表达其意志："我说过今天去吃那些木薯的，不是明天。如果乌鲁说我们犯了令人憎恶的大忌，那就让它落在我们这里十个人的头上吧。"③

埃祖鲁忽视了这个禁令。他竟然漠视他的人民适应新形势的灵活性，尽管他有意适应新宗教对政府的影响。埃祖鲁似想同殖民当局联合，借以增强他对氏族的权力，结果激怒氏族，造成内部宗派对立。埃祖鲁惩罚氏族，拒绝宣布收获令，结果又加剧两位祭司的争斗。在饥饿面前，氏族转向基督教会求助，大多数村民逃到基督教徒那里，甚至当他"耳目"的儿子也皈依了基督教。

埃祖鲁发疯了，这是他的错误决定和错误行动路线造成的。当然也有英

① Chinua Achebe, *Arrow of God*, 1964, pp. 3-4.
② Ibid., p. 53.
③ Ibid., p. 260.

国当局的作用。伊博人有句名言"人无论怎样了不起,对抗不了氏族",埃祖鲁垮台证明了这一说法。换言之,他没有把当前形势同他的传统祭司职责相结合。到头来,集体意志和村民生存的决心胜利了——生存比礼仪重要。神造出来是为了保障部落、应对生存威胁;一旦神自身成为氏族的威胁,它就被放弃了。埃祖鲁应当承担氏族生存的责任,现在却被看成饥饿的原因。当年他在氏族面前昂首阔步,现在却只能形只影单地行动了。

同《崩溃》相比,《神箭》的故事发生在 20 世纪初,不那么遥远。阿契贝把已有的长篇小说的要素结合在一起,写得更加精致详细,反映了伊博人的日常家庭生活、社会政治和宗教生活以及基督教和殖民势力的引入和制度变化。从艺术上说,《神箭》叙事清晰,叙事立场既中立又不乏反讽之意,使用的英语平实而又富有高度寓意。它使用民间题材,因而显得更真实、更亲切。

第四部长篇小说《人民公仆》是一部以第一人称叙事的作品。它把历史记录一直延续到现在,集中描写了一位腐败政客南嘎部长:他一度高高在上,过着奢侈的生活,结果被一场军事政变击落在地。现在非洲社会的混乱状况就是这样的政客造成的,从根本上说是缺乏稳定的价值观念导致的。非洲文化同欧洲文化相互撞击,造成道德观念混乱。这个无耻的政客正是这种道德观念的产物。甚至连那位正直的学校教师奥迪利(在小说中是刺向腐败政客的一把利剑)也不是道德模范,他也被周围各种势力扭曲了。整个世界一片混乱。

在小说即将结束时,在与科科的角逐中,马克斯韦尔死于人为的车祸,部长假意前去悼念,又被守在恋人遗体旁的尤尼斯枪杀。马克斯韦尔及其政党的活动具有民粹主义特点,后来又陷入恐怖主义泥潭。最后军事政变使南嘎等人下台。奥迪利痊愈出院。党派政治和议会斗争被军人独裁取代。奥迪利心安理得地"借用了"剩余的党费——新的南嘎产生了。[①]

因此,"整个小说充满了对社会、政治和文化的讽刺,原因在于众多人民都失去了操守。说它是政治讽刺,因为政治人物都狭隘可笑。文化部长南嘎不认识作家协会主席,也不知道本国最伟大的一部作品;科科部长为仆人临时换上的本土咖啡弄得差点杀人,而那正是政府号召都来喝的;建设部长的突出政绩就是批量为自己建房,然后出租给外国使馆;至于国家领导人,既再三呼吁人民为了国家多作牺牲,又花巨资为部长修建拥有 7 个盥洗间的官邸。文化讽刺既有对内部的又有对外部的"。[②]

小说故事发生在 1960 年代的尼日利亚。诗人兼小说家 J. P. 克拉克在阅

---

① David Carroll, *Chinua Achebe*, 1980, p. 149.
② 颜治强:《东方英语小说引论》,2012,第 185 页。

读样本后宣称:"钦努阿,你是个预言家。除了政变,书中的一切事情都发生过。"果不然,出版不到一周,国内就发生政变,后来又发生反政变和内战。足见作者洞察世事,有先见之明,因此,让世人叹为观止。

1970 年 1 月,"比夫拉"军方向联邦军投降,内战结束。阿契贝发表小说《国内和平》(*Civil Peace*, 1971),出版短篇小说集《战火中的姑娘及其他故事》和诗集《小心啊,心灵的兄弟及其他诗歌》。《战火中的姑娘及其他故事》跨度较大,既有阿契贝学生时代的作品,又有内战期间的作品。其中有表现新思想碰撞的故事《死人的路》,嘲讽选举的故事《投票者》,批判社会不平等的故事《报复的债主》,还有以战时的悲剧与嘲讽故事为题材的《战火中的姑娘》等。阿契贝还把其他作家的文章选编为《了解内幕者:尼日利亚战争与和平的故事》(*The Insider: Stories of War and Peace from Nigeria*, 1971),该书也是以战时的悲剧与嘲笑故事为题材。他的《豹子为什么有爪子》(*How the Leopard Got His Claws*, 1973)显然是写给孩子们看的民间故事。它有寓意,使得阿契贝有可能既评论"比夫拉"悲剧又评论导致第三世界这种局势的国际大国间的争斗。阿契贝善于绕过具体的局部事件,突出表现比较普遍的有重要意义的事情。内战期间,阿契贝没有时间和闲暇创作长篇小说,但诗情激越,给我们留下薄薄的诗集《小心啊,心灵的兄弟及其他诗歌》。该诗集应该说是一本诗体战时日记,虽然只有四分之一的诗篇与战争有关。因为新颖和充满活力,它 1972 年获得英联邦诗歌奖。1973 年诗集在美国出版,易名为《"比夫拉"的圣诞节及其他诗歌》(*Christmas in Biafra and Other Poems*)。

阿契贝坚定地把教育青年当作自己的使命,特意写了《契克过河》(*Chike and the River*, 1966)、《笛子》(*The Flute*, 1977)和《鼓》(*The Drum*, 1977),让孩子们阅读并受到教育。

阿契贝是个思想家,不但深刻思考尼日利亚的过去、现在和未来,而且深刻思考非洲文学的性质、方向和用途。他已经写下许多有说服力的论文,阐明他的创作观点。1970 年代,他编成《还是在创造日的早晨》(*Morning Yet on Creation Day*, 1975),其中包括《殖民主义批评》("Colonialist Criticism")、《作为导师的长篇小说家》("The Novelist as Teacher")、《关于非洲长篇小说的若干思考》("Thoughts on the African Novel")和《非洲作家与英语语言》("The African Writer and the English Language")等。后来他又发表《一个非洲形象:康拉德的〈黑暗的心〉中的种族主义》("An Image of Africa: Racism in Conrad's *Heart of Darkness*", 1975),说康拉德是"一个血腥的种族主义者",断定康拉德的著名小说让非洲人失去人性,"把非洲当作一个人性缺失的玄奥战场,流浪的欧洲人是冒险进入其中的"。此文令西方文坛哗然,因为其矛头指向现代西方文学的典范。阿契贝认定,"非洲作家应该是一位教师,应当尽心尽力地向他的人民解释他们的世界如何成为今天这个样子、为什么成为今天这个样子。为了补偿殖民地时代造成的心理损伤,50 年代和 60 年代的作家们有责任创造有关非洲过去的具有尊严的形象,只有这样,非洲人才能学会为自己的文化和自己的传统感到骄傲"。①

1960 年代中期以来,非洲发生很大变化,以致作家有必要揭露他们社会中的不正义现象和腐败行为,履行他们的政治使命。

1983 年,阿契贝出版《尼日利亚的麻烦》(*The Trouble with Nigeria*)。在第一页他开门见山地写道:"尼日利亚的问题就是其领导人不愿意、不能够挺身而出担当责任和挑战已经成为真正领导标志的个人榜样。"他一语破的,指出了尼日利亚麻烦的根源。

1987 年,《荒原蚁丘》(*Anthills of the Savannah*)出版,这是阿契贝的第五部长篇小说,与《人民公仆》的出版相隔 20 年。该作品以虚构的西非国家坎甘(其实就是尼日利亚)为背景,继续考察《人民公仆》中出现的一个压制性的后殖民国家的政治。阿契贝关注民主进程被军事统治打断的后果——权迷心窍的自大狂取代了政治混乱,宪法手段走进死胡同。通过书中主要人物的戏剧性相遇和反复思考,阿契贝不考虑以诸如国际金融资本主义之类的因素来说明坎甘的政治难题,而是展现了坎甘的问题乃是缺乏领导能力这一事实。小说是在研究权力怎样腐败和腐败的权力怎样毁灭自身,在必然结果中存在着微弱的但又可预期的希望。同时,阿契贝也关注人类,关注一般民众。阿巴松地区干旱,总统却基于报复,终止那里的水利工程。这实在是一种犯罪行为。总统是个伪君子,口口声声"还政于民",却要全民公决做"终身总统",还致使不赞成者一个接一个地死去。总统也得到报应,在新一轮政变中丧生。小说也关注口头智慧受到技术威胁的社会故事与讲故事的作用:故事可以巩固民心,还可以通过新编来思考变化,提供一种不同的秩序。

阿契贝的目的就是为自己的人民写自己的人民。他至今完成的五部长篇小说构成了连续百年的伊博文明史和尼日利亚文明史。《崩溃》(1958)伊始,欧洲人还未渗透进乌姆奥费亚,小说结束时,殖民统治确立,社区特征——它的价值与自由——已经有了实在的不可挽回的变化。《再也不得安宁》(1960)的故事发生在政治独立前不久。《神箭》(1964)的背景与《崩溃》的背景很相似,只是殖民统治已经巩固,村民的生活被阉割。《人民公仆》(1966)的背景是在独立后不久的尼日利亚。《荒原蚁丘》(1987)讲述第一共和国失败后军事独裁的后果,也暗示非洲其他国家的事态。总之,一个尼日利亚作家从基督徒的观点出发,用五部小说写下尼日利亚的意象历史,这实属罕见,有创意。

---

① 伦纳德·S. 克莱因主编:《20 世纪非洲文学》,李永彩译,1991,第 167—168 页。

正是这五部长篇小说奠定了现代非洲小说的基础,阿契贝成为"非洲现代小说之父"。

此外,阿契贝还出版诗集《另一个非洲》(*Another Africa*,1998)和《诗集》(*Collected Poems*,2005),文学评论集《希望与障碍》(*Hopes and Impediments*,1988)。其他著作有《受英国保护儿童的教育》(*The Education of a British-Protected Child*,2009)和《有这样一个国家:关于"比夫拉"的个人历史》(*There Was a Country: A Personal History of Biafra*,2012)。

阿契贝于 2013 年去世,生前获得许多荣誉学位和奖项,如 1975 年获得亚非作家荷花奖(the Lotus Prize for Afro-Asian Writers)、1979 年获得尼日利亚最高学术奖——尼日利亚国家功勋奖(the Nigerian National Order of Merit)、2007 年获得曼布克国际奖(the Man Booker International Prize)、2010 年获得多萝西与莉莲·吉什奖(the Dorothy and Lillian Gish Prize,奖金30 万美元)、1999 年被任命为联合国人口基金会亲善大使。

纳尔逊·曼德拉回忆说:他作为政治犯,在阿契贝的陪伴下,狱墙崩塌;阿契贝的著作《崩溃》鼓励他继续斗争,直至结束种族隔离制度。① 诺贝尔文学奖获得者托尼·莫里森指出,阿契贝的作品鼓励她成为一个作家,点燃她对文学的强烈热爱。②

二、沃莱·索因卡

1960 年代是尼日利亚获得独立的第一个十年,全国欣喜之后,出现了政变、民族大屠杀和血腥的内战,直到 1970 年内战结束。在这期间,沃莱·索因卡(Wole Soyinka,1934——　)因为反对西区选举舞弊和内战两次坐牢,但仍然创作和出版了大量作品。剧本有:《三个剧本》(*Three Plays*,1963,其中包括《沼泽地居民》《热罗兄弟的磨难》和《强种》)、《狮子与宝石》(*The Lion and the Jewel*,1963)、《五个剧本》(*Five Plays*,1964,包括《森林之舞》和已经出版过的四个剧本)、《路》(*The Road*,1965)和《孔琪的收获》(*Kongi's Harvest*,1967)。

《强种》是一部严肃的悲剧。尼日利亚沿海某地区每逢新年除夕,在除旧迎新的宗教仪式上,要找一个外地人作为牺牲品或替罪羊。通常做法是:秘密抓到一个外地人,给他灌上麻醉药,在他身上涂上色粉,在半夜之前拖着他穿过村子,让人人在他身上倒垃圾、扔脏物,肆意欺凌和咒骂他,最后把他驱逐

① "The Unseen Literary World," *Maya Jaggi*,14 June 2007.

② "Chinua Achebe of Barol College," *The Journal of Blacks in Higher Education*,33:28,Autumn 2001.

出村,永远不准回来,间或虐待至死。其用意就是希望在除夕把过去一年全村的罪恶、污行都"栽"到他身上让他带走。《强种》写的就是这样一个新年除夕的故事。青年教师埃芒和另外一个白痴孩子是这个村仅有的两个外乡人。除夕之夜,为了保护那个白痴孩子,埃芒终于成了牺牲品。在埃芒的家乡,也有每年除旧迎新的风俗,他的父亲就是年年除夕在头上顶着象征性的小船,为村里人把全村的"污秽"送往河里让它流走,直至最后为此劳累死去。但在他们家乡,这是一个受大家尊敬的、为大众做出牺牲的人物。埃芒的父亲曾经骄傲地对他说,他们家族是"强种"。在这个剧本中,索因卡对待原有文化有赞扬、有贬斥,并不像有些作家那样不分青红皂白地美化过去。埃芒的死,是奥罗治、贾古那等人的阴谋陷害造成的,他们满以为自己是"英雄",是在"为民做善举",会让村民"皆大欢喜""欢呼雀跃",可是万万没有料到村民们"个个都抬头望着那个人,哑口无言"。显然,村民们很无奈,有一种愧疚感。最后,贾古那的女儿桑玛也同他彻底决裂。也有批评家把埃芒看成耶稣,认为他承受磨难,是一个救世主。整个剧本简短紧凑,富有象征意义。

《狮子与宝石》是一部轻松喜剧,以幽默的方式描写 20 世纪三四十年代非洲农村的主要冲突,即非洲传统同来自欧洲的"新文明"的冲突。在剧中,传统战胜了现代新风:代表传统势力的老酋长巧施手腕,击败了代表"新文明"的浮华而幼稚的青年教师,最后把宝石一般的姑娘弄到手。1965 年,该剧在伦敦演出。

《路》是一个诡秘荒诞的剧本,探讨昙花一现的存在中的意义。剧本主人公是个教授,一个怪诞的人物,他想要了解人生的真谛。他生活在一群社会底层的司机当中。这些司机整天在路上冒险,随时有死的可能,因此成为教授观察的对象。全剧气氛低沉,人们生死无常,在劫难逃。教授千方百计想窥探死亡的秘密,结果对生命意义的探讨被主要人物对死亡的病态兴趣所取代。该剧显然打上了存在主义的印记,不无荒诞色彩,然而它也是对尼日利亚社会现实的揭露和思考。该剧充分展现了索因卡掌握英语语言的卓越能力,1966 年在达喀尔国际黑人艺术节上获得大奖。

索因卡在 1964 年辞去大学职务以抗议当局强加的规定,后又因磁带事件被拘留数月。获释后面对当时的政治危机,他毫不退缩,接连写下三个剧本:《在灯火管制之前》(Before the Blackout)、喜剧《孔琪的收获》和广播剧《被拘留者》(Detainee)。

《孔琪的收获》(1966 年在世界黑人艺术节演出,1967 年发表)是一部轻松的喜剧,写的是一个虚构的非洲国家伊斯玛的总统孔琪凭借武力推翻传统大王大酋长丹劳拉,并把他监禁起来。为了进一步取得精神权威,孔琪要举行新木薯节让丹劳拉公开交权。可是丹劳拉老奸巨猾,装疯卖傻,使得孔琪对他是否出席交权仪式不能确定。丹劳拉的侄子岛杜是农业公社的头儿,也是他的继承人。岛杜和夜总会女老板塞吉参与一个反对孔琪的阴谋计划,但计划的目的是暗杀、逼其退位还是道义对抗,谁也不清楚。塞吉的父亲欲行暗杀时被杀,致使这个阴谋失败。情势迫使岛杜和塞吉随机应变:岛杜在节日代替其叔父奉献新木薯时谴责独裁者,塞吉急中生智向令人惧怕的孔琪送上一个铜盘,盘内盛的不是平时的木薯而是她亡父被割下的头颅。到头来,丹劳拉失掉权力,可是幸存下来,而孔琪会掌权多久仍令人怀疑。这是一部非常壮观的戏剧作品,它既批判利用魔法统治的老独裁者,又批评非洲一党专权的新独裁者。整部剧充满节日礼仪气氛,有着丰富的诗歌和机智的语言,因此强而有力。

在 1960 年代,索因卡出版一本诗集《伊丹瑞及其他诗歌》(*Idanre and Other Poems*,1967)。其中《伊丹瑞》是为 1965 年英联邦艺术节所写,写的是伊丹瑞的神秘经验和约鲁巴铁神奥贡的创造神话,以此比喻作者所生活的社会之崩溃与复兴。它是一首长达 25 页的史诗,结构严谨,寓意深刻。其他诗歌包括深刻思考 1966 年 10 月北方大屠杀新闻的诗和爱情诗,还有一首自嘲诗《致我的初生白发》("To My First White Hairs")。后来,他在伦敦出版《狱中诗钞》(*Poems from Prison*,1969)。1960 年,索因卡还出版两个短篇小说集《埃格博的不共戴天敌人》(*Egbo's Sworn Enemy*)和《埃提尼夫人的住宅》(*Madame Etiene's Establishment*)。最引人注目的是他的长篇小说《诠释者》(*The Interpreters*,1965),也有人译为《污泥与浊水》。小说描写了拉各斯及其附近的五个归国留学生——外交部职员艾格博、新闻记者萨戈、工程师兼雕塑家塞孔尼、画家科拉和大学教授本德尔——的生活及腐败丛生、日益分裂的社会。他们希望在谋生的同时能保持正直,但是却做不到。国家处在一触即发的内战边缘。在写法上,索因卡完全打破了传统小说的线性模式,大量采用西方现代文学的表现手法,形成了跳跃、复杂的文体结构。故事情节以大学教授本德尔为线,通过联想、回忆、插叙和梦幻等手法,将五个人的工作、生活串联起来;看似片段式的场景,实际上是一个把过去、现在和未来完整地连接起来的故事——意识流和新小说的建构手法运用得流畅自然且个性鲜明,甚至有人认为它可以同詹姆斯·乔伊斯的作品媲美。1968 年这部小说获得英国《新政治家》杂志的国际文学奖。

1970 年内战结束,索因卡出狱后发表《此人已死:狱中笔记》(*The Man Died: Prison Notes*,1972)。索因卡本人被联邦政府以支持分离的罪名逮捕(其实他是劝分离领袖不要拿起武器,应以团结为重),不经审讯即被拘留,长达两年。该书就是他被捕和受到监禁的记录,表现作者并不屈尊乞怜,而是愤怒地昂首应对。

早在 1969 年,他的《狱中诗钞》就从监狱偷运出来,在伦敦发表。随后他又出版《地窖中穿梭》(*A Shuttle in the Crypt*,1972)。这是诗人关于狱中生活的诗体记录,也是关于立奥贡为王的惨痛后果的个人记录。诗集的中心经验是诗人同吊着的五个因犯妥协,萦绕这个诗集的形象就是这几个悬垂的死人,"他们的手空空地攥着"。① 结尾竟是一种近乎绝望的调子。在最后一首诗里,诗人暗示克里斯托弗·奥吉格博的魂灵:被杀死比幸存好——像基督死去比像普罗米修斯受苦好。1976 年,索因卡出版《奥贡·阿比比曼》(*Ogun Abibiman*)。这首长诗由三部分组成,是在莫桑比克总统萨摩拉·迈克尔宣布对罗得西亚史密斯政权的作战意向时产生灵感创作的。它是一首 22 行的长诗。索因卡转向正进行的革命,把奥贡神重新塑造成革命原型,"他看起来就是非洲直接命运的明确象征。在诗里,奥贡同恰卡相遇,北方与南方会合,神话与历史会合,阿比比曼这个胜利的黑人民族诞生了。未来清清楚楚地立在地平线上","而就有氏族从山丘到山丘/聚集在奥贡站过的地方"。②

1973 年,索因卡出版第二部长篇小说《失序的季节》(*Season of Anomy*)。其故事发生在 1966 年,即尼日利亚北方对伊博人进行种族大屠杀的时代,这场大屠杀导致了内战。不过,作者采用虚构方式将其转换,于是产生了小说故事。音乐家奥费依计划破坏他的雇主可可公司及其母公司军事第一产业"卡特尔"。为达目的,他通过广告运作,不间断地传播一个名叫艾耶罗得乡村乌托邦的社区自治主义的政治理想。"卡特尔"做出的回应,就是煽动部族对所有艾耶罗得人的仇恨(暗示联邦政权把仇恨指向所有伊博人,因为许多进步分子和活动家来自伊博族)。在随后的恐怖和大屠杀浪潮中,奥费依的乐队被铲除,他的舞蹈家伊里耶斯被拐走。奥费依为寻找伊里耶斯走上了噩梦般的旅程,到达充斥着屠杀者和受伤致残者的地方,那完全是一个恐怖的地方。幸亏得到奥甫斯寻找尤里底斯时曾经获得的冥界支持,奥费依才找到避难所。拯救骑手和所谓的"革命领袖"伊里耶斯只是个象征性的营救运作,政治运动消减,成了人们熟悉的礼仪模式。《诠释者》和《失序的季节》同样关注知识精英,但二者有所不同:前者关注知识精英的孤独感,后者关注知识精英受拷问的良知。《失序的季节》的艺术成就不同寻常,作者巧妙地把许多元素——现实与奇想、本义与喻义、现代与古典、非洲自然神话和礼仪与欧洲原型寓言——交织在一起,使之成为一个严密的整体。这是一般作家做不到的。

1970 年代—1980 年代中期,索因卡又创作了许多剧本:《疯子与专家》(*Madmen and Specialists*,1970 年首演,1971 年出版)、《热罗变形记》(*Jero's Metamorphosis*,1973)、《死亡与国王的侍从》(*Death and the King's Horseman*,1975)、《未来学者的安魂曲》(*Requiem for a Futurologist*,

① Wole Soyinka, *A Shuttle in the Crypt*, 1972, p. 43.
② Wole Soyinka, *Ogun Abibiman*, 1976, p. 22.

1983)和《巨头们》（*A Play of Giants*，1984）等。其中，《疯子与专家》是索因卡的代表作之一。它以贝罗医生和父亲的矛盾冲突为中心情节：战前贝罗是一名医生，战争把他变成了情报官员；他派出四个乞丐监督自己的父亲，因为父亲宣扬各种荒唐的主张，被当作疯子。具有讽刺意义的是四个乞丐的行为，他们在剧中拙劣地模仿贝罗的一切行为，这其实是揭露和讽刺贝罗所效忠的政权的罪恶。只有贝罗的妹妹和两位老妇人竭力保护传统药物，显现出旧的价值可以幸存的某种希望。虽然该剧剧情荒诞，却曲折地反映了尼日利亚的社会现实。

另一部代表作《死亡与国王的侍从》是一部引人注目的悲剧。尼日利亚古城奥约的国王死了，根据旧习俗和不成文法，他的侍从艾里森必须殉葬。区长官阻止艾里森这么做。艾里森的儿子是一个受过西方教育的青年，代父自杀。艾里森因拖延祭礼遭到逮捕。有人简单地把这部作品看作非洲文明与欧洲文明的冲突，其实它有更丰富的内涵，有诗意、惊奇、残酷、贪欲等等。它反映了约鲁巴人的宇宙观，认为死者的世界和生者的世界是一样的，侍从有义务陪伴国王。侍从这样做，既是担当，又是荣耀。诺贝尔授奖辞称这部戏剧"极其深刻地探讨了人的状况"，"它涉及了人的自我状况和自我现实，生与死的神话式契约以及未来的前景"。[①] 索因卡本人宁愿把它看成一部描写命运的神秘剧和宗教剧。

在 1970 年代，索因卡改编了几个欧洲剧本，既保留原有的基本结构，突出道德伦理，又把它们同当地现实结合起来，使之适用于非洲舞台。《欧里庇得斯的酒神的伴侣》（*The Bacchae of Euripides*，1973）则包含以当代尼日利亚事件为模式的场面。《旺尧西歌剧》（*Opera Wonyosi*，1977）是在约翰·盖依的《乞丐的歌剧》和布莱希特的《三毛钱歌剧》的基础上创作的，其背景就是阿明和博卡萨等专制者统治的世界，作者巧妙地动用外国媒介让人们明白了这一点。

后来，尼日利亚社会和政治问题变得严峻，非洲又接连出现政变，一些国家又开始独裁统治，于是索因卡转向时事讽刺剧的创作。他写了讽刺政治投机家的《回家做窝》（1978）、反映生活中种种不合理现象的《失去控制的大米》（1981）和《重点工程》（1983）、讽刺非洲独裁统治者的《巨头们》（1984）以及讽刺占卜术的《未来学者的安魂曲》（1983）等。它们都充分体现了索因卡的讽刺才华。

在此期间，索因卡出版《神话、文学与非洲世界》（*Myth，Literature and the African World*，1976），主要包括他在伦敦大学丘吉尔学院的演讲和其他

---

① 渥雷·索因卡：《狮子和宝石》，邵殿生等译，1990，第 446 页。

评论文章。它是索因卡阐述其艺术、文化和个人与社会相关理论的著作。索因卡常常把神话学的密码赋予历史教训、个人与集体的斗争。他力图显示非洲拥有丰富的文化传统和知识体系,应当被看作欧美传统的替代。在使用西方文学形式探讨非洲问题的特殊性时,索因卡的理论表明他得益于约鲁巴传统和西方传统。他从约鲁巴神话中选用铁神奥贡来隐喻艺术和技术的创造性,以此作为精神象征。他指出,黑非洲像现代世界的其他文化一样,需要确保精神健康和社会繁荣。他对约鲁巴知识和宗教文化的探讨为理解他的诗歌和戏剧提供了必要的背景,题为《第四阶段》的论文尤其重要。至于他喜爱的评论问题和理论见解,后来出版的《艺术、对话与暴行:论文学与文化》(*Art, Dialogue and Outrage: Essays on Literature and Culture*, 1988)则是一种补充。

1986年,索因卡获得阿吉普文学奖(the Agip Prize for Literature)和诺贝尔文学奖,后者尤其提升了他在世界文学中的地位,承认他和非洲人对世界文学的卓越贡献。然而,索因卡仍然笔耕不辍、斗争不息,接连出版诗集《曼德拉的大地及其他诗歌》(*Mandela's Earth and Other Poems*, 1988,它是一本反对南非种族主义的诗集)和《撒马尔罕和我知道的其他市场》(*Samarkand and Other Markets I Have Known*, 2002)等,回忆录《伊沙拉:艾塞周围之行》(*Isara: A Voyage around Essay*, 1989)、《伊巴丹:1946—1965年回忆录》(*Ibadan: The Penkelemes Years: A Memoir 1946—1965*, 1994)和《你必须黎明出发》(*You Must Set Forth at Dawn*, 2006),论文集《艺术、对话与暴行:论文学与文化》《存在与虚无的信条》(*The Credo of Being and Nothingness*, 2003)和《关于非洲》(*Of Africa*, 2012)等。1994年,索因卡被迫流亡。1996年他出版《一个大陆的积弊:有关尼日利亚危机的私人叙事》(*The Open Sore of a Continent: A Personal Narrative of the Nigerian Crisis*)。1997年,索因卡被阿巴查军政府缺席审判,定为死刑;直到阿巴查死后,他才回国。自获诺贝尔文学奖以来,索因卡还创作了《来自有爱心的泽拉》(*From Zia, with Love*, 1992)、《身份文件》(*Document of Identity*, 1999)、《巴布国王》(*King Baabu*, 2001年首演,2002年出版)和《阿拉巴塔·阿巴塔》(*Alapata Apata*, 2011)等剧本,并将法贡瓦的第二部长篇小说《奥乐杜马尔的丛林》(*Igbo Olodumare*, 1949)翻译成英语(*In the Forest of Olodumare*, 2010)。

总之,沃莱·索因卡是一位多才多艺而又高产的作家。自1954年发表第一个剧本以来,他先后发表近三十个剧本、两部长篇小说、五本回忆录、七本诗集、十二本论文集、两部翻译小说及大量散文作品,还有三部电影作品。正像诺贝尔文学奖评审团在1986年所说的那样:沃莱·索因卡"以其广阔的文化视野和诗意般的联想影响当代戏剧","在语言的运用上,也以其非凡的才华鹤立鸡群。他掌握了大量的词汇和表现手法,并把这些充分运用于机智的对话、讽刺和怪诞的描述、素雅的诗歌和闪现生命力的散文中";"索因卡的作品尽管纷繁复杂,却条理清楚,强劲有力";他的作品"具有讽刺、诙谐、悲剧和神秘色彩,他以精练的笔触鞭挞社会的丑恶现象,鼓舞人民的斗志,为非洲人民指出方向"。[①] 这些中肯的言辞和高度的评价也适用于索因卡整个文学人生,索因卡受之无愧。获奖后接受法国《晨报》记者采访时,索因卡说:"这不是对我个人的奖赏,而是对非洲大陆集体的嘉奖,是对非洲文化和传统的承认。"[②]换言之,索因卡获得诺贝尔文学奖不但肯定了他本人的文学成就,而且肯定了非洲文学和文化,破除了一些人对非洲文化和传统的傲慢与偏见。他获得的文学成就不但是尼日利亚和非洲文学的重要财富,也是对世界文学和文化的重要贡献。索因卡的戏剧深深地植根于非洲的土地和非洲的文化,善于取其精华,弃其糟粕;他谙熟欧洲文学,但从不生搬硬套,而是有选择地加以利用。他的作品具有深刻的哲思和优美的风格。他是现代非洲文学的重要作家,也是世界范围内最优秀的作家之一。他的作品展现了非洲人生活变化万千的场景,从始至终贯穿着他坚守的信念:非洲艺术家的作用应当是"记录他所在社会的经验与道德风尚,充当他所在时代的具有先见的代言人"。[③]

第二节
第一代作家

　　尼日利亚现代英语文学在第二次世界大战结束后崛起,出现一批英语文学作家。他们创作了许多优秀的文学作品,为独立后第一个十年的英语文学发展奠定了基础,他们的作品成为现代英语文学的经典。在这十年内又有一些作家走向文坛,其中包括女小说家芙劳拉·恩瓦帕(Flora Nwapa, 1931—1993)和女剧作家祖鲁·索福拉(Zulu Sofola, 1935—1995)等。这些作家和1950年代崛起的作家大都出生于1920年代—1930年代,他们对殖民统治有亲身体验,对民族文化有深厚感情,又能吸收西方文化的有益成分,决心为尼日利亚创作独立的民族文学。他们做到了。他们就是尼日利亚现代英语文学

---

　　① 《沃莱·索因卡:第一位获诺贝尔文学奖的非洲人》,见《参考消息》1986年10月19日第3版。
　　② 《诺贝尔文学奖第一位非洲得主——记尼日利亚作家索因卡》,见《文汇报》1986年11月23日第3版。
　　③ Wole Soyinka, *Art, Dialogue and Outrage*, 1988, p. 21.

的第一代作家,其中包括钦努阿·阿契贝(Chinua Achebe,1930—2013)和沃莱·索因卡(Wole Soyinka,1934—　　)。

第一代作家在诗歌、小说、戏剧、儿童文学,甚至在文学批评方面都做出了贡献。他们是一代使命作家,正像西普利安·艾克文西(Cyprian Ekwensi,1921—2007)对美国记者李·尼克尔斯(Lee Nichols)所说的那样:"在非洲,一个作家,直接或间接地必须是一个使命作家。他必须对真理负有使命,他必须对暴露社会弊病负有使命。他必须对按照他的理解指出未来的方向负有使命。"[1]他们这一代作家确实想要"恢复在新世界奴役制和旧世界殖民主义中丧失的尊严和骄傲"。[2] 他们做到了。在独立后的 50 年中,他们坚持真理,客观反映内战,揭露社会弊病和政治腐败,并且从传统的口头文学和西方文学中汲取养分,在艺术上精益求精,使尼日利亚现代文学走向世界,成为世界文学的一个重要部分。沃莱·索因卡在 1986 年成为获得诺贝尔文学奖的第一位非洲作家,钦努阿·阿契贝在 2007 年获得曼布克国际奖,就是明证。克里斯托弗·奥吉格博(Christopher Okigbo,1932—1967)被誉为"最优秀的非洲诗人",钦努阿·阿契贝被称为"非洲现代小说之父",西普利安·艾克文西被称为"非洲城市小说之父",沃莱·索因卡不仅是 1960 年以来尼日利亚剧坛的领军人物,而且是非洲最卓越的剧作家。……钦努阿·阿契贝和沃莱·索因卡就是尼日利亚现代文学的两位文学泰斗。

一、诗　　歌

第二次世界大战后至独立后第一个十年内出现的诗人是现代诗人。他们与先驱诗人不同,他们不是政治家,不赞成标语口号式的诗作。他们直接或间接地受到英美现代派诗人的影响,不是模仿而是试验,创作出独具特色的作品。他们更自由地处理句法和词汇,使词语更有自己的内涵,不受诗行与韵律的常规限制。他们采用当地素材或个人经验,反映殖民主义在当地造成的文化冲突,有时给以讽刺。诗人们各具特色,发出各自独特的声音。时代在变化,形势在变化,他们能够扩大视野,关注非洲和世界的事态。

1. 加布里尔·奥卡拉

加布里尔·奥卡拉(Gabriel Okara,1921—2019)是一位重要的尼日利亚现代诗人,他在 1950 年代和 1960 年代创作了许多诗歌,尤其是抒情诗。他的

---

[1]　Lee Nichols, ed., *Conversation with African Writers*, 1981, p. 44.

[2]　C. Brian Cox, ed., *Introduction to African Writers*, 1997, p. XXIII.

诗歌被收入多本文集并被译成多种语言。他认为,非洲作家跟世界上任何作家一样,应当把自己民族的文化体现在写作中:"有人说过,文学是一个国家的灵魂,因为它反映这个国家的文化、信仰、哲学和人民的整个存在。我认为作家的使命或作用就是他的国家的灵魂。"①他这样讲,也这样做了。1978 年,他出版诗集《渔夫的祈祷》(*The Fisherman's Invocation*);1979 年,他凭借这本诗集同布赖恩·特纳分享英联邦诗歌奖。该诗集收入奥卡拉早期许多诗歌,其中包括早已入选其他文集的《渔夫的祈祷》。当然,它也收入奥卡拉内战期间和内战结束以来创作的诗篇。集子中的十首新诗反映了诗人内战期间的经历和所看到的骇人悲剧。与诗集同名的《渔夫的祈祷》是一首长诗,共分五个部分。其中,第五部分最精彩,让我们来欣赏它:

> 庆祝现在结束
> 可是四面八方还在回响
> 像哈马丹风在回旋
> 回旋风把尘沙,扔向四面八方
> 两手捂脸两脚探路。
>
> 庆祝现在结束
> 羊皮鼓静静地放下,沉默,等待
> 跳舞的人儿散开,熟知许多舞蹈的
> 双脚正在走动
> 等待下一次
> 心随双脚爬升,走向
> 他们的住所,棕榈酒
> 从他们的头流下肚皮
> 肚皮发冷。舞蹈精神
> 已经离去,他们的脸蛋没有表情
>
> 可是前面孩子躺在膝上
> 吮吸后面无量的乳汁
> 唱着温暖的催眠曲让我们头脑激动。
> 我们学会跟着半生不熟的节奏跳舞
> 当前面孩子嚼着奶头躺着睡觉时。

---

① Bernth Lindfors, ed., *Dem-Say: Interviews with Eight Nigerian Writers*, 1974, p. 46.

诗集《渔夫的祈祷》不仅收入奥卡拉 1950 年代创作的诗篇,也收入他内战之前、期间和战后创作的诗篇,还有六首堪称非洲最优秀的抒情诗。在战争诗篇中,奥卡拉指出,独立没有改善和丰富尼日利亚人的生活;战后诗篇则暗示,诗人的异化感又加上了大疲惫。他讲到"疲惫感"时抱怨说:"我疲惫,疲惫。/我颤抖的双脚拖曳。"①从此,奥卡拉孤独地沉默起来。

加布里尔·奥卡拉开始以诗歌出名,可只出版过《渔夫的祈祷》一本诗集。他的诗歌把非洲文学的持久问题(即充分利用英语来表达非洲的生活观点)主题化。他后来更以小说著称于非洲文学界,可是也只出版过一本寓言小说《声音》(*The Voice*,1964)。《声音》是一部富有想象力的小说,是用一种非正规的散文笔法写成的,模拟了伊卓语的习惯表达法。这是一部关于人在腐败的世界探求信义、探求真理和探求人生意义的寓言。一个抱着理想主义的主人公提倡前后一致的道德价值观念,借此打败了自己村子的领导人,可是不久即被驱逐出村,送去流亡。但是他对禁令毫不理会,返回家里,同那些曾经设法阻碍他去探求的掌权人物对阵,结果被置于死地。但是他的言语、事迹却对他的人民产生了重大影响,一场道德革命从此开始。有的批评家对他引进《声音》里的伊卓词语和文法提出苛刻的批评,可另外一些批评家则认为这是非洲文学的一种特色,体现了当地文化。笔者认为,《声音》有重大意义:1)它突显了"物质主义造成祸害"这个主题;2)它的实验文体和富有想象的诗意描述,使它在非洲文学本土化运动中居于显著地位,这个运动就是为了增强当地洪亮的声音与泛非意义。

此外,奥卡拉还出版过两本儿童文学书:《小蛇与小青蛙》(*Little Snake and Little Frog*,1981)和《朱朱岛历险记》(*An Adventure to Juju Island*,1981)。

2. J. P. 克拉克

J. P. 克拉克(全名 John Pepper Clark,1935—2020)出生在尼日尔河三角洲西部,其父是伊卓族酋长,其母是乌尔豪博公主。克拉克在当地读完中学后,即赴伊巴丹大学学院学英语。在校期间,他创办《号角》诗刊,声名鹊起。1960 年克拉克从伊巴丹大学毕业,获得英语学士学位。他先后在原来的西部地区情报部任情报官员,在《每日快报》任专栏编辑,在伊巴丹大学非洲研究所任研究员多年。后来他在拉各斯大学任英语教授直到 1980 年退休,同时与他人合编文学杂志《黑色的竖琴》。退休后他在耶鲁和哈佛等高等学术机构做访问教授。

---

① Gabriel Okara, *The Fisherman's Invocation*, 1978, p. 56.

克拉克以诗歌最出名。1961 年,《诗歌集》(*Poems*)由姆巴里出版,共收入 40 首抒情诗,涉及异质多样的主题。1965 年,诗集《潮水里的芦苇》(*A Reed in the Tide*)出版,收入 33 首诗,聚焦于非洲当地背景和诗人在美国等地旅游的见闻,有些是即兴诗作。《横祸:1966—1968 年的诗歌》(*Casualties: Poems 1966—1968*,1970)在美国出版,讲述内战期间的可怕事件。《十年话语》(*A Decade of Tongues*,1981)由朗文出版,收入 74 首诗,除题赠迈克尔·埃克劳的《横祸》之外,全是早先发表过的诗歌。《联邦的国家》(*State of the Union*,1985)突出他对尼日利亚这个发展中国家的社会政治事件的理解。《曼德拉及其他诗歌》(*Mandela and Other Poems*,1988)则处理永恒的主题:成熟与死亡。

有批评家指出,克拉克的诗歌生涯大约经历了三个阶段:1) 尝试和实验的学徒阶段,如《黑暗与光明》("Darkness and Light")和《阿多桥》("Iddo Bridge")等少年时期的作品;2) 用对句的韵律和商籁体组合等西方文学程式创作的模仿作品,如《致阵亡士兵》("To a Fallen Soldier")和《信念》("Of Faith")等抒情诗;3) 个性化阶段,《夜雨》("Night Rain")、《走出高楼》("Out of the Tower")和《歌》("Song")等作品形式成熟、新颖,富有独创性。现在来看《夜雨》:

夜里几点钟
我闹不清
只是象有鱼
从深水中受麻醉而浮起
我从睡梦的溪流中
朝天漂浮
没有鸡鸣
但闻清越的鼓声
我想各处
我们的茅屋顶、仓房
喧嚣着急剧的声响
一捆捆庄稼散乱了,闪电掠过椽子
难以想象在我的上空
硕大的雨点急泻横冲
仿佛柑桔或芒果
在风中纷纷下落
更像那些祈祷的念珠儿

散落在木碗、陶罐之中

母亲在我们的小屋和地板上

忙不迭地归拢

屋里黑古隆冬

我却辨出她那纷忙的脚步声

她把箱子、口袋、木桶

搬出雨中

就像从林子里爬出的蚁队

在地板上排列队形

不要瑟缩,但兄弟们请在松散的

篦子上翻个身,互相依傍着睡

今夜我们中了符咒

要比猫头鹰、蝙蝠还凶

湿翅膀难于飞翔

它们站着,心中空空

不会扰乱,不,就是天亮了

它们也将匆匆逃匿

让我们翻身仰躺

和着大地的鼓点

在它那亲切的手及大海的手抚慰下

我们将踏实地睡,没有困扰,没有束缚①

    这是一首为人称道的好诗。天还未明,诗人还在睡梦之中,突然下起大雨。母亲匆忙拿起可盛水的器皿和家具接水,防止漏下的雨水滴到地板毁坏房屋,以便孩子们继续睡觉。全诗既反映诗人家境的贫困,又体现母亲对孩子们的一片爱心和柔情。推而广之,它反映了三角洲地区一个民族的困境和人与环境的相互影响。该诗在艺术上非常成功,大量使用能动词和自然意象,而且拥有丰富的想象:"她把箱子、口袋、木桶/搬出雨中/就像从林子里爬出的蚁队/在地板上排列队形。"象声词的使用更突出大雨肆虐的情景。总之,诗人描述的方式很好,既充满柔情又意蕴深厚,成功地把声音、意义和气氛融入诗歌的形式和意象中。

    J. P. 克拉克的两本主要诗集——《横祸:1966—1968 年的诗歌》和《联邦的国家》——反思了尼日利亚的内战和战后生活。前者抨击以战争来解决人

———————

① 周国勇、张鹤编译:《非洲诗选》,1986,第 87—88 页。

类难题的做法,因为它是残忍的、无效的。后者除了几首杂题诗外,有 25 首诗评论战后尼日利亚的生活。《联邦的国家》第一个诗行是"什么也不起作用",[①]最后一个诗行是"它再也不是一个联邦",字里行间透露出当代尼日利亚前景的不确定性。

克拉克的诗歌主题主要有暴力与抗议(如《横祸》)、体制腐败(如《联邦的国家》)、大自然的美与风景(如《潮水里的芦苇》)、欧洲的殖民主义(如《诗歌》中的长诗《伊微比埃》)和人类的无人性(如《曼德拉及其他诗歌》)等。他的不少诗歌写的是人类的厄运和历史的偶然性触发的悲剧。他从土生土长的非洲背景和西方文学传统中汲取意象,又把它们巧妙地交织在一起,产生炫目的效果。虽然他被欧洲诗人,尤其是 G. M. 霍普金斯、T. S. 艾略特、W. G. 叶芝和 W. H. 奥顿的诗歌风格深深吸引,但是他善于观察、洞察世事,还是发出了自己富有穿透力和表现力的洪亮声音。

J. P. 克拉克不但是一位成功的诗人,而且是一位颇具影响力的第一代剧作家。他的剧本有《山羊之歌》(*Song of a Goat*,1961),是依照古希腊经典模式创作的一部悲剧。主人公泽发阳痿,致使他的妻子埃比尔同他的弟弟托尼陶醉于不伦的爱情关系,结果自杀。随后他出版续篇《假面舞剧》(*The Masquerade*,1964),剧中父亲因女儿公然反抗而开枪把她打死,反过来又被女儿的情人杀掉。另外一个剧本《木筏》(*The Raft*,1964)描写四个人坐在木筏上随着尼日尔河水漂流的故事。《奥兹迪》(*Ozidi*,1966)是植根于伊卓奥兹迪传奇的一部史诗剧。主人公生来就要替父亲复仇,结果被他的同志杀死。《小船》(*The Boat*,1981)是个散文剧本,记录了恩格比里历史。有人批评克拉克剧本单薄,也有人认为他的剧本富有诗意,能吸引观众。让人赞赏的是,他把当地传统同外国传统相结合。他是 1960 年代一位重要的英语剧作家。

克拉克还有一些诗歌、剧本之外的作品,如《美国,他们的美国》(*America,Their America*,1964)是他的旅美游记,批评了美国的社会。后来他翻译出版了《奥兹迪传奇》(*The Ozidi Saga*,1977)和学术著作《莎士比亚的范例》(*The Example of Shakespeare*,1970),后者详细阐述了他关于诗歌和戏剧的美学观点,是一本颇具影响的论文集。1991 年,克拉克因为文学成就获得尼日利亚国家功勋奖;同年,哈佛大学出版他的《奥兹迪传奇》和《诗歌剧作集(1958—1988)》(*Collected Plays and Poems 1958—1988*);进入 21 世纪,克拉克又出版剧本《一切为了石油》(*All for Oil*,2000)和诗集《再次成为孩子》(*Once Again a Child*,2004)。这些成就证明克拉克是一位享有国际声望的尼日利亚作家。

---

① J. P. Clark, *State of the Union*,1985,p. 3.

3. 克里斯托弗·奥吉格博

克里斯托弗·奥吉格博(Christopher Okigbo，1932—1967)出生在离奥尼查城仅有十英里的奥乔图村,父母都是伊博人,其父是天主教徒和小学教师。奥吉格博曾在东区名校乌穆阿希亚中学就读,以酷爱读书和体育出名。他的校友有著名的作家钦努阿·阿契贝和文森特·楚克伍弥卡·阿凯等。奥吉格博从小聪明过人。1951年,他考入尼日利亚当时唯一的高等学府——伊巴丹大学学院,先学习医学,一年后改修古典课程;1956年毕业,获学士学位,续读一年后,又获拉丁语三级荣誉证书。毕业后,他从事各种工作:先在尼日利亚烟草公司、联合非洲公司工作,后在费迪蒂文法学校教书,在恩苏卡的尼日利亚大学图书馆工作。1963年他又回到伊巴丹,积极参与姆巴里俱乐部的工作,又担任剑桥大学出版社驻非洲代表,经常去英国,从而增加了阅历、扩大了眼界。这个时期他的诗歌创作达到成熟阶段。在尼日利亚-"比夫拉"冲突期间,他于1967年7月参加"比夫拉"军队,担任少校,同年8月死于战斗中。

1962年,奥吉格博因为有三部作品问世而引起人们的关注:一是在尼日利亚最具影响的文学刊物《黑色的竖琴》上发表的组诗,二是诗集《天门》(Heavensgate)收录在伊巴丹出版的诗歌丛书中,三是长诗《止境》("Limits")发表在乌干达文化杂志《过渡》上。1964年《止境》又出版单行本。此后几年,奥吉格博继续为《黑色的竖琴》和《过渡》撰写诗稿。

在他1957—1961年间所写的《月光》("Moonglow")和《四首抒情诗》("Poems：Four Canzones")中,人们可以听到T. S.艾略特、埃兹拉·庞德、G. M.霍普金斯和其他现代诗人的回响。当奥吉格博变得成熟并且诗歌用语已独具特色时,对他影响最大的诗人可能就是彼得·托马斯(1928—　)。托马斯是英国诗人,在尼日利亚大学执教多年,通过讨论和朗读他的一系列诗歌鼓励奥吉格博进行诗歌创作。奥吉格博也得益于非洲和欧洲的器乐,并且这种受益体现在他受交响乐、歌曲和传统打击乐的节奏启发而创作的诗歌中。许多评论家已经注意到:奥吉格博的作品与其说悦目,倒不如说悦耳,听起来比默读更给人以美的享受。在奥吉格博看来,声音千差万别的神韵比某些单纯、实在的感觉意义更大。

就其诗歌的内容而言,《天门》和《止境》乃是殖民时期人民疏离文化(尤其是宗教)的经历再现。《远方》("Distances"，1964)被奥吉格博描述成"一首还乡诗",写的是作家必须在心理上、精神上充实才能进行创作,也表达出对当地传统宗教的最后敬意。《沉默》("Silences"，1963—1965)写的是尼日利亚独立后政治无方向感,社会混乱,人民普遍失望,幻想破灭。《雷霆之路》("Path of Thunder"，1967)既是对1966年1月军事政变的回顾,又是对一场战争的预言。诗集《迷宫与雷霆之路》(Labyrinths，with Path of Thunder，1971)在奥吉格博去世后出版。

　　奥吉格博早期的诗作晦涩难懂,用他自己的话说,只为"心灵相通者"所写。可他最后的诗作,尤其是最具政治内容的发言,则表明他在逐渐转向更直接的表达方式,这种方式用普通读者容易理解的形象去表达对道德层面和爱国层面的关注。贯穿于组诗《雷霆之路》各篇中的响彻全国的雷电形象,象征着即将爆发的一场可怕的大灾难。

　　组诗《雷霆之路》首次出现在《黑色的竖琴》上,共包括六首诗:《雷电将会爆炸》("Thunder Can Break",写于 1965 年 5 月)、《风的挽歌》("Elegy of the Wind",写于 1965 年 12 月)、《雷电来了》("Thunder Come",写于 1965 年 12 月)、《雷电万岁》("Long Live Thunder",写于 1965 年下半年)、《鼓的挽歌》("Elegy for Slit Drum",写于 1966 年 5 月)和《中音部的挽歌》("Elegy for Alto",写于 1966 年 5 月)。

　　在第一首诗《雷电将会爆炸》中,灾难的主题就开始了。诗中形象模糊,但让人惶恐不安之感流露得很明显。第二首诗《风的挽歌》继续发挥灾难即将到来的主题。诗人自比农村代言人,意欲把国内发生的事公之于世。第三首诗《雷电来了》和第四首诗《雷电万岁》让人觉得是写在 1965 年巨大变化之后,但灾难的主题继续发展:"跳舞者们,不要忘记隐藏在云中的雷电。⋯⋯"第五首诗《鼓的挽歌》采用非洲广泛流行、通常在节庆日表演的即兴歌曲形式,即由一人喊出几句话,讲述某件事情,全组人伴和,重复同样的歌词,类似诗歌中的重叠句。领唱者的引诗与重复词之间的联系有时隐约难辨,总的含意要根据上下文判断。领唱者的歌词中有对新发生事件的暗示,远处隐约可闻的雷声重新出现,预示新的灾难。最后一首诗《中音部的挽歌》中出现新的形象,雷声已过,苍鹰在天空盘旋,俯视着地上的猎物(诗人早期诗作中出现过这个形象),预示着新的灾难。奥吉格博又重新从具体地区的形象转向更广阔的境界,转向整个宇宙(这是他的创作特点)。《雷霆之路》中的最后这首诗今天被广泛解读为奥吉格博的"最后遗言",预言他的死就像为人类自由献祭的羔羊:

　　　　大地,给我松绑吧;让我成为浪子,
　　　　让我成为羔羊对系绳的最后祈祷⋯⋯
　　　　旧的星辰陨落,把我们留在此岸,
　　　　仰望天空,期待着新的星辰出现。
　　　　新的星辰升起,成为它陨落的先兆。
　　　　升起,陨落——循环往复,永续不断⋯⋯①

---

　　① Adewale Maja-Pearce,*The Heinemann Book of African Poetry in English*,1990,p. 31.

总之,奥吉格博的写作生涯仅有十年(1957—1967),留下的诗作少而精,被《迷宫与雷霆之路》尽收其中。这十年恰恰同殖民统治的最后几年和独立伊始的最初几年这个历史时期重合,诗人捕捉到与独立和民族主义相连的激动人心的时刻,他的诗作反映了政治自由开辟的新天地及其释放出的文化上的创新和实验努力。奥吉格博的作诗法与众不同:他能用高度成熟的方式把个人经验同公共主题联系在一起,从而实现内在的、精神的美学领域同外部的、现象学的社会领域的创造性结合。他的诗歌寻求到一种措辞,灵活得足以包含复杂的各种文化力量,而这些文化力量造就了时代,同时又被证明是了解深奥微妙的私人经验的适当媒介。

奥吉格博的死使尼日利亚文坛失去一位有才华的独树一帜的诗人。他迄今仍被认为是尼日利亚最重要的诗人之一。

4. 其他诗人

沃莱·索因卡(Wole Soyinka,1934—)也是一位重要诗人,和奥卡拉、克拉克、奥吉格博并称"尼日利亚四大诗人"。他在 1970 年代出版一本诗集《地窖中穿梭》(*A Shuttle in the Crypt*,1972)和一首长诗《奥贡·阿比比曼》(*Ogun Abibiman*,1976)。前者描述了暴力带给个人和集体的痛苦,后者是一首长达 22 页的长诗,旨在反对南非的种族主义政权。这里我们再介绍两位值得注意的诗人:弗兰克·艾格-伊谟库德和迈克尔·埃克劳。

弗兰克·艾格-伊谟库德(Frank Aig-Imoukhuede,1935—)出生在伊费附近的埃杜纳邦,曾在拉各斯的伊博比书院和伊巴丹大学学院就读。毕业后,他先后在尼日利亚广播公司、拉各斯的《每日快报》、联邦情报部和尼日利亚艺术委员会工作。他有两首皮钦英语诗歌发表在《黑色的竖琴》上。他赞赏皮钦英语诗歌,因为尼日利亚集权主义者不允许公开的政治文学存在,诗人只能利用皮钦英语讽刺、挖苦,让人们听到受害的普通民众的声音,而且皮钦英语富有幽默感。1982 年他出版《皮钦英语炖和受苦脑袋》(*Pidgin Stew and Sufferhead*)。

迈克尔·埃克劳(Michael Echeruo,1937—)出生在伊博地区的欧沃里省,在哈科特港的斯提拉-马里斯学院和伊巴丹大学学院受教育,后在康奈尔大学获得博士学位。他在国内外大学任教,致力于文学批评,但也写诗,发表在重要刊物上。1968 年他出版诗集《道德》(*Morality*),收入早期诗作。其中许多诗歌表现与奥吉格博相关联的抽象意象。后来的新诗结集为《疏远》(*Distanced*,1975)正式出版。

1970 年后,尼日利亚第一代诗人一直抒写两大主题:非洲的历史经验和个人的心理经验。然而尼日利亚内战对所有尼日利亚人来说,都是 1960 年代最具破坏性的经验,因此他们的所有作品都受到内战深刻影响。内战成为现代失败的主要象征,内战也成为第一代诗人创作的第三大主题。

钦努阿·阿契贝的诗集《小心啊,心灵的兄弟及其他诗歌》(*Beware, Soul-Brother, and Other Poems*,1971)哀叹人类的无人性。

学者兼批评家埃曼纽尔·奥比契纳(Emmanuel Obiechina)在他的诗歌《蝗虫》("Locusts",1976)中,以类似的形象表达了他对人类无人性的恐惧:"音乐家,你失去你的歌,/你的曲调就是一种干瘪的回响。"[①]

二、小　　说

小说本来是欧洲的一种文学样式,聪明的尼日利亚人把它拿过来,用以表达自己的文化、社会和人物。其中,阿莫斯·图图奥拉是奇幻现实主义的代表。他的作品着重表现传统文化、当地人的世界观,在欧洲出版并受到热烈欢迎。西普利安·艾克文西敏锐地使用这种外来的文学样式反映新兴的城市生活,揭露社会弊病和抨击政治乱象。钦努阿·阿契贝用它来书写殖民主义到来前后的历史,创造史诗般的作品,肯定尼日利亚人的固有文化和深刻的哲学,教导人民树立自信和恢复曾经失去的尊严,努力建设自己的国家和文化。在他的影响下,不但有许多小说家(尤其是伊博族小说家)走上文坛,而且尼日利亚文学的现实主义传统得以确立。在1960年代,女作家芙劳拉·恩瓦帕用小说发出了妇女的声音,呼吁男女平等,强调妇女独立自主。

1. 阿莫斯·图图奥拉

阿莫斯·图图奥拉(Amos Tutuola,1920—1997)出版《棕榈酒醉汉》之后笔耕不辍,而且开始大量阅读。1960年代,他先后出版《丛林中的羽毛女人》(*The Feather Woman of the Jungle*,1962)和《阿贾依和他继承的贫穷》(*Ajayi and His Inherited Poverty*,1967)。前者是一位76岁的老酋长用十个夜晚讲述的他经历的惊险故事。为了免除致父亲蒙羞的贫困,叙事者和他的兄妹走进怪异的世界,遭遇丛林女巫(即羽毛女人)、河流女王、钻石女神、全身长毛的男女巨人等,最后得到钻石等财富,还得到一个老婆。显然,这个小说的结构受到《天方夜谭》的影响,故事接故事。此书还涉及约鲁巴创世神话中约鲁巴人的发源地伊勒-伊费,那儿有一口井,月亮从井中升起,井边还有早先白人到达的遗迹。《阿贾依和他继承的贫穷》是阿贾依和妹妹在父亲死后自谋生路的故事,他们曾遭遇男巫、女巫和巫医。后来,阿贾依发财,捐资建教

---

① Emmanuel Obiechina,"Locusts,"1976,p. 32.

堂。像《勇敢的女猎人》一样,这部小说每章开头用一条或多条谚语,接着又用故事情节说明谚语。小说明显采用了民间故事的题材。

1970年代,西方学者对阿莫斯·图图奥拉的评论渐渐冷却,不太接受他不正确的英语和随意设置的情节。但是他继续发表作品,有《僻远城镇的巫医》(*The Witch-Herbalist of the Remote Town*,1981)、《鬼怪丛林的狂野猎手》(*The Wild Hunter in the Bush of the Ghosts*,1982)、《约鲁巴民间故事》(*Yoruba Folktales*,1986)、《穷人、争吵者和造谣中伤者》(*Pauper, Brawler and Slanderer*,1987)和《村中巫医及其他故事》(*The Village Witch Doctor and Other Stories*,1990)。除了《约鲁巴民间故事》,上述作品基本重现他最初引起国际关注的主题,在国内文学界愈益得到好评和重视。钦努阿·阿契贝在1987年纪念艾奎亚诺的讲演中称阿莫斯·图图奥拉是"所有尼日利亚人中最大的道德家"。[①] 图图奥拉的文学事业将会引起非洲文学史家的持续关注。

2. 西普利安·艾克文西

西普利安·艾克文西(Cyprian Ekwensi, 1921—2007)在第一共和国时期被尼日利亚广播公司和情报部雇用并升迁为情报部主任。1966年他辞职回到东部,任"比夫拉"对外宣传局主任。1961年,艾克文西出版第二部长篇小说《艳妇娜娜》(*Jagua Nana*),它可以说是他最著名、最有影响的一部作品。主人公是一位长相漂亮、非常时髦的妓女娜娜。她因为没有为丈夫生孩子,走进了世事混乱、喧闹不已的大都市拉各斯,结识了贫困的青年教师弗里迪。她资助他去英国学习法律。弗里迪在英国期间,娜娜投入政客太吾的怀抱。她同弗里迪未能按事先约定成婚。他们之间的浪漫故事即告结束。弗里迪抱着理想主义参与拉各斯的政治斗争,结果丢掉性命。与他政见不同的太吾大叔也在竞选中死掉。娜娜携着太吾让她保存的财产回乡下老家经商去了。这些故事都发生在1950年代,当时的尼日利亚农业经济尚好,地方统治权由英国殖民者转入尼日利亚人之手,三大民族各有自己的政党,都欲争夺"国家大饼"。城市化日渐加强,大量农村人口,尤其是来自拥挤的东区的伊博人,流入拉各斯。故事就是在这种背景下发生的。拉各斯混乱不堪,来自各地的移民拼命地追逐金钱,有钱人追逐女人,有权力者贪污腐败成风,女人卖身弄钱,政客阴谋不断……这既是小说的内容,也是真正的社会现实。

《艳妇娜娜》在英国甫一出版即受到《泰晤士报文学增刊》一篇未署名评论的肯定:"说实在的,《艳妇娜娜》本身就是一部很好的小说,首先它给我们描写

---

① Chinua Achebe,*Hopes and Impediments: Selected Essays 1965—1987*,1988,p. 68.

新非洲鲜为人知的方面：城里的'高级生活'和他们的夜总会、酒吧及政治阴谋……(艾克文西)已经处理若干非常重要的主题，显然他没有解决——这是小说家的事吗？——他已经在富有同情心地有力地描写它们。"①笔者认为，这部小说把住了社会脉搏，认真表现了重要主题，再现了拉各斯，甚至尼日利亚1950年代的真实状况。它在人物塑造方面非常到位，娜娜、弗里迪和太吾大叔等人物各具特色、性格鲜明。作者娴熟地运用语言，有时用标准英语，有时用皮钦英语，随人物和场景的转换而转换。《艳妇娜娜》是一部成功的小说，受到广泛欢迎。难怪作者后来写出它的续篇《娜娜的女儿》(*Jagua Nana's Daughter*，1986)，以回应读者的热烈反响。

有人批评他的头两部长篇小说，说它们过于伤感和罗曼蒂克，是用新闻写法揭示耸人听闻的事件。可是，连诋毁艾克文西的人也承认，他对人物的细微描写和对城市事件的广阔背景的铺陈最为生动。有些批评家还在他的作品中看到狄更斯的喜剧感，看到类似笛福写报告文学和流浪汉冒险故事时所显示的天才。艾克文西本人就说，他对文学风格不怎么感兴趣，他感兴趣的是接触到大街上的人可能承认的事实真相的核心。艾克文西把自己称为"为大众的作家"，而且他喜欢"下到人民之中去"。②

第三部长篇小说《燃烧的草》(*Burning Grass*，1962)完成于前两部长篇小说——《城里人》(*People of the City*，1954)和《艳妇娜娜》之前，写的是北方游牧部落一家富拉尼族牧民的故事。整部小说是历险记式的，反映了北方社会的变化，描写了不同社会阶层的人物。不过，所有这些描写并未在主题思想上形成一个整体。艾克文西的第四部长篇小说《美丽的羽毛》(*Beautiful Feathers*，1963)又把场景转移到城市，探讨一个青年政治家的生活：他认真、受人尊重，可他妻子让他做乌龟。第五部长篇小说《伊斯卡》(*Iska*，1966)因为伊斯卡风而得名。小说的女主人公是伊博族姑娘费丽娅·埃努，她在北方长大，在双方家庭反对下同豪萨族公务员结婚。公务员在豪萨族与伊博族的对骂中死去。埃努去了拉各斯，成了一名成功的模特儿。通过结识的政客和新闻记者，她得知1960年代中期尼日利亚的政治现实令人伤心。她失踪三天之后神秘地死去，好像死于政治暴徒之手。埃努的结局是悲惨的，但是她的人生却使得未婚夫——一个新闻记者放弃了对公众事务玩世不恭的态度。同时小说也预言了即将到来的大混乱。

另外，艾克文西还出版儿童文学《非洲夜晚的娱乐》(*An African Night's Entertainment*，1962)和两部短篇小说集：《造雨者及其他故事》(*Rainmaker*

---

① 　*Times Literary Supplement*，1961，p. 197.
② 　伦纳德·S. 克莱因主编：《20世纪非洲文学》，李永彩译，1991，第173页。

and Other Stories，1965)与《洛科城》(*Lokotown*，1966)。

西普利安·艾克文西自内战结束以来发表了很多作品，其中包括短篇小说集《不安的城市与圣诞节黄金》(*Restless City and Christmas Gold*，1975)和《一手交钱，一手交货》(*Cash on Delivery*，2007)，长篇小说《我们分开站立》(*Divided We Stand*，1980)、《活过和平时期》(*Survive the Peace*，1976)和《娜娜的女儿》等，还有《失去母亲的婴孩》(*Motherless Baby*，1980)、《假面表演的时候》(*Masquerade Time*，1994)等儿童读物。

《活过和平时期》写的是内战结束后的社会问题——生存问题。"比夫拉"被联邦军队打败后，士兵溃散，武器流散，不少武器落入非法分子之手。一个名叫詹姆斯·奥杜戈的电台记者经过九死一生，从战争中活了下来。在未婚妻正要为他生孩子的时候，他却被化装成士兵的武装窃贼在大路上砍下脑袋。小说大部分篇幅写到"比夫拉人"生存方式的许多花絮："袭击生意人"、各种各样的投机商、逃跑的难民，同联邦士兵亲密交往以换取食物与金钱的年轻妇女等等。总之，内战的后果是悲惨的。《我们分开站立》这部长篇小说的背景正是内战期间，写于11年前战争正酣的时候。它追溯钦卡一家遭受的苦难。他们从尼日利亚北部回到伊博地区。钦卡是联合新闻社的记者；他在红十字会工作的妹妹曾与敌对的尼日利亚士兵戛如巴·扎里亚相爱，扎里亚以越南行动计划拿下"伊博心脏地带"。《我们分开站立》是作者最大胆表明政治看法的作品，它重新展示了1966年政变与反政变的插曲、战前的多次公开大屠杀、渴望分离的曲曲折折、战争本身、灾难以及对和平的企盼，但始终聚焦于尼日利亚内战中的国际欺骗和同谋关系。小说虚构的故事正好同那段经历契合，很受有那段经历的读者欢迎。

《娜娜的女儿》是作者出版《艳妇娜娜》20年后构思并用5年时间写作而成的一部小说，是《艳妇娜娜》的续篇。它开始是女儿寻找母亲和母亲寻找女儿的故事，后来发展成国际边界和移民劳工的故事。女儿莉莎是娜娜同一名希腊矿工一次风流韵事的产物。由于外公外婆掩饰，又因内战爆发时娜娜离开乔斯，所以她以为女儿已经死掉，没料想女儿还活着，活得很好，是一名律师，而且长得和她一样高大、漂亮，又因为受过教育，显得高雅。因为是律师，莉莎为伦理束缚，在性方面没有像母亲那么开放，她与男人的关系也貌似以"爱"作基础。由于社会地位提高，她能够在特权阶级中挑选无数的情人，从而保障她渴望得到的安全和保护。另一部长篇小说《大王永在》(*King for Ever*，1992)则是对非洲领导人渴望永远在位的思想与行为的讽刺。主人公辛纳达从卑微的身份开始，最后终于上台掌权，因此期盼自己像上帝一样永在。

艾克文西也是短篇小说和儿童文学的多产作家。他最著名的故事集是《洛科城》和《不安的城市与圣诞节黄金》。作者采用速写方式表现现代冲突，如厌烦白人妻子的世故"留洋学生"、被寻欢作乐者败坏的天真姑娘,还有工业社会的卑劣行径。他大多数儿童文学作品都有关一个年轻的流浪汉,他在陌生的国度和森林里流浪。故事发生的场景乃是作者受其在森林部门工作的经历启发所得。

总之,艾克文西是一位与众不同的作家,社会阅历丰富。他父母是东部的伊博人,自己在北部长大成年,又在西部读书和工作,是能够流利讲伊博语、豪萨语和约鲁巴语的为数甚少的作家之一。他的职业包括药剂师、教师、森林工作者、电台广播员等。他率先创作城市小说,率先以女人的视角观察城市,率先在作品中关注性别与性。他是一位多产的作家,也是一位多才多艺的作家,创作了诸多长篇小说、短篇小说、儿童文学和民间故事。内战后的一代作家则把艾克文西称为"非洲城市小说之父"。

艾克文西的作品,用马丁·塔克的话说,"尽管基调不同、风格各异、文学样式有别,但都集中在挑选的独特故事上。他的作品远非只是简单信息与道德说教的载体,而是暗示无有止境的人的困惑。他的结论过于巧合,可是他的人物是真实的、复杂的。"①艾克文西于 1968 年获得戴格·汉马斯考德国际文学奖,于 2006 年成为尼日利亚文学院研究员。尼日利亚作家协会原打算在 2007 年 11 月给他授奖,艾克文西却在此前 12 天去世。

从某种意义上讲,当地文化传统同输入的新奇事物之间的冲突,乃是 1960 年代初尼日利亚英语小说的基本主题。某些作家,比如奥努奥拉·恩泽克伍和奥比·埃布朋纳等,哀叹(有时以幽默的方式)古老习惯与古老信仰的消失,而另外一些作家,如蒂莫西·M. 阿卢科和文森特·C. 艾克则欢迎变化的时势。

3. 奥努奥拉·恩泽克伍

奥努奥拉·恩泽克伍(Onuora Nzekwu,1928—2017),伊博人,出生在尼日利亚的卡凡钱,在圣查尔斯高等基本教师训练学院受教育,先后在奥图克披、奥尼查和拉各斯执教九年。他曾任《尼日利亚杂志》助理编辑(1956 年)和编辑(1962 年起),曾获洛克菲勒基金会和联合国教科文组织资助,从而得以广泛旅游。这些经历为他的创作提供了大量素材。他先后出版三部长篇小说:《圣木的魔杖》(*Wand of Noble Wood*,1961)以生动感人的言辞说明西方实用主义的方法不能解决非洲传统宗教信仰所造成的问题;《孩子中的恶少》(*Blade among the Boys*,1962)以小说主人公的经历来说明,传统做法与信仰最终会战胜来自欧洲的基督教价值观念;《蜥蜴的高级生活》(*Highlife for*

---

① 伦纳德·S. 克莱因主编:《20 世纪非洲文学》,李永彩译,1991,第 174 页。

Lizards，1965)考察一夫多妻制。它们都是关注文化冲突的长篇小说。恩泽克伍创作的《埃泽上学去》(*Eze Goes to School*，1963)对小学师生有巨大影响。后来他又和迈克尔·克劳德(Michael Crowder)合写同名续篇，1988年出版。续篇也对学校师生影响很大，是一本优秀的儿童读物。2012年，他又出版一本新作《纷扰的尘埃》(*Troubled Dust*)。作为第一代作家，恩泽克伍为非洲文学开辟了一个新的视域。

4. 奥比·埃格布纳

奥比·埃格布纳(Obi Egbuna，1940—2014)出生在奥祖布鲁，1961年去英格兰求学，一直住在伦敦，参加那里的黑人活动，1986年在哈佛大学获得博士学位。他最有名的长篇小说是《反一夫多妻制之风》(*Wind Versus Polygamy*，1964)。女主人公埃利娜被迫在两个求婚者中选择：一个是带流氓气的老猎人，一个是富有的议事会成员。最高酋长既是传统统治者又是现代思想家，他出面干预，用一种令人吃惊的方式解决：议事会成员在法庭受审，追诉他违反禁止一夫多妻制的新法律。作者还为舞台和电台改编了一个新版本。该书1980年再版，以主人公的名字Elina作为书名。剧本《蚁山》(*Anthill*，1965)关注非洲学生在伦敦的经历，而收入《太阳的女儿及其他故事》(*Daughters of the Sun and Other Stories*，1970)中的短篇小说常常表现传统社会同现代性和现代化进程的对峙。此外，他还出版长篇小说《部长的女儿》(*The Minister's Daughter*，1975)、《吕西斯特拉忒被奸》(*The Rape of Lysistrata*，1980)和《迪迪的疯狂》(*The Madness of Didi*，1980)等。

5. 蒂莫西·M.阿卢科

蒂莫西·M.阿卢科(Timothy M. Aluko，1918—2010)出生在伊莱沙，约鲁巴人；曾在伊巴丹政府学院和拉各斯的亚巴高等学院受教育，然后在伦敦大学学习土木工程和城市规划，担任过行政管理职务，多次获奖。他是工程师又是作家，早在1940年代发表过短篇小说。1959年，尼日利亚印刷出版公司出版他的第一部长篇小说《一个男人，一个妻子》(*One Man, One Wife*)。后来他在英国出版第二部长篇小说《一个男人，一把大砍刀》(*One Man, One Matchet*，1964)、第三部长篇小说《亲戚们》(*Kinsman and Foreman*，1966)。这三部小说属于"文化冲突"型作品，涉及基督徒同非基督徒之间、丈夫同妻子之间、工人同老板之间的冲突，作者以不敬和幽默的方式处理它们。后来阿卢科转向政治题材，在《首位的尊敬的部长》(*Chief the Honourable Minister*，1970)、《尊贵的陛下》(*His Worshipful Majesty*，1973)和《举止不当》(*Conduct Unbecoming*，1993)中取笑新非洲统治精英的做法和信仰。1994年他出版自传《我任职服务的岁月》(*My Years of Service*)。从种族史书写来看,他是阿契贝的约鲁巴族对应者,他的前五部小说描写了 1920 年代—1960 年代的约鲁巴社会,作品中的标志性冲突是乡村的传统价值观念同现代城市生活方式的冲突。阿契贝尊重祖先和传统价值,阿卢科却批判和讽刺二者。他被公认为讽刺家和幽默家。

6. 文森特·C. 艾克

文森特·C. 艾克(Vincent C. Ike,1930—2020)出生在尼日利亚东部,伊博人,在伊巴丹大学学院和美国斯坦福大学受教育,曾在大学和联合国教科文组织担任重要行政职务,并在乔斯大学担任过教授。他对非洲智识与文化的发展做出了贡献。第一部长篇小说《晚餐时的癫蛤蟆》(*Toads for Supper*,1965)以大学为背景,关注爱情和跨种族婚姻。书名来自一条伊博谚语:"孩子吃到一只癫蛤蟆,败坏了他吃肉的胃口。"书名本身表明作者创造性地借用了传统文化。作者巧妙地使用英语,对话尤其精彩:"从技巧方面说,艾克是一位对话大师。他像阿契贝那样,一只耳朵专注于对话更精彩的地方。句子锤炼得不仅反映文化背景,而且反映对话人的社会地位和受教育程度。像阿契贝在小说中自如地使用谚语那样,艾克卓有成效地用谚语润滑句子,并把它们编织在小说中。"[①]"艾克不仅采用喜剧笔法,而且注意有趣的细节、恰当的比喻,真正的非洲意象和名言也增添了散文的丰富性。"(Lewis Nkosi 语)《赤裸裸的大神们》(*The Naked Gods*,1970)也是以大学为背景,揭露桑海大学任命新校长时的腐败行为,同时表明处在高位的学者像普通人一样软弱。《黎明时的落日》(*Sun at Dawn*,1976)关注尼日利亚内战,试图深入到种族话语之后,揭示阶级矛盾和性别矛盾。《77 年博览会》(*Expo'77*,1980)写的是中学生试图用欺骗手段让大学录取他。《我们的孩子们来了》(*Our Children Are Coming*,1990)讲述大学和学院的青年学生不安和骚乱的主题:学生们对排除他们的调查委员会做出反应,建立了自己的反调查机构。《寻求》(*Search*,1991)讲述去部族化的知识分子奥拉的狂热爱国主义和他寻求尼日利亚统一的故事。在 1980 年代—1990 年代,艾克至少出版了五部长篇小说,反映当代尼日利亚社会生活的方方面面,有喜剧特色,受到大众欢迎。总之,艾克的作品拥有丰富的对话、妙语和讽刺。他运用这些手段尖锐地批判腐败并质疑无限制的权力。作品超越了对历史、社会和政治的文件式记录,获得了喜剧、悲剧、反讽和比喻的效果。

1960 年代中期,有一批东部的年轻作家,如埃莱契·阿马迪(Elechi

---

① Yemi Ogunbiyi, ed., *Perspectives on Nigerian Literature*, vol. Ⅱ, 1988, p. 143.

Amadi，1934—2016)、恩凯姆·恩旺克沃(Nkem Nwankwo，1936—2001)和
芙劳拉·恩瓦帕(Flora Nwapa，1931—1993)，转向部落的过去，从中汲取灵
感，把故事放在与外部世界没有或几乎没有接触的村社背景下。

7. 埃莱契·阿马迪

埃莱契·阿马迪(Elechi Amadi，1934—2016)，伊克沃瑞人，出生在河流
州的阿鲁村，是联邦政府军军官和作家；1948—1952 年在乌穆阿希亚政府学院
上学，1953—1954 年在奥约的测绘学校读书，1955—1959 年在伊巴丹大学学
院读物理和数学，获学士学位。1957 年，阿马迪在《号角》发表诗歌《悔悟》
("Penitence")。1966 年，他出版第一部长篇小说《情妇》(The Concubine)。主
人公伊胡欧玛是一个海神的妻子，海神允许她转世为凡人并且悉心地保护着
她。伊胡欧玛在人类温暖中逐渐长大，可是她吸引到身边的男人都遭遇了悲
剧。她的第一个丈夫埃弥尼克在同马杜姆打仗后死去。马杜姆后来向伊胡欧
玛献殷勤时被眼镜蛇喷出的毒液弄瞎眼睛。最后，同她培养长期爱情的埃克
伍姆正准备同她结婚时，又遭父亲阻挠——他父亲强迫他同一个发育不全的
女人结婚。埃克伍姆咽下阿胡罗勒的爱药后发疯了，是伊胡欧玛照料他让他
恢复健康。他们克服了一个又一个障碍后计划结婚，这时一个占卜者却告诉
他们：同伊胡欧玛结婚对她丈夫是致命的，她只能做一个情妇。另一个占卜
者企图抵制海神的符咒，结果反而清楚地证明诸神是不可战胜的。如果占卜
者能把埃克伍姆弄到大海中央参加午夜礼仪，他就能抵消这个禁忌。可是具
有残酷讽刺意义的是，命运与诸神又施一计。伊胡欧玛的儿子向祭祀必需的
蜥蜴射出毒箭，结果却射杀了埃克伍姆。总之，这部小说强有力地讲述了一个
妇女同大自然的力量和传统信仰做斗争的故事，显现了阿马迪文学创作的天
赋。有评论家指出：该小说"牢牢地扎根于尼日尔河三角洲的渔猎村庄，但是
它却具有重要小说的长久性和普遍性(价值)"。[①] 该小说后来由作者改编成电
影，2007 年 3 月在阿布贾首映。它在说英语的非洲中学和大学中已成为最受
欢迎的小说之一。第二部小说《大池塘》(The Great Ponds，1969)和第三部小
说《奴隶》(The Slave，1978)都聚焦于当时的前殖民时期社会，阿马迪力求根
据当地规则、信仰和神话传说表现那个时期的社区生活：前者反映两个村落
群体为争夺大池塘的所有权开战，得到大池塘的一方也无法使用它；后者讲述
祭祀奴隶的儿子虽然进行抗争，也未能改变世袭身份，揭露了前殖民社会的弊
病。内战期间，阿马迪写了本回忆录《日落"比夫拉"》(Sunset in Biafra，
1973)，记述了他个人的经历；另一部小说《隔离》(Estrangement，1986)则表现战

---

① Alastair Niven，*A Critical View on Elechi Amadi's "The Concubine"*，1981，p. 7.

争对人际关系和社会关系的破坏。此外,阿马迪还创作和出版了五个剧本(后来被他人编辑的《剧作集》收入),其中《约翰内斯堡的舞蹈家》(*Dancer of Johannesburg*)最有名,写的是南非种族隔离政府的间谍。该剧 1979 年上演。另外,他还出版了一本学术著作《尼日利亚文化的伦理》(*Ethics in Nigerian Culture*, 1982)。后来阿马迪出版诗集《说说唱唱》(*Speaking and Singing*, 2003)和科学小说《上帝到来与被征服者之歌》(*The God Came and Song of the Vanquished*, 2013),但未获多少关注。

8. 恩凯姆·恩旺克沃

恩凯姆·恩旺克沃(Nkem Nwankwo, 1936—2001)出生在奥尼查附近的纳伍费亚-奥卡,在拉各斯某学院和伊巴丹大学学院受教育。他曾教过书,为杂志《鼓》和尼日利亚广播公司工作过。1960 年他的一个剧本获文汇奖(Encounter Prize)。随后恩旺克沃出版两本儿童读物《校外故事》(*Tales Out of School*, 1963)和《校外故事续集》(*More Tales Out of School*, 1965),讲述巴约和艾克两个男孩的冒险故事。第一部长篇小说名为《但达》(*Danda*, 1964),主人公但达被描写成"窝囊废",他喜欢音乐和休闲,而不是伊博文化所拥抱的勤劳价值观念。他吹着笛子走遍村庄,震惊"行政机构",吸引妇女并激怒父亲。正是其冒险故事式的结构、幽默的语言和傲慢无礼让读者欣赏,使之成为尼日利亚最受欢迎的小说之一。小说还被制成音乐剧广泛演出,进入达喀尔国际黑人艺术节。恩旺克沃显然是非洲虚构类作品的一名讽刺大师。在他第二部长篇小说《我的奔驰比你的大》(*My Mercedes Is Bigger than Yours*, 1975)中,他使用幽默和反讽的手法,滑稽模仿新统治阶级的价值观念,从而提升了政治讽刺的叙事策略。1970 年代,他在印第安纳大学获得硕士和博士学位。1984 年,他出版第三部长篇故事《替罪羊》(*Scapegoat*),探讨当代尼日利亚社会底层的命运,批评当代尼日利亚生活。

9. 芙劳拉·恩瓦帕

芙劳拉·恩瓦帕(Flora Nwapa, 1931—1993)出生在尼日利亚奥古塔一个富有的伊博人家庭,父母都是教师。1957 年,她在伊巴丹大学学院获得学士学位,一年后在苏格兰的爱丁堡大学获得教育专业毕业证书,回国后在东部一所女子中学教书,1962 年在拉各斯大学任行政官员,直至 1967 年内战爆发被迫返回东部。1966 年,她出版长篇小说《艾福如》(*Efuru*),因此成为尼日利亚妇女文学的先驱。1976 年她创办自己的塔那出版社(Tana Press),是黑人妇女拥有的第一家西非土著出版社。直至 1993 年逝世,她一直是一位多才多艺而又多产的作家,对其他黑非洲女作家产生了强有力的影响。

《艾福如》的主人公艾福如是伊博传统社会一名坚强的妇女,也是湖女神的化身。她接连被两个丈夫抛弃,回到娘家。她克服由此造成的社会压力和心理负担,为湖女神做贡献并帮助邻居。作品反映了前殖民社会的现实:家庭生活、一夫多妻制、宗教信仰和对生育(尤其是对男孩)的重视和妇女独立经商的精神。《泰晤士报文学增刊》一篇评论赞扬阿马迪的作品和恩瓦帕的作品是具有相当质量和希望的,可是埃尔德雷德·琼斯(Eldred Jones)和尤斯塔斯·帕尔默(Eustace Palmer)却说这些优势全在阿马迪身上。[①] 还有人诟病恩瓦帕的风格:陈述太多,戏剧化表达太少。许多年后,批评家和学者都承认她的风格优点:这种风格没有过分戏剧化的表达,反而把文化和传统体现出来。今天,有些批评家称之为"文学的里程碑":"恩瓦帕用她的笔开启了一种具有独立思想、远见卓识和成功人物的非洲妇女文学……恩瓦帕将作为一个取得出色成绩的著名妇女载入历史。"[②]第二部长篇小说《伊杜》(Idu,1970)是一部与女主人公同名的小说,关注的主题、人物塑造和叙事技巧同《艾福如》相似,故事发生在作者非常熟悉的伊博地区的奥古塔。艾福如和伊杜都很漂亮和富有,她们都是称职的买卖人,勤奋、仁慈,具有独立思想,富有情感和理解能力,在她们所处的社会里被称赞为善良的女人和优秀的妻子。但是艾福如的两任丈夫都让她失望、痛苦,而伊杜却有一个极好的丈夫、一段幸福的婚姻。虽然伊杜没有达到艾福如的高度,但是这两个非同寻常的妇女却是作者心中伊博妇女的理想形象,而不是作为普通伊博妇女的代表。这两部作品颠覆了之前文学作品中妇女被边缘化或不真实的形象。

芙劳拉·恩瓦帕是尼日利亚第一位著名女作家,也是一位多产作家。除了《艾福如》和《伊杜》两部长篇小说,她还出版了长篇小说《永远不再》(Never Again,1975)、《女人就是不同》(Women Are Different,1986),短篇小说集《这是拉各斯及其他故事》(This Is Lagos and Other Stories,1971)、《战火中的妻子们及其他故事》(Wives at War and Other Stories,1980)以及诗集《卡萨瓦歌和稻米歌》(Cassava Song and Rice Song,1986)。《永远不再》和《战火中的妻子们及其他故事》是以内战为背景的作品。恩瓦帕的大部分作品以女性为主人公,关心她们在家庭和社会中的地位,主张女人除了做妻子和母亲之外还应有别的选择,主张女人要接受教育、要经济独立,但她不认为自己是女权主义者。她本人就是作家、出版家。内战结束后,恩瓦帕投入政府重建工程,为孤儿和难民做了大量工作。她还为孩子们写了五本书:《埃米卡,司机的卫士》(Emeka,Driver's Guard,1972)、《水妈咪》(Mammywater,1979)、

---

①　*Times Literary Supplement*,1961,p. 281.

②　Marie Umeh,ed.,*Emerging Prospectives on Flora Nwapa*,1998.

《神奇的小猫》(*The Miracle Kittens*，1980)、《太空旅行》(*Journey to Space*，1980)和《迪克的冒险》(*The Adventures of Deke*，1980)。出人意料的是，恩瓦帕在 1993 年出版了一部剧作《两个女人在谈话》(*Two Women in Conversation*)。在剧本中，尼基劝她的朋友珠玛同丈夫离婚，因为丈夫抛弃了珠玛和他们的三个孩子。对恩瓦帕来说，若缺失平等、爱和尊重，婚姻就完了。她在其反抗文学中说的就是这个问题。

恩瓦帕的写作证明她掌握了讲故事的艺术。她的风格与她的人物个性和精神状态高度契合。在《艾福如》和《伊杜》中，她频频使用谚语和意象，反映了传统非洲的语言用法；在《永远不再》中，反复出现的短小句子则创造了一种破碎的节奏，展现了战区生活的不连贯，营造了紧张气氛。

1982 年，尼日利亚政府授予她最高国家荣誉——尼日尔勋章，故乡奥古塔授予她传统社会认可的最有成就的人才能获得的“超人”(Ogbuefi)称号。

10. 约翰·芒昂耶

约翰·芒昂耶(John Munonye，1929—1999)是一个伊博人、基督徒和教育工作者，也是一位著名的长篇小说家。他出生在阿科克瓦一个“尊崇教育”的农民家庭。他是阿契贝在伊巴丹大学学院的同班同学，两人关系密切。后来他又在伦敦的教育学院学习。1977 年，芒昂耶从奥沃里高级教师训练学院退休，开始为两家报刊写专栏文章。值得一提的是，他是六部长篇小说的作者。《独生子》(*The Only Son*，1966)是人们熟悉的一个非洲青年的故事。这名青年为摆脱家庭的贫穷，奋力争取受教育的机会，可是却发现自己同殖民文化牵连在一起，同母亲和邻人反而极其疏远。《奥比》(*Obi*，1969)讲述一对青年夫妇在城市滞留一段时间后，回到乡村努力适应那里生活节奏的故事。后来，芒昂耶写出《奥班吉的卖油人》(*Oil Man of Obange*，1971)。这是一部结构严谨的日常生活悲剧故事。加里是一个贫困的人，但幸运的是他有几个聪明的孩子。他决心给他们最好的教育。于是，他不再种薄产的农田，反而去干又苦又累的卖油生意。可是灾祸连连，他没积攒够孩子们读书的钱，最终自杀身亡。社区的人称赞他的艰苦奋斗精神，但也怀疑他为孩子的教育牺牲一切是否值得。评论家认为这部小说是一部生动描述普通人悲剧的经典著作。另外三部小说是《献给少女们的花环》(*A Wreath for the Maidens*，1973)、《命运的舞者》(*A Dancer of Fortune*，1974)和《为婚姻架座桥》(*Bridge to a Wedding*，1978)。他赞成教育和基督教，相信二者会同伊博文化结合起来。

11. I. N. C. 安尼博

I. N. C. 安尼博(I. N. C. Aniebo，1939—　)出生在尼日利亚东部的阿

乌卡,中学毕业后接受炮兵训练并被任命为军官,内战时成为"比夫拉"的军官。内战结束后,他退伍赴美国,在洛杉矶加利福尼亚大学就读并获得研究生文凭,1979 年回国后在哈科特港大学讲授英语和写作。早在 1963 年,安尼博就开始在学刊、杂志和报纸上发表短篇小说,后来结集出版短篇小说集《关于妻子、护身符和死者》(*Of Wives,Talismans and the Dead*,1983)和《市场上的男人:短篇小说集》(*Man of the Market:Short Stories*,1994)。其间,他出版了两部长篇小说《无名的牺牲》(*The Anonymity of Sacrifice*,1974)和《内心的旅程》(*The Journey Within*,1978)。前者是最早记述内战这个心理创伤事件的小说之一。它激发读者兴趣的原因是,安尼博以第一手材料讲述战争的恐怖和出现在冲突语境中的个人感受,人民常常因为同样的原因相互斗争。关注个人之间的内部斗争,应对迅速变化的文化与政治背景,是安尼博的第二部长篇小说《内心的旅程》的中心主题。这部小说聚焦于一对夫妻之间的家庭冲突:在严酷的后殖民环境中,他们挣扎着寻求私人生活的平静与舒适。这部小说把安尼博同体现在伊博传统生活与传统价值中的非洲真实性结合在一起,他赞赏具有反抗精神和积极行动的人物。他的第三部长篇小说《后卫战争》(*Rearguard Action*,1998),顾名思义,也是一部以内战为背景的作品。安尼博的艺术表现手法也深受批评家的赞赏。道格拉斯·基拉姆和露丝·罗说:"他对电影叙事学技巧的有效使用使他自成一家——讲故事艺术的结构战略家。"[1]他还被称为"尼日利亚短篇故事的优秀匠人"。[2]

三、戏 剧

第一代作家开创了尼日利亚戏剧文学,创作了不少优秀的文学剧本。这是传统戏剧中不曾有的。主要剧作家有詹姆斯·埃尼·亨肖、J. P. 克拉克、沃莱·索因卡、威尔·奥贡耶弥和欧拉·罗蒂米,还有女剧作家祖鲁·索福拉。他们的作品既取材于神话和历史,又取材于现实的社会生活;既注意主题思想,又注意艺术审美,以便更有效地教育人民、鼓舞人民。1960 年尼日利亚独立以来,剧坛的领军人物一直是沃莱·索因卡。

1960 年代詹姆斯·埃尼·亨肖继续创作学校剧本,娱乐和教育青年学生,但是他在戏剧界里的地位已经被沃莱·索因卡取代。

在独立后的第一个十年,索因卡先后出版《森林之舞》(*A Dance of the Forests*,1960 年首演,1963 年出版)、《我父亲的负担》(*My Father's Burden*,

---

① Douglas Killam and Ruth Rowe,eds.,*The Companion to African Literatures*,2000,p. 25.
② "Celebrating I. N. C. Aniebo at 70," *Daily Independent* (Lagos),25 March 2009.

1960)、《强种》(*The Strong Breed*，1963)、《在灯火管制之前》(*Before the Blackout*，1965)、《孔琪的收获》(*Kongi's Harvest*，1967)和《路》(*The Road*，1965)。索因卡不仅以小说《诠释者》(*The Interpreters*，1965)，而且以戏剧形式记录了非洲走向专制或混乱的黑暗深渊的倾向。关于索因卡在戏剧上的成就，详见前文。

1. 威尔·奥贡耶弥

威尔·奥贡耶弥(Wale Ogunyemi，1939—2001)既是著名演员，又是著名剧作家。1966年在伊巴丹大学戏剧学院求学期间，他出演索因卡多部剧本中的角色。就在这个时期，他的第一个剧本《阴谋》(*Scheme*，1967)第一次出版。他关注约鲁巴神话与历史，创作了有关的剧本：《要强大，我的力量要强大》(*Be Mighty，Be Mine*，1968)关注的就是诸神的生活和他们为争夺自然力量的控制权而进行的广泛斗争。《伊贾耶战争》(*Ijaiye War*，1970)和《吉里济》(*Kiriji*，1976)都取材于约鲁巴历史，而后者是最受欢迎的剧本。当然也有例外，他早期创作的《誓言》(*The Vow*，1962)反映传统价值观念同西方价值观念的冲突。《离婚》(*The Divorce*，1977)是一部反映家庭冲突的喜剧。奥贡耶弥用皮钦英语创作的《生意头疼》(*Business Headache*，1966)关注大多数尼日利亚人日常生活中面对的经济现实。他还创作过两部音乐剧：《奥巴鲁阿耶》(*Obaluaye*，1972)和《兰格博杜》(*Langbodo*，1986)。到1999年，奥贡耶弥已发表了20个剧本，可这还只是他创作的舞台剧、电视剧和广播剧的一小部分。他的剧作对青年剧作家有相当影响。

2. 欧拉·罗蒂米

欧拉·罗蒂米(Ola Rotimi，1938—2000)出生在尼日利亚的沙皮勒。其父是约鲁巴人、成功的导演和业余戏剧制作人，其母是伊卓人、戏剧爱好者。罗蒂米在哈科特港读小学，在拉各斯读中学，1959年去波士顿读大学，后获美术学士学位，1966年获耶鲁戏剧学院硕士学位，是戏剧写作和戏剧文学方面知名的洛克菲勒基金会学者。他1960年代回国，在伊费大学任职。早期著作有《让铁神激动》(*To Stir the God of Iron*，1963年首演)和《我们的丈夫又疯了》(*Our Husband Has Gone Mad Again*，1966年首演，1974年发表)，两者分别在波士顿大学和耶鲁大学的戏剧学院演出过。罗蒂米1990年代大部分时间在美国度过，2000年回到伊勒-伊费，在大学讲课，5月份去世。他的主要著作都是在1960年代—1970年代写成，大致分为三类。第一类是借用古希腊悲剧的形式写成的约鲁巴故事，如《诸神不能怪罪》(*The Gods Are Not to Blame*)1968年在第一届伊费艺术节演出，1969年获《非洲艺术》杂志竞赛头奖,1971 年出版。罗蒂米改写了古希腊悲剧作家索福克勒斯的《俄狄浦斯王》。故事发生在前殖民时期一个约鲁巴皇宫,中心人物不是俄狄浦斯,而是约鲁巴国王奥代威尔;国王因其急躁、刚愎自用等性格弱点不适合统治,这显然在影射尼日利亚的现实。罗蒂米说:"书名……不是指神话学里的神,也不是非洲万神殿里的神,而是喻指俄、法、英等强国,它们决定世界秩序。书名也有这样的含义,这些政治'神'不应该……对我们国家的失败承担责任……从实质上讲,战争源于部族仇恨,是令人不满的高层腐败造成的。所以我要问:为什么让外部势力为它们造成的流血结果负责?"[1]实质是,罗蒂米在谴责内战,谴责统治者的无能和腐败造成流血冲突,尼日利亚的统治者们应当为此负责。因此该剧本是一个借古讽今的好剧本,是一部经典作品。第二类是以约鲁巴重大历史事件为题材的剧本,如《库朗弥》(*Kurunmi*,1971)被许多评论家称为罗蒂米的重大作品。作者根据混乱不堪的 19 世纪约鲁巴王国因继承和传统引发的冲突而构建故事情节。《奥旺朗姆温·诺格贝西》(*Ovonramwen Nogbaisi*,1974)是根据 1895 年英国征服贝宁王国的历史撰写的一部悲剧。第三类是关于社会政治的剧本,如《我们的丈夫又发疯了》。故事围绕可能引发灾难的问题展开。一个军官提议进入政坛,结果遭到妻子们和孩子们的反对。这是一部喜剧,曾在耶鲁大学搬上舞台,1960 年代以来在许多非洲国家演出,颇受欢迎。

罗蒂米后期作品中有名的剧本有《如果:一个被统治者的悲剧》(*If: A Tragedy of the Ruled*,1979)和《生不如死者的希望》(*Hopes of the Living Dead*,1985),都在演出中大获成功。前者反映劳动者和城市公寓居民的生活,作者聚焦于他们的经济状况并深表同情;后者以戏剧形式反映 1920 年代在伊科里·哈考特领导下的一群麻风病人起来反抗殖民当局想把他们赶出哈科特港的努力。两个剧本是罗蒂米普及文学剧获得最大成功的剧本。他还出版一本荒诞派剧本《会谈》(*Holding Talks*,1979)。他值得注意的理论著作是《非洲戏剧文学》(*African Drama Literature*,1991)。

3. 祖鲁·索福拉

祖鲁·索福拉(Zulu Sofola,1935—1995)出生在尼日利亚本代尔州,父母是来自三角洲州的伊博族。索福拉先在尼日利亚受初等教育,后来在美国受中等教育和高等教育,1965 年在美国天主教大学获得戏剧硕士学位,1966 年返回尼日利亚。后来她在伊巴丹大学任职,1977 年从该大学获得博士学位,1986 年起担任伊洛林大学表演艺术系主任。她是尼日利亚第一位发表剧本的

---

[1]　Bernth Lindfors, ed., *Dem-Say: Interviews with Eight Nigerian Writers*, 1974, pp. 61-62.

女剧作家,也是尼日利亚第一位教授戏剧的女教授。

早在 1960 年代,索福拉即发表剧本《受到扰乱的圣诞节和平》(*The Disturbed Peace of Christmas*,1968)和《猎鹿人和猎人的珍珠》(*The Deer Hunter and the Hunter's Pearl*,1969)。她是一位多产的剧作家,后来又发表《诸神的婚姻生活》(*Wedlock of Gods*,1972)、《操纵者》(*The Operators*,1973)、《埃米尼大王》(*King Emene*,1974)、《法律奇才》(*The Wizard of Law*,1975)、《甜蜜的陷阱》(*The Sweet Trap*,1977)、《老酒醇香》(*Old Wines Are Tasty*,1981)、《月光下的记忆》(*Memories in the Moonlight*,1986)、《奥里格博的奥莫-阿扣女王》(*Queen Omu-Ako of Oligbo*,1989)、《食与幻想曲》(*Eclipse and the Fantasia*,1990)、《雷阵雨》(*The Showers*,1991)和《消失的梦想及其他剧本》(*Lost Dreams and Other Plays*,1992)等。

根据题材,索福拉的剧本大抵分为两类。第一类是以传统社会为基础的剧本。这类剧本深度依赖神话、礼仪和传统背景,索福拉专注这样的方向和风格是十分罕见的。上述《诸神的婚姻生活》《埃米尼大王》《甜蜜的陷阱》《老酒醇香》和《月光下的记忆》等剧本就属于这一类。

另一类是直接处理当今社会问题的剧本,它们没有早先剧本中的声明部分。这类剧本深入当代问题的方方面面,旨在揭露它们。《受到扰乱的圣诞节和平》《操纵者》《消失的梦想及其他剧本》《少女之歌》(*Song of A Maiden*,1986)等剧本即属于这一类。

在《埃米尼大王》中,埃米尼是新登基的大王,被警告不要开启平安周的礼仪,因为宫里出现了一桩弥天大罪:他的哥哥,也就是合法继承人被杀。事实上这是埃米尼母亲为了让他成为大王犯下的大罪。可是埃米尼并不知情,反而在追查这件事,他指控长者们阴谋推翻他。他继续开启平安周的礼仪,走进神龛,结果被五蛇驱赶,自杀了。他的母亲也自杀了。该剧的副标题是"反叛的悲剧"(Tragedy of Rebellion),由此可推断剧情是根据亚里士多德悲剧原则建构的。

另一个范例是《诸神的婚姻生活》,也是发生在传统社会背景下的一个悲剧。奥格伍玛与乌洛科相爱甚笃,却因为乌洛科拿不出聘礼,奥格伍玛的母亲把她嫁给了阿迪格伍,因为阿迪格伍付的聘礼大大超过自己给儿子治病的钱。后来丈夫阿迪格伍死了,奥格伍玛又怀上了乌洛科的孩子,想要快快同乌洛科结婚。一切似乎顺风顺水,但事实并非如此。当时的习俗是:死者的妻子只能嫁给死者的弟弟;为丈夫服孝期间,未亡人不能改嫁;已婚男子同已婚女子通奸是非法行为。因此,奥格伍玛与乌洛科犯了通奸罪。阿迪格伍的母亲要奥格伍玛对她儿子的死负责,要求乌洛科交付聘礼,乌洛科还是拿不出。阿迪格伍的母亲进行报复,结果,奥格伍玛和乌洛科相继死去。难怪此剧在尼日利亚首演时的海报用了"罗密欧与朱丽叶"这样的宣传词。

基于当代题材的剧本中,《操纵者》最典型。内战结束后,尼日利亚国内武装抢劫猖獗,原因是严重的失业问题、大家庭的压力,还有散落在社会上的武器、位居高位者对公权的滥用、尼日利亚人的物质主义倾向以及为求财富不择手段的风气等等。武装抢劫就是《操纵者》的题材,伴之以高超精良的侦察手段,再逐渐导向对抢劫者的追捕。情节逐渐展开,犯罪心理、犯罪手法昭然若揭,仿佛剧作家学过犯罪学似的。在追踪过程中,尼日利亚所谓的"大人物"或"大腕",还有他们用钱买来的"酋长"名号故意在剧本中暴露出来。昂尼瑞克酋长明面上是侧面形象合成公司的所有人,是当今商业大亨,背地里却是夜间武装抢劫辛迪加的头儿和代理人。这种虚假的生活就是1970年代初拉各斯的典型特征,实际上整个尼日利亚也是如此。武装抢劫受到位居高位者的唆使和庇护,很长一段时间都在街上频频发生。

《少女之歌》的背景是当代大学,讲述大学教育脱离社会、脱离现实的问题。作者通过克瓦拉州绍村的大众婚礼节,以一位大学教授同绍村一个少女拉手作为象征,力图表明:大学与当地社会要密切接触、相互学习、相互影响;重要的是,大学要服务社会,为社会培养所需的合格人才。具体地说,要让伊洛林大学所在的伊洛林城感到它的存在,让伊洛林大学更好地理解克瓦拉州人民的生活,用气候学研究为当地服务。这看起来是件小事,实质上却关乎教育方向。伊洛林大学十周年校庆设立"大学在社会"论坛,开始讨论这一主题。由此可见索福拉具有深刻的洞察力和长远的战略眼光。

索福拉作为一位女性剧作家,也非常关注妇女在非洲传统文化中的地位。但她在这个问题上又与其他女性作家显著不同。她认为妇女在非洲传统文化中很受尊重,在社会事务中有重要地位,只是因为殖民者扭曲,她们才失去这种地位。其他女性英语作家,比如布契·埃米契塔,则把妇女表现为男性愚昧的牺牲品。

总而言之,祖鲁·索福拉是一位天才的剧作家,不囿于任何一种戏剧形式。她认为戏剧不仅仅是娱乐大众,而是要在舞台上反映生活,提高观众的理解力,从而在社会发展中起到重要的教育作用。她曾说:"用好戏剧,它比任何其他的教育媒体更有力量,因为它吸引观看者与表演者的全部。它在舞台上如此深刻,以一种严肃而又真正的方式把生活真实地反映出来。观众的思想、心理和情感有了方向。"[①]"她的剧本未曾写历史事件或历史人物,但是涉及传统社会和当今社会的生活方式。她的戏剧措辞表明她决心创造一种新的语

---

① "Interview with Zulu Sofola," see *Interviews with Six Nigerian Writers*, 1976, edited by John Agetua, p. 20.

言,以反映传统模式的尊严和当代模式的现实:不仅在谈话中,而且在姿势、服装、舞台设置和上演中。"①索福拉的作品风格清澈透明,语言鲜活生动。

她的剧本定期在舞台和电视台上演。有几个剧本还被西非考试委员会列入阅读书单,可见索福拉影响之广。她的作品不但受到许多批评家的关注,而且出现在 M. E. M. 科拉沃勒(M. E. M. Kolawole)有关她生活与作品的专著《祖鲁·索福拉:生活与作品》(*Zulu Sofola: Her Life and Her Works*,1999)中。

综上所述,第一代剧作家大都是文学科班出身,他们既熟悉西方文学又掌握口头文学与历史,所以二者结合,造就了尼日利亚现代戏剧文学。

四、儿 童 文 学

儿童文学是以少年儿童为对象的文学。前文字时代,尼日利亚以口口相传的神话传说和民间故事教育和培养少年儿童的认知能力、辨别能力、判断能力、行为能力和人伦道德等。尼日利亚人掌握文字以后非常重视儿童文学。如前所述,阿莫斯·图图奥拉、西普利安·艾克文西、钦努阿·阿契贝、沃莱·索因卡和芙劳拉·恩瓦帕等重要作家都创作过以少年儿童为读者对象的文学作品,即儿童文学作品。此外,还有专门创作儿童文学作品的作家,多数是女作家,其中包括取得尼日利亚国籍的具有外国血统的作家。主要儿童文学作家有科拉·昂纳迪普(Kola Onadipe,1922—1988)、梅布尔·塞贡(Mabel Segun,1930—)、罗西娜·乌米洛(Rosina Umelo,1930—)、特里莎·梅尼汝(Teresa Meniru,1931—1994)等。

1. 科拉·昂纳迪普

科拉·昂纳迪普(Kola Onadipe,全名 Nathaniel Kolawole Onadipe,1922—1988)出生在伊杰布-奥德的奥格博各博一个一夫多妻制家庭,是他母亲的第二个儿子。1949 年,他在伦敦大学学法律,后来同朋友合办律师事务所。他有 15 个孩子:7 个男孩和 8 个女孩。他倾其财力和精力让孩子们接受可以得到的最好教育。1988 年他因中风去世,享年 66 岁。

昂纳迪普在担任奥鲁-伊瓦学院校长期间,成绩卓著。该校在 1940 年代末—1960 年代初一直是伊杰布-奥德地区 4 个顶尖学校之一,学生品学兼优,逃学者一律开除,昂纳迪普因而受到主办方的尊敬。来自尼日利亚各地的学

---

① Dapo Adelugeba, "Three Dramatists in Search of a Language," see *Theatre in Africa*, edited by Ogunba and Irele, 1978, p. 212.

生在他的管理和教育下表现优异,进入国内外的高等教育机构学习,尔后成为成功的领导者和职业人士。

昂纳迪普一生大部分时间献给了教育事业和为孩子们写书。他创作了许多儿童文学作品,其中包括《苏扎冒险记》(*The Adventure of Souza*,1963)、《僮仆》(*The Boy Slave*,1966)、《科库·巴博尼》(*Koku Baboni*,1965)、《糖姑娘》(*Sugar Girl*,1964)、《神奇的荫凉地》(*The Magic Land of the Shadows*,1970)、《森林就是我们的游戏场》(*The Forest Is Our Playground*,1972)、《谢提玛回来》(*The Return of Shettima*,1972)、《非洲的建设者》(*Builders of Africa*,1980)、《尼日尔河上的脚印》(*Footprints on the Niger River*,1980)、《阳光的男孩》(*Sunny Boy*,1980)、《甜蜜的母亲》(*Sweet Mother*,1980)、《环尼日利亚三十天游》(*Around Nigeria in Thirty Days*,1981)、《叫我迈克尔》(*Call Me Michael*,1981)、《哈里玛不能死及其他剧本》(*Halima Must Not Die and Other Plays*,1981)、《生日快乐》(*Happy Birthday*,1982)、《婆婆们》(*Mothers-in-Law*,1982)、《另外一个女人》(*The Other Woman*,1982)、《一罐金子》(*A Pot of Gold*,1984)、《可爱的女儿们》(*Lovely Daughters*,1985)、《国王是裸身的及其他故事》(*The King Is Naked, and Other Stories*,1985)、《神秘的双胞胎》(*The Mysterious Twins*,1986)和《宾塔:漂亮的新娘》(*Binta: Beautiful Bride*,1988)等。应该说,昂纳迪普是第一代作家中少见的专门创作儿童文学的作家,始终坚持为孩子们写作。

2. 梅布尔·塞贡

梅布尔·塞贡(Mabel Segun,1930—)出生在昂多城,后来入伊巴丹大学学院学习英语、拉丁语和历史,1953年获得学士学位。她多才多艺,在体育和广播方面都很出色。1977年,她获得尼日利亚广播公司职业艺术家年度奖。她曾在尼日利亚多所学校任教多年,曾在亚巴的国立技术师范学院任副校长和英语与社会研究系主任。她提倡尼日利亚儿童文学,于1978年创办尼日利亚儿童文学协会并被选为会长,1990年在伊巴丹创办儿童文学研究中心。她既是伊巴丹大学非洲研究所高级研究员,又是德国慕尼黑国际青年图书馆的研究员。

塞贡提倡儿童文学、创作儿童文学。她的第一本自传性儿童读物是《我父亲的女儿》(*My Father's Daughter*,1965)。她着力表现处在过去泛神论与未来技术过渡阶段中的一个小村落里社会生活的基本方面。与那个阶段大多数作品不同,该书不是强调文化冲突,尽管她展示了西方宗教信仰与习惯渗入当地生活的证据,而是主要聚焦于社区,竭力争取人与自然、人与人、父母与子女之间的平衡。叙事者的父亲是乡村牧师、调解人、施予者和严格的训练者,主宰孩子/叙事者的世界观,在她的新意识中是积极的指导与团结精神。各章既可独立,又能连成一体,语言清晰、有效、富有技巧,整个作品幽默有趣。最令人难忘的是,小偷袭击牧师的房屋后藏在灌木丛中,本来可以躲过搜寻,没料想偷来的闹铃响了,暴露了他们藏身的地点。

《我父亲的女儿》以叙事者的父亲突然去世结束,她和这个家庭的其他成员投亲靠友,风流云散。塞贡的另一部自传性作品《我母亲的女儿》(*My Mother's Daughter*, 1986)从此处承接,主要注意力集中于叙事者和她的两个兄弟,这两个兄弟已被送出去和一个叔叔生活在一起。小说一方面讲述可爱而又严格的父亲去世后叙事者经历变化的细节,另一方面又描述了她和兄弟生活的大社会,尤其表现了叙事者母亲的人格力量和坚定的目标——她坚持把孩子们从叔叔那里"解放"出来,给他们以父亲希望的教育。

《在芒果树下》(*Under the Mango Tree*, Books 1&2, 1979)由塞贡与他人合编,收录世界各地,尤其是非洲及海外的传统歌与诗,目的在于娱乐和教诲。《青年节游行》(*Youth Day Parade*, 1984)讲述童德的故事。校长指派童德把学生组织起来搞青年节游行。开始童德觉得任务重大,心里害怕,后来通过与同学商议,制定计划,他设法搞出了一流的表演。塞贡强调公民需要爱国、自力更生和多元的民族。第四本书《奥鲁和破雕像》(*Olu and the Broken Statue*, 1985)讲述校长为募捐购买校乐队的乐器而组建了三个队,奥鲁、伊凯姆和艾格比是其中一个队的成员。校长答应用一只银杯作为鼓励,奖给募集钱款最多的队。这个故事突出队与队之间的竞争、误解和合作。面对诱惑时,队员们都记住了校长的话——"不做违法的事情"。对他们责任感、行动能力和爱国主义的最后考验出现在发现破雕像的时候。他们面对这样的选择:是卖给旅游者获得几百奈拉、赢得银杯,还是根据政府指示把雕像交给博物馆?经过商量,他们决定交给博物馆。三人所在的募捐队出席颁奖仪式,准备拿个第二名或第三名,因为他们发现至少有一个队筹集的钱比他们多。然而他们没想到的是,博物馆馆长欣赏他们的诚实和爱国精神,以他们的名义捐献了一大笔钱,使他们队成为募捐最多的队。整个过程涉及各种冒险,时常需要孩子们选择、决定,从而使他们得到锻炼,得以累积智慧、提高道德境界。再者,故事扎根于非洲孩子能够与之结合的现实文化环境,这一点也是该书成为塞贡给人印象最深的一部儿童文学作品的原因。

1953 年,塞贡以短篇小说《屈服》("Surrender")获得国家艺术节的头奖。自此她写出多篇短篇小说,发表在《周日时代》《现代妇女》《西非评论》《尼日利亚杂志》等刊物和文集上。1995 年,《屈服及其他故事》(*The Surrender and Other Stories*)出版。《屈服》写的是校园生活,其他短篇小说多以城市为背景,暴露无根、物质主义和对农村理念与习惯的蔑视。故事充满希望幻灭、有自杀情绪的无根人物。

1952 年，塞贡开始在刊物和文集中发表诗歌，后来出版续集《冲突及其他诗歌》(*Conflict and Other Poems*，1986)，其中《冲突》("Conflict")最有名，她在其中断定：

> 我站在这里，
> 被忘记的未成年人
> 悬在两个文明中间，
> 求得平衡令人苦恼
> 但愿有件事情发生，
> 让我倾向这边或者那边
> 在黑暗中摸索、寻找帮手
> 就是谁也找不到。

这首诗描写了殖民地居民的悲剧和两难选择的苦恼，曾被六本文集收入。诗集中的许多诗歌着眼于同外部世界接触以来的社会"发展"，虽然塞贡不是"革命者""女权主义者"，但是她对社会的解读是"透彻的、深刻的和有说服力的"。在她的笔下，政客们就是"时髦的家伙/从石头里挤出鲜血……抢夺国家财富/为此感到荣光"。腐败造成"叶子在全国各地翻飞/空气充满腐臭的味道/蠕动的形体在粪堆上/——我们国土上舞蹈/……/这就是蛆虫的盛宴"。但是她没能给出解决的处方。她的诗歌朴实但不简单，幽默而又让人信服。

塞贡已经出版的作品还有：《狮子疯狂地吼叫》(*The Lion Roars with a Fearful Sound*)、《对不起，没有空缺》(*Sorry, No Vacancy*，1985)、《乒乓：25 年》(*Ping-Pong: Twenty-Five Years of Table Tennis*，1989)、《第一颗谷粒》(*The First Corn*，1989)、《双胞胎与树精》(*The Twins and the Tree Spirits*，1990)和《写给青年的 12 个剧本》(*Readers' Theatre: Twelve Plays for Young People*，2006)以及一本《尼日利亚烹饪与食品文化》(*Rhapsody: A Celebration of Nigerian Cooking and Food Culture*，2007)。

综上所述，塞贡创作的形式多种多样，但是她的儿童文学作品最受尊崇，被广泛阅读，仅此足以确立她在尼日利亚文学史上的地位。2009 年塞贡获得尼日利亚国家功勋奖。2015 年沃尔·阿代道因领导的尼日利亚青年作家协会创办梅布尔·塞贡学会，旨在阅读和宣传塞贡的作品。

3. 罗西娜·乌米洛

罗西娜·乌米洛(Rosina Umelo, 1930—　)出生在英国的柴郡，父母都是英国人。乌米洛在伦敦大学贝德福德学院学习,1953 年获得学士学位,1966 年获得 BBC 故事奖。1971 年她取得尼日利亚国籍之后,在尼日利亚东部任教育官员、埃努古女王学校校长(1964—1975)、圣凯瑟琳学校校长(1975—1978)和麦克米伦尼日利亚出版公司编辑(1979—1987)。1970 年代和 1980 年代,尼日利亚文坛出现一批女性作家,她是其中之一。她认真对待青少年的问题,把创作青少年文艺作品视为自己的使命。她出版了《费里西亚》(*Felicia*,1978)、《怀疑的指头》(*Finger of Suspicion*,1984)和《隐藏了什么》(*Something to Hide*,1986)。这三部作品由麦克米伦尼日利亚出版公司出版。她还有一部短篇小说集《吃钱的男人》(*The Man Who Ate the Money*,1978),由伊巴丹的大学出版社出版。

《费里西亚》的故事发生在内战期间,女主人公费里西亚因其父死亡,被迫辍学在一家医院工作。战争结束后,她回到寡居的母亲身边。费里西亚怀着孩子,又不愿说出孩子父亲的名字,因而受到母亲、邻居和大家庭的排斥和辱骂。后来她为了避开风言风语,到城里表姐家生下男婴。不久秘密泄露:她儿子的父亲是一个年轻的大学生,被征招入伍,在内战最后的日子里悲惨地死去,他原本答应战争结束就同她结婚。

作者在故事中讲述了一个年轻姑娘婚外生子的难题。在战争期间,生命财产遭到破坏,家庭生活动摇,学校关闭,工作无着落。作者展现了人们,尤其是年轻人普遍有种听天由命的想法。他们被完全剥夺自由,可还应对直系亲属负责。男婴父亲奥比奥玛的大家庭没有拒绝费里西亚,认为男婴是奥比奥玛通过费里西亚给他们留下的后代,而且他们还接纳了费里西亚的母亲。读者可能要问:为什么费里西亚的大家庭不这样做? 这与重男轻女的观念有关。费里西亚强有力的道德观抗拒卖淫,支撑着她终于找到男婴的根,在那里过上安稳又有尊严的生活。

《怀疑的指头》讲述的是阿古夫妇的家庭帮手和亲戚卡罗突然失踪然后被找到的故事。十来岁的卡罗除了帮忙做家务,还在业余时间去打字学校。在她失踪后,阿古先生的太太突然开始在家休养保胎,在此之前她曾多次小产。阿古的书《有效地管理年轻职员》被出版公司接纳出版;他几次搬家,住房越来越好,甚至住在有游廊的平房。于是谣言四起,说阿古走"小道"得到顶头上司的提拔,发了大财。嫉妒、恶意和怀疑吞食了合伙人恩戈泽妈妈,她指责阿古:"你凭什么在办公室里杀死一个大男人? 你凭什么当着别人的面得到他的工作? 你凭什么给你老婆一个肚子? 它不是一个人的脑袋? ——卡罗在哪儿? 把她带回这里,让我们大家看见她活着。"(《怀疑的指头》,p. 63)

于是故事围绕寻找卡罗展开,直至矛盾解决,不实言论被驳斥。作者使用一种侦探手法展开情节,最后解开谜团——卡罗是同她父母认识的男朋友跑掉的。

《隐藏了什么》的主人公雷切尔是中学打字员,给叔叔婶婶看家,空时做点零活为上大学准备钱。因被误认作轻浮而又漂亮的表妹海伦,雷切尔吃了不少苦头。一天,她离开学校同男朋友一起参加迪斯科派对。这位冒冒失失的男朋友开着父亲的二手奔驰车,在一个转弯处同一辆摩托车撞上。这个事故本来可以秘而不宣,可是雷切尔身上从海伦那里拿来的鲜艳的美国礼服却让男朋友的妈妈误以为她是与自己丈夫有风流韵事的海伦并公开指责她。雷切尔深受其害,海伦伤心至极。雷切尔身为受害者却努力证明表妹无辜,想为自己洗刷冤屈,最后终于如愿以偿。到小说结束,姑娘们成熟了,有了信心和勇气。海伦有了新的人格力量和道德目标,雷切尔因其正直更为人欣赏。

这三部作品表明作者站在道德的高度,相信孩子们可以通过自己的经验,甚至通过错误来提高自己而逐渐成熟起来。她没有采用说教方式,反而细致描写孩子们的成长经历,让他们自己成长起来。短篇小说集《吃钱的男人》跨越不同年代的尼日利亚社会文化生活,从乡村写到城市乃至英国僻远的地方。在这种背景下,作者把人物安置在日常生活与经验的冲突之中。作者关注个人,把个人与他特有的个人冲突并置于他所在的社会。主人公必须亲自努力去解决冲突——向同类人证明情况、寻求忠告与支持等;归根结底,冲突的解决得靠他本人。收入这个集子的短篇小说,有的在 1972 年、1974 年获得尼日利亚广播公司短篇小说竞赛奖,有的在 1973 年获得切尔滕纳姆节文学奖,还有的在 1966 年获得 BBC 短篇小说奖。① 总而言之,乌米洛笔下的人物具有典型性,语言生动,甚至采用伊博生活中"我的手不在那里"(意即不干涉)、"吃钱的男人"(即乱花钱的男人)之类的口头惯用语。乌米洛有时也使用反讽手法,比如《乌切的妻子》(Uche's Wife)中的乌切为了生儿子娶了第二个妻子,结果这个妻子给他生了一个女儿,而原来令他讨厌的大老婆却给他生了个儿子。

乌米洛一直关注青少年,以书写青少年为使命。后来她在麦克米伦公司出版《装裱画》(Striped Paint,1992)、《沉默的日子》(Days of Silence,1993)、《没问题》(No Problem,1993)、《萨拉的朋友们》(Sara's Friends,1993)、《情书》(Love Letters,1994)、《深蓝是梦的颜色》(Dark Blue Is for Dreams,1994)、《等待明天》(Waiting for Tomorrow,1995)、《森林里的房子》(The House in the Forest,1996)和《你是谁》(Who Are You?,2002),这些作品都被收入"标杆丛书"。她在切尔西出版社出版了《请原谅我》(Please Forgive Me,1993)和《永远》(Forever,1994),后被收入"心跳丛书"等。

---

① See Acknowledgments in *The Man Who Ate the Money*,1978.

4. 特里莎·梅尼汝

特里莎·梅尼汝(Teresa Meniru，1931—1994)出生在尼日利亚，在伊希阿拉一所教师学院获得基础证书，在伦敦大学教育学院获得教师证书。她先后在几所学校与学院教书并在联邦和州的教育部工作，直至 1984 年退休。她在埃努古创办了儿童护理中心。梅尼汝始终关注青年儿童文学，主要作品有《雕刻师与豹子》(*The Carver and the Leopard*，1971)、《坏仙女与毛虫》(*The Bad Fairy and the Caterpillar*，1971)、《融化的姑娘及其他故事》(*The Melting Girl and Other Stories*，1971)、《乌诺玛》(*Unoma*，1976)、《乌诺玛在学院》(*Unoma at College*，1981)、《欢乐的鼓点》(*The Drums of Joy*，1981)和《留在黑暗中的脚印》(*Footsteps in the Dark*，1982)。这些作品的页码逐渐增多——《雕刻师与豹子》26 页、《乌诺玛》58 页、《乌诺玛在学院》76 页、《欢乐的鼓点》91 页、《留在黑暗中的脚印》97 页，读者还是年轻人和孩子们。但是从 1976 年出版的《乌诺玛》开始，题材有了变化。之前所有的故事都是伊博地区熟悉的民间故事和童话，但从《乌诺玛》开始，梅尼汝立意创新，创作了自己的故事，故事中男女主人公大胆、倔强，经历许多困境和冒险。题材变了主题却没有变，梅尼汝始终坚持善战胜恶、好人有好报。她的故事叙事方法比较程式化：主人公是个受压迫的人，大胆冒失；他或她被拐走，受尽磨难，尔后得救；其间父母东找西找，认为他或她已失踪，已经绝望，可又意外地同他或她团聚，皆大欢喜。后来，梅尼汝又出版以内战为背景的长篇小说《最后的一张牌》(*The Last Card*)和其他作品，如《山丘上的狮子》(*The Lion on the Hill*)、《神秘的舞者》(*The Mysterious Dancer*)、《乌佐：同命运作战》(*Uzo: A Fight with Fate*)。梅尼汝是位多产作家，她始终关注青少年并为青少年创作。

第三节
第二代作家

1970 年尼日利亚恢复和平，石油又带来经济繁荣，出现"石油景气"时代，直到 1983 年石油跌价，景气不再。1970 年代—1980 年代中期可以说是尼日利亚独立文学的第二阶段。在这个阶段，新一代作家出现在文坛上。他们出生在 1940 年代或 1950 年代，对殖民政权和争取独立的斗争所知甚少。他们彻底地城市化了，认为传统的社会风俗和传统的思想同现代社会生活毫不相干。这个新一代作家群，俗称"第二代作家"，在国内某所或几所大学学习过，也有人到国外高等学校留过学。得益于教育事业的发展,广大读者群也逐渐形成。"比夫拉战争"是过去部族冲突的大暴发,当时局势紧张,受到外国资本家的控制(他们从中渔利)。"在他们(第二代作家——笔者注)看来,长辈高贵的东西,恰恰像他们声称的尊重(他们觉得)尼日利亚已经脱离了的那个社会的所谓的'非洲的'价值观念、传说、死后的名声、神话以及迷信的信条那样毫无意义、不合时宜。因为他们一直想把从莎士比亚经过简·奥斯汀直至叶芝和艾略特的那种受人尊重但又是外国的传统移植到他们自己的著作上。"①第二代作家在 1970—1985 年登上文坛。他们关注内战及其后果,更关注社会底层。他们是幻灭的一代。

一、诗　歌

尼日利亚内战是尼日利亚人经受的最严重事件,重创了尼日利亚人民的心理。1970—1985 年走上诗坛的年轻一代诗人毫不含糊地直接描述这一灾难,发出响亮的声音。他们自我认定的使命就是:关心大众、建设国家和批评社会弊端。他们批评前一代诗人过分专注于私人的痛苦和情感,不关心社会性的成败和悲剧,批评他们的诗歌晦涩难懂、深奥神秘。新一代诗人替大众发声,讲苦难,讲斗争。他们多采用大众熟悉的语言,多采用口头诗歌的表达方式,让读者或听众受到启迪,受到鼓舞。第二代的主要诗人有坦纽尔·奥介德(Tanure Ojaide, 1948—　)、奥迪亚·奥费穆(Odia Ofeimun, 1950—　)、尼伊·奥桑代尔(Niyi Osundare, 1947—　)等。他们面向大众,吸收口头文学的美学和技巧,语言直白易懂。

1. 坦纽尔·奥介德

坦纽尔·奥介德(Tanure Ojaide，1948—　)出生在尼日利亚西部地区(今日班德尔丹)的奥克帕拉小城,先在伊巴丹大学受教育并获得学士学位,后在美国锡拉丘兹大学获得创作硕士学位,1981 年获得博士学位。此后他在迈杜古里大学和美国北卡罗来纳大学教授非洲文学和创作。1973 年,奥介德出版诗集《伊罗科的孩子们及其他诗歌》(*Children of Iroko and Other Poems*, 1973)。该诗集包含 31 首诗。从许多方面看,它还是学徒作品,但是从素材和语言的使用、主题和格调以及使用的意象来看,它确立了后来诗歌的民粹方向:

---

① 伦纳德·S. 克莱因主编:《20 世纪非洲文学》,李永彩译,1991,第 163 页。

老虎有家，

山羊将在哪里睡觉；

在一个色欲的山庄，

旅游的处女在哪里睡觉？

……

新兵打仗，

世界祝贺，

记住的反而是将军。

奥介德使用反讽手法，但是他的讽刺、他的愤怒指向军队，指向政治领导人和学者，指向一切被权力腐化的人：

谁把试卷当作嫁妆陪送

谁把不应当得到的 A 捐赠给他的情妇

蝎子般狠毒的妇女让先生眼花缭乱

桑戈的最强雷电让先生脑浆崩溃。

该诗集不仅关注诸如不公平、不平等之类的问题（如《色欲的信息》），也关注被剥削的穷人和被剥夺公民权的人（如《他们在呼喊》），还关注内战、伊巴丹学生在示威中的死亡以及布隆迪的政治事件和越南战争等。

因此，《伊罗科的孩子们及其他诗歌》的文学重要性不在于它同老一代诗人在态度和技巧上的较量，而在于它是直接表达的诗歌，在寻求自己的声音。

时隔 13 年，尼日利亚的石油景气不再存在，人民陷入严重的经济困境。奥介德出版他的第二本诗集《三角洲的迷宫》（*Labyrinths of the Delta*，1986）。它与第一本诗集截然不同，作者关注公开的、政治的和经济的主题。诗集分两个部分。第一部分"宣判"，认为就人性表现来讲，人类，包括诗人在内应当受到谴责，正在经历艰难的人生旅程。奥介德记录下需要面对和克服的危险："我必须杀死/披戴天上宝石的毒蚊。"[1]第二部分"自由斗争"，特别问及当代尼日利亚人怎样才能够突破他们正在经历的社会、政治和道德的牢笼。奥介德以编年史顺序呈现前殖民时期、殖民统治时期和独立自主时期，并从中得出教训：像现在这样，诗集中奥吉索这个暴君形象，他"在我们当中阉割了男子汉气概，把闷烧的柴棍刺进男人们的喉咙"[2]；只有向海洋女神"水新娘"祈

---

[1]　Tanure Ojaide, "Jewels," see *Labyrinths of the Delta*, 1986, p. 1.

[2]　Tanure Ojaide, "Labyrinths of the Delta," see *Labyrinths of the Delta*, 1986，p. 23.

祷,才能获得同暴君战斗的力量,因为她能把人民同祖先重新团结起来,凝聚力量,消灭暴君,创建和平。

殖民者的到来,破坏了和平。征服者带来剥削和大自然的商品化,还凭借武力带来外国宗教。人的精神和社会的自立因此被肢解,社会混乱起来。殖民主义者"把狼子欲望伪装","用奢侈腐蚀非洲人",直到非洲人背叛非洲人,"我们用进口的刀剑戮我们自己"(《今日非洲》,第 32 页)。

艺术家奥介德通过他的洞察、他的勇气、他的打不垮的正直和他宁可牺牲自己也要服务人民的意愿,成为国家复兴的代言人。《三角洲的迷宫》的中心部分就是描写和展示这位充满理想的当代艺术家。它以简单朴实的语言陈述坚定的信念,有时抒情,有时像有韵的散文。诗人这位充满信心的梦想家总结自己的生活,同时表达人民的意愿,诗歌则反映出诗人仔细考虑题材的情绪变化。

第三本诗集《鹰的视野》(*The Eagle's Vision*,1987)继续暴露政客和政治程序中的腐败。政客被表现为这样的人物:利用人民的劳动成果取得权力、财富和地位,然而一旦得到私人利益,便转过头来谴责劳动者。这本诗集跟前两本诗集不同的是:有些诗描写继续探讨的困难,有些诗考察公民意见的不一致。

第四本诗集《唱不完的歌》(*The Endless Song*,1988)像前一本诗集,作者讲述口头传统,借以提示循环式的历史,更重要的是,揭示正义感一定会通过集体行动存在下去。通过题献给像他本人一样的诗人——帕布洛·聂鲁达、奥西普·曼代尔斯塔姆、特契卡雅·乌·塔姆西、埃曼纽尔·米林戈和乔治·路易斯·博格斯——的诗歌,奥介德肯定人类有能力忍受困难并获得胜利。这些诗歌表达和坚持了奥介德自己认定的"诗人即良知"的定位,起到了鼓舞民众的作用。

第五本诗集《秃鹫的命运及其他诗歌》(*The Fate of Vultures and Other Poems*,1990)表现的主题是读者熟悉的:诗人与社会的关系、当代领导人的腐败与权力滥用的关系、政治与经济误导的问题,还有宗教倾轧。这本诗集与前几本不同的是它的反思性质。要维持发言人的身份,奥介德就要同群众拉开距离,以保持冷静,以退为进,避免情绪化:

> 唯恐你的敌人认为你太软弱
> 你把一座石山猛堆在他们身上
> 你就变成一个杀人犯
>
> 唯恐你的朋友说你硬心肠
> 你把一切为他们挥霍
> 你就变成一个要饭狼

在他们因为自身的理由
吞食你之前连连说"不"
你的忧虑制止他们。①

从上面五本诗集来看,奥介德的诗歌基本上是抒情的,具有传统的非洲意象、节奏和音乐。他能够巧妙地运用英语来表达他的经验,审视尼日利亚甚至非洲的社会政治状况。

后来,奥介德又出版诗集《蚂蚁的白日梦》(*Daydream of Ants*,1997)、《呼唤勇士精神》(*Invoking the Warrior Spirit*,1999)和《哈马丹风的故事》(*The Tale of the Harmattan*,2007)。截至2018年,奥介德已出版21本诗集,足以证明他是一位多产诗人。而且他获得了多项诗歌奖:英联邦诗歌奖(非洲地区,1987年)、BBC艺术与非洲诗歌奖(1988年)、全非奥吉格博诗歌奖(1988年和1997年)、尼日利亚作家协会诗歌奖(1988、1994、2003和2011年)和福伦-尼科尔斯奖(2016年)。这些奖项足以证明他是一位享誉国内外的大诗人。

此外,坦纽尔·奥介德还出版两本短篇小说集、一本回忆录、三部长篇小说和多篇文学批评文章,如《变化中的历史声音:当代非洲诗歌》("The Changing Voice of History:Contemporary African Poetry",1989)。他还出版了评论集《当代非洲文学:新观点》(*Contemporary African Literature: New Approaches*,2012),反映尼日利亚乃至非洲的文学批评的发展状况。

2. 奥迪亚·奥费穆

奥迪亚·奥费穆(Odia Ofeimun,1950——)出生在尼日利亚的伊尔胡克佩,在伊巴丹大学读政治学,后来做约鲁巴顶级政治家奥巴费米·阿沃娄沃的私人秘书。奥费穆是一位愤怒青年,也是一位诗人和行动主义者。他还做过拉各斯《卫报》文化专页的编辑、尼日利亚作家协会秘书长和主席,近期任信息网络编辑部主任。

奥迪亚·奥费穆把愤怒转变为诗的控诉和对革命胜利的希望。他坚持诗歌的政治意义,诗歌的实用功能乃是他评论上一代诗人的基础。他赞扬阿契贝、奥吉格博和索因卡的行为和他们对非洲过去与未来的看法,不赞成任何人事关大局的敷衍塞责的模糊立场。他在1980年出版诗集《诗人撒谎》(*The Poet Lied*)。克拉克认为,该诗集的标题诗《诗人撒谎》("The Poet Lied")指向自己,损害他的名誉,向法院提出诉讼,最后庭外解决,该书不再流通。

诗集《诗人撒谎》共收入41首诗,分属四个部分:"新扫帚""子弹说话的地

---

① Tanure Ojaide, "No," see *The Fate of Vultures and Other Poems*, 1990, p. 43.

方""决定"和"新来者"。诗集由三个主题贯穿：精美的卑劣腐败、当代尼日利亚社会生活的恶劣和诗人在社会中担当的角色。诗人对现实感到幻灭,感到被出卖："昨天魔幻般的许诺/像一堆堆的死牛冷冷地躺在/骆驼队旁,骆驼队没有去向。"[①]但是奥费穆仍然抱有希望,写下《我不能绝望》：

> 我在你话语的树枝上
> 建立自己的巢穴
> 甚至不仅仅是你说的话语
>
> 我不会绝望
>
> 我在你微笑的谜语中
> 建立自己的巢穴
> 那笑容在你十分普通
>
> 我不能绝望
>
> 在你引起游戏的眼神的
> 各式话语之中
> 我见到高高的屋顶迷人的反光
>
> 那令我神往的地方[②]

后来,他又出版诗集《吹笛人的把手及其他诗歌》(*A Handle for the Flutist and Other Poems*,1986)、《在非洲的天空下》(*Under African Skies*,1990)和《伦敦来信及其他诗歌》(*London Letter and Other Poems*,2000)。然而,他最有影响的诗集还是《诗人撒谎》,它开启用诗歌批评诗歌的先例,道出激进诗人的心声。最近他为舞剧《美丽的尼日利亚》(*Nigeria the Beautiful*)写诗,该剧已搬上尼日利亚许多城市的舞台,受到广泛欢迎。

3. 尼伊·奥桑代尔

尼伊·奥桑代尔(Niyi Osundare,1947—)出生在尼日利亚昂多州伊凯

---

① Odia Ofeimun, *The Poet Lied*, 1980, p. 4.
② 汪剑钊译:《非洲现代诗选》,2003,第 307—308 页。

尔-埃吉提的一个约鲁巴人家庭。他 1972 年在伊巴丹大学获得文学学士学位,1974 年在里兹大学获得文学硕士学位,1979 年在多伦多约克大学获得博士学位,后来一直在大学担任讲师或副教授。1990—1991 年,奥桑代尔在威斯康星大学担任富布赖特学者兼驻校作家,1991—1992 年在新奥尔良大学担任非洲与加勒比文学访问教授,此后回到伊巴丹大学。

1983 年奥桑代尔出版第一本诗集《市场的歌》(*Songs of the Marketplace*)。他佩服智利诗人聂鲁达,把他的话用作该诗集的题词:"我做出牢不可破的承诺/人民会在我的歌中找到他们的声音。"诗集中大多数诗篇关注诗人所在社会的腐败生活,一首接一首地出现贫穷与富有两相对照的形象,揭露了荒诞的阶级矛盾。然而诗集末尾却是乐观的、新世界的和谐秩序。诗集的第一首诗俨如诗歌宣言:

> 诗歌
> 不是一种孤高语言的
> 深奥密谈
> 不是对好奇读者们的
> 夸夸其谈
> 不是埋藏在希腊罗马传说中的
> 智力测验
>
> 诗歌是
> 一种生命源泉
> 它聚集诸多元素
> 收集的声音越多
> 它是行动的先行官
> 激发的思想越多
>
> 诗歌是
> 叫卖商贩的小曲
> 铜锣洪亮的响声
> 市场的抒情歌谣
> 青草晨露上的
> 熠熠生辉的光芒
>
> 诗歌是

清风对叶子舞动的伴唱
鞋底对泥泞小道的诉说
蜜蜂对诱人美酒的嗡嗡作响
落雨对昏暗屋檐的低声哼唱

诗歌
不是神谕的核心
不是某个单独的哲学家纪念碑

诗歌
是
人对人要说的话。①

本诗语言直白,态度鲜明。奥桑代尔主张诗歌为人民,要唱"叫卖商贩的小曲""市场的抒情歌谣",不要迷恋"对好奇读者们的/夸夸其谈",不要"埋藏在希腊罗马传说中的/智力测验"。换言之,诗歌不要奉行欧洲中心论,不要在少数人群中流转,而应该为人民大众服务,唱普通百姓的歌。上引整首诗是奥桑代尔作诗的指导原则,也是尼日利亚第二代诗人的共识。

第二本诗集《乡村的声音》(*Village Voices*, 1984)描写了农民的活动、关注点和态度,更以当地歌曲、神话和赞颂诗体现了丰富的农村传统。作者的意图不是把传统理想化或浪漫化,而是把它同压倒它的现代社会结构进行对比。整个诗集使用大量的农民语言,生动、鲜活、富有幽默感,体现诗人同农民的深厚感情。

第三本诗集《池塘里的笔尖》(*A Nib in the Pond*, 1986)重复和精心阐述了《市场的歌》的主题材料。作者在《是啥说啥》("Calling a Spade")中宣称:

不需要隐藏
在词语的殿堂
愤怒的浪潮
轻易地把它清扫

不需要伪装
在神秘的

---

① Niyi Osundare, *Songs of the Marketplace*, 1983, pp. 3 - 4.

薄薄的丛林后面
抗议的比喻
击打变化之书的
每个页面

不公正
没有昵称
贫穷
没有改名换姓。①

第四本诗集《大地的眼睛》(*The Eye of the Earth*，1986)的序言确认作者的写诗素材来源于乡村口头社会，"大地是我们的，我们是大地的"这种确认不只是出于"充满激情的怀乡"，而且是一种决心使然："回顾过去，变成对付朦胧出现的魔鬼的一种武器。……就人类生活的微妙辩证法而言，回顾过去就是展望未来；有洞见的艺术家不只是一个记录者，而且是一个提醒者。"②这个诗集像前面提到的诗集，依然关注社会、政治和经济方面处在劣势的人群，但是诗人的比喻和形象运用得更为娴熟。在借用口头传统和描述穷人的极度悲痛方面，诗人的深思熟虑益发明显。诗集不缺乏自传性的资讯，但是它的观点是社会的，而不是私人的；是建设性的，而不是破坏性的；是给予，而不是索取。奥桑代尔的诗歌发出了他独特的声音。该诗集出版同年获得英联邦诗歌奖和尼日利亚作家协会诗歌奖。

奥桑代尔是一位多产诗人，后来又出版《月亮歌》(*Moonsongs*，1988)、《季节歌》(*Songs of the Season*，1990)、《等候的笑声》(*Waiting Laughters*，1990)、《诗选》(*Selected Poems*，1992)、《柔情时刻：爱情诗歌》(*Tender Moments: Love Poems*，2006)、《无人城：卡特里纳诗歌》(*City without People: The Katrina Poems*，2011)和《随机布鲁斯》(*Random Blues*，2011)等。

其中《季节歌》乃是奥桑代尔 1985 年在尼日利亚报纸《周日论坛》所开的一个栏目的产物。他在序中解释说，这本诗集的目的在于以一种简单易懂、富有切身的话题性且在艺术上让人愉悦的方式来捕捉这个时代意义重大的事件，"提醒国王们去注意一路排到他们王座前的尸体队伍，向富人展示在他们城堡背后腐烂的贫民窟，同时颂扬美德，谴责邪恶，反映被践踏者的成就和艰辛，庆祝雨季的绿色荣耀和旱季的棕褐色调，从这片广袤惊人的大地的尘土中

---

① Niyi Osundare，*A Nib in the Pond*，1986，p. 9.
② Niyi Osundare，*The Eye of the Earth*，1986，pp. Ⅹ-Ⅺ.

提炼出诗歌——那就是从我的土地口中吟唱出的各种悲喜之歌"。①

奥桑代尔指出"书写诗歌在尼日利亚已经成为疏离还要继续疏离的职业——这是种令人痛心的反讽,因为在这个国家,每个重要事件都要用歌、鼓和舞蹈庆祝,生活平静得有种流畅的节奏,谚语中包含无数的智慧"。②

《季节歌》收入 57 首诗,分成五个部分:"歌""对话""颂辞""预言"和"各种各样的努力"。整本诗集以 isihun(一种祈祷,字面义为"放开喉咙")和"为我的土地歌唱"开始,诗人歌颂了他与大地联系的中心经验,大地乃是这本诗集的诗歌之源。

《等候的笑声》是奥桑代尔最有代表性的诗集,是一首"多种声音的长歌",包括四个部分。正如书名所示,这部诗集考虑了等候过程和幽默性质。奥桑代尔吸收了尼日利亚,尤其是约鲁巴族的文化遗产,但是不少诗也参照非洲其他地区和整个黑人世界。这些诗歌提到尼日尔河、尼罗河、林波波河和大西洋,提到有关非洲自由的事件——兰加、沙佩维尔和索韦托,提到非洲与黑人自由事业的烈士托马斯·桑卡拉、斯蒂夫·比科、瓦尔特·罗德尼,还有自由斗士纳尔逊·曼德拉。同时,它们也提到了自由的叛徒——希特勒、马科斯和伊迪·阿明。就其本质而言,集子中的诗歌是实验性的,常常需要笛子、科拉和塞科尔等乐器与人类的声音相伴。该诗集于 1991 年获得非洲最有名的图书奖——野涧奖,奥桑代尔成为获此殊荣的第一位非洲英语诗人。1999 年,图娄斯大学授予奥桑代尔荣誉博士学位。

此外,奥桑代尔还出版《两个剧本》(*Two Plays*,2005)和一个评论集《非洲文学与文化论文集》(*Thread in the Loom: Essays on African Literature and Culture*,2002),但是他主要是一位诗人,而且是尼日利亚第二代诗人的领军人物。2014 年,他被授予尼日利亚最高学术成就奖——尼日利亚国家功勋奖。

4. 玛曼·济亚·瓦查

玛曼·济亚·瓦查(Mamman Jiya Vatsa,1940—1986)是尼日利亚诗人、陆军少将、新联邦首都阿布贾部长、最高军事委员会成员,后被巴班吉达的军政府处死,年仅 46 岁。

他是一位多产诗人,写给成人的诗已出版 8 本,写给孩子们的诗已经出版 11 本。他的诗歌大多是教诲性质的、民族主义的,比如《又回到战争之门》("Back Again at Wargate",1982)和《伸手抓天——关于阿布贾的爱国诗歌》(*Reach for the Skies: Patriotic Poems on Abuja*,1984)。他最好的诗集有关

---

① Niyi Osundare, *Songs of the Season*, 1990, p. Ⅴ.
② Ibid., pp. Ⅴ-Ⅵ.

普通人的生活和简单的造物,包括皮钦英语诗 *Tori for get Bow Leg*(1981)、用豪萨语解说的文化图画书《比尼·苏那》(*Bini Suna*)、具有魅力的图文并茂的故事书《蜇人的蝎子》(*Stinger the Scorpion*,1979),最后一本读起来就像散文。

笔者认为,瓦查对尼日利亚文学的贡献,除了自己的诗作,尤其是儿童诗之外,还有他对尼日利亚作家协会的物质贡献和对军人诗歌创作的组织和促进。他创办尼日利亚作家协会作家村的这个凤愿,直到 2012 年 1 月 24 日才由时任尼日利亚作家协会主席的诗人雷米·拉济实现,并以"瓦查"命名。

5. 伊迪·布卡尔

伊迪·布卡尔(Idi Bukar,生年不详)出生在索科托州的查米雅村。这位来自北方的诗人曾出版诗集《先是沙漠到来,接连就是施虐者》(*First the Desert Came and Then the Torturer*,1984),探讨人们的集体心理,建构后殖民国家的精巧寓言:这个国家由贫瘠、无创造性、残忍、平庸和导致死亡的领导统领。他笔下的施虐者和死亡既是真实的生活,又隐喻不育与破坏的力量,还象征依附的资本主义、饥饿和依附的法西斯主义。诗集关注非洲各地的民族解放斗争。该诗集是直面非洲,尤其是尼日利亚社会现实的优秀诗集。

6. 伊费·阿玛迪厄姆

伊费·阿玛迪厄姆(Ifi Amadiume,1947—)出生在卡杜纳,伊博族,先在尼日利亚接受教育,1971 年前往英国,在伦敦大学亚非学院学习,先后获得社会人类学学士学位(1978)和博士学位(1986),在尼日利亚大学做过一年研究员,而后在英国、加拿大、美国和塞内加尔教学和讲演。她的主要著作是与伊博族相关的专著《非洲母权制基础》(*African Matriarchal Foundations*,1987)和获奖的专著《男性女儿,女性丈夫》(*Male Daughters, Female Husbands*,1987)。后者被认为是这个研究领域的突破,它认为在西方殖民主义加强之前,二元对立的性别差异在非洲并不存在。1998 年,她又出版理论文集《再创非洲》(*Reinventing Africa*)。学界普遍认为她在女权主义话语方面做出了开创性贡献:"她的著作对性、性别、权利问题和妇女在历史与文化中的地位提出了新的思考方法。"[①]然而,她假定女性等同于和平与爱的观点却招致了批评。

阿玛迪厄姆作为诗人参加了 1977 年在尼日利亚举行的第二届非洲黑人

---

① Marie Umeh, "Amadiume, Ifi", see *Who's Who in Contemporary Women's Writing*, edited by Tane Eldridge Miller, 2001.

艺术文化节(Festac'77)。她的诗集《激情澎湃》(*Passion Waves*,1985)曾获英联邦诗歌奖提名,诗集《爱的循环往复》(*Circles of Love*,2006)获得芙劳拉·恩瓦帕学会奖,诗集《忘我的境界》(*Ecstasy*,1995)1992 年获得尼日利亚作家协会诗歌奖。她还出版另外两本诗集《奔跑》(*Running*)和《被遮蔽的黑人声音》(*Voices Draped in Black*,2008)。

7. 方索·艾耶济纳

方索·艾耶济纳(Funso Aiyejina,1949—　)出生在尼日利亚埃多州的奥索索。他先后在伊费大学、加拿大阿卡迪亚大学和特立尼达西印度大学获得学士学位、硕士学位和博士学位,之后一直在伊费大学任教,直至 1986 年移居国外。自 1990 年起,他在西印度大学教授文学,1995—1996 年在美国林肯大学担任富布赖特讲师讲授创作。

他的作品经常出现在许多刊物和一些文集中。他和一些新一代的知识分子一样,发现黑人同黑人的对立远大于第一代作家专注的黑人同白人的对立。他关注现在非洲人在修补殖民主义制造的心理创伤方面做了什么、未做什么,因此他的作品有意识地关注政治,并且给出批评。他主要是一名诗人,1989 年发表第一本诗集《致林达的一封信及其他诗歌》(*A Letter to Lynda and Other Poems*),同年获得尼日利亚作家协会奖。由于外祖父是艾法祭司,艾耶济纳儿时听到许多礼仪歌,所以他创作具有约鲁巴口头文学特色的诗歌,结集为《我至高无上及其他诗歌》(*I, the Supreme and Other Poems*,2004)。他的短篇小说集《岩石山上的传说及其他故事》(*The Legend of Rockhills and Other Stories*,1999)共收入十个短篇小说,幽默地讽刺了腐败的公共官员,反映了尼日利亚人民生活的困境。该书获 2000 年英联邦作家奖。虽然该书是他居住于加勒比地区的产物,但是它扎根于非洲,尤其是尼日利亚,关注那里似乎难以消除的困难。

艾耶济纳也关注加勒比文学和作家,出版《自我画像:十位西印度群岛作家和两位批评家访谈录》(*Self-Portraits: Interviews with Ten West Indian Writers and Two Critics*,2003)。

8. 奥西·埃尼克韦

奥西·埃尼克韦(Ossie Enekwe,1942—　)出生在尼日利亚埃努古州的阿法,1971 年毕业于尼日利亚大学,后在纽约的哥伦比亚大学获得硕士学位和博士学位,之后在尼日利亚大学教授文学与戏剧,1970 年代早期担任学术刊物《奥卡克》(*Okike*)的助理编辑,1986 年接替钦努阿·阿契贝任编辑。

埃尼克韦是一位学者和多产作家。主要著作有诗集《破罐》(*Broken Pots*,

1977)、长篇小说《雷电来了》(*Come Thunder*，1984)、短剧《背叛》(*Betrayal*，1989)、短篇小说集《最后的战斗及其他故事》(*The Last Battle and Other Stories*，1996)和非虚构作品《伊博面具》(*Igbo Masks*，1987)。还有他与贾斯普尔·阿曼库劳尔(Jasper Amankulor)根据传统的阿达玛(Adamma)面具演出撰写的电影脚本《阿达玛创意戏剧演出脚本》(*Scenario for Adamma Creative Dramatic Performance*，1985)。但是，埃尼克韦的国际声誉主要来自他的诗歌。

埃尼克韦的诗歌一般分为两类。《破罐》中的诗歌是诗人在为遭到破坏的人性恸哭。他为战争造成的精神荒原、毫无意义和人类遭受的苦难而惋惜。他像个预言家警告人类：由于人类丧失远见、感觉、感情、希望、渴望与梦想，破坏与暴力在新的世界秩序中占据中心，导致人类价值丧失，人像狼一样对待人。《向乞力马扎罗进军》(*Marching to Kilimanjaro*)[①]中的诗歌属于第二类。诗人在诗歌中仍然在为充满暴力和血腥的人的诞生而悲叹。但是，这类诗基本上是对社会和经济的批评或抗议。他讽刺吞食人民血肉而又毫无远见、感觉迟钝、寄生虫似的领导者的行为。他指出：人为的大差别把人类分为两大阶级——有产者和无产者；富人花天酒地，穷人被敲骨吸髓，皮包骨头。但是不能把埃尼克韦单单看作一个悲观主义者，他在人穿越黑暗、危险的生活隧道时给出光明和希望。在《向乞力马扎罗进军》中他指出，在以知识、理智和对美好与真理的热爱作为新式武器取代"火箭"和"火箭炮"的情况下进行不流血的革命，必定会打破束缚、奴役、屈辱、贬抑和不公正的锁链。

埃尼克韦使用语言非常出色。他诗歌的主题与其描述语言不可分割。他把他掌握的不同艺术形式——绘画、戏剧、舞蹈和音乐——运用到诗歌上。他分外细致地描写人物、事物、情景和事件。无论是《破罐》中对被打败、毁坏的破碎人性的描写，还是《向乞力马扎罗进军》中对大地上被疏远的、心理受到创伤和遭受诅咒的人的描写，他都注意细节。诗歌中的抒情和对被疏远人物的使用都受到赞扬。事实上，读埃尼克韦感觉像读英国大诗人威廉·布莱克(William Blake，1757—1827)。两人有相似观点：如果人为障碍排除，人能够自我完善。他们都关注社会上的倒霉者，尤其是孩子们的不幸。他们都使用朴实的描述性语言，激发不同的意象。埃尼克韦尤其善于以激发读者心理联想的方式把物体、事件和理念人格化，使诗歌更加生动形象。

埃尼克韦不愧是他所处时代的诗人。他关心现实，尤其关注他作为大学生参与过的尼日利亚内战及其造成的心理创伤。短篇小说《最后的战斗》("The Last Battle")则描写步兵被迫在常人难以忍受的情况下投入战斗。埃

---

① G. M. T. Emezue，ed.，*New Nigerian Poetry*，2005，pp. 65 – 84.

尼克韦既不美化殖民化之前的非洲,也不回避殖民主义对他家乡的剥削和对非洲种族的残忍,但是他不是猛烈批判,而是表现他周围的种族歧视。

9. 波尔·N.恩杜

波尔·N.恩杜(Pol N. Ndu, 1940—1976)出生在尼日利亚东部,毕业于恩苏卡大学。内战对他产生深刻的影响。他在美国纽约州立大学获得美国非洲裔文学博士学位,尔后在美国教学两年,1976年回到尼日利亚,因车祸英年早逝。

他早先在杂志《黑色的竖琴》和《奥卡克》上发表诗歌。在短暂的一生中他出版了两本诗集——《各各他》(*Golgotha*, 1971)和《预言家之歌》(*Songs for Seers*, 1974)。学界普遍认为他继承了克里斯托弗·奥吉格博的衣钵,《预言家之歌》的标题诗是唱给奥吉格博的挽歌。他把奥吉格博看成他的创作缪斯。像他的导师那样,他也是一位创造神话的人。他的两首诗《乌杜德》("Udude")和《疏散》("Evacuation")被选入《企鹅版现代非洲诗歌》(*The Penguin Book of Modern African Poetry*, 1998),这显现出他在现代非洲诗歌界的地位。

10. 凯瑟琳·阿楚娄努

凯瑟琳·阿楚娄努(Catherine Acholonu, 1951—2014)出生在奥尔鲁的拉扎汝斯·奥鲁姆巴酋长之家,在奥尔鲁接受中学教育。她是从德国杜塞尔多夫大学获得硕士学位(1977)和博士学位(1987)的第一位非洲妇女。1978年她开始在澳沃里的阿尔凡·伊柯库教育学院教书。凯瑟琳·阿楚娄努是一位著名的非洲文化研究专家,研究项目获得美国新闻处、英国文化教育协会、洛克菲勒基金会、富布赖特基金会的支持。1999—2002年她担任尼日利亚总统奥卢塞贡·奥巴桑乔的艺术与文化高级特别顾问,后又被总部设在贝宁共和国的非洲复兴大会任命为非洲复兴大使。她是设在尼日利亚首都阿布贾的凯瑟琳·阿楚娄努非洲文化科学研究中心(Catherine Acholonu Research Center for African Cultural Sciences)的主任。该中心开拓性地研究非洲的史前史、石刻、岩洞艺术,对古代符号与沟通媒体进行语言学分析。她说,被称为"伊科姆独石"的尼日利亚岩石艺术铭文证明"公元前2000年撒哈拉以南非洲黑人就拥有一种有组织的书写系统"。

凯瑟琳·阿楚娄努是一位诗人,已经出版诗集《阿布·乌谟·普拉马里:小学低年级用诗集》(*Abu Umu Praimari: Collection of Poems for Junior Primary*, 1985)、《儿童诗歌》(*Children's Verse*, Ⅰ, Ⅱ, 1985)、《泉水的最后一滴》(*The Spring's Last Drop*, 1985)、《尼日利亚在1999年》(*Nigeria in*

the Year 1999, 1985)、《朗诵与学习》(*Recite and Learn*, 1986)。其中,《泉水
的最后一滴》的主题是她所说的"文化缺失",《尼日利亚在1999年》的主题是
文化缺失的后果——"社会死亡"。就某种程度来说,阿楚娄努的诗歌灵感来
自传统、扎根于传统,固定住传统和对某种超自然元素的信仰。比较有名的单
篇诗作有:《回家》("Going Home")、《泉水的最后一滴》("The Spring's Last
Drop")、《异见者》("Dissidents")、《战争的后果》("Harvest of War")和《其他
的屠杀形式》("Other Forms of Slaughter")。后两首诗显然与尼日利亚内战
有关。儿童诗表现诗人作为尼日利亚作家协会创建者之一对儿童文学的关
注。有一首诗题为《美之歌》("Song of Beauty"),它为美、荣誉和诚实在尼日
利亚的消亡唱起了挽歌:

歌唱美丽
今日当代
犹如
跳舞
对着一支亡魂曲

歌唱诚实
今日当代
犹如
穿着
一双夹脚的鞋。[1]

总之,阿楚娄努歌唱传统的诗歌出自内心,充满激情,充分表现她在诗歌
上的天赋和对韵律节奏的掌握。她的社会批评类诗歌比较拘谨,语言具有反
讽的特点,诗行短促有力。凯瑟琳·阿楚娄努还出版了三个剧本:《美人的磨
难:独幕剧》(*Trial of the Beautiful Ones: A Play in One Act*, 1985)、《签约
与谁是国家元首》(*The Deal and Who Is the Head of State*, 1986)和《进入
"比夫拉"的心脏:三幕剧》(*Into the Heart of Biafra: A Play in Three Acts*,
1985)。《进入"比夫拉"的心脏》没有把内战作为政治问题处理,但是它却生动
地表现了内战给普通百姓带来的苦难和悲剧。我们从中可以看到莫娜、她的
丈夫楚姆,还有他们的孩子们在内战中遭受的苦难:盲人女儿被入侵的士兵
强奸和枪杀,其他孩子接连死去,他们夫妇分离,不得不另组家庭。《美人的磨

---

[1] Catherine Acholonu, *Nigeria in the Year 1999*, 1985, p. 49.

难》从神话中汲取了生者与死者相互联系的理念。像芙劳拉·恩瓦帕利用水妈妈的神话那样,阿楚娄努把美丽的女人同水下女神的事例联系在一起,通过恩瓦玛·奥伍从门徒变成人类女儿的过程,实现了女性过分美同恶势力的联系。当恩瓦玛的母亲拼命想保留一个人类女儿时,她其实讲述了天赋的非人类特性。事实上,她是埃泽旺伊-奥伍的再世,在母亲子宫里成形。在人类世界,天赋是罕见的。恩瓦玛过多的天赋则暗示她太好,不可能是个人类孩子。这部剧就是一场人保留神性的斗争、保留人类身上超人特性的斗争。这种斗争使得剧本非常感人且令人信服,剧本富有诗意的语言也增强了现实感。

凯瑟琳·阿楚娄努也是一位学者,主要学术著作有《现代伊博文学中的西方传统和本土传统》(*Western and Indigenous Traditions in Modern Igbo Literature*,1985)、《母亲主义:女权主义的非洲中心替代》(*Motherism: the Afrocentric Alternative to Feminism*,1995)、《奥劳达赫·艾奎亚诺的伊博根》(*The Igbo Roots of Olaudah Equiano*,1995,revised 2007)、《非洲新前沿:走向21世纪真正的全球文学理论》(*Africa the New Frontier: Towards a Truly Global Literary Theory for the 21st Century*,2002)、《他们生活在亚当之前》(*They Lived before Adam*,2009)。《他们生活在亚当之前》出版当年获得多元文化非虚构类国际图书奖。

总之,凯瑟琳·阿楚娄努创作了近20部作品,其中不少在尼日利亚的中学和大学里使用,有的也在美国和欧洲的非洲研究单位中使用。

11. 奥莫拉拉·奥贡迪普-莱斯里

奥莫拉拉·奥贡迪普-莱斯里(Omolara Ogundipe-Leslie,又名 Omolara Ogundipe,1940—2019)出生在阿贝奥库塔,先在埃德的中学受教育,1958年进入伊巴丹大学学院,1963年获得学士学位,1990年在荷兰的莱顿大学以论文《叙事学》("Narratology")获得博士学位。她在美国执教多年,于1973年回到伊巴丹大学任讲师和助理教授,后来在新建的奥贡州立大学任职,之后辗转于美国、加拿大和南非的一些大学教书。她是一位著名的行动主义者和女权主义者。

迄今她仅出版一本诗集《缝补旧时光及其他诗歌》(*Sew the Old Days and Other Poems*,1985)。诗集最关注的是妇女,尤其是尼日利亚妇女遭受的灾难——男人对待妇女的态度、做法以及女性建设国家所受到的机会限制。总之,诗集出色地反映了她对妇女事业的贡献。她充分利用了自己熟知的约鲁巴语修辞手段和文化资料,比如谚语。1994年她出版一本论文集《再造我们自己:非洲妇女与重大转变》(*Re-creating Ourselves: African Women and Critical Transformations*)。

12. 哈里·加汝巴

哈里·加汝巴(Harry Garuba，1958—2020)出生在尼日利亚的约鲁巴地区，其父是一位学校督学。加汝巴童年有在各地流动的经历，因而接触过许多语言和种族，形成了一种广阔的世界视野。1975 年，他入伊巴丹大学就读，先后获得学士学位、硕士学位和博士学位，并在那里担任教职(1981—1995)。加汝巴曾经在南非的祖鲁兰大学和开普敦大学任教，曾是"海因曼非洲文学丛书"的编辑顾问委员会成员和尼日利亚作家协会秘书长助理。2005 年，加汝巴晋升为开普敦大学非洲研究中心主任。他的独幕剧《圣种族隔离节的哑剧》(*Pantomime for Saint Apartheid's Day*)在《尼日利亚新作》(*Festac Anthology of New Nigerian Writing*，1977)中发表。1988 年，他编辑出版了《来自边缘的声音：尼日利亚作家协会尼日利亚新诗集》(*Voices from Fringe: An ANA Anthology of New Nigerian Poetry*)。

加汝巴以诗人著称，敏感而又富有哲思。他只出版过一本诗集《影子与梦想及其他诗歌》(*Shadow and Dream and Other Poems*，1982)。他的诗歌跟奥桑代尔和法图巴等诗人的作品不同：后者是公开的基调，关注社会，而他的作品是私人的，耽于深刻的内心思考和吸引人的抒情。整本诗集围绕作为比喻的伤痕——标记历史斗争和当代斗争，尤其是跨越梦想与现实之间深渊的斗争的伤痕。加汝巴的诗歌最有力的表现，是他有能力把诸多事件——殖民主义、内战、学生行动主义——转变为比喻。虽然他只出版过一本诗集，但因其质量高，加汝巴现在仍被视为最杰出的尼日利亚英语诗人之一。

13. 费米·奥耶博德

费米·奥耶博德(Femi Oyebode，1954—　)出生在尼日利亚拉各斯，先后在尼日利亚和英国学习医学和精神治疗学。他的第一本诗集名为《裸露到你的柔软处及其他诗歌》(*Naked to Your Softness and Other Poems*，1989)，探讨了诗人在私人生活和公共生活中各种各样的经验。尽管诗集名字含有色情的意味，但是诗人在书中编织了对人性的关怀。他的第二本诗集《星期三是一种颜色》(*Wednesday Is a Colour*，1990)把他在不列颠生活的私人体验巧妙地编织在一起，反映他对那个民族、那个社会的印象。《变化的森林》(*Forest of Transformations*，1991)是奥耶博德的第三本诗集，引入约鲁巴的神话传统世界。

14. 钦维祖

钦维祖(Chinweizu，原名 Chinweizu Ibekwe，1943—　)出生在尼日利亚东部的埃鲁亚玛-伊苏克瓦图，在阿费克坡接受中学教育，后来在美国的马萨诸塞技术学院学习数学和哲学,后改学经济学。1976 年,钦维祖在纽约州立大学布法罗分校获得博士学位。其时正是美国民权时代,钦维祖受到黑人艺术运动的影响。

接着他在马萨诸塞技术学院和圣约瑟大学教书,1980 年代初回到尼日利亚,成为《卫报》和《先锋报》的专栏作家,著文促进黑人东方主义发展。

钦维祖是一位激进的文学评论家。他的第一本书是《西方和我们其他人》(*The West and the Rest of Us*, 1975),详细描述西方世界对非西方民族的剥削,谴责非洲精英的文化异化和他们对西方价值观念奴隶般的遵从。引起更多注意的著作是他的第二本书《走向非洲文学的去殖民化》(*Toward the Decolonization of African Literature*, 1980)。这是他和同事昂伍契克瓦·杰米(Onwuchekwa Jemie)、伊赫楚克伍·马杜布伊凯(Ihechukwu Madubuike)早先在学术刊物《奥卡克》(*Okike*)上发表的论文的集成。文集全面谴责非洲文学批评采用以欧洲为中心的方法,谴责诗人索因卡、奥吉格博和迈克尔·埃克劳、"伊巴丹-恩苏卡诗人"以及深受"霍普金斯病"伤害的那些人的暧昧倾向。钦维祖也对索因卡获得诺贝尔文学奖持蔑视态度。

他的第三本书是论文集《去非洲思想的殖民化》(*Decolonising the African Mind*, 1987),继续批评西方和非洲派生现象。第四本书,即论文集《解剖女性权力》(*Anatomy of Female Power*, 1990),则以父权制取代母权制作为性别关系的犯罪。钦维祖还编辑了一部文集《来自二十世纪非洲的声音》(*Voices from Twentieth-Century Africa*, 1988)。他是折中的,涵盖通俗文学和高雅文学,作品形式多样,既有口头传统又有书写传统。但是这些作品必须符合钦维祖的标准——必须有关他们起源社会的社会历史,必须是公共谈话的组成部分,必须是动人且易于记忆的,并且能在情感上、智力上、道义上或美学上影响读者或听众,必须是非洲人为非洲人用非洲语言写的(或用恰切的英语翻译成的)。

钦维祖出版了两本诗集:《能源危机》(*Energy Crisis*, 1978)和《祈祷与告诫》(*Invocations and Admonitions*, 1986)。他还出版了一本故事集《脚注》(*The Footnote*),频繁地重申它的中心主题——在西方影响下非洲社会与文化的破坏性变化。2006 年,他还把奥科特·普比泰克(Okot p'Bitek)的《拉维诺之歌》("Song of Lawino")和《奥考尔之歌》("Song of Ocol")改编成剧本搬上舞台。

二、小　说

钦努阿·阿契贝和沃莱·索因卡已经是闻名国内外的大作家,在内战结束后都有作品发表。钦努阿·阿契贝出版短篇小说集《战火中的姑娘及其他故事》(*Girls at War and Other Stories*，1972)和诗集《小心啊，心灵的兄弟及其他诗歌》(*Beware, Soul-Brother, and Other Poems*，1971)。另外，他还出版儿童文学作品《豹子为什么有爪子》(*How the Leopard Got His Claws*，1973)、《笛子》(*The Flute*，1977)和《鼓》(*The Drum*，1977)。但是，他的两本文学评论集《还是在创造日的早晨》(*Morning Yet on Creation Day*，1975)和《希望与障碍》(*Hopes and Impediments*，1988)更为重要。前者包括《作为导师的长篇小说家》("The Novelist as Teacher")、《关于非洲长篇小说的若干思考》("Thoughts on the African Novel")和《非洲作家与英语语言》("The African Writer and the English Language")等重要论文，阐明了他的文艺观点，为非洲作家指明方向；后者，正像该书封底所说："钦努阿·阿契贝是当代文学中最具话题性和最有创意的声音之一，本书收录了他近23年来最好的文章和演讲，阿契贝在其中思考了文学和艺术在我们社会中的地位。对阿契贝来说，克服我们欣赏意象作品中的欧洲中心论同消除欧洲社会种族主义与不公正态度的破坏性影响是并行不悖的。他揭示了非洲人同欧洲人、黑人同白人之间公开、平等的对话仍然存在种种障碍，但他也潜移默化地让我们怀有希望——这些障碍不久就会克服。"[1]

沃莱·索因卡的第二部长篇小说是《失序的季节》(*Season of Anomy*，1973)。它讲的是一个更直接的故事，可又与俄耳甫斯-欧律狄刻神话和约鲁巴革命神奥贡的叙事故事有象征性的联系。这部作品像索因卡1970年代大多数作品那样，反映了他在狱中形成的许多社会观点和理想。索因卡已经写下两本自传作品：《此人已死：狱中笔记》(*The Man Died: Prison Notes*，1972)记录了他在狱中的所见所闻、所思所想，《阿凯的童年》(*Aké: The Years of Childhood*，1981)则再现了他早年的生活。还有一本论文集《神话、文学与非洲世界》(*Myth, Literature and the African World*，1976)，反映了他对文学与戏剧的某些观点与看法。

综上所述，第一代作家在内战结束后，更加关注社会、反思战争，直至开启尼日利亚的战争文学，其中包括奥吉格博、阿契贝、索因卡等作家有关内战的诗歌，还包括阿契贝的短篇小说集《战火中的姑娘及其他故事》和I. N. C. 安尼博的《无名的牺牲》(*The Anonymity of Sacrifice*，1974)、恩瓦帕的《永远不再》(*Never Again*，1975)、艾克文西的《活过和平时期》(*Survive the Peace*，1976)和《我们分开站立》(*Divided We Stand*，1980)等长篇小说。

第二代作家(或称"战后一代作家")自内战结束以来也写了许多有关内战的小说，包括S. O. 米祖(S. O. Mezu)的《旭日的背后》(*Behind the Rising*

---

① Chinua Achebe, *Hopes and Impediments*，1988，back cover.

Sun，1970)、奥西·埃尼克韦(Ossie Enekwe)的《雷电来了》(*Come Thunder*，1984)、科尔·奥莫托索(Kole Omotoso)的《战斗》(*The Combat*，1972)、福斯塔斯·伊亚依(Festus Iyayi)的《英雄》(*Heroes*，1986)和伊希多尔·奥克皮尤霍(Isidore Okpewho)的《受害者》(*The Victims*，1970)。

通俗文学受到重视和发展。战后一代青年作家大都用小说记录平民的状况,脱离深奥作品的倾向渐起,"他们把学术批评界看成次要作家的西普利安·艾克文西和约翰·芒昂耶当成他们的大师、向导和楷模,也就不足为怪了"。[①] 兴起的通俗文学既没有抹杀被内战中断的奥尼查市场文学,又有新的发展,成为一种新的通俗文学:作者的文学水平比较高,读者的教育程度也不差。作品的出版往往得到当地小出版社和娱乐机构的支持。早在奥尼查市场文学时期就已出名的奥比·埃格布纳(Obi Egbuna)在英国出版社或尼日利亚出版社接连出版《太阳的女儿及其他故事》(*Daughters of the Sun and Other Stories*，1970)、《大海的皇帝及其他故事》(*Emperor of the Sea and Other Stories*，1974)、《部长的女儿》(*The Minister's Daughter*，1975)、《无家可归的流浪汉日记》(*Diary of a Homeless Prodigal*，1978)、《吕西斯特拉忒被奸与圣诞节的黑蜡烛》(*The Rape of Lysistrata and Black Candles for Christmas*，1980)和《迪迪的疯狂》(*The Madness of Didi*，1980)。其他通俗作家还包括苏鲁·乌格伍(Sulu Ugwu)、安尼泽·奥科罗(Anezi Okoro)、维可托·索普(Victor Thorpe)和穆罕默德·苏莱(Mohammed Sule)。被称为"最多产的小册子作家"的奥盖利·A.奥盖利(Ogali A. Ogali，1931—　)也出版了《煤城》(*Coal City*，1978)和《朱朱祭司》(*The Juju Priest*，1978)。女作家海伦·奥薇比亚盖勒(Helen Ovbiagele，1944—　)写出《埃薇布我可爱的人》(*Evbu My Love*，1981)，阿道拉·莉莉·乌拉希(Adaora Lily Ulasi，1932—2016)的长篇小说《许多事情你不懂》(*Many Thing You No Understand*，1970)、《许多事情开始变化》(*Many Thing Begin for Change*，1971)、《约拿是谁?》(*Who Is Jonah?*，1978)和《来自萨盖姆的那个男人》(*The Man from Sagamu*，1978)都是以过去的殖民时期为背景,有意识地使用皮钦英语,但结果不总是令人满意。芙劳拉·恩瓦帕后期的书,尤其是《一个就够了》(*One Is Enough*，1981)很接近通俗文学。侦探小说自然属于通俗文学范畴。艾克文西的短篇惊险小说《亚巴周遭凶杀案》(*Yaba Roundabout Murder*，1962)在现实生活中即可找到原型。卡鲁·奥克派(Kalu Okpi，1947—　)的两本书《走私者》(*The Smugglers*，1977)和《在路上》(*On the Road*，1980)显然是警匪遭遇的故事。费德尔·昂耶克韦鲁(Fidel Onyekwelu)的《撒瓦巴人:黑非洲的

---

① 伦纳德·S.克莱因主编:《20世纪非洲文学》,李永彩译,1991,第164页。

黑帮》(*The Sawabas: Black Africa's Mafia*，1979)，其书名更明显地表明它是警匪小说。

除了战争文学和通俗文学，内战后还出现一种激进文学，尤其是小说，发展很快，成绩显著。当然这是相对而言。正如伊巴丹大学教授丹·伊泽夫巴耶指出的那样："老一代(作家)已经见证了非洲民族主义的欣快症、随后民族主义政治家暴行带来的失望和'海归派'的文化价值观、60年代中期的政治紧张和暴力。……而激进的一代(即第二代作家——笔者注)关注的不是言语试验，而是激进解决办法的直接社会效果。"①

"在1970年代，长篇小说处于重要地位，胜过戏剧和诗歌。"第二代小说家把城市小说家西普利安·艾克文西和多产小说家约翰·芒昂耶当成他们的楷模，用作品记录平民百姓的生活，"这种脱离深奥作品的急剧变化导致一种既是大众化的又是民粹派的文学"，②即通俗小说。另有许多第二代作家坚持现实主义的，甚至是激进的现实主义创作，深刻批评社会弊病和政治腐败，如福斯塔斯·伊亚依等。在1970—1985年这个时段，不少第二代作家创作以内战为题材的小说，深刻揭露战争的残酷和人类心理受到的伤害。也有自成一类的小说家，如本·奥克瑞(Ben Okri, 1959—)，他竟成为当时布克奖最年轻的获奖人。更可喜的是，第二代作家中有相当多的女作家，她们取得相当大的文学成就，如布契·埃米契塔(Buchi Emecheta, 1944—2017)、阿道拉·莉莉·乌拉希、伊费欧玛·奥科耶(Ifeoma Okoye, 1937—)和扎纳布·阿尔卡里(Zaynab Alkali, 1950—)等。

1. 海伦·奥薇比亚盖勒

海伦·奥薇比亚盖勒(Helen Ovbiagele, 1944—)出生在尼日利亚贝宁城，先后在贝宁城的教会女校、卡杜纳的圣彼得学院求学，在拉各斯大学学习英语和法语，在伦敦的法国文化中心继续深造，尔后在亚巴的拉各斯城市学院和伊科依的科罗纳学校任教。她是《尼日利亚先锋报》妇女专页的编辑，且擅长写作罗曼司之类的长篇小说，如《埃薇布我可爱的人》(*Evbu My Love*，1981)、《一个新的开始》(*A Fresh Start*，1982)、《你永远不知道》(*You Never Know*，1982)、《永远属于你》(*Forever Yours*，1985)、《谁真正关心》(*Who Really Cares*，1986)和《策划者们》(*The Schemers*，1991)。她的这些作品被列入麦克米伦公司的"标杆丛书"。奥薇比亚盖勒采用与丹尼丝·罗宾斯

---

① F. Abiola Irele and Simon Gikandi, eds., *The Cambridge History of African and Caribbean Literature*，vol. Ⅱ，2004，pp. 497-498.

② 伦纳德·S. 克莱因主编：《20世纪非洲文学》，李永彩译，1991，第164页。

(Denise Robins，1897—1985)①和巴巴拉·卡特兰(Barbara Cartland，1901—2000)②等相关联的罗曼司形式，但是她的女主人公有的是年龄比较大的独立妇女，其中包括离婚者和沦为娼妓的进城乡下妇女，《埃薇布我可爱的人》的女主人公，则是通过教育解放自己的妇女。

2. 易卜拉欣·塔希尔

易卜拉欣·塔希尔(Ibrahim Tahir，1938—2009)出生在尼日利亚北部的包奇，在剑桥大学的国王学院学习，先后获得社会人类学本科与研究生文凭。在英格兰求学期间他为英国广播公司(BBC)的豪萨节目供稿。回到尼日利亚后，他在阿赫默德·贝洛大学教授社会学并任系主任。后来，他为尼日利亚国家党的建立而工作，1983 年遭到军事干预，同其他政治家一块儿被拘留。其间，他早在 1960 年代就开始写作的长篇小说《最后一位伊玛目》(*The Last Imam*，1984)出版。通过伊玛目乌斯曼的故事，塔希尔批判了他的穆斯林社会以及阉割个人发展的文化习俗。小说中的人物很吸引人，小说中的冲突也是故事中迷人的部分。自被释放以来，塔希尔一直在从事商业活动和政治活动，直至离世。

3. T. 奥宾卡拉姆·埃切瓦

T. 奥宾卡拉姆·埃切瓦(T. Obinkaram Echewa，1940—　　)出生在尼日利亚的阿巴，在尼日利亚接受基础教育和中等教育，在美国大学接受高等教育，后在宾夕法尼亚的切尼学院担任英语副教授，经常为《纽约时报》《纽约客》《新闻周刊》和《西非》等报刊撰稿。他也写一些故事和诗歌。

埃切瓦主要是一位长篇小说家。第一部长篇小说《大地的主人》(*The Land's Lord*，1976)是一部结构严谨、人物形象鲜明的作品。故事以满腹狐疑的海格勒神父、他的炊事司务和阿汉巴牧师三个人物为中心。书中异教徒同基督徒之间的对话，实际是非洲同西方的对话，观点鲜明，富有哲理。小说出版当年获得说英语协会奖(English-Speaking Union Prize)。第二部长篇小说《残废的舞者》(*The Crippled Dancer*，1986)描写乡村的阴谋和世仇，反映了真与假、过去与现在、真实与幻想之间的紧张状态。这部作品入围过英联邦文学奖(非洲地区)决选名单。从埃切瓦作品中可看出，他不同于 1970 年代和1980 年代出现的第二代作家，后者主要关注去殖民化和民族独立之梦的失败，

---

① 英国女作家，在 50 多年的创作生涯中以各种笔名出版各种题材的长篇小说 170 多部，给人印象最深的是 1940 年代出版的 30 多部传统言情小说，其中包括她的代表作《不仅是爱》(*More than Love*，1947)。

② 生在英国，有"英国历史言情小说王后"之称，处女作《拉锯》(*Jig-Saw*，1925)使她一举成名。她一生写了 700 多部小说，个人影响主要来自其 1930 年代创作的历史言情小说。

而埃切瓦则关注殖民前和殖民统治时期的非洲生活。虽然埃切瓦长期生活和工作在美国,但是他对移民和流亡这类主题不怎么感兴趣,反而聚焦在尼日利亚的非洲社会。他想象殖民化之前和殖民化期间的非洲社会。例如,他的第三部长篇小说《我看见天上着火了》(*I Saw the Sky Catch Fire*, 1990)是以1929年的"阿巴妇女骚乱"事件为基础。该小说因其巧妙的人物塑造、鲜明的人物形象和对民众语言卓有成效的使用而获得成功。通过回忆伊博妇女造反的故事,主要人物能够面对非洲人在美国的不确定性和互不相容的要求。此外,埃切瓦还出版了一本童书《祖先树》(*The Ancestor Tree*, 1994)。

4. 丹·富拉尼

丹·富拉尼(Dan Fulani,生年不详)在尼日利亚曼比拉高原长大成人,在阿赫默德·贝洛大学受教育。他主要创作通俗小说,强调发展问题。他的第一批小说讲述一个名叫桑纳的尼日利亚北部男孩的冒险故事。桑纳的故事传遍非洲,深受南部非洲和东非学校的读者欢迎。后来,他创作了一批富有争议的作品,如《自由的价钱》(*The Price of Liberty*, 1981)讲述杀虫剂的故事。该书在美国受禁,却被倾销到非洲。其他主题包括对奶粉的斗争,如《为生命而斗争》(*The Fight for Life*, 1982),还有对毒品的斗争,如《桑纳和毒品贩子》(*Sauna and the Drug Pedlars*, 1986)。

丹·富拉尼也是一位多产作家,从1981年以来已有16本书出版,包括《没有永久不变的状况》(*No Condition Is Permanent*, 1981)、《桑纳,线人》(*Sauna, Secret Agent*, 1981)、《没有通天的电话》(*No Telephone to Heaven*, 1982)、《腐败的权力》(*The Power of Corruption*, 1983)、《睡觉的巨人睁开眼》(*Sleeping Giant Open Eye*, 1989)、《祸不单行》(*Twin Trouble*, 1990)、《穿鞋的安琪儿》(*The Angel Who Wore Shoes*, 1993)、《死人的骨头》(*Dead Men's Bones*, 1994)、《一个人,两张票》(*One Man, Two Votes*, 1995)、《800航班》(*Flight 800*, 1992)和《无畏四员组合:劫持!》(*The Fearless Four: Hijack!*)等。

5. 卡鲁·奥克派

卡鲁·奥克派(Kalu Okpi, 1947—),伊博人。父亲是公务员。奥克派年轻时随父亲走遍整个尼日利亚和后来成为喀麦隆的地方。他曾作为军官为"比夫拉"作战。战后他在纽约大学就读,1974年获得美术学士学位,同年开始其广播事业,做东尼日利亚广播公司制作人。三年后,他成为埃努古尼日利亚广播电台主要制作人,同一个女商人结婚,育有三个孩子。他认为写作首先是娱乐。与大多数作家不同,他不属于尼日利亚作家协会。他认为自己生来就是作家,"不喜欢莎士比亚、雪莱、叶芝或在学校中教给我们的其他任何作家"。在石油景气的 1970 年代后半期,卡鲁·奥克派创作了第一部长篇小说《走私者》(*The Smugglers*,1977)。主人公琼尼是一个自由记者。之前他同警察在一起,曾捉住一个名叫卡斯卡的危险犯罪分子。现在警察特别支队队长姜博少校请琼尼帮忙,琼尼单独行动"抄小路"逮住新近从监狱释放的卡斯卡和他的团伙。就是在女朋友阿达——一个尖嘴薄舌的女警察援助之下,琼尼变成卡拉巴尔附近的一个走私分子,去搜集关于卡斯卡涉嫌货物、枪支和海洛因走私活动的情报。流氓们绑架了港务长的儿子和阿达。琼尼为了拯救他们登上走私船,后来又被阿达救出。

人们可能把它看成一部常规的惊险小说,可它与 1977 年尼日利亚的常规惊险小说相差甚远。奥克派开创了一种新型的通俗娱乐小说。琼尼同阿达(一个非传统意义的现代非洲妇女)之间的关系是平等的、和谐的,很少像尼日利亚常规惊险小说那样强调暴力和危言耸听的性行为。这部小说被列入麦克米伦公司的"标杆丛书"。此后,奥克派遵循第一部小说的模式和特点,又出版了《政变!》(*Coup!*,1982)、《交叉火力》(*Cross-Fire*,1982)、《南非事件》(*South African Affair*,1982)等八部长篇小说。1985 年,《摔跤冠军》(*The Champion Wrestler*)获得西德一家短波电台的第一个非洲文学奖。奥克派的信心似乎是名正言顺的。

可是到了 1990 年代初,奥克派对尼日利亚作家的前途看得比较暗淡,作家没有别的工作就不能养家糊口。他的幻想彻底破灭,而这正是尼日利亚第二代作家的特征。这种幻灭感给他后来的小说增添了色彩。如果说琼尼和阿达的罗曼司是大胆而又幽默的,《洛夫》(*Love*,1991)的故事就是严酷的。小说中恩科姆是伊博人,洛夫是艾菲克人,他们同时在同一家医院出生。即使只是新生婴孩,他们也紧紧抓住彼此的手。多年后,恩科姆又同洛夫相遇,洛夫正在接受护士训练,恩科姆因为足球赛受伤正在住院治疗。他们坠入爱河,计划一块儿上大学然后结婚,洛夫还为此被几个不赞成跨族婚姻的伊博族姑娘痛打一顿。可是内战却把他们分开。恩科姆成了"比夫拉"的一名军官,洛夫却同她的家人在卡拉巴尔陷入困境。

经过几个月勇敢而无望的战斗后,恩科姆跑出来寻找洛夫。他们再次相遇,一起过了几天的罗曼司生活,可是洛夫不能离开卡拉巴尔,因为为了救父亲的命,她已经答应同一名尼日利亚少校结婚。恩科姆又回到前线,后来听说洛夫已被杀死。他不愿意相信,战后继续寻找洛夫,未能如愿。

1980 年,恩科姆在加利福尼亚大学洛杉矶分校学习电影,遇到一位尼日利亚妇女,她让他想起洛夫。在寻找洛夫的一切努力失败后,他同这位妇女结了婚。十年后他回到尼日利亚制作电影。应该说他已有了幸福的婚姻、两个孩子和成功的事业,但是他还在想念洛夫。

有天,洛夫走进他在拉各斯的办公室。她已经跟随军人丈夫到过阿拉斯加和俄罗斯,他们已经有两个孩子。可是恩科姆同洛夫仍然深深相爱。他们计划以宽厚的条件同各自的配偶离婚,开始一起生活。他们搭乘一架飞机到埃努古,发誓再也不分开。可飞机失事,他们死在彼此的怀抱里。

这部罗曼司以悲剧结束,令人扼腕,可也反映出尼日利亚从信心满满的石油景气时代走向失望。第二代作家非常真切地体验了这种失望,也在作品中表达了这种失望。

6. 图鲁·阿贾依

图鲁·阿贾依(Tolu Ajayi,1946—　)出生在尼日利亚奥贡州的伊杰布-奥德。其父是中学教师,其母是律师和法官。阿贾依先后在尼日利亚和英国受教育,1970 年在利物浦大学医学院获得外科医生资格,后来在加拿大的纪念大学专修精神病学,在拉各斯行医成效显著。他成为作家是因为他佩服毛姆、契诃夫和 A. J. 克罗宁。这三位作家都当过医生。早年阿贾依就决定既做医生又当作家。在利物浦大学学医期间,他充分利用市图书馆,系统又合理地阅读,追求他成为一位有造诣的作家的目标。他有选择地阅读作品和评论。他不赞成随着感觉走,主张要了解文学方法和理解主题、情节和人物在小说中如何起作用。他认为作家不应模仿其他作家,而应开创和发扬自己的文学风格。

他的主要作品有长篇小说《这一年》(*The Year*,1981)、《教训》(*The Lesson*,1985)和《百万富翁的幽灵》(*The Ghost of a Millionaire*,1990),短篇小说集《夜的眼睛》(*Eyes of the Night*,1991,内有 1990 年 BBC 国际频道的获奖故事《家庭计划》)和《坏月亮之后》(*After a Bad Moon*,1995),还有诗集《生活的形象》(*Images of Lives*,1991)和《动作与情感》(*Motions and Emotions*,1992)。

至于作品的主题,阿贾依写的是尼日利亚社会冲突、社会变化,尤其是现代性同传统之间的紧张状态。他采用的素材来自他本人的行医经历。阿贾依和大多数尼日利亚作家的观点一样:他们担任三种角色,即见证人、教师和改革者;作为作家,他们能够且应当见证和敦促社会改革。阿贾依就是这类作家的一个实例。

7. 埃迪·艾罗赫

埃迪·艾罗赫(Eddie Iroh,1946—　)出生在东尼日利亚伊莫州。他先在尼日利亚联邦军队服务,内战爆发后转到"比夫拉"军队,在"比夫拉"战争情报局任职,有充分的机会访问前线。战后他先后为路透社工作、为伊万斯出版社服务、为埃努古的尼日利亚电视公司工作，1979 年到拉各斯的尼日利亚电视总台担任专题与文档部主任，布哈里政权时期担任尼日利亚《卫报》编辑，1999 年应奥巴桑乔总统邀请担任尼日利亚广播公司主任。

艾罗赫的创作始于内战结束后不久。1976 年他出版三部曲中的第一部长篇小说《献给将军的四十八支枪》(*Forty-Eight Guns for the General*)，揭露了"比夫拉"白人雇佣兵的冷酷、狡猾以及雇佣兵领导拉多尔夫少校和"比夫拉"少校楚纳赫之间的矛盾。《战争癞蛤蟆》(*Toads of War*，1979)暴露权威人士利用内战这场悲剧谋取私利，其背景是后方的官僚机构。艾罗赫也突出了战争英雄卡鲁、公务员琦玛和吸引人的凯奇三人之间的爱情关系。《夜间警笛》(*The Siren in the Night*，1982)是三部曲中的最后一部，背景是战争结束初期前"比夫拉"少校同联邦安全情报局少校之间的矛盾和斗争。总而言之，埃迪·艾罗赫的小说关注的是战争对人民的直接影响，而不是战争的政治。后来他又出版一本儿童读物《没有银匙》(*Without a Silver Spoon*，1981)，讲述了一个孩子在贫穷家庭长大的故事，其中有他自己童年生活的影子。

8. 科尔·奥莫托索

科尔·奥莫托索(Kole Omotoso，1943—)出生在尼日利亚阿库尔的一个约鲁巴人家庭。他早年失去父亲，在母亲及外祖父母的抚养下长大，在拉各斯的国王学院和伊巴丹大学受教育，1968 年在伊巴丹大学获得学士学位，1972 年在爱丁堡大学获得博士学位；1970 年代为《西非》杂志撰写文章，1976—1988 年在伊费大学教书，1989—1990 年在苏格兰的斯特林大学任英语研究访问教授，1990 年任莱索托国立大学英语访问教授，1991 年先在伦敦塔瓦拉剧院工作，后来移居南非，1991—2000 年在西开普大学任英语教授，后来在马蒂兰的斯泰伦博斯大学任戏剧教授。他和费米·奥索费桑、比奥顿·杰伊夫和尼伊·奥桑代尔同属一个群体，该群体对沃莱·索因卡、钦努阿·阿契贝、克里斯托弗·奥吉格博等第一代作家持批评态度。在给予第一代作家应有的尊敬的同时，他们主张非洲文学应该关注非洲的社会现实，重要的不是向欧洲人解释非洲，而是向非洲人解释非洲。奥莫托索本人进行了风格和技巧试验，以实现文学作品打动普通非洲人的目的。他的早期作品有：长篇小说《大厦》(*The Edifice*，1971)，通过跨国婚姻反映爱情和种族关系；《战斗》(*The Combat*，1972)，写的是两个兄弟自相残杀，隐喻联邦军同分离的"比夫拉"军队的厮杀，是一部战争小说；《费拉的选择》(*Fella's Choice*，1974)，是尼日利亚第一部侦探小说，讲的是南非派间谍破坏尼日利亚货币的价值但没有得逞的故事；《牺牲》(*Sacrifice*，1974)，描写非洲的精英利用公共财产接受教育，可后来又不承认的故事；《天平》(*The Scales*，1976)，写的是恶人通过篡权掌控了社会,但是真正的正义还是在这个社会再生了。与此同时,奥莫托索还创作了两个剧本《诅咒》(*The Curse*,1976)和《地平线上的阴影》(*Shadows in the Horizon*,1977)。前者是一部讽刺短剧,表现财富犹如一叶障目,忠诚、献身精神和兄弟情谊等一概被置之不理,人的唯一渴望就是牺牲同伙的利益得到财富和权力。后者以路边停车场作为场景:仆人们造反,主人为生命财产逃跑、联合、散伙、改革。富人们相互算计,反而称之为服务"公民法官"的调查。阿代沃拉拉是一个富有的安全人员,像独裁国王智胜他们。可这是短命的胜利,有最后决定权的是"仆人们",即人民。从这一点看,《地平线上的阴影》是一部强而有力的重要剧作。接着,奥莫托索又出版三部长篇小说:《借用一片飘叶》(*To Borrow a Wandering Leaf*,1978)、《回忆我们近期的景气》(*Memories of Our Recent Boom*,1982)和《恰恰在黎明前》(*Just before Dawn*,1988)。这些小说揭露了后殖民社会和政治,尤其是正在自我毁灭的尼日利亚政治形态的灾难。作者因这些小说引发争论而移居南非。

奥莫托索近期著作包括评论现代非洲社会和文化的论文和论著,如《移民到南方的季节:重新考虑非洲危机》(*Season of Migration to the South: Africa's Crises Reconsidered*,1994)、《伍扎,非洲》(*Woza Africa*,1997)、《赞成或反对自由宪章》(*Yes and No to the Freedom Charter*,2001)。此外还有一些剧作,如《开放的空间:六个当代非洲剧本》(*Open Space: Six Contemporary Plays from Africa*,1995)。这些剧本严厉批评有权有势的资本主义企业压制被边缘化群体的行径。

此外,奥莫托索的《非洲长篇小说的形式》(*The Form of the African Novel*,1979)是一本不可或缺的文学理论著作。它系统地研究非洲长篇小说的"非洲性"和非洲长篇小说与人民、社会及政治的关系。作者得出结论:非洲长篇小说形式由三个元素构成,即口头叙事的形式、欧洲长篇小说的常规形式和作家所使用的非非洲语言的语言与文学传统。另一本学术著作《阿契贝还是索因卡?:重新解释与对照研究》(*Achebe or Soyinka?: A Re-interpretation and a Study in Contrasts*,1995)是一部比较文学专著,对了解阿契贝和索因卡这两大尼日利亚文豪和现代尼日利亚文学具有指导意义。

9. 伊希多尔·奥克皮尤霍

伊希多尔·奥克皮尤霍(Isidore Okpewho,1941—2016)出生在尼日利亚阿布拉卡,其父是伊博人,其母是乌尔侯博人。奥克皮尤霍曾在阿沙巴的圣帕特里科学院、伊巴丹大学和美国的丹佛大学受教育。他一直以学者和口头文学与表演研究的领军人物著称,出版过《非洲诗歌遗产:口头诗歌与书写诗歌集》(*The Heritage of African Poetry: An Anthology of Oral and Written*

Poetry，1985）、《非洲史诗》（*The Epic in Africa*，1979）、《非洲神话》（*Myth in Africa*，1983）和《非洲口头文学》（*African Oral Literature*，1992），还发表过大量的批评文章。他也是一位著名的长篇小说家，是《受害者》（*The Victims*，1970）、《最后的职责》（*The Last Duty*，1976）和《潮流》（*Tides*，1993）三部重要长篇小说的作者。通过这些小说，奥克皮尤霍深刻探讨那些处境看似普通，实则成为前殖民社会价值观念与现代性主张之间冲突的牺牲品之人的心理。

《受害者》描写一夫多妻制家庭：丈夫酗酒、无能，一个妻子和他13年来只生了一个孩子，认定是他偏爱另一个妻子造成的，于是阴谋加害另一个妻子，成为厚颜无耻的杀人犯。在毒害另一个妻子的孩子们时，作为施害人的那位妻子也毁掉了自己的孩子、她自己和她可鄙的丈夫。这个灾难性结局让奥克皮尤霍把一个道德故事有效地融入他的社会批评，反映大众的渴望与大众贫穷的社会现实。

《最后的职责》是一部描写尼日利亚内战的小说，尽管没有指明。一个处在交战边界小村子里的跨种族婚姻家庭受到作战双方的怀疑、拷问、拘留和监禁，心灵备受折磨，生命财产受到破坏。一个青年妇女孤独地留守家园，可又无法维持生计，被迫与人通奸。作者通过六个叙事者的证词探讨了这种行为的原因和后果。这部小说构思奇特，由六个叙事者从不同的角度讲出各自的看法，这实际上是一种别样的第一人称叙事方式，显然与一般小说的结构不同；它着重心理探讨，这又与许多战争小说不同。作者更关心普通百姓，而不是战争双方的胜负。1972年，该书以手稿形式发表，赢得加州大学洛杉矶分校非洲艺术奖，后来被翻译为法语、俄语、乌克兰语和立陶宛语。《美国书籍新闻》的一篇评论认为，这部小说"是一部高度成熟而又获得成功的作品……深刻的道德关注和技巧的完美。《最后的职责》……已经在非洲文学发展中赢得光荣的地位"。[①] 目前，它已经成为尼日利亚中学、学院和大学的阅读文本。尼日利亚评论家宣布，"奥克皮尤霍摸到了时代的脉搏，为（他的人民）做了应对人类未来社会文化的心灵准备"。[②]

《潮流》以尼日尔河三角洲地区为背景，以两位新闻记者在1976—1978年的经历建构故事，反映石油产地人民为防止污染和保护生态环境而进行的斗争。这部作品在1993年获得英联邦（非洲地区）作家奖。《潮流》再次表明，奥克皮尤霍与内战后许多别的尼日利亚长篇小说家不同，他关注恶毒的社会势

---

① Faith Pullin，"Review of *The Last Duty* by Isidore Okpewho，" *British Book News*，April 1977，p. 334.

② Bayo Ogunjimi，"Review of *The Last Duty*，" *The Guargian*，Lagos，24 October 1992，p. 531.

力对人品质的破坏,关注社会环境在人物内心世界触发的冲突,可又不同于像福斯塔斯·伊亚依这样的作家,后者聚焦于社会阶级的冲突。奥克皮尤霍最近出版的一篇长篇小说《叫我合法的名字》(*Call Me by My Rightful Name*,2004),讲述波士顿一个名叫奥提斯的大学生和著名篮球运动员的故事:奥提斯 21 岁时一听到非洲鼓声就痉挛,后来他到西尼日利亚,发现自己是奴隶贸易时代被掠为奴隶的一位英雄的转世;两年后,他精神康复,回到美国,开始正常生活。2003 年,奥克皮尤霍还出版一本专题资料汇编《钦努阿·阿契贝的〈崩溃〉》(*Chinua Achebe's* Things Fall Apart)。

10. 福斯塔斯·伊亚依

福斯塔斯·伊亚依(Festus Iyayi,1947—2013)出生在尼日利亚贝宁城的一个农民家庭,全家靠微薄的收入生活。伊亚依先在国内受教育,1968 年在美国大使馆组织的肯尼迪作文竞赛中获奖,1969—1975 年在乌克兰基辅国民经济研究所学习并获得经济学硕士学位,1977—1980 年在英格兰的布拉德福德大学获博士学位。1980 年他回到贝宁城,成为贝宁大学商业管理系讲师,那时他对激进的社会问题有兴趣,成为大学高级职员联盟的地方分支主席,1986 年成为该组织全国主席。1988 年该组织遭到禁止,伊亚依被拘留,获释后被贝宁大学除名。同年,他获得英联邦文学奖。他是尼日利亚几个文学组织的成员,并在私营企业做顾问。

福斯塔斯·伊亚依的第一部长篇小说《暴力》(*Violence*,1979)是他在对社会贫富两极分化严重感到愤怒的情况下写出的。小说描写了富人和穷人的代表人物:富人的代表人物是妓女奎因和她的丈夫奥博芬(一个令人容易联想到 buffoon"滑稽小丑"的名字),穷人的代表人物是伊代漠迪亚。奥博芬参与有奖的政府合同,不断从退款中获得利益。夫妻俩拥有一个汽车队、超市连锁店和几处房地产,有一部分房产则以过高价格租给政府机构。奎因通过暧昧关系取得为政府建造低价房的合同,又借机参与投资,增加自己的私人房地产。穷人的代表人物伊代漠迪亚为了养活家庭,不得不向医院血库卖血。为了每人 3 奈拉(尼日利亚货币单位)的报酬,伊代漠迪亚和另外 3 个劳力受雇于奎因,必须从 3 个拖车卸下 1 500 袋水泥。他们不但工资少得可怜,而且向雇主要钱困难重重。干完这个活儿,伊代漠迪亚病倒住院,医疗费是 23 奈拉,不付这个钱他就不能出院。伊亚依展现了这个制度是怎样在每个时机都针对穷人的。在这种情况下,奥博芬趁机对伊代漠迪亚的妻子阿迪莎进行性剥削,阿迪莎忍辱得到 100 奈拉——奥博芬简直就是"啄食腐肉的秃鹫"。

奎因给伊代漠迪亚和他朋友们的第二个活儿像第一次那么重。这一次他们必须在非常恶劣的情况下加速建造她承包的低价房。因为任务紧急,这些人必须长时间干活,没有星期天,中间休息从 45 分钟减到 15 分钟。劳工们把这看成奴隶劳动而进行抗议,奎因试图以 300 奈拉收买伊代漠迪亚破坏罢工,但是失败了。奎因又色诱他,也失败了。伊代漠迪亚把他的苦难归罪于社会暴力:

> 这是什么样的生活? ……一个人有了工作他就不能抗议。他不能要求较高的工资,他休闲的时间被粗暴地砍掉。人家吩咐,他必须出来干。这是奴隶制,这是暴力……

> 他的未完成教育,他的没有工作,他的饥饿,他所发现的这一切就是不同形式的暴力。暴力不只是肉体的粗鲁攻击,而是他本人,他作为一个人的骄傲被慢慢地、渐渐地贬低。①

《暴力》是以阶级观点创作的第一部长篇小说,"是尼日利亚长篇小说史上的一个新发展"。②

第二部长篇小说《合同》(*The Contract*,1982,本段下文括注的页码均来自此书)强调合同火箭似的快速膨胀和合同经纪人的贪婪。小说主人公奥吉·奥巴拉从英国回到尼日利亚,在机场目睹脏、乱、差现象,感到非常陌生。老同学马拉姆是一位成功的"生意人",拥有价值 74 万奈拉的奔驰牌轿车,他的工作就是代表顶层政府官员对可疑交易进行现金查验,每周从虚假企业得到的利润多达几千奈拉。他对奥吉重新进行"生意"道德入门指导。在尼日利亚语境里,"生意"是偷盗和抢劫的婉转说法。"挣钱容易,"马拉姆吹嘘,"但是要挣钱必须先抹掉道德。这个国家没有道德……你必须是一个现实主义者,因为只有现实主义者才具有在这个国家获得成功的潜质……你从你的朋友那里偷,他们从你这里偷。你去同他们的老婆上床,他们去同你的老婆上床。"(pp. 18 - 19)新尼日利亚的良知完全丧失,这让奥吉深感骇异,可他认为自己不会被腐蚀。他的女朋友罗斯在马拉姆离开后对他继续进行社会教育:"我们所有的人都在为金钱疯狂,金钱和女人。"(p. 24)奥吉这位理想主义者充分相信自己不会受到性腐败和贪婪这两大"瘟疫"污染。可他在这两方面也是脆弱的。他会一时性欲大发就跳到罗斯身上要求性爱,这已经显露他的弱点;追求金钱对他来说,也必然不可避免。无所不在的埃卡塔酋长是一个有才华的人,他有多副面孔,在尼日利亚新经济学方面对奥吉指点颇多。他指名讲了许多企业,他的建筑公司都参与其中,都有资质证书。埃卡塔酋长招标一个数百万

---

① Festus Iyayi, *Violence*, 1979, p. 251.
② C. Brian Cox, ed., *African Writers*, 1997, p. 369.

奈拉的奥格比城工程项目,请奥吉负责,又派尤尼斯·阿格邦去引诱他,结果尤尼斯完成使命。奥吉承认自己是一个伪君子:"做理想主义者是错误的……我必须在体制内做事……我想要的钱都在这里,不在国外。"(p. 87)不久,奥吉不仅同体制内的行家老手合伙,而且努力超过他们。他让尤尼斯·阿格邦做他的正常女朋友,罗斯·伊代巴尔做潜在的未婚妻,他最近征服的接待员苔瑟做后备女朋友。同时,奥格比城合同的价值从一亿涨到五亿奈拉,其中90%由奖项委员会成员分享,奥吉分到的"战利品"就有数百万奈拉。奥吉现在完全同体制结合在一起,他开始吹嘘从合同中得到的回扣,像马拉姆和埃卡塔酋长这些体制内的老手一样讲话。在向罗斯求婚时,奥吉说:"大多数人是不同他们爱的人结婚……爱情在婚姻中不像其他东西重要……例如金钱。"(p. 110)奥吉的理想主义像流星般消失,伊亚依据此得出结论:国内腐败状况已经没法挽救了。马拉姆、埃卡塔酋长和奥吉为了防止奥巴拉酋长把赃物运往瑞士,夜袭奥巴拉酋长的保险库,遭到反击。奥巴拉对抢劫者开枪,打死一人,死者竟然是他的儿子奥吉。小说的故事到此还没有结束,但是从上述内容即可明白体制内的腐败何其普遍、何其严重,价值观就是两个词:金钱、女人。这部作品重点描写为富不仁者的丑恶行为和丑恶灵魂,也描写了一条大街的两边:一边是政府保留区,一边是贫民窟,对比鲜明,俨然是部《双城记》。言为心声,因此作者很注意对话,人物的话语突显了他们的丑恶心理和卑鄙灵魂。

《英雄》(*Heroes*, 1986,本段下文括注的页码均来自此书)是伊亚依的第三部长篇小说,也是他的代表作。这部小说以内战(1967—1970)为背景,通过历史和个人观察重构了内战的实况。作者以阶级观点重新评价这场战争。正像他想象的那样,尼日利亚方面的真正动机并不是"保持尼日利亚统一",而是贪婪。战争就是牺牲人民利益去追求商业利益而引发的。受益者是政客和将军,输家是农民,他们的孩子被杀死,他们的房子被炸弹和手榴弹炸毁。伊亚依像萧伯纳那样考察了"军事英雄"的概念,发现将军和军官是怯懦的,尽管他们有自我吹嘘的回忆录。真正的英雄是普通士兵。战士遭遇的危险有些乃是他们军官故意的背叛行为。比如,奥顿诗旅长恰恰在发饷之前派出士兵去执行糟糕的计划,然后收集死亡士兵的领饷本。虽然他多次背叛士兵,但仍晋升为将军。故事由一位虚构的大胆的战地记者奥西姆·伊耶尔讲述。他天真地认为联邦军队是"英雄"。在被他们粗暴对待和羞辱之后,他认识到士兵就是士兵,不论他们属于哪一方。后来联邦部队在指挥哨所开枪打死记者的房东,让他完全失望。真相让他觉悟了。他偷偷地潜入一个又一个营地告诉士兵真相:他们的真正敌人不是另一边的士兵,而是双方的将军。对立的将军有一种吵架的方式。"从现在起十年,"奥西姆预言,"双方的将军们就会坐在同一张桌子旁,计划怎样对付劳动阶级。"(p. 214)1982年,国家大赦"比夫拉"领导人奥朱克伍。不久报界闪出这样的镜头——他和戈翁将军握手和解、热情拥抱,因为在第二共和国时期他们属于同一个政治阵营。奥西姆试图劝说普通士兵承认他们有共同的穷困联结:"普通伊博人和普通豪萨人及普通的约鲁巴人共同的地方要比同伊博商人、将军和政客共同的地方多得多。"(p. 168)对穷人来说,"保持尼日利亚统一"的口号只是个噱头,因为统一还是分裂对他们来说没有什么真正的差别:"农民和工人继续住在泥房,饥饿、无知把他们的孩子送进无意义的战争。"(p. 64)经过危险的阿萨巴桥战役和这场战争,奥西姆回到女朋友恩杜迪身边。在战争结束时他仍然坚信这场战争真正的英雄是普通的士兵,不是那些大吹大擂的将军们。

这部长篇小说赢得了英联邦(非洲地区)作家奖。它的重要性不仅在于讲述尼日利亚-"比夫拉"战争时创新性地使用意识流作为一种叙事技巧,而且在于它关于战争的新观点。伊亚依通过新闻记者奥西姆·伊耶尔从天真到政治觉醒的历程向读者暗示:这场战争是以双方群众作为牺牲者的一场阶级内部斗争。因此,伊亚依赢得了"尼日利亚社会主义现实主义先驱者"的名声。沉默十年之后,他出版了一本短篇小说集《等候军事法庭》(*Awaiting Court Martial*, 1996),继续尖锐地批评尼日利亚当代社会。

此外,还有许多第二代作家也出版了激进作品,如费米·奥索费桑的长篇小说《科莱拉·科莱伊》(*Kolera Kolej*, 1975)。这是他在巴黎求学时的作品,严厉批评了大学职员和学生的腐败现象。

11. 肯·沙罗-威瓦

肯·沙罗-威瓦(Ken Saro-Wiwa, 1941—1995)出生在尼日尔河三角洲地区,奥戈尼族。其父是酋长,也是护林员;其母是农民,也是商贩。他先在乌穆阿希亚的政府学院读书,1961 年开始在伊巴丹大学读英语,并兼任学生杂志《地平线》编辑和学生戏剧协会会长。1965 年从伊巴丹大学毕业后,他在哈科特港的斯台拉·玛里斯学院和乌穆阿希亚的政府学院任教。1966 年,他正在伊巴丹大学做研究生助理时,国内政治危机爆发,他回到尼日利亚东部做恩苏卡大学学生助理。内战爆发后,他逃到奥戈尼人住地,因为他属于联邦一方。1967 年他回到拉各斯参与创建河流州的工作,后来被任命为河流州的官员,从此他关注环境污染给当地人民造成的灾难,主张非暴力抵抗。1995 年,他和奥戈尼生存运动的其他八位成员被阿巴查军政权绞死。

肯·沙罗-威瓦在河流州政府服务期间积累了人脉,为他的企业提供了帮助。与此同时,他继续追求自己的文学兴趣。1972 年他参加英国广播公司(BBC)非洲节目的作文竞赛,与他人并列第四名。获奖剧本《晶体管收音机》(*The Transistor Radio*)于 1972 年在 BBC 播出。1973 年朗文(Longman)在尼日利亚的分公司出版了他的两本书——《塔姆巴里》（*Tambari*）和《塔姆巴里在杜卡纳》（*Tambari in Dukana*）。它们和《B先生》（*Mr. B*）都是童书。

沙罗-威瓦多才多艺，是一位多产作家。他的长篇小说《娃娃兵：一部用蹩脚英语写作的长篇小说》（*Sozaboy: A Novel in Rotten English*，1985）描写一名年轻的土著新兵米尼在参加过第二次世界大战的老兵劝告下入伍，在内战中努力作战，历尽锥心的痛苦。战后，他发现自己不但没有受到想象的英雄待遇，而且他可以回去的村子也不复存在。他由此产生了新的看法——内战是没有意义的。小说在语言使用方面别具特色，作者没有使用尼日利亚其他作家追求的正式英语，反而用了不规范的语言——皮钦英语。小说获得很大成功，1987年获得野润奖提名奖。第二部长篇小说《巴希与伙伴：一个现代非洲民间故事》（*Basi and Company: A Modern African Folktale*，1987）由14个情节组成，是以乌龟库汝（一个骗子）为主角的传统民间故事的现代版，巴希就是骗子的人类化身。作品既有喜剧特色，又有社会讽刺功能，是对现代尼日利亚城市化过程的一个重要的社会研究。随后沙罗-威瓦出版《巴希与伙伴：四部电视剧》（*Basi and Company: Four Television Plays*，1988）和《四部滑稽剧》（*Four Farcial Plays*，1988），尖锐讽刺社会政治的离经叛道。另外两部长篇小说——《杰布斯的囚犯》（*Prisoners of Jebs*，1988）和《皮塔·达姆布罗克的监狱》（*Pita Dumbrok's Prison*，1991），是由作者为拉各斯《先锋报》所写的评论扩充而成，都关注1980年代尼日利亚的政治腐败和道德腐败。

此外，沙罗-威瓦还出版了两本短篇小说集——《阿达库及其他故事》（*Adaku and Other Stories*，1989）和《林立的鲜花》（*A Forest of Flowers*，1986），以及一部诗集《战争时代的歌》（*Songs in a Time of War*，1985）。诗集常常像《娃娃兵》一样使用皮钦英语，其内容大都涉及尼日利亚的政治危机和民族主义，提供关于政治文化的讽刺画面。在那种文化中，现实变得越来越虚伪、怪异。

然而，沙罗-威瓦在尼日利亚的名声主要得自他的电视连续剧《巴希与伙伴：四部电视剧》。该剧于1985—1990年在尼日利亚电视台播放，使肯·沙罗-威瓦成为一个家喻户晓的名字。

沙罗-威瓦生前曾获得人权组织的正当生活奖和戈德曼环境奖。去世后，他受到学术界的更大关注：费米·奥乔-阿德（Femi Ojo-Ade）出版《肯·沙罗-威瓦评传》（*Ken Saro-Wiwa: A Bio-critical Study*，1993），克雷格·麦克勒基（Craig McLuckie）和奥布里·麦克费尔（Aubrey McPhail）出版《肯·沙罗-威瓦：作家与政治活动家》（*Ken Saro-Wiwa: Writer and Political Activist*，1999）。

12. 布契·埃米契塔

布契·埃米契塔（Buchi Emecheta，1944—2017）出生在拉各斯一个伊博人家庭,父母来自阿布扎。1962年她移居伦敦同丈夫相聚,做图书管理员。后来婚姻破裂,留下她和需要供养的五个孩子。通过学习,她获得伦敦大学社会学学位。在此期间,她在《新政治家》杂志上发表她在贫穷、性别压迫和种族方面的亲身经历,作为《壕沟中的生活》专栏文章。埃米契塔迄今已出版十三部长篇小说、一本自传、两本儿童图书、几个儿童故事和剧本。此外,她还在非洲、欧洲和美国多次发表讲演。她的作品已经被译成十四种语言。

她的头两部长篇小说是《在壕沟里》(*In the Ditch*,1972)和《二等公民》(*Second-Class Citizen*,1974)。它们是自传性的,是对她在英国,尤其是在伦敦的生活经历的回应,表现了这个时期的心理创伤。另一组长篇小说是《彩礼》(*The Bride Price*,1976)、《奴隶姑娘》(*The Slave Girl*,1977)、《做母亲的喜悦》(*The Joys of Motherhood*,1979)、《目的地"比夫拉"》(*Destination Biafra*,1982)和《双轭》(*Double Yoke*,1982)。它们都以尼日利亚为背景。

紧随芙劳拉·恩瓦帕之后,布契·埃米契塔是尼日利亚现代文学史上最著名的第二代女性小说家,她最著名的小说就是《做母亲的喜悦》。小说以1930年代直至尼日利亚获得政治独立前夕的伊博小城阿布扎和尼日利亚大都会拉各斯为背景。叙事随主人公恩努·埃戈的经历向前发展。埃戈随丈夫移居拉各斯,成为移民社会的一部分。埃米契塔着力表现殖民统治时期变动中的尼日利亚社会:农村传统与确定性让位于充满竞争和不确定性的大都会多种族社会。恩努·埃戈的斗争就是反对拉各斯无情无义的世界,尤其反对贫穷和她丈夫的自私行为,后来她又同孩子们斗争。她坚持不懈地奋斗,就是为了给孩子们良好的教育,她把这看成"做母亲的喜悦"。始料不及的是,孩子们受到好的教育,远渡重洋,去了美国和加拿大,但竟然拒绝她同往。她失望至极,死在回老家的路上。书名本身具有讽刺意义,它取自恩瓦帕的长篇小说《艾福如》结尾一段:"当夜艾福如睡得好香甜。她梦见湖上女人,她漂亮,有长发,她的财富……她把美丽和财富给了女人,可是她没有孩子。她从来没有经历过做母亲的喜悦。"[1]总之,这部小说是一部现实主义作品,反映出无论是在阿布扎还是在拉各斯,妇女都处在社会最底层,受尽折磨和痛苦,但是逐渐有了自我意识和独立意识。这部小说主要写普通妇女,她们跟男作家笔下的妇女不同:后者往往走极端,不是神圣的母亲,就是低贱的妓女。

13. 阿道拉·莉莉·乌拉希

阿道拉·莉莉·乌拉希(Adaora Lily Ulasi,1932—2016)出生在尼日利亚东部阿巴的一个伊博人酋长家庭。她先在当地受教育,1954年在美国南加

---

[1] Flora Nwapa, *Efuru*, 1966, p. 281.

州大学获新闻学士学位,后为英国广播公司和美国之音当过记者。1960 年代,
她为尼日利亚《每日时报》编辑妇女之页,1972 年做尼日利亚《女人世界》杂志
的编辑,1976 年又回到英国。她对非洲文学的主要贡献是:她是第一位用英
语创作侦探小说的尼日利亚小说家。她的头两部长篇小说——《许多事情你
不懂》(*Many Thing You No Understand*, 1970)及其续篇《许多事情开始变
化》(*Many Thing Begin for Change*, 1971)——的故事发生在 1935 年的英格
兰,主题是传统的伊博人权威同英国殖民主义权威的对峙。第三部长篇小说
《哈里死去的那个夜晚》(*The Night Harry Died*, 1974)以美国南部为背景。
时隔四年,乌拉希又出版两本小说:《约拿是谁?》(*Who Is Jonah?* 1978)和《来
自萨盖姆的那个男人》(*The Man from Sagamu*, 1978)。评论家认为,《约拿
是谁?》是乌拉希最成功的侦探小说,因为它突显了侦探小说的基本要素:紧
张、惊奇和悬念。作者巧妙营造惊奇和悬念,维持紧张氛围,逐步揭示由中心
难题发散出来的诸多谜团并使之更加复杂,让读者保持兴趣。用耶米·莫乔
拉的话说,"这部小说跟(她的)其他作品不同,我们可以把它归类于'警察小
说'。它是一部成功的侦探小说,其成功主要是巧妙设计情节的结果,与中心
问题不相干的活动几乎全部被排除,不像前两部小说那样,把两个白人行政官
员的爱情生活强加给读者,弄得索然无味"。①

总之,乌拉希的小说有一个显著特点,就是从奥巴大王到家庭女佣等各个
阶层的人物都出现在她的作品中。人物对话多用皮钦英语,让读者感到乏味;
又由于小说绝版,读者很难读到。但是乌拉希占有一个独特地位:迄今为止,
她是尼日利亚唯一写作侦探小说的女性小说家。

14. 伊费欧玛·奥科耶

伊费欧玛·奥科耶(Ifeoma Okoye,1937—　　)是芙劳拉·恩瓦帕和布
契·埃米契塔之后最重要的尼日利亚女性小说家。她出生在尼日利亚东部的
纳姆布拉州,先后在恩苏卡的尼日利亚大学学习英语(1974—1977)、在英国的
阿斯顿大学读书并获得研究生文凭(1986—1987)、在尼日利亚的纳姆迪·阿
齐克韦大学教英语。

奥科耶已经创作了三部重要小说:《云层后面》(*Behind the Clouds*,
1982)、《男人没有耳朵》(*Men without Ears*, 1984)和《契米尔》(*Chimere*,
1992)。在创作小说的间歇,他还创作了许多儿童读物。

《云层后面》让我们想到中国俗语"乌云过去就是晴天",想到西方谚语

---

① 　Yemi Mojola, "Adaora Lily Ulasi," see *Perspectives on Nigerian Literature*, edited by Yemi
Ogunbiyi, 1988, vol. Ⅱ, p. 182.

"Every cloud has a silver lining."（黑暗中总有一线光明）。像埃米契塔的经典作品《做母亲的喜悦》一样，《云层后面》写的是夫妻无孩的主题。女主人公伊杰·阿皮亚一直为荣誉和尊严而斗争。作者在这里表达了自己对这个问题的独特看法：首先，她想让非洲妇女意识到伊博人的父系制把她们置于"二等"地位；其次，她想让非洲妇女与导致痛苦生活的落后态度决裂。因此，作者着手修补妇女在非洲背景里遭到羞辱的形象，以便表现她们能够成为保持人格和经济独立的有尊严、有人情味的个体。从小说中的各种场景人们可以看到，伊杰体现了尼日利亚社会对待妇女态度的改变，例如她丈夫道泽满怀信心地带领她参与公私事务，这在尼日利亚文学里不同寻常。《云层后面》揭露伊博传统对无孩问题采用双重标准，指出一味责怪女方是无知的。伊杰的丈夫道泽也曾出轨，后来他对伊杰说："对不起，你让自己忍受了各种各样的治疗，不愉快的治疗，危险的治疗，可我一直是我们没有孩子的原因。"

通过作者的评论，我们得知道泽遵从医嘱到国外手术，果然解决了问题。由此可见，作者相信科学、相信事实，认为全社会应当尊重妇女，改变对妇女的态度，主张妇女既要据理力争，又要尊重家庭。这比女权主义者宣扬男女对立的办法高明得多。就艺术表现方法而言，小说采用的大反讽手法取得了大成功。

《男人没有耳朵》聚焦于尼日利亚石油景气时期的腐败、铺张浪费、混乱等社会弊病。同时，作者也注意作为社会细胞的家庭建设。

主人公钦戈乃是小说中唯一"有耳朵"的男人，而他的兄弟乌洛科却是致使尼日利亚社会瘫痪的那类敲诈勒索、不择手段的人。乌洛科读的书是《快速致富》和《怎样成为一个百万富翁》。私人生活、公共俱乐部和办事机构弥漫着一种贪污行贿的气氛，借钱、摆谱已经司空见惯。奥科耶用钦戈和乌洛科作为尼日利亚善与恶的象征人物。虽然钦戈是尼日利亚人，但他在加纳出生、长大，在英国受教育，又在坦桑尼亚工作过，所以是个"海归"。他见过世面，有丰富的经验，但从拉各斯到埃努古，从农村到城市，整个尼日利亚深刻的堕落仍让他无比震惊。整个故事是围绕这个"海归"的亲历亲闻来展开的。

小说采用第一人称的叙事方法。我们通过这位新来的"海归"那双充满惊奇而又饱含厌恶的眼睛看到尼日利亚令人恐怖的一切，就连普通人都在不知廉耻地挣钱。钦戈有泛非观点，他关注尼日利亚在非洲的领导角色。作者用钦戈作喉舌。钦戈用耳朵听，用眼睛看，用嘴和笔发声，批评那些触发他敏感的人们，但语气适中又富有建设性，好像一位甜蜜而又严厉的母亲。

奥科耶所批评的社会已经一团糟。男人佩戴项链，好像他们就是女人或酋长。他们的绰号，比如"年轻的百万富翁"，还有他们的裘装，都界定了他们的身份危机。暴发户们需要展现他们的财富：汽车的牌子、奢侈的酒场，还有不必要的欢庆宴会和为耸人听闻的原因而大肆捐出的钱款。他们没有西方的时间观念，只有非洲的时间观念，对安排的约会、宴会不守时。时间对他们来说无所谓，因此他们就是脱离时间的。

总之，《男人没有耳朵》是一部现实主义作品，体现了女作家忧国忧民的情怀，得到了尼日利亚作家协会的赞赏，并获小说奖。

第三部长篇小说《契米尔》是一部侦探小说。一个青年女子因没有父亲受到同学嘲笑，她不顾母亲的意愿，决意出发寻找父亲。

奥科耶的作品体现了她的艺术造诣：语言细致、有活力、有信心，风格精准、清晰。她讲出的故事说服力强，涉及的冲突得到令人信服的解决。

15. 扎纳布·阿尔卡里

扎纳布·阿尔卡里（Zaynab Alkali, 1950—　）出生在北尼日利亚阿达马瓦州的戛尔吉达，博尔努人。父亲先是穆斯林后改信基督教。阿尔卡里先是基督徒，十几岁时改信伊斯兰教。家里充满艺术氛围：祖父是摇鼓手，祖母是歌手，也编了许多歌。她从祖母讲述的故事和日常会话中听到的谚语，后来被她用在写作中。阿尔卡里 1961—1963 年在瓦卡女子小学受教育，1964—1968 年在克瓦拉州伊丽莎白女王中学受教育，1969—1973 年在卡诺的巴耶罗大学受教育并获得英语学士学位，1974—1976 年在卡诺阿拉伯学习学校教书并担任女子寄宿学校校长，1976—1979 年在巴耶罗大学做讲师并攻读硕士研究生，1980—1984 年在博尔努州的满杜古里大学做英语与非洲文学讲师。1971 年，她同满杜古里大学副校长穆罕默德·努尔·阿尔卡里博士结婚，育有六个孩子。后来她在巴耶罗大学任讲师，再后来，她去了满杜古里大学，做高级英语讲师 20 年。

扎纳布·阿尔卡里擅写长篇小说，已出版的作品有：《死胎》(*The Stillborn*, 1984，下文情节介绍中括注的页码均来自此书)和《贞淑妇女》(*The Virtuous Woman*, 1987)。她另外还出版一本短篇小说集《蜘蛛网及其他故事》(*Cobwebs and Other Stories*, 1997)。

《死胎》是扎纳布·阿尔卡里的第一部长篇小说。女主人公黎是一个争取自立的女孩，她不满乡村和家庭的束缚，背着家人同一个男孩约会。这个男孩名叫哈布·亚当斯，即将进城受训成为医生。黎渴望自己成为一年级教师。黎 15 岁时，哈布即将进城，二人于是结婚。黎做起了美梦："合格医生，一年级教师，欧式大房子，仆人成群，平滑的身子，长长的金发……城市能提供的奢华无尽无休。"(p.57)。15 年后，黎确实做了一年级教师，哈布却成了推销员而不是医生，梦想第一次破灭。随后四年，哈布没有兑现接她进城的承诺，黎发现自己已成为弃妇，梦想第二次破灭。有些新求婚者，尤其是有钱的阿尔哈吉巴图尔纠缠她。哈布的亲属把黎送到哈布那里。黎刚到不久,哈布外出,直到一天后的夜晚才回来,"醉醺醺的凶神恶煞一般",也就是这次醉后亲密——在城里是第一次也是最后一次,让黎怀上了孩子。她发现"躺在房间另一边的那个男人不同一个乡下女人谈话"。后来得知父亲病了,黎借机回到乡村。

黎回到家里,父亲已经下葬。然而这个打击远不如她得知姐姐阿瓦和朋友法库的不幸婚姻对她的打击大。黎发生了转变:从孩子时代就有的独立精神在她身上复苏、成长,她决心不依靠丈夫,而是依靠自己来实现自己的梦想。

当我们再看到黎时(在第八章),她已经 29 岁。由于淑德和决心,她坚决拒绝求婚者,成功地完成了师范学院的学习。她也拒绝了哈布,后者来学校两次,托朋友求她和解。祖父去世时,姐姐阿瓦说:"哀悼的人在外面等着你,现在你是这个家的男人。"(p. 101)黎并没有因此满足,反倒觉得心里空落落的。她在白日梦里对曾孙女说:"不要像我。我整个生活在梦里度过,我忘记了生活。"(p. 104)

然而,当哈布因为车祸两腿受伤还待在医院里时,黎动了恻隐之心,"我愿意为他扶着拐杖,我们肩并肩学会走路"(p. 105);她不但宽恕了哈布的过去,而且救他于危难。这是何等高尚的精神!小说出版第二年即获得尼日利亚作家协会文学奖。1988、1989、1990 和 1995 年小说多次再版,足见其受欢迎的程度。

1987 年阿尔卡里的第二部长篇小说《贞淑妇女》出版,时值尼日利亚开展反无纪律运动。作者写这部作品旨在为年轻人树立榜样,用心良苦。1997 年她的短篇小说集《蜘蛛网及其他故事》出版,同年获得尼日利亚作家协会最佳短篇小说奖。

阿尔卡里获得多项荣誉,其中包括 2000 年妇女协会国家委员会颁发的功勋奖和 2001 年全国艺术与文化委员会颁发的功勋奖。全国艺术与文化委员会称赞她"大声地代表伊斯兰文化和无声的妇女发表讲话"。阿达玛瓦州授予她既有世俗意义又有伊斯兰教意义的最高头衔——马几兰·盖吉达(Magiran Garkida)。

进入 21 世纪,她又出版两本新作:《子孙》(The Descendants,2005)和《新入会者》(The Initiates,2007)。

16. 本·奥克瑞

本·奥克瑞(Ben Okri, 1959—　)出生在尼日利亚北部的明纳,其父是乌尔侯博人,其母有一半伊博血统。因其父赴伦敦学法律,奥克瑞不到两岁就随父母移居伦敦,在那里读小学。那是一所几乎全是白人的学校,奥克瑞在那里第一次经历了种族主义。1966 年其父学成,返回尼日利亚,在拉各斯做律师,为穷人服务。奥克瑞了解尼日利亚,尤其是拉各斯的社会状况。他贪婪地阅读父亲从英国带回的西方经典著作,后来在瓦里的乌尔侯博学院读书,直至1972年完成中学教育。在此期间,他经历了尼日利亚-"比夫拉"内战,又听到母亲讲述的民间故事,因而产生了文学兴趣。他本来想到尼日利亚的一所大学学习物理,因年仅14岁遭到拒绝。他萌生写作的念头,写过诗、写过批评尼日利亚社会的文章,但未能发表。

1978年他凭借尼日利亚的奖学金回到伦敦,在艾塞克斯大学学习比较文学。后来奖学金取消,他无家可归,有时住在车站,有时跟朋友住在一起。生活艰辛,不言而喻。用他的话说,"这个时期非常非常重要,如果有什么(写作的渴望),实际上就在这一时期强烈起来"。[①] 1980年,他大学一年级完成的第一部长篇小说《花与影》(*Flowers and Shadows*)出版,第二年第二部长篇小说《内心的风景》(*The Landscapes Within*)出版。奥克瑞在文坛崭露头角,两部长篇小说都是现实主义作品,受到好评。

1983—1986年,奥克瑞担任《西非》杂志诗歌编辑,1983年和1985年他担任英国广播公司(BBC)国际频道节目撰稿人并发表文章,生活趋向安定。接着他出版短篇小说集《神龛那里发生的事件》(*Incidents at the Shrines*,1986)和《新宵禁的明星》(*Stars of the New Curfew*,1988)。两部短篇小说集,尤其是前者受到好评。1991年,奥克瑞出版了他最享声望的长篇小说《饥饿的路》(*The Famished Road*),同年获得布克奖。随后他又出版长篇小说《迷魂之歌》(*Songs of Enchantment*,1993)和《无限的财富》(*Infinite Riches*,1998)。这三部长篇小说通常称为"饥饿的道路三部曲",因为它们描写鬼孩叙事者阿扎罗穿越一个非洲国家,让人想到尼日利亚被战争撕裂时所遭遇的社会政治骚乱。奥克瑞本人随后被威斯敏斯特大学(1997)、艾塞克斯大学(2002)、艾克斯特大学(2004)、伦敦大学亚非学院(2010)和贝德福郡大学(2010)等大学授予荣誉博士学位。2009年,比利时的一所大学还授予他荣誉乌托邦博士学位。

《花与影》是奥克瑞出版的第一部长篇小说,完稿时他才19岁。这部作品以商人乔纳·奥克伟的严重腐败和他遗赠给19岁儿子杰费亚的来路不明的遗产为中心。乔纳的生意影响深远,他自诩沉静,却在同父异母兄弟索侯直接来访时感到威胁,因为是他陷害索侯坐牢的。奥克伟太太常常做噩梦,本能地预感索侯会来访。在父辈不可言喻的忧虑背景下,年轻的杰费亚由于事件的巧合和人物的巧遇逐渐了解其父卑劣的生意经。一次深夜聚会之后,他驱车

---

① "Interview:Ben Okri – Booker Prize-Winning Novelist and Poet,"archived 16 January 2013 at the Wayback Machine,scotsman.com,5 March 2010.

回家,路上碰上心神错乱的护士辛西娅和路边受伤的男子格本戛。格本戛原先是乔纳·奥克伟的雇佣人员,被他命人抢劫致残。杰费亚看到这个男子的怪脸之后大为吃惊。随着辛西娅同杰费亚之间关系的发展,杰费亚发现格本戛竟然是自己父亲以前的雇工,心里更加不安。辛西娅的父亲也是因杰费亚的父亲捏造罪名而被判入狱两年,现在处于昏迷不醒的状态。小说结束时,一次疯狂的汽车角逐致使乔纳和索侯丧生,乔纳被汽车轮子压住心脏死去,留下杰费亚照顾母亲。他们不得不搬到拉各斯更穷的地区。整部小说充满悲剧气氛,直至辛西娅的父亲做出进一步让步,答应接受两个年轻人,这种气氛才得到些许缓和。

奥克瑞早期另一部长篇小说《内心的风景》在修订出版时易名为《危险的爱情》(*Dangerous Love*, 1996)。小说追溯中心人物奥莫沃对生活的艺术印象,探讨这位艺术家同他的朋友、父亲、继母以及与他有风流韵事的已婚妇女伊费因娃之间的关系,展示他在成长中对社会的腐败和人事反常做出的反应。奥莫沃企图在他的意识与社会之间建立相互关系,总是认为他院子里的澡堂附近的绿色泡沫是尼日利亚腐败的象征,于是把它画出来,题为"花亭",结果遭到查禁。

在奥克瑞之前,关注腐败、关注拉各斯社会的长篇小说很多,可奥克瑞的这两部长篇小说与它们不同。这两部长篇小说聚焦家庭,以家庭作棱镜,通过它折射社会矛盾。两部小说中父子之间的紧张关系既是完全腐败的环境造成的,又是父亲的错误促成的。在《花与影》中,乔纳之所以大肆腐败,是因为其父贫困地死去,在临终时告诉他贫困是一种罪。由于这种令人仓皇无措的知识和避免重蹈父亲覆辙的渴望,乔纳愈来愈深地陷入腐败行为,为自己捞取财富,以致失去对妻儿表示关爱和柔情的能力。在《内心的风景》中,生活在贫民窟中的压力,使得奥莫沃的父亲对子女们暴力相向,以缓解内心的失败感和难以供养家庭的无力感。

"确确实实,我们在其他长篇小说中看到的拉各斯的嘈杂、肮脏、犯罪和混乱,在奥克瑞的这两部长篇小说中同样看得到。其他长篇小说中有关拉各斯这座城市疯狂扩张而又不知何故充满说不清的活力的生动描写,在奥克瑞的长篇小说中也确确实实地遇到。对这个城市公认的文学形象,奥克瑞又从两个主要方面给予补充:从这个城市的'失败者'的视角来看,拉各斯漫无边际而且同样重要;拉各斯不仅是故事的背景或环境,而且它同穿越故事和穿越这座城市的人物一样,经历了苦难和极度痛苦,从而把独特的噩梦般现实的方方面面贯穿在一起。"①

---

① Biodum Jeyifo, "Ben Okri," see *Perspectives on Nigerian Literature*, vol. Ⅱ, edited by Yemi Ogunbiyi, 1988, p. 280.

　　两部小说都写的是正在走向成年的十来岁的孩子。在《花与影》中,面对父亲与叔叔的贪污、欺骗和纯粹物质主义支配下无法控制的恶性竞争造成的家破人亡的悲剧,杰费亚试图逐步地消化和补救。在《内心的风景》中,年轻的主人公奥莫沃是一个视觉艺术家,观察、记录并且通过自己的艺术和反复思考弄懂他的家庭、邻近的贫民窟和整个国家分崩离析的意义,再记录在私人日记中,这是他非常痛苦的负担。这些年轻人就是内战后一代,拥有痛苦的经历,在他们不理解的世界里错误行事,正像奥莫沃对他的朋友奥柯罗说的:"有些东西被人从我们大家身上偷走了。"奥克瑞能够不动感情地描写他们,成为他们这一代最有力、最感人的代言人。从艺术上讲,第一部作品显示奥克瑞羽翼未丰,第二部作品情节稀少,叙事发展以主人公奥莫沃的奥德修精神和真切的意识为中心展开,技巧精妙。

　　短篇小说集《神龛那里发生的事件》是奥克瑞出版的第一本短篇小说集,共收入八个故事,聚焦于非洲传统宗教、贫困、娼妓、武装抢劫、孤独、异化和尼日利亚-"比夫拉"战争等社会、政治和经济问题。讲述者有时采用第一人称视角,有时是全知者视角。小说使用的英语明白晓畅,有时在会话中出现皮钦英语。故事发生在非洲内外,常常很有趣。1987 年它获得英联邦(非洲地区)作家奖。第二本短篇小说集《新宵禁的明星》共收入六个故事:有对内战的关注,如《在战争的阴影下》("In the Shadow of War")从好奇男孩的视角探讨尼日利亚内战的另一方面;有对贫困的关注,如《在红尘滚滚的城市》("In a Dusty City")讲述两个朋友向当地医院卖血来维持生活的故事。值得注意的是:奥克瑞在这里扩大试验范围,叙事方式有所创新。有四个故事把鬼魂世界半明半暗和超现实的状况同真实世界混合在一起,其中《侍酒者看见了什么》("What the Tapster Saw")最典型,让读者想到阿莫斯·图图奥拉的《棕榈酒醉汉》。侍酒者从真实世界到死人世界再回到真实世界,借此荒诞的情节,作家反映了尼日利亚的暴力和荒谬的现实生活。

　　1991 年,奥克瑞的《饥饿的路》正式出版,它是一本"非洲的奇书",以一个虚构的贫民窟为背景,并以第一人称"我"(即小说中的主人公阿扎罗)展开叙述。"我"是一个鬼孩,像众多鬼孩一样,本不愿降生在人世间。但"我"厌倦了生与死的循环,厌倦了介乎生与死之间的温良但又无趣的生存状态。于是"我"断然背弃与鬼魂伙伴们订立的契约,决定再次投生人间,并且永远不返回鬼魂世界。从此,"我"跻身于充满痛苦和不幸的生者世界,而鬼魂们则不时出现,竭力引诱"我"返回百忧皆无的梦幻世界。"我"的父母拼命留住"我"的生命,致使他们一贫如洗、挣扎求存。"我"的父亲与一个又一个对手进行神秘的较量,母亲则以她的刚毅和坚韧维系着这个家。"我"经常造访寇图大婶的酒吧。寇图大婶是个邪恶的女巫,与政客们眉来眼去、互做交易,她本人因此堕落成一个可耻的政坛小丑。"我"亲眼看到富人党与穷人党之间残酷而又无聊的争斗,亲身领教了政客们的谎言、打手们的凶暴、普通民众的麻木和愚昧、有权有势者的肉欲和贪婪、穷人的辛酸和无奈、灾祸的无情、"道路的饥饿"、森林的诡异、生存环境的恶劣、巫师的神通广大、残存无几的真与善、梦想与希望的巨大能量。"我"以自己的独特方式与命运抗争,而这一切发生在尼日利亚摆脱殖民主义统治、获得民族独立的前夜。换言之,这部小说反映了尼日利亚的历史现实。

《饥饿的路》的魅力不在于它的故事情节,而在于它史诗般的叙述方式以及对人物形象的塑造。随着故事渐渐趋向高潮,主人公阿扎罗不得不面对生者世界的选择,承受在饥饿的道路上踽踽独行的各种后果。奥克瑞把人类的精神历史视为一部苦难史。苦难和不幸的场面在小说中反复出现,有时陷入惊人的重复;更惊人的是,作者始终用一种气定神闲的口吻叙述。在作者看来,苦难是人类精神历程的一部分,但神话、梦幻和信念也从未消失,人们靠它们承受或抵抗苦难的命运。这两方面的现实彼此推动,形成人类精神史的全部。这让我们想起蒲松龄的"鬼""狐""人"的跨界叙事。《饥饿的路》是浪漫主义与现实主义的结合。难怪奥克瑞拒绝一些批评家给这部作品加上"魔幻现实主义"的标签。

《饥饿的路》中人物众多,形象鲜明。奥克瑞在其中塑造了"我"的父亲母亲、摄影师、寇图大婶、乞丐女孩、艾德、瞎老头、警官和他的妻子、房东、"绿豹"、白衣男子等一系列深入人心的人物形象。父亲强悍而善良,母亲慈爱又勤劳,摄影师落寞而执着,寇图大婶跋扈而阴鸷,乞丐女孩坚忍而忠贞、聪慧而孤傲,瞎老头邪恶而好事,警官和他的妻子忧郁而善感,房东势利而褊狭,"绿豹"狂妄又虚弱,白衣男子神秘而典雅——他们宛如一组群体雕塑。

小说的语言有精致细腻的一面,更有刀削斧劈的一面。作者的优美文笔并不局限于描述美好的事物,庸常、鄙陋乃至血腥的场面同样得到美的升华。读他的小说宛如读散文诗,不仅赏心悦目,而且有种音乐感受。

小说广泛地使用约鲁巴口头文学中的形象作为象征,其中主人公阿扎罗就是一个阿比库。阿比库即鬼孩,指一个孩子活不到成年就会夭折,然后再投生、再夭折,如此反复。作者用这个孩子在人类阶段生死不定的状况比拟尼日利亚的生存困境。故事说这个国家"也是一个阿比库国家,一个鬼孩国家,继续再生和每次诞生之后会出现流血和反叛的国家"。另一个形象是"路"。小说伊始即直接点题:"起先是一条河。河变成了路。路向四面八方延伸,连通了整个世界。因为曾经是河,路一直未能摆脱饥饿。"正因为如此,我们想到沃莱·索因卡《黎明中死亡》("Death in the Dawn")中的诗句:"旅行者,你必须在黎明时/出发。掸掉你脚上的/大地上狗鼻子湿气……/母亲祈祷,孩子/你千万不要行走/当路饥饿,正想要的时候。""路"显然象征牺牲,象征夺去心绪不宁的旅行者性命的好奇心和冒险心,象征殖民主义的衰败,象征非洲过去和一般人类的生活状况,象征未来变化。一句话,西方长篇小说的技巧和尼日利亚文化成就了奥克瑞的《饥饿的路》,使他成为当时布克奖最年轻的获得者。

本·奥克瑞是一位多产作家,除上述作品之外,他还出版:长篇小说《让诸神惊诧》(*Astonishing the Gods*,1995)、《魔幻时代》(*The Age of Magic*,2001)、《在阿卡迪亚》(*In Acadia*,2002)和《星书》(*Starbook*,2007),短篇小说集《自由的故事》(*Tales of Freedom*,2009),诗歌《非洲挽歌》(*An African Elegy*,1992)、《心理战斗》(*Mental Fight*,1999)和《疯狂》(*Wild*,2012),论文集《天上的鸟儿》(*Birds of Heaven*,1995)、《一种自由的方式》(*A Way of Being Free*,1997)和《一个新梦的时代》(*A Time of New Dreams*,2011)。2014年,他还制作了一部故事片《理智的疯狂》(*The Madness of Reason*)。

总而言之,奥克瑞是尼日利亚第二代作家中的最强者,是钦努阿·阿契贝和阿莫斯·图图奥拉遗产和史诗风格的真正继承人,也是当今非洲和世界的主要作家之一,是有望获得诺贝尔文学奖的第二位尼日利亚作家。

17. 阿达·乌加赫

阿达·乌加赫(Ada Ugah,1958—　　)出生在尼日利亚的伊夏-奥克颇雅,在尼日利亚和法国受教育,现为卡拉巴大学讲师,也是尼日利亚作家协会的活跃分子。他的短篇小说集《造雨者的女儿及其他故事》(*The Rainmaker's Daughter and Other Stories*,1992)于1993年获得尼日利亚作家协会奖。这个集子表现了作者对传统和迅速变化的世界之中人类苦境的关注。他最为人称道的作品或许是他的实验性"民谣体长篇小说"《无名士兵的歌谣》(*The Ballads of the Unknown Soldier*,1989),一位批评家称之为"调整非洲文学场景的一种大胆贡献"。他后来出版的《彩虹的颜色》(*Colours of Rainbow*,1991)则以更大的活力继续进行这种歌谣体叙事的实验。作者在其中借用伊多姆神话的方方面面哀叹非洲人未能利用非洲的潜力。此前乌加赫还出版过一部长篇小说《哈尼尼的天堂》(*Hanini's Paradise*,1985)。

乌加赫也是一位诗人,发表了诗歌《赤裸的心》("Naked Hearts",1982)等。其他著作有论文集《尼日利亚诗学剖析》(*Anatomy of Nigerian Poetics*,1982)和《共和国的反思》(*Reflections on a Republic*,1983)以及一本传记《钦努阿·阿契贝在工作》(*In the Beginning: Chinua Achebe at Work*,1990)。

三、戏　　剧

内战结束之后,第二代剧作家开始登上文坛。他们批评第一代作家没有为当代社会提供指导性的社会观点,因此他们创作剧本填补这种艺术家意识形态的空白。用杰拉德·穆尔的话说,他们"既谴责旧社会,又提出新社会的模式"。① 第二代剧作家中的佼佼者,或者说卓越的代表是费米·奥索费桑(Femi Osofisan, 1946—   )。其他剧作家有科尔·奥莫托索(Kole Omotoso, 1943—   )、鲍德·索旺德(Bode Sowande, 1948—   )、奥鲁·奥巴费米(Olu Obafemi, 1948—   )和童德·法童德(Tunde Fatunde, 1955—   )等。他们思想激进,甚至具有马克思主义的意识形态。他们的剧作表现一种紧迫感和社会意识。除塞贡·奥耶昆勒(Segun Oyekunle, 1944—   )之外,他们都是受过大学教育或在大学工作的人。

1. 费米·奥索费桑

费米·奥索费桑(Femi Osofisan, 1946—   )出生在尼日利亚奥贡州埃容旺村,出生三个月后父亲去世。他在贫困中长大,深知社会底层的苦难,也了解约鲁巴人的社会传统和信仰。奥索费桑在伊费读小学,在伊巴丹读中学,后来在塞内加尔大学、伊巴丹大学和巴黎第三大学受教育,1974 年在伊巴丹大学获得西非戏剧博士学位。1970 年代初,沃莱·索因卡流亡归来,正在伊巴丹大学做研究的奥索费桑参加了索因卡内战后第一个剧本《疯子与专家》的首演。这时的奥索费桑已经是一个青年激进知识分子群体的一员。这个群体与马克思主义的社会与文化刊物《实证评论》(*Positive Review*)有联系。该刊物的主要批评对象就是索因卡,他们认为索因卡使用神话学作为神秘化的形式,剧作缺少社会使命感。于是,"这两位(尼日利亚最著名的剧作家)有了长期而有趣的辩证关系"。② 换言之,年轻的奥索费桑既佩服索因卡,受其直接影响,又向索因卡挑战,质疑或反对自己不赞成的东西。

奥索费桑做过伊巴丹大学和贝宁大学的戏剧教授,也在欧美几所大学做过访问艺术家和访问教授,还曾在日本和中国担任过教职。此外,他也是记者,帮助创建拉各斯的《卫报》(*The Guardian*),1990—1991 年他成为尼日利亚《每日时报》的专栏作家、编辑部成员和《黑色的竖琴》(*Black Orpheus*)、《伊巴丹非洲文学与比较文学学刊》(*Ibadan Journal of African and Comparative Literature*)、《奥庞艾法》(*Opon Ifa*)等评论学刊的编辑。他曾担任尼日利亚作家协会主席。1983 年,他还把阿兰·理查德(Alain Richard)的《戏剧与民族主义:沃莱·索因卡与勒鲁瓦·琼斯》(*Theatre and Nationalism: Wole Soyinka and LeRoi Jones*)从法语译成英语。

---

① 伦纳德·S. 克莱因主编:《20 世纪非洲文学》,李永彩译,1991,第 161 页。
② Martin Banham and Jane Plastow, eds., *Contemporary African Plays*, 1999, p. X.

奥索费桑是一位多产作家。除了长篇小说、诗歌及批评文章之外,他创作了近 40 个剧本,迄今已经出版 25 个。奥索费桑的艺术成就已经得到广泛认可并获得奖励。1983 年,《莫朗图顿及其他剧本》(*Morountodun and Other Plays*,1982)获得尼日利亚作家协会戏剧奖;1987 年,他以假名 Okinba Launko 出版诗集《刚出工厂的硬币》(*Minted Coins*),获得尼日利亚作家协会诗歌奖;1993 年,奥索费桑又一次获得尼日利亚作家协会戏剧奖;2004 年,他获得尼日利亚国家功勋奖;2016 年,奥索费桑荣获第二十八届国际戏剧评论家协会塔利亚(Thalia)奖,也是首位获此殊荣的非洲人。他的主要文学成就就是戏剧。

奥索费桑思想激进,有马克思主义倾向,始终强调知识分子在社会中的责任,关注被剥夺基本社会权利的人。他钦佩布莱希特,坚持把舞台用作社会教育的工具,利用可以利用的传统资源,包括歌与舞蹈,来实现自己的目标。他取材广泛,其中包括时事、历史和神话。《从前有四个强盗》(*Once Upon Four Robbers*,1980)是他从内战后公开处死武装强盗一事中获得灵感创作的剧本。剧本争辩说,席卷全国的犯罪风乃是这个国家盛行的社会不平等造成的后果。在剧本中,奥索费桑将骗子和政客进行比对。剧本探讨这样一个前提:如果说腐败是尼日利亚特有的地方病,那么似非而是地说,武装强盗——也是戈翁执政的后殖民时期尼日利亚生活中特有的地方病——是这个社会中最诚实的人,因为他们的抢劫是公开干的,没有虚伪的掩饰。剧本末尾,观众应邀在强盗和士兵中做出选择,因为强盗和士兵都参加了政府,成为旨在保护新富有者财产的"法律与秩序运动"的一部分。因此,奥索费桑请观众投票表明他们支持哪一边——士兵还是强盗。

这个剧本的基调是愤怒:对戈翁政府的虚伪及该政府对新富有的中产阶级的保护与对穷人的冷酷的愤怒,对穷人把"抢劫者"看成敌人、把"士兵"看成保护者的自毁性意愿的愤怒。作者寓言式地说明,士兵和他们的受害者同样是被异化、被破坏的家庭的成员。

1981 年之后,奥索费桑的作品以绝望取代了愤怒。剧本《蚱蜢的诗歌》(*The Oriki of a Grasshopper*,1981 年首演,1986 年发表)是一部独幕剧,也是以时事为题材的剧本。故事发生在学生罢课之后,背景是政府以支持学生搞颠覆的罪名逮捕了一批教职员工。戏剧研究讲师伊玛罗和他的朋友克劳迪厄斯——一个富有的商人,都在等待第三个行动者——莫尼的哥哥。莫尼原来是伊玛罗的学生,现在是他的情妇。哥哥没有出现,显然他已被捕。克劳迪厄斯坦言,如果不是他跟当局交涉,伊玛罗也会被捕。莫尼严厉地谴责伊玛罗,说他接受商人保护,背叛了朋友和原则。克劳迪厄斯辩解说:商人需要政治走狗,同他们打交道才能在现代的尼日利亚生存下来,获得商业成功;也需要像伊玛罗这样的人继续反对这些价值观念,好让尼日利亚人想到尼日利亚的未来可能有另外的方式。在莫尼看来,伊玛罗已经成为体制的"象征马克思主义者"。她想帮助他,圆他的自由梦,可又不想落入他失败的泥潭。至此,奥索费桑承认,面对似乎难以驾驭的国家腐败难题和广泛异化的社会,知识分子能够提供的不过是希望与变化的言辞而已。总之,这部独幕剧探讨激进知识分子面对的困境,反映出他们愈来愈脱离政治精英。在这个剧本里,简单艺术派和荒诞派戏剧,尤其是贝克特的《等待戈多》的影响很明显。

历史剧《莫朗图顿》重新讲述了约鲁巴民族女英雄莫里弥的传奇故事。莫里弥传奇在第一编口头文学传统中已经介绍过:为了民族利益,莫里弥只身深入敌人营地,利用女性特质获得情报,最后打败敌人。可是奥索费桑的剧本虽利用了约鲁巴传统,但关注的却是与这个传统相左的流行的官方观点,即女英雄反而支持那里的反叛民众(这儿指的是 1968—1969 年在约鲁巴地区发生的农民运动)。作者呼吁观众做出自己的判断:"真正的斗争,真正的真理,就在你们那里,在大街上,在你们家里,在你们日常的生与死中。"①

另一部历史剧《闲话与歌》(*The Chattering and the Song*,1974 年首演,1977 年出版,1996 年修订版)是奥索费桑的早期剧作,也是成功之作。它把18 世纪反叛的约鲁巴国王阿比奥顿的故事戏剧化,把戈翁同阿比奥顿进行比对:他们都因维护国家统一而享有盛名,却因腐败成风而威信扫地,招致人民反对。《闲话与歌》以尼日利亚一个青年知识分子群体中的种种人事和政治关系为中心,展现来自各种社会背景的激进学生改变联盟和进行反叛的情形。故事中青年画家雅今把她同未婚夫莫坎的情感联盟和政治联盟转向强大而激进的桑特里。桑特里运用猜谜似的方式向雅今求婚,用有效的动物比喻胜过了性吸引和知识吸引:他把雅今比作被牡鹿压倒的雌鹿,或是猎鹰,即桑特里的自我牺牲品。莫坎失去了雅今,假装不以为然,可在背地里参加了秘密警察。在雅今把桑特里创作的早期激进剧作搬上舞台作为订婚宴的一部分时,莫坎从藏身处出来把桑特里逮捕。桑特里的剧本讲的是约鲁巴阿拉芬(即国王)阿比奥顿统治时期发生的事。这部戏中戏容许第二个层次的行动,借以进一步阐发政治含义。奥索费桑强调了这种倾向:当权位受到挑战时,即使开明的统治者也会诉诸残酷的武装行动。《闲话与歌》的初演表明奥索费桑的戏剧艺术开始成熟。它把欧洲戏剧同传统的约鲁巴形式结合在一起,尤其艾法神谕崇拜成为其叙事的中心特点。艾法神谕强调人类的责任和人类面对的道义选择。总之,这部剧作展现出奥索费桑后来创作的诸多主题和方法,在1996 年修订版的前言中他也道出了自己原先的政治动机:"写出这样一个剧本我

---

① Femi Osofisan, *Morountodun*, 1982, p. 79.

感到骄傲。不仅这样,我希望世界上任何地方和历史任何时期,只要专制统治一抬头,就会出现勇敢面对它的力量,这个剧本将发挥为它们辩护的作用。"[1]

在奥索费桑的作品中有一种文本交叉的剧本格外引人注目,因为他试图颠覆前一代剧作家作品的中心主题。他的《不再是废物》(*No More the Wasted Breed*,1982)修正索因卡的剧本《强种》(*The Strong Breed*)中对人类状况的看法,他的《另一个木筏》(*Another Raft*,1988)则纠正 J. P. 克拉克在《木筏》(*The Raft*)中提出的世界观。此外,他还把果戈理(Nikolai Gogol,1809—1852)的《钦差大臣》(*The Inspector General*)改编成新剧本《谁害怕索拉林?》(*Who's Afraid of Solarin?*,1978),把法国闹剧大师乔治·费多(Georges Feydeau,1862—1921)的《天堂旅馆》(*L'Hôtel du libre échange*,1894)改编成《午夜旅馆》(*Midnight Hotel*,1986)。他还把古希腊悲剧作家索福克勒斯的《安提戈涅》(*Antigone*)改写成《特贡尼:一个非洲的安提戈涅》(*Tegonni: An African Antigone*)。三者均适应尼日利亚现实环境,揭露其政治腐败和社会弊端。这些作品证明,新一代剧作家出现了。

自 1970 年代以来,奥索费桑许多剧本被搬上尼日利亚的舞台,也在英美演出。他是尼日利亚第二代剧作家的领军人物。

2. 鲍德·索旺德

鲍德·索旺德(Bode Sowande,1948—)出生在卡杜纳,父母是埃格巴人。索旺德先在伊巴丹的政府学院就读,1971 年从伊费大学法语专业毕业并获得学士学位,1973—1977 年在英国谢菲尔德大学攻读戏剧学博士学位,回国后在伊巴丹大学教戏剧。1990 年末,他从大学教学岗位退休,开始管理他的职业剧团。索旺德获得许多文学奖,如 1966 年 T. M. 阿卢科创作奖、1968 年伊费大学创作奖、1975 年谢菲尔德大学埃德加·艾伦奖、1987 年和 1989 年尼日利亚作家协会戏剧奖。

索旺德是一位多产作家,1979—1986 年出版了七个剧本和两部长篇小说,1987—1993 年创作并演出了多个剧本,其中包括约鲁巴语剧本《阿瑞德·奥沃》(*Arede Owo*,1990)、根据阿莫斯·图图奥拉同名小说改编的剧本《我在鬼怪灌木丛的生活》、根据法国作家莫里哀(Molière,1622—1673)《吝啬鬼》(*The Miser*,1669)改编的剧本,还有《充满梦想的大旋风》(*Tornadoes Full of Dreams*,1990)。他也为电视台写过剧本,其中电视连续剧《阿卡德校园》(*Acade Campus*,1980—1982)颇受欢迎。他还有多个剧本未曾出版,其中包括反映黑人受压迫历史的《非洲恍惚》(*African Trances*)。

---

[1]　Martin Banham and Jane Plastow, eds., *Contemporary African Plays*, 1999, p. 3.

　　然而,奠定索旺德文坛地位的作品是业已出版的两部戏剧集——《别了,巴比伦及其他剧本》(*Farewell to Babylon and Other Plays*,1979)和《火烈鸟及其他剧本》(*Flamingo and Other Plays*,1986)。它们共收录七个剧本,其中《前夜》(*The Night Before*)、《别了,巴比伦》(*Farewell to Babylon*)和《火烈鸟》(*Flamingo*)被称为"巴比伦三部曲"。内战结束后的 1970 年代和 1980 年代,大学生不断地游行示威,要求一个好政府。游行示威有时导致骚乱、催泪弹对峙甚至悲惨的死亡。1971 年,在伊巴丹大学,贾斯泼·科约被警察开枪打死。极度的苦恼和幻想破灭感弥漫在《前夜》之中,但是《前夜》也表现了即将走向工作和承担责任的青年人的希望和天真。青年大学生莫尼朗、奥莉尼塔、莫耶、塔达比拉、尼比迪和伊比罗娄拉在毕业前夕的梦想就是粉碎巴比伦,并在此基础上建立一个人人都可以找到幸福的社会。可是毕业前的夜晚却是毕业生们一旦离开大学的安全墙就会遭遇诱惑和背叛的夜晚。他们的友谊受到考验,因为他们在新世界里会遭遇新的恶意识而变质。这个夜晚以燃烧塔达比拉的学位服作为结束的象征。该剧本有些天真和故作姿态,但难得的是结构严谨、主题鲜明。它表现出的创造活力,足以使它成为"巴比伦三部曲"中最成功的一个剧本。

　　《别了,巴比伦》(1978 年首演),是"巴比伦三部曲"中第二个剧本,探讨莫尼朗和奥莉尼塔的情况,他们从不同角度追逐同一个梦——换一个另样的政府。莫尼朗变成最强大的公务员——"章鱼"(国家秘密警察)的首领和国家元首信任的中尉,以便从内部破坏巴比伦。他的计划是用政府推翻这个王国的"鹰"。奥莉尼塔则通过演讲、写作,最终参加反对政府的农民起义,从外部攻击。但是结局很悲惨:莫尼朗错误地把奥莉尼塔同吸毒犯库肯放在同一个因室,导致奥莉尼塔被库肯勒死。这个剧本许诺的多,兑现的少。令人失望的是,索旺德不能让剧本活跃起来,包括莫尼朗在内的大多数人物似乎缺乏"内在的火",不能为剧情添加能量。索旺德创造事件只是为了做社会评论,而不是依靠事件产生评论。社会变化的理念总体而言非常迟钝,因为索旺德渴望描述社会观念但却忘记了自己使用的媒体是戏剧。在戏剧里,应该处于支配地位的是事件和人物,而不是他们表现的理念和观点。这一点常在语言中反映出来,有时崇高的诗歌却令人伤心欲绝,这是因为意识形态的陈述不自然和不得体。然而,索旺德意识到丰富的约鲁巴戏剧传统的存在,而且愿意挖掘和使用它。丰富而有效的歌曲、有规律的组舞和哑剧表演结合起来,使《别了,巴比伦》达到罕见的艺术高度,人物、情景和主题相得益彰,大大消减了剧本原有的弱点。

　　索旺德在《火烈鸟》(1982 年首演)的说明部分讲明了乌托邦梦想乃是"巴比伦三部曲"的中心:

主要人物着手个人或集体掌握命运。……这个圈子早在他们的学生时代就开始了……可追溯到《别了，巴比伦》中，沿着社会冲突的路径，最后在《火烈鸟》中结束。奥尼塔、尼比迪、卡萨登上三部曲的阶梯，而每个人或掌握命运或被命运毁掉。似乎无赖们了解时代精神——一种时代病，其固有的堕落成为一种繁荣的次文化。[①]

在《火烈鸟》中，莫尼朗拒绝进一步参与已经走向歧途的"革命"，他完全从社会中撤退出来。莫尼朗不抱幻想，哀叹同谋者背叛了乌托邦。即使他自我流亡，政权还是把他看成威胁。尼比迪——他的一个大学朋友，还有卡萨，把他毒死。

《火烈鸟》暴露了《别了，巴比伦》中的弱点，即人物浅薄，其中包括莫尼朗。他最大的担心是，"有人不久会讲出我的真相，我不想要知道的事情"。[②] 对社会变革力量与不可改变的社会腐败秩序力量对峙引起的问题，索旺德试图提供解释。不幸的是，剧本的回答仍然是否定的：新一轮改变仍然没有保证"新扫帚"与他们扫掉的旧事物有什么不同。

总之，"巴比伦三部曲"一直围绕青年学生和知识分子试图在专制和恐惧笼罩的环境中掌握自己命运的主题，这是尼日利亚戏剧中前所未有的主题，也是索旺德对尼日利亚戏剧的重要贡献。

《苦力》(*Afamako*，1978 年首演)是《火烈鸟及其他剧本》中的第二个剧本，讲述苦力卡迪里一家被资本家剥削的故事。即使卡迪里决定破坏罢工来保住工作，但还是被老板开除了，想保住的未出生的孩子也流产了。剧本的故事简单，结构简单，成功地将卡迪里家的景况同老板家及工厂车间的景况并置对比，令人信服。因此，《苦力》是一个成功的剧本。

《主人与骗子》(*The Master and the Frauds*，1979 年首演)也被收入《火烈鸟及其他剧本》。这是一个教诲剧本，考察了社会腐败问题。特别的是，作者抨击了社会的虚伪——小罪严惩，而真正的重罪犯却携带大量掠夺品逍遥法外。该剧本因其生动准确的语言和严谨合理的结构而获得成功。

《自由广场的马戏团》(*Circus of Freedom Square*，1985 年首演)是《火烈鸟及其他剧本》中的最后一个剧本。作者着眼于右翼与左翼政治意识形态之间的二元对立。索旺德似乎相信二者是一个平衡政体所需要的。作者发现两派的主要论点是：真正的问题不是意识形态而是他们的阐释。该剧也抨击了专家治国论者和政治中间人，后者站在统治者与被统治者之间，上下误传。故

---

①　Bode Sowande, *Flamingo and Other Plays*，1986，p. 2.
②　Bode Sowande, *Fairwell to Babylon and Other Plays*，1979，p. 4.

事中的统治者凯比耶西乔装出宫,走上大街才发现人民真正的所感所想,才意识到博巴(宫廷与人民之间的官方中间人)和陶菲克(秘密警卫)其实是压迫者。作者总是在揭示深层次的社会结构,帮助群众获得自我意识和阶级意识。

《妇女的颂歌》(*A Sanctus to Women*,1976 年首演时名为 *The Angry Bridegroom*)是《别了,巴比伦及其他剧本》中最后一个剧本,素材取自神话传奇,原本讲述奥鲁罗姆比这个穷困妇女为了换取财富,向伊罗科神发誓,把独生女献给伊罗科神的故事。可作者拒绝宗教内容,把诸神的观点表现为根深蒂固的剥削制度的象征,至少象征维持和延续剥削制度的宗教观点。剧本审视了这个神话,颠覆了诸神的圣洁和伺候诸神的那些人的权力。剧本也有力地表明:奥鲁罗姆比的穷困源自恶毒的萨拉的阴谋和不可饶恕的社会的冷漠无情,她同意与伊罗科神的契约是因为她别无选择。

《充满梦想的大旋风》(*Tornadoes Full of Dreams*,1989 年首演,1990 年出版)是索旺德艺术成就最高的剧本,以大西洋奴隶贸易、法国大革命及其对加勒比地区的严重影响为主题。奴隶贸易给非洲人带来心理创伤,大西洋"中程"带来各种恐怖;法国大革命取得成功,"自由、平等、博爱"的口号响彻云霄。但是在圣多明尼戈法国种植园里,黑人处在社会最底层,汗流浃背地劳动,白人处在社会最高层,混血人种处在中间地带。剧本高潮是黑人唤起革命的理想,坚持自由,使殖民地极端危险,无利可图。随后是酒宴狂欢的场景,原先的大多数人物以当代模式复活:奴隶贩子悉尼现在成为跨国商人,种植园主塔尔博特现在是银行家。索旺德技巧娴熟地把每一个奴隶叙事转变成当代非洲负债困境的一个寓言。该剧本既是穿越历史的途程,也是历史本身的真实途程,而历史是"光明与黑暗的冲突"。从结构上说,在剧本结尾,所有旧人物都以新的角色回归,表明历史没有什么变化,历史是事件与角色的无休止的重复,然而结尾的调子是乐观的:这一次非洲人不再受愚弄,他们不只是等待补偿和哀叹正义,而是把命运掌握在自己的手里,驱逐他们的折磨者。正像索旺德在《作为顽童的历史》("History as an Imp")中说的那样,《充满梦想的大旋风》是"顽童(或埃修骗子)两百年历史的途程,是来实现我们在一个地球村的决心"。[①]

索旺德也是长篇小说家,第一部作品是《我们的人——总统》(*Our Man, the President*,1981),探讨了内战后尼日利亚的领导危机,聚焦于青年的理想同军事化政治秩序残暴做法之间的冲突。第二部作品是《没有一个家》(*Without a Home*,1982)探讨基本的人际关系。巴费姆的父母离婚,父亲找

---

① "History as an Imp: A Playwright's Notes on the Employment of His Most Recent Play: *Tornadoes Full of Dreams*," *Nigerian Stage I* (March 1990), pp. 24 - 25.

到女友,母亲暗示可能再婚,巴费姆(比一般孩子早熟)认识到"在深院大宅之前建个家是何等重要";也就是说,一旦父母各奔东西,他得有自己的家。

总之,索旺德是一位具有社会使命感的作家,把艺术看成有助于创造社会平等秩序的可行手段。用西蒙·吉甘地的话说,"索旺德似乎处在渴望开创新的美学与同时接近读者之间。结果是作品处在要接近读者同时又要处理严肃主题之间"。①

3. 奥鲁·奥巴费米

奥鲁·奥巴费米(Olu Obafemi,1948—)出生在尼日利亚吉济兰的阿库图帕小城,在卡巴受小学教育,在岱吉纳受中学教育,在阿赫默德·贝洛大学获得英语学士学位,在伊洛林大学执教过一段时间,在英国谢菲尔德大学获得英语硕士学位,在里兹大学获得博士学位。1981 年他返回尼日利亚,在伊洛林大学出书并创建阿珠姆演员剧团,2004 年成为尼日利亚作家协会主席。

他在阿赫默德·贝洛大学学习期间开始创作,并主编一份杂志。1974 年,他的第一个剧本《杵在臼里》(*Pestle on the Mortar*)上演,并且在卡杜纳电台广播。他出版多个剧本,如《怪兽的夜晚》(*Nights of a Mystical Beast*,1986)、《新的曙光》(*The New Dawn*,1986)、《自杀综合征》(*Suicide Syndrome*,1993)和《奈拉没有性别》(*Naira Has No Gender*,1993)等。《怪兽的夜晚》利用民俗、神话形象和偶像来探讨尼日利亚的过去和现在。剧本伊始,简单介绍前殖民时期吉罗国强调和谐,如果有不一致,也会及时处理,避免分裂。后来欧洲人罗伯特一家来了,受过西方教育的儿子凯严厉谴责罗伯特们掩盖在殖民统治下的权力关系。有位政治家解释说:"我知道……在那些半人半兽的面具后面,掠走我们身强力壮的男女的,是那些白色面孔。……怪兽必须走开。我们的天空必须清除神话的迷雾,显露远处蔚蓝的自由天空。"②可见人们的政治意识在提高,白人制造的神话被揭穿。该剧没有进一步挖掘此点,各部分缺少相互关联,结尾有点虎头蛇尾。在《新的曙光》中,作者希望出现一种新的政治意识:人民会起来斗争,否定殖民主义及与之伴生的剥削与分裂的历史。《自杀综合征》的主要声音,乃是一个理论家、艺术家的声音,他千方百计利用人物、动作、歌舞来展现他的阶级同情心。总之,奥巴费米的剧作都反映了社会意识和行动主义的倾向。当然,这也是 1980 年代他那一代作家的总特征。根据他本人的说法,他一直在探讨这样一个问题:"为什么社会应该以许多人

① Simon Gikandi, ed., *Encyclopedia of African Literature*, 2003, p. 725.
② Olu Obafemi, *Nights of a Mystical Beast*, 1986, p. 29.

受苦而极少数人大肆挥霍的方式组成?"①

虽然他的剧本在美国和尼日利亚演出,但是它们主要是为尼日利亚人写的,目的不是谴责应对国家贫困负责的那些人,而是探讨纠正这些问题的路径与方法。虽然奥巴费米自认是一个剧作家,但他也出版过诗集《希望之歌》(*Songs of Hope*),其中两首诗收入西非学生的考试课程。1997 年,他的长篇小说《轮子》(*Wheels*)在《尼日利亚先驱》(*Nigerian Herald*)上连载。他还出版学术著作《尼日利亚作家论尼日利亚内战》(*Nigerian Writers on the Nigerian Civil War*,1992)和《当代尼日利亚戏剧:文化遗产与社会远见》(*Contemporary Nigerian Theatre: Cultural Heritage and Social Vision*,1996)。他还写了《新文学导论》(*New Introduction of Literature*,1994)。此外,他同沃莱·奥贡代勒(Wole Ogundele)和费米·阿博顿林(Femi Abodunrin)合编《性格即美:重新界定约鲁巴文化与身份》(*Character Is Beauty: Redefining Yoruba Culture & Identity*,2001)。

4. 童德·法童德

童德·法童德(Tunde Fatunde,1955—)出生在贝宁州的马库尔迪,先在伊巴丹大学获得学士学位,后在法国获得硕士学位和博士学位。他把大学教书、写作、导演戏剧、工会活动和写专栏文章结合在一起,专栏文章使他作为行动派知识分子而闻名。1980 年代早期,他在贝宁大学教书,因为与大学当局争论,被迫同小说家福斯塔斯·伊亚依一同离开。此后他一直在拉各斯州立大学语言系执教。

法童德是一位激进的剧作家,主要剧作有《血与汗》(*Blood and Sweat*,1983 年首演,1985 年出版)、《石油景气不再》(*No More Oil Boom*,1984 年首演,1985 年出版)、《没有食物,没有国家》(*No Food, No Country*,1985 年首演,1985 年出版)、《奥盖不是贱人》(*Oga Na Tief Man*,1985 年首演,1986 年出版)和《水没有敌人》(*Water No Get Enemy*,1988 年首演,1989 年出版)。第一个剧本的背景在南非,反映种族隔离制度给工人阶级带来的苦难,后四个剧本都是以尼日利亚为背景。《石油景气不再》在结构和戏剧模式方面与《血与汗》非常相似,剧本 1983 年 12 月完稿,仅仅两周后,军事政变推翻了谢胡·沙加里(Shehu Shagari)。1984 年 4 月剧本上演,正是人民对军事领导人布哈里许诺的社会经济改革充满高度期待的时期。法童德变换场景,揭露精英们的行为和基本权利被剥夺者的痛苦,也反映尼日利亚政府屈从西方的现实。

---

① 转引自 Oyekan Owomoyela,*The Columbia Guide to West African Literature in English since 1945*,2008,p. 135。

《没有食物，没有国家》聚焦于一个具体的历史事件：1980 年 4 月，一批精英获得一个由意大利建筑队负责兴建的政府支持项目，为此要把索科托州巴柯洛里地区的农民从他们的土地上赶走；农民起来反抗，两个农民遭到酋长的人枪杀。《奥盖不是贱人》再次确立富人与基本社会权利被剥夺者的截然对立，即工场主阿尔哈吉·阿劳与妻子同卖小吃的埃吉特妈妈和挖沟工人阿克希勒的对立。司法机构以没交房租为由，逮捕并审判埃吉特妈妈，以偷吃超市食物的罪名逮捕阿克希勒。阿劳夫妇的儿子伊斯迈拉是位进步律师，在两个案件中都站在劳动者一边。《水没有敌人》以城镇大厅为背景，讲述"非洲第一个女行政官"阿津托拉夫人的行为。阿津托拉夫人是城镇议事会负责人，她决定把供应水用来浇灌她和她的支持者在其中拥有既得利益的科科家禽玉米农场。此事先是受到议事会其他成员反对，继而遭到全社区抵制。大家都不满她的极权主义和腐败行为。城镇居民在发现阿津托拉夫人实施决定后愤怒了，决定起来反抗这种剥削行为。应该说，群众迈出了可喜的第一步。

法童德的剧本是专门为很少受过正规教育的普通人写的。他清醒地认识到，"我生活在一个沿着阶级路线分裂的国度。这不是我自己的观点。这是不以我自己的观点为依据而存在的现实——这个国家的不正义、不道德，也是政治上不可接受的。我通过艺术在说，劳动人民必定能够认识到他们的命运在自己的手中"。① 他写作这些剧本的目的，正像费米·恰卡（Femi Shaka）在为他的第三个剧本所写的导言中指出的那样，是"在劳动人民及其家庭中间鼓励一种抵抗、斗争和解放的文化"。为此目的，情节、人物、对话和语言都是高度简单化，而且可以预期。题材通常是冲突和随之出现的对峙，无产阶级总是勇敢、团结地采取行动，总是取得道义的或者实际的胜利。无产者总是得到积极正面的描写，精英总是被描写成无赖。语言总是用偏下层的英语或者在底层通用的皮钦英语。法童德的剧本虽是在尼日利亚国内出版，但并不影响他在国外的名声，他依然受邀到西华盛顿大学等高校做访问讲师。

5. 苔丝·昂伍埃米

苔丝·昂伍埃米（Tess Onwueme，全名 Tess Osonye Onwueme，又名 T. Akaeke Onwueme，1955—   ），伊博人，是继祖鲁·索福拉之后第二位著名的尼日利亚女性剧作家。她出生在尼日利亚三角洲的奥格瓦希-乌可伍，其父既是酋长又是律师。苔丝·昂伍埃米在玛丽·蒙特中学受教育并尝试写作，先后在伊费大学获得教育学士学位和文学硕士学位，后又在尼日利亚贝宁

---

① Reuben Abati, "No Writer Sits on the Fence: Interview with Tunde Fatunde," *Daily Sketch*, 28 July 1988, p. 9.

大学获得戏剧博士学位。她长期在尼日利亚和美国的一些大学执教,担任过尼日利亚作家协会秘书长和代理会长。

苔丝·昂伍埃米始终关注尼日利亚的政治和社会现实,关注被剥夺基本权利的群众(尤其是妇女),关注环境的恶化,关注外国势力对尼日利亚的压迫和剥削,关注非洲人被掳为黑奴的惨痛历史。她以强烈的责任感和旺盛的精力创作剧本,对戏剧形式不时进行实验,把舞台当作论坛和斗争武器,讽刺形形色色的政客,谴责严重的环境问题,拥护妇女事业和推进尼日利亚团结。

迄今为止,她已经出版二十多个剧本和一部长篇小说——《为什么大象没有顶撞》(*Why the Elephant Has No Butt*,1994)。其中,《沙漠入侵》(*The Desert Encroaches*,1985)、《把事情告诉妇女们》(*Tell It to Women*,1992)、《沙卡拉:舞厅女后》(*Shakara: Dance-Hall Queen*,2001)和《那时候她说了》(*Then She Said It*,2003)获得尼日利亚作家协会戏剧奖。早期剧本《母鸡太快》(*A Hen Too Soon*,1983)和《破碎的葫芦》(*The Broken Calabash*,1984)是现实主义作品,批判强迫婚姻,反映新旧文化冲突。《沙漠入侵》和《取缔空仓》(*Ban Empty Barn*,1986)的人物都是动物,是两部寓言剧。《沙漠入侵》一开始就抨击西方救助计划的虚伪。由于担心被捕,许多演员不敢上场,于是志愿者前来扮演各种动物角色。剧本大部分是南方动物们的讨论,它们借此认识到西方、北方、东方剥削他们的方式,认识到超级大国的争夺和来自北方的沙漠化威胁是破坏世界的潜在力量。后来作者又引进历史人物饮庆功酒和士兵杀戮平民的场景。这个场景的一个基本目标是表现尼日利亚内战,意在指出"我们的勇士们将会知道我们没打到敌人,真正的敌人是宣布战争的主子们"。[①] 后一个剧本《取缔空仓》聚焦于经济掠夺,它以老鸡和雏鸡象征老一代人和年轻一代人:老一代人面对掠夺是忍气吞声,而年轻一代人皆质疑、反抗直至革命。《校园的镜子》(*Mirror for Campus*,1987)则是现实主义作品,抨击学校里的腐败。

苔丝·昂伍埃米在福特基金会资助下开展了一个有关三角洲地区油污的项目——"谁使鼓点无声?三角洲妇女说话了"。结果,她写出剧本《那时候她说了》。在剧本中,尼日利亚的五大河流——奥逊河、奥比达河、科科河、尼日尔河和贝努埃河都被拟人化了,出现在虚伪的恒各里亚国(Hungeria,意即"饥饿的国家")中,变成强悍不羁的妇女,带头呼唤自由解放和治理被多国公司剥削造成的环境污染。同样,《妈妈说过的话》(*What Mama Said*,2004)以虚构的"苦难国"(Sufferland)为背景,描写被压迫和被剥削的人民面对腐败的政府和多国石油钻探公司如何寻求自救和自主。

---

① Tess Osonye Onwueme, *The Desert Encroaches*, 1985, p. 3.

苔丝·昂伍埃米不但关注环境问题,更关注妇女的权益,尤其是尼日利亚农村妇女的权益。她描写妇女是"有权获得或毁坏土地的人"。[①] 她有几个剧本以妇女为中心,探讨某些文化习惯、阶级、性别、国家政治和全球政治是怎样剥夺妇女基本权利的。她为妇女发声,如《那时候她说了》中战斗的女性人物起来反抗屈从。她笔下最有名的战斗女性是《瓦佐比亚的统治》(*The Reign of Wazobia*,1988)的女主人公瓦佐比亚。在大王去世、新王还未确立的时候,她利用当时摄政之机,呼唤妇女参政议政,反抗父系继承制度。最终她登上王位,成为合法的统治者——这简直是一场前所未有的革命。再说,Wazobia 是一个皮钦英语单词,由尼日利亚三大民族语言——约鲁巴语(Yoruba)、豪萨语(Hausa)和伊博语(Igbo)中"过来"(come here)一语的缩写构成。该剧本于 2002 年拍成了电影。虽然苔丝·昂伍埃米在写作中支持妇女,但是她不贬低男人。在《把事情告诉妇女们》中,她批评鲁蔡和戴西屈从或帮助压迫其他妇女的行为。昂伍埃米坚持:妇女必须团结,要让自己拥有权利。她的女权主义倾向比索福拉更明显,但是她承认和适应非洲文化。

苔丝·昂伍埃米关注奴隶贸易和尼日利亚人同美国和加勒比的非洲裔的联系,以此激活对过去苦难的回忆,创作剧本。代表性剧本有《失去的面孔》(*The Missing Face*,2002)和《天堂的骚乱》(*Riot in Heaven*,1996)。

总之,苔丝·昂伍埃米从生活中选取素材,也从传统和口头文学中汲取营养来丰富她的剧本,还利用音乐和舞蹈为剧本演出活跃气氛。她的小说《为什么大象没有顶撞》更是以当地弱者战胜强者的民间故事为基础,增强被践踏人民的斗志和信心。显然,苔丝·昂伍埃米已经成为尼日利亚乃至非洲最多产、最有战斗精神的剧作家之一。1988 年,她在伊费国际书市赢得优秀作家奖,后来又获得小马丁·路德·金 1989—1990 年度卓越作家奖。2009 年,她获得福伦-尼科尔斯奖,国际学者还在尼日利亚首都阿布贾举行以她的名字命名的文学讨论会——The 2009 Tess International Conference: Staging Women, Youth, Globalization and Ecoliterature,她的国际影响力由此可见一斑。

6. 菲利浦·贝戈

菲利浦·贝戈(Philip Begho,1956—　)出生在尼日尔河三角洲的瓦里。其父是伊采吉里族,其母是混合种族。他在伊凯贾和贝宁城完成小学教育,1967 年入拉各斯国王学院就读,11 岁时开始为学校的刊物《探照灯》和《美人鱼》写稿。中学时代,他冒险走进灌木林,产生许多奇思妙想。毕业后他成为尼日利亚《观察家》的记者。1974 年他进入拉各斯大学学习法律,1977 年以优异成绩毕

---

① Tess Osonye Onwueme, *Tell It to Women*, 1997.

业,1978年在拉各斯法律学院获得律师资格,后在布库汝警察干部学院做研究员,1980年进入伦敦大学经济学院攻读硕士学位,1981年获得硕士学位。他曾在花旗银行工作一段时间,1982年回到尼日利亚,在贝宁大学做讲师。

从1987年7月落脚伦敦的那一刻起,他一直为实现写作梦努力,不惜丢掉律师身份,靠打工维持生活和写作。1988年末,他开始写作诗剧《以斯帖》(*Esther*,2002),1991年完成。1992年他回到尼日利亚。1993年正值权力横行与社会不安的时候,他一年内完成另一部诗剧《丹尼尔》(*Daniel*,2001)。两部诗剧的书稿获得1994年尼日利亚作家协会戏剧奖。《以斯帖》完稿在先,但是《丹尼尔》出版在先,它为阿巴查年代人民的斗争发声,先后在拉各斯大学和尼日利亚有名的穆森(MUSON,即The Music Society of Nigeria,尼日利亚音乐协会)中心登上舞台,得到好评。2002年他又出版第三本诗剧《约伯的妻子》(*Job's Wife*),并获得2002年尼日利亚作家协会戏剧奖。他不仅创作舞台剧本,而且也为电视、电台和电影写剧本,创作长篇小说。他的长篇小说《鸣禽》(*Songbird*,2002)获得2003年伊希多尔·奥克皮尤霍散文奖,并且入围2004年尼日利亚文学奖决选名单。他的童书《菲里西娅姨妈》(*Aunty Felicia*,2003)获得2003年尼日利亚作家协会玛塔图儿童文学奖。《菲里西娅姨妈回来》(*Aunty Felicia Returns*,2005)获得2005年尼日利亚作家协会阿提库·阿布巴卡尔儿童文学奖。

菲利浦·贝戈是一位多产作家,大约已经出版四十多本书,其中包括非虚构作品。他是一位虔诚的福音派基督徒,所以他的文学作品既有现实生活题材又有《圣经》题材。他有种意识,即文学与戏剧艺术对社会价值观念的形成具有深刻的影响,这种意识在他的作品中明显地表现出来。[1] 他的虚构作品,无论是写给成人的还是写给孩子的,其主题专注于真理、正义和公平的美德及其在同社会罪恶做斗争中的作用。[2] 甚至有一位批评家说,他通过创造文学拉近人们同上帝的距离。[3]

至于风格,即使在菲利浦·贝戈的散文里,他也锲而不舍地拥抱戏剧场景,他的故事和情节也不避开激动人心的场面,借此照亮严肃问题的真相。他不反对散文同诗歌结合,[4]他既能热情奔放,又能恰到好处地掌控故事的节奏。[5] 他的诗歌或许不为一般人熟悉,但表达方式简单明晰、令人愉悦。[6]

---

[1] *THISDAY*, Lagos, Saturday, 2 October 2004, p. 37, col. 1.

[2] Ibid., Tuesday, 19 November 2002, p. 51, col. 2.

[3] Lanre Adebayo, *Daily Times*, Lagos, Saturday, 3 December 1994, p. 17, col. 4.

[4] Mature Tanko Okoduwa, *The Post Express*, Lagos, Sunday, 12 May 2002, p. 17, col. 4.

[5] *Sunday Vanguard*, Lagos, 13 November 1994, p. 8, col. 3.

[6] *THISDAY*, Lagos, Tuesday, 19 November 2002, p. 51, col. 1.

7. 费米·尤巴

费米·尤巴(Femi Euba,1941—)出生在尼日利亚的拉各斯,在英国布鲁福德演讲与戏剧学院学习表演,1965年获得毕业证书,而后在伦敦舞台多次露面,其中包括在皇家宫廷剧场出演沃莱·索因卡《狮子与宝石》中的教师拉昆勒和莎士比亚《麦克白》中的麦克白。1970年,他离开伦敦去耶鲁戏剧学院学习剧本写作和戏剧文学,1973年获得硕士学位;1980—1982年,他又回到耶鲁学习非美研究,获得硕士学位。后来,他回到尼日利亚工作,1986年在尼日利亚伊费大学获得英语文学博士学位。

他先后在尼日利亚和美国的一些学院和大学讲授非洲及海外戏剧创作和戏剧文学,导演沃莱·索因卡、阿索尔·富加德、莫里哀和布鲁斯·诺里斯等著名剧作家的名剧。作为戏剧实践者,他的戏剧活动涵盖表演、创作和导演,他的剧本涉及众多话题,其中最突出的一个是约鲁巴文化。

他出版的剧本有《阿比库》(*Abiku*,1972)、《棕榈树的谜语和鳄鱼》(*A Riddle of the Palms and Crocodiles*,1973)、《海湾》(*The Gulf*,1991)、《加布里埃尔的眼睛》(*The Eye of Gabriel*,2002)和《大屠杀中的狄奥尼索斯》(*Dionysus in the Holocaust*,2002)。

他的两本论著——《命运的原型、诅咒者和受害者:黑人戏剧讽刺的起源与发展》(*Archetypes, Imprecators and Victims of Fate: Origins and Developments of Satire in Black Drama*,1989)和《创作过程的诗学:剧本写作的有机实践课》(*Poetics of the Creative Process: An Organic Practicum to Playwriting*,2005),依笔者之见,应该是戏剧研究不可或缺的参考书。此外,费米·尤巴在2007年还出版了一部长篇小说《岔路口的紫木树》(*Camwood at Crossroads*,2007)。

8. 斯特拉·摩让迪亚·奥耶代波

斯特拉·摩让迪亚·奥耶代波(Stella Moroundia Oyedepo,有时署名为Stella Dia Oyedepo,1954—2019)出生在尼日利亚昂多州。她受过语言学的专门训练,1980年代在伊洛林的克瓦拉州教育学院担任过高级讲师,后任克瓦拉州艺术与文化委员会主任。她一生创作了300多个剧本,公开发表的约30个。①

她常常以日常生活和问题作为剧本题材,关注的主题是婚姻、腐败、政治和家庭生活。譬如她最受称道的剧作之一——《最大的礼物》(*The Greatest Gift*,1988)将一个因父亲酗酒遭到破坏的家庭同一个成功的家庭相对照。

---

① Gbenga Bada, "National Theatre DG, Stella Oyedepo, dies in a Car Crash," *Pulse*, 23 April 2019. https://www.pulse.ng/entertainment/movies/national-theatre-dg-stella-oyedepo-dies-in-car-crash/t4vd08j(Accessed 4 September 2020).

《头脑没性别》(*Brain Has No Gender*, 2001)则是受克瓦拉州教育部委托,为"科学妇女项目"创作的剧本。她的第一个剧本《我们的妻子不是一个女人》(*Our Wife Is Not a Woman*)写于 1979 年。总之,她的大多数剧本都是受委托为某个特殊场合而创作的。

9. 索尼·奥提

索尼·奥提(Sonny Oti, 1941—1997)出生在尼日利亚阿比亚州的阿罗楚克伍。他先在家乡做小学教师,后就读于伊巴丹大学,在杰弗里·阿克斯沃瑟指导下,成为全国有名的喜剧演员,出演莎士比亚《亨利四世》中的福斯塔夫和恩凯姆·恩旺克沃小说《但达》中的流浪英雄。内战伊始,他以伊巴丹巡游剧团为基础,迅速组织武装部队戏剧团,经常到伊博军营和战区演出时事活报剧、小品和鼓舞士气的短剧。战后不久,他赴英国里兹大学戏剧艺术学院学习,1972 年获得硕士学位。回国后,他到乔斯大学戏剧艺术系任教授。他也创作歌曲,自 1970 年代以来很流行。

索尼·奥提写过一些滑稽剧,如《鼓手》(*The Drummers*)、《回家》(*Return Home*)、《梦想与现实》(*Dreams and Realities*, 1975)以及严肃戏剧《老主人》(*The Old Masters*, 1977)等,《老主人》反映殖民早期奴隶反抗为主人殉葬的故事。此外,他还写了两个剧本:《杰罗姆回来》(*The Return of Jerome*, 1981)和《福音教士耶利米》(*Evangelist Jeremiah*, 1982)。

10. 其他剧作家

其他值得注意的剧作家有:埃西亚巴·伊罗比(Esiaba Irobi)、鲍德·奥山因(Bode Osanyin)和肯·沙罗-威瓦(Ken Saro-Wiwa)。埃西亚巴·伊罗比是个多产剧作家,尽管发表的剧作不多。他已发表的《刽子手也死》(*Hangmen Also Die*, 1989)和《恩沃克迪》(*Nwokedi*, 1991)涵盖武装抢劫、失业和政治腐败等社会问题;《黄金、乳香和没药》(*Gold*, *Frankincense and Myrrh*, 1989)是一部滑稽剧,以挖苦、取笑的口吻记述了索因卡与钦维祖的争吵。鲍德·奥山因也是一位多产剧作家,创作方法独特,以稀奇古怪的方式向尼日利亚社会问题开刀。他曾出演约鲁巴名剧《大灾难》的英文版《塌桥》(*The Shattered Bridge*),还发表理论文章《使命戏剧:国家建设的奠基石》("Committed Theatre: A Cornerstone of Nation-Building")。① 肯·沙罗-威瓦固然因小说《娃娃兵:一部用蹩脚英语写作的长篇小说》和连续喜剧《巴希公司》闻名于世,但其创作生涯从写舞台剧开始。1964 年,他写出短小喜剧《轮

---

① *Nigerian Theatre Journal*, 1, 1, 1983, pp. 1 - 8.

子》(*The Wheel*)，后来又写出《最高指挥官》(*The Supreme Commander*)。两个剧本批评滥用权力，内战后在卡拉巴尔和哈科特港演出。剧本《埃尼卡》(*Eneka*)在演出时刺激了河流州的军人州长，当场遭到禁止。

此外，著名小说家科尔·奥莫托索也创作了几个剧本，很有分量。前面已有评述，恕不再议。

四、儿童文学

第二代儿童文学作家是马蒂娜·恩瓦科比（Martina Nwakoby，1937—　）和海伦·奥富汝姆（Helen Ofurum，1941—　），她们都是女作家。

1. 马蒂娜·恩瓦科比

马蒂娜·恩瓦科比（Martina Nwakoby，1937—　）出生在本代尔州的奥格瓦希-乌库。她先在埃努古等地受教育，1964—1966 年在美国一家图书馆学校受教育，1974 年在美国匹兹堡大学获得图书馆学硕士学位，1984 年在伊巴丹大学获得图书馆学博士学位，后在国内外图书馆任职，1978 年获得麦克米伦童书竞赛头奖。

她是一位著名的儿童文学作家。1980 年她出版 65 页的儿童中篇小说《幸运的机会》(*A Lucky Chance*)，讲述契沙·伊肯加的故事。契沙生活在一个贫穷而快乐的农家。他是家中的独生子。父亲是钟表修理匠，母亲做点儿小买卖，足以维持生计，全家生活安定快乐。叔叔库鲁·伊肯加是奥托州政府部门的职员，答应把他当自己的孩子培养，让他有光明的前途，在他九岁时把他带走。可是契沙在叔叔家受到婶婶的虐待，被迫辍学在家干杂活儿，简直成了奴仆。幸运的是，他遇到住在同一街区的孩子奈杜，与之成为朋友，同他分享食物、书籍，相互做伴，相互同情。后来契沙又获许上学。他是个有教养的孩子，学习用功，受到老师的表扬，后来又获得政府奖学金，可以免费读完中学，而叔叔的儿子多泽没有通过入学考试。叔叔婶婶试图让多泽取代契沙，但被校长阻止。这个故事简直是民间故事中的孤儿故事，只不过契沙的父母还活着。不难看出，这个中篇小说是一本少年儿童励志书。马蒂娜·恩瓦科比另外还写过一本励志书——《测试时间》(*Quiz Time*，1980)。

《分开的家》(*A House Divided*，1985)是马蒂娜·恩瓦科比的第一部长篇小说，讲述一对青年男女恋爱的悲剧故事。男主角楚马·奥切 26 岁，是来自农村的伊博族青年大学生，毕业后任工程师；女主角图拉·阿贾依出生于富有的约鲁巴族商人家庭，是药学专业毕业的女学生。他们是新一代，有新标准和新原则，坚持对个人性格与人品的相互鉴赏，认为不必考虑钱包的大小、银行存款的多少和种族的异同，只要相互爱恋和家庭和谐即可。

可是现实是无情的。双方的家长坚持种族偏见,分别为楚马和图拉选定对象,力图门当户对。于是冲突迭起,矛盾迭出。两位年轻人毫不妥协,甚至着手准备婚礼。不料在婚礼上楚马惨遭代勒·阿代尼郎——一个好妒忌而又受挫的浪荡小子杀害,致使婚礼成为悲剧现场。

整部小说的人物刻画得典型逼真,反映出独立后青年的新思维、新行为,有利于民族融合。但旧有的种族观念、等级观念之顽固也暴露无遗。悲剧结尾也着实让读者痛心、悲愤。有的批评家认为悲剧结尾是作者的败笔,其实不然。在现实生活中新生事物往往被旧势力、旧习惯、旧观念压倒,屡见不鲜。

2. 海伦·奥富汝姆

海伦·奥富汝姆(Helen Ofurum, 1941—)出生在英国,其母是英国人,其父是尼日利亚人。她在尼日利亚接受小学教育,在苏格兰接受中学教育,在格拉斯哥的苏格兰商学院(今日斯特拉茨里德大学)接受高等教育,后来做会计工作。

她的第二本书《欢迎契吉欧克》(*A Welcome for Chijioke*, 1983)长达92页,讲述11岁男孩契吉欧克·伊格伟的故事。契吉欧克的妈妈开一个小吃店,母子相依为命,相亲相爱。不料母亲死去,给他留下她本人和契吉欧克父亲加布里尔·奥克泽先生的照片、一封信和一些钱。母亲也在他身上留下勤劳、有责任感和尊敬长者等诸多优秀品质。

开始,契吉欧克被带到姨妈家,受到姨妈及其家人的虐待,不得不从奥尼查逃到拉各斯去寻找父亲。在茫茫人海中寻人,简直犹如大海捞针。他几度想返回姨妈家,但又担心受虐待,就滞留拉各斯,和从姨妈家被解救的家童西尔维斯特住在后者的哥哥马修那里。

有一次,契吉欧克被自行车撞晕。为了让契吉欧克放松心情,西尔维斯特和马修把他带到巴尔海湾。没料到奥克泽先生也带着家人来到巴尔海湾。奥克泽的女儿恩科齐被巨浪卷走,命悬一线。契吉欧克不顾个人安危跳入水中,把恩科齐救上岸,交给奥克泽先生。奥克泽先生一边从英勇的陌生人那里接过恩科齐,一边连声感谢。"……他们的眼睛碰在一起,片刻间世界在他们俩面前静止不动。奥克泽先生看到自己年轻时候就是他这个样子。契吉欧克看到他几个月一直携带在身边的相片中人。"[1]

于是,契吉欧克自自然然地进入奥克泽先生的家庭。奥克泽夫妇和三个女儿愉快地接纳了他。契吉欧克找到父亲,享受着家庭的亲情,其乐融融。父亲奥克泽先生是大公司的老板,即使再忙也不曾忽略孩子们的生活。

整个故事采用人物对照的写法,表现现实的尼日利亚社会和文化,赞扬乡

---

[1] Helen Ofurum, *A Welcom for Chijioke*, 1983, p. 82.

下妇女的勤劳和善良、年轻人舍己救人的美德、父亲的责任担当、兄妹之间的亲情和朋友之间的友情，同时也批判了一些城里人的自私、势利和缺乏人情味儿。这是一个好故事、好作品。

这本书和另一本书——《西奥玛过来留下》(*Theoma Come to Stay*)都属于麦克米伦获奖书。

第四节
第三代作家

1985—1992 年，尼日利亚处在易卜拉欣·巴班吉达的统治之下，其经济和政治计划都很失败。他宣布"还政于民"，在 1993 年搞了一次全国大选。M. K. O. 阿比奥拉酋长赢得总统大选，但后来却被巴班吉达宣布无效，国家此后陷入持久的危机之中。在 E. 肖内坎酋长领导的短命的临时过渡政府统治下，政局混乱，而且公众不信任政府。1994 年萨尼·阿巴查上台，实行军警统治，致使军政人员贪污无忌、腐败透顶，人民苦不堪言。1998 年 6 月，阿巴查猝死，阿布杜勒萨拉米·阿布巴卡尔接掌政权，成为 28 年军人统治时期的第 8 位掌权的将军，他许诺 1999 年 5 月还政于民。

就在 1985—2000 年，一批新作家开始走上文坛，出版作品，确立其作家地位。他们被称为"第三代作家"。他们大都出生在 1960 年代和 1970 年代，生活在政治动荡、经济衰败不堪的时代。他们是苦难的一代、抗争的一代。无论留居国内还是流亡海外，他们都在为尼日利亚写作、写尼日利亚，都在抨击政治腐败、关注民众苦难。艺术上，他们既采用西方的某些形式，又采用当地口头传统的形式和技巧，有时还将二者改造融合，从而创作出新颖的文学作品。

一、诗　歌

在第三代诗人中主要有阿宾姆博拉·拉贡珠（Abimbola Lagunju，1960—　）、奥戛戛·伊福伍都（Ogaga Ifowodo，1966—　）和雷米·拉济（Remi Raji，1961—　）等。其中拉贡珠率先批评布雷顿森林体系[1]带给撒哈

---

[1] 1944 年 7 月，44 国会议在美国布雷顿森林（Bretton Woods）召开，确立了以美元为中心的国际货币体系。

拉以南非洲的经济破坏。伊福伍都的诗歌成就最大,他的代表作《玛迪巴》(*Madiba*,2000)是他这一代人的最强音。在艺术上,他改造和利用西方的十四行诗。《"半个孩子"的主题》("Theme of the Half-Child")是他和索因卡代表各自一代人的对话,巧妙地利用类似口头传统的应答轮唱方式,表达对最为关键的问题的看法,风格幽默而又讽刺。

1. 阿宾姆博拉·拉贡珠

阿宾姆博拉·拉贡珠(Abimbola Lagunju,1960—)是诗人和长篇小说家,出生在尼日利亚的伊巴丹。1979—1987 年,他在俄罗斯的圣彼得堡学习医学。1980 年代中期,在世界银行和国际货币基金组织强加给尼日利亚的结构调整计划下,尼日利亚正处在经济危机的中期,同拉贡珠离开尼日利亚时的国内状况迥然不同。他现在归属的中产阶级变得贫穷。《签字的孩子们》(*The Children of Signatures*,2004)中写道:

> 我的梦想,
> 对立,
> 诞生在地平线上,
> 一个小球,
> 伴随时代膨胀,
> 滚动的黑暗墙壁,
> 我的世界的天花板,
> 冲撞不重要的小块岩石
> 甚至在我的双脚变湿之前。

诗人的国家社会经济萎缩,使得他学生时代的理想主义思想开始转向,质疑在发展中国家出现的严苛的政治经济试验,尤其是布雷顿森林会议原则对脆弱的撒哈拉以南非洲国家的压制。他在《沙漠下的诗歌》("Verses from under the Sands")中写道:

> 如果我的双手被最顽固的根缠住,
> 我要奋力把这捆绳的纤维去除。
> 我要反复扭动无血双手的肌肉,
> 让他们充满力量、希望自由。
> 他们会自由地取土
> 从远处的小溪或近处的河流

塑造他们的命运,我的命运。
可是我的双手被看不见的丝线系住,
扣进我的鲜肉,
从我温暖的血流把力量吸走,
随着每次心跳双手的力量被吸走。

面对这类攻击,非洲国家感到无助。这种无助又在某些作品中反映出来,如在《签字的孩子们》中:

我们是签字的孩子,
重要笔杆的儿子和女儿,
重要笔杆围绕独立谈判、
债务会议、减贫工作房、
停战协议,还有结构调整创意
挥动不已。
我们是侧面协议的孤儿,
两个父亲同多个母亲,
合作,代理,国际社会,
地区联盟,次地区公约,
同不结盟结盟,
我们被放逐在
他们文件的边缘,
挤压在虚线之间,
任由给我们洗礼的人践踏,
我们的父辈,签字放弃我们的精华。
他们还会听见我们沉默的回应吗?

1993 年,拉贡珠带着家人离开尼日利亚前往葡萄牙,在里斯本学习工作一段时间,找到一项发展援助工作。这种经历让他更体会到非洲农村人民的艰难和似乎永无完结的极端贫穷。他在长篇小说《幻想的日子》(*Days of Illusions*, 2005)里责备当地政客,认为他们应当对其公民朝不保夕的生存状态负责;他也责备穷人,因为他们竟然让自己被当地政客操纵。

拉贡珠的作品,除了上面提及的以外,还有《人类心里的旋风》(*Cyclones of the Human Heart*, 2001)、《虹的阴影》(*The Shadow of Rainbow*, 2003)、《镜子里的非洲人》(*The African in the Mirror*, 2005)和《在非洲公共汽车上》

(*On the African Bus*，2009)。

拉贡珠现在生活在尼日利亚的伊巴丹。

2. 恩诺罗姆·阿祖昂耶

恩诺罗姆·阿祖昂耶(Nnorom Azuonye，1967—)出生在埃努古，是伊索克伍阿图的土著。他先在乌穆阿希亚政府学院读书，后在伦敦的首都学院学习，又在尼日利亚大学学过戏剧艺术。他是戏剧导演、诗人、广告职业人。21世纪开始以来，他组织过前哨诗歌运动，创办并编辑过《前哨文学季刊》(*Sentinel Literary Quaterly*)和《前哨尼日利亚》(*Sentinel Nigeria*)等刊物。

他的主要作品有《致信上帝及其他诗歌》(*Letter to God and Other Poems*，2003)和《桥梁选择》(*The Bridge Selection*，2005)。此外，他还与人合编了《蓝色风信子》(*Blue Hyacinths*，2010)和《前哨年度文学集成》(*Sentinel Annual Literature Anthology*，2011)等。

3. 乌契·恩杜卡

乌契·恩杜卡(Uche Nduka，1963—)出生在尼日利亚的乌穆阿希亚。他1985年在恩苏卡的尼日利亚大学获得学士学位，1987—1989年担任尼日利亚作家协会第一执行秘书，1992—1995年担任尼日利亚作家协会全国公共秘书，1995—2001年在德国不来梅大学任非洲文学讲师，2003—2007年再次任不来梅大学非洲文学讲师。

恩杜卡是一位诗人，出版的诗集有：《鲜花孩子》(*Flower Child*，1988)、《第二幕》(*Second Act*，1994)、《不来梅诗集》(*The Bremen Poems*，1995)、《浓淡的映衬》(*Chiaroscuro*，1997)、《要是夜晚》(*If Only the Night*，2002)、《心田》(*Heart's Field*，2005)、《沙洲上的鳝鱼》(*Eel on Reef*，2007)和《伊杰勒》(*Ijele*，2012)。其中，《浓淡的映衬》曾获得尼日利亚作家协会诗歌奖。

他还写过一本散文集《钟点信札》(*Belltime Letters*，2000)，收录了他的一些评论和有关他异想天开式冥想的文章，已经被译成德语和荷兰语。

目前他在美国生活。

4. 奥鲁·奥桂比

奥鲁·奥桂比(Olu Oguibe，1964—)出生在尼日利亚的阿巴。他1986年在恩苏卡的尼日利亚大学获得美术与应用美术学士学位，1983—1985年担任尼日利亚大学学生会秘书长，毕业后在尼日利亚的奥贡州立教育学院任教，1992年获得伦敦大学亚非学院的艺术史博士学位。此后他在多所高校(包括伦敦大学亚非学院和伊利诺伊大学)教授非洲文学和艺术史，

1995 年至康涅狄格大学任职。奥桂比是个多才多艺的人,他创作的艺术作品在世界各地展出,他本人成为一些著名博物馆的管理人或共同管理人,是一位世界闻名的非洲艺术家。

至于文学,那是他的副业,但也取得了不凡的成绩,使得他获得一定的声名。早在 1990 年他就出版了第一部诗歌作品《分离之歌》(*A Song from Excide*)。这是一首长篇抒情诗,探讨了流亡的痛苦。诗人将他的无权地位、与自己国家分离的愤怒感情、绝望同他自己国家的更大苦难结合在一起。他不但确立了自己对尼日利亚的使命,而且还确立了艺术家在社会中的作用和同社会的关系。奥桂比 1988—1992 年在尼日利亚和英格兰创作的诗歌被收进诗集《一种积聚的恐惧》(*A Gathering Fear*, 1992)。该诗集是他的首部诗集,在非洲受到高度赞扬,获得 1992 年全非奥吉格博文学奖和 1993 年野涧奖提名。失落感和集体痛苦主宰着这些富有表现力的诗歌,其挽歌式和宣言式的模式把诗歌置于吟游诗歌的传统之中。其中最让人赞美的诗篇是《我同这个国家捆绑在一起》("I Am Bounded to This Land")。根据诗人的说法,它已经成为他这一代人的颂歌。后来的诗集《献给卡塔莉娜的歌》(*Songs for Catalina*, 1994)是作者 1993 年夏天从墨西哥旅游回来后,在伦敦用两个星期写出来的。该诗集共收有十首爱情诗,献给旅途中遇见的年轻女子卡塔莉娜·费雷拉。他还编辑《旅居者:英国的非洲人新作》(*Sojourners: New Writing by Africans in Britain*, 1994)。钦努阿·阿契贝拿奥桂比的作品同奥吉格博的作品相比。奥桂比的作品已经被译成西班牙语和加泰隆语,在尼日利亚、德国、墨西哥和西班牙出版。他与皮提卡·恩图利(Pitica Ntuli)的谈话以小册子形式出版,题为《为南非的思想战斗:走向后种族隔离文化》(*The Battle for South Africa's Mind: Towards a Post-apartheid Culture*, 1995)。最近出版的书有:《解读当代:非洲艺术从理论到市场》(*Reading the Contemporary: African Art from Theory to the Marketplace*, 2000)和《文化运动》(*The Culture Game*, 2004)。

5. 奥诺奥扣米·奥扣米

奥诺奥扣米·奥扣米(Onookome Okome, 1960—)出生在三角洲地区的沙佩勒。他出生于尼日利亚独立日,在尼日利亚大学获得英语学士学位,在伊巴丹大学获得硕士学位和博士学位,现在加拿大艾伯塔大学任教。他的诗歌作品首先出现在拉各斯《卫报》上。他还经常为该报撰写有关文学、文化、电影和政治的文章。他的诗集《痛苦的篇章》(*Chapters of Pain*)未出版,但其中一些诗入选哈里·加汝巴编辑的《边缘之声》(*Voices from the Fringe*, 1988)。他出版的第一本诗集《悬饰》(*The Pendants*, 1988)表现作者对当代尼日利亚混乱的政治和普遍的道德崩溃的失望和强烈抗议。他还同乔纳森·海恩斯 (Jonathan Haynes)合写了一部学术著作《电影与西非的社会变化》(*Cinema and Social Change in West Africa*, 1995)。

6. 奥戛戛·伊福伍都

奥戛戛·伊福伍都(Ogaga Ifowodo, 1966—)出生在尼日利亚三角洲地区的奥莱赫,在尼日利亚的贝宁大学受教育。作为人权活动家,伊福伍都为尼日利亚国民解放组织工作多年。他也持有诗歌方面的硕士学位,还从纽约的康奈尔大学获得博士学位,并曾在圣马尔克斯的得克萨斯大学教授诗歌和文学。1997年,他从在爱丁堡举行的英联邦峰会回来,遭到阿巴查军政府逮捕,因为他一直呼吁对该政府实行强有力的制裁。他与其他人权活动家和作家一同被监禁,直到1998年阿巴查死后才被释放。2014年他从美国回到尼日利亚参加家乡三角洲州的地方竞选,败给对手丹尼尔·奥纳维。

伊福伍都的主要成就是诗歌,他的诗作可谓尼日利亚第三代作家中的最强音之一。迄今为止,他已出版四本诗集。

第一本诗集《祖国及其他诗歌》(*Homeland and Other Poems*, 1998)长达69页,大都写于军政府时期或其前后,集中描写该时期尼日利亚社会的可鄙状况。早在1993年,该诗集就以书稿形式获得尼日利亚作家协会诗歌奖。

第二本诗集《玛迪巴》(*Madiba*, 2000)长达90页。该诗集表明奥戛戛·伊福伍都"抓住了这一代人的焦虑、从未达到的希望和明显的绝望"。《玛迪巴》一般被看作他的代表作和他这一代人的最强音。后面会再做评介。

第三本诗集《油灯》(*The Oil Lamp*, 2005)被描述为"对尼日尔河三角洲辩论的有意干预"。诗歌哀叹尼日尔河三角洲地区遭受的生态破坏和掠夺,同时也表现了对尼日利亚政府和在该地区做生意的跨国石油公司以及当地政治领袖、传统统治者和地方代表人物的污染活动的痛心疾首和严厉批判。他于2005年获得尼日利亚作家协会加布里尔诗歌奖。

第四本诗集《一次好的哀悼》(*A Good Mourning*, 2016)长达78页,收入26首诗。这部诗集被描述为"有熟悉的陌生性的一部令人出神的作品"。真实的声音与字里行间的反响则是历久弥新的伟大诗篇赖以造就的素质。作者介绍他写这本书的动机是反思和表达对屡见不鲜的恶行的愤怒,尤其是易卜拉欣·巴班吉达宣布取消6月12日全国大选对平民大众的影响。该诗集同坦纽尔·奥介德的《自我之歌》(*Songs of Myself*)和I.奥克(I. Oke)的《赫瑞西亚德》(*The Heresiad*)成为角逐价值十万美元的尼日利亚文学奖的最后三部作品,I.奥克的《赫瑞西亚德》最后获胜。

现在,我们再来审视《玛迪巴》。诗人不相信独立后的政府和国家元首,因此诗集首先提醒人民会面对一种政治灾难和历史变化。献给纳尔逊·曼德拉的十四行诗组诗是典型例子。伊福伍都是一名行动主义者,他严厉谴责军政权践踏人权法、虐待作家和艺术家,因而受到阿巴查政权的逮捕和不经审讯的监禁,所以他决定同前行动主义者和前政治犯曼德拉团结在一起——这似乎成了中心。因此《玛迪巴》结合曼德拉坐牢和获得自由的经历,暗示作者所经历的一切:他已经是一个行动主义者和囚犯。

伊福伍都写了 27 首十四行诗献给曼德拉,喻指曼德拉坐牢 27 年。然而他笔下的十四行诗,不同于英式的十四行诗。这些诗虽然仍然是十四个诗行,但是诗节由四个改为七个,每个诗节由两行联句组成,而且每个诗行是五个音步。两行联句押脚韵,增加了音乐性,读起来朗朗上口。他对南非英雄的歌颂,似乎有个顺序:从曼德拉开始,接着是卢图利、比科和克里夫·哈尼。哈尼是南非抵抗运动的又一个重要人物,1993 年被暗杀。作者呼吁哈尼拥抱团结的理念。献给哈尼的十四行诗是用非洲赞颂诗的形式写成的,打上了口头传统诗歌的烙印。总之,伊福伍都的十四行诗是他的一个创造,是非洲诗人罕用的一种诗歌形式。

《"半个孩子"的主题》("Theme of the Half-Child")中"半个孩子"(有人译为"鬼孩")就是约鲁巴民间故事中的阿比库,他们生是为了死,生死循环,折磨母亲,类似中国所说的"坑人鬼"。诗人克拉克、索因卡和本·奥克瑞的作品中都出现过阿比库。《"半个孩子"的主题》是伊福伍都以会话形式创作的实验性诗歌作品,一系列问答贯穿全诗。伊福伍都的风格再一次表明他迷恋于"似乎界定他这一代人的绝望"。[①] 通过两个人之间具有讽刺意味的会话和发生在他们之间的历史对话,诗歌更容易被读者理解。这种会话在非洲是一种广泛使用的形式。"这种小组演出的形式最受欢迎的风格就是应答轮唱。小组可以由两个或两个以上的人组成,但是应答轮唱的重要元素是一方呼唤另一方回应。有时也采取问答的形式。但是它是一种手段,让演出者轮流讲出同一个题目的各个方面和各方观点。"[②]《"半个孩子"的主题》的形式与应答轮唱的形式相似。诗人以索因卡和伊福伍都作为各自一代的发言人进行对话。就其形式和内容而言,伊福伍都的诗表现了两位发言人的重要对话中最为关键的一点:两人都拥有人们对严肃作家所期待的丰富历史知识。整个对话讲述了每一代人特有的历史和政治结构。《"半个孩子"的主题》第二部分则包括伊福伍都和索因卡之间幽默而又具有讽刺意味的对话。在历史问题和代沟问题上的分歧则表明伊福伍都有能力确定和讽刺他感觉值得批判的突出问题。诗中也时常出现《圣经》中的形象——犹大、耶稣、安琪儿等,他们作为象征或参照,为

---

① Ogaga Ifowodo, *Madiba*, 2000, IBPC.

② Isidore Okpewho, *African Oral Literature: Backgrounds, Characters and Continuity*, 1992, p. 135.

读者解读提供了助力。

诗集《玛迪巴》获得 2003 年尼日利亚作家协会卡德伯里诗歌奖。

总而言之，"伊福伍都确实在当今正在写作的尼日利亚最重要的作家中确立了自己的地位。他的诗歌跨越文化、宗教和历史。他不但书写过诸多令人信服的主题，而且成熟地运用了急迫的诗行和摆脱书写媒介限制性惯例的多种手法，由此使自己的诗歌技巧形成了关联。他有一种独特的风格：既简单又深刻，意义多层，形式多样"。①

最后还要指出的是：伊福伍都在 2008 年获得美国笔会巴巴拉-戈德史密斯自由写作奖（一个旨在鼓励作家勇敢地面对逆境进行自由写作的奖项），他的作品有的被翻译成德语、荷兰语和罗马尼亚语。他的诗歌《弗利敦》（"Freetown"）被收入《世界诗歌宝库》（*Voices from All Over*，2007），与威廉·莎士比亚、威廉·布莱克、威廉·华兹华斯、T. S. 艾略特、W. B. 叶芝、威尔弗雷德·欧文、W. H. 奥登、兰斯顿·休斯、D. H. 劳伦斯、罗伯特·弗罗斯特、沃莱·索因卡和德里克·沃尔科特等诗人的作品同时出现在这部规模罕见的诗集中。

7. 雷米·拉济

雷米·拉济（Remi Raji，又名 Aderemi Raji-Oyelade，1961— ）出生在尼日利亚，大学教育在伊巴丹大学完成。他曾在美国南伊利诺伊大学爱德华兹维尔分校、加利福尼亚大学，南非的开普敦大学和英国的剑桥大学做访问教授。他在母校伊巴丹大学任教授，讲授非洲文学和创作，2011 年被任命为英语系主任，一年后被选为该校艺术学院院长。他也经常给《非洲文学研究》和《今日非洲文学》等杂志撰写文章。

他出版的诗集有《笑的收获》（*A Harvest of Laughters*，1997）、《记忆的网》（*Webs of Rememberance*，2001）、《美国飞梭歌集：诗歌旅行指南》（*Shuttlesongs America: A Poetic Guided Tour*，2001）、《献给我的荒原的情歌》（*Lovesong for My Wasteland*，2005）、《收集我的歌的血流》（*Gather My Blood Rivers of Song*，2009）和《我心灵的海洋》（*Sea of My Mind*，2013）。其中《笑的收获》与他人作品分享了尼日利亚作家协会卡德伯里诗歌奖，又获得非洲青年作家协会最佳处女作奖。

他的作品被译为法语、德语、加泰罗尼亚语（西班牙）、瑞典语、乌克兰语、拉脱维亚语、克罗地亚语和匈牙利语。他还在非洲、欧洲和美国等地朗读自己

---

① Dikě Okora, "Ogaga Ifowodo and the Oral Tradition", see *Emerging African Voices*, edited by W. P. Collins Ⅲ, 2010, p. 242.

的诗歌作品。2005 年他成为瑞典斯德哥尔摩市的客座作家。

8. 塔德·伊帕迪奥拉

塔德·伊帕迪奥拉(Tade Ipadeola，1970—　　)出生在奥约州的费迪提。21 岁时，他从伊勒-伊费的阿沃娄沃大学(原伊费大学)法律专业毕业。他的父亲在费迪提文法学校教文学，退休前是该校校长；他的母亲教约鲁巴语和英语。他早年就开始写作，中学最后一年获得一项地区奖。

据说，伊帕迪奥拉在阅读 J. P. 克拉克的作品后，于 1990 年开始自己写诗。他说自己经过 10—12 年的不断练习才掌握了写诗的技巧。1996 年，他出版了第一本诗集，2000 年出版第二本诗集《符号时代》(A Time of Signs)。2005 年，他自己出版第三本诗集《一场雨灾》(A Rain Fardel)。

他最著名的诗作《撒哈拉约书》(The Sahara Testments，2013)是以 1 000 首四行诗组成的组诗，细致讲述撒哈拉的历史与文化，是一部不折不扣的史诗。这部诗作获得非洲最大的文学奖——尼日利亚液化天然气公司设置的尼日利亚文学奖，奖金十万美元。以罗马纳斯·埃古杜教授(Professor Romanus Egudu)为主席的评审团认为，"《撒哈拉约书》是一部出色的史诗，涵盖从创世黎明期贯穿当今直至未来的撒哈拉地域和人民"。它"使用撒哈拉作为非洲、实际上也是整个人类的换喻词。它也包含对非洲的血染钻石和尼日利亚的通货膨胀……诸多话题和人格的有力修辞和讽刺"。评审团还指出，"伊帕迪奥拉使用诗意的语言，表现出思想同借用声音与意念混合所表达的言语艺术的惊人结合"。诗人奇都·埃泽纳赫(Chiedu Ezeannah)说，"这好像一个令人眼花缭乱的包裹里有奥吉格博和索因卡"。① 伊帕迪奥拉的作品最后打败强大的竞争者奥苟楚克伍·普罗米斯(Ogochukwu Promise)和契迪·阿穆·恩纳迪(Chidi Amu Nnadi)，获得这项大奖。

在获得尼日利亚文学奖之后，塔德·伊帕迪奥拉说奖金将用于在家乡伊巴丹建一座图书馆，以纪念加纳诗人科菲·阿翁纳(Kofi Awoonor，1935—2013)，后者于 2013 年 9 月在肯尼亚被枪击身亡。②

2009 年，塔德·伊帕迪奥拉的另一首约鲁巴语诗歌《鸣禽》("Songbird")在韩国赢得特尔斐诗歌桂冠。

塔德·伊帕迪奥拉也是一位卓有成就的翻译家。2010 年，他把 D. O. 法贡瓦的长篇小说《奥乐杜马尔的秘密》(Adiitu Olodumare，1961)译成英语 The Divine Cryptograph，把《营长的甘蔗》(Ireke Onibudo，1949)译成英语

---

① Prisca Sam-Duru, Japhet Alakam, "Tade Ipadeola Wins 2013 Nigeria Prize for Literature," *Vanguard*, 9 October 2013.

② Ayo Okulaja, "Tade Ipadeola: To Build a Library," *Premium Times*, 10 October 2013.

The Pleasant Potentate of Ibudo，但二者均未出版。2012 年，他又把 W. H. 奥登（W. H. Auden，1907—1973）的第一本剧作《双方赔付》（*Paid on Both Sides*，1930)译成约鲁巴语 *Lamilami*。

9. 托因·阿代瓦勒-加布里尔

托因·阿代瓦勒-加布里尔（Toyin Adewale-Gabriel，1969—　）出生在尼日利亚的伊巴丹，在奥巴费米·阿沃娄沃大学获得文学硕士学位。她作为文学批评家，一直为《卫报》《邮政快报》和《每日时报》等众多尼日利亚报纸撰稿。她是尼日利亚作家协会创办人之一，也是该协会多次年会的共同召集人，主要作品包括《赤裸裸的证明》（*Naked Testimonies*，1995)、《打破沉默》（*Breaking the Silence*，1996）、《墨水池》（*Inkwells*，1997）、《香料探险家》（*Die Aromaforscherin*，1998)、《25 位尼日利亚新诗人》（*25 New Nigerian Poets*，2000)和《尼日利亚妇女短篇小说》（*Nigerian Women Short Stories*，2005)等。其中《赤裸裸的证明》涉及尼日利亚的政治，诗歌则涉及个人和反思精神。她也多次因为诗歌和短篇小说获得奖项。

二、小　　说

由于军事统治，特别是阿巴查的独裁，知识分子备受迫害。沙罗-威瓦被绞杀，连颇有盛名的沃莱·索因卡也被迫流亡海外，新一代作家推迟创作和发表作品。只有少数作家在国外创作和出版作品，他们是海龙·哈比拉（Helon Habila，1967—　）、克里斯·阿巴尼（Chris Abani，1966—　）、奇玛曼达·恩戈齐·阿迪契（Chimamanda Ngozi Adichie，1977—　）、塞米·贝德福德（Simi Bedford，生年不详）等。其中前三者成就最大，堪称第三代小说家的代表。阿迪契还被视为阿契贝文学传统继承人。

1. 梅·伊弗玛·恩沃耶

梅·伊弗玛·恩沃耶（May Ifoma Nwoye，1955—　）是一位女性作家，出生于奥尼查一个保守的天主教家庭，父母都是商人，伊博族。她在天主教学校接受教育，而后到美国乔治·华盛顿大学获得会计学学士学位，又在东南大学获得金融硕士学位，1990 年代攻读博士学位。1986 年以来，她在贝宁城的贝宁大学工作，后成为财务处的预算、工程与信息管理负责人。她同一位语言学讲师结婚，育有一女一子。她担任尼日利亚作家协会埃多/三角洲分会的秘书，工作积极。尽管有高学历，她也像她的同代人一样，不得不面对就业的难题。从美国学成回国后，她在青年服务团短暂工作过一段时间，而后失业。她赋闲在家阅读,在钦努阿·阿契贝、芙劳拉·恩瓦帕和布奇·埃米契塔的影响下,开始走上文学创作之路。

她的第一部长篇小说《不断的探索》(*Endless Search*,1993)探讨了许多女作家已经探讨过的主题:尼日利亚丈夫与妻子在国外生活时,能同妻子维持平等关系,可是回国后,在家庭怂恿下,就变得对妻子残酷,尤其是在她没有生出儿子的情况下。1994 年恩沃耶出版第一本短篇小说集《生活的潮水》(*Tides of Life*),她在简短的引言中说:"我们聚集在被虚伪、不协调和大混乱锁定的社会中……我努力不谴责、不批判,只是理解,而后回想,归根结底,我们是人类。"实际上像所有的第三代小说家那样,恩沃耶写作是为了对社会改进有所贡献,"因为人民在受苦,许多人漫游没有明确的方向,如果我能做些什么来弄清我们的问题,我会毫不犹豫地去做"。这里不难看出作者的困惑,想帮助社会改进而又无从下手。1997 年她出版故事集《盲目的期待》(*Blind Expectations*)。

2013 年,恩沃耶出版长篇小说《破碎的曲调》(*Broken Melodies*),考察非洲性交易的社会与道德层面,这个问题伴随该地区的经济灾难正在螺旋式上升。故事围绕伊托罕展开。伊托罕是个十来岁的女孩子,后来成为国际卖淫现象的牺牲品。她到达意大利,暴露在危险和毁灭性的乱交和肮脏的性习惯面前,最终染上艾滋病。伊托罕的姐姐布莱辛拒绝母亲的建议,不幸落入虚假的预言家手中。伊托罕、姐姐还有母亲出了什么事?在意大利挣钱?小说也是一位被社会阉割的父亲的画像。他在这个问题上的道德立场非常强硬,但是他的信仰在一个崇拜金钱的社会里遭到嘲笑。这是一部令人百感交集的长篇小说,可让人又哭又笑。

同年,恩沃耶又出版长篇小说《石油墓地》(*Oil Cemetery*),这是一部以真实故事为基础的力作,讲述有关尼日利亚尼日尔河三角洲产油区的苦难故事。这部雄辩有力的作品展示了尼日利亚人怎样应对环境污染。环境污染在这个地区发现石油后接踵而生。一方面极少数人享受着巨额的财富,另一方面广大群众生活在赤贫之中,遭受自然环境被腐蚀造成的恶果。这个震撼人心的故事讲述这些群众的探求,寻找解决死亡与苦难的办法,甚至调查上流阶级的阴谋操纵。顾塔是一个虚弱的年轻姑娘,她的父亲就是石油墓地的受害者。因为偶然的原因,她竟成了一场微妙革命的领导人。这场革命震动了整个社区。"石油墓地"名副其实,十分恰当。

2. 塞法·阿塔

塞法·阿塔(Sefi Atta,1964—),女作家,出生在拉各斯一个新尼日利亚人家庭,父母分别是伊格比拉人和约鲁巴人、北方人和南方人、穆斯林和基督徒。其父曾在加纳的阿奇莫塔学院和英国的牛津大学受教育,担任过联邦政府秘书和文职人员的领导,于 1972 年死于癌症。其母曾做过模特儿和联合国的秘书,一手把塞法·阿塔和她的四个兄妹养大。阿塔家族对各种文化持开放态度,她曾在尼日利亚和西非旅游,童年生活很惬意。阿塔在拉各斯女王学院受教育,积极参与戏剧社的活动,是班里的剧作家。十四岁时她被送往英国米尔费尔德一所寄宿学校读英语和法语,课外阅读点燃了她对虚构文学作品的兴趣。在伯明翰大学获得商业学士学位后,她在伦敦接受注册会计师培训。1994 年,阿塔随医生丈夫移居美国新泽西州,并且在加拿大太平洋航空公司做会计。生下一个女儿之后,她在纽约大学注册学习创作课程。1997 年,全家重新安置在密西西比。阿塔没有工作,开始专职写作。2001 年,她从洛杉矶的安提欧克大学获得在线创作硕士学位。她在密西西比州立大学和麦里迪安社区学院教过书。

阿塔的短篇小说发表在《洛杉矶评论》《密西西比评论》和《今日世界文学》等学术刊物上,也曾结集出书,如《来自家乡的消息》(*News from Home*,2010)。她的短篇小说获得过西洋镜(Zoetrope)、红母鸡出版社(Red Hen Press)和英国广播公司(BBC)等组织或机构的奖项。她已出版了三部长篇小说:《有点不同》(*A Bit of Difference*,2001)、《燕子》(*Swallow*,2010)和《每件好事都会到来》(*Everything Good Will Come*,2005)。《每件好事都会到来》先在美国和英国出版,然后在尼日利亚出版。它讲述埃尼坦·太吾经历的故事,即从内战爆发到 1990 年代愈加混乱的军事统治。它也是埃尼坦同放荡不羁的朋友舍利·巴卡尔、同活动分子父亲(他是律师,不能容忍军人统治)以及有着宗教狂热的母亲之间关系的故事。埃尼坦本人在英国就是律师,在拉各斯跟父亲一起工作、一起生活,直到她认定父亲是个伪君子,应该对父母的离婚负责。后来正像书名所示,"好事"——同她父亲和解的希望终于到来。

第二部长篇小说《燕子》是以 1980 年代的拉各斯为背景,讲述两位年轻妇女——托拉尼和罗斯——被环境所逼,参与毒品交易的事,也讲述托拉尼的母亲阿里克的故事,后者本人就是不幸青年中的幸存者。

塞法·阿塔也是一名多产的剧作家,成就非凡。她创作的舞台剧本有《订婚》(*The Engagement*,2005)、《生活的成本》(*The Cost of Living*,2011)、《命名仪式》(*The Naming Ceremony*,2012)、《普通遗产》(*An Ordinary Legacy*,2012)和《最后摊牌》(*Last Stand*,2014),广播剧有《订婚》(*The Engagement*,2002)、《马金瓦的奇迹》(*Makinwa's Miracle*,2004)、《一个自由日》(*A Free Day*,2007)和《醒着》(*The Wake*,2012),电影脚本有《留在你心里》(*Leaving on Your Mind*,2009)。

她获得众多奖项和认可,其中包括 2002 年 BBC 非洲表演奖二等奖、2002 年西洋镜短篇虚构作品竞赛三等奖、2003 年红母鸡出版社短篇小说奖一等奖、2004 年 BBC 非洲表演奖二等奖、2006 年沃莱·索因卡非洲文学奖、2009 年野涧奖。2006 年,她还入围凯恩非洲文学奖决选名单。

塞法·阿塔还先后在南密西西比大学(2006)、西北大学(2008)和里昂高等师范学校(2010)做访问作家。2010 年,她成为纽斯塔特(Neustate)国际文学奖评奖人。

3. 海龙·哈比拉

海龙·哈比拉(Helon Habila, 1967—　)出生在尼日利亚东北部卡尔同戈,父亲是文职官员。他四岁时随父亲迁至戈姆比,在那里读小学和中学。成长时遭逢军事统治、石油变贱和官方腐败,为了逃避现实,也因为有点孤僻,哈比拉很少同兄弟姐妹互动,因此养成了阅读的习惯。他父亲提供罗曼司小说、阿拉伯经典的豪萨语译本,他自己又加上《圣经》和英语流行小说,还有钦努阿·阿契贝、沃莱·索因卡和本·奥克瑞等尼日利亚作家的作品。他曾在包奇技术大学和包奇文理学院注册,欲遵循父亲要他成为工程师的愿望,但他没有这方面的能力。1980 年代中期他退学了,后来在乔斯大学学习英语和文学,1995 年获得学位。

哈比拉在包奇的联邦专科学校找到一份英语助教的工作,其间写出与时代关联的短篇故事集,命名为《监狱故事》(*Prison Stories*, 2000)。这是根据一个青年记者洛姆巴在阿巴查统治时期的经历写出的故事。做了两年助教之后,哈比拉移居拉各斯,为通俗杂志《点点滴滴》(*Hints*)写罗曼司,为《先锋报》(*Vanguard*)做文学编辑。2002 年,哈比拉移居英格兰,成为东安格里亚大学非洲创作研究员。2005 年,他应钦努阿·阿契贝邀请,在纽约巴德学院任第一位钦努阿·阿契贝研究员,边创作边教学,为期一年。此后他在弗吉尼亚的乔治·梅森大学做创作教授。

早年的广泛阅读和目睹的痛心现实刺激他拿起笔,表达自己的感受、思考和信仰。他写诗,也写散文。他的诗歌《另一个时代》("Another Age")于2000 年获得尼日利亚音乐协会诗歌节奖,短篇小说《蝴蝶与艺术家》("The Butterfly and the Artist")在 2000 年获得自由银行奖,短篇小说集《监狱故事》中的短篇小说《爱情诗篇》("Love Poems")于 2001 年获得凯恩非洲文学奖,从而引起文坛高度关注。

后来他把素材重新加工,写成第一部长篇小说《等候安琪儿》(*Waiting for an Angel*, 2002)。这部小说除了暴露监狱里普遍盛行的极端惩罚之外,也揭露了这一现实:在尼日利亚实施暴虐的权力意志不限于监狱,而是盛行于整个社会。小说第一章为作者的这一判断设置了平台:这里描写的一些事件从时间上看,实际发生于小说的结尾,作者写在第一章中是为了埋下伏笔,让读者对小说的后续产生预期。读者会发现，根据洛姆巴受到的严刑拷打，可以充分感受和理解在一个人物眼里是什么把尼日利亚变形为一个监狱社会的："军队已经把这个国家变成奇大无比的兵营，一个监狱。那里每条街道都在跟着他们爬动"。① 尽管如此，哈比拉仍然期待一种平等的体制。这部长篇小说于2003年荣获英联邦（非洲地区）作家最佳处女作奖。

第二部长篇小说《测量时间》（*Measuring Time*，2007）以尼日利亚小小的刻提村为背景，讲述孪生兄弟玛莫和拉玛莫经历的故事。生下他们之后，母亲死去。兄弟俩留给他们的姑姑玛里娜和漠不关心的父亲拉芒抚养。玛莫患上一种镰刀型细胞贫血病，人们认为他活不长久，因此他从父亲那里得到的关注比孪生兄弟拉玛莫更少。但是他并未像别人预想的那样夭折，反而活到成年去大学读书，后来做老师和写历史。拉玛莫十六岁时离家出走。为了将非洲国家从新殖民主义势力和外部操纵的统治者那里解放出来，他加入了自由（反叛）战士行列。玛莫的写作和经历揭露了尼日利亚1960年代—1990年代官员和官府的腐败，而拉玛莫的家信则暴露出非洲面临的各种问题，有自我导致的，也有外部强加的。这部小说于2008年获得弗吉尼亚图书馆基金会虚构文学奖。

第三部长篇小说《水上油》（*Oil on Water*，2010）讲述三角洲石油产区环境污染的故事。它入围2011年英联邦（非洲地区）作家奖、2013年奥瑞昂图书奖和2013年笔会开放图书奖这三个奖项的决选名单。

此外，海龙·哈比拉和卡迪亚·乔治（Kadiya George）合编出版了《梦想、奇迹与爵士——新非洲小说集》（*Dreams, Miracles, and Jazz: An Anthology of New Africa Fiction*，2007）②，出版了《格兰塔非洲短篇小说》（*The Granta Book of the African Short Story*，2011）。他和帕雷西亚出版社（Parresia Publishers）合办科迪特出版公司（Cordite Publishing Company），于2013年就犯罪小说约稿，最优者可以获得1 000美元，全非洲发行。他还是非营利机构非洲作家信托基金（African Writers Trust）董事会成员，该组织旨在加强非洲大陆作家与非洲海外作家的联系，分享信息与技巧。2015年，哈比拉本人获得温德汉姆-坎贝尔虚构作品奖，奖金15万美元。奥比伍（Obiwu）还在其诗集《太阳的礼仪》（*Rituals of the Sun*）中称哈比拉和托尼·坎（Toni Kan）是他的"文学知音"（literary soulmates）。③

---

① Helon Habila, *Waiting for an Angel*, 2002.
② 据说此书还有另一版本：Helon Habila and Kadija Sesay, ed., *Dreams, Miracles and Jazz: New Adventure in African Fiction*, 2008。笔者认为二者可能是同一套书。
③ See Issac Attah Ogezi, "The Making of Habila's *Waiting for an Angel*," see *African Writer*, 9 September 2009.

4. 卡伦·金-阿里比萨拉

卡伦·金-阿里比萨拉(Karen King-Aribisala，1953—　)出生在圭亚那，居住在尼日利亚，是尼日利亚女性小说家。她现在是拉各斯大学英语副教授，得到福特基金会、英国文化教育协会、歌德学院和詹姆斯·米切那基金会的支持。

她的短篇小说集《咱们的媳妇及其他故事》(*Our Wife and Other Stories*，1990)于 1991 年赢得英联邦(非洲地区)作家最佳处女作奖。

她的长篇小说《刽子手的行当》(*The Hangman's Game*，2007)把导致国家和社会骚乱的两个故事交织在一起：一个是 1823 年的圭亚那奴隶起义的故事，另一个是当代尼日利亚一次政变的故事。叙事者(即作者)是尼日利亚的圭亚那移民，她同一个尼日利亚人结婚，身怀第二个孩子。这种把两个故事交织在一起，对不公正社会做出政治陈述的艺术方法获得成功。在两个故事展开时，叙事者开始好像竭力想把它们分开，后来则让步于相似性，让它们合并。小说对奴隶社会和当代尼日利亚做出的比较既令人吃惊又在情理之中。可让人信服的解读乃是：本书表达的是叙事者对她本人所写小说的忧虑、对她身怀孩子的忧虑和对宗教、对她作为妻子的角色以及对她在阶层分明的社会中所过的上层生活的忧虑。读者会忍不住一页一页地往下读，想知道她是否最终会失去这一切。

她曾说："也许我怀孕的荷尔蒙正随处逃逸，是的，那必定使我眼光凝聚又视而不见，失控又得以控制。"[①]如果你怀过孕或者同孕妇一块儿生活过，你就完全理解忧虑来自哪里。

这部小说说明了怀孕与社会变化这两种变化无常的情况是那么相似和令人惊恐。叙事者的怀孕状态就其本意而言，被认定类似于她笔下两个大的不公正社会(奴隶社会和当代尼日利亚社会)中的期盼、不确定性和生与死并存的危险混合。《刽子手的行当》具有吸引读者的魅力，节奏均匀，戏剧性强。它获得 2008 年非洲地区最佳图书奖。

她还有一部作品《踢舌头》(*Kicking Tongues*，1998)。此书很像乔叟的《坎特伯雷故事集》，女主人公"黑肤夫人"起到更积极的作用，在某些情况下她讲述某个在场旅客的故事。她从拉各斯到阿布贾旅行，途中邀请同行人物讲述他们各自的问题，比如性别、政治、宗教等等，并发表他们的看法。因此，她的旅程可以说是一种精神的旅行、心理的旅行，当然也是身体的旅行。"踢舌头"一方面指那些政客和军事独裁者用他们的舌头宣布虚假的法令或许诺不可兑现的东西从而踢掉平民，另一方面指旅行者踢掉障碍，那些障碍阻止他们构建

---

① Karen King-Aribisala，*The Hangman's Game*，2007.

潜在的个体性和健全的社会。到头来大家都在踢掉堕落的东西,踢出真相。

这部作品以讲故事的形式反映了尼日利亚的现实生活和存在的问题,通俗易懂。

5. 克里斯·阿巴尼

克里斯·阿巴尼(Chris Abani,1966——)出生在尼日利亚的阿费克坡,其父是伊博人,其母有英国血统。阿巴尼少年时期违背父母的意愿到神学院学习过一段时间,想把自己培养成天主教牧师;十二岁时被要求离开神学院,因为他似乎没有做牧师的天然倾向。后来他在尼日利亚接受教育,其间同当时掌权的军政府屡屡发生冲突,被捕入狱,有次甚至因为他的文学活动受到指控,被扔进死牢。

1991 年,阿巴尼从伊莫州立大学取得英语与文学学士学位,1995 年从伦敦大学伯克贝克学院取得性、社会和文化硕士学位。后来他来到美国,先住在纽约,后住在加利福尼亚。2002 年,他从南加利福尼亚大学获得英语硕士学位,2004 年在该校获得文学与创作博士学位。后来,他在加利福尼亚大学教授创作。在校园里他是一位受人欢迎的朗读者,吹奏爵士萨克斯管是他的一项专长,常常在演出中展示。

他写的第一本书《部会的主子们》(Masters of the Board,1985)是一本关于一次法西斯政变的政治恐怖小说。写这本小说时,他只有十六岁。这部作品在尼日利亚出版后,他遭到巴班吉达军政权逮捕并监禁六个月——军政权声称该书怂恿玛曼·瓦查蓄谋政变。因为写作和戏剧活动,阿巴尼还曾两次被捕。一次是因为他在 1990 年为大学集会所写的剧本《破笛子的歌声》(Song of a Broken Flute)。这次他被判一年监禁。另一次是他编写了几个反政府剧本,在靠近政府办公处的大街上演出两年,于是又受到监禁,且被投入死牢。幸运的是,他的朋友们贿赂了政府官吏,帮助他于 1991 年获得释放。他随即移居英国,在那里生活到 1999 年。随后他移居美国,在那里生活至今。2007—2012 年,他是加州大学河岸校园的创作教授,近期他是西北大学学校董事会聘请的英语教授。

除了上面提到的长篇小说《部会的主子们》之外,阿巴尼还出版《格雷斯兰》(Graceland,2004)①、《火焰中的处女》(The Virgin of Flames,2007)和《拉斯维加斯秘史》(The Secret History of Las Vegas,2014)等长篇小说。《格雷斯兰》以拉各斯为背景,以编年史方式记述了猫王的一位同名模仿

---

① 美国摇滚巨星猫王的住处名为 Graceland,常译为"雅园",为美国名胜之一。这儿在讲拉各斯的故事,故音译为"格雷斯兰"。

者——十来岁的埃尔维斯的生活。贫困和父母的辱骂把他赶进地下世界,渐渐地促使他移民到美国。此书只是阿巴尼使用的工具,借以展示拉各斯这个四处伸展的大都会的活跃与肮脏以及形形色色的人物和混杂的文化。2005年,该作品获得海明威基金会笔会奖和赫斯顿-赖特遗产奖、加利福尼亚图书奖(小说)银奖,还被列入《洛杉矶时报》图书奖小说决选名单和英联邦作家奖(非洲地区)最佳图书决选名单。《火焰中的处女》被阿巴尼用来探讨复杂的身份问题。故事发生在洛杉矶,以布莱克(生时名为 Obinna"奥比纳")的经历为中心。布莱克是一位壁饰艺术家,父亲是尼日利亚人,母亲是萨尔瓦多人。父亲在越南死去,使布莱克受到严重的心理伤害,失去了他同非洲的联系,即失掉了身份。布莱克思想混乱,不顾文化与国籍,转而拥抱性与性欲。布莱克喜爱换穿他朋友伊纪的结婚服,这般打扮让一群人误以为他是童女玛丽的幽灵出现。这部长篇小说于2007年入选《巴恩斯与诺布尔发现选》(*A Barnes & Noble Discovery Selection*),2008年获得加州大学杰出人道奖。

阿巴尼出版两部中篇小说——《成为侍女》(*Becoming Abigail*,2006)和《夜歌》(*Song for Night*,2007),都很成功。《成为侍女》于出版当年成为纽约《时代》杂志编辑、芝加哥《读者》杂志评论家和黑人快捷图书俱乐部选中的精品。《夜歌》于出版当年被纽约《时代》杂志编辑选为精品,并赢得2008年笔会超越边界奖(现在改名为"笔会开放图书奖")。

到2010年,阿巴尼已经出版七本诗集:《卡拉库塔共和国》(*Kalakuta Republic*,2001)、《达夫妮的命运》(*Daphne's Lot*,2003)、《狗女人》(*Dog Woman*,2004)、《洗手水》(*Hands Washing Water*,2006)、《红色没有许多名字》(*There Are No Names for Red*,2010)、《喂我太阳》(*Feed Me the Sun*,2010)和《圣所》(*Sanctificum*,2010)。《圣所》这本诗集,包括一系列相联系的诗篇。它把宗教仪式、祖国尼日利亚的伊博语言和强劲的雷鬼音乐①带进一首不分种族的礼仪性的爱情诗歌。诗集的标题诗《圣所》2007年获得手推车(Pushcart)诗歌奖提名。此前,诗歌《把这转向光明的一条路》("A Way to Turn This to Light")在2006年获得了手推车诗歌奖提名。

此外,阿巴尼还出版两个剧本——《楼顶的房间》(*Room on the Top*,1983)和《破笛子的歌声》,一本杂文集《脸面》(*The Face*,2014)。

总之,阿巴尼多才多艺,思想活跃。他驾轻就熟地创作长篇小说、中篇小说、剧本、诗歌和杂文,其中小说成就最大,令人称赞。用奥耶坎·奥沃莫耶拉的话说,"他的创作工程浩大,人物塑造生动,对个人生活和社会状况观察敏锐,语言幽默,常常出现引人注意的视觉意象。即使有时情节延伸不均匀,偶

---

① Reggae,一种流行音乐,源自西印度群岛,带有布鲁斯音乐成分,节奏强烈。

尔语言滞重,也被他的主要艺术成就抵消了"。① 阿巴尼是尼日利亚第三代作家中的佼佼者。

6. 钦·塞

钦·塞(Chin Ce, 1966—)曾在卡拉巴尔大学受教育。他是个多面手。他的主要长篇小说有《柯洛柯的孩子们》(*Children of Koloko*)、《盖穆济书院》(*Gamji College*)和《访客》(*The Visitor*),合称"三部曲"。他也是一位诗人,出版过诗集《一次非洲日食》(*An African Eclipse*)、《满月》(*Full Moon*)和《千禧世代》(*Millennial*)。他还出版了两本论文集——《吟游诗人和暴君们:当代非洲作品中的论文》(*Bards and Tyrants: Papers in Contemporary African Works*)和《谜语和狂欢:非洲表演与文学评论》(*Riddles and Bash: African Performance and Literature Reviews*),评价钦努阿·阿契贝、恩古吉·瓦·西翁奥、沃莱·索因卡、恩沃加、钦维祖和欧内斯特·埃曼约努著作中某些关于非洲创作与批评的观点,以及非洲各地的新诗、散文和批评声音。钦·塞具有深刻的洞见和想象力。最近,他创作了故事书《做梦人和预言家》(*The Dreamer and the Oracle*),题赠给钦努阿·阿契贝。该书是《做梦人》与《预言家》的合集,常常重复宗教的、政治的、无意识的主题,从而淡化非洲景致。《预言家》致敬一位萨满教老师,他也是故事讲述者,利用自己的精神分身,帮助主人公逃脱黑暗力量实施的阴险的思想掌控计划。《做梦人》被称为"抱负不凡的虚构作品",钦·塞试图从冲突及其解决这两个内外维面调查人类斗争的性质。作者在故事的第一部分使用第三人称叙事,通过探讨神话传说和历史来讲述非洲政治和领导中的暴力与背叛的故事。

7. 萨拉赫·拉迪波·曼伊卡

萨拉赫·拉迪波·曼伊卡(Sarah Ladipo Manyika, 1968—)出生在尼日利亚,其父是尼日利亚人,其母是英国人。曼伊卡童年大部分时间在拉各斯和乔斯城度过,少年时期有两年在肯尼亚的内罗毕度过,而后全家移居英国。她曾在英国的伯明翰、法国的波尔多和美国的伯克利等地的大学学习,1994 年在津巴布韦的哈雷雷结婚。现在她在旧金山(在旧金山大学教授文学)、伦敦和哈雷雷轮流居住。

她的作品包括杂文、学术论文、书评和短篇小说。她的短篇小说《旺德先生》("Mr. Wonder")被收入《津巴布韦女性作品》(*Women Writing Zimbabwe*,

---

① Oyekan Owomoyela, *The Columbia Guide to West African Literature in English since 1945*, 2008, p. 52.

2008)，《莫杜普》("Modupe")被收入《非洲爱情故事》(*African Love Stories*，2007)，《女朋友》("Girlfriend")被收入《父亲与女儿》(*Fathers ＆ Daughters*，2008)。她的第一部长篇小说《信赖》(*In Dependence*)2008 年在英国出版，后在尼日利亚出版。2014 年，它又在津巴布韦出版，被列为高级英语文学考试用书。同年，她被尼日利亚的联合招生录取委员会推荐为参加 2017 年联合技术教育大会的候选人。曼伊卡的第二部长篇小说《像一头把冰淇淋带给太阳的骡子》(*Like a Mule Bringing Ice Cream to the Sun*，2016)在出版时得到许多作家的首肯和好评。"曼伊卡关于一个上了年纪的尼日利亚妇女的故事是平静的、成熟的，她把当代非洲文学的原则扩展到一个受欢迎的新领域"，它的"技巧可喜、优美……萨拉赫·曼伊卡的长篇小说显示普通人处在最佳状态，精神上扬"(Bernardine Evaristo 语)。"曼伊卡写作具有了不起的活力和情趣，以微妙的洞见启发她的人物"(Jemal Mahjoub 语)，它是"一部优美、重要的长篇小说，很长时间之后它仍将在读者心里回响"(Peter Orner 语)，是"让人不能忘记……关于失落、记忆、流亡和寂寞的一种有力的思考。小说中的人物将同你待在一起"(E. C. Osondu 语)。它是"一部结构奇妙的长篇小说，总是让人惊讶"(Brian Chikwana 语)。2016 年 9 月，《像一头把冰淇淋带给太阳的骡子》入围戈德史密斯奖(奖励开创小说新形式的作品)决选名单。

至于这部小说的起因，曼伊卡说："我遇到许多过着丰富多彩生活的上了年纪的妇女，然而就小说而言，我还没有发现反映她们，尤其是非洲妇女的小说。当我找不到我愿意读的小说时，我就亲自尝试写她们。"①

她也主持 OZY 的电视艺术系列，现在是一家杂志的图书编辑。

8. 塞贡·阿福拉比

塞贡·阿福拉比(Segun Afolabi，1966—　　)出生在尼日利亚的卡杜纳，是一位职业外交官的儿子。他的童年是在从这个国家到那个国家、从这个洲到那个洲——非洲、亚洲、欧洲和北美洲——中度过的。批评家们已经注意到这种经历明显地影响了他的创作。② 他的短篇小说《星期一早晨》("Monday Morning")最先发表在《瓦萨费里》③上，2005 年获得凯恩非洲文学奖。他的短篇小说集《在别处的生活》(*A Life Elsewhere*，2006)入围 2006 年英联邦作家奖的决选名单。他的第一部长篇小说《再见卢希尔》(*Goodbye Lucille*，2007)赢得作家俱乐部最佳长篇小说处女作奖。

---

① Anna Leszkiewicz, "Sarah Ladipo Manyika: Breaking Convention Often Takes Courage and Is Seldom Rewarded", *New Statement*, 2 November 2016.

② Mike Philipe, "Seeking Refuge," *The Guardian*, 20 May 2006.

③ *Wasafiri*, issue 41, Spring 2004.

9. 洛拉·肖恩莹

洛拉·肖恩莹(Lola Shoneyin，1974—　)出生在伊巴丹，父母都是奥贡州的瑞莫土著，父亲是一个酋长，外祖父是传统统治者，有五个妻子，1938 年登上王位。肖恩莹是父母的第六个孩子，也是唯一的女儿。六岁时，她被父母送往英国的寄宿学校。她在伊巴丹的阿巴迪那学院完成中学教育，后来以优异成绩在奥贡州立大学获得学士学位。1996 年，肖恩莹在报纸上发表短篇小说《正当年的女人》("Women in Her Season")。它讲述一个尼日利亚妇女离开丈夫去追逐一个奥地利妇女的故事，开启了尼日利亚语境中的女性同性恋对话。1998 年，她在尼日利亚出版第一本诗集《所以我一直坐在鸡蛋上》(*So All the Time I Was Sitting on an Egg*)。1999 年她到艾奥瓦国际写作班，也是在这一年她成为明尼苏达圣托马斯大学的一位卓越的学者。2000 年，她移居英国。2002 年，她又在尼日利亚出版第二本诗集《一只河鸟的歌》(*Song of a Riverbird*)。2005 年她住在英国，在伦敦大都会大学任教。

2010 年是肖恩莹创作大丰收的一年，她出版了三本书：第三本诗集《为了热爱飞行》(*For the Love of Flight*)、儿童读物《玛约瓦和化装舞会》(*Mayowa and the Masquerades*)和她的第一部长篇小说《巴巴西玑的妻子们的隐秘生活》(*The Secret Lives of BaBa Segi's Wives*)。前两本书都在尼日利亚出版，唯有第三本书是在英国出版。第三本书显然受到外祖父家庭生活的影响，是一部成功的作品。它被列入 2011 年奥兰治奖的候选名单，赢得笔会奥克兰约瑟芬·迈尔斯文学奖和两项尼日利亚作家协会奖。它还被译成五种语言，足见其重要性和受欢迎的程度。

肖恩莹同奥芬昆·索因卡结婚，有四个孩子。丈夫奥芬昆·索因卡是诺贝尔文学奖得主沃莱·索因卡的儿子，是一名医生。

10. 阿岛比·特里西亚·恩沃巴尼

阿岛比·特里西亚·恩沃巴尼(Adaobi Tricia Nwaubani，1976—　)出生在埃努古，其父是酋长，其母是芙劳拉·恩瓦帕的表妹。她由父母在乌穆阿希亚培养。十岁时她离家去奥沃里入联邦政府女子学院就读，而后在伊巴丹大学读心理学。2009 年，她出版第一部长篇小说《我不是偶然来到你这里》(*I Do Not Come to You by Chance*)，故事背景是尼日利亚电信诈骗的诡谲世界。小说讲述一个名叫金斯利的青年为了摆脱家庭贫困向舅舅博尼费斯求助的故事。舅舅是"金钱老爹"，是个精力旺盛的人，虽然染上象皮病，却在经营一个红红火火的诈骗帝国，能够帮助金斯利。金斯利对了解电信诈骗知识的兴趣同他渴望得到金钱的热情是一致的，因此他尽心尽力地扮演儿子的角色。《出版周刊》称恩沃巴尼的长篇小说是"高度娱乐性的"。《华盛顿邮报》称"它是生动、好脾气而又挑战性地考察全球诈骗内幕后面的真相"。《纽约时报》则说："这是一部由一位非洲天才作家写出的快速、新鲜而又热闹的长篇小说，很快让别人自叹弗如。"这部作品为这位非洲女作家赢得多种奖项和荣誉：2010年获得英联邦（非洲地区）作家最佳处女作奖和贝蒂·特拉斯克处女作奖，还被《华盛顿邮报》列入2009年最佳图书。

恩沃巴尼现在生活在尼日利亚首都阿布贾，做咨询工作。她是世界文学史上第一位在一部长篇小说中记述了419次诈骗现象的作家，也是身居尼日利亚却在国际上输出版权的第一位非洲作家，尽管她从未受过任何正式的写作训练。

11. 奇卡·尼娜·乌尼格韦

奇卡·尼娜·乌尼格韦（Chika Nina Unigwe，1974— ）出生在尼日利亚的埃努古，2004年在荷兰的莱顿大学获得文学博士学位。她在几本文集、学刊和杂志上发表短篇虚构作品，如里兹大学的《移动世界》（*Moving Worlds*）和尼日利亚大学的《奥卡克》（*Okike*）。2003年，她赢得BBC短篇小说竞赛奖和英联邦短篇小说竞赛奖，2005年赢得艾奎亚诺虚构作品竞赛三等奖，2014年入围凯恩非洲文学奖决选名单，同年她的短篇小说排在在线最佳虚构作品百万作家奖的前十名。

她的第一部长篇小说本来是她的英语作品 *The Phoenix*，而首先问世的却是其佛兰芒语译文版 *De Feniks*，2005年在荷兰出版。英文版《长生鸟》（*The Phoenix*）直到2007年才出版，后作为女性作家最佳小说处女作，入围女性与文化新作奖决选名单。她的第二部长篇小说 *Fata Morgana* 于2008年在荷兰出版，此后用英语出版，书名为《在黑人姊妹的大街上》（*On Black Sisters' Street*，2009）。小说讲述黑人妓女在比利时的生活与工作。这部长篇小说于2012年获得尼日利亚文学奖，奖金为十万美元，此奖乃非洲最高文学奖。2012年，祖克斯瓦·万纳（Zukiswa Wanner）在《卫报》上称她为"非洲五位顶尖作家之一"。① 2012年，乌尼格韦出版的小说《夜间舞者》（*Night Dancer*）入围尼日利亚文学奖决选名单。2014年，她出版有关奥劳达赫·艾奎亚诺的长篇小说《黑人救世主》（*Black Messiah*）。

乌尼格韦是一位多产作家，除上述四部长篇小说外，还出版了下列作品：《泪滴》（*Tear Drops*，1993）、《生在尼日利亚》（*Born in Nigeria*，1995）、《午餐之虹》（*A Rainbow for Dinner*，2002）、《在阿拉的影子里》（*In the Shadows of*

---

① Zukiswa Wanner，"Zukiswa Wanner's Top Five African Writers," *The Guardian*，6 September 2012.

Ala,2004)、《想到安琪儿》(*Thinking of Angel*,2004)和《梦》(*Dreams*,2004)。

她原来住在比利时,2013 年移居美国,同年宣布成立泛非文学创作理事会并在尼日利亚创办阿威勒创作信托基金会,以支持青年作家。2016 年乌尼格韦被罗得岛布朗大学任命为邦德曼创作教授。

12. 奇玛曼达·恩戈齐·阿迪契

奇玛曼达·恩戈齐·阿迪契(Chimamanda Ngozi Adichie,1977—)是伊博人,出生在埃努古,成长在尼日利亚大学所在地恩苏卡。其父是该大学统计学教授,其母是该大学注册官员,全家住在尼日利亚大作家钦努阿·阿契贝曾经住过的房子里。阿迪契早先就读于该大学附属的中小学,后在该大学读了一年半医药学,其间与同学合编杂志《指南针》。十九岁时,她赴美国费城,就读于德雷塞尔大学,两年后转入东康涅狄格州立大学。2001 年,她以优异成绩获得传播学与政治学学士学位,2003 年取得约翰斯·霍普金斯大学的文学创作硕士学位,后成为普林斯顿大学 2005—2006 学年度的霍德研究基金得主。2007 年,阿迪契进入耶鲁大学攻读非洲研究硕士学位,2008 年荣获麦克阿瑟"天才"基金资助,并担任卫斯理大学的访问作家,后成为哈佛大学拉德克里夫高级研究院 2011—2012 年度研究资金得主。2016 年,约翰斯·霍普金斯大学授予她名誉博士学位。她一边在美国生活和写作,一边在尼日利亚教创作班。

1997 年,阿迪契出版诗集《决定》(*Decisions*),1998 年出版剧本《为了热爱"比夫拉"》(*For Love of Biafra*)。2002 年,她的短篇小说《你在美国》("You in America")入围凯恩非洲文学奖决选名单。2003 年,短篇小说《那个刮哈马丹风的早晨》("That Harmattan Morning")与他人作品共同获得BBC 短篇小说奖。同年,《美国大使馆》("The American Embassy")获得美国欧·亨利奖。短篇小说《半轮黄日》("Half of a Yellow Sun")获得 2002—2003 年度大卫·T. K. 黄①国际短篇小说奖。不难看出,阿迪契出手不凡,短篇小说受到热烈欢迎并获多个奖项。

阿迪契的第一部长篇小说《紫木槿》(*Purple Hibiscus*,2003),讲述的是一个十三岁孩子卡姆比利·阿契凯和她哥哥的童年生活。父亲尤金是一个痴迷的天主教徒,孩子们不愿意同他打交道,因为他没有为儿子信奉的外来宗教放弃传统宗教。尤金还因为小事(比如没参加圣餐会或没取得好成绩之类)严厉惩罚孩子们。妻子偶尔从他面前走过也会被他打。这部小说的背景是

---

① 即黄子奇(1928—),曾是中国香港文职官员,后迁居澳大利亚和美国,现居英国。他写作过一段时间,出版过短篇小说集,同时也是一位实业家。

1990 年代巴班吉达军事独裁下失去功能的尼日利亚。由于题材、文本、作者身份和背景,有些批评家把这部作品称为"阿契贝早先小说的有意新版"。该书进入奥兰治小说奖决选名单,2004 年获得赫斯顿-赖特遗产奖,同年还获得曼布克奖提名。目前《紫木槿》已经被翻译成西班牙语、荷兰语、法语、德语、希腊语、意大利语、波兰语和土耳其语。

第二部长篇小说也题为《半轮黄日》(*Half of a Yellow Sun*,2006)。书名取自短命的"比夫拉共和国"国旗上的半轮黄日图形。它以尼日利亚-"比夫拉"战争为背景讲述故事,重点探讨尼日利亚内战这一充满创痛的篇章,但又没耽于复述重大历史事件——北部对伊博人的屠杀、接踵而来的内战以及百万人的死亡,而是讲述这些历史事件对普通人日常生活的冲击和影响。小说由四部分构成,跨越整个 1960 年代。通过乌格伍、奥兰娜和理查德这三个生活在"比夫拉"的人物的视角,将他们在内战前后和内战期间的经历和见闻编织成了一个震撼人心的故事。十三岁的乌格伍是大学教授奥登尼格博的家童,来自偏远的贫困村庄。他被"比夫拉"军队强征入伍,经历了严酷的战斗,最后幸存下来。美丽、叛逆的奥兰娜放弃优裕的家庭生活,与奥登尼格博同居,后者是一个颇具魅力的革命者和激进的反殖民主义者。内向腼腆的英国人理查德热爱传统的伊博-乌库艺术,也爱上了奥兰娜的孪生姐姐凯尼尼。在战争的漩涡中,这些人物以超乎想象的方式经历了悲欢离合,对彼此的爱与忠诚受到考验,自我形象受到挑战。在应对纷至沓来的生活巨变的过程中,他们经历了人格和思想上的成长变化与成熟。阿迪契着力书写"比夫拉"战争造成的毁灭性后果,又让读者认识到死亡不是战争中人们的唯一遭遇,他们还活着、爱着、梦着。

这部小说融虚构与史实为一体,可又执着于平时的现实主义风格。它取得成功的关键之一是,作者交替使用了身份背景完全不同的普通人的叙述视角,不仅多方面反映了当时尼日利亚的社会风貌,也能够吸引不同阶层的读者大众。更重要的是,作者没有把小说写成宏大的战争叙事,而是采用个人小叙事,深入人的本真,在充分展现战争创伤的同时烘托出情与爱,视之为人性根本的强大力量。关键之二是,作者没有简单地把冲突的一方(或某个种族)定为有罪,另一方(或另外的种族)定为无辜。小说表现作者对"比夫拉"的同情,但没有把尼日利亚妖魔化。尼日利亚人和"比夫拉"人一样,都是有七情六欲的普通人。豪萨族人穆罕默德对奥兰娜始终怀着一腔真挚的爱恋,他并不赞成本族人屠杀伊博人的残暴行径,内战期间念念不忘奥兰娜的安危;约鲁巴人阿德巴约小姐同样暗恋着奥登尼格博,她虽受政治宣传的意识蒙骗,但在明白"比夫拉"饿殍满地的真相后也毫不犹豫地伸出援手。阿迪契也力争写出一个真实的"比夫拉"。她希望读者明白"比夫拉"并不完美,即便是"比夫拉"领导人奥朱库,在书中其他人对他也是褒贬不一、爱憎交加。这正好说明她人物塑造成熟,主题探讨得当。这部小说出版后,于 2007 年获得奥兰治小说奖和阿尼斯费尔德-伍尔夫图书奖,还被改编为同名电影,由比伊·班德尔导演,2014 年上映。2010 年,《半轮黄日》的汉语译本出版,译者是石平萍。

此后,阿迪契又出版第三本书《缠在你脖子上的那件东西》(*The Thing around Your Neck*,2009)。它是一个收入十二篇故事的短篇小说集,探讨男人同女人、父母同孩子、非洲同美国的关系,获得英联邦作家奖(非洲地区)最佳图书奖提名。第三部小说《阿美利加拿》(*Americanah*,2013)探讨尼日利亚青年在美国遭遇种族问题的经历,被《纽约时报》选为 2013 年十本最佳图书之一,获得国家批评界奖小说奖等。此外,她还出版杂文集《我们大家都应该是女权主义者》(*We Should All Be Feminists*,2014)等。

总之,阿迪契是"尼日利亚文学的新面孔",是第三代作家中的翘楚。她从尼日利亚起步,在海外发展并取得成功,但又植根于非洲。用钦努阿·阿契贝的话说:"我们一般不会把智慧与新手连在一起,但这位新秀作家拥有古代讲故事者的天赋。她无所畏惧,否则不会探讨令人不寒而栗的恐怖的尼日利亚内战。阿迪契初出茅庐,却已接近成熟。"2015 年 12 月 14 日,她被《时代》杂志选入"世界最有影响的 100 位人物"。欧内斯特·埃曼约努还专门编辑《奇玛曼达·恩戈齐·阿迪契指南》(*A Companion to Chimamanda Ngozi Adichie*,2017)。

13. 乌韦姆·阿克潘

乌韦姆·阿克潘(Uwem Akpan,1971—   )出生在尼日利亚南方的伊考特-阿克潘-埃达,父母是教师。他和三个兄弟在说英语和安南语的环境中长大成人。在克瑞夫敦大学和冈扎戛大学学完人文科学和哲学之后,阿克潘在肯尼亚的东非天主教大学取得神学学位。他也是密歇根大学 MFA 项目的毕业生,现在是耶稣会牧师。2008 年,他出版第一本短篇小说集《说你是他们当中的一个》(*Say You're One of Them*),集中收入发生在五个不同的非洲国家中的战斗故事,为孩子在令人难以置信的逆境中成长的现实发声。《娱乐周刊》把它放在"十年最佳图书"中,说:"尽管有争议,这位尼日利亚牧师 2008 年带有非洲烙印的故事却送来喜悦与希望的信息。"[①]这个短篇小说集赢得英联邦作家奖和笔会开放图书奖。

14. 塞米·贝德福德

塞米·贝德福德(Simi Bedford,生年不详)出生在尼日利亚的拉各斯,父

---

① *Entertainment Weekly* 1079/1080,pp. 74–84,11 December 2009.

母是来自塞拉利昂的约鲁巴人,曾祖父是尼日利亚人,当年被美国船只从奴隶船上救出,安置在塞拉利昂。塞米早年在拉各斯度过,六岁时被送往英国一所私人寄宿学校读书,后来在杜尔海姆大学读法律,之后在媒体(电台和电视台)工作。她住在伦敦,离异,有三个小孩,同前夫保持朋友关系。

她的第一部作品是自传体长篇小说《跳舞的约鲁巴女孩》(*Yoruba Girl Dancing*,1991),记述一个约鲁巴族女孩儿在英国接受教育的经历,曾被他人改编成五个部分在 BBC 广播。

第二部作品是历史小说《没有银子》(*Not with Silver*,2007)。它聚焦于18 世纪中期西非的奴隶制与宫廷阴谋,利用作者祖先的历史描写了非洲人民在被白人奴役之前的生活。《旁观者》杂志评论说:"这部毫不留情的诚实作品没有虚假,没有感伤的调子,绝对没有修饰。一个黑人勇士被教导说,面对意想不到的危险时应当想象最坏的情况,要'直视豹子的眼睛'。塞米·贝德福德就是这样做的。这是一项义举,需要勇气,且会让人感觉不自在。"[①]

15. 特琚·科尔

特琚·科尔(Teju Cole,1975—　)出生在美国密歇根州卡拉马佐一对尼日利亚夫妇之家。家里有四个孩子,他是老大,出生不久随母亲一起返回尼日利亚。其父在获得西密歇根大学医学学士学位后回到尼日利亚同他们母子团聚。十七岁时科尔回到美国,在西密歇根大学读书,一年后他转至卡拉马佐学院,1996 年获得学士学位。他从密歇根大学医学院退学后,在英国伦敦大学亚非学院注册参与非洲艺术史项目,然后在美国哥伦比亚大学攻读艺术史博士学位。他近期生活在纽约的布鲁克林。

科尔的主要著作有中篇小说《每天都被贼惦记》(*Every Day Is for the Thief*,2007)、长篇小说《开放的城市》(*Open City*,2011)、收入四十篇论文的杂文集《熟悉的事情和不熟悉的事情》(*Known and Strange Things*,2016),还出版了一本图文并茂的创新综合集子《盲点》(*Blind Spot*,2017)。

《每天都被贼惦记》讲述一个年轻人在国外十五年后动身回访祖国尼日利亚的故事。小说读起来就像一本旅游日志,解说了拉各斯城和沿途人民的生活方式,揭示了腐败的普遍性怎样影响着每个人,不论他们的社会地位如何。

《开放的城市》是科尔的代表作。小说聚焦于尼日利亚移民朱利叶斯。朱利叶斯在纽约市读研究生,刚同女朋友分手,大部分时间都是在曼哈顿梦幻般漫游。小说的大部分内容集中在他漫游时的内在思想活动,描绘在他身边出

---

① Durrant Gigby, "Pity the Oppressed; Fear the Oppressed," *The Spectator*, 7 November 2007.

现的场景和他不能不思考的过去事件。从表面看,他在寻找祖母。他在比利时花去几周的时间,在那里结交了几位志趣相投的朋友。沿途他遇到许多人,常常同他们交谈哲学和政治,他似乎喜欢这些会话。回纽约的时候他邂逅一位尼日利亚妇女,后者深刻地改变了他对自己的看法。

《开放的城市》已经被译成多种语言出版,受到文学批评家的肯定。詹姆斯·伍德在《纽约客》上称它是"一部优美的、微妙的,说到底是新颖独创的长篇小说"①。根据《纽约时代》,"这部长篇小说的重要性在于它的诚实"。②《独立报》认为《开放的城市》的特点是"令人着迷,令人吃惊,可以让科尔一鸣惊人的第一部长篇小说"③。《时代》则称这部长篇小说是"一部深刻的、富有创见的作品,激发智力,具有又迷人又可爱的风格"。④

这部作品还为作者收获了多个奖项,并在重要书榜上占有一席之地:2012 年获得海明威基金会笔会奖,2011 年入选《时代》杂志本年度最佳图书,2013 年德文版获得国际文学奖,2015 年获得温德汉姆/坎贝尔文学奖(虚构类作品,奖金 15 万美元),2012 年入围美国国家图书批评界奖决选名单。

16. A. 伊戈尼·巴雷特

A. 伊戈尼·巴雷特(A. Igoni Barrett,1979—　)出生在尼日利亚哈科特港,其母是尼日利亚人,其父是牙买加长篇小说家和诗人林赛·巴雷特。A. 伊戈尼·巴雷特在伊巴丹大学学习农业,2007 年移居拉各斯,在那里与妻子——荷兰新闻记者兼作家费姆科·范泽伊济尔(Femke van Zeijl)相遇相识。他的第一本书是短篇小说集《来自烂牙窟》(*From Caves of Rotten Teeth*,2005),其中一篇名为《长生鸟》的短篇小说赢得 2005 年 BBC 全球服务短篇小说竞赛奖。第二本短篇小说集是《爱就是力量》(*Love Is Power or Something like That*,2013)。根据《波士顿环球报》的说法,这本短篇小说集"随着顽强的生命力跳动,时而弱时而强"。⑤《暂停纽约》评论说:"这些丰富的故事巧妙地排列起来……情绪的变化贯穿全书。……不大可能的移情时刻一再在揪心的证据和微妙的喜剧中出现。结果这本小说集满足了多种层次的需要。"⑥

A. 伊戈尼·巴雷特的第三本书是他的第一部长篇小说《黑腚》(*Blackass*,2015)。正像乔恩·戴在《金融时报》上指出的那样:"在你读小说时,从第一句

① James Wood, "The Arrival of Enigmas," *The New Yorker*, 28 February 2011.
② Miguel Syinco, "These Crowded Streets," *The New York Times*, retrieved 8 March 2012.
③ Boyd Tonkin, "*Open City* by Teju Cole," *The Independent*, retrieved 8 March 2012.
④ Radhika Jones, "Top 10 Fiction Books," *Time*, 7 December 2011.
⑤ Jan Gardner, "Love Is Power or Something Like That," (Review) *Boston Globe*, 17 May 2013.
⑥ *Time Out New York*, 29 May 2013.

起,你就在以一种固有的奇异面对卡夫卡的《变形记》。卡夫卡说,格里高尔·萨姆沙变成了一只昆虫……《黑腚》就是一部奇异的、令人欲罢不能的小说,巴雷特有些事情要告诉我们。"①海龙·哈比拉说:"伊戈尼·巴雷特最宝贵的财富就是他有能力讽刺人们,尤其是讽刺拉各斯人为使自己显得重要能到何种可笑的程度。"②

《黑腚》的主人公弗洛从黑人变成了白人,他的生活也随之发生了不可思议的变化:一方面,他轻而易举地找到了工作,轻松地进入贵妇的社交圈,美丽的女人争着投怀送抱,在工作和事业方面也有无限的上升空间;另一方面,他又要想尽办法掩饰自己的真实身份,不惜抛弃家人,摒弃救他于危难且已怀有身孕的情人。他在周围环境推动下,一步步变成数典忘祖的白人。小说中,弗洛变成白人后,他经历的所有社会场景都是极力写实的描写。小说还设计了另一个变形,即小说的叙事者伊戈尼由男人变成了女人。他的变化非常离奇:他接受一个女强人的保护,成了别人眼中的弱者,于是就变成了娇弱的女人。弗洛和伊戈尼的身份认同似乎说明:身份是变化着的,所谓身份认同就是人在不同环境下做出的选择;人可以自己选择身份,也可以由别人来决定身份。在巴雷特笔下,弗洛虽然变成了白人,但他仍然长着一个黑屁股,伊戈尼变成了女人,但他还保留着阳根。伊戈尼对弗洛知根知底,最后把他拽回黑人世界。在巴雷特看来,人还是有着本质意义上的"黑腚"或者"阳具",想抹掉它们终归只能是徒劳。所以这部小说是对某些黑人自卑感的一种喜剧性讽刺。

《黑腚》在技巧上还有另一种尝试:有一个章节使用了推特文体,其文字嬉笑怒骂,真真假假,在刻画弗洛的妹妹特吉娜以及伊戈尼的性格方面起到出人意料的效果。推特文体给小说增添了喜剧性,让人读起来兴致盎然,而人物性格也跃然纸上,应该说这种尝试是有意义的、成功的。

总之,《黑腚》既有动人的故事和完整的情节,又毫无遮拦地揭露生活的阴暗面,对之进行辛辣讽刺。它既不同于日益普遍的非洲政治小说,也不同于移民文学。它反映了尼日利亚社会的现实,是另类小说,形式荒诞而又寓意深刻。2015 年 6 月 16 日,奥本海默基金会宣布把它列入新声音奖名单,现在它的汉语译本已经问世,译者是杨卫东。

A. 伊戈尼·巴雷特作为一名尼日利亚小说家,其作品已经获得各界的认可。2010 年和 2011 年,他先后成为钦努阿·阿契贝中心成员和诺曼·梅勒中心成员,2014 年被列为"39 位 40 岁以下撒哈拉以南非洲最具潜力的作家"之

---

① Jon Day, "*Blackass* by A. Igoni Barrett," *The Financial Times*, 14 August 2015.

② Helon Habila, "*Blackass* by A. Igoni Barrett Review – A Cocktail of Kafka and Comedy," *The Guardian*, 14 August 2015.

一。2016 年 12 月 28 日,尼日利亚作家奖官网宣布巴雷特是"100 位 40 岁以下最具影响力的尼日利亚作家"之一。

17. 裘德·迪比亚

裘德·迪比亚(Jude Dibia,1975—)出生在拉各斯,在伊巴丹大学现代欧洲语言系学习并获得德语学士学位。他创作了三部受到好评的长篇小说:《与影子同行》(*Walking with Shadows*,2005)、《放纵》(*Unbridled*,2007)和《画眉》(*Blackbird*,2011)。

《与影子同行》据说是以同性恋男子作为中心人物的第一部尼日利亚长篇小说,作者以了不起的洞见处理主人公的经历,使他的处境得到众人的正面回应。读者与批评家都认为该小说大胆而富有争议。《放纵》也是一出版就引发争议。故事主人公是一位女性,曾遭受乱伦和男人各种蹂躏造成的痛苦,小说讲述的就是她获得解放的过程。《放纵》被推荐去参加 2007 年肯·沙罗-威瓦散文奖并进入 2007 年尼日利亚文学奖决选名单。

迪比亚的短篇小说已经出现在 africanwriter.com 等文学网站上。他还有一篇短篇小说和阿迪契、茱帕·拉希里(Jhumpa Lahiri,1967—)等受欢迎的作家的短篇小说一并收入《一个世界:全球短篇小说集》(*One World: A Great Globe Anthology of Short Stories*,2009)中。

18. 米妮·惠特曼

米妮·惠特曼(Myne Whitman,原名 Nkem Okotcha,1977—)出生在尼日利亚的埃努古,母亲是一名教师,父亲为全国电力委员会工作。她在当地接受小学和中学教育,在纳姆迪·阿齐克韦大学取得生物学学士学位。在阿布贾工作一段时间后,她去爱丁堡大学攻读公共卫生研究硕士,后来移居西雅图并在那里结婚定居。为了工作或休假,惠特曼定期访问尼日利亚。

埃努古是个大学城,文化氛围好,加之父母又酷爱读书,因此惠特曼从小就培养了阅读的兴趣,从小学就开始写作。她的主要著作是两部罗曼司小说:《一颗需要修补的心》(*A Heart to Mend*,2009)和《重新点燃的爱情》(*A Love Rekindled*,2011)。她还写过几个短篇故事,发表在尼日利亚媒体上。她善用新媒体,两部小说都在网上发表,开始几个月就成为亚马逊畅销的罗曼司小说,引起尼日利亚文学界的注意,据称描写了"尼日利亚人不仅谈恋爱、为爱结婚,而且用爱征服个人独自有点儿扛不住的多种情境"。[①]

---

① Sylva Nze Ifedigbo, "Have [Nigerian] Romance Novels Come of Age?", *Critical Literature Review*, retrieved 13 November 2013.

19. E. C. 奥松杜

E. C. 奥松杜(E. C. Osondu,生年不详)出生在尼日利亚,在尼日利亚做广告写手多年。2008 年,他在美国纽约州的锡拉丘兹大学做创作研究员,2010 年成为普罗维登斯学院英语助理教授(即讲师),教授创作、文学导论和西方文明发展等课程。他写的短篇小说在多本杂志上发表。2010 年,他出版了自己的第一本短篇小说集《美国的声音》(Voice of America)。

奥松杜素以短篇小说著称于世。他早先发表的《一封家信》("A Letter from Home")被评为"2006 年因特网十大故事"之一。此前他还获得阿兰和尼瑞勒·盖尔索虚构作品奖。短篇小说《吉米·卡特的眼睛》("Jimmy Carter's Eyes")入围 2007 年凯恩非洲文学奖决选名单。《等待》("Waiting")赢得 2009 年凯恩非洲文学奖,为此奥松杜除获得一万美元奖金外,还可以在华盛顿特区的乔治敦大学接受一个月的高级培训。据发表这篇故事的杂志的小说编辑米金·阿姆斯特朗说,《等待》是以一个孩子的视角描述一个难民营的生活。他指出:"它不是假装的,也没施展诡异的文学手法,它简直就是我们大多数人甚至不能想象的一个人讲的出色的故事。"[①]

三、戏　　剧

在第三代作家中,虽然海龙·哈比拉(Helon Habila,1967—　　)出版过两个剧本,但最有成就的剧作家是比伊·班德勒-托马斯(Biyi Bandele-Thomas,1967—　　)。他是一位蜚声世界的剧作家。

1. 比伊·班德勒-托马斯

比伊·班德勒-托马斯(Biyi Bandele-Thomas,1967—　　)出生在尼日利亚北部卡凡钱一个约鲁巴人家庭。其父所罗门·托马斯是第二次世界大战时(尼日利亚当时是英国殖民地)参加过缅甸战役的老兵。托马斯人生的前十八年大都在豪萨文化传统包围的家中度过。他是一个早熟的孩子,早有雄心壮志——做一名作家,十四岁时在一次短篇小说竞赛中获胜。托马斯小小年纪就在父亲崭新的电视机上看到英国作家约翰·奥斯本(John Osborne,1929—1994)的《愤怒的回顾》(Look Back in Anger,1956),立时被此剧吸引。这部戏剧作品对他产生了深远的影响。后来他移居拉各斯,1987 年到伊勒-伊费的奥巴费米·阿沃娄沃大学学习戏剧,1990 年获得学士学位,毕业后即移居伦

---

① Meekin Armstrong, "Guernica/E. C. Osondu/Clifford Garstang," see *Five Star Literary Stories*.

敦,在那儿获得了戏剧家、诗人和小说家的名声。

早在 1989 年他还在尼日利亚的时候,他的诗集《等候别人》(*Waiting for Others*)就获得英国文化教育协会奖,未发表的剧本《雨》(*Rain*)获得国际学生剧本竞赛奖。1991 年,BBC 国际服务节目广播了他的剧本《女性上帝及其他禁果》(*The Female God and Other Forbidden Fruits*)。

班德勒-托马斯首先是一个戏剧家。1990 年,他应邀去伦敦参加戏剧节,后来受雇在皇家宫廷剧院和皇家莎士比亚公司等单位做舞台工作和创作剧本。他的主要剧本有《雨》《向福萨前进》(*Marching for Fausa*,1993)、《历时最久的干旱季节的复活》(*Resurrections in the Season of the Longest Drought*,1994)、《两个骑兵》(*Two Horsemen*,1994,当年被伦敦新剧本节选为最佳剧本)、《死神抓住猎手》(*Death Catches the Hunter*,1995)、《我和男孩们》(*Me and the Boys*,1995)和《奥汝诺柯》(*Oroonoko*,1999),其中《死神抓住猎手》和《我和男孩们》是一本合集。另外,他还为电台和电视台写过几个剧本,例如 1995 年的犯罪恐怖剧《坏男孩勃鲁斯》(*Bad Boy Blues*)。1997 年,他把钦努阿·阿契贝的《崩溃》改编成剧本,在里兹和伦敦的舞台上演。他把自己的长篇小说《大街》(*The Street*,1999)改编成剧本《布里克斯顿故事》(*Brixton Stories*,2001 年首演),同《生日快乐德卡先生》(*Happy Birthday Mister Deka*,1999 年首演)合集出版。班德勒-托马斯还导演了由小说《半轮黄日》改编成的同名电影。该电影在 2013 年多伦多国际电影节上被列入特别展映单元。他的许多剧本向世界讲述尼日利亚故事,他导演的电影也是如此。

然而,班德勒-托马斯最成功的剧本是根据英国女性剧作家阿芙拉·贝恩(Aphra Behn,1640—1689)同名小说改编而成的剧本《奥汝诺柯》。该剧本体现了诸多文化的交织,莎士比亚戏剧的影响明显可见。同莎剧一样,《奥汝诺柯》在庄严悲壮的正剧中掺杂诙谐荒诞的喜剧,又在滑稽可笑中透出残暴、悲凉和真知灼见。奥汝诺柯这个悲剧英雄,如同哈姆雷特和奥赛罗一样,自己受命运的拨弄,其悲剧性性格弱点又使他成为自己及他人悲剧的根源;然而在命运的高压下,他在行动中成长,最终将命运掌握在自己的手中。班德勒-托马斯同莎士比亚一样,意欲在剧中展现一个复杂微妙的道德世界。《奥汝诺柯》没有沿袭一般反殖民主义、反奴隶制作品多突出流血、残暴、悲壮、正义和反对不义的色彩,没有将白人描写成纯粹的压迫者、将黑人描画成纯粹的被压迫者,而是试图挖掘人性与利益错综交织的复杂历史原因。它认为个人与社会相冲突的根源不仅是环境和种族的原因,还有个人选择和人生际遇的因素,从而还原历史以鲜活的、个人化的肌理。同时,《奥汝诺柯》还弥漫着浓郁的约鲁巴风情。剧中有大量的尼日利亚神话传说、舞蹈、吟唱、植物名称等,尤其剧中出现的约鲁巴神话中的捣乱神及其悖论"他今天扔一块石头,昨天打死了一只鸟",更显出当地特色和民族特色。剧中主要人物的对白借助吟游诗人的吟唱方式,多用口头叙事文学特有的重复结构,娓娓道来,一唱三叹,强烈地渲染了剧情。非洲宫廷用语秾艳高蹈、修辞丰富的诗化表达,带色情意味的嬉笑逗乐,也都源自尼日利亚的文学传统。而剧中人物夹杂着谚语、箴言、故事的说话方式,也正是现代非洲人的说话方式。可惜这些令人激赏的特性多见于剧本《奥汝诺柯》的上部,而下部无论是在篇幅和叙事上,还是在风格和人物塑造上,较之上部的饱满、丰富,要明显仓促、苍白许多。事件发生的准备不足,人物行为的动机不足,悲剧呈现的力量不足,加上语言也不如上部绚丽,令人不免心生遗憾。

《奥汝诺柯》的小说原著发表于 1688 年,后经人改编成剧本,但唯有比伊·班德勒-托马斯的改编追述了更早的情节,将主人公的故事从身为西非柯拉蒙田王国的一名武士和王子到后来沦为苏里南奴隶的这两部分合二为一。因此,这是首次将奥汝诺柯的故事完整地搬上戏剧舞台,也是一个非洲奴隶的后代对本民族历史和殖民历史的重新理解与阐释。该剧于 1999 年出版,同年 4 月在莎士比亚家乡斯特拉夫镇上演,2000 年获得英国电信民族多元文化传媒奖最佳剧本奖,2008 年 2 月在美国纽约一家剧院上演。2008 年,中国《世界文学》第 4 期发表孙建秋的汉语译本并加编者评述。可见,《奥汝诺柯》是一个广受欢迎的成功剧本。

班德勒-托马斯也是一位出色的长篇小说家。1991 年他在伦敦出版两部长篇小说:《来自遥远地方的人》(*The Man Who Came In from the Back of Beyond*)和《惹人喜爱的承办人》(*The Sympathetic Undertaker*)。这两部讽刺小说是对当代尼日利亚政治的疯狂而又愤怒的写照,是对耗掉一切的腐败的写照,也是对全面军国主义的写照。几个故事相互交叉,吸引读者陷入噩梦般的迷宫。主人公们不愿意向噩梦般的现实弯腰,可他们也只是脆弱的受害者,无力反抗残酷的现实。在《来自遥远地方的人》中,一个教师向一个学生(也就是本书的叙事者)讲述自己的生活故事,小说中一部未完成的小说则是这位教师童年朋友的故事。这位童年朋友为了获得资金,同政客与军人勾结,竟然参加武装贩卖毒品,到头来成了一名罪犯。他被击毙之后,反而成为故事叙述者,即那名学生的道义指南。这个故事也让人想起肯·沙罗-威瓦的短篇小说《非洲杀死她的太阳》("Africa Kills Her Sun"):为了反对官府腐败,一个年轻人却去从事非法买卖。《惹人喜爱的承办人》从某些方面来说是前一部小说的继续。它像上面提到的剧本和小说一样强调了悲观主义,但是也表达了结束人类遭受的精神错乱的希望。第三部长篇小说《大街》上作者署名为 Biyi Bandele。《大街》以伦敦的布里克斯顿街区为背景,考察了这个多种族社区的生活。它和第一部长篇小说被描述为"值得阅读,既有超现实主义和风趣,又有政治斗争"(比伊·班德勒-托马斯语)。用布伦达·库柏的话说,"这部小说跨越两两相对的世界:生者与死者的世界,现实与梦想的国度,班德勒生于斯长于斯的尼日利亚和他选作家园的伦敦。在跨越这些不同维度和混合这些维度的过程中,班德勒把路易斯·卡罗尔漫不经心的《爱丽丝漫游奇境记》的写作方式非洲化,又把阿莫斯·图图奥拉的《棕榈酒醉汉》的西非口头传统放飞到伦敦"。① 第四部长篇小说《缅甸男孩》(*Burma Boy*,2007)显然取材于作者的父亲在缅甸的所见所闻。该书先在伦敦出版,后在美国和加拿大出版,易名为《国王的来复枪》(*The King's Rifle*,2009)。评论家托尼·吉尔德称它是"一个杰出的成就",颂扬它为未曾听说的非洲人发出声音。

总之,比伊·班德勒-托马斯是一位多产的剧作家和多才多艺的长篇小说家,是一位居于英国的卓有建树的尼日利亚第三代作家。他的作品值得看,值得思考。

2. 沃莱·奥贡托昆

沃莱·奥贡托昆(Wole Oguntokun,生年不详)曾在奥巴费米·阿沃娄沃大学获得法学学士学位,在拉各斯大学获得人文与灾难研究硕士学位等。他是一位多才多艺的知识分子。

首先,奥贡托昆是一位多产的剧作家。他创作的剧本有讽刺舞台剧《谁害怕索因卡?》(*Who's Afraid of Wole Soyinka?*,1998 年首演)、《圣灵降临节的狂怒》(*Rage of the Pentecost*,2002 年首演)、《吹笛人,吹笛人》(*Piper, Piper*,2003 年首演)、《拉杜格巴!》(*Ladugba!*,2002 年首演)、《对方》(*The Other Side*,2002 年首演)、《继承者们》(*The Inheritors*,2003 年首演)、《牢狱纪事》(*Prison Chronicles*,2004 年首演)、《喧嚣吵嚷》(*The Sound and the Fury*,2006 年首演)、《一个妇女的解剖学》(*Anatomy of a Woman*,2007 年首演)、《格班加·汝莱特》(*Gbanja Roulette*,2003 年首演)、《奥杜的道路》(*Audu's Way*,2003 年首演)和《奴隶男孩阿贾依》(*Ajai the Boy Slave*,2010 年首演)等。其中,《谁害怕索因卡》是对尼日利亚军方掌握政权的讽刺,《吹笛人,吹笛人》是根据民间故事《花衣吹笛人》("The Pied Piper of Hamelin")改编的剧本,《奴隶男孩阿贾依》写的是第一位非洲主教萨缪尔·阿贾依·克劳瑟的故事,《继承者们》着重表现尼日利亚戏剧女族长太吾·阿贾依-里塞特(Taiwo Ajai-Lycett)。《格班加·汝莱特》和《奥杜的道路》则旨在揭露艾滋病的危害和提高人们防范艾滋病的意识,在家庭健康协会的支持下在尼日利亚的几个州演出。《格班加·汝莱特》在阿布贾演出时奥巴桑乔总统

---

① Brenda Cooper, *A New Generation of African Writers*, 2008, p. 24.

到场观看,该剧从此被列入拉各斯大学的教育大纲。更引人注意的是奥贡托昆自己创作并导演的史无前例的《泰山独白》(*The Tarzan Monologues*)。[①] 该剧以舞台剧的形式给出男人们的独白,触及宗教、政治、勃起功能障碍、背信弃义、金融、爱情与婚姻和婴儿死亡率等话题。后来,奥贡托昆受库迪拉特民主发起者(Kudirat Initiative for Democracy)委托,领导一个创作团队为尼日利亚大众把伊夫·恩斯勒(Eve Ensler)的《阴道独白》(*The Vagina Monologues*)改编成《V 独白——尼日利亚故事》(*V Monologues — The Nigerian Story*)。该剧由奥贡托昆导演,在拉各斯和阿布贾多家大剧院演出。

奥贡托昆是一位优秀的导演,不仅在尼日利亚著名的大剧院导演沃莱·索因卡、欧拉·罗蒂米、祖鲁·索福拉、费米·奥索费桑等第一代和第二代剧作家的常青剧本,而且导演南非剧作家阿索尔·富加德的《西兹韦·班西死了》(*Sizwe Banzi Is Dead*)和加勒比地区艾梅·塞泽尔的《刚果河的季节》(*A Season in the Congo*)等。他曾被英国文化教育协会聘为顾问。他的戏剧公司"叛逆者戏剧"是非洲五大剧团之一,也是其中唯一的西非剧团,2012 年入选参加在伦敦环球剧场(Globe Theatre)举办的莎士比亚文化奥林匹亚节。该活动规定:莎氏的 37 个剧本分别由 37 家国际巡演剧团用不同语言演出。奥贡托昆导演了约鲁巴语版的《冬天的故事》(*The Winter's Tale*)。同年,他还为尼日利亚音乐协会艺术节导演《普通遗产》(*An Ordinary Legacy*)。他被尼日利亚全国戏剧从业者协会授予卓越成就奖。

此外,沃莱·奥贡托昆还写电视喜剧,如《跨世界布鲁斯》(*Crossworld Blues*,1999)、《活得自由》(*Living Free*,2002)和《切削刀》(*The Cutting Edge*,2002)等。他创作和制作的纪录片《沉默的声音》(*The Sounds of Silence*,2009)反映城市里青年女性遭遇的暴力。他是《每日卫报》(*Sunday Guardian*)副刊《姑娘悄悄说》(*The Girl Whisper*)的专栏作家,每周写一篇评论性别关系的文章。他还出版了一本诗集,名曰《当地孩子及其他诗歌》(*Local Boy and Other Poems*)。

早在 1950 年代和 1960 年代发表作品并确立作家地位的作家们,仍然笔耕不辍,继续奉献佳作。他们有的关注传统与现代性的冲突,如芙劳拉·恩瓦帕;有的关注社会的直接现实,尤其是城市乱象,如西普利安·艾克文西;有的不忘口头传统,自成一家,如阿莫斯·图图奥拉;有的关注政治和国家命运,如钦努阿·阿契贝和沃莱·索因卡等。更引人注意的是,大批新作家登上文坛,他们跟第一代作家不同:他们拥有新的文学观和新的创作方法……

---

① 这里的"泰山"得名于埃德加·赖斯·伯勒斯(Edgar Rice Burroughs,1875—1950)的小说《人猿泰山》(*Tarzan of Apes*,1914)的主人公泰山(Tarzan)。

四、儿 童 文 学

1. 恩尼迪·奥科拉福尔

恩尼迪·奥科拉福尔（Nnedi Okorafor，全名 Nnedimma Nkemdidi Okorafor，曾用名 Nnedi Okorafor-Mbachu，1974—　）出生在美国俄亥俄州的辛辛那提，是尼日利亚一对伊博族移民夫妇的女儿。从很小的时候起她就定期去尼日利亚。她的长篇小说和故事既反映非洲遗产又反映她的美国生活。她是密歇根州兰新号角作家班 2001 年的毕业生，持有伊利诺伊大学的英语博士学位，现在是芝加哥州立大学的创作教授，同家人生活在伊利诺伊。

她主要为孩子和青年人写作，也为成年人写作。她写作的门类包括幻想小说、科学小说和推理小说。

署名 Nnedi Okorafor-Mbachu 的作品有：青年读物《寻风的人扎赫拉赫》（*Zahrah the Windseeker*，2005），获得非洲沃莱·索因卡文学奖等；《影子发言人》（*Shadow Speaker*，2007），获得卡尔·布朗顿·派拉莱克斯奖等奖项。署名为 Nnedi Okorafor 的儿童书有《高个子朱朱巫医》（*Long Juju Witch*，2009）和《伊利代沙和永远不是我的秘密》（*Iridessa and the Secret of the Never Mine*，2012），前者获非洲麦克米伦作家奖。青年读物《阿卡塔巫医》（*Akata Witch*，2011）在尼日利亚出版时易名为《森尼在火焰中看到了什么》（*What Sunny Saw in the Flames*）。成人作品《谁害怕死》（*Who Fears Death*，2010）获得 2011 年世界最佳幻想小说奖。《卡布-卡布》（*Kabu-Kabu*，2013）也是为成人创作的作品，出版当年入选一家出版商评选的每周最佳图书。

2009 年，北伊利诺伊大学图书馆接受奥科拉福尔捐赠的文学档案，收入特藏图书馆。

2. 太吾·奥杜比伊

太吾·奥杜比伊（Taiwo Odubiyi，1965—　）出生在阿贝奥库塔，是龙凤胎中的女孩，在拉各斯长大，中学毕业后进入一所理工大学，取得会计的国家高级文凭（Higher National Diploma，HND），又在阿库雷联邦科技大学获得商务管理硕士学位。1996 年，她和丈夫被任命为牧师，两人育有三个女儿。她关注社会和妇女儿童，是一位作家、几家尼日利亚报纸的专栏作家、尼日利亚电台和电视台的主持人、电视台福音传教主持人。她还创办了慈善家庭支持机构。

她是一位多产作家，几乎每年出版一本书。她出版的书大致分为三类。第一类是励志长篇小说，鼓励和指导单身和已婚男女关系，在尼日利亚国内外广受欢迎,读者甚众。它们是:《为了爱我们》(*In Love for Us*)、《爱情狂热》(*Love Fever*)、《爱在布道坛上》(*Love on the Pulpit*)、《过去的阴影》(*Shadows from the Past*)、《这个时间前后》(*This Time Around*)、《泪湿睡枕》(*Tears on My Pillow*)、《啊小家伙!》(*Oh Baby!*)、《再相爱》(*To Love Again*)、《你找到了我》(*You Found Me*)、《什么改变了你?》(*What Changed You?*)、《我的初恋》(*My First Love*)、《戴这只戒指》(*With This Ring*)和《永恒的爱》(*The Forever Kind of Love*)等,其中多是罗曼司。第二类是儿童读物。太吾相信对孩子们进行婚前性教育宜早不宜迟,认为要让他们意识到性的危险。她还主张要教育孩子认识孩子之间的霸凌行为。她创作的儿童读物有:《被维克托救了》(*Rescued by Victor*)、《没有谁是没出息的人》(*No One Is a Nobody*)、《明天更了不起》(*Greater Tomorrow*)、《偷东西的男孩》(*The Boy Who Stole*)、《乔和他的继母比比》(*Joe and His Stepmother Bibi*)、《耐克和陌生人》(*Nike and the Stranger*)和《恶棍比利》(*Billy the Bully*)。第三类是通俗读物,如《丈夫伤害妻子的三十件事》(*30 Things Husbands Do that Hurt Their Wives*)、《妻子伤害丈夫的三十件事》(*30 Things Wives Do that Hurt Their Husbands*)、《上帝对单身人说的话》(*God's Words to Singles*)、《为单身人士祈祷》(*Devotional for Singles*)、《强奸与如何应对》(*Rape and How to Handle It*)及其约鲁巴语版 *I fi'pa bani lopo*。

第五节
新世纪新生代作家

　　新世纪新生代作家,指的是 21 世纪走上文坛的年轻人。他们大都出生在 1980 年代和 1990 年代,当时尼日利亚正处在军人统治、经济衰败、民不聊生的境况中,许多人移居国外。据说,在英国和美国各有 100 万尼日利亚侨民,其中有不少知识分子,可见人才流失严重。这里提到的新生代作家,有的是第一代移民,有的是第二代移民,他们关注尼日利亚,但也受到所处的外国环境的影响。很多年轻作家在国外发表文章和出版著作,甚至获得大奖,提振了尼日利亚文学的声誉。他们的文学有时被称作"移民文学"。

　　但是,也有许多新世纪新生代作家以尼日利亚为根据地,为国内读者创作,在国内出版作品。像提提洛普·索努戛(Titilope Sonuga)、戴克·楚克伍米里介(Dike Chukwumerije)和埃费·保尔·阿兹诺(Efe Paul Azino)等都在脚踏实地地为尼日利亚读者写作。有些北尼日利亚作家披露了鲜为人知的百姓生活,很多作家以非洲人为读者对象,而不是面向西方创作。他们采用非洲人使用的英语,表现非洲的人物、文化和社会……在全球化的背景下,他们竭力保存自己的文化,主张以平等的身份加入世界文化。

正像尼日利亚学者埃玛·谢尔克利夫指出的那样:"在近来一段时间,被广泛阅读的作家是海龙·哈比拉、特珠·科尔这样的作家。他们居住在西方,但是他们是先在尼日利亚被出版社发现并出版作品,在国内得到承认然后才在英国和美国出版作品。然而,尼日利亚本身存在着日益活跃的文坛。它正在被承认。新的 BBC 纪录片《写一个新的力量》介绍了 15 位作家。近期他们都在这个国家居住和写作。"①总而言之,无论新生代作家移居国外还是留居国内,他们都是 21 世纪尼日利亚文学的新生力量。

时至 2010 年代,尼日利亚政局稳定,社会稳定,经济好转,尼日利亚文坛相应出现新的景象:不但新一代作家崭露头角,而且第一代、第二代和第三代作家仍然笔耕不辍,继续贡献新的作品。整个尼日利亚文学界是四世同堂,各尽其力,建设他们的文学、他们的文化和他们的国家。至于前三代作家的贡献和荣耀,笔者已经在前面有关章节陈述和评论,这里专门介绍新一代作家的诗歌、小说、戏剧和儿童文学等。

一、诗　　歌

1. 朱莫克·弗里西莫

朱莫克·弗里西莫(Jumoke Verissimo,1979—　)出生在拉各斯,在伊巴丹大学获得非洲研究(表演)硕士学位,在拉各斯州立大学获得英语文学学士学位。后来她做编辑和广告写手,为《卫报》等重要报纸做自由撰稿人,现在生活在伊巴丹。《笨拙》杂志说她是"将要改变尼日利亚文学面貌的那些人中的一员"。她的诗歌发表在报刊和重要诗集中,有些诗歌被译成意大利语、挪威语、法语、日语、汉语和马其顿语。她现已出版两本诗集:《我是记忆》(*I Am Memory*,2008)和《幻觉的诞生》(*The Birth of Illusion*,2015)。第一本诗集于 2009 年获得卡罗斯·伊德齐亚·阿赫迈德奖(第一部诗集头奖)和安东尼·阿格博诗歌奖(第一部诗集二等奖),第二本诗集入围尼日利亚作家协会诗歌奖决选名单。2012 年她获得钦努阿·阿契贝中心研究员资格和母亲鼓优秀诗歌金奖。

---

① Emma Shercliff, "The Changing Face of Nigerian Literature," *Voices Magazine*, British Council website, 9 December 2015, https://www.britishcouncil.org/voices-magazine/changing-face-nigerian-literature.

2. 戈兹鲍尔·萨姆森·奥博依杜

戈兹鲍尔·萨姆森·奥博依杜（Godspower Samson Oboido，1988— ）出生在尼日利亚埃多州的贝宁城，是家里最小的孩子。他在贝宁城和三角洲的伊耶德小镇完成小学和中学教育。在追逐电影事业不成的情况下，他在拉各斯开始写作，写过许多脚本和舞台剧本，其中包括他本人印制的《闭嘴坐下来》(Shut Up and Sit Down)。

后来，他回到贝宁城，开始渴望已久的文字创作，渐渐离开了视觉艺术工作。他在许多报纸杂志上发表诗歌作品。2014年，他在加拿大出版第一本诗集《鸡骨头之歌》(Songs of a Chicken Bone)，受到文学界的好评。英国诗人、《出发》(The Departure)的作者克里斯·埃莫里(Chris Emery)称该书"令人鼓舞，吸引世界"，另一位诗人、剧作家兼剧场指导彼得·哈维(Peter Harvey)也写道："奥博依杜得力于广泛经验和忠实于他的根的优美。"2017年，他在美国出版《在砾石岸上来回走动的双脚》(Wandering Feet on Pebbled Shores)，这是他的第二本诗集。他歌唱追随着新世界前行的生机勃勃的非洲，并且同非洲协力共进；他说，在这个新世界，"旅行者希望用黎明的湿气/洗涤他移居者的双脚"，在这个新世界，"道路张开嘴就像一条蟒蛇"。

奥博依杜的诗歌声音好比克利斯托弗·奥吉格博和奥波达·桑戈尔的诗歌声音，这表明奥博依杜的创作风格受到这两位非洲著名诗人的影响。

2010年，奥博依杜是"未来尼日利亚奖"的决赛入围者，被列入"100位30岁以下最有前途、最优秀的尼日利亚人"名单，是英国女王伊丽莎白二世设立的"女王青年领袖奖"获奖候选人中呼声第二高的人。

3. 提提洛普·索努戛

提提洛普·索努戛(Titilope Sonuga，生年不详)是一位有名的女诗人，她的表现为尼日利亚和国际诗坛增光。她的第一本诗集《脚踏实地》(Down to Earth)获得2011年加拿大作家协会新兴作家奖。2014年，她出版第二本诗集《脓肿》(Abscess)。她的诗歌"专门反映尼日利亚的政治、经济和社会问题，常常以其他形式不可能具备的直接性反映当代事件"。[1] 提提洛普·索努戛的诗歌《捉迷藏》("Hide and Seek")是对北尼日利亚发生的事件和2014年契博克270名女学生被绑架一事的直接回应。她问道："我们对这些人能做什么？我们怎样知道谁的手臂伸到哪里？"[2]她还说，她的诗是写给被

---

① Emma Shercliff, "The Changing Face of Nigerian Literature," Voices Magazine, British Council website, 9 December 2015, https://www.britishcouncil.org/voices-magazine/changing-face-nigerian-literature.

② Ibid.

杀害的孩子、遭遇爆炸的人民、200 多名正在等候的姑娘和国家危机中无名的受害者的。

提提洛普·索努戛也是出席总统就职仪式的第一位诗人。

4. 伊扣奥·迪安娜巴希

伊扣奥·迪安娜巴希(Iquo Dianabasi,生年不详)在口语诗歌圈子里是家喻户晓的。她写散文、诗歌,也为电台和电视台写脚本。她常常朗诵具有伊比比奥民俗文化特色的诗歌。她的第一本诗集《成长的交响曲》(*Symphony of Becoming*)入围 2013 年尼日利亚诗歌奖决选名单。

伊扣奥在拉各斯国际诗歌节、阿凯艺术图书节和索因卡 80 华诞庆祝会上均有作品奉献。

伊扣奥的作品也常常出现在《卡拉哈里评论》和《尼日利亚作家协会评论》上面。她的作品常常探讨社会关注的热点:痛苦、爱、妇女,还有当代格里奥特(Griot,口语诗人)的苦难。

5. 库考戈·伊如埃西里·萨姆森

库考戈·伊如埃西里·萨姆森(Kukogho Iruesiri Samson,1984—   )出生在伊勒-伊费的艾耶托罗。他是一位作家和诗人,已经出版四本诗集:《词语能干什么?》(*What Can Words Do?*,2013)、《我说过这些话》(*I Said These Words*,2015)、《受过伤害和痛苦的我们》(*We Who Showed Hurt and Beaded Pain*,2017)和《厄罗斯的话语》(*Words of Eros*,2017)。他本人曾获得多个奖项,其中包括 2012 年的奥兰治·克汝什诗歌头奖。2016 年,萨姆森还被评为尼日利亚年度诗歌作家。这些成就足以证明他对尼日利亚诗歌的贡献被广泛认可。2018 年,他出版第一部长篇小说《魔鬼的典当物》(*Evil's Pawn*)。

萨姆森也是一位积极的文化活动家。他相信文学有益于社会和青年的发展,于是自设网站,自设出版社并担任首席执行官(CEO),还自设青年作家奖(the Green Author Prize)。因此,他当之无愧地入选"100 位 40 岁以下最具影响力的尼日利亚作家"。

6. 图鲁·奥贡莱西

图鲁·奥贡莱西(Tolu Ogunlesi,1982—   )出生在苏格兰的爱丁堡,父母是尼日利亚人。他大部分时间生活在尼日利亚。奥贡莱西先在伊巴丹国际学校受教育,后在伊巴丹大学获得药学学士学位,2011 年又在联合王国东安格里亚大学获得创作硕士学位。他在《伦敦杂志》《笔会尼日利亚新作文集》《黑人艺术季刊》和《今日世界文学》上发表作品。

他的主要出版物有诗集《倾听壁虎在阳台上歌唱》(*Listen to the Geckos Singing from a Balcony*, 2004),2006 年获得多萝西·萨金特·罗森博格诗歌奖等多个奖项。他还出版了中篇小说《征服与欢乐》(*Conquest & Conviviality*, 2008),也发表过短篇小说、电视剧脚本和广播剧。

他在新闻媒体领域屡次获奖,是一位成功的新闻工作者,2016 年被尼日利亚总统穆罕马杜·布哈里(Muhammadu Buhari)任命为数字/新媒体特别助理。

二、小　　说

1. 阿布巴卡尔·亚当·易卜拉欣

阿布巴卡尔·亚当·易卜拉欣(Abubakar Adam Ibrahim,1979—　)出生在尼日利亚的乔斯,在乔斯大学学习大众传播并获得学士学位。他是记者,也是小说作家。他的短篇小说《夜晚呼叫》("Night Calls")收入短篇小说集《夏娃的女儿与尼日利亚其他新短篇小说》(*Daughter of Eve and Other New Short Stories from Nigeria*,2010)中,《折断翅膀的太阳鸟》("The Sunbird with a Broken Wing",2014)刊登在一本作家杂志上。他的第一本短篇小说集《窃窃私语的树》(*The Whispering Trees*,2012)的题名短篇小说入围凯恩非洲文学奖决选名单。他的第一部长篇小说《红花盛开的季节》(*Season of Crimson Blossoms*,2015)获得 2016 年尼日利亚文学奖,奖金十万美元。他曾获得 BBC 非洲演出奖,被列入"39 位 40 岁以下撒哈拉以南非洲最具潜力的作家"。2017 年,易卜拉欣接受歌德学院与西尔特基金会的非洲作家驻地奖。他现在是《信托日报》(*Daily Trust*)艺术与娱乐板块副编辑,住在尼日利亚首都阿布贾。

2. 海伦·奥耶耶弥

海伦·奥耶耶弥(Helen Oyeyemi,1984—　)出生在尼日利亚,四岁时随父母移居伦敦,因为父亲在米德塞克斯学院学习社会与政治科学。海伦是一个聪明的孩子,比一般孩子早熟,因而童年时代不被其他孩子接纳,精神上很孤独,十五岁时甚至想到自杀。后来根据医嘱,母亲带她回尼日利亚同家里人接触,结果不但医治好了她的精神障碍,而且让她产生写作的念头。她在家中大量阅读,从中得到许多乐趣。后来读到塞米·贝德福德(Simi Bedford)的《跳舞的约鲁巴女孩》(*Yoruba Girl Dancing*,1991),她才发现一个生活在英国的约鲁巴女孩也会有生动有趣的生活。她在准备 A 级考试的学生时代创作了第一部长篇小说《伊卡茹斯姑娘》(*The Icarus Girl*,2004),当时她只有十八岁。在剑桥大学考坡斯·克里斯蒂学院学习社会与政治科学时,她的两个剧本——《朱尼珀的白粉》(*Juniper's Whitening*)和《维克提米斯》(*Victimese*)——由同学演出,这两个剧本 2005 年以合集形式出版。后来她一直住在英国继续创作,2014 年至今一直住在捷克的布拉格。

《伊卡茹斯姑娘》讲述一个八岁女孩杰丝的故事。杰丝同她的英国父亲和尼日利亚母亲一起生活在肯特郊区。就其年龄来说,杰丝是一个极其聪明的女孩,她的消遣方式不同寻常——写日本俳句诗。可是她有心理问题,常藏在碗碟橱柜后面发出一阵阵的尖叫。她那忧心忡忡的母亲决定带她去拜访尼日利亚家人,希望缓解她的病情。在那里她遇到提提奥拉,又名提里·提里,一个和她同龄的女孩儿。她们很快成了朋友,提里·提里向杰丝介绍了一些危险的活动。

回到英国不久,杰丝吃惊地看见提里·提里就在她家门口,对她说自己已经移居英国。杰丝很高兴有十全十美的表姐达尔西以外的孩子同她玩耍。这种幸福的重聚很快变成灾难,一种别人看不见的灾难,因为提里·提里对杰丝有坏影响。最让杰丝心烦意乱的是提里·提里透露:杰丝本来有个孪生妹妹,出生时就死掉了。根据约鲁巴习俗,母亲刻了个伊贝济木偶作为死去妹妹的替身。提里·提里实际是杰丝的精神分身,存在于杰丝的想象中,她被比作本·奥克瑞《饥饿的路》中的"阿比库"(鬼孩子)。奥耶耶弥对她的描写让人想到沃莱·索因卡《森林之舞》中的"半人半鬼孩子"。

一些评论家对奥耶耶弥的这部作品有着深刻的印象,赞扬她对语言的掌控和塑造人物的能力,但也有人指出,她的瑕疵是突袭她的人物的意识。

2006 年奥耶耶弥获英联邦作家奖提名。2007 年,她出版第二部长篇小说《对面的房子》(*The Opposite House*),灵感来自古巴神话。第三部长篇小说《白色是为了巫术》(*White Is for Witching*,2009)被视为"根在亨利·詹姆斯和埃德加·艾伦·坡"。该小说 2009 年入围谢利·杰克逊奖决选名单,2010 年获得萨姆赛特·毛姆奖。第四部长篇小说《福克斯先生》(*Mr. Fox*,2011)是关于写作过程本身的思考,显示出作者高超的语言驾驭能力。[①] 第五部长篇小说《男孩、雪、鸟儿》(*Boy, Snow, Bird*,2014)在出版当年被列入《洛杉矶时报》图书奖决选名单。她最近的出版物是短篇小说集《不是你的就不是你的》(*What Is Not Yours Is Not Yours*,2016),出版当年获得笔会开放图书奖。伴随着这些作品,奥耶耶弥在文艺界的地位也在提升,成为 2015 年图书托拉斯独立外国小说奖的评定人和 2015 年苏格兰银行吉拉尔奖评定人。

---

① Anita Sethi, "*Mr. Fox* by Helen Oyeyemi," *The Observer*, 13 May 2012.

3. 乌佐丁玛·伊维拉

乌佐丁玛·伊维拉(Uzodinma Iweala,1982—)出生在华盛顿哥伦比亚特区,在美国长大成人。其父是外科医师,其母是恩戈齐·奥孔乔-伊维拉博士,曾任世界银行高级官员,后来又担任尼日利亚外交部长和财政部长。母亲在尼日利亚任职期间,伊维拉与之同住在尼日利亚首都阿布贾。其他年份,他仅在夏天造访尼日利亚。

在华盛顿的圣奥尔本学校受完中学教育之后,伊维拉以优异成绩获得奖学金,并在哈佛大学医学预科注册。可是他被创作吸引,而哈佛却没有这种主修课程。2004年,他以优异成绩获得另一所大学的英美语言文学学士学位。他学生时代的作品在2003年获得最佳大学生短篇小说奖(伊格奖)和杰出创作奖(赫尔曼奖),2004年又获得胡普斯奖和优秀大学生论文奖(多萝西·希克斯·李奖)。2011年,伊维拉从哥伦比亚大学内科与外科学院毕业。

2005年,伊维拉的长篇小说《无名国的禽兽》(*Beasts of No Nation*)出版。这部长篇小说脱胎于他在哈佛时写的一篇关于创作的论文,甫一出版,即受到极大欢迎,当年获得约翰·卢埃林·里斯奖,2006年又获得巴恩斯与诺布尔发现奖(他是该奖最年轻的得主)和纽约公共图书馆的年轻狮子小说奖。该书2015年被改编成电影并获奖。

何以如此?首先我们要查看故事发生的背景。小说名称并没有特指哪个国家,但某些细节则暗示是"比夫拉"战争期间的尼日利亚。故事的背景是一场内战,反叛的士兵正在同政府作战,但缺衣少食又缺少其他供应,而政府动用各种飞机穷追不舍。我们再看故事内容和表达方式:整个故事是主人公阿古用皮钦英语讲述的。阿古的父亲是一名教师,有许多藏书。阿古热爱读书,还被读《圣经》的母亲戏称"教授",因为他有种书呆子气。他的教师格洛里亚女士满怀希望地鼓励他将来成为一名医生或工程师。可是后来内战侵入阿古的生活,他的父亲被杀死,他被迫加入反叛部队当了娃娃兵。他很快学会杀人,那时他还扛不动枪。其他士兵为之喝彩,指挥官给以鼓励的微笑。可阿古自己也在食物链底端,因为指挥官喜欢他、性侵他。

这个叙事包含民俗特色:一个是关于阿古村庄的传奇,一个是关于神秘的富饶城。虽然故事的情节令人压抑恶心,但是结尾时阿古是乐观的,在大洋之滨一个质朴宜人的难民营里逐渐回归生活的正轨。他可以随时随地读书,也可以在海滩散步,做着成为医生或工程师的现实梦。

虽然这个故事以战争为背景,其细节回忆了尼日利亚内战,但是伊维拉这位年轻的伊博族作家却与他这一代的其他作家不同:他的注意力不在这次冲突的种族问题上,而在强迫未成年人成为杀人犯这种罪恶行径上。

再说,这部作品并不是凭空捏造。创作前,伊维拉曾经在《新闻周刊》读到一篇文章,得悉塞拉利昂娃娃兵的生活和苦难,深感不能一看了之。后来,他又遭逢曾在乌干达当过娃娃兵的妇女,在尼日利亚生活期间还曾在收容前娃娃兵的康复营工作过,因此对娃娃兵有着深刻的了解。他掌握了第一手资料,决心写书昭示天下。在哈佛教师贾麦卡·金凯德的鼓励和指教下,他终于完成这部作品,大获成功。

4. 昂耶卡·恩维鲁埃

昂耶卡·恩维鲁埃(Onyeka Nwelue,1988—)出生在伊莫州的艾西米-姆巴诺,其父是政治家,其母是教师,和芙劳拉·恩瓦帕是表姊妹。11 岁时,恩维鲁埃被送到奥利弗尔山讲习所,这意味着他要在宗教中学继续学习,而后成为牧师。他逃到拉各斯,追求写作事业,为《卫报》和《笨拙》杂志写文章。16 岁时,他参加沃莱·索因卡节并被介绍给这位诺贝尔文学奖得主,几年后应印度文化协会邀请出席第二届国际作家节。21 岁时,他成为第一位参加"30 岁以下全球青年创新者论坛"的非洲人。

在印度期间,他开始创作第一部长篇小说《阿比西尼亚男孩》(*Abyssinian Boy*,2009),利用自己作为一个黑人男子在印度的经历作为素材。这部作品成为国内畅销书,又在印度和美国出版,使他一下闻名世界,获得 T. M. 阿卢科小说奖、易卜拉欣·塔希尔处女作奖和未来奖提名。该书的经济收入很可观,预付稿酬就达到 2 500 万奈拉。小说已被译成意大利语、西班牙语、伊博语和约鲁巴语。恩维鲁埃的第二本书《嘻哈文化是孩子们的爱好》(*Hip-Hop Is Only for Children*,2015)是一本诗体叙事作品,已被译成意大利语、西班牙语、伊博语和约鲁巴语。2014 年他在欧洲 25 个国家旅行并推销这本书。

恩维鲁埃曾获得奖学金在捷克共和国的布拉格电影学校学习导演,又在中国香港大学现代语言与文化学院任访问讲师,最近在印度的曼尼普尔大学人文学院英语系任助理教授和非洲文学与研究的访问研究员。他制作的纪录片《芙劳拉·恩瓦帕之家》(*The House of Nwapa*)于 2016 年在津巴布韦的哈拉雷首映。恩维鲁埃还是尼日利亚 2016 年度"非虚构作家"称号得主。

5. 奥宾纳·查尔斯·奥克韦鲁米

奥宾纳·查尔斯·奥克韦鲁米(Obinna Charles Okwelume,1981—)出生在尼日利亚的哈科特港,在那里接受小学教育与中学教育,尔后在玛多纳大学学习大众信息交流,2003 年以优异成绩毕业。他在伦敦首都大学取得国际关系硕士学位,又从伯明翰大学西非研究中心获得哲学博士学位。2001 年,他因为对文学写作的贡献获得尼日利亚公共关系奖;2010 年,他又因为在伯明翰大学历史与文化学院写出的最佳论文获得 R. E. 布拉德伯里奖。他曾在尼日利亚国家石油公司的公共关系部和联邦情报与方针设定部工作过一段时间,又在 1997 年创办合唱团和活力剧场。他创建"拯救非洲计划",旨在通过文学使非洲文化永远传承下去。奥克韦鲁米既是尼日利亚作家协会和尼日利亚公共关系学会的会员,又是英国特许记者学会和皇家非洲学会的会员。

他已经出版的作品有:《奥古里格韦》(*Ogurigwe*,2001)、《复仇之箭》(*Arrow of Vengeance*,2002)、《三个剧本》(*Three Plays*,2002)、《喧嚣》(*Babel of Voices*,2002)、《黑非洲的鼓声》(*Drumbeats of Black Africa*,2004)和《大众传播辞典》(*Dictionary of Mass Communication*,2006)。奥克韦鲁米也是一位戏剧导演,有时还担任音乐演出和文化展示的导演。

6. 埃尔纳森·约翰

埃尔纳森·约翰(Elnathan John,1982—)出生在尼日利亚北部城市卡杜纳,在扎里亚的阿赫默德·贝洛大学受教育,2007 年获得法律学士学位。他为一家报纸每周一次的讽刺专栏写文章。他用英语创作一些短篇小说,均在国内发表,其中《巴彦拉伊》("Bayan Layi")和《飞呀》("Flying")分别入围2013、2015 年凯恩非洲文学奖决选名单。

埃尔纳森·约翰的第一部长篇小说《生在某个星期二》(*Born on a Tuesday*,2015)先在尼日利亚国内出版,2016 年 4 月在英国出版。它关注大字标题后面的私人故事。在一部纪实小说中,他谈到讲故事的言外之意:在尼日利亚的某些种族集团中,在家庭之外接受可兰经教育的男孩或沿街乞讨的人常常被压缩成数目或数字,他们的人性被忘记;然而,讲故事是一种方法,让我们知道原教旨意义、文化以及两者之间的关系,知道暴力与冲突的细微差别。他和亚当·易卜拉欣一样,用英语写出了他们在拉各斯、伊巴丹和埃努古的同胞以及西方读者所不知道的北方的某些方面,其中包括"博科圣地"(Boko Haram)。

7. 齐邦杜·奥努佐

齐邦杜·奥努佐(Chibundu Onuzo,1991—)出生在尼日利亚,父母都是医生。她是家里四个孩子中最小的一个,在拉各斯长大。她十四岁时移居英格兰,在汉普郡温切斯特一所女子学校就读,十七岁开始写作第一部长篇小说《蜘蛛王的女儿》(*The Spider King's Daughter*),两年后与著名的费伯与费伯出版公司签约。2012 年,该书由这家出版公司出版,出版后她受到各大媒体的关注,美国有线电视新闻网(CNN)曾做专访,牛津大学文学教授也推荐她角逐一万英镑的艾略特处女作奖。2013 年,该书获得贝蒂·特拉斯克奖。2014 年,她被哈科特港世界书都选为"40 岁以下最具潜力与天赋的非洲作家"

之一。2017 年,她出版第二部长篇小说《欢迎来到拉各斯》(*Welcome to Lagos*)。海龙·哈比拉在尼日利亚《卫报》著文说:"奥努佐对人类人物的描写常常太乐观,她对政治和社会的看法太宽厚。她把人物,包括拉各斯城,写得活灵活现,给人留下难忘的印象。"①

齐邦杜·奥努佐毕竟是个青年学生,一边写作一边接受高等教育。她 2012 年在伦敦国王学院获得历史学士学位,又在伦敦大学学院获得公共政策硕士学位,2017 年回到国王学院攻读博士学位。奥努佐不仅成为尼日利亚骄傲、年轻的一代人的偶像,而且被评为全英国学生的楷模。

三、戏 剧

1. 罗蒂米·巴巴同德

罗蒂米·巴巴同德(Rotimi Babatunde,生年不详)出生在尼日利亚埃吉提州的阿多-埃吉提,在家乡接受小学教育,在奥豆格伯鲁的联邦政府学院接受中等教育,在伊勒-伊费的阿沃娄沃大学读书。

创作伊始,他在一些文集、刊物上发表诗歌和故事,他的剧本出现在伦敦的现代艺术学院、瑞典国家旅游剧院和 BBC 世界节目组等处。他的短篇小说获得 BBC 国际频道组织的顶尖爱情悲剧故事竞赛奖和 AWF/西普利安·艾克文西短篇小说奖。短篇小说《孟买的共和国》("Bombay's Republic")是一篇关于第二次世界大战期间应征参加联军的尼日利亚士兵孟买上士在缅甸作战的故事,2012 年夺得凯恩非洲文学奖。评委主任伯纳丁·埃瓦里斯托(Bernardine Evaristo)称它"格局高远,具有黑色幽默,以激昂、苛刻的文字揭露了殖民项目的剥削性质和民众的独立心理"。②

其他作品有:《顶楼房间的异教徒》(*An Infidel in the Upper Room*),2006 年在伦敦皇家宫廷剧院朗读;《无辜者的篝火》(*The Bonfire of the Innocents*),2008 年在斯德哥尔摩发表;《拉撒路的尸布》(*A Shroud for Lazarus*),2009 年在芝加哥的一家剧院演出;《宴会》(*Feast*),2013 年在青年维克剧院演出。

巴巴同德现生活在尼日利亚的伊巴丹。

2. 索济·科尔

索济·科尔(Soji Cole,生年不详)创作的剧本《也许明天》(*Maybe*

---

① Helon Habila, "*Welcome to Lagos* by Chibundu Onuzo Review-High Hopes, Big City," *The Guardian*, January 2017.

② "Nigeria's Rotimi Babatunde Wins Caine Writing Prize," *BBC News*, 3 July 2012.

Tomorrow)曾参加 2007 年 BBC 组织的国际电视剧竞赛,得到高度评价。后来科尔又把它自行印刷出版。著名批评家伊柯哈德·伊柯娄亚(Ikhide Ikhleoa)在评论《夏娃的女儿们及其他故事》(*Daughters of Eve and Other Tales*)时,把索济·科尔同朱莫克·弗里西莫、阿布巴卡尔·亚当·易卜拉欣等作家并提,足见索济·科尔也被视为新世纪新生代作家中不可或缺的成员。

3. 昆勒·奥克赛普

昆勒·奥克赛普(Kunle Okesipe,生年不详)是新生代最有影响的剧作家。他是一位年轻的学者和作家。尼日利亚现代文学史上曾有人把外国或国内某位剧作家的某个作品改编为新的剧本并赋予新意,更有人把某位小说家的作品改编成剧本,可是,把一个剧作家的两部剧作改编成一个剧本,这实属罕见。昆勒·奥克赛普就把沃莱·索因卡的剧本《路》和《狮子与宝石》改编成自己的新剧本《教授的最后死亡》(*Professor's Last Death*,2006)。奥克赛普重新聚焦于《狮子与宝石》的叙事,介绍像拉昆勒、西地和巴洛卡这些关键人物的剧烈转变,主要补充人物为来自《路》剧的教授和"特殊乔",他们在《教授的最后死亡》中起到重要作用。拉昆勒和西地比索因卡剧本中的两位同名人物更显出应对时代和环境变化的能力。奥克赛普的剧本从一开始就通过这些人物把故事显现出来。

剧情在路上开始,棕榈酒棚就在中心舞台的右面,路和棕榈酒则是创造神奥贡的体现,与礼拜和供奉相关。新路和旧路也是两种文化(西方文化和传统文化)的象征:

卡萨里:如果是昨天来的那个拉各斯女人,我就不必烦扰了。我们的村庄正在好起来,这里就有妓女。

阿萨克:新路是个枕头,他收藏各种各样的垃圾。

拉昆勒:穿牛仔服的时髦女人、浓抹的口红、摇摆的屁股都是你们的垃圾。

阿萨克:它们都是。①

显然,"路"在这里表达了传统文化同西方文化及其带来的罪恶之间的对照。"新路"就是导致束缚的西方文明的象征,预示着带有各种罪恶的西方文明的到来。作为剧中的一个人物,切尔西表现的现实是:非洲青年反常和耽于幻想的后果就是悔恨和放弃。

---

① Kunle Okesipe, *Professor's Last Death*,2006,p. 8.

巴洛卡实际上没死，而是假装死亡。有足够的证据暗示他已经"阳痿"。在《狮子与宝石》中，巴洛卡的男子气概只是当地文化反弹的比喻。他的"阳痿"表明变化是不可逆的，当地文化的反弹最终是失败的。然而，当地文化发展的方向则是各种社会力量交互的结果。巴洛卡的死或假死只意味着当地文化时代有意义的结束和变化了的当地文化的诞生。《狮子与宝石》中的西地则是变化了的传统文化的例子。在拉昆勒提议吻她时，西地谴责他：

> 不，我不是告诉你我不喜欢你表演的奇怪的、不健康的亲嘴，每一次，你的行为欺骗我……接着你用你的嘴唇舔我的嘴唇，多么不正经。①

可是在《教授的最后死亡》中，同一个西地不仅怂恿拉昆勒吻她，而且首先开始这种动作，拉昆勒反而退缩：

> 我们应当像早先那样停止动作，读诗歌，不要有动作。②

教授也以一种方式表现西方和介乎中间的东西，因为他在《路》剧中穿的服装现在已经变成裤子和布巴汗衫（类似衬衫）。在《教授的最后死亡》中，服装具有意识形态的意义。在《路》剧中，教授是自相矛盾的，有基督教认识论的破碎成分。为了"福音"，教授虽然只是受过教育的"庸医"，但也尽力把不同的宗教元素结合在一起，从而破坏了西方凌驾当地的特权。服装变换象征着曾经鲜活的"维多利亚"过去已被取代。

教授把茶与棕榈酒进行对照。牧师喝茶，这是西方价值观念的象征。教授把它同欺骗和谎言联在一起。在教授看来，棕榈酒就是灵性和真理的源泉，而牧师的主日学校是在传授谎言，给真相涂色。在《教授的最后死亡》中，教授的评论表明：没有必要抛弃自己民族的旧传统去拥抱西方文化。这也表明了拉昆勒的转变和他重新发现了失去的身份。

一个单独的行为就能表明拉昆勒重新发现自己的真实身份：拉昆勒在做礼拜期间面对布里斯托年鉴的反应，清楚地表明他受骗了；后来他参加面具演出队，表明他认识到真正的自我，理解了他的归属。进步是人们渴望的，但是在真正的损失显现出来之前，人是不可能预见到进步的代价的。城市生活在《狮子与宝石》中被拉昆勒浪漫化，可在《教授的最后死亡》中却困难重重，这一点颇具讽刺意味。伊鲁金勒——小说里的一个村子——屈从"城市进步"的压

---

① Wole Soyinka, *The Lion and the Jewel*, 1988, p. 20.
② Kunle Okesipe, *Professor's Last Death*, 2006, p. 14.

力,而拉昆勒的追求实现之时正是他成为自己所提倡的目标的牺牲品以及新秩序的边缘玩家之际。

在《教授的最后死亡》里,追求"福音"就是教授在孜孜探求真正的身份。拉昆勒同他一起参加自我发现和重新发现的过程。在这部剧里西地后来谈到,拉昆勒从原先对西方教育的盲目吹嘘转变到赞成当地文化,乃是重新发现身份的另一要点。

《教授的最后死亡》这个剧名,据奥克赛普说,出自主题和美学两方面的考虑。《路》剧中,教授的死亡标志着他的追求终止和完成在具有讽刺意义的时刻。《教授的最后死亡》中,教授的死标志着城市暴力在素来和平的村庄里的终结。教授声称,他在伊鲁金勒的使命就是详细分析这个建立不到20年的村子。果真如此的话,剧中所有活动就是他的文本,他的死就是文明与进步之中心悖论的结局的中心。从美学上说,这个剧本就像剧名那样令人欣赏。

在《教授的最后死亡》中,奥克塞普交替使用对照、补充和重申等方法,对借自索因卡前文本人物的观点加以反驳、延伸和整合:莫里弥这个非洲妇女的极致形象同《教授的最后死亡》中的西地相对照,拉昆勒这个西方学问的急切模仿者同质问西方认识论的教授形成对比。

这些人物常被用来质疑前文本。拉昆勒进一步的变化,让人注意他在《狮子与宝石》中始终踟蹰于被殖民化思想的初级阶段。莫里弥作为旧价值观念的形象,不但被新一代——西地拒绝,而且受到掌权者"特殊乔"的极大蔑视;她的存在表明传统的断裂。这就是当今社会的特征:用旧价值观念取代西方价值观念是行不通的。

四、儿 童 文 学

契戈奇·奥比奥玛

契 戈 奇 · 奥 比 奥 玛(又 译"奇 戈 希 · 奥 比 奥 玛",Chigozie Obioma,1986—　)出生在尼日利亚西南部阿库雷一个拥有12个孩子的伊博族家庭。他会说约鲁巴语、伊博语和英语。孩提时代,他就迷恋希腊神话和英国文学大师莎士比亚、弥尔顿和约翰·班扬。在非洲作家中,他被沃莱·索因卡的《热罗兄弟的磨难》、西普利安·艾克文西的《非洲夜晚的娱乐》、卡马拉·莱伊(Camara Laye)的《黑孩子》(*The African Child*)和D. O.法贡瓦的《神林奇遇记》(约鲁巴语原版)强烈吸引,产生共鸣。对他影响最大的是阿莫斯·图图奥拉《棕榈酒醉汉》的想象力、托马斯·哈代《苔丝》的持久优美与心灵激荡、阿兰德哈提·罗伊(Arandhati Roy)《小东西的上帝》(*The God of Small Things*)和弗拉基米尔·纳博科夫《洛丽塔》的散文力量,还有钦努阿·阿契贝的《神箭》对伊博文化与哲学的坚定信念。

奥比奥玛曾在塞浦路斯国际大学攻读学士学位,后在美国密歇根大学获创意写作硕士学位。他已经发表短篇小说《大改变》("The Great Convert")和《午夜太阳》("The Midnight Sun"),论文《散文的大胆》("The Audacity of Prose")、《牙印:翻译者的困惑》("Teeth Marks: The Translator's Dilemma")、《我在北塞浦路斯的学生岁月的幻影》("The Ghosts of My Student Years in Northern Cyprus")和《拉各斯在 15 年内可望扩大一倍:我的城市将怎么可能效仿?》("Lagos Is Excepted to Double in Size in 15 Years: How Will My City Possibly Copy?")。

然而,契戈奇·奥比奥玛的主要成就是长篇小说。

第一部长篇小说是《钓鱼的男孩》(*The Fishermen*,2015)。主角是阿格伍一家的四个兄弟,他们住在尼日利亚西部的阿库雷。趁父亲不在,团结友爱的四兄弟来到一条禁河钓鱼。他们遇见了疯子阿布鲁。阿布鲁预言四兄弟中的老大会被另一个兄弟杀死。就这样,预言在亲兄弟中间埋下仇恨的种子,他们再也不像从前那样亲密。惨剧也真如"预言"所说,接二连三地在这个家庭上演。小说的核心是四个阿格伍兄弟的情感纽带。这条纽带塑造了血亲的力量,也体现了一种信仰——血缘是人与人之间最不可分割的关系。但这样的纽带也非常脆弱。所以我们在小说中看到了亲情能被摧残得七零八落,甚至演变为仇恨。读者不难看出,这个"疯子"就是英国人,而神智清明的是尼日利亚人民。尼日利亚人本来就有自己的文明,可是英国人不请自来,渗透尼日利亚人的生活,制造混乱,让当地人痛苦不堪。阿格伍一家的四个儿子被比作尼日利亚的四个族群。因此这部小说的主题是,通过阿格伍一家四兄弟的故事揭露英国殖民主义者闯进尼日利亚,破坏了当地人的文化和生活,给当地造成苦难,提醒尼日利亚人民不忘过去,奋发图强。

《钓鱼的男孩》是一个令人伤痛却又终获救赎的故事,足以同阿富汗作家卡勒德·胡塞尼著、李继宏译的《追风筝的人》相媲美。它被列入 2015 年曼布克国际奖决选名单、《纽约时报》编辑选书名单,被美国公共电台、加拿大广播公司和《纽约时报》《观察家报》《经济学人》《华尔街日报》《金融时报》等 17 家媒体评选为 2015 年"年度最佳图书"。

该书英国版编辑埃琳娜·拉宾指出:"这个令人伤痛而终获救赎的故事有一种清晰可见的优美,其直指人心的叙述力量令我无法呼吸……我读了一遍又一遍,尽管对其中犹如《圣经》故事一般的情节和人物已熟稔于心,但每每读到令人哀叹的结尾处,我总是潸然泪下。"《纽约时报》的一篇署名文章也说:"《钓鱼的男孩》显然有其政治隐喻,却并不过度……对神秘与残杀,对蚀人心骨的恐惧以及非洲生命的色调的深究,都质地饱满,硕果累累。尤其突出的是,他在这个极富人性的非洲故事中展现出来的营造戏剧张力的才华……契戈奇·奥比奥玛无疑是钦努阿·阿契贝的接班人。"

第二部长篇小说是人们高度期待的《少数族群乐团》(*An Orchestra of Minorities*,2019)。它吸收了作者在塞浦路斯北部留学期间的经验,讲述了一个尼日利亚家禽农场主的故事:农场主决心挣钱以满足他所爱女人的需要,只身来到塞浦路斯,在那里遭遇了种族主义和残酷中间人的诓骗。奥比奥玛的朋友杰伊的学费被维修工们盗用,杰伊的尸体在提升箭杆下面被人发现。这激发了奥比奥玛的写作灵感。

这部作品 2019 年甫一出版,就被 BBC、《休斯敦纪事报》《金融时报》《明尼苏达明星论坛》《哥伦比亚论坛》等选为当年的最佳图书之一。更重要的是,《少数族群乐团》还被列入 2019 年曼·布克国际奖决选名单。

第三部长篇小说是《驯鹰人》(*The Falconer*),据说已经写完,尚未出版。

现在,契戈奇·奥比奥玛居住美国,担任内布拉斯加-林肯大学的助理教授。他不仅被《外交政策》杂志列入"全球主要思想者 100 人",而且被布克奖基金会任命为 2021 年布克奖评委。

第六节
文学批评

文学批评本能地同口头文学和书面文学的兴起与发展连在一起。在前文字时期,口头文学普遍讲究故事的教诲作用和生动有趣的表达方式。讲述者和聆听者往往以这两点作为标准来评判所听所讲的故事、朗诵的诗歌和表演的戏剧。换言之,口头文学批评不但因为口头文学的存在而存在,而且确定了批评标准,即内容上要有教诲作用,表达方式要生动有趣、具有审美效果。

随着尼日利亚现代文学,尤其是现代英语文学的出现和发展,必然产生新的文学批评,但是早期的现代文学批评来自西方人士。有些西方文学批评家一概否认尼日利亚文学,这是白人优越论使然;有些西方批评家贬低尼日利亚现代文学,这是由殖民主义态度所决定;还有一些西方人士创作以尼日利亚或非洲为背景的文学作品,贬损非洲、非洲文化与非洲人的形象,显然这是白人种族主义在作祟。

在 1960 年代,首先是南非黑人作家艾斯基亚·姆赫雷雷(Es'kia Mphahlele,1919—2008)写出论文《非洲形象》("The African Image",1962),对西方的污蔑行为给予有力的反击,捍卫了非洲形象。继而是尼日利亚作家钦努阿·阿契贝对英国著名作家约瑟夫·康拉德(Joseph Conrad，1857—1924)的《黑暗的心》(*Heart of Darkness*，1899)发起攻击，指出他书中的非洲和非洲人形象是彻头彻尾的白人种族主义产物。阿契贝还对居住在尼日利亚的英国官员乔依斯·卡里(Joyce Cary)以尼日利亚为背景创作的长篇小说《约翰逊先生》(*Mister Johnson*，1939)进行批判，认为该书代表欧洲人对非洲人的最坏描写。诗人兼批评家迈克尔·埃克劳(Michael Echeruo，1937—　)也写出一些鞭辟入里的文章，批判在非洲的英国殖民作家，尤其是约瑟夫·康拉德和乔伊斯·卡里。阿契贝和埃克劳被看成伊巴丹作家著文反抗殖民主义传统的先行者。

1962年7月，非洲及境外的黑人作家，主要是用英语创作现代文学的作家，在乌干达的坎帕拉举行会议，重点讨论非洲文学的界定和语言使用问题。可是用非洲语言创作文学作品的作家没有与会。英语作家们提出这样的观点：一部作品只要表现"非洲人格"(African personality)，就应该考虑视为非洲作品。换言之，非洲文学就是表现非洲人物、非洲文化、非洲历史和非洲经验的文学。但对文学作品使用的语言，与会者分歧很大，引发激烈的辩论。尼日利亚学者奥比·瓦里(Obi Wali，1932—1993)提交的论文《非洲文学的死胡同》("The Dead End of African Literature"，后来发表于《过渡》杂志第10期)被认为是非洲文学现代性的一块里程碑。文章的主要论点是："用自己的语言思考和感受的作家必须用这种语言写作"，"文学批评家有必要先学习非洲语言，再分析这种非洲文本和创造关于这些文本意义的理论"。换言之，非洲作家必须用非洲语言创作，这样的文学才是真正的非洲文学，否则，就走进"非洲文学的死胡同"。这一主张顿时引发热烈争论。同意这种观点的有肯尼亚作家恩古吉·瓦·西翁奥(Ngugi wa Thiong'o，1938—　)，他后来确实用自己的民族语言——吉库尤语创作，尔后自译成英语。但是尼日利亚作家钦努阿·阿契贝和沃莱·索因卡持反对态度，继续用英语创作，获得重大成就，得到国内外的认可和赞扬。笔者认为，作家用自己民族语言创作的文学作品是民族文学，用英语创作的有关自己民族的文学作品也是民族文学，就好比中国作家林语堂用汉语或英语创作的文学作品都属于中国文学一样。何况在尼日利亚获得独立后，政府规定英语为官方语言和教育语言，尼日利亚作家用英语创作文学作品自然无可厚非。1965年，奥比·瓦里又出版一本文学批评著作《非洲的个人与长篇小说》(*The Individual and the Novel in Africa*)，也是用英语撰写的。

一、重要的文学批评家

1. 奥拉德勒·太吾

奥拉德勒·太吾(Oladele Taiwo，生年不详)是尼日利亚早期文学批评家之一。他从文化角度研究非洲文学和尼日利亚文学，第一本批评著作是《西非文学导论》(*An Introduction to West African Literature*, 1967)，共有 192 页。第一部分描写出现在西非作品中的文化生活，继而讲述口头传统对西非当代文学的影响；第二部分讨论主要文学形式，即诗歌、小说和戏剧的特点，较为详细地讨论了黑人性；第三部分详细分析四位作家的知名作品——卡马拉的《黑孩子》(*The African Child*)、艾克文西的《城里人》(*People of the City*)、阿契贝的《再也不得安宁》(*No Longer at Ease*)和索因卡的《狮子与宝石》(*The Lion and the Jewel*)。该书评述简明扼要，开启了对非洲现代文学的文化批评。太吾的第二本批评著作是《文化与尼日利亚长篇小说》(*Culture and the Nigerian Novel*, 1976)，共有 235 页。该书对尼日利亚长篇小说以及历史文化对长篇小说家的冲击做出批评分析，讨论并评论了图图奥拉、阿契贝、奥卡拉和恩旺克伍的作品。1984 年，奥拉德勒·太吾出版《现代非洲的女性长篇小说家》(*Female Novelists of Modern Africa*)，重点评述芙劳拉·恩瓦帕、布契·埃米契塔和阿道拉·莉莉·乌拉希等知名女作家，肯定女性长篇小说家对尼日利亚文学和非洲文学的贡献。

奥拉德勒·太吾是最早关注女性文学批评的男性批评家之一。

2. 多纳图斯·恩沃加

文学批评家、尼日利亚大学教授多纳图斯·恩沃加(Donatus Nwoga, 1933—1991)于 1967 年出版他选编和注释的《西非诗歌》(*West African Verse*)。全书 242 页，共收入西非地区 20 位诗人的诗歌作品，其中包括 7 位尼日利亚英语诗人的作品。除作品原文之外，尚有 100 多页用于评述诗人和诗歌。序言篇首先指出，诗人写诗的目的是"直接陈述公众感兴趣的题目或者表达私人问题、喜悦或兴趣"。简而言之，诗的主题、诗的内容就是诗人要向读者传达的意思。这并不是说有了内容，分行写出就是诗。"诗人必须综合使用各种各样的技巧来生产自己的意思，一首诗歌的美取决于这些技巧的成功使用。选材要具体，选词造句要具体，形象和比喻要具体，词的辅音和元音要具体，诗行韵律或节奏要具体，甚至出现在页面上的词也要具体——所有这些技巧都对传达诗歌的意义和创作诗歌的独特美发挥重要作用。"好的内容必须同好的表达形式相结合，这既是对好诗的要求，也是批评家赖以评价诗歌的标准。编选者对文学批评的另一个贡献是把 20 位诗人分成两类。20 世纪前两个十年出生的诗人，受到英国 19 世纪"小诗人"的影响，主要是反殖民主义和反击对非洲的污蔑，有某种"非洲统一感"。他们的诗歌简单，表达直来直去。这批诗人被称为"先驱诗人"。另一类诗人大多出生在 1930 年代，受到 G. M. 霍普金斯、T. S. 艾略特和埃兹拉·庞德等现代大诗人的影响，结果是"我们的现代诗人……写出比先驱诗人更加复杂的诗。在句法、词义和象征方面他们展现更大的自由,诗行长度没有规则,更少押韵。他们的诗不易理解,总的说来,比先驱诗人的诗具有更强烈的意向","他们为了取得更大的意义,在形式和语言方面进行实验";而且,"他们的诗歌偏离先驱诗人迷恋的公共主题——肤色、殖民主义和独立,趋向私人领域"。尽管如此,同代人由于有相似的经验,还是欣赏他们的诗歌。总之,恩沃加在《西非诗歌》里既确立了诗歌批评的标准,又提供了诗歌批评的范例。

1978 年,多纳图斯·恩沃加编辑并出版《文学与现代西非文化》(*Literature and Modern West African Culture*)。这是 1972 年在恩苏卡尼日利亚大学举行的"文学与现代西非文化"会议的论文汇编,共 148 页。内容分为四个部分:"作家与使命"("The Writer and Commitment")、"传统文学艺术家及其社会"("The Traditional Literary Artist and His Society")、"作家与西非的过去"("The Writer and the West African Past")和"作家与西非的现在"("The Writer and the West African Present")。总之,这本论文汇编涉及作家与历史和现实的关系、作家与社会和文化的关系以及作家使命等问题。这些显然是当时也是后来非洲文学面对的重大问题,难怪文学批评家阿比奥拉·伊莱尔称之为"一本非常重要的出版物……是对成长中的非洲文学批评写作的一个重要贡献"。[①]

3. 埃曼纽尔·奥比契纳

埃曼纽尔·奥比契纳(Emmanuel Obiechina,1933—)是一位颇具影响的尼日利亚文学批评家。他最有名的文学批评著作是《西非长篇小说中的文化、传统和社会》(*Culture, Tradition and Society in the West African Novel*,1975)。书中评述了前殖民时期和殖民时期出现的外来作家哈葛德、康拉德和格林,评述了西非社会口头文学的地位和重要性,还在"长篇小说在西非的归化"("Domestication of the Novel")这一部分批评考察了 17 位西非(主要是尼日利亚)作家,评论每位作家的作品受到西非环境和该地区独特文学传统影响的方式。不难看出,这部批评著作采用的方法是社会文化批评的方法,视野广阔,见解深刻。

奥比契纳教授也是最早研究尼日利亚通俗文学并获得成功的文学批评家。1971 年,他出版《大众文学:尼日利亚通俗小册子编写的分析研究》(*Literature for the Masses: An Analytical Study of Popular Pamphleteering in Nigeria*)。该书首先把奥尼查小册子作者的理念和态度同尼日利亚知识分子

---

① *The African Book Publishing Record*,1978.

作家的理念和态度加以比较，又根据题材把小册子分为爱情与婚姻、冒险故事和政治喜剧等类别。书中有一章研究英国文学对小册子作家的影响，也讨论了报纸和电影对他们的影响。这是尼日利亚学者严肃研究大众文学的首例，而且将其置于社会语境之中进行考察和分析，视野也比较开阔。1972 年，奥比契纳又出版《奥尼查市场文学》(*Onitsha Market Literature*)，集中分析奥尼查市场文学的各种内容和中篇小说等文学样式以及口头传统和电影对这种通俗文学的影响。1973 年，奥比契纳出版《一种非洲通俗文学：奥尼查小册子研究》(*An African Popular Literature: A Study of Onitsha Pamphlets*)，阐明这些小册子是受美国和印度的小册子和电影的影响而产生，由受过中等教育的人写作，供受过同等文化教育的人阅读，最热衷的主题是爱情罗曼司和对失恋的忠告等。奥比契纳对具体文本做了精巧细致的研究，采用一种社会文化批评方法，既注意社会文化和经济背景，又注意文本的主题和语言风格，为他的著名批评著作《西非长篇小说中的文化、传统和社会》做出印证。此外，奥比契纳还在《现代非洲创作文学中的文化民族主义》("Cultural Nationalism in Modern African Creative Literature")一文中指出，"文化挑战在已经离去的殖民强国的宗主国文化中是遇不到的，新非洲文化是由非洲文化元素和欧洲文化元素合成的"。这是一个客观而又现实的论断。独立之后的非洲，尤其是尼日利亚的文化，既不是对传统文化的全面继承，也不是对欧洲文化的全盘接受，而是对二者加以科学分析，取其精华，弃其糟粕，把二者的精华结合起来，创造出来的新的非洲文化、新的尼日利亚文化。这确实是一种文化挑战，全民要应对，作家要应对，批评家也要应对，因为新文化和新文学相辅相成，不可须臾分离。

4. 阿比奥拉·伊莱尔

阿比奥拉·伊莱尔(Abiola Irele，全名 Francis Abiola Irele，1936—2017)是尼日利亚最著名的文学批评家，也是非洲最孚众望的文学批评家。他最重要的批评著作有《非洲文学经验与意识形态》(*The African Experiences in Literature and Ideology*，1981)、《非洲想象力：非洲与黑人散居文学》(*The African Imagination: Literature in Africa and the Black Diaspora*，2001)和《黑人性与非洲状况》(*Négritude et condition africaine*，2008)等论文集。他影响最大的论文有《现代非洲文学批评》("The Criticism of Modern African Literature")、《黑人性运动是什么？》("What Is Négritude?")和《点赞异化》("In Praise of Alienation")。

《现代非洲文学批评》是伊莱尔在 1968 年伊费文学研究讨论会上提交的论文，曾被克里斯托夫·海伍德(Christopher Heywood)收入《非洲文学透视》(*Perspectives on African Literature*，1971)一书。伊莱尔认为现代非洲文学研究最适合的方法就是社会学的方法。他进一步指出:"只有将文学作品及人民的生活现状联系起来,我们的批评家才能对我们作家的文学创作产生实际影响,作家的创作才有意义。"他还说:"非洲文学批评家有双重责任,显示文学作品同非洲经验的直接关联才是有意义的陈述,与此相关的是当下语境中文学批评的教育作用。我们有义务使用人民可以理解的术语让现代文学接近他们,而且在这个过程中促进他们对文学的理解,扩展我们人民的创造力和回应能力——这就是富有成果的文学生活的两个基本元素。"①

黑人性运动是什么? 伊莱尔给出回答:"就其直接参照来说,黑人性运动指的是说法语的黑人知识分子的文学与意识形态运动。它是黑人对殖民形势做出的综合反应中一个别具特色的重要方面,而这种形势是全球对西方政治、社会和道德支配的一种屈从,非洲和新世界的黑人都对此有所感悟。"②在从政治、文化、历史、种族诸方面阐明之后,伊莱尔引用加纳学者 P. A. V. 安萨赫的话作为结语:

> 当非洲人正在试图实验新理念和新制度,以便按照他们的传统价值体系改变它们去适应他们需要的时候,需要有一种持久不变的自信,而这种信念是由一种意识形态产生和维持的。这就是黑人性已经起到的作用,而且它现在仍然在起这种作用。③

总而言之,黑人性运动既是一场文学运动,也是一种反白人霸权、反殖民主义的意识形态运动。它催生了非洲人的文化自信,又维持非洲人的文化自信,为非洲的国家独立和民族解放奠定了思想基础和文化基础。

异化似乎就是变异。作者在《点赞异化》中讲到欧洲殖民者宣扬自己的文化,强迫被殖民者放弃原有文化,致使后者面临两难选择,生存成了灾难。他又说:"在文学与意识形态中,我们所有的现代表达就是从对异化病理的优先关注发展来的,异化刻在我们作为被殖民民族的经验里。"然而,历史表明,各种文明既各自不同,又相互影响。西方文明早先受到古埃及的影响,受到中国发明炸药的启迪,从而获得了巨大力量。非洲的艺术、音乐和哲学也对欧洲文明有过贡献。欧洲的科学和技术对现代世界的贡献也是不容否认的。这些事实"导致我们对'异化'这个概念做出积极的评价。就我们的具体状况来说,异化现象的积极作用就是生成文化原则和人类发展的条件。没有什么社会、什

---

① Christopher Heywood, ed., *Perspectives on African Literature*, 1971, p. 23.

② Abiola Irele, *The African Experiences in Literature and Ideology*, 1981, p. 67.

③ P. A. V. Ansah, "Aspects of Négritude," *Universitas* (University of Ghana), vol. I, No. 4, June 1972, p. 77.

么文明不经历某种程度的异化"。"当今世界,即马歇尔·麦克卢汉所谓的'地球村',倾向于加强我们共同人类的概念。"然而,"人类经验普遍性的概念并不含有一致的意思;恰恰相反,它意味着各种文化只有通过具体与一般的紧张度才能维持其原动力。以这个观点来说,异化并不意味着全部丧失;它许诺的兑现正如寓于它帮助我们取得结合的程度。就其创造潜力而言,异化表明自我直接封闭同他者反应距离之间灵敏的张力"。① 笔者赞成伊莱尔客观辩证的分析。

此外,伊莱尔主编了《剑桥版非洲长篇小说指南》(*The Cambridge Companion to the African Novel*,2009),又和西蒙·吉甘地(Simon Gikandi)共同主编了《剑桥版非洲与加勒比文学史》(*The Cambridge History of African and Caribbean Literature*,2004)。这两部有关非洲文学和加勒比文学的学术著作是对世界文学研究的重大贡献。

5. 丹·伊泽夫巴耶

丹·伊泽夫巴耶(Dan Izevbaye,生年不详)是尼日利亚另一位著名文学批评家。他早先在伊巴丹大学获得学士和博士学位,后来在拉各斯大学和伊巴丹大学执教,2004 年以教授身份退休。他曾在英国、美国和南非的一些大学做访问学者,1989 年任高级富布赖特研究员,2001—2006 年担任尼日利亚文学院院长。

在 1968 年伊费文学研讨会上,丹·伊泽夫巴耶提交论文《非洲批评与文学》("Criticism and Literature in Africa"),同意伊莱尔在该会上发表的观点,同时指出批评与文学创作的关系是一块硬币的两面,"文学批评在促进文学发展中起重要作用,非洲批评家承认在文学传统形成中的批评力量"。② 他说:"就文学而言,当代非洲批评家态度的形成大抵以艺术与现实为基础。"③不过,他最后对非洲文学的批评方向做出一个判断:"只因为文学本身大都是社会学的,社会因素过去是重要的。但随着文学不再特别关注社会与国家问题,而是更多地关心作为个体的人的问题,批评将会更多地探讨人而不是社会,影响文学批评的将是人和文学的问题,而不再是社会问题。"④这是他与伊莱尔的不同之处。换言之,非洲文学的内容和形式或主题和技巧何者更重要? 这个问题从此成为文学批评争论的焦点。后来,丹·伊泽夫巴耶发表若干评论非洲重要作家的论文,其中包括《钦努阿·阿契贝和非洲长篇小说》("Chinua Achebe

---

① Tejumola Olaniyan and Ato Quayson, eds., *African Literature: An Anthology of Criticism and Theory*, 2007, p. 606.
② Christopher Heywood, ed., *Perspectives on African Literature*, 1971, p. 25.
③ Ibid., p. 28.
④ Ibid., p. 30.

and the African Novel")。论文伊始即确认"钦努阿·阿契贝以他的第一部长篇小说《崩溃》确立其标杆地位,他已经在非洲文学标准中保持顶尖等级,……涵盖 20 世纪后半期,整整一代人中,他的名声显然保留在稳定的标杆地位"。[①] 在这篇论文中,丹·伊泽夫巴耶基本上采用社会学、美学和伦理学相结合的方法来评价钦努阿·阿契贝的成就与影响。

6. 桑代·阿诺奇

桑代·阿诺奇(Sunday Anozie)于 1981 年出版一本批评著作《结构模式与非洲诗学》(*Structural Models and African Poetics*),共 388 页。作者善于考察结构主义和符号学同文学批评,具体地说同非洲诗学的相关性。作者在导言中指出:在迅速生长的非洲文学本体后面存在大量丰富的口头与当地传统宝藏,未曾开发。为此,我们必须找到恰当的分析和解释工具。阿诺奇教授认为,非洲文学批评"本来可以使用更多的方法和更严格的有意义的次序"。他的目的就是表明,现代结构主义及其强调的语言学方法同传统的非洲思维模式和行为模式存在和谐一致的可能性,并为实现这种和谐一致提供了一个独特的有利地位。

7. 钦努阿·阿契贝

钦努阿·阿契贝(Chinua Achebe,1930—2013)不但是非常优秀的作家,也是具有真知灼见的文学批评家。在一些西方人士污蔑和否定非洲文化的时候,他强调指出:"非洲人民并不是第一次从欧洲那里听说文化的,他们的社会并不是没有思想的,而是常常有深刻的哲学、价值和美的观念,他们有诗歌,尤其有尊严。只是这种尊严非洲人民在殖民时期几乎丧失掉了,现在必须重新获得。发生在任何民族身上最糟糕的事情就是丧失尊严和自尊。作家的责任就是帮助他们重新获得,用有人性的话语向他们表明什么事情发生在他们身上,他们失去了什么……或许我能写的是不同于纯粹艺术的应用艺术,谁又在意呢?艺术是重要的,可是我心中的这类教育也是重要的。"[②]不难看出,钦努阿·阿契贝是一位充满民族自信和文化自信的批评家,而且相信失去的尊严和自尊可以重新获得。他郑重指出作家的责任就是帮助他的人民"重新获得""尊严和自尊"。[③] 同时,他指出:衡量作品的好坏,"艺术是重要的……思想也是重要的"。[④] 这一观点后来成为非洲作家和批评家的共识。1991 年春天在

---

① F. Abiola Irele, ed., *African Novel*, 2009, p. 31.
② Chinua Achebe, "The Role of the Writer in the New Nation," see *Nigeria Magazine* 81, June 1964, p. 160.
③ Ibid.
④ Ibid.

伊巴丹国际非洲文学会议上，笔者谈到彼得·亚伯拉罕斯(Peter Arahams)的《霹雳前程》(*The Path of Thunder*，1948)因其主题思想和艺术表现力受到中国读者热烈欢迎并出现几个译本时，全场爆发雷鸣般的掌声。这就是明证。

后来，阿契贝发表论文《作为教师的长篇小说家》("The Novelist as Teacher")，强调作品的基本作用是教导——"帮助我的社会重新获得自信，驱除多年来的诽谤和自卑的情结"。[①] 他还说，"如果他能够让读者相信他们的过去不是野蛮的长夜……最初不是欧洲人把他们从中解救出来，他就会高兴起来"。[②]

为此，他批评了约瑟夫·康拉德的著名小说《黑暗的心》。因为这部小说歪曲了非洲和非洲人的形象，表现所谓的非洲"未开化"，所以阿契贝称之为"血腥的殖民主义"。乔伊斯·卡里的小说《约翰逊先生》曾被《时代》杂志称为"一直以来有关非洲的最佳小说"。可是对阿契贝来说，"《约翰逊先生》意味着欧洲人对非洲人最坏的描写。因为卡里跟许多帝国殖民时期的英国作家不同：那些英国作家常常是故意地、讥消地利用定型的非洲人和非洲社会，而卡里则是苦苦地精确描写。正是因为卡里是思想开放、有同情心的作家，又是一名殖民官员，阿契贝才觉得这个记录必须纠正过来"(G. D. Killam 语)。当时，阿契贝的目的就是为他的人民写出关于他们自己的作品，他后来出版的五部长篇小说让我们看到伊博族的百年文明、尼日利亚的文明和非洲的文明。

1960 年尼日利亚获得独立，政府规定英语为官方语言和教育语言，从而促进国内 250 多个民族的沟通和与外部世界的交流。钦努阿·阿契贝选用英语作为文学创作的语言，自然无可厚非。但是，他不主张非洲作家像英国人那样使用英语，而是要求"一种世界语言必须准备付出的代价就是从属于它的许多不同的用法。非洲作家的目的是用一种最能表现他的信息的英语，一种改变了的英语，但其国际交流媒介价值并没有丧失。它的目的就是造就既普通又能够负载他特有经验的一种英语"。[③] 他本人做到了，这已经被他的英语写作证实。

西方学者埃德加·莱特把早期非洲文学的质量统称为"附加在鼓励写作的政治与社会目的之上的红利"。[④] 扬海因茨·雅恩把非洲文学称为"学徒文学"。[⑤] 阿契贝 1974 年在马克雷雷举行的英联邦语言与文学研究学会会议上深表不满，指出西方的批评家持有的老大哥式的傲慢态度是错误的，反对他们

---

① See G. D. Killam, ed., *African Writers on Afrian Writing*，1973.

② Ibid.

③ Chinua Achebe, *English and the African Writer*，1965，p. 29.

④ Edgar Wright, "African Literature Ⅰ: Problem of Criticism," *Journal of Commonwealth Literature 2*，1966，pp. 103 - 112.

⑤ Janheinz Jahn, *Neo-African Literature: A History of Black Writing*，1969.

不分良莠地把文学非洲堆砌在一起。①

非洲作家和批评家普遍认为"为艺术而艺术"的理念是陈腐的。钦努阿·阿契贝的态度更坚决、更明确,说它是"另一块除掉臭味的狗屎"。② 这种信念正是拒绝用"普遍标准"评价非洲文学的一个理由。正像拉森所说,评价非洲文学的基础不是"普遍的",因为"普遍性"这个概念是西方的、白人的,因此同非洲文学不相关。③

钦努阿·阿契贝的许多批评文章收录在论文集《还是在创造日的早晨》(*Morning Yet on Creation Day*,1975)和《希望与障碍》(*Hopes and Impediments*,1988)中。前者跨度为 12 年(1962—1973),共收入 15 篇文章,论述文学和政治;后者既有前一本论文集的文章,也有他后来的演讲词和论文,其中尤其引人注意的是《小说的真相》("The Truth of Fiction")和《文学用来做什么?》("What Has Literature Got to Do with It"?),后者是阿契贝在 1987 年再次获得尼日利亚国家功勋奖时的受奖辞。他第一次获得此奖是在 1979 年。

8. 沃莱·索因卡

沃莱·索因卡(Wole Soyinka,1934—)不但是一位多才多艺的创作家、第一位国际知名的非洲黑人剧作家,也是一位著名的文学批评家。早先索因卡就对作家在社会中的功能发表看法:积极参与并领导社会走向善行乃是作家的天职。对他来说,作家就应该体现社会中的人道主义思想,"记录他的人民的道德态度和经验……还有他所在时代富有想象力的声音"。④ 他哀叹他在 1960 年代所看到的非洲"理想的完全崩塌、人道本身的完全崩溃"。1976 年,他出版《神话、文学与非洲世界》(*Myth, Literature and the African World*),收入他在剑桥大学有关戏剧的一系列演讲词和一个附录——《第四阶段》("The Fourth Stage")。索因卡的目的,就是为外国人(他们总是根据他们的世界观而不是非洲的世界观对非洲进行推理概括)和"异化的非洲人"提供他称为"非洲自我领悟"的真义。第一篇论述礼仪原型的文章探讨约鲁巴宇宙论,尤其是桑戈、奥巴塔拉等神祇对当代尼日利亚戏剧做出的贡献。第二篇文章《戏剧与非洲世界观》("Drama and the African World-View")则肯定欧洲戏剧与非洲戏剧之不同是两种不同世界观造成的结果:西方人有种区隔思维的习惯,他们选择人类情感,甚至科学观察的某些方面,然后把它们变成彼此不

---

① Chinua Achebe, *Morning Yet on Creation Day*, 1975, pp. 3 - 4.

② Ibid., p. 28.

③ Charles Larson, *The Emergence of African Fiction*, 1972, p. 228.

④ Wole Soyinka, "The Fourth Stage," see *The Morality of Art*, edited by D. W. Jefferson, 1969, p. 21.

同的神话,而非洲创造性是"对不可约的一个个真理凝聚性理解"的结果。同时,索因卡提防与批评无甚关联的小问题,认为西方和非洲的戏剧差别不是风格、形式和观众参与度(或嘈杂声,他开玩笑地说)的问题。在随后的两篇文章中,索因卡选用作品作为"社会观"的表现,以此作为参照来考察非洲文学。他喜欢"文学的意识形态"这个术语而不是"黑人性",他觉得后者不是非洲写作的一个特点。该书附录是《第四阶段》的修正版,《第四阶段》原先出现在D. W. 杰弗逊(D. W. Jefferson)编辑的论文集《艺术道德》(*The Morality of Art*,1969)中,是该书中最难懂、也是最重要的一篇论文,副标题是"穿越奥贡的神秘到达约鲁巴悲剧的起源"(Through the Mysteries of Ogun to the Origins of Yoruba Tragedy)。约鲁巴戏剧传统和实践构成了索因卡的批评标准和批评要求的基础。在他看来,非黑即白是一种绝对的看法,然而现实并非如此,"失败者与英雄历来存在;残忍与柔情历来是紧邻。奥贡是现实的象征,有两个面孔。长久的抱怨于事无补。痛苦可以而且必须转变为喜悦。地狱和天堂不仅接界而且相互叠加"。①

简而言之,《神话、文学与非洲世界》是索因卡关于艺术、文化和社会中个人的最持久的理论阐述,是全面理解索因卡迄今著作必须阅读的书。对索因卡来说,历史的教训和个人或集体的斗争常常以密码形式留在神话学中。他着力表现非洲人民有丰富的文化传统和知识体系,认为应该将之看作不同于欧美传统的另一种传统。在他使用西方文学形式来探讨非洲问题的特性时,索因卡的理论表明他受惠于两种文化——传统的约鲁巴文化和西欧文化。他从约鲁巴神话中选用铁神和战神奥贡作为艺术创作和技术创造的比喻,他使奥贡成为确保黑非洲精神健康和社会繁荣的那种精神象征。索因卡认定奥贡同俄耳甫斯和普罗米修斯之间有共同之处。

后来,索因卡又出版论文集:《批评家与社会》(*The Critic and Society*,1980)、《艺术、对话与暴行:论文学与文化》(*Art, Dialogue and Outrage: Essays on Literature and Culture*,1988)和《一个大陆的积弊:有关尼日利亚危机的私人叙事》(*The Open Sore of a Continent: A Personal Narrative of the Nigerian Crisis*,1996)。它们都是很好的文学批评著作。

9. J. P. 克拉克

J. P. 克拉克(全名 John Pepper Clark,1935—2020)的《莎士比亚的范例》(*The Example of Shakespeare*,1970)是原先发表在《过渡》《黑色的竖琴》和《非洲存在》上的论文,成书时稍加改动。它大多是对尼日利亚诗歌的评论,具

---

① *African Writers on the Air*,pp. 5-6.

体分为五个部分:1)半人半兽怪物的遗产——从莎士比亚到阿契贝的英语文学中非洲人和其他"土人"所说语言的引论;2)非洲英语诗歌的主题;3)诗人与公众的沟通路线;4)尼日利亚戏剧面面观;5)〈奥赛罗〉的无用场面。它是一本卓有影响的论文集,论述了摆在非洲作家面前有关英语语言及其文学发展的方向与前途等问题。

另一篇论文《作为无赖的主人公》("The Hero as a Villain",1978)是克拉克教授在拉各斯大学的任职演说。他描述西方文学概念"主人公",并将之同传统的非洲"主人公"概念进行对比,以便为现代非洲做出关于"主人公"的最合适的解释。

二、激进的文学批评家

1. 钦维祖

钦维祖(Chinweizu)是一位激进的批评家,单独或与人合作出版过四本批评著作,亮出了激进的观点,在《走向非洲文学的去殖民化》(*Toward the Decolonization of African Literature*,1980)一书中尤其如此。该书三位作者——钦维祖、昂伍契克瓦·杰米(Onwuchekwa Jemi)、伊赫楚克伍·马杜布伊凯(Ihechukwu Madubuike)一方面批判以欧洲为中心的批评家,这些批评家以恩人自居的态度对待非洲文学,或把非洲文学看成欧洲文学的一种延伸;另一方面批评创作家,尤其是那些资产阶级作家(其中包括沃莱·索因卡),因为这些作家与非洲社会,尤其是与大众的福祉不相干。三位批评家自我标榜为"(好斗的)批评家"(bolekaja),"粗暴地为非洲文学的大客车招徕……及时地提供可供公众嘲笑的有益健康的药丸,抨击那些哗众取宠的胡言乱语,而那些胡言乱语一直不断地从腐败、无用而呛人的学术界大杂烩中浮游出来,窒息非洲文学景观的勃勃生机"。① 索因卡认为他们三位在消灭诗歌,称他们为"三驾马车",说他们的手段是"新人猿泰山主义的"(neo-Tarzanist,即"限制人性的"——笔者注),是非洲文学批评中"左翼霸权"(Leftocracy)的证明。② 乔纳森·恩盖特(Jonathan Ngate)承认三位批评家的基调是坦率的,他们想让非洲文学去殖民化的意愿是好的。但他也指出他们的书有偏见——赞扬谁,批评谁,他们是有选择的,尤其是他们拒绝讨论戏剧,而索因卡恰恰在戏剧方面最优秀。再者,他们赞扬索因卡曾经批评过的列奥波德·塞达尔·桑戈尔,

① Chinweizu, "Onwuchekwa Jemi and Ihechukwu Madubuike," *Toward the Decolonization of African Literature*, 1980, p. XII.

② Wole Soyinka, "Neo-Tarzanism and African Literature," see *The Critic and Society* by Wole Soyinka, 1980.

让索因卡的诗歌受到非议。①但是综合观察,这部论著的核心理念就是非洲身份、非洲意识和非洲立场。它强调非洲文学是独立的文学,是非洲文学批评的一块里程碑。

后来,钦维祖又编辑出版文学批评文集《来自二十世纪非洲的声音》(*Voices from Twentieth-Century Africa*, 1988)。该文集是折中的,因为它涵盖大众文学和高雅文学各种样式的作品,有口头的,也有书写的。但是这些作品的选择符合钦维祖的批评标准:它们的生产与消费必须是所在社会历史中的行为,必须是公众对话中的一个组成部分,要能在理智、道德或美学方面打动读者或听者,必须是非洲人为非洲人创作的作品,必须是用非洲语言创作而又完好地译成英语的作品。笔者认为钦维祖的文学批评标准基本正确,但是他要求作家们必须用非洲语言创作然后再译成英语是不现实的。许多国家,包括尼日利亚在内,都把前宗主国的语言定为官方语言和教育语言,因此非洲人,尤其是尼日利亚人,用英语作为创作语言合理合法,情有可原。再说,钦维祖的诗歌和评论文章也是用英语写的。不然,世界怎么了解尼日利亚的文学和批评作品呢?!

2. 其他激进批评家

在 1970 年代和 1980 年代,在伊勒-伊费大学和伊巴丹大学出现了一批激进的学者,其中费米·奥索费桑和奥迪亚·奥费穆是社会主义思想家。在1970 年代,伊巴丹最大的马克思主义学者是奥玛富米·奥诺吉(Omafume Onoge)教授,他在尼日利亚的伊巴丹大学率先开设并讲授文学的马克思主义社会学课程。他发表了一篇著名论文《走向非洲文学的马克思主义社会学》("Towards a Marxist Sociology of African Literature")②,全文有四个部分:1) 殖民政治与非洲文化;2) 资产阶级社会学批评;3) 非洲黑人文化艺术节意识;4) 马克思主义与非洲文学。论文伊始,引用毛泽东《在延安文艺座谈会上的讲话》中的一段话:"在现在世界上,一切文化或文学艺术都是属于一定的阶级,属于一定的政治路线的。为艺术的艺术,超阶级的艺术,和政治并行或互相独立的艺术,实际上是不存在的。"③奥诺吉以此作为他的出发点和马克思主义批评的理论指南。最后,他强调指出:"马克思主义批评必然是社会学的,这种社会学性质,正如卢纳卡尔斯基所说,将其同所有其他类型的文学批评区别

---

① Jonathan Ngate, *And After the "Bolekaja" Critics in African Literature Studies : The Present State*, edited by Stephen H. Arnold, 1985.

② See Georg M. Gugelberger, ed., *Marxism and African Literature*, 1985, pp. 50 – 63.

③ 毛泽东:《毛泽东选集》(第三卷),英文版,1967,第 865 页。

开来。"①

在马克思主义批评方面,契迪·阿穆塔(Chidi Amuta,1953—   )的专著《非洲文学理论》(*The Theory of African Literature*,1989)是一大贡献,具有代表性。除序和导论外,全书分为九章:1) 非洲文学批评中的意识形态构成;2) 传统主义与非洲文学美学的探索;3) 马克思主义与非洲文学;4) 一种辩证的非洲文学理论——类型与发端;5) 非洲文学中的问题与难题;6) 历史与非洲长篇小说中的叙事辩证法;7) 戏剧与革命在非洲;8) 诗歌与解放政治在非洲;9) 在去殖民化之外。

"从几个方面来看,这本书就是为一种激进的、辩证的、因而是科学的非洲文学理论的可能性与范畴做出有长篇序言的探查。"②这本书对非洲文学评估的一贯标准提出了挑战。

阿穆塔说,非洲文学可以在对消除殖民统治和西方霸权具有根本意义的政治话语框架中讨论。在探讨一种辩证的、替代的批评标准中,他吸收了经典的马克思主义美学和法侬、卡布拉尔与恩古吉对非洲文化采取的立场。阿穆塔得到一种新的批评语言和新的解释模式,用来评说像阿契贝、乌斯曼、恩古吉、阿戈斯蒂纽·内图和丹尼斯·布鲁塔斯这些各有特色的现代非洲作家的作品。

特别引起非洲文学研究者关注的是该书第三部分的第一节和第五节。第一节题为"马克思主义美学:一种不受限制的遗产",阿穆塔在其中指出:马克思承认艺术生产是一种劳动形式,艺术作品是认知力和价值的体现,可以用来为自由服务。他也把艺术家看成通过创造艺术品形成社会意识的重要元素,即社会整体中诸多合作元素中的重要者,是这些艺术品显露了社会生活的动力,撕去了虚假意识的面纱并抵制了骄傲自满。据此,阿穆塔概括出马克思主义美学的主要特征:1) 其根据是生产关系和确认的文学/艺术同物质基础之间存在一定的关系,尽管对这些关系可做不同的解释;2) 艺术的阶级基础和无产阶级艺术的进步性质;3) 内容与形式之间的辩证关系;4) 赞扬现实主义是最进步的艺术表现形式。阿穆塔认为,马克思主义美学最终是一种不受限制的遗产,这是其辩证法遗产所具有的性质。在非洲语境中,我们能辨认一些具体的挑战,它们就成了马克思主义在文学创作、文学理论和文学批评中作战的场所;最突出的表现是政治与意识形态在非洲文学中的中心地位,因为文学受到民族解放斗争和国家定位的牵连,而且知识分子使用文学和文化来体现和说明非洲国家社会中的民族矛盾和阶级矛盾。③第五节题为"在正统马克思

---

① Anatoly Lunacharsky, *On Literature and Art*, 1973, second revised edition.
② Chidi Amuta, *The Theory of African Literature*, 1989, preface, p. Ⅷ.
③ Ibid., pp. 52 – 56.

主义之外：非洲文学与文化的后马克思主义理论的框架"，阿穆塔在其中指
出："……在今天的非洲（指 1980 年代——笔者注），孤立的、以城市为基础的
产业资本的钱袋与腐朽的封建主义残余共存于同样的城市背景，城市贫民与
乡下农民的经济状况是相同的，所以还不能说激发出了一种阶级意识……"
"种种矛盾已经使得资产阶级知识分子赞赏马克思主义带来的启示。进步的
马克思主义知识分子已经受到挑战，需对马克思关于人类历史进程及其社会
文化后果的论述做出更彻底、更严格的了解。""……对既陶醉于马克思主义的
革命潜力又充分警惕其语境限制和理论盲点的进步的非洲知识分子来说，出
路是求助于马克思主义带来的哲学突破，即历史唯物主义。""对非洲文学理论
立场的挑战是将具体经验进行总结或泛化的辩证法（而不是形而上学）观点所
固有的，就是在这些具体经验的语境下文学创作得以发生，就是这些经验提供
了文学的主题和社会需求。"①

《非洲文学理论》对非洲英语文学的考察，还有作者采用的批评方法，不仅
与评估第三世界国家文学有关联，而且总体说来也同马克思主义文学批评理
论相关联。

三、女权主义文学批评家

1980 年代，尼日利亚出现女权主义文学批评。这类批评家大多也是女性
作家，大多讲到女性形成作家意识的过程以及她们如何选择内容和主题，如传
统社会和现代社会受压迫的妇女争取男女平等、同男人分享建设新国家的机
会等等。她们的批评大多语气缓和，摆事实，讲道理。

1. 芙劳拉·恩瓦帕

芙劳拉·恩瓦帕（Flora Nwapa，1931—1993）在论文《非洲：妇女与创作》
（"Africa：Women and Creative Writing"）②中指出："尼日利亚男性作家，如钦
努阿·阿契贝、西普利安·艾克文西、沃莱·索因卡、J. P. 克拉克和埃莱契·
阿马迪，都在早期作品中弱化了妇女的强而有力的作用。"③"尼日利亚一些男
性作家看不到力量的基础、人物的力量和独立精神，所以我试图在《艾福如》和
《伊杜》中把妇女提升到合适的地位。跟非洲男性作家不同的是，我没有忽视

---

①　Chidi Amuta, *The Theory of African Literature*, 1989, pp. 72 - 76.

②　第一次出现于此文献：O. Nnaemeka, ed., *Sisterhood Is Global: Feminism and Power from Africa to the Diaspora*, 1998, pp. 89 - 99.

③　See Tejumola Olaniyan and Ato Quayson, eds., *African Literature: An Anthology of Criticism and Theory*, 2007, p. 528.

妇女在社会中习惯给予的保证,也没有忽视妇女意见的重要性——她控制着杵臼和饭锅。"所以,恩瓦帕在她的这两部以主人公名字命名的长篇小说中"除了暴露无孩妇女和不育妇女在传统社会中遭遇的痛苦、悲惨和侮辱之外,……也见证了妇女的聪明才智和勤劳精神,正因为如此,她们在社区内成为获得成功、受人尊敬和具有影响的人。"①她也希望"揭穿丈夫是老爷和主人、女人只是他的财产的错误看法,揭穿妇女依靠丈夫的错误看法。妇女不但能够自己坚持,而且能够令人惊讶地独立于她的丈夫。"②恩瓦帕还强调指出,"女作家不能不看到妇女在家里、在社会中的力量。她看到妇女作为母亲、农民和生意人的经济重要性。她写故事肯定妇女,因而挑战男性作家,让他们意识到妇女生来具有的活力、独立观点、勇气以及她渴望获得和提高社会地位的愿望"。③

"在尼日利亚和非洲的其他国家,生活的各个方面都发生了重大变化,从而产生非洲意识和对妇女问题与妇女在社会中作用的再思考。这些变化正在许多方面影响着男人和女人,创作家们正在回应:富有意义的重新创造在女性觉醒和女权意识盛行的这个时代塑造着妇女文化和妇女世界观。就是在这种新的妇女观指引下,我努力在我的长篇小说(《一个就够了》《女人就是不同》《永远不再》)和短篇故事(《这就是拉各斯》《战时妻子们》《卡萨瓦歌和大米歌》)中对其加以描写。贯穿其中的一条线索是,她们在回应社会的巨大变化时,会采用任何可能的方法为生存而斗争。"④

恩瓦帕在长篇小说里写过道德松懈的主题,但与早先作家不同的是,她作品中的反面角色是男妓、包男,占上风的是女人。

在论文中,恩瓦帕再次确认"女人也是有血有肉的,有心脏有灵魂,她能有人类感情,她能像男人那样两脚站立。可是我也认为,对于同男人的关系女人应当有开通的思想,而且要为思想开通创造路径。为了达到目的,我们的任务就是利用我们当地传统的诸多元素——民主、宽容、分享和互相扶持。事实是,一个男人背叛你、施暴于你并不意味着另一个人也做同样的事。……因为男人和女人的生活是相互依赖的,所以必须相互理解和尊敬。"她相信:"现在和将来非洲女作家有一个大的责任……一个男人如果把心思放在上面又不觉得掉价儿的话,他就可以写一个强有力的女主人公。"她相信"在欧美姐妹和我们的男人支持下,我们非洲妇女将会成功"。⑤

---

① See Tejumola Olaniyan and Ato Quayson, eds., *African Literature: An Anthology of Criticism and Theory*, 2007, p. 528.

② Ibid.

③ Ibid., p. 529.

④ Ibid.

⑤ Ibid., p. 532.

2. 奥莫拉拉·奥贡迪普-莱斯里

奥莫拉拉·奥贡迪普-莱斯里(Omolara Ogundipe-Leslie，1940—2019)是尼日利亚有名的女权主义者，坚信妇女具有创造力。政府部门常常向她咨询有关妇女的问题。她参与尼日利亚内外一些妇女组织的组建活动。1994 年，她出版一本论文集《再造我们自己：非洲妇女与重大转变》(*Re-creating Ourselves: African Women and Critical Transformations*)，其中论文《斯提瓦主义：非洲语境中的女权主义》("Stiwanism：Feminism in an African Context")最具女权主义色彩。她在文章中批驳了各种关于非洲女权主义的奇谈怪论，肯定了"社会在改变、妇女也在改变"的观点。为此，她把 Social Transformation including Women in Africa 的首字母缩写成一个新词 Stiwa。用她的话说，"我主张以'斯提瓦主义'取代'女权主义'(Feminism)，就是为了绕过随时有人提出非洲女权主义而引起的战斗话语。……这个新词'斯提瓦'让我能根据我们当地文化为妇女的社会存在所提供的空间与战略传统来讨论今天非洲妇女的需要。我的论点一直是：在非洲存在土生土长的女权主义，我们正忙着研究它们，引起人们注意"。"斯提瓦"就是把"非洲妇女包括在非洲当代社会变化和政治变化之中"。[①] 做一个"斯提瓦主义者"吧！

在非洲，在尼日利亚，社会环境不利于妇女运动，所以奥贡迪普-莱斯里把"女权主义"的提法改为"斯提瓦主义"。无独有偶，正像她在文章中指出的那样："有些像布契·埃米契塔那样相当出名的作家说她们不是女权主义者，但是没说为什么；有像尼日利亚作家芙劳拉·恩瓦帕的人说她们不是女权主义者，但是她们是'妇女主义者'。"[②]还有一些其他观点，如南非已故大作家贝茜·黑德(Bessie Head，1937—1986)在其遗著——论文集《一个孤独的女人》(*A Woman Alone*，1990)中说，她作为作家和知识分子在知识界中发挥作用，但知识界是不需要女权主义的，因为知识界不分男性和女性。奥贡迪普-莱斯里更换说法只是一种灵活的策略，并非一改她女权主义的初衷，因此她不认同贝茜·黑德的观点，说："我认为在这个观点上她受到后浪漫的维多利亚时代关于知识界不分男女这种说法与神话的糊弄和欺骗。妇女们都知道这种观点是神话，尽管它被推销给世界上所有的女人。在我看来，贝茜·黑德表达了所有文化中中产阶级成功女性所表达的一种虚假意识(其中包括骄傲而气势凌人的非洲妇女宣布她们的成功发生在妇女身份之外)。"[③]

---

① Omolara Ogundipe，"Stiwanism：Feminism in an African Context," see *Re-creating Ourselves: African Women and Critical Transformations*，1994，p. 230.

② Ibid.，pp. 214 - 226.

③ Ibid.

3. 布契·埃米契塔

布契·埃米契塔(Buchi Emecheta，1944—2017)是一位侨居英国的多产的尼日利亚女作家，作品主要聚焦于尼日利亚妇女的经验。关于女权主义，她曾发表一篇重要论文:《带有小写"女"字的女权主义》("Feminism with a Small 'f'")。① 她在文中说:"作为一个女人，非洲出生的女人，我是通过非洲女人的眼睛看事物，我按照年代次序写了我所知道的发生在非洲妇女生活中的小事。可是我不知道这么做会渐渐地被称为'女权主义者'。在我的书中写家庭，因为我相信家庭。我写竭力维护家庭的妇女……我不同情抛弃孩子的妇女，虽然尊敬她们。我非常想要进一步教育非洲的妇女，因为我知道教育真的能帮助妇女，帮助她们读书，帮助她们培养一代人。……我偶尔写战争和恐怖，可我又写在这种情境下的妇女的生活和经验。"②

"性欲是生活的一部分，它不是生活。听到西方女权主义者主张享受性生活，我就发笑。非洲女权主义摆脱了西方的浪漫幻想，更倾向于实用。……在西方，许多妇女在离婚或丧偶后匆忙再婚。"③

她还说:"妇女应当有更多的选择，当然有的妇女喜欢像杰拉尔丁·费拉罗④，那就让她做吧! 我们需要更多这种类型的人，尤其是在我们黑人妇女中间。我们需要更多的果尔达·梅厄⑤，我们需要更多的撒切尔夫人⑥。但是那些希望生养和培育年轻人控制和影响未来的妇女们不应该被看不起。……在我们从事的任何事情中取得成功对非洲妇女来说并不是什么新鲜事儿。阿巴骚乱⑦就是一例。"⑧埃米契塔还主张男孩女孩要同样地接受教育，男性支配的媒体不能把女人暴露为娱乐者，"我们自己应当有信心评价我们对世界的贡献"。⑨

1980 年代，批评家契克文耶·奥康乔·奥贡耶弥(Chikwenye Okonjo Ogunyemi)的论文《妇女与尼日利亚文学》("Women and Nigerian Literature")⑩

---

① See Kirsten H. Petersen, ed., *Criticism and Ideology: Second African Writers Conference*, 1988, pp. 173 – 181.

② Buchi Emecheta, "Feminism with a Small 'f'," see *African Literature: An Anthology of Criticism and Theory*, edited by Tejumola Olaniyan and Ato Quayson, 2007, p. 553.

③ Ibid., p. 554.

④ 即 Geraldine Ferraro(1935—2011)，美国女政治家、首位获提名竞选美国民主党副主席的女性。

⑤ 即 Golda Meir(1898—1978)，1969—1974 任以色列第四任总理，是担任此职的首位女性。

⑥ 即 Margaret Thatcher(1925—2013)，1979—1990 任英国首相，是欧洲首位女首相。

⑦ 1929 年发生在尼日利亚东部广大地区的各族妇女抗税运动，震慑了当地殖民政府。

⑧ Buchi Emecheta, "Feminism with a Small 'f'," see *African Literature: An Anthology of Criticism and Theory*, edited by Tejumola Olaniyan and Ato Quayson, 2007, p. 556.

⑨ Ibid., p. 557.

⑩ See Yemi Ogunbiyi, ed., *Perspectives on Nigerian Literature*, vol. I, 1988, pp. 60 – 67.

扼要地评述了妇女与尼日利亚文学的关系。现代英语文学伊始,尼日利亚作家基本是男性。在他们的作品中,女性人物不是微不足道,就是一些负面人物,如妓女等。直到1966年恩瓦帕发表《艾福如》,凸显女性正面形象,才改变了尼日利亚现代文学没有女作家的局面,也改变了现代文学作品中没有妇女正面形象的状况。

后来,布契·埃米契塔和伊费欧玛·奥科耶的长篇小说先后获得文学奖,成为男性作家承认女性作家对尼日利亚文学做出贡献的重要标志。

埃米契塔还对女性小说家奥莫拉拉·奥贡迪普-莱斯里、扎纳布·阿尔卡里和方米拉尧·法昆勒(Funmilayo Fakunle),女性剧作家祖鲁·索福拉和苔丝·昂伍埃米进行评价并加以肯定。

作者还指出:"妇女对儿童和青少年的关注,已经对尼日利亚文学产生强烈影响。……对这个特殊读者群体和这个特殊领域的研究,她们做出了富有意义的贡献。"[1]

另外,作者把尼日利亚女作家主张的"女人主义"同西方的"女权主义"做了区分:"女人主义是以黑人为中心,它是迁就主义者。它像女权主义一样相信女人的自由和独立;它又跟激进的女权主义不同,它要求黑人妇女同黑人男人和孩子之间富有意义的团结,它的愿望是男人开始改变他们的性别歧视主义立场;它也对社区福利感兴趣,因此意识形态趋向马克思主义实践。"[2]

4. 其他女权主义文学批评家

梅布尔·塞贡(Mabel Segun,1930—)在拉各斯《卫报》上发表题为《尼日利亚女性作家的文学贡献》("The Literary Contribution of the Nigerian Female Writers",1983)[3]的文章,哀叹尼日利亚女性作家缺少公开宣传。

1989年,亨丽埃塔·C. 奥托昆尼福(Henrietta C. Otokunefor)和奥比阿盖里·C. 恩沃多(Obiageli C. Nwodo)编辑的《尼日利亚女性作家:批评透视》(*Nigerian Female Writers: A Critical Perspective*)问世。这是尼日利亚第一本女性作家评论专集,也是对老作家梅布尔·塞贡呼吁的回应。全书聚焦于迄今所有尼日利亚女性作家的文学贡献,分为四个部分:1) 长篇小说家布契·埃米契塔、芙劳拉·恩瓦帕、伊费欧玛·奥科耶、阿道拉·莉莉·乌拉希和扎纳布·阿尔卡里;2) 剧作家苔丝·昂伍埃米、祖鲁·索福拉;3) 诗人凯瑟琳·阿楚娄努和奥莫拉拉·奥贡迪普-莱斯里;4) 儿童文学家瑞米·阿代代济(Remi Adedeji)、奥德利·阿乔斯(Audrey Ajose)、特里莎·梅尼汝(Terresa

---

① See Yemi Ogunbiyi, ed., *Perspectives on Nigerian Literature*, vol. Ⅰ, 1988, p. 67.
② Ibid., p. 65.
③ See *The Guardian*, 13 June 1983.

Meniru)、马蒂娜·恩瓦科比(Martina Nwakoby)、海伦·奥福汝姆(Helen Ofurum)、玛丽·奥科耶(Mary Okoye)、梅布尔·塞贡、罗西娜·乌米迪莫(Rosina Umedimo)和罗斯玛丽·乌米洛(Rosemary Umelo)。评论者有女评论家,也有像契迪·阿穆塔博士这样有名的男批评家。批评家采用的方法既有社会文化批评、美学批评,也有女权主义批评;他们不但分析评论每个女作家的文本,也附加有关的参考书目、女作家小传和出版书目等。总之,这个评论专集既展现了截至1980年代的尼日利亚女作家的风貌,又肯定她们对长篇小说、戏剧、诗歌和儿童文学等重要文学门类的贡献。这些女作家是尼日利亚现代文学队伍的重要组成部分,其中有些甚至蜚声整个非洲,乃至世界。

四、新近文学批评家

1. 科尔·奥莫托索

科尔·奥莫托索(Kole Omotoso,1943—)不仅是一位著名的小说家和剧作家,而且是一位文学批评家,主要批评著作有《非洲长篇小说的形式》(*The Form of the African Novel*,1979)和《阿契贝还是索因卡?:重新解释与对照研究》(*Achebe or Soyinka?: A Re-interpretation and a Study in Contrasts*,1995)。《非洲长篇小说的形式》是了解非洲长篇小说不可或缺的文学理论著作,作者系统地研究非洲长篇小说的"非洲性"以及非洲长篇小说与人民、社会和政治的关系,得出这样的结论:非洲长篇小说形式由三个元素构成,即口头叙事的形式、欧洲长篇小说的常规形式以及非非洲语言的语言与文学传统。另一本批评著作《阿契贝还是索因卡:重新解释与对照研究》采用比较方法研究尼日利亚两大文豪——阿契贝和索因卡——的生活背景、创作门类、创作风格和对尼日利亚现代文学的影响与作用。

2. 阿代瓦勒·马加-皮尔斯

阿代瓦勒·马加-皮尔斯(Adewale Maja-Pearce,1953—)的父亲是尼日利亚人,母亲是英国人。他生在伦敦,长在拉各斯,在伦敦亚非学院完成教育并获得学位,出版过短篇小说集《忠诚》(*Loyalties*,1987)、游记《在我父亲的国家里》(*In My Father's Country*,1987)、文集《谁害怕沃莱·索因卡?》(*Who's Afraid of Wole Soyinka?*,1991)等。他曾任"海因曼非洲文学丛书"的编辑,编辑出版了《海因曼非洲英语诗歌集》(*The Heinemann Book of African Poetry in English*,1990)。最近的评论著作是《面具在舞蹈:1980年代的尼日利亚长篇小说家》(*A Mask Dancing: Nigerian Novelists of the Eighties*,1992)。他坚持认为:因为所有的尼日利亚长篇小说家对语言的回应不明确,所以"他们的长篇小说引起的兴趣与其说是作为文学所致,不如说是作为现代世界尼日利亚知识分子遭遇难题的记录所致"。他对 1980 年代尼日利亚长篇小说的研究停留在情节和人物的表面,而且对作品的反讽和细腻描写没有感觉,这实在令人惊讶。但是他对具体的长篇小说的评论常常是恰当的。

3. 克里斯·邓顿

克里斯·邓顿(Chris Dunton,生年不详)于 1990 年出版《让人说真话:1970 年以来的尼日利亚英语戏剧》(*Make Man Talk True: Nigerian Drama in English since 1970*),聚焦于沃莱·索因卡和 J. P. 克拉克之后十位受过大学教育的著名作家,考察他们的作品同当代尼日利亚社会思潮和意识形态的关系。邓顿运用比较方法,把处理同样主题或舞台技巧的剧作家并置,查找他们的不同。比如,他把祖鲁·索福拉的剧本《埃米尼王大王》同欧拉·罗蒂米的《诸神不能怪罪》和威尔·奥贡耶弥的《誓言》相比较,然后加以说明。又如,科尔·奥莫托索的《诅咒》把工人斗争戏剧化了,邓顿把它与采用同样题材的鲍德·索旺德的作品和费米·奥索费桑的作品进行比较,从而得出结论。邓顿的这部专著应该说是尼日利亚学术界比较文学研究的一个范例。

4. 伊希多尔·奥克皮尤霍

伊希多尔·奥克皮尤霍(Isidore Okpewho,1941—2016)不但是别具一格的长篇小说家,而且是一位非常出名的口头文学专家。正当许多欧洲人否定非洲存在史诗,抹杀非洲口头叙事和口头诗歌的美学维度,从而怀疑非洲口头文学遗产合法性的时候,奥克皮尤霍投身于口头文学的实地调查和研究并著书立说。他主要的批评著作有《非洲史诗》(*The Epic in Africa*,1979)、《非洲神话》(*Myth in Africa*,1983)、《非洲口头表演》(*The Oral Performance in Africa*,1990)、《非洲口头文学》(*African Oral Literature*,1992)和《从前有一个王国:神话、霸权和身份》(*Once Upon a Kingdom: Myth, Hegemony and Identity*,1997)。其间,他还编辑一本《非洲诗歌遗产:口头诗歌与书写诗歌集》(*The Heritage of African Poetry: An Anthology of Oral and Written Poetry*,1985),也是与非洲口头文学研究相关的诗集。这些学术成就令非洲内外的学者刮目相看,彻底改变了世人对口头文学的看法,增强了非洲人的文化自信。因此,奥克皮尤霍不但是尼日利亚著名的非洲口头文学研究专家,而且誉满世界,进入了哈佛大学世界宗教研究中心顾问委员会、《口头传统》和《非洲文学研究》的编辑委员会。他的批评著作对研究非洲口头文学和非洲现代文学具有重要意义。

5. 楚克伍玛·阿祖昂耶

楚克伍玛·阿祖昂耶(Chukwuma Azuonye，1945——)是一位主要的伊博民俗和口头文学研究专家，有一篇论文同伊希多尔·奥克皮尤霍的研究相匹配，题名为《伊博口头史诗的原则：关于传统美学和口头文学批评的研究》("Principles of the Igbo Oral Epic: A Study of Traditional Aesthetics and Oral Literary Criticism")。[①] 奥克皮尤霍研究的实地调查范围涵盖尼日利亚西南部雨林地带(包括 15 世纪强大的贝宁帝国疆域)，而阿祖昂耶调查的具体地域是克罗斯河盆地及上游的奥哈费亚地区。

"奥哈费亚英雄歌"是配有英雄音乐(iri-aha)的多种多样战歌(abu aha)的总称，被奥哈费亚人民看作他们文化的最高文学艺术形式。阿祖昂耶首先界定这类史诗歌(epic songs)中制约创作和传递的美学原则。他不仅把正式而又普遍的特征运用于当地的变体，而且确切地说，他在考察歌曲、演唱歌曲的行吟诗人、观看演唱的听众以及生产和欣赏它们的文化。阿祖昂耶在论文中确认了史诗歌的四条原则，即熟悉、真实、清楚明白和创造性变化。"熟悉"的原则，就是颂扬英雄的英雄事迹时要关注这些歌曲对社区的影响，正像一位吟唱诗人所说，"无论什么时候演唱这种具体的英雄歌(iri)，我们的心总是充满喜悦，因为它就是我们出生时与之相连的脐带"。阿祖昂耶说，民族主义和自豪感"帮助确保他们的英雄精神一代接一代地传承下去"。"真实"的原则就是强调艺术形象要贴近表演中固定下来的英雄，期待歌者表现公众已知的历史本真，限制随意发挥。这也是一种美学要求。然而这里也有创新和优美抽象的空间，正像阿祖昂耶所说，"为了赢得听众的认可，吟唱诗人要做的就是运用神话诗学、描述或联想的赞名或其他程式，尤其是具体化范畴的程式等手段强调一个人物、物体、地点和背景"。"清楚明白"是另一个重要的美学原则，吟唱诗人要把事情或概念讲清楚，让听众明白。这意味着让听众跟上故事情节和故事发展的任何阶段。"创造性变化"原则，就是指吟唱诗人变化歌曲和主题的能力。诗人运用类推参照的方法把故事讲清楚，让听众明白。

总而言之，拜读阿祖昂耶对奥哈费亚史诗歌创作方法的阐释就犹如领受一次口头文学美学教育，"他提到的实地证明是鲜活的、独特的。他对奥哈费亚文化的理解是深刻的，正像他对题材的评价是深入的一样"。[②]

6. 坦纽尔·奥介德

坦纽尔·奥介德(Tanure Ojaide，1948——)不仅是第二代诗人中的佼佼

---

① See G. G. Darah, ed., *Radical Essays on Nigerian Literatures*, 2008, pp. 75 - 104.

② G. G. Darah, introduction, see *Radical Essays on Nigerian Literature*, edited by G. G. Darah, 2008, p. XXIV.

者和小说家，而且是一位颇有见地的文学批评家。他在文学批评领域的主要成果有论文《变化中的历史声音：当代非洲诗歌》("The Changing Voice of History：Contemporary African Poetry")①和《现代非洲诗歌的新趋势》("New Trends in Modern African Poetry")②、专著《沃莱·索因卡的诗歌》(*The Poetry of Wole Soyinka*，1994)、论文集《黑非洲的诗歌想象力：非洲诗歌论文集》(*Poetic Imagination in Black Africa: Essays on African Poetry*，1996)和《当代非洲文学：新观点》(*Contemporary African Literature: New Approaches*，2012)，还有一本研究传统表演的专著《诗歌、艺术与表演：乌尔豪博人的乌杰舞蹈歌》(*Poetry, Art and Performance: Udje Dance Songs of the Urhobo People*，2003)。

奥介德在《变化中的历史声音：当代非洲诗歌》中首先分辨出非洲诗歌（主要是尼日利亚诗歌）存在两种倾向，他称之为"旧的"和"新的"两种倾向。这样做是基于主题与技巧两个方面的主要关注。他写道："那些直接受到西方，尤其是英国现代诗人影响的诗人同受到传统的非洲诗歌技巧影响又专注于社会经济状况和当代政治问题的年轻诗人之间逐渐分道扬镳。"③奥介德承认，上一代诗人同当代诗人之间存在差别，但这种划分也有过分简单化的危险。他也承认，"新诗歌"是从"旧诗歌"发展来的，也对"旧诗歌"有反作用。④ 他本人就受惠于上一代诗人，尤其是克里斯托弗·奥吉格博。奥介德又说："当这个时代的老诗人已经改变对技巧的专注的时候，他们的诗歌中也存在年轻诗人的许多诗歌品质……反过来，年轻诗人的诗歌中也存在老诗人的许多诗歌品质。"⑤具体而言就是：老一代诗人关注当地文化与外来文化的冲突，年轻一代诗人关注与当代文化有关的问题；老一代诗人受到西方现代主义沉重的影响，创作具有特质的、难懂的、晦涩的诗歌，年轻一代诗人因负有民粹政治使命，写出不虚假、清楚而朴实的诗歌；老一代诗人关注诗歌经验的普世化，年轻一代诗人关注当地的、具体的和实际的话题。老一代诗人超然于社会，认为接触民众会使他们的艺术减弱；他们怀疑社会，感觉社会同他们对立。无论他们多么想跟政治权力做斗争并帮助创建一个公正社会，他们还是相信诗歌是私人关注和私人占有。他们愿意孤独地生活和沉思，幻想他们的私人经验转变为神话。奥介德还说："从文化和政治转向社会经济问题，是经济的困难开始沉重折磨非洲民众造成的。在这方面，时代对年轻诗人专注于他们

① See *Geneva-Africa*，27，No. 1，1989.
② See *Research in African Literature*，26，No. 1，1995.
③ Tanure Ojaide，"The Changing Voice of History：Contemporary African Poetry，" *Geneva-Africa*，27，No. 1，1989，p. 108.
④ Ibid.，p. 109.
⑤ Ibid.，pp. 109 - 110.

所在环境的社会经济问题是负有责任的。"①

《当代非洲文学：新观点》是坦纽尔·奥介德最近出版的一本文学批评论文集，共 194 页，收入他原先发表过的 10 篇论文，分列 10 章。奥介德首先在序言中设定一个前提：文学是一种文化生产。他据此认定，文学像非洲人民的其他艺术创造一样，具有功利性的功能，所以应把伦理功能同文学怎样影响社会和读者并使之变好联系起来。比如说，作家和批评家在全球化时代应当捍卫自己的文化并将其献给世界文化。

该论文集以"考查现代非洲文学的经典化"开始，以"非洲文学美学：传承与变化"结束，两章前后呼应，相互补充。

在第一章"考查现代非洲文学的经典化"中，奥介德指出，四位非洲作家获得诺贝尔文学奖这一事实即可证明非洲文学达到世界水平，有了自己的经典。他认为，"身为任何一个非洲国家公民的作家就是非洲作家""每一种文学经典都存在于人民的总体经验和美学价值的语境中""构成非洲经验的东西也是界定经典的重要组成部分""非洲人用非非洲语言创作的文学作品表现了非洲经验，也属于非洲文学的多样性传统"……"文学在非洲，传统上扮演社会改造的角色"。②

对于非洲现代文学，奥介德有诸多新见解、新观点。比如，"现代非洲文学已经吸收许多口头文学的品质。文学——诗歌、小说和戏剧——创作的目的是把社会改造成更富有人性的社会，就此而言，许多作品是功能性的"，"事实上，就是这些旨在改造世界的作品……把推动社会和个人改进的一些新价值观念安置进去"，"现代非洲文学是回应人民灾难、情感和渴望的文学"，"在为文本确立经典的过程中，一个主要考虑就是现代非洲文学的文化个性。文化涉及信仰制度、世界观、传统和美学标准的共享经验"。

奥介德论证指出，"非洲文学作品倾向于功能性而不是为艺术而艺术"，"非洲的政治历史对非洲人民的经验和他们的文学有重要影响"。他还指出，"传统的非洲人、现代的非洲人以及他们的艺术家都有确定的文学目的，在判断一个具体文学文本时，他们有美与艺术价值的观念。无论是口头文本还是书写文本，非洲人都有评判文化产品的标准和原则"。

第十章"非洲文学美学：传承与变化""探讨一般意义上的非洲文学美学，其中包括传统文学、现代文学和当代文学以及当今人所共知的所有文学样式，

---

① Tanure Ojaide, "The Changing Voice of History: Contemporary African Poetry," *Geneva-Africa*, 27, No. 1, 1989, p. 113.

② 本段中引语均来自 Tanure Ojaide, *Contemporary African Literature: New Approaches*, 2012, pp. 3 - 27。

重点是戏剧、小说和诗歌"。①

奥介德不赞成"压制非洲文学以适应西方理论的方法",不赞成"不考虑艺术使命",不赞成"不考虑读者或观众同他们文化生产的关系"。在他看来,"对不同文学样式(常常是文学与个人艺术考虑的结果)的考虑反而成为文本的决定因素","非洲作家在考虑他们单个作品的形式、内容和观点的同时,也在窥探他们的传统和具体的个人创作技巧"。

奥介德引用苏珊·沃格尔(Susan Vogel)在《非洲美学》(African Aesthetics,1986)中得出的结论:"美学的愉悦就是精神的和视觉的、理性的和感官的。"②她还说这个结论"适用于非洲艺术,也适用于非洲文学。人民期待非洲戏剧、小说和诗歌给予精神的、理性的和感官的'美学愉悦'"。③ 这个结论也涉及文学的艺术手段和效果。文学艺术家使用形式和风格的技巧唤醒读者或观众的感官、理性和精神上的满足。举例说,读列奥波德·桑戈尔的诗歌、沃莱·索因卡的剧作和钦努阿·阿契贝的长篇小说,就会带给读者一种精神和理性的满足感。这些作家运用各种各样的比喻达到他们的美学目的。

"文学美学被宽松地界定为包括美、趣味、愉悦和可以描述为艺术成就的东西","它涉及评价文化产品的标准和原则",即价值体系。

"在非洲文学中美学实践的功能性贯穿口头的和书写的文学,即人所共知的传统的和现代的文学。这可以从1950年代末直至当下的诗歌、小说和戏剧中看到。这些作品如果不是在以表现黑人性来肯定非洲人的人性,就是在同殖民主义及其种族主义和经济剥削做斗争,同腐败和错误管理做斗争。少数例子则显示出非洲文学美学具有高度的功能性和教诲性特点。"

奥介德认定"现代非洲文学是传统的非洲形式和现代的欧洲形式的产物。口头文学的力量似乎在驱动对文学艺术家和观众两个方面的美学考虑"。"文学作品在反映非洲经验的过程中,其内容本身就说明非洲读者能够认同日常生活斗争中发生的事情并与之联系起来。有关社会文化、经济与政治意义的问题以及人民世界观和敏感性的反思被引入作品,因为它们是在非洲体验到的人类生活的镜子。""同时作品所使用的技巧常常是借用的技巧和本土技巧相结合,以影响读者的口味……在不同的文学样式里揭示出不同的美学效果。"

笔者认为,奥介德立场稳健、客观,而且以理服人。他的文学批评理论涉及文学伦理学批评、社会文化学批评、文学审美学批评,甚至涉及生态学批评,

---

① 除特别说明外,本处及随后的引语均来自 Tanure Ojaide, *Contemporary African Literature: New Approaches*,2012,pp. 167 – 190。
② Susan Vogel, *African Aesthetics: The Carlo Mozino Collection*,1986,p. XIV.
③ Ibid.

比较务实。他看到第一代作家和第二代作家的差异,也看到两代作家写作主题与技巧的交融。他承认"非洲文学的早期作家,尤其是第一代剧作家、长篇小说家和诗人凭借他们的地位和得到的认可,建立了后来几代作家必须遵守的美学标准。他们扩大它,用它裁判。换言之,新作品必须放在克拉克-贝克德瑞莫①、克里斯托弗·奥吉格博、丹尼斯·布鲁塔斯②、伦里·彼得斯③、沃莱·索因卡和科菲·阿翁纳④旁边,以他们的诗作为试金石来评判。相似的情况是阿契贝和恩古吉⑤的长篇小说、索因卡和阿翁纳的剧本,它们分别是长篇小说和剧本的试金石,相应文学样式的其他作品必须放在旁边比对"。⑥ 奥介德的观点反映非洲文学,尤其是尼日利亚文学的历史和现实,他的叙事方式有理有据,令人信服。

---

① John Peper Clark-Bekederemo,即 J. P. 克拉克(J. P. Clark, 1935—)。
② Dennis Brutus (1924—2009),南非著名诗人。
③ Lenrie Peters (1932—2009),冈比亚诗人兼小说家。
④ Kofi Awoonor (1935—2013),加纳著名作家、诗人和批评家。
⑤ Ngugi wa Thiong'o (1938—),肯尼亚著名小说家。
⑥ Tanure Ojaide, *Contemporary African Literature: New Approaches*, 2012, pp. 182 - 183.

附 录

一、大事年表

时　间	历史与政治事件	文化与文学事件
公元前 1200 年	石器时代的遗迹证明当地各民族的历史悠久。	
公元前 500 年	铁器文明出现,诺克是一个重要中心。生产技术的改进对农业、城镇化和定居点产生重大影响。	在现今尼日利亚北部出现诺克文明时期。
公元 200 年	众多金属时代的遗迹说明城镇和乡村的发展。	
8 世纪	扎格哈瓦游牧部落在乍得湖周围建立卡奈姆-博尔努王国。	
9 世纪	埃多人建立贝宁王国。	
9—10 世纪		在现今尼日利亚东南部出现伊博-乌克伍文明时期。
约 11 世纪	北方出现豪萨七城邦。奥杜杜瓦建立伊费王国。	
1086 年		卡奈姆国王接受伊斯兰教。
12 世纪		铜器时代开始。
1170 年	伊费王子奥兰米延成为贝宁王国新国王。	
13 世纪前后	卡奈姆-博尔努确立为穆斯林统治的国家。	豪萨地区出现阿拉伯语文学。
1388—1431 年	约鲁巴人奥兰米延在热带雨林边缘建立奥约王国。	
约 1400 年	贝宁成为西非的大帝国。	
15—18 世纪	奥约王国成为奥约帝国。	史诗《奥兹迪》出现。
1450 年代	跨大西洋奴隶贸易开始。	
1464—1492 年	桑海帝国在尼日尔河河湾地区建立,统治者是桑尼·阿里。	

时　间	历史与政治事件	文化与文学事件
1550 年代—1650 年代	葡萄牙探险家到达西非和中非海岸。	
约 17 世纪		伊博地区创制恩比西迪表意文字。
1670 年代		伊本·富尔图写出《伊德里斯编年史》《博尔努战争记》(1576) 和《卡奈姆战争记》(1578)。 阿卜杜拉希·苏卡的《瑞瓦亚·安纳比·穆萨》据说是现存的早期豪萨语文学作品。
1772 年	萨姆赛特案引发英国本土废奴。	
1787 年	殖民地塞拉利昂开始用来安置获得自由的奴隶。	
1789 年		奥劳达赫·艾奎亚诺出版《艾奎亚诺人生的有趣故事》。
1804—1808 年	富拉尼人乌斯曼·丹·福迪奥在北方发动伊斯兰圣战,征服豪萨七城邦,建立以索科托为首都的哈里发帝国。	
1817 年	富拉尼人对旧奥约帝国发动圣战。	
1827 年		塞拉利昂建立富拉湾学院。
1833 年	英帝国废止奴隶贸易。	
1840 年代	基督教传教点在尼日利亚阿贝奥库塔开始传教活动。	
1848 年	法国废止奴隶贸易。	
1854 年		S. W. 克勒出版《非洲地区多种语言对照》。
1857 年	新教传教会在伊博地区建立第一个传教点。	
1860 年	美国废止奴隶贸易。	
1861 年	英国在拉各斯建立第一个殖民地。	

续 表

时　间	历史与政治事件	文化与文学事件
1884 年 11 月 15 日—1885 年 2 月 26 日	俾斯麦召开西方列强参加的柏林会议,从此西方列强瓜分非洲。	
1890 年代	英国对尼日利亚西南部采取军事行动,控制伊杰布、奥约、贝宁和约鲁巴城邦。	
1897 年	"尼日利亚"一词正式采用。	
1900 年	弗里德里克·卢加德被任命为北尼日利亚高级专员。	
1903 年	英国完成对尼日利亚全境的征服。	传教会在尼日利亚建立学校、教会和卫生设施。
1910 年	尼日利亚开始修建铁路。	
1914 年	北尼日利亚保护领和南尼日利亚保护领合并成尼日利亚殖民地。	
1921 年		萨缪尔·约翰逊所著《约鲁巴历史》出版。
1929 年	阿巴爆发妇女发动的反对殖民政府税收和其他非正义行为的大规模抗议运动,即"阿巴骚乱"。	
1930 年代		豪萨人、约鲁巴人和伊博人用各自的语言文字创作现代小说和戏剧,成绩斐然。
1934 年		《尼日利亚杂志》创刊。
1937 年		纳姆迪·阿齐克韦创办《西非舵手》并出版《非洲复兴》。
1939—1945 年	尼日利亚有十万人站在英国方面在东非和缅甸作战。	
1946 年	根据理查兹宪法,尼日利亚分成三个区:北区(豪萨-富拉尼人)、西区(约鲁巴人)和东区(伊博人)。	
1947 年		《非洲存在》在巴黎创刊。
1948 年		尼日利亚第一所大学伊巴丹大学学院建立,遵循伦敦大学体制。《大学先驱》创刊。

续　表

时　间	历史与政治事件	文化与文学事件
1952 年		阿莫斯·图图奥拉在伦敦出版英语长篇小说《棕榈酒醉汉》。
1954 年		西普利安·艾克文西的长篇小说《城里人》出版。
1956 年	尼日利亚东部发现石油。尼日利亚政治选举遭暴力和腐败破坏。	
1957 年	西部和东部获得自治。	《黑色的竖琴》和《号角》在伊巴丹大学学院创刊。二者对现代文学贡献巨大。
1958 年	在拉各斯有八千妇女经商,大大超过男性商人总数。	钦努阿·阿契贝出版首部长篇小说《崩溃》。
1959 年	北尼日利亚获得自治。	第二次黑人作家与艺术家会议召开。
1960 年	10 月 1 日,尼日利亚正式宣布独立。	沃莱·索因卡的《森林之舞》正式演出。
1961 年		西普利安·艾克文西出版《艳妇娜娜》。《过渡》创刊。
1962 年		在乌干达的坎帕拉举行非洲英语文学会议。"海因曼非洲作家丛书"开始,钦努阿·阿契贝担任编辑。
1963 年	10 月 1 日尼日利亚联邦共和国建立。	
1966 年	尼日利亚军官发动政变,废除议会民主制度。	芙劳拉·恩瓦帕出版长篇小说《艾福如》。
1967 年	7 月尼日利亚内战爆发。	
1970 年	1 月尼日利亚内战结束。	
1973 年	欧佩克油价上涨,推动尼日利亚经济繁荣,进入石油景气时代。	
1977 年		尼日利亚举办第二届世界黑人与非洲人文化艺术节。
1979—1983 年	尼日利亚回到沙加里领导的文官统治。	

续　表

时　间	历史与政治事件	文化与文学事件
1980 年代	尼日利亚市场妇女组织大量的抗议示威。	
1980 年		6 月 26—28 日尼日利亚作家协会在尼日利亚大学建立,钦努阿·阿契贝当选主席。
1981 年		61%的女孩上学。
1983—1998 年	尼日利亚遭遇一系列军人统治。	
1986 年		沃莱·索因卡荣获诺贝尔文学奖,成为获得此奖的第一个非洲人。
1988 年		福斯塔斯·伊亚依的长篇小说《英雄》获得英联邦(非洲地区)作家奖。
1991 年		本·奥克瑞的长篇小说《饥饿的路》获得布克奖。
1994 年		联合国教科文组织任命沃莱·索因卡为促进非洲文化、人权和表达自由的亲善大使。
1995 年	军政府绞杀著名作家肯·沙罗-威瓦。	联合国教科文组织认定尼日利亚苏库尔文化景观为世界文化遗产。
1996 年		尼日利亚足球队获第二十六届奥运会足球赛冠军。
1998 年	萨尼·阿巴查少将猝死。	
1999 年	奥卢塞贡·奥巴桑乔被选为国家总统,恢复文官统治。	钦努阿·阿契贝被任命为联合国人口基金会亲善大使。 沃莱·索因卡回国。
2001 年		海龙·哈比拉的《爱情诗篇》获凯恩非洲文学奖。 阿博塞德·埃曼努尔医生以一部优秀的文化著作《约鲁巴族幸运之神祭祀节》获得野涧奖。 阿巴妮·达瑞戈(Agbani Darego)荣膺"世界小姐"桂冠。
2003 年	尼日利亚大选,奥卢塞贡·奥巴桑乔再次当选总统。	

续 表

时　间	历史与政治事件	文化与文学事件
2004 年		费米·奥索费桑获得尼日利亚国家功勋奖。
2005 年		塞贡·阿福拉比以《星期一早晨》获凯恩非洲文学奖。
2007 年		奇玛曼达·恩戈齐·阿迪契的《半轮黄日》获奥兰治小说奖。 钦努阿·阿契贝获得曼布克国际奖。
2009 年		E. C. 奥松杜的《等待》获凯恩非洲文学奖。 塞法·阿塔获野涧奖。 梅布尔·塞贡获尼日利亚国家功勋奖。
2010 年		钦努阿·阿契贝获得多萝西与莉莲·吉什奖，奖金 30 万美元。
2011 年		恩尼迪·奥科拉福尔的《谁害怕死》获世界最佳幻想小说奖。
2012 年		奇卡·尼娜·乌尼格韦的长篇小说《在黑人姊妹的大街上》获得非洲最高文学奖——尼日利亚文学奖。
2013 年		塔德·伊帕迪奥的史诗《撒哈拉约书》获得尼日利亚文学奖。
2014 年	尼日利亚成为非洲第一大经济体。	尼伊·奥桑代尔获尼日利亚国家功勋奖。 沃莱·索因卡获国际人道主义奖。
2016 年		坦纽尔·奥介德获尼日利亚国家功勋奖。 费米·奥索费桑成为荣获第二十八届国际戏剧评论家协会颁发的塔利亚奖的第一个非洲人。 耶米西·阿里比萨拉在安德烈·西蒙书奖会上获约翰·埃弗里奖。 阿布巴卡尔·亚当·易卜拉欣的《红花盛开的季节》获尼日利亚文学奖。
2020 年 10 月 1 日	尼日利亚独立 60 周年。	

二、主要参考文献

Amuta, Chidi. *The Theory of African Literature*, 1989.

Andrzejewski, B. W., et al. *Literature in African Languages in Sub-Saharan Africa*, 1986.

Bown, Lalage. *Two Centuries of African English*, 1973.

Brown, Lloyd W. *Women Writers in Black Africa*, 1981.

Darah, G. G., ed. *Radical Essays on Nigerian Literatures*, 2008.

Dathorne, O. R. *The Black Mind: A History of African Literature*, 1974.

Edwards, Paul, and David Dabydeen. *Black Writers in Britain 1760-1890*, 1991.

Emenyonu, Ernest N. *The Rise of the Igbo Novel*, 1978.

Falola, Toyin, ed. *Igbo History and Society: The Essays of Adiele Afigbo*, 2005.

Falola, Toyin. *Yoruba Gurus: Indigenous Production of Knowledge in Africa*, 1999.

Finnegan, Ruth. *Oral Literature in Africa*, 1970.

Furniss, Graham. *Poetry, Prose and Popular Culture in Hausa*, 1996.

Gerard, Albert S. *African Language Literatures*, 1981.

Gerard, Albert S., ed. *European-Language Writing in Sub-Saharan Africa*, 1986.

Griswold, Wendy. *Bearing Witness: Readers, Writers, and the Novel in Nigeria*, 2002.

Hughes, Langston, ed. *Poems from Black Africa*, 1963.

Irele, F. Abiola, and Simon Gikandi, eds. *The Cambridge History and Caribbean Literature*, 2004.

Isichei, Elizabeth. *A History of Igbo People*, 1976.

Johnson, Samuel. *The History of the Yorubas*, 1921. Digital version, 2010.

Johnston, H. A. S. *A Selection of Hausa Stories*, 1966.

Jones, E. D., et al. *New Trends and Generations in African Literature*, 1996.

Ker, David. *African Novel and the Modernist Tradition*, 1998.

Killam, Douglas, and Ruth Rowe, eds. *The Companion to African Literatures*, 2000.

Killam, G. D. *African Writers on African Writing*, 1973.

King, Bruce, ed. *Introduction to Nigerian Literature*, 1971.

Klima, Vladimir, Karel F. Ruzicka and Petr Zima. *Black Africa: Literature and Language*, 1976.

Kozain, Rustum. *Voices from All Over*, 2007.

Lindfors, Bernth. *Africa Talks Back*, 2002.

Lindfors, Bernth, ed. *Critical Perspectives on Nigerian Literatures*, 1979.

Lindfors, Bernth. *Folklore in Nigerian Literature*, 1973.

Moore, Gerald, and Ulli Beier. *The Penguin Book of Modern African Poetry*, 1998.

Nwoga, Donatus I., comp. *West African Verse*, 1967.

Ogunbiyi, Yemi. *Drama and Theatre in Nigeria*, 1979.

Ogunbiyi, Yemi, ed. *Perspectives on Nigerian Literature: 1700 to the Present*, vols. I and II, 1988.

Ojaide, Tanure. *Contemporary African Literature: New Approaches*, 2012.

Okpewho, Isidore. *Myth in Africa*, 1983.

Olaniyan, Richard, ed. *Nigerian History and Culture*, 1985.

Olaniyan, Tejumola, and Ato Quayson, eds. *African Literature: An Anthology of Criticism and Theory*, 2007.

Otokunefor, Henrietta C., and Obiageli C. Nwodo, eds. *Nigerian Female Writers: A Critical Perspective*, 1989.

Owomoyela, Oyekan. *A History of Twentieth-Century Literatures*, 1993.

Owomoyela, Oyekan. *African Literature*, 1979.

Owomoyela, Oyekan. *The Columbia Guide to West African Literature in English since 1945*, 2008.

Robinson, C. H. *Specimens of Hausa Literature*, 1896.

Roscoe, Adrian A. *Mother Is God: A Study in West African Literature*, 1971.

Senanu, Kojo E., and Theo Vincent, eds. *A Selection of African Poetry*, 1976.

Skinner, Neil. *An Anthology of Hausa Literature in Translation*, 1977.

Tremearne, A. J. N. *Hausa Superstitions and Customs*, 2014.

Zell, Hans M., et al. *A New Reader's Guide to African Literature*, 1983.

江东:《尼日利亚文化》,2005。

伦纳德·S.克莱因主编:《20世纪非洲文学》,李永彩译,1991。

宁骚主编:《非洲黑人文化》,1993。

托因·法洛拉:《尼日利亚史》,沐涛译,2010。

杨人楩:《非洲通史简编》,1984。

伊·德·尼基福罗娃等:《非洲现代文学:北非和西非》,刘宗次、赵陵生译,1980。

伊·德·尼基福罗娃等:《非洲现代文学:东非和南非》,陈开种等译,1981。

三、汉 语 索 引

J

M

X

四、外 语 索 引

后　记

　　早在 1960 年在山东大学读英美文学专业一年级时,我便与非洲文学结下了不解之缘。时逢非洲大陆反对殖民统治,争取国家独立、民族解放的火热时代,中国报刊上经常出现非洲国家独立和争取独立的消息,以及相关国家的诗歌、短篇小说等文学作品。我被非洲人民的斗争精神和优美的文学作品深深打动,因此暗下决心要学好英美文学,再以此为基础,进入非洲文学这个新的领域。当时中国教育部门实施"调整、巩固、充实、提高"的政策,我踏实地学了五年,为尔后的翻译和研究打下了基础。山东大学学术氛围浓厚,名师云集,文史学科在国内颇为出名,为我后来的学术研究提供了有益的指导和路径。我深深地感谢山东大学,感谢我的恩师黄嘉德先生、张健先生和其他师长。黄先生是一位不畏逆境、孜孜研究的萧伯纳专家;张先生的译著《格利佛游记》成为翻译界的典范,其译文如行云流水,让我为之倾倒。

　　我的科学研究理念是:独立思考,独辟蹊径,独树一帜。这是目标,但是不可能一蹴而就。我没有守株待兔,而是开始认认真真地做功课。在中国文学方面,我阅读唐诗、宋词、明清小说、现代诗歌、现代小说、现代戏剧,尤其是鲁迅、茅盾、郁达夫等人的小说,郭沫若、戴望舒等人的诗歌,曹禺、田汉和阳翰笙等人的剧作,当然更少不了巴金的小说。在 1949 年之后的作家中,我更喜欢艾青、贺敬之、公刘的诗歌,赵树理的小说,孙犁的散文……我对这些作品有的泛读,有的精读,不断地从中吸取养料,从而打下我的中国文学基础。在外国文学方面,我广泛阅读名家名作的译本,其中有拜伦、雪莱、济慈、华兹华斯、惠特曼、泰戈尔、桑戈尔等人的诗歌,塞万提斯、契诃夫、莫泊桑、欧·亨利、托尔斯泰等人的小说,还有莎士比亚、萧伯纳、易卜生、莫里哀等人的戏剧。当然我还读过一些外国文学史。这些阅读扩大我的视野,丰富我的外国文学知识,为我后来的比较文学研究提供了可能。至于翻译理论与方法方面的文章和专著,我也读了不少。到头来,我还是赞成严复的"信、达、雅"三原则,最不赞成的是字对字、句对句的硬译。这对我后来译书和翻译研究中采用引文大有好处,因为我采用的参考书基本都是英文版,引文必须自译成汉语。由此可见,在研究非洲文学时翻译的能力不可或缺。

　　要研究非洲文学,必须了解非洲,这是必修课。于是我四处搜集和借阅有关非洲历史、地理、种族、文化、教育、宗教等方面的书籍。"文化大革命"期间，我从外文书店买到 1965 年英文版《南非年鉴》；1986 年，我在印第安纳大学校外的旧书摊上买到一本油印的英文版《松迪亚塔——古代马里史诗》；1999 年，在加纳学者娜娜·V. 威尔逊-塔戈女士的帮助下，我在伦敦大学亚非学院图书馆找到有关南非最早居民布须曼人的文化与口头文学的著作，终于找到南非文化和文学的源头：每一份珍贵资料的获得都令我心潮起伏、喜不自胜。

一打计划赶不上一个行动。早在大学时代，我就开始翻译活动。我在 1960 年的《莫斯科新闻》(*Moscow News*) 上发现加纳人约翰·奥凯 (John Okai，即后来成为大诗人的 Atukwei Okai，1941—2018) 的诗歌，随即将它译成汉语。接着，我和同班同学蔡志华先生合译南非作家艾尔福莱德·哈奇森 (Alfred Hutchison，1924—1972) 的《通往加纳之路》(*The Road to Ghana*，1960)，未果。后来我又独自翻译尼日利亚作家阿莫斯·图图奥拉 (Amos Tutuola，1920—1997) 的《勇敢的非洲女猎人》(*The Brave African Huntress*，1958) 和美国黑人民间故事《家兔兄：友与敌》(*Brother Rabbit: Its Friends and Enemies*，俄文序由后来去新华社工作的郭昭熹先生译就)。虽然它们未出版，有的译稿也在"文革"中丢失，但是，这些翻译工作都是有益的尝试，也是我一生事业的起步。

功夫不负有心人。1975 年，山东大学陶步云教授和我合译的《巴苏陀史》正式出版。1984 年，我和紫岫教授合译的南非长篇小说《献给乌多莫的花环》出版。后者是一部反映非洲国家独立后部族主义同民族国家、传统主义同现代化激烈斗争的作品，也是非洲男性作家把妇女作为主要人物予以描写的第一部现代小说(恩瓦帕语)，其文学意义、社会意义和现实意义都很丰富，值得思考和研究。在评论这部小说时，我发现我的水平显然不及紫岫教授。他是文艺批评专家，还把许多西方文论著作译成汉语。我的第一反应就是补课。于是我把大学期间学过的马克思、恩格斯论文艺的著作和毛泽东《在延安文艺座谈会上的讲话》加以复习，又阅读了一些西方文论和中国批评家的文论，从而确立了辩证唯物主义和历史唯物主义作为我研究非洲文学的指导思想。

机会留给有准备的人。1979 年，人民文学出版社率先出版一套"外国文学名著丛书"，等于向外国文学界发出信号：春天来了，外国文学开禁了。教育部开始向国外派出留学生和访问学者。不曾料想，我也有幸被国家派往国外做访问研究。

1985—1999 年是我开展国际学术交流的重要时期。1985 年 8 月—1986 年 9 月，我在美国印第安纳大学做访问研究，同那里的非洲文学研究者开展广泛交流，查阅图书馆收藏的非洲文学作品和有关非洲文学的评论，开阔了视野，增长了见识。我还把在国内花一年工夫搜集的资料写成《非洲文学在中国》并译成英语。在非洲文学专家南茜·J.斯密特博士的帮助下,我携此文出席在美国密歇根州立大学召开的(国际)非洲文学学会1986年年会,受到热烈欢迎,是第一位发言人。《非洲文学在中国》的100份英语打字稿被索要一空。会议期间,《献给乌多莫的花环》作者的侄子塞西尔·亚伯拉罕斯、南非著名诗人丹尼斯·布鲁塔斯和美国的非洲文学权威伯恩斯·林德福斯等学者同我恳切交谈,并从此同我成为朋友。《非洲文学在中国》和我写的会议报道《交流学术,增进友谊》同时刊登在(国际)非洲文学学会会刊上。两篇文章的汉语原稿在我国的《世界文学》1986年第4期上发表。会议报道还被《留美通讯》和《人民日报》(海外版)刊登。能为非洲文学在中国发声,能为它向世界发声,我感到荣幸!我也对介绍、翻译和评论非洲文学的先辈学者,尤其是李劼人先生和胡愈之先生表示感谢和敬意!1997年,丹尼斯·布鲁塔斯专门来访。我陪他拜谒孔府、孔庙,攀登东岳泰山。后来应南非首任驻华大使德拉米尼先生邀请,我参加了南非-中国建交招待会。

1990年12月—1991年12月,我在尼日利亚阿赫默德·贝洛大学和伊巴丹大学访问研究。其间,我出席第十届伊巴丹非洲文学年会。答问时,我说中国评论界注重主题思想和艺术价值,会场出现一阵掌声,显然是我的话引起了共鸣。我递交的文章随后刊登在尼日利亚《每日时报》(*Daily Times*)上。后来,我应邀在哈科特港大学文学院做学术报告,受到热烈欢迎。在尼期间,我还收到艾克文西、塞贡、沙罗-威瓦等作家的赠书,同丹·伊泽夫巴耶教授和沃勒·拉伊乌拉教授结成朋友。国内《世界文学》《文艺报》和《人民日报》(海外版)分别从不同角度报道了我参加第十届伊巴丹非洲文学年会的情况。

1998年8月—1999年2月,我在英国伦敦大学亚非学院访问研究。亚非学院确实是非洲研究重镇,设有非洲系,有博士学位授予权,是英国皇家非洲协会所在地。我同那里的英国专家、加纳专家、南非专家和尼日利亚专家进行交流。我的南非文学研究还得到亚非学院的资助。我不但经常去亚非学院图书馆,而且常常在附近的书店,尤其是学院门前的书店流连忘返,因为那里有可看可买的新书。大英博物馆近在咫尺,我在那里看到埃及的木乃伊、尼日利亚古代贝宁王子的青铜头像,还有中国的刘墉碑……这一切都让我浮想联翩,感慨万千。

1985—1999年也是我在国内开展学术活动的时期。1986年9月回国后,我第一次参加在北京大学召开的东方文学会议,受到欢迎。见到东方文学界的陶德臻教授、何乃英教授、俞灏东教授和刘安武教授等名家,我非常高兴,受益匪浅。会后我拜会了仰慕已久的季羡林老先生。他是学界泰斗,又是东方文学研究的领军人物。我认同他"亚洲文学和非洲文学同属东方文学范畴"的理念,也认同他"结合社会文化背景研究文学"的方法;我佩服他领先世界的梵文研究,也佩服他"不讲假话"的人格力量——他是我的榜样。十几年来,我多次参加外国文学,尤其是东方文学的学术会议,专家们的治学方法和学术成就令我钦佩。我也见到许多青年才俊,他们见解新颖,令人折服。经过多年历练,这些青年人现已成为独当一面的外国文学专家。

1985—1999 年还是我勤于研究、收获成果的时期。有关英美文学的评论和英语语法方面的论文暂且不说,这里只列述我有关非洲文学的译文、译著和评论文章。论文有《非洲文学在中国》(汉语稿在国内发表,英语稿在国外发表)、《南非的战斗诗人——布鲁塔斯》(《文艺报》,1999 年 1 月 12 日)、《纳丁·戈迪默的文学轨迹》(《外国文学评论》,1992 年第 1 期)、《纳吉布·马哈福兹——尼罗河的骄傲》(《泰安师专学报》,1990 年第 3 期)、《纳丁·戈迪默及其创作》(《山东外语教学》,1994 年第 2 期)、《非洲神话:透视与思考》(《民俗研究》,1994 年第 4 期,1995 年被人大复印报刊资料转载);译文有《非洲黑人儿童文学》(《泰安师专学报》,1987 年第 2 期)、《现代主义与非洲文学》(《外国文学》,1993 年第 3 期,被人大复印报刊资料转载)、《女作家——埃奇·埃米契塔论》(《泰安师专学报》,1995 年第 3 期)、《来自非洲文坛的妇女之声》(《泰安师专学报》,1997 年第 3 期);译著有《20 世纪非洲文学》(北京语言学院出版社,1991 年)、《非洲古代神话传说》(即《东方神话传说》第三卷,北京大学出版社,1999 年,笔者也是本卷主编)。我曾为季羡林主编的《东方文学史》(吉林教育出版社,1995 年,获教育部 1998 年全国高等学校人文社会科学研究成果奖一等奖)撰写"纳丁·戈迪默"部分,又为另一部《东方文学史》(北京大学出版社,2001 年)撰写"非洲文学"部分,还为陈孝全等主编的《中外现代文学作品辞典》(广西人民出版社,1989 年)、张殿英主编的《东方风俗文化辞典》(黄山出版社,1991 年)、季羡林主编的《东方文学辞典》(吉林教育出版社,1992 年)和居三元等主编的《东方文化辞典》(北京大学出版社,1993 年)撰写相关的非洲条目。另外,我还和张清民教授合译《暗杀局》(山东文艺出版社,1988 年版),主译《威尔斯的科幻世界》(湖南文艺出版社,1999 年)。

21 世纪到来,我已年近花甲,但是心态尚佳,决心"而今迈步从头越",再做些与非洲文学有关的事情。首先,我把古代马里史诗《松迪亚塔》译成汉语(译林出版社,2003 年出版并获得全国优秀外文图书奖一等奖),然后应邀为吴元迈先生主编的《20 世纪外国文学史》(五卷本,译林出版社,2005 年出版,获第一届中国出版政府图书奖)撰写"非洲英语文学"部分,另外还翻译《审问沉默:南非文学面临的新可能性》(《当代外国文学》,2005 年第 1 期),让国人了解种族隔离后的南非文学。

"会当凌绝顶,一览众山小",这是杜甫当年登泰山的心境写照。它又何尝不是世上研究者的追求?! 研究者总是想在自己的研究领域有所创新、有所突破,为人类做出贡献,我也不例外。早在 1980 年代,我就获知:第二次世界大战结束后,人们对泛非文学的关注逐渐转向非洲的国别文学。《20 世纪非洲文学》(伦纳德·S. 克莱因主编,李永彩译,北京语言学院出版社,1991 年)获山东省教委优秀科研成果奖就是明证。因此,笔者坚信:外国人做得到的事情,中国人同样做得到;古人做得到的事情,今人同样做得到;现在的中国人也可以做出前人和外国人未曾做过的事情。于是,我立意专攻非洲国别文学史,向非洲文学研究的前沿挺进。

历经八年,我终于完成了《南非文学史》(上海外语教育出版社,2009 年),当时南非国内尚无一部独立完整的南非文学史。2010 年 3 月,南非国家英语文学博物馆收藏我的四篇论文——《拉·古玛和"百劳鸟叫的时候"》《南非的战斗诗人——布鲁塔斯》《纳丁·戈迪默的文学轨迹》《纳丁·戈迪默及其创作》,一篇译文——《审问沉默:南非文学面临的新可能性》,两本译著——《巴苏陀史》和《献给乌多莫的花环》,还收藏了我的专著《南非文学史》。美国的印第安纳大学图书馆、得克萨斯大学图书馆和英国伦敦大学的亚非学院图书馆收藏了《南非文学史》。而且,申丹、王邦维主编的《新中国 60 年外国文学研究》第三卷《外国文学史研究》中单独评论了《20 世纪非洲文学》和《南非文学史》。

2011 年,我开始撰写《尼日利亚文学史》。历经八年,排除干扰,终于在耄耋之年交出这部书稿,实现了 28 年的夙愿。尼日利亚和中国,乃至当今世界,还没有同类专著。姑且以此作为我对非洲文学研究和中非文化交流做出的绵薄贡献,聊以自慰。

尼日利亚是一个既古老又年轻的国家。言其古老,它石器时代就有人类栖居,2500 年前就开始炼铁,8 世纪出现国家,13 世纪前后出现书写文学;言其年轻,它 1914 年才确立其现代政治实体,名曰尼日利亚,1960 年 10 月 1 日才宣布独立。就文学而言,有了语言就有了文学。尼日利亚的口头文学源远流长,至今在人民生活中还在传承和发展;书写文学也在不断发展变化。如今尼日利亚成为非洲文学大国和文学强国,尼日利亚文学成为世界文学的一个重要组成部分。

尼日利亚是撒哈拉以南非洲的黑人大国,被誉为"黑人文明摇篮"。尼日利亚的作家具有强烈的文化自信。他们相信自古以来非洲人就有深奥的思想和哲学以及美的概念,非洲人绝对不是第一次从欧洲人那里听说文明。即使在殖民统治时代,非洲文化也表现出强烈的反弹性。他们,尤其是南非和尼日利亚的作家,严厉批评西方污蔑非洲人形象的作品,为捍卫非洲人的尊严而斗争。

尼日利亚作家绝大多数受过高等教育,有的还出国留学,不少人有硕士学位和博士学位。他们非常熟悉西方文化和文学,但是他们非常重视自己的文化遗产,从来不像西方作家那样对口头文学不理不睬,反而从口头文学中获得灵感、吸取养分或借用它的艺术表达方式和技巧。

尼日利亚作家是负有使命的作家:他们不但记录和见证尼日利亚的现实生活,而且针砭社会弊端,批评政治无能和腐败,甚至指出社会的发展方向;他们既不受部族主义的影响,也不受党派政治的影响,而是独立创作、独立表达。

尼日利亚文学是尼日利亚人为尼日利亚写的有关尼日利亚的文学。甚至第一代、第二代移民作家也定期回到尼日利亚老家,深入当地生活,了解尼日利亚的方方面面,让自己增加现实感受,获取现实题材。现实主义文学是尼日利亚文学的主流。

尼日利亚绝大多数作家都有写作之外的职业依托,靠写作是养活不了自己的,也没有人因为写作给他们发工资。但是他们孜孜不倦地写作,为建设国家而努力。

尼日利亚人主张自力更生,但不反对从外部吸收有用的东西。早在1930年代,豪萨人、约鲁巴人和伊博人就率先使用自己的民族语言创造出现代小说和文学剧本,而现代小说和文学剧本的形式是舶来品。他们也采用西方意识流之类的表达方式。

尼日利亚作家的作品多、质量高,所以在野润奖、凯恩非洲文学奖、英联邦文学奖、布克奖和曼布克奖等大奖名单上总能找到尼日利亚作家的名字。尼日利亚文坛群星荟萃:1986年,沃莱·索因卡成为获得诺贝尔文学奖的第一位非洲人;钦努阿·阿契贝被称为"非洲现代小说之父";西普利安·艾克文西被称为"非洲城市小说之父";克利斯托弗·奥吉格博被称为"非洲的重要诗人";本·奥克瑞和女作家奇玛曼达·恩戈齐·阿迪契有望摘取诺贝尔文学奖的桂冠。总之,尼日利亚是非洲文学强国,尼日利亚文学是世界文学的一个重要组成部分。

回首六十年,弹指一挥间。六十年,非洲国家独立,文化复兴,文学长成参天大树。六十年,中国克服困难,迅速崛起,屹立于世界民族之林。六十年,我经历过急流险滩,战胜一个又一个"傲慢与偏见"。我抱定目标,坚定信心,不畏艰难,终于写出《尼日利亚文学史》。六十年,我从青年到壮年到如今华发斑斑,毫不悔恨,因为我从来没有虚度年华。我的努力是有意义的:它填补了我国外国文学研究领域的空白,填补了中非文化交流的空白,使我国的非洲文学研究走上世界非洲文学研究的前沿。

李永彩

2020年8月16日于徐州风华园